U0392944

“十三五”国家重点出版物
出版规划项目

中国农药研究与应用全书
Books of Pesticide Research and Application in China

农药产业

Pesticide Industry

吴 剑　李钟华　主编

化学工业出版社
·北京·

本书全面系统地总结了我国农药产业近几十年来的发展情况，内容包括中国农药产业发展及其结构演变，创新发展、环境保护、剂型加工、产业机械化、农药中间体产业发展历程以及主要骨干农药品种的产业发展、工艺情况等方面，具有信息量大、内容丰富新颖、可读性强等特点。本书对推动我国开发绿色、清洁、可持续生产工艺创新，充分发挥现有农药品种的使用效率以及促进我国农药工业的可持续发展具有一定的参考价值和借鉴意义。

本书可供农药管理者、农药企业技术人员、农药科研单位研究人员阅读使用，也可作为高等院校植保、农药、化学等相关专业师生的参考用书。

图书在版编目（CIP）数据

中国农药研究与应用全书．农药产业/吴剑，李钟华主编．—北京：化学工业出版社，2019.8

ISBN 978-7-122-34219-5

Ⅰ.①中…　Ⅱ.①吴…　②李…　Ⅲ.①农药工业-产业发展-研究-中国　Ⅳ.①S48②F426.76

中国版本图书馆CIP数据核字（2019）第058329号

责任编辑：刘　军　冉海滢　张　艳　　文字编辑：焦欣渝　　责任印制：薛　维
责任校对：王素芹　　装帧设计：王晓宇

出版发行：化学工业出版社（北京市东城区青年湖南街13号　邮政编码100011）
印　　装：中煤（北京）印务有限公司
787mm×1092mm　1/16　印张48　字数1248千字　2019年10月北京第1版第1次印刷

购书咨询：010-64518888　　售后服务：010-64518899
网　　址：http：//www.cip.com.cn
凡购买本书，如有缺损质量问题，本社销售中心负责调换。

定　　价：228.00元

《中国农药研究与应用全书》

编辑委员会

本书编写人员名单

主　　编：　　吴　剑　　李钟华

编写人员：（按姓名汉语拼音排序）

毕　超　　陈吉祥　　陈　卓　　段又生　　胡德禹
金林红　　李钟华　　刘登曰　　刘峥军　　罗　燕
石　晶　　吴　剑　　谢丹丹　　徐良梓　　薛　伟
易文实

序

农药作为不可或缺的农业生产资料和重要的化工产品组成部分，对于我国农业和大化工实现可持续的健康发展具有举足轻重的意义，在我国农业向现代化迈进的进程中，农药的作用不可替代。

我国的农药工业 60 多年来飞速地发展，我国现已成为世界农药使用与制造大国，农药创新能力大幅提高。近年来，特别是近十五年来，通过实施国家自然科学基金、公益性行业科研专项、“973”计划和国家科技支撑计划等数百个项目，我国新农药研究与创制取得了丰硕的成果，农药工业获得了长足的发展。“十二五”期间，针对我国农业生产过程中重大病虫草害防治需要，先后创制出四氯虫酰胺、氯氟醚菊酯、噻唑锌、毒氟磷等 15 个具有自主知识产权的农药（小分子）品种，并已实现工业化生产。5 年累计销售收入 9.1 亿元，累计推广使用面积 7800 万亩。目前，我国农药科技创新平台已初具规模，农药创制体系形成并稳步发展，我国已经成为世界上第五个具有新农药创制能力的国家。

为加快我国农药行业创新，发展更高效、更环保和更安全的农药，保障粮食安全，进一步促进农药行业和学科之间的交叉融合与协调发展，提升行业原始创新能力，树立绿色农药在保障粮食丰产和作物健康发展中的权威性，加强正能量科普宣传，彰显农药对国民经济发展的贡献和作用，推动农药可持续发展，通过系统总结中国农药工业 60 多年来新农药研究、创制与应用的新技术、新成果、新方向和新思路，更好解读国务院通过的《农药管理条例（修订草案）》；围绕在全国全面推进实施农药使用量零增长行动方案，加快绿色农药创制，推进绿色防控、科学用药和统防统治，开发出贯彻国家意志和政策导向的农药科学应用技术，不断增加绿色安全农药的生产比例，推动行业的良性发展，真正让公众对农药施用放心，受化学工业出版社的委托，我们组织目前国内农药、植保领域的一线专家学者，编写了本套《中国农药研究与应用全书》（以下简称《全书》）。

《全书》分为八个分册，在强调历史性、阶段性、引领性、创新性，特别是在反映农药研究影响、水平与贡献的前提下，全面系统地介绍了近年来我国农药研究与应用领域，包括新农药创制、农药产业、农药加工、农药残留与分析、农药生态环境风险评估、农药科学使用、农药使用装备与施用、农药管理以及国际贸易等领域所取得的成果与方法，充分反映了当前国际、国内新农药创制与农药使用技术的最新进展。《全书》通过成功案例分析和经验总结，结合国际研究前沿分析对比，详细分析国家“十三五”农药领域的研究趋势和对策，针对解决重大病虫害问题和行业绿色发展需要，对中国农药替代技术和品种深入思考，提出合理化建议。

《全书》以独特的论述体系、编排方式和新颖丰富的内容，进一步开阔教师、学生和产业领域研究人员的视野，提高研究人员理性思考的水平和创新能力，助其高效率地设计与开发出具有自主知识产权的高活性、低残留、对环境友好的新农药品种，创新性地开展绿色、清洁、可持续发展的农药生产工艺，有利于高效率地发挥现有品种的特长，尽量避免和延缓抗性和交互抗性的产生，提高现有农药的应用效率，这将为我国新农药的创制与科学使用农药提供重要的参考价值。

《全书》在顺利入选“十三五”国家重点出版物出版规划项目的同时，获得了国家出版基金项目的重点资助。另外，《全书》还得到了中国工程院绿色农药发展战略咨询项目（2018-XY-32）及国家重点研发计划项目（2018YFD0200100）的支持，这些是对本书系的最大肯定与鼓励。

《全书》的编写得到了农业农村部农药检定所、全国农业技术推广服务中心、中国农药工业协会、中国农业科学院植物保护研究所、贵州大学、华东理工大学、华东师范大学、中国农业大学、上海师范大学、湖南化工研究院等单位的鼎力支持，这里表示衷心的感谢。

宋宝安，钱旭红

2019年2月

前言

本系列图书是在宋宝安、钱旭红两位院士的大力倡议和化学工业出版社的帮助下完成的，旨在总结中国农药工业60多年新农药研究、创制与应用的新技术、新成果、新方向和新思路，进一步促进农药行业和学科之间的融合与协调发展，提升行业原始创新能力，推动农药产业可持续发展。

我国是农药生产大国，经过近几十年的发展，我国农药产业取得了长足的进步，原药生产、制剂加工及销售等处于国际先进水平，产量和出口量方面占据世界农药市场的主导地位。自2015年以来，我国实施“农药使用量零增长行动方案”和“减肥减药增效”的国家战略，2017年又新通过了《农药管理条例(修订草案)》，相关政策的发布必将影响我国农药产业的发展。在此背景下，如何从农药品种的工艺路线方面减少废弃物排放，降低能耗和成本，同时培养一批农药行业专业人才，是我国农药行业亟需解决的重要课题。本书总结了中国农药工业60多年来的产业发展情况，收录整理了中国农药产业发展、农药产业结构演变、产业创新发展、产业环保发展历程、农药剂型加工发展历程、产业机械化历程、农药中间体的合成工艺概况以及我国重大骨干农药品种的产业发展等方面的内容。本书信息量大，内容丰富新颖，具有较强的可读性。相信对于我国开发绿色、清洁、可持续生产工艺，充分发挥现有品种的特长、提高农药的使用效率以及推动我国农药工业的可持续发展具有一定的参考价值和借鉴意义。

本书得到了国家出版基金项目重点资助，还得到了中国工程院绿色农药发展战略咨询项目(2018-XY-32)及国家重点研发计划项目(2018YFD0200100)的支持。在编写过程中得到了贵州大学宋宝安院士的大力支持与辛勤指导，同时中国农药工业协会段又生博士以及罗燕老师在数据材料收集整理方面提供了大量无私的帮助。此外，贵州大学博士研究生刘峥军、易文实、刘登曰等帮助整理书稿，在此一并表示感谢。限于编者精力和能力，编写过程中难免出现纰漏，如有不妥，敬请指正。

吴　剑，李钟华

2019年2月

目录

第 1 章
中国农药产业发展

1.1 全球农药产业发展概览

1.1.1 天然物质的利用

自古以来，人类在农业生产和日常生活中就经常遭受其他生物侵袭。古人在与有害生物的斗争中，不断寻找各种防治方法，特别是在利用植物的、动物的、矿物的有毒天然物质方面，积累了许多经验并流传下来，这就是化学防治方法和农药的起源。例如中国西周时期的《诗经·豳风·七月》里有熏蒸杀鼠的叙述，约公元前 240 年成书的《周礼》专门记载有治虫、除草所用的药物和使用方法。古希腊诗人荷马也曾提到硫黄的熏蒸作用。中国在公元前 5 世纪～前 2 世纪成书的《山海经》，就有礜石（含砷矿石）毒鼠的记载。公元 900 年前，中国已采用砒石防治农业害虫，到 15 世纪，砒石在中国北方地区已大量用于防治地下害虫和田鼠，在南方地区用于水稻防虫，这在明代宋应星所著《天工开物》里有详细记述，当时砒石已有工业规模的生产。公元 533 年北魏贾思勰所著《齐民要术》里有麦种用艾蒿防虫的方法。明代李时珍收集了不少有农药性能的药物，载于《本草纲目》中。16～18 世纪，世界各地陆续发现一些具有杀虫活性的植物（如烟草、鱼藤和除虫菊等），至今仍在大量应用[1]。

1.1.2 农药专用产品的出现

近代化学工业出现以后，化工产品逐渐增加，其中不少被作为农药使用。与此同时，农业科学试验逐步发展起来，使农药的应用逐渐有了科学依据。除硫黄粉早有应用外，1814 年发现石硫合剂的杀菌作用，并一直沿用至今。1867 年，人们发现巴黎绿（含杂质的亚砷酸铜）具有良好的杀虫作用。19 世纪中期，欧洲的葡萄酒酿造业因葡萄霜霉病的严重流行而发生危机，直到 1882 年，法国人 P. 米亚尔代发现用硫酸铜和石灰配制的波尔多液，可以较好地防治葡萄霜霉病，及时拯救了法国酿酒产业，米亚尔代因此被誉为民族英雄，成为农药发展史上一个著名的事例。1892 年，美国开始用砷酸铅治虫，1912 年开始以砷酸钙代替砷酸铅。农药逐渐从一般化工产品的利用发展到专用品的开发，在化工产品中农药作为一个分类的概念逐渐形成。20 世纪初，随着有机化学工业的发展，农药的开发逐渐转向有机物领域。1914 年德国人 I. 里姆发现了对小麦黑穗病有效的一种有机汞化合物，即邻氯酚汞盐，1915 年由拜耳公司投产，这是专用有机农药发展的开端。20 世纪 20～30 年代，有机合成化学、昆虫学、植物病理学、植物生理学等科学的进步，为有机农药的研究开发创造了条件。20 世纪 30 年代以后，有机农药品种开始增多，在用途上杀虫剂、杀菌剂、除草剂等分类概念也逐渐确立。尽管一些早期品种的药效不够理想，应用规模不大，但农药作为专用化学品已相当明确。1931～1934 年美国的 W. H. 蒂斯代尔等发现了二甲基二硫代氨基甲酸盐类的优良杀菌作用，开发出有机硫杀菌剂的第一个品种系列福美双类，这标志着农药研究开发已进入专业化、系统化阶段，农药工业迅速发展的条件已基本成熟。

1.1.3 现代农药工业的发展

现代农药工业的发展以第二次世界大战为分界线，农药工业从 20 世纪 40 年代开始，进入了飞跃发展时期，并很快形成一个新的精细化工行业。

1938 年瑞士嘉基公司的 P. H. 缪勒发现滴滴涕的杀虫作用，并于 1942 年开始生产。滴滴涕是第一种重要的有机氯杀虫剂，在战后一段时间大量用于农业害虫的防治和医药卫生领域，使得上百万人免于痢疾和伤寒等病害造成的死亡，缪勒因此获得诺贝尔医学奖。而随着 DDT 的发明和使用的成功，也掀起了研制有机合成农药的热潮。到了 1942 年，英国的 R. E. 斯莱德和法国的 A. 迪皮尔同时发现六六六的杀虫作用，1945 年由英国卜内门化学工业公司首先投产。1942 年美国的 P. W. 齐默尔曼和 A. E. 希契科克发现 2,4-滴的除草性能，1943 年英国的 W. G. 坦普尔曼和 W. A. 塞克斯顿发现 2 甲 4 氯的除草性能，这两种除草剂分别在美国和英国投产。1943 年有机硫杀菌剂第二个系列的品种代森锌问世。从 1938 年起，德国法本公司的 G. 施拉德尔等在研究军用神经毒气中，系统地研究了有机磷化合物，发现许多有机磷酸酯具有强烈杀虫作用，于 1944 年合成了对硫磷和甲基对硫磷。战后，此项技术被美国取得，对硫磷 1946 年首先在美国氰氨公司投产。在短短几年中，同时有如此多的重要品种开发投产，使农药工业出现前所未有的进步，奠定了行业的基础。应该指出，农药工业的发展，是当时化学工业发展到能提供多种廉价原料和有机单元反应技术发展成熟的结果。这些产品在农业上迅速推广应用，药效比旧品种显著提高，使化学防治方法成为植物保护的主要手段。

20 世纪 50～60 年代是有机农药的迅速发展时期，新的系列化品种大量涌现。在杀虫剂方面，有机氯杀虫剂继滴滴涕、六六六之后又出现了氯代环二烯和氯代莰烯系列。有机磷杀虫剂的品种增加最多，其中有对人畜毒性较低的马拉硫磷（1950）、敌百虫（1952）、杀螟硫磷（1960），等等。1956 年氨基甲酸酯类的第一个重要品种甲萘威投产，其后不断有新品种问世。在杀菌剂方面，1952 年出现了第三个系列有机硫杀菌剂克菌丹。其后，有机砷杀菌剂系列相继问世。1961 年日本开发了第一个农用抗生素杀稻瘟菌素-S（稻瘟散）。内吸性杀菌剂在 20 世纪 60 年代后半期的出现是一个重大进展，重要品种有萎锈灵（1966）、苯菌灵（1967）、硫菌灵（1969）等。在除草剂方面，开发的品种系列更多，重要的有苯氧羧酸、氨基甲酸酯、酰胺、取代脲、二硝基苯胺、二苯醚、三嗪、吡啶衍生物等系列。农药按用途分的各个类别都已形成，除杀虫、杀菌、除草三大类外，杀螨、杀线虫、杀鼠、植物生长调节剂中都有重要品种被开发应用。众多农药品种的生产和广泛应用，日益扩大了农药工业在国民经济中的作用，农药工业出现繁荣发展的局面，产量和销售额均有较大增长。

农药广泛应用以后，由于滥用引起的人畜中毒事故增多，环境污染和生态失调加重，有害生物的耐药性问题也严重起来。在此背景下，农药工业从 20 世纪 70 年代起加快了品种更新，新农药开发的重点转向以高效、安全为目标。一些药效较低或安全性差的品种如有机氯杀虫剂（包括滴滴涕、六六六）、某些毒性高的有机磷杀虫剂、有机汞和有机砷杀菌剂都渐被淘汰，而代之以相对高效、安全的新品种，如拟除虫菊酯杀虫剂、高效内吸性杀菌剂、农用抗生素和新的除草剂。农药生产技术相应提高，质量有明显改进，剂型和施药技术多样化，品种增多，产量提高，农药工业朝着精细化工方向发展。与此同时，各国政府加强了对农药的法规管理，实行严格的审查登记制度，提倡科学合理施药，到 20 世纪 80 年代，世界农药工业正走向健全发展的道路。

1.1.4　全球农药行业进入成熟阶段

20 世纪 80 年代以后，全球农药行业经过数十年的发展已经进入比较成熟的发展阶段。从市场规模变动趋势看，受世界人口和粮食需求不断增加的推动，对农药的刚性需求不变，全球农药市场销售额在过去的十几年内整体呈上升趋势。

根据联合国《世界人口展望：2015 年修订》的数据及预测，2015 年全球人口约为 73.49 亿人，2030 年和 2050 年，人口规模将分别上升至 85.01 亿人和 97.25 亿人。与此同时，根据联合国粮食和农业组织（FAO）的统计数据，近年来，全球耕地面积一直维持在 14 亿公顷左右，受城市化、工业化等因素的影响，未来耕地面积的增长空间极为有限，甚至存在减少的可能性，未来全球人口不断增加与耕地面积有限的矛盾将日益激化。为满足未来粮食需求，单位面积产量的提升成为重要解决途径。因此，通过使用农药提高单位面积产量来解决粮食问题愈发重要，受人口持续增长驱动，全球农药行业仍然具有较大的发展空间。

2005～2014 年，全球农药市场规模稳定扩大，发展中国家成为预期增长的关键地区。21 世纪以来，全球农药市场呈螺旋向上发展，2014 年全球农药市场销售额达到 632.12 亿美元，其中作物保护市场为 566.55 亿美元，与 2013 年比较全球作物保护市场增长 7.58%。全球作物用农药市场于 2013 年首次突破 500 亿美元；2014 年进一步增长。2015 年，全球作物用农药市场大幅下挫 9.6%；而 2016 年进一步下降 2.5%，并跌至 500 亿美元以下，回到 2012 年的水平上。据 Phillips McDougall 统计，2016 年，全球作物用农药销售额为 499.85 亿美元，同比下降 2.5%。如果包括非作物用农药在内，则全球农药总销售额约为 564 亿美元，同比下降 1.9%。其中，非作物用农药的销售额逆势增长 3.3%，为 65.32 亿美元。图 1-1 所示为 2005～2016 年全球农药的销售情况。

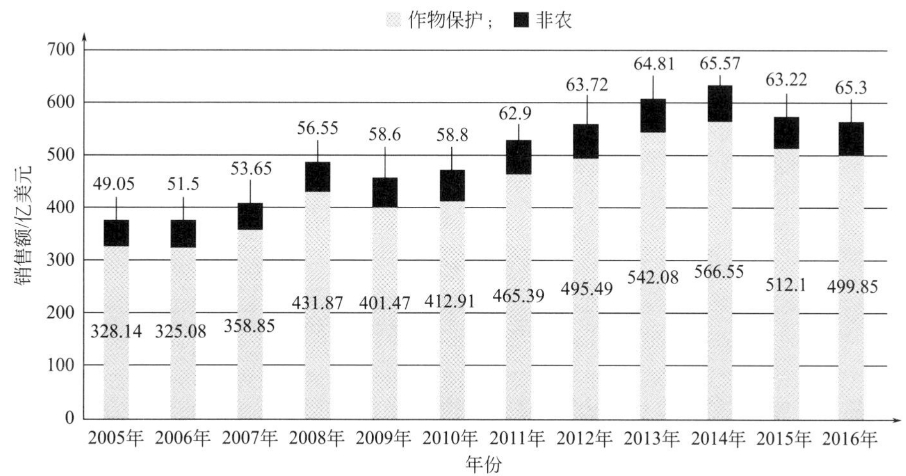

图 1-1　2005～2016 年全球农药的销售情况

除草剂、杀菌剂和杀虫剂三大种类农药是国际农药市场的主体。但随着新农药的开发、种植结构和种植模式的变化，世界农药市场消费结构不断改变。在 20 世纪 60 年代，全球农药以无机类农药为主时，除草剂、杀菌剂、杀虫剂三大农药市场的排位依次为杀菌剂、杀虫剂、除草剂；但从 20 世纪 70 年代起，三大农药市场的排位为杀虫剂、除草剂、杀菌剂。目前，除草剂已成为全球大的农药市场，杀菌剂发展较快，杀虫剂相对保持稳定。2016 年全球农药销售额降幅收窄，但从除草剂、杀虫剂、杀菌剂等其所占比例来看，近年来的销售额基本上已保持平衡。表 1-1 所示为 2013～2016 年全球农药市场销售额的结构组成。

表 1-1　2013～2016 年全球农药市场销售额的结构组成　　单位：亿美元

农药类型	2013		2014		2015		2016	
	销售额	比例/%	销售额	比例/%	销售额	比例/%	销售额	比例/%
除草剂	236.89	43.75	241.3	42.59	216.44	42.27	214.94	43
杀虫剂	149.07	27.53	161.67	28.54	143.30	27.98	139.96	28
杀菌剂	139.26	25.72	146.9	25.93	137.13	26.78	129.96	26
其他	16.26	3.00	16.68	2.94	15.23	2.97	14.995	3
合计	541.48	100	566.55	100	512.10	100	499.85	100

如图 1-2 所示，拉丁美洲、亚洲、欧洲等是全球农药的主要市场。世界农药消费水平与各地区经济发展水平以及产业结构密切相关。欧洲、北美洲等地区是传统农药消费市场，但是该等地区市场已经趋于饱和，近年来其对农药的需求趋于稳定，而亚洲、拉丁美洲等地区随着经济发展水平以及农业现代化水平的逐步提高，对农药的需求量不断上升，目前拉丁美洲已成为全球农药需求量最大、增长最快的市场。而中亚以及非洲等地区的农药市场基本处于饱和状态，近年来均在 4%左右徘徊。

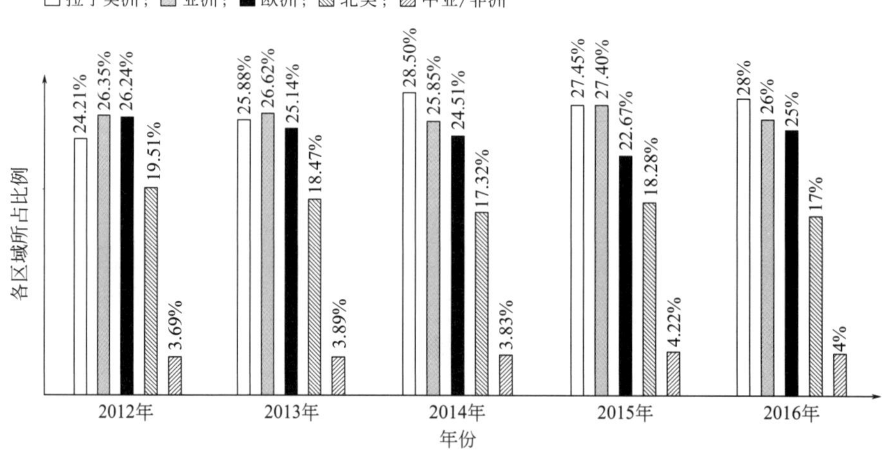

图 1-2　全球农药销售区域结构

1.2　我国农药行业发展概览

1.2.1　现代农药的起步期

我国现代农药的起步，从时间上要比国外晚 5～10 年。早在 19 世纪 40 年代，仅有几家生产无机农药和植物性农药的加工厂，主要以 1944 年重庆国民政府的农林部病虫药械制造实验厂为主，当时有机氯农药滴滴涕仅小量生产。中华人民共和国成立后，四川泸州化工厂于 1950 年建立滴滴涕生产车间，并于 1951 年投产，产量一度达到 113 t，主要用于卫生防治。

在农药的研究方面，黄耀曾、黄瑞纶于 1949 年对有机汞类杀菌剂进行了研究，并将其作为种子消毒剂。1950 年黄瑞纶、邢其毅、周长海在《科学通报》上发表了《种子消毒剂有机汞化合物的试制——汞制剂的制备》一文，详细阐述了种子消毒剂的研究与制备过程[2,3]。

胡秉方、陆钦范等是中国最早研究磷酸酯类化合物的工艺路线并引用到农业生产上的科学家[4-7]。1950 年，胡秉方将合成对硫磷的四种方法加以研究比较，认为 Fletcher 的五硫化二磷法最为简单经济，其反应条件较易控制，这为我国大量生产对硫磷打下了基础。陆钦范在此基础上进行了设计，开始了对硫磷的小型生产。

20 世纪 50 年代初，华北农业科学研究所、上海病虫药械厂研制的六六六也于 1951 年投产。之后浙江化工研究所研制的毒杀芬在浙江、福建、安徽等省投产。1952 年沈阳化工研究院（原东北局化工研究室）为了抗美援朝所需开发的六六六也在沈阳投产。滴滴涕和六六六的研制和生产拉开了我国现代农药工业发展的序幕。随后 1957 年在天津农药厂建成投产了我国第一个有机磷杀虫剂——对硫磷生产装置，标志着我国现代农药工业的进一步发展。1956 年北京农业大学黄瑞纶先生在《科学通报》上发表了《农业药剂在我国农业生产中的重要性及其发展的趋势》一文[8]，全面论述了农业药剂在生产中的重要地位，国内外发展情况，我国农药的发展方向和今后的趋势，在农药毒性、对人畜安全性、残留毒性、对人身体健康的影响等方面提出了很多远见卓识，对我国农药的研究和生产有很好的指导作用。

1956～1960 年间，我国的农药学者杨石先、陈茹玉、胡秉方、陈万义、邱桂芳、杨华铮、陈天池、李正名、李毓桂等在有机磷农药的研究方面做了大量工作，并在国内主流期刊上发表了许多关于有机磷农药研究的学术论文。1962 年，南开大学杨石先先生向中央领导同志提交了《关于我国农药生产，特别是有机磷生产的几点意见》，针对有机磷农药一般毒性大的特点，提出选择毒性较低的几个品种优先进行生产，同时注意采用先进的药械，以提高药效和降低成本，对使用人员要进行严格的培训，以确保安全[9]。随后，在周恩来总理的关心下，筹建了南开大学元素有机化学研究所，先后在有机磷化学、有机氟化学、有机硼化学等领域开展了大量的研究工作，为我国农药的发展道路作出了贡献。至 1966 年，研制的久效磷等有机磷农药以及除草剂燕麦敌，杀菌剂叶枯净，植物生长调节剂矮壮素等新农药，先后投入生产，有的还成为我国农药的主要品种。

在现代农药起步阶段，与农药学科相关的高等教育事业也已开始创办。北京农业大学的前身北京大学农学院，其农化系已开设了农药方面的课程，并为我国农药人才的培养奠定了坚实的基础，培养了一大批农药人才。中华人民共和国成立以后，北京农业大学、南开大学相继开始培养农药专业的研究生。1951 年屠豫钦先生成为北京农业大学的第一位农药专业的研究生，也是我国第一位农药专业的研究生。改革开放以后，北京农业大学的农药专业成为国内第一个农药博士研究生授予点，不断地向国家输送一批批专门从事农药研究的高级人才。

20 世纪 50 年代中期，南开大学李正名等也成为农药合成专业的研究生，1962 年南开大学元素有机化学研究所成立后，更是不断地培养了大批农药专业研究生，包括硕士、博士。这期间，沈阳化工研究院继六六六研究成果产业化后又开展了一系列研究，包括：改进六六六生产工艺，实现连续化生产（1954～1975）；对杀螨砜（1965～1966）、三氯杀螨砜（1963～1966）等有机氯农药的研究；对有机磷农药，如乙基内吸磷（1957～1964）、对硫磷（1961～1965）、敌敌畏（1966）、甲基内吸磷（1964～1970）等的研究；对除草剂，如2甲4氯钠盐（1959～1965）、敌稗（1963～1964）、五氯酚钠（1956～1962）、燕麦敌2号（1967～1971）、除草醚（1964～1969）等的研究；对杀菌剂，如代森锌（1963～1966）、代森锰（1965）、2,4,5-三氯酚铜（1959）、克菌灵（1959）等的研究。沈阳化工研究院成为我国农药研究最早、最主要的部属研究院所，省市化工（农药）研究单位如江苏、浙江、四川、湖南、安徽、上海、山东、广州等地的农药研究院所也做了大量仿制工作。

在有机农药合成工作起步的同时，我国开展了粉剂、可湿性粉剂、油剂、乳油和复配制剂以及相应加工助剂的研究工作，对农业贡献巨大的甲六粉（即3% γ-六六六+1.5%甲基对硫磷）是复配制剂中最成功的一个典范，其杀虫谱广、药效好、使用安全，又不易产生耐药性。20世纪50年代，江苏南京钟山化工厂（江苏钟山化工有限公司）成为我国最早专门生产农药加工所需的化学助剂的生产企业，为我国农药乳剂的发展提供了大量的乳化剂，直到今天，也是水基性制剂加工助剂的主要供应商。

上述说明，从20世纪40年代中期开始，特别是1950年以后直至20世纪60年代中期，我国农药事业的科研、高等教育和研发产业化方面的工作，已为后来的从仿制到仿创结合直至创制为主打下初步基础，是一个较好的开端。

1.2.2 我国现代农药行业的发展期

随着我国农药的长期使用，有机汞、有机氯、有机磷、氨基甲酸酯等农药，其负面效应（中毒事件）也逐渐凸显，国家逐渐对部分农药品种进行了“减产和禁用”，农药品种的“禁产禁用”促进了我国农药工业的发展和提升。

1.2.2.1 有机汞禁产禁用

禁产和禁用有机汞类农药促进了低蓄积性慢性杀菌剂的发展。20世纪60年代和70年代初，我国主要粮食作物的水稻稻瘟病和小麦锈病的防治主要使用高毒、高残留、高危害的醋酸苯汞（赛力散）和氯化乙基汞（西力生），使用方式是以其粉剂拌种。但是由于拌过药的种子，被多种方式误食，曾经在浙江等地发生了多起有机汞中毒事件（此前，日本曾因水银碱生产引起过汞中毒——水俣事件）。有机汞中毒事件和防治病害的迫切需要，引起了政府、国内科研院所和高校的关注，农业部门提出了中国作物和果树的十大难治病害（水稻稻瘟病、纹枯病、白叶枯病，小麦条锈病，棉花黄萎病、枯萎病，玉米大小斑病，甘薯黑斑病，柑橘黄龙病，苹果腐烂病），并在国内组织攻关，寻找有机汞类农药的替代药剂。随着科学家的不断努力，工作开展得扎扎实实，取得了一批可喜的成果，出现了一些高效、低毒的杀菌剂产品。例如，中国科学院上海有机化学研究所梅斌夫先生从天然产物中寻找到了防治甘薯黑斑病和水稻苗期病害的杀菌剂——乙基大蒜素，并进行了产业化开发；上海农药研究所沈寅初团队从我国井冈山地区土壤中发现的吸水链霉菌井冈变种（*Streptomyces hygroscopicus* var. *jinggangensis* yen）中分离到一种氨基糖苷类抗生素，即井冈霉素，其对纹枯病有很好的效果，直到今天仍为防治水稻纹枯病的首选药剂，它效果好，价格便宜，又不产生抗性。

1970年沈阳化工研究院张少铭先生等合成并筛选苯并咪唑类农药——多菌灵，并于1971年完成中试，1973年开始投产。多菌灵在防治小麦赤霉病中发挥了重大作用，当时长江中下游地区小麦赤霉病极其严重，感病麦粒食用或作为饲料会引起人畜中毒，在无药可用的情况下，多菌灵的问世解决了这一防治难题。后来多菌灵的使用范围扩大至其他粮食作物、果树、蔬菜和多种经济作物的病害防治。1970 年后，稻瘟净、异稻瘟净、克瘟散等农药在我国相继投产和推广使用，基本上解决了稻瘟病的防治问题。此外，代森锌、代森锰等复配制剂也相继生产，氟硅酸钠等在小麦锈病地区也广泛推广使用，这些药剂的使用与有机汞类农药相比，其毒性相对大幅降低，它们的推广为禁止生产、禁止使用有机汞类杀菌剂创造了优异的条件。随即，我国于 1972 年宣布停止赛力散、西力生等产品的生产，并于 1973 年禁止使用这一类农药，尽管其药效好、使用方法简单、成本低，但因其毒性问题，不得不令其退出“农药界”。

禁用有机汞以后，根据农业病害危害严重的实际需求，我国农药研究者又不断开拓创新，研究出了如硫菌灵、甲基硫菌灵、甲霜灵等高效内吸性杀菌剂。此外，三唑醇、三唑酮、烯唑醇、丙环唑等系列三唑类杀菌剂陆续产业化，并应用到我国农业生产中，为后续新型杀菌剂的研究和产业化奠定了十分良好的基础。因此，有机汞类杀菌剂的禁产和禁用，为我国新型杀菌剂的发展带来了机遇，并大力促进了我国杀菌剂的发展和产业的提升，也使我国农药工作者对蓄积性慢性毒性的认识有了飞跃。有机汞类农药的禁用在我国农药工业发展历史上留下了光辉的一页。

1.2.2.2　有机氯禁产和禁用

六六六自 20 世纪 50 年代生产以来，在我国发展迅速，70 年代最高年产量曾达到 35 万吨，加上滴滴涕（年产量达 2.5 万吨左右），以及艾氏剂、狄氏剂、异艾氏剂、异狄氏剂、七氯、氯丹、毒杀芬等多种有机氯农药，年产量共达 40 万吨左右。这个时期，是我国有机氯农药发展的昌盛时期，也即为“有机氯时代”。有机氯农药原料简单易得，生产工艺流程短，杀虫谱广，既有触杀作用又有胃毒作用；另外，所有有机氯农药生产都消耗氯气（即氯碱工业中氯平衡的主要产品），占我国氯气消耗的 35%以上，当时国家缺少烧碱（氢氧化钠），要想多产烧碱，必须有能“吃氯气”的产品。因此，有机氯农药产业发展的同时，在很大程度上也促进了我国“氯碱产业”的发展和进步。

1964 年，浙江省海盐县及附近的几个县出现了水稻螟虫对六六六的抗性，表现为药效差。黄瑞纶先生考虑到我国有机磷杀虫剂的生产已初具规模，提出以有机磷农药取代六六六粉剂中一半的有效成分配制成混合粉剂的想法，并与中国农科院植物保护院的王君奎先生以及湖南化工研究所紧密协作，研发出甲（乙）基对硫磷和六六六混合粉剂，即“甲（乙）六粉”来代替单一的六六六粉，并亲自带领教师、学生赴农村进行药效试验，获得了极大的成功，1965 年获国家科学技术委员会奖。1966～1981 年沈阳化工研究院对甲六粉也做了大量的研究工作，1977 年获沈阳科技大会奖。甲（乙）六粉剂的年产量达数十万吨，在 20 世纪 60 年代中期至 80 年代初期，一直是我国的主要农药品种（制剂），其吨位占到制剂总产量的 40%以上，在农业上发挥了巨大作用，它既有触杀、胃毒作用，又有内吸性，既有速效性又有较长的持效性，既降低了各自用量，又提高了防效，使用方便、安全，深受广大农民的欢迎，成为当时的“巨无霸”。甲（乙）六粉剂是两种作用机制不同的杀虫剂混配加工成功的典范。

滴滴涕、六六六+滴滴涕在防治棉花、林业害虫，特别是鳞翅目害虫以及卫生害虫蚊子、跳蚤、虱子等方面发挥了巨大作用。其他有机氯杀虫剂七氯、氯丹、艾氏剂、狄氏剂也是防治地下害虫的骨干品种。六六六等还是我国频繁发生的蝗灾的主要克星。有机氯农药的生产和使用为我国农业、林业、卫生害虫防治作出了巨大贡献。但是随着六六六、滴滴涕等有机氯的大量使用，相应带来的累积毒性（残留毒性）愈来愈引起人们的关注，特别是美国生物学家卡尔逊 1962 年在《寂静的春天》一书中，描写了滴滴涕给生态带来的危害，促使一些农药工业发达的国家加强了对滴滴涕、六六六类农药的管理，并纷纷制定了食物中的残留标准。美国于 1977 年宣布禁用六六六，滴滴涕的使用仅限于疟蚊防治。在这种形势下，中国农、副产品出口因六六六、滴滴涕含量超标，每年都有多件受阻事项发生，货物不能上岸或就地销毁，且情况愈演愈烈，对我国的国际形象产生负面影响。为此，当时的石油化学工业部以（75）油化长字节 9 号文下发给各省、市、自治区石油化工厅局《征求关于划分高效、低毒、低残留农药概念的初步意见的函》，它以文件的形式对农药提出了高效、低毒、低残留概念和划分标准，并将六六六、滴滴涕、毒杀芬、艾氏剂、杀螨砜、三氯杀螨砜、杀螨酯等列为高残留农药。此函对我国各省、市、自治区更好地发展高效、低毒、低残留农药，以适应农业需要和保障人畜安全、环境安全具有深远的意义。

1978 年，原化学工业部在张家口召开了取代六六六、滴滴涕座谈会。会议分析了有机氯农药存在的问题和应采取的对策，会议确定了加强对高效、低毒、低残留农药品种的研发和扩大生产，以尽早停用六六六、滴滴涕等。为此，化工部组织氯碱及农药中间体生产技术考察团，考察了法、美、德、瑞士、瑞典等国的五硫化二磷（有机磷农药中间体）、甲基异氰酸酯与甲萘酚（甲萘威的中间体）及甲萘威、间甲酚（杀螟硫磷的中间体）、苯酚、顺酐（马拉硫磷的中间体）、邻仲丁基酚（巴沙的中间体）、氢氰酸及三聚氯氰（均三氮苯类除草剂的中间体）、二氯苯及氯甲苯等，为有机氯农药的替代品寻找出路。

1979 年，化工部又组织了更高规格的农业化学考察团赴美、日、意、荷兰、瑞士、英国等的 36 家公司，主要考察了杀虫剂（如中间体呋喃酚、克百威、涕灭威、甲萘威及异氰酸酯、二嗪磷、亚磷酸甲酯、吡啶、低碳脂肪胺）以及除草剂、杀菌剂及中间体。此次考察的杀虫剂及中间体也多是为了取代高残留的六六六、滴滴涕而做准备。由于国际上的压力和我国农药工业已有充分的思想准备和一定的农药品种生产基础，1983 年在听取有关部门汇报后，国务院果断作出决定，于 1983 年 4 月 1 日起停止六六六、滴滴涕的生产和使用，仅保留天津化工厂和扬州农药厂用于出口非洲等地防治疟蚊的滴滴涕（世界卫生组织允许使用）和沈阳化工厂、天津大沽化工厂林丹（六六六中高纯度有效成分 γ-体）的生产（法国等国家订货），相应保留其提纯 γ-体后的无效体六六六用于六氯苯（杀菌剂）、三氯苯（溶剂及中间体）、五氯酚钠（杀灭血吸虫寄主钉螺用药）、五氯酚（铁路枕木防腐）的生产。

六六六、滴滴涕等有机氯农药禁产禁用后，1983 年我国其他农药品种的年总产量（90%以上为杀虫剂），按 100%有效成分计算只有 13 万吨左右，而年用量要 21 万～23 万吨，满足需求差距较大，而且有机氯农药的大量停产，影响了氯碱生产中氯气的去处，所以直接影响了烧碱的产量。随后，国家计划委员会和国家经济办公室（后改名国家经济委员会）召开了工作会议，研究如何抓紧高效低毒（包括加工后低毒化的品种）、低残留农药及能够多“吃氯”的产品的生产、基建、扩建和改造。批准了三套 5000t/年杀螟硫磷生产装置的建设（只建成天津、宁波两套）；两套 1000t/年的久效磷生产装置（南通、青岛）及配套中间体亚磷酸三甲酯装置的建设；新建湖南临湘的氨基甲酸酯厂（叶蝉散、仲丁威等及配套的氯碱、光气、邻异丙基酚、邻仲丁基酚、异氰酸甲酯）；100t/年克百威及配套中间体异氰酸酯（湖南）、5000t/年乙酰甲胺磷项目的建设（湖北，后缓建）；1000t/年涕灭威及光气、异氰酸酯配套装置的中试成果产业化项目（国家科委、国家计委先后投入建设资金）；还有 1000t/年醚醛，为拟除虫菊酯配套（江苏）等。

国家还批准了多套甲基对硫磷、对硫磷、甲胺磷、马拉硫磷、辛硫磷、敌百虫、敌敌畏、乐果、氧乐果的技改或扩建。以上项目的基本建设加技术改造，国家投入资金 10 亿元以上，其中仅技术改造部分，国家经贸委每年出资 1.5 亿元，连续几年，其效果明显，生产能力增加很快。

国家连续几年每年还批准成亿美元进口几万吨农药以及配套原料中间体。1984～1986

年，我国杀虫剂年产量达 18 万吨，较快地解决了六六六、滴滴涕的取代问题。这是我国农药发展史上值得称颂的篇章，从那以后，不再发展高残留农药，使我国杀虫剂从数量上、品种上满足了农业的需要，更主要的是体现了对人民负责任的精神。

1.2.2.3　部分有机磷杀虫剂的禁产和禁用

自 1998 年以来，联合国环境规划署、世界粮农组织等国际组织联合发起的 PIC 公约（对某些危险化学品及农药在国际贸易中采用事先知情同意程序）中，将甲胺磷、对硫磷、甲基对硫磷、久效磷、磷胺等 22 种高毒农药列入 PIC 公约清单。POPs 公约（限制某些持久性有机污染物的具有法律约束力的国际文书），也列入了 9 种农药。此外，列入欧盟高毒、高残留禁用名单的物质高达 450 余种，其中就包括氧乐果、丁草胺、稻瘟灵等 60 个农药品种。

这些国际公约或法则的生效对我国农药企业和产业结构的调整产生了重大影响，加之国际社会“责任关怀”理念的提出和不断得到国际国内的认可，以及我国提出要建设和谐社会，建设环境友好型企业、节能减排企业，因此，近十年来，我国有关部委和农药行业对这种形势十分关注并不断采取措施，加大产品结构调整力度和科研开发的投入，逐步创造条件，并从 2007 年 1 月 1 日起，我国禁止生产和禁止使用甲胺磷、对硫磷、甲基对硫磷、久效磷、磷胺。

高毒有机磷农药的禁用是继 1973 年禁用有机汞杀菌剂，1983 年禁产禁用六六六、滴滴涕以来又一次大的产品结构调整。因此这次“禁”，大大提高了行业内外的认识，促进了高效、低毒、安全与环境友好的农药产品的发展和产业的提升；同时又没有给农业造成损失，而是平稳、安全地实施，有人称之为“和平过渡”。之所以能“和平过渡”，很重要的一条是及早做好了思想准备和物质准备——有大量的农药可供选用。

最近十几年来，我国农药总产量翻了近两番，其中可以替代高毒有机磷农药的品种多达 20～30 种，例如吡虫啉、啶虫脒、杀虫双、杀虫单、杀螟丹、敌百虫、敌敌畏、毒死蜱、二嗪磷、乙酰甲胺磷、乐果、氧乐果、马拉硫磷、杀虫畏、三唑磷、硝虫硫磷、丁硫克百威、灭多威、克百威（低毒化加工制剂），还有高效氯氰菊酯、氯氰菊酯、氯氟氰菊酯、氟氯氰菊酯、溴氰菊酯、阿维菌素、甲氨基阿维菌素苯甲酸盐、丁烯氟虫腈等。

2008 年 2 月 26 日国家环境保护部公布的第一批“双高”（高污染、高环境风险）产品目录中，农药类涉及 24 种，包括毒蝇磷、甲拌磷、氧乐果、异柳磷、甲基异柳磷、水胺硫磷、克百威、涕灭威、灭多威、杀螨醇、三氯杀螨醇、杀鼠灵、乙酰甲胺磷等。其中，乙酰甲胺磷、克百威，尽管企业和中国农药工业协会提出了不同看法和建议，但是从总的发展趋势看，高毒品种、“双高”品种在今后是会受到政策的限制或被逐步禁产禁用的。因此农药工业仍面临着如何解决“高毒”“双高”品种问题，任务还是艰巨的。这就要求科研还要先行，加大投入，继续做好下一步的取代工作。

自 2018 年起，又有 12 种高毒农药被全面禁用，具体包括甲拌磷、涕灭威、水胺硫磷、硫丹、溴甲烷、灭线磷、氧乐果、甲基异柳磷、磷化铝、氯化苦、克百威和灭多威。其中涕灭威、甲拌磷、水胺硫磷在 2018 年开始全面禁用；硫丹和溴甲烷在 2019 年开始全面禁用；灭线磷、氧乐果、甲基异柳磷、磷化铝在 2020 年开始全面禁用；剩下的三种于 2022 年实现全面禁用。

1.2.2.4　改革开放促使我国除草剂飞跃发展

20 世纪 50 年代后期，我国已有少量除草剂生产，到六七十年代，我国除草剂生产已有一定规模，品种已有 2 甲 4 氯、2,4-滴及 2,4-滴丁酯，2,4,5-涕、敌稗、除草醚、茅草枯、五氯酚钠、五氯酚、敌草隆、利谷隆、绿麦隆、氟乐灵、燕麦敌、新燕灵、莠去津、西玛津、扑草净等。但是1978年总产量只有22047t（原药），只占农药总产量的4.1%（杀虫剂占90%以上），使用面积1.2亿～1.5亿亩，最大用户主要是新疆生产建设兵团、农垦系统，如黑龙江农垦局，广东（含海南岛）、云南等地的农垦局、国有农场，广大农村还主要靠人工除草。

1978年改革开放以后，农村逐步实行承包责任制。农民生产积极性得到了极大的调动，结果地不够种，节约了数以亿计的劳动力并不断填补城市和乡镇经济日益发展所需要的劳动岗位，以致不少农村劳动力不足，加之农村渐渐富起来了，农村对除草剂的需求量愈来愈大，特别是经济发达的广东、浙江、山东、辽宁、上海等沿海地区以及其他经济发达的地区。以2007年的数据为例，我国当年除草剂的产量达56.2万吨，出口26.15万吨，进口1.82万吨，国内表观消费量约30万吨。除草剂产量占农药产量的比例比1978年增加了8倍左右。

除草剂一直以来都占有较大的市场份额。中商产业研究院研究报告《2015—2020年中国农药行业预测及投资分析报告》指出，2012～2014年，除草剂所占比重略有小幅减少，但其市场规模均超过200亿美元。草甘膦在众多的除草剂产品乃至农药产品中始终扮演着最重要和最关键的角色，单产品规模全球第一，在很大程度上影响着除草剂在农药大类中的比重。如图1-3所示，2000年以来我国农药产量逐年提升，而除草剂的占比也逐年增加，呈现上升趋势。

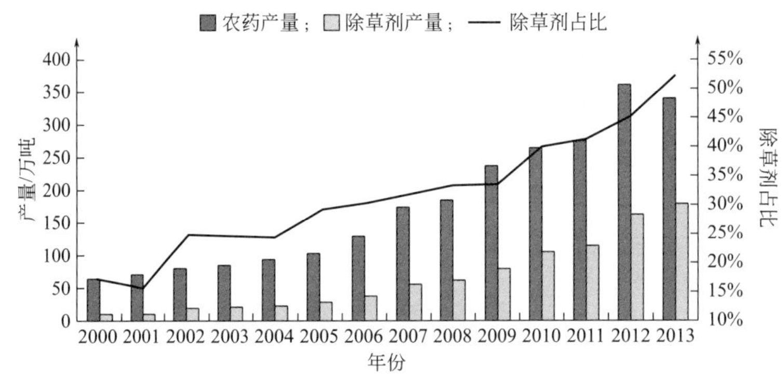

图1-3　2000～2013年我国除草剂占农药总产量的比例

当前，全球除草剂品种大约有240多种，除了草甘膦之外，主要的除草剂大宗产品主要有百草枯、2,4-滴、甲基磺草酮、异丙甲草胺、乙草胺、莠去津、草铵膦、唑啉草酯、二甲戊灵等。全球销售前20名的除草剂销售额占除草剂销售总额比例超过50%。

中商产业研究院大数据库数据显示，2015年1～10月全国除草剂产量为145.1万吨，较2014年1～10月全国除草剂产量减少1.2%。2014年除草剂全年产量为180.3万吨，2015年全年除草剂产量为178.3万吨，略有下降，2016年我国除草剂总产量为177.3万吨。

1.2.2.5　创新能力的增强和水平的提高

随着我国改革开放力度的不断加大和社会主义市场经济的快速发展，在国内外经济、技术合作过程中，屡屡发生知识产权保护纠纷。

1984年3月12日六届全国人大常务委员会第四次会议通过中华人民共和国专利法，并于1985年实施。但是此专利法中的有关部分只保护化合物的生产工艺，不保护化合物本身。随着改革开放的进一步深入进行，84版专利法已不适应国内外形势，西方发达国家不断增加各种技术堡垒，贸易纠纷接连不断，特别是给我国加入WTO组织造成了不可逾越的障碍。为此，1992 年修改了专利法并从 1993 年 1 月 1 日起实施，不仅保护生产工艺，而且保护产品。

专利法的修改，使我国与国际进一步接轨，加速了我国从以仿为主、仿创并举向自主创新的新时期的转变。这是我国由农药生产大国走向农药强国的关键一步，专利法的修改既给我国农药工作者带来巨大挑战，同时也带来了机遇，修改的专利法引起了我国政府的极大重视，激发了农药工作者和农药工业战线广大决策层与工程技术人员艰苦奋斗的精神。

“九五”计划期间（1996～2000 年），国家计委出资 5000 万元，国家科委出资 1 亿元，地方相应部门按相应比例出资，科研院所高等学校自筹资金，先后建成了北、南两个农药创制（工程）中心，形成了沈阳化工研究院和南开大学为主的北方中心，以及以江苏、湖南、浙江、上海院所为主的南方中心，共形成了六个农药创制基地，并支持了一些其他有研发能力的高等学校（贵州大学、中国农业大学、华中师范大学、华东理工大学、浙江大学、浙江工业大学、武汉大学、南京农业大学、北京理工大学、北京工商大学、上海交通大学、武汉工程大学等）、科研院所（中国科学院上海有机化学研究所、中国科学院大连化学物理研究所、中国科学院过程工程研究所、中国农业科学院植物保护研究所、农业部农药检定所、山东教育科学研究所、联合国南通农药剂型开发中心）以及 40 余家企业［江苏扬农化工股份有限公司、广西田园生化股份有限公司、南通江山农药化工股份有限公司、南京红太阳股份有限公司、江苏克胜集团股份有限公司、江苏钟山化工有限公司、浙江新安化工集团股份有限公司、温州龙湾化工有限公司、海正化工股份有限公司、浙江升华拜克生物股份有限公司、杭州庆丰农化有限公司、新农化工股份有限公司、山东侨昌化学有限公司、山东科信生物化学股份有限公司、山东大成农药股份有限公司、大连瑞泽农药股份有限公司（现为大连瑞泽生物科技有限公司）、河北威远生物化工股份有限公司、上海生农生化制品股份有限公司、广东原沣生物有限公司等］建立研究中心、重点实验室、中间试验车间或产业化示范企业。

“九五”“十五”“十一五”以及“十二五”期间，国家都将农药创制、科技攻关和“十一五”及“十二五”科技支撑项目列为重要课题，加之国家“863”“973”以及国家自然科学基金项目的持续和大力支持，使我国农药新品种的研发和关键技术开发工作出现了扎扎实实又欣欣向荣的局面，出现了一批创新品种、关键技术以及新农药的创制研究理论。经过十几年的努力，由科技攻关和技术支撑项目取得临时登记证的创制品种近 50 个。创制新品种和技术创新，特别是关键技术的突破，极大地提高了我国农药工业的整体水平，使我国成为在新农药研发方面具有自主创新能力的国家。

1.3 我国农药行业的发展现状

1.3.1 农药管理体系的发展与现状

1.3.1.1 农药管理体系的发展概况[10-15]

1978 年 11 月 1 日，国务院批转《关于加强农药管理工作的报告》，要求由农林部负责审批农药新品种的投产和使用，复审农药老品种，审批进出口农药品种，督促检查农药质量和安全合理用药；恢复建立农药检定所，负责具体工作。1982 年 4 月 10 日，农业部、林业部、化工部、卫生部、商业部、国务院环境保护领导小组联合颁布《农药登记规定》，并发布了《农药登记资料要求》，成立了由农业部牵头的首届农药登记评审委员会，形成了以登记评审委员会为核心，各专业部门分工协作的工作机制。1997 年 5 月 8 日，国务院颁布实施了《中华人民共和国农药管理条例》，解决了我国长期以来农药管理无法可依的问题，标志着我国农药管理逐步走向法制化、规范化管理的道路。此后，各部门、各地方相继制定并实施了一系列配套的部门规章和地方法规，进一步完善了农药管理的法制体系。

在《中华人民共和国农药管理条例》的框架下，农业部及相关部门制定并实施了《农药管理条例实施办法》《农药登记资料规定》《农药标签和说明书管理办法》《农药生产管理办法》《农药安全使用规定》《农药限制使用管理规定》《农药广告审查办法》等一系列部门规章和指导性文件，形成了比较完备的法规体系。农业部、卫生部、化工部等部门还先后制定了农药质量、农药残留、农药安全使用、农药试验或检验方法技术规范（标准）525 项，形成了较完善的农药技术标准体系，增强了农药管理的可操作性。围绕《中华人民共和国农药管理条例》的实施，各地也结合实际，制定了地方性的农药管理法规。改革开放以来，我国农药管理已初步形成了以法规体系为行政依据、以程序体系为行为规范、以管理体系为组织保障、以执行体系为技术支撑的基本格局。

我国农药的环境管理起步比较晚，管理法规不健全，至今仍没有制定专门的防治农药污染的法律。现行的与农药环境管理有关的《农药登记规定》《农药安全使用规定》《农药安全使用标准》均是技术规范和技术性程序，农药环境管理方面的内容不全面，缺乏监督处罚的条款，农药环境管理缺少权威性。1997 年发布并实施的《中华人民共和国农药管理条例》，使这种情况有了一定程度的改善，但从根本上来说没有增加新的内容，而且管理重点仍然放在农药生产及质量管理上，仍然缺少相应的处罚条款，对于农药进入到使用阶段以后的管理，还处于空白状态，而恰恰农药的使用是造成环境污染危害的主要原因之一。

1.3.1.2 农药管理体系的现状[16]

（1）新农药管理体系的出台　我国共有农药生产企业 2000 多家，有 36.7 万经营者，其中 62%为个体经营，经营人员 63.7 万人，近 90%为高中以下文化。全国有 2.5 亿家农户，3 亿从事农业生产的人员，61%依靠经销商的推荐购买和使用农药，80%以上的农作物病虫害防治由农民自己完成。

近年来，国家管理政策有了很多变化：强调简政放权；清理中介服务，各单位回归本位；发挥市场在资源配置中的决定性作用；强调一件事由一个部门管。在农药行业也有重大变化：农药由自给不足转变为生产量远大于需求，实现了农药出口；公众需求由吃饱，变为更关心食品的安全，关心如何吃得健康。但是我国农药处于多头管理的状况。工信部负责农药企业的生产资质核准、延续核准及执行企业标准产品的生产批准证书核发工作；质检部门负责执行国家标准和行业标准产品的生产许可证核发、许可证产品生产现场监管、质量抽查及产品企业标准的备案工作；农业部门负责农药登记、进出口管理广告审查及产品质量监管工作；工商部门负责产品市场监管和广告发布监管。

2017 年 2 月 8 日，新《农药管理条例》经国务院常务会议研究通过，3 月 16 日李克强总理签署第 677 号国务院令，4 月 1 日公布，于 6 月 1 日正式实施。

（2）新《农药管理条例》的变化　新《农药管理条例》最大亮点是：理顺了农药管理体制，将农药由农业、工信、质检、工商多部门管理变更为农业部门一部管理；在保留农药登记的基础上，新增了农药试验单位许可、农药生产许可和农药经营许可；明确农业部门的农药使用事故和药害处理职能。新《农药管理条例》实施后，农业部门要对农药生产、经营、使用进行一体化监督管理，管理面更广，责任更重，风险更大。

新《农药管理条例》的主要变化有：理顺管理体制，强化政府责任，取消临时登记，允许资料转让，下放生产许可，开放委托生产，设立经营许可，建立药害鉴定，实施召回制度，明确禁业规定。主要包含了以下三方面的内容：

① 理顺管理体制　核心是减少重复管理；同时明确监管主体，谁许可谁监管；还有减政放权。新《农药管理条例》强化地方政府责任：一是要加强组织领导；二是要保障监管经费；三是要组织实施农药减量计划。而农业部门负责的农药监督管理有：一是由农业部负责登记试验单位认定、产品登记；二是由省级农业部门负责生产许可；三是由县级以上地方农业部门负责经营许可。其他部门依法负责的相应监管有安全生产、环境保护和消防方面。同时还要理清农药与危险化学品的关系。在安全生产方面，我国有《中华人民共和国安全生产法》《危险化学品管理条例》，根据《中华人民共和国安全生产法》规定，地方政府是农药安全生产监管的第一责任人，按顺序首先是安监局，然后是其他法律法规规定的部门。

② 强化登记安全管理

a. 登记试验管理方面

（a）要减少试验审批。登记试验许可范围缩小至新农药；新农药登记试验审批的内容为试验风险。批准试验范围：与作物、防治对象不直接关联；开展登记试验前，要先到试验所在地省级农业部门备案。

（b）要实施农药登记试验单位考核认定。严格登记试验考核认定：《农药登记试验质量管理规范》；一个试验单位一证；明确试验范围；鼓励试验规范化、专业化、综合化；清理中介服务；现有登记试验单位不能承担的，由农业部指定。

（c）要加强试验样品管理。应为研制成熟的产品；实施样品封样、留样管理；进行监督检查，保障与登记产品一致。

（d）要企业委托试验。按公布的规则选择试验区域、单位；协商试验费用；保存试验原始记录。登记试验区域的选择上，要按照农业部公布的农药登记试验作物区域选取原则：药效、残留，或者企业按规定的原则自主选择区域，或者企业自行委托符合规定的试验机构试验。

b. 产品登记方面

（a）鼓励创新。放开新农药登记申请人资质限制，任何单位或个人都可以申请，但是农药管理机构、药检机构例外，新农药必须与我国登记农药对比；实施新农药登记资料 6 年保护。

（b）取消农药临时登记制度。老的条例中，允许临时登记，而新条例实施以后，不再有临时登记。

（c）将省级初审改为行政许可。

（d）由农业部组建农药登记评审委员会。

（e）强化政务公开。明确应当公布农药登记证核发、续展；农药登记证的变更情况；农药登记核准的产品标签；农药登记的产品质量标准号、残留限量标准及其检验方法等信息。

（f）增加登记资料转让规定。主要包括：新农药研制者可以转让已获得登记资料，农药生产企业可以向具有相应生产能力的农药生产企业转让登记资料，受让人依照规定程序申请农药登记。而所述的转让与授权有本质区别，转让是一次性的，转让方先要声明放弃拥有权，一旦转让成功了，手中持有的农药登记证就要被注销。但值得注意的是：转让的是资料，而不是农药登记证。农药登记证是国家机关的批文、公文，公文是不能买卖的，受让人持登记资料要再申请登记。

（g）已登记的产品，农业部门将主动对其有效性和安全性进行检测和周期性评价。产品出了问题，企业要及时向农业部门报告。对有严重危害或较大风险的，采取禁限用管理。

③ 合理设置生产管理

a. 实施生产许可管理　包括：（a）将定点核准与生产许可合并；（b）生产许可要求符

合产业政策，有符合生产需要的技术人员及厂房等生产设施，有规范的农药质量管理制度和体系等；（c）实行一企一证；（d）生产范围按原药品种、制剂剂型核定。

b. 细化农药标签管理　主要包括：（a）不得擅自改变经核准的标签内容，不得标注虚假、误导使用者的内容；（b）标签标注的农药名称、有效成分名称及其含量和毒性标识应当清晰醒目；（c）限制使用农药的标签应当在显著位置标注“限制使用”字样；（d）将电子信息码作为标签内容之一。

c. 明确适度放开委托加工、分装管理　包括：（a）委托人应当获得农药登记证；（b）受托人有相应的农药生产许可范围；（c）委托人应当对委托加工、分装的农药产品负总责；（d）生产假劣农药的，处罚双方。

d. 做好登记与生产许可的衔接　包括：（a）申请的生产范围不得包括新农药；（b）理顺登记申请人的资质；（c）按登记的产品标准组织生产，确保生产产品与登记产品的一致性。

1.3.2　生产企业概况

随着我国农业现代化水平的提高，我国农业生产过程中农药使用水平也随之提升，推动了我国农药行业的发展。另外，由于全球农药行业产业转移，我国已成为全球重要的农药原药生产基地。在过去的十多年中，我国农药行业发展迅猛，2014 年我国化学农药原药产量为 374.4 万吨，2003～2014 年化学农药原药产量复合增长率为 15.50%。

尽管我国的农药产量高，但创新能力不足，这是我国农药行业的现状。我国大部分农药企业技术研发能力较差，难以自行研发、生产新型农药，产品结构以非专利农药产品为主，仅有 30 余个自主创新的专利农药产品在农业部登记，在国际农药市场处于较低端的位置。

经过多年持续稳定发展，我国农药行业形成了包括原药生产、制剂加工、科研开发和原料中间体配套在内的农药工业体系，农药品种日趋多样化[17]。

我国现行的农药管理政策，要求每个企业都要有满足登记产品生产所需的独立完整的场地，以及生产、检验、环保和安全设施、设备。每个企业都有很多低水平的生产线，专业化程度很低，产量都不大，利用率极低。大量低水平重复建设，不但造成投资浪费和生产成本增加，而且污染点、源增加。

近年来，工信部严格控制新的农药企业核准，鼓励兼并重组，但企业兼并多走集团化路子，只是工商层面的合并，即一个企业名下多处厂点，或者一个母公司下多个农药企业，生产厂点并未明显减少，各厂点、各公司仍然独立并行，并未真正形成规模化、集约化生产，生产条件和技术关联性不强，专业化程度不高。

新的《农药管理条例》允许委托加工，这样，制剂企业就不必建设所有产品的生产线，富裕的产能可承接其他企业的委托加工，有利于专业化、集约化发展。

此外，我国现阶段的农药行业集中度较低，区域性明显。国内农药行业 2000 余家企业中，年销售量在 2000t 以下的企业占行业内的 85%，整体呈现“大行业、小企业”的格局。我国农药生产具有明显的区域性，主要集中在东部沿海的江苏、浙江、山东三省，2013 年该三省共生产化学农药原药 195.48 万吨，占全国总产量的 61.27%。该区域内化工产业较为发达，产业聚集效应明显，为我国农药行业的规模扩张、产业整合与升级提供了有力的保障。

在上市企业方面，据不完全统计，目前我国上市的农药公司有 57 家，其中 17 家在深圳证券交易所上市，16 家在上海证券交易所上市，24 家在新三板上市。

57 家上市农药公司中，江苏省企业最多，达 13 家；其次为山东，7 家；浙江、安徽、广东、北京各 5 家（详见表 1-2）。

表 1-2　我国农药企业上市企业一览表

编号	公司简称	公司名称	上市时间	所在地	上市地点
1	红太阳	南京红太阳股份有限公司	1993-10-28	江苏	深圳证券交易所
2	长青股份	江苏长青农化股份有限公司	2010-4-16	江苏	深圳证券交易所
3	辉丰股份	江苏辉丰农化股份有限公司	2010-11-9	江苏	深圳证券交易所
4	蓝丰生化	江苏蓝丰生物化工股份有限公司	2010-12-3	江苏	深圳证券交易所
5	利民股份	利民化工股份有限公司	2015-1-27	江苏	深圳证券交易所
6	雅本化学	雅本化学股份有限公司	2011-9-6	江苏	深圳证券交易所
7	中旗股份	江苏中旗作物保护股份有限公司	2016-12-20	江苏	深圳证券交易所
8	利尔化学	利尔化学股份有限公司	2008-7-8	四川	深圳证券交易所
9	国光股份	四川国光农化股份有限公司	2015-3-20	四川	深圳证券交易所
10	华邦健康	华邦生命健康股份有限公司	2004-6-25	重庆	深圳证券交易所
11	联化科技	联化科技股份有限公司	2008-6-19	浙江	深圳证券交易所
12	沙隆达 A	湖北沙隆达股份有限公司	1993-12-3	湖北	深圳证券交易所
13	诺普信	深圳诺普信农化股份有限公司	2008-2-18	广东	深圳证券交易所
14	胜利股份	山东胜利股份有限公司	1996-7-3	山东	深圳证券交易所
15	正邦科技	江西正邦科技股份有限公司	2007-8-17	江西	深圳证券交易所
16	大北农	北京大北农科技集团股份有限公司	2010-4-9	北京	深圳证券交易所
17	丰乐种业	合肥丰乐种业股份有限公司	1997-4-22	安徽	深圳证券交易所
18	江山股份	南通江山农药化工股份有限公司	2001-1-10	江苏	上海证券交易所
19	扬农化工	江苏扬农化工股份有限公司	2002-4-25	江苏	上海证券交易所
20	苏利股份	江苏苏利精细化工股份有限公司	2016-12-14	江苏	上海证券交易所
21	钱江生化	浙江钱江生物化学股份有限公司	1997-4-8	浙江	上海证券交易所
22	升华拜克	浙江升华拜克生物股份有限公司	1999-11-16	浙江	上海证券交易所
23	新安股份	浙江新安化工集团股份有限公司	2001-9-6	浙江	上海证券交易所
24	湖南海利	湖南海利化工股份有限公司	1996-8-2	湖南	上海证券交易所
25	新奥股份	新奥生态控股股份有限公司	1994-1-3	河北	上海证券交易所
26	中化国际	中化国际（控股）股份有限公司	2000-3-1	上海	上海证券交易所
27	兴发集团	湖北兴发化工集团股份有限公司	1999-6-16	湖北	上海证券交易所
28	和邦生物	四川和邦生物科技股份有限公司	2012-7-31	四川	上海证券交易所
29	广信股份	安徽广信农化股份有限公司	2015-5-13	安徽	上海证券交易所
30	国发股份	北海国发海洋生物产业股份有限公司	2003-1-14	广西	上海证券交易所
31	农发种业	中农发种业集团股份有限公司	2001-1-19	北京	上海证券交易所
32	海利尔	海利尔药业集团股份有限公司	2017-1-12	山东	上海证券交易所
33	东宝股份	江苏东宝农化股份有限公司	2015-5-29	江苏	新三板
34	托球股份	江苏托球农化股份有限公司	2016-3-14	江苏	新三板
35	快达农化	江苏快达农化股份有限公司	2017-3-1	江苏	新三板
36	颖泰生物	北京颖泰嘉和生物科技股份有限公司	2015-10-20	北京	新三板
37	中捷四方	北京中捷四方生物科技股份有限公司	2015-7-2	北京	新三板

续表

编号	公司简称	公司名称	上市时间	所在地	上市地点
38	依科曼	北京依科曼生物技术股份有限公司	2015-7-14	北京	新三板
39	山东绿霸	山东绿霸化工股份有限公司	2015-11-10	山东	新三板
40	绿邦作物	山东绿邦作物科学股份有限公司	2016-2-24	山东	新三板
41	润丰股份	山东潍坊润丰化工股份有限公司	2016-7-13	山东	新三板
42	中农联合	山东中农联合生物科技股份有限公司	2017-3-22	山东	新三板
43	朝农高科	安徽朝农高科化工股份有限公司	2016-8-18	安徽	新三板
44	美兰股份	创新美兰（合肥）股份有限公司	2013-7-2	安徽	新三板
45	久易农业	安徽久易农业股份有限公司	2014-8-19	安徽	新三板
46	银农科技	惠州市银农科技股份有限公司	2015-8-25	广东	新三板
47	植物龙	广东植物龙生物技术股份有限公司	2016-12-6	广东	新三板
48	特普生物	成都特普生物科技股份有限公司	2016-11-17	四川	新三板
49	绿金高新	成都绿金高新技术股份有限公司	2017-3-22	四川	新三板
50	东方化工	河南红东方化工股份有限公司	2015-7-27	河南	新三板
51	新龙股份	江西新龙生物科技股份有限公司	2015-7-29	江西	新三板
52	禾益化工	江西禾益化工股份有限公司	2015-12-16	江西	新三板
53	东吴农化	宁夏东吴农化股份有限公司	2015-11-12	宁夏	新三板
54	新农股份	浙江新农化工股份有限公司	2015-1-27	浙江	新三板
55	嘉宝仕	内蒙古嘉宝仕生物科技股份有限公司	2016-5-20	内蒙古	新三板
56	微科生物	辽宁微科生物工程股份有限公司	2016-8-19	辽宁	新三板
57	先达股份	山东先达农化股份有限公司	2017-5-15	山东	上海证券交易所

1.3.3 农药登记管理有待改善

截止到2018年8月，在我国有效登记的农药有效成分将近600种，杀虫剂、杀菌剂、除草剂各占30%左右，植调剂及其他约占10%。有效的农药登记证34878个，原药4140个（11.87%），制剂30738个（88.13%），其中杀虫剂14220个，除草剂9151个，杀菌剂8909个，制剂中单剂21009个，混剂9729个。登记的各种农药剂型达133种。

可见，我国农药登记品种丰富、剂型多样，具有以下特点：

（1）同质化严重　长期以来，我国农药原药企业轻创制、重仿制，产品同质化现象较严重，目前国内约有2万种农药产品获得登记，而其中不同的有效成分仅为600多种，其余19000多种农药产品多为同质产品。一旦某个产品专利到期或技术突破，企业便一窝蜂登记。单品登记超过1000次的产品4种，超过500次的18种，超过200次的58种。表1-3显示了2016年我国登记的前20位农药的情况，从中也可以看出，我国农药同质化的严重情况。

表1-3　2016年登记的前20位农药的情况

排名	农药品种	类别	登记数	原药	制剂
1	阿维菌素	杀虫	1642	31	1611
2	吡虫啉	杀虫	1290	76	1214
3	高效氯氰菊酯	杀虫	1072	31	1041

续表

排名	农药品种	类别	登记数	原药	制剂
4	毒死蜱	杀虫	1064	70	994
5	辛硫磷	杀虫	997	17	980
6	草甘膦	除草	956	158	798
7	多菌灵	杀菌	953	21	932
8	代森锰锌	杀菌	877	30	847
9	高效氯氟氰菊酯	杀虫	783	43	740
10	莠去津	除草	776	24	752
11	福美双	杀菌	761	13	748
12	乙草胺	除草	703	33	670
13	啶虫脒	杀虫	689	49	640
14	氯氰菊酯	杀虫	630	30	600
15	苯醚甲环唑	杀菌	604	34	570
16	甲氨基阿维菌素	杀虫	586	18	568
17	戊唑醇	杀菌	584	48	536
18	苄嘧磺隆	除草	566	16	550
19	烟嘧磺隆	除草	535	54	481
20	甲基硫菌灵	杀菌	504	18	486

在我国登记在小麦上的 600 余个杀虫剂品种中：吡虫啉共 135 个，占了总数的 21%；敌敌畏 80 个，占了总数的 13%（图 1-4 所示）。

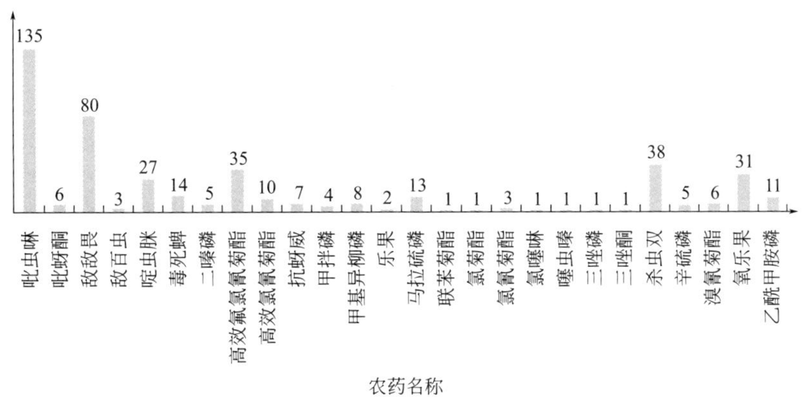

图 1-4　我国登记在小麦上的主要农药有效成分情况

（2）剂型集中　乳油登记数量占制剂总量的 31%，可湿性粉剂占制剂总量的 21.7%，悬浮剂、水剂、水分散粒剂、水乳剂、微乳剂、可溶粉剂、颗粒剂、可分散油悬浮剂占制剂总数的 34.3%。

（3）老产品多　在我国登记年限超过 15 年的农药有效成分其制剂登记数量仍然占了绝大多数。

（4）登记作物集中　产品大量登记在大田作物及种植面积大的经济作物上，水稻、棉花、小麦、柑橘、苹果、玉米、甘蓝、花生、油菜、黄瓜 10 种作物，登记频次达 32700 次以上，占 67%，登记数量前 21 的作物登记频次达 42900 次以上，占 88%，而种植面积较小的经济作物、特种作物、草药等无药可用。

1.3.4 农药生产[14]

目前，我国近 500 家农药原药生产企业，具有 600 多个原药品种的生产能力，常年生产 300 多个原药品种，据国家统计局统计，原药年产量突破 200 万吨，已经成为世界农药生产第一大国。但是我国农药企业存在数量多、规模小、水平低、行业集中度不高等问题。行业前十大企业产量占全国总产量的比重只有 19.5%，前二十大企业产量占到全国总产量的比重也只有 30.8%。我国农药行业在世界农药行业中虽然产量大，但整体销售额在世界农化销售额当中却仅仅占到 7%～9%，大而不强。

近年来我国农药行业发展迅猛，从 2001 年到 2013 年，我国农药产量由 69.6 万吨增长至 319.0 万吨，增长了 3.58 倍。以产量计，我国从 2006 年起已超过美国成为世界上第一大农药生产国。2013 年，农药产量相比于 2012 年大幅下降，2014 年我国农药总产量增长至 374.5 万吨，超过 2012 年国内产量水平，创历史新高。2016 年，国内农药产量再创历史新高，为 377.8 万吨。2017 年，是我国农药工业具有里程碑意义的一年，新版《农药管理条例》正式出台并实施，5 个配套规章已开始施行；6 个农药管理规定也将先后出台，与此同时，我国农药产量为 294.1 万吨，同比下降 8.7%。我国近十余年来的农药产量变化情况如图 1-5 所示，产量统计如表 1-4 所示。

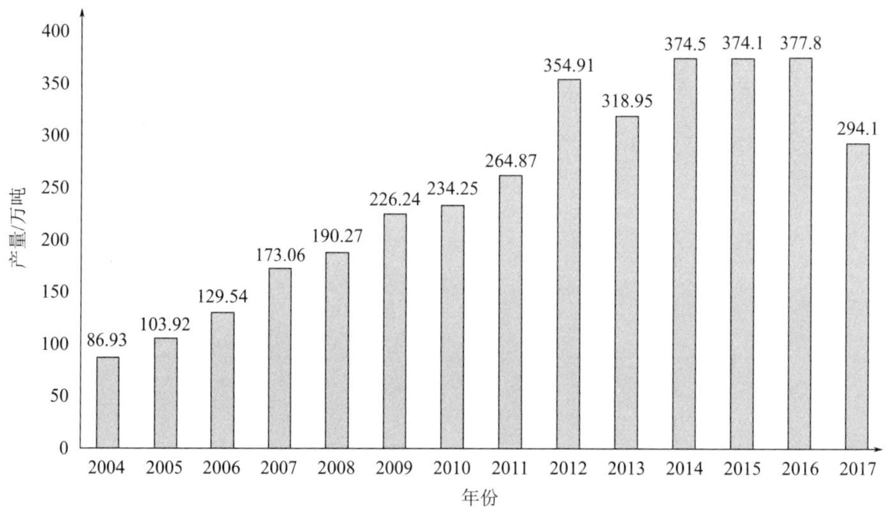

图 1-5 2004～2017 年我国农药产量

表 1-4 2004～2016 年我国农药产量　　单位：万吨

年份	农药	杀虫剂	杀菌剂	除草剂
2004 年	86.93	42.50	9.09	22.98
2005 年	103.92	43.42	10.54	29.69
2006 年	129.54	50.51	11.20	38.68
2007 年	173.06	60.03	13.70	56.19

续表

年份	农药	杀虫剂	杀菌剂	除草剂
2008 年	190.27	65.77	19.64	61.59
2009 年	226.24	79.67	23.97	81.59
2010 年	234.25	74.46	16.76	105.41
2011 年	264.87	70.92	15.03	117.47
2012 年	354.91	81.34	14.39	164.80
2013 年	318.95	61.27	20.35	179.98
2014 年	374.50	56.07	22.95	180.35
2015 年	374.1	51.35	19.11	177.40
2016 年	377.8	50.69	19.89	177.30

根据国家统计局统计，2013 年 1～12 月份（图 1-6），335 家规模以上农药原药企业产量达到 319.0 万吨，同比小幅增长 1.6%（表 1-5）。杀菌剂和除草剂产量均增加。其中，杀菌剂大幅增长 33.8%，69 家生产企业累计产量为 20.3 万吨，占农药总产量的 6.4%（上一年同期为 4.8%）；除草剂产量增加 8.6%，达到 180.0 万吨，占农药总产量的 56.4%（上一年同期为 52.8%）。同时，杀虫剂产量同比下降 9.0%，为 61.3 万吨，占农药总产量的 19.2%（2012 年同期为 21.4%）。行业重心向除草剂和杀菌剂转移的趋势较为明显。

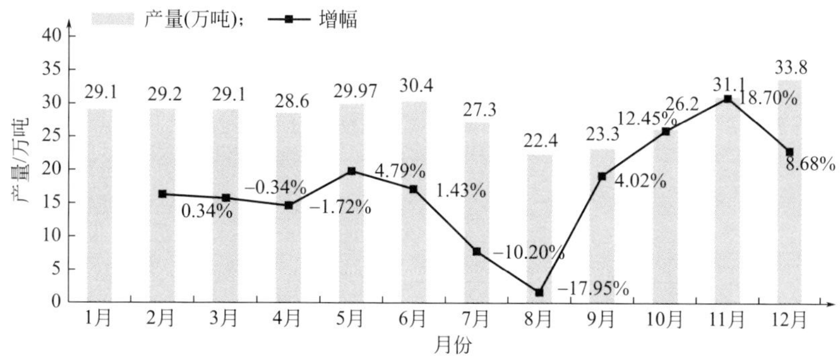

图 1-6　2013 年 1～12 月各月农药产量及月增幅

表 1-5　2013 年全国农药产量汇总　　单位：万吨

农药种类	企业数量	12 月			1～12 月累计		
		本月	上一年同月	同比/%	1～12 月累计	上一年同期累计	同比/%
化学农药	335 个	33.8	30.2	11.9	319.0	313.8	1.6
杀虫剂	135 个	6.0	6.2	−4.0	61.3	67.3	−9.0
杀菌剂	69 个	1.7	1.5	11.8	20.3	15.2	33.8
除草剂	109 个	18.6	16.3	14.4	180.0	165.7	8.6

表 1-6 显示了 2014 年 12 月及全年的农药产量分布情况，可见我国的农药生产主要集中在江苏、山东、河南、浙江等地。

表 1-6 2014 年我国各地农药产量统计 单位：t

地区	12 月	1～12 月累计
全国	370592.80	3743991.43
天津	498.55	8250.34
河北	7822.07	70680.16
山西	24	308
内蒙古	3661.50	51413.48
辽宁	1002.19	20652.99
吉林	—	12525.00
黑龙江	254.5	3164.10
上海	917.88	12959.02
江苏	94874.12	998067.92
浙江	28282.84	282813.08
安徽	19476.00	173757.42
福建	393.6	2210.27
江西	4958.56	46452.28
山东	87441.19	985657.74
河南	40125.30	305476.41
湖北	24702.37	243628.48
湖南	30189.65	243385.92
广东	2802.32	38419.25
重庆	334.43	5853.59
四川	16003.46	168603.79
贵州	29	1996.90
云南	0.55	47.64
陕西	1524.30	10916.20
甘肃	566	2792.15
宁夏	4708.42	53959.30

而从 2017 年我国各地农药的产量来看（表 1-7）：2017 年全国共有 25 个省份生产化学农药原药，其中，10 个省份呈正增长，大部分省份化学农药原药产量下滑。在 2017 年全国各地化学农药原药产量排行榜上，江苏省以年产量 124.47 万吨位居榜首，累计增长 3.09%。排名第二的是山东省，山东 2017 全年化学农药原药产量为 33.11 万吨，同比下滑 62.95%，不及江苏省全年化学农药原药产量的一半。湖北省 2017 年化学农药原药产量为 29.29 万吨，排名第三。值得注意的是：在 2017 年全国各省市化学农药原药产量排行榜中，江苏是化学农药原药产量超 100 万吨的省份。从增速来看：2017 年化学农药原药产量累计增速最快的是广西，2017 年广西化学农药原药产量达 2.09 万吨，累计增长 167.95%；其次为重庆市，2017 年重庆化学农药原药产量累计增速为 48.89%。

表 1-7 2017 年我国各地农药产量统计 单位：万吨

地区	12 月	1～12 月累计
河北	0.27	9.09
山西	0.01	0.06
内蒙古	0.21	2.66

续表

地区	12 月	1～12 月累计
辽宁	0.11	1.11
吉林	0.18	2.14
黑龙江	0.01	0.09
上海	0.07	0.70
江苏	11.04	124.27
浙江	2.70	24.36
安徽	1.23	10.86
福建	0.00	0.57
江西	0.40	3.54
山东	3.07	33.11
河南	2.35	19.42
湖北	1.74	29.29
湖南	0.63	5.70
广东	0.23	3.31
重庆	0.20	2.01
四川	1.27	14.28
贵州	0.00	0.34
云南	0.00	0.01
陕西	0.03	0.55
甘肃	0.06	0.53

中国农药工业协会 2012 年 10 月发布了 2011 年销售百强企业榜单。从企业的业绩来看，百强的入围门槛持续大幅提升，由 2010 年的 1.7 亿元提升到 2011 年的 2.0 亿元，入围门槛提升了 3000 万元，反映出企业规模实力增强。与此同时，2011 年农药百强的总销售收入达到 618.6 亿元，较 2010 年百强销售总额的 497.0 亿元增加了 121.6 亿元，增幅达到 24.5%。这充分显示了大型企业在经济和产业结构调整中发挥的作用越来越重要，也反映出农药产业作为刚性需求，市场正缓慢回升。

2012 年规模以上企业由 2011 年同期的 773 家增加到 800 家，增加了 27 家。国内行业兼并收购发生 13 起，多于 2011 年全年的 6 起，行业兼并重组加速迹象明显，为行业进一步做大做强打下了基础。

随后，2013 年，农药行业新增企业收紧，行业更多关注的是整合。2013 年行业整合有序进行。根据工信部公告，2013 年共有 12 家农药企业并购完成，包括 4 家原药企业和 8 家制剂企业。详细名单列于表 1-8。

表 1-8　行业兼并重组情况汇总

序号	企业	事件	类型	点评
1	河北赛瑞德化工有限公司	兼并天津市迎新农药有限公司	制剂	省外扩张
2	安徽华星化工股份有限公司	兼并安徽喜洋洋农资连锁有限公司	原药	扩张终端市场业务
3	安徽佳田森农药化工有限公司	兼并常州市植物药品厂	制剂	省外扩张

续表

序号	企业	事件	类型	点评
4	上海沪联生物药业（夏邑）有限公司	兼并上海艾科思生物药业有限公司	原药	原药企业并购制剂企业
5	河南波尔森农业科技有限公司	兼并呼和浩特市绿邦农药有限责任公司	制剂	省外扩张
6	湖南东永化工有限责任公司	兼并益阳市润野化工有限公司	制剂	省内并购
7	江苏景宏生物科技有限公司	兼并四川华丰药业有限公司	原药	制剂企业兼并原药企业转型为原药生产商
8	重庆树荣化工有限公司	兼并四川福达农用化工有限公司	制剂	省外扩张
9	广西兄弟农药厂	兼并广西贵港市恒泰化工有限公司	制剂	省内并购
10	陕西恒田化工有限公司	兼并山西宝元化工有限公司	制剂	省外扩张
11	陕西先农生物科技有限公司	兼并陕西加仑多作物科学有限公司	原药	企业合并，转型为原药生产商
12	山东澳得利化工有限公司	兼并百农思达农用化学品有限公司	制剂	省内扩张

1.3.5 新产品开发现状

在原药的创新方面，国内农药企业所生产的大多为跨国公司专利过期的仿制产品，缺乏自主知识产权的创制产品，本国创制的品种数量不足10%。当前我国创新的产品多数为结构创新品种。如苯醚菌酯、氟醚菌酰胺、氟唑活化酯、氟吗啉、啶菌噁唑、烯肟菌胺、烯肟菌酯、丁香菌酯、申嗪霉素、噻菌铜、氰烯菌酯、毒氟磷、氯啶菌酯、噻唑锌、唑菌酯、哌虫啶、环氧虫啶、硫氟肟醚、氯氟醚菌酯、丁吡吗啉、唑胺菌酯、甲噻诱胺、氟菌螨酯、环己磺菌胺、苯噻菌酯、二氯噁唑灵、噻虫酰胺、SYP-12194、H-0909、SIOC0426、ZJ1835、HNPC-A9092、HNPC-A8169、UWL-2004-L-13等。相关的品种市场占有率低，无法与国外的大品种进行“抗衡”。

在制剂的创新方面，其创新主要体现在3个方面：一是新剂型，减少或不用有机溶剂，开发以水为基质的或固体的高效新剂型，如水乳剂、微乳剂、水悬剂、干流动剂、微胶囊剂及高效种衣剂等；二是混配制剂，将不同作用机理、不同防治范围、不同作用方式的有效成分，科学搭配，加工成复配制剂，能极大提高药效，降低毒性，延缓抗性产生，降低防治成本；三是新的用途和使用方法，将农药用在新作物、新防治对象上，开发新的使用方法，挖掘老产品潜力，扩大农药应用范围。

现全球约每年耗用33亿美元的费用从事新农药的开发。适应当今社会发展需要，确保环境健康安全是当今新农药开发的关键点，从天然物质寻求新农药化合物是当今农药开发的重点之一。

自然界中生物源物质已成为开发新农药的主要源泉。如当今已为市场重点的新烟碱类杀虫剂、双酰胺类杀虫剂、吡唑类杀虫剂均源自植物，甲氧基丙烯酸酯类杀菌剂、阿维菌素类杀虫剂则源自微生物。这些类别已成为当今农药市场的主体，生物农药的开发方法有很大进步。

从前，寻找微生物农药要行千里路采万样土，分十几万株菌才能选得一种农用抗生素。有人从生长不良的病原菌丝中分离出对病菌生长具有抑制作用的新农用抗生素帕马霉素、孔卡那霉素、诺那霉素、吉米菌素等新药。有人将对某害虫的致毒 RNA 喷施到作物上，其他害虫摄入了该 RNA 后导致其基因排序被干扰，失去了应有的能力，达到了控制害虫的目的。

由以上方法制得的抗生素改变了过去劳民伤财的做法，使开发效率大大提高。有人研究植物自身繁衍生长而分泌“异株微生物质”，通过结构剖析，将其作为开发除草剂的先导化合物；还有人将乳酸菌开发成为防治果蔬作物腐败病的杀菌剂，并且已商品化。

1.3.6　近年我国农药进出口现状

中国是世界上生产农药数量最多的国家，不仅可满足我国农药使用需要，并且农药总产量的半数可供出口。中国是名副其实的农药出口大国，目前中国农药出口到全球 180 多个国家和地区。

越来越多的国内农药企业凭借成本优势融入全球市场，以原药或中间体的形式切入国际农药巨头的供应链，广泛参与全球竞争，农药行业进出口贸易顺差迅速扩大（如图 1-7 所示）[18]。

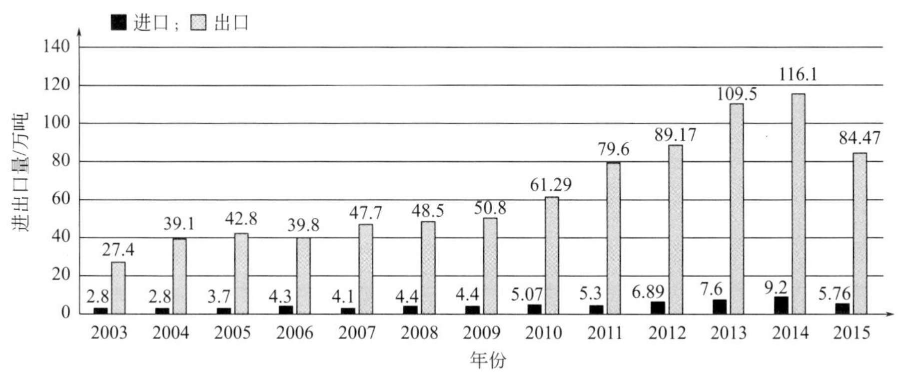

图 1-7　2003～2015 年我国农药进出口现状

2011 年以来我国农药原药和制剂出口比重结构优化日益明显，现在制剂占出口量的六成多，除草剂量最大，其次是杀虫剂和杀菌剂，以非专利大宗产品为主，品种超过 400 个。2015 年出口金额超过 1 亿美元的 10 个产品为草甘膦、百草枯、吡虫啉、烯草酮、毒死蜱、莠去津、麦草畏、阿维菌素、甲磺草胺、百菌清。

2012 年累计进口农药 6.89 万吨，同比增加 30.3%，进口金额 5.92 亿美元，增长 21.2%，平均进口单价 8592.2 美元/t，进口单价同比下降 7.1%。杀虫剂、杀菌剂和除草剂进口量均大幅增长。近年来，跨国公司专利品种大量涌入，逐步占据了高端市场的主导地位。此外，除草剂的价格下降最多，使得国内非专利农药品种销售受限，制剂市场空间被进一步压缩。跨国公司推出了农化产品和种子技术的综合方案，进一步冲击国内市场。

2012 年累计出口农药 89.74 万吨（实物量），同比增长 12.7%。出口农药占同期农药产量的 25.3%，出口金额 28.60 亿美元，平均出口单价 3187.0 美元/t，同比上涨 5.0%。其中除草剂原药出口 59.87 万吨，同比增长 19.4%，占同期出口量的 66.7%，占全国除草剂产量的 36.3%，平均出口单价为 3240.4 美元/t，上涨 7.1%。而杀菌剂出口量和出口金额都持续下降。2012 年累计贸易顺差 22.68 亿美元，同比上升 17.5%。

表 1-9 所示为 2013 年我国农药的进出口情况。根据海关总署统计（表 1-9），1～12 月累计进出口贸易总额 44.37 亿美元，同比增长 28.5%，远高于 2012 年的水平。贸易顺差为 30.5 亿美元，同比增长 34.7%。

表 1-9 2013 年 1～12 月全国农药行业进出口贸易总额及贸易差

行业及产品	进出口贸易总额			贸易顺（逆）差		
	1～12 月累计/万美元	上一年同期/万美元	同比/%	1～12 月累计/万美元	上一年同期/万美元	同比/%
农药	443717	345189	28.5	305383	226781	34.7
杀虫剂	105839	90215	17.3	75788	64159	18.1
杀菌剂	66776	60000	11.3	8064	7335	9.9
除草剂	254099	181228	40.2	220798	153297	44.0

根据海关总署统计（表 1-10），2013 年 1～12 月份，中国共进口农药 7.6 万吨，同比增加 10.6%，进口金额达到 6.9 亿美元，同比增加 16.8%。

表 1-10 2013 年 1～12 月全国农药行业进口统计表

行业及产品	12 月				1～12 月累计			
	数量/万吨	同比/%	金额/万美元	同比/%	数量/万吨	同比/%	金额/万美元	同比/%
农药	0.7	−10.7	5849	7.4	7.6	10.6	69167	16.8
杀虫剂	0.1	−40.0	598	−48.7	1.0	17.9	15025	15.3
杀菌剂	0.2	21.0	2378	45.4	2.7	12.1	29356	11.5
除草剂	0.3	−27.2	2256	3.7	2.4	−4.1	16651	19.2

图 1-8 所示为 2013 年 1～12 月各月农药进口量及进口金额。

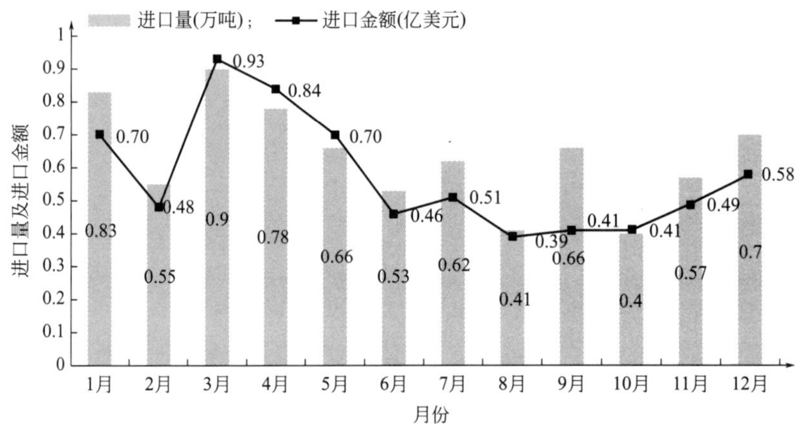

图 1-8 2013 年 1～12 月各月农药进口量及进口金额

2013 年 1～12 月份，中国共出口农药 109.5 万吨，同比增长 22.1%，这也是我国农药出口量第一年超过 100 万吨；出口金额达到 37.5 亿美元，增幅高达 31.0%（表 1-11）。

表 1-11　2013 年 1～12 月全国农药行业出口统计表

产品	12 月				1～12 月累计			
	数量/万吨	同比/%	金额/万美元	同比/%	数量/万吨	同比/%	金额/万美元	同比/%
农药	8.6	13.5	30581	19.3	109.5	22.1	374550	31.0
杀虫剂	1.6	－1.9	6696	6.0	22.5	16.9	90814	17.7
杀菌剂	0.6	8.6	3192	11.0	7.2	1.7	37420	11.1
除草剂	6.0	17.2	19854	25.3	75.6	26.3	237448	42.0

图 1-9 所示为 2013 年 1～12 月各月农药出口量及出口金额。

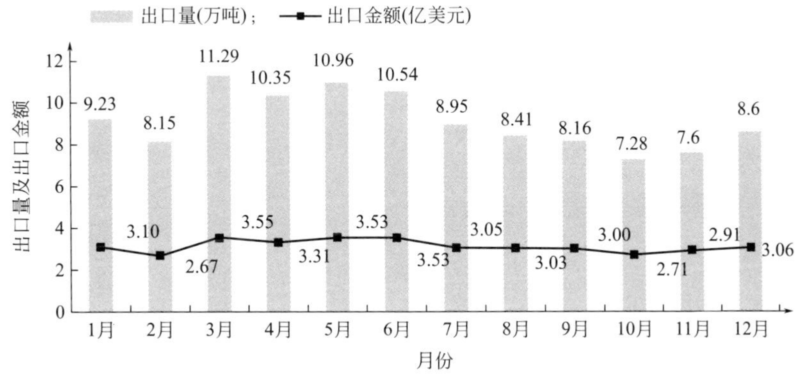

图 1-9　2013 年 1～12 月各月农药出口量及出口金额

从出口品类来看，杀菌剂仍是我国农药的薄弱环节，杀菌剂的出口量只占到农药总出口量的 6.6%，出口金额占比不足 10%，远低于全球农药市场杀菌剂 26%左右的份额，是我国农药行业需要突破的环节。

根据海关总署统计，2014 年我国农药进出口贸易总额 49.18 亿美元，同比增长 10.8%，贸易顺差 33.77 亿美元，同比增长 10.6%（表 1-12）。

表 1-12　2014 年我国农药进出口贸易总额及贸易顺（逆）差

产品类别	进出口贸易总额				贸易顺（逆）差			
	12 月		2014 年		12 月		2014 年	
	金额/万美元	同比/%	金额/万美元	同比/%	金额/万美元	同比/%	金额/万美元	同比/%
农药	40110	＋10.1	491752	＋10.8	24302	－1.7	337658	＋10.6
杀虫剂	9869	＋35.3	123202	＋16.4	7120	＋16.8	90004	＋18.8
杀菌剂	5876	＋5.5	73219	＋9.6	1324	＋62.6	9452	＋17.2
除草剂	22493	＋1.7	274361	＋8.0	16163	－9.1	238770	＋8.1

如表 1-13 所示，2014 年我国共进口农药 9.2 万吨，同比增长 21.3%，进口金额达到 7.70 亿美元，同比增长 11.4%。

表 1-13　2014 年我国农药进口情况

产品类别	12月				2014年			
	数量/万吨	同比/%	金额/万美元	同比/%	数量/万吨	同比/%	金额/万美元	同比/%
农药	1.0	+41.6	7904	+35.1	9.2	+21.3	77047	+11.4
杀虫剂	0.1	+65.7	1375	+129.8	1.1	+3.8	16599	+10.5
杀菌剂	0.2	−14.1	2276	−4.3	3.0	+10.5	31884	+8.6
除草剂	0.5	+61.2	3165	+40.3	2.9	+23.4	17796	+6.9

2014 年我国共出口农药 116.1 万吨（表 1-14），同比增长 6.0%，出口金额达到 41.47 亿美元，增幅达到 10.7%。

表 1-14　2014 年我国农药出口情况

产品类别	12月				2014年			
	数量/万吨	同比/%	金额/万美元	同比/%	数量/万吨	同比/%	金额/万美元	同比/%
农药	9.2	+7.6	32206	+5.3	116.1	+6.0	414705	+10.7
杀虫剂	1.9	+25.1	8494	+26.8	23.9	+6.2	106603	+17.4
杀菌剂	0.6	+0.4	3600	+12.8	7.5	+4.4	41336	+10.5
除草剂	6.3	+5.1	19328	−2.6	80.6	+6.5	256565	+8.1

从数据可以看出，我国农药行业对外贸易连续 3 年实现平稳增长，出口增长逐步放缓，进口增速日益加快。

在这种背景下，专家们从国际农药管理动向、海关进出口政策变化、农药进出口形势和农药境外登记法律法规等多个层面对当前农药进出口形势进行了分析。专家一致认为，在农药进出口实现稳定增长的同时，迎来了机遇与挑战，机遇是海关新政的实施将给农药进出口提供便利，而挑战是境外农药登记要求提高及国际农药管理风险加剧将给我国农药进出口带来新的压力。

根据 2014 年出口类别来看，2014 年前三个季度除草剂、杀鼠剂和植物生长调节剂出口量分别为 85.65 万吨、1.49 万吨和 0.06 万吨，出口量出现下降；杀虫剂和杀菌剂出口量有所增加，分别为 29.89 万吨和 11.27 万吨。

从我国农药的出口品种来看，2014 年出口位居前十位的品种分别为草甘膦、百草枯、吡虫啉、乙酰甲胺磷、毒死蜱、莠去津、灭多威、多菌灵、戊唑醇和氯虫苯甲酰胺。草甘膦、百草枯、吡虫啉继续保持前三位，乙酰甲胺磷增速较快，氯虫苯甲酰胺为专利期农药，专供出口。

从中国农药进出口境外登记情况来看，处于前十位的目的国分别是泰国、巴基斯坦、沙特阿拉伯、黎巴嫩、阿米尼加、埃及、玻利维亚、土耳其、尼日利亚、印度。很多国家的农药管理越来越规范。在中国农药境外登记前十大产品依然以老品种为主，41%草甘膦异丙胺盐水剂、95%草甘膦原药和 1.8%阿维菌素乳油位列前三，98%噻虫嗪原药首次进入前十名。

近年来，我国农药进出口基本呈现如下特点：农药进出口继续双增，出口增幅放缓，明显低于进口；农药出口量约占国内产量一半；原药出口持续双减，制剂进出口持续双增；出口以除草剂为主，约占 60%；进口以杀菌剂为主，约占 50%；出口品种多以非专利大宗品种为主；亚洲和南美洲是农药出口主战场；出口国家和地区多达 70 多个。目前，美国仍是中国最大的农药进口国。在国际市场上，中国农药的出口面临着来自印度的巨大挑战。

随着科技的快速发展和环保意识的提高，部分国家、地区对农药登记提出了越来越严格的要求，这成为我国农药出口的重要挑战。

2015 年我国农药出口总量为 150.9 万吨，总金额 72.8 亿美元，分别占进出口总量和总金额的 96.3%和 91.5%。我国每年也进口大量农药，进口农药以制剂为主，杀菌剂居多，品种涉及 200 多个有效成分，进口金额前十的品种为氯虫苯甲酰胺、五氟磺草胺、草甘膦、代森锰锌、噻虫嗪、苯醚甲环唑、嘧菌酯、戊唑醇、精甲霜灵、肟菌酯。2015 年我国农药进口总数量为 5.8 万吨，进口总金额为 6.8 亿美元，分别占进出口总数量和总金额的 3.7%和 8.5%。

2016 年中国农药主要出口品种排名前十位的分别是：草甘膦、百草枯、吡虫啉、百菌清、莠去津、毒死蜱、甲磺草胺、烯草酮、乙酰甲胺磷、多菌灵。出口数量分别达到 24.99 万吨、10.01 万吨、1.01 万吨、1.42 万吨、2.28 万吨、1.02 万吨、0.24 万吨、0.78 万吨、1.46 万吨、0.94 万吨，这十大品种农药出口金额达 17 亿美元。

2016 年 1～10 月中国向不同国家出口农药的品种存在较大差异，巴西、美国、澳大利亚、阿根廷、越南、印度尼西亚、泰国、俄罗斯 8 个国家在中国进口量最大的农药品种是草甘膦，而印度和巴基斯坦在中国进口量最大的农药品种为吡虫啉。

从全球大型农药企业的 2016 年各季度收入来看，全球农药市场在经历了 2015 年极度萧条后，已在 2016 年下半年出现了积极改善，收入降幅已开始收窄，甚至在第四季度实现了收入增长。

全球大型农药企业收入出现改善，直接拉动中国农药出口量的增长。除草剂出口量增速从 2016 年初的－6%攀升至年末的 17%；杀菌剂出口量增速从年初的 19%攀升至年末的 29%；杀虫剂出口量增速从年初的 2.5%攀升至年末的 20%。2016 年，中国农药出口量同比增长 19%（图 1-10）。

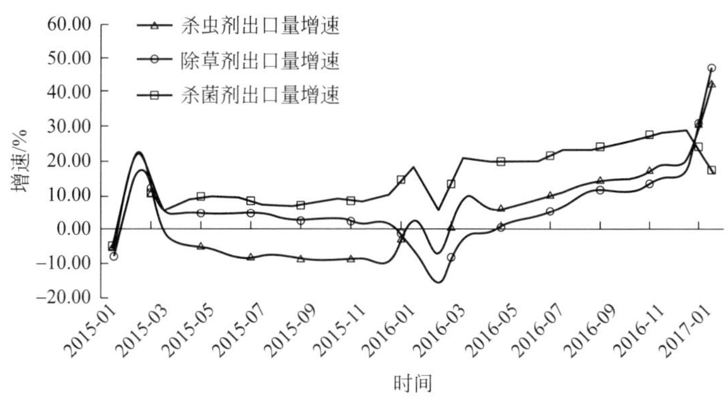

图 1-10　几年来中国农药三大品种出口量增速

海外巨头产能投入减少，我国农药产业地位愈发重要。2010 年以来，我国的农药产业已呈现出鲜明的出口导向型特征，而与此同时，海外巨头在固定资产上的投入增速却大大减缓，甚至出现了固定资产的收缩。在经济全球化形成的精细分工中，逐渐形成了国外创新型农药公司进行研发，而由中国企业对农药原药进行定制或是仿制生产并向国外出口的经济模式。2016 年，我国农药原药出口量达到 140 万吨，比上一年增长 19.2%，创下历史新高（图 1-11）。

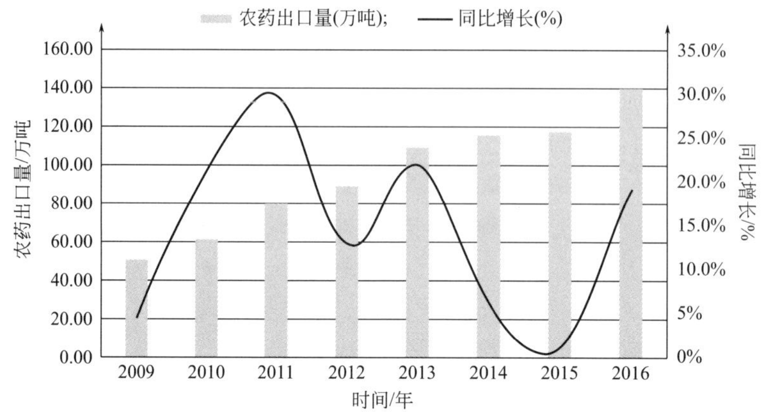

图 1-11　2009～2016 年我国农药出口量

图 1-12 表明，2008 年以来，我国的农药产量、净出口量以及增幅均呈现增加趋势。

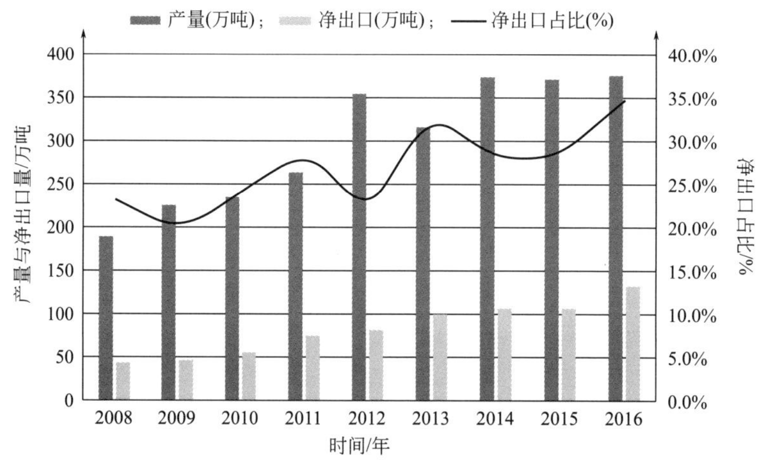

图 1-12　2008～2016 年我国农药净出口及比例

1.3.7　我国农药使用现状

以 2015 年的实用情况为例。据不完全统计，2015 年我国农业用药 92.64 万吨（商品量），折百量 30.00 万吨，比上一年减少 1.45%（表 1-15）。

表 1-15　农业用全国农药使用量（折百）统计　　单位：t

项目	2015 年	2014 年
总计	299982.92	304383.61
杀虫剂	108884.69	118245.54
杀菌剂	79998.92	79940.62

续表

项目	2015 年	2014 年
除草剂	107206.25	102336.62
植物生长调节剂	3845.17	3794.96
杀鼠剂	47.89	65.87

生物农药与上一年相比用药量上升的品种有：氨基寡糖素、芸苔素内酯（天丰素）、多杀霉素、甲氨基阿维菌素苯甲酸盐、核型多角体病毒、苏云金杆菌（Bt）、赤霉素、春雷霉素、浏阳霉素、蜡状芽孢杆菌等。用药量减少的是枯草芽孢杆菌、井冈霉素、阿维菌素、苦参碱、多抗霉素、申嗪霉素、乙基多杀霉素、印楝素等。

进入 2016 年后，我国的杀虫剂用量稳中有降。市场主要品种有机磷类（毒死蜱、三唑磷等）、抗生素类（阿维菌素及甲维盐等）、酰胺类（氯虫苯甲酰胺）及其复配制剂销量趋稳。大宗产品略降，其中噻嗪酮、敌敌畏、吡虫啉及菊酯类棉田杀虫剂销量明显下降。

杀菌剂用量趋于平稳。2016 年病害总体中等发生，由于 7 月梅雨季节造成的洪涝灾害，水稻细菌性病害发生严重，小麦赤霉病发生偏重。市场主要品种井冈霉素、三环唑、戊唑醇、丙环唑、苯醚甲环唑及其他复配制剂等用量较大。其中嘧菌酯、氰烯菌酯用量呈上升趋势，井冈霉素用量与往年持平，甲霜灵、甲基托布津、代森锌、代森锰锌用量基本平稳。

除草剂用量略有上升。由于种植结构调整和种植模式改变，尤其是水稻直播已经在湖北省部分地区普及，除草剂丙草胺在直播田用量上升。水田除草剂主要有苄嘧磺隆、乙・苄、丁・苄、丙・苄等。旱地除草剂主要品种为苯磺隆、氯氟吡氧乙酸、精噁唑禾草灵、炔草酯，乙草胺和草甘膦用量呈上升趋势。

植物生长调节剂及助剂用量上升。随着种植结构调整、农民认知度的提高以及局部气候的影响，加之企业自身的宣传与推广，植调剂的销量上升，主要品种为芸苔素内酯、多效唑、乙烯利及其复配制剂。

1.3.8　农药销售现状[19]

2015～2016 年农药行业已经触底。全球六大农药巨头纷纷抱团取暖，陶氏化学与杜邦、拜耳与孟山都、先正达与中国化工纷纷进行或准备进行合并。2016 年全球农药市场规模为 565.20 亿美元，与 2015 年相比，小幅下降 1.76%，降幅较 2015 年明显收窄。其中农用农药销售总额占总农药市场份额的 88%，为 499.85 亿美元，同比下降 2.39%；非农用农药实现销售总额 65.35 亿美元，同比上升 3.37%。2003～2016 年，全球农药市场规模的年均复合增长率为 4.7%，其中农用农药市场规模的复合增长率为 4.9%。

尽管全球农药市场销售规模自 2015 年开始，已连续两年负增长，但 2016 年下半年特别是第四季度，全球前十大农药企业中，除杜邦和富美实（FMC）以外，其他 8 家公司的收入同比变化已出现降幅收窄或由负转正，其中：先正达、巴斯夫、陶氏化学、安道麦（ADAMA）和纽发姆（NUFARM）的农药业务收入增速已实现正增长；拜耳和孟山都的农药业务收入降幅已大幅收窄。由此可见，全球农药市场在经历了 2015 年和 2016 年的持续下降后，目前已开始触底回暖，2017 年又重新进入增长轨道（图 1-13）。

2015 年、2016 年两年全球农药行业销售额萎靡不振的原因主要是：①全球油价长期徘徊于 40～60 美元/桶的中低区间，对南美、北美的燃料用途作物种植造成了较大压力，而这类作物种植成本对应的国际油价区间预计为 70 美元/桶左右；②农药施用量与农作物种

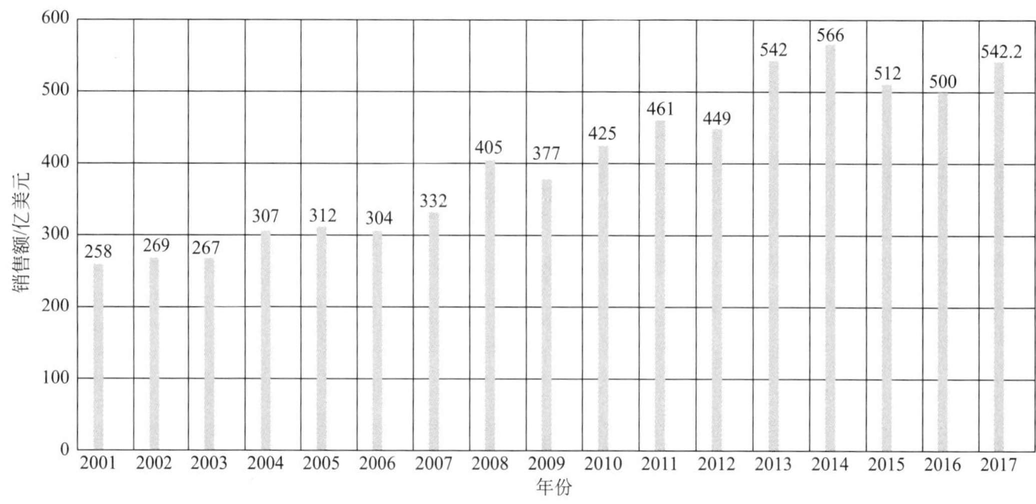

图 1-13　2001～2017 年全球作物保护用农药市场销售额

植面积直接相关，而种植面积又与农产品价格紧密相关。2015、2016 两年间，全球农产品库存高企，价格处于底部徘徊，种植面积增速放缓。

从 2016 年末开始，农药行业呈现出了回升的态势。首先，国际农产品价格出现触底反弹的迹象，小麦、玉米、棉花价格均出现一定程度的回升。同时，国际粮农组织统计的全球食品价格指数出现明显回升，显示农产品价格回升，向下游传导的渠道通畅。

新兴发展中国家将领衔农药市场增长。据统计，2012 年拉丁美洲和亚洲新兴市场的农药销售额占全球销售额 49.3%，北美和欧洲为 44.2%，发展中国家市场首次超过发达国家。发展中国家人口增速较快，稳定增长的粮食需求形成农药消费的刚性支撑，且居民粮食消费升级导致作物种植结构发生变化，对农药的需求进一步增加。近年来新兴发展中国家在农药市场上持续发力，巴西、中国、阿根廷农药消费额增长迅速，预计 2018 年主要发展中国家的农药市场规模将突破 200 亿美元，带动全球农药市场的回暖。

1.4　我国未来农药行业的发展

1.4.1　行业整合加速

根据《农药工业“十三五”发展规划》，“十三五”期间，我国农药原药生产进一步集中，到 2020 年，农药原药企业数量减少 30%，其中销售额在 50 亿元以上的农药生产企业 5 个，销售额在 20 亿元以上的农药生产企业有 30 个；国内排名前 20 位的农药企业集团的销售额达到全国总销售额的 70%以上；建成 35 个生产企业集中的农药生产专业园区，到 2020 年，力争进入化工集中区的农药原药企业达到全国农药原药企业总数的 80%以上；培育 2～3 个销售额超过 100 亿元、具有国际竞争力的大型企业集团；同时淘汰落后产能，制止低水平重复建设，限制产能严重过剩的农药品种。

2015 年 3 月 5 日，工信部公布了《关于 2014 年第二批不予备案新增农药生产企业的函》，指出我国已成为农药生产大国，企业数量众多，小、散、乱现象严重。根据《农药产业政策》和《农药工业“十二五”发展规划》的有关规定和要求，结合中央关于有效化解产能过剩矛盾的有关精神，原则上不再新增农药生产企业备案，应鼓励企业兼并重组，淘汰落后，提高产业集中度。从行业发展来看，集约化、规模化是农药企业做大做强的必由之路，随着行业竞争的加剧以及环保压力加大，我国农药行业正进入新一轮整合期。技术领先、机制合理、经营灵活的企业将成为行业整合的主导力量，通过行业整合有利于提高企业的国际竞争力，促进行业健康快速发展。

此外，近年来，我国开始加大对环保问题的重视，环保部门组织环保核查工作，在全国范围内掀起了一场环保风暴，很多业内人士希望环保压力会有所下降，结果环保压力反而上升，未来环保趋严将成为农药行业发展的主旋律。

环保收紧有望成为未来长期发展大趋势。国内污染情况日趋严重，政府出于环保压力关停高污染企业，农药本身高污染，高“三废”属性首当其冲。污染不达标小产能被迫停产，行业供给改善，环保督查常态化，利好行业供给收缩。自从 2015 年通过《环境保护督查方案（试行）》明确督查常态化以来，2016 年已经开启两轮督查，共督查 15 个省市，2017 年环保部长表态实现督查全覆盖，并亲自率队对六省市开启 2017 年首轮督查。

中国农药企业未来发展战略目标是：从理念到管理上缩小与国际大公司的差距，实施资本运营战略，加快企业重组步伐，扩大规模优势；调整产业、品种结构，增强品种优势；加强技术改造和自主创新，突出技术优势；开拓国内外市场，形成市场优势；加强终端市场建设，树立品牌意识；加大环保投入力度，承担社会责任；此外，关注并参与国际农药法规制定，积极应对非贸易壁垒。

除中国农药企业增强自身发展意识之外，政府还需采取以下宏观调控政策保障供给和有序发展：①优化布局，推动产业聚集，减少面源污染；②大力加强集约化、规模化、专业化、特色化结构调整；③提高创新能力，保护知识产权；④节能减排，保护生态环境；⑤培养主导品牌，规范市场秩序。

由于我国农药行业直接或间接管理的部门较多，加之农村经济相对滞后，由各地植保站、供销社组成的农技推广系统对植保技术推广和指导的作用未达到预期，从而也带来了农药滥用、错用等情况，对环境产生了一定不利影响。

随着近年来我国专业合作组织、种植大户、家庭农场数量的不断增长，以及农业产业化和集约化大发展，我国农业现代化水平进一步提高，农户对植保的技术服务提出更高的要求。优秀的服务水平，尤其是技术服务水平正逐渐成为农药企业核心竞争力之一，行业领先企业纷纷向“产品＋服务”转型。因此应大力加快行业整合，促进企业规模化、集约化运营，同时引导和促进我国小型企业转型。我国一些农药小企业将向植保服务机构或植保服务商转型，一些小型的资质不够的小企业将被关停。在加大研发投入、鼓励产品创新、改善产品结构等措施的激励下，将会有 100 家有影响的企业产生，优化产生 20～30 家具有国际竞争力的企业（图 1-14）。

1.4.2　生产过程绿色化与产品低毒、高效化

随着我国农药行业快速发展，环境污染和农药残留问题日益突出，并日渐影响到环境可持续发展及食品安全。为此，我国不断提高农药生产企业的环保要求，针对目前环保领域“违法成本低、守法成本高”的现状，将加大对环境违法行为的处罚力度。2014 年 4 月修订的《中华人民共和国环境保护法》规定企业事业单位和其他生产经营者违法排放污染物，受到罚款处罚，被责令改正，拒不改正的，依法作出处罚决定的行政机关可以自责令改正之日的次日起，按照原处罚数额按日连续处罚。另外针对高毒、高风险农药管理相关政策也相继出台，通过行政手段限制部分高毒农药的生产与使用范围，引导种植户科学合理使用农药、化肥。对于影响环境安全和危及农产品安全的农药品种，在农药登记环节实行一票否决制。

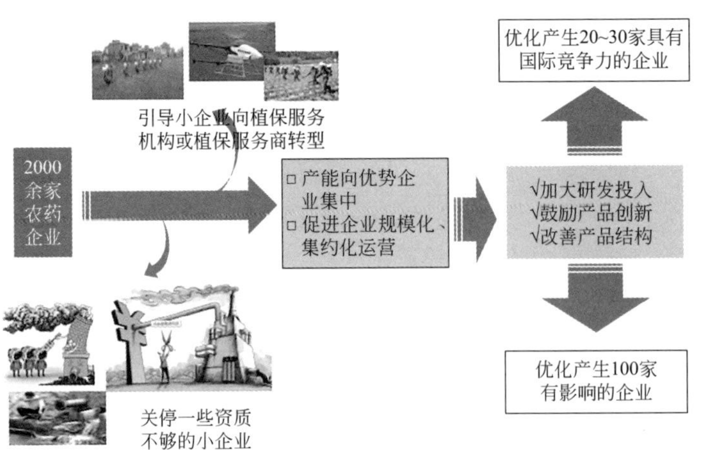

图 1-14　我国农药企业的发展趋势

未来农药剂型结构不断优化，以高效、安全、经济为目标的农药新剂型已逐步兴起，产品朝水性化、粒状化、缓释化、低毒化和多功能化方向发展。

1.4.3　原药、制剂一体化发展趋势

农药按能否直接施用一般分为原药和制剂。原药是以石油化工等相关产品为主要原料，通过化学合成技术和工艺生产或由生物工程而得到的农药，一般不能直接施用。原药研发生产对生产技术、生产工艺、环保和安全生产的要求较高，固定资产设备投资规模大。在原药的基础上，加上分散剂和助溶剂等原辅料，经研制、复配、加工、生产出制剂产品，制剂直接应用到农业生产，与产量、质量、环境保护、食品安全、生态稳定有密切关系。农药制剂主要以植物保护技术和生物测定为基础，以界面化学技术及工艺为研发和制造手段，生产过程对环境和安全的影响较小。制剂企业通过产品的深加工，掌握销售渠道资源，盈利水平普遍高于原药企业，部分实力较强的原药企业开始进入制剂领域；同时，部分制剂企业也逐渐向上游原药领域延伸，以获得行业内竞争的主动权。《石化产业调整和振兴规划》（国发〔2009〕16 号）也提出要努力实现原药、制剂生产上下游一体化的发展目标。

随着行业纵向一体化的发展，未来国内农药行业将呈现原药、制剂一体化发展的趋势。

1.4.4　生产工艺优化和制剂创新水平提升

由于创制农药开发成本高、难度大，国内农药企业难以承担巨额的新化合物创制费用，在产品研发上以次新化合物仿制为主，主要生产后专利时期的农药品种，具有自主知识产权的产品较少。仿制类农药企业的技术水平主要体现在原药合成工艺水平与制剂创新能力两方面。

对于化学农药原药生产，其核心技术为化合物合成技术，由于原材料、工艺路线的差异，可研发设计不同的工艺路线进行生产。工艺路线直接影响产品质量、成本以及对环境污染程度，最终影响该产品的市场竞争力。优秀的原药企业通过对化合物合成技术的不断优化和突破，提高工艺路线效率，从而形成在该领域的核心竞争优势。

农药制剂属于高附加值产品，一个农药品种的成功，离不开剂型的成功。农药剂型有许多种，且各具特点，通过制剂加工，不仅可减少用药量，延长农药使用寿命，还可提高作物产量。目前，我国制剂生产技术较落后，生产连续化、自动化程度低，平均每种原药只能加

工七八种制剂，而发达国家的每个农药品种可加工成十几种甚至几十种制剂。

随着行业整合加速以及环保压力加大，我国农药行业集中度将逐渐提高，有利于企业增加研发投入，带动原药合成工艺以及制剂水平的进步。

1.4.5　下游集中用药形成趋势

我国地域差异较大，气候条件多样，各地区农民有完全不同的种植习惯和用药习惯，且农作物种植单位面积小、品种多，用户数量大，导致农药需求呈现高度分散、品种多样化、差异化的特征。随着新农村建设的不断推进，土地流转政策落地，自然村将逐渐减少，土地的使用和耕种将越来越集中。自 2013 年中央一号文件首次提出“家庭农场”概念，鼓励、支持承包土地向专业大户、家庭农场、农民合作社流转以来，各地农民合作社、专业大户等快速涌现，农民群体总人数逐渐减少，土地迅速向专业种植机构及种植大户集中，农业现代化水平进一步提高，农药集中采购、集中用药、统防统治将成为趋势。

在此背景下，农药制剂企业的销售模式也将发生转变。原一家一户、分散购药的格局将被打破，农药施药主体将由农民个体逐步向种植大户、社会化服务组织转变。国内现有的农药经销商也将发生分化，原有的村级及部分乡镇级经销商将随着社会经济的变革退出农药经销市场，大大缩短厂家与终端用户之间的经销层级，甚至出现厂家与种植大户的点对点直接销售，并由厂家提供机械化植保服务的模式。

1.4.6　多策略的协同创新将得到发展

基于靶标导向、天然产物导向、中间体衍生化的农药创新策略，将农药纳入植保整体框架下的协同创新。

当前，基于天然产物的天然产物生物制剂（衍生物包括在内），比重占到了 69.3%。而基于天然产物结构的新农药创新，也将是我国乃至世界农药创新的主要方向之一。

1.4.7　其他

针对目前使用的 300 余个品种（基本为仿制）和同质化问题，需要加大开发推广省工、省力的高功效农药及施用技术，这是新形势下农民节本增收和提高农药利用率和劳动率的需要，也是现代农业生产安全需要，更是我国农药行业必须面临的重要问题。

参 考 文 献

[1] 尹仪民．现代农药工业的起步和发展的几个关键时期——庆祝建国六十周年．中国农药，2009 (8)：7-15.

[2] 黄瑞伦，邢其毅，周长海．种子消毒剂有机汞化合物的试制——汞制剂制备．科学通报，1950，6：411.

[3] 黄耀曾，王有槐．种子杀菌剂有机汞化合物试制的报导．科学通报，1950，1 (4)：262-263.

[4] 胡秉方，李首贞，陈万义．有机磷化合物的研究——Ⅰ．二硫代磷酸 O,O-二乙酯的氯化反应．化学学报，1956 (1)：51-56.

[5] 胡秉方，陈万义．有机磷化合物的研究——Ⅲ．二硫代磷酸 O,O-二烃基酯乙基汞盐的合成．化学学报，1956，22 (3)：215-222.

[6] 胡秉方，陈万义．有机磷化合物的研究——Ⅲ．二硫代磷酸 O,O-二烃基酯乙基汞盐的合成．化学学报，1956，22 (6)：478-484.

[7] 胡秉方，陈万义．有机磷化合物的研究——Ⅳ．几种醇与五硫化二磷的反常反应．化学学报，1958，24 (1)：112-116.

[8] 黄瑞纶．农业药剂在我国农业生产中的重要性及其发展的趋势．科学通报，1956，1 (6)：72-79.

[9] 刘景泉．杨石先文选．天津：南开大学出版社，2017.

[10] 我国农药的现状与趋势．中国农资网，2017-2-24. http：//www.agrichem.cn/n/2017/2/24/201722414402144167.shtml.

[11] 我国农药行业发展历程及发展现状分析．中国产业信息网，2016-01-13. http：//www. chyxx. com/industry/201601/379363. html.

[12] 环保趋严是未来农药行业发展主旋律．化工网，2017-05-25. http：//news. chemnet. com/detail-2370619. html.

[13] 中国农药工业发展现状和未来发展趋势．世界农化网，2014-07-17. http：//cn. agropages. com/News/NewsDetail---7606. htm.

[14] 2016 年中国农药行业发展趋势及竞争格局分析．产业网，2017-02-21. http：//www. chyxx. com/industry/201702/496560. html.

[15] 杨晓玲．2014 年我国农药进出口情况分析．农药快讯，2015，(5)：21.

[16] 顾倩倩．刘绍仁解读新农药管理条例 三大变化仔细看．《农药市场信息》传媒，2017-03-28. http：//www. pesticide. com. cn/zgny/ymkd/content/6402e9dd-1c4b-4311-a92a-0dd2ecdc9a92. html.

[17] 陈燕玲．57 家上市农药公司汇总表．农药快讯信息网，2017-04-27. http：//www. agroinfo. com. cn/other _ detail _ 4015. html.

[18] 顾林玲．我国农药登记总况及进出口情况分析．农药快讯信息网，2017-05-16. http：//www. agroinfo. com. cn/other _ detail _ 4076. html.

[19] 邹兰兰，付赫，沈衡，李楠竹．农药复苏大势所趋，细分品种迎爆发拐点．东北证券股份有限公司证券研究报告/行业深度报告，2017-03-27.

第 2 章
农药产业结构演变

经过 60 多年的发展，目前我国已能生产 500 多种原药、1000 多种制剂、几十种剂型。杀虫剂、杀菌剂、除草剂三大类农药产量的比例也由中华人民共和国成立初期的 90%：3%：3% 调整为目前的 34.6%：10.3%：32.4%。产品结构也更趋合理，一批高毒、高残留农药如六六六、滴滴涕、甲胺磷等先后被淘汰，从而使我国农药工业实现了健康可持续发展，为农业的丰产丰收和人民生活水平的提高作出了巨大贡献。

2.1 概述[1]

表 2-1 列出了我国农药原药变化的几个主要阶段。1980 年以前，我国杀虫剂生产以有机氯为主，其中六六六和滴滴涕的产量占杀虫剂产量的 60%以上；1983 年国内停止生产和使用六六六和滴滴涕后，有机磷杀虫剂得到迅猛的发展，成为杀虫剂的主导产品。

直到 20 世纪 90 年代之后，氨基甲酸酯和拟除虫菊酯类杀虫剂相关的产品得到了一定的发展。在“九五”期间，一些高效低毒的杂环类杀虫剂得到了比较快的发展，到目前，已占杀虫剂总产量的 50% 以上，而随着国家对高毒、剧毒的有机氯、有机磷采取“禁产禁用”措施后，一些高毒农药品种从占总产量的 70%下降到 20%以下。

1970 年以来，我国杀菌剂的生产一直处于上升趋势。特别是进入 20 世纪 90 年代以后，随着农业的发展，尤其是“菜篮子工程”的实施，我国水果、蔬菜的种植面积增长得很快，对杀菌剂的需求迅速增加，使杀菌剂产量得到较大幅度的提高，从 1990 年的 2.5 万吨，迅速增加到 2008 年的 19.6 万吨，年均增长率约为 10%。在 1985 年以前，我国杀菌剂以有机磷为主，在这之后，含硫类和杂环类杀菌剂得到迅速发展，其中硫代氨基甲酸盐及其类似物中的代森锰锌、福美双等和杂环类中的多菌灵和三环唑等发展比较快；而有机磷和苯类杀菌剂则下降较多。

随着农村经济的发展和农民生活水平的提高，化学除草的面积以每年 3000 万～5000 万亩的速度扩大，农村经济比较发达的江苏、浙江和广东以及大面积机械化耕作的东北地区，除草剂用量增加得更快。特别是 20 世纪 90 年代以来，除草剂产量从 2.1 万吨增加到 2008 年的 61.6 万吨，年均增长率达到约 30%。近 20 年中，国内除草剂结构也发生了比较大的变化，其中产量下降较大的是苯类及苯氧羧酸类除草剂，从 1980 年的 17751t 下降到 1998 年的 12814t，目前该类除草剂以 2 甲 4 氯和 2,4-滴为主。同一时期产量上升比较快的是酰胺类除草剂，从1980年的235t增加到1998年的19563t，年均增长速度为278%，目前该类除草剂的主要品种是丁草胺和乙草胺，还有近年来开发的异丙草胺和丙草胺。20世纪90年代以来，杂环类除草剂产量增加得很快，其中特别引人瞩目的是磺酰脲类超高效除草剂，如苯磺隆、烟嘧磺隆、苄嘧磺隆等，生产能力和产量虽然不高，但可防治面积却超过了其他许多类型的除草剂。

总之，经过六十多年的发展，高效、安全、经济、环保新品种已成为目前我国农药工业生产的主要品种。

表 2-1　我国农药品种的演变情况

起止年代	生产量较大的主要农药品种
第一阶段 （1950～1980年）	杀虫剂：六六六、滴滴涕、毒杀芬、氯丹、七氯、杀虫脒、氯化苦、磷化锌、甲拌磷、敌百虫、敌敌畏等 除草剂：2,4-滴、除草醚、五氯酚钠等 杀菌剂：硫酸铜、敌锈钠、稻瘟净、异稻瘟净等
第二阶段 （1980～2000年）	杀虫剂：甲胺磷、磷胺、对硫磷、久效磷、氧乐果、辛硫磷、水胺硫磷、克百威、杀虫双、氯氰菊酯、氰戊菊酯、克百威、灭多威、甲拌磷、马拉硫磷、三氯杀螨醇、杀虫双、杀虫单、噻嗪酮等 除草剂：草甘膦、百草枯、丁草胺、乙草胺、灭草松、莠去津、扑草净、敌草胺、绿黄隆、甲黄隆等 杀菌剂：井冈霉素、三唑铜、三环唑、多菌灵、甲基硫菌灵、百菌清、甲霜灵、退菌特等 植物生长调节剂：乙烯利、赤霉素、甲哌鎓等
第三阶段 （约2000年至今）	杀虫剂：吡虫啉、毒死蜱、阿维菌素、噻嗪酮、苏云金杆菌、啶虫脒、丙溴磷、三唑磷、乙嗪磷、哒螨灵、四螨嗪、噻螨酮、丁醚脲、烯啶虫胺、炔螨特、丁烯氟虫腈、氯噻啉，溴氰菊酯、联苯菊酯、氟氯氰菊酯等菊酯类农药，灭幼脲、氟啶脲、氟铃脲等昆虫生长调节剂等 杀菌剂：代森锰锌、丙环唑、苯醚甲环唑、异菌脲、福美双、戊唑醇、烯酰吗啉、咪鲜胺、氟硅唑、异菌脲、嘧霉胺、多抗霉素等 除草剂：精喹禾灵、高效氟吡甲禾灵、二甲戊灵、异噁草松、氟磺胺草醚、草铵膦、二氯吡啶酸、氯氟吡氧乙酸、烯草酮、精噁唑禾草灵、苯嗪草酮、硝磺草酮、烟嘧磺隆、苄嘧磺隆、单嘧磺隆、苯磺隆等 植物生长调节剂：复硝酚钠、胺鲜酯、丁酰肼、赤霉酸、氟节胺、吲哚乙酸、抗倒酯、氯苯胺灵、抑芽丹等

在产品的剂型变化方面，从中华人民共和国成立初期至20世纪60～70年代我国农药剂型主要以乳油、粉剂和可湿性粉剂为主，70年代以后，在高效新农药大量出现和施药技术进步及环保要求越来越严格的情况下，剂型的发展趋向精细化、环保化，至目前我国已能够生产水乳剂、水分散粒剂、悬浮剂、微乳剂、可溶粉剂、微胶囊剂等几十种农药剂型。近年来，随着人们环保意识的不断提高以及剂型加工技术的不断成熟，新的环保剂型逐渐受到人们的重视。

2.2　近十年我国农药产品结构现状

2.2.1　我国登记主要农药品种数量的变化情况

从登记的情况看（表2-2），近十年间，一共发出了27039个用于大田的农药正式登记证，具体情况如表2-2所示。从表2-2中可以看出，杀虫剂的数量为14371个，杀菌剂为9882个，除草剂为10281个，植物生长调节剂为902个，其中杀虫剂占了大多数。从表2-2以及近十年来的登记数量的变化趋势（图2-1）可以看出，2008年及2009年两年间，农药登记数量迅猛增长，其中2009年的登记数量超过8000个，而2008年也超过6000个，各种类型的产品在两年间的数量也迅猛增长。数量的迅猛增长，与“老产品清理”及相关政策有关。而 2009 年以后，登记数量则迅速下降，2011 年则出现了一个“拐点”，2012 年以后，登记数量出现缓慢增加趋势（图 2-1）。

表 2-2　2005～2017 年批准农药正式登记数量

种类	2005 年	2006 年	2007 年	2008 年	2009 年	2010 年	2011 年	2012 年	2013 年	2014 年	2015 年	2016 年	2017 年	合计
杀虫剂	179	128	241	2703	3585	1080	729	963	1079	971	1110	536	1067	14371
杀菌剂	54	89	276	1716	2083	616	378	574	705	835	868	565	1123	9882
除草剂	29	71	232	1735	2432	423	321	539	844	784	882	636	1353	10281
植调剂	8	2	19	145	229	73	35	23	60	51	87	42	128	902
合计	270	290	768	6299	8329	2192	1463	2099	2688	2641	2947	1779	3671	35436

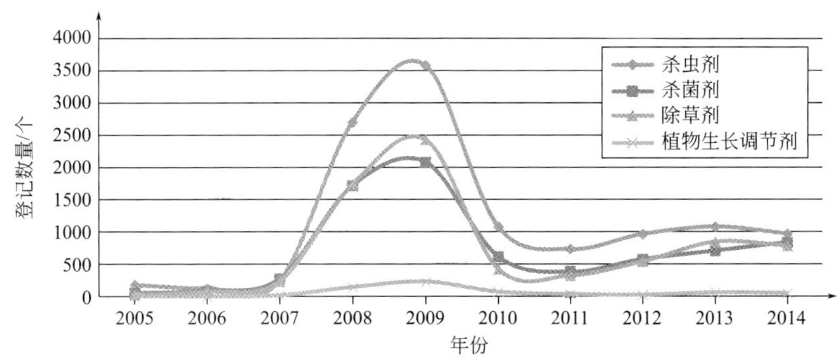

图 2-1　近十年来获得登记的农药品种数量变化趋势图

2.2.2　我国登记的农药品种结构及变化趋势

图 2-2～图 2-4 显示了我国登记的农药的有效成分情况，可以看出，登记的有效成分过于集中，杀虫剂中阿维菌素、吡虫啉、毒死蜱、辛硫磷等品种的数量巨大；而杀菌剂中多菌灵、代森锰锌为企业登记最多的有效成分；在除草剂中草甘膦、乙草胺等也是企业经常登记的有效成分。

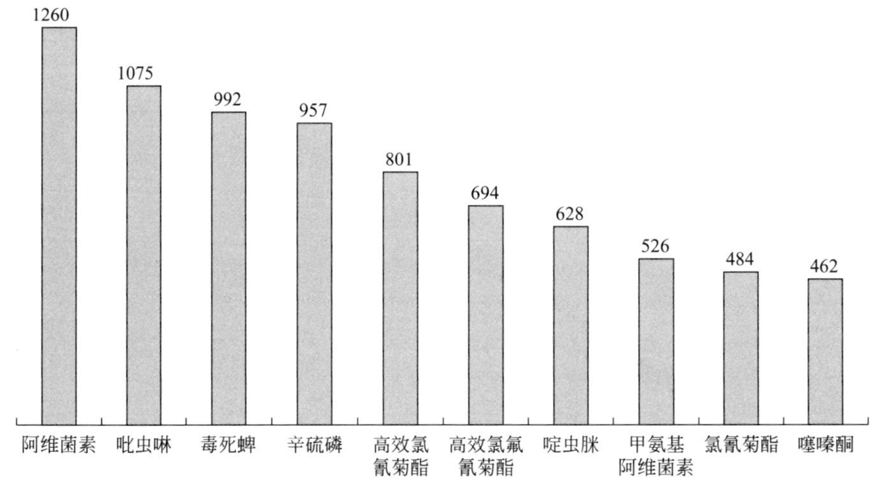

图 2-2　登记数量较多的杀虫剂有效成分（2015 年）

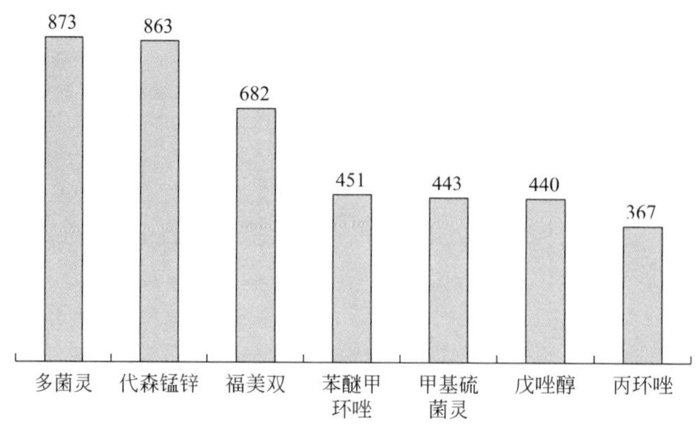

图 2-3 登记数量较多的杀菌剂有效成分（2015 年）

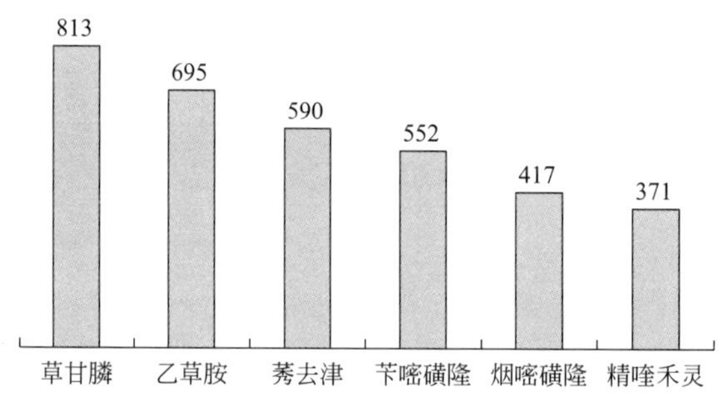

图 2-4 登记数量较多的除草剂有效成分（2015 年）

表 2-3 显示了 1983 年以来我国不同农药的占比情况，可以看出，在 20 世纪 80 年代，我国的除草剂比例十分低，而其所占比重逐步增大，到近年来达到了近 50%的比率。而杀虫剂所占比率呈现逐年下降趋势。杀菌剂的比率自 1983 年以来趋于平缓（图 2-5）。从表 2-3 可以看出，我国三大类农药产量的比例（杀虫剂：杀菌剂：除草剂）已由中华人民共和国成立初期的 90%：3%：3% 逐步调整到 1983 年的 82.47%：8.57%：0.34%，到 2008 年时，为 34.6%：10.3%：32.4%，2016 年的比例为 13.4%：5.3%：46.9%。农药的产品结构以及品种比例更趋合理，已接近发达国家水平。

表 2-3 我国自 1983 年以来主要农药的占比 单位：%

年份	杀虫剂	杀菌剂	除草剂
1983	82.47	8.57	0.34
1985	76.21	9.30	0.66
1990	78.77	3.33	6.80
1995	70.46	10.74	15.27
1996	71.27	9.76	15.82
1997	69.58	10.60	17.08
1998	70.15	10.72	19.11
1999	69.50	10.70	18.06
2000	61.30	10.60	18.00
2001	59.63	9.57	21.07

续表

年份	杀虫剂	杀菌剂	除草剂
2002	55.00	9.09	24.63
2003	55.0	9.2	24.4
2004	48.9	10.5	26.4
2005	41.8	10.1	28.6
2006	39.0	8.6	30.0
2007	34.7	7.9	32.5
2008	34.6	10.3	32.4
2009	35.20	10.60	36.10
2010	31.9	7.1	45.0
2011	26.9	5.7	44.3
2012	22.9	4.1	46.4
2013	19.2	6.4	56.4
2014	15.0	6.1	49.1
2015	13.7	4.9	47.4
2016	13.4	5.3	46.9

图 2-5 显示了我国近十年来不同的农药品种占比情况。近十年来，我国农药品种中，杀虫剂品种占据了主导地位，其登记的总数占了农药登记总数的 45.4%，除草剂的数量紧随其后，占有率为 25.4%，而杀菌剂的占有率为 26.7%，植物生长调节剂的占有率较低，仅为 2.4%，植物诱抗剂仅为 0.1%（图 2-3）。

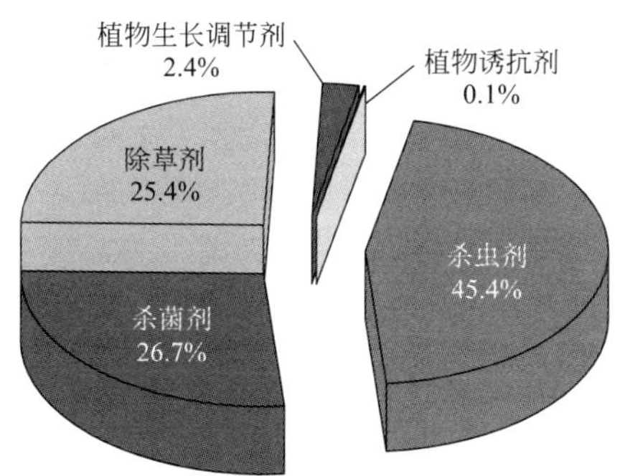

图 2-5　近年来我国登记的各农药品种的比例

图 2-6 中可以看出，2005 年以来，各种类型农药在当年登记总数的占比不尽相同。总的看来，除 2007 年杀虫剂的占有比例与除草剂相当（低于杀菌剂）外，其他年份的杀虫剂的比例均高于杀菌剂和除草剂。从变化趋势上看，杀虫剂的比例从 2005 年的近 70%迅速降低到 30%左右，而 2006 年又有所上升，到 2011 年到达了近十年来的另一个“顶峰”（50%左右），此后的三年，其占有比例逐年下降，预计今后可能在 35%左右徘徊。与此相反，杀菌剂和除草剂在 2005 年的比例均较低，到 2007 年时升高到近十年的“顶峰”，2007 年杀菌剂在当年登记总数的比例超过杀虫剂，随后的几年中，随着杀虫剂比例的提高，该两种类型农药的比例均逐步下降。在 2008 年及 2009 年农药登记总数增加较多的年份里面，两者所占比例均下降。其中杀菌剂下降速度较快，除草剂相对平稳。但到 2010 年时登记的除草剂在当

年总数的占有比例降到低谷（20%左右），此后其比例均稳步上升。从整体变化来看，近几年来，杀虫剂、除草剂以及杀菌剂在当年的占有率逐渐呈现“三分天下”的局面，预计这种局面可能会持续一段时间。此外，植物生长调节剂每年的登记数量均不多，其每年的占有比例变化也不是很大，这与植物生长调节剂的品种数量少有关，近十年，其在当年登记总数的占有率趋于稳定，今后也不会有太大变化。

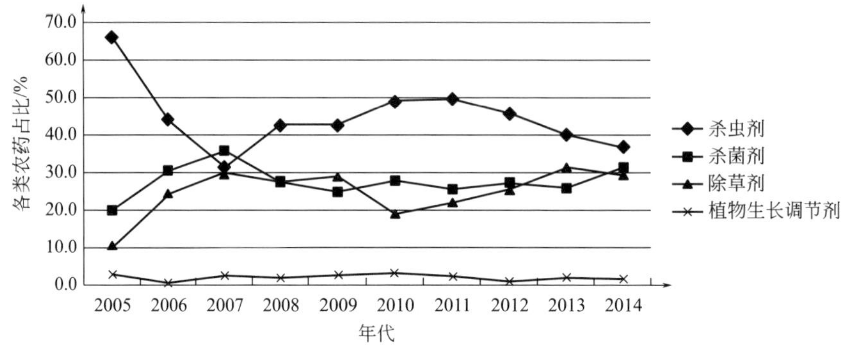

图 2-6　近十年来我国登记的各农药品种比例的变化趋势

2.2.3　近十年来我国登记的农药品种剂型情况

近十年来，我国登记的产品剂型主要包括了乳油、可湿性粉剂、颗粒剂、可溶粉剂、可溶粒剂、可溶液剂、水分散粒剂、水剂、水乳剂、微乳剂、悬浮剂等多种剂型，从当前的产品剂型结构看来，乳油、可湿性粉剂两种剂型占主导地位，其中乳油占了33.4%，占全部产品的1/3以上，该剂型可能因其药效、易于制备、成本较低等原因，备受国内农药企业的青睐，在近些年申请的产品中依然还占有较大比例。

图2-7显示了近十年来我国登记的各农药剂型变化情况，可以看出，乳油、可湿性粉剂在我国农药产品中的主导地位，特别是2010年之前，乳油、可湿性粉剂的主导地位尤为明显，但乳油剂型的使用带来了严重的环境问题。近年来，随着乳油助剂带来的环境问题日益突出，乳油助剂替代和农药剂型升级的问题刻不容缓，微胶囊、悬浮剂、水乳剂、水分散粒

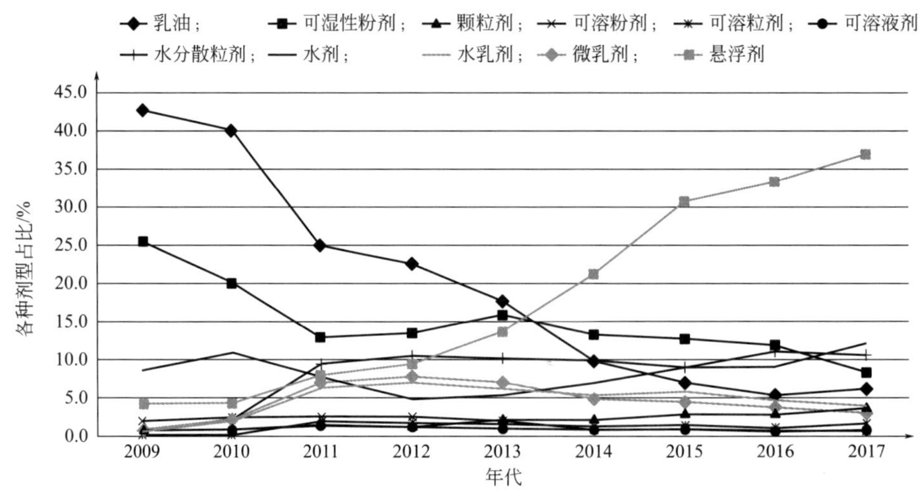

图 2-7　近十年来我国登记的各农药剂型变化情况

剂和缓释农药等环保剂型，已逐步开发出来，这些剂型产量逐渐增加，并逐渐往主导地位方向发展。与此同时，乳油品种的占有量急剧下降。预计未来几年乳油等不环保剂型的申报量还将下降，建议农药管理部门同时也出台相应的管理措施，逐步淘汰如乳油等非环保剂型，引导和鼓励向高功效型、环保型、省工省力型的农药剂型方向发展。

2.2.4　2013 年国内外登记产品情况对比

表 2-4 列出了 2013 年国内外几家代表性公司的农药登记情况，可以看出：

① 无论是单制剂品种还是混配制剂品种，在登记数量上，国内各企业在获得登记证数量上“完胜”国外几家大公司（图 2-8），部分企业获得的登记证数量是国外企业数量的总和。

表 2-4　2013 年国内外公司登记产品情况

公司名称	单制剂			混配制剂		
	数量	作物数	防治对象数	数量	作物数	防治对象数
广东省东莞市瑞德丰生物科技有限公司	183	191	193	82	88	88
广东中迅农科股份有限公司	78	89	89	46	47	48
深圳诺普信农化股份有限公司	161	174	174	64	68	68
广西田园生化股份有限公司	49	56	56	53	63	64
江苏龙灯化学有限公司	95	182	229	36	33	34
山东省青岛瀚生生物科技股份有限公司	81	98	98	36	37	37
陕西美邦农药有限公司	150	157	157	92	97	97
陕西上格之路生物科学有限公司	139	186	195	52	56	60
巴斯夫欧洲公司	39	89	106	8	31	38
德国拜耳作物科学公司	28	95	103	10	15	21
美国杜邦公司	23	54	72	6	21	24
美国富美实公司	23	65	101	0	0	0
美国陶氏益农公司	36	91	99	8	26	27
瑞士先正达作物保护有限公司	42	151	168	31	69	92

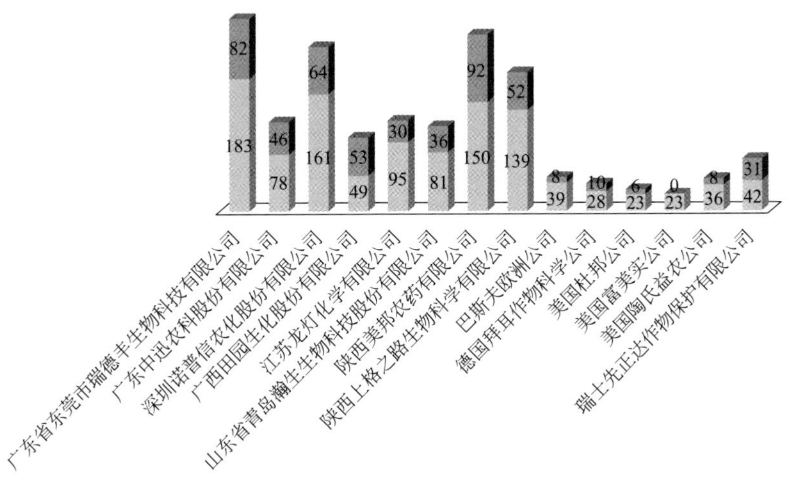

图 2-8　国内外公司产品数量对比

② 国外登记产品主要以单制剂品种为主，部分公司（富美实）没有混配制剂登记。

③ 从登记作物数与登记证数比（表2-5）来看，国内企业的登记作物数与登记证数比在1左右，相对较高的企业仅有江苏龙灯化学有限公司，为1.72。而国外公司，基本上一个产品能够应用近3种作物。

表2-5　2013年国内外登记产品的登记作物数与登记证数比

公司名称	登记证总数	作物总数	登记作物数与登记证数比
广东省东莞市瑞德丰生物科技有限公司	265	279	1.05
广东中迅农科股份有限公司	124	136	1.10
深圳诺普信农化股份有限公司	225	242	1.08
广西田园生化股份有限公司	102	119	1.17
江苏龙灯化学有限公司	131	215	1.72
山东省青岛瀚生生物科技股份有限公司	117	135	1.15
陕西美邦农药有限公司	242	254	1.05
陕西上格之路生物科学有限公司	191	242	1.27
巴斯夫欧洲公司	47	120	2.55
德国拜耳作物科学公司	38	110	2.89
美国杜邦公司	29	75	2.59
美国富美实公司	23	65	2.83
美国陶氏益农公司	44	117	2.66
瑞士先正达作物保护有限公司	73	220	3.01

④ 从登记产品的防治对象数与登记证数比（表2-6）来看，国内企业的防治对象数与登记证比在1左右，仅有江苏龙灯化学有限公司能达到平均1个品种的防治对象为2.10个。而国外公司登记的产品中，基本上可以达到一个产品能够防治约3～4个对象。

表2-6　2013年国内外登记产品的防治对象数与登记证数比

公司名称	登记证总数	登记的防治对象数	登记的防治对象数与登记证数比
广东省东莞市瑞德丰生物科技有限公司	265	281	1.06
广东中迅农科股份有限公司	124	137	1.10
深圳诺普信农化股份有限公司	225	242	1.08
广西田园生化股份有限公司	102	120	1.18
江苏龙灯化学有限公司	131	263	2.10
山东省青岛瀚生生物科技股份有限公司	117	135	1.15
陕西美邦农药有限公司	242	254	1.05
陕西上格之路生物科学有限公司	191	255	1.34
巴斯夫欧洲公司	47	144	3.06
德国拜耳作物科学公司	38	124	3.26
美国杜邦公司	29	96	3.31
美国富美实公司	23	101	4.39
美国陶氏益农公司	44	126	2.86
瑞士先正达作物保护有限公司	73	260	3.56

针对以上现象的形成及其原因，简要作如下分析：

① 国内登记的产品数量多，特别是复配制剂产品较多的现象，并不能说明企业研发能力的强大，相反，笔者认为国内登记产品具有“遍地开花”之嫌疑，一些混配产品的开发具有一定的盲目性和随意性。

② 国外公司现登记的产品中，很多产品均是具有自主知识产权的产品，虽然他们在数量上较少，但其产品在防治范围上体现了广谱性。

③ 国内产品登记数量过多的另一个原因可能出于一些企业“储备”的理念，一些产品虽然登记了，但可能没有真正“派上用场”，没有生产销售。

④ 在政策引导方面，应该加强对复配制剂的限制和引导，虽然农药复配能够起到克服抗性和延缓抗性等作用，但对复配制剂配比、配方的合理性以及含量的设定等缺乏严格的规范，这可能导致国内乱配乱用现象的产生。当然，这可能也与国内农民的用药水平和用药习惯有关。

参考文献

[1] 顾旭东．农药产品结构调整取得重大进展．中国农药，2009，8：7-16.

第 3 章 农药产业创新发展

3.1 创新体系发展

3.1.1 我国新农药研发平台建设情况

近十五年来，我国加大了新农药创制的投入，建立了一批国家级农药科技创新平台，该平台在国家各种创新体系的支持下，初步形成了新农药自主创新的研发体系和创制方法（见图 3-1），并在此基础上创制了一批具有自主知识产权的创制品种。

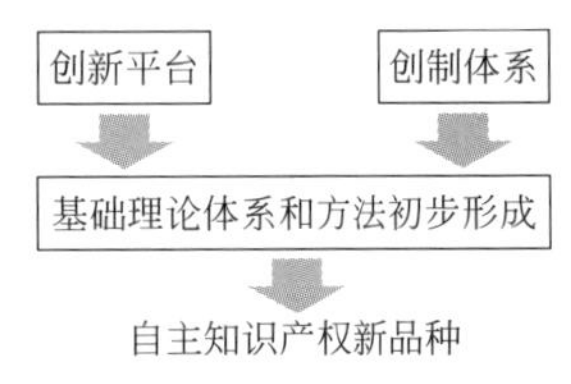

图 3-1 我国农药创制体系简图

以下简要介绍我国新农药科技创新体系的主要情况。

3.1.1.1 国家级农药科技创新平台

（1）国家南方农药创制中心　该中心建立于 1995 年，并于 2001 年 1 月经国家科技部验收通过进入运行状态，包括浙江、上海、江苏、湖南四个基地。该中心的主要任务是基于我国绿色农药研究的重大需求，从寻找新先导结构和作用靶标这一关键科学问题出发，构建基于生物学知识、计算机技术及现代化学合成技术的农药发现的创新研究体系。在此基础上，开展低用量、超高效、环境友好型新农药的发现和研究工作，为突破我国自主创新农药研究开发的瓶颈提供理论与技术上的指导，为我国环境生态及工农业可持续发展奠定绿色农药的理论及技术基础。

（2）农药国家工程研究中心　该中心经国家计委批准依托南开大学于 1996 年开始建设，建设单位是南开大学元素有机化学研究所。农药国家工程研究中心的主要任务和目标是开展新农药创制，开展新农药开发研究，开展新农药工程化研究，完成科研成果向生产力的转化。

（3）新农药创制与开发国家重点实验室　新农药创制与开发国家重点实验室依托沈阳化工研究院，实验室可以促进我国的农药创制研究从分子设计开始就牢牢掌握对环境友好的指标，自始至终考虑对新结构化合物的安全评价和环境评价，提倡超高效性农药，以有效改善对环境的影响。寻求具有新功能、新作用机制的新活性物，克服原来的不足，增进与环境的相容性。同时注意植物调控物质的研究，研究如何控制有害生物体的生长、发育和繁殖，提高生物选择性。把技术创新作为关键环节，及时掌握国际前沿动态，力争使我国成为能发明具有自主知识产权新农药的国家。

（4）国家农药创制工程技术研究中心　国家农药创制工程技术研究中心是 2005 年 12 月经国家科技部批准，依托湖南化工研究院组建的国家级工程技术研究中心，主要从事新农药创制、农药原药及中间体工程化、农药产品化学、农药残留化学、生态毒理、环境行为、农药生物学、化工分析检测、仪器仪表计量检定等领域的研究与开发及技术服务。

（5）国家生物农药工程技术研究中心　该中心依托湖北省农业科学院，是于 2011 年 1 月 7 日由国家科技部批准的生物农药工程技术研究单位。实验室主要开展生物农药关键性及共性技术的研究，在相关技术成果集成基础上开展生物农药的工程化与产业化开发研究。最终建成我国乃至国际上生物农药研发、生产、应用研究的技术平台和相关研发人才的培养基地，为我国生物农药产业的可持续发展提供重要的技术支撑。

（6）绿色农药与农业生物工程国家重点实验室培育基地　该培育基地依托于贵州大学精细化工研究开发中心，实验室主要围绕解决制约我国粮食安全、农作物有害生物防控及农产品质量安全的重大问题，以西部生物资源为导向，开展绿色农药创制和分子靶标发现、有害生物持续控制技术、农药分析与环境效应、绿色合成技术研究。

3.1.1.2　省部级农药科技创新平台

除了上述国家级新农药创制平台之外，我国也相继成立了一批省部级新农药创制实验室，主要包括：

① 由中国农业科学院植物保护研究所和中国农业大学理学院联合组建的农业部农药化学及应用技术重点开放实验室；

② 依托于华南农业大学的天然农药与化学生物学教育部重点实验室，主要从事植物性农药、植物保护剂、农药残留和环境毒理、有害生物抗性机制与抗性治理、农药剂型加工与应用、农药生物技术和新农药设计与合成等方面的研究工作；

③ 依托于贵州大学精细化工研究开发中心建立的绿色农药与农业生物工程教育部重点实验室，主要从事绿色农药设计、合成及靶标发现与作用机制、绿色农药及功能分子的工艺路线学、农药分析与环境效应、农作物重大病虫害持续控制等研究；

④ 依托华中师范大学的农药与化学生物学教育部重点实验室，主要从事绿色农药的分子设计与合成、新农药创制中的有机工艺路线学、农药残留分析与环境化学、与农药药理相关的分子生物学等方面的研究工作；

⑤ 依托中国农业大学的植物生长调节剂教育部工程研究中心，是在中国农业大学作物化学控制研究中心基础上，整合校内外力量建设起来的，是目前植物生长调节剂领域唯一的部级工程研究中心；

⑥ 农药产业技术创新战略联盟，该联盟成立于 2010 年 4 月，旨在投身于农药产业技术进步，该联盟由从事农药原药、中间体、制剂、助剂以及相关产品的研究、开发、生产、制造、服务的企、事业单位自愿组成。

3.1.2　我国新农药创制体系发展情况

从“七五”（1985～1989）以来，我国就有了自主农药，但我国新农药创制从“九五”开始。“九五”期间，南北两个农药创制中心的建设，标志着我国农药创制研究的正式起步；“十五”期间，主要进行新农药创制研究与产业化关键技术开发；“十一五”期间主题是农药创制工程；“十二五”期间，在前期工作的基础上，“国家‘十二五’科技支撑计划”以及“绿色生态农药的研发与产业化”项目，主要对前面发现的候选药物进行产业化开发。

此外，国家自然科学基金（NSFC）、973 计划及 863 计划等项目也对我国新农药的创制提供了有力的资金支持，在这些资金的资助下，我国在新农药的基础理论研究和新农药创制方法研究等方面取得了初步的进展，形成了初步的科技创新基础理论体系和方法。

3.1.3 我国开展新农药创制的主要单位

目前我国开展新农药创制的主要单位包括高校和部分科研院所，已有少量的企业进行新农药的创制。

3.1.3.1 高校

当前，我国参与新农药创制的高校主要包括：贵州大学、南开大学、华中师范大学、华东理工大学、中国农业大学、西北农林科技大学、上海交通大学、浙江工业大学、南京农业大学等，这些高校均有一些产品商业化。另外一些高校如上海师范大学也在新农药的创制研究方面开展了一些积极的工作。

3.1.3.2 科研院所

我国有许多科研院所也参与新农药的创制研究，许多科研院所改制为企业。从事新农药创制的企业主要包括：江苏农药研究所、湖南化工研究院、上海市农药研究所、中国科学院大连化学物理研究所、沈阳化工研究院、四川化工研究院、浙江化工研究院、中国科学院过程工程研究所、中国科学院上海有机化学研究所等。

3.1.3.3 企业

（1）主要参与新农药创制的企业　当前，我国从事新农药创制的企业极少，除了上述部分科研院所转型为企业之外，只有浙江龙湾、大连瑞泽、江苏扬农、山东中农联合等少数企业进行自主的农药创制开发。

（2）我国农药企业在新农药创制方面扮演的角色　由于新农药创制存在高投入、高风险等因素，我国的大多数农药企业往往不愿意投入资金到新农药的创制研究中，而往往愿意去“争抢”即将到期的专利。这就难免导致我国的农药企业在竞争中处于弱势地位。但是尽管如此，我国已有少数企业进行了新农药品种的研究开发，尽管其结构并不新颖，但这些企业意识到了没有自主知识产权的弊端。在我国没有进行科研院所的转型之前，进行农药创制的企业寥寥可数，但是随着部分科研院所的转型，企业将成为我国新农药创制的主力军。例如，沈阳化工研究院、湖南化工研究院等单位，近几年来新农药的登记数量明显增加，已经成为我国新农药创制过程中的主要力量。

3.2 创新技术发展

长期以来，我国学者在新农药创制理论模型方面的研究相对薄弱，没有足够的发言权，很少有中国学者的工作作为主流的模型为国际学术界所承认。近几年来，我国学者在杀菌抗病毒新靶标及先导发现理论及方法等方面取得了显著的成绩，提出了多个原创性的模型和方法，产生了显著的国际影响。

3.2.1 中间体衍生化方法

沈阳化工研究院刘长令教授创新性地提出了独特的“中间体衍生化方法”，受邀为国际权威杂志《Chemical Reviews》撰写了文章“Application of the Intermediate Derivatization Approach in Agrochemical Discovery”[1]，详细地介绍了其提出的新农药创新方法“中间体衍生化方法”的实质与应用，给出了大量利用该方法创制新农药品种的实例。在新农药创制的时间、投资、效率等多方面均得到了优化与改善，大大提高了新农药创制成功率，为新药创新领域提出了一种新方法、新思路，有利于提升新药创制水平和增强知识产权保护意识，提高候选品种命中率。IDMs（中间体衍生化方法）应用潜力巨大，在国内外医药、农药创制领域，引起了国际同仁广泛关注。

中间体衍生化方法从化学的角度出发，把复杂问题简单化，应用效果很好。其内涵有三（如图 3-2 所示），即：①利用中间体进行化学反应，设计合成新化合物，然后筛选，发现先导化合物，再经优化发现新农药品种；②利用简单的原料，通过化学反应合成新的中间体，利用该中间体替换已知农药或医药品种化学结构中的一部分，得到新的化合物，经进一步研究，得到新农药品种；③利用已知的具有活性的化合物或农药品种作为中间体，进行化学反应，设计合成新化合物，经筛选、优化研究发现新农药品种。利用该方法已成功研制杀菌剂唑菌酯、丁香菌酯、唑胺菌酯，已产生很好的经济和社会效益，其中唑菌酯获得中国发明专利奖优秀奖、2014 年度中国石油和化学工业联合会技术发明奖一等奖。而杀螨剂嘧螨胺、杀菌剂双苯菌胺在办理登记中；杀虫化合物 SYP-3409、4380，杀菌化合物 9069，杀虫杀螨化合物 2260，杀螨化合物 4523，除草化合物 2194 等也在研究开发中。

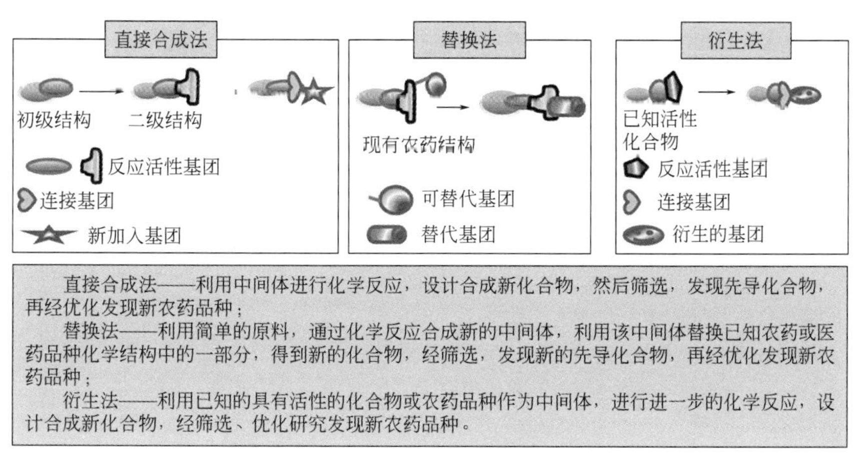

图 3-2　中间体衍生化方法及其内涵[1]

3.2.2　基于分子三维形状及药效团特征的先导方法

华东理工大学提出了基于分子三维形状及药效团特征的相似性比较进行骨架跃迁寻找新活性母核，综合考虑了特征相似性和分子形状相似性分子叠合的优缺点，对于提高虚拟筛选的命中率以及骨架跃迁的效率具有重要的意义（图 3-3）。利用该方法[2]，华东理工大学获得了近 200 个活性骨架，为后期新结构的发现打下了良好的基础。

3.2.3　基于活性碎片的药物分子设计

南开大学赵卫光等提出了基于已知活性碎片结构，结合计算机辅助药物分子设计手段，进行合理设计，从而发现新农药的方法，提出了新的“基于活性碎片的药物分子设计”（图 3-4）[3]，摆脱了对蛋白质三维结构的依赖。他们从已有纤维素合成酶抑制剂结构当中，抽提药效团，将二烷氧基苯结构引入缬氨酸酰胺类化合物当中，发现了高活性的化合物。进一步提高化合物结构的柔性，发现了多个活性超过烯酰吗啉的高活性化合物。

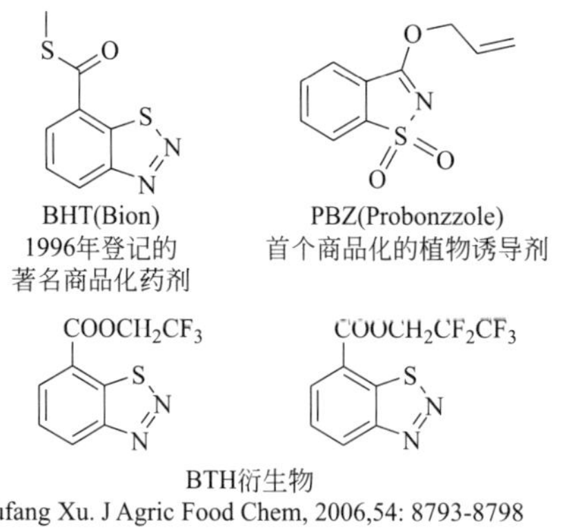

BHT(Bion)
1996年登记的
著名商品化药剂

PBZ(Probonzzole)
首个商品化的植物诱导剂

$COOCH_2CF_3$

$COOCH_2CF_2CF_3$

BTH衍生物
Yufang Xu. J Agric Food Chem, 2006,54: 8793-8798

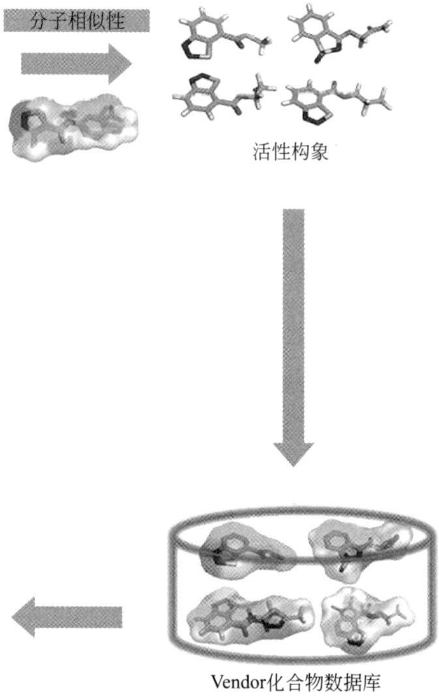

分子相似性

活性构象

Vendor化合物数据库

模板

匹配结构	防效/%		
	水稻纹枯病	黄瓜黑星病	黄瓜褐斑病
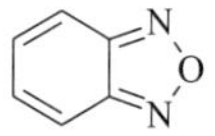	21.11	71.80	—
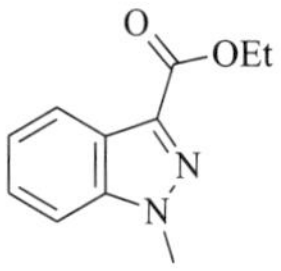	—	67.09	48.35
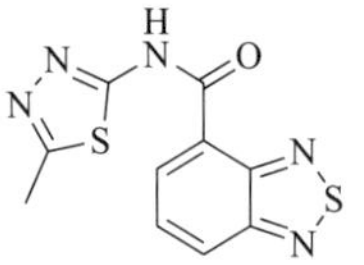	75.31	17.41	—
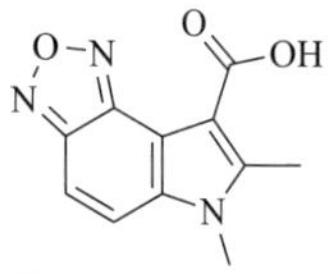	—	76.24	60.33

图 3-3　基于分子三维形状及药效团特征进行骨架跃迁发现新结构的先导方法

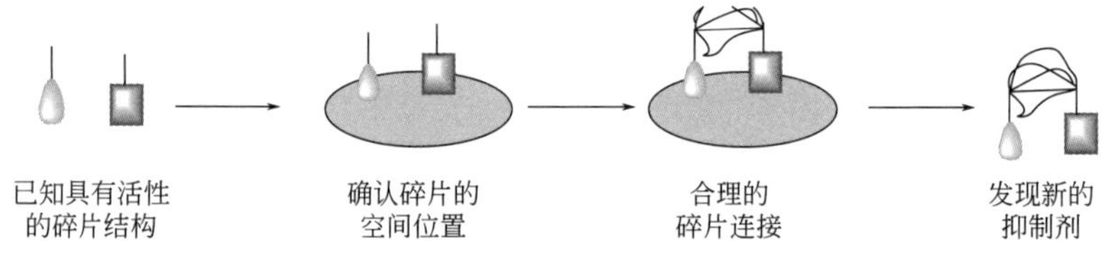

图 3-4　基于活性碎片的药物分子设计

3.3　我国农药创新品种

3.3.1　杀虫剂的研发情况

3.3.1.1　双酰胺类杀虫剂

我国在双酰胺类杀虫剂的创制方面，更为准确地讲，应该属于在“me too”基础上的“me best”，经过多年的研究，虽然在双酰胺类杀虫剂活性发现等方面超越了国外一些商品化农药的活性，但其结构上并不能体现原始性，大多数活性结构均基于国外商品化农药。更为重要的是，由于受到“先入为主”的影响，我国自主创制的双酰胺类杀虫剂是无法与国外品种竞争的。当前，已经商品化的双酰胺类杀虫剂主要有氟苯虫酰胺（flubendiamide）、氯虫苯甲酰胺（chlorantraniliprole）、氰溴虫酰胺（cyantraniliprole）（图 3-5）。当前市场上的主打品种的专利权均掌握在国外公司手中。特别是自从“氯虫酰胺”商品化以后，便掀起了邻苯二甲酰胺类杀虫剂的创制热潮，国外农药大公司如杜邦等在“氯虫酰胺”的结构基础上发现了一批具有高杀虫活性的邻苯二甲酰胺类化合物[4]（图 3-6）。

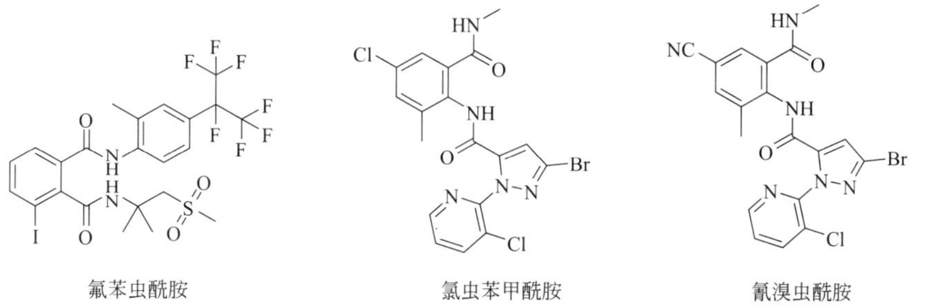

氟苯虫酰胺　　氯虫苯甲酰胺　　氰溴虫酰胺

图 3-5　国外开发已商品化双酰胺类杀虫剂的化学结构

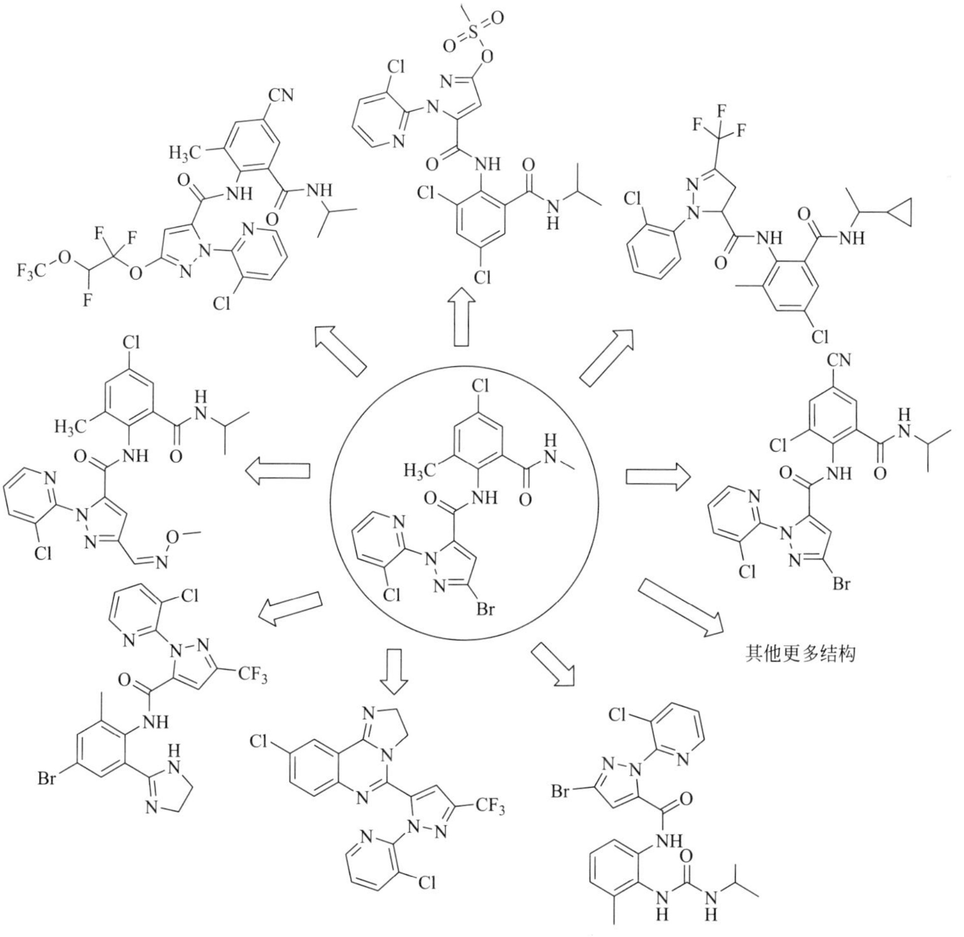

其他更多结构

图 3-6　部分国外公司基于氯虫苯甲酰胺结构发现的吡唑酰胺类化合物

我国的农药研究者对该类化合物的研究表现出了极大的热情，近些年来，国内的科研院所如南开大学、沈阳化工研究院、江苏农药研究所、湖南化工研究院以及贵州大学等也纷纷投入到该类杀虫剂的工艺路线创制中来，都针对“氯虫酰胺”的结构进行修饰和改造，也发现了许多具有杀虫活性的邻苯二甲酰胺类及邻氨基苯甲酰胺类新化合物（图 3-7）。例如李正名院士课题组将“氯虫酰胺”中链接桥部分改造成为（硫）脲桥结构（图 3-7，化合物 **1**），得到了一批高杀虫活性含脲及硫脲结构的“氯虫酰胺”类似物，且结构十分新颖[5]，但该项专利没有获得授权。此外，他们将吡啶环改为硝基取代苯基，也得到了具有高活性的邻苯二甲酰胺类化合物 **2**，其成本相对于“氯虫酰胺”来说大大降低，同时保持了优异的杀虫效果[6]，对部分害虫的活性好于“氯虫酰胺”，具有良好的开发前景。

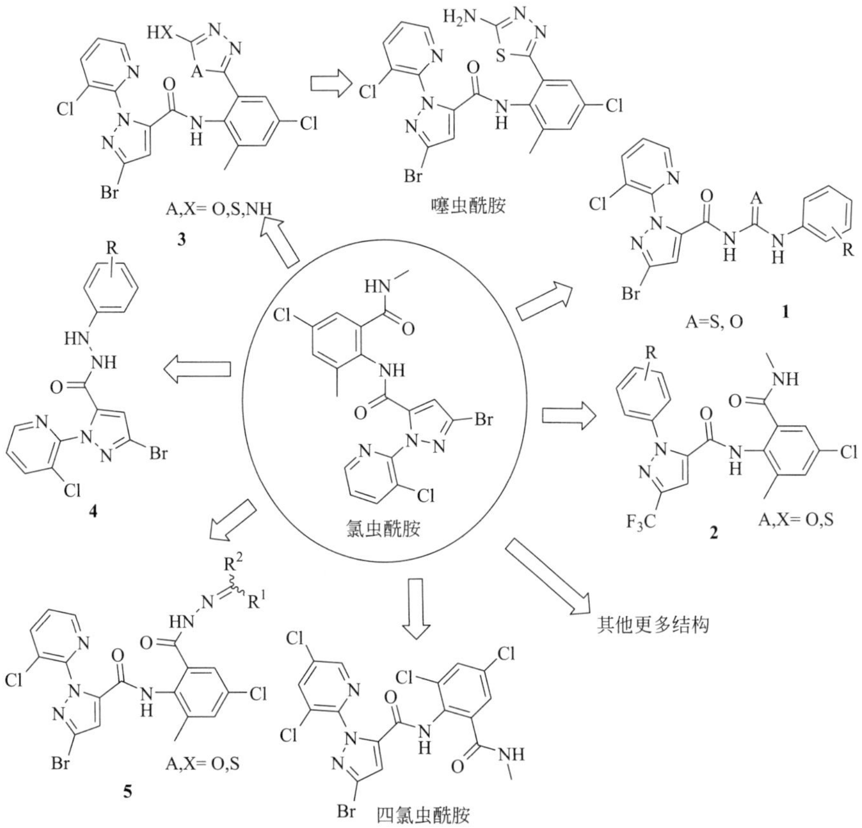

图 3-7　国内围绕氯虫酰胺结构修饰发现的部分高活性化合物

江苏农药研究所另辟蹊径，将“氯虫酰胺”中苯环酰胺侧链环化，于 2009 年得到了新型杂环取代的苯基吡唑酰胺类化合物 **3**[7]，并在此基础上筛选出了“噻虫酰胺”（暂定名），其对小菜蛾、二化螟、斜纹夜蛾、棉铃虫等鳞翅目类害虫具有优异的杀虫效果[8]。而南开大学李正名院士课题组则将其改变为噁二唑啉，也获得了一系列活性优异的吡唑酰胺衍生物[9]。贵州大学宋宝安团队将酰胺变为腙类结构，得到的化合物 **5** 不仅可以防治鳞翅目类害虫，对同翅目害虫（如褐飞虱、蚜虫）及卫生害虫（尖音库蚊）也显示出了优异的杀虫活性，并已取得专利授权[10,11]。沈阳化工研究院则在“氯虫苯甲酰胺”结构中的吡啶环上引入一个氯原子，并同时将“氯虫苯甲酰胺”结构中苯环上的甲基变为氯原子，得到了高活性的邻苯二甲酰胺类杀虫剂“四氯虫酰胺”，其对甜菜夜蛾、小菜蛾、黏虫、二化螟以及稻纵卷叶螟等鳞翅目害虫具有优异的防效，当前，“四氯虫酰胺”已于 2013 年获得临时登记（如表 3-1 所示），为我国首个产业化的具有自主知识产权的鱼尼丁受体抑制剂[12]。登记企业为沈阳科创化学品有限公司。

表 3-1　四氯虫酰胺的登记情况

登记证号	剂型	总含量	生产企业
LS20130225	悬浮剂	10%	沈阳科创化学品有限公司
LS20130224	原药	95%	沈阳科创化学品有限公司
LS20130225F130065	悬浮剂	10%	沈阳化工研究院（南通）化工科技发展有限公司
PD20171751	悬浮剂	10%	沈阳科创化学品有限公司
PD20171752	原药	95%	沈阳科创化学品有限公司

此外，基于“氟苯虫酰胺”的双酰胺类杀虫剂的创制，也是当前国内的研究热点，浙江化工研究院在氟虫苯甲酰胺的结构基础上发现了“氯氟氰虫酰胺”（图 3-8），当前正处于进一步的产业化阶段[13]。该产品于 2010 年 9 月申请专利，浙江省化工研究院于 2013 年 10 月份同河北艾林国际贸易有限公司签订了关于氯氟氰虫酰胺原药十年的全球独家代理协议，只授权河北艾林国际贸易有限公司独家销售。该化合物仍处于田间药效试验阶段，正在进行氯氟氰虫酰胺 95%原药和 20%SC 制剂登记，登记作物为水稻、棉花、果蔬、茶叶和烟草。主要防治菜青虫、小菜蛾、甜菜夜蛾、斜纹夜蛾、二化螟、三化螟、稻纵卷叶螟、棉铃虫。尤其是针对水稻螟虫的防治，效果非常理想。针对氯氟氰虫酰胺 2012 年开始做田间药效试验，各项试验数据显示，该产品的综合防治效果很理想，包括死虫率和持效期。由于刚进入水稻市场，害虫尚未形成抗性，且该产品又以触杀和胃毒作用为主，因此害虫后期对该产品的抗性不会发展得太快。因此，氯氟氰虫酰胺的性价比优势会随着同类产品性价比的降低而显现出来。

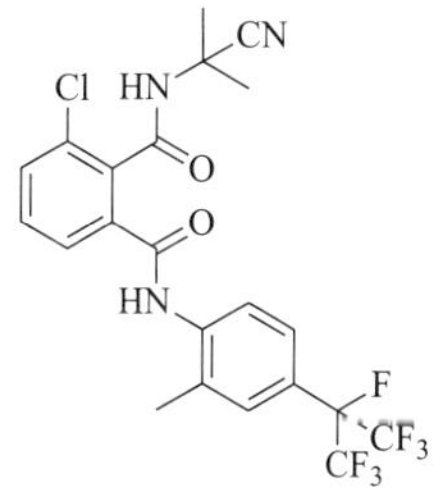

图 3-8　氯氟氰虫酰胺结构

近几年政府采购招标的主要品种多为小麦上病虫害防治的，水稻上仅限于稻飞虱的防治。据了解，2014 年多地政府采购招标额度比 2013 年翻一番。因此，政府采购产品增加防治水稻螟虫的产品可能性很大。目前市场上防治水稻螟虫的产品效果不尽如人意，氯氟氰虫酰胺无论杀虫效果、持效期还是安全性都是较为理想的，成为国内政府采购招标的目标产品的可能性非常大。

2014 年，李正名院士课题组又在“氟虫苯甲酰胺”的结构基础上引入陶氏益农公司的新兴烟碱类杀虫剂 sulfoxaflor 的活性亚结构（S═N—CN），并同时引入手性结构，得到了一系列结构新颖的化合物，具有优异的杀虫活性。在此基础上，该课题组又将 N—CN 改为 N—$COCF_3$，得到的化合物也具有十分优异的杀虫活性，同时研究证明了这些化合物也是作用于鱼尼丁受体[14,15]。这些化合物具有优异的杀虫活性，表明这些化合物具有较好的开发前景（图 3-9）。

对邻苯二甲酰胺类杀虫剂的创制还在继续，国内多家科研机构及企业依然热衷于该类杀虫剂的创制，并有部分高活性化合物处于深入研究及产业化阶段。然而对于该类杀虫剂，如何突破国外公司的“专利封锁”，引入新的活性亚单元，以及在提高活性等方面，还有大量的工作要做。此外，如何提高我国的自主产品在市场上的占有率，也是我国农药企业以及农药创制研究者急需考虑的重大现实问题。

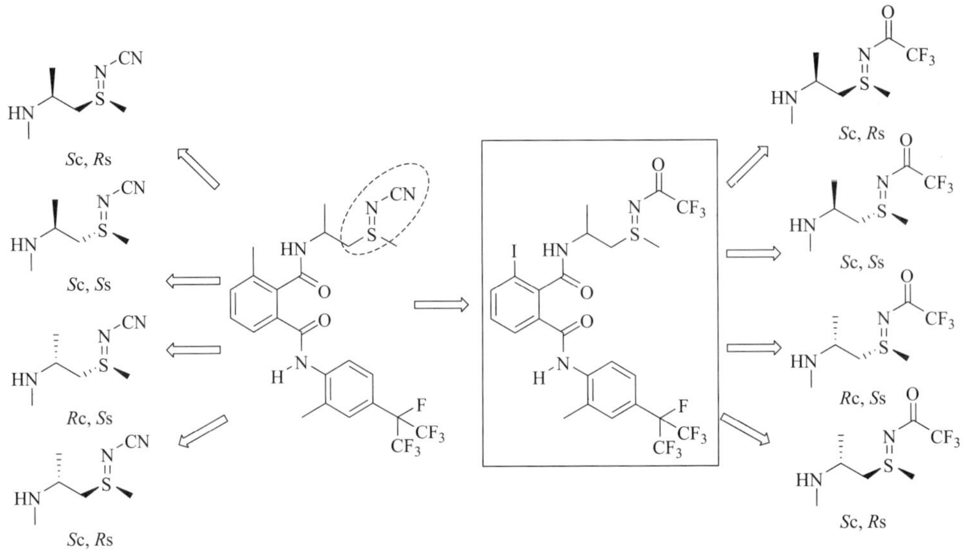

图 3-9 国内围绕“氟苯虫酰胺”结构修饰发现的部分高活性化合物

近些年来，我国在杀虫活性的筛选平台、作用机制的研究平台等各方面都取得了长足的发展。例如在双酰胺类杀虫剂的作用机理研究方面，南开大学、西北农林科技大学、贵州大学等建立起了基于“膜片钳”的研究平台；此外，国内多家研究机构已经建立起计算机辅助药物分子筛选平台。这些平台的建立，必将为后期新型“鱼尼丁受体抑制剂”的发现提供便利。

3.3.1.2 新烟碱类杀虫剂

新烟碱类杀虫剂是对继天然烟碱类杀虫剂之后的化学合成药剂的统称，其在结构上具有共性，作用靶标相同，是继有机磷类、氨基甲酸酯类、拟除虫菊酯类杀虫剂之后的第四大类杀虫剂。在绿色新农药的创制中，新烟碱类杀虫剂的创制一直是农药研究者关注的热点领域之一，目前开发有吡虫啉、啶虫脒、烯啶虫胺、噻虫胺、噻虫嗪、呋虫胺、噻虫啉、氟啶虫胺腈、哌虫啶、环氧虫啶等品种（图 3-10，环氧虫啶见图 3-12）。该类杀虫剂在农作物病虫害防治方面起到了重要的作用[16,17]。目前，尽管新烟碱类杀虫剂的抗性及交互抗性问题严

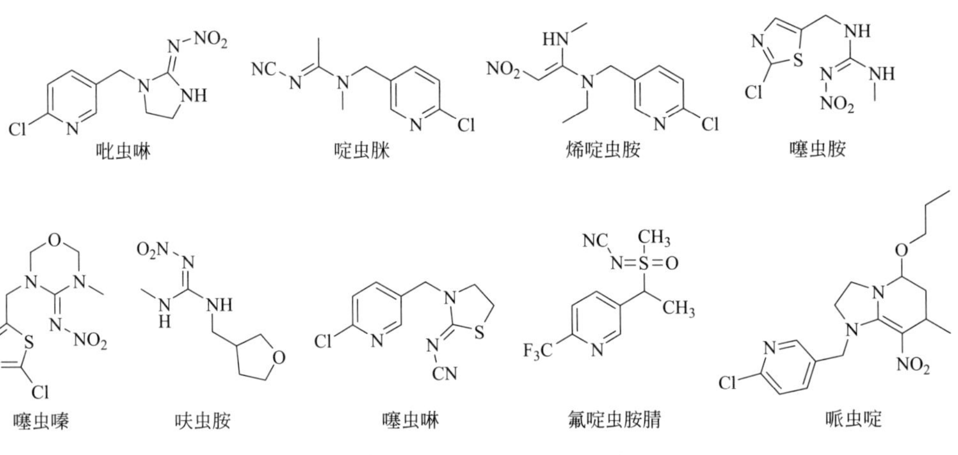

吡虫啉　啶虫脒　烯啶虫胺　噻虫胺

噻虫嗪　呋虫胺　噻虫啉　氟啶虫胺腈　哌虫啶

图 3-10 新烟碱类化合物的结构

重，但对该类化合物的研究依然热情不减。国外许多研究人员基于吡虫啉的结构，设计合成了一批化合物，但在杀虫活性、毒性、成本等方面均无法超越吡虫啉，而这些结构均有吡虫啉基本骨架的影子（图 3-11）。如何走出“吡虫啉”骨架的影子，是新烟碱类杀虫剂创制过程中面临的重要问题，也是解决交互抗性以及对蜜蜂选择性的关键问题之一。

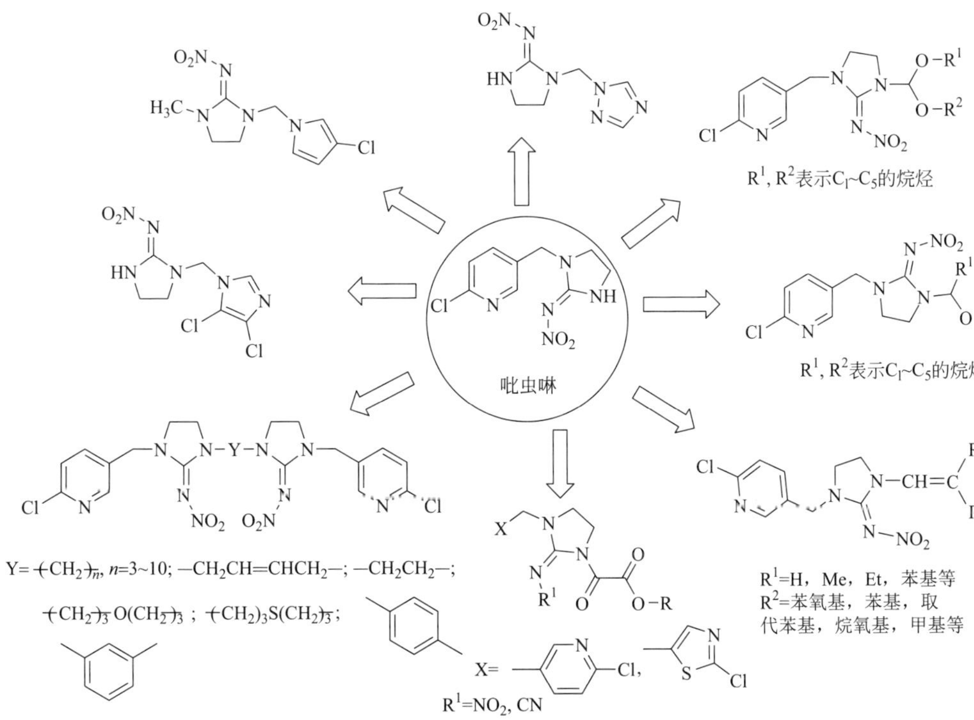

图 3-11　基于吡虫啉结构的新烟碱类化合物的创制

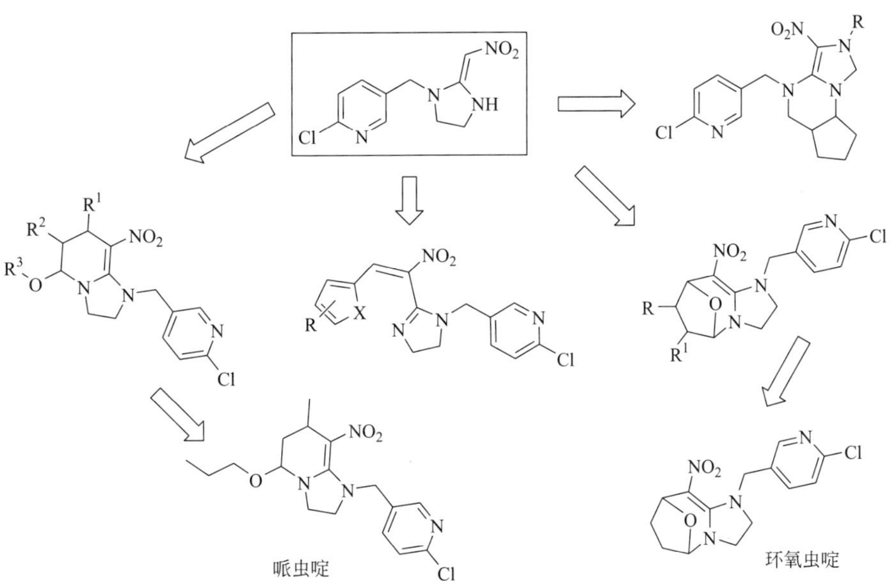

图 3-12　顺硝烯类新烟碱类杀虫剂的创制

针对此，自2000年以来，美国陶氏益农公司开创性地将磺酰亚胺结构运用到新烟碱类杀虫剂的创制中，虽然在结构上依然保持了新烟碱结构的基本特征，但是在新烟碱类杀虫剂的创制方面却是一个开创性的突破，所得到的磺酰亚胺化合物不仅活性高，而且与现有的新烟碱类杀虫剂无交互抗性，其中，高活性的 sulfoxaflor 已实现商业化（图 3-10）[18]。华东理工大学钱旭红院士团队通过计算机模拟手段，提出了新烟碱类杀虫剂的 π-π 共轭作用方式的理论，并基于国外公司的研究工作[19]，以吡虫啉的先导化合物 NTN32692 为先导，通过采用引入稠环及大体积基团的方式，将硝基控制在“顺位”的理念，设计和合成了大量的顺硝烯类新烟碱类杀虫剂（图 3-12）[20-25]，并从中筛选出了多个具有高效杀虫活性的含杂环先导化合物和杀虫候选药物，实现了产业化（如哌虫啶、环氧虫啶）。哌虫啶已于2009年获得临时登记，并于2017年获得正式登记（表 3-2），登记企业为江苏克胜集团股份有限公司。环氧虫啶已经于2015年初获得临时登记（表 3-3），2018年8月9日，在农业农村部农药检定所第九届全国农药登记评审委员会第二次委员会议，环氧虫啶已经通过正式登记评审。此外，华东理工大学在新烟碱类杀虫剂的创制方面，将环氧虫啶中的氧原子换为取代胺，发现了一批具有良好生物活性的化合物[26,27]。

表 3-2　哌虫啶的登记情况

登记证号	剂型	总含量	生产企业
LS20091271	悬浮剂	10%	江苏克胜集团股份有限公司
LS20091270	原药	95%	江苏克胜集团股份有限公司
PD20171719	悬浮剂	10%	江苏克胜集团股份有限公司
PD20171435	原药	95%	江苏克胜集团股份有限公司

表 3-3　环氧虫啶的登记情况

登记证号	剂型	总含量	生产企业
LS20150097	可湿性粉剂	25%	上海生农生化制品股份有限公司
LS20150095	原药	97%	上海生农生化制品股份有限公司

在我国自主创制的新烟碱类杀虫剂中，如哌虫啶、环氧虫啶等品种，已经获得正式登记，但这些产品的知名度还有待提高，应用范围有待进一步扩展，这两个产品面临着与当前已有新烟碱类杀虫剂品种（如吡虫啉、烯啶虫胺等）竞争的挑战，在应用推广方面，需要加大力度。

此外，中国农业大学将新烟碱类（以吡虫啉为代表）与缩胺脲类（以茚虫威为代表）杀虫剂的活性亚结构拼接到同一分子中（图 3-13），获得了兼具新烟碱类和钠离子通道抑制剂特点的新型高效杀虫系列化合物，从中筛选出了结构较为新颖的杀虫剂戊吡虫胍，该产品对豆蚜、桃粉蚜、棉蚜、菜蚜、甘蓝桃蚜、油菜桃蚜、稻飞虱、烟粉虱等同翅目蚜科、飞虱科、粉虱科害虫以及棉铃虫、甜菜夜蛾等鳞翅目害虫具有良好的防效。当前中国农业大学正与合肥星宇化学有限责任公司（以下简称合肥星宇公司）合作，进行该产品的产业化开发[28]。合肥星宇公司在2008年获得独家授权，开始研发该产品。2009年委托安徽农科院在甘蓝蚜虫上对 ZNQ-0856 和 ZNQ-0850 两种化合物的药效进行探索性试验；2010年委托广西农科院植保所和安徽农科院植保所在甘蓝蚜虫和水稻稻飞虱上对这两种化合物的药效进行探索性试验；2011年3月合肥星宇公司正式开展原药与制剂的登记工作，进行原药和制剂的相关试验。合肥星宇化学有限责任公司的20%戊吡虫胍悬浮剂已于2017年获得临时登记（96%原药登记证号为 LS 20170095，20%悬浮剂登记证号为 LS 20170094），登记用于稻飞虱的防治，并于 2018 年 2 月过期。鉴于戊吡虫胍的高效低毒等特性，国家的相关项目对该产品支持力度较大，该产品有望于 2020 年获得正式登记（表 3-4）。

戊吡虫胍

图 3-13 新型杀虫剂戊吡虫胍的创制

表 3-4 戊吡虫胍的登记情况

登记证号	剂型	总含量	生产企业
LS20170095	原药	96%	合肥星宇化学有限责任公司
LS20170094	悬浮剂	20%	合肥星宇化学有限责任公司

新烟碱类杀虫剂在人类农业虫害的防治、挽回粮食作物与经济作物的损失等方面，作出了巨大的贡献。然而新烟碱类杀虫剂的环境毒性（特别是对蜜蜂的毒性）方面的缺陷饱受诟病。早在 2013 年欧盟就已经对吡虫啉、噻虫嗪、噻虫胺等新烟碱类杀虫剂提出了禁令，印度也可能对吡虫啉实施禁令。新烟碱类杀虫剂的命运可能面临挫折，这对于我国农药行业也将是一大冲击，当前我国商品化的一些品种如哌虫啶、环氧虫啶等，尽管其在市场上还没有大规模推广使用，但如果其环境毒性得不到解决，可能也会面临同样的命运。近几十年来研发的新烟碱类化合物的结构都十分相似，如图 3-14 所示。这就决定了大多数新烟碱类杀虫剂具有十分相似的作用位点，在作用模式上表现不出明显的选择性。

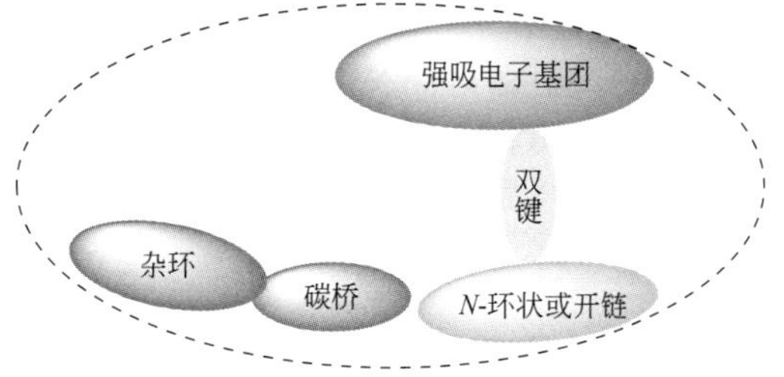

图 3-14 新烟碱类杀虫剂的结构示意图

当前，要在新烟碱类杀虫剂的结构上获得突破性进展，解决烟碱类杀虫剂的蜂毒问题，必须基于以靶标为导向的农药创制。即加强对新烟碱类杀虫剂靶标的研究，弄清楚其结构特性，并针对其结构进行合理设计，增强新烟碱类杀虫剂在物种之间的选择性，才是新烟碱类杀虫剂的出路。当前华东理工大学在基于靶标导向的新烟碱类杀虫剂的创制方面做了大量的工作，也积累了较为丰富的经验，在结构的原创性上取得突破，但还有很长的路要走。

3.3.1.3 昆虫生长调节剂的开发

（1）双酰肼类 1988 年美国罗姆-哈斯公司在对大量天然或人工合成化合物进行筛选的基础上开发出第一个与天然蜕皮激素结构不同却同样具有蜕皮激素活性的双酰肼类昆虫生长

调节剂 RH-5849（抑食肼）。它可诱使鳞翅目幼虫提早蜕皮，同时又具有抑制蜕皮作用，还可促使昆虫打破休眠，干扰昆虫的正常发育过程。此外，由于分解缓慢，RH-5849 能在受体内存在较长时间，故而有可能作用于昆虫的整个生长期。RH-5489 的成功合成为昆虫生长调节剂开辟了一个新的研究方向，而且人工合成相对容易也为这类昆虫生长调节剂的大范围应用提供了可能。

近几十年来，随着研究的不断深入，在抑食肼的结构基础上开发了虫酰肼、氯虫酰肼、甲氧虫酰肼、环虫酰肼等一批双酰肼类昆虫生长调节剂，在农业害虫的防治方面发挥了重要的作用。国内也在双酰肼类昆虫生长调节剂的创制方面开展了卓有成效的研究工作，以南开大学、江苏农药研究所等为代表的课题组经过多年的研究，发现了一批具有良好杀虫活性的双酰肼类化合物[29,30]。其中，由江苏省农药研究所股份有限公司研究的呋喃虫酰肼（图 3-15）实现了商业化[31]，于 2004 年获得临时登记，并于 2012 年获得正式登记（表 3-5）。

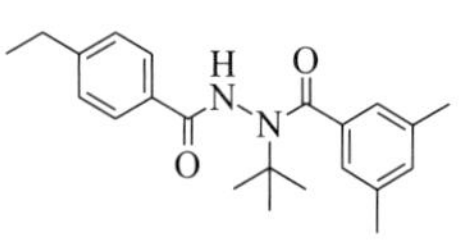

虫酰肼 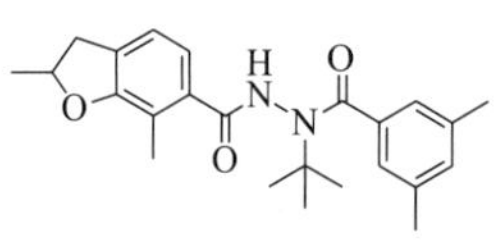　呋喃虫酰肼 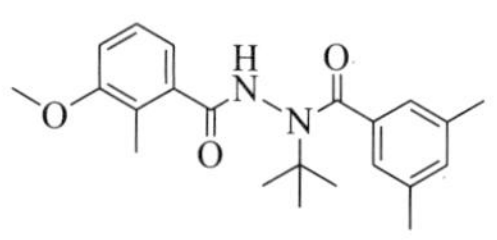　甲氧虫酰肼 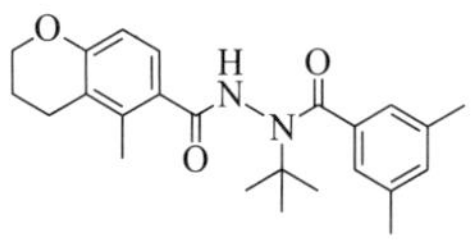　环虫酰肼

图 3-15　部分双酰肼类昆虫生长调节剂的结构

表 3-5　呋喃虫酰肼的登记情况

登记证号	剂型	总含量	生产企业
PD20121672	原药	98%	江苏省农药研究所股份有限公司
PD20121676	悬浮剂	10%	江苏省农药研究所股份有限公司

（2）苯甲酰脲类　苯甲酰脲类昆虫生长调节剂属几丁质合成抑制剂，干扰靶标昆虫几丁质合成而导致其死亡，或直接降解昆虫几丁质。在苯甲酰脲类化合物的甲酰基 N-末端进行适当的芳基取代，不仅能增强其杀虫活性，还能改变幼虫有丝分裂阻滞带的成分，影响靶标昆虫孵育。该类杀虫剂由于具有独特的作用机制、较高的环境安全性、广谱高效的杀虫活性等而受到人们的广泛关注，被誉为第三代杀虫剂或新型昆虫控制剂。30 多年来，已商品化的苯甲酰脲类昆虫生长调节剂有 10 多个品种，如：除虫脲、灭幼脲、杀虫隆、氟铃脲、氟苯脲（伏虫隆）、定虫隆、氟虫脲等（如图 3-16 所示）。

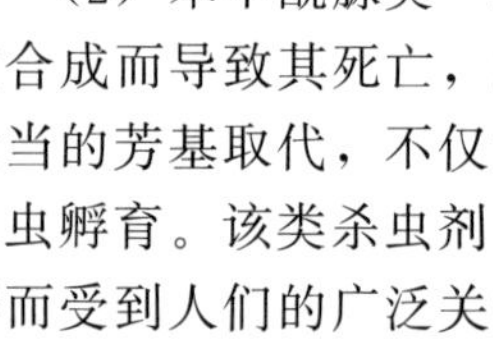

除虫脲 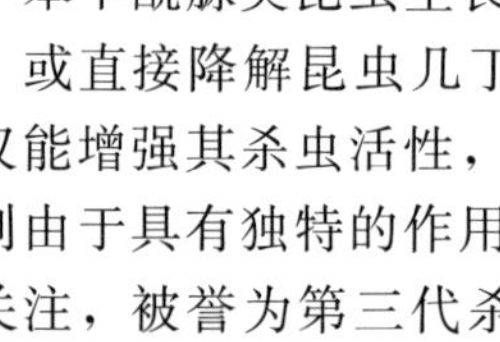　灭幼脲 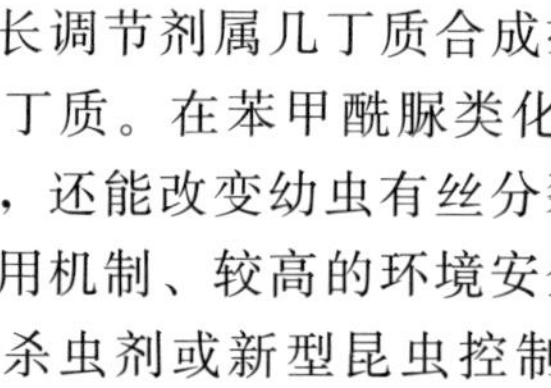　杀虫隆 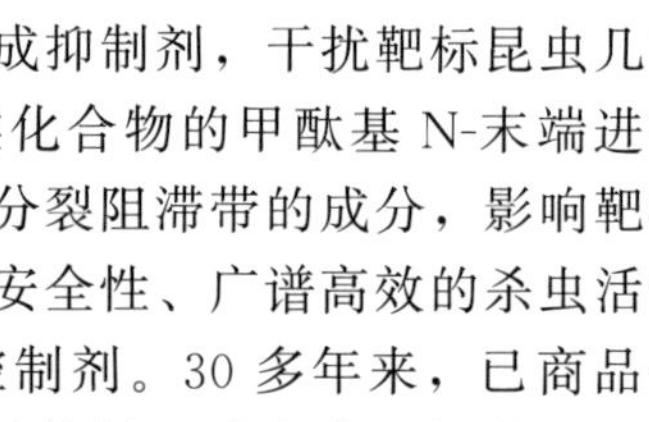　氟铃脲

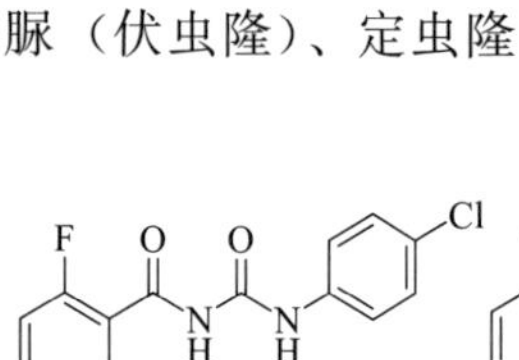

氟苯脲 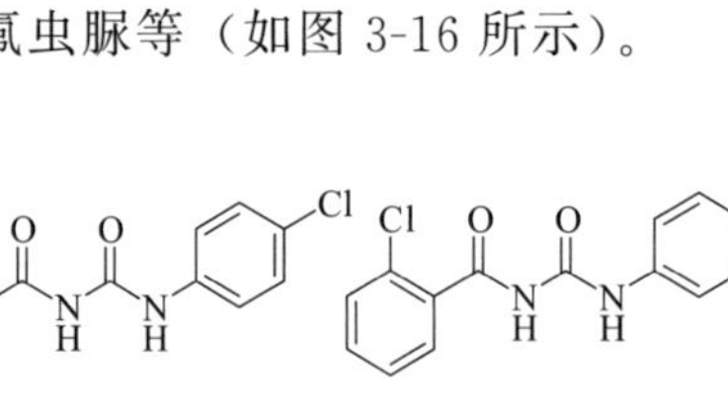　定虫隆 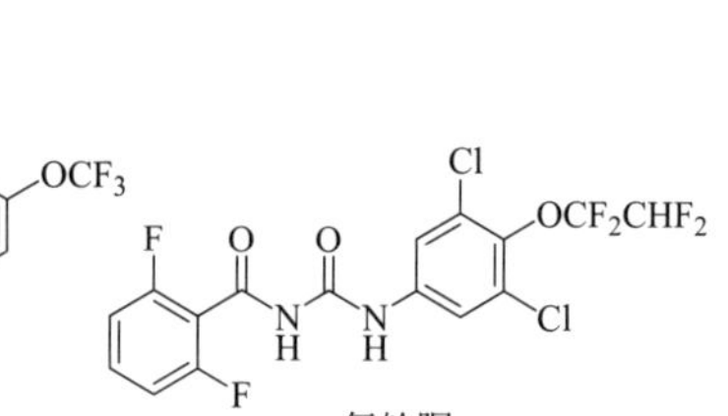　氟虫脲

图 3-16　部分苯甲酰脲类昆虫生长调节剂的结构

南开大学汪清民教授课题组在苯甲酰脲类昆虫生长调节剂的创制方面开展了大量的工作，在苯甲酰脲结构中引入酰胺、磺酸酯、肟酯、肟醚、噁唑、异噁唑等结构，设计合成了多个系列的苯甲酰脲类化合物，发现了部分高杀虫活性的苯甲酰脲类杀虫剂，具有进一步研究的价值[32-36]。部分苯甲酰脲类化合物的结构如图 3-17 所示，在此基础上，筛选出了“叔肟虫脲”（暂定名），并计划与蓝丰集团合作进行产业化，当前该产品的产业化进度还十分缓慢，有许多工作还在推进当中。此外，华东理工大学也发现了部分具有较好活性的氟取代苯甲酰脲类化合物（图 3-18）[37]。

图 3-17　部分苯甲酰脲类昆虫生长调节剂的结构

图 3-18　氟取代苯甲酰脲类昆虫生长调节剂的结构

（3）二氯丙烯基醚类衍生物　在绿色新农药的创制中，醚类衍生物是创制新农药的重要方向，在农药的发展中显示了十分重要的地位。其中，二氯丙烯基醚类衍生物在杀虫剂的创制中扮演着重要的角色，近些年来围绕二氯丙烯基醚类结构，发现了一批高杀虫活性的化合物，高活性化合物啶虫丙醚（图 3-19）已实现商品化。与它的高活性相比，啶虫丙醚对各种

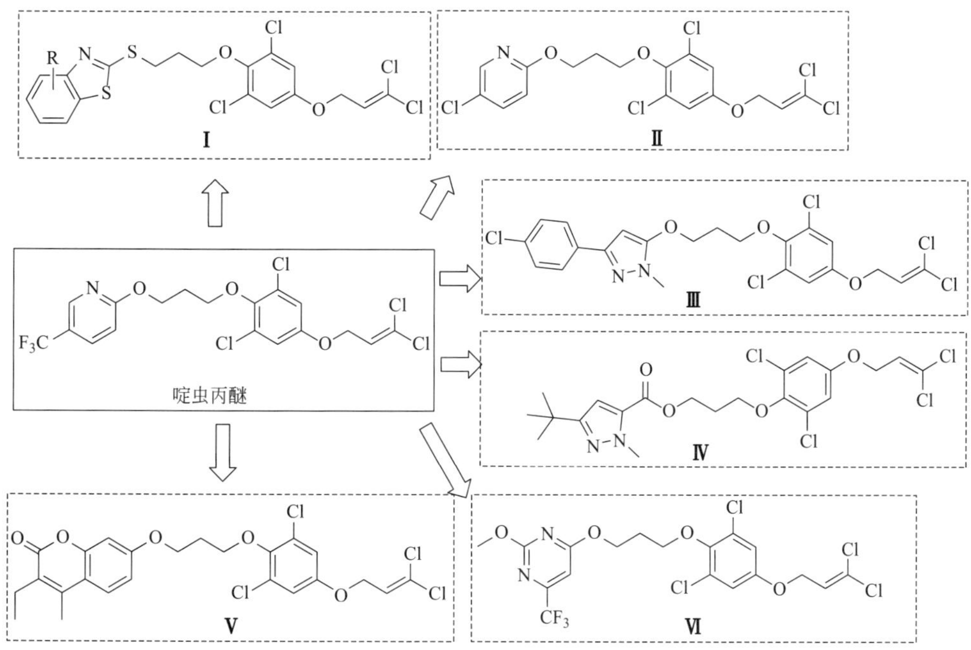

图 3-19　部分基于啶虫丙醚结构开发的二氯丙烯基醚类衍生物

节肢动物的影响很小，有望成为在害虫综合治理（IPM）或杀虫剂抗性治理中对鳞翅目和缨翅目害虫进行防治的有效工具[38]。

在二氯丙烯基醚类的创制研究方面，已有部分农药创制单位（如：沈阳化工研究院、大连瑞泽、华中师范大学等）开展了工作，并且已经发现了许多高杀虫活性的二氯丙烯基醚类化合物。华中师范大学杨光富教授课题组将取代苯并噻唑引入到该类化合物中，并尝试引入硫醚键，得到含硫醚及苯并噻唑结构的二氯丙烯基醚类衍生物Ⅰ，其对水稻褐飞虱、黏虫、红蜘蛛和苜蓿蚜等农作物害虫均表现出了很强的杀虫效果，具有很好的广谱性[39]。国内的大连瑞泽农药公司将啶虫丙醚结构上的三氟甲基更改为氯原子[40]，得到的化合物Ⅱ具有很高的杀虫活性，如在浓度为 37.5mg/L 时对黏虫（*Leucania separata*）的杀虫活性为 100%，高于对照啶虫丙醚。由沈阳化工研究院发现的含苯取代吡唑基团的二氯丙烯基醚化合物Ⅲ不仅具有良好的杀虫活性，而且还对小麦白粉病显示出一定的杀菌活性[41]。而江苏农药研究所将含叔丁基取代的吡唑甲酸酯引入二氯丙烯基醚结构中，得到的化合物Ⅳ对多种鳞翅目害虫（小菜蛾、甜菜夜蛾等）表现出了较好的杀虫活性[42~44]。沈阳化工研究院还引入香豆素结构，得到化合物Ⅴ，在 37mg/L 浓度下对甜菜夜蛾的致死率为 100%。此外，引入嘧啶结构，也可以得到具有较高杀虫活性的化合物Ⅵ，其对鳞翅目的黏虫、同翅目的黑尾叶蝉都具有良好的活性[45]。

尽管如此，我国关于这方面的研究还处于起步阶段，而该类化合物还具有较大的结构改进空间，以二氯丙烯基醚类化合物为研究对象，对于发现高效杀虫杀螨活性的新化合物大有希望。

3.3.1.4 从天然产物中寻找新型杀虫剂

工艺路线涉及环境问题的化学农药使用范围正在缩小，而有害生物对现有农药的抗性日益增长，迫切需要寻找效果更好、使用更安全的有效成分，同时迫切需要释放方式的改进。随着人类对自身生存的环境质量要求越来越高，从天然源特别是从众多的植物中寻找新一代农药正成为一个热门话题。

具杀虫作用的植物曾给现代农药研究开发以莫大的启迪。例如，氨基甲酸酯类杀虫剂的开发得益于对毒扁豆碱的研究；拟除虫菊酯类杀虫剂的问世则归功于除虫菊的贡献；而沙蚕毒系列杀虫剂的开发则要追踪到海边沙滩上的异足索蚕；此外，新烟碱类杀虫剂则来源于天然烟碱。而一些植物的有效成分也可以直接用于杀虫，如已从楝科植物印楝中鉴定出了其种子中含有多种杀虫物质，其中主要杀虫成分为印楝素（azadiractin）。DOW 化学公司开发的乙基多杀霉素、辉瑞公司开发的西拉菌素等均是天然源的杀虫剂。西北农林科技大学吴文君教授开发的苦皮藤素是我国天然产物源农药的一个成功典范（图 3-20）[46]，表 3-6 所列为苦皮藤素的登记情况。围绕苦皮藤素也有一些化学修饰的活性化合物[47]。

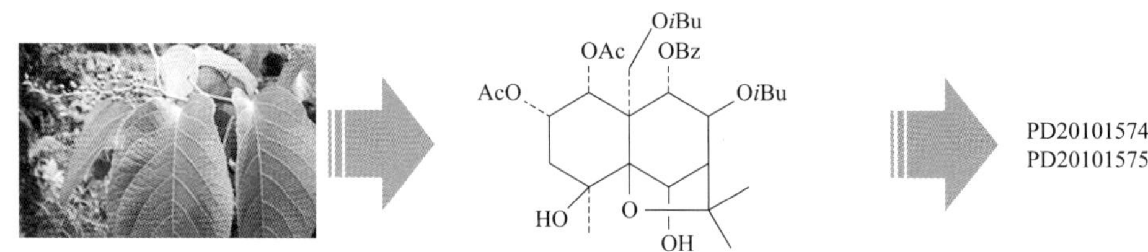

图 3-20 苦皮藤素的发现

2013 年，西北农林科技大学以天然产物 podophyllotoxin（图 3-21）为结构先导，发现了一批具有高杀虫活性的 podophyllotoxin 类似物[48]；浙江大学朱国念等以 milbemycins 为先导（图 3-22），经过修饰改造，发现了一批对黏虫、黑豆蚜等都具有优异杀虫活性的化合

表 3-6　苦皮藤素的登记情况

登记证号	剂型	总含量	有效期至	生产企业
LS20001489	乳油	0.23%	2004-6-17	陕西农大德力邦科技股份有限公司
LS20072570	微乳剂	0.5%	2010-12-10	河北国欣诺农生物技术有限公司
PD20132009	水乳剂	0.2%	2018-10-21	陕西麦可罗生物科技有限公司
PD20132487	水乳剂	1%	2018-12-9	成都新朝阳作物科学有限公司
PD20101575	母药	6%	2020-6-1	河南省新乡市东风化工厂
PD20101574	乳油	1%	2020-6-1	河南省新乡市东风化工厂
PD20151745	水乳剂	1%	2020-8-28	山东圣鹏科技股份有限公司

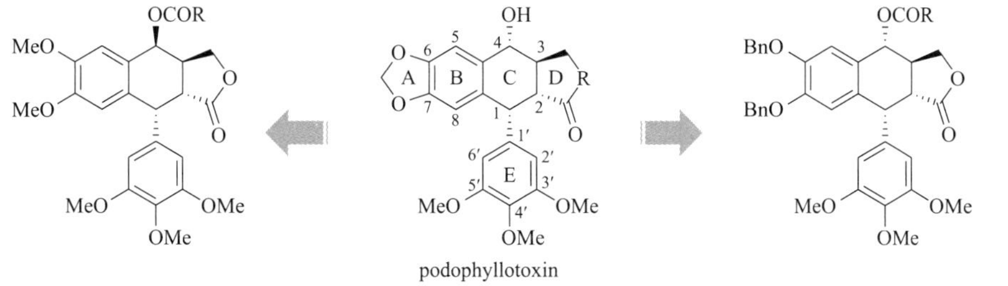

图 3-21　以天然产物 podophyllotoxin 为结构先导的杀虫剂的创制

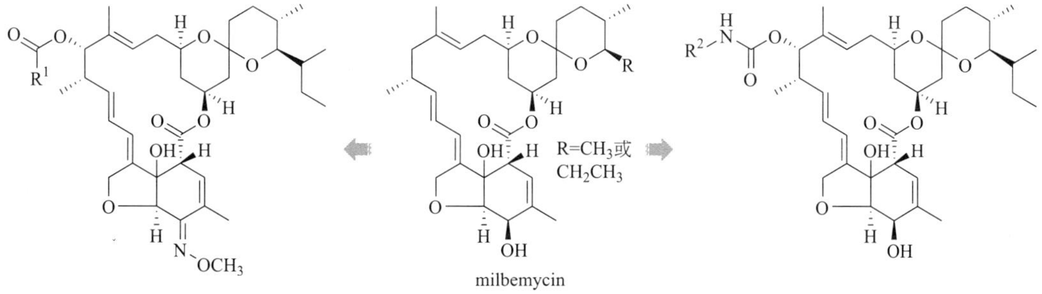

图 3-22　以天然产物 milbemycins 为结构先导的杀虫剂的创制

物[49]。由此可见，天然源（植物源和动物源）的确是农药研制和开发的一个重要宝库。随着人类不懈地努力，“天然源”将不断地丰富杀虫剂的品种。

3.3.1.5　其他类型杀虫剂的创制

（1）甲氧基丙烯酸类　甲氧基丙烯酸类化合物在农药中往往被用作杀菌剂，沈阳化工研究院基于巴斯夫公司开发的甲氧丙烯酸酯类杀螨剂嘧螨酯，利用中间体衍生化方法开发了新型杀螨剂嘧螨胺（pyriminostrobin，SYP-11277），嘧螨胺具有优异的杀成螨、若螨以及杀卵活性，优于嘧螨酯，速效性优于螺螨酯（图 3-23）[48,50]。

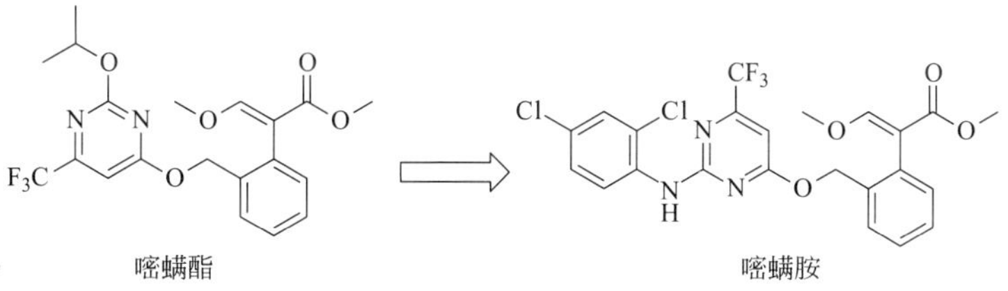

图 3-23　嘧螨胺的发现

（2）吡唑类——丁虫腈　近年来，氟虫腈因生态毒性（如蜂毒、水生物毒性等方面）遭到了禁用。我国农药企业大连瑞泽农药股份有限公司在氟虫腈的结构基础上进行修饰，在氟虫腈的氨基上引入丁烯基，得到丁虫腈（图 3-24）[50～52]。丁虫腈与氟虫腈的活性相当，但在生态毒性方面相对于氟虫腈有所改善，当前该产品已经取得正式登记，是具有自主知识产权的农药品种。丁虫腈除了登记为农作物杀虫剂以外，还登记作为卫生害虫杀虫剂（表 3-7）。丁虫腈具有广谱高效的特点，但其水生物毒性较高，其在韩国、越南、印度尼西亚以及印度已经获得专利，当前该产品具有较广阔的市场空间，但市场占有率还有待拓展和提高。

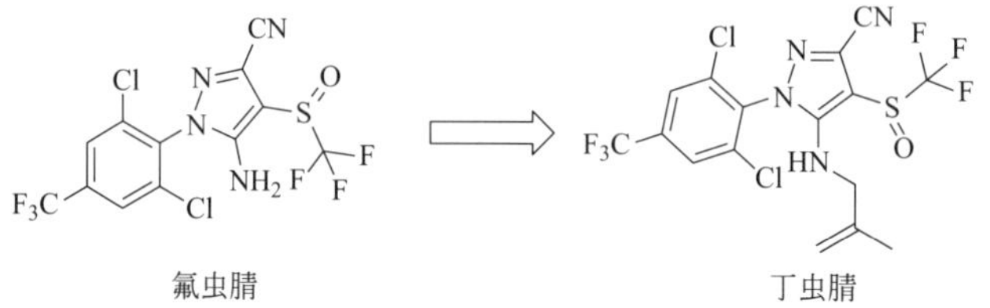

氟虫腈　　　　丁虫腈

图 3-24　基于氟虫腈结构发现的丁虫腈

表 3-7　丁虫腈的登记情况

登记证号	登记名称	农药类别	剂型	总含量	生产企业
WP20130225	杀蟑饵剂	卫生害虫杀虫剂	饵剂	0.2%	大连瑞泽生物科技有限公司
PD20132280	丁虫腈	杀虫剂	水分散粒剂	80%	大连瑞泽生物科技有限公司
PD20161087	阿维·丁虫腈	杀虫剂	乳油	5%	江苏明德立达作物科技有限公司
PD20120413	丁虫腈	杀虫剂	乳油	5%	大连瑞泽生物科技有限公司
PD20120414	丁虫腈	杀虫剂	原药	96%	大连瑞泽生物科技有限公司

（3）肟醚类杀虫剂

① 硫肟醚　该化合物是国家南方农药创制中心湖南基地即湖南化工研究院发明创制的具有自主知识产权的非酯肟醚类拟除虫菊酯杀虫剂新品种（图 3-25）[53]。于 1999 年 9 月 10 日在中国申请了发明专利，2000 年 2 月又在欧洲、日本、韩国、巴西等多个国家和地区申请了发明专利。2004 年 5 月该产品获农业部农药临时登记证（表 3-8）。大量的室内与田间药效试验及毒性试验结果表明：该品种具有杀虫效果显著、杀虫谱广、作用迅速、毒性低、对作物安全和环境相容性好等特点，能有效防治菜青虫、茶毛虫、茶尺蠖、茶小绿叶蝉等多种害虫，极具市场竞争力和开发前景。为使这一具有自主知识产权的新品种早日进入市场，创造效益，湖南化工研究院的科研人员开展了大量深入细致的研究，从化合物的发现到生物活性测定都取得了较好的结果。

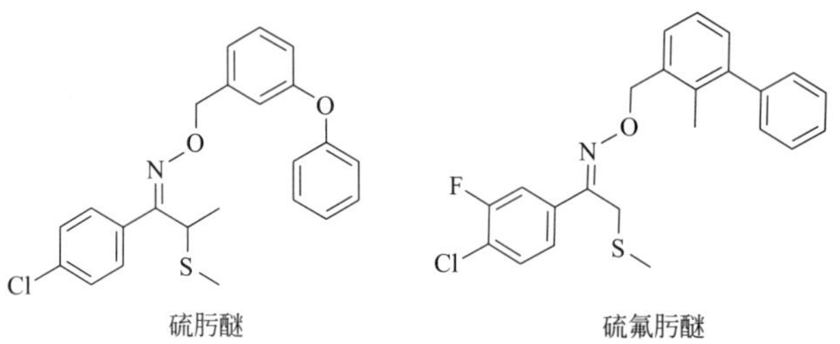

硫肟醚　　　　硫氟肟醚

图 3-25　硫肟醚和硫氟肟醚的结构

表 3-8　硫肟醚的登记情况

登记证号	剂型	总含量	有效期至	生产企业
LS20041356	水乳剂	10%	2008-5-19	湖南海利化工股份有限公司
LS20041355	原药	95%	2008-5-19	湖南海利化工股份有限公司

② 硫氟肟醚　硫氟肟醚（图 3-25）是国家南方农药创制中心湖南基地即湖南化工研究院发明创制的具有自主知识产权的非酯肟醚类拟除虫菊酯杀虫剂新品种[54]。于 2014 年取得临时登记（表 3-9）。

表 3-9　硫氟肟醚的登记情况

登记证号	剂型	总含量	有效期至	生产企业
LS20140311	悬浮剂	10%	2016-10-22	湖南海利化工股份有限公司
LS20140310	原药	95%	2016-10-22	湖南海利化工股份有限公司

（4）吡咯类　当前，含吡咯杂环的杀虫剂如溴虫腈，是由美国氰胺公司开发成功的一种新型杂环类杀虫、杀螨、杀线虫剂。随着国家高毒农药替代政策的出台和人们环保意识的提高，作为无公害农产品病虫防治推荐农药品种的代表，低毒高效的溴虫腈的应用越来越广泛。近年来，我国有学者也做了大量的研究工作，如南开大学汪清民教授课题组设计合成了一系列具有良好杀虫活性的吡咯类衍生物[55,56]。湖南化工研究院基于溴虫腈的结构，开展了大量的研究工作，并从中筛选出了氯溴虫腈（图 3-26），其对小菜蛾、斜纹夜蛾、稻飞虱、棉铃虫、稻纵卷叶螟等多种害虫具有良好的杀虫效果，已经获得临时登记（表 3-10）[57]。

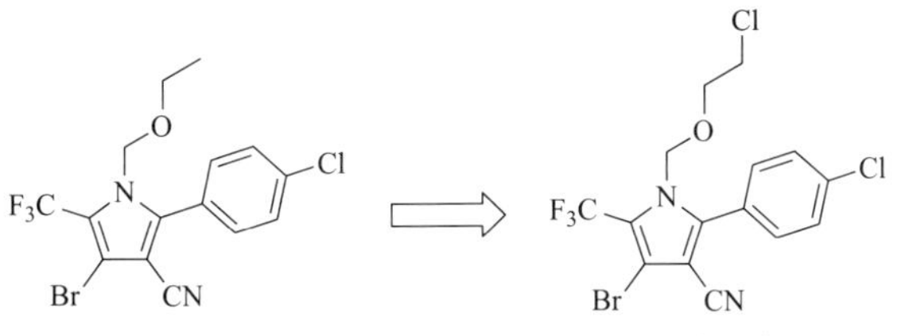

图 3-26　基于溴虫腈结构发现的氯溴虫腈

表 3-10　氯溴虫腈的登记情况

登记证号	剂型	总含量	有效期至	生产企业
LS20140332	原药	95%	2016-11-13	湖南海利化工股份有限公司
LS20140331	悬浮剂	10%	2016-11-13	湖南海利化工股份有限公司

3.3.2　杀菌剂的研发情况

我国在杀菌剂的创制领域真正得到高度重视是从“九五”期间开始的，在杀菌剂的创制方面，之前也有如乙蒜素、多菌灵、叶枯唑、井冈霉素等品种问世[58]。我国的新农药创制起步较晚，但经过近十余年的努力，已有部分具有自主知识产权的杀菌剂品种产业化，同时已有一些杀菌谱广、活性高、具有良好的市场前景的新品种。以下简要介绍近年来我国在杀菌剂创制方面的概况。

3.3.2.1 吗啉类

（1）氟吗啉 氟吗啉（图3-27）是沈阳化工研究院创制并拥有自主知识产权的农用杀菌剂，主要用于防治卵菌纲病原菌引起的霜霉病、晚疫病等重要病害，如黄瓜霜霉病、辣椒疫病和番茄晚疫病。由卵菌纲病原菌引起的病害如黄瓜霜霉病等重要的“气传”病害，一旦发生对作物可造成毁灭性的损害，这类病害用药的研究和应用受到世界各大公司的关注[59]。目前，该产品在我国杀菌剂品种中占有重要地位，该产品早在2006年就获得正式登记（表3-11），登记号为PD20060038。氟吗啉与唑菌酯、三乙膦酸铝、代森锰锌等杀菌剂进行复配，该产品大部分均由沈阳科创化学品有限公司进行登记。

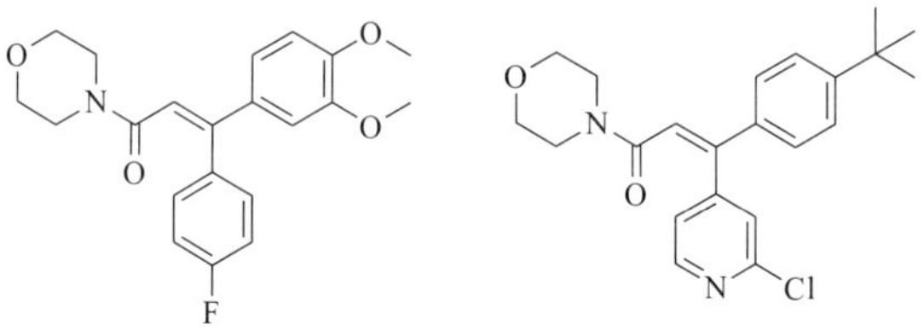

氟吗啉　　丁吡吗啉

图3-27　氟吗啉和丁吡吗啉的结构

表3-11　氟吗啉的登记情况

登记证号	登记名称	剂型	总含量	生产企业
LS20011706	氟吗·锰锌	可湿性粉剂	60%	江西威敌生物科技有限公司
LS20082864	氟吗啉·三乙膦酸铝	可湿性粉剂	50%	沈阳科创化学品有限公司
LS20120247	氟吗·唑菌酯	悬浮剂	25%	沈阳科创化学品有限公司
LS20120247F150005	氟吗·唑菌酯	悬浮剂	25%	沈阳化工研究院（南通）化工科技发展有限公司
LS20160233	氟吗啉	悬浮剂	30%	沈阳科创化学品有限公司
PD20095953F130009	氟吗啉	可湿性粉剂	20%	沈阳化工研究院（南通）化工科技发展有限公司
PD20095462F130017	氟吗·乙铝	水分散粒剂	50%	沈阳化工研究院（南通）化工科技发展有限公司
PD20090493F130015	氟吗·乙铝	可湿性粉剂	50%	沈阳化工研究院（南通）化工科技发展有限公司
PD20070403F130006	锰锌·氟吗啉	可湿性粉剂	50%	沈阳化工研究院（南通）化工科技发展有限公司
PD20060038F130007	锰锌·氟吗啉	可湿性粉剂	60%	沈阳化工研究院（南通）化工科技发展有限公司
PD20090493	氟吗·乙铝	可湿性粉剂	50%	沈阳科创化学品有限公司
PD20095462	氟吗·乙铝	水分散粒剂	50%	沈阳科创化学品有限公司
PD20095953	氟吗啉	可湿性粉剂	20%	沈阳科创化学品有限公司
PD20070403	锰锌·氟吗啉	可湿性粉剂	50%	沈阳科创化学品有限公司
PD20060039	氟吗啉	原药	95%	沈阳科创化学品有限公司
PD20060038	锰锌·氟吗啉	可湿性粉剂	60%	沈阳科创化学品有限公司
PD20161545	氟吗啉	水分散粒剂	60%	沈阳科创化学品有限公司

(2) 丁吡吗啉 丁吡吗啉（pyrimorph）（图 3-27）是在烯酰吗啉化学结构的基础上采用模拟方法合成的一种新型杀菌剂，由中国农业大学开发，其对致病疫霉（*Phytophthorainfestans*）、辣椒疫霉（*Phytophthoracapsici*）、立枯丝核菌（*Rhizoctoniasolani*）和古巴假霜霉（*Pseudoperon osporacubensis*）等重要植物病原菌均有很好的抑制活性。室内盆栽试验结果表明，丁吡吗啉对番茄晚疫病具有较好的保护作用和一定的持效期，对霜霉病和晚疫病有很好的防治效果[60]。该产品已于 2011 年由江苏耘农化工有限公司获得临时登记，原药临时登记证号为 LS20110180。并于 2018 年获得正式登记，登记证号为 PD20181611（制剂）、PD20181610（原药）（表 3-12）。

表 3-12 丁吡吗啉登记情况

登记证号	剂型	总含量	生产企业
LS20110180	原药	95%	江苏耘农化工有限公司
LS20110179	悬浮剂	20%	江苏耕耘化学有限公司
PD20181610	原药	95%	江苏耘农化工有限公司
PD20181611	悬浮剂	20%	江苏耕耘化学有限公司

在作用机制方面，研究发现丁吡吗啉 5mg/L 以上处理的辣椒疫霉孢子只完成了到休眠孢子这个过程，没有观察到芽管的萌发，休眠孢子被均匀染色，没有观察到休眠孢子的极性生长。证明了丁吡吗啉处理后，辣椒疫霉菌有新的细胞壁物质合成，只是新合成的细胞壁的位置发生了改变。丁吡吗啉也是一种复合物Ⅲ抑制剂，但作用方式有别于传统复合物Ⅲ抑制剂，与 QP 位点的结合不是采用传统的结合模式，而是堵住了 QP 位点的入口，与 Q 位点有一定的重叠（如图 3-28 所示）。此外，50 个表达量显著变化的蛋白质与丁吡吗啉作用机制相关。丁吡吗啉通过调控纤维素代谢和 ATP 产生途径的关键蛋白的表达，进而抑制辣椒疫霉细胞壁生物形成和能量产生。

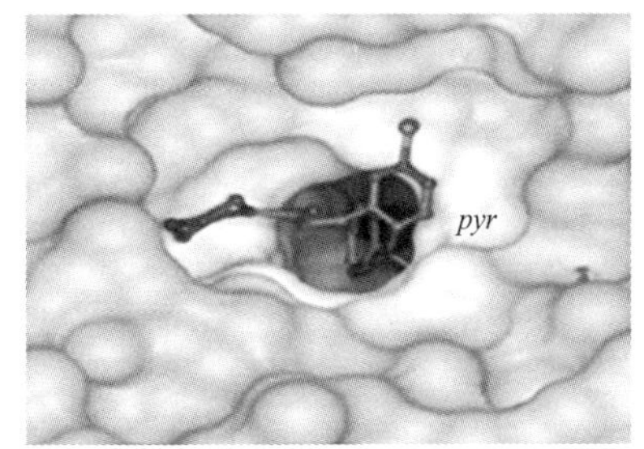

图 3-28 丁吡吗啉可能的作用机理

3.3.2.2 甲氧基丙烯酸酯类化合物

甲氧基丙烯酸酯类化合物是基于活性天然产物 β-甲氧基丙烯酸衍生物结构开发的一类高效、低毒、广谱的杀菌剂，具有内吸、保护治疗、铲除等作用。国内外各大公司对这类杀菌剂的研发投入了极大的热情。早在 20 世纪 90 年代，沈阳化工研究院、浙江化工研究院等即纷纷加入甲氧基丙烯酸酯类杀菌剂的创制研究工作中，发现了多个具有良好开发前景的化合物，并进行了产业化开发，我国在甲氧基丙烯酸酯类杀菌剂的创制方面取得了较大的成功。20 世纪 90 年代以来，人们先后合成了数以万计的甲氧基丙烯酸酯类化合物，并从中发现了嘧菌酯、啶氧菌酯、醚菌酯、唑菌胺酯、醚菌胺、肟醚菌胺、肟菌酯、咪唑菌酮以及苯氧菌胺等 10 余个具有优异活性的品种，并在市场上取得了较大成功[61,62]，如沈阳化工研究院分别于 1997 年和 1999 年发现了烯肟菌酯（enestroburin）[63]和烯肟菌胺（fenaminstrobin）（图 3-29）[63]，目前已由沈阳科创化学品有限公司取得正式登记，且在市场上具有一定的占有率。表 3-13 为烯肟菌酯的登记情况。

表 3-13 烯肟菌酯的登记情况

登记证号	登记名称	剂型	总含量	生产企业
PD20070340	烯肟菌酯	乳油	25%	沈阳科创化学品有限公司
PD20070339	烯肟菌酯	原药	90%	沈阳科创化学品有限公司

续表

登记证号	登记名称	剂型	总含量	生产企业
PD20096896F130013	烯肟·霜脲氰	可湿性粉剂	25%	沈阳化工研究院（南通）化工科技发展有限公司
PD20096615F130010	烯肟·氟环唑	悬浮剂	18%	沈阳化工研究院（南通）化工科技发展有限公司
PD20095298F130012	烯肟·多菌灵	可湿性粉剂	28%	沈阳化工研究院（南通）化工科技发展有限公司
PD20095298	烯肟·多菌灵	可湿性粉剂	28%	沈阳科创化学品有限公司
PD20096615	烯肟·氟环唑	悬浮剂	18%	沈阳科创化学品有限公司
PD20096896	烯肟·霜脲氰	可湿性粉剂	25%	沈阳科创化学品有限公司

“九五”期间浙江化工研究院发现了苯醚菌酯[64]，由浙江禾田化工有限公司开发，并于2008年获得临时登记，2015年后转为正式登记（如表3-14所示）。苯醚菌酯杀菌谱广，杀菌活性高、见效快，且耐雨水冲刷，持效期长，属高效、低毒、低残留农药。对各种作物的白粉病（如瓜类白粉病、苹果白粉病等）、锈病（如苹果锈病、梨锈病等）、霜霉病（如葡萄和黄瓜霜霉病等）、炭疽病（如黄瓜、西瓜和芒果炭疽病等）都表现出优异的防治效果，实现了喷施一种杀菌剂即可同时控制作物上混合发生的多种病害。苯醚菌酯是一种起预防兼治疗作用的杀菌剂，同时经药剂喷施后植株的光合作用增强，能使作物在较长时间内保持青枝绿叶，从而提高作物的产量和品质。

表 3-14 苯醚菌酯的登记情况

登记证号	登记名称	剂型	总含量	生产企业
LS20082961	苯醚菌酯	原药	98%	浙江禾田化工有限公司
PD20151573	苯醚菌酯	原药	98%	浙江禾田化工有限公司
PD20151574	苯醚菌酯	悬浮剂	10%	浙江禾田化工有限公司
PD20161013	苯菌·氟啶胺	悬浮剂	40%	浙江禾田化工有限公司

近年来，国内依然热衷于对该类化合物的研究，沈阳化工研究院采用中间体衍生化方法，发现了丁香菌酯（coumoxystrobin，SYP-3375）、氟菌螨酯（flufenoxystrobin，SYP-3759）及氯啶菌酯（triclopyricarb，SYP-7017）[65,66]等产品（图3-29），且具有广谱的杀菌活性，它们均是在现有丙烯酸酯类杀菌剂结构基础上“me too”而来的。丁香菌酯对稻瘟病、霜霉病、白粉病、菌核病等众多病害有很好的防治效果，对“毁灭性病害”苹果树腐烂病有特效，其20%悬浮剂已取得登记，用于防治苹果树腐烂病；氟菌螨酯兼具保护活性和治疗活性，对白粉病有特效，田间小区试验表明其对白粉病的效果远优于商品化产品醚菌酯，略高于唑菌胺酯；烯肟菌酯对黄瓜、葡萄霜霉病及小麦白粉病等有良好的防治效果，其25%乳油已取得登记，用于防治黄瓜霜霉病；氯啶菌酯对白粉病有较好的防治效果，在黄瓜、甜瓜和小麦白粉病上有突出表现，且对作物安全，其15%乳油已取得登记，用于防治水稻稻曲病与稻瘟病、油菜菌核病及小麦白粉病。此外，华中师范大学报道的strobilurins类杀菌剂苯噻菌酯（图3-29）也具有很好的杀菌活性[67]。丁香菌酯于2013年获得临时登记，并于2016年转为正式登记（表3-15）；而氯啶菌酯于2012年获得临时登记，并于2016年转为正式登记（表3-16）。

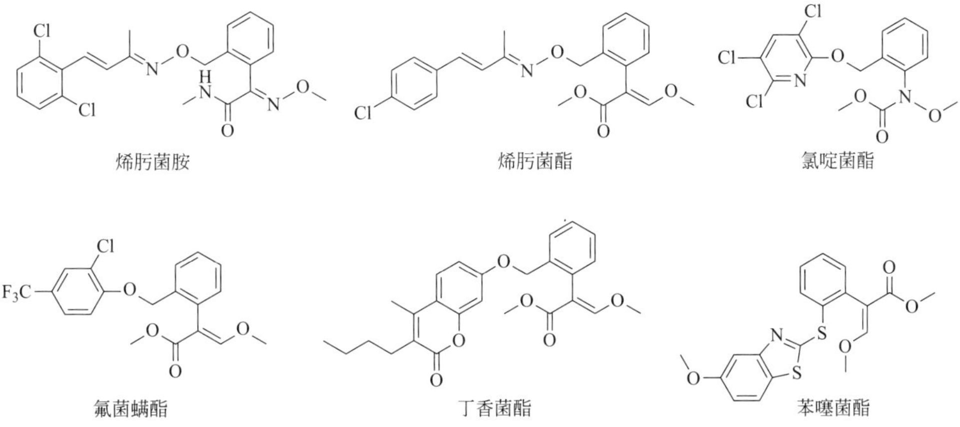

烯肟菌胺　烯肟菌酯　氯啶菌酯

氟菌螨酯　丁香菌酯　苯噻菌酯

图 3-29　甲氧基丙烯酸酯类化合物的结构

表 3-15　丁香菌酯的登记情况

登记证号	登记名称	剂型	总含量/%	生产企业
LS20130500	丁香・戊唑醇	悬浮剂	40	吉林省八达农药有限公司
PD20161261	丁香菌酯	悬浮剂	20	吉林省八达农药有限公司
PD20161260	丁香菌酯	原药	96	吉林省八达农药有限公司

表 3-16　氯啶菌酯的登记情况

登记证号	登记名称	剂型	总含量/%	生产企业
LS20120039	氯啶菌酯	原药	95	江苏宝灵化工股份有限公司
LS20120364	氯啶・戊唑醇	悬浮剂	15	江苏宝灵化工股份有限公司
LS20130260	氯啶菌酯	水乳剂	15	江苏宝灵化工股份有限公司
PD20161258	氯啶菌酯	乳油	15	江苏宝灵化工股份有限公司
PD20161257	氯啶菌酯	原药	95	江苏宝灵化工股份有限公司

3.3.2.3　噁唑啉类杀菌剂

啶菌噁唑（pyrisoxazole，SYP-Z048）是沈阳化工研究院开发的噁唑啉类杀菌剂[65]，对黄瓜灰霉病，小麦、黄瓜白粉病均具有很好的防治效果，主要用于防治番茄灰霉病。其创制是在壳牌（Shell）公司早期报道的具有杀菌活性化合物 **A** 的基础上[68,69]，通过改变噁唑啉环上取代基的位置，经优化得到的品种，为我国具有自主知识产权的农药品种之一（图 3-30）。该产品已于 2008 年获得正式登记（如表 3-17 所示，原药登记证号为 PD20080773；制剂登记证号为 PD20080774）。尽管该产品是在壳牌（Shell）公司报道的化合物结构基础上优化得到的，但相对于一些基团改动较小的品种来讲，啶菌噁唑改动还是很大的。从结构上来讲，该产品具有较高的原创性。

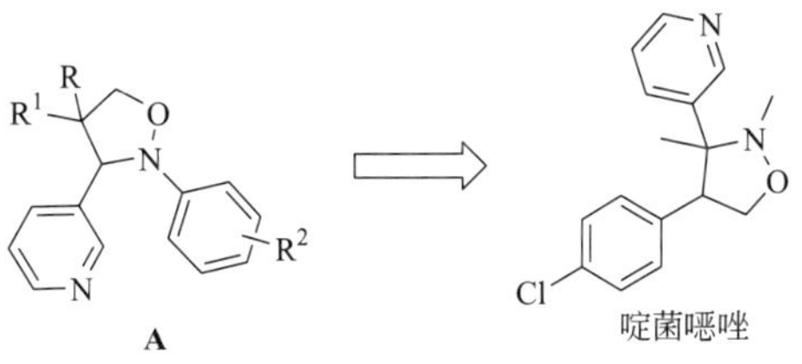

A　啶菌噁唑

图 3-30　啶菌噁唑的发现

表 3-17 啶菌噁唑的登记情况

登记证号	登记名称	剂型	总含量	生产企业
LS20053765	啶菌·乙霉威	悬浮剂	30%	沈阳科创化学品有限公司
PD20093355F130018	啶菌·福美双	悬乳剂	40%	沈阳化工研究院（南通）化工科技发展有限公司
PD20080774F130011	啶菌噁唑	乳油	25%	沈阳化工研究院（南通）化工科技发展有限公司
PD20080774	啶菌噁唑	乳油	25%	沈阳科创化学品有限公司
PD20080773	啶菌噁唑	原药	90%	沈阳科创化学品有限公司
PD20093355	啶菌·福美双	悬乳剂	40%	沈阳科创化学品有限公司

3.3.2.4 噁二唑砜类杀菌剂

2002 年以后，贵州大学宋宝安课题组以没食子酸为先导，引入砜结构，设计合成了一系列结构新颖的含 1,3,4-噁二唑的砜类衍生物（图 3-31）[70-75]。离体生物活性测定结果表明：此类化合物对烟草青枯病、番茄青枯病、水稻白叶枯病、水稻细菌性条斑病、柑橘溃疡病、白菜软腐病及玉米茎腐病等细菌性病害病原菌均具有较好的抑制活性。经过不断的修饰和改造，发现了多个活性化合物，其中化合物 2-(4-氟苯基)-5-甲基砜-1,3,4-噁二唑（甲磺酰菌唑）[73] 对烟草青枯病、番茄青枯病、水稻白叶枯病、水稻细菌性条斑病、柑橘溃疡病、白菜软腐病及玉米茎腐病病害病原菌抑制中浓度（EC_{50} 值）分别为 9.19μg/mL、40.13μg/mL、9.89μg/mL、15.31μg/mL、11.69μg/mL、22.44μg/mL 及 25.72μg/mL，优于对照药剂叶枯唑及噻菌铜；并测定了甲磺酰菌唑对烟草青枯病、番茄青枯病、水稻白叶枯病等细菌性病害的活体盆栽试验及田间试验，试验结果表明：甲磺酰菌唑对烟草青枯病、番茄青枯病、水稻白叶枯病等细菌性病害均具有较好的防效，具有高效、广谱的特点。此外，还发现了二氯噁唑灵[73] 和氟苄噁唑砜[74]，二氯噁唑灵主要用于防治马铃薯晚疫病，而氟苄噁唑砜用于防治水稻白叶枯病、水稻细菌性条斑病、柑橘溃疡病等细菌性病害。当前这几种噁唑砜类杀菌剂具有结构简单、制备工艺简单、生产成本低、应用前景广阔等特点，正在进行相关的登记试验工作。

图 3-31 以没食子酸为先导的新型砜类衍生物

3.3.2.5 草酸二丙酮胺铜类

草酸二丙酮胺铜是西北农林科技大学吴文君教授课题组发现的有机铜类高活性杀菌剂

(其结构如图 3-32 所示)[76]。其对农业主要病害黄瓜霜霉病、马铃薯晚疫病以及苹果斑点落叶病等有良好的防治效果(如图 3-33 所示)，而且具有合成工艺简单、成本低廉等优点，具有产业化前景。

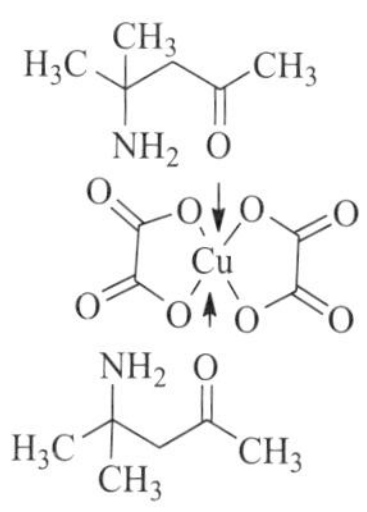

图 3-32　草酸二丙酮胺铜的结构

3.3.2.6　勃利霉素的发现

东北农业大学向文胜教授等通过体外筛选方法，从健康大豆的根部分离得到一株对大豆疫霉具有极强抗性的内生链霉菌（*Streptomyces* sp. Neau-D50），并通过生物活性引导的方法从该菌株中分离得到了抗大豆疫霉的活性化合物勃利霉素。勃利霉素为高效防治大豆疫病的杀菌剂。勃利霉素（图 3-34）、甲霜灵抑制大豆疫霉 IC_{95} 分别为 0.026μg/mL 和 6.85μg/mL，是甲霜灵活性的 263.5 倍[77-79]。

草酸二丙酮胺铜

国家发明专利：草酸二丙酮胺铜农用杀菌剂(ZL200810189769.7)

防治苹果斑点落叶病的效果

药剂处理	末次药后防效/%
85%草酸二丙酮胺铜1000倍	85.80
46.1%氢氧化铜WG1333倍	82.00
清水对照	—

处理	二次药后8d相对防效/%
85%草酸二丙酮胺铜1000倍	86.83
对照	—

提示具有良好的田间防治效果

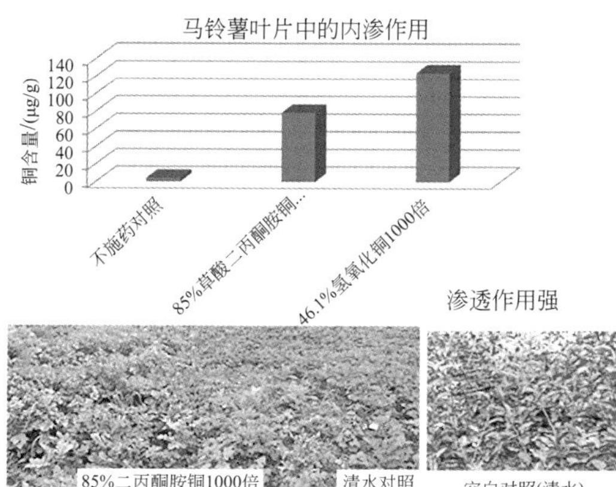

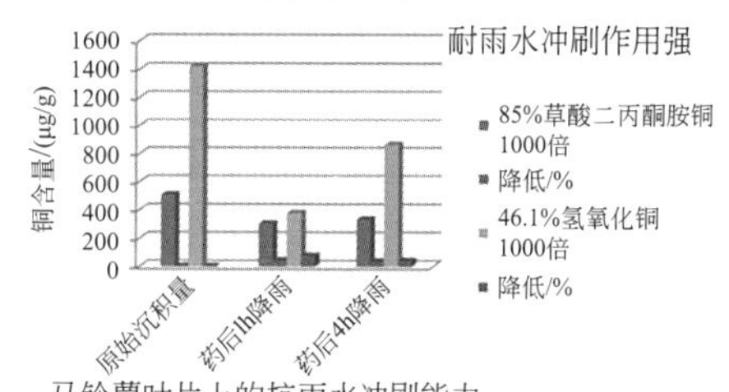

马铃薯叶片上的抗雨水冲刷能力

空白对照(清水)　空白对照区的地上落叶

药剂处理　药剂处理区的地上落叶

图 3-33　草酸二丙酮胺铜的防治效果

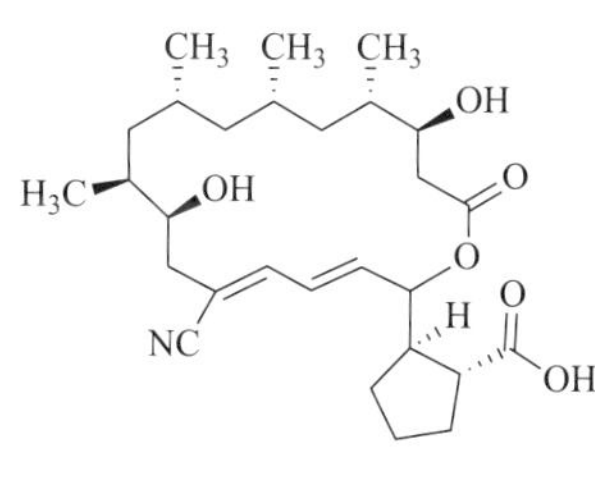

(a) 勃利霉素的结构

(b) 防治大豆疫霉的效果

图 3-34　勃利霉素的结构及其防治大豆疫霉的效果

3.3.2.7 杨凌霉素的发现

杨凌霉素是西北农林科技大学吴文君教授课题组[80,81]从受到农药污染的土壤中发现的菌株*Streptomyces djakarensis* NW35中分离得到的噁唑类衍生物，该化合物具有结构简单、易于合成、分子量小等特点，具有十分广谱的抗菌活性，对猕猴桃溃疡病、烟草青枯病等细菌性病害具有十分优异的防治效果（如图3-35所示）。研究发现，杨凌霉素作用机理独特，其主要通过抑制细菌脂肪酸合成而抑制细菌细胞壁的工艺路线，从而起到抑菌效果（如图3-36所示）。

新型抗生素：杨凌霉素的发现

农药污染土壤

Streptomyces djakartensis NW35

杨凌霉素

供试病原细菌	最小抑菌浓度MIC/(μg/mL)	
	杨凌霉素	氨苄西林
蜡状芽孢杆菌	15.63	50
枯草芽孢杆菌	15.63	25
金黄色葡萄球菌	15.63	25
大肠埃希菌	31.25	100
铜绿假单胞菌	31.25	>100
猕猴桃溃疡病菌	7.82	>100
白菜软腐病菌	31.25	>100
烟草青枯病病菌	15.63	>100
耐甲氧西林金黄色葡萄球菌MRSA	15.63	>100

✓分子量小，结构简单，易于人工合成；
✓广谱抗菌活性；
✓独特的作用机理；
✓国内外首次报道。

图3-35 杨凌霉素的发现过程及其生物活性[80, 81]

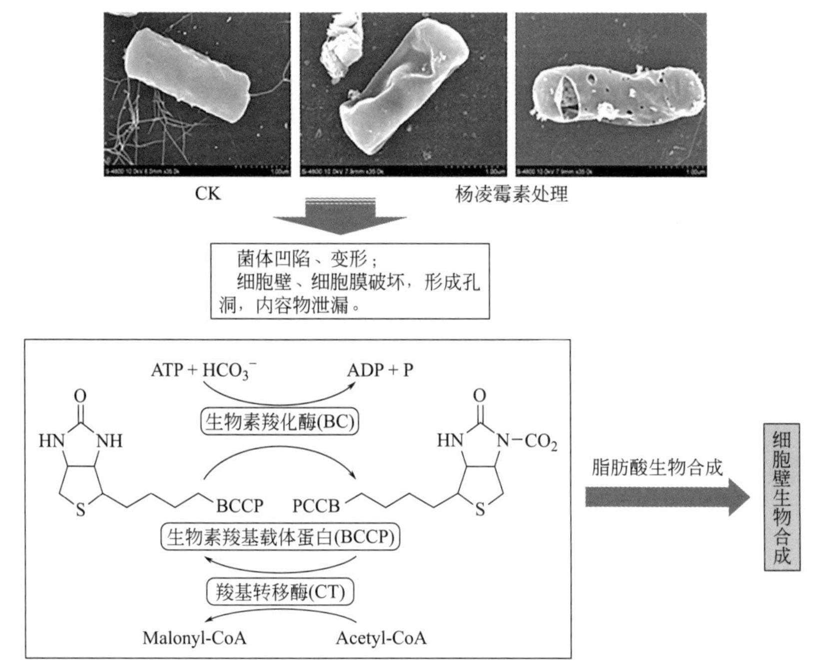

图3-36 杨凌霉素可能的作用机制

3.3.2.8　抗病毒剂菲啶毒清

菲啶毒清是南开大学汪清民教授课题组发现的，基于从沙漠植物牛心朴子草中提取的生物碱（antofine），在其结构基础上经过修饰改造得到生物碱有机酸盐（图 3-37）。汪清民教授在娃儿藤碱的工艺路线及修饰改造方面做了大量优秀的工作，发现了许多高抗病毒活性的 antofine 类似物[82-85]，并从中筛选到具有代表性的化合物 NK 007[85]，即菲啶毒清，该化合物具有优异的抗病毒活性，当前正在进行产业化开发，但该化合物可能毒性较高，在登记过程中可能会有较大的难度。

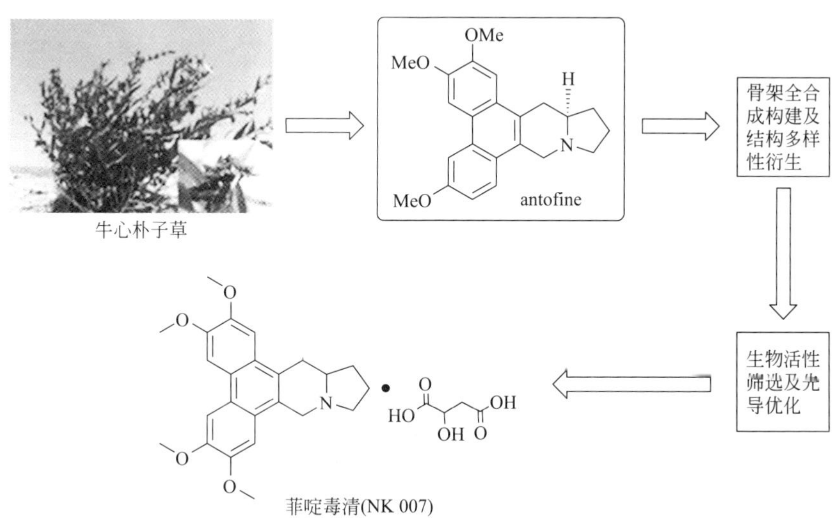

图 3-37　菲啶毒清（NK 007）的发现历程

在作用机制方面，研究发现，antofine 对 TMV RNA 具有较强的亲和作用，其作用位点可能位于 RNA 起始碱基“发夹”处，其抗 TMV 的机制极可能是 antofine 与 TMV RNA 起始碱基特异亲和，干扰 TMV RNA 对 CP 的识别，从而抑制病毒的组装，TMV RNA 因此而被植物寄主的核酸酶降解破坏，病毒失去侵染活性（图 3-38）。菲啶毒清（NK 007）是 antofine 的类似物，在作用机制上与 antofine 一致。

3.3.3　免疫激活剂的研发情况

当前已经商品化的植物抗病激活剂有活化酯（BTH）、烯丙苯噻唑、有效霉素 A 和 tiadinil 等[86]，该类农药具有促使植物系统获得免疫功能，提高植物自身的抗病活性的能力。我国科研人员近几年来在这方面开展了大量的研究工作，从成千上万的化合物中，发现了部分具有免疫激活功能的新农药，如毒氟磷、甲噻诱胺以及氟唑活化酯，结构如图 3-39 所示。

3.3.3.1　毒氟磷

毒氟磷是我国创制的具有自主知识产权的第一个全新结构的植物抗病毒剂，其抗病毒活性实际上是通过诱导和激活植物本身的免疫系统而获得的。采用蛋白组学、生物信息学等手段，研究发现毒氟磷抗 TMV 的作用机制是：毒氟磷作用于 SA 信号通路上游蛋白——haripin binding protein，激活下游 PR 蛋白，使其发挥抗病毒效应，从而发挥抗病毒活性。HrBP1 是 SA 信号通路中的信号起始蛋白，它在植物 SAR 中起着重要作用（毒氟磷的作用机制研究相关示意图如图 3-40～图 3-42 所示）[87]。

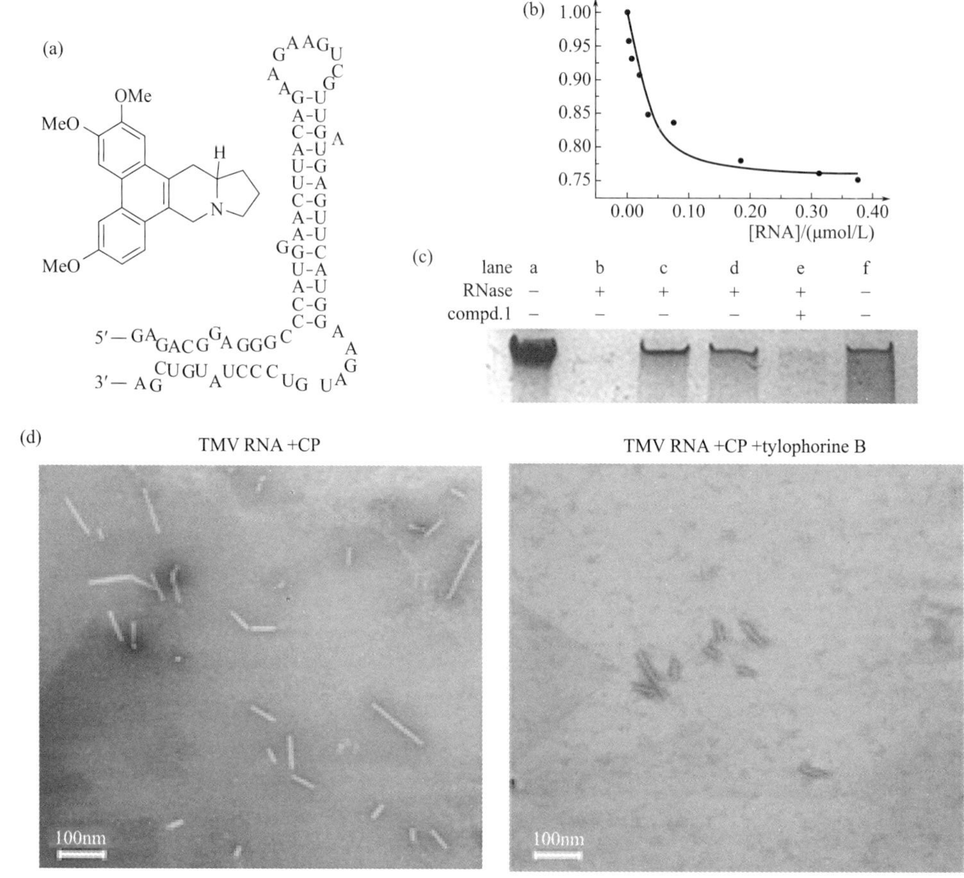

图 3-38　antofine 抗 TMV 作用的分子机制

(a) antofine 作用于 TMV oriRNA 起始碱基发夹处模式图；

(b) TMV oriRNA 作用 antofine 的荧光滴定曲线，K_d（相互作用常数）为 9nmol；

(c) 核酸酶保护性试验/凝胶电泳试验，TMV RNA 和 CP 的组装缓冲液经 antofine 作用后，经核糖核酸酶作用后进行凝胶电泳；

(d) 扫描电镜观察经 antofine 作用后的 TMV RNA 和 CP 的组装病毒颗粒

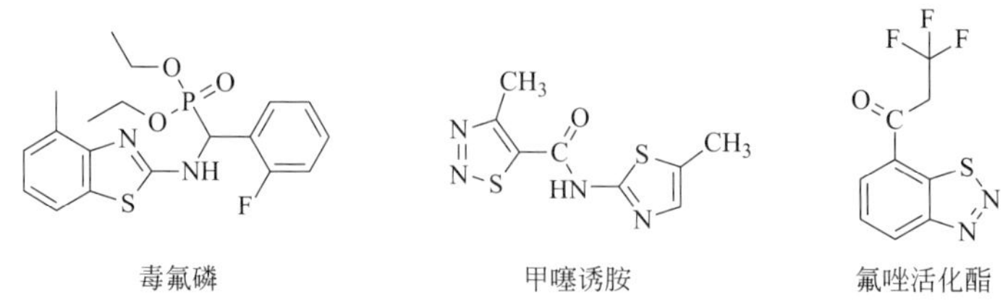

图 3-39　毒氟磷、甲噻诱胺以及氟唑活化酯的结构

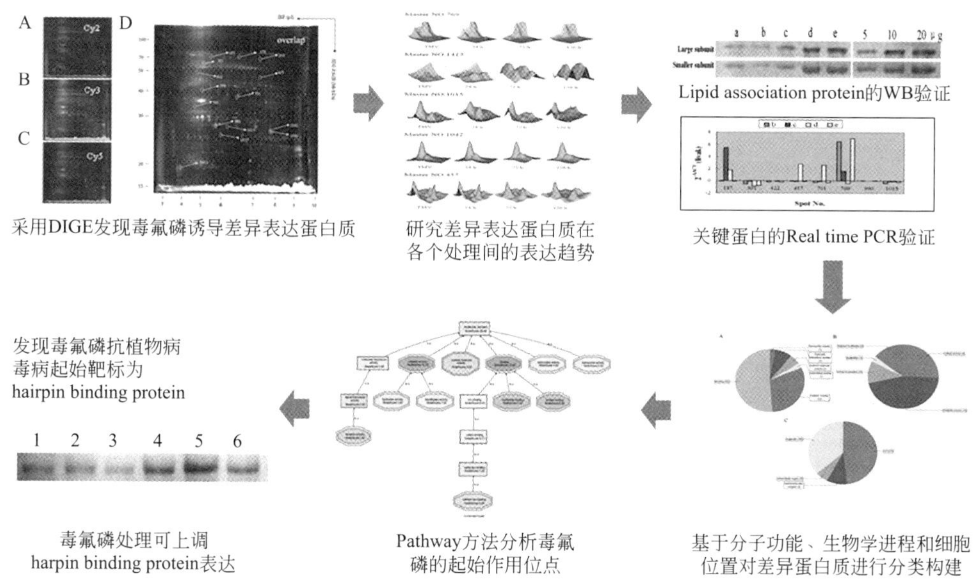

图 3-40　毒氟磷的起始靶标为 haripin binding protein

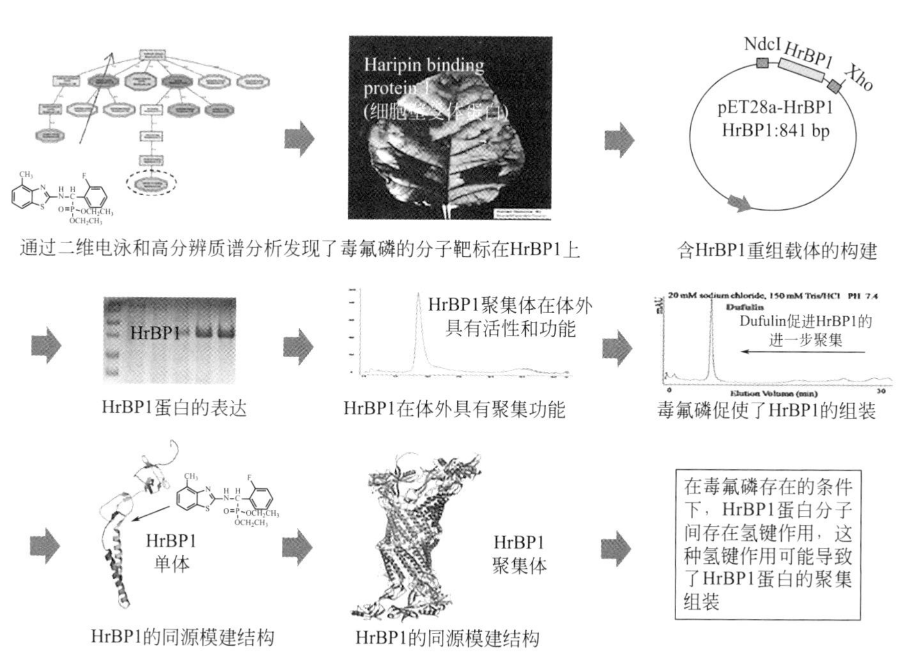

图 3-41　毒氟磷对 haripin binding protein 的组装具有诱导作用

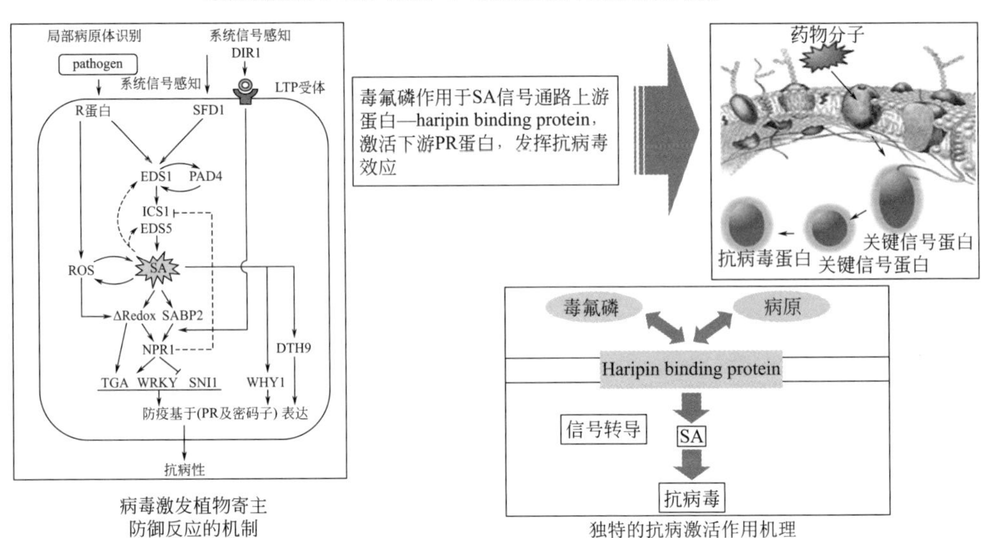

图 3-42　毒氟磷抗病激活机理

新型植物抗病毒剂“毒氟磷”已取得了我国新农药临时登记证，并在番茄和水稻上获得登记。表 3-18 所示为毒氟磷的登记情况。针对近年来我国南方水稻黑条矮缩病危害情况，宋宝安等创新性地研发了用毒氟磷防治作物病毒病的技术[88,89]。毒氟磷防治南方水稻黑条矮缩病成效显著，为我国粮食、蔬菜等主要作物病毒病预防控制提供了高效、环保和经济的新途径。贵州大学提出了植株免疫防病与切断媒介昆虫传毒相结合的控虫治病策略，以毒氟磷为核心，构建了药剂种子处理、药剂健身栽培和大田虫病药剂协调使用的全程免疫防控技术，并在全国进行了大面积推广应用（如图 3-43～图 3-45 所示）。

生育期	毒氟磷	吡蚜酮
播种期	激活植物寄主SA信号通路	内吸传导，长效控虫，减少传毒
秧田期	诱导PR-5、PR-1a等基因表达上调，增加PAL防御酶活性，上调N基因，提高植物寄主抗性水平	带药移栽，压低媒介害虫基数，保护分蘖初期
本田期	提高植物寄主SAR快速响应能力，延长PR表达时间，增强抗病毒、防病毒能力，抑制病毒增殖	压低媒介害虫基数，减少传毒，保护分蘖中后期

“种子-秧田-本田”全程免疫防病三步曲

播种期　秧田期　分蘖初期

播种期　秧田期　本田期

图 3-43　基于毒氟磷抗病激活机理的水稻全程免疫防病“三步曲”

表 3-18 毒氟磷的登记情况

登记证号	登记名称	剂型	总含量	生产企业
LS20071282	毒氟磷	可湿性粉剂	30%	广西康赛德农化有限公司
LS20071280	毒氟磷	原药	98%	广西康赛德农化有限公司
PD20160339	毒氟磷	原药	98%	广西田园生化股份有限公司
PD20160338	毒氟磷	可湿性粉剂	30%	广西田园生化股份有限公司

图 3-44 基于毒氟磷抗病激活机理的水稻病毒病防控示范基地

图 3-45 基于毒氟磷抗病激活机理的水稻病毒病防控区域和非防控区域对比

此外，毒氟磷的生产厂商广西田园生化股份有限公司也积极开发毒氟磷的应用新技术，比如在山西长治市以毒氟磷的烟雾剂在室内进行番茄病毒病的防治（图 3-46），取得了较好的效果。在山西长治市襄垣县、长子县、黎城县、屯留县等进行辣椒病毒病的防控示范，也取得了较好的效果（图 3-47、图 3-48）。当前，毒氟磷正在水稻、蔬菜等作物上进行大力的推广应用。

图 3-46 毒氟磷对番茄病毒病的防控

图 3-47 毒氟磷对辣椒病毒病的防治实验

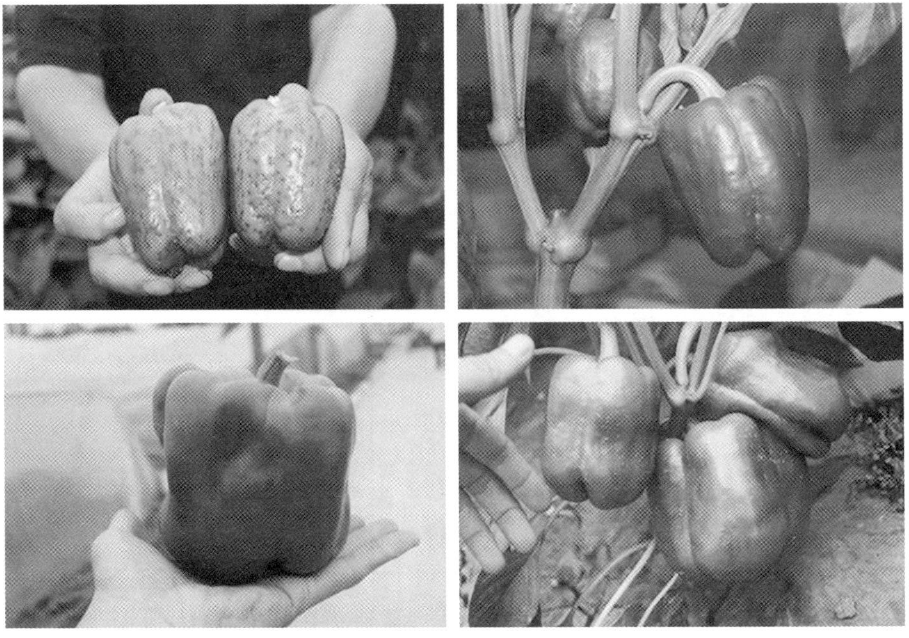

图 3-48 毒氟磷对辣椒病毒病的防治效果对比

3.3.3.2 甲噻诱胺

甲噻诱胺是南开大学范志金教授发现的诱导激活剂。研究发现甲噻诱胺能诱导烟草植株产生对 TMV 的抗性，具备植物激活剂的作用特点。其作用机制在于诱导了寄主植物的免疫系统而使得植物对后续病原物的入侵产生了防御能力（图 3-49）。

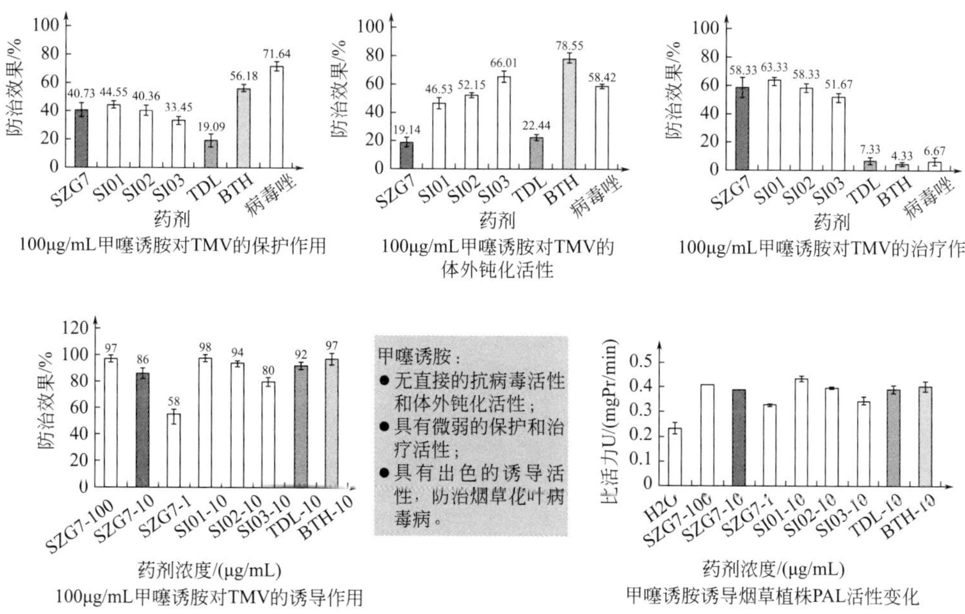

图 3-49　甲噻诱胺具备植物激活剂的作用特点

如表 3-19 所示，该产品目前已经获得登记[90,91]，目前由利尔化学股份有限公司生产。甲噻诱胺为噻二唑类植物激活剂，具有较好的抗植物病毒病和诱导植物抗植物病毒病的活性，其原药和制剂急性毒性为低毒，对鸟类、鱼类、家蚕类等环境生物低毒，其25%悬浮剂在我国防治烟草病毒病方面取得登记，有专家预测甲噻诱胺防治植物病毒病应用前景看好。

表 3-19　甲噻诱胺的登记情况

登记证号	登记名称	剂型	总含量/%	生产企业
PD20170015	甲噻诱胺	原药	96	利尔化学股份有限公司
LS20140245	甲诱・吗啉胍	悬浮剂	24	四川利尔作物科学有限公司
PD20170014	甲噻诱胺	悬浮剂	25	四川利尔作物科学有限公司

3.3.3.3 氟唑活化酯

氟唑活化酯是华东理工大学徐玉芳教授发现的诱导激活剂[92,93]，该产品对几种重要园艺作物的诱导抗病效果良好，其中对仙客来枯萎病和茄子黄萎病的防治效果超过 90%，对茄子黄萎病的田间防治效果达到 87.8%，对草莓根腐病的诱导抗病效果也可以达到 80%以上，田间防治效果亦在 50%以上，说明氟唑活化酯对土传病害具有很好的广谱诱导抗病作用，是比较好的诱导抗病激活剂（图 3-50、图 3-51 展示了氟唑活化酯具备植物激活剂的作用特点）。表 3-20 所列为氟唑活化酯的登记情况。

图 3-50 氟唑活化酯对草莓根腐病的诱导抗病效果（田间）

图 3-51 氟唑活化酯诱导黄瓜抗枯萎病的田间实验效果

表 3-20 氟唑活化酯的登记情况

登记证号	登记名称	剂型	总含量	生产企业
LS20150091	氟唑活化酯	原药	98%	南通泰禾化工股份有限公司
LS20150102	氟唑活化酯	乳油	5%	南通泰禾化工股份有限公司

在作用机制研究方面，华东理工大学系统地研究了其诱导抗病机理，研究发现氟唑活化酯诱导茄子抗病性信号转导途径应该以茉莉酸（JA）途径为主（图 3-52）。

3.3.4 除草剂的研发情况

在除草剂创制研究领域，我国农药研究者做了大量的研究工作，并发现了多个产品进行了产业化。自 20 世纪 80 年代初美国杜邦公司发现磺酰脲类 ALS 酶抑制剂以来，磺酰脲类超高效除草剂成为农药创制史上的一个里程碑。它的超低用量大大改善了对环境的影响，而且对温血动物几乎无毒，迅速在国际上掀起一股研发热潮。南开大学元素有机化学研究所李正名院士课题组，自 20 世纪 90 年代初开始对磺酰脲类除草剂进行深入和系统的研究，合成了近 600 种磺酰脲类新化合物，从中筛选出了具有超高效活性和毒性低于牙膏的单嘧磺隆和单嘧磺酯[94]。单嘧磺隆由此成为中国第一个取得自主知识产权的创制除草剂，已于 2007 年获得正式登记（表 3-21）。单嘧磺隆可有效防治谷子田中各种禾本科和阔叶杂草，对小麦田

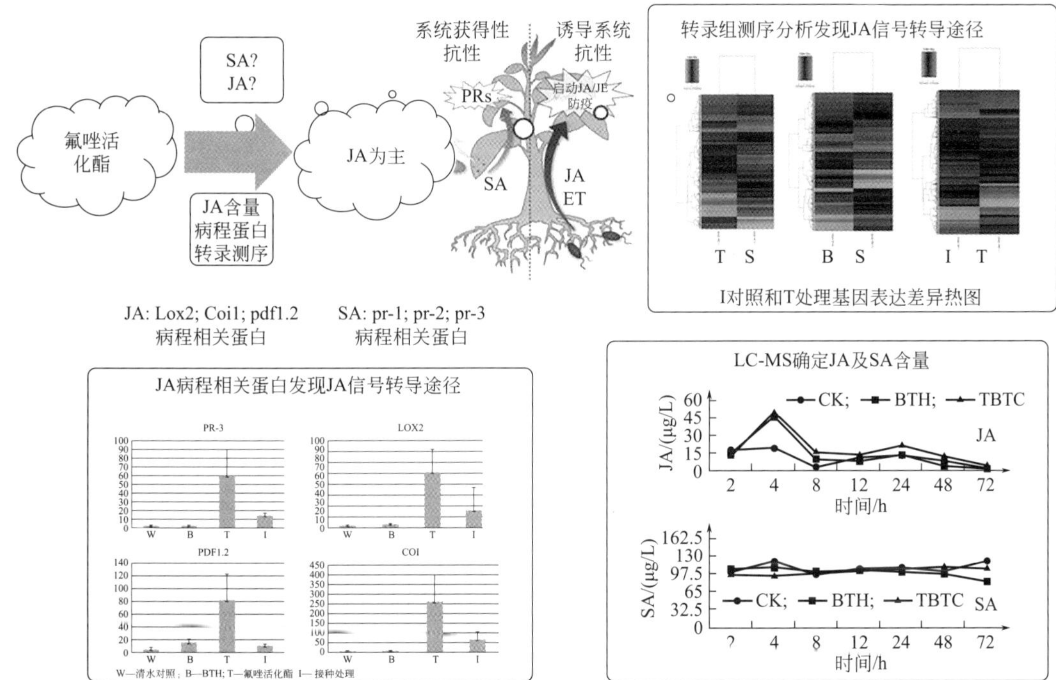

图 3-52　氟唑活化酯抗病机制

表 3-21　单嘧磺隆的登记情况

登记证号	登记名称	剂型	总含量	生产企业
LS20011210	单嘧磺隆	可湿性粉剂	19.1%	天津市绿保农用化学科技开发有限公司
LS20031844	单嘧・扑灭津	可湿性粉剂	44%	天津市绿保农用化学科技开发有限公司
PD20070369	单嘧磺隆	原药	90%	天津市绿保农用化学科技开发有限公司
PD20070368	单嘧磺隆	可湿性粉剂	10%	天津市绿保农用化学科技开发有限公司

中的多种杂草也具有良好的防治效果，尤其是对谷子田中的难防杂草碱茅表现出优异的防治效果，每亩有效成分使用量 2g，防效达 98%。

此后，李正名院士又将单嘧磺酯进行了产业化开发，并于 2013 年获得正式登记（表 3-22）。单嘧磺酯除草剂每亩有效成分用量 1.5g，能有效防除麦田主要杂草播娘蒿、荠菜、藜等阔叶杂草，除草活性高，平均防治效果达到 97.6%。单嘧磺酯与目前主要麦田除草剂相比，具有杀草谱宽、对作物安全性好、应用成本适中的特点。10%单嘧磺酯在江苏、山东、河北、河南等地进行了大面积推广，取得了较好的社会和经济效益。单嘧磺酯具有超高效性、微毒、用量少、药效稳定、对环境友好等特点[95]。

表 3-22　单嘧磺酯的登记情况

登记证号	剂型	总含量	生产企业
PD20130371	可湿性粉剂	10%	天津市绿保农用化学科技开发有限公司
PD20130372	原药	90%	天津市绿保农用化学科技开发有限公司

甲硫嘧磺隆是磺酰脲类低毒化合物，由湖南化工研究院开发。对麦田主要杂草看麦娘、牛繁缕、碎米莎草、雀舌草、播娘蒿、荠菜、田旋花、反枝苋、卷茎蓼、藜、铁苋菜、苘麻等具有较好的防除效果，每亩有效成分使用量为2.6～3g，对小麦安全，增产作用明显，该产品于2006年获得过临时登记（已不在有效状态，表3-23）[96]。

表3-23 甲硫嘧磺隆的登记情况

登记证号	剂型	总含量	生产企业
LS20060229	可湿性粉剂	10%	湖南海利化工股份有限公司
LS20060244	原药	95%	湖南海利化工股份有限公司

双甲胺草磷是南开大学开发的有机磷类水旱两用除草剂，对水稻田、蔬菜田的一年生单子叶、双子叶杂草马唐、稗草、反枝苋、藜、狗尾草、鸭舌草、苋、铁苋菜、野慈姑等具有较好的防除效果，该产品已于2005年获得过临时登记（表3-24）[97]。

表3-24 双甲胺草磷的登记情况

登记证号	剂型	总含量	有效期至	生产企业
LS20051937	原药	95%	2009-5-22	江苏省南通江山农药化工股份有限公司
LS20051935	乳油	20%	2009-5-22	江苏省南通江山农药化工股份有限公司

丙酯草醚和异丙酯草醚是中国科学院上海有机化学研究所和浙江化工科技集团有限公司共同开发的油菜田除草剂，该类除草剂的结构具有原始创新性[98]。丙酯草醚和异丙酯草醚能有效防除油菜田中主要的单子叶、双子叶杂草。在以看麦娘、日本看麦娘、繁缕、牛繁缕、雀舌草等杂草为主的油菜区，一次性施药可解决油菜田的杂草危害，对当季油菜和后茬作物水稻等安全。与现有除草剂相比，具有高效（每亩有效成分3g）、低毒、对后茬作物安全、环境相容性好、杀草谱相对较广和成本相对较低等特点，填补了目前我国油菜田一次性处理兼治单子叶、双子叶杂草除草剂的空白，有望成为我国油菜田除草剂的重要品种之一。当前，这两个产品均已于2014年获得正式登记，如表3-25所示。

表3-25 丙酯草醚和异丙酯草醚的登记情况

登记证号	登记名称	农药类别	剂型	总含量	生产企业
PD20141888	异丙酯草醚	除草剂	原药	98%	山东侨昌化学有限公司
PD20141889	异丙酯草醚	除草剂	乳油	10%	山东侨昌现代农业有限公司
PD20141890	丙酯草醚	除草剂	乳油	10%	山东侨昌现代农业有限公司
PD20141891	丙酯草醚	除草剂	原药	98%	山东侨昌化学有限公司
PD20151334	异丙酯草醚	除草剂	悬浮剂	10%	山东侨昌化学有限公司
PD20151586	丙酯草醚	除草剂	悬浮剂	10%	山东侨昌化学有限公司

氯酰草膦是华中师范大学贺红武教授课题组开发的有机磷酸酯类化合物，低毒。田间药效评价结果表明，氯酰草膦杀草谱较广，持效期长，对双子叶杂草防效优异。每亩使用量（有效成分）为30～40g。同时能兼治单子叶杂草及莎草科、蕨类杂草，可以作为选择性除草剂，对禾本科作物安全性好，可作为小麦、水稻、玉米田除草剂，也可作为草坪、果园、茶园以及非耕地的除草剂。该产品于2007年获得过临时登记（已不在有效状态，表3-26）[99]。

表 3-26 氯酰草膦的登记情况

登记证号	剂型	总含量	有效期至	生产企业
LS20071694	乳油	30%	2011-6-24	山东侨昌化学有限公司
LS20071853	原药	93%	2011-7-9	山东侨昌化学有限公司

苯哒嗪丙酯是中国农业大学开发的化学杂交剂[100]，主要用于小麦育种，具有小麦去雄效果优良、化学结构相对简单、合成方便、成本较低等优势。该产品 2002 年获得过临时登记，如表 3-27 所示。

表 3-27 苯哒嗪丙酯的登记情况

登记证号	剂型	有效期至	生产企业
LS20020926	原药	2005-6-9	河北新兴化工有限责任公司
LS20020927	乳油	2006-10-26	河北新兴化工有限责任公司

图 3-53 所示为我国自主创新的部分除草剂的结构。

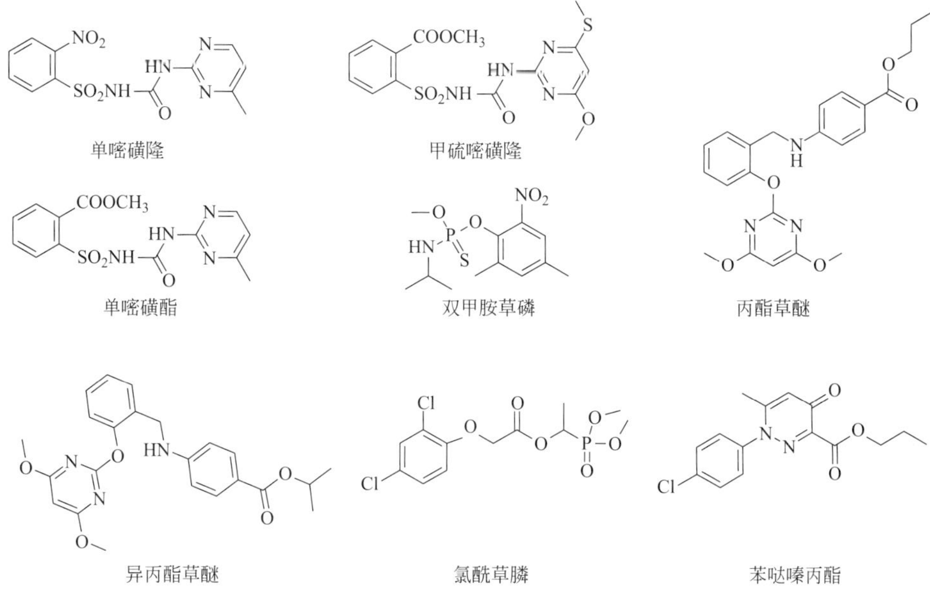

图 3-53 我国自主创新的部分除草剂的结构

参考文献

[1] Guan A, Liu C, Yang X, et al. Application of the Intermediate Derivatization Approach in Agrochemical Discovery. Chemical Reviews, 2014, 114 (14): 7079.

[2] Lu W Q, Liu X F, Cao X W, et al. SHAFTS: a Hybrid Approach for 3D Molecular Similarity Calculation. 2. Prospective Case Study in the Discovery of Diverse p90 Ribosomal S6 Protein Kinase 2 Inhibitors to Suppress Cell Migration. J Med Chem, 2011, 54 (10): 3564-3574.

[3] Du X J, Bian Q, Wang H X, et al. Design, Synthesis, and Fungicidal Activity of Novel Carboxylic Acid Amides Represented by *N*-Benzhydryl Valinamode Carbamates. Org Biomol Chem, 2014, 12: 5427-5434.

[4] Finkelstein B L, Lahm G P, McCann S F, et al. Preparation of Substituted Anthranilamides for Controlling Invertebrate Pests: WO, 2003016284, 2003-02-27.

[5] 李正名，王宝雷，张吉凤，等．吡唑甲酰基硫脲衍生物与制备方法和应用：CN，102276580. 2011-12-14.

[6] Zhang X, Li Y, Ma J, et al. Synthesis and Insecticidal Evaluation of Novel Anthranilic Diamides Containing *N*-Substitued Nitrophenylpyrazole. Bioorganic & Medicinal Chemistry, 2014, 22 (1): 186-193.

[7] 张湘宁，朱红军，谭海军，等．邻杂环甲酰苯胺类化合物及其合成方法和应用：CN，101747325. 2010-06-23.

[8] 倪珏萍，张雁南，张湘宁，等．噻虫酰胺对5种鳞翅目昆虫的杀虫活性研究．现代农药，2010，09 (5)：21-25.

[9] Zhou Y, Wang B, Di F, et al. Synthesis and Biological Activities of 2,3-Dihydro-1,3,4-Oxadiazole Compounds and Its Derivatives as Potential Activator of Ryanodine Receptors. Bioorganic & Medicinal Chemistry Letters, 2014, 24 (10): 2295-2299.

[10] Wu J, Song B A, Hu D Y, et al. Design, Synthesis and Insecticidal Activities of Novel Pyrazole Amides Containing Hydrazone Substructures. Pest Management Science, 2012, 68 (5): 801-810.

[11] 宋宝安，吴剑，杨松，等．含杂环酰胺结构的酰腙及肟酯类化合物及其应用：CN，102060841. 2011-05-18.

[12] 宋宝安，吴剑，杨松，等．一类酰腙和酰肼衍生物及其应用：CN，102093335. 2011-06-15.

[13] 李斌，杨辉斌，王军锋，等．四氯虫酰胺的合成及其杀虫活性．现代农药，2014 (3)：17-20.

[14] 邢家华，朱冰春，袁静，等．新型杀虫剂氯氟氰虫酰胺对不同鳞翅目害虫的毒力和田间防效．农药学学报，2013，15 (2)：159-164.

[15] Zhou S, Jia Z, Xiong L, et al. Chiral Dicarboxamide Scaffolds Containing a Sulfiliminyl Moiety as Potential Ryanodine Receptor Activators. J Agric Food Chem, 2014, 62 (27): 6269-6277.

[16] Zhou S, Gu Y, Liu M, et al. Insecticidal Activities of Chiral *N*-Trifluoroacetyl Sulfilimines as Potential Ryanodine Receptor Modulators. J Agric Food Chem, 2014, 62 (46): 11054-11061.

[17] 左伯军，李磊，石隆平．新烟碱类杀虫剂发展历程浅说．今日农药，2011 (4)：23-28.

[18] 邵旭升，田忠贞，李忠，等．新烟碱类杀虫剂及稠环固定的顺式衍生物研究进展．农药学学报，2008，10 (2)：117-126.

[19] 刘安昌，周青，沈乔，等．新型杀虫剂氟啶虫胺腈的合成研究．有机氟工业，2012 (3)：5-7.

[20] Wang Y, Cheng J, Qian X, et al. Actions between Neonicotinoids and Key Residues of Insect nAChR Based on an ab Initio Quantum Chemistry Study: Hydrogen Bonding and Cooperative pi-pi Interaction. Bioorganic & Medicinal Chemistry, 2007, 15 (7): 2624-2630.

[21] Shao X, Xu Z, Zhao X, et al. Synthesis, Crystal Structure, and Insecticidal Activities of Highly Congested Hexahydroimidazo [1,2-a] pyridine Derivatives: Effect of Conformation on Activities. Journal of Agricultural & Food Chemistry, 2010, 58 (5): 2690.

[22] Shao X, Fu H, Xu X, et al. Divalent and Oxabridged Neonicotinoids Constructed by Dialdehydes and Nitromethylene Analogues of Imidacloprid: Design, Synthesis, Crystal Structure, and Insecticidal Activities. Journal of Agricultural & Food Chemistry, 2010, 58 (5): 2696-2702.

[23] Shao X, Lee P W, Liu Z, et al. cis-Configuration: A New Tactic/Rationale for Neonicotinoid Molecular Design. J Agric Food Chem, 2011, 59 (7): 2943-2949.

[24] Ye Z J, Xia S, Shao X S, et al. Design, Synthesis, Crystal Structure Analysis, and Insecticidal Evaluation of Phenylazoneonicotinoids. J Agric Food Chem, 2011, 59 (19): 10615-10623.

[25] Shao X S, Li Z, Qian X H, et al. Design, Synthesis, and Insecticidal Activities of Novel Analogues of Neonicotinoids: Replacement of Nitromethylene with Nitroconjugated System. J Agric Food Chem, 2009, 57 (3): 951-957.

[26] Lu S, Zhuang Y, Wu N, et al. Synthesis and Biological Evaluation of Nitromethylene Neonicotinoids Based on the Enhanced Conjugation. Journal of Agricultural & Food Chemistry, 2013, 61 (46): 10858-10863.

[27] Xu R, Luo M, Xia R, et al. Seven-Membered Azabridged Neonicotinoids: Synthesis, Crystal Structure, Insecticidal Assay, and Molecular Docking Studies. J Agric Food Chem, 2014, 62 (46): 11070-11079.

[28] Xu R, Xia R, Luo M, et al. Design, Synthesis, Crystal Structures, and Insecticidal Activities of Eight-Membered Azabridge Neonicotinoid Analogues. Journal of Agricultural & Food Chemistry, 2014, 62 (2): 381-390.

[29] 覃兆海．硝基缩氨基胍类化合物及其制备方法与其作为杀虫剂的应用：CN，101821232. 2008.

[30] Huang Z, Liu Y, Li Y, et al. Synthesis, Crystal Structures, Insecticidal Activities, and Structure-Activity Relationships of Novel *N'*-Tert-Butyl-*N'*-Substituted-Benzoyl-*N*-[Di(Octa)Hydro]Benzofuran{(2,3-Dihydro)Benzo[1,3]([1,4])Dioxinecarbohydrazide Derivatives. Journal of Agricultural & Food Chemistry, 2011, 59 (2): 635.

[31] Jian S, Sun R F, Li Y Q, et al. Synthesis and Insecticidal Evaluation of *N*-Tert-Butyl-*N'*-Thio[1-(6-Chloro-3-Pyridylmethyl)-2-Nitroiminoimidazolidine]-*N*,*N'*-Diacylhydrazines. Journal of Agricultural & Food Chemistry, 2010, 58 (3): 1834-1837.

[32] 张湘宁．新型昆虫生长调节剂——呋喃虫酰肼．世界农药，2005（4）：48-49.

[33] Sun R F，Liu Y X，Zhang Y L，et al. Design and Synthesis of Benzoylphenylureas with Fluorinated Substituents on the Aniline Ring as Insect Growth Regulators. J Agric Food Chem，2011，59（6）：2471-2477.

[34] Sun R，Li Y，Xiong L，et al. Design，Synthesis，and Insecticidal Evaluation of New Benzoylureas Containing Isoxazoline and Isoxazole Group. Journal of Agricultural & Food Chemistry，2011，59（9）：4851-4859.

[35] Sun R F，Li Y Q，Xiong L X，et al. Synthesis，Larvicidal Activity，and SAR Studies of New Benzoylphenylureas Containing Oxime Ether and Oxime Ester Group. Bioorganic & Medicinal Chemistry Letters，2010，20（15）：4693-4699.

[36] Sun R，Zhang Y，Bi F，et al. Design，Synthesis，and Bioactivity Study of Novel Benzoylpyridazyl Ureas. J Agric Food Chem，2009，57（14）：6356-6361.

[37] Sun R F，Zhang Y L，Li C，et al. Design，Synthesis，and Insecticidal Activities of New *N*-Benzoyl-*N′*-Phenyl-*N′*-Sulfenylureas. Journal of Agricultural & Food Chemistry，2009，57（9）：3661-3668.

[38] Zhang J，Tang X，Ishaaya I，et al. Synthesis and Insecticidal Activity of Heptafluoroisopropyl-Containing Benzoylphenylurea Structures. Journal of Agricultural & Food Chemistry，2010，58（5）：2736-2740.

[39] 杨光富，刘祖明，王亚洲，等．苯并噻唑杂环的二氯丙烯衍生物及其制备方法和杀虫剂组合物：CN，101906080. 2010-12-08.

[40] 张一宾．世界新农药开发动向——第十届国际农药化学会议介绍的新农药综述．世界农药，2003，25（5）：1-7.

[41] 王正权，彦龙，周丽平，等．二氯丙烯类杀虫剂：CN，1860874. 2006-11-15.

[42] Liu C L，Li M，Wang J F，et al. Preparation of Heterocycles as Pesticides and Fungicides：WO，2010060379. 2010-06-03.

[43] 马海军，吴同文，倪珏萍，等．二卤代丙烯类化合物及其制备方法和用途：CN，101348464. 2009-01-21.

[44] 刘长令，李森，王军锋，等．取代醚类化合物及其应用：CN，101747306. 2010-06-23.

[45] 柳爱平，刘兴平，黄路，等．具杀虫活性的含氮杂环二氯烯丙醚类化合物：CN，101337940. 2009-01-07.

[46] 吴文君．植物杀虫剂苦皮藤素研究与应用．北京：化学工业出版社，2011.

[47] 张继文，姬志勤，吴文君．苦皮藤素Ⅴ的结构修饰及生物活性．西北农林科技大学学报（自然科学版），2004，32（10）：99-101.

[48] Wang Y，Shao Y，Wang Y，et al. Synthesis and Quantitative Structure-Activity Relationship（QSAR）Study of Novel Isoxazoline and Oxime Derivatives of Podophyllotoxin as Insecticidal Agents. Journal of Agricultural & Food Chemistry，2012，60（34）：8435.

[49] Zhao J H，Xu X J，Ji M H，et al. Design，Synthesis，and Biological Activities of Milbemycin Analogues. Journal of Agricultural & Food Chemistry，2011，59（9）：4836-4850.

[50] 柴宝山，刘长令，张弘，等．杀螨剂嘧螨胺（SYP-11277）的创制经纬．农药，2011，50（5）：325-326.

[51] 氯酯磺草胺．农药科学与管理，2009，30（9）：64-64.

[52] 王正权，李彦龙，郭同娟．*N*-苯基吡唑衍生物杀虫剂：CN，1398515. 2003.

[53] 段湘生，王晓光，柳爱平，等．新型杀虫剂硫肟醚的产业化开发．中国农药，2006（3）：39-43.

[54] 陈明，柳爱平，欧晓明，等．新型杀虫剂硫氟肟醚的产业化开发．精细化工中间体，2014，44（5）：1-5.

[55] Li Y Q，Zhang P X，Ma Q Q，et al. The Trifluoromethyl Transformation Synthesis，Crystal Structure and Insecticidal Activities of Novel 2-Pyrrolecarboxamide and 2-Pyrrolecarboxlate. Bioorg Med Chem Lett，2012，22：6858-6861.

[56] Zhao Y，Li Y，Ou X，et al. Synthesis，Insecticidal，and Acaricidal Activities of Novel 2-Aryl-Pyrrole Derivatives Containing Ester Groups. J Agric Food Chem，2008，56（21）：10176-10182.

[57] Zhao Y，Mao C H，Li Y Q，et al. Synthesis，Crystal Structure，and Insecticidal Activity of Novel N-Alkyloxyoxalyl Derivatives of 2-Arylpyrrole. J Agric Food Chem，2008，56：7326-7332.

[58] 欧晓明，喻快，梁骥，等．第七届全国新农药创制学术交流会会议论文集．2011：7-12.

[59] 司乃国．我国创制杀菌剂的研究与开发．农药，2003，42（9）：6-8.

[60] 潘锋．新农药为农业增产增收作出更大贡献——中国中化股份有限公司沈阳化工研究院新农药创新发展纪实．科学时报，2011-06-15. http：//news. sciencenet. cn/sbhtmlnews/2011/6/245405. html? id=245405.

[61] 黄雄英，袁会珠，覃兆海，等．丁吡吗啉对致病疫霉的作用机制初探．农药学学报，2007，9（4）：376-382.

[62] 王丽，石延霞，李宝聚，等．甲氧基丙烯酸酯类杀菌剂研究进展．农药科学与管理，2008，30（9）：24-27.

[63] 刘君丽，司乃国．新型广谱杀菌剂烯肟菌酯的开发及应用．农药市场信息，2010，17：41.

[64] 司乃国，金春兰，刘君丽，等．创制杀菌剂烯肟菌胺生物活性及应用研究（Ⅱ）——瓜类白粉病．农药，2009，48（1）：10-12.
[65] 陈定花，朱卫刚，胡伟群，等．新型广谱杀菌剂苯醚菌酯（ZJ0712）生物活性．农药，2006，45（1）：18-21.
[66] 杨吉春，孙旭锋，杨帆，等．2012年公开的新农药品种．农药，2013，52（1）：50-52.
[67] 李轲轲，陈亮，刘君丽，等．中国化工学会农药专业委员会第十二届年会论文集．陕西，2005：428-434.
[68] 杨光富，赵培亮，黄伟，等．一种甲氧基丙烯酸酯类杀菌剂、制备方法及用途：CN，101268780. 2008-09-24.
[69] Boyce C B，Webb S B. 3-Pyridylisoxazolidines：DE，2639189. 1977-03-01.
[70] 宋宝安，陈才俊，杨松，等．2-取代硫醚-5-(3,4,5-三甲氧基苯基)-1,3,4-噻二唑类化合物的合成、结构与体外抗癌活性．化学学报，2005，63（18）：1720-1726.
[71] 薛伟，宋宝安，汪华，等．2-[5-(3,4,5-三甲氧基苯基)-1,3,4-噻二唑-2-基硫代]-1-(2,3,4-三甲氧基)苯乙酮肟醚合成与抗烟草花叶病毒活性研究．有机化学，2006，26（5）：702-706.
[72] Chen C J，Song B A，Yang S，et al. Synthesis and Antifungal Activities of 5-(3,4,5-Trimethoxyphenyl)-2-Sulfonyl-1,3,4-Thiadiazole and 5-(3,4,5-Trimethoxyphenyl)-2-Sulfonyl-1,3,4-Oxadiazole Derivatives. Bioorganic & Medicinal Chemistry，2007，15（12）：3981-3989.
[73] 徐维明，韩菲菲，贺鸣，等．一类防治作物细菌病害的噁二唑砜类化合物：CN，102499247. 2012-06-20.
[74] 徐维明，宋宝安，杨松，等．2-取代基-5-(2,4-二氯苯基)-1,3,4-噁二唑类衍生物及其合成方法和应用：CN，101812034. 2010-08-25.
[75] 宋宝安，李培，杨松，等．具有防治作物细菌性病害的2,5-取代基-1,3,4-噁二唑砜类衍生物的应用：CN，104222106. 2014-08-25.
[76] 姬志勤，魏少鹏，吴文君．草酸二丙酮胺-铜配合物的合成、结构表征及抑菌活性．农药学学报，2010，12（4）：440-444.
[77] 刘重喜，向文胜，张继，等．新型生物农药勃利霉素高效防治大豆疫病．华北农学报，2011，26（增刊）：544.
[78] Liu C，Wang X，Yan Y，et al. Streptomyces Heilongjiangensis sp. Nov. a Novel Actinomycete that Produces Borrelidin Isolated from the Root Surface of Soybean [Glycine max（L.）Merr]．Int J Syst Evol Microbiol，2013，63（3）：1030-1036.
[79] Liu C X，Zhang J，Wang X J，et al. Antifungal Activity of Borrelidin Produced by a Streptomyces Strain Isolated from Soybean. J Agric Food Chem，2012，60（5）：1251-1257.
[80] Zhang W J，Wei S P，Zhang J W，et al. Antibacterial Activity Composition of the Fermentation Broth of Streptomyces djakartensis NW35. Molecules，2013，18（3）：2763-2768.
[81] Zhang J W，Zhang W J，Wei S P，et al. A New Dihydrooxazole Antibiotic from the Fermentation Broth of Streptomyces Djakartensis. Heterocycles，2014，89（7）：1656-1661.
[82] Wang Z，Feng A，Cui M，et al. First Discovery and Stucture-Activity Relationship Study of Phenanthroquinolizidines as Novel Antiviral Agents against Tobacco Mosaic Virus（TMV）．Plos One，2012，7（12）：e52933.
[83] Wang K L，Bo S，Wang Z W，et al. Synthesis and Antiviral Activities of Phenanthroindolizidine Alkaloids and Their Derivatives. Journal of Agricultural & Food Chemistry，2010，58（5）：2703-2709.
[84] Wang K，Hu Y，Liu Y，et al. Design，Synthesis，and Antiviral Evaluation of Phenanthrene-Based Tylophorine Derivatives as Potential Antiviral Agents. J Agric Food Chem，2010，58（23）：12337-12342.
[85] 汪清民，王开亮，吴萌，等．娃儿藤碱类生物碱有机酸盐衍生物在农药上的应用：CN，101875657. 2010-04-29.
[86] 张一宾．植物抗性诱导机理、抗病激活剂及其研发方向．世界农药，2008，30（5）：1-5.
[87] Chen Z，Zeng M，Song B，et al. Dufulin Activates HrBP1 to Produce Antiviral Responses in Tobacco. Plos One，2012，7（5）：e37944.
[88] 陈卓，宋宝安．南方水稻黑条矮缩病防控技术．北京：化学工业出版社，2011.
[89] 宋宝安，金林红，郭荣．南方水稻黑条矮缩病毒识别与防控技术．北京：化学工业出版社，2014.
[90] 刘刚．甲噻诱胺产品获临时登记．农药市场信息，2013，21：40.
[91] 利尔化学甲噻诱胺首登记实现我国植物激活剂零的突破．世界农化网．http：//cn. agropages. com/News/NewsDetail---5623. htm.
[92] 张蕊蕊，胡伟群，朱卫刚，等．氟唑活化酯诱导玉米抗锈病的探讨．浙江农业科学，2013，1（2）：175-178.
[93] Shi Y X. Mechanism of Induced Resistance to Curumber Fusarium wiit by TBTC（1，2，3-Bnenzotniaalazaie-7-Carnaxylic Acid，2,2,2-Trifluaroethyi Ester）．Shenyang：Shenyang Agricultural University.
[94] 南开大学农药国家工程研究中心．单取代磺酰脲类超高效创制除草剂——单嘧磺隆与单嘧磺酯．世界农药，2006，

28 (1)：49-50.

[95] 边强，寇俊杰，鞠国栋，等．磺酰脲类除草剂安全剂的研究进展．农药，2011，50 (10)：703-707.

[96] 庞怀林，杨剑波，黄明智，等．甲硫嘧磺隆的合成与除草活性．农药，2007，46 (2)：86-88.

[97] 吴明，戴宝江，邹小毛．水旱两用除草剂 20%双甲胺草磷乳油的应用研究．现代农药，2004，3 (6)：16-18.

[98] 吕龙，唐庆红．创制品种——新型高效油菜田除草剂丙酯草醚和异丙酯草醚的产业化进程．中国农药，2005 (1)：29-32.

[99] 氯酰草膦（建议名）：氯酰草膦 30%乳油．农药科学与管理，2008，29 (4)：58.

[100] 新农药介绍——苯哒嗪丙酯．农药科学与管理，2003，24 (6)：46.

第 4 章 农药产业环保发展历程

4.1 农药产业环保体系建设

4.1.1 法律法规体系的建设

我国农药环保工作起始于 20 世纪 70 年代，在“七五”到“十二五”国家科技攻关项目中，每年都有大量的科研经费用于农药环保技术开发。多年来农药污染及治理问题得到了国家、企业和社会的高度重视。政府组织开展了许多相关的法律、法规的制（修）订工作。

① 1997 年 5 月国务院颁布实施《中华人民共和国农药管理条例》，这是第一部农药管理的国家法规。

② 2003 年生态环境部（原国家环保总局）组织了农药行业污染物排放标准制定工作。按照农药的化学结构和生产工艺分类制定，具体为以下十类：杂环类农药、酰胺除草剂类农药、有机硫类农药、苯氧羧酸类农药、菊酯类农药、磺酰脲类除草剂农药、有机磷类农药、氨基甲酸酯类农药、生物类农药、有机氯类农药。选择了近些年生产吨位较大、对人类及生态环境污染严重、污染物成分复杂、污染物治理难度较大的国内热点产品作为相应类的代表品种。这十类标准基本涵盖了目前国内生产的大吨位农药品种。

③ 2004 年 12 月 2 日，生态环境部（原国家环保总局）、国家发展改革委《关于加强建设项目环境影响评价分级审批的通知》（环发〔2004〕164 号）明确要求新建农药项目——新建、搬迁等企业和建设项目由原国家环保总局审批。

④ 2005 年国家环境保护部（原国家环保总局）启动了《农药行业环保技术政策编制》工作。环保技术政策制定有利于规范农药行业的环保管理，是针对行业制定的防治污染的指导性技术文件。该政策的实施，在促进企业采用先进的污染治理措施方面发挥重要作用，从而使我国农药工业走上高效、低毒、低污染的发展轨道。

⑤《杂环类农药工业水污染物排放标准》已于 2008 年 4 月颁布执行。农药工业污染物排放标准的制定与实施，在行业的节能减排、清洁生产、限制淘汰高污染落后生产工艺、保护人类健康和生态环境等方面发挥重要作用。

近年来，对农药行业将有一系列影响巨大的政策、法规密集出台，企业面临的环保压力将越来越大。农药企业要在关注自身生产经营的同时，密切关注相关法律法规的进程，加快实现绿色可持续发展，才不致陷入被动局面。中国农药工业协会副会长兼秘书长李钟华谈到，号称史上最严的《中华人民共和国环境保护法》（简称《环保法》）的实施，让环保成为不可逾越的红线，农药生产尤其首当其冲。农药行业“十三五”发展规划又提出，到 2020 年农药企业数量要减少 30%，农业部则提出要减少 50%。新修订的《农药管理条例》2017 年 7 月 1 日正式实施，相关配套政策也于 9 月 1 日出台。对农药企业来说，环保就是道高槛，迈过去就能上升到新的平台，迈不过去就要被淘汰。

新《环保法》出台以后，一方面从政策上要逐步落实地方政府的环保责任。同时，中央已经派出两批环保督察小组，对部分省份进行环境督察，取得了良好效果，2017 年底实现中央环保督察全覆盖。另一方面还将大幅度提高违法排污成本。对工业企业尤其是农药企业而言，不仅要达标排放，杜绝偷排；还要主动技术升级，淘汰落后产能；更要严格环境管理，完善规章制度。

2017 年，国务院要求包括农药、化肥、化工等在内的 13 个行业，全部推行控制污染物排放许可制度，这对农药企业的影响也十分巨大。该制度将以环境质量改善为核心，并要将排污许可制度建设成固定污染源环境管理核心制度，通过排污许可证核发，将所有固定污染源纳入管理范围。其总体设计思路是一家企业核发一个排污许可证，目的是对企业的“三废”排放行为进行综合许可管理。2017 年 6 月，与之配套的《农药行业排污许可证申请与核发技术规范》在征求意见并修改完善后予以发布；7～9 月份，试点区域江苏省开展农药企业排污许可证申请核发工作。

2017 年 11 月 6 日，环境保护部部务会议审议通过了《排污许可管理办法（试行）》，并于 2018 年 1 月 10 日颁布实施。单位和第三方机构的法律责任，为改革完善排污许可制迈出了坚实的一步。《排污许可管理办法（试行）》规定了排污许可证核发程序，明确了排污许可证申请、审核、发放的完整周期以及变更、延续、撤销、注销、遗失补办等各种情形，规范了企业需要提供的材料、应当公开的信息，明确了环保部门受理的程序、审核的要求、发证的规定以及可行技术在申请与核发中的应用等内容。同时明确环境保护主管部门可通过政府购买服务的方式，组织或者委托技术机构提供排污许可管理的技术支持。明确执法重点和频次，执法中应对照排污许可证许可事项，按照污染物实际排放量的计算原则，通过核查台账记录、在线监测数据及其他监控手段或执法监测等，检查企业落实排污许可证相关要求的情况。同时规定，排污单位发生异常情况时如果及时报告，且主动采取措施消除或者减轻违法行为危害后果的，应依法从轻处罚。此外，《排污许可管理办法（试行）》在现有法律框架下细化规定了排污单位、环保部门、技术机构的法律责任和处罚内容。细化规定了无证排污、违证排污、材料弄虚作假、自行监测违法、未依法公开环境信息等违反规定的情形，根据相关法律明确了对违法行为的处罚规定[1-5]。

4.1.2　技术体系的建设

在技术方面，我国农药企业对于热点农药产品污染物的治理，发展了系列有效技术，特别是一些大吨位产品的环保技术，使得我国农药环保在技术体系方面逐步趋于成熟。例如 IDA 工艺双甘膦废水治理技术、苯氧羧酸类农药废水处理技术、莠去津废水处理技术以及代森锰锌废水处理技术等[2]。

IDA 工艺双甘膦废水治理技术——催化水解-A/A/O 生化工艺处理。该技术重点是一级处理，研究有机磷、甲醛、有机胺的去除和该类化合物的结构变化，达到减少有毒化合物的数量、提高废水生化可行性的目的。

苯氧羧酸类农药产品主要有 2,4-D、2 甲 4 氯、精噁唑禾草灵、精喹禾灵、吡氟禾草灵等，上述产品生产过程排放出高浓度、高毒性、高色度有机废水，主要污染物是各类酚和农药原药，这些污染物也是农药工业水污染物排放标准中严格控制的特征污染物。采用各种萃取技术可以从废水中将其回收并资源化。从废水中回收酚和原药后可去除50%～85%的COD，回收相回用于生产，处理后的废水具有较好的可生化性。该技术既有经济效益又有环境效益。

多菌灵废水处理技术中，由于该废水属不易生物降解类。废水中的多菌灵既是特征污染物，又是可利用的资源。采用络合萃取工艺从废水中回收多菌灵，吹脱工艺脱除废水中的NH_3-N。回收后的多菌灵以络合物形式存在，该络合物经药效实验证明具有药物活性，基本无药害。该过程COD去除率≥52%，色度去除率≥90%。

莠去津废水处理技术。莠去津是均三氮苯类除草剂，废水中含有杂环类不易生物降解物。其治理工艺是：通过萃取回收废水中的莠去津—吹脱吸收工艺回收有机胺—活性炭吸附处理特征污染物莠去津。莠去津去除率≥95%。

代森锰锌废水处理技术。代森锰锌废水中含有高浓度的锰、锌、NH_3-N。采用物化方法将各资源回收，处理后的废水回用于生产系统。目前国内较大的代森锰锌生产企业均已做到了废水零排放。

部分杂环类农药废水处理。杂环类农药废水属典型的不易降解类，因此目前均采用焚烧或浓缩焚烧工艺治理。

以下简要介绍吡虫啉“三废”处理技术。在吡虫啉生产过程中，产生较多的废气、废水和废渣，有毒有害，成分复杂。不及时治理，对环境造成严重污染。我国吡虫啉“三废”处理技术，目前领先的是北京航天石化技术装备工程公司。该公司主要从事化工等行业“三废”处理装备的研究和设计，焚烧技术在业界有了一定地位。沈阳化工研究院作为中国农药研发主要基地，实力雄厚，率先对农药“三废”进行科学分析，研究出了生化处理装置。

(1) 废水　废水COD含量高，含有大量的无机盐，成分复杂，处理难度大。目前几种处理工艺中，物化法较简单，但药剂消耗高，运行工作量大，处理效果有限。生物法是废水处理常用方法，但吡虫啉废水NaCl和Na_2SO_4等浓度高，抑制微生物生长，其他有毒成分对微生物还有杀灭作用。高级氧化法处理吡虫啉废水不经济，随着污染物浓度增加，氧化剂消耗迅速增大。伴随氧化过程产生的中间产物和最终氧化产物对环境危害都很大。蒸发温度低，不能将有机物从无机盐中完全分离出来，无机盐中仍含有机物。蒸出的废水COD含量高，不能直接生化处理。

焚烧使有机物高温氧化分解成无毒、无害的小分子物质，热量用于供热或发电，可实现废弃物减量化、无害化和资源化。对于浓度高、毒性大、成分复杂难以直接生化的有机废液，有一定应用前景。在农药行业，焚烧工艺还处于起步阶段。农药废水中含有大量无机盐和高分子有机物，不同废水有关成分和浓度差异很大。COD、热值都高的有机废液可直接焚烧，热值不高的废液，需添加助燃物。水分较高的废液可先蒸发浓缩再焚烧。大分子有机物难分解，难彻底处理。无机盐多属碱金属盐类，熔点低，高温呈液态或熔融态，对耐火衬里有严重的腐蚀性。农药废水热值低，需消耗辅助燃料，处理费用高。

针对焚烧法存在的问题，需采取相应对策。提高焚烧温度，延长停留时间，确保有机物充分氧化分解。焚烧炉负压运行，炉底留“出盐口”。碱金属盐呈熔融态自流出来，经过纯化处理，可循环使用。根据不同盐腐蚀性试验研究，选择合适的耐火材料。利用其他有机废液或废气作为辅助燃料，采用分段式燃烧，实现以废制废。焚烧产生的高温烟气对有机废水进行蒸发浓缩，减少焚烧量，降低辅助燃料的消耗量。废水焚烧需先将其雾化成液滴。液滴太小，会使熔融盐呈絮凝状，悬浮在烟气中，造成后吸收系统堵塞。液滴太大，有机物难以彻底分解。借鉴航天火箭发动机喷嘴技术，实现废水合理雾化，保证有机物燃烧和熔融盐收集。

（2）废渣　吡虫啉废渣成分复杂，热值较高，用通常的物理、生化等方法无法彻底处理。而且废渣形态特殊，超过 180℃呈熔融态，黏糊状，急冷后呈脆性固态。一般处理方法无法应用于农药废渣。

① 填埋法。占地且污染土地；厌氧降解，释放恶臭气体，污染大气环境；废渣渗滤液威胁地下水资源。

② 焚烧法。农药废渣遇热软化或熔化，在炉排炉和链条炉上无法彻底焚烧，而且堵塞炉排及链条，腐蚀耐火材料。循环流化床焚烧吡虫啉废渣，炉内床料呈沸腾状态，废渣以颗粒状送入炉内后与湍流的高温河沙混合，在高温下与空气中的氧充分接触发生反应；废渣中有机物氧化分解，未燃尽颗粒通过旋风分离器和返料器再回到炉膛继续燃烧。高温烟气通过废热锅炉产生蒸汽。以河沙作床料的流化床焚烧工艺，床内流化沸腾状态使废渣与高温烟气充分接触，未燃尽颗粒循环延长了废渣炉内停留时间，实现了废渣无害化处理。焚烧设计处理废渣量约 1t/h，焚烧热量可产生蒸汽 6.5t/h。

（3）废气　有刺激性气味，含大量有机物，焚烧法可将其彻底处理。废气、废水、废油共用一套两级焚烧处理装置。废水热值低，废水中的无机盐含量低于盐的饱和浓度，废气和废油作为废水焚烧的辅助燃料。废水中无机盐在焚烧时呈熔融态分离出来，为防止烟气夹带无机盐对后吸收系统造成堵塞，焚烧炉尾部用废水进行喷淋蒸发。用高温烟气浓缩废水，减少了辅助燃料消耗。此法又叫吡虫啉废水的“焚烧浓缩一体化”处理工艺。焚烧处理了废气和废油，废油处理量约 120kg/h，废气处理量 400kg/h，为废水焚烧提供了热量，处理废水量 4t/h，产生无机盐 500kg/h。

《吡虫啉连续化清洁生产新工艺研究开发》是国家科技支撑计划课题，2009 年通过验收。①双环戊二烯裂解成单环戊二烯，采用新型内热式、螺旋裂解装置，不结焦，产能高，能耗节省显著。②采用降膜式连续裂解，避免了生产过程中副反应发生以及裂解釜结焦。产能大幅提高，产品纯度达 98%，电耗下降 50%。③采用多釜串联氯化工艺，实现了大规模连续化生产。④采用新型复合催化剂和连续脱水工艺，吡虫啉缩合收率提高到 90%。⑤采用萃取和精馏相结合的方法，回收废水中 DMF，回收率达 85%。

4.1.3　农药使用管理体系建设

4.1.3.1　以实施持续植保为重点，多措并举，控制农药污染

自我国实施“预防为主，综合防治”的植保方针以来，在病虫害防治上取得了一定的成效，但控制化学农药对环境污染的任务仍相当艰巨，必须实施持续植保，使植保功能兼顾持续增产、人畜安全、环境保护、生态平衡等多方面的要求。针对整个农田生态系统，研究生态种群动态和相关联的环境，充分发挥自然抑制因素的作用，将有害生物种群控制在经济损害水平之下，使防治措施对农田生态系统的不良影响减少到最低限度，以获得最佳的经济效益、生态效益和社会效益。

4.1.3.2　推广生物农药，减少化学农药

由于生物农药的作用方式特殊，是自然界中本身存在的微生物或其产物，因而生物农药对人类和环境的潜在危害比有机合成的化学农药小得多。微生物农药由于对人畜安全、无毒，不杀伤天敌昆虫，选择性较强，对生态环境影响小，不易使害虫产生抗性，因而越来越多地应用于虫害防治。生物农药主要包括微生物农药、农用抗生素和生化农药三种类型。生

物农药的主要特点为：高效，对人畜无毒，不污染环境；具有专一性；对植物无毒害，保证产品质量；不易产生抗性。生物制剂农药是一种细菌性农药，杀虫率高，但细菌性农药的杀虫作用与细菌数量和活性相关，使用时对气象条件要求很严格，必须注意温度、湿度、阳光及雨水条件。

4.1.3.3 控制农药包装废弃物

（1）农药包装废弃物内的残留物　特别是一些除草剂、高毒剧毒杀虫剂残存药液，对周围的农作物及水源造成了污染，使农作物受到了不同程度的药害，破坏了水源的生态平衡，致使鱼类、禽类、牛羊等家畜体内的农药残留量增加，从而对农业生产经济效益和人民身体健康产生了很大的危害性。农药包装废弃物对人生命的安全性构成了很大的威胁。

（2）防止农药包装废弃物对农业生态环境污染与破坏的对策　①有关部门应广泛宣传，农药包装废弃物是再生资源，以加强人们对生态环境的保护意识。②加大农药包装容量，降低包装成本，对企业有利，同时也对农户有利。③对粉剂农药的包装，应用可降解的纸包装。④将生产企业与流通企业相互结合，以减少污染源，节省能源和原材料。⑤政府增大干涉与扶持力度，为阻止农药包装废弃物对农业生态环境的污染，起到最为关键的作用。同时应将农药包装废弃物对农业生态环境的污染列入各级有关部门的工作日程，正确对待农药包装废弃物对生态环境的污染构成的不良影响。

4.1.3.4 减少农药残留

农药残留是指使用农药防治病虫害后一个时期内没有分解解毒而残存于收获物、土壤、水源、大气中的那部分农药及其有毒衍生物。农药残留往往给环境造成农药残毒。农药残毒是农药残留引起的毒害，尤其是慢性毒性引起的毒害。农产品中农药残留量的多少与农药种类及剂型、环境因素及农药的使用方法等因素有关。

减少农药残留的方法主要有：大力开展综合防治；禁止施用高毒、高残留农药；发展高效、低毒、低残留及无公害新型农药；科学合理地使用农药；加强农药残留监测；也可以使用生物降解。生物降解是有机农药在水体环境中有效环保的治理途径，就是通过生物的作用将大分子有机物分解成小分子化合物的过程。其中，微生物是有机化合物生物降解的第一因素，具有降解和转化有机农药的巨大潜能。生物降解包括动物降解、植物降解、微生物降解等。

4.1.3.5 其他防治措施

在农业生产中，应该充分发挥农田生态系统中已存在的害虫自然控制机制，综合运用农业防治、物理机械防治、生物防治和其他有效的生态防治手段，尽可能地减少化学农药的使用。

（1）综合防治病虫草害　①农业防治：轮作或间套作，控制植物被覆盖度，及时清除枯枝落叶，及时翻耕，合理施肥管理，选用抗性强的品种。②生物防治：利用天敌，生物农药。③物理机械防治：人工捕杀，人工除草，灯光诱杀等。

（2）选择使用高效、低毒、低残留的农药　剧毒、高毒、高残留农药不得用于防治卫生害虫，不得用于蔬菜、瓜果、茶叶和中草药材；农药的使用应遵循经济、安全、有效、简便的原则，避免盲目施药、乱施药、滥施药。

（3）合理施用农药

① 合理施用农药的一般措施。预测预报，适时防治；严格按照《农药安全使用指标》《农药合理使用指标》《农药管理条例》施用农药。不得在市场上销售甲胺磷、对硫磷、甲基对硫磷、久效磷和磷胺的混配制剂。停止批准杀鼠剂分装登记，已批准的杀鼠剂分装登记不再批准续展登记。农药在使用过程中，要确保安全，防止中毒。科学防治，控制病、虫耐

药性。

② 防治作物农药污染的对策和措施。不同农药不同对待。每种农药都有它各自的性质和特点，对于不同的农药，应该采取不同的施用方式和管理措施。不使用“三致”农药。“三致”就是致畸、致突变和致癌。致畸是指农药干扰胚胎或胎儿的正常生长发育，造成器官形态结构的异常而导致形成畸胎或畸形儿的过程。致突变是指农药损伤生物遗传物质造成的不可逆诱变作用。致癌是指农药引起人或动物发生恶性肿瘤的作用，可表现为发癌率增高、发癌时间缩短，或两者都有。

加强污染评价与监测工作。环境影响评价是环境管理的重要手段，是环境管理从末端治理转变为预防为主的重要工作。环境现状监测是环境影响评价的基础和依据，因此环境现状监测数据的准确性、代表性、完整性、可比性对于环境影响评价结论的正确与否有着极其重要的影响。

③ 加强农药管理。推进农药管理的法制化和规范化。加强对农药生产、经营和使用的监督管理，保证农药质量，保护农业、林业生产和生态环境，维护人畜安全。对农药经营建立统一配送制度，强化对高毒农药的管理，健全农药使用的政府补贴制度，加强对农作物农药残留的监测，加强对农药包装废弃物的管理，在以上几方面应作出具体的规定。

4.2　农药产业园发展

长期以来，我国农药企业小而散，污染物治理问题没有得到有效解决，对环境及人民生活构成了严重威胁。随着经济全球化以及社会环保要求日益提高，这种粗放型管理方式已明显落后，制约了全行业的进步与发展，结构调整势在必行。但客观地讲，我国除一些大型农药企业外，绝大多数企业尤其是中小企业根本不具备环保能力，单独实现“三废”治理是十分困难的，其运行成本相对于企业经济规模来说是难以承受的。而建立农药产业园，则是整合资源、优化结构、提高水平的有效途径之一，既有利于全行业“三废”的综合治理，又有利于企业发展与技术升级，有利于发展循环经济，有利于行业整合重组，更有利于政府强化对农药生产企业的监管。因此，农药行业走园区化道路是大势所趋，无论对国家还是对农药行业，都具有巨大的现实意义和深远的历史意义。

我国政府对农药产业园建设十分重视与支持。目前，各有关部门正着手制定园区建设政策与配套制度，以保障农药行业结构调整顺利进行。生态环境部（原国家环保总局）制定了严格的环保标准，对入园企业按照标准进行严格环评，通过环评的企业方可获准搬迁入园。

目前，我国通过实施农药企业搬迁入园实现行业结构调整已成定局，全行业正朝着园区化道路一路前进。我国农药产业园筹建始于 2004 年。其中，占全国农药企业数量及规模 1/4 的江苏，在农药产业园建设方面表现突出，企业搬迁工作既快又多。2005 年年底，中国农药工业协会与江苏如东县政府签署协议，将如东县洋口化学工业园确定为以高科技农药产品研发与生产为特色的“中国农药工业产业园”，建立了我国第一个农药产业园。2006 年初，中国农药工业协会又与山东潍坊滨海经济开发区共同合作，成立了“中国农药（北方）工业产业园”。此外，江苏南京、常州、泰州、泰兴、如皋等地，也相继建成农药园区。至此，我国初步形成了以南北两大农药工业生产示范园为主的农药产业园规模。中国农药工业协会与产业园之间在园区规划、技术进步、“三废”治理、引进技术等方面进行的交流与合作，实现了区位资源优势和行业指导优势的紧密结合，为我国农药行业向专业园区聚集发展共同探索出了一条新路。

2007 年，通过中国农药工业协会和山东潍坊滨海经济开发区的共同努力，高起点规划，高标准建设，高水平管理，把山东潍坊滨海经济开发区建设成了“高科技、生态型、园林式”的国内一流的化学工业园，成为中国农药工业生产的示范园区，促进地方经济和中国农药工业的共同发展。在南京、南通、泰兴、扬州、宁波、上虞等地，也相继形成了包含农药生产的化工园区。

在开发区化工产业中，农药产业占有重要位置。入园企业主要表现为三大特征。一是当地企业入园，产业集聚效应逐步显现。开发区内，当地企业互相促进，共同发展，在园区起到了很好的示范作用。二是国内知名农药企业与农药上市公司进区发展，大幅度提升了园区水平。三是以前从未从事农药行业的新兴企业加盟，使得园区发展更进一步。农药工业产业园之所以在这里能够得到快速发展，在很大程度上得益于园区内相对完善的安全环保基础措施。在安全设施方面，应急中心、消防中队、紧急疏散场所一应俱全。在环保设施方面，园区建设了污水处理系统、固体废弃物焚炉和大面积的生态湿地等。通过多方面、多层次的安全环境保障，使得农药工业产业园区拥有了更大的发展空间。

农药生产逐渐向园区化、规模化、集约化发展，“三废”集中处理达标排放。农药工业的园区式发展，有利于资源和能源的合理配置及发展循环经济，有利于国家强化对农药生产的管理，有利于“三废”综合治理和环境保护，是实现农药产品“高效、安全、经济和使用方便”的有效途径之一。

4.3 农药产业环保措施

近三十年来我国农药行业开发了许多先进的环保技术，积累了丰富的经验，培养壮大了环保队伍。许多技术已经工业化应用，获得了多项国家级和省部级的科技进步奖、技术发明奖等各种奖励。

近年来生态环境保护组织开展了农药工业污染物排放标准、各种技术政策、相关的法律法规的制（修）订工作。随着环境治理与环境管理水平的提高，使得中国农药环保工作的发展经历了对环境的污染、污染物治理、达标排放，到目前的责任关怀，保障并推动了农药工业的可持续发展。

改革开放以来，随着中国农药工业的长足发展，农药环保工作也取得了巨大成绩。目前全行业的环保意识空前高涨，环保项目的投入逐年提高。

农药同其他精细化工行业一样，污染物主要是生产过程排放的废水、废气、废渣及产品干燥包装过程产生的粉尘，对环境污染最大的是工业废水。农药产品种类繁多、工艺复杂，不同品种具有不同产污情况，即使同一种产品，由于原料不同具有不同生产工艺，有可能同一产品同一原料其工艺路线亦不同。因此，产污环节复杂多变，污染物各不相同。

近些年农药企业的规模逐渐扩大，上市公司三十多家，成为行业的重点企业。这些企业生产品种多、自行生产中间体，环保管理规范、环保投入大。例如南通江山农药化工有限公司、江苏扬农化工股份有限公司、南京红太阳集团农药化工有限公司、安徽华星化工有限公司、沈阳化工研究院有限公司等环保投资达到上亿元。目前行业的重点企业积极参与污染物排放标准及各种法律、法规的制定，重视引进并自主研发先进的环保技术，主动开展责任关怀活动，重视产品及原料经销过程的绿色供应链。

在“三废”的治理方面，我国的农药企业拥有自己的一套可行的措施。

农药行业污染物治理现状。以目前农药平均收率40%计，每年要有近百万吨原料以“三废”形式排出。确保这些“三废”达到国家规定的相应的排放标准是一项复杂的工程。农药“三废”的特殊性给治理工作带来了难度。到目前农药行业污染物治理远远落后于生产的发展。“三废”排放达标率很低，仅为 30%～40%。造成原因如下：

① 农药合成研究通常不重视污染物治理问题，只考虑收率、质量和药效。导致排出的“三废”浓度高，排放量大，且难以治理。

② 生产设备落后，基本为人工控制操作，设备引起的污染问题较严重。

③ 缺乏对生产过程的工艺废水与低浓度废水分流的重视，没有清污分流就无法采用针对性的治理技术，混合到一起既增加了处理难度，又浪费了环保投资。

④ 针对特征污染物处理的技术很少。特征污染物就是农药生产过程产生的产品及有毒有害中间体，这是导致药害农赔事故的直接原因。许多超高效农药，如磺隆系列等，只需微量就会引起大面积的药害。

⑤ 资源再利用的环保技术较少。因产品的收率低，“三废”中含有大量的可利用资源。

⑥ 缺乏高浓度废水预处理技术。目前成功应用的高浓度废水预处理技术很少，许多生产厂用大量的稀释水去生化处理，有些高浓度废水甚至需要稀释近百倍，从而导致了各企业处理装置庞大，效率低。

⑦ 高含盐废液的处理问题。有些废水含无机盐的量几乎饱和，在治理难度上及水质分析方面都存在问题。

与发达国家相比，我国农药行业污染物治理与达标情况无论在管理上、治理技术的应用上以及标准的执行方面都存在着相当大的差距。发达国家农药生产污染物治理方法通常是焚烧法、化学氧化法及活性炭吸附法。这些技术有很好的处理效果，但是也需要很高的运行费用，都是国内企业难以承受的。我国应借鉴国外的经验，结合国情，研究技术可行、经济合理、既有环境效益又有经济效益的农药及中间体污染物治理技术[4]。

4.3.1　废气治理

重视对有组织排放的废气进行资源回收。近些年出现了许多回收技术，例如各种溶剂甲苯、二甲苯、二氯乙烷、DMF 的回收等。对无组织排放废气的治理，主要是加强车间管理，完善收集、治理设施，尽可能使无组织排放变为有组织排放。对于有毒气体例如光气等，企业都建有完善的处理与保障措施。

4.3.1.1　实施清洁生产工艺，实现废气资源化[3]

农药生产中排放的气体污染物主要来源于：化学反应时加入的过量气体原料，副反应产生的废气，由于生产工艺技术及设备原因跑、冒产生的废气，在过滤、蒸馏等单元操作中低沸点、易挥发溶剂蒸气尾气，以及处理废水、废渣时产生的气体污染物等。这些物质很容易在大气中扩散，对动植物和人体有极大的危害性，易造成扰民现象。应根据浓度和可利用价值的不同，分别采用不同的环保措施。

农药生产中排放的气体污染物主要有氯气、氯化氢、硫化氢、挥发性有机气体及恶臭物质等。其中大部分由原料、中间产物和产品的挥发和泄漏产生[4]。对于其中高浓度的尾气，最好的防治措施是从改革工艺着手，实施清洁生产工艺，提高产品转化率，降低废气的产生量。如间歇操作的氯化反应，可采取主、副反应器串联工艺，使主反应器排出的含氯尾气通入副反应器，既保证了主反应器未反应掉的氯气能够充分利用，又减少了尾气中氯气含量。又如环氧丙烷生产氯醇化工序尾气含有二氯丙烷副产品和未反应的丙烯、丙烷、惰性气体以及氯和氯化氢等。尾气经循环冷却器冷却，将二氯丙烷冷凝冷却回收后，气相中丙烯含量高达 50%以上，大部分可循环返回氯醇化系统，剩余部分引出系统先进入第二氯醇化塔进行反应，而后进入碱洗塔除去气体中的氯和氯化氢，剩余尾气进行燃烧处理后，第二氯醇化塔产生的液体和碱洗塔产生的碱洗液返回氯醇化系统，实现了有用物质的综合利用，有效降低了“三废”治理成本。

因此，在项目设计和施工过程中，就应注重选用工艺路线的先进性和清洁生产水平。采用最先进的工艺与设备对大气污染防治非常重要。

4.3.1.2 强化末端处理，降低污染物排放量

对于利用价值较低的有机和恶臭废气，回收成本过高，但是对环境危害很大。例如有机磷农药厂排出的硫醇类、胺类、醛类气体，毒性较大，能损害人的中枢神经，还能诱发癌症等多种疾病；且此类恶臭气体的嗅阈值很低，只要有微量的恶臭气体进入环境，就会使人出现头痛、恶心等反应。因此必须强化末端处理，消除污染物的排放。目前常用的治理方法有吸收法、吸附法、生化法及燃烧法等。其中吸收法的应用最为广泛。根据污染物物化性质的不同，可选择的吸收剂有水、碱液、酸液、盐溶液等，选择适当的吸收剂可获得较好的去除效果。例如用水吸收甲醇废气、碱液吸收甲硫醇等，但吸收液不能直接排放，需进一步处理。吸附法中活性炭使用得最为广泛，它对醇类、苯、醋酸及有机烃类气体具有较强的吸附性，此法工艺成熟，效果可靠，适用于大风量、低浓度、温度不高的有机废气治理，但也存在再生困难、运转成本高的缺点。催化燃烧特别适用于处理量大、气体浓度偏低时苯类、醛类、酮类、醇类等各类有机废气的处理，由于燃烧完全，不易生成二次污染物。生物降解法在欧洲及美国已得到广泛的应用，具有设备简单、运行费用较低、二次污染较少的优点，有机物去除率在 90%以上，但是国内这方面的研究不多，技术的应用也比较少。

早在 1977 年武汉市葛店化工厂用有机磷农药的废气硫化氢与空气混合燃烧生成二氧化硫，再用强氧化钠吸收制成亚硫酸钠[5]，既消除了硫化氢对环境的污染，又解决了 1605 中间体的原料。除了这种变废为宝的尾气处理方式，也有研究利用燃烧处理的方式进行农药生产中的恶臭废气处理。2002 年谷惠民等[6]总结了有关农药生产过程中废气（尤其是含硫类气体，如硫醚、硫醇）的产生来源、收集、处理的措施，提出了废气的回收利用以及在实际应用中要注意防震、防爆、防腐蚀等安全事项。2006 年华阳农药化工集团有限公司的高建敏等[7]采用资源化治理方式，对神农丹农药废气进行治理研究。结果表明：选择安全环保的氧化剂，可将具有恶臭气味的二甲基硫醚废气氧化成无臭的二甲基亚砜。通过对反应时间、物料配比、反应温度、铁屑催化的实验研究，优化了工艺条件，将二甲基硫醚彻底氧化为二甲基亚砜，使污染物变废为宝，并在华阳集团建成了治理装置，实现了资源化和无害化治理。2012 年江苏省环境科学研究院江苏省环境工程重点实验室李建军等[8]报道了农药废气治理系统改造工程实例分析，他们结合江苏某农药厂废气污染的监测和改造经验，总结了农药厂废气污染特点，并采用吸附、吸收和焚烧等综合治理技术有效控制了废气污染。他们以该农药厂乐果及稻丰散车间为例，对废气预处理及改造工艺进行了分析。废气经过水洗、碱洗吸收预处理后，进入 RTO 焚烧后，各类废气排放浓度或排放速率均远低于相应标准限值，可实现达标排放。

近年来，关于农药生产过程中的污染性废气及环保性处理越来越受到人们的关注。2016 年江苏省环境科学研究院江苏省环境工程重点实验室和江苏齐清环境科技有限公司[9]报道了蓄热式热氧化炉处理农药行业挥发性有机废气的研究，他们以农药行业挥发性有机废气为研究对象，优化了蓄热陶瓷体、切换阀、燃烧器等选材，以及安全控制和二噁英防治等方面设计参数，分析了特征污染物进出气浓度及去除效率，探讨了蓄热式热氧化（regenerative thermal oxidizer，RTO）技术治理挥发性有机废气实际运行效果。结果表明，甲苯和非甲烷总烃排放限值满足《大气污染物综合排放标准》（GB 16297—1996）中二级标准，二氯乙烷排放限值满足美国 EPA 工业环境实验室和《制定地方大气污染物排放标准的技术方法》（GB/T 3840—1991）计算值，二噁英排放限值满足《生活垃圾焚烧污染控制标准》（GB

18485—2014)。RTO 系统总投资 150 万元，年运行费用 49.98 万元，对该企业不构成经济负担。RTO 适合农药行业挥发性有机废气处理，特别是对含低浓度卤素废气在保证净化效果的同时又可抑制二噁英产生。

2016 年中联西北工程设计研究院有限公司的赵亚斌[10]报道了一种农药废气离子除臭技术方法，指出农药制剂产品存在一定的危害性，生产过程中原料的粉碎、加料、装料、生产、包装等过程都很容易出现粉尘及有害气体，大量的挥发性有机物或粉尘颗粒，会使生产环境中的空气产生异味，这些异味气体成分复杂，危害性大。针对这种情况，在增加通风布袋除尘的基础上，采用化学洗涤和离子活性氧除臭工艺对除异味进行优化设计，同时保证达标排放。2017 年江苏省生态环境评估中心的吴贤斌等[11]报道了江苏省农药生产企业废气污染防治存在问题及对策建议，指出废气治理是农药行业污染防治的重点和难点。结合农药生产企业环保核查，介绍江苏省农药生产企业概况，分析农药生产的主要废气污染源及废气污染防治现状。总结目前存在的防控思路缺乏系统性和科学性，生产技术装备水平低，废气治理技术和工艺设置不合理，治理设施缺乏有效管理等主要问题，提出提高清洁生产水平、开展泄漏检测与修复（LDAR)、加强废气收集和治理，强化应用维护管理等废气污染防治的对策和建议。

4.3.1.3　重视无组织排放，加强无组织排放废气的控制

无组织排放是气态污染物的重要排放源。如何将无组织排放收集变为有组织排放加以控制、处理是削减废气排放的重要问题。以江苏某农化集团氯氰菊酯、二氟氯氰菊酯和溴氰菊酯项目为例，有机物挥发性废气产生的主要设备为反应釜、脱溶釜、蒸馏釜和精馏塔等，该项目采用以下措施有效控制无组织排放：

（1）在原料的加入过程中，对于低沸点的有机物采用高质量的无泄漏泵正压输送，减少有机物的挥发量；对于相对高沸点的有机物尽量采用负压输送，尽量减少无组织排放。

（2）物料转移利用高位差，避免泵输送产生有机物的泄漏或挥发。

（3）在反应釜出口都安装有冷凝器，换热介质为－20℃或－35℃冷冻盐水，将有机废气冷却到 0℃或 5℃后回收循环利用，避免有机物的损失或减少废气的排放量。

采取上述措施后，对于生产过程中产生的低沸点有机物蒸气回收率可达到 99%，对于沸点相对高的有机物蒸气回收率可达到 99.9%，然后通过排气筒排入大气，其废气排放浓度远远小于《大气污染物综合排放标准》二级排放限值。项目竣工验收表明，此种治理废气的措施是可行的。

4.3.2　废水治理

对于有机农药生产废水处理方法的研究，国内外基本上都是着力于用物化法回收、分解或去除废水中的有机化合物，或使经过预处理的废水能够用生化法处理达到满意的效果。现行的农药废水处理技术繁多，概括而言主要包括物理处理法、化学处理法和生化处理法三大类，其中生化法应用较为普遍。在生化处理之前，通常对农药废水进行物化预处理，以提高废水的可生化性。有些单位通过将几种成熟的处理方法有效结合，取得了较好的处理效果。另外，一批新型的高效处理技术也在农药废水治理中得到应用。其主要方法有物理处理法(吸附法、萃取法、液膜分离法)、化学处理法（臭氧氧化法、氯催化氧化法、Fenton 试剂法、水解法、微电解法)、生物处理法（活性污泥法、生物膜法、厌氧生物法、光合细菌法)、以及新技术新方法（光催化氧化法、湿式氧化法、超临界水氧化法、酶促降解法、高效降解菌技术、超声波技术)。农药废水处理技术多种多样，各有其优缺点，但由于水中有机污染物呈现复杂多样的特点，仅采用单一的处理工艺很难达到预期目的。在实际处理废水

时，通过综合考虑技术特点与具体水质情况，常常采用几种方法联用，取长补短，可极大地提高废水的处理效率。

重视清洁工艺、源头治理、清污分流，尽可能从废水中回收可利用资源。我国开发了许多特征污染物治理技术、有针对性的高浓度废水预处理技术和末端治理技术，重视废水中农药原药活性成分的处理，从而确保了废水达标排放。制剂生产废水建有完善的管理和治理设施，减少或杜绝特征污染物排放。

目前，每合成 1t 农药约消耗 3t 甚至更多的化工原料，这些多余的化工原料大部分作为未反应物或副产物排出，给水环境带来了严重污染。

4.3.2.1 清污分流、污污分流、分质处理

农药项目废水一般来源为各车间生产工艺高浓度废水、地面冲洗废水、水膜除尘器废水、软水系统排污水、生活废水、厂内初期雨水等。厂内排水系统应遵循清污分流、污污分流、分质处理的原则。清下水直接排入雨水管网；污水中高浓度废水经预处理再和低浓度废水合并处理；含剧毒性物质废水应单独处理。

4.3.2.2 强化废水的预处理

由于农药废水中含有很多生物抑制性物质，必须强化预处理才能保障后续工段的稳定运行。

(1) 高盐含量废水预处理　高盐含量废水不能直接进入生化处理装置，必须经适当预处理除盐后方可进行生化处理。例如江苏某农药化工公司建设项目产生两股高含盐量废水，总水量为 1.2t/h，其中 KCl 含量为 37499mg/L，NaCl 含量为 86080mg/L，通过蒸发、冷却，去除其中 KCl 和 NaCl，盐渣作为危险固体废物送有资质的单位处理，气相通过冷凝收集后作为废水进一步处理。

(2) 含杀菌剂废水预处理　杀菌剂合成废水对微生物基本都是有害的，凡是要送入生化处理装置的杀菌剂废水，都需经过预处理除去杀菌剂。在一些缩合反应中常使用铜盐作为催化剂，而铜是强杀菌剂，在废水中存在铜离子时，需要在生化处理之前将铜除去。

(3) 含硫化物废水预处理　凡是有机硫化合物和无机硫化物、硫代硫酸盐等还原性硫化合物，在废水中含量超过 50mg/L（以元素硫计）时，基本上都应经过预处理除硫后才能进行生化处理，如预曝气法、共沉淀法等。

(4) 高浓度难降解废水预处理　宜先采用萃取、吸附、膜分离等方法将其中的有用物质进行回收，然后采用合适的技术处理特征有机污染物至满足后续生化处理要求。如某吡虫啉、啶虫脒生产企业原混合废水 COD 33000mg/L、甲苯 4200mg/L、三氯甲烷 550mg/L，采用树脂吸附＋催化氧化工艺进行预处理，其中树脂吸附处理后出水 COD 11000mg/L、甲苯 30.0mg/L、三氯甲烷 8.50mg/L，催化氧化处理后出水甲苯降至 3.6mg/L、三氯甲烷 1.50mg/L，再送入集中污水处理厂进行厌氧、好氧生化处理即可达到《污水综合排放标准》中一级排放标准。

关于农药生产过程中的废水处理实例限于此，早在 1985 年江苏省农药研究所王振君[12]就报道了江苏省农药“三废”概况和废水处理主要技术，特别提出针对不同类型废水的处理方法具有显著差异，如甲基对硫磷、对硫磷、氨基甲酸酯类、除草醚等都以酚为原料，所以生产废水中含有各种酚类，这类废水首先应进行酚回收然后净化处理，回收方法主要有萃取法和吸附法，净化方法为生化法。拟除虫菊酯生产中排出大量含氰废水，氰是剧毒物，因此含氰废水必须加以处理。常用的方法有焚烧法、湿式氧化法、加压水解法、碱式氯化法、生化法。针对多菌灵废水的处理，根据当年惠山农药厂、江阴农药厂、吴县农药厂等经过多次试验，摸索出碳-生物氧化法，可较好处理多菌灵废水。该法利用物理吸附和生物氧化的综

合作用，以生化作用为主，物理吸附提高生化处理效率并降解单用生物法不能降解的有机物质，效果较好。由于当时条件所限，预处理时用蒸馏法脱盐会导致能耗大。他们对农药废水治理提出了一些建议：

① 最好由环保部门分片进行区域治理，建立综合污水处理厂，农药废水经一定预处理后排入污水处理厂，统一处理。

② 在综合治理未建立前，要求各农药厂和加工厂自行建立废水处理装置，限期完成。已经建立了处理装置的单位应充分发挥装置设备的作用，不完善的地方应组织力量尽快完善，做到工厂开工，“三废”处理装置就要有效运转。

③ 农药“三废”治理的重点是有机磷农药废水和多菌灵废水，可以从改革工艺、减少“三废”和处理“三废”两个方面着手。例如敌敌畏是一个大吨位品种，是用敌百虫水解法生产，有大量废水排出，若改用亚磷酸三甲酯法，则可减少废水排放量，且使成本下降。多菌灵 1983 年产量 2882t，排出 8 倍的废水，虽用碳-生化法已取得初步效果，但还需进一步完善。

④ 介于氨基甲酸酯类农药的增多含酚废水量必然增多。国内外含酚废水处理技术方法很多，技术上已基本过关，但农药含酚废水的处理技术还有一段距离。因此，对农药含酚废水的研究也应落实，老品种要补建“三废”处理装置。规划项目如呋喃丹、叶蝉散一定要按环保法做到三同时。

⑤ 生化处理对农药废水来说是较好的方法，处埋时应严格按各种条件进行，如温度、pH 值、毒物浓度、流量、含氧量等。另外，应重视废水的预处理。国内外很多工厂都把预处理作为必要步骤，包括静置、稀释、中和、沉淀等。日本一些工厂将有机磷废水静置一周，部分毒物会自行分解。此外，必要时应采取二级生化处理，以达到排放标准。

⑥ 抓紧含氰废水治理方法的研究。含氰废水处理方法很多，有的与含酚废水处理相同，有的也有自己的独特特点，到底用哪种方法处理最合适，要与合成研究同步进行。

⑦ 应经常召开“三废”治理经验交流会，及时交流技术情报和“三废”治理经验，避免研究工作重复，造成人力、时间和材料的浪费。

2007 年，沈阳化工研究院的程迪简介了部分农药品种污染物治理技术[13,14]，特别指出了废水治理的设计原则，废水治理工艺选择的宗旨一是着眼于综合利用，重点从污染源头治理，尽可能从废水中回收有用资源，在一级处理的同时减少 COD 排放负荷；二是选择切实可行的发生源处废水（废水排放车间）一级处理技术，既去除部分难处理的高浓度有机物，又提高废水的生化可行性，减轻后续生化处理负荷，在沿海地区（缺少淡水）和缺水地区更应强化一级处理；三是采用适于农药废水生化处理的 A/O 生物接触氧化工艺作为综合废水的最终处理手段，使废水中各项污染物指标达到《综合污水排放标准》（GB 8978—1996）一级或三级。

废水处理系统设立事故池，生化系统装置密闭，尾气吸收处理。生化系统设计处理能力应为企业发展留有余地。废水处理设计指标应达到目前执行的排放标准，并适应正在制定的农药行业污染物排放标准（主要指特征污染物）。具体实施农药废水处理的办法有：

① 改进工艺，清洁生产，加强对生产过程的管理。废水是在生产过程中产生的，因此实行清洁生产是废水治理的根本途径。前些年由于缺乏环保意识，企业着眼点一直是在生产方面，在选择产品种类、生产工艺及所用原料时，很少考虑污染治理问题。目前随着全社会对环保的重视，企业要确保废水达标排放，首先应从清洁生产做起。通过对工艺及设备的改进，减少废水排放量，既能提高原料的利用率，又能减少末端治理费用，比如代森锰锌生产工艺改进、乙基氯化物生产工艺改进。

② 清污分流。建议新厂区设计时应考虑完善的清污分流。分流具体到每一个工段。高浓度废水大部分是有毒的，必须单独收集，单独收集才能便于管理和治理。这也是保证高浓度废水预处理和特征因子处理的基本条件。混合到一起处理，没有哪一种技术是万能的。清污分流的标准：COD≥3000mg/L 和不易生物降解的废水分别进入高浓度废水池，COD≤3000mg/L 的废水及初期雨水进入低浓度废水池。真空系统的废水应控制 COD≤2000mg/L，归类于低浓度废水。

4.3.2.3 农药废水治理举例

毒死蜱由甲（乙）基氯化物和三氯吡啶醇缩合而成，废水中的主要成分是有机磷、反应过程的原料、副产物及无机盐等。由于废水中含有大量杂环类化合物，因此该废水既不能被生物降解，又不能用常规 COD 方法检测。直接生化处理 COD 几乎不去除。长期以来毒死蜱废水都是有机磷农药废水中难以解决的老大难问题。近年来沈阳化工研究院对该废水治理进行了系统的研究工作，在对各种处理工艺的技术经济可行性进行分析的基础上，采用液膜分离工艺从废水中回收三氯吡啶醇；三效蒸发浓缩工艺二级处理；釜残液采用焚烧法处理。三氯吡啶醇 COD 检出率很低，因此选择 TOC（总有机碳）作为水质分析指标。回收后的三氯吡啶醇经试验证明可以在生产工艺中回用。

多菌灵缩合废水中含有高浓度的多菌灵及中间体邻苯二胺，经生物降解试验表明，该废水属不易生物降解类。废水中的多菌灵既是可利用的资源，又是新制定的农药行业污染物排放标准中严格控制的特征因子。因此需采用有效方法使之去除。本技术采用络合萃取工艺从废水中回收多菌灵；采用吹脱工艺脱除废水中的 NH_3-N。一级处理后的废水可以进行生化处理。

苯氧羧酸类农药产品主要有 2 甲 4 氯、2,4-滴、精噁唑禾草灵、精喹禾灵、吡氟禾草灵等。上述产品生产过程中要排放出高浓度、高毒性、高色度的有机废水。上述废水的主要污染物是各类酚。选择溶剂萃取工艺从废水中回收酚可去除 50%～85%的 COD，回收后的酚钠盐可在生产工艺中套用。脱除酚的废水具有较好的可生化性。该工艺既有环境效益，又有经济效益。

甲基氯化物是有机磷农药的重要中间体，甲基氯化物废水中含有高浓度的有机磷，COD 值高，盐含量 18%～20%，主要成分为氯化物、少量甲醇及副产物等，属不易生物降解类，是农药行业废水处理的难题之一。甲基氯化物废水治理难度在于废水中的有机物生物降解性差，直接生化处理 COD 去除率仅为 50%，甚至更低，能生物降解的基本是甲醇蒸馏后的残留物。因此，须采用有效方法改变有机物分子结构，提高其生化可行性。近年来沈阳化工研究院开展了甲基氯化物废水治理的技术研究工作，并对各种处理工艺进行了技术经济可行性分析。他们采用加压催化碱解—石灰沉磷—生物接触氧化工艺治理该废水。处理后废水的各项有关指标可以达到国家工业废水排放标准（GB 8978—1996，一级或三级）。

代森锰锌废水中的代森锰锌、ETU（亚乙基硫脲）处理技术。代森锰锌是无机大分子，废水治理有难度，目前通用的处理工艺为脱锰、脱锌、脱氨、生化，缺点是达不到排放标准，处理费用偏高，且废水中的代森锰锌和 ETU 得不到有效去除。ETU 是代森锰锌分解产物，许多报道认为具有致癌作用。在目前制定的有机硫类农药污染物排放标准中，ETU 是需要严格控制的代森锰锌特征污染物。废水水质水量分析代森锰锌废水主要为络合反应结束后的离心母液及洗水，主要成分为 NH_3 与锰、锌等金属离子，微量代森锰、代森锌、ETU 等化合物。络合萃取工艺处理废水中的代森锰和 ETU，废水中的代森锰、ETU 与萃取剂结合生成固体物，从而使代森锰、ETU 与水分离，达到去除的目的，该过程产生的固体物收集后集中焚烧。

莠去津废水一级处理技术。莠去津生产废水中的主要污染物是莠去津、三聚氰酸钠、未反应的乙胺和异丙胺、溶解在水中的少量溶剂、反应副产物及反应生成的氯化钠等。三氮苯杂环类农药废水属难生物降解类。在目前制定的杂环类农药污染物排放标准中，莠去津是严格控制的指标，因此须采用有效方法预处理，并且在该过程中应大幅度减少 COD。许多研究对莠去津废水进行了治理工艺研究，并开发了从废水中萃取回收莠去津、活性炭吸附二级处理莠去津分层废水技术，具有很好的处理效果。

杀虫双废水主要是氨化工段排水。采用碱性水解工艺处理，COD 去除率 65%。

对于杀螟丹含高盐氰化物废水，采用加压碱解工艺进行处理，总氰化物去除率 98%，COD 去除率 50%。

稻瘟净废水一级处理。稻瘟净废水脱氨后采用催化氧化法处理，COD 去除率 90%（COD 由 89750mg/L 降至 9005mg/L）。

吡虫啉废水一级处理。吡虫啉缩合废水采用酸性絮凝工艺处理后 COD 去除率 57%。吡虫啉含 DMF 废水中有 10%～12%的 DMF，采用精馏工艺从废水中回收 DMF。实验证明，回收后的 DMF 可以套用。

草除灵酯化废水一级处理。废水中含有高浓度苯胺类化合物，采用重氮化工艺处理。COD 去除率 40%，苯胺类去除率>90%。

杀扑磷废水一级处理。采用酸性絮凝工艺处理，COD 去除率 60%（COD 由 55350mg/L 降至 22140mg/L）。

前文已提及一些大吨位农药产品的废水处理，关系到环保及人们生活的健康，比如草甘膦，就是其中最为显著的例子。草甘膦是大吨位热点除草剂产品，近几年我国的草甘膦产量一直处于上升状态，扩产与新建已使该产品产量达到了 25 万吨/年。目前的主流工艺是 IDA（IDAN）法和二甲酯法。我国草甘膦生产企业主要分布在江苏、浙江、山东、安徽等人口密度大、环境容量小、水域环境（国家重点保护的太湖、巢湖、长江等）敏感的省市。草甘膦生产的污染问题主要表现为废水，该废水具有排放量大、污染物浓度高、毒性大、含盐量高、难降解化合物含量高、治理难度大等特点，带来的水污染问题突出。目前污染物治理技术的研究应用落后于产品的发展。正在公示的有机磷农药工业水污染物排放标准严于现行标准，特别是对特征污染物，因此，草甘膦废水治理是困扰草甘膦生产企业的难题之一，是该行业迫切需要解决的共性问题。不同的工艺导致草甘膦生产污染物产生情况不同。

① 二甲酯工艺合成草甘膦的废水。生产 1t 草甘膦产品可产生 17t 废水，废水中所含的主要成分有甲醇、甘氨酸、三乙胺、多聚甲醛等，生产工艺及排污节点见图 4-1。在该工艺中除产生废水外，也有氯甲烷废气产生。

② IDAN 工艺合成草甘膦的废水。该工艺产生两股高浓度废水：一是双甘膦缩合工序废水（以下简称双甘膦废水）；二是草甘膦氧化工序废水（以下简称草甘膦废水）。

双甘膦废水污染物中含有高浓度有机磷化合物、甲醛、氰化物、有机腈、有机胺、游离氨及近饱和无机盐。双甘膦废水产生节点见图 4-2。草甘膦废水产生节点见图 4-3。

③ IDA 工艺草甘膦废水产生情况。该工艺同样产生两部分高浓度废水：一为双甘膦缩合工序废水（以下简称双甘膦废水）；二是草甘膦氧化工序废水（以下简称草甘膦废水）。双甘膦废水情况产生节点与 IDAN 工艺的相同。IDA 工艺双甘膦废水中含有有机磷化合物、甲醛、有机腈、有机胺及近饱和无机盐，不含氰化物及游离氨。草甘膦废水产生节点、废水水质情况、废水治理情况等与 IDAN 工艺基本相同。

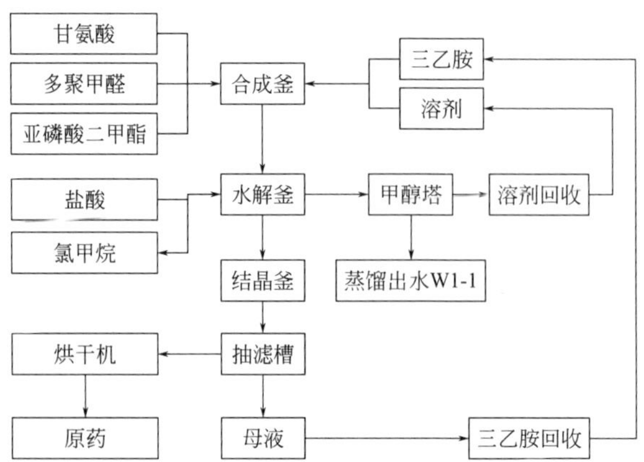

图 4-1　二甲酯工艺合成草甘膦的生产工艺及排污节点

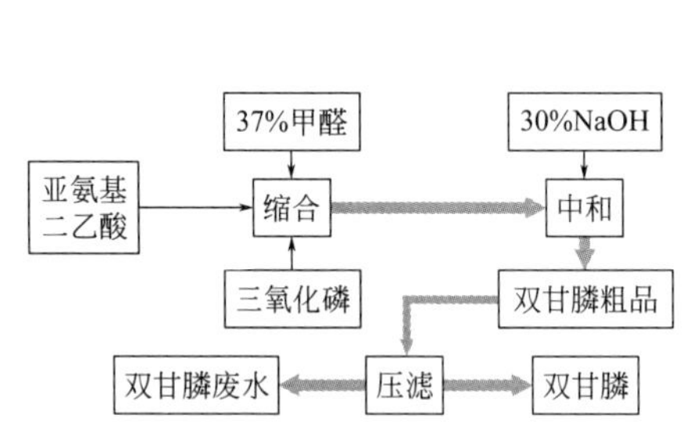

图 4-2　IDAN 工艺合成草甘膦中双甘膦生产工艺及排污节点

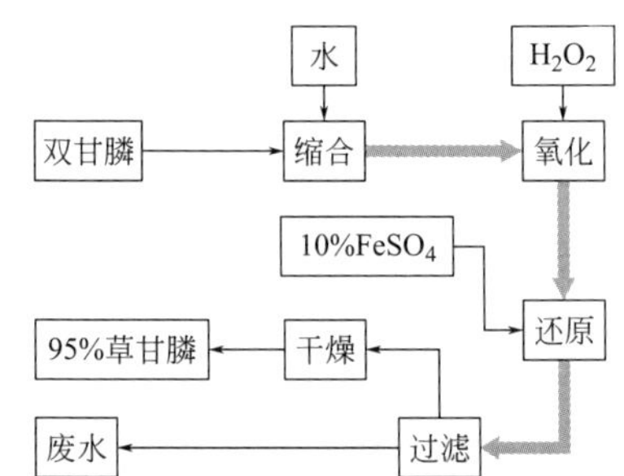

图 4-3　IDAN 工艺合成草甘膦中草甘膦废水产生节点

草甘膦污染物治理目前存在很多问题，生产草甘膦的主要原料有二乙醇胺、亚氨基二乙腈、氢氧化钠、盐酸、甲醛、三氯化磷、重金属催化剂、双氧水、钨酸钠、液氨、硫酸亚铁等。排出的废水中主要含有甲醛、甘氨酸、盐酸、亚磷酸和氯离子。废水中氯离子和磷含量较高，且废水酸性较强，pH 值为 1。

因此，草甘膦生产废水具有高浓度、高毒性、高盐度（几乎是饱和盐）等特点，有许多是不可生物降解物或生物抑制物，这就给治理工作带来了难度。由于其中的草甘膦及催化剂无法回收，对环境造成污染的同时，对资源也会造成一定的浪费。

二甲酯工艺合成草甘膦的废水中含有甲醇等较易生化处理物质，除甲醇塔废水外，其他废水的生化去除率均大于 90%。经试验证明，该废水具有较好的生化可行性，目前国内生产企业均采用生化工艺处理，可利用低浓度废水作为稀释水。采用生化方法处理二甲酯工艺合成草甘膦的废水后，依然存在的问题是总磷指标严重超标，通常处理后废水总磷为 20～30mg/L（标准为 0.5mg/L）；因含盐量高，稀释倍数相对较大。

双甘膦废水中含有高浓度有机磷化合物，具有生物毒性；含有的 2%～4%甲醛成为生物抑制剂；中间体二乙醇胺及其衍生物属不易生物降解类物质；含有的 18%～22%氯化钠几乎为饱和盐溶液，既难于生物降解，又影响对水质的分析。这些问题是困扰各企业的难题之一。

草甘膦废水中含有高浓度有机磷化合物，具有生物毒性；含有 1%的重金属催化剂，3%的甲醛，3.5%的草甘膦产品，未反应完全的双甘膦及其他副产物；成分复杂，属于不易降解类，目前国内尚无可行的技术处理该废水。因草甘膦废水中含有2%～3%草甘膦产品，所以有些企业将该废水浓缩至一定浓度后，作为10%制剂产品出售，废水中的杂质及有害物质均留在产品内。

沈阳化工研究院在2009年前后对双甘膦废水开展了治理工艺研究工作，重点是高浓度废水一级处理，研究有机磷、甲醛、有机胺的去除或该类化合物的结构变化，达到减少有毒化合物的数量、提高废水生化可行性的目的。经对各种处理方法的技术经济比较，确定废水处理工艺为：高浓度废水二级沉降收集悬浮状的双甘膦；催化水解，使双甘膦分解成无机磷并使之沉淀，同时去除废水中的甲醛；A/O生化工艺处理综合废水。采用该技术治理后，废水中各项有关污染物指标可以达到《污水综合排放标准》（GB 8978—1996）。以草甘膦生产能力12万吨/年计算，双甘膦废水治理技术简介如下。①清污分流，双甘膦废水单独收集入高浓度废水储池。因废水中含有悬浮的双甘膦产品，收集过程需二级沉降回收产品。低浓度废水进入低浓度储池。为便于预处理及对生产工艺的控制考核，高浓度废水在发生源处收集，预处理装置放在生产车间处。②催化水解预处理，催化水解的工艺条件为：设计处理量66t/d，石灰加入量（中和用）5%，pH值9～10，反应时间1.5h。预处理后的废水具有生化可行性，经生化处理后COD去除率为75%～80%。IDA法排放的双甘膦废水含有甲醛、双甘膦、亚磷酸、有机胺和反应副产物，均属于难生物降解物。本技术从双甘膦稳定生产工段采集双甘膦废水，采取物理 化学法针对该废水上述成分进行一级处理。处理结果见表4-1。

表 4-1　IDA（亚氨基二乙腈为原料）工艺双甘膦废水一级处理后技术指标

废水名称	COD去除率/%	甲醛去除率/%	有机磷去除率/%	CN^-去除率/%
双甘膦废水	55～60	80～85	85	99

IDAN（二乙醇胺为原料）工艺双甘膦废水一级处理后技术指标见表4-2。一级处理后的废水具有生化可行性，经生物降解后COD去除率大于75%，其他各项有关指标可以达到《污水综合排放标准》（GB 8978—1996）。

表 4-2　IDAN（二乙醇胺为原料）工艺双甘膦废水一级处理后技术指标

废水名称	COD去除率/%	甲醛去除率/%	有机磷去除率/%
双甘膦废水	55～60	90	80

目前排放标准中总磷指标为≤1mg/L。单一生产有机磷农药的企业普遍存在总磷超标问题，去除总磷的方法即加石灰沉淀使生成磷酸钙，该处理过程投资大、处理成本高，且总磷不是有毒化合物，因此目前正在制定的有机磷农药标准将总磷指标定为≤10～15mg/L。这套处理技术的废水处理成本为处理高浓度废水费用30元/t（不包括加石灰中和的费用），1980元/d，生化处理费用960元/d，合计日处理费用2940元/d，每吨双甘膦废水处理成本为177元。

2013年安徽省化工设计院刘晨[15]报道了年产万吨草甘膦建设项目废水治理方案探析，对草甘膦建设项目产生的废水进行了水质分析及治理工艺研究，通过清污分流、二级沉降、碱性水解及A/O生化工艺综合处理废水后，各项有关指标可以达到《污水综合排放标准》一级。通过对各种处理方法的技术进行比较，确定双甘膦的废水处理工艺如下：一是采取高浓度废水二级沉降的方法对悬浮状的双甘膦进行收集；二是催化碱性水解，将双甘膦进一步分解成无机磷，并使之充分沉淀，同时将废水中的甲醛去除；三是采取A/O生化工艺对综合废水进行处理。单独将双甘膦工艺产生的废水进行收集，装入高浓度的废水储池中。由于废水中含有的双甘膦处于悬浮状态，因此在收集过程中需要进行二级沉降才可达到回收的目的。如果废水的浓度较低，应将之装入低浓度的储池中。为便于预处理及对生产工艺的控制考核，若废水的浓度较高，则应在发生源处进行收集，预处理装置放在生产车间处。废水中含有悬浮状的双甘膦，可采用自然沉降的方法将其回收。高浓度废水一级处理后与低浓度废水混合（称综合废水）进行生化处理。生化装置考虑了脱氮除磷问题。该方案为A/O二段工艺，A段为缺氧区，O段为好氧区。废水中的有机物在好氧条件下氨氮被氧化成硝态氮、亚硝态氮，在缺氧条件下硝态氮、亚硝态氮被氧化成气态氮。该种A/O形式的装置同时也能促进难生物降解物的消化。经处理生成COD 28200mg/L的高浓度废水为186t/d，经处理生成COD 800～1000mg/L的低浓度废水为1000t/d。处理高浓废水的费用为36.2元/t；处理综合废水的费用为5.7元/t；处理COD的费用为1.3元/kg；生产双甘膦增加废水处理成本为127元/t；生产草甘膦增加废水处理成本为203元/t。安全、清洁生产、保护环境是农药厂生产重要的工作目标之一，该治理方案实施后，草甘膦生产排放的高浓度、高毒性有机污染物可得到有效治理，每天可去除COD含量为5245 kg，年生产按300d计算，每年可减少COD排放量1573 t，处理后废水的各项指标可达到《污水综合排放标准》（GB 8978—1996）三级，该项目具有明显的环境效益和社会效益。

2015年四川省环境保护科学研究院姜延雄等[16]报道了草甘膦生产废水治理技术探讨，在总结草甘膦废水治理技术研究和分析工程运行的基础上，依据环保核查后的草甘膦生产废水水质特点，提出在实验研究、工程应用、生物处理反应器结构需进一步探索的问题，并拟定在新形势下草甘膦废水处理的技术思路“物化处理系统＋厌氧生物处理系统＋好氧生物处理系统＋深度处理系统”。其中物化以电化学和高级氧化为主，深度处理以化学除磷工艺为主，并形成多级处理体系。近年来，中国的草甘膦产量占全球产量的80%，因而草甘膦生产废水是我国主要农药类废水之一。

2012年华东理工大学朱洁开展了杀虫双农药生产废水处理技术开发与工程实践研究。杀虫双是我国为数不多的自主研发的农药品种之一，自研发成功并推广使用至今，被广泛应用于农作物除虫。杀虫双生产过程中会产生大量成分复杂的废水，具有有机物和盐分（以氯化物为主）浓度高、生化降解性差的特点，属于处理难度很大的农药废水。目前国内尚缺乏投资和运行费用低、处理效果好的处理工艺，以致杀虫双生产废水长期得不到有效治理。经实验室小试后摸索出一套处理费用适中、处理效果理想、操作比较简单的处理工艺。在小试的基础上，经过反复修改论证，提出了完整的方案设计并进行了工程施工与设备安装，经过一段时间的调试与运营，通过了相关部门的考核验收。本废水处理项目完全达到了厂方的处理要求：外排水中COD浓度低于500mg/L，达到工业园区污水纳管标准，可以送入市政污水处理厂进一步处理[17]。

4.3.3 废渣治理

目前各大企业普遍重视废弃物的焚烧处理，都建有焚烧系统。农药生产过程产生的各种废渣、蒸馏釜废溶剂、高浓度废液、废包装袋、生化系统的剩余污泥等，都采用焚烧工艺处理。焚烧装置的投资为2000万～4000万元。

此外，许多企业首先从改进工艺入手，尽量减少废渣的产生量，采用新技术、新设备，最大限度地提高原料利用率和转化率，把废渣消灭在生产过程中。对于必须排出的固体废物，采取污染防治措施时应注意以下两方面：

4.3.3.1　采用综合利用措施，从废渣中回收产品

农药生产过程中必须排出的固体废物，应采用综合利用措施，尽可能从废渣中回收产品，以减轻废渣处理负荷，增加经济效益。农药生产中常排出氯化铵、氯化钠、碳酸钠、硫酸钠等含盐废渣，氯化铵、硫酸钠可作为肥料的原料，但必须采取适当的措施除去其中的有机物；氯化钠、碳酸钠经精制提纯后可作为副产品出售。

4.3.3.2　采取无害化措施，防止二次污染

许多农药产品的工业废渣有机物成分复杂，无回收价值，采用一般工艺难以达到有效治理的目的，这些废渣置于环境中，往往会造成极大的二次污染。对于此类有机废渣宜采用焚烧的办法，进行无害化处置，避免其造成二次污染。

4.4　国内 EHS 的发展

化工生产具有一定的危险性，大多数化工生产过程涉及易燃易爆危险品，许多生产过程伴随着高温、高压化学反应，稍有疏忽，就会发生事故，对操作人员造成人身伤害，对环境产生影响。因此，企业在注重高效运作的同时更应该关心环境、健康和安全，EHS（责任关怀）已经成为规范企业管理、控制和预防事故发生的重要手段。

目前，国内大多数企业在控制事故、安全预防方面关注的重点在于排除客观危害而忽视主观因素，没有形成一套完整的 EHS 管理体系。反观国际先进企业，都已建立了完善的 EHS 管理体系，遵循责任关怀的管理理念，从而赢得了社会的尊重和企业的发展。

当前，中国农药产能和产量已跃居全球第一位，但对照国际跨国农药企业，国内农药企业在健康、安全、环保（HSE）方面的管理理念和管理水平存在着较大差距，这也是阻碍行业发展的原因之一。为了提升农药企业的责任关怀理念，在整体上提高农药企业在国际上的竞争力，保障行业的健康持续发展，中国农药工业协会会同中国化工信息中心，在植保（中国）协会的支持下，编撰了《中国农药行业 HSE 管理规范》（以下简称《规范》），在广泛征询包括跨国公司在内的众多企业意见的前提下，历经三稿的修改，出台了《规范》。

自 2011 年 8 月启动编撰工作以来，协会汇集了行业资深专家、企业 EHS 管理人员、植保（中国）协会责任关怀委员会等多方人员的参与，中国化工信息中心 EHS 事业部专门组织了人员，将化工行业 EHS 的管理要求与农药企业的特殊性相结合，将国外企业先进的管理模式与中国企业实际情况进行充分融合，查阅和引用大量国家安监、环保、卫生等部门的法规和规范，对农药企业生产过程中存在的问题［如交叉污染、风险管理和控制、相关危险反应 HAZOP（危险与可操作分析）等］进行了重点阐述。

《规范》（草案）于 2012 年 1 月编撰完成，并于 3 月 6 日在上海召开了第一次意见征询会，上海祥源化工有限公司、上海泰禾集团有限公司、北京颖泰嘉和科技股份有限公司、上海杜邦农化有限公司、陶氏益农农业科技（中国）有限公司、先正达（中国）投资有限公司分别派出了 EHS 主管领导参加了会议，在对《规范》（草案）的整体结构肯定的同时，对部分章节内容提出了修改意见，同时根据农药行业具体情况增加了内部环境监测和企业核心价值等内容。

经过修改和完善，第二次意见征询会于 2012 年 4 月 20 日在南京召开，中国农药工业协会、中国化工信息中心 EHS 事业相关领导以及 25 家企业近 40 人参加了会议，会议除对《规范》第二稿进行意见征询外，还分别介绍了“编撰说明”“EHS 管理规范现场评测大纲”和“培训大纲”。企业 EHS 理念的引入和建设对缩小与跨国公司的差距、提升行业整体水平

都将发挥积极的作用，同时推荐EHS建设优秀的企业给跨国公司和海外买家，帮助他们解决在中国农药采购和定点加工时面临的企业选择问题，逐步做到我国农药“绿色出口”。

参考文献

[1] 程迪，李正先．农药环保三十年——保障农药工业可持续发展．中国农药，2009（8）：63-66.

[2] 徐静，陆继来．农药行业的环境污染防治技术对策．污染防治技术，2011，24（2）：62-64.

[3] 郭卫．中国农药工业协会国际贸易委员会近日成立．今日农药，2012，5：7-9.

[4] 程迪．农药及中间体行业污染物治理与资源利用技术的研究与应用及农药行业污染物排放标准制定工作情况介绍．全国精细化工行业节能减排及资源化技术研讨会．沈阳：[出版者不详]，2007：35-51.

[5] 武汉市葛店化工厂．用有机磷农药的废气硫化氢制亚硫酸钠．农药工业，1977，(01)：15-16.

[6] 谷惠民，陈建民，牛卫华．农药生产中恶臭废气的燃烧处理．山东环境，2002（5）：46-46.

[7] 高建敏，陈春兵，许方振．神农丹农药恶臭废气资源化治理研究．中国环境管理干部学院学报，2006，16（4）：57-59.

[8] 李建军，王志良，王小平．农药废气治理系统改造工程实例分析．环境科技，2012，25（3）：26-28.

[9] 胡志军，李建军，徐明，等．蓄热式热氧化炉处理农药行业挥发性有机废气．广州化学，2016，41（6）：53-58.

[10] 赵亚斌．一种农药废气离子除臭技术方法．甘肃科技，2016，32（2）：37-39.

[11] 吴贤斌，刘晓华，葛敏霞．江苏省农药生产企业废气污染防治存在问题及对策建议．环境科技，2017，30（2）：67-70.

[12] 王振君．独具特色的海岛旅游胜地——普陀山旅游区．农药，1985，(3)：56-59.

[13] 程迪．部分农药品种生产污染物治理技术简介．中国农药，2007（2）：29-35.

[14] 程迪．草甘膦废水治理技术研究．今日农药，2009，(04)：26-28+25.

[15] 刘晨．年产万吨草甘膦建设项目废水治理方案探析．现代农业科技，2013，(15)：246.

[16] 姜延雄，张悦，陈亚平，等．草甘膦生产废水治理技术探讨．环境科技，2015（4）：76-80.

[17] 朱浩．杀虫双农药生产废水处理技术开发与工程实践．上海：华东理工大学，2012.

第5章 农药剂型加工发展历程

5.1 农药剂型起步阶段[1]

旧中国农药工业发展缓慢，至1949年，我国生产的农药品种24种，其中含硫酸铜、硫黄粉、氟化钠等无机农药8种，雷公藤、闹羊花、鱼藤等植物性农药8种，有机合成农药滴滴涕1种。生产的农药制剂主要是5%滴滴涕粉剂、10%滴滴涕粉剂、10%滴滴涕可湿性粉剂、10%滴滴涕·硫黄粉剂、硫黄粉剂、鱼藤粉剂、棉油乳剂、石油乳剂、毒饵、涂虫胶、绿十字蚊香、除虫菊浸出液、杀蚊蝇药水、种子消毒剂、烟熏剂等。主要剂型为粉剂、可湿性粉剂、乳油和水剂等。

新中国成立后，农药工业得到迅速发展，到20世纪50年代后期我国已能大量生产六六六、滴滴涕原药，到60年代以后甲基对硫磷、对硫磷、乐果、敌百虫、敌敌畏等一些有机磷农药也相继投放市场，带动了农药剂型的发展。剂型有粉剂、可湿性粉剂、乳油和粒剂。生产的制剂主要是0.5%～2.5%六六六粉剂、6%六六六可湿性粉剂、甲六粉（1.5%甲基对硫磷+3%丙体六六六）、滴滴涕乳油、甲基对硫磷乳油、乐果乳油、敌敌畏乳油、1%对硫磷粒剂、3%克百威粒剂、8%异稻瘟净粒剂、25%五氯酚钠粒剂、敌百虫超低容量喷雾剂、马拉硫磷超低容量喷雾剂、80%敌百虫可溶粉剂、50%滴滴涕乳粉、50%亚胺硫磷·滴滴涕乳粉、除草醚乳粉等。当时六六六粉剂、甲六粉产量在90万～110万吨，其次是6%六六六可湿性粉剂，产量在20万～30万吨。它们是防治水稻害虫、飞蝗、地下害虫等农业害虫的主要药剂。乳油年产量在15万吨左右，是防治蔬菜、果树和棉花害虫以及病媒害虫的主要药剂。形成了粉剂、可湿性粉剂、乳油、粒剂等四大剂型为主的局面，粉剂位居第一。当时研究工作的重点就是提高粉剂和可湿性粉剂的生产率，降低能耗，提高可湿性粉剂的润湿性、悬浮率，解决储存期悬浮率下降问题。安徽省化工研究院针对合肥农药厂生产的6%六六六可湿性粉剂台时产量低、能耗高、悬浮率低（只有35%左右）的问题，收集并测定了几十种填料的理化性能，研究了影响6%六六六可湿性粉剂出车悬浮率和经时悬浮率的因子，从中筛选出含水率低、含沙量低、易干燥、易粉碎的填料和改性茶枯-TEMW3# 作为润湿分散剂，提高了该厂生产六六六可湿性粉剂的台时产量，降低了能耗，使悬浮率稳定在50%以上，润湿时间在120 s以内，各项技术指标均达到国内先进水平。

1970年前后，中国农科院植物保护研究所、安徽省化工研究院、江苏农药所曾用亚硫酸纸浆废液、动植物蛋白质水解产物作为分散剂创制了滴滴涕乳粉（实属现在的水分散粒剂），悬浮率均在90%以上。当时滴滴涕乳油是我国防治农业害虫和病媒害虫的主要产品，由于有机溶剂甲苯与二甲苯、乳化剂货源紧张，大多依赖进口，影响滴滴涕乳油的产量，滴滴涕乳粉投产，解决了市场的需求，取得了显著的经济效益和社会效益。20世纪70年代中期我国生产的敌百虫原药的含量一般都在90%以下，安徽省化工研究院承担了化工部重点项目“喷雾冷却成型工艺制造80%敌百虫可溶性粉剂工业化技术”，1977年完成了年产1500吨敌百虫可溶粉剂中间试验，1978年通过化工部技术鉴定。1979年和1981年山东济南农药厂和安徽合肥农药厂利用该项成果相继建成了年产3000t的生产装置并投产。直接用熔融敌百虫生产可溶粉剂，解决了我国熔融敌百虫包装易中毒、使用块状敌百虫原药浸泡液喷雾施药不便且浪费和容易中毒的问题，敌百虫可溶粉剂应用后取得了显著的经济效益和社会效益。之后安徽省化工研究院又完成了化工部“喷雾冷却成型法制造高浓度乙酰甲胺磷可溶粉剂”计划项目，生产的75%乙酰甲胺磷可溶粉剂的质量达到美国切福隆公司相同产品的质量指标，为江苏武进、浙江菱湖等农药企业加工的75%乙酰甲胺磷可溶粉剂出口外销，取得了很好的经济效益。该项目获安徽省科技成果二等奖。1979～1980年沈阳化工研究院首先采用包衣工艺，开发出3%克百威粒剂，相继在江苏铜山农药厂、武汉农药厂、山东宁阳农药厂和河北邢台农药厂投产。克百威是防治棉花苗期害虫和地下害虫的主要药剂，取得了巨大的经济效益。

5.2 农药剂型迅速发展期[1]

5.2.1 农药剂型发展总体情况

1983年3月起，我国停止生产六六六、滴滴涕，并进行农药产品结构调整。我国农药剂型种类、制剂品种大量增加，制剂质量显著提高。农药新品种同时得到迅速发展，特别是有机磷和拟除虫菊酯杀虫剂、杀菌剂、高效除草剂等新品种的迅速发展，带动和加快了相应的新剂型、新制剂的开发。

与此同时，1978年改革开放后，国外大量的农药新剂型、新制剂陆续在我国取得登记。直到1998年美、英、德等20个国家的74家公司在我国登记了500多种农药（其中卫生制剂137种），涉及的剂型有干悬浮剂9种、水分散粒剂4种、水乳剂2种、油悬浮剂1种、微胶囊剂1种。国外新剂型进入我国，带动和促使我国加快农药新剂型、新制剂的开发。同时加速了我国农药加工工业的发展，逐步改变我国农药制剂品种少、质量差、助剂不配套、加工设备落后的状况，国家在“六五”“七五”期间将农药新剂型开发列入国家攻关项目。化工部组织沈阳化工研究院、安徽省化工研究院、北京农业大学（现为中国农业大学）应化系、山东农业大学、浙江化工学校、中国农科院植物保护研究所、上海农药所，以及浙江、四川、湖南、广西、辽宁、江西、河北、福州等地的44个农药科学研究院（所）、大专院校、工厂协作攻关，取得农药剂型加工科技成果150余项，增加了农药新剂型、新制剂品种，乳油产品质量明显提高，可湿性粉剂的配方、工艺设备和路线有很大突破，使悬浮率提高到60%～80%，一些粒剂和农药悬浮剂、微胶囊剂、水乳剂、微乳剂等新剂型、新制剂投放市场。国家攻关项目的完成，培养和造就了一支农药制剂开发专业队伍，这是我国农药剂型加工工业发展史上的关键一步，推动了我国农药剂型工业快速发展。到20世纪80年代末期我国登记的农药原药195种，农药剂型31种，农药制剂1970种（见表5-1），使我国原药和制剂之比由“七五”期间的1∶3上升到1∶10。农药剂型结构发生了很大变化，粉剂大幅下降到3%，乳油迅速上升至46.7%。

表 5-1　1988 年登记的剂型种类和制剂品种数

剂型种类	单剂数	混剂数	制剂总数	占制剂总数的比例/%
乳油	257	662	919	46.7
可湿性粉剂	158	289	447	22.7
粉剂（含母粉）	18	37	55	2.8
粒剂（含大粒、细粒、微粒）	30	24	54	2.8
可溶粉剂（含可溶粒剂）	54	17	71	0.9
干悬浮剂	1		1	<0.1
乳粉	3		3	0.15
悬浮剂	50	45	95	4.8
油悬浮剂		2	2	0.1
悬浮乳剂		17	17	0.9
水剂	84	44	128	6.5
可溶浓剂（含可溶液剂、液剂、母液）	3	17	20	1.0
水乳剂	8	5	13	0.65
微乳剂	1	4	5	0.25
微胶囊剂	1	1	2	0.1
油剂	3		3	0.15
种衣剂	13	38	51	2.6
片剂（含丸剂）	8	1	9	4.6
拌种剂	2	6	8	4.1
涂布剂（含涂抹剂）	1	6	7	3.6
烟剂	17	11	28	1.4
热雾剂	2		2	0.1
熏蒸剂	3		3	0.15
防蛀剂	3		3	0.15
毒饵	4		4	0.2
膏剂（含糊剂）	15		15	0.8
水面展膜油剂	2		2	0.1
撒滴剂	1		1	<0.1
除草地膜	1		1	<0.1
含性诱剂的长效诱芯	1		1	<0.1
合计	744	1226	1970	100.0

1981～2000 年这 20 年是我国农药新剂型、新制剂发展最快、取得成果最多的时期。

5.2.2　固体制剂的发展概况

20 世纪 80 年代以前，粉剂、可湿性粉剂、粒剂、片剂等是主要的固体剂型，但由于粉尘飘移、药效低、人畜中毒事故频发等诸多问题，固体制剂的用量大大降低。近年来，出现的水分散粒剂、泡腾片剂等新剂型，由于具有无粉尘污染、加工使用安全、易包装、易运输、流动性好、使用方便、药效稳定、入水后分散均匀、悬浮率高等诸多优点，越来越受到人们的青睐。农药水分散粒剂在我国起步较晚，但是发展非常迅速，国内开发了包括5%甲维盐、10%苯醚甲环唑、40%烯酰吗啉、70%吡虫啉、75%代森锰锌、80%戊唑醇、80%特丁净、80%敌草隆等多个水分散粒剂产品。

20世纪80年代中后期一批超高效杀虫剂（如拟除虫菊酯类）、杀菌剂（如三唑类）和除草剂（如磺酰脲类）迅速研制成功并占领我国农药市场。这些超高效农药的加工剂型主要是乳油和可湿性粉剂，这使得粉剂所占的比例进一步下降。据1993年统计，我国各类剂型总产量大约为77万吨，其中粉剂产量约占5%。2000年我国登记的剂型42种，各种剂型的制剂总数达2876种（不包括1个制剂的有效成分含量相同的重复登记的品种和卫生上用的制剂），其中粉剂69种，占制剂总数的2.4%，仍位居第6。

农药可湿性粉剂是农药加工剂型中历史悠久、技术比较成熟、使用方便的一种剂型，许多杀菌剂、除草剂和部分杀虫剂往往加工成这种剂型，所以它和粉剂、乳油、颗粒剂一起曾被称为农药加工的四大基本剂型。尽管近年来，颗粒剂、液剂和一些新剂型在不断发展和涌现，并迫使粉剂产量逐年下降，但可湿性粉剂仍能保持在原有水平上，甚至有所发展，就充分说明了它在农药制剂中的重要地位。据统计，1969年至今，全球可湿性粉剂的产值始终占农药制剂总产值的1/4左右，产量比例占15%～20%。2000年我国登记的农药制剂数2876种，其中可湿性粉剂753种，占26.2%，仅次于乳油，位居第二。

5.2.3 液体制剂的发展概况

悬浮剂、水乳剂等以水为介质，具有减少有机溶剂使用、对人畜相对安全、环境污染少、可减轻药害等优点，也是农药无公害化的有效途径。据统计，2009年在全球安全的农药新剂型中涉及悬浮剂的活性成分多达350个，远远多于其他新剂型，我国悬浮剂已登记农药活性成分近270个，国外农化公司在我国登记的农药活性成分也有70多个。目前，一些国外农化公司开发的非常有特点且进入中国市场得到广泛认可和使用的农药活性成分，其剂型多以悬浮剂为主，如200g/L氯虫苯甲酰胺SC（悬浮剂）、250g/L嘧菌酯SC、480g/L多杀霉素SC、240g/L螺螨酯SC等。我国水乳剂的发展也很迅猛，截止到2008年在我国登记的水乳剂品种已达到395个（包括国外公司76个），如20%氰戊菊酯水乳剂、60%丁草胺水乳剂、40%乙草胺水乳剂、20%杀螟硫磷水乳剂、5%高效氰戊菊酯水乳剂等产品，更是受到了广大农户的欢迎。种衣剂作为一种具有独特功效的种子处理剂，是实现作物良种标准化、播种精量化以及农业生产增收节支的重要途径，其显著的防效和环保意义已被人们广泛认可。截止到2005年底，国内登记的种衣剂产品已达到299种，主要品种为克百威、福美双、多菌灵、萎锈灵等杀菌剂，多应用于玉米、小麦、大豆、花生等作物。

5.2.4 近年来我国剂型的发展概况

近年来，我国的农药剂型发展迅速，剂型正朝着更加绿色、更加高效的方向进步。

从2011～2017年我国农药登记总数的情况来看，目前登记的产品有效总数在不断增加。从2011年的25000多个，增长到2016年的35600多个。从新增农药登记的产品数来看，在2013年、2014年新增登记产品最多，其中2013年新增登记产品超过3500个。

2015年，对于整个农药行业来说，是挑战与机遇并存的一年。这一年，“零增长”的出台在一定程度上影响着未来农药行业发展的方向，原药进入微利期，制剂行业增速放缓。与此同时，国家加强了对高毒高风险农药的监督和管理，与农药行业相关特别是安全与环保方面的法律法规的实施，加大了监督和处罚力度。另外，互联网+在农药行业的不断渗透，尤其在制剂行业热度不减，各种创新模式的不断涌现正在逐渐改变着农药行业的发展模式与趋势。2015年登记产品3294个，与上一年基本持平。2015年登记杀虫剂954个，占比28.96%，同比减少4.0%；杀菌剂1000个，占比30.36%，同比增加了1.7%；除草剂933个，占比28.32%，同比增加了1.7%；卫生杀虫剂235个；植物生长调节剂94个；其他78个（见图5-1）。杀菌剂增速显著，且成为登记总数量中的首位，与2014年相比发生了较大变化，这与2015年吡唑醚菌酯等专利到期产品登记数量多有着直接的关系。登记结构变化与产品专利过期之间的关系值得研究和跟踪，同时也值得警惕，知识产权、同质化等或许是未来的主要矛盾之一。

2015年按剂型统计：悬浮剂767个；原药403个；可湿性粉剂359个；水分散粒剂270个；水剂245个；乳油180个；水乳剂159个；可分散油悬浮剂126个；微乳剂122个；悬浮种衣剂122个；颗粒剂91个；电热蚊香液46个；悬乳剂40个；可溶粉剂35个；可溶粒剂35个；其他294个（见图5-1）。从剂型角度分析，乳油从2014年的第4位变为第5位，排名前两位的依然是悬浮剂和可湿性粉剂。

按毒性统计：低毒2524个；微毒464个；中等毒184个；低毒（原药高毒）76个；中等毒（原药高毒）36个；其他10个。

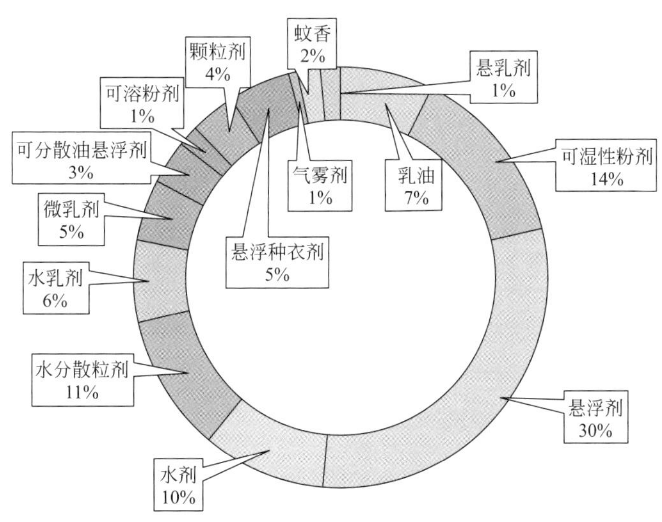

图5-1 2015年新增农药制剂统计

从以上登记情况分析，2015年登记产品数量总体和2014年基本持平。登记剂型中，悬浮剂（SC）、水分散粒剂（WG）依然是登记及研发的主要方向，这与2000年以前相比发生了很大的变化。制剂水性化，制剂颗粒化，有效成分控制释放，使用更加简单和方便，剂型的多样化和功能化，已经是目前农药剂型发展的现状，也是未来发展的方向。目前国内对SC、WG的研发已经放在了重点与常态化位置，但这些研究大多数是集中在“点”上的研究，也就是具体问题如配方筛选等上的研究，今后将要更加注重点面结合，系统调研和考虑剂型开发与应用实践相结合，才能做到精细化和系统化。

截至2016年年底，全国登记产品35604个（新增登记产品为1810个），登记企业2218家（境外企业111家），665种有效成分。2016年度，农业部共完成农药登记行政审批11722个，其中登记评审3782个，田间试验评审7940个（这里面不包括续审登记情况）。

在众多登记评审中，批准新登记2254个，通过率达到59.6%。

在新增登记的1810个品种中，涉及的主要剂型有乳油（91个）、可湿性粉剂（192个）、悬浮剂（546）、水剂（148）、水分散粒剂（180个）、水乳剂（75个）、微乳剂（57个）、可分散油悬浮剂（109个）。各主要剂型所占比例如图5-2所示。可见，乳油的比重较低，水基化制剂的比重较高，其中悬浮剂的占比达到35%。尽管如此，前期我国企业主要登记的剂型是乳油、可湿性粉剂等传统的剂型，其基数较大，依然是我国剂型的主要组成部分。从表5-2中也可以看出，当前乳油和可湿性粉剂在我国的农药中，占有很大的比率，乳油剂型占了近1/3的比率。

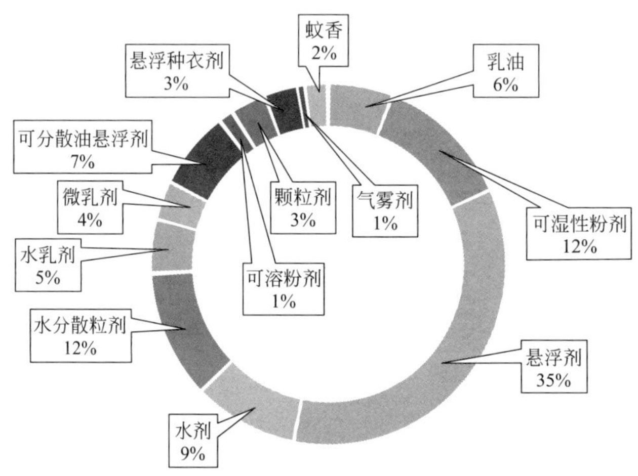

图5-2 2016年我国新增登记的剂型比例

表5-2 2016年我国各种剂型的占比情况

剂型	登记数	占制剂比重/%
乳油	9414	30
可湿性粉剂	6731	21.4
悬浮剂	3527	11.2
水剂	2143	6.8
水分散粒剂	1643	5.2
水乳剂	1066	3.4
微乳剂	1009	3.2
可分散油悬浮剂	615	2
可溶粉剂	612	1.9
颗粒剂	568	1.8
悬浮种衣剂	529	1.7
气雾剂	509	1.6
蚊香	402	1.3

2017年，我国新增的登记数量为3718个，其中乳油205个，可湿性粉剂282个，悬浮剂1237个，水剂405个，水分散粒剂357个，水乳剂129个，微乳剂93个，可分散油悬浮剂262个。各种新增的剂型所占比例如图5-3所示。悬浮剂是近年来登记的重点剂型。

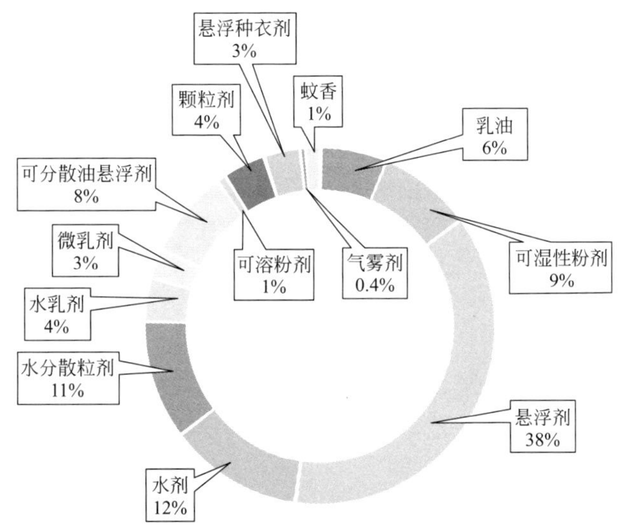

图 5-3　2017 年我国新增农药品种剂型比例

从近 3 年增加的主要剂型在当年登记总数中所占比例可以看出（图 5-4），乳油剂型所占比例基本持平，可湿性粉剂、水乳剂、微乳剂等的比例略呈现下降趋势，而水剂、悬浮剂等水基化制剂的比例逐步升高。特别是悬浮剂，是近年来水基化制剂登记生产的热点剂型。

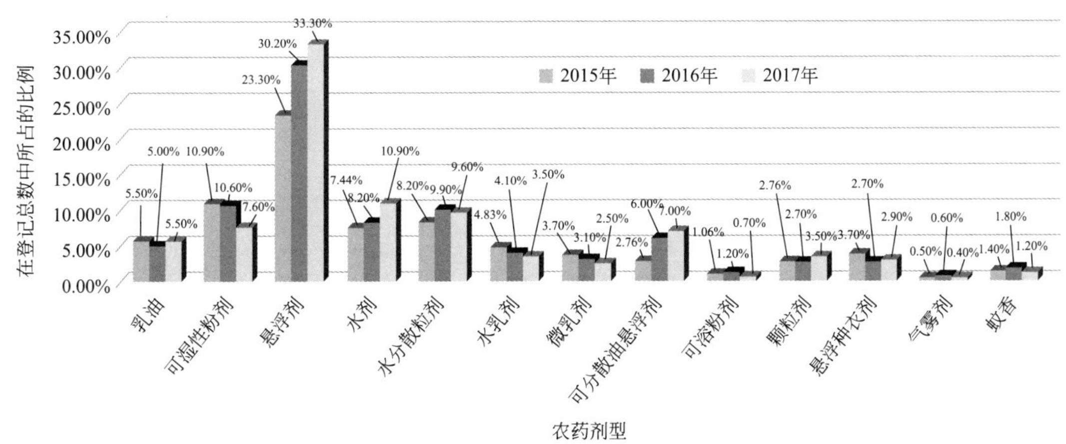

图 5-4　近 3 年（2015~2017 年）我国剂型变化趋势

5.2.5　相关政策对农药制剂发展的影响

2015 年，农药行业出台了许多管理政策，对行业有着重要的影响。

5.2.5.1　零增长政策

2015 年 1 月 16 日，农业部在关于印发《2015 年种植业工作要点》的通知中指出，2015 年种植业工作要点之一就是开展农药使用量零增长行动，力争 2020 年农作物农药使用总量实现零增长，推进高效低毒低残留农药替代高毒高残留农药和高效大中型药械替代低效小型药械，扩大低毒生物农药示范补贴试点范围。

零增长促使农村土地集中与土地流转，大面积单一种植增加，减量、省工将成为重要的课题。对于农药制剂加工也提出更高要求，要求在农药剂型的设计、研发、应用中更加注重应用效果，使得有效成分使用率进一步提高。如无人机飞防技术的迅猛发展，导致无人机的用药需求变为现实，低容量喷雾和超低容量喷雾开发与应用提上日程。

5.2.5.2 农药剂型名称及代码

根据《国家标准委关于下达 2014 年第二批国家标准制修订计划的通知》（国标委综合〔2014〕89 号）安排，农业部农药检定所承担了《农药剂型名称及代码》（GB/T 19378—2003）的修订任务。该标准已于 2017-11-01 由中华人民共和国国家质量监督检验检疫总局发布，并于 2018-05-01 起实施（标准号：GB/T 19378—2017）。

GB/T 19378—2017 对 GB/T 19378—2003 中的相关内容进行优化、整合和精炼，淘汰落后和无商品流通的剂型，取消功能性和使用方式的剂型，对国际上已调整和修改的剂型做了修订。此标准为农药剂型的开发提出了更高要求和规范指导，使得农药制剂行业能够与发达国家接轨，促使制剂行业更加规范，进一步促进农药制剂产品走出去。

5.2.5.3 乳油生产批准

自 2009 年 8 月 1 日起，工信部不再颁发农药乳油产品批准证书，乳油产品的农药生产批准证书发证大门关闭长达 5 年之久。2015 年 4 月 17 日，工信部发布 2015 年颁发第四批农药制剂产品生产批准证书备案的函，河北三农农用化工有限公司的 75%噻唑磷乳油、东部福阿母韩农（黑龙江）化工有限公司的 5%嘧啶肟草醚乳油等 5 个乳油产品新获得生产批准证书，加上之前安徽美兰农业发展股份有限公司的 10%氰氟草酯乳油等 3 个乳油产品新获得农药生产批准证书，共有 8 个乳油产品新获得了生产批准证书。

至此，业界普遍关注的乳油新颁发农药生产批准证书问题尘埃落定，发证大闸重新开启。但一定要按照《农药乳油中有害溶剂限量》标准进行溶剂筛选和使用。

5.2.5.4 农药助剂禁限用

2015 年 7 月 13 日，农业部农药检定所为加强农药助剂管理，保证农产品质量安全，在广泛调研的基础上，起草了《农药助剂禁限用名单》（征求意见稿），公开征求修订意见。涉及农药助剂禁用名单 9 个，限用名单 75 个。

在《农药乳油中有害溶剂限量》标准的基础上，《农药助剂禁限用名单》征求意见，这将影响着传统剂型乳油等未来的发展，促使农药剂型向着水基化、环保化方向发展，这也是政策引导的重要影响。这份征求意见稿分量很重，建议关注限量的列表，这将会带来剂型改变。比如说，使用有机溶剂的制剂数量将会降低，转向开发水基化、颗粒化制剂，如 SC、WG。常规溶剂（甲苯、二甲苯、环己酮等）的禁限用，使得很多高含量的乳油、水乳剂、微乳剂、可溶液剂等都难以实现生产。

环保、安全等政策的落实，在 2015 年伴随着农药制剂行业的发展，如江苏省 2015 年开展了农药企业的环保核查专项检查。

2015 年出台的管理政策及征求意见稿，都在指引行业向着更加规范及健康、可持续发展的方向前进。同时对从事农药制剂行业的从业人员提出了更高的要求，也必将促使技术升级、产业升级。

5.2.6 新剂型现状及发展趋势

5.2.6.1 悬浮剂

（1）中低含量是主旋律，复配悬浮剂数量持续增加　农药制剂的品质不以含量高低比水平，而以施药的效果、性价比论成败。2000 年前后国内公司一度热衷于开发高含量制剂，然而近 10 多年来，国内企业先后转向中低含量的制剂产品的研发，以便留出更多空间协调产品性能及提高药效等，以使产品具有优秀的传送功能。这些尤其集中在 SC 等新剂型产品的开发上，成为农药制剂技术发展的新动向。

从图 5-5 所示的 1998 年以来我国悬浮剂的登记情况可以看出，悬浮剂在 2000 年以后才开始有零星登记，2008 年和 2009 年间登记数量猛增，随后 2010～1012 年间有所放缓，但 2013 年后，在我国注册的农药企业对悬浮剂的登记和关注度空前增加，2017 年达到登记的高峰。

从有效成分来看，2015 年之前登记的有效成分基本上以单制剂产品为主，而到了 2015 年，复配制剂产品的数量也大幅增长，2016 年和 2017 年的复配制剂产品占到 50% 以上（图 5-5）。

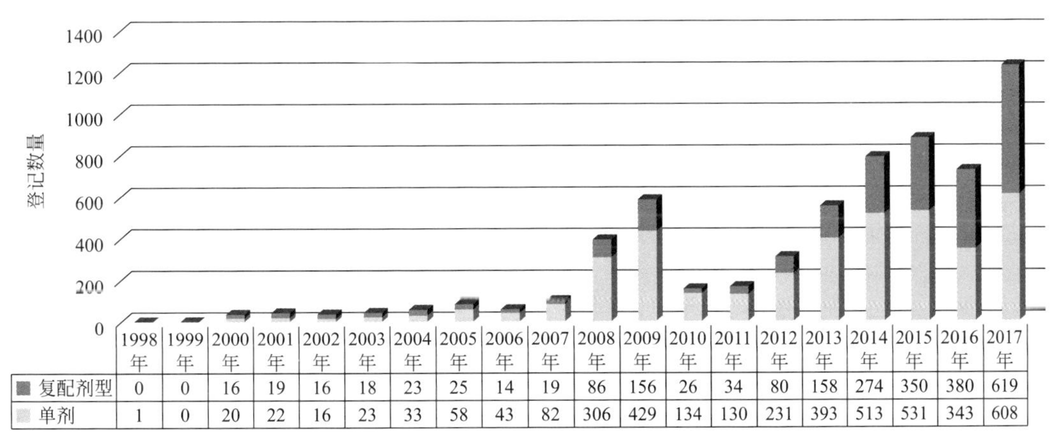

	1998年	1999年	2000年	2001年	2002年	2003年	2004年	2005年	2006年	2007年	2008年	2009年	2010年	2011年	2012年	2013年	2014年	2015年	2016年	2017年
复配剂型	0	0	16	19	16	18	23	25	14	19	86	156	26	34	80	158	274	350	380	619
单剂	1	0	20	22	16	23	33	58	43	82	306	429	134	130	231	393	513	531	343	608

图 5-5　1998 年以来我国悬浮剂的登记情况

（2）直接加工成悬浮剂的新农药品种增多　受政策等的影响，乳油受到各种限制，转向悬浮剂开发的数量在不断增加，农药品种选择和加工成悬浮剂的数量在增加，这在 2015 年也得到了充分体现，促使了悬浮剂成为农药制剂登记的首位。

（3）低熔点、高水溶性原药开发悬浮剂有突破　如 20% 呋虫胺、40% 腈菌唑、35% 二甲戊灵悬浮剂等，2015 年都有企业开展登记，其技术已经得到突破，也代表了制剂行业技术水平的不断提升。侧面反映农药表面活性剂的性能得到了提升，提供了保障，促进了产品的性能提高。

（4）工艺精细化　如同配方筛选需要精细化一样，悬浮剂生产工艺更加需要精细化，如投料工段、剪切砂磨工段、调制工段等都需要优化，国内企业已经认识到了工艺升级的必要性，在设备选型、工艺设计、性能控制等方面开展了许多工作，使得国内悬浮剂生产工艺得到了大幅度的改变和提高，整体上悬浮剂的工业化已经逐步趋于成熟。

5.2.6.2　水分散粒剂

（1）新农药品种选择水分散粒剂的数量在增加　同悬浮剂一样，受相关政策影响，限制乳油的同时水分散粒剂的数量也在增加，从 2015 年农药制剂登记情况看，水分散粒剂已经成为制剂登记的第三位，数量在不断增加，已经并将在较长时间内成为行业关注的主要剂型之一。

从图 5-6 可以看出，水分散粒剂在 2005 年只有零星生产，但生产企业均为国外大公司（如拜耳以及杜邦公司），而国内仅仅济南绿霸农药有限公司开始涉及该剂型的开发和生产。2008 年时，国内山东滨农科技有限公司、广东浩德作物科技有限公司、上海绿泽生物科技有限责任公司、北京市隆华新业卫生杀虫剂有限公司、江苏常隆化工有限公司、山东省青岛

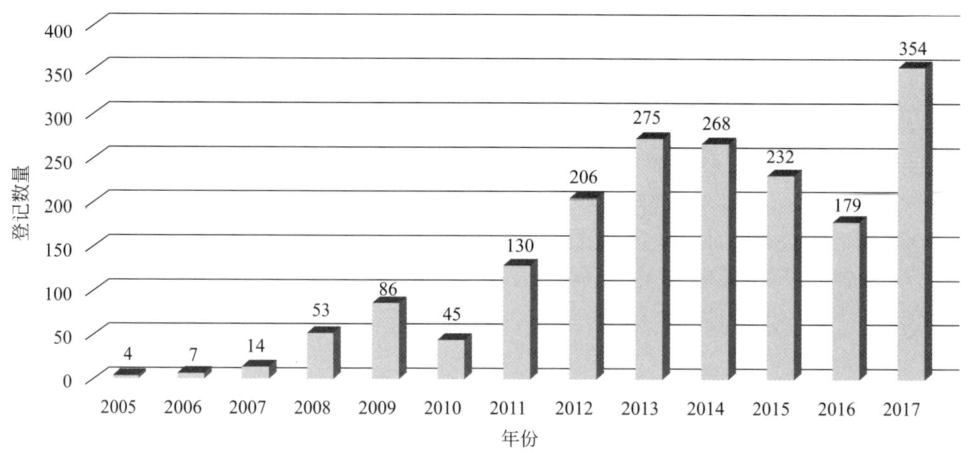

图 5-6　2005 年以来我国水分散粒剂的登记情况

瀚生生物科技股份有限公司、淄博新农基作物科学有限公司以及江苏耘农化工有限公司等纷纷有该制剂的登记和生产，以除草剂和杀菌剂为主。2011 年以后国内对该类剂型的关注度逐步提高，虽然在 2014 年后对该类剂型的关注有所下降，但 2017 年达到了空前的登记高度。仅 2018 年前 3 月（截止到 2018 年 3 月 23 日），已有 95 个相关的产品在我国登记，随着国家对水基化制剂的推崇与鼓励，相信该类制剂将得到我国更多企业的关注，后续也必将有更多产品登记和生产。

（2）工艺多样化，升级进行时　传统的挤压造粒（转盘造粒）工艺已经被众多企业掌握，在工业化中解决了造粒发热、加工连续化等诸多问题，能够加工的产品数量也在持续增加，产品性能得以提升。而流化床造粒、喷雾造粒等已经在行业得到了应用，使得产品有了差异化，其他水分散粒剂加工工艺还在不断升级中。

（3）干悬浮剂已经起步　江苏、山东、河北等已有数家企业装备喷雾造粒塔，以 20m 左右喷雾塔为主，产品也逐渐丰富，除草剂、杀虫剂、杀菌剂等都实现了工业化，产品性能得到大幅提升，尤其体现在崩解和悬浮性能上。相信现在已经上马的企业如果能够在短时间取得产品示范效益，喷雾造粒将会有更快的发展速度，但是其配套助剂、配方技术、实验室设备、工艺等需要尽快研究，并与之配套，这也是加快其发展的重要因素部分。

（4）“混合”工艺在行业开始尝试　传统的挤压造粒、流化床造粒、喷雾造粒是众所周知的，2015 年，离心喷雾与流化床造粒结合、离心喷雾与挤压造粒结合、湿法粉碎与挤压造粒结合、湿法粉碎与流化床造粒结合在行业中都有尝试。这必将促进水分散粒剂向着性能提升、工艺多样化等方向发展。未来或许还有更多“混合”工艺在农药制剂行业中得到尝试，这也是行业创新促使进步和提升的重要方面。

5.2.6.3　缓释及功能化制剂

（1）微囊悬浮剂依然是缓释剂型的代表　微囊悬浮剂代表着农药制剂的高难度技术，近些年在不断发展，2015 年以 30%噻唑磷 CS、10%噻虫嗪 CS 等为代表的微囊悬浮剂得到登记，从技术角度而言，是微囊悬浮剂的重要突破。同时各种功能性的微囊悬浮剂也在陆续开发中，将促进以 CS 为代表的缓释剂型进一步发展。

（2）微球、包结物等农药新缓释剂型不断涌现　微球是近年发展起来的一种具有缓释功能的新剂型，甲氨基阿维菌素苯甲酸盐聚乳酸微球、吡唑醚菌酯聚乳酸-羟基乙酸共聚物纳米微球等已经有报道。环糊精包结物缓释制剂，也有报道，并已有应用案例。控释包膜颗粒剂、吸附性缓释剂等也将会不断开发和逐渐应用。

（3）悬浮种衣剂等功能性农药制剂持续增长　悬浮种衣剂 2015 年登记数量 122 个，与 2014 年的 70 个相比，增加近一倍。悬浮种衣剂成为申请登记的热门，也成为行业新的增长点，未来几年包括悬浮种衣剂在内的种子处理剂还会呈现继续增加的趋势。

此外，随着零增长行动的实施，包括漂浮粒剂、撒滴剂、展膜油剂等省工省力化功能性制剂也将成为研究热点。

5.2.6.4　配方增效

配方增效已经成为开发重点，如悬浮剂（SC）转向悬乳剂（SE），除草剂开发重点转向可分散油悬浮剂（OD）。OD 发展迅速，更注重其药效，随着配套助剂日渐成熟，OD 在我国已经得到大力发展，成为登记和研发的主要剂型，尤其是除草剂。OD 还是今后农药研究工作中的重点研究对象，将会出现更多应用效果突出、性能优异的产品。

5.2.7　传统剂型现状与发展趋势

5.2.7.1　乳油

（1）乳油现状　将农药原药、有机溶剂和乳化剂混合，在反应釜中简单搅拌即可制成均相透明油状液体，加水之后将形成相对稳定的乳状液，即为乳油。该剂型一般有较宽的储存温度，−10～50℃下至少 2～3 年稳定。

乳油的优缺点都相当突出。乳油是最简单的农药剂型，所含的组分最少，也只有水剂、可溶液剂可与之媲美，有些仅含有 3 种组分（有效成分、乳化剂和有机溶剂）。乳油对原药的适应性最广，只要能在有机溶剂中溶解的有效成分均可加工成乳油，一般来说，农药原药只在水中不稳定，而很少在油中不稳定。乳油是真溶液，由于组分少，相互影响小，所以是最稳定的农药剂型之一。乳油也是生物活性最高的剂型，乳油喷施到靶标上，能够均匀分布在靶标的表面，润湿、展着性好；含有机溶剂的药液容易渗透到植物表皮内、昆虫或病菌体内，大大增强了药剂的防效，虽然有些剂型，如微乳剂在某些作物上的药效稍高于乳油，但在多数情况下，乳油的药效是最高的。乳油流动性非常好，使用最方便，易于计量，倒入水中，稍加搅拌，即可形成稳定的乳状液。乳油也是加工设备最简易、操作最简单的剂型，只有微乳剂和水剂可与之相提并论，在混合釜中慢速搅拌即可加工成产品。这些鲜明的特性可以说是乳油几十年来长盛不衰的根本原因。

乳油由于含有大量的有机溶剂，特别是挥发性较大、降解很慢的芳烃溶剂，深受环境保护人士的诟病。

图 5-7 显示了 2000 年以来我国乳油剂型登记变化情况，可以看出，我国农药乳油剂型的发展高峰在 2009 年，其登记数目高达 4043 个。而 2008 年的登记数目为 3302 个。进入 2010 年后，登记数目陡然下降至 949 个。随后随着国家政策的调控以及其他剂型的发展，乳油剂型的登记数量逐年降低，到 2016 年，仅仅 99 个产品获得登记。

虽然近几年来我国水基化制剂发展快速，但目前乳油制剂仍占很大比例，达到 32.7%，远高于国外；乳油、可湿性粉剂等传统剂型占 56%，远高于发达国家的 36%；而我国的环保剂型的占比远远低于发达国家的水平。截止到 2017 年 6 月 30 日，我国乳油登记的产品数为 9449 个，微乳剂 1026 个，水乳剂 1103 个，悬浮剂 4470 个，可湿性粉剂 6797 个。虽然目前我国原则上不允许新的乳油品种登记，但已有的乳油品种仅次于悬浮剂。各种剂型的占比情况如图 5-8 所示。

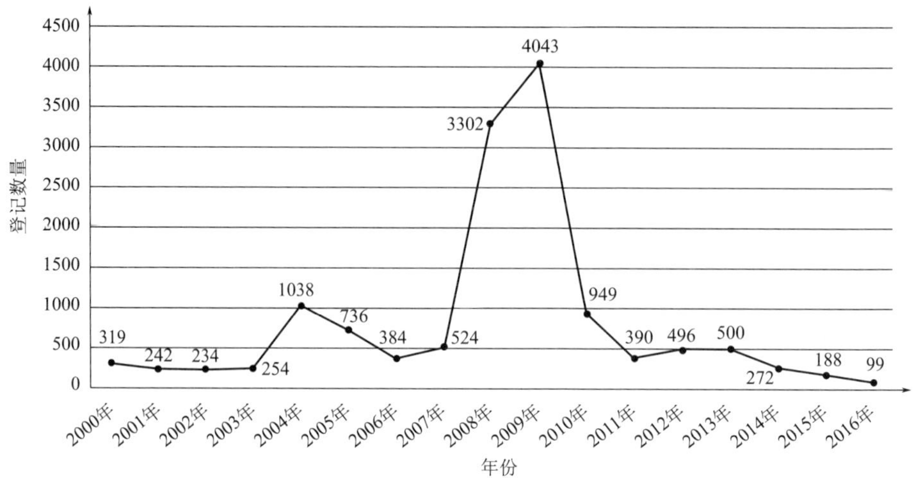

图 5-7　2000 年以来我国乳油剂型的登记情况

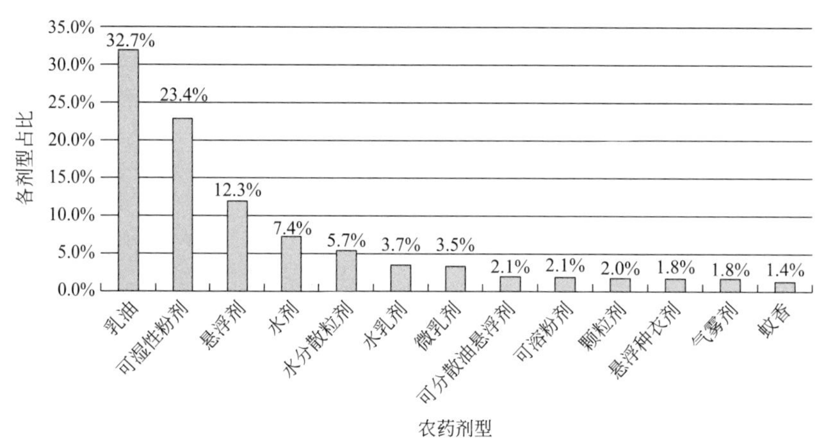

图 5-8　我国各种剂型的占比情况（2017 年 6 月 30 日数据）

我国是植物源农药应用水平较高的国家，但主要产品还是乳油剂型。许多制剂中有机溶剂的含量高达 80%，甚至 90%。由于发达国家限制进口植物源乳油农药，传统乳油剂型只能销售到不发达国家。从一定程度上讲，环境不友好溶剂的使用降低了植物源农药的安全性，这已成为限制植物源农药发展的因素之一。从表 5-3 的结果看出，乳油剂型在植物源农药（如鱼藤酮、印楝素、烟碱等）中还占有相当的比例。

表 5-3　我国主要的植物源农药乳油品种（2018 年 7 月数据）

植物源农药乳油品种	登记品种数	乳油剂型占比/%
鱼藤酮	15	75
苦参碱	4	4
印楝素	14	44
苦皮藤素	1	20
烟碱	3	43
蛇床子素	2	13

（2）乳油的发展趋势　与其他农药剂型相比，乳油具有有效成分含量高、稳定性好、使用方便、防治效果好、加工工艺简单、设备要求不高等特点，这也许就是乳油在发达国家都难以禁止的主要原因。但由于与环境相容性差，所以对乳油进行限制使用和改造也是必然的。

① 发展环境友好型乳油　利用绿色溶剂替代危害性较大的芳烃类溶剂和极性溶剂，配合使用易降解的表面活性剂，研制生产和推广使用环境友好型乳油是乳油生存和进一步发展的方向，是社会可持续发展的需要。开拓安全性高的环保溶剂取代芳烃类溶剂，例如多元醇类酯、醚类、酮类、油溶性的醇类、聚乙二醇类和植物油类代替石油基溶剂，从而制备更安全、环保的新乳油产品。

a. 由挥发性低的溶剂取代芳烃溶剂。在芳烃类溶剂替代方面，美国使用沸点较高的 Solvesso 100、150、200 代替二甲苯等芳烃类挥发性溶剂。国内目前主要是应用闪点较高的高沸点重芳烃溶剂油（C_{10}～C_{14}），虽然安全性有了提高，对人的毒性有所降低，但因芳烃较难降解，其环保性能还是不高。关键的原因是对大多数的原药溶解性较差，达不到通用溶剂的要求。

b. 二价酸酯（DBE）取代芳烃溶剂。二价酸酯是二元酸酯混合物，是一种无色透明、高闪点（约 100℃）、气味很弱、低毒、可完全生物降解的环境友好型高沸点溶剂。目前已被广泛用于涂料（汽车、漆包线、容器、木器、印铁、卷钢等涂料）、烤漆、树脂、油墨、清洗剂、脱漆剂、电子工业助焊剂等；国外大公司在乳油、微胶囊等农药剂型中已经使用二价酸酯为溶剂或抗冻剂，美国环保局也已批准 DBE 为一种安全溶剂。美国商品化的允许用于乳油的溶剂系列其成分为吡咯烷酮和丁内酯，其中丁内酯即为二价酸酯的一种，在安全、降解和理化性能方面都非常优越，且可以提高农药的生物活性，但价格较贵。但随着经济的发展、环境意识的增强，DBE 会被越来越多企业所接受。

c. 以植物油溶剂取代芳烃溶剂。环氧酯化植物油是一类含有三元环氧基结构的化合物，可以用植物油提炼精制的副产物经环氧化制备。植物油品种有大豆油、菜籽油、棉籽油、米糠油、葵花籽油、玉米油、亚麻油、橡胶籽油、黄连木油和松脂油等。植物油作为一种无毒、环保型增塑剂，已经在塑料加工行业受到关注和重视；目前国外已开始大量使用可再生的植物油作为乳油等农药制剂的溶剂或助剂。

诺普信公司提出的松脂基溶剂，以松脂为原料，经过酯化制备。认为对大多数原药溶解性能与二甲苯相当，可以作为一种性能优良溶剂取代传统的芳烃类溶剂应用于农药乳油制剂产品中。目前已试用于除草剂、杀螨剂、杀虫剂等乳油产品中，取得了突破性进展，但有待于进一步的推广、应用及验证。

华南农业大学提出的植物精油，具有下列共性：(a) 在常温下易挥发，涂在纸片上短时间挥发，且不留油迹；(b) 有强烈的特殊香味；(c) 在常温下为油状液体；(d) 具有较高的折射率，大多数具有光学活性；(e) 可溶于乙醇等多种有机溶剂，但几乎不溶于水；(f) 化学成分复杂多样，如含有醛、醇、酮、酚、烯、单萜、双萜及倍半萜等。但由于挥发性偏高，与芳烃类物质具有同样的缺点，也不是太理想。

② 发展高浓度乳油　高浓度乳油一般指农药原药含量在 70%以上的制剂，而有些乳油中的原药含量虽然达不到 70%，但因其比常规及通用的农药乳油含量高得多，因此也可称之为高浓度乳油。高浓度乳油减少了有机溶剂的用量，直接缓解了乳油中有机溶剂用量偏高和对环境不友好的压力。

许多低浓度的乳油，一般均可配制成相对较高浓度的乳油，但浓度不可无限提高，要与溶剂及乳化剂用量相对应，以不影响药效为目的。如精喹禾灵乳油，常规含量是5%，现把含量提高到10.8%，可称为高浓度乳油。如果进一步提高含量，在实验室配制是完全可行的，但在实际应用上不可行。因为精喹禾灵的药效要靠其专用乳化剂达到一定的用量，在配制5%乳油时乳化剂的用量为30%，而10.8%乳油的乳化剂用量仍为30%，其稀释后同样有效成分含量的乳状液，其乳化剂浓度降低了一半，在润湿、渗透及乳化性能等各方面，10.8%的乳油不及5%的乳油，从而导致药效的下降。精喹禾灵乳油若进一步提高含量到15%，由于所剩溶剂的加入量已无法溶解15%的精喹禾灵原药，则乳化剂的用量肯定低于30%，因而配制15%的乳油，乳化剂的用量只能控制在10%左右，这样将导致药效不能正常发挥。除非研发高效能的乳化剂，才有可能实现配制15%精喹禾灵乳油。

5.2.7.2 颗粒剂

颗粒剂是指具有一定粒径范围可自由流动的粒状制剂，其有多种存在形式，大粒剂，包括漂浮粒剂，成了代表省力化剂型开发的新热点。传统的颗粒剂已经转换为缓释的、功能的、省力的颗粒剂，随着使用者习惯、施药设备的提升，颗粒剂将会在省力化方面有重要的作用。具有内吸性的新型杀虫、杀菌、除草活性成分将是未来研究的主要成分。减工省力化是一个新的需求方向，农村劳动力年龄结构的调整，需要更为省工的剂型。一些老的剂型又有了新的生机，比如颗粒剂（GR），在地下害虫防治方面可以实现长效化，这样在防治地下害虫方面可以实现减工省工。

图5-9显示了2000年以来我国颗粒剂的登记情况，可见，2008年和2009年是我国颗粒剂的登记高峰期，随后2010年登记的数目迅速降低，此后其登记数量有所增长，近年来出现登记数量上扬趋势，2015年出现一个小高峰，2017年，已有129个相关产品获得登记，增长幅度较高。

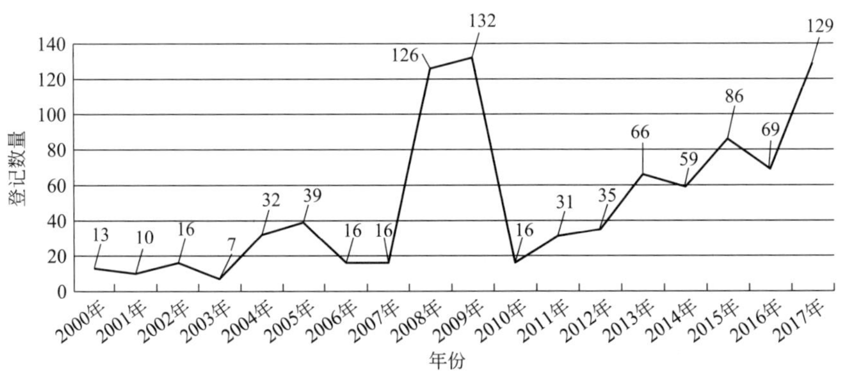

图5-9 2000年以来我国颗粒剂登记变化趋势

5.2.7.3 可湿性粉剂、可溶粉剂

可湿性粉剂一直是我国农药登记的传统剂型之一，截止到2018年3月20日，我国登记的共有6893个相关产品。2000年以后，每年均有数百个产品登记。而2008年登记数量就达到2063个，2009年的登记数量达到了2413个。其他年份等登记数量相对较为平稳。详细情况如图5-10所示。

图5-11显示了可溶粉剂登记变化趋势，可以看出我国企业对可溶粉剂的关注度不如可湿性粉剂。但总体看来，登记变化趋势与可湿性粉剂相似。

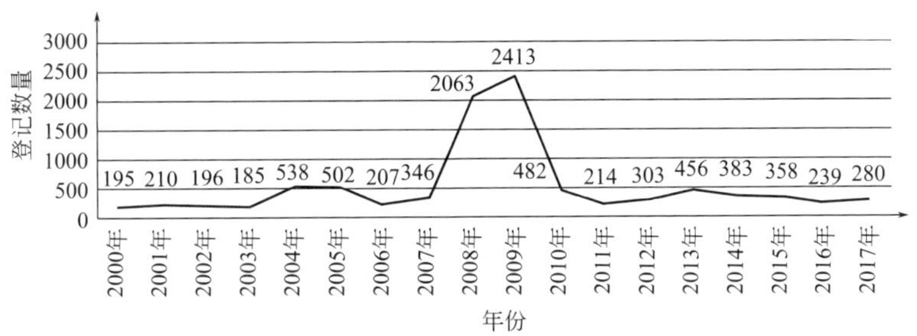

图 5-10　2000 年以来我国可湿性粉剂登记变化趋势

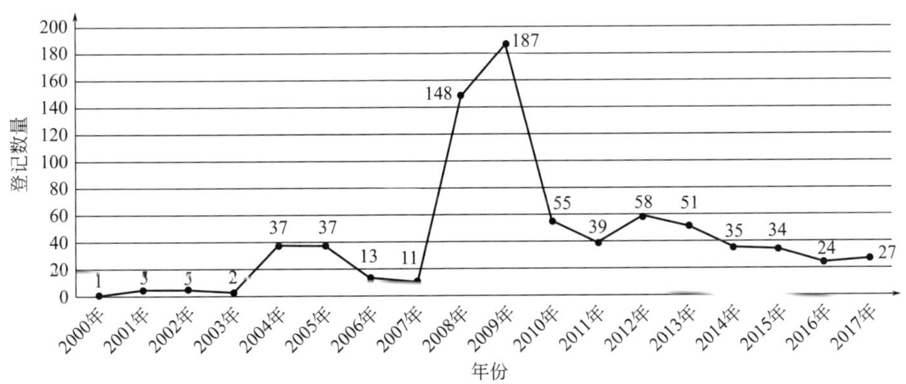

图 5-11　2000 年以来我国可溶粉剂登记变化趋势

总之，近年来，从其登记的变化趋势以及近年来的登记情况变化来看，以可湿性粉剂为代表的粉状制剂，在向固体颗粒化制剂逐渐转变，如向水分散粒剂、水溶粒剂等转变，部分向水基化制剂，如悬浮剂转变。水溶性袋也在制剂行业逐渐应用，对于粉状制剂的进一步发展也是一个方向。

5.3　农药乳化剂的发展[2]

5.3.1　农药乳化剂发展概述

农药乳化剂是加工农药制剂的重要助剂，也是农药助剂中表面活性剂的主要类型。我国农药加工制剂中，农药乳化剂不仅用于加工乳油，而且也用于加工环保型水乳剂、微乳剂等水基型制剂，由于许多乳化剂品种同时具有乳化作用、润湿渗透作用及增溶作用，因而又能用作农药悬浮剂、可湿性粉剂、可溶液剂的助剂。70%以上的农药制剂使用乳化剂。我国各类农药制剂年产上百万吨，需用农药乳化剂 6 万吨左右。由此可见，我国的农药乳化剂工业是与农药工业的发展紧密相联的，农药乳化剂的技术水平对提高农药制剂质量、降低成本、充分发挥药效起到重要作用。我国农药乳化剂工业经过国内许多科研院所与表面活性剂生产企业五十余年的努力，产品已从依赖进口到基本上立足国内，并且有一定量的出口。随着我国石油化工的飞速发展及引进国外先进技术，农药乳化剂产品的质量不断提高，品种显著增加，工艺技术和配方应用达到了新的水平。

20 世纪 50 年代我国的农药乳化剂工业相当落后，当时的代表性品种是硫酸化蓖麻油（土耳其红油、莫诺皂），用于配制 25%DDT 乳油，乳化剂用量高达 20%。20 世纪 50 年代后期，中国农科院植保所研制成非离子型乳化剂蓖麻油聚氧乙基醚（BY、EL）等，江苏农药研究所王笃祜等研制成联苯酚聚氧乙基醚（磷联九号）。这些品种在性能上已有明显提高。

20世纪60年代沈阳化工研究院、上海农药研究所、江苏省农药研究所、安徽省化工研究院、南京钟山化工厂等分别开展了农药乳化剂的科研工作。1961年，南京钟山化工厂投入BY乳化剂生产。1963年，沈阳化工研究院黄癸初、高伟华等研制成的非离子型乳化剂烷基酚聚氧乙基醚（农乳100号）、二苄基联苯酚聚氧乙基醚（农乳300号）、阴离子乳化剂烷基苯磺酸钙（农乳500号）在南京钟山化工厂投入模型试验，并在化工部的投资下，1965年建成700t/年的车间。在此期间，江苏省农药研究所又研制成仲辛基酚聚氧乙基醚（磷辛十号），安徽省化工研究院研制成米糠油聚氧乙基醚（糠乳3号、丰乳3号）等。上海农药研究所阮松柏、华世豪、胡逸君等研制成二苄基苯酚聚氧乙基醚（BP）、二苄基枯基酚聚氧乙基醚（BC）等，并研制了不同HLB值（亲水亲油平衡值）的混合型乳化剂，在农药乳油配方技术方面有了一定的突破。南京钟山化工厂年产700t的乳化剂投产后，并未能满足我国农药加工的需要，化工部又决定在南京、长沙与北京分别建成1500t/年的农药乳化剂车间。但由于文革的影响和其他原因，后两个车间下马了，而南京钟山化工厂在原有700t/年的基础上扩建形成了3000t/年的生产能力。

20世纪60年代，我国的农药乳化剂应用技术尽管刚起步，但取得了可喜的进展。乳油加工用乳化剂从单一的非离子型用量18%～30%到在乳油中乳化剂用量减至10%以下。例如，20%乐果乳油原单用非离子BY用量达18%，在1966年国内九家科研单位、农药厂与乳化剂厂三结合攻关下，配制40%的乐果乳油，采用混合型乳化剂（钟山化工厂提供的农乳0204）用量仅为6%。而配制25%DDT乳油，混合型乳化剂只用5%。

20世纪70年代，农药乳化剂企业除了南京钟山化工厂生产能力保持领先外，沙市石油化工厂、旅顺化工厂、青岛石油化工厂、杭州万里化工厂等近十家企业也分别建成农药乳化剂生产装置，形成一定的生产能力。但由于我国当时石油化工技术的局限性，生产非离子型乳化剂的主要原料环氧乙烷产量与质量都存在不足，国产农药乳化剂还不能满足需要，每年都要从国外进口。在此期间，有关科研院所及工厂又研制与投产了苯乙基苯酚聚氧乙基醚（农乳600#）、异丙苯基苯乙基苯酚聚氧乙基醚（农乳600-Ⅱ#）、苯乙基苯酚聚氧乙基聚氧丙基醚系列（宁乳32#、33#、34#；1601#、1602#）、烷基酚甲醛树脂聚氧乙基醚（农乳700#）等非离子型乳化剂，这些品种至今仍然是农药乳化剂的主要单体。而农乳的复配技术也得到广泛的应用，混合型乳化剂成为配制乳油的主要助剂。

20世纪80年代，石油化工发展迅速，改革开放带来机遇，有力推动了农药乳化剂工业的发展。金陵石化化工二厂（原南京钟山化工厂）已达到6000t/年的生产能力，加上其他厂的生产量，国内已有上万吨，仍不能满足农药加工需要，每年从日本进口5000～9000t。主要进口的品种有：日本东邦化学工业株式会社的SORPOL LT-560、LT-1、LT-1200；日本松本油脂制药株式会社的HYMAL PP2、PP3；日本乳化剂株式会社的SANIMAL AC2等。这些品种都是由多种非离子型乳化剂与阴离子型乳化剂组成的性能优良的复配型乳化剂。

1984年，国家计委批准金陵石化化工二厂建设年产12000t的农药乳化剂装置，并引进日本东邦化学工业株式会社的装置和技术。装置于1988年建成，1989年投产成功，从而改变了农药乳化剂依赖进口的局面。在此期间，我国的农乳复配技术又取得新的进展，针对国内生产的一百多种农药原药，选择性加工成为乳油的混合型乳化剂，部分品种已能达到世界粮农组织（FAO）的标准，有一定量出口东南亚国家。金陵石化化工二厂的农乳2201用于配制敌杀死乳油得到法国罗素·优克福公司的认可；农乳8203适用于从意大利Ipici公司及英国 ICI 公司进口的除草剂氟乐灵。

20 世纪 90 年代，农药加工工业的发展与大量引进环氧乙烷和环氧丙烷装置的投产带动了农药乳化剂工业的发展有关。国内引进了九套以意大利 Press 公司为主的乙氧基化反应器，采用循环喷雾工艺代替间歇搅拌器生产非离子型表面活性剂。在此期间，由上海恺诺通科技有限公司设计制造的中小型外循环喷雾乙氧基化反应器在国内广泛应用，其中有些装置用于生产农药乳化剂。阴离子型乳化剂烷基苯磺酸钙的生产工艺技术也有重大进展，金陵石化建成的年产 1 万吨三氧化硫黄化制磺酸装置，其中部分供化工二厂用于生产 3500t/年的农乳 500#。在此期间，深入研究了各类乳化剂单体结构及质量对农药加工的影响，如支链烷基苯与直链烷基苯制得的烷基苯磺酸钙质量的区别；苯乙基苯酚各异构体的组成分析及质量比较等。

进入 21 世纪，我国的农药工业发展迅速，环境友好型绿色农药的提出，农药制剂加工发生重大的变化，虽然大量使用乳化剂的乳油逐步减少，水基型制剂水乳剂、微乳剂、悬浮剂等制剂同样需要乳化剂，但其配方技术更复杂，适应环保型农药制剂发展成为农药乳化剂科研工作的主流。尽管苯乙基苯酚聚氧乙基醚、烷基酚聚氧乙基醚等酚醚仍然是农药表面活性剂中主要的非离子型品种，烷基苯磺酸钙仍是主要的阴离子型品种，而非离子型改性制得的阴离子型品种已有多个产品研制开发出来，如磷酸酯盐、硫酸盐等，这类品种已经作为许多水基型农药制剂专用助剂配方中的主要组分，产量也在增加。

近十年来，我国经济体制改革加速，农药乳化剂生产企业也有较大调整，原产量最大的金陵石化二厂也改制，以一批农药乳化剂科研、生产和销售人员为主，组建了南京太化化工有限公司。南京太化新建的农药乳化剂装置生产能力为 4 万吨/年，目前年销量已达到 2 万多吨，市场占有率超过 35%，被全国工业表面活性剂行业委员会誉为中国农药乳化剂的龙头企业。在国内，年销量上千吨至数千吨的农药乳化剂生产企业还有江苏钟山、辽阳奥克、杭州兰良、靖江开元、青岛石喜等十多家。

5.3.2　农药乳化剂发展现状

到 2018 年 5 月为止，世界主要农药助剂生产企业已超过 200 家。美国、德国、日本、英国、法国、瑞士等国家约有 20 多个大专业公司在农药表面活性剂及助剂的生产、应用和开发研究上处于领先地位。2009 年全球用于农药表面活性剂及助剂的市场消费量约为 40 万吨（其中乳化剂、分散剂、润湿剂和渗透剂的用量占 50%以上，约占总表面活性剂用量的 3.8%。美国用于农业化学品中表面活性剂的销售额占其农药市场的 6%左右）。

目前我国乳化剂的生产企业有 100 多家企业。这些企业生产各类乳化剂单体与复配型乳化剂 100 多种，年产各类乳化剂单体及混合型乳化剂 5 万吨以上，满足了我国将近 50 万吨农药乳油加工的需要，并有一定数量出口到国外。

农药乳化剂的发展已为我国农药工业的发展作出了很大的贡献。但目前我国农药乳化剂生产行业也存在一定的问题：

（1）研发力量薄弱，配方设计落后，技术储量较低，质量参差不齐　农药乳化剂是配方产品，数千种不同的制剂须有不同的乳化剂与之配套。即使同一种制剂，不同的农药生产厂家质量要求也各不相同，同一厂家在不同时期的质量也有波动，这样也要求乳化剂配方相应地作出调整，这决定了农药乳化剂必须是多系列、多品种的精细化工产品。目前，我国乳化剂主要是依靠经验进行复配，带有一定的盲目性，缺乏必要的理论指导和先进测试仪器的帮助，不利于推广和应用。现在国内市场上农药乳化剂所用的非离子技术，绝大多数为南京金陵石化公司化工二厂在 20 世纪 80 年代甚至是 70 年代的技术，分子量分布范围宽，极性杂质含量高。由于很多农药生产企业对高质量乳化剂追求的动力不足，造成低质量的乳化剂大行其道，有的助剂活性含量不足50%，加入大量的芳烃类产品作为溶剂，连最低限度的乳液稳定性都难以达到，更谈不上充分发挥药效了。

（2）生产厂家过多过滥，总体水平不高　由于我国农药生产企业重复建设较为严重，一种产品有很多厂家生产，而每个厂家的单品种生产规模吨位都不大，造成企业之间的恶性竞争，为追求乳化剂的廉价而难以顾及质量。这就给无技术优势的小型乳化剂厂的大量繁衍培育了土壤，在众多的农药乳化剂生产企业中，从源头抓起，系列齐全的只有个别厂家，对大多数企业而言原料不配套，一旦乳油出现质量问题，应变处理能力较差，没有可持续发展的能力。目前，我国农药乳化剂行业市场竞争异常激烈，产能过剩，导致一些生产企业只好降低价格，以求占据一些市场份额，赖以生存。

5.3.3　我国农药乳化剂的发展趋势

20世纪80年代以来，随着传统的高毒化学农药使用限制越来越多，高选择性、高安全性的新型农药已成为农药发展的主流，绿色农药蕴藏更多的机会，高效农药使用常规的乳化剂显然不能满足需求，它需要绿色乳化剂来配套，人们对乳化剂提出了更高的要求：多功能、高纯度、低刺激、高效率。绿色环保乳化剂显示出广阔的市场前景。

随着对高质量农药的需求越来越强劲，那些能帮助活性物充分发挥药效的专用型乳化剂越来越受到重视。好的专用型乳化剂能比常规助剂提高药效30%以上，是乳化剂的发展方向。一些高效新农药都含有杂环或稠杂环，其基本结构的水性化改造产品往往就是高效的配套助剂。而有些中间体或副产物可能就包含了“油头”母体，它们廉价易得，可发展为高效配套助剂。

5.4　农药助剂的发展

我国农药助剂的发展是从20世纪50年代研究乳化剂开始的，经过50多年的发展，生产乳化剂的企业近200家。生产以烷基苯磺酸钙为主的10多种型号的阴离子型乳化剂和以600# 系列、BY系列、NP系列为主的非离子乳化剂单体上百个品种，由它们复配的乳化剂品种千种以上。2005年生产乳化剂总量大约30000t，基本上满足了国内的需要，并有一定数量的出口。我国可湿性粉剂中使用的分散剂、润湿剂已由20世纪60～70年代普遍使用的茶枯粉、皂角粉、无患子粉、蚕沙和洗衣粉，发展到20世纪80年代使用的木质素磺酸盐（M9）、萘磺酸盐（如NO）、烷基萘磺酸盐甲醛缩合物（如NNO）、SOAP、烷基硫酸盐（如月桂醇硫酸盐），以及润湿剂BX、JFC、JFCS等。近10多年来，我国市场上出现了氮酮、CT-901、ST-910、高渗京乳、HP-1、N-2、增效磷、八氯二丙醚、885等渗透剂和增效剂。它们作为制剂的组成或与制剂桶混使用，已展现出良好的应用前景。除乳化剂外，其他各类助剂总量约15000t。

经过半个多世纪的努力，我国农药助剂工业取得了长足的进展。但就总体而言，除乳化剂、分散剂、润湿剂、渗透剂和增效剂外，其他助剂品种少，有些助剂还是空白。就所应用的助剂而言，大多是老品种，缺乏高效的、自主创新的品种。我国农药助剂在品种数量上和质量上与发达国家相比差距大，制约了我国农药制剂的质量提高和新剂型的发展。为满足水基型、功能型新制剂的发展和提高我国制剂质量，国家科技部将“农药专用助剂的开发及应用”列为“十一五”攻关项目，北京广源益农化学有限责任公司承担开发的GY系列羧酸酯助剂在一些水分散粒剂、悬浮剂中应用，效果良好，和国外同类产品性能相当，填补了国内空白，目前已批量生产。这一项目的实施和产业化，将促进我国农药助剂的发展和水平的提高。

农药助剂品种繁多，约有 4000 多种，而农药原药还不到 1000 种。我国农药助剂年需要量 40 万～50 万吨，其中农药表面活性剂为 6 万吨以上。在我国农药原药仅 200 种左右，用于加工乳油、悬浮剂、水乳剂、微乳剂、可湿性粉剂、水剂等剂型的农药表面活性剂型号超过 1000 种。我国是位居世界第二的表面活性剂生产大国。农药表面活性剂作为表面活性剂行业中的十大领域之一，与表面活性剂同步发展[3,4]。

5.4.1　表面活性剂

5.4.1.1　生产能力与产量

我国年销售量超过千吨的有十多家企业，如：南京太化化工有限公司、江苏钟山化工有限公司、南京扬子鸿利源化工有限公司、靖江开元化学材料有限公司、辽宁奥克化学集团、辽阳科隆化学品有限公司、荆州隆华石油化工有限公司、北京广源益农化学有限责任公司、青岛石喜精细化工有限公司、邢台蓝星助剂厂等。

我国农药表面活性剂类型主要涉及阴离子型、非离子型、其他类型以及混合型，生产能力如表 5-4 所示。

表 5-4　我国农药表面活性剂的生产能力

农药表面活性剂类型	年生产能力/t	年实际用量预计/t	使用说明
阴离子型	＞25000	15000～20000	90％配混合型
非离子型	＞50000	30000～35000	80％配混合型
其他类型	＜10000	＜5000	
混合型	＞100000	60000～65000	内含溶剂

5.4.1.2　品种

已经形成生产能力的和应用的非离子型表面活性剂有苯乙基苯酚聚氧乙基醚（600# 系列）、蓖麻油聚氧乙基醚（BY 系列）、壬基酚聚氧乙基醚（NP 系列）、脂肪醇聚氧乙基醚（AEO 系列）、PO/EO 嵌段酚醚 33#（1601）与 34#（1602）、酚醛树脂聚氧乙基醚 400#（404#）与 700#、油酸聚氧乙基酯（AO 系列）、烷基酚多元醇 PO/EO 嵌段酚醚醇醚（900# 系列）、烷基多糖苷、脂肪胺聚氧乙烯醚等上百种。

阴离子型有烷基苯磺酸钙（500#）系列、聚氧乙烯醚甲醛缩合物硫酸盐 SOPA（速泊）、磷酸酯系列。

磺酸盐系列混合型农药表面活性剂有上千种型号。一是按农药分类（如杀虫剂、杀菌剂、除草剂）；二是按剂型分类（如乳油、水乳剂、悬浮剂、微乳剂、可湿性粉剂、水剂等及复配农药制剂）；三是按助剂使用方法分类（专用型、成对型、泛用型）。

5.4.1.3　质量

我国农药表面活性剂的质量改进和提高体现在：

(1) 重视内在质量　对主要品种结构与质量的关系基本掌握，如支链与直链结构的质量区别等。

(2) 技术标准　逐步与国际标准靠近，并对出口的农药制剂或助剂按 FAO 的标准和技术要求，用 CIPAC（国际农药分析协作委员会）方法检验。

新开发的非离子型改性表面活性剂及特殊表面活性剂的应用，其用量少，性能更优异。

在配方应用研究中更关注产品的关键指标，如物理稳定性、乳化稳定性等。

5.4.1.4 新品开发及配方研究

近年来开发的有以下类型：①磷酸酯型表面活性剂；②EO 和 PO 嵌段非离子型乳化剂新单体；③改性的阴离子型乳化剂单体；④有机硅表面活性剂；⑤聚羧酸盐类表面活性剂；⑥双子类表面活性剂；⑦高分子表面活性剂；⑧含氟表面活性剂等。

对农药制剂配方和农药助剂配方研究的关注体现在以下两方面：

① 受到普遍重视。助剂生产企业、农药企业、科研院所、大专院校等都在研究配方。

② 制剂和助剂的环保性和安全性。用于配制水乳剂、微乳剂、悬浮剂、悬乳剂、水分散粒剂、可溶液剂、水剂等水基型制剂的专用助剂新型号不断涌现，取代了相当一部分农药乳油用乳化剂。

5.4.1.5 非表面活性剂品种现状

非表面活性剂类农药助剂以溶剂、填料的量最大，特别是溶剂，在当前乳油仍占剂型总量 46%左右的情况下，溶剂每年需要数十万吨。2006 年农药用溶剂 36 万吨，其中极性溶剂 5 万吨。近年来，溶剂的使用已逐步发生变化，乳油中用量最大的二甲苯、甲苯等大都以溶剂油代替，DMF、二甲基亚砜、甲醇和环己酮等极性溶剂因应用带来的环境问题，已受到限制。

5.4.2 农药剂型中助剂的应用状况和存在问题

我国农药助剂在加工农药乳油、水乳剂、可湿性粉剂、悬浮剂、悬乳剂、微乳剂、水分散粒剂、可溶液剂和水剂等制剂中的应用状况简述如下：

5.4.2.1 农药助剂适应剂型的发展和变化

乳油用助剂减少，水基型制剂助剂显著增加。从表 5-5 中可以看出，因乳油剂型的生产登记量大，很大程度上带动了乳油助剂的销量。2008 年以后，由于其他剂型的快速发展（如水基化制剂），乳油助剂的销售量逐步降低。如 2006 年，乳油助剂占 65.02%，2007 年占 62.80%，2008 年占 61.30%，而 2009 年的销量为 41.04%。与此同时，水基型农药助剂呈现大幅度的增加趋势。2009 年以后其销售比例已经超过乳油助剂的销量。

5.4.2.2 除草剂专用助剂量超过杀虫剂专用助剂量

我国杀虫剂产量从 2000 年占总量的 61.3%降低到 2010 年的 31.4%，而除草剂的同期比例从 17.9%上升到 40.5%，由此影响到助剂应用对象的变化。

5.4.2.3 复配型农药制剂专用助剂明显增多

用于复配农药制剂的专用助剂已有数百个型号，南京太化就有 200 多个，部分如表 5-5 所示。

表 5-5 我国复配农药制剂的专用助剂情况

复配制剂助剂类别	典型应用对象举例
乳油助剂	阿维菌素或甲维盐与菊酯类等复配 50 多种
水乳剂助剂	精噁唑禾草灵与三氟氯氰菊酯、阿维菌素与高效氯氰菊酯等复配 20 多种
微乳剂助剂	甲维盐与高效氯氰菊酯、阿维与三氟氯氰菊酯等复配 60 多种
悬浮剂助剂	三氮苯类与多种农药复配有 20 多种
悬乳剂助剂	三氮苯类与酰胺类复配有 40 多种
油悬剂助剂	烟嘧磺隆与莠去津等复配
水剂助剂	草甘膦与百草枯、麦草畏、2 甲 4 氯等复配

5.4.2.4　草甘膦制剂专用助剂发展势头看好

草甘膦是全世界使用量最大的一种农药，我国的生产能力目前在 90 万吨；我国禁止生产不用助剂的 10%草甘膦水剂，制剂有效含量必须在 30%以上；草甘膦助剂销量增加，南京地区草甘膦助剂 2009 年销量比上年增加 50%以上；草甘膦制剂和助剂的出口量都有增加，南京太化化工有限公司 2009 年出口 1700t 草甘膦助剂，配制出口草甘膦制剂的量超过助剂的两倍。

5.4.2.5　我国农药助剂存在的问题

（1）助剂的科研水平低　我国的农药助剂科研水平与发达国家相比有一定的差距，其原因是：①从事农药表面活性剂合成研究的科研机构很少；②科研投入少；③新品开发速度慢；④新品应用技术跟不上；⑤执行技术标准不一致等。

（2）农药助剂管理不到位　表现在：①无部门管理和无行业组织；②无管理条例，我国目前尚无农药助剂管理的专项法规和条例；③无分类区别，我国现有 1000 多种助剂产品及型号，没有对其安全性或环保性进行分类，也没有相关的限量管理；④无准确的统计数据，由于没有政府部门和行业组织的具体管理，对农药助剂的生产企业情况、产量、品种、型号、质量等均无比较准确的统计数据。

（3）农药助剂的应用认识上有误区　农药助剂应用中存在着用量误区、适配性误区、作用误区和药效误区。

（4）农药助剂的使用不规范　部分农药制剂企业使用农药助剂加工时不规范，表现在：①农药助剂型号选择的随意性；②农药表面活性剂用量使用不当；③检验制剂和助剂的质量不按标准进行或方法不当；④溶剂使用不当，对其安全性与环保性关注不够。

5.4.3　世界各国农药助剂管理概况

根据 2004 年 11 月在南非召开的第七届国际农药助剂专题研讨会相关报道，全球助剂市场最终用户水平统计已超过 10 亿美元，并以每年 3%的速度增长。对于农药助剂的管理，许多国家与地区有相关的机构与法规，进行分类管理及限量管理。

5.4.3.1　外国农药助剂管理的部门或机构

美国：国家环保局（US EPA）、农药项目办公室登记处惰性成分评估科。

加拿大：卫生部有害生物管理局（PMRA）。

澳大利亚：农药和兽药管理局。

5.4.3.2　农药助剂管理的相关法规或评审程序

美国对惰性物质的管理法规是食物质量保护法（FQPA），并建立了对惰性物质进行评价的规范的 FQPA 程序。

加拿大卫生部有害生物管理局（PMRA）于 2004 年制定了农药助剂的管理法规，并于 2005 年 1 月开始实施。

澳大利亚农药和兽药管理局于 2006 年制定和发布了农药助剂指导或登记资料要求。

德国及其他国家也已经出台相关措施，对农药助剂实行登记制度，并依据农药助剂的安全性进行分类管理。

5.4.3.3　分类管理

（1）美国对农药助剂的分类管理　将所有惰性成分划分为四大类。1 类，属有毒物质。包括 57 种化学物质，已经证实它们具有潜在的致癌、损害神经、对生殖和生态有负面影响的作用。1 类中的所有惰性成分都要求在产品标签上注明。目前 1 类中仅有 8 种化合物在使用。2 类，属具有潜在毒性的物质。目前 2 类中有 52 种化学品。2 类中的成分为最有可能检测到具有潜在毒性的物质。2类中的化合物与1类惰性成分结构相似，或有数据表明它们有一定程度的毒性或危险性。环保署仍在继续评估，是否有足够的根据将它们重新归类到1类或4类。目前有些剂型中使用的甲苯、二甲苯、正己烷、环己烷、乙腈等溶剂属于该类助剂。3类，属未知毒性的化学物质。该类大约包括1700种化学物质。农药项目办公室（OPP）正对这些化学物质进行毒理学和生态学评估。如果此类中有些化合物经试验有足够的资料证实在目前的使用模式下不会产生负面影响，可以归类到4B类助剂。农药助剂中使用的有甲醇、丙酮、石油醚、二甲基亚砜（DMSO）、乙二醇、环氧大豆油、液体石蜡、DBS、木质素磺酸钠、木质素磺酸钙、K12、NNO、EDTA、草酸、三聚磷酸钠、褐藻胶、脂肪酸等。 4类，该类中包括了毒性最小的430种化合物。1989年该类被进一步细化为4A类——风险最小的惰性物质，和4B类——环保署有足够的信息资料确定，这些化合物目前在农药中的使用不会对公众健康和环境造成不利影响。4A类大都是一些惰性物质和一些食品添加剂类物质，如乙酸、植物油、琼脂、黄原胶、碳酸钙、高岭土、玉米芯等。4B类包括丙二醇、异丙醇、乙酸乙酯、聚乙烯醇、直链烷基聚氧乙烯醚、吐温系列、EO/PO嵌段聚醚等。

（2）加拿大对农药助剂的分类管理　加拿大可用作或曾经用作农药助剂的化合物的绝大多数按照美国EPA的分类，分为1、2、3、4A、4B。另外还有两类分别是在加拿大使用的特殊助剂和蒙特利尔公约中规定的助剂。1类，有毒助剂，是一些已经证实对人类健康和环境存在危害的助剂，包括一些致癌物质、神经毒素和慢性毒性物质、损害生殖的物质、对环境有污染的物质等。如苯胺、石棉纤维、镉化合物、四氯化碳、氯仿、亚甲氯化物、二甲基亚砜等，共42种化合物。此类助剂已不允许继续使用。若要登记含此类助剂的产品，需提供该物质没有安全威胁的资料。2类，有必要进行毒性试验的具有潜在毒性的助剂，是指一些在结构上与1类助剂相类似、具有潜在毒性或是有资料表明具有毒性的物质。如甲酚、甲苯、二氯苯、对二氯苯、硝基甲烷、肼、石炭酸等65种化合物。在美国，大部分2类助剂需要由美国国家毒理机构、EPA毒性物质管理办公室或其他政府管理机构进行检测并重新评估。这类助剂在加拿大也须进行重新评估，并可能根据EPA的评估资料采取适当的管理措施。这类助剂的登记要符合加拿大相应的管理方法。3类，未知毒性的助剂。此类助剂的毒性尚不太清楚，共有1700多种化合物。如苯甲酸、苯、硫酸、亚油酸、生物素、谷氨酸、烟酸、甲酸等。若其中有些化合物，通过试验有足够的资料证明在目前的使用模式下不会产生负面影响，可以归类到4B类助剂中。4A类，低风险助剂。包括EPA列出的惰性物质和那些作为食品添加剂的物质，如乙酸、蜂蜡、二氧化碳、桂皮、玉米油、棉籽油等160个化合物。这类物质由于毒性低、风险小，无论是否作为食品添加剂均不需要再额外提供资料。4B类，特定使用条件下使用的助剂，是指一些可能有毒，但有足够资料证明，在特定使用条件下对公众健康和环境没有不利影响的助剂，如丙二醇、异丙醇、乙醇、1-丁醇、乙酸乙酯等147种化合物。4B类助剂要满足多个条件，即：必须被美国食品药品管理局（FDA）认可，或被加拿大食品药品管理局和加拿大法规允许作为食品或药品直接使用，限制浓度使用是可行的；是一些聚合物，不会由于体积或可吸收性差等特性引起无法接受的危害；在被批准的使用方法下进行评价，并且仅在这种特定的使用方法下产生的危害最小。如果已被列入4B类的助剂，其使用方法或建议的使用方法超出EPA和PMRA的范围，将被要求进行单独审查。

（3）限量管理　美国加州在2005年试点立法对农药制剂中VOC（即挥发性有机化合物）含量实施市场准入监管，VOC含量超过20%的农药产品不得在加州销售和使用。我国台湾地区农委会对二甲苯、苯胺、苯、四氯化碳、三氯乙烯等38种溶剂进行限量管理，其中农药成品中，二甲苯、环己酮的含量不能＞10％，DMF 及甲醇不能＞30％，甲苯、苯、二氯丙烷等 33 种溶剂不能＞1％。

（4）其他相关的管理规定　美国政府于 1992 年出台了禁止甲苯、二甲苯等有机溶剂用于农药制剂的规定，此后欧洲国家也出台了类似的规定。菲律宾于 2002 年发布了不允许使用甲苯、二甲苯配制农药乳油的规定。

联合国粮农组织（FAO）的乳油标准中，有的标准如高效氯氟氰菊酯乳油和精吡氟禾草灵乳油规定了闪点不超过 38℃，显然闪点低于 38℃的二甲苯、甲醇等溶剂不能使用。

欧盟第 2076/2002 号法规规定了 320 种禁销农药名单，将非离子型表面活性剂壬基酚聚氧乙基醚也列入禁用名单。

参 考 文 献

[1] 凌世海，温家钧. 中国农药剂型加工工业 60 年发展之回顾与展望. 中国农药，2009，9：49-55.

[2] 陈铭录. 我国农药乳化剂的发展创新之路. 中国农药，2009（8）：59-62.

[3] 张宗俭. 我国农药助剂的开发与应用研究进展. 中国农药，2009，9：55-59.

[4] 张小军. 我国农药制剂 2015 年回顾及新剂型发展趋势. 营销界：农资与市场，2016，（7）：50-54.

第 6 章
农药产业机械化历程

6.1 农药生产机械的发展[1]

我国农药加工设备是从加工六六六和滴滴涕粉剂、可湿性粉剂的粉碎设备开始发展起来的，当时主要粉碎设备是雷蒙机和高速粉碎机。

到了 20 世纪 70 年代以后，大量的杀菌剂农药上市，特别是多菌灵、粉锈灵等可湿性粉剂投放市场，要求制剂的粒子更细、悬浮率更高，沈阳化工研究院开发出超细粉碎机系列产品并在辽宁瓦房店化工机械厂生产。由于环境的要求，农药正朝着超高效、毒性低、用量低的方向发展，每亩用药量为几克，甚至不到 1g 的产品已不断涌现，通常要将药粒粉碎到微米级，所以气流粉碎机在农药可湿性粉剂和水分散粒剂基料的加工中广泛使用。

“六五”期间上海化工机械三厂和上海化工装备研究院开发出 BQF-280、BQF-350 气流粉碎机，1990 年又开发出 QOF-75、QOF-100 循环管式气流粉碎机。对一些产品的试验表明：在相同能耗下的台时产量（t/h），流化床对撞式气流粉碎机比圆盘式气流粉碎机高，且细度分布也比圆盘式粉碎机均匀。20 世纪 90 年代河北省邢台农药厂首先开发的对撞式气流粉碎机逐渐流行起来。

农药悬浮剂产品的国家标准中要求其悬浮率≥90%，这就要求粒子细度小于 5μm，且粒度分布中大多数粒子的粒径在 2μm 以下。研磨设备是保证产品细度指标的关键所在，最常用的是具有代表性的湿磨机中的砂磨机。早期使用的砂磨机为立式开放式和密闭式两种。现在逐渐为能克服因介质偏析、研磨不匀、不易启动等缺点的卧式砂磨机所代替。湿磨工艺有一段循环式工艺和多段串联式工艺。一段循环式湿磨容易操作，生产能力小。多段式湿磨是几台砂磨机串联，根据产品细度要求，可以在每一段砂磨机内加入直径不同的介质球，提高湿磨效率，适用于大规模生产。但是该工艺投资较大，操作较烦琐，生产中任何一台设备发生故障，生产就得停下，影响正常生产。随着大型砂磨机的开发成功，一段卧式循环湿磨工艺逐渐流行起来。世界上最大的卧式砂磨机是德国 NETZSCH 开发并于 2003 年在南非的英美铂业公司投产的艾萨磨机（ISAMILL）M10000，该砂磨机容积为 10m^3。

原药、填料和助剂等原材料进入粉碎机前要进行混合，粉碎后的物料一般也要进行混合，其目的是使制剂中的有效成分分布均匀。因此混合是制剂加工中的一个重要工段。浙江化工研究院先后开发的先进的高效单螺旋锥形混合机、对称双螺旋锥形混合机、非对称双螺旋锥形混合机、行星锥形混合机和瞬间粒子失重混合机在我国农药加工企业已普遍使用。

农药可湿性粉剂中的分级和粉碎总是同时进行的。要求已粉细的粒子能迅速通过分级器分离出符合一定细度规格的产品，以降低能耗、保证产品质量。目前我国在气流粉碎机的分级操作中主要是依靠调整电机的转速和窗口对产品的粒度进行分级筛选，而在生产过程中为了得到特定的粒度颗粒，往往需要不断地对分级器进行调整，当对粒度要求很严格时，人工控制就不能达到很好的效果。我国目前在智能化控制和设备状态的在线监测、调整方面缺乏必要的方法和手段，这就必然造成能源的浪费和生产效率低。近年来，粉碎分级设备主要表现在处理对象和产品微细化、设备自动化、节能新工艺及低污染高硬度材料的应用方面，朝着亚微米级精密分级的方向发展。

20 世纪 60 年代起沈阳化工研究院、安徽省化工研究院、南开大学元素有机化学研究所、沈阳大学师范学院化工研究所、北京农业大学、中国农科院植物保护研究所等单位相继开发出包衣法、吸附法、喷雾干燥造粒、转动法、挤压成型、沸腾造粒设备和工艺，已形成了农药粒剂的生产体系。目前我国水分散粒剂的生产设备和工艺就是在此基础上发展起来的，应用最为广泛的是挤出成型造粒工艺（根据造粒机的不同有螺旋挤出造粒机、对辊挤出造粒机、刮板挤出造粒机）、沸腾（流化床）造粒工艺和喷雾造粒工艺。

我国已形成原药、助剂、加工设备基本配套的年产制剂能力在 200 万吨以上的较为完整的农药加工工业体系。2007 年农药产品的产量约为 180 万吨，已成世界农药制剂生产的大国。但剂型结构仍不合理，乳油所占比例依然很大；环境友好型制剂虽品种不少，但形成规模的产品屈指可数；一些制剂的质量尚需提高；缺少自主创新的品牌产品，制剂出口大多是委托中间商经销或贴牌销售，因此效益不高。

当前农药剂型发展依然是朝着水基型、粒基型、功能型等环境友好型、资源节约型的剂型方向发展。农药剂型发展的最终目标是实现农药剂型的“信息化”，创制出具有自动感知有害生物的有关信息的农药制剂，并根据这些信息，主动地采取相应的措施，在有利时机释放药物，准确命中靶标，以达最少用药量最有效地控制有害生物，以实现农药对环境的“零”污染。

粉体加工设备的大型化、多样化、节能化、自动化和产品的微细化是国内外粉（粒）体工业的发展趋势。随着科学技术的发展，尤其是信息处理技术和微电子技术的迅速发展，国内外出现了以先进的设备状态监测仪器为基础、以设备实际运行状态为依据的智能化设计与控制技术。利用信息技术、控制技术与测试技术对传统粉体装备进行改造和提升，带动粉体工程技术研究内容的深入和开发水平的提高，粉（粒）体设备的信息化应用将日臻完善。这些技术的应用，必将促进农药固体制剂加工技术水平的提高，能耗进一步降低，更突显农药固体制剂的优点。

6.2　农药包装机械的发展

随着全球人口的增多，粮食种植物大范围增多，导致市场对农药的需求量也越来越大，农药产量的剧增使企业在生产线上出现极大的包装加工压力，而目前可以说农药包装机在全球各个国家中的应用都是非常广泛的。农药包装机不仅会应用于日常生活中的包装，同时，有一些其他行业也是需要大量使用农药包装机的，所以说农药包装机在国内的发展前景是非常广泛的。

以最真实的市场数据看来，在最近的十几年里，中国的机械制造业得到了前所未有的蓬勃发展，对于农药包装机行业也是如此，特别是近几年来，国内的农药包装机正进入一个发展速度非常迅猛的时代，出现了很多有硬实力的大型企业，就如在全球范围内都有一定影响的安徽正远包装科技有限公司一样，也正是由于这些企业对农药包装机的大力研发，让农药生产企业在发展过程中受益，对百姓们的生活也提供了相当大的便利。如今的农药包装机已经完全摒弃了原有的旧模式，正向着先进水平不断迈进。近些年来全球内的农药包装机普遍具有生产效率高、自动化程度高、灵活性高等特点，技术水平有了显著提高，满足了市场的需要，并且也引领农药包装机向集成化、高效化、智能化等方向发展。

在我国有很多生产包装机的大型企业，但是真正能将农药包装机做好、做精的企业却是没多少，很多公司发展晚，实力不够，导致有心无力。目前就国内整个包装机行业来说，安徽正远屡创行业高峰，为农药生产企业解决了无数的难题，在针对国外市场上，也取得了不小的成就。

农药包装机在全球的发展历史上已有一定的时间了，到 2018 年为止，已经拥有了三十多年的发展史。在这个发展历程当中，可以说农药包装机一直在不断地进步和发展。虽然我国的设备与美国、日本、德国等先进国家相比还存在着巨大的差距，但是从近几年的发展趋势来分析，相信在不久的将来，中国的农药包装机一定能够缩小差距并赶超世界先进水平[2]。

6.3 农药的生产、分类和包装工艺

农药普遍存在浓度高、剧毒等特性，对人体危害极大。因而，农药包装的安全性及环保要求十分重要。采用一次性小剂量包装在使用过程中安全方便，在保证药效持久的同时，可有效避免农药对环境的污染，并可方便处理其包装物所带来的残留农药，有效保护环境[3]。

随着农药小包装的广泛采用，许多农药生产厂商需要了解农药小包装的加工生产流程和有关专业设备的细节。从各种剂型的加工生产到包装工艺，从主要的加工生产设备到相关的配套设施，以及包装材料的选用直至废弃包装物的回收，每个环节都需要一套科学并实用的解决方案。

目前市场上的农药剂型，无论液态剂型还是固态剂型，除少数几个品种以外，基本可采用高分子塑料作为包装材料。长期以来一直采用玻璃瓶包装，因存在破损率高、玻璃瓶内塞封口不严和计量不便等缺点已基本淘汰。而塑料容器具有轻便、耐摔、计量准确和整体包装成本低等优点。塑料包装又分为塑料袋包装和塑料容器包装两种。本小节将对农药的生产设备、分类情况和包装进行介绍。农药生产对设备的要求见表 6-1。

表 6-1 农药生产对设备的要求

序号	农药生产范围	设备名称	设备要求
1	防蛀剂	粉碎设备 混合设备 成型设备 包装设备：自动包装机等	
2	粉剂	粉碎设备：气流粉碎机、超微粉碎机 混合设备：双螺旋锥形混合机等（或无重力混合机） 除尘系统：配套旋风分离器、脉冲布袋除尘器（除草剂必须设吸收塔或水幕除尘器）、离心通风机、空气压缩机、冷冻干燥机鼓风机、引风机等 计量设备：粉体螺旋计量机、电子秤、电子称重模块等 包装设备：自动包装机等	

续表

序号	农药生产范围	设备名称	设备要求
3	颗粒剂	粉碎设备：气流粉碎机、超微粉碎机、配套旋风分离器等 混合设备：粉体混合机、调配釜 造粒设备：捏合混合机、造粒机、整粒机（包衣法、捏合法或吸附法需配备包衣机或喷药设备）、分级机、干燥机等 计量设备：电子秤、电子称重模块等 包装设备：自动包装机等 辅助设备：空气压缩机、鼓风机、除尘系统等	
4	可溶粉剂	混合设备：双螺旋锥形混合机（或无重力混合机） 计量设备：电子秤、电子称重模块等 粉碎设备：气流粉碎机、超微粉碎机等 除尘系统：配套旋风分离器、脉冲布袋除尘器（除草剂必须设吸收塔或水幕除尘器）、离心通风机、空气压缩机、鼓风机、引风机等 包装设备：自动包装机等	
5	可溶液剂	调配设备：带夹套的搪玻璃反应釜或不锈钢反应釜，釜上装有相应设备 计量设备：计量槽、电子秤、电子称重模块等 储存设备：储罐等 包装设备：自动包装机等 辅助设备：过滤器、配套真空泵、沉降罐或过滤器、乳油储罐、溶剂储罐、设备清洗液储罐、换热设备等	反应釜：带搅拌，体积 1000L 以上
6	可湿性粉剂	混合设备：双螺旋锥形混合机（或无重力混合机）等 粉碎设备：气流粉碎机、超微粉碎机等 除尘系统：配套旋风分离器、脉冲布袋除尘器（除草剂设吸收塔或水幕除尘器）、离心通风机、空气压缩机、鼓风机、引风机等 计量设备：电子秤、电子称重模块等 包装设备：自动包装机等	
7	片剂	混合设备：双螺旋锥形混合机（或无重力混合机）等 压片设备：压片机，单冲压片机、旋转式压片机等 计量设备：电子秤、电子称重模块等 包装设备：自动包装机等	
8	乳油	调配设备：调配釜，并配有相应设备 计量设备：计量槽、电子秤、电子称重模块等 储存设备：储罐等 包装设备：自动包装机等 辅助设备：过滤器、配套真空泵、沉降罐或过滤器、乳油储罐、溶剂储罐、设备清洗液储罐、换热设备等	反应釜：带搅拌，体积 1000L 以上
9	水分散粒剂	粉碎设备：气流粉碎机、超微粉碎机等 混合设备：混合机 干燥设备：振动流化床和沸腾床、烘箱等 造粒设备：制粒机 计量设备：电子秤、电子称重模块等 包装设备：自动包装机等	
10	水剂	调配设备：调配釜，釜上装有相应设备 计量设备：计量槽、电子秤、电子称重模块等 储存设备：储罐等 包装设备：自动包装机等 辅助设备：过滤器、配套真空泵、沉降罐或过滤器、乳油储罐、溶剂储罐、设备清洗液储罐、换热设备等	反应釜：带搅拌，体积 1000L 以上

续表

序号	农药生产范围	设备名称	设备要求
11	水乳剂	调配设备：调配釜，釜上装有相应设备 计量设备：计量槽、电子秤、电子称重模块等 储存设备：储罐等 包装设备：自动包装机等 辅助设备：过滤器、配套真空泵、沉降罐或过滤器、乳油储罐、溶剂储罐、设备清洗液储罐、换热设备等	反应釜：带搅拌，体积1000L以上
12	微乳剂	调配设备：调配釜 计量设备：计量罐、电子秤、电子称重模块等 储存设备：储罐 包装设备：自动包装机等	反应釜：带搅拌，体积1000L以上
13	悬浮剂	粉碎设备：砂磨机 分散设备：高速剪切设备 调配设备：调制釜 计量设备：计量罐、电子秤、电子称重模块等 包装设备：自动包装机等	
14	悬浮种衣剂	粉碎设备：砂磨机等 分散设备：高速剪切设备等 调配设备：调制釜 计量设备：计量罐、电子秤、电子称重模块等 包装设备：自动包装机等	
15	烟粉粒剂	混合设备：混合机 干燥设备：振动流化床、沸腾床、烘箱等 造粒设备：制粒机 计量设备：电子秤、电子称重模块等 包装设备：自动包装机等	
16	烟片剂	混合设备：双螺旋锥形混合机（或无重力混合机）等 压片设备：压片机 计量设备：电子秤、电子称重模块等 包装设备：自动包装机等	
17	可分散油悬浮剂	粉碎设备：砂磨机 分散设备：高速剪切设备 调配设备：调制釜 计量设备：计量槽、电子秤、电子称重模块、储罐 包装设备：自动包装机等	
	毒饵	混合设备：混合机 干燥设备：振动流化床、沸腾床、烘箱等 计量设备：电子秤、电子称重模块等 包装设备：自动包装机等	
	盘式蚊香	粉料均化过筛机 糊化反应锅 粉料搅拌机 全自动蚊香成型机：双螺杆挤坯机、细坯压延机、多模全自动间隙式成型机、回料机 烘干设备 自动喷药机（喷药处安装负压排气装置）	
	液体蚊香	调配设备：调制釜 自动灌装设备	
	气雾剂	调制釜、灌装机、加盖机、气站、加气机、水浴检漏设备、加气室、排风设施、溶剂储罐（易燃易爆）	
	电热蚊香片	调制釜（有的企业直接购进电热蚊香液）和自动滴加设备	

续表

序号	农药生产范围	设备名称	设备要求
18	化学农药原药（或母药）、生物化学农药原药（母药）	① 反应器　搪玻璃反应釜、不锈钢反应釜、高压反应釜、固定床反应器、管式反应器等 ② 蒸馏/精馏装置　蒸馏釜（搪玻璃、不锈钢）、再沸器、垂直筛板塔、板式塔、高效填料塔、回流冷凝器、接收罐等 ③ 热交换器　列管式、片式、螺旋板式、块孔式等，材质主要有碳钢、不锈钢、石墨等 ④ 泵类　离心泵、往复泵、隔膜泵、水环真空泵、水（蒸汽）喷射泵等（碳钢、不锈钢、陶瓷、合成材料等） ⑤ 分离设备　离心机（卧式、立式）、板框式压滤机、抽滤机（带式、转鼓式、叶式）、重力沉降器、膜式分离器等 ⑥ 干燥设备　振动流化床干燥器、沸腾床干燥器、气流干燥器、双锥回转真空干燥机、旋转闪蒸干燥机、带式干燥机、高速离心喷雾干燥机等 ⑦ 各类罐　中间罐、计量罐、储罐（卧式、球形）等 ⑧ 过程控制　调节阀、切断阀、压力表、温度计、pH 计、流量计（质量流量计、电磁流量计、超声波流量计）、差压式液位变送器、在线检测仪、DCS 控制系统等 ⑨ 报警设施　可燃气体报警仪，有毒有害气体报警仪，超温、超压及液位高限报警仪，要求现场声光报警与 DCS 显示屏图形显示联锁，另外还有现场视频监视系统、对讲系统（对讲机或广播系统）等	
19	微生物农药母药（病毒除外）	① 种子准备设备　无菌室、超净工作台、生化培养箱、冰箱、摇床、显微镜、高温灭菌锅等 ② 种子培养设备　摇床、空压机、初过滤器、精过滤器、种子罐、显微镜等 ③ 生产发酵设备　空压机、初过滤器、精过滤器、发酵罐、补料罐、投料池、显微镜等 ④ 分离设备　离心分离机、树脂柱、微滤膜、纳滤膜、过滤器等 ⑤ 溶剂回收设备　精馏塔、冷凝器、蒸发器等 ⑥ 产品包装设备　包装机、电子秤、自动捆扎机、自动封口机、自动缝口机、喷码机等	
20	病毒母药	① 虫子饲养应有养虫盘、养虫盘清洗机等 ② 染毒应采用定量喷雾设备 ③ 死虫粉碎（提取、溶剂回收）应设磨浆机、食物粉碎机等	
21	植物源农药原药或母药	破碎机、提取设备、分离设备、减压浓缩设备、溶剂回收设备等	

6.3.1 固体制剂典型加工工艺

6.3.1.1 典型二次混合一次粉碎粉剂工艺

为保证有效成分的高度分散和均匀性，粉剂加工一般应采取多次混合和粉碎工艺。该流程中，粉碎机、干燥机、冷却机等是主要的装备。现将原药及相关的填料粉碎、干燥，经过计量装置计量混合，经过雷蒙机处理后进入混合机混匀，经包装机包装，如为液体原油，直接通过计量设备进入混合机混匀包装。其工艺流程如图 6-1 所示。

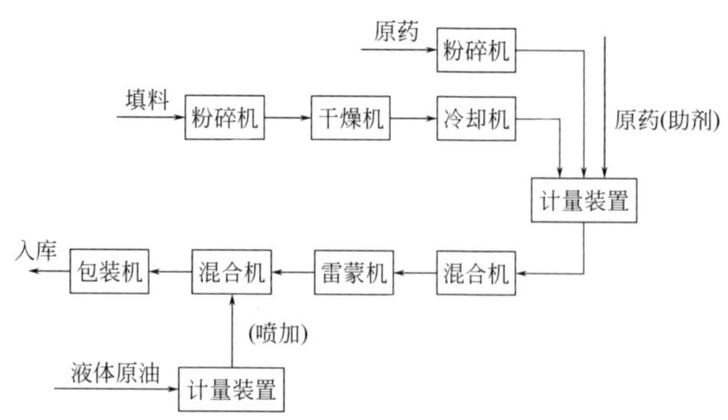

图 6-1　二次混合一次粉碎粉剂工艺流程

6.3.1.2　采用超微粉碎机生产可湿性粉剂

超微粉碎机生产可湿性粉剂工艺流程如图 6-2 所示。该过程中通过超微粉碎机粉碎是关键步骤，另外一个关键步骤是经过分级器的分离。原料、各种助剂在设备中的流向如图 6-2 中箭头所示。

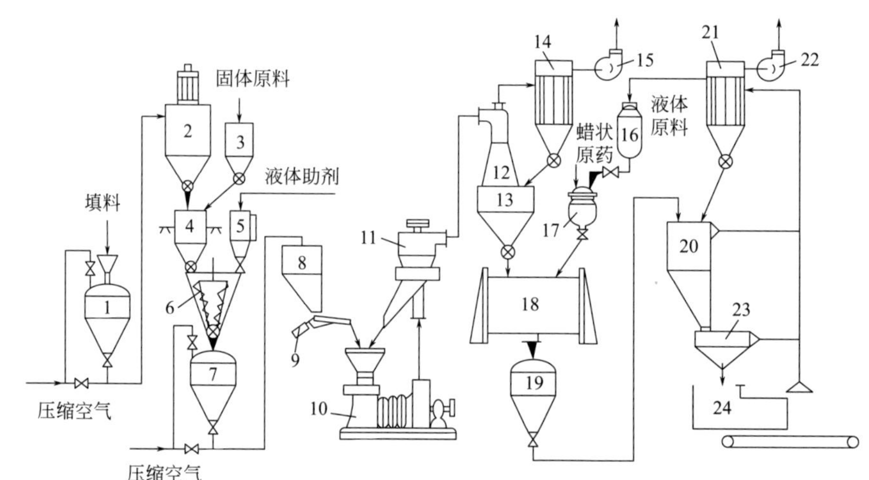

图 6-2　超微粉碎机生产可湿性粉剂工艺流程

1,7,19—气流输送罐；2,13—料斗；3—原药料斗；4—计量装置；5—液体助剂计量槽；6,18—混合机；8—加料斗；9—电振给料机；10—超微粉碎机；11—分级器；12—扩散式旋风除尘器；14,21—脉冲袋式除尘器；15,22—风机；16—液体原药计量槽；17—液体原药配制釜；20—制剂成品料斗；23—振动筛；24—包装机

6.3.1.3　喷雾冷却成型法生产可溶粉剂

喷雾冷却成型法生产可溶粉剂的工艺流程如图 6-3 所示。

6.3.1.4　包衣法粒剂生产工艺

如图 6-4 所示，包衣法粒剂生产工艺中主要设备包括提升机、预热器、砂储仓、螺旋输送机、斗式秤、混合机、储料釜、加料斗、输送机、包装机、台秤、带式输送机等。

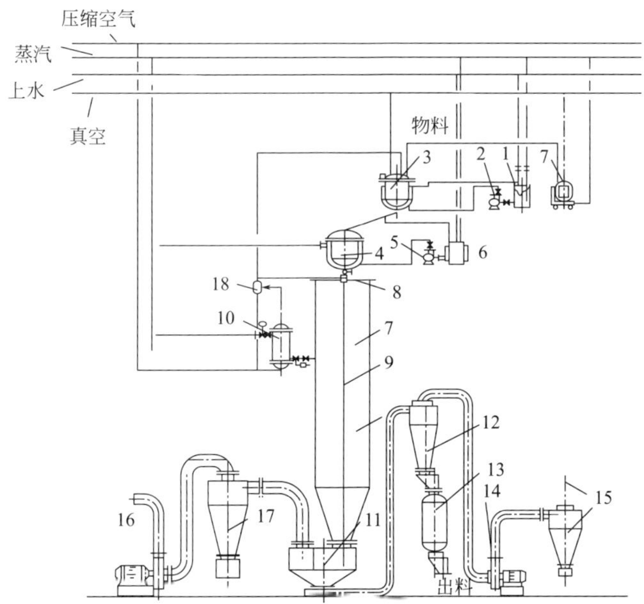

图 6-3　喷雾冷却成型法生产可溶粉剂工艺流程

1—调制釜温水槽；2,5—水泵；3—调制釜；4—保温釜；6—保温釜温水槽；7—计量釜；8—喷头；9—喷雾塔；10—压缩空气加热器；11—集料斗；12,15,17—旋风分离器；13—储料槽；14—抽料风机；16—风机；18—气体混合器

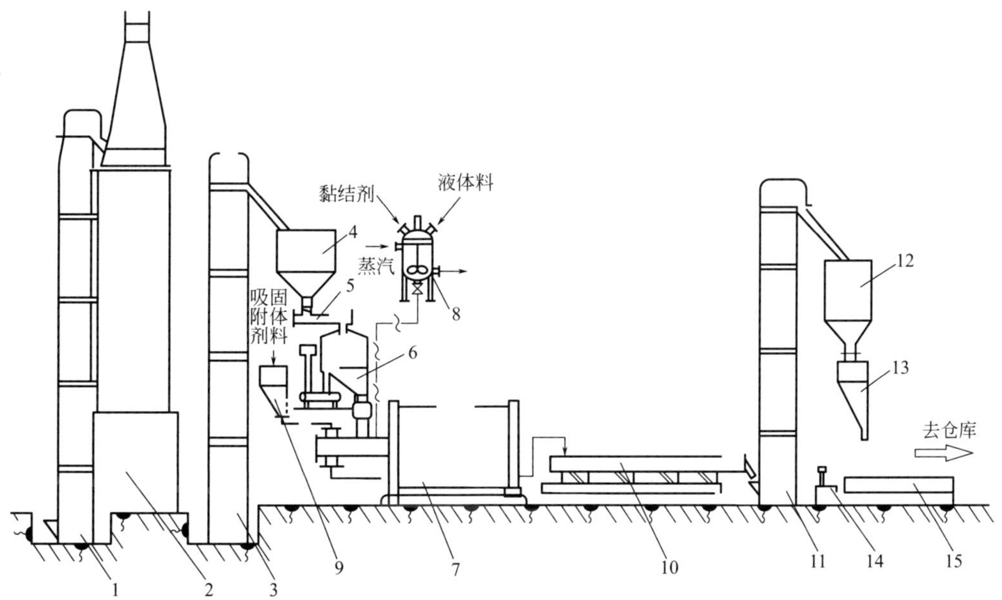

图 6-4　包衣法粒剂生产工艺示意图

1,3,11—提升机；2—预热器；4—砂储仓；5—螺旋输送机；6—斗式秤；7—混合机；8—储料釜；9—加料斗；10—输送机；12—待验斗；13—包装机；14—台秤；15—带式输送机

6.3.2 液体制剂典型加工工艺

6.3.2.1 可溶液剂的加工工艺

可溶液剂的加工工艺如图 6-5 所示，原药、溶剂、助剂分别经过计量槽进入配制套，配制完成后经过过滤进入制剂成品槽，然后进入包装线。主要设备包括计量槽、配制套、冷凝器具、过滤器、制剂成品储槽、包装机等。

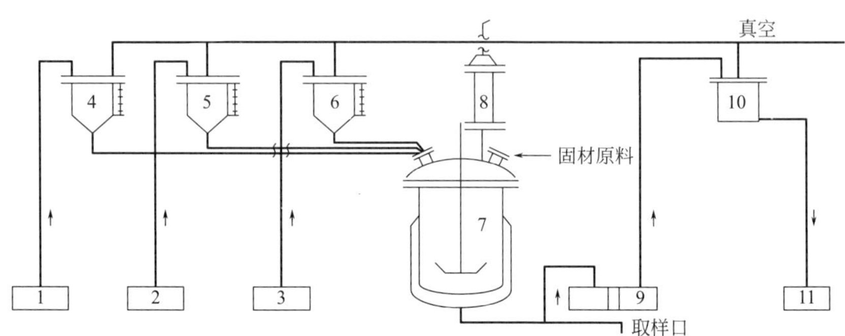

图 6-5 可溶液剂的加工工艺示意图

1—液体原药；2—溶剂；3—助剂；4～6—计量槽；7—配制套；8—冷凝器具；9—过滤器；10—制剂成品储槽；11—包装机（线）

6.3.2.2 微乳剂的加工工艺

微乳剂的加工工艺如图 6-6 所示，微乳剂的加工工艺中，关键是要先在母液调制釜中调制，然后进入成品调制釜，与其他组分充分混匀后进入成品储存槽，最后再进入包装线。

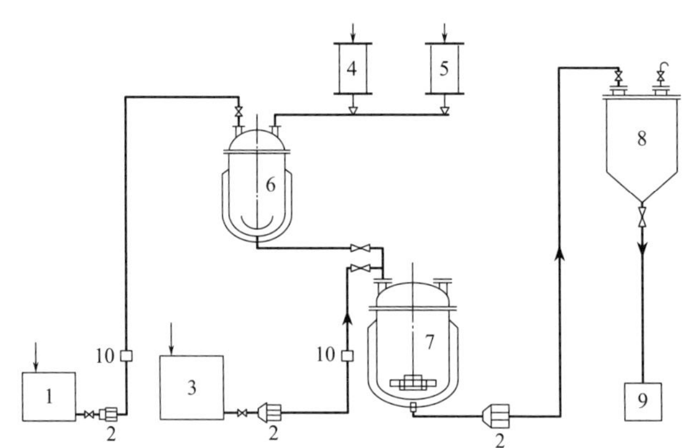

图 6-6 微乳剂的加工工艺示意图

1—乳化剂储槽；2—齿轮泵；3—去离子水储槽；4—液态农药计量槽；5—溶剂计量槽；6—母液调制釜；7—成品调制釜；8—制剂成品储槽；9—包装机；10—计量表

6.3.2.3 水乳剂的加工工艺

水乳剂的加工工艺比较简单。通常方法是将原药、溶剂和乳化剂、共乳化剂加在一起，使溶解成均匀油相。将水、抗冻剂、抗微生物剂等混合在一起，成均一水相。在高速搅拌下，将水相加入油相或将油相加入水相，使形成分散良好的水乳剂。

6.3.2.4　乳油的加工工艺

乳油的加工是一个物理过程，就是按照选定的配方，将原药溶解于有机溶剂中，再加入乳化剂等其他助剂，在搅拌下混合溶解，制成单相透明的液体。乳油的加工工艺如图 6-7 所示。

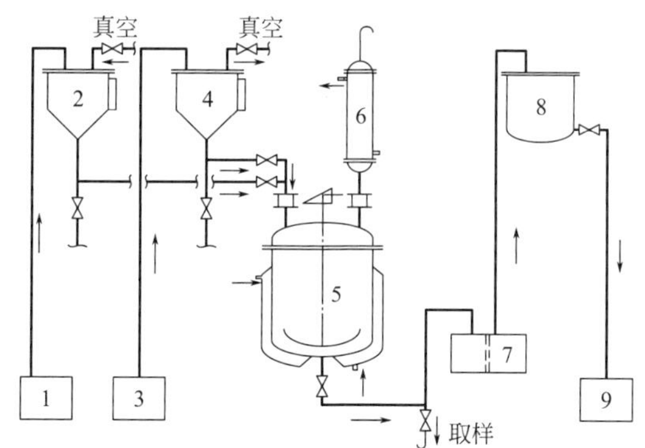

图 6-7　乳油的加工工艺示意图

1—农药原油；2—原油计量槽；3—溶剂；4—溶剂计量槽；5—调制釜；
6—冷凝器；7—过滤器；8—乳油储槽，9 —成品包装

6.3.2.5　悬浮剂加工工艺

悬浮剂加工工艺如图 6-8 所示。原药、助剂等相关溶剂经过球磨机，充分磨细后过滤，进入料浆槽，在经过打料浆泵进入砂磨压力罐，打磨合格后进入成品储存罐，最后再进入包装线。

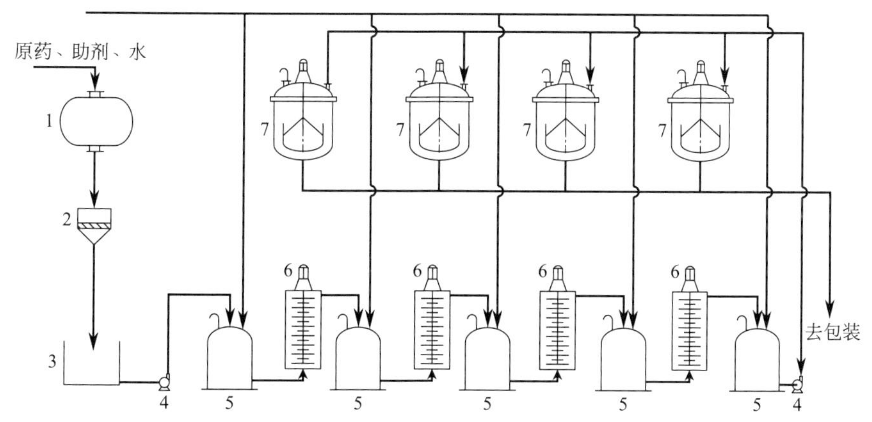

图 6-8　悬浮剂的加工工艺示意图

1—球磨机；2—过滤器；3—料浆受槽；4—打料浆泵；5—砂磨压力罐受罐；6—砂磨机；7—成品罐

6.3.3　农药小包装工艺

6.3.3.1　农药小包装的特点

由于农药的特殊性，因此对包装具有很多特定的要求：①符合国家和地方法规要求；②耐农药腐蚀；③符合长途运输要求，不变质、不破损；④使用方便安全；⑤标记明确；⑥包装材料易处理，不污染环境。

过去，固态制剂用密封袋包装，液态制剂用玻璃容器。在操作过程中，农民同高浓度农药接触机会多，容易发生中毒事故，而且玻璃容器易破碎，容易污染运输工具及仓库。近年来，随着高分子材料的发展，能满足农药包装特定要求的多层复合包装袋、塑料容器日益普及，同时全自动包装机、灌装机技术的迅速发展，使针对塑料等高分子材料的全自动包装工艺得到快速发展并已基本成型。

6.3.3.2 农药小包装的分类

（1）粉剂包装（颗粒） 粉剂小包装按外形分为三边封、四边封、背封、立式袋等。按计量分为小包装（10～30g）、中小包装（30～80g）、中包装（80～200g）以及大包装（200g 以上）等。

农药粉剂由于其相对密度比较小，易扬尘，对封口容易污染，造成封口不牢，影响产品包装的质量，所以对包装机的选型相对比较重要。目前农药粉剂包装的首选机型是水平式包装机，其独特的制袋与充填方式是解决粉剂类产品包装的最佳方案。

充填方式决定于计量方式，而计量方式一般因物料的不同而不同。针对粉剂及颗粒物料最基本的计量方式有螺杆式、量杯式、称重式、计数式等方式。

① 螺杆式计量 属于容积式计量，主要利用螺杆螺纹间隙，填入物料后，由于螺杆的转动将物料推入容器中，根据螺杆螺纹的间隙的大小和螺杆转动圈数的多少决定最终包装物的容积，所以是容积式计量。一般来说，螺杆的间隙越小计量精度越高，但充填的时间相应加长，生产效率相对减低。另外，根据物料的黏度、流动性的不同，螺杆的行程、容积等也须作相应的调整，如图 6-9（a）所示。

② 量杯式计量 同样是采用一个固定大小的腔体，类似一个量杯，通过刮片将物料填入腔体，针对颗粒物料量杯式计量是一种较经济的解决方案，如图 6-9（b）所示。

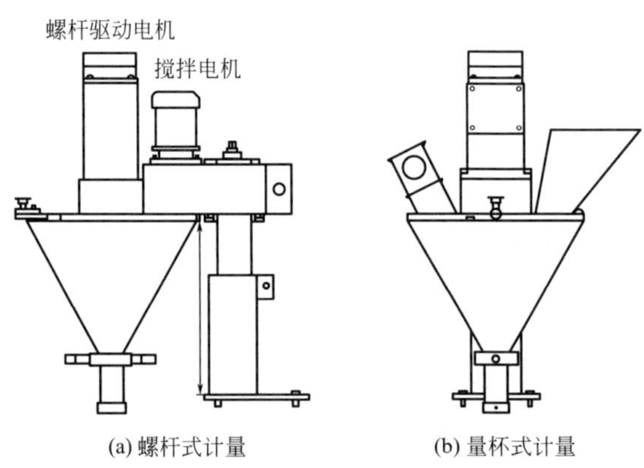

(a) 螺杆式计量　　(b) 量杯式计量

图 6-9 粉剂包装设备示意图

（2）液剂袋包装 无论是液体水剂、油剂还是乳剂，均可以采用袋包装。

液剂袋包装可以制成三边封、四边封、背封等不同形式，各种封口形式只需更换相应的封块即可。

立式包装机是液体袋包装较理想的设备，由于其制袋、充填方向是纵向的，液体类物料不易飞溅。目前多列立式包装机发展较快，有效提高了立式包装机的生产效率。

下料与计量形式主要有：活塞式、磁力泵、海霸泵、罗塔里泵。

① 活塞式计量 主要是针对流体物料，物料经过一个固定大小的腔体，根据活塞的行程确定包装物的容积（如图 6-10 所示）。腔体越小精度越高，但效率越低。

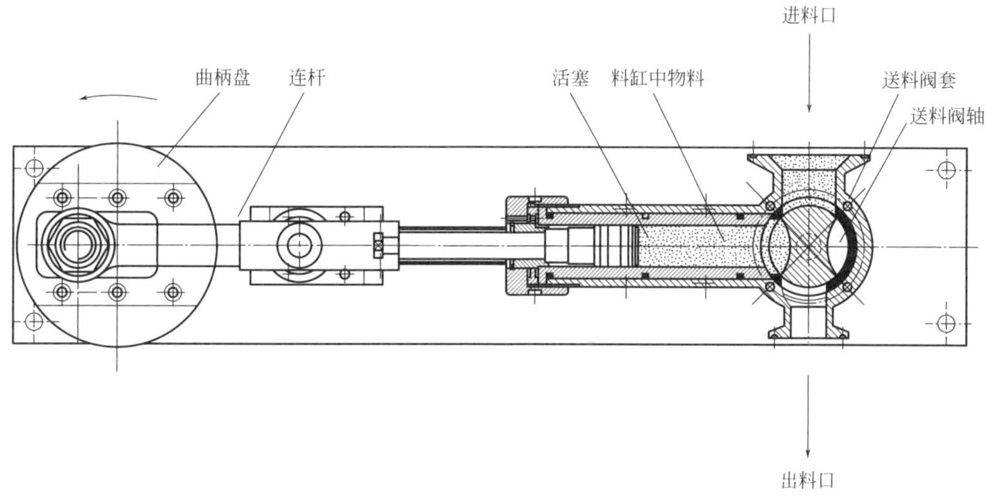

图 6-10　液剂袋包装设备示意图

② 磁力泵下料方式　磁力泵主要用于农药、医药等低黏度液体。

磁力泵原理：应用现代磁学原理，采用内外磁钢推拉原理，磁路中间用隔离套将液体密封在隔离套内，以静密封代替动密封，彻底解决了机械密封无法避免的跑、冒、滴、漏等弊端。

(3) 液剂容器包装　计量一般分为 50～500mL、500～1000mL、1000mL 以上等。

液剂容器包装主要采用灌装流水线，由于瓶子除了灌装以外，另外有理瓶、封盖、帖标等一系列设备，所以不像袋包装设备是单机产品，而是由多机组成的完整的流水线。流水线上各设备的选型、配置就显得很重要，不合理的配置可能造成资源的浪费，并且效率低下，故障频繁发生。

液剂灌装流水线的下料形式主要有活塞式、重力式、流量计式、等液位式等。

6.3.4　农药包装设备

6.3.4.1　水平式包装机

水平式包装机是卧式包装机的一种，由于其制袋、充填、封口的加工作业流向是水平方向的，故称之为水平式包装机（如图 6-11 所示）。由于水平式布置制袋、充填和封口的各个工位，各个工位均可以方便地进行调整，并且可以针对不同的物料情况作许多复杂的配置变化。具体特点简单介绍如下：

① 独立的制袋过程，热封与冷却的有效结合，可确保制成的袋型美观、平整；封口强度高，气封性好，可有效延长产品保质期。

② 它不仅可以制出三边封、四边封等常规的包装袋型，还能够制出自立袋、拉链自封袋、宽底袋、吊牌袋等特殊袋型。

③ 由于其下料工位可以根据需要方便调整，可以配置很多种类的下料装置或下料组合，以适合不同种类产品物料的包装。

④ 可采用多种不同形式封口，根据需要随时变换三边封口和四边封口两种不同封口形式，并且通过简单更换封口模块，可以完成自立袋等特殊袋型的封口。

⑤ 基本由微电脑进行控制，操作方便，易于学习，控制方式灵活，运行平稳，适于长时间连续运行。

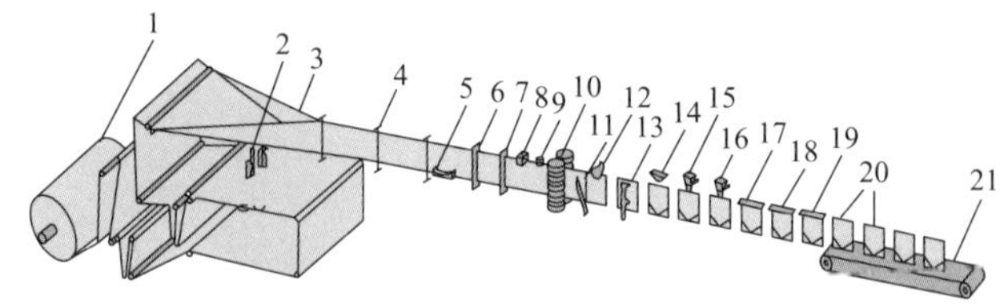

图 6-11　水平式包装机示意图

1—放膜装置；2—底部冲孔；3—包装膜成型；4—包装膜导向；5—底封装置；6—第一竖封；7—第二竖封；
8—开袋机构；9—色标检测；10—同服牵袋；11—剪切机构；12—夹袋机构；13—开袋机构；
14—吹气装置；15—第一填充；16—第二填充；17—展开机构；
18—上封Ⅰ；19—上封Ⅱ；20—成品；21—成品输出

6.3.4.2　立式包装机

立式包装机的制袋、充填、封口的加工作业流向是垂直方向的，故称之为立式包装机。具体特点简单介绍如下：

① 连续走膜制袋、充填，平稳，效率高。

② 可以制成多列产品，提高生产效率。

③ 可以制出三边封、四边封、背封等常规的包装袋型。

④ 基本由微电脑进行控制，操作方便，易于学习，控制方式灵活，运行平稳，适于长时间连续运行。

立式包装机示意图如图 6-12 所示。

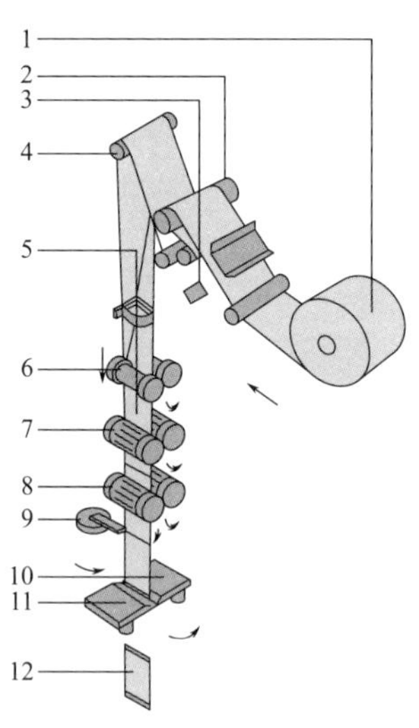

图 6-12　立式包装机示意图

1—包装薄膜安装轴；2—橡胶辊筒；3—光电装置；4—薄膜导向；5—袋成型器；6—纵向热封；
7—横向热封；8—冷却封口；9—切口；10—转动切割刀；11—固定切割刀；12—制成品

6.3.4.3　灌装流水线

对于液体物料，如果采用瓶装就必须采用灌装设备。一般灌装流水线由理瓶、输送、灌装、封盖、称重、贴标、日期打码、装箱、外箱打码、堆垛、缠绕等一系列自动设备组成。

① 灌装设备基本有两种形式：旋转式和直线式。旋转式灌装系统一般适用于单一品种大批量的产品生产，直线式灌装系统适用于多品种小批量产品的生产。我国农药行业基本以

直线式灌装系统为主。直线式灌装系统具有配置经济、灵活，调整快速、方便的特点，是近两年在国内快速发展的主要原因。

② 灌装机作为灌装流水线的主要设备，针对不同的物料，必须有相应的充填计量方式，针对不同的容器，须有相应的定位装置。

③ 封盖设备对封口性能的影响很大。近年来各种新型的盖子被采用，尤其是许多厂家注重外形的美观，设计出了很多复杂的盖形，但对封口性能的要求丝毫不能减低，由此对封口机提出了更高的要求。

④ 理瓶设备主要是把许多排列不整齐的瓶子按顺序排好并输送至专门的输送系统。

⑤ 称重设备基本是指无人工干预的自动称重设备，对不合格的产品有专门的装置剔除。

⑥ 贴标机也是不可缺少的重要部分，根据瓶形的不同、标签材料的不同以及胶水的不同贴标机分为很多种类。

⑦ 喷码机一般是根据需打印字符的大小、数量等要求来定的，而且有许多采用不同打印原理的喷码机。

⑧ 许多自动生产线，采用的是自动装箱机，也可以人工装箱。

⑨ 堆垛机是将装好产品并打好包装带的箱子进行自动码垛的设备，也可以人工码垛。

⑩ 缠绕机是对托盘上码好的箱子用塑料包装薄膜进行缠绕，以保证在长途运输过程中不会散落。

⑪ 由于农药产品的特殊性，根据物料的成分不同，对灌装设备与物料接触部分的材料要求也就相应不同。对于腐蚀性极强的物料必须避免使用金属材料，基本以工程塑料为主体结构，各种与物料接触部分也可以采用特殊的涂层进行处理。

6.3.4.4　上料系统

无论是哪种包装机，都需要上料。对于粉剂而言，主要有螺杆上料和真空上料两种；对于液剂而言，主要有管道直接输送和低位储罐泵输送。

（1）粉剂上料　螺杆上料有低位上料、水平上料和高位上料等。上料主要是利用螺杆转动推进物料输送至受料口，根据物料来源点的位置相对于包装机进料口的位置选用相应的上料装置和上料方向。

真空上料机由吸料管、料斗、布袋过滤器、振打装置、真空泵组成，是粉剂及某些颗粒料上料的理想设备。其结构简单轻巧，方便安装，同时有效解决了粉剂等物料在输送过程中的污染问题，便于清洗，更换物料简便，并能够消除物料的静电。

（2）液剂上料　液剂物料一般经由管道直接输送或需从大容量的储罐中泵送。进入灌装系统时基本是采用阀门控制，控制方式有电磁阀、气动阀等。根据灌装系统的中间储槽内的液位控制器的信号来开启或关闭进料阀。

6.3.4.5　除尘

对于粉剂包装来说，粉尘是难以避免的，为了保证环境的清洁、人员的安全，除尘是一个重要环节。目前除尘设备主要是采用真空负压对包装设备中产生的粉尘进行及时排除。

6.3.4.6　输送

输送分为半成品输送、成品输送、包装箱输送等。根据被输送物的特点不同，须采用不同的输送装置和设备。

6.3.5　包装材料

6.3.5.1　农药包装常用塑料薄膜

（1）聚乙烯（内层材料：PE）　聚乙烯（PE）是由乙烯单体聚合而成的，有低密度聚乙烯、中密度聚乙烯、高密度聚乙烯和交联聚乙烯等不同性能的产品。

(2) 聚丙烯（外层材料：OPP、BOPP；内层材料：CPP） 在液体农药、乳油的包装材料使用中，复合的聚丙烯薄膜（RCPP），由于具有好的热封性、机械强度及抗腐蚀性，作为内层材料使用较广。另外，CPP 真空镀铝后再与外层所用 BOPP、PET、OPA、PT 等复合，构成复合材料。

(3) 聚酯薄膜（外层材料：PET） PET 具有较高的机械强度和刚性，耐热性极高，耐药品性极好，透明性和光泽度也十分优良。水汽和氧气透过性不大，这一点是其他所有塑料薄膜不可比拟的。PET 薄膜的印刷适应性也很好，是复合包装袋中最广泛用作外层材料的薄膜，是农药乳油包装上用得最多的一种外层膜。

(4) 镀铝膜（中层材料） 目前广泛采用的有 PET、CPP、PE、PVC、OPP、PT、纸张的真空镀铝膜，其中用得最多的是 PET、CPP 真空镀铝膜。真空镀铝膜除了具有原有基膜的特性外，还具有漂亮的装饰性和更好的阻隔性。基材经真空镀铝后，对光线和各种气体的阻隔性能大大提高。而阻隔性能与镀层的厚度有关，镀层越厚，透过率越小，阻隔性越高，作为包装材料来说，综合性能也越好。

6.3.5.2 农药包装复合包装膜的胶黏剂

由于农药产品的特点，对包装膜的胶黏剂也提出了较高的要求。

(1) 耐热性 在高速自动包装机热封制袋时，热合辊筒的温度有时会高达 200℃才能把复合包装膜制成袋。这就要求所使用的胶黏剂要经受住高温的考验。

(2) 耐寒性 许多包装要低温冷藏或冷冻保存，这就要求包装材料本身能耐低温。如果胶黏剂在低温下变硬、发脆、分层、剥离、脱胶，那就不能满足要求。

(3) 粘接性 在复合包装材料中使用的基材是多种的，它们的表面特性各不相同，面对如此众多且复杂的材料，胶黏剂必须具有同时能粘两种不同材料的性能。

(4) 抗侵蚀 农药成分非常复杂，除了基材本身的优良抗介质侵蚀能力外，胶黏剂的稳定性也很重要，要能抵抗各种介质的侵蚀，否则会引起复合材料分层剥离，失去包装作用。

6.3.5.3 有代表性的农药复合包装薄膜

代表性的包装薄膜如表 6-2 所示。农药乳油含有有毒的有机溶剂，要求包装有良好的密封性、防腐性和坚固性，因此根据各种薄膜材料的特点，选用 CPP 作为内层热合材料，阻隔层选用铝（Al）和 PET 两层材料复合，表层则选用 PET。

表 6-2 包装薄膜特征

多层复合结构	特性要求	包装物品种类
PET/Al/PET/CPP	防潮、隔氧、耐高温、保香、耐化学性	农药乳油、粉剂
PET/VMPET/CPP	防潮、隔氧、耐化学性、保香	农药乳油、粉剂

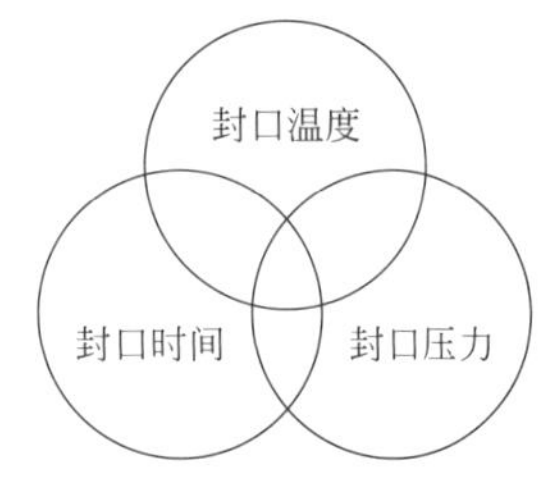

图 6-13 包装薄膜的热封口条件因素示意图

6.3.5.4 复合包装薄膜的热封口条件

在设定合适的热封口条件时，必须考虑三个因素：温度、压力、时间。这三个因素密切相关，要掌握各因素之间的平衡。图 6-13 所示为各因素之间的相关示意图。

6.3.5.5 包装机械对包装材料的适用性要求

包装材料的选择除了考虑物料的适用性，还必须考虑包装机械的适用性。一般来说包装机械对包装材料的要求不会十分苛刻，但也有其一定的适用性要求。

（1）材料均匀性　由于包装机械是全自动控制的，在制袋、充填、封口的过程无人工干预，所以材料的拉伸率、膜卷的张紧度、静电处理情况、厚薄等是否均匀一致都关系到包装效果，并可能增加材料的损耗。

（2）厚度　一般要求在50μm以上，太薄的材料其自动供膜的偏差会增大，自动开袋的成功率也会受到较大影响。

（3）抗静电处理　由于很多物料尤其是超细微粉剂，易粘住封口，影响封口的质量。所以膜经过抗静电处理后，能有效减小静电对封口的影响，当然一般自动包装机也会有防静电的装置。

6.3.5.6　包装的标志和说明

（1）内包装标志　产品标签是内包装的标志。按规定农药乳油的产品标签应包括：农药名称、有效成分及含量、剂型（应与外包装的名称、颜色相同）；产品规格、净重及注册商标；农药产品标准号、品种登记号和产品生产许可证号（或证书号）；产品毒性标志、使用说明和注意事项；产品批号、生产日期和有效期；生产厂名称、地址、邮政编码、电话及电报挂号等内容。在标签下边，按农药类别加一条与底边平行、不褪色的特征标志条，除草剂为绿色，杀虫剂为红色，杀菌剂为黑色，杀鼠剂为蓝色，植物生长调节剂为深黄色。

（2）外包装标志　通常直接印刷在包装箱上。按规定在包装箱的两个侧面的左上角为注册商标；中上部为农药名称、剂型（应与内包装的名称、颜色相同），其字高为箱高的三分之一，字的颜色按农药类别与内包装标签下边特征标志条的颜色相同；下部为农药生产厂家名称，其字高为箱高的六分之一。包装箱的两头，上部为毒性标志及注有易燃、请勿倒置、防晒、防潮防雨等字样；中下部为净重、毛重（kg），产品批号及箱子尺寸，长×宽×高（mm）。

参考文献

［1］凌世海，温家钧．中国农药剂型加工工业60年发展之回顾与展望．中国农药，2009，9：49-55.

［2］全球农药包装机械发展趋势简要分析．中国包装网，2014-05-5.
http：//news. baozhuang. biz/20140505/2407739. html.

［3］农药生产工艺、分类及包装生产指南．2014-06-28.
https：//wenku. baidu. com/view/e858dbd5bceb19 e8b8f6bae7. html.

第 7 章 农药中间体产业发展历程

7.1 我国农药中间体概况

7.1.1 发展历程概况[1]

我国的化学农药，在 20 世纪 50 年代已开始生产滴滴涕和六六六，至 60 年代开始发展杀虫剂（有机磷类和氨基甲酸酯类）和杀菌剂（代森类），这就需要相应的中间体。该时期我国需要的中间体部分由国外进口，如五硫化二磷、对硝基苯酚、乙二胺等，也有部分由农药厂自产自用。同时我国还生产了顺丁基二酸、一甲胺、二甲胺和三甲胺等，当时我国农药中间体产业尚未形成。

到 20 世纪 80 年代，我国化学农药生产处于鼎盛时期，杀虫剂拟除虫菊酯开发生产，除草剂开始开发，需要的中间体无论在品种还是数量上都蓬勃发展。当时大部分中间体如对硝基苯酚、五硫化二磷、三氯乙醛等国内都能生产自供，但一些新开发的农药所需的中间体如 DV 菊酰氯、2,6-二乙基苯胺、3,5-二氯苯胺、对异丙基苯胺、对氯三氟甲苯等还需要依靠进口，还有些中间体如对氯苯酚、1,2,4-三唑国内虽已开始生产，但吨位小，技术水平低，质量差，影响农药的生产，有的企业还是从国外进。

到 20 世纪 90 年代，我国引进了许多新颖的农药品种，尤其是除草剂发展更快，所需的中间体品种更多，结构复杂，如含氟化合物的崛起，杂环化合物和手性中间体相继登场。从 20 世纪 90 年代后期开始我国农药工业和管理水平显著提高，生产的农药品种日益增多，并且逐步向高效安全的方向发展，农药品种的结构非常复杂，所需的中间体也日益增多。目前我国农药企业所需中间体还是自产自用的为多，也有些中小企业参与农药中间体的生产，但生产厂比较分散，品种单一，有生产嘧啶系列的企业，也有生产 2,6-二烷基苯胺系列的企业，还有生产对异丙基苯胺的企业，以及生产拟除虫菊酯中间体如菊酸、DV 菊酸、原乙酸三甲酯、异戊烯醇等的企业。有利用光气生产系列农药和原药的中间体的，还有专门生产磺酰脲类除草剂中间体如 2-氨基-4,6-二甲基嘧啶、2-氨基-4-甲基-6-甲氧基三嗪和一些磺酰胺（如邻乙氧基羰基苯磺酰胺、邻甲氧基羰基苄基磺酰胺）等的企业，这些中间体不仅可供国内企业使用，还可有部分出口，或供国外企业外包生产，初步改变了我国农药中间体依靠国外进口的情况。

目前我国生产的农药需要的化工原料和中间体不下几百种，年需用量在 150 万吨以上，大部分国内可供应，但尚有一些中间体仍依靠进口。我国农药中间体产业尚未形成，仍然是分散局面，资源整合利用不够，技术创新不足。我国农药中间体工业虽已取得一定成绩，但不能令人满意，主要还存在着散、低、弱三个方面的问题。

散主要表现于我国农药中间体都是随着农药生产配套生产，自产自用，规模小，质量也难以提高。有一些市场好的中间体，又分散在小企业生产，一个产品有很多厂生产，重复布点，品种单一，规模小，技术水平低，“三废”处理困难，并且竞争激烈，产量供过于求。还有一些农药中间体和原料虽在一些大企业生产，如氯苯、对硝基甲苯、间二氯苯等，但这些企业对这些产品没有进一步深度加工，也没有开发系列产品。

低主要表现于我国农药中间体生产技术水平低，由于小企业无能力开发，技术大都是引进的，对一些生产难度较大的中间体，一般小企业缺乏技术力量，无法生产。还有就是生产规模很小，不能放大规模，由于小规模生产，一些先进的技术和装备无法应用，以致影响产品质量和成本，能耗和物耗都较大，“三废”也得不到处理。另外，一些小企业的技术人员少，也难以改进技术和提高产品质量，更难于开发系列新产品。

弱主要表现在企业的管理能力弱，管理水平低，缺乏有序的管理规范和系统的规划，并且监测分析设备不足，都影响产品的质量。另外，一些市场前景好的新农药上市，就可促进一批新的中间体开发和生产，如果有市场调查、可行性研究，就不会出现一哄而起、盲目发展以致价格下降，市场混乱，所以加强企业管理和规范市场是非常重要的。

近些年来，我国已生产的农药中间体品种达 800 多种，产量近 490 万吨。我国农药工业已建立起从原药生产、中间体配套到制剂加工在内的较完整的工业体系。图 7-1 显示了我国农药中间体行业产量情况，可以看出，近年来我国农药中间体产量逐年增长[2]。

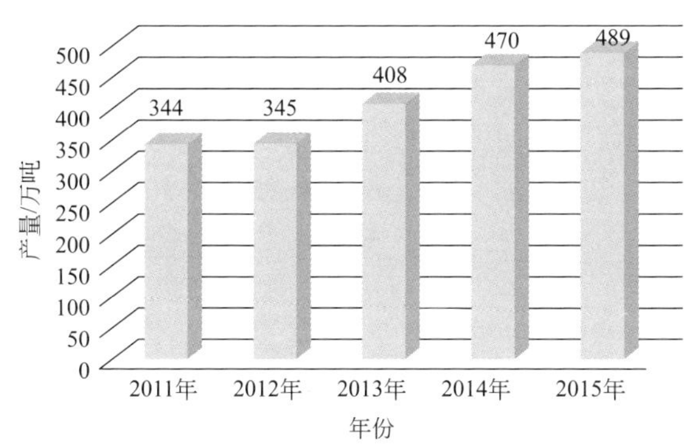

图 7-1　近几年我国农药中间体行业产量情况

为适应我国农药发展、农药产品结构调整的要求以及缩短与国外农药工业的差距，农药中间体未来将重点发展以下产品：国内尚不能生产的农药中间体、高毒农药替代产品的中间体、含杂环的农药中间体、含氟的农药中间体、手性农药的中间体。

我国含氟中间体的生产厂家有 50 多家，主要集中在江苏、浙江、江西、安徽和辽宁等省区，生产的品种相当多，但主要服务于医药工业。这些生产企业规模小，生产品种单一，产品主要出口国外。农药含氟中间体生产厂家还不多，主要还是相应的含氟农药生产厂生产。我国含氟农药中间体要积极发展，应该建立有一定经济规模的企业，同时建立多功能生产装置，生产工艺类似的产品，不仅要技术创新，提高工艺水平，还要注重环境保护问题，减少“三废”，节能降耗，逐步做到规模化和系列化，与医药工业所需的含氟中间体互动发展，不仅要满足出口，并且要保证国内需求，这样才能使我国农药含氟中间体得到蓬勃发展。

农药中间体是农药生产的基础，要形成我国的农药中间体产业，不断进行技术创新，使我国农药中间体能满足我国不断更新的农药生产，并能进行外包生产或出口，生产技术能赶上世界先进水平，产品质量能达到国外同类产品的水平。发展农药中间体品种是根本，质量是核心，技术创新是关键。

7.1.2　我国农药中间体的生产现状

随着国家新农药的开发，一些专用中间体的开发发展较快，如含氟、含氰基、含杂环中间体，其中较突出的是菊酯类农药中间体，如菊酸、二氯菊酸、丁酸、醚醛、丙烯醇酮。这类中间体目前国内都能生产，生产地点主要集中在上海、浙江、江苏等地。另外，一些农药中间体的工艺技改也较为活跃，主要取得的成果有：异戊烯法合成频那酮、甲醇羰基法合成甲酸、醋酐催化法合成氯乙酸、二乙氧基硫代磷酰氯新工艺、定向结晶法提取精萘、定向氯化法生产二氯苯、相转移催化反应、双乙烯酮法合成氯乙酰氯、催化加氢生产芳香族胺类化合物等。这个时期我国生产的农药中间体基本上能满足农药工业的需求，但仍有部分中间体需要进口，如DV菊酸甲酯、二溴菊酸、邻甲酚、间甲酚、邻苯二酚、呋喃酚、吡啶及其盐、哌啶（六氢吡啶）、多聚甲醛等。在进口产品中，一部分是国内有生产，但数量或质量不能满足生产要求的；另一部分是国内尚不能生产的。近年来，我国农药中间体进口额约1亿美元。

然而农药中间体行业却面临着规模在扩大，整体盈利水平下降的尴尬局面。在农药中间体行业，利润水平虽然整体较高，但2008年以后一直呈稳中有降趋势，基本维持在13%左右。

农药中间体企业的生产原料主要是基础化学原料，企业的议价能力比较低。我国农药中间体行业目前这种只见规模长、不见利润增的状况，主要原因在于行业内部存在产品结构单一、附加值低以及企业竞争激烈等比较突出的问题。

目前国内生产中间体产品的企业与国外企业相比还存在很大差距。首先，国内生产企业规模较小，结构单一，形成规模经济的企业屈指可数，这就导致企业的经济实力不行，在产品开发中的投入也很有限。其次，企业的产品结构趋同，低端产品居多，附加值不高。目前国内厂家的低水平建设比较严重，结果导致部分产品的产能过剩，开工率严重不足，企业竞相压价，经济效益下滑。

由于我国农药中间体生产企业规模大小不一，大部分为农药企业，国有或国有控股的大型企业只有几十家，行业面临着资源重新配置等问题，市场竞争压力增大。所以目前我国农药中间体多为大宗、附加值低的产品，而高附加值的如含氟农药中间体产品等大部分还需要进口。

7.2　部分重要农药中间体的产业概况

7.2.1　1-氯甲酰基-3-乙酰基咪唑烷酮

1-氯甲酰基-3-乙酰基咪唑烷酮是合成杀虫剂等农药的重要中间体。目前，合成该中间体一般采用两步法，即用咪唑烷酮作原料，合成中间体乙酰基咪唑烷酮，再与酰化试剂反应得到产品1-氯甲酰基-3-乙酰基咪唑烷酮（见图7-2）。

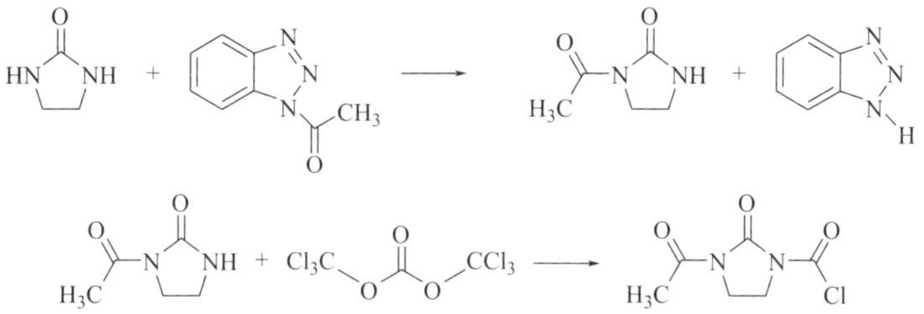

图 7-2　1-氯甲酰基-3-乙酰基咪唑烷酮合成工艺路线

其他的中间体工艺路线有：以咪唑烷酮为原料，在碱性条件（NaOH 的参与）下与乙酰氯反应而制得；与乙酸酐反应制得；以三乙胺为缚酸剂，先与三甲基氯硅烷反应再与乙酰氯反应而得到；直接与乙酰氯反应。产品的工艺路线主要是以 *N*-乙酰基咪唑烷酮为原料，与剧毒的光气进行氯甲酰化反应而制得。

上述几种中间体的工艺路线中，都用到了酸类衍生物酰氯或者酸酐，强酸性的原料对水敏感，储存困难，产品的工艺路线中更是用到剧毒原料光气，用量难控制，“三废”量大，运输、储存、处理困难。因此，寻求一种反应温和、原料稳定的工艺路线是非常紧迫和必要的。

N-酰基苯并三氮唑是一种良好的酰化试剂。它是一种中性试剂，克服了酰氯和酸酐的不稳定、难于制备和储存等缺点，性质稳定，并且反应条件温和，过程污染小，酰化反应生成的副产物苯并三氮唑（BtH）又可以作为合成 *N*-酰基苯并三氮唑的原料重新应用于生产。双（三氯甲基）碳酸酯（BTC），具有热稳定性、操作方便、投料量准确和对环境友好等优点，近年来已经替代光气应用于几乎所有的光气化反应，有着广阔的应用前景。

用乙酰基苯并三氮唑替代酰氯、BTC 替代光气来合成目标产物 1-氯甲酰基-3-乙酰基咪唑烷酮，避免了强酸性原料以及剧毒原料光气的使用，反应条件温和，收率也有所提高，更加适合工业化生产。

以咪唑烷酮和乙酰基苯并三氮唑为原料，在无水碳酸钾的催化下合成乙酰基咪唑烷酮，收率可以达到 87%，与以往的工艺路线相比较，收率高，反应条件温和；以乙酰基咪唑烷酮和双（三氯甲基）碳酸酯为原料合成 1-氯甲酰基-3-乙酰基咪唑烷酮，产品收率在 90%以上，纯度可以达到 98%以上。工艺稳定可靠，反应收率较高，有着条件温和、原料绿色安全、操作简单等优点，是一种替代老工艺的很好的工业生产方法。

7.2.2　6-叔丁基间甲酚

6-叔丁基间甲酚在农药工业中主要用于合成杀虫剂等，是国内较为紧俏的精细化工中间体，市场上有时候存在严重供不应求的状况，每年需从国外大量进口来满足国内的市场需求。

6-叔丁基间甲酚经脱叔丁基后形成间甲酚，间甲酚在农药工业中主要用于合成杀虫剂杀螟松、速杀威、倍硫磷以及拟除虫菊酯农药中间体间苯氧基苯甲醛等。间甲酚在农药工业中最重要的用途是生产间苯氧基苯甲醇进而生产杀虫剂二氯苯醚菊酯，生产间苯氧基苯甲醛进而生产拟除虫菊酯类杀虫剂氰戊菊酯和氟胺氰菊酯等。另外，间甲酚可以生产多种拟除虫菊酯类农药，如氯菊酯、氯氰菊酯、溴氰菊酯、甲氰戊酯、氯氟氰菊酯等。目前拟除虫菊酯类农药是我国农药工业中杀虫剂的主导发展品种。2010 年间甲酚在农药中的市场需求量为 9000t 左右。

目前，国外生产 6-叔丁基间甲酚的生产企业有日本的住友化学有限公司和德国的朗盛公司。他们均采用混甲酚合成的工艺，因为该工艺可以同时生产间甲酚，可根据市场变化随时调整生产 6-叔丁基间甲酚和间甲酚的比例，其间甲酚系列产品的总生产能力应在 2 万～3 万吨/年。国内现有广州合成材料研究院生产该产品，年产量 300 t，采用纯间甲酚生产工艺，该产品主要用于抗氧剂 300 的制备，基本不对外销售，每年还要进口一部分用来生产抗氧剂 300。辽宁庆阳化工厂、盘锦辽河油田金环实业有限公司等也采用纯间甲酚工艺生产，年产能在 300～500t，但因间甲酚价格高，生产 6-叔丁基间甲酚不经济，受进口产品冲击，早已停产。

国内虽然有以混甲酚制备 6-叔丁基间甲酚的工艺研究，采用的是混酚络合分离工艺，可能是因为最终产品纯度不足，不能满足不同客户的需要，因此一直未见工业化装置投产成功的报道。国内 6-叔丁基间甲酚的生产企业均采用纯间甲酚生产工艺，规模小，产量低，不能满足国内的市场需求。

传统的 6-叔丁基间甲酚生产工艺是通过均相或多相催化间甲酚与异丁烯、叔丁醇或甲基叔丁基醚（MTBE）烷基化反应合成 6-叔丁基间甲酚的。而目前大多采用混甲酚为原料的工艺路线，间、对混合甲酚与异丁烯或叔丁醇、甲基叔丁基醚在催化剂存在下升温反应，制得 6-叔丁基间甲酚。从经济角度分析，因为国内间甲酚的生产厂家较少，产量远不能满足国内需求，所以纯间甲酚目前价格居高不下，一直维持在 4.5 万元/t 左右，而进口 6-叔丁基间甲酚价格在 4.2 万元/t，导致国内以间甲酚为原料的 6-叔丁基间甲酚的生产企业基本停产。而混合甲酚价格约在 2 万元/t，6-叔丁基间甲酚的价格在 4.2 万元/t，该价格已经具有相当的稳定性。因此，以混合甲酚生产 6-叔丁基间甲酚的工艺在经济上具有一定的优势。

7.2.3 苯胺

我国苯胺的消费结构与发达国家有所不同，其主要应用于有机中间体、农药合成、染料、医药工业等的生产中，异氰酸酯（MDI）消耗苯胺的数量仅占消耗量的 12%左右。我国苯胺主要用于合成 2,6-二乙基苯胺，进而生产除草剂甲草胺、丁草胺等；另外，以苯胺为原料还可以生产杀菌剂敌克松、敌锈钠以及杀虫剂三唑磷、哒嗪硫磷等。近年来，由于我国经济的快速发展，对苯胺的需求大量增加，加之价格诱人，不少企业纷纷投资进行扩产。例如，国内最大的苯胺生产企业，万华化学不仅不再外采苯胺，反而除自用后还有部分外销，截止到 2015 年年底，我国共有苯胺生产企业 26 家，产能合计 378 万吨/年，其前五大企业的年产能合计 204 万吨，占全国总产能的 54%。因此，苯胺的行业集中度较高，一些规模较小的企业由于缺乏竞争力将被淘汰出局。2015 年我国主要苯胺生产企业的产能情况见表 7-1。

表 7-1　2015 年我国主要苯胺生产企业情况

地区	企业名称	产能/万吨
浙江	宁波万华聚氨酯公司	72
吉林	吉林康乃尔化工有限公司	36
山东	烟台万华聚氨酯公司	36
山东	山东金岭化工集团公司	30
重庆	巴斯夫聚氨酯（重庆）有限公司	30
上海	拜耳材料科技（上海）有限公司	28
山西	山西天脊煤化工集团有限公司	26.5
江苏	中石化南京化学工业有限公司	26

续表

地区	企业名称	产能/万吨
上海	上海联恒异氰酸酯有限公司	16
江苏	新浦化工（泰兴）有限公司	13.5
山东	章丘日月化工有限公司	8
甘肃	中石油兰州炼化有限公司	7
重庆	重庆长风化工厂	5
河北	河北冀衡化工集团有限公司	5
山东	中海油海化股份公司	5
江苏	江苏利士德化工有限公司	5
其他		29
合计		378

表 7-1 中所列苯胺生产企业，部分企业下游配套生产 MDI，仅有少量商品苯胺外销。这些企业主要有宁波万华聚氨酯公司、烟台万华聚氨酯公司、巴斯夫聚氨酯（重庆）有限公司、拜耳材料科技（上海）有限公司和上海联恒异氰酸酯有限公司等。我国苯胺产能主要分布在华东沿海地区，主要有浙江、江苏、上海、山东，此外吉林也是苯胺的主要生产基地。

近年来，我国苯胺产能、产量、消费量均呈逐年增长的态势。2005 年，我国苯胺产能仅为 66 万吨/年，2015 年已经达到 378 万吨/年。2005 年苯胺产量为 49 万吨，到 2015 年达 178 万吨。2015 年消费量也达到 175.9 万吨，2005～2015 年，消费量平均年增长率达到 13.7%。2005～2015 年我国苯胺生产、消费情况详见表 7-2。

表 7-2　2005～2015 年我国苯胺生产、消费情况一览表　　单位：万吨

年份	产能	产量	进口	出口	消费
2005 年	66.1	49	1.5	1.7	48.7
2006 年	91.2	58	7.8	0.1	65.7
2007 年	110.9	80	4.9	4.8	80.2
2008 年	139	85	2.5	0.5	87
2009 年	164	110.5	4.4	1.1	113.8
2010 年	215.5	130	9.2	0.3	138.9
2011 年	260.5	145	1	0.8	145.2
2012 年	290	159.7	0	1.3	158.4
2013 年	296	169.1	0	2	167.1
2014 年	314	178.1	0	5	173.1
2015 年	378	185.9	0	10	175.9

伴随着苯胺产量的增加，我国苯胺面临着产能过剩的问题，2015 年我国苯胺告别了以往的万元时代，进入低价运行时代。2015 年华东苯胺市场年均价在 6522 元/t，而 2014 年的年均价在 10164 元/t，2013 年的年均价在 11452 元/t。从 2012 年开始，我国进口的苯胺量基本为 0，并通过发展出口缓解国内市场的竞争压力，2013 年的出口总量为 2 万吨，2014 年的出口总量为 5 万吨，2015 年的出口总量达到 10 万吨，三年实现 5 倍的增长。伴随着产

量的增加出口价格也实现了下降，2015 年的苯胺出口均价在 1086 美元/t，远低于 2014 年的均价 1634 美元/t 和 2013 年的均价 1754 美元/t，苯胺价格的下降有利于出口量的增长。随着“一带一路”战略的推进，加上国际油价一直在低位运行，也有利于苯胺继续保持低成本优势。

7.2.4 环氧环己烷

环氧环己烷是农药克螨特的关键原料和中间体。克螨特是当今世界上产量最大、使用范围最广的杀螨剂之一，具有高效、广谱、持效期长的特点，并无致畸致癌作用，可广泛有效地防治棉花、蔬菜、果树、茶树、花卉以及水稻、小麦、玉米等农作物的螨害。国内外已有多家科研院所对克螨特的生产技术进行了研究开发。其中浙江化工研究院于 2000 年 3 月完成小试鉴定，并在此基础上建成了 2000t/年的克螨特生产装置；沈阳化工研究院、湖南化工研究院也开发该项技术，并正在与有关企业合作，建设克螨特生产装置。初步估计，我国农药市场对克螨特原药的需求量约为 5000t/年，约需消耗环氧环己烷 1800t/年。国内克螨特的生产企业主要有：青岛瀚生生物科技股份有限公司、浙江禾田农药化学有限公司、湖北仙隆化工股份有限公司、江苏丰山集团等。其中江苏丰山集团是国家大型农药生产企业，具备 200t/年克螨特原药的生产能力。

此外，环氧环己烷可用于生产邻苯二酚，邻苯二酚是一种重要的有机化工原料和中间体，在农药中有着广泛的应用。国内邻苯二酚的需求量正呈逐年上升的趋势，我国 1999 年生产能力仅为 300t，而 2007 年国内需求量就已达到 7000t。2007 年国内邻苯二酚进口量为近 4000t，从贸易数据中可以看出，我国近年来邻苯二酚每年缺口约 4000t。由环氧环己烷脱水制得 1,2-环已二醇，再脱氢制备邻苯二酚，选择性好，生产出的产品单一，无苯二酚的异构体，对环境不造成污染，是一个很有前途的工艺路线。该合成工艺路线的建立和工业化生产，对环氧环己烷而言是一个潜在的可观市场，其市场容量大约为 5000t/年。另外，环氧环己烷还可以生产 1,2-环已二醇、环已二醇双缩水甘油醚和冠醚等衍生物。

国内具有工业规模生产环氧环己烷的厂家有 3 个：山东高密银鹰股份有限公司、湖南岳阳昌德化工有限公司和岳阳石化总厂隆兴实业公司。其中山东高密银鹰股份有限公司生产技术采用中科院大连化物所的反应控制相转移催化氧化环己烷技术，2004 年建成投产，生产规模为 500t/年，2005 年通过技改后达到 1000t/年的生产能力，生成的环氧环己烷纯度很高，但因原料环已烯价格不断升高，2006 年该公司仅生产 200 余吨。目前，岳阳昌德化工公司也通过大连化物所开发出环己醇脱水制环己烯装置，进而采用相转移催化氧化环己烯制环氧环己烷，2006 年昌德公司采用该方法生产环氧环己烷 800t 左右；而岳阳昌德公司同时拥有从环己烷氧化制环己酮的少量副产物轻质油中分离得到环氧环己烷的装置，轻质油中环氧环己烷的含量为 10%～33%，2006 年昌德公司采用该方法生产环氧环己烷 500t 左右。岳阳隆兴实业公司仅有从环己烷氧化制环己酮的少量副产物轻质油中分离得到环氧环己烷的装置，其生产能力不足 100t/年。

目前欧美地区的环氧环己烷生产装置规模小且多数没有生产，日本有 1 套约 50t/年的装置，其产品尚不能满足其国内的需求，因此昌德公司 2007 年环氧环己烷出口 500t。

含环氧环己烷的轻质油来源于环己烷氧化制环己酮的少量副产物。国内 2007 年采用环己烷氧化制环己酮的产量为 47 万吨，轻质油的产量约为环己酮产量的 1%，轻质油的产量为 4500～5000t，到 2013 年国内环己酮的产量近 180 万吨，其轻质油的产量也大幅度上升。轻质油中环氧环己烷的含量为 10%～33%，精制的收率约 50%，因此，以轻质油为原料制环氧环己烷 2007 年的产量为 570t 左右，到 2010 年达到 800t 左右。国内高品质的环己烯目前只有河南神马尼龙化工公司生产，因产量不足以大量外售，因此 2010 年以来，昌德公司和山东高密银鹰公司基本上没有用环己烯直接氧化生产环氧环己烷。而昌德公司采用进口环己醇脱水得环己烯进行生产，2007 年生产 800 余吨。

7.2.5　1,2,4-三氯苯

1,2,4-三氯苯广泛应用于农药合成中，可以合成农药麦草畏、杀螨砜、五氯酚钠、五氯酚等。近年来国内外对其下游产品应用开发方兴未艾，高纯度 1,2,4-三氯苯成为国际市场上重要的农药精细化工原料和中间体。20 世纪 90 年代初，世界上的 1,2,4-三氯苯主要依靠林丹副产的无效体加工成混合三氯苯，混合三氯苯的产量约为 5 万吨/年。由于林丹的禁用和限用，传统的三氯苯原料日益减少，而发达国家和地区对有机氯产品的生产持谨慎态度，他们大量从发展中国家购买，因此目前全球三氯苯，尤其是高纯度的 1,2,4-三氯苯供应紧张。目前全球 1,2,4-三氯苯的市场需求量约在 3.5 万吨/年以上，未来几年中将以 10%的年均速度递增。国外有机氯原料的生产减少，为中国 1,2,4-三氯苯的生产发展提供了良好的发展机遇。其中最有发展前景的工艺路线为二氯苯氯化法和 2,4-二硝基氯化苯氯化法。近年来国内二氯苯发展很快，国内能够提供高纯度的邻、对二氯产品。另外，中国已成为世界上最大的对硝基氯化苯、邻硝基氯化苯生产国，每年副产大量的 2,4-二硝基氯化苯，能够为中国三氯苯的生产提供优质、丰富、低价的原料，目前上述工艺路线在国内已能够投产。

7.2.6　邻甲酚

邻甲酚在农药工业中主要用于合成高效除草剂，传统的邻甲酚制备方法是天然分离法，即从煤焦油中分馏出邻甲酚，因为在煤炼焦和城市煤气生产的副产煤焦油酚中约含有苯酚 30%，邻甲酚 10%～13%，间甲酚 14%～18%，对甲酚 9%～12%，二甲酚 13%～15%，采用分离方法可以回收邻甲酚。由于资源有限，加之工艺过程复杂，分离装置众多等不足，经过多年的努力与探索，开发出许多邻甲酚化学合成工艺。自化学合成获得成功之后，天然分离法制备邻甲酚生产装置不断地被关闭，据不完全统计，近十年来，世界上关闭的邻甲酚生产装置总计分离能力约 3 万吨。

德国拜耳公司采用甲苯氯化水解法生产邻甲酚，首先在 Cu-Fe 催化剂作用下，在 230℃ 条件下，向装有甲苯的反应器中通入氯气，反应得到三种氯代甲苯的混合物，再在 425℃ 和催化剂 SiO_2 的存在下水解得到甲酚混合物，最后蒸馏分离得到邻甲酚。该法环境污染比较严重，产品质量不高，目前仅有拜耳公司利用此法生产甲酚混合物作为其下游农药的原料。

液相法将苯酚、甲醇在温度 300～400℃ 和压力 10～30bar（1bar＝10^5Pa）的条件下，采用 Al_2O_3 为催化剂，使苯酚进行甲基化反应制备邻甲酚。该法反应条件苛刻，高温高压，杂质多（如苯甲醚、间甲酚、对甲酚等），严重影响了产品质量。国外曾有公司采用液相法生产，现已经关闭。

气相法是目前国外大公司主要生产方法，在催化剂存在下，将苯酚和甲醇气化后，使进入固定床催化反应器进行反应，主要产物是邻甲酚，同时副产 2,6-二甲酚。该法选择性高，工艺过程简单，适宜连续化大规模生产，在大规模生产的条件下产品成本较低，且副产品 2,6-二甲酚是一种重要的精细化工中间体，可用于合成聚苯醚、农药原料 2,6-二甲基苯胺、塑料抗氧剂等，生产意义较大。而且改变反应的温度、压力和苯酚与甲醇的投料比，可以得到不同数量的 2,6-二甲酚。

国外大公司在生产过程中，为了获得更佳的效果，对该工艺进行了不断的改造。主要集中在反应器和催化剂的选择上，如德国瓦克公司和日本的旭化成采用流化床反应器。在工业化生产中对催化剂进行了大量的研究，开发应用了多种不同的催化剂，如 Al_2O_3、MgO 系、V_2O_5-Fe_2O_3、In_2O_3-Fe_2O_3、GeO_2-FeO_3-Cr_2O_3、MnO_2 系，等等。

目前世界邻甲酚生产主要集中在工业发达国家，采用天然分离法的公司有：美国的 Merichem 公司、PMC 公司、Stimson Lumber 公司，法国的 Huiles 公司，德国的 Ruetgerswerke 公司，英国的 Coalite Fuels and Chemicals 公司等。采用苯酚烷基化法生产的有：美国通用电气公司，德国的巴斯夫公司、URBK 公司，荷兰的通用电气公司，英国合成化学公司，日本的三菱石化、旭化成和三井东压公司等。无论是天然法或化学合成法，由于邻甲酚生产工艺均联产其他产品，因此全球邻甲酚的生产能力难以做准确的统计，据估计现在年生产能力约为 4 万～4.5 万吨。我国只有少数厂家采用天然分离法和邻甲苯胺重氮化水解法小规模生产，如上海焦化厂、首钢焦化厂、马钢焦化厂、南京梅山炼钢焦化厂、重庆有机化工厂等。由于规模较小，工艺落后，产品质量差，无论是质量还是数量根本不能满足国内的需求。

2013 年我国邻甲酚出口量为 86750kg，2014 年我国邻甲酚出口量为 58991kg。图 7-3 所示为 2009～2014 年我国邻甲酚出口量。

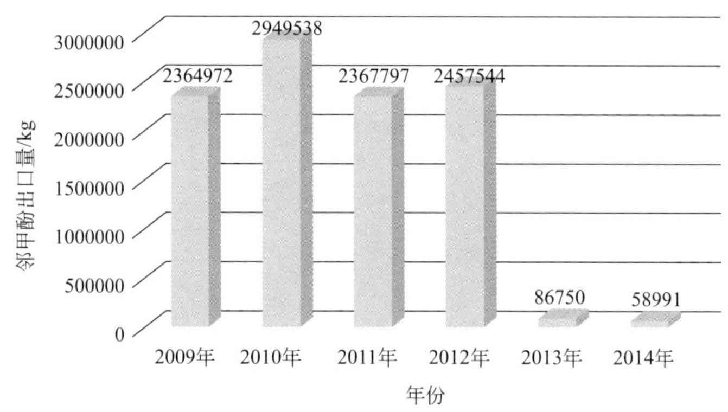

图 7-3　2009～2014 年我国邻甲酚出口量

2013 年我国邻甲酚出口金额为 62.4 万美元，2014 年我国邻甲酚出口金额为 46.3 万美元。图 7-4 所示为 2009～2014 年我国邻甲酚出口金额。

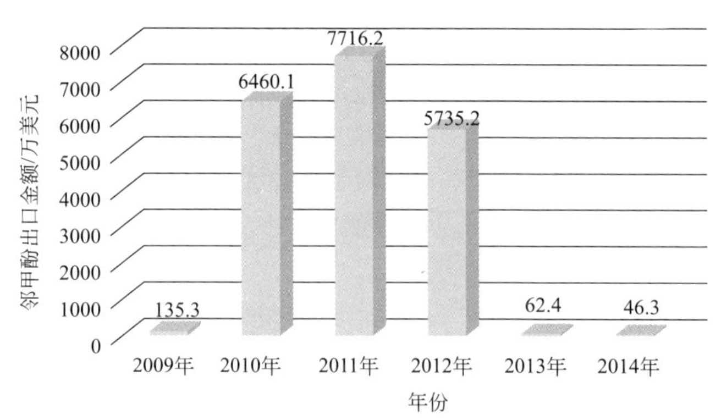

图 7-4　2009～2014 年我国邻甲酚出口金额

2013 年我国邻甲酚进口量为 4430244kg，2014 年我国邻甲酚进口量为 5065035kg。图 7-5 所示为 2009～2014 年我国邻甲酚进口量。

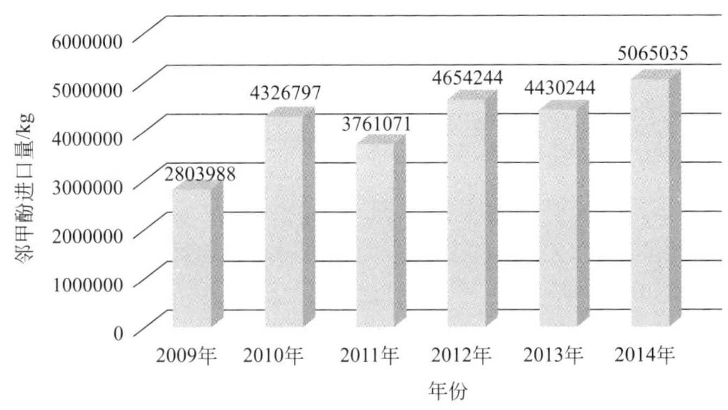

图 7-5　2009～2014 年我国邻甲酚进口量

2013 年我国邻甲酚进口金额为 936.5 万美元，2014 年我国邻甲酚进口金额为 1108.1 万美元。图 7-6 所示为 2009～2014 年我国邻甲酚进口金额。

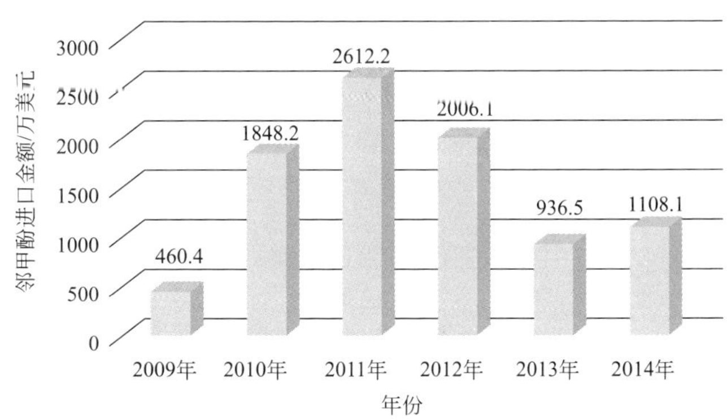

图 7-6　2009～2014 年我国邻甲酚进口金额

7.2.7　间甲酚

间甲酚是合成农药的重要精细化工中间体，近年来，我国农药产品生产与发展前景广阔，因此对间甲酚的市场需求量将保持平均 8%～10%的增长速度。而目前国内间甲酚的产量不能满足市场需求，每年均需从国外进口相当数量的间甲酚。因此，间甲酚是我国亟待发展并且具有广阔发展前景的农药精细化工中间体之一。

在农药生产中，在 2015 年以前，农药工业对间甲酚的需求年均增长率保持在 8%～10%左右，在 2012 年农药工业需要间甲酚约为 1.1 万吨。间甲酚在农药工业中主要应用于合成杀虫剂杀螟松、速杀威、倍硫磷。在农药工业中，目前杀螟松、速杀威、倍硫磷等年消耗间甲酚约 2000t。间甲酚还用于生产间苯氧基苯甲醛，进而生产拟除虫菊酯类杀虫剂，如速灭杀丁和氟胺氰菊酯等。另外，间甲酚还可以用来生产多种拟除虫菊酯类农药。目前，拟除虫菊酯类农药是我国农药工业杀虫剂的主导发展品种，是市场中极受欢迎的农药品种之一。甲氰菊酯、氯氰菊酯、氰戊菊酯等均已经大量出口到国外市场中，自我国加入 WTO 后出口前景更为看好，该类农药目前每年需消耗间甲酚约 4000t 以上。除此以外，其他类农药约需消耗间甲酚 3000～4000t。三项合计，农药工业约需消耗间甲酚 1 万吨，间甲酚在农药行业的市场应用前景看好。

我国的间甲酚规模化生产装置仅有中国石油化工集团公司北京燕山石油化工公司。该装置生产技术完全从国外引进，1995 年投产，年产能力为 1.2 万吨左右。另外，国内尚有部分企业采用落后的甲苯磺化碱熔法生产技术，但由于生产规模小、产品质量差，受到进口产品的冲击，经济效益差，“三废”污染严重，生产不能正常化，处于停产或半停产的状态。由于国内产量不能满足农药市场的需求，每年均需要从国外大量进口间甲酚。2009 年我国间甲酚的进口量约为 7000t，2010 年快速增加到 8000t 左右，2012 年国内进口量达到 1 万吨以上，进口量比上年增加 20%以上，进口单位也比上年增加 11.5%。因此，积极发展我国间甲酚生产，在产业内迅速调整整合，淘汰落后产能，发展先进的生产技术已成为我国间甲酚工业刻不容缓的任务，应该引起充分重视和关注。

2013 年我国间甲酚出口量为 356558kg，2014 年我国间甲酚出口量为 166032kg。图 7-7 所示为 2009～2014 年我国间甲酚出口量。

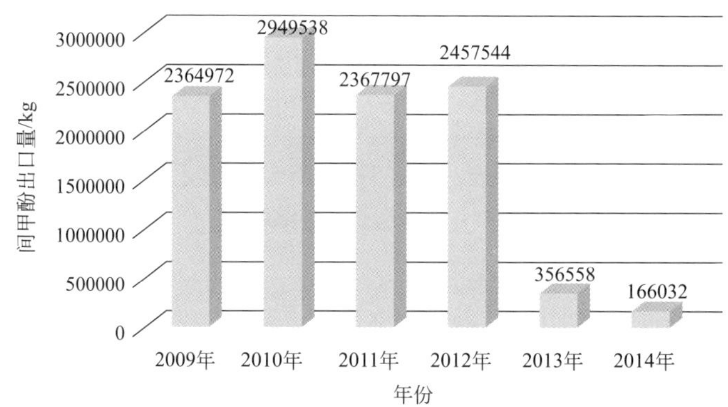

图 7-7　2009～2014 年我国间甲酚出口量

2013 年我国间甲酚出口金额为 244.6 万美元，2014 年我国间甲酚出口金额为 124.9 万美元。图 7-8 所示为 2009～2014 年我国间甲酚出口金额。

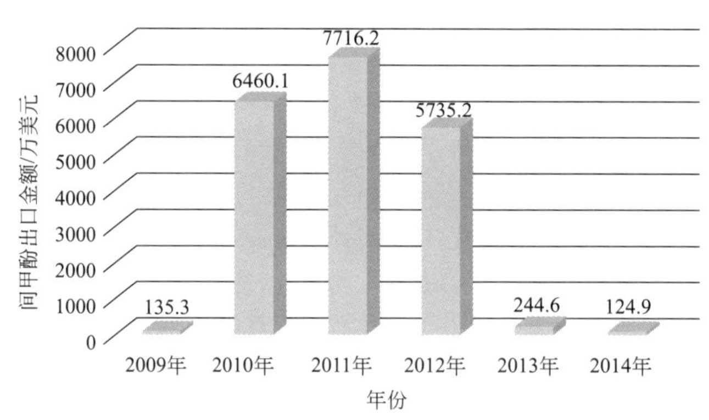

图 7-8　2009～2014 年我国间甲酚出口金额

2013 年我国间甲酚进口量为 5105645kg，2014 年我国间甲酚进口量为 7267290kg。图 7-9 所示为 2009～2014 年我国间甲酚进口量。

2013 年我国间甲酚进口金额为 2828.5 万美元，2014 年我国间甲酚进口金额为 3553.3 万美元。图 7-10 所示为 2009～2014 年我国间甲酚进口金额。

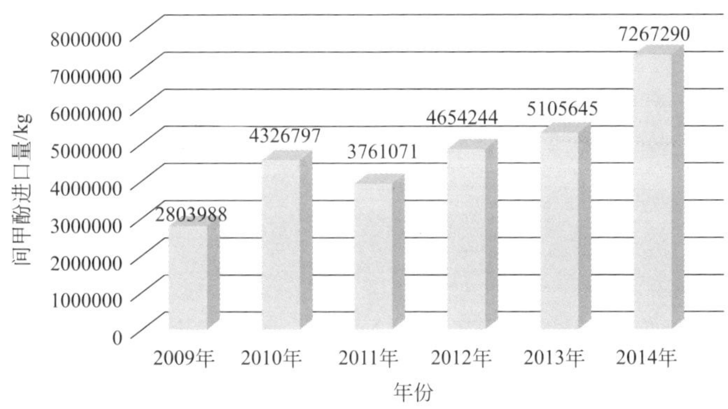

图 7-9　2009～2014 年我国间甲酚进口量

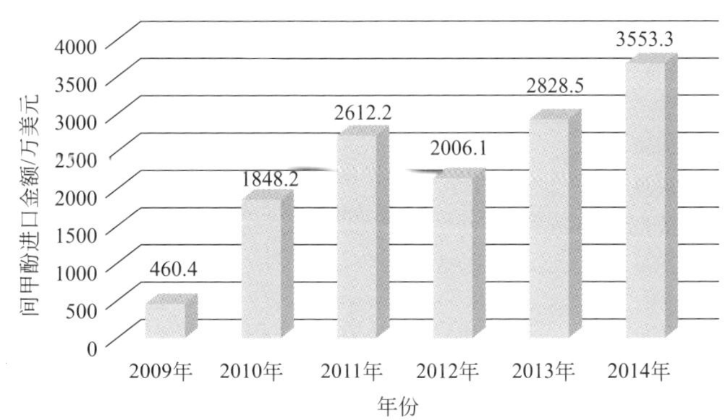

图 7-10　2009～2014 年我国间甲酚进口金额

7.2.8　邻苯二酚

邻苯二酚是重要的低毒、高效、新型氨基甲酸酯类农药克百威、残杀威、乙霉威的中间体。利用邻苯二酚所生产的农药是目前国内主流的杀虫剂品种，2008 年农药行业消耗邻苯二酚约 8000t。2002 年我国对原产于欧盟的进口邻苯二酚采取了反倾销措施，这给国内邻苯二酚行业的发展带来了机会，国内采用苯酚羟基化工艺技术建设了 5000t/年的生产装置，清华大学、天津大学、南京工业大学等单位拥有相对成熟的工艺技术。

2013 年我国邻苯二酚出口量为 196755kg，2014 年我国邻苯二酚出口量为 53249kg。图 7-11 所示为 2009～2014 年我国邻苯二酚出口量。

2013 年我国邻苯二酚出口金额为 69.8 万美元，2014 年我国邻苯二酚出口金额为 22.2 万美元。图 7-12 所示为 2009～2014 年我国邻苯二酚出口金额。

2013 年我国邻苯二酚进口量为 8272338kg，2014 年我国邻苯二酚进口量为 6749307kg。图 7-13 所示为 2009～2014 年我国邻苯二酚进口量。

2013 年我国邻苯二酚进口金额为 2814.5 万美元，2014 年我国邻苯二酚进口金额为 2368.3 万美元。图 7-14 所示为 2009～2014 年我国邻苯二酚进口金额。

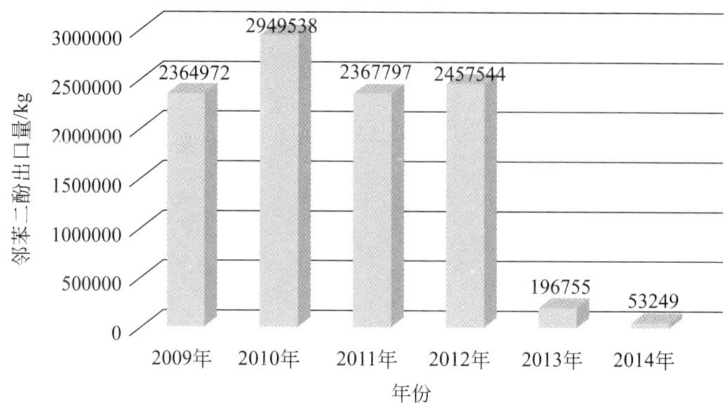

图 7-11　2009～2014 年我国邻苯二酚出口量

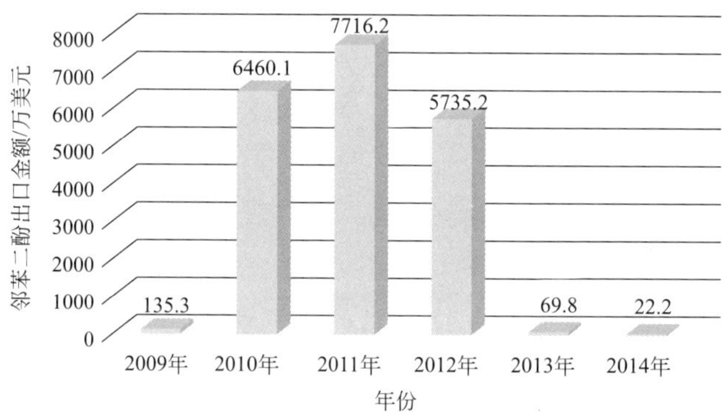

图 7-12　2009～2014 年我国邻苯二酚出口金额

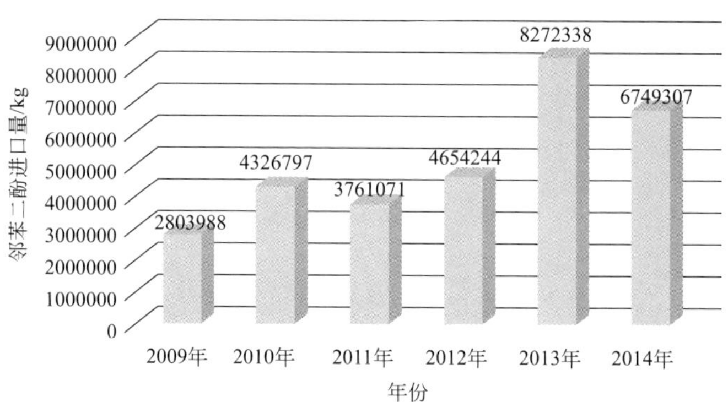

图 7-13　2009～2014 年我国邻苯二酚进口量

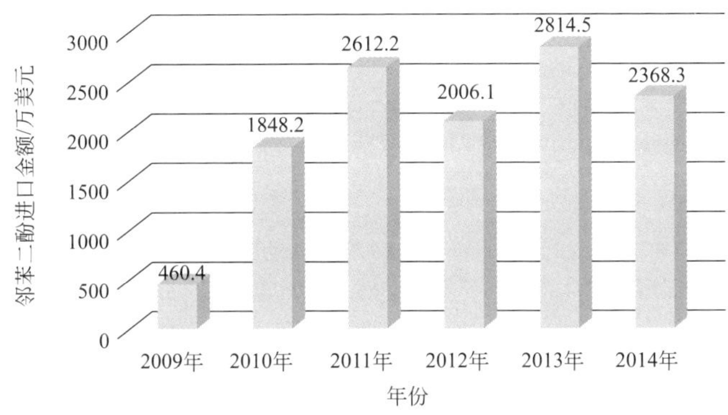

图 7-14　2009～2014 年我国邻苯二酚进口金额

7.2.9　亚乙基胺系列产品

亚乙基胺系列产品是重要的有机化工原料，包括乙二胺及其同系的多乙烯多胺类化合物，在农药中应用十分广泛。亚乙基胺的工业化工艺路线主要有两种：一是以二氯乙烷为原料的 EDC 法；二是以乙醇胺为原料的 MEA 法。两种合成工艺各有千秋，国外工业化生产中各占 50%左右，国内则全部采用 EDC 法。

世界亚乙基胺的生产与消费主要集中在欧美等工业发达的国家和地区，而且是少数企业垄断生产的，主要的生产公司有：美国道化学公司、联合碳化公司，德国的巴斯夫公司、拜耳公司等，年生产能力约 20 万吨，其中乙二胺生产能力约 15 万吨。我国约有 10 家亚乙基胺的生产企业，年生产能力约为 7500t。其中江苏东南化工集团是国内最大的生产企业，其他企业年生产能力多为数百吨，主要生产企业还有湖南南天集团公司、上海染料化工厂、山东济南清河化工厂等，由于生产规模小、生产技术水平低、原材料及能耗比较高，难以与国外产品竞争，因此多数生产企业处于停产或半停产状态。国内的市场需求主要依赖进口，进口产品主要来自美国和西欧，近 4 年间进口量增加了 109%，年均增长率高达 20%，远远高于其他有机中间体产品的需求增长率，市场前景十分看好。

乙二胺主要用于生产二硫代氨基甲酸盐类杀菌剂。主要有代森锰、代森锰锌、代森锌等农药品种，由于这些农药用途广、药效好，已经成为我国目前非内吸性保护性杀菌剂的主要品种，而且已经向国外大量出口。尽管国外已经对此类产品的生产不感兴趣，但是在我国却是主导产品，而且是仍在发展中的产品，2010 年该类农药消耗乙二胺 1.9 万吨，到 2015 年，生产农药消耗乙二胺近 9 万吨。

我国 2008 年亚乙基胺国内的总市场需求量约在 3 万吨，目前国内消耗量约为 2.5 万吨，其中 90%的量依赖进口，而且我国亚乙基胺系列产品的许多消费领域正处于成长期，不仅主导产品乙二胺市场快速增长，而且其他产品如二乙烯三胺和哌嗪等，国内市场也十分紧俏，因此发展前景广阔。国外许多著名的亚乙基胺生产企业绝不会轻易放弃巨大的中国市场，他们依靠装置规模和成熟的技术，向中国市场提供优质低价的产品，因此国内企业不能轻易建设小规模的生产装置。有条件的企业可以与外商合资合作，或引进国外的技术与设备，建设规模化的生产装置，装置规模应在 1 万～3 万吨/年为宜，以满足国内市场的需求，技术方面应考虑联合碳化、巴斯夫或者拜耳公司。

7.2.10 碳酸二甲酯

世界碳酸二甲酯（DMC）的总生产能力目前约为30万吨/年，主要集中在美国、西欧和日本。主要的生产厂家有美国通用电气（GE）塑料公司（生产能力为6.0万吨/年）、意大利埃尼（Eni）公司（生产能力为1.2万吨/年）、日本宇部兴产公司（生产能力为1.5万吨/年）、日本三菱化学公司（生产能力为1.5万吨/年）、日本大赛璐公司（生产能力为0.6万吨/年）等。

在农药领域，碳酸二甲酯主要用于生产甲基异氰酸酯，进而生产氨基甲酸酯类农药，其主要农药品种有甲萘威、残杀威、克百威、灭多威等。在农药方面全球碳酸二甲酯的市场消费量约为1万吨。随着农药新品种的不断推出，部分产品将在一定程度上替代氨基甲酸酯类杀虫剂，因此，在今后的几年中氨基甲酸酯类农药的生产与消费将基本维持小幅度的上涨。目前，我国农药行业对碳酸二甲酯的市场消费量还比较小，约在0.5万吨/年。随着农药产业结构调整的步伐加快，甲胺磷等5种高毒有机磷农药已于2007年1月1日起全面禁止在我国流通，克百威、茚虫威等替代农药品种的市场份额会进一步扩大，我国一些主要的农药生产企业已有相当的扩产计划，因此，碳酸二甲酯在上述这些农药品种中的市场需求是有相当潜力的。

工业上碳酸二甲酯的生产方法主要有光气法、酯交换法以及甲醇氧化羰基法等。由于光气的剧毒性，光气法已被逐步淘汰。酯交换法工艺经过多年的工业运行，目前已十分成熟。甲醇氧化羰基化法，无副反应发生，是世界各国着重开发的重点工艺路线。我国碳酸二甲酯的产品开发始于20世纪80年代初期，早期生产方法均为光气法，装置规模一般都为300～500t/年，90年代后，对非光气法碳酸二甲酯的生产工艺进行了开发研究。通过将近30年的研究开发，我国碳酸二甲酯的生产工艺有了较大的改进。目前，光气法生产装置已全部停产，液相氧化羰基法工艺得到初步的应用，已形成4000t/年的工业化生产装置（湖北兴发集团公司）；尿素法工艺技术也已通过了国家鉴定；酯交换法工艺得到大规模的发展，产能之和约占总产能的90%以上，已经成为我国碳酸二甲酯生产的主流工艺。

1996年我国建成了首套年产300t碳酸二甲酯的装置。伴随着21世纪以来绿色经济热潮的兴起，近几年，中国碳酸二甲酯产能连年翻番：2006年碳酸二甲酯总产能约6万吨，2007年产能猛增到12万吨，到2008年产能突破了24万吨。2013年我国碳酸二甲酯产能为67.2万吨，2014年底国内碳酸二甲酯产能达到83万吨。年度产量从2007年的7.8万吨增长至2014年的41.5万吨。2007～2014年我国碳酸二甲酯行业市场产能增长趋势如图7-15所示。

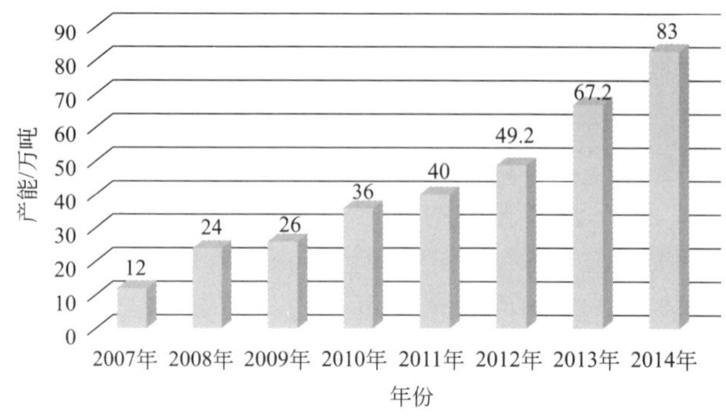

图7-15 2007～2014年我国碳酸二甲酯行业市场产能统计

2007～2014年我国碳酸二甲酯行业市场产量增长趋势如图7-16所示。

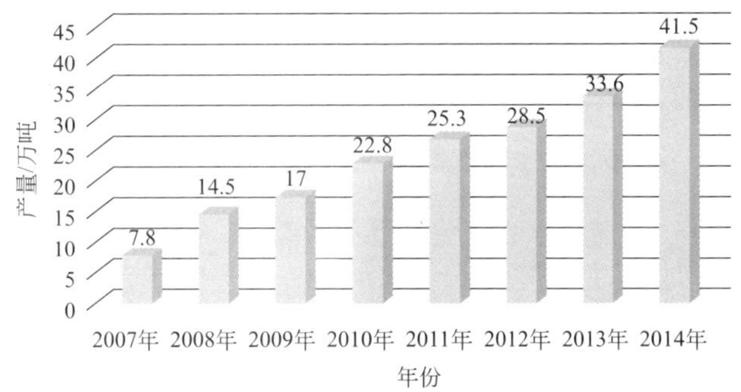

图7-16 2007～2014年我国碳酸二甲酯行业市场产量统计

碳酸二甲酯是一种具有发展前景的“绿色”化工产品，是符合现代“清洁工艺”要求的环保型化工原料。碳酸二甲酯的价格目前处于低点，随着环保要求的提高，作为一种绿色环保化工产品，极具发展前景。2013年我国碳酸二甲酯需求量为26.3万吨，2014年国内需求增长至32.1万。2007～2014年我国碳酸二甲酯需求量走势如图7-17所示。

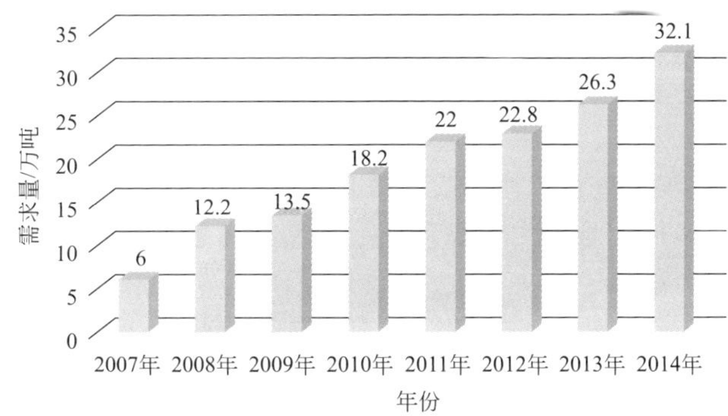

图7-17 2007～2014年我国碳酸二甲酯需求量走势

目前，我国碳酸二甲酯生产企业约有20余家，总产能达10万吨/年以上。最大的生产企业是山东石大胜华化工股份有限公司（酯交换法），2010年产能达3万吨/年，约占国内总产能的30%。河北新朝阳化工股份有限公司产能达1.8万吨/年（酯交换法）。在2010年以后，非光气法碳酸二甲酯的市场占有量快速增长。

7.2.11 叔碳酸系列产品

叔碳酸又称新酸和三烷基乙酸，是一种带支链的一元饱和羧酸，是工业脂肪酸的一个重要分支。由于化学结构特殊，叔碳酸衍生物的化学性质也相对稳定得多，如叔碳酸酯类具有优异的耐水解性，此外，它还具有较高的耐热、耐寒、耐变色等性能。叔碳酸系列产品由于具有优异的物化性质，广泛应用于农药工业中。目前国内叔碳酸生产企业较少，市场需求主要依赖进口，随着近年来国内研究速度加快，目前已经具备产业化条件。

叔碳酸系列产品由于品种较多，在石化领域内又是小吨位产品，目前全球叔碳酸年生产能力约为16万～18万吨，年产量约为12万～16万吨。20世纪70年代末，中科院上海有机所曾进行叔碳酸合成的小试研究，同时抚顺石油化工研究设计院试制出产品。“八五”期间抚顺石油研究设计院合成叔碳酸与常州涂料化工研究院的叔碳酸缩水甘油酯均被列为国家重点科技攻关项目。抚顺石化设计院以二异丁烯和一氧化碳为原料，进行了20t/年的中试，合成了C_7～C_9的叔碳酸，“九五”期间该项目被列为国家科技发展规划，进一步攻关，但是至今一直进展不大。而1995年开始从事叔碳酸研究的西南化工研究院在小试基础上，以C_9烯和CO为原料进行了50t/年的中试，合成了C_{10}叔碳酸，攻克了催化剂的循环使用和提高转化率两大难题，产品叔碳酸纯度达到99.9%，收率80%，转化率达到90%，产品质量达到国外同类产品水平，该装置目前已扩建到1000t/年的规模，产品已经投放市场。目前天津一家精细化工厂规模为2000t/年，可以生产多种叔碳酸，而叔碳酸乙烯酯的生产因为反应条件苛刻，目前国内还没有进行研究与开发。

叔碳酸系列产品在农药中用途广泛，目前尤其是三甲基乙酸应用最为普遍，三甲基乙酸与丙酮为原料合成的频那酮是国内十分紧俏的农药中间体，频那酮可以合成多种新型的杀菌剂、植物生长调节剂和杀虫剂等。如三唑醇、苄氯三唑醇、三唑酮、多效唑、双苯唑醇、特效唑、烯唑醇、戊唑醇、抑芽唑和缩株唑等，这些产品具有高效、低毒、内吸、广谱、用量少、残留量小和残留期短的优点。叔碳酸（又称新酸）可用于植物以及棉花、大豆、燕麦、土豆等农作物萌发后期除莠剂；长链新酸的锌皂和锡皂又有生物杀伤性和杀真菌活性，可用于木材等防腐剂等。

目前工业化生产叔碳酸（C_5～C_{13}）主要采用Koch法合成。烯烃、醇、醛类都可以作为原料，但是由于烯烃在化学反应上比醇、醛更为有利，故实际生产中大多采取烯烃与一氧化碳反应。烯烃在强酸催化剂的作用下被质子化，继而发生碳骨架的重排，接着同一氧化碳作用，生成酰基鎓离子，再经过水解反应成为叔碳酸。其催化剂为H_2SO_4、$BF_3 \cdot H_2O$、$BF_3 \cdot H_3PO_4$或HF等。反应中加入银、铜等金属助催化，可以加快反应速率。改良的Koch法可以在常温和低压下进行，实验表明改良后的工艺生产的产品几乎100%是叔碳酸，没有其他副产物。由于该技术难度比较大，加上产品技术附加值较高，因此许多技术细节仍然处于高度的保密之中，国外一些主要生产公司对外均不转让技术。由于合成技术难度比较大，目前国内的工艺路线技术仍需要完善。随着我国石油化学工业的发展，对叔碳酸的需求快速增加，目前西南化工研究院、抚顺石油化工研究院等多家科研机构已经基本完成了叔碳酸生产技术的开发研究，完全可以进入工业化实施阶段，其中均为Koch工艺，并且开发出了符合环保需求的固体酸催化剂。

由于叔碳酸系列产品所需原料均主要来自石油化工企业，因此建议国内有石油化工生产基础和原料供应的企业优先建设系列化叔碳酸生产装置，建设规模可控制在3000～5000t/年，总投资约在8000万～1亿元人民币。

7.2.12 糠氯酸

糠氯酸在农药工业上，主要应用于生产农药杀螨灵、速螨酮、克草净等。杀螨灵是由日本日产化学工业株式会社最先推出的新一代广谱高效杀螨剂，我国在20世纪90年代研究开发并生产。该农药对害螨有强烈的渗透、触杀、内吸作用，对多种农作物上抗性害螨的卵、若螨、成螨都具有显著的防效，无交互抗性，抗日晒雨淋，且速杀性强，持效期达到30d以上。目前不仅用于棉花、水稻，还用于茶树、鲜花等经济作物，而且还用在动物身上作为杀螨剂使用。作为低毒低残留的农药，尤其将在今后国内经济农作物的出口上起到很大作用。目前杀螨剂首推杀螨灵，近年来国内产量和消费量逐年增加，并且出口到东南亚一些国家。因此糠氯酸的应用前景广阔。

糠氯酸的工艺路线主要有直接氯化法和氯氧化法。直接氯化法工艺简单，易于规模化，产品质量好，是目前普遍采用的工业化生产方法；氯氧化法是在稀盐酸的存在下，糠醛与氯气进行氯氧化反应，生产控制比较复杂，规模小，但是产品质量比较好，是以前开发出来的工艺路线，目前国内使用得不多。20世纪末期随着国内高效低毒杀螨灵的开发与生产，国内掀起了糠氯酸生产装置的建设热潮。目前国内有20余家企业生产糠氯酸，一般多是乡镇或民营中小型企业，而且年产量多为100～200t，主要集中在浙江和江苏一带。目前国内糠氯酸的主要生产企业有江苏昆山三联化工厂、浙江黄岩化工四厂、江苏泰兴市顺达实业总公司、江苏宜兴金马精细化工厂、深圳华苏化工有限公司、江苏常州化工厂、江苏盐城湖宝香料有限公司等。目前国内糠氯酸的总生产能力约为4000t/年，一般都采用糠醛和氯气为原料，经过氯化、结晶、过滤、水洗和干燥等工序，过滤后的母液循环使用，反应尾气用碱吸收。其中的技术关键在于反应器的构造与催化剂的选择，这两个因素可以明显地影响产品质量、原材料的消耗和产品的收率。

目前我国农药和医药行业年需求糠氯酸约为4000t，今后几年仍将保持年均5%～8%的增长速度。我国是世界上糠醛的主要生产国与供应国，总生产能力近30万吨/年，而且国内近年来烧碱装置投资过热，氯气将呈现严重供过于求的局面。因此，随着未来许多高毒农药被限用和国内农药市场的逐渐走高，糠氯酸作为一种投资少的小吨位农药精细化工中间体，在生产上仍有较大的发展潜力，建设规模以1000t/年为宜。

7.2.13 邻苯基苯酚

目前，全球邻苯基苯酚年总产能约为5000t，年产量约为4500t，生产厂家主要集中在日本、美国和德国，生产工艺主要采用环己酮缩合脱氢法。美国陶氏化学是世界上合成邻苯基苯酚最早的厂家，主要采用氯苯为原料。德国拜耳公司主要采取环己酮为原料。经过二聚酮脱氢得到邻苯基苯酚。

我国的邻苯基苯酚生产始于20世纪70年代后期，天津市卫津化工厂、上海染料化工厂、大连化工研究设计院等单位从磺化法生产苯酚的蒸馏残渣中分离回收邻苯基苯酚，虽然产品纯度也能达到99.5%，但受原料来源限制，目前国内使用该工艺生产的企业并不多，产量有限，随着国内磺化法生产苯酚装置的关停并转，采用该工艺生产邻苯基苯酚的产量越来越低。20世纪90年代初期，我国不少科研机构进行了邻苯基苯酚生产工艺的研究开发工作。1992～1994年，中科院山西煤炭化学研究所曾进行过环己酮聚合脱氢合成邻苯基苯酚的研究；1993～1995年，北京化工研究院进行了环己酮聚合脱氢合成邻苯基苯酚的研究，并在南京化学工业公司磷肥厂投资建设一条生产线；2002年，南京理工大学开发了环己酮路线合成邻苯基苯酚新工艺，在催化剂活性上有了较大的提高，解决了该工艺催化剂的活性难题。

邻苯基苯酚及其钠盐的除莠活性很高，具有高效广谱的杀菌除霉能力，而且低毒无味，是较好的杀菌防腐剂，可用于水果以及蔬菜的杀菌防霉。在蜡中混入0.8%的邻苯基苯酚，采用喷雾法喷在柑橘上（也可以与联苯并用），其杀菌防霉保鲜的效果更佳，特别适用于柑橘类防霉防腐，也可以用于处理柠檬、菠萝、梨、桃、番茄以及黄瓜等，在美国、英国、加拿大等国，被允许使用的水果范围较大。邻苯基苯酚及其钠盐还可以用于生产纤维和其他材料（木材、织物、纸张、胶黏剂和皮革等）的消毒和除菌防霉剂，一般使用的浓度为0.15%～1.5%。邻苯基苯酚还可制备除莠剂和消毒剂2-氯-4-苯基苯酚等。

近年来，随着国内对邻苯基苯酚市场需求量的不断增大以及外贸大量求购，全国各地有不少厂家纷纷开发该产品，四川、上海、江苏宜兴和连云港等地都有意投资建设邻苯基苯酚生产装置，天津也有企业准备投资开发邻苯基苯酚生产装置，大连、本溪、锦州都有企业在进行小试。其中，太原合成化工厂和张家港市兆丰染料助剂厂已经建成百吨级的试生产装置，采用环己酮工艺路线生产含量为98%的邻苯基苯酚。张家港市兆丰染料助剂厂还有意将生产装置规模进一步扩大。据统计在2010～2013年间，我国邻苯基苯酚产值规模逐年增大，2013年比2010年增加了1.4亿元。

目前，全球邻苯基苯酚的每年市场消耗量约为5000t，产品主要用来生产杀菌防霉剂，用于水果、蔬菜的杀菌防腐保鲜等。近年来，由于欧洲的一条生产线停产，国外的客商纷纷向我国寻求货源，以满足当地的市场需求，因而邻苯基苯酚的市场前景十分看好，我国的邻苯基苯酚生产厂家应努力提高其产量来满足国内外的市场需求。

7.2.14 硫脲

硫脲又名硫代尿素，工业上采用3种方法生产：一是硫代氰酸胺法；二是重氮甲烷法；三是石灰氮法。目前我国绝大部分生产厂家采用石灰氮法生产，硫代氰酸胺法和重氮甲烷法已逐渐被淘汰。石灰氮法采用石灰氮和硫化氢气体，在合成釜内进行吸收合成反应，制得硫脲溶液，经3次过滤除渣、洗涤净化后，将溶液打入结晶罐进行冷却结晶，固液分离后晶体用三足离心机甩干，再经过烘干制得硫脲成品。

硫脲是一种重要的化工产品，在农药方面有广泛的应用，如生产杀虫剂、杀菌剂、杀螨剂、杀线虫剂、除草剂、植物生长调节剂、防治病毒制剂、杀鼠剂等，还可以用来防治柑橘霉病及控制薯类的发芽期。硫脲和水合肼直接反应可制得氨基硫脲，氨基硫脲是重要的农药中间体，主要用于合成敌枯双、叶青双、杀草强、噻二唑类除草剂以及川化-018杀菌剂等。硫脲本身也是一种杀鼠剂，商品名为灭鼠特，目前国内用它进一步合成双鼠脲，其杀鼠效果远远高于毒鼠强，对人畜的危害很小，是一种具有市场潜力的急性杀鼠剂。

目前全世界硫脲的总生产能力为8万吨/年，主要生产国和出口国为中国、日本、德国，主要消费地为日本、美国、欧洲、中国、东南亚等。日本有3家公司生产硫脲，年产量为3000t左右，需求量在6000t左右，市场不足部分从中国进口。欧洲有2家公司生产，为德国的SKW公司、法国的SNPA公司，总产量为1万吨/年。欧洲市场每年的用量是3万吨，其中2万吨从中国进口。美国公司Robeco年生产硫脲1万吨左右，每年需从中国进口5000t以上，主要用于农药生产领域。东南亚如印度尼西亚、马来西亚、新加坡等地的需求量在5000t/年以上。非洲国家硫脲的总用量在3000t/年以上，而且主要依靠进口，主要用于农药等领域。我国台湾地区用量也超过2000t/年，而且呈逐年递增的趋势。

我国钡锶盐的产量占世界产量的近80%，且煤炭资源丰富，从而为硫脲的生产提供了充足的原料，使我国成为最大的硫脲生产国，我国在国际市场上占据主导地位。

我国的硫脲生产近几年有一定的发展，产能达到6万吨/年以上，生产厂家达到20余家，其中有90%以上为钡盐生产企业。如果碳酸钡的生产不稳定，会导致硫化氢气体浓度过低，从而降低硫脲的收率，抑制技术力量比较薄弱的生产厂家上马硫脲产品。目前我国硫脲的主要生产厂家见表7-3。

表7-3 我国硫脲主要生产厂家及其产能

序号	生产厂家	年产能/t
1	河北辛集化工集团公司	8000
2	山东临述化工总厂	6000
3	宁夏民族化工集团公司	4000
4	湖南衡阳宏湘化工集团公司	5000
5	山东淄博万昌集团公司	6000

续表

序号	生产厂家	年产能/t
6	湖南大荣农药厂	5000
7	山东诸城碳酸钡厂	3000
8	江苏昆山化工厂	3000
9	福建三农集团公司	3000
10	湖北楚星集团公司	2500
11	天津跃进化工厂	2000
12	山西运城鸿运化工集团公司	1500
13	青州振华化工有限公司	1500

7.2.15　氯化苄

氯化苄是农药合成中的重要中间体，以氯化苄为原料可以合成上百种有用的化学品。在农药工业中氯化苄是制造稻瘟净、辛硫磷、农药乳化剂、阳离子消毒杀菌剂等的原料。氯化苄还可用于生产苯甲醇，是一种优良的农药生产溶剂和助剂。

近年来，随着我国农药工业的发展，对氯化苄的市场需求量在快速增加，在农药工业上，仅用于生产杀虫剂的氯化苄的市场需求量就在 21000t/年左右，用于生产苯甲醇的氯化苄的市场需求量达 6000t/年左右，用于生产消毒杀菌剂苄基季铵盐的氯化苄用量在 1000t/年左右。并且国内市场有快速上升的趋势，市场前景呈现向好的趋势。

目前，国内氯化苄的生产方法有热氯化法和光照氯化法等，并且都已工业化生产，技术较成熟，但这些工艺方法流程复杂，反应速率很慢，收率低，副反应较多，生产成本比较高，特别是生产能力低，设备利用率不高。国内引进的生产技术、设备的投资较大，技术费用昂贵。

而采用国内新近研发的催化氯化生产工艺，反应设备比较简单，生产能力高，副反应较少，产品的质量好，原料消耗较低，在下脚料中含有 α,α-二氯甲苯，可以用来生产其他的农药。在设备投资方面，以生产 500t/年氯化苄和 250t/年苯甲醛为例，总投资约为 300 万元，其中设备投资 140 万元，安装费用 26 万元，实验设备 20 万元，厂房面积约 $600m^2$。苯甲醛是由氯化苄生产过程中的下脚料制备的，目前其市场用途正日益扩大，在农药工业中苯甲醛是合成农药的重要中间体，可以用来合成 α-苯基苯并咪唑、三苯甲烷等，苯甲醛还可以用来合成醛类、酸类、酯类等其他农药中间体，其市场用途正处于不断的开发之中。苯甲醛的国内市场一直比较活跃，市场价格稳中有升，且出口形势看好，具有很好的市场前景。

7.2.16　其他芳香族含氟中间体

7.2.16.1　2,6-二氟苯甲腈

2,6-二氟苯甲腈主要工艺路线：其一是 2,6-二氯甲苯经过氨氧化反应，然后用氟化钾催化氟化而得；其二是 2,6-二氯甲苯侧链氯化得到2,6-二氯苯甲醛，然后与羟胺反应得到 2,6-二氯苯甲腈，再氟化得到产品。我国目前主要采用技术难度相对较小的第二条路线。2,6-二氟苯甲腈可用于生产 2,6-二氟苯甲酰胺。2,6-二氟苯甲酰胺是用于合成苯甲酰脲类杀虫剂的基础中间体，苯甲酰脲类杀虫剂属于几丁质合成抑制剂，其选择性强，使用量少，无毒无害，被誉为 21 世纪绿色农药，具有非常广阔的发展前景，其主要品种有除虫脲、定虫

隆、氟幼脲、伏虫隆、氟铃脲、氟虫脲等。目前国内研究单位比较多，由于其合成农药多在专利保护期内，主要研究单位有上海市农药研究所、沈阳化工研究院及多所高等学校的研究机构等。尽管国内有多家企业建设该装置，但是市场需求量比较大，仍具有一定的发展空间。

7.2.16.2 2,6-二氟苯甲醛

2,6-二氟苯甲醛的工艺路线是：以2,6-二氯苯甲醛为原料通过氟化制得。2,6-二氟苯甲醛是一种重要的新型农药中间体，如用于合成农药氟螨嗪等。由于结构中氟原子替代氯原子，因此活性比2,6-二氯苯甲醛高，我国有多家科研单位进行开发研究，有的取得了突破性的进展。国内主要生产厂家有扬州天辰精细化工有限公司、浙江台州金海医化有限公司、江苏常州吉特盟化工有限公司等，这些厂家装置规模都比较小，生产能力约为70t/年。目前国内2,6-二氟苯甲醛合成技术比较成熟，国内有多家企业生产，原料供应充足。国外近年来需求旺盛，多次通过外贸部门在中国寻求该产品，产量主要根据外贸订单确定。

7.2.16.3 2,3,5,6-四氟苄醇

2,3,5,6-四氟苄醇是合成卫生用拟除虫菊酯四氟苯菊酯的中间体。四氟苯菊酯是一种广谱杀虫剂，是具有良好发展前景的拟除虫菊酯，目前国内有多家企业研究和开发其合成技术并扩大其应用范围。作为其原料，2,3,5,6-四氟苄醇具有良好的市场发展前景，目前主要生产企业为江苏扬农化工股份有限公司和江苏省激素研究所。制备2,3,5,6-四氟苄醇以2,3,5,6-四氯对苯乙腈为原料，用氟化钾氟化为2,3,5,6-四氟对苯二腈，然后水解成2,3,5,6-四氟对苯二甲酸，接着脱羧，再用硼氢化钠还原得到2,3,5,6-四氟苄醇。

7.2.16.4 2,3,5,6-四氟-4-甲基苄醇

2,3,5,6-四氟-4-甲基苄醇是合成拟除虫菊酯七氟菊酯和丙氟菊酯的中间体，七氟菊酯和丙氟菊酯均为较有发展前景的拟除虫菊酯产品，目前市场需求在不断扩大。2,3,5,6-四氟-4-甲基苄醇的工艺路线主要以2,3,5,6-四氟苯二甲醇为原料，可以通过两种方法进行合成。一是将苯二甲醇中的一个羟甲基转化为溴甲基再加氢还原得到产品；二是将苯二醇中的一个羟甲基用醋酐酯化成相应的醋酸酯再还原成产品。

7.2.16.5 3,4-二氯三氟甲基苯

3,4-二氯三氟甲基苯的工艺路线较多，有工业化价值的工艺路线主要有两条：一是甲苯法，先将甲苯侧链氯化得到苄川三氯，再氟化得到苄川三氟，最后苯环氯化得到产品；二是以对氯甲苯作为原料，在催化剂作用下，经过侧链光氯化、氟化、核氯化反应得到产品。该品主要是用来合成二苯醚类含氟除草剂的中间体，用于合成乳氟禾草灵、氟磺胺草醚、乙羧氟草醚、二氯氟草醚、乙氧氟草醚、氯氟草醚、三氟羧草醚、氟萘草酯、氟草醚酯、HC-252、SN106279等，另外还可以合成吡唑类杀虫剂氟虫腈。作为重要的农药中间体，国内生产厂家较多，但是国内很少用于合成农药，主要供出口。随着国内下游产品逐渐得以开发，该产品市场需求将呈现较快的增长趋势，市场前景十分看好。

7.2.16.6 三氟甲基苯胺

三氟甲基苯胺是重要的含氟有机中间体，广泛应用于农药工业中。三氟甲基苯胺有邻、间、对三种异构体。邻三氟甲基苯胺的工艺路线是：以邻氨基甲苯为原料，与光气反应得到邻甲基苯基异氰酸酯，再进行光氯化反应得到邻三氯甲基苯基异氰酸酯，最后与无水氢氟酸反应，酸化、中和得到产品。间三氟甲基苯胺国内外工业化方法是：以间三氟硝基苯为原料，一般采用催化加氢还原得到间三氟甲基苯胺。对三氟甲基苯胺国外合成工艺路线以对硝基三氟甲苯为原料经过还原得到产品，其中对硝基三氟甲苯的获得非常困难，国内目前在研究的有对三氯甲基苯基异氰酸酯氟解法、对三氟甲基苯肼还原法等。

近年来，我国含氟中间体和精细化学品快速发展，国内对三氟甲基苯胺研究开发比较多。国内相继建设了几套生产装置，如浙江东阳康峰有机氟化工厂、阜新特种化学品股份有限公司、浙江金华迪耳化学合成有限公司、山东天昊化工集团公司、浙江工业大学试验厂等单位建设的小规模三氟甲基苯胺生产装置。浙江工业大学自行开发了还原法合成间三氟甲基苯胺技术，国家科技部已将该项目列为科技型中小企业科技创新基金项目，计划建设 500t/年的间三氟甲基苯胺生产装置。浙江、江苏的一些主要生产含氟系列中间体的生产企业正在计划建设较大规模的三氟甲基苯胺生产装置。目前由于国内外下游农药等产品市场需求较为强劲，尚需要从国外进口一定数量的三氟甲基苯胺。

含有三氟甲基结构的农药已经成为新型农药的开发关键之一，尤其是对三氟甲基苯胺可以合成重要的含氟的农药，如新型杀虫剂氟虫腈（锐劲特）、氟幼脲和氟胺氰菊酯，杀菌剂氟啶胺，以及除草剂乙丁氟灵、乙丁烯氟灵等的中间体，其中最为重要的是合成杀虫剂氟虫腈。氟虫腈杀虫谱广，同时获得多国专利，全球销售额突破 1 亿美元，成为农药杀虫剂中的支柱产品之一，在 90 多个国家销售。2002 年安万特公司与杭州农药厂合作，建设年产 300t 的氟虫腈特原药生产装置。该产品合成工艺路线主要有：其一是对氯三氟甲苯为原料的高压氨化法；其二是以对硝基甲苯为原料经过溴化，然后用 SbF_3 氟化得到三氟甲基硝基苯，最后用 $SnCl_2$ 还原得到。目前国内多家科研和生产企业进行研究，但工业化生产都不十分理想。

7.2.17　吡啶类中间体

吡啶类中间体主要有吡啶、2-甲基吡啶、3-甲基吡啶、4-甲基吡啶、氯代吡啶及它们的衍生物。吡啶类中间体是生产高附加值精细化工产品的重要有机原料，广泛应用于农药、医药、染料、香料、饲料添加剂、食品添加剂、橡胶助剂及合成材料等领域，用途广泛，深加工前景广阔。尤其是作为农药中间体发展特别迅速，近年来国内外含有吡啶基团的农药发展很快，不仅有高效的杀虫剂、除草剂，而且还开发出了高效杀菌剂，并逐渐形成一大类特有的农药系列，而这些系列吡啶衍生产品不仅对于已有的农药开发与生产非常重要，并且对于新农药的创制也具有非常重要的意义。

作为基础原料的吡啶，最大用途是生产广谱灭生性除草剂百草枯和敌草快。吡啶过去主要是从煤焦油中提取，现在主要由合成法获取，目前世界总生产能力约为 10 万吨/年，其中合成法生产的吡啶占总产量的 90%以上。2000 年以前我国没有合成法吡啶生产，吡啶生产仍采用传统分离煤焦油法，生产能力小，不足 200t/年，且产品杂质多，严重制约了下游产品的开发与生产。2000 年比利时 Reilly 公司与南通醋酸化工厂合作建立了 1.1 万吨/年的吡啶系列产品生产装置，填补了国内合成法吡啶生产空白，改变了我国吡啶系列产品一直依赖进口的局面，为我国大力开发吡啶下游产品提供了可靠的原料保证，因此近年来我国吡啶下游产品开发活跃，开发、研究与生产方兴未艾。

我国部分厂家已经开始生产吡啶系列化产品，而且其中大部分产品已进入国际市场。如山海关万通助剂厂的乙烯基吡啶系列；天津京福精细化工厂的氯代吡啶系列；上海松江天南化工厂的氨基吡啶系列；河北亚诺化工有限公司的羟基吡啶、溴代吡啶、氯代吡啶、氨基吡啶系列；营口中海精细化工厂的 *N*-乙基吡啶酮系列；武进江春化工厂的烷基吡啶系列；浙江华义医药化工有限公司的药物用中间体吡啶系列；武进腾帆精细化工厂的氰基和硝基吡啶系列；河南台前县香精香料厂的 3-甲基吡啶系列等。

目前国内能够生产的吡啶衍生产品有：2-甲基吡啶、3-甲基吡啶、4-甲基吡啶、2,3,5-三甲基吡啶、2,4,6-三甲基吡啶、2-氯吡啶、3-氯吡啶、2,6-二氯吡啶、2,3,5,6-四氯吡啶、

2-氯-5-氯甲基吡啶、五氯吡啶、2-溴吡啶、3-溴吡啶、2-氯-4-氰基吡啶、2-氯-3-氰基吡啶、2-氯-3-氨基吡啶、2-氯-4-氨基吡啶、2-氨基吡啶、3-氨基吡啶、2-羟基吡啶、3-羟基吡啶、2-巯基吡啶、2-氨基-5-吡啶、2-氨基-6-甲基吡啶、2,6-二氨基吡啶、2-氨基-6-甲醛吡啶、2-氰基-3-甲基吡啶、2-羟甲基-4-硝基吡啶、4-硝基-2,3-二甲基吡啶-*N*-氧化物、4-甲氧基-3,5-二甲基-2-羟甲基吡啶、3,6-二氯吡啶甲酸、2,4-二甲氨基吡啶、2-氯甲基-3,5-二甲基-4-甲氧基吡啶盐酸盐、4-甲氧基-3,5-二甲基-2-羟甲基吡啶、2-羟甲基-3,5-二甲基-4-硝基吡啶、2-乙烯基吡啶、*N*-乙基吡啶酮系列等。以下简要介绍部分吡啶类中间体的产业概况。

7.2.17.1 2-甲基吡啶

2-甲基吡啶最大用途是生产2-乙烯基吡啶，2-甲基吡啶能通过氨氧化生产2-氰基吡啶，是重要的“三药”中间体。吡啶和甲基吡啶以前都从煤焦化副产中回收，它分布在焦炉煤气、粗苯和焦油中。一般从煤气转移到硫铵母液里的吡啶类水合物沸点都很低，在95～97℃之间，回收得到的粗轻吡啶盐基中，2-甲基吡啶含15%左右，进一步精馏可提取得到2-甲基吡啶。随着吡啶和甲基吡啶用途的扩大，合成法生产吡啶和甲基吡啶不断发展。目前，国外约95%的吡啶及吡啶类化合物是用合成法生产的。主要的工艺路线有乙醛法、乙炔法、乙烯法、丙烯腈法等。乙醛法利用乙醛、甲醛和氨反应，主要产品是2-甲基吡啶、3-甲基吡啶和4-甲基吡啶。乙炔法利用乙炔和氨反应，主要产品是2-甲基吡啶和4-甲基吡啶。乙烯法利用乙烯和氨反应，主要产品是2-甲基吡啶和2-甲基-5-乙基吡啶。丙烯腈法利用丙烯腈和过量丙酮反应，主要产品是2-甲基吡啶。另外，丙烯醛和氨反应主要生成3-甲基吡啶。目前国内仅极少数企业小规模生产乙烯基吡啶，因此国内丁吡胶乳主要依赖进口，据有关资料介绍，我国2000年浸胶帘子布产量约20万吨，需要乙烯基吡啶至少约1500t，因此国内2-甲基吡啶市场潜力巨大。

7.2.17.2 3-甲基吡啶

3-甲基吡啶最早是从煤焦油中提取的，分离困难而且产品纯度较低。现在3-甲基吡啶的生产主要采用合成法，主要的工艺路线有以下5大类：以丙烯醛及氨气为反应原料，以乙醛及其衍生物、甲醛和氨（胺、铵）为主要原料，以三烯丙基胺为原料，以2-甲基戊二胺衍生物、3-甲基哌啶为主要原料，以吡啶、甲醇为原料。3-甲基吡啶主要生产工艺及特点见表7-4。

表7-4 3-甲基吡啶主要生产工艺及特点

生产工艺	原材料	工艺特点
丙烯醛氨法	丙烯醛、氨气	该生产工艺主要产物是吡啶，转化率最高只有18.5%，且丙烯醛的价格较高，该工艺使用较少
丙烯醛丙醛氨法	丙烯醛、丙醛、甲醛、氨气	该工艺3-甲基吡啶收率高，副产物沸点相差较大，故3-甲基吡啶的分离容易。不足之处是丙烯醛原料价格相对较贵
醛氨法	甲醛、乙醛和氨气	该路线应用广泛，醛氨是基本化工原料，国内供应充足，价格低廉
以三烯丙基胺为原料	三烯丙基胺	该工艺流程十分简单，并且分离容易，但由于三烯丙基胺原料价格较贵，而且3-甲基吡啶的收率并不是很高，原料损失比较严重
以2-甲基戊二胺为原料	2-甲基戊二胺	该生产工艺的催化剂一般采用钼、钙、铜、铁、钨等金属的氧化物

3-甲基吡啶最重要的用途是生产吡啶衍生产品，在农药工业中3-甲基吡啶可以合成除草剂吡氟禾草灵、吡氟氯禾灵、吡氟草胺、羟戊禾灵、烟嘧黄隆、啶嘧黄隆等，杀虫剂吡虫

啉、定虫隆、烯啶虫胺、噻虫啉、啶虫脒、Ti-304 等数十个品种，杀菌剂啶斑肟、氟啶胺等，杀鼠剂灭鼠安、灭鼠腈、灭鼠优等。其中吡氟禾草灵是美国、日本等发达国家除草剂主导品种，吡虫啉是目前全球高效新型杀虫剂的代表品种之一。另外，许多农药已形成系列产品，如系列含吡啶拟除虫菊酯、含吡啶二芳醚类除草剂、含吡啶磺酰脲类除草剂、含吡啶苯甲酰脲类杀虫剂、含吡啶烟碱硝基烯类杀虫剂等新型农药。目前南通的吡啶合成装置中 5000t/年纯吡啶供应给中外合资的南通先正达公司生产农药。

医药行业中，3-甲基吡啶用于合成烟酸、烟酰胺、B 族维生素、尼可拉明和强心药等。

其中烟酸和烟酰胺除用于医药方面外，还大量用于饲料工业。我国目前是全球饲料生产大国，据有关资料介绍，2000 年我国仅饲料一项就需要烟酸 2000t 以上。国内多年前有多家科研机构成功开发了 3-甲基吡啶合成烟酸技术，由于国内没有原料 3-甲基吡啶而没有工业化，目前产量较少，远远不能满足市场需求。另外，瑞士 LONZA 公司 1998 在广州合资建成的生产能力 3400t/年的烟酸装置，生产的产品全部出口。目前国外主要吡啶生产厂家及其生产情况见表 7-5。

表 7-5　国外主要吡啶生产厂家及其生产情况

生产厂家	国家	吡啶产量/(t/年)	烷基吡啶产量/(t/年)	生产方法
Reilly Industries Inc	美国	10000	4000	合成
Nepera Chem. Co	美国	6000	1200	合成
Cambrex Co.	美国	5000	700	合成，提取
DSM SV	荷兰	5200	1000	合成
Reilly Chemicals	比利时	11000	5000	合成
Sythetil Chemicals	英国	4000	800	合成
MidladTarDistillers	英国	3000	400	合成，提取
Rutger Swerke	德国	8000	2300	合成，提取
Lonza AG Visp	瑞士	6000	1800	合成
大富尔化学株式会社	日本	3000	500	合成
晃荣化学株式会社	日本	8000	3000	合成
合计		69200	20700	

3-甲基吡啶还可用于合成香料、染料、日化用品等。

3-甲基吡啶除上述用途外，可以合成多种系列化的衍生产品，这些产品多为高附加值、专用型的精细化工中间体，如 2-氯-5-吡啶甲胺、2-氯-5-氯甲基吡啶、2-氯-5-三氟甲基吡啶、2-氯-3-三氯甲基吡啶、2,3-二氯三氟甲基吡啶、2-氯烟酸、5-氯烟酸、3-吡啶甲腈、3-吡啶甲胺、3-吡啶甲醛、3-吡啶甲醇等，随着科学技术进步，3-甲基吡啶的新用途正在不断开发之中。

7.2.17.3　4-甲基吡啶

4-甲基吡啶为无色油状液体，具有特殊的臭味，熔点 4.3℃，沸点 145.3℃，相对密度 0.9548（20℃），折射率 1.504（20℃），能与水、乙醇、乙醚混溶，属于低毒类。4-甲基吡啶在医药行业用于合成异烟肼、解毒药双复磷和双解磷，并在杀虫剂、染料、橡胶助剂、合成树脂等领域也有应用。尤其 4-甲基吡啶合成 4-乙烯基吡啶，可以与苯乙烯、丙烯腈或丙烯酸酯等进行共聚得到乙烯基吡啶，作为纸张增强剂和改进剂，另外聚乙烯基吡啶可与溴甲烷进行烷基化反应得到重要的弱碱性离子交换树脂等。

目前，4-甲基吡啶全球总产能约为2000～3000t，消费量约1000～2000t。最大用途是生产抗结核药异烟肼。4-甲基吡啶还可通过系列反应生产医药包覆材料和缓释材料等。

7.2.17.4 3-氰基吡啶

3-氰基吡啶又名烟腈，是一种重要的精细化工中间体，是医药、农药以及饲料工业的原材料，可用于制备尼科拉明、强心剂、杀虫剂、防水剂等。同时，3-氰基吡啶水解可以制备烟酸和烟酰胺，以烟酸为原料合成的一些用于医药的酰胺类和酯类衍生物，是多种复合维生素的重要成分。烟酰胺又名维生素 B_5，是人和动物不可或缺的营养成分之一。据统计，全世界烟酸和烟酰胺产量中有60%是由3-氰基吡啶水解制得的，因此对3-氰基吡啶工业化生产工艺的研究具有重要意义。

瑞士、美国、日本、印度、西班牙等国是主要的3-氰基吡啶的生产国。我国生产力相对落后，国内对于氨氧化反应制备3-氰基吡啶用催化剂的研究主要限于实验室和中试阶段，大部分3-氰基吡啶还依赖于进口。

目前，3-氰基吡啶全球年总产能约4.5万吨，年消费量约3.5万～4万吨。最大用途是生产B族维生素（烟酸和烟酰胺）。3-氰基吡啶也可以用来生产“三药”中间体2-氯烟酸。

7.2.17.5 2-甲基-5-乙基吡啶

2-甲基-5-乙基吡啶（MEP）是重要的化工中间体，主要用于制备烟酸、烟碱、抗癞皮病维生素、2-甲基-5-乙烯吡啶。随着需求量的增加，从煤焦油中分离提取已远远不能满足市场需求，需要化学合成。MEP的工艺路线主要有醛（酮）-氨法、吡啶衍生物法、胺成环法。其中吡啶衍生物法产品收率较高，但原料来源不足；胺成环法催化剂难于制备，产品选择性低；醛（酮）-氨法由于原料廉价易得，是研究和应用的重点，该法有气相法和液相法两种。笔者以三聚乙醛和氨气为原料，气-固相催化合成2-甲基-5-乙基吡啶，MEP收率达到70%，副产物2-甲基吡啶、4-甲基吡啶均有工业用途。这3种吡啶沸点彼此相差20℃，较易分离。与以乙醛和氨气为原料的气相合成法相比，MEP的选择性高得多，而与液相法相比，副产物少，产品容易分离；而且成本大大降低，反应压力在0.3～0.6MPa，远低于液相法所需的压力。

目前，2-甲基-5-乙基吡啶全球总产能每年约1.8万吨。主要用于生产烟酸，约1.5万吨。

7.2.17.6 2-乙烯基吡啶

2-乙烯基吡啶是一种无色液体，分子式 C_7H_7N，沸点159～160℃，相对密度为0.9985（20℃），折射率1.5495，闪点46℃，微溶于水，极易溶解于乙醇、乙醚和氯仿，溶于苯、丙酮。有催泪性，有毒。本品遇光、受热易发生聚合，因此储存时，需加入0.1%的4-叔丁基邻苯二酚阻聚剂。

2-乙烯基吡啶是重要的有机合成中间体，广泛应用于橡胶、医药、农药及其他精细化工领域。近年来，它的应用范围不断扩大，用于聚电解质、离子交换树脂、助染剂等高新产品的生产。2-乙烯基吡啶由于在橡胶、药物、有机合成等方面有广泛的应用，而目前其生产主要集中在美国、日本、西欧，国内产量有限，主要依靠进口。随着我国经济的快速发展，2-乙烯基吡啶的需求量将不断增加。因此，加强2-乙烯基吡啶的工艺路线研究将有重要的理论意义和应用价值，有广泛的市场前景。

2-乙烯基吡啶的工艺路线按原料分主要有两种：一种是以乙炔与丙烯腈为原料催化合成；另一种是以2-甲基吡啶与甲醛为原料合成。目前2-乙烯基吡啶全球总产能约1.5万吨，消费量约0.8万～1.2万吨。2010年国内规模最大的年产1000t 2-乙烯基吡啶装置在山东张店东方化学股份有限公司建成投产，装置采用的是拥有我国自主知识产权的技术。千吨级产业化项目的建成，标志着我国 2-乙烯基吡啶长期依赖进口的历史结束，并将带动下游产业健康发展。

7.2.17.7　2-氯吡啶

2-氯吡啶是重要的有机合成中间体，广泛用于农药、医药和化妆品添加剂等的生产。近年来，2-氯吡啶的应用领域不断扩大，需求量增长很快，已引起广泛关注。目前国内 2-氯吡啶的生产厂家有武汉有机实业股份有限公司（3000t/年）、衢州恒顺化工有限公司（3000t/年）、上海海曲化工有限公司（500t/年）、上海邦成化工有限公司（500t/年）等。南通醋酸化工股份有限公司 2000 年与美国 Reilly 公司合作建立了 1.1 万吨/年的吡啶系列产品生产装置，南通醋酸化工股份有限公司目前是我国吡啶衍生物系列产品规模最大、品种最全的综合性化工公司，所生产的 2-氯吡啶用于直接合成吡啶硫酮锌、吡啶硫酮钠等产品。

2-氯吡啶具有杂环的特殊结构，因而表现出许多独特的化学性质和较好的生理活性，成为合成新型医药和农药的重要原料。近年来 2-氯吡啶在医药和农药领域应用研究方兴未艾，新的用途层出不穷，而且由其合成的医药疗效好，副作用低，合成的农药具有高效、低毒、低残留和高选择性的特点，符合世界农药发展趋势，成为医药和农药界的研究热点，需求量增加非常迅速。

由于我国生产 2-氯吡啶企业较少，产量较低，其数量和质量尚不能满足国内医药、农药、日化等行业的发展和出口的需要。2-氯吡啶是一个较好的氯下游产品，建议国内氯碱生产企业与科研院所广泛合作，采用环保型溶剂，投资开发建设该项目。

7.2.17.8　2,3,5-三氯吡啶

2,3,5-三氯吡啶（TCP）是一种重要的医药、农药中间体，可合成毒死蜱、噁草醚、杀虫螨等农药。合成 TCP 的方法主要有 4 种：① 吡啶盐酸盐氯化法，主要用吡啶盐酸盐与氯化氢或液氯反应合成 TCP，但收率低，难以工业化；②催化闭环法，以三氯乙醛和丙烯腈为原料合成 TCP，收率、纯度都比较好，但工艺对设备要求高，反应压力上得比较快，反应不容易控制；③锌粉还原法，此法以 2,3,5,6-四氯吡啶或五氯吡啶为原料；④氧化法，以三氯肼基吡啶或四氯肼基吡啶与次氯酸盐为原料，在碱性条件下氧化合成 TCP，操作简单易行，但原料难得。目前 TCP 合成工艺还有待进一步研究，一般工艺如图 7-18 所示。

图 7-18　2,3,5-三氯吡啶合成工艺

TMAB—四甲基溴化铵

最佳工艺条件：以 8mol/L 的 NaOH 溶液作为介质，n（锌粉）∶n（五氯吡啶）∶n（TMAB）＝3.5∶1∶0.05，在 50℃反应 6h。此法有很大改进：温度由 75℃降低至 50℃，时间由 10h 缩短为 6h，锌粉与五氯吡啶物质的量之比由 4∶1 降至 3.5∶1，收率由 63％提高至 73％。容易工业化。

7.2.17.9　2,3,5,6-四氯吡啶

四氯吡啶为吡啶环对称的结构，2,3,5,6-四氯吡啶，CAS 号 2402-79-1，分子式 C_5HCl_4N，分子量 216.88，熔点 90.5℃，沸点 251.6℃，闪点 188℃。其用作医药、农药中间体，是合成高效、广谱、低残留有机磷杀虫剂毒死蜱的重要中间体 3,5,6-三氯吡啶-2-酚的原料。

国内生产毒死蜱主要采用三氯乙酰氯与丙烯腈进行加成，再经过芳构化、水解的工艺路线合成三氯吡啶酚。工艺路线长且复杂，4 步的合计收率在 70％～75％。吡啶法以吡啶和氯气作为起始原料，吡啶经氯化生成五氯吡啶，再经过还原生成四氯吡啶，最后经过碱性水解

生成三氯吡啶酚。此法需要在340℃的高温下进行氯代，腐蚀性强，对设备选型要求较高。吡啶氯代法的优点在于产品纯度可以达到95%以上，收率达到90%以上。弊端在于反应温度高，能耗大，对设备的腐蚀性强，应从制备新型催化剂入手，力图降低反应温度，从而使吡啶氯化在较温和条件下进行。目前，比较好的催化体系有$RhCl_2/BaCl_2$、$RhCl_2/MgCl_2$。

作为最大的用途，四氯吡啶的市场就应该来源于毒死蜱的市场，毒死蜱市场的竞争状况决定了四氯吡啶的竞争状况。从制剂市场看，480g/L EC仍是全球范围内农业领域毒死蜱应用最广泛的剂型，其中Dow AgroSciences（美国陶氏益农）的Lorsban和Dursban是全球最知名的毒死蜱品牌，但是传统的毒死蜱制剂三巨头Dow AgroSciences、Makheshim Agan（马克西姆-阿甘）和Cheminova（科麦农）在世界范围内的市场份额在过去5年大幅缩水。

2015年，全球毒死蜱的市场需求达到20万吨以上，根据水相一步法的工艺路线收率95%折算，四氯吡啶的年需求量在12万吨左右。国外毒死蜱的生产能力约为5万吨，主要集中在陶氏益农、马克西姆-阿甘和印度的格达和米苏等公司。国内仅南京红太阳、江苏宝灵、浙江新农三家对外自营出口，其他企业均以国内销售为主，或者通过贸易商出口。国内各主要2,3,5,6-四氯吡啶生产企业及其产能见表7-6。

表7-6 国内各主要2,3,5,6-四氯吡啶生产企业及其产能

序号	生产企业名称	产能/(t/年)
1	江苏红太阳股份有限公司	15000
2	湖北沙隆达股份有限公司	15000
3	山东天成农药有限公司	15000
4	浙江新农化工股份有限公司	10000
5	江苏南通金诺化工有限公司	7000
6	江苏宝灵化工股份有限公司	7000
7	浙江新农化工有限公司	5000
8	安徽丰乐农化有限责任公司	5000
9	安徽华星化工股份有限公司	5000
10	浙江新安江集团股份有限公司	3000
11	江苏丰山集团有限公司	3000
12	四川绵阳利尔化工有限公司	2000

在对四氯吡啶国内外厂商的生产情况、产能进行了调查分析之后，发现目前我国一些比较优秀的企业在生产工艺优化上取得了长足的进步，废水排放量大大降低。

7.2.17.10 五氯吡啶

五氯吡啶是一种非常有前途的农药及其他精细化工中间体。以五氯吡啶为原料合成的农药中间体3,5,6-三氯吡啶、3,5-二氯-4-氨基-6-氟吡啶酚，大量应用于工业合成杀虫剂毒死蜱、甲基毒死蜱和除草剂绿草定。五氯吡啶又是吡啶环上多种卤代化合物的合成原料，随着卤代吡啶化合物的进一步开发应用，五氯吡啶的用途会越来越广泛。

虽然合成五氯吡啶的方法很多，但目前所关注最多的是吡啶气相催化氯化法，它是目前国际上最先进的五氯吡啶工艺路线，也是最近国内外关注的热点，现在世界上只有美国道化公司等极少数大公司掌握了此项技术并实现了工业化生产。

气相法合成五氯吡啶在国内已受到重视，即用吡啶在活性炭浸载氯化钴盐催化剂催化下，控制反应温度在330～340℃，产物五氯吡啶转化率大于92%，产品纯度达99%；也可以使用活性炭担载ⅠB、ⅡB、ⅧA 族相关元素的氧化物或盐类为催化剂，控制反应温度在330℃，吡啶催化氯化合成五氯吡啶的收率达 96.9%，产品纯度达 95%以上。

7.2.17.11　2-氯-5-三氟甲基吡啶

2-氯-5-三氟甲基吡啶是合成除草剂吡氟禾草灵（精稳杀得）的关键中间体，也是合成2,3-二氯-5-三氟甲基吡啶的前驱物，是合成高效除草剂盖草能（吡氟氯禾灵）的关键原料之一。这两种除草剂在世界范围被广泛使用。

2-氯-5-三氟甲基吡啶的工艺路线：

① 以 3-甲基吡啶为原料，采取一步直接多相催化氟氯化工艺，这是目前唯一工业化的工艺路线。它的优势在于工艺流程短、原料价廉，但反应温度很高（350～450℃），同时使用 HF 和 Cl_2，对设备腐蚀严重，运行成本很高。

② 以三甲基吡啶或 2-氯-5-甲基吡啶为原料，通过氯化合成中间体 2-氯-5-三氯甲基吡啶，中间体再经过氟化反应合成 2-氯-5-三氟甲基吡啶。该法最大的挑战是 3-甲基吡啶及其衍生物在氯化过程中的选择性。

中国开发了以 2-氯-5-甲基吡啶为原料，通过催化氯化、氟化两步合成 2-氯-5-三氟甲基吡啶的新工艺，其工艺路线如图 7-19 所示。

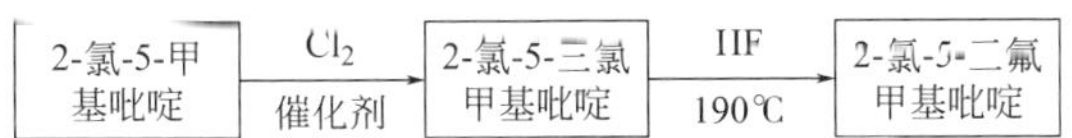

图 7-19　2-氯-5-三氟甲基吡啶合成工艺路线

该路线原料 2-氯-5-甲基吡啶转化率达 99%以上，产物 2-氯-5-三氟甲基吡啶选择性达90%以上，特别是第 1 步氯化工艺 2-氯-5-三氯甲基吡啶的选择性高达 95%以上，并且没有焦油生成。该工艺是最有希望工业化的两步化工艺。

7.2.17.12　2-氯-5-甲基吡啶

2-氯-5-甲基吡啶是现代农药杀虫剂吡虫清的重要中间体，同时也是合成除草剂、医药品及染料的中间体。吡虫清是日本曹达株式会社开发的新一代烟碱类优良杀虫剂，对害虫具有触杀和胃毒作用，并具有卓越的内吸活性，是一种高效、广谱、安全、作用机理新颖的杀虫剂。

2-氯-5-甲基吡啶的工艺路线有：

① 以 3-甲基吡啶-*N*-氧化物为原料，与三氯氧磷反应可生成 2-氯-5-甲基吡啶。但生成的副产物有 4-氯-3-甲基吡啶、2-氯-3-甲基吡啶、3-氯-5-甲基吡啶等。而且其中以 4-氯-3-甲基吡啶为主，2-氯-5-甲基吡啶的质量分数一般低于 25%。采用该法面临的主要问题是选择合适的氯化试剂，目前开发的有三氯氧磷、氯化磷酰胺、二氯亚甲基二甲基氯化铵、三氟甲基磺酰氯、邻苯二甲酰氯等。

② 由于 3-甲基吡啶-*N*-氧化物对热不稳定，伴随有爆炸的危险，为克服此缺点，最近，日本开发了 3-甲基吡啶直接催化氯化法合成 2-氯-5-甲基吡啶。

7.2.17.13　2-氯-3-氰基吡啶

2-氯-3-氰基吡啶是重要的医药和农药中间体，以其为原料可以合成烟嘧磺隆、吡氟草胺和啶酰菌胺等高效、安全的农药以及奈韦拉平、米氮平和尼氟灭酸等性能优良的药物，还可以作为家畜饲料添加剂以提高其产量。

现有的 2-氯-3-氰基吡啶的工艺路线很多，其中一条路线以 3-氰基吡啶-*N*-氧化物（*N*-氧代-3-氰基吡啶）为原料，与氯化试剂进行反应。所用的氯化试剂为二氯亚砜、磺酰氯、三氯氧磷、五氯化磷等，主要存在以下不足：①使用二氯亚砜、磺酰氯作氯化试剂时，能够抑制 2-氯-5-氰基吡啶的生成，但却生成了副产物 2-羟基-3-氰基吡啶，产物的收率只有45%，且反应放出大量窒息性的二氧化硫气体，难以处理；②使用三氯氧磷、五氯化磷作氯化试剂时，其使用量是原料物质的量的 6 倍以上，产生了大量的难以处理的含磷废物和废酸，污染环境，很难达到环保要求，而且存在较大的安全隐患。目前我国主要采用三氯氧磷法生产 2 氯-3-氰基吡啶，但安全和环境等问题导致该工艺的发展受到限制。因此，有必要开发新的替代方法生产 2-氯-3-氰基吡啶，以提高安全性，减少环境污染。

7.2.17.14 2-氯-5-氯甲基吡啶

2-氯-5-氯甲基吡啶（简称 CCMP）是合成农药和医药的重要中间体，可用于合成吡虫啉和啶虫脒。我国从 1999 年开始研究 CCMP。据了解，2003 年我国 CCMP 的生产企业主要有：大连凯飞化工股份有限公司、江苏化工农药集团公司、盐城黄隆实业有限公司、如东众意化工有限公司、江苏克胜股份有限公司和江苏康鹏农化有限公司。2003 年，我国 CCMP 的生产能力为 1000t/年，产量 600 t 左右。我国 CCMP 的科研单位有江苏农药研究所、上海农药研究所和中国科学院大连化学物理研究所。

2003 年我国 CCMP 产量在 600t 左右，消费构成为农药 500t（83%）、医药 30t（5%）、出口 70t（12%）。主要出口国家和地区有土耳其、黎巴嫩、印度、俄罗斯、巴拉圭、多哥、韩国、巴基斯坦、越南、苏里南等，主要出口口岸是上海、南京、青岛和宁波。我国 CCMP 的生产与吡虫啉和啶虫脒生产密切相关。在今后的几年里，我国 CCMP 生产和消费仍然具有较强的走势，发展速度依然很快，其主要原因是：①我国高毒农药产品逐步退出市场，促进了吡虫啉和啶虫脒的生产发展；②我国 CCMP 生产工艺进一步改进和生产成本降低，促进吡虫啉和啶虫脒出口量逐年增加。

近些年来，由于受到产能、环保督查、雾霾整治等一系列事件影响，CCMP 的价格在 2015～2016 年间增长了 40.7%。据中国农药网统计，我国 CCMP 产能约在 31300t，而山东地区产能约占 20%，面临较大环保压力。此外，CCMP 行业产能规模普遍较小，目前在产产能大都处于 4000t 以下，对于单纯生产 CCMP 的小厂来说，新增环保设备所需资金投入是一笔不小的开销，这将促使部分企业选择退出该行业。据不完全统计，近年来安徽常泰化工、安徽华星化工、山东中农联合等公司已处于停产状态，而其他未停产的中小企业甚至大型企业在环保高压下生产也受到了影响，使得 CCMP 价格从 2018 年年初的 7.75 万元/t 一路上涨至目前的 14.25 万元/t，涨幅高达 83.9%。

7.2.17.15 其他

吡啶还有许多重要的衍生产品。如六氢吡啶是重要的化工原料，主要用于麻醉药、止痛药和植物生长调节剂棉壮素的生产；3-乙基吡啶、2,5-二甲基吡啶、乙酰基吡啶等是十分具有发展前途的新型杂环香料，可用于烟草和食品中；2,3-二氟-5-氯吡啶用于合成诺华公司新开发的除草剂炔草酯等；另外，溴代吡啶、多氯代吡啶、羟基吡啶、氨基吡啶等系列化吡啶衍生物用途广泛，发展潜力巨大。

目前我国的吡啶碱供应基本平衡，供略过于求，我国是氯代吡啶的主要生产地，未来几年 2-氯吡啶、四氯吡啶等产品将进一步规模化、集中化。氯代吡啶的产能将达 4 万～6 万吨。3-甲基吡啶、2-氯-5-氯甲基吡啶等中间体产能将达 1 万～2 万吨。

一些发展较快的特种精细化学品中间体虽然用量不多，但是附加值很高，部分品种用量增加较快。中小企业适合生产相关特种化学品。比如 2,3-二氯吡啶，2,3-二氯吡啶是新型杀虫剂氯虫苯甲酰胺及其类似物的关键中间体，目前，该产品的单价达数十万元，近几年增长速度极快，利润可观。

吡啶碱的国产化为我国吡啶产业的发展奠定了基础。我国已经是百草枯等大宗农化产品、维生素 B_3 等医药产品、乙烯基吡啶等材料产品的主要生产国。因此吡啶类中间体产品在我国将大有发展空间，吡啶类产品的生产能力向我国转移，中国日渐成为世界吡啶类化合物的集散地。

7.2.18　甘氨酸

甘氨酸（氨基乙酸）是一种重要的精细化工中间体，广泛用于农药、医药、日用化工、食品添加剂和饲料添加剂等行业，其中 85%用于除草剂草甘膦的生产。随着人们生活水平的不断提高，食品、日用化工和医药行业对于甘氨酸的需求也在不断增加，特别是高质量的甘氨酸目前国内产量供不应求，每年都要从国外进口部分产品以满足需求。

目前，甘氨酸生产工艺主要有氯乙酸氨解法、施特雷克尔（Strecker）法、催化脱氢氧化法。此外，具有一定工业前景的还有天然蛋白水解法以及生物合成法，等等。

过去，国外大多采用施特雷克尔法，该工艺以氰化钠为主要原料，其优点是产品精制比较容易，原料易得，生产成本较低，适合大规模工业化生产。缺点是原料为剧毒化学品，危险性较大，工艺条件比较苛刻，工艺路线较长，产品后处理比较复杂。

氯乙酸氨解法以氯乙酸为主要原料，在催化剂作用下与氨水反应得到甘氨酸（图 7-20）。反应条件为温度 50～60℃，常压；反应时间为 14～15h。反应物在乙醇溶液中醇析分离。主要化学反应如图 7-20 所示。

$$ClCH_2COOH + NH_3 \xrightarrow{\text{催化剂}} H_2NCH_2COOH$$

图 7-20　氯乙酸氨解法合成甘氨酸

该工艺比较简单，对设备要求不高，“三废”较易处理。但也存在一些缺点，如：产品纯度较低，不易精制，催化剂无法回收，反应时间较长等。目前，国内一些企业进行了一些改进，如选择新型催化剂、使用反应溶剂、提高产品纯度等。我国生产企业普遍采用这种工艺。

因受环保影响，2016 年下半年开始，国内甘氨酸价格经历“过山车”行情。2017 年下半年甘氨酸主产区河北省环保力度持续高压，河北甘氨酸产能全国占比 50%，并且 2017 年下半年河北甘氨酸企业停产时间比 2016 年更长，对市场供给造成了明显冲击，导致甘氨酸价格明显上涨，同时下游依赖外购甘氨酸的草甘膦厂商，因原料供给紧张，开工率将受到限制，草甘膦行业出现了大约 5750t 供给缺口。作为全球最大的甘氨酸生产国，目前我国甘氨酸年产能 55 万吨，2015 年甘氨酸产量 33.1 万吨，其中 70%作为原料生产草甘膦。2015 年国内甘氨酸需求分布见图 7-21，产能及产量见图 7-22。

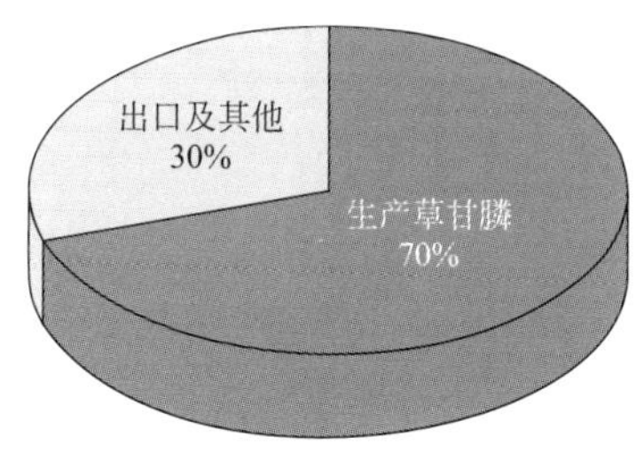

图 7-21　2015 年国内甘氨酸需求分布

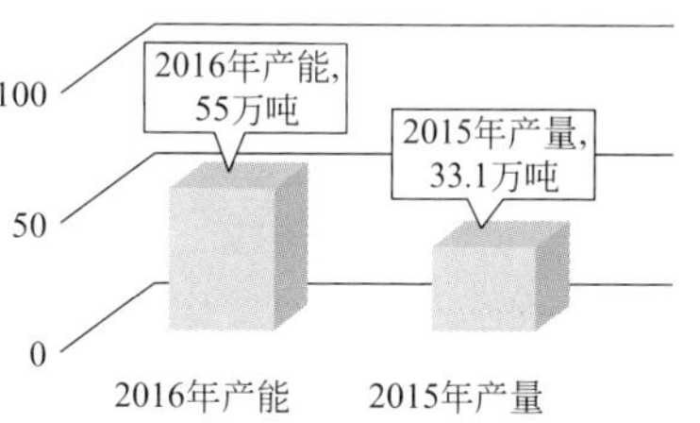

图 7-22　国内甘氨酸产能及产量

目前我国有13家甘氨酸厂商，其中有4家产能是为下游草甘膦做配套的，年产量约10万吨，产品基本不在市场出售。其他9家共计40万吨产能，但3家企业占70%市场份额：东华金龙10万吨，东华冀衡9万吨，临沂鸿泰8万吨；该9家甘氨酸企业每年产量约23万吨，其中13万吨供应下游草甘膦企业，10万吨用于其他领域及出口。国内甘氨酸生产厂家及产能见表7-7。

表7-7　国内甘氨酸生产厂家及产能分布

所在地区	厂家名称	2017年产能/万吨	备注
河北衡水	河北东华冀衡	9	外卖
河北石家庄	河北东华金龙	10	外卖
河北石家庄	东华舰	2	外卖
河北石家庄	元氏鑫宏升化工	3	外卖
山东潍坊	振兴化工	1	外卖
山东潍坊	寿光卫东化工	1	外卖
山东临沂	临沂鸿泰化工	8	外卖
四川	诚信（四川）	3	外卖
重庆	三峡英力化工（天然气工艺）	3	外卖
河南许昌	许昌东方	2	自用
湖北宜昌	金信化工	8	自用
内蒙古	内蒙古腾龙	1.5	自用
四川乐山	福华	4	自用
合计		55.5	自用

2016年下半年至今，受环保影响，国内甘氨酸价格波动较大：2016年11月河北大气办发布两次大气污染防治调度令，导致当地20万吨甘氨酸产能的东华金龙、东华冀衡等企业停产1个月，市场短期供应紧张，甘氨酸价格由8000元/t上涨至12800元/t。随着两家企业陆续复产，甘氨酸价格逐渐回落，于2017年4月达到7200元/t，随后在成本支撑下价格逐渐回升。6月之后，河北地区对液氯等危险化学品加强监管，当地甘氨酸开工率下降，山东临沂鸿泰也因环保问题暂停生产，甘氨酸供应再次紧张，价格上涨至12300元/t。海南正业中农高科股份有限公司也在海南洋浦建立了基于生产甘氨酸的基地，主要采用氯乙酸以及中国石化海南炼油化工有限公司石油炼化副产物液氨为原料，2017年年底已经完成中试调试并投产。

7.3　重要农药中间体的工艺概况

7.3.1　有机磷杀虫剂主要通用中间体的工艺研究概况

7.3.1.1　磷酰氯的工艺路线

（1）以氯化亚砜作为酰化试剂[3]　常温下使用氯化亚砜和三烷基亚磷酸酯或二烷基酯亚磷酸进行反应生成磷酰氯，如图7-23所示。

（2）光气参与的磷酰化反应　光气是一种高毒性的气体，在有机合成中被常常使用，将光气和三烷氧基亚磷酸酯反应，能将三烷氧基亚磷酸酯高效率地转化为磷酰氯（图7-24）。

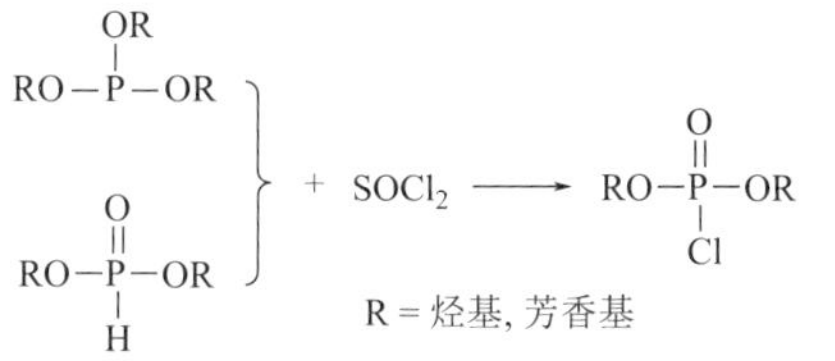

图 7-23　磷酸酯与氯化亚砜的反应

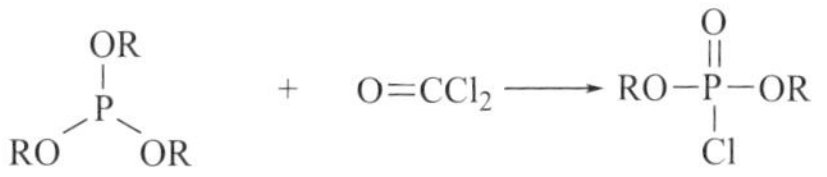

图 7-24　光气参与的磷酰化反应

采用光气法制备磷酰氯，可以制备手性的磷酰氯，例如，使用一烷氧基取代的磷酸酯在三乙胺（Et_3N）存在的情况下和光气反应生成不对称的磷酰氯[4]（图 7-25）。

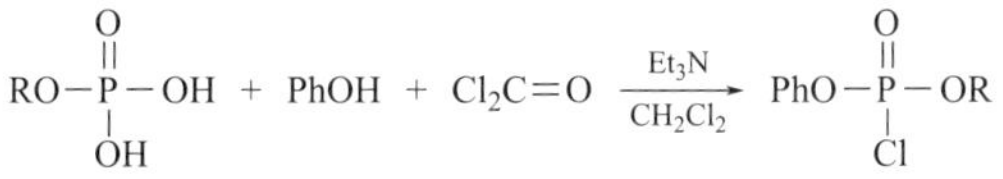

图 7-25　光气存在下的不对称磷酰化反应

（3）BTC 与三烷基亚磷酸酯生成磷酰氯的反应[3]　BTC 即碳酸双(三氯甲酯)，俗名又称固体光气、三光气或碳酰氯。BTC 室温下稳定，表面蒸气压极低，热稳定性高，即使在蒸馏温度 206℃时亦仅有极少量分解。因此 BTC 在储运和使用过程中较为安全，仅作为一般有毒物处理即可。相对使用光气，BTC 安全许多，常常作为光气的替代品用于有机合成中。在磷酰氯的合成工艺路线中，用 BTC 与亚磷酸酯反应，可以制备磷酰氯（图 7-26）[3]。

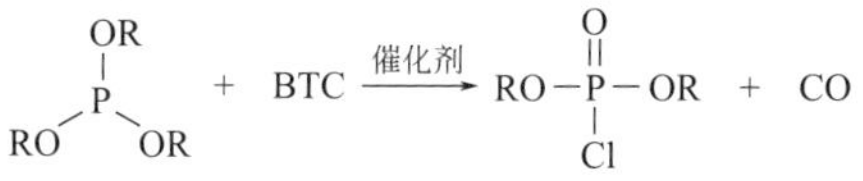

图 7-26　BTC 在有机胺催化剂存在下与亚磷酸酯的反应

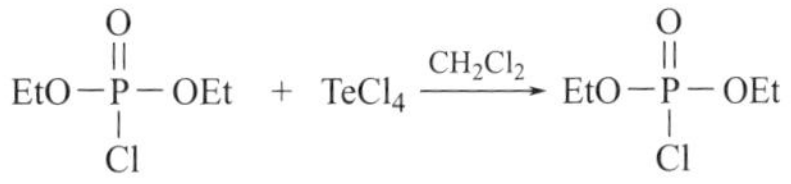

图 7-27　金属氯化物作为酰化试剂生成磷酰氯的反应

（4）金属氯化物作为酰化试剂生成磷酰氯的反应　$TeCl_4$ 作为酰化试剂在反应中比较少见，但是却能和二乙基亚磷酸酯反应生成磷酰氯（图 7-27）[3]。

（5）氯代尿酸类化合物作为酰化试剂　以氯代尿酸为酰化试剂制备磷酰氯的反应是近十年来发展起来的方法，具有高效等特点。2005 年，J. Acharya 等[4]用三氯异氰尿酸和二烷基亚磷酸酯类高效率地合成了磷酰氯。后来，P. D. Shakya 等[5]也报道了一篇关于磷酰氯合成的方法的研究论文，在该论文中同样采用氯代尿酸类化合物作为酰化试剂（图 7-28）。

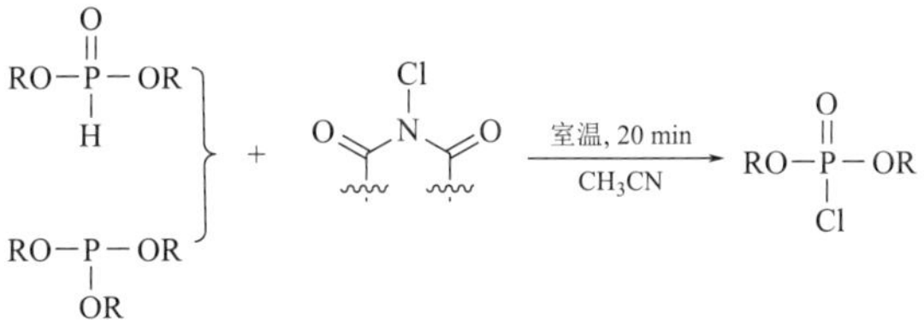

图 7-28　氯代尿酸类化合物与磷酸酯反应

（6）磺酰氯类化合物作催化剂，氯气作酰化试剂　用磺酰氯类化合物作催化剂的磷酰化反应不常见，且该反应在－78℃进行，条件苛刻，收率不高（图 7-29）。

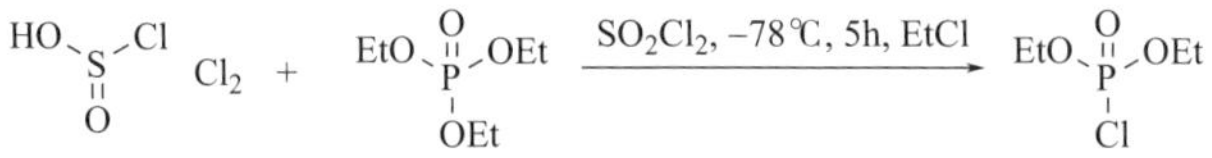

图 7-29 烯烃和磺酰氯催化下氯气与三乙基磷酸酯反应

(7) 四氯化碳作为酰化试剂参与的磷酰化反应[3] 四氯化碳和二乙基亚磷酸酯或三乙基亚磷酸酯在无催化剂的情况下反应直接制备磷酰氯。同样在缚酸剂三乙胺的存在下，有无催化剂都能进行反应得到磷酰氯，反应在无三乙胺存在的情况下更彻底（图 7-30）。

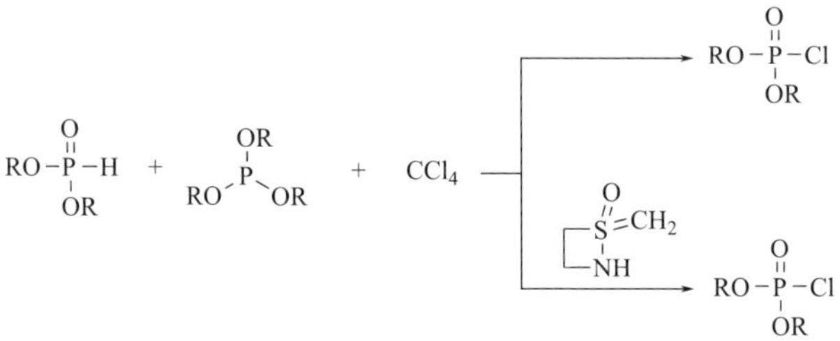

图 7-30 四氯化碳参与的磷酰化反应

(8) 氯气作为酰化试剂 E. Mueller 等[6]用环己烷作催化剂，采用乙基亚磷酸酯与氯气在室温下反应，可以得到磷酰氯，其收率在 80%左右，同时生成加成产物（图 7-31）。施介华等[7]在室温下用氯气反应得到相应的磷酰氯，收率为 93%左右（图 7-32）。

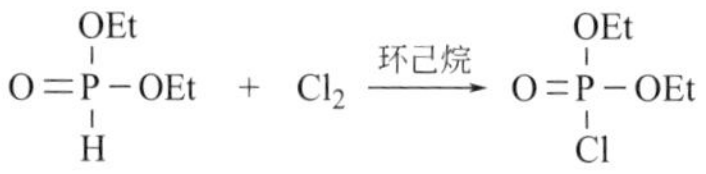

图 7-31 氯气作为酰化试剂制备磷酰氯的反应（方法 1）

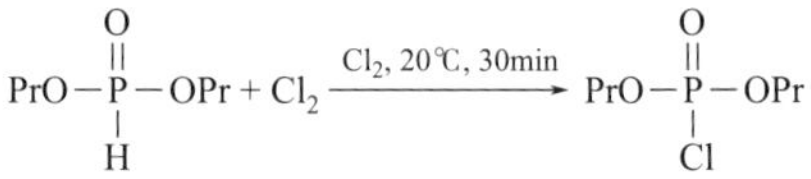

图 7-32 氯气作为酰化试剂制备磷酰氯的反应（方法 2）

7.3.1.2 膦酰氯的工艺路线

带烷基和芳基的膦酰氯是有机磷杀虫剂合成中的又一重要中间体，该类中间体的工艺路线较多，但都首先合成 P—C 键，一般情况下，通常以 PCl_3 为原料，先制备得到膦酰二氯，随后再得到膦酰氯。

(1) 三氯化磷与氯代烷基反应 在 $AlCl_3$ 的催化作用下反应，形成 P—C 键后，再在水的作用下生成膦酰二氯，随后再与相应的醇或者酚反应即得到产物。该方法产率极高，易于操作，可以大规模制备（图 7-33）。

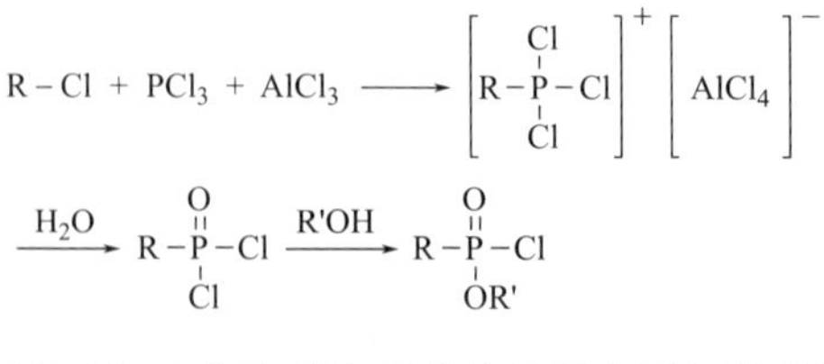

图 7-33 三氯化磷与氯代烷基反应制备膦酰氯

（2）脂肪烃与 $POCl_3$ 反应　脂肪烃与 $POCl_3$ 在氧气存在的情况下反应，生成膦酰二氯，除去其中的 $POCl_3$ 后，再与相应的醇或者酚反应即得到产物。该方法产率极高，易于操作，可以大规模制备（图 7-34）。

$$R-H + 2POCl_3 + O_2 \longrightarrow R-P(O)Cl_2 \xrightarrow{R'OH} R'O-P(=O)(R)-Cl$$

图 7-34　脂肪烃与 $POCl_3$ 反应制备膦酰氯

（3）膦酸酯的酰氯化反应　一般情况下，采用膦酸酯的酰氯化反应也是制备膦酰氯的重要途径，该过程中，可用的氯化试剂较多，如五氯化磷、草酰氯、光气、三光气等均可以作为氯化试剂制备相应的磷酰氯。该类反应的通式如图 7-35 所示。

$$RO-P(=O)(R)-OR \xrightarrow{\text{五氯化磷/草酰氯/光气/三光气}} RO-P(=O)(R)-Cl$$

图 7-35　膦酸酯的酰氯化反应制备膦酰氯

7.3.1.3　硫代磷酰氯的工艺路线

（1）硫酮代磷酰氯的制备　硫酮代磷酰氯也是多个品种有机磷杀虫剂的最重要中间体之一，特别是二甲硫基硫酮代磷酰氯和二乙基硫酮代磷酰氯这两个中间体在有机磷杀虫剂中的应用更为广泛。对于该类中间体的制备，比较常用的方法有：醇与 $PSCl_3$ 反应以及二硫代磷酸酯的氯化。

① 三氯硫磷与醇反应　在该类反应中，三氯硫磷是“P ═S”键的来源，其与醇（如甲醇、乙醇等）在低温下反应，首先得到硫酮代磷酰二氯。随后再与另一分子的醇反应即得到目标中间体（图 7-36）。

生成硫酮代磷酰二氯以后，如果需要得到不同取代基的磷酰氯（不对称磷酰氯），需将第一步得到的磷酰二氯分离出来，然后再进行下一步反应。如果生成的中间体是具有相同取代基的，不需要进行分离。该方法收率高。主要副产物是三烷基取代的硫酮代磷酸酯，因此，在反应过程中控制温度以及醇的投料量是关键环节。

$$PSCl_3 \xrightarrow[-HCl]{ROH} ROP(S)Cl_2 \xrightarrow{R'OH} RO-P(=S)(OR')-Cl$$

图 7-36　三氯硫磷与醇反应制备硫代磷酰氯

$$(HO)_2P(=S)SH + 3Cl_2 \longrightarrow 2Cl-P(=S)(OH)-OH + 2HCl + S_2Cl_2$$

图 7-37　二硫代磷酸酯的氯化反应制备硫代磷酰氯

② 二硫代磷酸酯的氯化　该方法也广泛用于硫酮代磷酸酯的制备中，首先是二硫代磷酸酯的制备，可由不同的醇与五硫化二磷制备得到，随后再在通入氯气的条件下反应，即可以得到 S_2Cl_2，生成的 S_2Cl_2 用 Na_2S 处理，转化成为多硫化钠及氯化钠从水中除去。该方法得到的目标中间体的纯度较高，但操作过程有较多讲究，即在除去 S_2Cl_2 时，pH 值的控制是关键步骤，一般 pH 要求在 10 以上以及油层/水层的溶剂比＞0.8，否则过程中会产生 S，导致难以除去，合成工艺路线如图 7-37 所示。

③ 亚酰氯的硫化　采用亚酰氯硫化制备目标中间体也是常用的制备方法，该方法可以使用磷酰二氯（$ROPOCl_2$）以及磷酰氯［$(RO)_2POCl$］作为原料，与单质 S 或者三氯硫磷（$PSCl_3$）反应，即可以得到相应的硫酮代磷酰二氯（$ROPSCl_2$）以及硫酮代磷酰氯［$(RO)_2PSCl$］。

$$RO-\overset{\overset{S}{\|}}{\underset{\underset{OR}{|}}{P}}-H + Cl_2/CCl_4 \longrightarrow RO-\overset{\overset{S}{\|}}{\underset{\underset{OR}{|}}{P}}-Cl$$

图 7-38 硫代磷酸酯的氯化制备硫代磷酰氯

④ 硫代磷酸酯的氯化　该方法与上述的氯化法制备磷酰氯的方法具有相似之处，所不同的是采用的原料本身就已经是硫代磷酸酯，可以采用的氯化试剂包括氯气、CCl_4 等，而当采用 CCl_4 时，需要加入有机碱（如三乙胺）为缚酸剂。工艺路线如图 7-38 所示。

（2）硫醇代磷酰氯的制备　*O*-烷基-*S*-烷基硫醇代磷酰氯是 20 世纪 70 年代发现的有机磷类杀虫剂的一类重要中间体，对于该类中间体的制备，主要有四种方法。

① 以单烷基硫酮代磷酰二氯为原料　以单烷基硫酮代磷酰二氯为原料制备硫醇代磷酰氯时，中间会经过单烷基硫酮代磷酰二氯的异构化过程，随后再与另一分子的醇反应即可以得到目标化合物（图 7-39）。

该反应中，异构化是关键步骤，一般情况下，温度的控制是关键，采用硫酸、三氯化铁或者三氯化磷等作为催化剂在 25～40℃反应 1～2h，可以较为平稳地完成单烷基硫酮代磷酰二氯的异构化反应。

② 以硫酮代磷酸酯为原料　采用硫酮代磷酸酯为原料也是比较常见的方法，该方法以硫酮代磷酸酯与三氯氧磷反应，在加热的条件下同样使发生异构化反应。生成的主要副产物是单烷基磷酰二氯（图 7-40）。

$$RO-\overset{\overset{S}{\|}}{\underset{\underset{Cl}{|}}{P}}-Cl \longrightarrow RS-\overset{\overset{O}{\|}}{\underset{\underset{Cl}{|}}{P}}-Cl \xrightarrow{R'OH} RS-\overset{\overset{O}{\|}}{\underset{\underset{OR'}{|}}{P}}-Cl$$

图 7-39 以单烷基硫酮代磷酰二氯为原料制备硫醇代磷酰氯

$$(RO)_3P(S) + POCl_3 \longrightarrow RO-\overset{\overset{O}{\|}}{\underset{\underset{SR}{|}}{P}}-Cl + ROP(O)Cl_2$$

图 7-40 以硫酮代磷酸酯为原料制备硫醇代磷酰氯

此外，二硫代磷酸酯（硫代磷酰胺）与三氯氧磷也可以发生类似的反应，此反应也是制备二硫醇代磷酰氯（或磷酰胺）的重要方法（图 7-41 及图 7-42）。

$$RO-\overset{\overset{S}{\|}}{\underset{\underset{OR}{|}}{P}}-SR' + POCl_3 \longrightarrow RS-\overset{\overset{O}{\|}}{\underset{\underset{Cl}{|}}{P}}-SR' + RO-\overset{\overset{O}{\|}}{\underset{\underset{Cl}{|}}{P}}-Cl$$

R=Me,Et,Pr,Bu; R'=Me,Et,Pt,Bu

图 7-41 二硫代磷酸酯与三氯氧磷制备二硫醇代磷酰氯

$$RO-\overset{\overset{S}{\|}}{\underset{\underset{OR}{|}}{P}}-\overset{R'}{NH} + POCl_3 \longrightarrow RS-\overset{\overset{O}{\|}}{\underset{\underset{Cl}{|}}{P}}-NR' + RO-\overset{\overset{O}{\|}}{\underset{\underset{Cl}{|}}{P}}-Cl$$

R=Me,Et,Pr,Bu; R'=Et,Pr

图 7-42 硫代磷酰胺与三氯氧磷制备硫醇代磷酰胺

（3）二硫代磷酰氯的制备　二硫代磷酰氯也是有机磷类杀虫剂中常见及重要的一类中间体，主要的工艺路线有两种，即：烷硫基磷酰二氯硫酮化反应以及硫醇与三氯硫磷反应，以下分别介绍。

① 烷硫基磷酰二氯硫酮化反应　该方法以烷硫基磷酰二氯为原料，在五硫化二磷的作用下进行硫酮化反应后，生成相应的烷硫基硫酮代磷酰二氯，随后再与另一分子的醇反应即得到目标中间体（图 7-43）。

$$RSP(O)Cl_2 \xrightarrow{P_2S_5} RSP(S)Cl_2 \xrightarrow{R'OH} RS-\overset{\overset{S}{\|}}{\underset{\underset{OR'}{|}}{P}}-Cl$$

图 7-43 烷硫基磷酰二氯硫酮化制备二硫代磷酰氯

而当用烷氧基磷酰二氯与五硫化二磷反应时，可以得到烷硫基硫酮代磷酰二氯（图 7-44）。

② 硫醇与三氯硫磷反应　硫醇与三氯硫磷反应制备二硫代磷酰氯是比较常规的方法，该方法首先以硫醇与三氯硫磷反应生成烷硫基硫酮代磷酰二氯后，再与醇反应即可以得到目标中间体（图 7-45）。

$$RO-\overset{O}{\overset{\|}{P}}(Cl)-Cl \xrightarrow{P_2S_5} RS-\overset{S}{\overset{\|}{P}}(Cl)-Cl$$

图 7-44　烷氧基磷酰二氯与五硫化二磷制备烷基二硫代磷酰二氯

$$PSCl_3 + RSH \longrightarrow RS-\overset{S}{\overset{\|}{P}}(Cl)-Cl \xrightarrow{R'OH} RS-\overset{S}{\overset{\|}{P}}(OR')-Cl$$

图 7-45　硫醇与三氯硫磷反应制备二硫代磷酰氯

7.3.1.4　硫酮代膦酰氯的工艺路线

硫酮代膦酰氯也常见于有机磷杀虫剂中，对于该中间体的制备，通常情况下，先制备得到膦酰二氯后再与相应的醇或胺反应得到硫酮代膦酰氯，这是通用方法，也是工业化的路线。以苯基二氯化膦的制备为例，首先使用苯和三氯化磷在 $AlCl_3$ 的催化作用下反应，得到苯基二氯化膦，再用三氯硫磷硫化或五硫化二磷硫化，即可以生产苯基硫酮代膦酰氯（图 7-46）。

$$C_6H_6 + PCl_3 \xrightarrow{AlCl_3} C_6H_5PCl_2 \xrightarrow[PSCl_3\text{或}P_2S_5]{S} C_6H_5-\overset{S}{\overset{\|}{P}}(Cl)-Cl \xrightarrow{ROH} C_6H_5-\overset{S}{\overset{\|}{P}}(OR)-Cl$$

图 7-46　苯基二氯化膦的硫化制备硫酮代膦酰氯

7.3.1.5　磷酸酯及亚磷酸酯的工艺路线

（1）三烷基亚磷酸酯　在有机磷农药中，常用的三烷基亚磷酸酯通常是指亚磷酸三甲酯和亚磷酸三乙酯，这两个中间体经常用在合成乙烯基磷酸酯类杀虫剂中，工艺路线主要如下：

① 酯交换法　酯交换法用比较容易制取的三苯基亚磷酸酯为重要原料，与醇发生酯交换反应，即以苯酚为原料与三氯化磷反应，生成三苯基亚磷酸酯，随后与甲醇或者乙醇等烷基醇反应即可以得到目标物（图 7-47）。

$$3PhOH + PCl_3 \longrightarrow (PhO)_3P \xrightarrow{3ROH} (RO)_3P + 3PhOH$$

图 7-47　酯交换法制备三烷基亚磷酸酯

② 亚磷三胺醇解　用亚磷三胺与醇进行交换也可以制取三烷基亚磷酸酯，但采用该方法时所用的胺必须是沸点较低的胺，以便后期分离提纯，否则不利于制备高纯度的产品。合成工艺路线如图 7-48 所示。

③ 叔胺法　叔胺法采用三氯化磷与醇反应，需要在缚酸剂的作用下才能进行，否则生成的氯化氢将三烷基亚磷酸酯进一步分解成二烷基亚磷酸酯。

常用的缚酸剂包括吡啶、三丁胺等，也可以采用三丙烯胺为缚酸剂，可生成为液态的三丙烯铵盐，从而简化处理，以得到较高收率的产品。合成工艺路线如图 7-49 所示。

$$(R_2N)_3P + 3R'OH \longrightarrow (R'O)_3P + 3R_2NH$$

图 7-48　亚磷三胺醇解制备三烷基亚磷酸酯

$$3ROH + PCl_3 \xrightarrow{\text{缚酸剂}} (RO)_3P$$

图 7-49　叔胺法制备三烷基亚磷酸酯

（2）二烷基亚磷酸酯　二烷基亚磷酸酯的制备在方法上与醇直接制备三烷基亚磷酸酯有一定的相似之处，但也有一定的区别。一般情况下，可以使用甲醇作为其中的一个反应原料，其目的是为了先形成二烷基甲基亚磷酸酯，再与氯化氢进行 Michaelis-Arbuzov 重排，生成副产物氯甲烷，如图 7-50 所示。

$$2ROH + MeOH + PCl_3 \longrightarrow (RO)_2POMe \xrightarrow{HCl} (RO)_2P(=O)H + MeCl$$

图 7-50 Michaelis-Arbuzov 重排制备二烷基亚磷酸酯

此外，采用二芳基亚磷酸酯与醇进行酯交换反应也可以得到纯度较高的二烷基亚磷酸酯（图 7-51）。

$$ArO-P(=O)(OAr)-H + 2ROH \longrightarrow RO-P(=O)(OR)-H + 2ArOH$$

图 7-51 二芳基亚磷酸酯与醇进行酯交换反应制备二烷基亚磷酸酯

其中含有两个不同烷基的二烷基亚磷酸酯（不对称的磷酸酯）可以用酯交换的方法得到，但产品的组分是以混合物的形式存在的，后面再根据需要采用对应的分离提纯方式得到不同的纯的组分，但一般情况下，并不采用上述方式生产不同烷基的亚磷酸二烷基酯，常常采用的方法是以仲醇与三氯化磷分步反应实现，也可以采用混合酐的醇解得到（图 7-52）。

$$RO-P(=O)(OR)-H \xrightarrow{OH^-} RO-P(=O)(OH)-H \xrightarrow[-HCl]{(RO)_2POCl} (RO)_2P(=O)-O-P(=O)(OR)H \xrightarrow{R'OH} RO-P(=O)(OR)-OH + RO-P(=O)(OR')-H$$

图 7-52 采用混合酐的醇解制备二烷基亚磷酸酯

（3）硫醇代磷酸酯 硫醇代磷酸酯的结构通式如图 7-53 所示。一般情况下，在 *O*,*O*-二烷基硫代磷酸酯中，硫酮代和硫醇代的磷酸酯为互变异构体，而硫醇代的磷酸酯更为稳定；而硫代膦酸酯中硫酮代的异构体形式占主要部分（图 7-54）。

$$RO-P(=O)(OR)-SH$$

图 7-53 硫醇代磷酸酯的结构通式

$$RO-P(=S)(OR')-OH \rightleftharpoons RO-P(=O)(OR')-SH \quad 70\%\sim80\%$$

$$RO-P(=S)(R')-OH \rightleftharpoons RO-P(=O)(R')-SH \quad 5\%\sim20\%$$

图 7-54 硫醇代磷酸酯的互变异构现象

基于硫醇代磷酸酯的异构形式，一般情况下，硫醇代磷酸酯的盐更为常见，其可与各种卤代烃反应生成多种有机磷农药，而由于卤代烃的不同，有的形成硫酮代磷酸酯，有的形成硫醇代磷酸酯，因此将硫代磷酸酯的盐写出更为确切。而对于该类中间体的制备，采用以下方式可以做到，即：以二烷基亚磷酸酯为原料与单质硫在碱的作用下进行硫化得到，这里的碱包括氨气、碳酸钠、碳酸钾或碳酸铵等，该反应可以在常温常压下进行，收率很高，已经在工业生产中得到应用；此外，采用硫酮代磷酰氯，在碱性（NaOH）条件下水解也可以得到该中间体，也可以将硫酮代磷酰氯与 Na_2S 反应得到（图 7-55）。

取代的硫酮代磷酸酯在碱性条件下也可以得到目标中间体，如：硫酮代磷酸酯在 KOH 的作用下可以得到目标中间体；而二烷基芳氧基硫酮代磷酸酯与 NaSH 反应也可以得到目标中间体，同时可以分离出硫醇作为副产品；此外，二烷基芳氧基硫酮代磷酸酯在二甲胺水溶液的作用下也可以得到目标中间体（图 7-56）。

图 7-55　硫醇代磷酸酯盐的制备

图 7-56　取代的硫酮代磷酸酯在碱性条件下制备硫醇代磷酸酯盐

（4）二硫代磷酸酯的工艺路线　二硫代磷酸酯可直接用于合成二硫代磷酸酯农药，也可以用于制备硫酮代磷酰氯，工业上大规模地生产二硫代磷酸酯的方法是将醇直接与五硫化二磷反应得到（图 7-57），在该过程中，中间体的产率很大程度上受到五硫化二磷纯度的影响。

二硫代膦酸酯的工艺路线中，比较通用的方法与磷酸酯的工艺路线类似，即采用硫酮代膦酰氯与 Na_2S 反应，便可以得到中间体的钠盐（图 7-58）。

图 7-57　醇直接与五硫化二磷反应制备二硫代磷酸酯

图 7-58　膦酰氯与 Na_2S 反应制备二硫代磷酸酯钠盐

二硫代膦酸酐与醇反应，也可以得到目标中间体（图 7-59）。

硫代膦酰二氯与 H_2S 反应后可以得到膦酰氯，在此基础上再与醇反应即可得到目标中间体。采用该方法可以制备二硫代膦酰胺以及二硫代膦酸酯等中间体（图 7-60）。

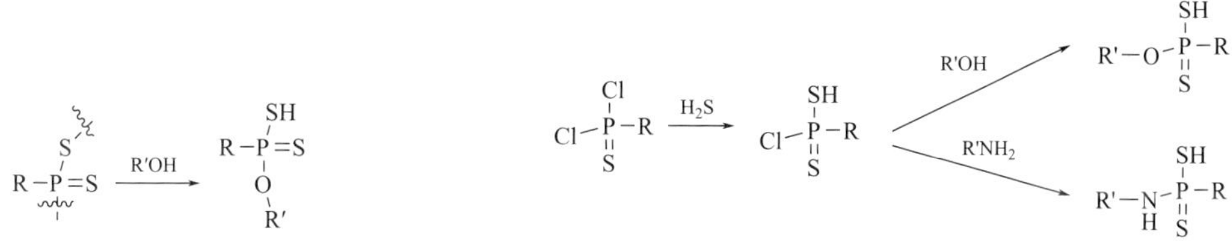

图 7-59　二硫代膦酸酐与醇反应制备二硫代磷酸酯

图 7-60　硫代膦酰二氯与 H_2S 反应制备二硫代膦酰胺以及二硫代膦酸酯

（5）二烷基硫代磷酸酯的工艺路线　二烷基硫代磷酸酯也是重要的中间体，最简便和有效的方法是用二烷基亚磷酸酯与五硫化二磷反应得到（图 7-61）。

此外，也可以由二烷基亚磷酰氯和硫化氢在碱性条件下反应进行制备（图 7-62），然后调节其 pH 值得到，所述的碱可为三乙胺、三甲胺、吡啶等有机碱，但该过程收率偏低。

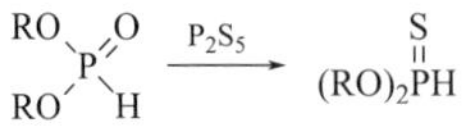

$$(RO)_2P(=O)H \xrightarrow{P_2S_5} (RO)_2P(=S)H$$

图 7-61 二烷基亚磷酸酯与五氧化二磷反应制备二烷基硫代磷酸酯

$$(RO)_2PCl \xrightarrow[-R_3N,HCl]{H_2S,R_3N} (RO)_2P(=S)H$$

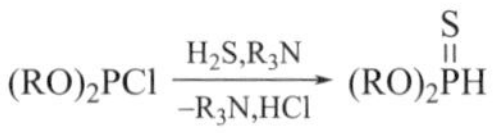

图 7-62 二烷基亚磷酰氯和硫化氢反应制备二烷基硫代磷酸酯

7.3.1.6 焦磷酸衍生物

焦磷酸酯类有机磷农药品种不多，应用也不广泛，常用的制备方法是二烷基硫代磷酰氯在碱性条件下水解，采用该方法，可以制备有机磷农药治螟磷，见图 7-63。

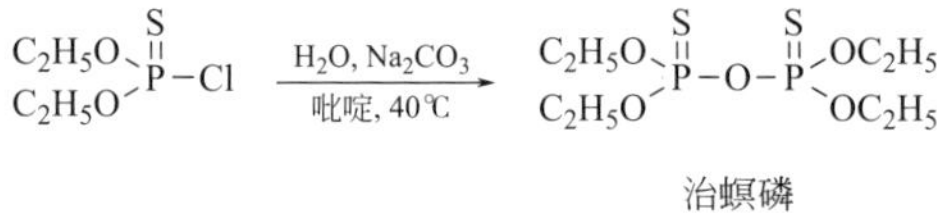

$$(C_2H_5O)_2P(=S)-Cl \xrightarrow[\text{吡啶, 40℃}]{H_2O,\ Na_2CO_3} (C_2H_5O)_2P(=S)-O-P(=S)(OC_2H_5)_2$$

治螟磷

图 7-63 治螟磷的制备

7.3.2 杂环中间体的工艺概况

7.3.2.1 吡啶类中间体

（1）三氯吡啶酚 三氯吡啶酚又名 3,5,6-三氯吡啶-2-酚，为白色晶体，微溶于水，在冰水中饱和溶液浓度约为 0.5%，在沸水中饱和溶液浓度约为 20%，是低毒、广谱、高效、低残留的有机磷杀虫杀螨剂毒死蜱合成的必备中间体，国外一直在深入研究。三氯吡啶酚的工艺路线步骤多，工艺流程长，操作条件苛刻，难度很大，所以研究毒死蜱的工艺路线，关键在于研究中间体三氯吡啶酚的工艺路线。三氯吡啶酚主要有以下几种制备方法：

① 吡啶氯化法 吡啶氯化法是比较经典的方法，该方法起源于 1965 年[7]，指吡啶在催化剂（$BaCl_2$、$CoCl_2$、$LaCl_2$ 等负载在活性炭上作为催化剂）存在下，经高温气相氯化生成五氯吡啶，再经过选择性还原为四氯吡啶，水解和酸化后即得三氯吡啶酚[8]，如图 7-64 所示。该方法各步的收率均较高。吡啶氯化法要求吡啶在高温下气相氯化，操作难度大，但是反应步骤少。反应中会出现少量的三氯吡啶、四氯吡啶，但是容易分离，或者可通过循环氯化，提高五氯吡啶的收率。近年来我国吡啶产量大大提高，解决了 20 世纪 90 年代我国吡啶原料短缺的问题。此方法易于工业化，有广泛的研究前景。

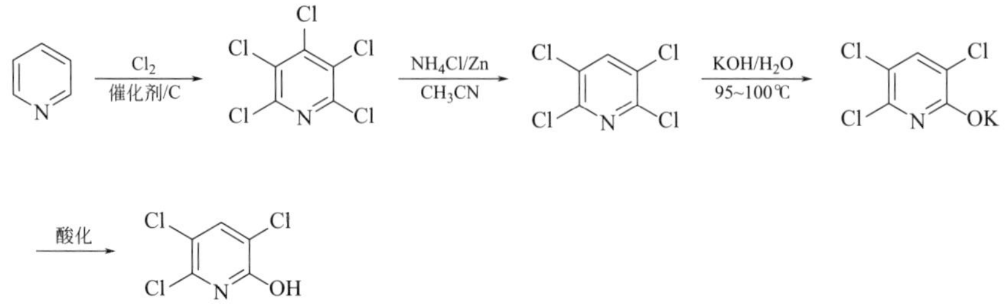

吡啶 $\xrightarrow[\text{催化剂/C}]{Cl_2}$ 五氯吡啶 $\xrightarrow[CH_3CN]{NH_4Cl/Zn}$ 2,3,5,6-四氯吡啶 $\xrightarrow[95\sim100℃]{KOH/H_2O}$ 3,5,6-三氯吡啶-2-醇钾（OK） $\xrightarrow{\text{酸化}}$ 3,5,6-三氯吡啶-2-酚（OH）

图 7-64 吡啶氯化法制备三氯吡啶酚

② 三氯乙酸丙烯腈法[9-12]　三氯乙酸丙烯腈法即是以三氯乙酸和丙烯腈为原料的方法。该方法中，首先以三氯乙酸为起始原料，然后进行酰氯化，得到三氯乙酰氯，而后再与丙烯腈反应，生成 2,2-二氯-4-氰基丁酰氯，环合得到氯代二氢吡啶酮产物，再失去 1 分子的 HCl，生成氯代吡啶酮，在碱性条件下生成三氯吡啶醇钠盐，最后酸化便可以得到目标中间体（图 7-65）。该方法不但反应步骤最多，工艺流程最长，而且反应过程中三氯乙酰氯见水极易分解产生大量氯化氢，从而阻碍加成反应，环合时通干燥氯化氢不易控制，根据已有研究很难达到或接近文献报道收率[12]。

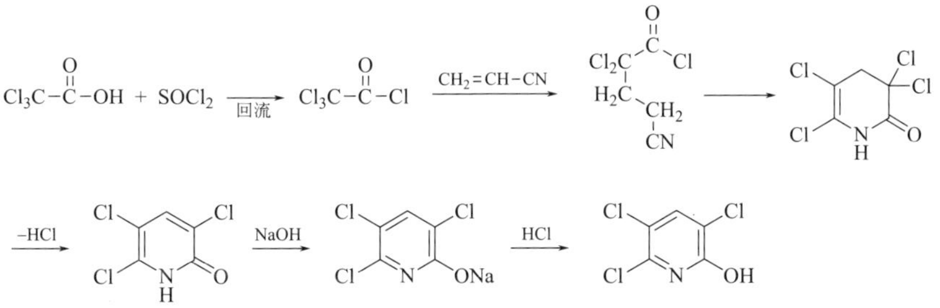

图 7-65　三氯乙酸丙烯腈法制备三氯吡啶酚

③ 丙烯酰氯-三氯乙腈法[13]　由丙烯酰氯和三氯乙腈在氯化亚铜和有机膦催化剂的存在下反应，加热到 78～82℃，回流并蒸馏回收残留原料，得到 2,4,4-三氯-4-氰基丁酰氯，而后将产物溶入溶剂中，加入催化剂有机锡，通入干燥氯化氢，重结晶得白色晶体 3,3,5,6-四氯-3,4-二氢吡啶-2-酮，随后加入乙酸乙酯及碳酸钠水溶液，搅拌、加热、回流，冷却至室温，真空过滤，洗涤并用稀酸酸化，静置析出沉淀，抽滤、烘干得白色针状结晶三氯吡啶酚（图 7-66）。丙烯酰氯法的主要问题是反应步骤多、工艺流程长，需要昂贵的催化剂有机膦、有机锡和贵重溶剂，生产上不宜采用。

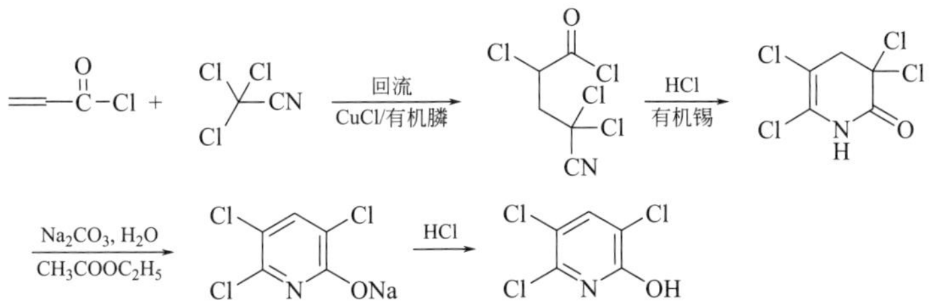

图 7-66　丙烯酰氯-三氯乙腈法制备三氯吡啶酚

④ 三氯乙酸苯酯-丙烯腈法　三氯乙酸苯酯-丙烯腈法是采用三氯乙酸苯酯和丙烯腈为原料，在氯化亚铜等催化剂的存在下，以无水环丁砜和丙烯腈为溶剂，搅拌下在 125℃ 加热 10h，加成得到 2,2,4-三氯-4-氰基丙酸苯酯。冷却至室温以下，用干燥氯化氢气体饱和，接着密封反应，125℃下加热搅拌 5h，冷却至室温，排出氯化氢气体后，即得到含有三氯吡啶酚的混合溶液，以三氯乙酸苯酯计总收率为 55% 左右。将所得混合溶液注入水中，用甲基叔丁醚萃取几次。水洗萃取液，用过量的稀碳酸钠水溶液搅拌 1h，过滤，得三氯吡啶酚钠白色固体，用甲基叔丁醚洗涤，用盐酸酸化得三氯吡啶酚（图 7-67）。三氯乙酸苯酯法存在诸如溶剂环丁砜比较贵重、环合过程要通入干燥氯化氢、副产品苯酚与吡啶酚性质相似难于分离、总收率不高、成本高等问题，工业化意义不大[14]。

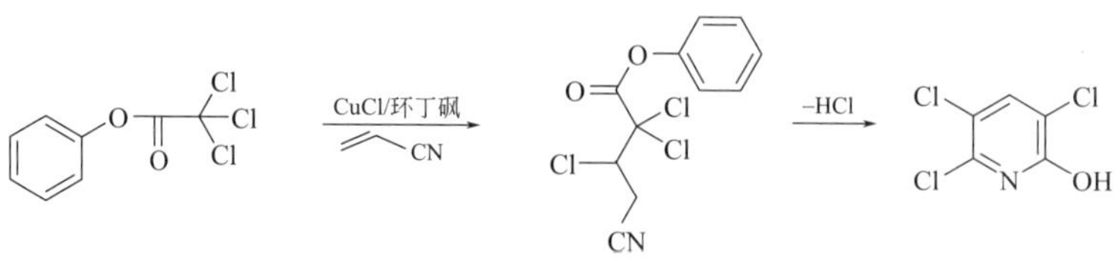

图 7-67　三氯乙酸苯酯-丙烯腈法制备三氯吡啶酚

（2）2-氯-5 氯甲基吡啶的工艺路线　2-氯-5-氯甲基吡啶（2-chloro-5-chloromethylpyridine，简称 CCMP）是合成吡虫啉（imidacloprid）、啶虫脒（acetamiprid）、烯啶虫胺、哌虫啶、环氧虫啶等新烟碱类杀虫剂的关键中间体，也是一些医药合成的中间体。其纯品为白色晶体，熔点 34～35℃，沸点 100～105℃（400Pa），有刺激性气味，对皮肤和眼睛有较大的刺激性。2-氯-5-氯甲基吡啶是新烟碱类杀虫剂主要的中间体，其合成工艺的优劣将决定目标产品最终的收率、含量和生产成本。2-氯-5-氯甲基吡啶的工艺路线对吡虫啉产品的竞争力有举足轻重的作用。

目前生产 2-氯-5-氯甲基吡啶有烟酸法、3-甲基吡啶法、2-氨基-5-甲基吡啶、环戊二烯-丙烯醛法、吗啉-正丙醛法等，以下介绍 2-氯-5-氯甲基吡啶的工艺路线。

① 以烟酸为原料[15,16]　以烟酸为原料，经氯化、在甲醇和甲醇钠存在下反应得到 2-甲氧基-5-二甲氧基甲基吡啶，再经醛分解成 2-甲氧基-5-吡啶醛，而后催化加氢、再与光气反应得到 2-氯-5-氯甲基吡啶。该方法成本较高，在反应过程中会用到较贵的催化剂，不利于工业化。其合成工艺路线如图 7-68 所示。烟酸等原料价格高，“三废”多，中间体 3-三氯甲基吡啶刺激性大。国内极个别企业用该法生产 2-氯-5-氯甲基吡啶。

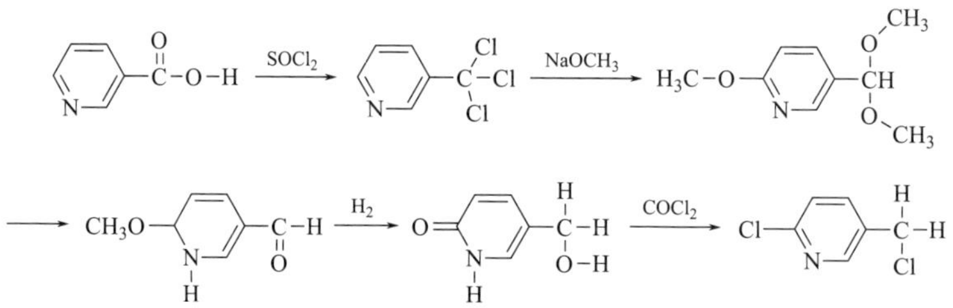

图 7-68　以烟酸为原料合成 2-氯-5-氯甲基吡啶

② 以 2-羟基烟酸为起始原料[17]　以 2-羟基烟酸为原料，经酰氯化后，在催化剂的作用下还原成羟基取代醛，再还原成为羟甲基吡啶，最后氯化即得到产物。该方法成本较高，在反应过程中会用到较贵的催化剂，不利于工业化。其合成工艺路线如图 7-69 所示。

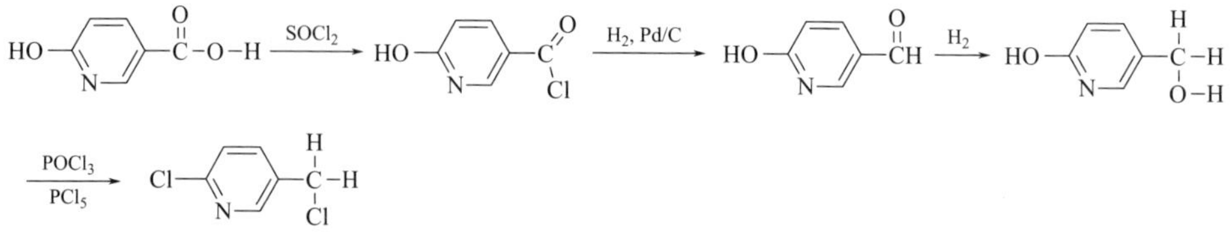

图 7-69　以 2-羟基烟酸为原料合成 2-氯-5-氯甲基吡啶

③ 以 2-氯烟酸为起始原料[18,19]　以 2-氯烟酸为原料，经酰氯化后，还原成 2-氯-5-羟甲基吡啶，最后氯化即得到产物。该方法成本较高，在反应过程中会用到较贵的催化剂，不利于工业化。其合成工艺路线如图 7-70 所示。

图 7-70　以 2-氯烟酸为原料合成 2-氯-5-氯甲基吡啶

④ 以 3-甲基吡啶及其衍生物为原料

a. 3-甲基吡啶氧化法　以 3-甲基吡啶为起始原料，经过 N 氧化形成 N 氧化物，成为吡啶的邻位定位基团，然后在此基础上反应，可以制备 2-氯-5-氯甲基吡啶。主要有以下两个途径，即经三甲胺间接氯化[20]和直接氯化[21]，如图 7-71 所示。该方法具有副产物 2-氯-3-甲基吡啶，影响中间体产品质量。异构体分离需采用高真空精馏方法，对工艺和设备有较高要求。国内已有企业进行此异构体分离，提纯 2-氯-5-氯甲基吡啶。

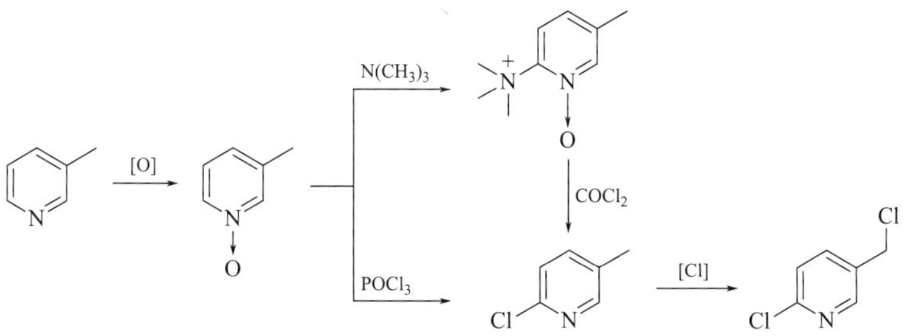

图 7-71　以 3-甲基吡啶氧化法合成 2-氯-5-氯甲基吡啶

b. 3-甲基吡啶-醇钠法[22]　以 3-甲基吡啶为原料，经侧链氯化、甲氧基化、氯化反应制得 2-氯-5-氯甲基吡啶。其合成工艺路线如图 7-72 所示：以冰醋酸作溶剂，偶氮二异丁腈为催化剂，3-甲基吡啶与 Cl_2 在 75℃反应 8h 得到中间体 **1**；以甲醇作溶剂，中间体 **1** 与甲醇钠回流反应 4h 得到中间体 **2**；中间体 **2** 低温下与 $POCl_3$ 及 PCl_3 作用得到 CCMP。

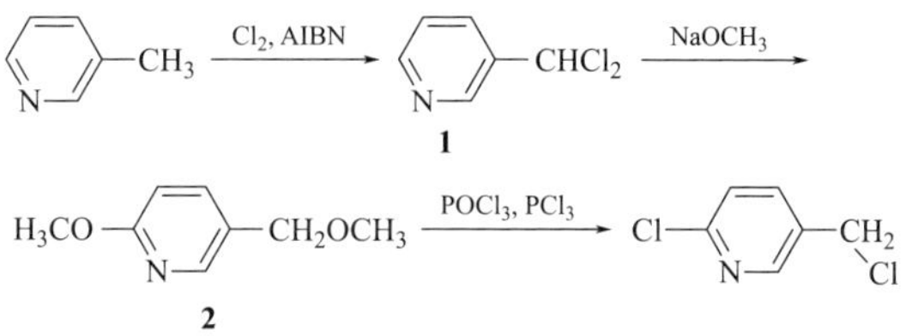

图 7-72　3-甲基吡啶-醇钠法合成 2-氯-5-氯甲基吡啶

c. 2-氨基-5-甲基吡啶法[23]　以 2-氨基-5-甲基吡啶为原料，经重氮化、氯化得到 2-氯-5-甲基吡啶后，再侧链氯化得到 2-氯-5-氯甲基吡啶（如图 7-73 所示）。

该方法难以工业化生产，主要有两个方面的原因：首先是原料昂贵，不易于得到；其次是叠氮反应的安全系数较低，重氮化反应废液多，生产过程常发生冲料等问题。

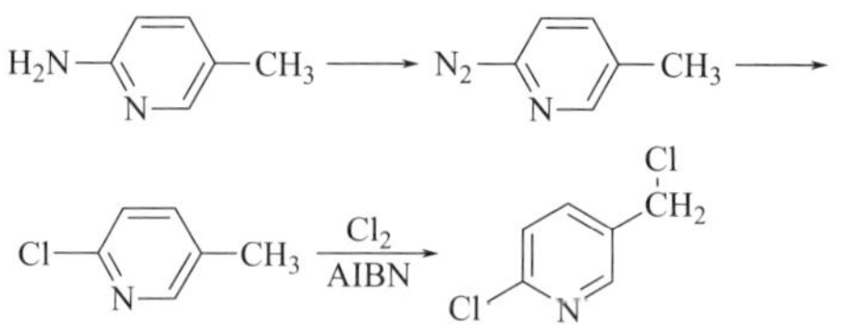

图 7-73 2-氨基-5-甲基吡啶法合成 2-氯-5-氯甲基吡啶

⑤ 以 2-氯-5-氨甲基吡啶为原料

a. 重氮化法[24] 以二氯乙烷作溶剂，2-氯-5-氨甲基吡啶与亚硝酰氯在 20℃时进行重氮化反应，再水解得到 CCMP 和 2-氯-5-羟甲基吡啶的混合物，随后，2-氯-5-羟甲基吡啶在与氯化亚砜等氯化试剂反应得到 CCMP（如图 7-74 所示）。

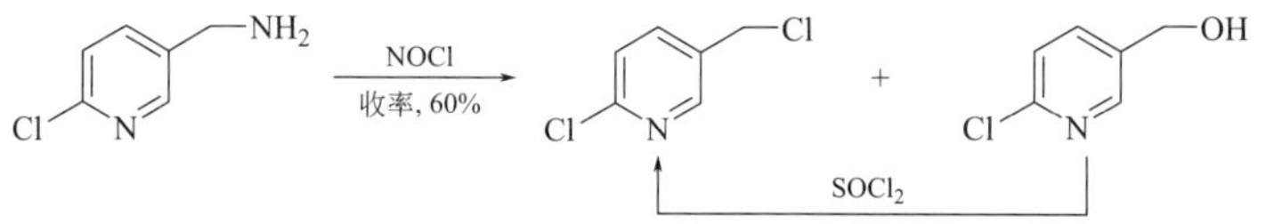

图 7-74 以 2-氯-5-氨甲基吡啶为原料重氮化法合成 2-氯-5-氯甲基吡啶

b. 酰化氯化法[25] 该方法同样以 2-氯-5-氨甲基吡啶为起始原料，在碱性条件下与苯甲酰氯反应生成 *N*-[(6-氯吡啶-3-基)甲基]苯甲酰胺，随后 *N*-[(6-氯吡啶-3-基)甲基]苯甲酰胺在适当的溶剂中（如丁腈、乙腈等）与光气反应即得到 2-氯-5-氯甲基吡啶。合成工艺路线如图 7-75 所示。

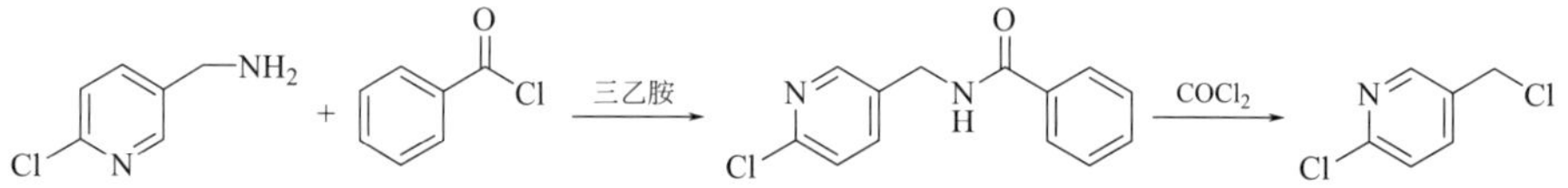

图 7-75 以 2-氯-5-氨甲基吡啶为原料酰化氯化法合成 2-氯-5-氯甲基吡啶

⑥ 环戊二烯-丙烯醛法[26,27] 以环戊二烯、丙烯醛为原料，经过加成后，再与丙烯腈发生二次加成，生成中间体［2,2,1］环庚-α-醛-β-丙腈-5-烯，再裂解生成 4-醛基戊烯腈后经氯化、环合得到 2-氯-5-氯甲基吡啶（如图 7-76 所示）。

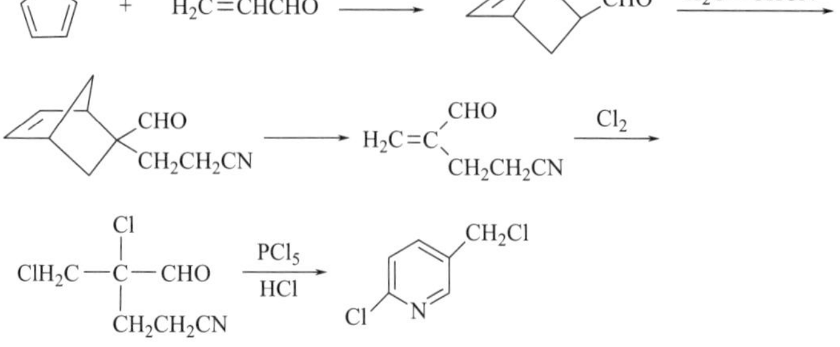

图 7-76 环戊二烯-丙烯醛法合成 2-氯-5-氯甲基吡啶

该方法原料易得，成本低，国内多采用此法。但该法“三废”多，环境问题亟待解决。

⑦ 吗啉-正丙醛法[28,29]　采用吗啉、正丙醛为原料，经加成、二次加成、裂解放出吗啉后，再经过闭环、氯化、脱氯化氢、侧链氯化得到 2-氯-5 氯甲基吡啶（如图 7-77 所示）。该方法是由贵州大学宋宝安教授课题组在 1997 年在我国实现产业化的，生产工艺路线和技术水平当时在国内处于领先地位。江苏扬农集团实现工业化生产，建成全国最大吨位规模，“三废”量低，总收率 30%～35%，含量 90%以上，成本较低。该工艺产生了显著的经济和社会效益，为吡虫啉在我国的大面积推广应用，为我国农药工业进步作出了贡献。

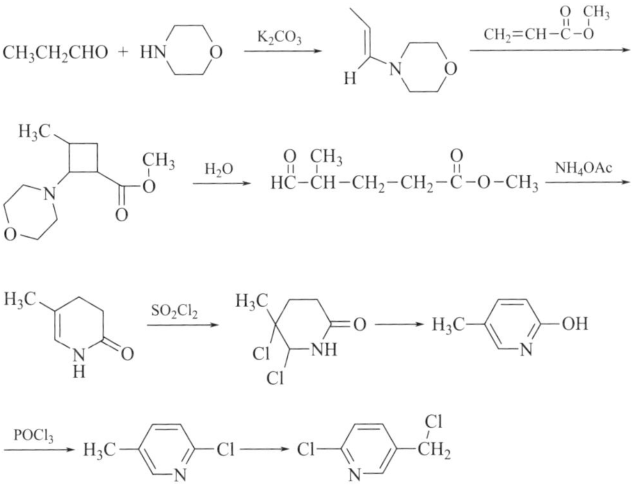

图 7-77　吗啉-正丙醛法合成 2-氯-5-氯甲基吡啶

该法仅有少数企业采用。吗啉和正丙醛加成，再与丙烯酸甲酯反应生成 3-甲基-4-吗啉环丁烷羧酸甲酯。该化合物裂解生成 2-甲酰基戊酸酯，再与乙酸铵反应生成 5-甲基吡啶酮。继续与氯气反应，得到二氯加成物。然后与三氯氧磷反应生成 2-氯-5-甲基吡啶，最后侧链氯化得到 2-氯-5-氯甲基吡啶。该法较复杂，吗啉与正丙醛反应易发生冲料，吗啉等回收率亟待提高。

⑧ 以苄胺为原料的工艺路线[30-32]

a. 方法 1　氢氧化钾存在时，苄胺与正丙醛在 0℃时反应得到中间体 **1**；甲苯作溶剂，三乙胺作缚酸剂，中间体 **1** 室温下与乙酸酐或乙酰氯反应得到中间体 **2**；中间体 **2** 与三氯氧磷和 DMF 在高温下环合反应生成 2-氯-5-甲基吡啶，进一步氯化得到 2-氯-5-氯甲基吡啶（图 7-78）。此方法有苄胺价格高、“三废”多、大量副产物需要回收等问题。

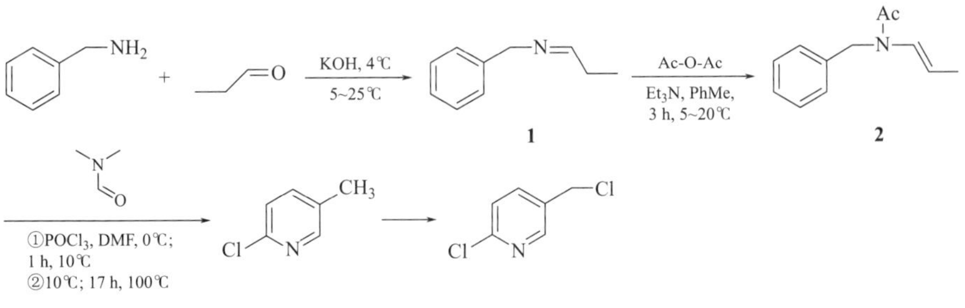

图 7-78　以苄胺、正丙醛为原料合成 2-氯-5-氯甲基吡啶

b. 方法2　陈坤等[36]提出以丙烯醛替代原苄胺路线中的正丙醛可直接环合得到CCMP。具体方法：以石油醚作溶剂，丙烯醛与苄胺反应得到中间体**1**；中间体**1**与乙酰氯反应得到中间体**2**和中间体**3**，然后两者再与DMF和三氯氧磷反应得到2-氯-5-氯甲基吡啶（图7-79）[33,34]。

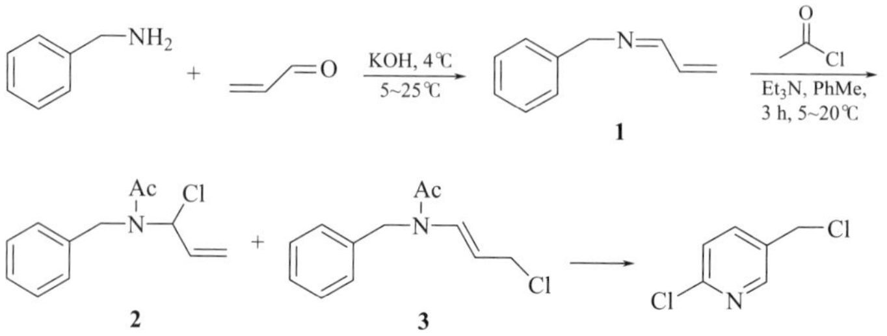

图7-79　以苄胺、丙烯醛为原料合成2-氯-5-氯甲基吡啶

⑨ 以苯磺酰氰为原料[35,36]　寺岛孜郎等提出将顺-2-甲基丁烯醛与乙酸反应生成的中间体**1**再与苯磺酰氰反应生成中间体**2**；中间体**2**再氯化得到CCMP（图7-80）。苯磺酰氰则由苯亚磺酸钠与氯化氰（或溴化氰）低温反应得到。杉冈尚等则用顺-2-甲基丁烯醛直接与苯磺酰氰反应得到中间体**2**。目前国内很少有关于此路线的报道，从各步反应的收率来看这是一条值得深入研究的路线，其中苯磺酰氰是该路线的关键中间体。

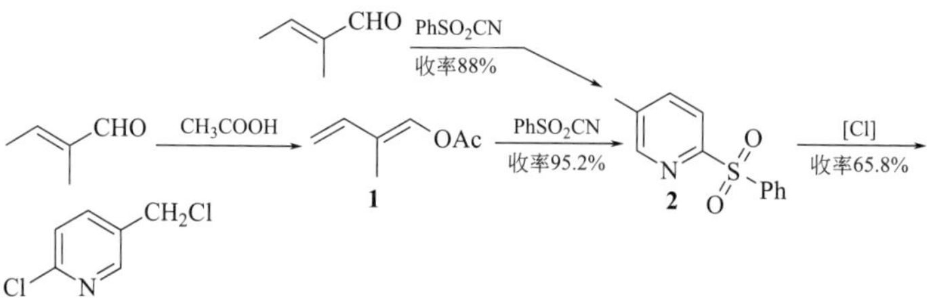

图7-80　以苯磺酰氰为原料合成2-氯-5-氯甲基吡啶

⑩ 二步法[37]　以正丙醛、乙腈为起始原料，经过闭环得到2-氯-5-甲基吡啶，随后氯化即得到2-氯-5-氯甲基吡啶（图7-81），该方法可为新烟碱类化合物的生产提供一条简单便捷的路线。该路线具有简单、反应周期短、原料易得等特点，可大大减少2-氯-5-氯甲基吡啶的制备步骤。但该方法中闭环的收率较低，相信经过进一步的优化，具有产业化的前景。

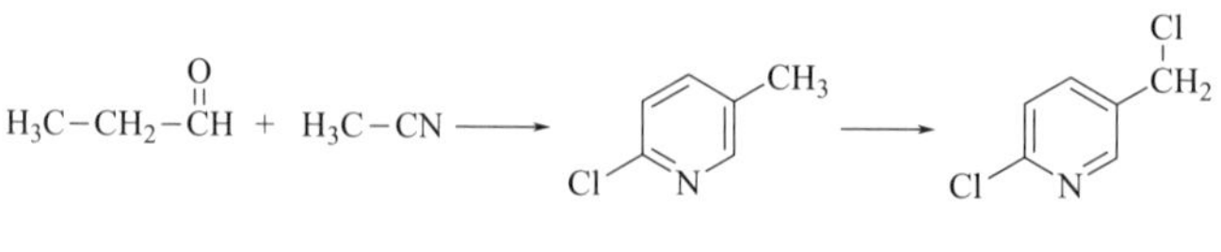

图7-81　以正丙醛和乙腈为原料合成2-氯-5-氯甲基吡啶

⑪ 苹果酸路线[38]　DL-苹果酸与发烟硫酸于60～100℃反应1h后再加入甲醇回流得到中间体**1**；中间体**1**与25%氨水20℃时反应4h后加入氢氧化钠水溶液，然后将反应液加热

至沸腾，最后用盐酸酸化析出固体即为中间体 **2**；中间体 **2** 经酰化、酯化、还原和氯化等步骤得到 2-氯-5-氯甲基吡啶（图 7-82）。

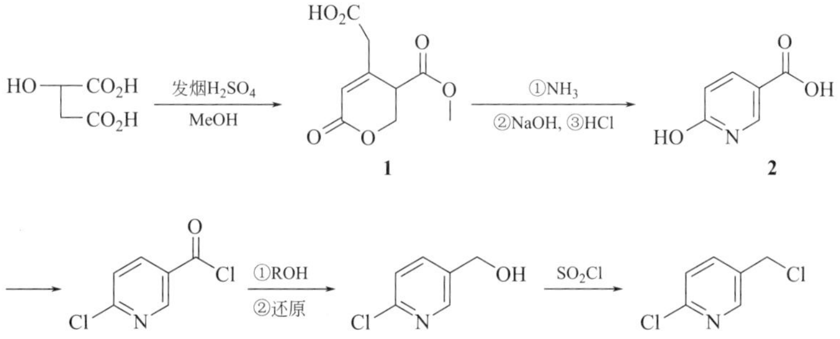

图 7-82　以苹果酸为原料合成 2-氯-5-氯甲基吡啶

在实际生产中，CCMP 的工艺路线有 2 种：①以 3-甲基吡啶为原料，经 *N*-氧化物反应而得 2-氯-5-氯甲基吡啶；②环合法，以苄胺和丙醛反应，经环氯化得 2-氯-5-甲基吡啶，再经氯化而得 CCMP。美国瑞利工业有限公司（Reilly-Industries Inc.）直接环合成 2-氯-5-氯甲基吡啶。近年，我国科研院所和生产企业开发了合成 CCMP 的新方法，即直接环合成 CCMP，纯度高达 95%以上，该法不生成异构体 2-氯-3-氯甲基吡啶，称为环戊二烯-丙醛法。采用新法制备 CCMP 具有产品纯度高（经气相色谱分析，纯度为 95%）、原料成本低等优点。

7.3.2.2　其他吡啶合成工艺

（1）汉斯吡啶合成法　两步串联的汉斯吡啶合成法[39]是最普遍流行的吡啶合成策略之一，首先经过伪四组分（两分子 1,3-二羰基化合物衍生物、醛和铵盐）的一锅法合成中间体 1,4-二氢吡啶（DHP），再将其氧化生成相应的吡啶衍生物（图 7-83）。

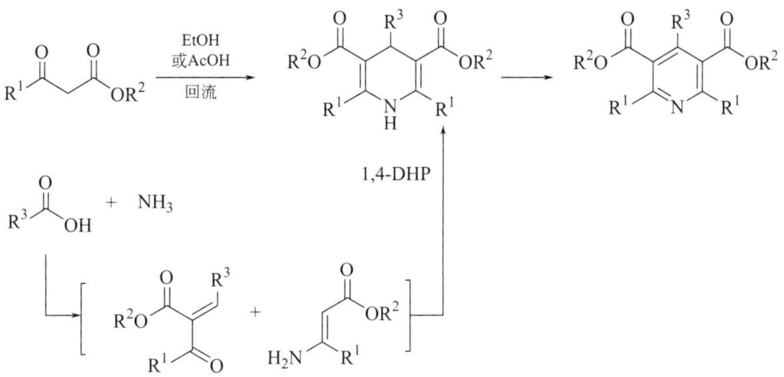

图 7-83　汉斯吡啶合成法合成吡啶

在 1998 年，Cotterill 等[40]报道了在微波照射的条件下用皂土、链状或环状的 1,3-二羰基化合物、醛还有硝酸铵成功合成了多种吡啶衍生物的反应（图 7-84）。在这个条件下，这些铵盐产生的硝酸作为 DHP 的氧化剂，无需额外添加氧化剂，但是这个反应没有明显的区域选择性，适合生产一些对称和不对称吡啶，并且后续复杂的分离过程也决定了该反应只能适用于组合化学。

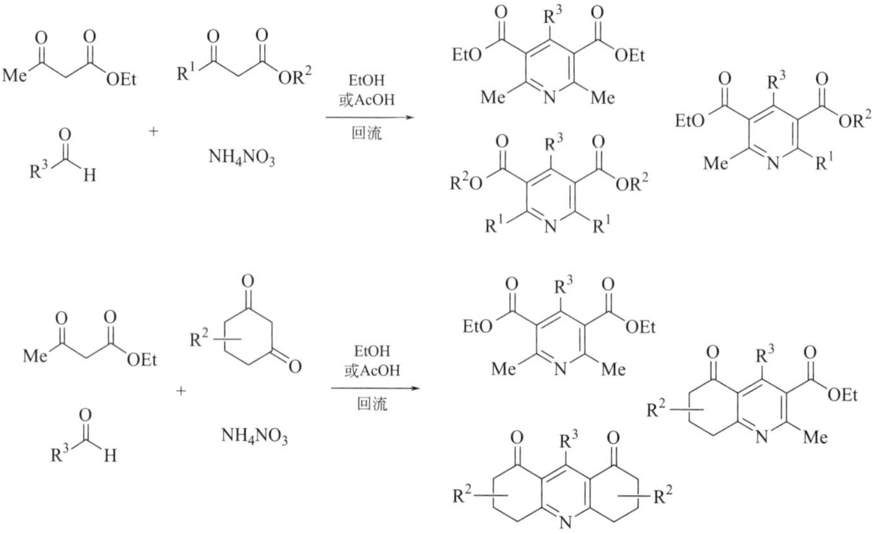

图 7-84　醛和硝酸铵合成多种吡啶衍生物

Wang 等[41]在 2012 年报道了一种合成无取代嘧啶二酮衍生物的多组分汉斯吡啶合成法，该方法用 6-氨基尿嘧啶、1,3-茚二酮、芳香醛和三乙基苄基氯化铵（TEBAC）在水为溶剂的条件下实现，已有报道证实产物是一种新型的阴离子受体。当将反应芳香醛换成甲醛时，就可以得到 4-位无取代的多元环吡啶，医学上已经证明，这种结构可以促进拓扑异构酶靶向药物的作用，具有广泛的生物学前景（图 7-85）。

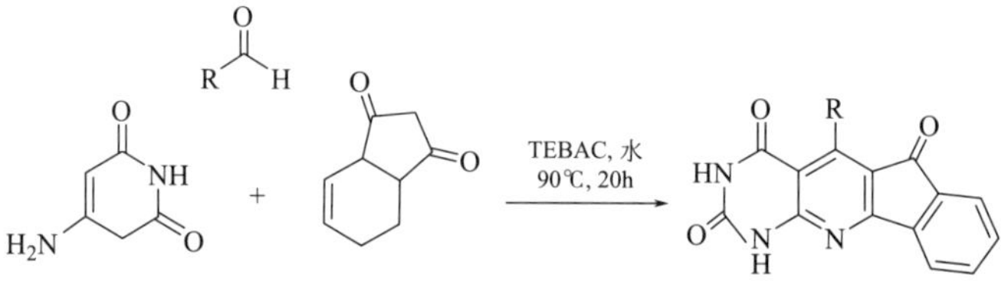

图 7-85　6-氨基尿嘧啶、1,3-茚二酮、芳香醛合成嘧啶二酮衍生物

（2）齐齐巴宾反应　在 1906 年，齐齐巴宾发现了一种新的伪四组分吡啶工艺路线[42]。以 3 分子烯醇化醛和 1 分子的铵盐为原料反应得到目标吡啶产物（图 7-86）。该反应条件比较苛刻，需要高压环境，并且伴有许多副产物的出现。这是反应的首次提出，后续随着化学家的不断探索，该方法在不断演变完善。

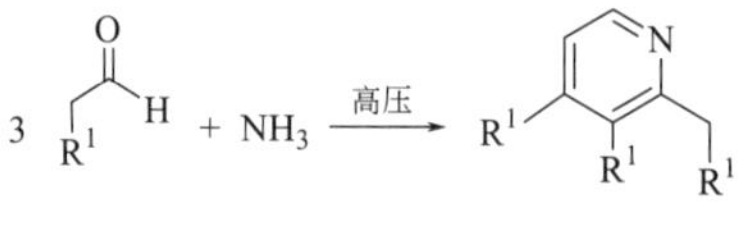

图 7-86　烯醇化醛和铵盐反应得吡啶产物

在 2012 年，Yu 等[43]用二苯胺三氟甲磺酸盐（DPAT）作为催化剂完成了齐齐巴宾吡啶合成。这项工作的独创性在于使用了对环境友好的铵盐。刚开始，NH_4HCO_3 被证明为最好的 N 源，可以直接生成相应的吡啶衍生物，但是当其注意力还在尝试利用烷基胺合成

相应的 1,4-DHP 时，惊奇地发现一级烷基胺竟然也可以直接得到相应的吡啶衍生物，并且反应产率很高。他们根据反应副产物醇，提出了可能的反应机理（图 7-87）。

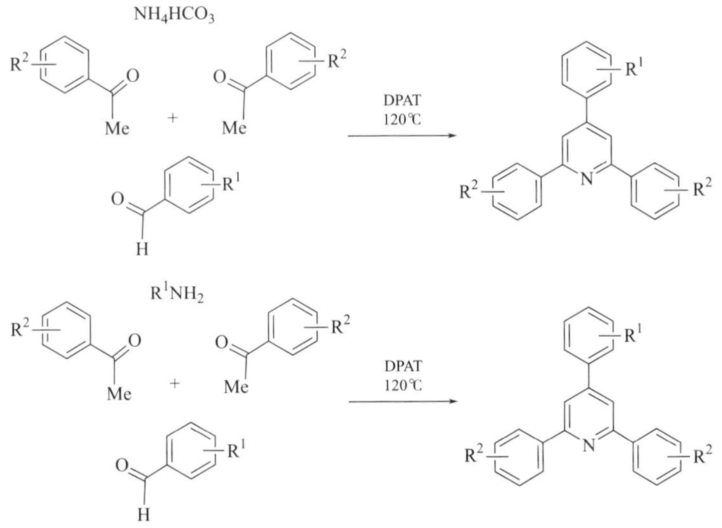

图 7-87　齐齐巴宾吡啶合成法

（3）曼尼希反应基础上的吡啶合成反应　曼尼希反应是在 1912 年发现的，并迅速成为一个时下热门的反应。它通常发生在含有活泼 C—H 键的化合物与一级胺或者二级胺、醛或酮生成 β-氨基羰基衍生物，该化合物称为曼尼希碱[44]。这种串联反应基于亚胺的化学性质，对构建目标杂环化合物有很大的帮助。Risch 和他的团队深入研究了如何利用这个反应合成吡啶衍生物，这种反应特别适用于合成双吡啶、三吡啶等多环吡啶。

在 2003 年，Risch 等[45]报道了一种非稠环吡啶的工艺路线，利用的是曼尼希类型吡啶合成法（图 7-88）。他们利用质子化的曼尼希碱、2-苯基乙醛和乙酸铵在回流的乙醇溶液中反应，得到相应的 3-芳基吡啶衍生物，收率达到 50%以上，该方法就是对利用 B 型曼尼希碱生成吡啶衍生物方法的拓展。

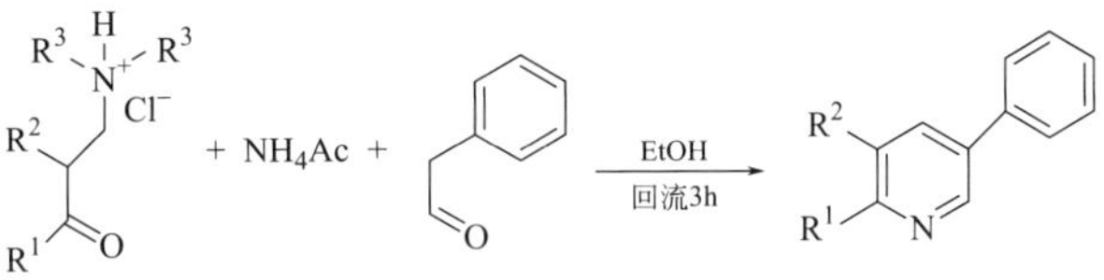

图 7-88　3-芳基吡啶衍生物合成

（4）威尔斯斯迈尔反应基础上的吡啶合成反应　威尔斯斯迈尔反应的第一步是形成氯亚胺，俗称威尔斯斯迈尔试剂。从 20 世纪 80 年代起，这个中间体产物与 DMF、三氯氧磷一起用于合成吡啶衍生物，其中溶剂的选择以及二甲基甲酰胺和三氯氧磷的比例对反应产物的选择性起到至关重要的作用。

1984 年，Westwood 等[46]将这个概念运用到合成 2-氯四氢喹啉中，产率良好，但是他们并没有进一步拓展反应的适用范围（图 7-89）。

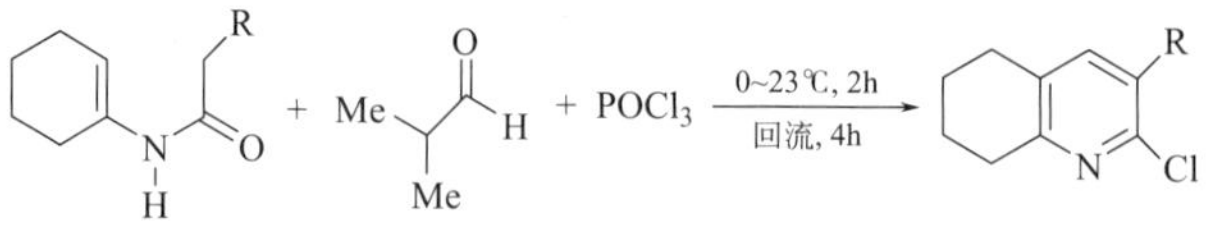

图 7-89 威尔斯迈尔反应合成 2-氯四氢喹啉

2007 年，一种使用威尔斯迈尔试剂、丙二腈、二硫缩醛芳酰基烯酮类化合物反应生成 2-硫甲基吡啶的方法得到了报道[47]。然而，反应对电子相应高度敏感，富电子芳基取代基产率很低，并不适应相应的反应条件（图 7-90）。

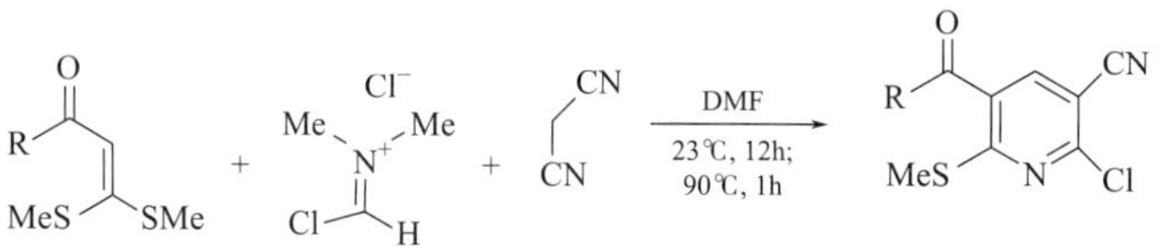

图 7-90 2-硫甲基吡啶的工艺路线

回顾这么多年来，威尔斯迈尔反应基础上的多组分吡啶合成法，即使已经有效地改进很多，但仍然不能完全遵守可持续化学发展的标准，特别是原子经济型方面。另外，反应形成磷和卤代副产物也是一个阻碍其发展的重大问题。但是，反应可以生成的 2-卤代吡啶，是其他多组分反应所不能生成的，这样特殊取代的吡啶产物又可以进一步转化为更为丰富的吡啶衍生物，这对化学家来说是极具吸引力的。

（5）迈克尔加成反应基础上的吡啶合成反应　构建双杂环是一个热门研究领域，目前的常用方法有：交叉偶联反应；C—H 键的官能团化；交叉脱氢偶联。然而，高效的过渡金属催化剂仍然处于发展阶段，不能完全满足绿色化学的需求，并且没有明显的区域选择性。为了应对这些挑战，拓展了迈克尔加成形成吡啶的方法，一些含氮杂环（吡啶、咪唑、异噁唑啉等）都能通过该方法合成。

2008 年，有学者报道了一种具有区域选择性的无金属催化三组分定向生成吡啶衍生物的方法[48]，利用 1,3-二羰基化合物、β-酮酯，或 β-酮酰胺与 α,β-不饱和醛酮和乙酸铵反应，在 4Å（$1Å=10^{-10}m$）分子筛（4ÅMS）的条件中，加上原位氧化作用生成相应的吡啶衍生物（图 7-91）。

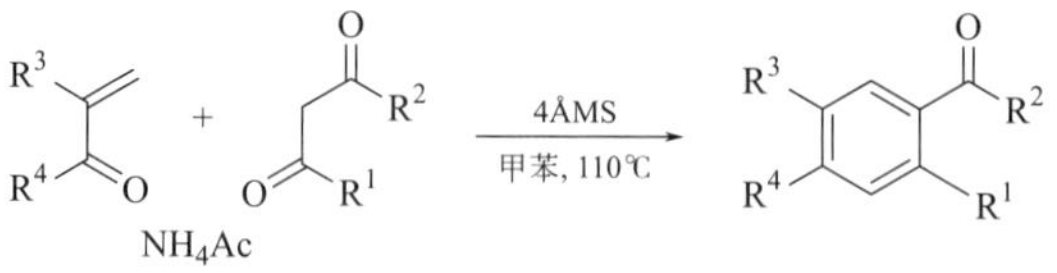

图 7-91 区域选择性的无金属催化三组分定向生成吡啶衍生物

2012 年，Tenti 等[49]发现了一种区域选择性的催化合成烟碱衍生物的反应，由查尔酮、β-酮酰胺和乙酸铵在乙醇溶液中反应，以 CAN（硝酸钙铵）为催化剂，可以生成各种各样的烟酰胺衍生物，并且产率良好（图 7-92）。

（6）博尔曼-哈茨吡啶合成法　博尔曼-哈茨反应是在 1957 年发现的，是由一分子烯胺酯和一分子炔酮共轭加成的反应，中间通过热环化脱水形成吡啶母核[50]（图 7-93）。

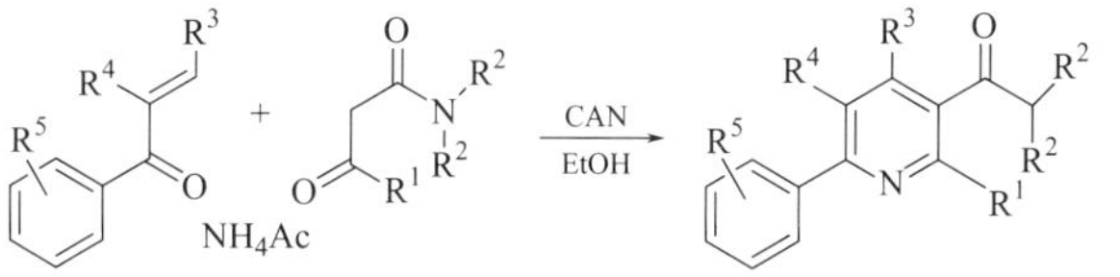

图 7-92　查尔酮和 β-酮酰胺生成各种烟酰胺衍生物

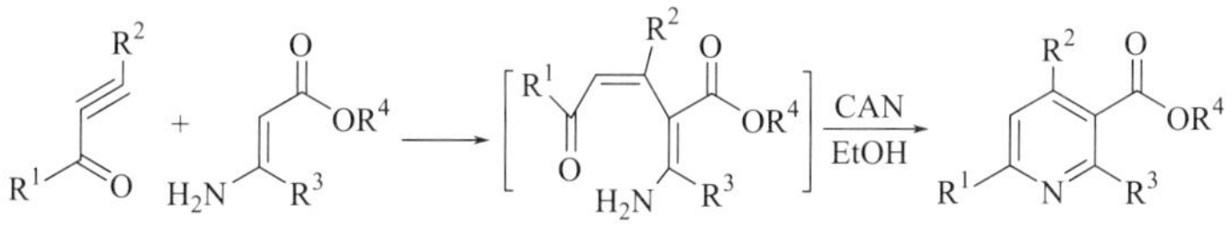

图 7-93　烯胺酯和炔酮的共轭加成反应

Bagley 等深入研究了这种反应[51-54]，并率先在 2002 年提出利用缩合反应把胺源串联在 β-酮酸酯上原位生成烯胺酯，串联反应利用 β-酮酸酯、炔酮和乙酸铵在甲苯溶液中回流 20h 实现。布朗斯特酸、路易斯酸和大孔树脂都可以催化这个多组分反应。由于底物的氧化级跟吡啶的一样，所以该反应不需要额外添加氧化剂[55]（图 7-94）

图 7-94　烯胺酯合成反应

博尔曼-哈茨反应有一个典型的缺点，就是反应的底物取代炔酮很少可以直接在市场上买到，大大地限制了反应的实际应用性。为了扩大合成多取代吡啶的范围，Bagley 课题组[56]在 2003 年提出一种多组分氧化博尔曼-哈茨反应，其中炔酮由相应的丙炔醇原位氧化得到，氧化/环化串联反应利用丙炔醇、β-酮酸酯、乙酸铵和活性二氧化锰在甲苯/乙酸（5∶1）系统中加热回流实现（图 7-95）。

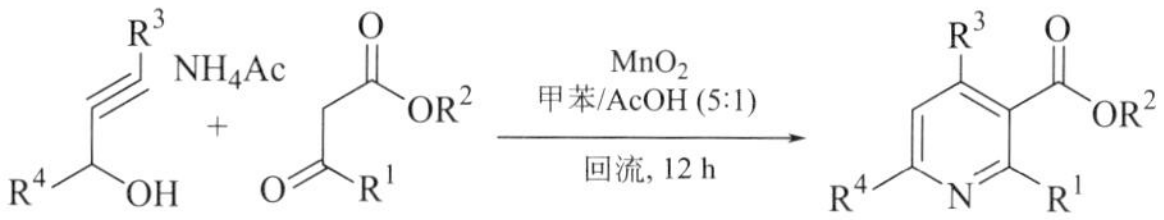

图 7-95　博尔曼-哈茨反应

7.3.3　重要中间体呋喃酚的工艺概述

呋喃酚是杀虫剂克百威的关键中间体，由于合成难度大，国内沈阳化工研究院、湖南化工研究院等进行了长期攻关，湖北沙隆达公司曾建立生产能力 1000t/年的呋喃酚生产装置，但由于技术上问题较多，生产技术不过关而关闭。合成呋喃酚工艺技术有多种，早期 FMC 公司采用邻硝基苯酚工艺生产呋喃酚，但由于工艺路线较长、“三废”多、生产成本高而关闭。日本三菱化学采用环己酮工艺生产呋喃酚，由环己酮经亚硒酸氧化为环己二酮，再与甲基丙烯基氯醚化反应，然后环合为呋喃酚。湖南化工研究院曾对环己酮合成呋喃酚工艺进行了长达 10 年的研究工作，但一直未有大的突破。由邻苯二酚与甲基烯丙基氯反应合成呋喃酚是世界上目前最主要的工业路线。该工艺步骤少，“三废”少，总收率高达 64%。邻苯二酚与甲基烯丙基氯经过醚化得到异丁烯氧基苯酚，在催化剂存在下经过 Claisen 重排，然后环合得到呋喃酚。FMC 公司、罗纳-普朗克公司等都采用该工艺生产呋喃酚。湖南化工研究院经过多年攻关，在湖南海利建立了一套生产能力 1500t/年的生产装置生产呋喃酚，一次开车成功，总收率>60%，产品纯度>99%，环境保护符合国家标准。

呋喃酚的工艺路线有邻苯二酚法、邻氯苯酚法、环己酮法、硝基苯酚法、愈创木酚法、邻异丙基酚法等[57,58]。但是到 2018 年 5 月为止，只有其中几种方法用于工业化生产。以下简单介绍当前合成呋喃酚的几种重要方法：

7.3.3.1 以邻苯二酚为原料合成呋喃酚

以邻苯二酚为起始原料合成呋喃酚，是比较成熟的工艺，是目前国内外生产呋喃酚的主要方法[59]。匈牙利、德国、美国、法国和意大利均建有该种装置。该法具有工艺路线短的优点，只要通过醚化、Claisen 重排和环合即得呋喃酚；不足之处是邻苯二酚有两个羟基活性基团，给醚化反应带来了不可避免的副反应[60,61]。合成工艺路线如图 7-96 所示。

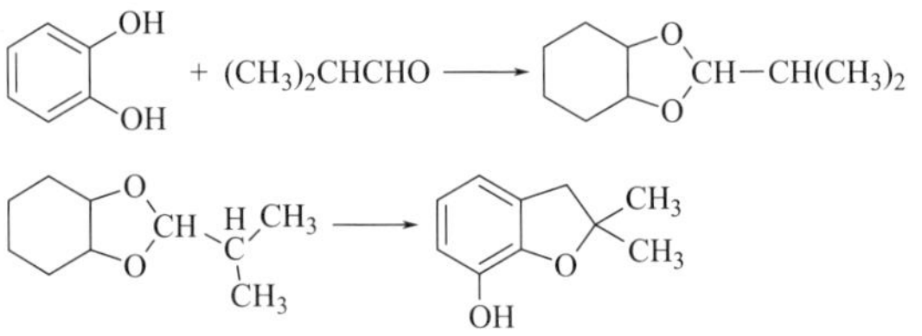

图 7-96 以邻苯二酚为原料合成呋喃酚

邻苯二酚法合成呋喃酚的第一步反应是醚化反应。苯羟基的醚化，一般是苯羟基先生成碱金属的酚盐，如碱金属的氢氧化物、碳酸盐或碳酸氢盐[62]，然后再与烷基化剂反应，如有机卤化物或硫酸盐，生成苯的醚化物[63]。此类反应并不难发生，能够得到很高的收率。但是，当苯环上有两个或更多羟基时，要选择性地生成单醚是比较困难的，其选择性很低。因为苯环上的羟基都有可能发生反应，当反应生成单醚后，会进一步与烷基化剂反应，生成双醚和多醚[64,65]。而且，苯环在此条件下还会发生烷基化反应[81]，特别是烷基化剂是不饱和有机基团时，很容易生成烷基副产物、二聚物和多聚物，从而导致反应的收率低，混合物分离、提纯困难，费用高。

第二步反应是环合反应，其实这步反应包括了两步：Claisen 重排和环合反应。由于重排反应速率很快且和环合反应是同样的反应条件，因此两步反应在实际反应中合成了一步。反应机理[66]如图 7-97 所示。

在环合反应中，环己烷、苯、甲苯、异丙醇、甲基异丁酮、邻二甲苯等可以作反应溶剂，反应一般在单溶剂中进行。也有文献报道此反应可以在两种溶剂混合下进行，可用水和有机溶剂的混合物作反应溶剂。水与有机溶剂可以互溶，也可以不互溶。但是水在混合溶剂中的百分比不能太大，一般为 0.1%～20%，最好为 0.3%～5%。有机溶剂的沸点最好在 80℃以上，反应的收率可以达到 70%以上[67]。

邻甲代烯丙氧基苯酚在高温下转位环合合成呋喃酚需要使用催化剂，如果不用催化剂，则呋喃酚的量很少甚至没有。但是 Claisen 重排时不需要催化剂，环合才需要催化剂。

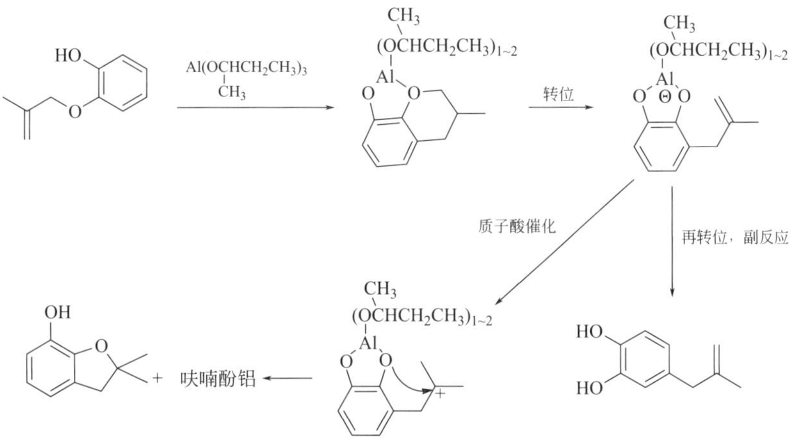

图 7-97　以邻苯二酚为原料合成呋喃酚的反应机理

催化剂主要有铝衍生物（如异丙醇铝、苯酚铝、三溴化铝、硬脂酸铝）及硬脂酸钛、分子筛等[68-70]。

据文献报道[71]，甲代烯丙氧基苯酚还可以用邻苯二酚和异丁醛为原料，在无机酸（硫酸）的催化下制得 2-异丙基-1,3-苯并二氧戊烷，再在路易斯酸（$ZnCl_2$）的催化下重排转位得到呋喃酚。

在醚化和环合反应中，两步反应可以用同一种溶剂进行，这样，醚化反应后没有溶剂分离步骤，转位环合也不需引进新的溶剂，从而减少中间环节。如在芳烃惰性溶剂、能与甲基烯丙基氯形成季铵盐的胺组成的介质环境中，邻苯二酚与甲基烯丙基氯反应生成单醚，不用对反应混合物中的溶剂进行分离，可直接用于转位环合生产呋喃酚，然后再分离出来[72]。

此反应可在 SO_4^{2-}/TiO_2 固体超强酸的催化作用下进行，SO_4^{2-}/TiO_2 固体超强酸的表面上同时存在 Lewis 酸中心和 Bronsted 酸中心，邻苯二酚和异丁醛先在 Bronsted 酸中心上脱水缩合为 2-异丙基-1,3-苯并二氧戊烷，后在 Lewis 酸中心上重排为呋喃酚，反应的转化率 49.1%，呋喃酚的收率不高[73]。

7.3.3.2　以环己酮为原料合成呋喃酚

以环己酮为原料合成呋喃酚的方法主要有两种：

一种是环己酮经亚硒酸氧化可以生成 1,2-环己二酮，在碱和其他催化剂作用下与甲基烯丙基氯醚化反应，生成的 2-β-甲基烯丙基氯代-2-环己烯-1-酮在催化剂作用下，升温环化、重排反应一段时间，得到一定产量的呋喃酚产品[74]。其中，第一步的收率为 62%左右，第二步和第三步的收率为 64.5%，反应的总收率为 40%[75]。此反应的原料易得，收率也较高，但是反应包括了氧化、醚化、还原、重排和环合 5 步，反应条件难以控制，设备的投资大，目前还只有日本有此装置，不过它也是一条重要的、有发展潜力的呋喃酚工艺路线。

另一种是据反向合成的原理设计的一条由环己酮为原料合成呋喃酚的路线[76]，合成工艺路线如图 7-98 所示。环己酮与异丁醛在碱催化下发生交叉醇醛缩合反应合成 2-(2-甲基亚丙基)环己酮，然后 2-(2-甲基亚丙基)环己酮与氯气发生氯化反应。同时对烯键加成和酮 α-位取代，再在碱存在下消除 HCl，发生芳环化反应生成 2-氯-6-(2-甲基-1-丙烯基)苯酚。2-氯-6-(2-甲基-1-丙烯基)苯酚在碱溶液中于铜盐催化下可以水解生成 3-(2-甲基-2-丙烯基)-1,2-苯二酚。最后 3-(2-甲基-2-丙烯基)-1,2-苯二酚在酸催化下发生闭环反应，生成呋喃酚。此反应的路线同样很长，要经过缩合、氯化、芳环化、水解和环合 5 步，而且缩合

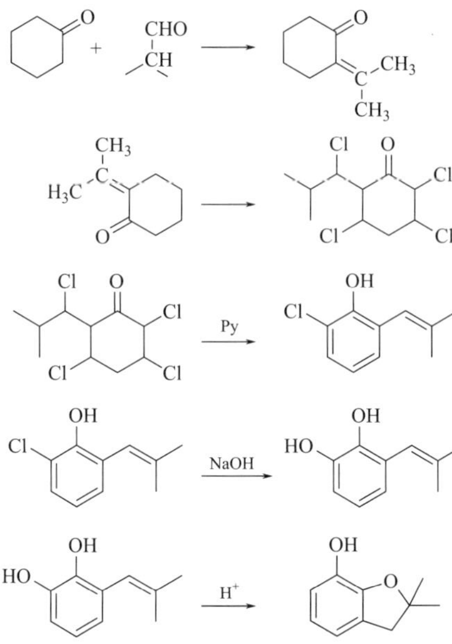

图 7-98　由环己酮为原料合成呋喃酚

反应时有双醇醛缩合的副反应，收率只有 40%。因此，反应的总收率比较低，目前也很难用于工业化。

7.3.3.3　邻硝基苯酚法

邻硝基苯酚法是以邻硝基苯酚为主要原料合成呋喃酚的方法。1967 年，Borivj Richard Franko-Filipasic[77]用邻硝基苯酚和甲基烯丙基氯合成了呋喃酚。将邻硝基苯酚溶于氢氧化钠溶液后，加入甲基烯丙基氯（MAC）发生醚化反应，然后在无水氯化镁催化下加热重排生成 2,3-二氢-2,2-二甲基-7-硝基苯并呋喃。随后催化还原成相应氨基物，再经 $NaNO_2/H_2SO_4$ 进行重氮化反应后水解而得呋喃酚，总收率 53%[78]。

该方法的原料容易得到，是最初合成呋喃酚的方法，也是美国 FMC 公司最开始合成呋喃酚的方法。但是该法的工艺路线过长，反应要经过醚化、重排、环合、加氢还原、重氮化、水解 6 步反应（如图 7-99 所示），每步反应的收率如果都有 90%，其总收率也只有 50%多。另外，在重排反应中，除了有邻位产物外，还有对位异构体生成，并且当物料加热到 180℃时，会发生剧烈的放热反应，很容易出现“飞温”现象，在工业生产中难以控制，有潜在的爆炸危险。而且反应产生大量的焦油，增加了设备、管路清理负担，降低了设备生产能力；“三废”处理量大，腐蚀严重[79]。因此，邻硝基苯酚法逐渐被其他的方法所取代了。

7.3.3.4　其他工艺路线

1967 年，有学者报道，邻溴苯酚与甲代烯丙基卤化物可以合成呋喃酚，合成原理和步骤包括：邻溴苯酚在碱存在下与甲代烯丙基卤化物反应生成邻溴苯基甲代烯丙基醚；然后邻溴苯基甲代烯丙基醚加热转位 2-溴-6-甲代烯丙基苯酚或 2-溴-6-异丁烯基苯酚；2-溴-6-甲代烯丙基苯酚、2-溴-6-异丁烯基苯酚环合成 2,3-二氢-2,2-二甲基-7-溴唑呋喃；一定温度下，在碱金属、碱土金属的氢氧化物或羟氧化物形成的碱性环境中，2,3-二氢-2,2-二甲基-7-溴唑呋喃中的溴被羟基取代生成呋喃酚[80]，如图 7-100 所示。

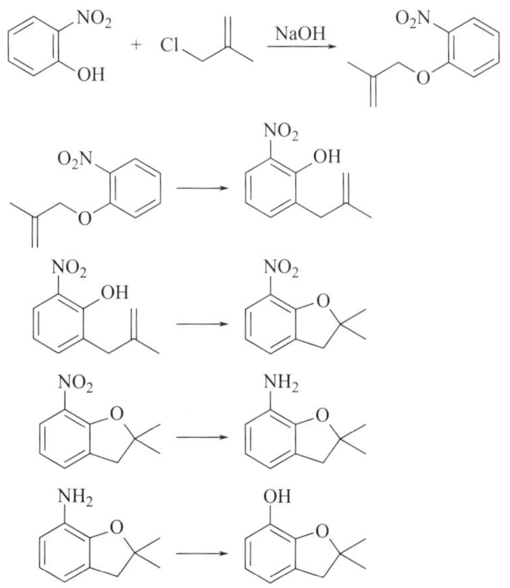

图 7-99　邻硝基苯酚法制备呋喃酚

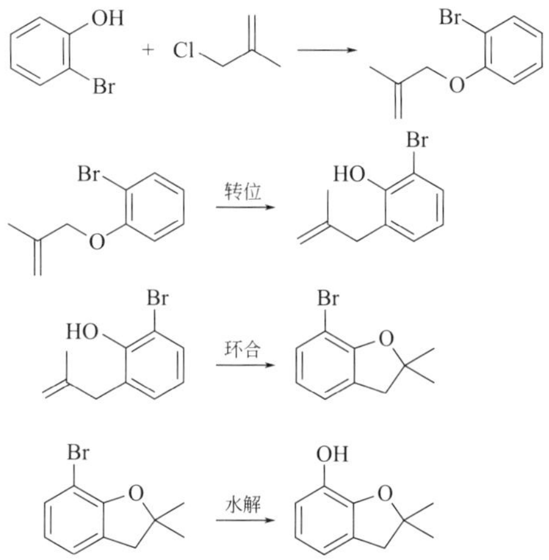

图 7-100　邻溴苯酚与甲代烯丙基卤化物合成呋喃酚

此外，1968 年，L. Donald 用 2-羟苯乙酮和甲代烯丙基氯为原料合成了呋喃酚[81]。此反应包括：醚化反应、转位反应、环合反应、氧化反应和水解反应。反应原理如图 7-101 所示。

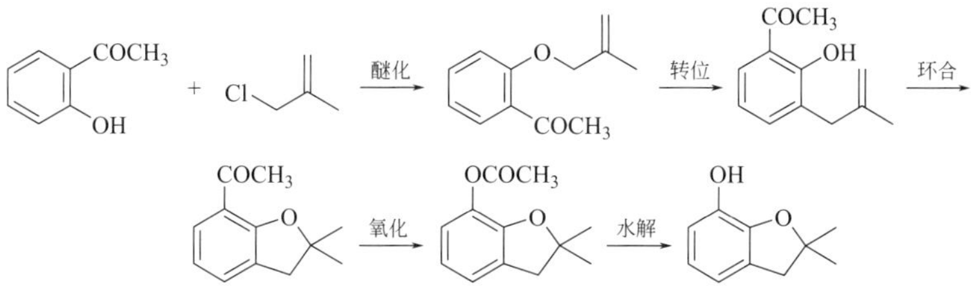

图 7-101　2-羟苯乙酮和甲代烯丙基氯为原料合成呋喃酚

从反应步骤来看，此方法和邻苯二酚法很相似，但是比邻苯二酚法要多了氧化和水解两步，反应过程比较复杂，并且反应的收率低，因此也不是一条理想的工艺路线。

7.3.4　重要中间体 2-氯-5-氯甲基噻唑的工艺路线

2-氯-5-氯甲基噻唑是合成高效杀虫剂氯噻啉的关键中间体。2-氯-5-氯甲基噻唑的工艺路线很多，可以 3-氨基-1-丙炔、2-氨基-5-甲基噻唑、2-氯-3-氨基丙烯、噻唑-2(3*H*)-硫酮等作为起始原料，进行合成。以下简要介绍 2-氯-5-氯甲基噻唑的工艺路线。

7.3.4.1　以 1-异硫氰酸基-2-丙烯为原料[82]

在 1-异硫氰酸基-2-丙烯及氯化亚砜的氯仿溶液中，通入氯气进行氯化反应。该反应需要过量的氯气，副反应较多，粗品纯度为 41.1%，简单蒸馏后的纯度也仅为 47.8%，收率 50.4%，需通过精馏才能得到纯品。化学反应式如图 7-102 所示。

7.3.4.2　1-异硫氰酸基-3-氯-1-丙烯氯化法[82-84]

在 10℃温度下，在 1-异硫氰酸基-3-氯-1-丙烯的氯仿溶液中滴加硫酰氯或通入氯气进行氯化，然后升温到 80℃反应。1-异硫氰酸基-3-氯-1-丙烯的顺反比例对反应收率影响很大：

当顺反比为 2∶3 时收率 69.2%，纯度 93.8%；当顺反比为 4∶1 时收率 45.3%，纯度 92.6%；若基本上是反式结构时收率 91.2%，纯度 96.6%。顺式异构体在催化剂（如碘、硫酚或 Lewis 酸）作用下可转化为反式结构。其反应条件要求比较高，催化剂后处理给工业生产带来麻烦。化学反应式如图 7-103 所示。

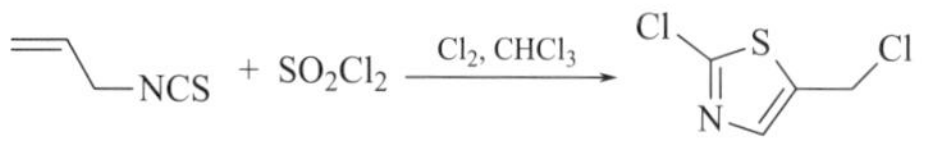

图 7-102　以 1-异硫氰酸基-2-丙烯为原料合成 2-氯-5-氯甲基噻唑

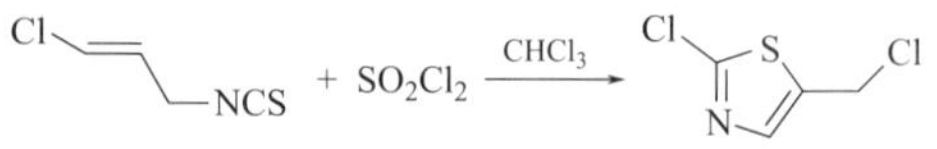

图 7-103　以 1-异硫氰酸基-3-氯-1-丙烯为原料合成 2-氯-5-氯甲基噻唑

7.3.4.3　1-异硫氰酸基-2-氯-2-丙烯氯化法[85]

在 1-异硫氰酸基-2-氯-2-丙烯的乙腈溶液中，在低温下，滴加硫酰氯或通入氯气进行氯化，继续反应关环，蒸出溶剂，冷却结晶，过滤得到 2-氯-5-氯甲基噻唑，纯度和收率分别为 90%和 85%。其合成工艺简单，反应条件温和，操作方便，适合工业生产。化学反应式如图 7-104 所示。

7.3.4.4　乙炔胺为原料[86]

在−10℃下，在 5-亚甲基-1,3-噻唑烷-2-硫酮的氯仿溶液中，通入氯气或滴加硫酰氯进行氯化反应，产物沉淀析出、水洗、负压脱溶后得到目标化合物，收率 90%。化学反应式如图 7-105 所示。

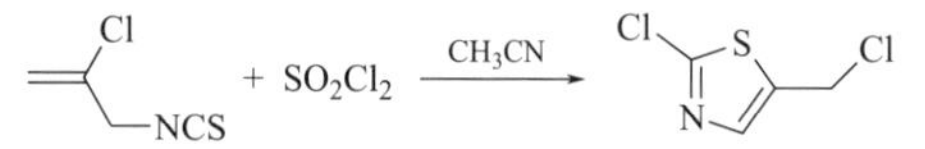

图 7-104　以 1-异硫氰酸基-2-氯-2-丙烯为原料合成 2-氯-5-氯甲基噻唑

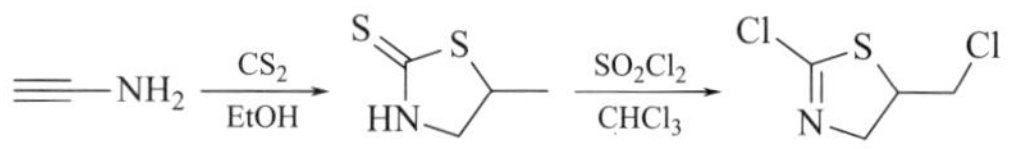

图 7-105　乙炔胺为原料合成 2-氯-5-氯甲基噻唑

7.3.4.5　以丙醛为原料[87,88]

在 20℃下，在硫脲和氯化钙的稀盐酸溶液中，通入氯气，同时滴加丙醛，直到反应结束，得到 5-甲基-2-噻唑胺，收率 70%。5-甲基-2-噻唑胺可进行 Sandmeyer 反应或 Gattermann 反应，氨基能被氯取代，但两者需要 Cu^{2+} 或 Cu，然而 Cu^{2+} 或 Cu 都会给反应后处理带来不便。如果 2-氨基-5-甲基噻唑重氮化反应后，直接与等物质的量或更多的盐酸加热就能得到氯化物，但重氮化反应在工业上安全性较低，虽然该方法的收率较高（81%），但从安全的角度考虑，不宜产业化。而 2-氯-5-甲基噻唑可经 *N*-氯化琥珀酰亚胺（NCS）在光照下氯化，得到目标化合物，收率 61%。反应式如图 7-106 所示。

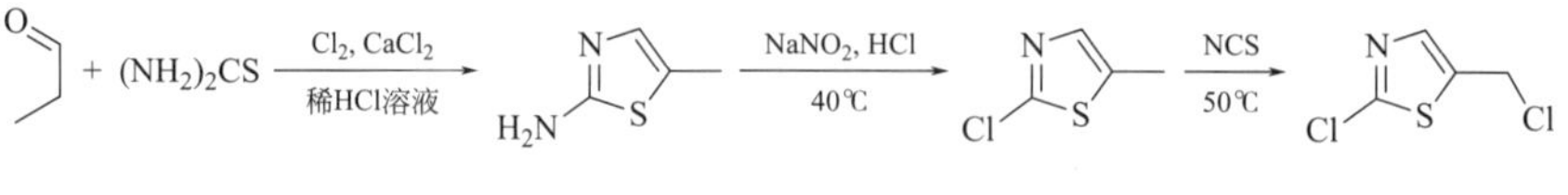

图 7-106　以丙醛为原料合成 2-氯-5-氯甲基噻唑

7.3.4.6　以 2-氯烯丙胺为原料[82,86]

以 2-氯烯丙胺为原料可经两条不同的工艺路线得到 2-氯-5-氯甲基噻唑。其一将 2-氯烯丙胺与甲酸乙酯回流得 *N*-(2-氯烯丙基)甲酰胺，收率 79%。*N*-(2-氯烯丙基)甲酰胺既可直接与亚硫酰氯、二氯化硫回流制得 2-氯-5-氯甲基噻唑（收率 42%）；也可先脱水得到 2-氯烯丙基异腈（收率 80%），再与亚硫酰氯、二氯化硫反应（收率 52%）。其二[82,86]先将 2-氯烯丙胺在碱性条件下与二硫化碳反应制得 *N*-(2-氯-2-烯丙基)二硫代氨基甲酸钠，收率 85%，然后与碘、碘化钾反应再经亚硫酰氯氯化得到目标化合物，收率 30%。反应过程如图 7-107 所示。

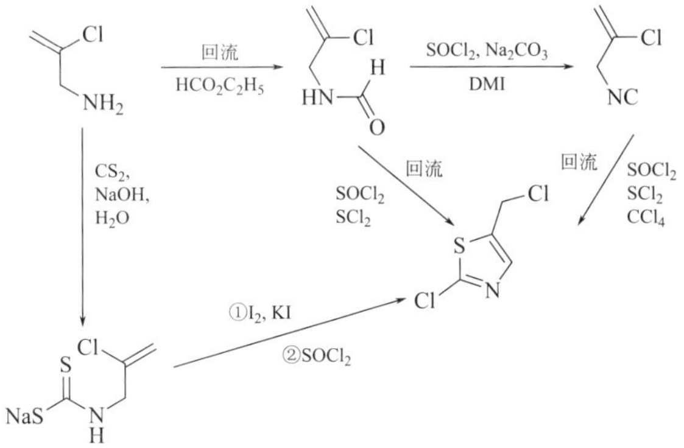

图 7-107　以 2-氯烯丙胺为原料合成 2-氯-5-氯甲基噻唑

7.3.4.7　以丙烯醛为原料[89]

在 10℃、碱性条件下，丙烯醛与双氧水和硫脲反应，制得 2-氨基-5-羟甲基噻唑，再进行重氮化反应，在大量的盐酸中或水中反应，分别生成 2-氯-5-羟甲基噻唑或 2-羟基-5-羟甲基噻唑，两者再进行氯化，均可以以较高的收率得到 2-氯-5-氯甲基噻唑。这种方法收率较高，制造成本较低，可以避免使用异硫氰酸酯带来的危险性。但该过程中重氮化反应的安全是关键。反应过程如图 7-108 所示。

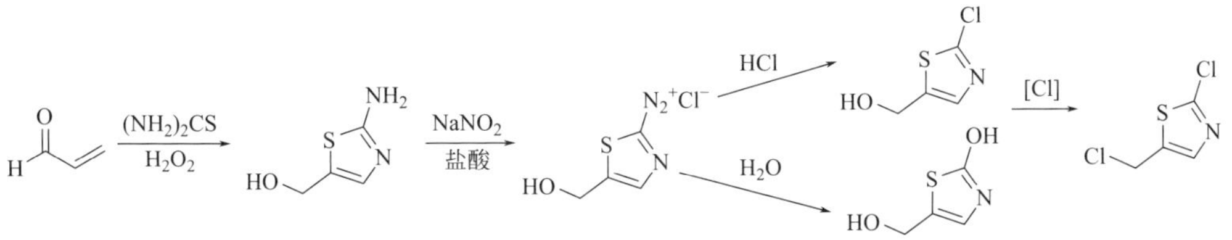

图 7-108　以丙烯醛为原料合成 2-氯-5-氯甲基噻唑

7.3.5　除虫菊酯类杀虫剂主要通用中间体的工艺概况

拟除虫菊酯作为一种酯类化合物，通常可以由酸组分与醇组分的成酯反应制得。大多数菊酸共有的特征结构为环丙烷结构。因此 2,2-二甲基-1-环丙烷甲酸、2,2-二氯-1-环丙烷甲酸与 3-苯氧基-α-氰基苄醇可认为是合成菊酯类的重要中间体，以下将分别对它们的工艺路线加以介绍。

7.3.5.1　2,2-二甲基乙烯基-3,3-二甲基环丙烷甲酸的工艺路线

除虫菊酸及许多后来人工合成的拟除虫菊酸都含有相似的三元环结构，此类三元环（即环丙烷结构顶角碳上有二甲基的结构），通常可以由［2+1］环加成或分子内亲核取代反应制得。2,2-二甲基乙烯基-3,3-二甲基环丙烷甲酸[90]的合成工艺路线如图 7-109 所示。

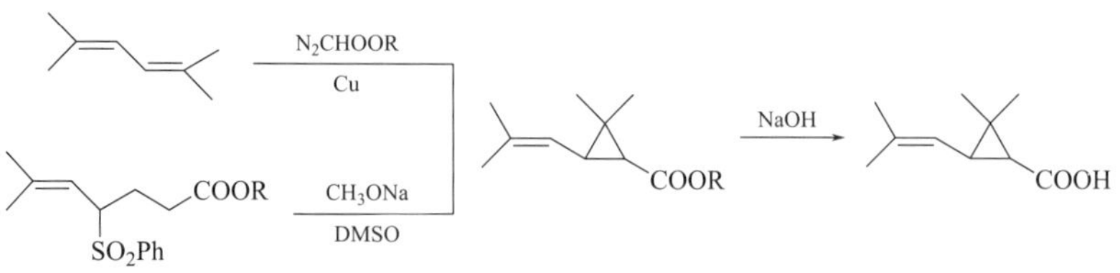

图 7-109 2,2-二甲基乙烯基-3,3-二甲基环丙烷甲酸的合成工艺路线

7.3.5.2 2,2-二氯-1-环丙烷甲酸的工艺路线

由碳碳双键得到环丙烷基衍生物，可以通过卡宾对双键的加成反应实现，而二氯卡宾又是一种易得的卡宾，可由氯仿在碱存在下发生 α 消除，脱去 HCl 分子得到。因此，菊酸中的成环反应基本上是由丙烯酸乙酯与二氯卡宾的加成完成的[91]，相转移催化剂（PTC）的存在可大大加快反应速率。最后，在碱性条件下水解即可得到 2,2-二氯-1-环丙烷甲酸。合成工艺路线如图 7-110 所示。

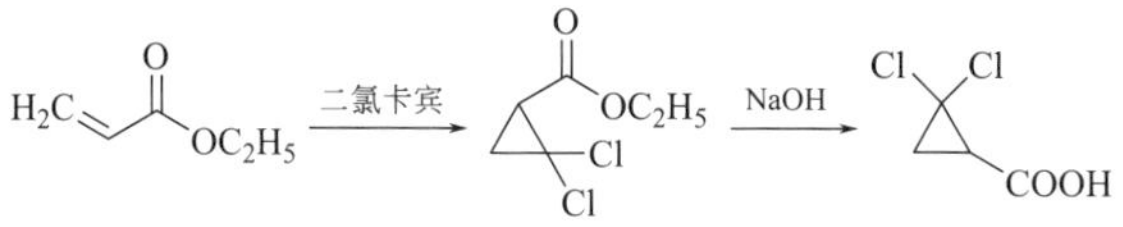

图 7-110 2,2-二氯-1-环丙烷甲酸的合成工艺路线

7.3.5.3 二氯菊酸的工艺路线

二氯菊酸是合成拟除虫菊酯类高活性杀虫剂氯菊酯、氯氟菊酯和氟氯氰菊酯的关键中间体，二氯菊酸的工艺路线主要有如下几种：

（1）以三氯乙醛、异丁烯为原料　以三氯乙醛、异丁烯为原料合成二氯菊酸是一条传统的工艺路线。该工艺技术较成熟，国外早期普遍采用此法生产该中间体。合成工艺路线如图 7-111 所示。

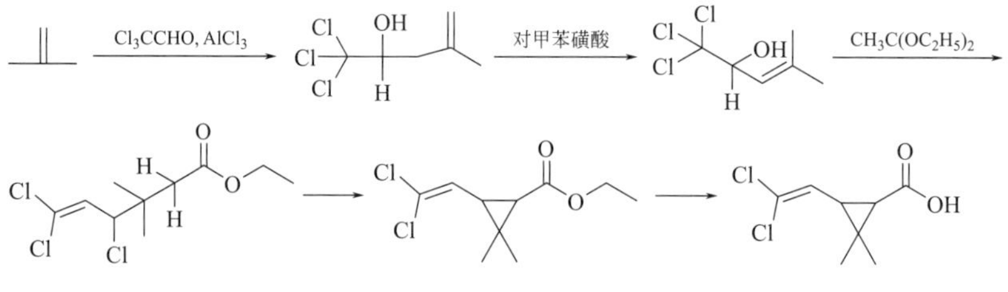

图 7-111 以三氯乙醛、异丁烯为原料合成二氯菊酸

（2）以异戊烯醇为中间体的工艺路线

① 异戊烯醇的合成工艺路线[92,93]　经异戊烯醇可合成二氯菊酸。而异戊烯醇又可以由不同的原料合成，据报道，主要有三种途径可以合成异戊烯醇，分别介绍如下：

a. 以异丁烯、甲醛为原料　将异丁烯与甲醛在 Na_2HPO_4 的作用下反应，生成戊烯醇，并在此基础上在 Pd/C 的催化下加氢，发生异构化反应，可以得到异戊烯醇。该方法制备异戊烯醇原料易得。反应过程如图 7-112 所示。

b. 以异戊二烯合成异戊烯醇　以异戊二烯为起始原料，与 HCl 加成，得到氯代异戊烯，而后在 NaOH 的作用下进行羟基化，便可以得到异戊烯醇。该方法与上述方法相比，异戊二烯在价格上虽然高于异丁烯，但用其制取异戊烯醇的工艺、设备较为简单，反应过程

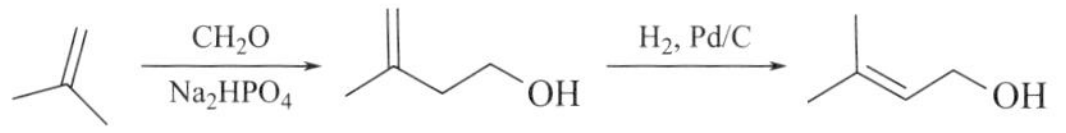

图 7-112　以异丁烯、甲醛为原料合成异戊烯醇

中不用到价格较贵的 Pd/C，而且操作也较为方便。在异戊二烯资源丰富的地区，仍不失为一种好方法。合成工艺路线如图 7-113 所示。

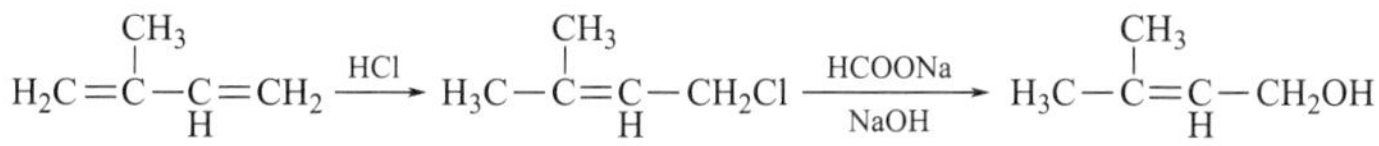

$$H_2C=C(CH_3)-CH=CH_2 \xrightarrow{HCl} H_3C-C(CH_3)=CH-CH_2Cl \xrightarrow[NaOH]{HCOONa} H_3C-C(CH_3)=CH-CH_2OH$$

图 7-113　异戊二烯合成异戊烯醇

c. 以乙炔、丙酮合成异戊烯醇　采用乙炔、丙酮为原料，在 KOH 的作用下反应，缩合生成 2-甲基丁炔醇，而后在 Pd/C 的催化作用下加氢，得到甲基丁烯醇，并在此基础上进行异构化，便可以得到异戊烯醇。我国是乙炔生产大国，该方法在 20 世纪 70 年代初在我国就已经实现了产业化。合成工艺路线如图 7-114 所示。

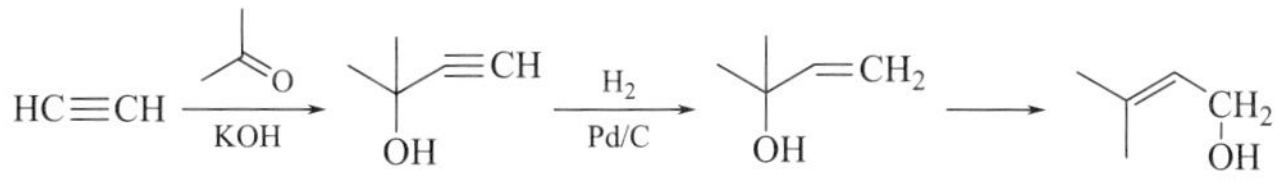

图 7-114　乙炔、丙酮合成异戊烯醇

② 二氯菊酸的合成工艺路线　在得到上述异戊烯醇为中间体以后，将其与原甲酸三乙酯缩合，克莱森重排后在 $FeCl_3$ 和异丙醇中与四氯化碳反应，随后再脱去一分子的 HCl，经过水解后，便可以得到二氯菊酸。合成工艺路线如图 7-115 所示。

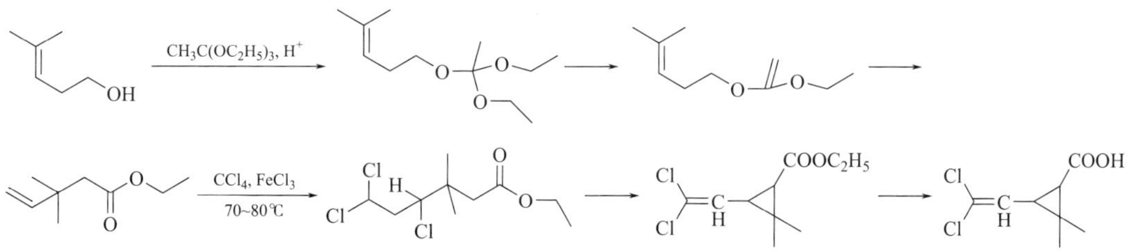

图 7-115　以异戊烯醇为原料合成二氯菊酸

（3）以甲基丁烯醇为原料[94]　以甲基丁烯醇为原料，与氯仿在 BPO 的作用下，在加温加压的条件下加成，而后在 PTSA 的作用下脱水，然后与 $N_2CHCOOC_2H_5$ 反应闭环，经过脱 HCl、水解后，便可以得到二氯菊酸。该方法步骤少，但过程用到叠氮化合物，毒性较大，不宜实现产业化。合成工艺路线如图 7-116 所示。

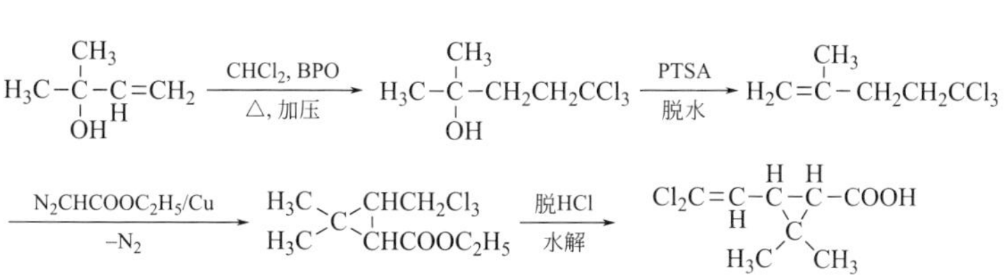

$$H_3C-C(CH_3)(OH)-CH=CH_2 \xrightarrow[\triangle,\text{加压}]{CHCl_3,\ BPO} H_3C-C(CH_3)(OH)-CH_2CH_2CCl_3 \xrightarrow[\text{脱水}]{PTSA} H_2C=C(CH_3)-CH_2CH_2CCl_3$$

$$\xrightarrow[-N_2]{N_2CHCOOC_2H_5/Cu} (H_3C)_2C\langle CHCH_2Cl_3, CHCOOC_2H_5 \rangle \xrightarrow[\text{水解}]{\text{脱HCl}} Cl_2C=CH-CH-CH-COOH \ (C(CH_3)_2)$$

图 7-116　以甲基丁烯醇为原料合成二氯菊酸

（4）以叔丁醇为原料[94]　以叔丁醇为原料，经过溴化并脱水，得到1,2-二溴丁烷，而后在乙二醇溶剂中在碱性条件下发生消除反应，得到1-溴-2-甲基丙烯，并在无水条件下生成格氏试剂，而后再分别与三氯乙醛及氯化铵作用，生成三氯-4-甲基-3-烯-2-戊醇，然后再与原乙酸三乙酯反应，生成4,6,6-三氯-3,3-甲基-5-己酸乙酯，最后在强碱的作用下闭环即可以得到二氯菊酸。该方法原料易得，不过反应过程中的要求较高，路线较长。合成工艺路线如图7-117所示。

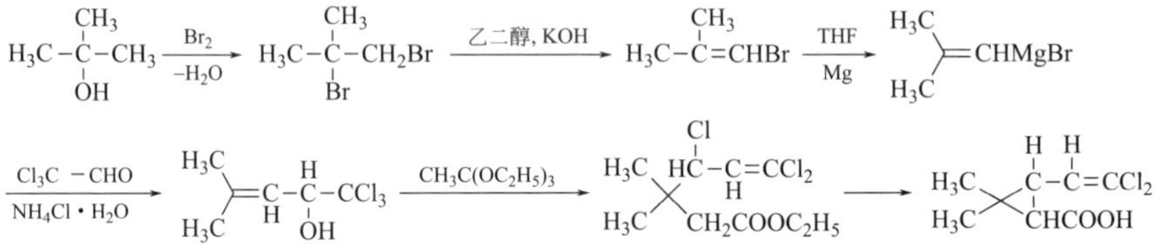

图7-117　以叔丁醇为原料合成二氯菊酸

（5）以氯乙烯为原料[95,96]　以氯乙烯为起始原料，生成格氏试剂，再与烯酮反应，生成4,4-二甲基-5-烯-2-己酮，然后与四氯化碳反应，生成相应的氯代物，接着在碱性条件下环化，可以得到顺：反＝9：1的三氯取代菊酮，而后氧化得到三氯取代菊酸，最后脱去1分子的HCl即得到二氯菊酸。合成工艺路线如图7-118所示。

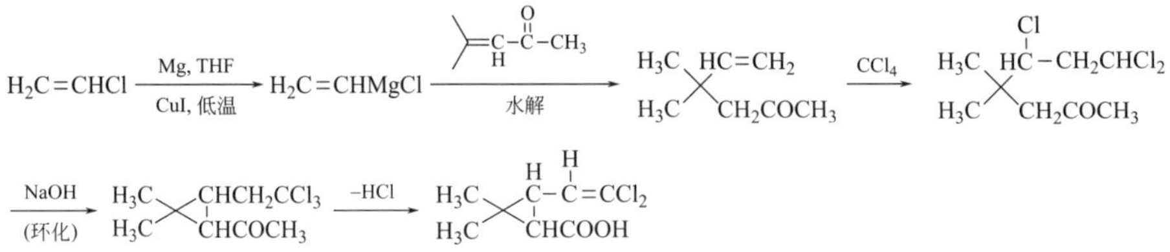

图7-118　以氯乙烯为原料合成二氯菊酸

7.3.5.4　三氟氯菊酸的工艺路线[97,98]

三氟氯菊酸是合成高效氯氟氰菊酯等拟除虫菊酯的重要中间体，广泛应用于功夫菊酯、联苯菊酯、氟菊酯等原药的合成。该中间体主要采用责亭酸酯（甲酯和乙酯）与三氟三氯乙烷为起始原料，先经过加成反应，再经环化、皂化、酸化、重结晶等工艺过程，制备得到。生产过程中使用的催化剂为氯化亚铜，不参与反应，分离于残液中，进行处理后可回收制成硫酸铜或者还原为铜。

其合成工艺路线如图7-119所示。

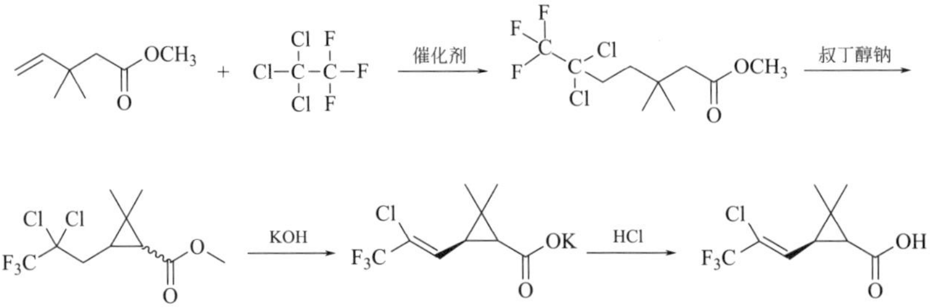

图7-119　以责亭酸酯与三氟三氯乙烷为原料合成三氟氯菊酸

7.3.6 中间体 4-(4-甲基苯氧基)苄胺的工艺概述

4-(4-甲基苯氧基)苄胺是合成唑虫酰胺的关键中间体，其有几种主要的合成工艺路线。

7.3.6.1 以对氯苯胺为原料

以对氯苯胺为原料经重氮化得到对氯苯甲腈，再与对甲酚成醚，再催化加氢得到目标中间体，产品总收率 50%左右。合成工艺路线如图 7-120 所示。

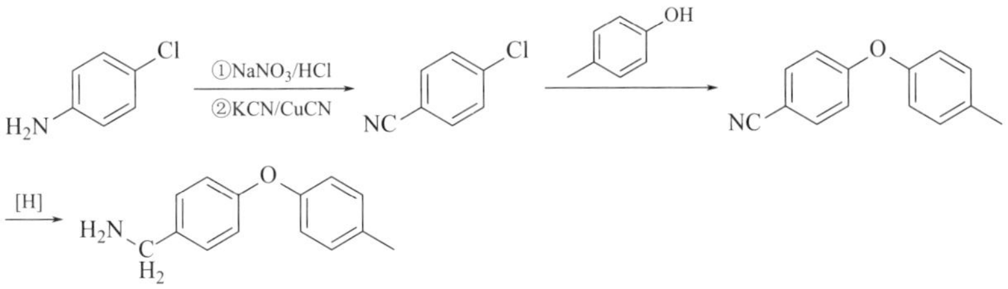

图 7-120　4-(4-甲基苯氧基)苄胺的合成工艺路线(以对氯苯胺为原料)

7.3.6.2 以对氯苯甲醛为原料

以对氯苯甲醛为原料，先与对甲酚成醚后，再经过氨化、还原得到产品，总收率 41%。合成工艺路线如图 7-121 所示。

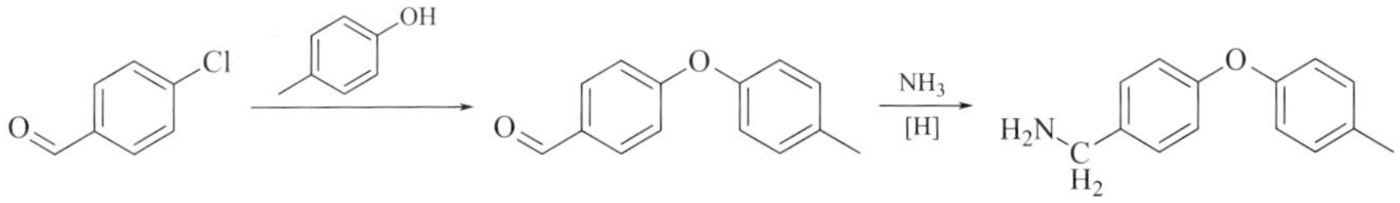

图 7-121　4-(4-甲基苯氧基)苄胺的工艺路线(以对氯苯甲醛为原料)

7.3.6.3 以氯苯为原料

该方法是以氯苯为原料，与对甲酚成醚，再甲酰化、氨化、还原得到产品，总收率 43%。合成工艺路线如图 7-122 所示。

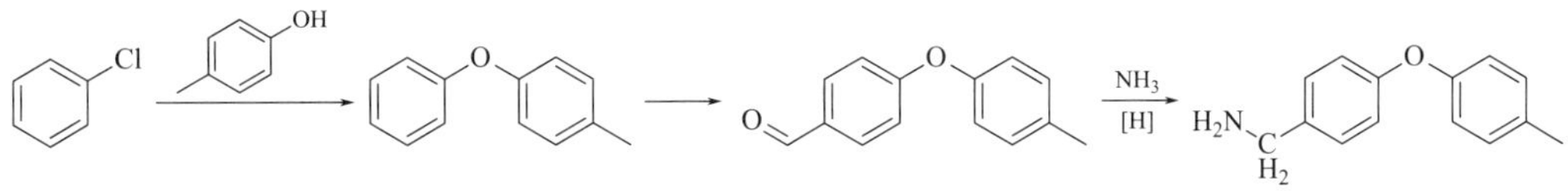

图 7-122　4-(4-甲基苯氧基)苄胺的工艺路线(以氯苯为原料)

7.3.6.4 以邻苯二甲酰亚胺为原料

以邻苯二甲酰亚胺为原料，与对氯苄氯反应，再与对甲酚成醚，经过肼解后得到产品。合成工艺路线如图 7-123 所示。

从上述介绍中可以看出，该中间体的合成工艺路线较为困难，收率都不高。相比较而言，如图 7-120 和图 7-121 所示的反应要求较高，试验处理较为烦琐，收率也不是最好，其中所用催化剂不稳定，无形中提高了反应成本。图 7-122 中的关键一步与对甲酚成醚是一个难点。而图 7-123 所示的反应条件温和，但在反应过程中要注意含氰废水的处理，此路线可以认为是较为实用的工艺路线。

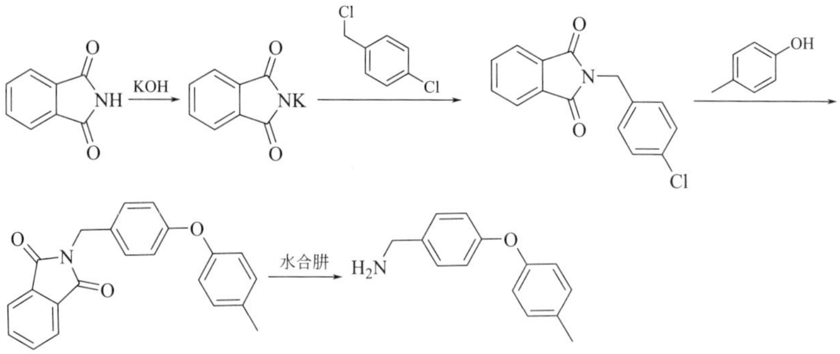

图 7-123 4-(4-甲基苯氧基)苄胺的工艺路线(以邻苯二甲酰亚胺为原料)

7.3.7 中间体 1-苯基-3-羟基-1,2,4-三唑的合成工艺概述

三唑中间体主要采用苯肼、苯肼的盐和尿素作为起始原料经闭环得到，如图 7-124 所示，先生成苯基取代的缩氨基脲后，再闭环即可以得到目标中间体。在制备苯基取代的缩氨基脲的过程中，原料苯肼的选取对于反应的品质也是比较关键的，当直接采用液态的苯肼为起始原料时，反应过程中会有氨气放出，可以加入硫酸或者盐酸将其除去[99,100]，也可以采用减压的方法将其除去[101]。当然，除了采用液态的苯肼为原料外，也可以采用硫酸苯肼、盐酸苯肼等为原料进行制备，会大大降低其合成成本。

在闭环的步骤中，可以采用的闭环试剂有原甲酸三乙酯[102]以及甲酸（硫酸为催化剂）[103-105]，这些闭环过程都比较简单，收率和纯度都比较高。

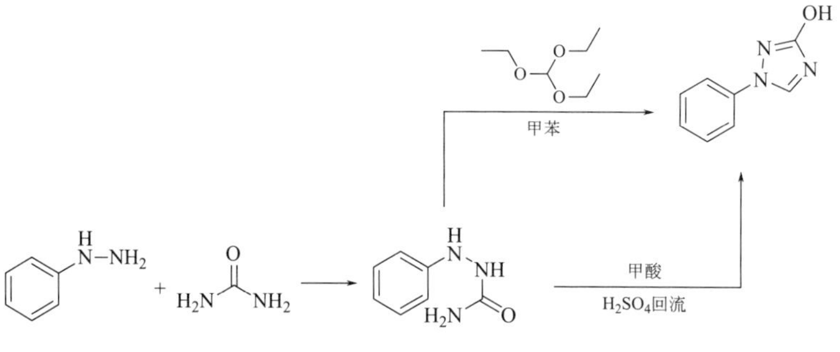

图 7-124 以苯肼、尿素为原料合成 1-苯基-3-羟基-1, 2, 4-三唑的工艺路线

除了上述方法可以得到 1-苯基-3-羟基-1,2,4-三唑以外，有报道采用“一步法”对该中间体的制备进行了改进，即将苯肼、尿素以及甲酸置于二甲苯溶剂中，直接生产目标中间体，如图 7-125 所示。该方法简化了工艺流程，缩短了反应时间，提高了制备 1-苯基-3-羟基-1,2,4-三唑的效率，同时，减少了废液的排放，是比较适合工业生产的路线[106]。

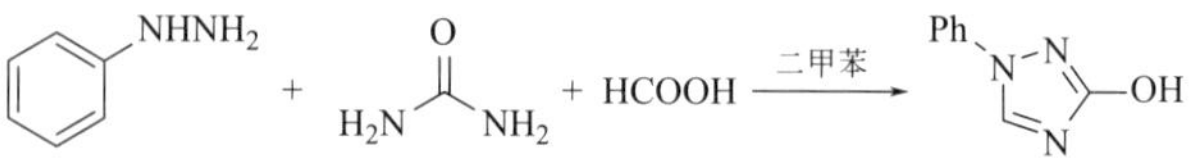

图 7-125 1-苯基-3-羟基-1,2,4-三唑的合成工艺路线(一步法)

参考文献

[1] 薛振祥．浅议我国农药中间体的开发．今日农药，2010，2：31-36.

[2] 我国农药中间体行业概述．中国产业信息网，2017-01-04. http：//www.chyxx.com/industry/201701/483812.html.

[3] 刘波，王博．磷酰氯合成方法研究进展．化学工程与装备，2010，(12)：133-134.

[4] Acharya J，Gupta A K，Shakya P D，et al. Trichloroisocyanuric Acid：an Efficient Reagent for the Synthesis of Dialkyl Chlorophosphates from Dialkyl Phosphites. Tetrahedron Lett，2005，46 (32)：5293-5295.

[5] Shakya P D，Dubey D K，Pardasani D，et al. N'-Dichloro Bis-(2,4,6-Trichlorophenyl) Urea (CC-2)：An Efficient Reagent for Synthesis of Dialkyl Chlorophosphates. J Chem Res，2005，(12)：821-823.

[6] Mueller E，Padeken H G. Phosphorus Compounds. Ⅳ. Photophosphonylation of Cyclohexane. Chem Ber，1967，100 (3)：521-532.

[7] 施介华，严巍，王桂林，等．4-甲硫基苯基二正丙基磷酸酯的合成．高校化学工程学报，2005，19 (6)：798-802.

[8] Russell M，Painesville B. Polychloro Derivatives of Monoand Dicyano Pyridine and a Method for Their Preparation：US，3325503. 1965-02-18.

[9] Pews R G，Mich M. Pr ocess for Producing 3,5,6-Trichloropyridin-2-ol：US，4996323. 1989-05-12.

[10] Pierre R R. Process for Producing 2,3,5,6-Tetrachloropyridine and 3,5,6-Trichloropyridin-2-ol：US，4327216. 1980-11-24.

[11] Frank H，Alvin M. Process for Producing 2,3,5,6-Tetrachloropyridine：US，4703123. 1986-09-19.

[12] 杨浩，肖国民．杀虫剂毒死蜱的合成进展．应用化工，2003，32 (2)：9-14.

[13] 许丹倩，许振元．3,5,6-三氯吡啶-2-酚的合成．浙江工业大学学报，1996，24 (1)：16-23.

[14] Eric S，Conn M. Process for Preparing Highly Chlorinated Pyridines：US，3538100. 1968-03-15.

[15] 薛光才，刘孝平．2-氯-5-氯甲基吡啶精制工艺研究．精细化工中间体，2008，38 (1)：11-12.

[16] Klaus J，Wuppertal F. Preparation of 2-Chloro-5-Chloromethylpyridine：US，4958025. 1990-09-18.

[17] Klaus J，Wuppertal F. Process for the Preparation of 2-Chloro-5-Chloromethyl Pyridine：US，4990622. 1991-02-05.

[18] Oleg W，Philipp S. Process for the Production of 2-Chloro-5-Chloromethyl Pyridine：US，6022974. 2000-02-08.

[19] Michael W C，Michael P，Arthur C W. Pesticidal Nitroethene Compounds：GB，2228003. 1990-08-15.

[20] Antonio M G，Lai C C. Butenone Compounds，Their Preparation and Their Use as Pesticides：US，5225423. 1993-07-06.

[21] 里弗登内拉 E，耶里希 K. 制备 2-氯-5-甲基吡啶的中间体：CN，1186805. 1998-07-08.

[22] Bernd G，Hans-joachim K. Process for the Preparation of 2-Chloro-5-Methylpyridine：US，4897488. 1990-01-30.

[23] Klaus J，Wuppertal F. Process for the Preparation of 2-Chloro-5-Chloromethyl Pyridine，and New Intermediates：US，5116993. 1992-05-26.

[24] Quarroz D. Aminopyridines：EP，62264. 1982-10-13.

[25] Helmut K，Hans L，Hans-joachim D. Process for Preparing Chloromethylpyridines：US，5442072. 1995-08-15.

[26] Reinhard L. Process for the Preparation of Chloromethylpyridines：US，5623076. 1997-04-22.

[27] Tony Y Z，Eric F V S. Process for Preparing 2-Halo-5-Halomethylpyridines：US，5229519. 1993-07-20.

[28] 陈英军，梁翠岩．双环戊二烯、丙烯醛法生产吡虫啉原药．精细与专用化学品，2007，15 (22)：27-29.

[29] Hartmann L A. Synthesis of 2-Substituted-5-Methylpyridines from Methylcyclo- Butanecarbonitrile，Valeronitrile and Pentenonitrile Intermediates：EP，0162464. 1985-05-22.

[30] Helmut K. Process for the Preparation of 2,5-Disubstituted Pyridines：US，5466800. 1995-11-14.

[31] Helmut K. Process for the Preparation of 2,5-Disubstituted Pyridines：DE，4223013. 1994-01-20.

[32] Dai H，Yu H B，Liu J，et al. Synthesis and Bioactivities of Novel Trifluoromethylated Pyrazole Oxime Ether Derivatives Containing a Pyridyl Moiety. ARKIVOC (Gainesville，FL，United States)，2009，(7)：126-142.

[33] Sun N，Mo W M，Hu B X，et al. Synthesis of 2-Chloro-5-Methylpyridine with Solid Triphosgene. 农药，2004，43 (10)：458-459.

[34] Lantzsch R. 5-Substituierten 2-Chlorpyridinen. EP，0546418. 1993-11-30.

[35] 陆一匡．简析国内吡虫啉生产主要工艺．第十一届全国农药信息交流会．上海，[出版者不详]，2000.

[36] 陈坤，黄光斗，胡立新．高纯度 2-氯-5-氯甲基吡啶的工艺路线．中国化工学会农药专业委员会第十届年会．杭

州 . 2000.

[37] Terashima K, Kaji Y. 2-Chloropyridines and Method of the Production of Starting Materials Thereof: WO, 9626188. 1996-08-29.

[38] 小役丸健一，杉冈尚，桑山知也，等 . 生产 2-磺酰基吡啶衍生物和生产 2-{[(2-吡啶基)甲基]硫基}-1H-苯并咪唑衍生物的方法：CN，1233613. 1999-11-03.

[39] Stout D M, Meyers A I. Cheminform Abstract: Recent Advances in the Chemistry of Dihydropyridines. Cheminform, 1982, 13 (44): 0-0.

[40] Cotterill I C, Usyatinsky A Y, Arnold J M, et al. Microwave Assisted Combinatorial Chemistry Synthesis of Substituted Pyridines. Tetrahedron Letters, 1998, 39 (10): 1117.

[41] Shi D Q, Li Y, Wang H Y. Synthesis of Indeno[2′,1′: 5,6]pyrido[2,3-d]Pyrimidine Derivatives and Their Recognition Properties as New Type Anion Receptors. Heteroc Chem, 2012, 49 (5): 1086-1090.

[42] Li J J. Chichibabin Amination Reaction. Heidelberg: Springer Berlin Heidelberg, 2003: 68-68.

[43] Li J, Ping H, Yu C. DPTA-Catalyzed One-Pot Regioselective Synthesis of Polysubstituted Pyridines and 1,4-Dihydropyridines. Tetrahedron, 2012, 68 (22): 4138-4144.

[44] Zhang H H, Hu X Q, Wang X, et al. A Convenient Route to Enantiopure 3-Aryl-2,3-Diaminopropanoic Acids by Diastereoselective Mannich Reaction of Camphor-Based Tricyclic Iminolactone with Imines. J Org Chem, 2009, 73 (9): 3634-3637.

[45] Winter A, Risch N. Cross Mannich Reaction of Aldehydes: Efficient Synthesis of Substituted Pyridines. Cheminform, 2003 (17): 2667-2670.

[46] Methcohn O, Westwood K T. A Versatile New Synthesis of Quinolines and Related Fused Pyridines. Part 11. Conversion of Acylanilides into α-Iminopyridines. Journal of the Chemical Society Perkin Transactions, 1983, 14 (9): 2089-2092.

[47] Asokan C V, Anabha E R, Thomas A D, et al. A Facile Method for the Synthesis of Nicotinonitriles from Ketones via a One-Pot Chloromethyleneiminium Salt Mediated Three-Component Reaction. Cheminform, 2007, 38 (47): 5641-5643.

[48] Liébymuller F, Allais C, Constantieux T, et al. Metal-Free Michael Addition Initiated Multicomponent Oxidative Cyclodehydration Route to Polysubstituted Pyridines from 1,3-Dicarbonyls. Chemical Communications, 2008, 51 (35): 4207-4209.

[49] Tenti G, Ramos M T, Menéndez J C. One-Pot Access to a Library of Structurally Diverse Nicotinamide Derivatives Via a Three-Component Formal Aza [3+3] Cycloaddition. Acs Combinatorial Science, 2012, 14 (10): 551-557.

[50] Bohlmann F, Rahtz D. Über Eine Neue Pyridinsynthese. European Journal of Inorganic Chemistry, 1957.

[51] Bagley M C, Glover C. Bohlmann-Rahtz Cyclodehydration of Aminodienones to Pyridines Using N-Iodosuccinimide. Molecules, 2010, 15 (5): 3211-3227.

[52] Bagley M C, Brace C, Dale J W, et al. ChemInform Abstract: Synthesis of Tetrasubstituted Pyridines by the Acid-Catalyzed Bohlmann-Rahtz Reaction. Cheminform, 2010, 33 (47): 1663-1671.

[53] Bagley M C, Dale J W, Bower J. A New Modification of the Bohlmann-Rahtz Pyridine Synthesis. Synlett, 2001 (7): 1149-1151.

[54] Bagley M C, Dale J W, Ohnesorge M, et al. A Facile Solution Phase Combinatorial Synthesis of Tetrasubstituted Pyridines Using the Bohlmann-Rahtz Heteroannulation Reaction. Journal of Combinatorial Chemistry, 2003, 5 (1): 41.

[55] Bagley M C, Dale J W, Jenkins R L, et al. First Synthesis of an Amythiamicin Pyridine Cluster. Chemical Communications, 2003, 35 (1): 102-103.

[56] Bagley M C, Hughes D D, Sabo H M, et al. One-Pot Synthesis of Pyridines or Pyrimidines by Tandem Oxidation—Heteroannulation of Propargylic Alcohols. Cheminform, 2003, 34 (50): 1443-1446.

[57] 肖光谱 . 邻苯二酚制备呋喃酚的合成方法 . 湖南化工，1994，24 (2)：14-17.

[58] 王小舟 . 呋喃酚的合成方法 . 企业技术开发，2004，23 (6)：16-18.

[59] Ager. Two Phase Process for Preparing 2-Methallyloxyphenol From Catechol: US, 4982012. 1991-01-01.

[60] 刘庆明，焦小平 . 开发呋喃酚合成工艺 . 精细与专用化学品，2000，3 (4)：21-22.

[61] 张建宇，王晓光，肖旭辉，等 . 呋喃酚环合反应研究 . 精细化工中间体，2004，34 (1)：15-17.

[62] Stefano C, Vittorio C, Marcello M. Process for Preparating the Mono Methallyl Ether of Pyrocatechin: US, 4390733. 1983-06-28.

[63] Joseph L. Method for Producing Monoalkyl Ethers of Dihydric Phenols: US, 3274260. 1966-09-20.

[64] Gerard S, Daniel M. Preparation of Aliphatic/Aromatic Ethers: US, 4314086. 1982-02-02.

[65] Michel R. Process For The Preparation of O-Methallyloxyphenol by the Selective Monoetherification of Pyrocatechol: US, 4252985. 1981-02-24.

[66] Hobson P B, Keay R E. Water Aided Catechol Etherification: US, 4618728. 1986-10-21.

[67] Daniel M. Process for the Preparation of 2,3-Dihydro-2,2-Dimethyl-7-Hydroxy Benzofurane: US, 4256647. 1981-03-17.

[68] Maekawa. Process for Preparing 2,3-Dihydro-2,2-Dimethyl-7-Hydroxy Benzofuran: US, 4451662. 1984-05-29.

[69] Daniel M. Process for the Preparation of 2,3-Dihydro-2,2-Dimethyl-7-Hydroxybenzofuran: US, 4324731. 1982-04-13.

[70] Paolo M. Process for the Production of Certain 2,3-Dihydro-Benzofuran Derivatives: US, 4816592. 1989-03-28.

[71] 陈芬儿．农药中间体呋喃酚的合成研究（Ⅰ）．湖北化工，1988，(3)：48-50.

[72] Franko F. Selective Removal and Recovery of Catechol Mixed with 2-Methallyloxyphenol: US, 4420642. 1983-12-13.

[73] 赵崇峰，任立国，高文艺．SO_4^{2-}/TiO_2 固体超强酸催化合成呋喃酚．石油化工高等学校学报，2003，16 (3)：38-41.

[74] 王小舟．呋喃酚的合成方法．企业技术开发，2004，23 (6)：16-18.

[75] 陈芬儿，冯元志，邹青．农药中间体呋喃酚的合成研究（Ⅱ）．湖北化工，1994，22 (4)：30-31.

[76] 张正，王天桃．2,3-二氢-2,2-二甲基-7-苯并呋喃酚的合成．江苏化工，1995，23 (4)：7-9.

[77] Franko-Filipasic B R. Synthesis of 2,2-Dimethyl-7-Benzofuranol: US, 3320286. 1967-05-16.

[78] Scharp W G. 2,3-Dihydro-2,2-Dimethyl-7-Nitrobenzofuran: US, 3412110. 1968-11-19.

[79] Rajendra K S, Bechan S. Carbofuran-Induced Biochemical Changes in Clarias batrachus. Pestic Sci, 1998, 53: 285-290.

[80] Edward F, Orwoll, Baltimore Md. Synthesis of 2,3-Dihydro-2,2-Dimethyl-7-Benzofuranyl *N*-Methylcar-banate: US, 3356690. 1967-12-05.

[81] Donald L. Synthesis of 2,3-Dihydro-2,2-Dimethyl-7-Benzofuranol: US, 3419579. 1968-12-31.

[82] Helmut K, Alexander K. Process for the Preparation of 2-Substituted-5-Alkyl-Pyridines: US, 5420284. 1995-05-30.

[83] 毛春晖，陈灿，黄路，等．2-氯-5-氯甲基-1,3-噻唑的合成方法．精细化工中间体，2001，31 (4)：5-6.

[84] Jackson A, Heyes G, Jgrayson J, et al. Preparation of Stuted Thiazoles: US, 5705652. 1998-01-06.

[85] Matsuda H, Astnuina G, Mshiono. Process for the Preparation of 2-Chloro-5-Chloro Methyhh-1,3-Thiazole: US, 5894073. 1999-04-13.

[86] Decker M. Process for the Preparing 2-Ehloro-5-Chloroethyhhiazole: US, 6 214998. 2001-04-10.

[87] O' Sullivan A C, Gsell L, Naef R, et a1. Process for the Preparation of 2-Chloro-5-Chloroethyhhiazole: WO, 9723469. 1997-07-03.

[88] 刘学良，王进防，王俊德，等．一种制备 5-甲基-2-噻唑胺的方法：CN，1296005A. 2001-05-23.

[89] Takashi W, Tadashi M, Takayuk T. Method for Substitution of an Amino Group of a Primary Amine by a Chlorine Atom and Synthetic Method: US, 5811555. 1998-09-22.

[90] Roussel-Uelaf Co. Proeess for the Production of Trans-Chrysantamic Acid and Novel Sulphones of Use in Said Process: GB, 1069038. 1967-05-17.

[91] Fedorynski M, Blazejezyk A, Makosza M. Phase Transfer Catalyzed Reactions of Chloroform with Methacrylic Esters. Polish Joumal of Chemistry. 2003, 77 (6): 709-717.

[92] 邢其毅．基础有机化学．第 2 版．北京：高等教育出版社，1993.

[93] 余慧群，何志鹏，周海，等．异戊烯醇的合成研究进展．化工技术与开发，2011，40 (11)：37-39.

[94] 秦国明，秦技强，傅建松，等．异戊烯醇合成与应用研究进展．石油化工技术与经济，2010，26 (3)：55-58.

[95] 二氯苯醚菊酯的合成研究试制小结．上海师范大学学报，1978，(1)：5.

[96] Karl Von F. Manufacture of 65,67-Unsaturated Ketones: US, 4002684. 1977-01-11.

[97] 王秀琪．三氟氯菊酸生产技术总结．化工科技市场，2006，29 (10)：26-28.

[98] 肖光，李迎堂．三氟氯菊酸产品合成工艺改进研究．盐科学与化工，2010，39 (4)：27-29.

[99] Hurlter B A. Foarned, Vwcatlized Pojysuifide Rubber: DE, 1229717. 1966-12-1.

[100] Goben M R R. Enzyme Detergents Containing Hydrazine and Hydroxylamine Compod：GE，1914755. 1969-11-06.
[101] 雷进海，王振华．三唑磷生产技术进展．江苏化工，1995，23（2）：4-7.
[102] Staehler Gerhard，Mildenberger Hilmar，Hoechst A G. Process for the Preparation of 1-Phenyl-3-Hydroxy-1，2，4-Triazoles：DE，3114315. 1982-11-11.
[103] Maflfred Koch，Gerhard Stahler，Frankurtam Main. Process for the Manufacture of Substituted 3-Hydroxy-1，2，4-Triazoles：US，4467098. 1984-08-21.
[104] 邹家午．1 苯基-3-羟基-1，2，4-三唑的生产工艺探讨．湖南化工，1994，（3）：45-46.
[105] 郑志明，李立新，俞汗兵，等．苯唑醇的合成研究．山东化工，2001，30（3）：15-16.
[106] 钟灿林，叶维光．合成三唑磷工艺的改进．现代化工，1997，（4）：19-20.

第8章 杀虫剂的产业发展

8.1 概况

近些年来，我国农药供应进行了结构性的调整，导致杀虫剂呈现连续供应缩减，2016年我国杀虫剂产量为50.7万吨，同比下降了2.1%。我国杀虫剂供应减少，一方面趋同于国际农药供应结构，同时也是满足植保新诉求的需要：除草剂需求微增，杀虫剂减少，杀菌剂需求明显增加（表8-1）。

表8-1 2016年全国农药产量（折百）

产品类别	2016年/万吨	2015年/万吨	同比/%	占比/%
化学农药原药	377.8	375	+0.7	100.00
杀虫剂原药	50.7	51.8	−2.1	13.42
杀菌剂原药	19.9	19.1	+4.2	5.27
除草剂原药	177.3	177.2	+0.06	46.93
其他	129.9	128	+1.41	34.38

据国家统计局统计（图8-1），2016年全年我国累计生产杀虫剂506890t，比2015年同期下调了2.2%。从各省市的产量来看，杀虫剂产量占据全国前5名的省份是江苏、山东、湖北、湖南以及浙江。上述五产区产量合计约占全国总产量的83.49%，从五地合计供应占总供应比例来看，主产区供应稳定，充分满足我国农业生产的植保需求。

2016年我国杀虫剂进、出口量和金额实现双增（表8-2～表8-4）。杀虫剂进口量为1.1万吨，同比增加8.9%；进口金额约为1.5亿美元，增幅达到5.2%。杀虫剂出口量为27.3万吨，同比增加21.3%；出口金额约为9.5亿美元，增幅达到5.9%。

（1）杀虫剂市场环境　2016～2017年我国杀虫剂市场环境呈如下变化：一是，2016年我国本币处于贬值的通道中，某种程度有利于属于外向型经济的农药产品出口，而杀虫剂出口量增幅大于金额的增幅，说明出口业务的盈利能力增加有限，价格战仍然充斥着市场；二是，节能减排、环保要求提高增加企业成本；三是，近期有关农药产业多重法规、政策密集出台，2017年一号文件再提农药化肥使用量零增长，新版《农药管理条例》、2018年《环保税法》的实施，以及环保常态化，各种政策叠加最大程度约束供给端，可以预期，必然提高

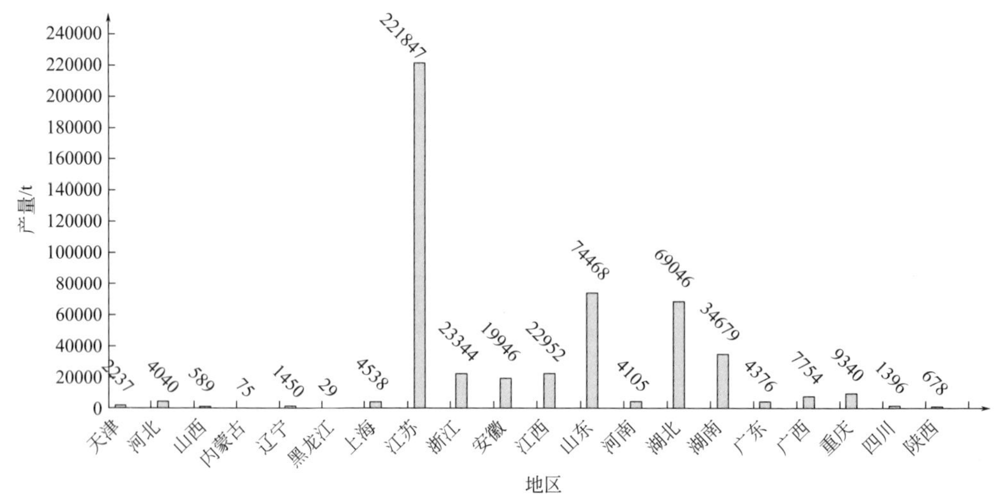

图 8-1　2016 年我国杀虫剂部分地区产量情况

表 8-2　2016 年中国农药进口情况

产品类别	2016 年累计		同比/%	
	数量/万吨	金额/亿美元	数量	金额
农药	8.4	6.7312	－6.3	－10.1
杀虫剂	1.1	1.5142	＋8.9	＋5.2
杀菌剂	2.5	2.5250	＋5.4	－9.3
除草剂	2.1	1.3434	－19.8	－28.1

表 8-3　2016 年中国农药出口情况

产品类别	2016 年累计		同比/%	
	数量/万吨	金额/亿美元	数量	金额
农药	140.1	37.1641	＋19.2	＋4.8
杀虫剂	27.3	9.5226	＋21.3	＋5.9
杀菌剂	10.7	5.3035	＋29	＋21.8
除草剂	96.5	21.0944	＋17.7	＋0.4
PC 农药	0.5	0.0396	－3.8	－4.5
其他农药	5	1.2040	＋20.7	＋13.9

表 8-4　2016 年我国杀虫剂供求情况　　　　单位：万吨

产量	净进出口	需求（实际需求）	表观消费	供求评价
50.7	26.3	9.63	24.4	供应充足，满足国内需求

了供给成本；四是，极端气候频发，对病虫草害发生趋势难以预测，流通渠道库存增多；五是，国际巨头纷纷联盟，国际市场植保业务的集中度得到空前的提高。鉴于此，国内企业在资金链和产业链的短板愈加明显，根据相关报道，外企占据中国市场份额达到 30%之多，

而且短短 6 年之内提高 10 个百分点，国际巨头抢占中国市场进程明显加快，近期有关农药会议场场爆棚，寻出路、找答案、求合作、谋转型等诉求明显增加，可以说，农药企业“焦虑”情绪正在蔓延。

(2) 杀虫剂大宗产品市场分析　表 8-5 显示，2016 年 1～3 季度，我国杀虫剂原药市场行情非常低迷，市场不振，价格波浪下行，可以说低迷行情是多方面短板造成的。多年来，随着中国农药企业产能的迅速扩张，国内供给量逐年增加。而近年来随着国家政策的调整，国内原药企业登记数量越来越大，下游粮食及经济作物等产品价格下滑，市场整体需求量萎缩明显，供需严重失衡。在 2016 年 10 月之后，我国深化供给侧改革力度，尤其在“原料＋原药”双重约束影响下，我国杀虫剂价格出现反弹。在 2016 年末至 2017 年初，如杀虫剂中的烟碱类、生物制药类、有机磷类产品行情均有不同程度的反弹，甚至很多产品价格实现了反转。最具代表性的属烟碱类产品吡虫啉，在 2016 年期间徘徊在 9.5 万元/t，目前价格已经涨至 16.50 万元/t，涨幅超过 70%。

表 8-5　我国主流杀虫剂价格监测

产品	2017 年 4 月周均价/(万元/t)	周环比/%	与 2016 年同期相比/%	评价
97%毒死蜱	4.00	－2.44	＋40.35	需求下降
96%吡虫啉	16.50	0	＋74.60	高位守稳
97%啶虫脒	17.00	0	＋86.81	货源不多
96%噻虫嗪	11.50	0	＋55.41	高位价格
96%高效氯氟氰菊酯	17.00	0	＋21.43	需求回落
96%吡蚜酮（折百）	17.00	0	＋39.34	现货难寻
克百威	7.10	0	＋1.43	维持淡稳
98%灭多威	5.20	0	＋4.00	需求偏弱
甲维盐（折百）	75.00	＋2.74	0	厂家期货报价
95%阿维菌素	53.00	0	－2.75	现货紧张
90%丙溴磷（折百）	4.75	0	＋2.15	维持淡稳
97%丁醚脲	12.30	0	－1.60	供需尚可
95%虫酰肼（折百）	19.00	0	＋2.70	价格稳定
80%敌敌畏乳油	1.25	0	－10.71	交投尚可
97%联苯菊酯	23.00	0	＋33.72	开工偏低
97%溴氰菊酯	46.00	0	＋9.52	到货有限
高氯原粉	12.20	0	＋1.67	—
高氯苯油	3.50	0	＋16.67	窄幅调整
噻嗪酮	3.60	0	－2.70	需求淡稳
95%杀虫单	2.60	0	＋33.33	—
95%氟虫腈	58.00	0	＋68.12	实单实谈
辛硫磷	2.65	0	－1.85	需求淡稳

以下对我国部分杀虫剂品种的产业情况进行介绍。

8.2 有机磷类杀虫剂

（1）有机磷类杀虫剂的发展简介　有机磷农药中大部分品种为杀虫剂，也有些品种兼具有杀螨活性，部分品种为除草剂。有机磷农药的发现始于20世纪30年代，1937年，德国拜耳（Bayer）公司的格哈德·施雷德尔（Gerhard Schrader）博士合成出一系列有机磷酸酯类化合物，并发现具有如图8-2中所示的化合物**1**结构特点的化合物对昆虫有触杀作用[1-3]。在此基础上，经过多年的研究，1941年合成了世界上第1个植物内吸杀虫剂八甲磷。1943年，第1个商品化的有机磷杀虫剂特普（TEPP，焦磷酸四乙酯）诞生。随后于1944年，Schrader等又发现了对硫磷的生物活性，其突出的杀虫活性，受到世界各国的广泛关注，并于1949年大吨位生产[1-4]。

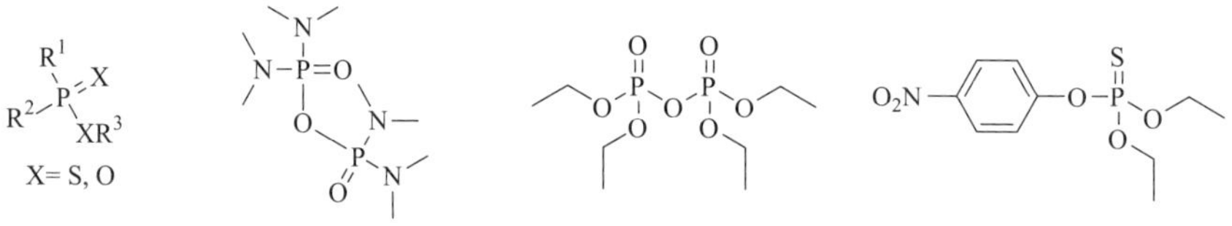

X= S, O

1　八甲磷(schradan)　特普(TEPP)　对硫磷

图 8-2　早期发现的几个有机磷杀虫剂

对硫磷的开发成功是农药研究史上的一大成就，在有机磷类杀虫剂的历史上具有划时代的意义，它开创了有机磷类杀虫剂结构与活性关系的研究，并得到迅猛的发展。虽然对硫磷有很高的毒性，但只要磷原子上所连基团稍加变化就可以获得各种结构、种类、药效、毒性等不同的有机磷类杀虫剂，如甲基对硫磷、马拉硫磷、内吸磷、氯硫磷、倍硫磷、杀螟松等，使得有机磷类杀虫剂的研发得以迅猛发展[1]。1948年，Schrader合成了高效内吸磷，以后又发现了氯硫磷、敌百虫、倍硫磷等许多新品种[3]。

有机磷类杀虫剂开发的鼎盛时期是1950～1965年，国外总共有51个公司非常认真地投入到这个在商业上非常繁荣的有机磷类杀虫剂的研究与开发的领域，涉足这一领域的有21家美国公司、13家日本公司、5家德国公司、3家比利时公司、2家法国公司、1家意大利公司和一个苏联研究所[4]。20世纪70年代以后，有机磷杀虫剂的品种老化，害虫对有些品种已产生耐药性，企业再生产压力加大；研发人员受传统结构模式的制约，新的活性结构难以发现或没引起重视；以及随着人们生态环境保护意识的增强，有机磷杀虫剂总体毒性偏高影响着自身的发展，加之国家出台的淘汰或限用部分高毒农药的政策，使得相当一部分高毒有机磷杀虫剂被逐出市场。由于上述这些原因，有机磷杀虫剂的开发速度减慢，1985年后开始进入低潮期[1]。再到后来，因其他类型杀虫剂如氨基甲酸酯类农药、新烟碱类杀虫剂，特别是邻苯二甲酰胺类杀虫剂的出现，基本上再也看不到有机磷类杀虫剂面世。

（2）代表性有机磷类杀虫剂及其工艺概况　目前有机磷类杀虫剂的品种有100余种，常用的约50种，根据其结构的不同，各中杀虫剂品种的性能也各有不同。以下根据当前有机磷农药的使用情况及其结构特征，选择部分重要的有机磷类杀虫剂品种进行介绍。

8.2.1 毒死蜱

8.2.1.1 毒死蜱的产业概况

毒死蜱（chlorpyrifos）属于高效、广谱、非内吸性硫代磷酸酯类有机磷杀虫剂，该品种已经成为国际市场上最大吨位的优良品种之一。毒死蜱具有触杀、胃毒、熏蒸作用，但无内吸作用；广泛用于大田作物和经济作物的害虫防治，效果很好；由于毒死蜱可以吸附于土壤的有机物中，残效期长，因此对作物害虫有较高的防治效果；毒死蜱对牲畜寄生虫、卫生害虫也有优良的防治效果。

甲胺磷、对硫磷、甲基对硫磷、久效磷、磷胺等 5 种高毒有机磷杀虫剂的彻底禁用，造成了杀虫剂农药供应上的空缺，农资市场上急需 10 多万吨的替代农药来弥补这一空缺，毒死蜱便成为主要替代品种之一[5]。

自 1993 年，我国第一家毒死蜱原药企业登记以来，目前国内已经获得注册登记的原药企业突破 65 家（部分如表 8-6 所示）。因此，我国毒死蜱产业已由 1993 年的完全依靠进口发展到完全成熟的完整产业链。2015 年，我国毒死蜱产能进一步扩大，已经达到 11.5 万吨/年。目前，毒死蜱市场主要依赖出口，而毒死蜱的全球市场已经趋于饱和。因此，我国毒死蜱产能已经过剩，供求失衡，再加上环保压力不断加大，多数企业开车不足，2015 年实际产量仅 6.1 万吨，销售只有 5.2 万吨（如表 8-7 所示）。

表 8-6　全国毒死蜱厂家产能统计　　单位：t

公司名称	2010 年	2014 年	2015 年
红太阳集团	30000	15000	22000
山东天成农药有限公司	15000	15000	—
浙江新农化工股份有限公司	15000	10000	15000
江苏宝灵化工股份有限公司	8000	7000	5000
湖北沙隆达股份有限公司	—	15000	—
浙江东风化工有限公司	6000	3000	—
江苏景宏化工有限公司	5000	3000	—
利尔化学股份有限公司	5000	3000	—
江苏丰山集团有限公司	3000	5000	11000
山西三维丰海化工有限公司	3000	5000	3000
浙江新安化工集团股份有限公司	2000	—	—
湖北犇星农化有限责任公司	—	6000	8000
安徽丰乐农化有限责任公司	—	5000	6000
山东华阳农药化工集团有限公司	—	—	3000
山东绿霸股份有限公司	—	3000	
德州绿霸精细化工有限公司	—	—	2000
青岛好利特生物农药有限公司	—	—	500
广东省英德广农康盛化工有限公司	2000	2000	—
山东胜邦鲁南农药有限公司	2000	—	—

表 8-7　毒死蜱总产能、产量和销售量　　单位：t

项目	2013 年	2014 年	2015 年
产能	70000	70000	115000
产量	55000	50000	61000
销售量	50000	48000	52000

表 8-8 显示了近年来毒死蜱的出口情况，2013 年后，每年均有超过 3 万吨毒死蜱出口到国外。虽然金额达到 1.72 美元以上，但近年来毒死蜱的价格略有降低。

表 8-8 毒死蜱出口情况

项目	2013 年	2014 年	2015 年
出口数量/t	30100	32665	32483
出口金额/亿美元	1.75	1.72	1.73

从我国毒死蜱产量看，2016 年我国毒死蜱产量为 4.62 万吨，2017 年我国毒死蜱一季度产量呈现环比、同比下滑的态势，2017 年一季度产量同比下降 21.31%，3 月份毒死蜱厂家平均开工率约 20%，环比下滑 5%。受环保检查及中间体供应影响，3 月初浙江、江苏厂家装置停检，整体开工率下滑明显；3 月下旬个别装置逐渐恢复，但出货量依旧偏低。目前山东毒死蜱装置停车；江苏地区厂家维持开工，供货量有限；湖北地区负荷基本维持正常。

2017 年第一季度我国毒死蜱市场迎来“开门红”，1 月份毒死蜱月均每吨价格为 3.1 万元，到 3 月份累计上调至 3.74 万元，累计上调 0.64 万元，涨幅 20.6%。截至发稿时，我国 97%毒死蜱原药主流成交价 3.9 万～4.0 万元，供应商报价至 4.1 万～4.2 万元，97%毒死蜱原药港口 FOB 主流价格至 5000～5150 美元。

毒死蜱被限用和禁用，需求面不容乐观。农业部发布第 2032 号公告，决定自 2014 年 12 月 31 日起，撤销毒死蜱和三唑磷在蔬菜上的登记，自 2016 年 12 月 31 日起，禁止毒死蜱和三唑磷在蔬菜上使用。2016 年 11 月 10 日，美国 EPA 修改了毒死蜱的人类健康风险评估和饮用水暴露评估，撤销所有毒死蜱的限量，这意味着如果该提议最终实施，将停止所有毒死蜱在农业中的应用。美国境内现约有 120 万农场，其中有超过 4 万个农场在使用毒死蜱，可以说，2017 年毒死蜱需求面不容乐观。

在国内的登记方面，2000 年至今，有约 2700 个含有毒死蜱的农药产品获得登记，其中 2005～2009 年之间，每年均有上百个产品获得临时登记，到 2018 年 5 月为止，登记在册有效的含毒死蜱的品种有 1085 个，其中 465 个为单剂品种。图 8-3 显示了 2003 年以来有机磷杀虫剂在我国的登记数量变化情况，可以看出 2008 年以及 2009 年为毒死蜱登记的“高峰年”。2008 年共有 513 个产品获得登记，其中临时登记个数为 252 个。2009 年共有 607 个产品获得登记，其中 142 个产品为临时登记状态。

当前我国有效的毒死蜱产品约有 1900 个，而曾经登记的产品达到 2700 个，可能是部分产品在临时转正式登记阶段没有成功或者由于企业兼并等原因造成的。

8.2.1.2 毒死蜱的工艺概况

毒死蜱的产业化工艺，其中最关键的是其主要中间体三氯吡啶酚的合成工艺路线，在第 7 章中已有详细描述。而毒死蜱的工艺路线是在得到三氯吡啶酚盐后，与硫代磷酸氯反应缩合（图 8-4），只是在该过程中需要考虑如何提高转化率、收率以及环保等问题。在催化合成方面，目前主要对反应溶剂、催化剂等进行优化。按照目前得到条件来分，当前主要有有机溶剂法、双溶剂法以及水相法[6,7]。有机溶剂法即在反应过程中采用有机试剂作为反应体系，最常见的有机溶剂是二氯甲烷；双溶剂法即采用二氯甲烷、水为溶剂；而水相法即直接采用水为溶剂，但该过程中会用到相转移催化剂等。目前国内外选用最多的相转移催化剂主要是叔胺类和季铵盐类化合物，如 4-二甲氨基吡啶、三乙烯二胺、三乙胺、4-甲基吗啉、三甲基苄基氯化铵、三乙基苄基氯化铵和十六烷基三甲基溴化铵等。国内外普遍采用双溶剂法，能较好地抑制乙基氯化物的水解。

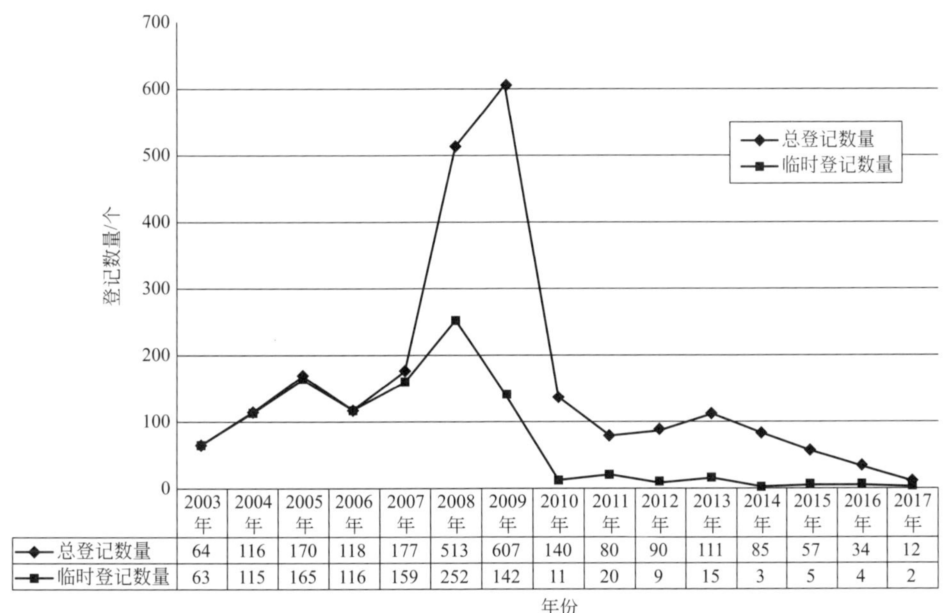

	2003年	2004年	2005年	2006年	2007年	2008年	2009年	2010年	2011年	2012年	2013年	2014年	2015年	2016年	2017年
总登记数量	64	116	170	118	177	513	607	140	80	90	111	85	57	34	12
临时登记数量	63	115	165	116	159	252	142	11	20	9	15	3	5	4	2

图 8-3　2003 年以来有机磷杀虫剂在我国登记数量变化情况

$$(H_3CH_2CO)_2P(=S)-Cl + \text{3,5,6-三氯-2-羟基吡啶 (Cl, Cl, HO, N, Cl)} \longrightarrow (H_3CH_2CO)_2P(=S)-O-\text{(3,5,6-三氯吡啶-2-基)} + NaCl$$

毒死蜱

图 8-4　毒死蜱的合成工艺路线

王红明等[8]发展了以 3,3,5,6-四氯-3,4-二氢吡啶-2-酮和 O,O-二乙基硫代磷酰氯为主要原料，采用水溶液循环的清洁工艺合成毒死蜱的新方法。将反应物一次性加入水介质中，在三元复合催化剂作用下形成高度分散体系进行反应，反应时间大为缩短，经简单分离提纯即可得到目标产物毒死蜱。3,3,5,6-四氯-3,4-二氢吡啶-2-酮与 O,O-二乙基硫代磷酰氯摩尔比 $R=1:1.05$；三元复合催化剂为 4-二甲氨基吡啶、四丁基溴化铵和助催化剂；缩合 pH 为 9.5～10.5；缩合温度为 50～55℃。在最佳工艺条件下，水相循环套用 8 次后产品仍保持较高的含量和收率。

此外，在实际生产中，国内外实际生产毒死蜱的主要工艺有两种，即世界发达国家界定的：一是重污染、高安全社会风险的三氯乙酰氯法；二是友好工艺四氯吡啶法。三氯乙酰氯法工艺是以三氯乙酰氯、丙烯腈、乙基氯化物等为原料，通过加成、环合、脱氯、缩合等步骤合成毒死蜱的，目前中国、印度等第三世界国家主要采用该工艺生产毒死蜱。四氯吡啶法工艺是以四氯吡啶和乙基氯化物为主要原料，通过缩合反应等步骤合成毒死蜱的，美国等发达国家的大公司采用四氯吡啶法生产毒死蜱。近年来，我国少数优秀企业也已大规模采取此工艺路线生产毒死蜱。由于受国家环保执法力度制约强化执行和“节能减排、低碳经济”战略国策的实施，预计三年内我国 90%以上产能将用此工艺路线替代三氯乙酰氯法。

四氯吡啶法最早由美国陶氏化学公司开发应用（图 8-5），是美国等发达国家大公司所采用的一条环境友好工艺路线生产毒死蜱的方法。合成过程是将四氯吡啶在适量碱以及催化剂作用下，与乙基氯化物直接合成毒死蜱。该工艺具有简洁，反应步骤少，收率高，产品质量好（收率92%以上，产品纯度98%以上），设备少，易操作，可大型化、自动化和连续化，能实现信息化和生产过程的有效融合，安全性高，反应缓和，“三废”少，并且可以进行无害化处理等优点。美国陶氏益农、以色列马克西姆采用四氯吡啶法工艺，国内的南京红太阳股份有限公司和广东省英德广农康盛化工有限责任公司分别建成了年产2万吨和年产2000t集成化、连续化、大型化、安全环保化的清洁生产工艺技术路线装置。尤其是红太阳股份与其关联公司已形成了世界唯一、规模最大、拥有自主创新的从四氯吡啶到毒死蜱的节能减排、低碳经济与环境友好的生态链、技术链和产品链，具有强大的环保、技术、成本、品质等核心竞争力。但该方法同时具有如下缺点：

① 四氯吡啶可通过吡啶而生成，过去由于吡啶供应短缺，价格高且难购，影响原料四氯吡啶的获取；目前国内已突破10万吨/年生产能力，完全能满足其生产需要。

② 设备大型化、自动化和连续化，对操作人员的素质要求较高。

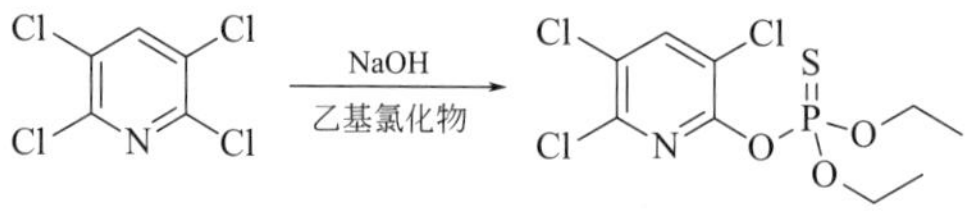

图 8-5　四氯吡啶法合成毒死蜱

过去很长时间由于国内原料吡啶短缺，以及我国有些地方对环保安全管理不严，导致国内厂家生产毒死蜱主要采用三氯乙酰氯法。三氯乙酰氯与丙烯腈加成生成2,2,4-三氯-4-氰基丁酰氯（简称氰基丁酰氯），然后，氰基丁酰氯环合制得中间体吡啶酮，随后，吡啶酮脱氯化氢制得3,5,6-三氯吡啶-2-醇钠（简称三氯吡啶醇钠），再经过活性炭脱色、烘干等操作步骤，最后，三氯吡啶醇钠在溶剂和催化剂作用下，与乙基氯化物反应制得毒死蜱（图8-6）。该工艺具有原料容易获取、设备通用、自动化程度低、对操作人员的素质要求不高等优点，国内众多企业采用三氯乙酰氯工艺生产毒死蜱，同属第三世界国家的印度公司也采用这种高污染的生产工艺，如印度格达和印度米苏公司。但是，该工艺也有缺点：生产工艺复杂，反应步骤多，反应条件苛刻；收率低，产品质量差，收率一般为50%～70%（以平均60%计），含量95%～97%；生产设备繁杂，腐蚀严重，管道易堵塞，分离困难；安全性差，原料毒性大，生产过程有爆炸危险；“三废”多，组成复杂，处理难度大；自动化程度低，工人劳动强度大，副产物可致人过敏，劳动保护难度高等。

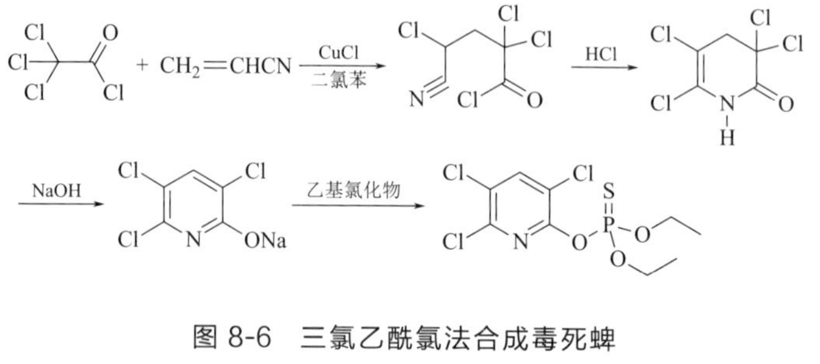

图 8-6　三氯乙酰氯法合成毒死蜱

对上述两个工艺的比较如表8-9及表8-10所示。

表 8-9　国内外两种毒死蜱生产工艺产品质量对比

指标	国家标准	FAO（国际粮农组织）标准	质量水平	
			三氯乙酰氯法	四氯吡啶法
外观	灰棕至白色晶体	灰白至白色晶体	灰棕色晶体	白色晶体
含量/%	≥95.0	≥94.0	95.0～97.0	97.0～99.0
水分/%	≤0.2	≤0.1	≤0.2	≤0.1
酸度/%	≤0.2	≤0.1	≤0.2	≤0.1
丙酮不溶物/%	≤0.5	≤0.5	≤0.3	≤0.1

表 8-10　国内外两种毒死蜱生产工艺主要消耗定额对比

单位：kg/t 毒死蜱（折百）

序号	原料名	规格	三氯乙酰氯法	四氯吡啶法
1	三氯乙酰氯	95%	909.7	
2	丙烯腈	98%	288.9	
3	溶剂氯苯	98%	103.2	
4	氯化亚铜	98%	23.1	
5	氢氧化钠	30%	1113.3	881.5
6	四氯吡啶	99%		675.6
7	乙基氯化物	98%	607.6	571.1
小计			3045.8	2128.2

由表 8-10 可以看出，由于反应收率高，四氯吡啶法工艺要比三氯乙酰氯法工艺的消耗定额减少 30%。

表 8-11　国内外两种毒死蜱生产工艺公用工程消耗对比（1 万吨毒死蜱规模）

序号	原料名	规格	单位	三氯乙酰氯法	四氯吡啶法
1	装置设备总功率	kW		2100	380
2	蒸汽	0.8MPa	t/t	14.5	2.8
3	循环水		t/h	115	20
4	冷冻	−20℃	10kcal/t	19.3	2.1

由表 8-11 可以看出，由于流程短、工艺简洁，四氯吡啶法工艺路线生产毒死蜱的原材料和公用工程消耗较低，能耗与三氯乙酰氯工艺相比下降 80%以上，因此四氯吡啶法是节能效果非常显著的先进低碳工艺路线。

8.2.2　敌百虫

8.2.2.1　敌百虫的产业概况

敌百虫（trichlorfon）是一种磷酸酯类有机磷杀虫剂，1952 年由德国拜耳公司研究开发。对昆虫以胃毒和触杀为主，具有高效、低毒、低残留、水溶性等特点，广泛应用于农林、园林、畜牧业、卫生等方面，防治双翅目、鞘翅目等害虫。对植物具有渗透性，无内吸性作用，适用于水稻、麦类、蔬菜、茶树、果树、棉花等作物害虫防治，也适用于林业害虫、家禽及卫生害虫的防治。

敌百虫有 109 个产品处于登记有效状态。对其登记主要集中在 2008 年和 2009 年，2014 年以后再也没有相关企业登记该产品。在 109 个产品中，有 38 个为单制剂品种，涉及的剂型主要是乳油，乳油剂型达到了 85%以上。其余产品均为与其他有机磷杀虫剂如毒死蜱、三唑磷、辛硫磷等复配的产品。图 8-7 显示了 2007～2013 年敌百虫在我国的登记变化情况。

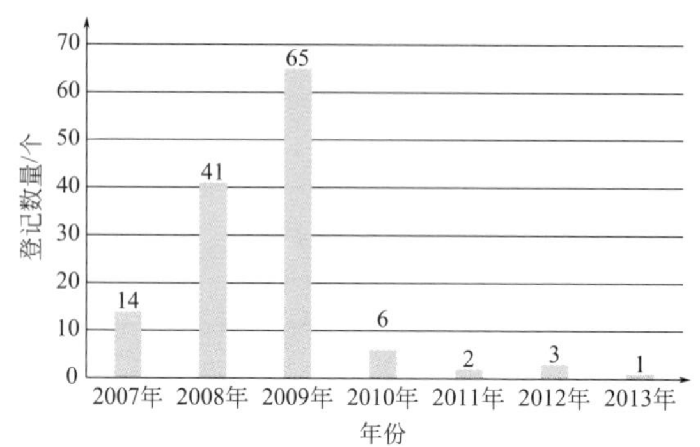

图 8-7　2007～2013 年敌百虫在我国的登记变化情况

8.2.2.2　敌百虫工艺概况

敌百虫的生产[9,10]，工业上采用 PCl_3 与 CH_3OH 反应，生成二甲基亚磷酸酯 [$(CH_3O)_2POH$] 后，再与三氯乙醛（CCl_3CHO）反应而制得（图 8-8）。

$$PCl_3 + 3CH_3OH \longrightarrow (CH_3O)_2POH \xrightarrow{O=CHCCl_3} (CH_3O)_2\overset{O}{\overset{\|}{P}}-\underset{OH}{\underset{|}{\overset{H}{\overset{|}{C}}}}-CCl_3$$

图 8-8　敌百虫的合成工艺路线

8.2.3　敌敌畏[11]

8.2.3.1　敌敌畏的产业概况

敌敌畏（dichlorvos）是一种广谱磷酸酯类有机磷杀虫、杀螨剂，具有胃毒、触杀、熏蒸和渗透作用，对咀嚼式口器和刺吸式口器害虫有效。1948 年美国壳牌公司发表敌敌畏合成专利；1952 年美国 W. Perkow 以亚磷酸三烷基酯与三氯乙醛反应制得敌敌畏；1954 年德国 W. Loret 发现敌百虫在碱性溶液中能脱去氯化氢重排生成敌敌畏。我国用敌百虫碱解法制备敌敌畏，采用减压脱水与双溶剂法技术，超过了国外报道的水平。敌敌畏的触杀作用比敌百虫大 7 倍，对害虫的击倒能力强，杀虫速度快且持效期长，主要用于蔬菜、果树、茶树等害虫的防治。

敌敌畏在我国曾经也是十分畅销的产品之一，登记的产品数量达到近 600 个。当前，有 292 个相关产品处于有效状态，其中单剂型品种个数为 144 个，复配品种为 148 个，剂型均以乳油为主。图 8-9 显示了 2000 年以来敌敌畏在我国的登记情况，可以看出，2008 年和 2009 年，敌敌畏相关的产品在我国大量登记，其中 2009 年一年的产品数就达到了 140 个，之后鲜有登记，这反映出我国农药企业在农药登记方面具有较大的盲目性。2011 年以后，有关于敌敌畏的登记较少，基本上每年仅有少数企业进行了零星的登记，这表明人们关注的焦点已经不是有机磷类杀虫剂了。

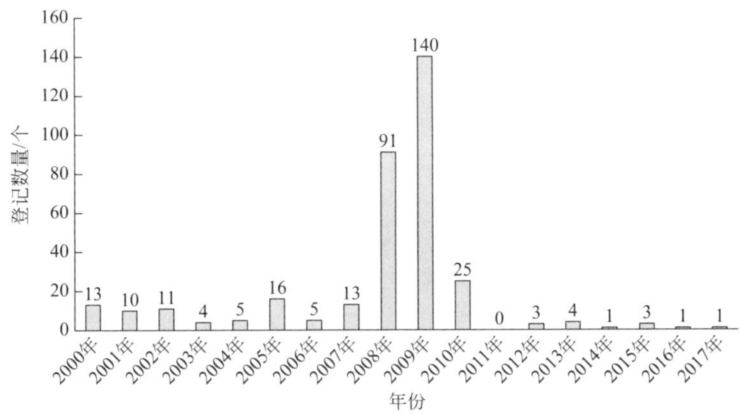

图 8-9　敌敌畏产品 2000 年以来在我国登记的情况

8.2.3.2　敌敌畏的工艺概况

敌敌畏的合成工艺路线：主要是将敌百虫与碱反应，脱去氯化氢，经过分子重排制得，如图 8-10 所示。

$$(H_3CO)_2\overset{O}{\overset{\|}{P}}-\underset{H}{\overset{OH}{C}}-CCl_3 + NaOH \longrightarrow (H_3CO)_2\overset{O}{\overset{\|}{P}}-OCH=CCl_2 + NaCl + H_2O$$

图 8-10　敌敌畏的合成工艺路线

此外，可以直接采用亚磷酸三酯与三氯乙醛反应，一步法合成敌敌畏，如图 8-11 所示。

$$(CH_3O)_3P + CHOCCl_3 \longrightarrow (H_3CO)_2\overset{O}{\overset{\|}{P}}-OCH=CCl_2 + CH_3Cl$$

图 8-11　亚磷酸三酯与三氯乙醛反应制备敌敌畏

8.2.4　硝虫硫磷[12]

8.2.4.1　硝虫硫磷的产业概况

硝虫硫磷（xiaochongthion）是四川省化学工业研究设计院自主开发的新有机磷杀虫杀螨剂，是我国自主创制农药新品种。硝虫硫磷具有良好的杀虫杀螨活性，田间试验表明对水稻、棉花、柑橘、蔬菜等作物的主要害虫如柑橘矢尖蚧、红蜘蛛、水稻蓟马、飞虱、蔬菜烟青虫等防治效果突出，尤其对柑橘矢尖蚧有明显的杀灭作用，且对作物安全。亩用量与速扑杀相同时效果相当，速效性优于速扑杀，具有大面积推广使用价值。

硝虫硫磷于 2008 年获得登记，其由四川省化学工业研究设计院生产，主要剂型为乳油和水乳剂。登记情况如表 8-12 所示。

表 8-12　硝虫硫磷在我国的登记情况

登记证号	登记名称	农药类别	剂型	总含量	生产企业
LS20083031	硝虫・哒螨灵	杀虫剂	乳油	30%	四川省化学工业研究设计院
LS20083131	硝虫硫磷	杀虫剂	水乳剂	20%	四川省化学工业研究设计院

续表

登记证号	登记名称	农药类别	剂型	总含量	生产企业
PD20080772	硝虫硫磷	杀虫剂	乳油	30%	四川省化学工业研究设计院
PD20080777	硝虫硫磷	杀虫剂	原药	90%	四川省化学工业研究设计院

8.2.4.2 硝虫硫磷的工艺概况

硝虫硫磷的工艺路线共两步反应。首先是将2,4-二氯苯酚在二氯乙烷中用25%硝酸硝化得到2,4-二氯-6-硝基酚；再以甲苯为溶剂，氢氧化钠为缚酸剂，将乙基硫代磷酰一氯与2,4-二氯-6-硝基酚进行缩合反应，得到硝虫硫磷，如图8-12所示。

HNO_3 溶剂；NaOH溶剂 H_2O；$(CH_3CH_2O)_2PSCl$ 催化剂

图 8-12 硝虫硫磷的制备

8.2.5 马拉硫磷

8.2.5.1 马拉硫磷的产业概况

马拉硫磷（malathion）是一种优秀的非内吸广谱性二硫代磷酸酯类有机磷杀虫、杀螨剂，1950年氰胺公司开发成功，是国际农药市场上的一个重要品种[13]。马拉硫磷具有良好的触杀作用和一定的熏蒸作用，残效期较短。马拉硫磷进入害虫体内后被氧化成毒力更强的马拉氧磷，从而发挥强大的毒杀作用；而进入温血动物体内时，则被在昆虫体内所没有的羧酸酯酶水解而失去毒性，因而对人、畜毒性低。马拉硫磷对刺吸式口器和咀嚼式口器的害虫都有效，适用于防治果树、茶树、烟草、水稻等作物的害虫，并可用于防治蛀食性的仓储害虫等[14]。

到2018年5月为止，登记的马拉硫磷产品共有600个（含过期有效产品）。而尚未过期的产品数为383个，其中单制剂品种有109个，超过85%以上均为乳油剂型。从登记的数量上来看，2003年以来，除2015年以外，基本每年均有马拉硫磷相关产品获得登记。其中，2008年和2009年出现拐点，2008年登记数量达到148个，而2009年数量达到169个，此后登记数量又陡然下降。其登记数量变化趋势如图8-13所示。

8.2.5.2 马拉硫磷的工艺概况

对于马拉硫磷的工艺路线，目前比较常见的产业化方法是以顺丁烯二酸酐合成顺丁烯二酸二乙酯，顺丁烯二酸二乙酯再与甲醇和五硫化二磷反应生成的*O*,*O*-二甲基二硫代磷酸酯作用，制备得到目标化合物（如图8-14所示）。马拉硫磷在过高温度下容易异构化，生成对哺乳动物毒性很高的异马拉硫磷。故合成的过程中必须严格控制合成、蒸馏等的操作温度。2004年，邱玉娥[15]研制出了采用化学提纯法提高中间体硫化物的质量，采用水蒸气蒸馏法脱除过量的二乙酯，采用化学氧化法脱除臭气制备94%无臭马拉硫磷原油的新工艺。该工艺根据次氯酸钠在碱性溶液中缓慢分解生成氯化钠和原子氧的特性，

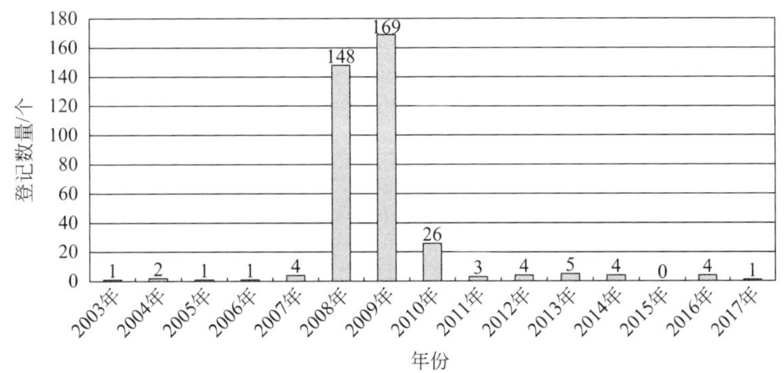

图 8-13　2003 年以来马拉硫磷登记数量变化趋势

$$\text{马来酸酐} + 2CH_3CH_2OH \xrightarrow{H_2SO_4} HC(COOCH_2CH_3)=HC(COOCH_2CH_3)$$

$$CH_3OH + P_2S_5 \longrightarrow (H_3CO)_2P(=S)-SH$$

$$\longrightarrow (H_3CO)_2P(=S)-S-CH(COOC_2H_5)CH_2COOC_2H_5$$

图 8-14　马拉硫磷的工艺路线

利用强氧化剂原子氧的化学氧化作用分解破坏恶臭性硫化物，从而达到脱除马拉硫磷原油臭味的目的。

8.2.6　乐果[16]

8.2.6.1　乐果的产业概况

乐果（dimethoate）是一种二硫代磷酸酯类有机磷杀虫剂。1954 年由意大利 Montecartini 公司研发的产品，目前在国内属于一个大吨位的农药品种。乐果化学名称是 *O*,*O*-二甲基-*S*-(甲基氨基甲酰甲基)二硫代磷酸酯。乐果具有内吸杀虫性，可有效地防治蚜、螨、蝇类及某些介壳虫。其工业品对鼠的急性经口 LD_{50} 为 150～250mg/kg，纯品可高达 600～700mg/kg，是一种低毒性杀虫剂，因此使用时对人畜较安全。乐果具有高效、低毒、价廉的特点。

我国目前有近 479 个乐果的相关产品，其中，232 个产品处于有效状态，107 个产品为单制剂品种，其余产品与拟除虫菊酯类有效成分（如溴氰菊酯、氰戊菊酯等）复配使用。在剂型方面，目前登记的乐果产品基本上为乳油剂型。与其他有机磷杀虫剂一样，2008 年及 2009 年两年的登记数量较多。2003～2007 年有零星的登记，2010 年有 13 个产品获得登记，而此后基本没有相关产品获得登记，见图 8-15。

8.2.6.2　乐果的工艺概况

关于乐果的合成工艺路线，主要有两种，即：后胺解路线（图 8-16）和氯乙酰甲胺路线（图 8-17）。其中，后胺解路线副反应少，产品纯度和收率均较高，国内多数企业采用此方法生产乐果。

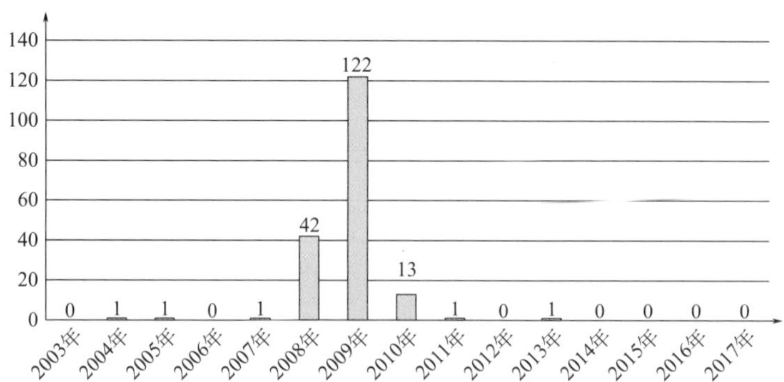

图 8-15 2003 年以来乐果相关产品登记数量变化趋势

$$(H_3CO)_2P(=S){-}SH \xrightarrow{NH_4HCO_3/NaHCO_3/NaOH} (H_3CO)_2P(=S){-}SNH_4(Na,K)$$

$$ClCH_2COOH + CH_3OH \longrightarrow ClCH_2COOCH_3$$

$$(H_3CO)_2P(=S){-}SNH_4(Na,K) + ClCH_2COOCH_3 \longrightarrow (H_3CO)_2P(=S){-}SCH_2COOCH_3 + NH_4Cl(NaCl, KCl)$$

$$(H_3CO)_2P(=S){-}SCH_2COOCH_3 + CH_3NH_2 \longrightarrow (H_3CO)_2P(=S){-}SCH_2CONHCH_3$$

乐果

图 8-16 后胺解路线制备乐果

$$ClCH_2COOR + CH_3NH_2 \xrightarrow{(R=CH_3,C_2H_5)} ClCH_2CONHCH_3$$

$$ClCH_2COCl + CH_3NH_2 + NaOH \longrightarrow ClCH_2CONHCH_3$$

$$(H_3CO)_2P(=S){-}SNH_4(Na,K) + ClCH_2CONHCH_3 \longrightarrow (H_3CO)_2P(=S){-}SCH_2CONHCH_3$$

图 8-17 氯乙酰甲胺路线制备乐果

8.2.7 丙溴磷

8.2.7.1 丙溴磷的产业概况

丙溴磷（profenofos）属于高效、广谱、非内吸性、三元不对称硫代磷酸酯类有机磷杀虫、杀螨剂。是 20 世纪 70 年代后期由瑞士汽巴-嘉吉公司开发的。丙溴磷具有触杀和胃毒作用，能有效地防治棉花、果树、蔬菜等作物上的害虫如棉铃虫、小菜蛾、叶蝉如棉蚜等，尤其是对抗性棉铃虫有较好的防效。

丙溴磷目前还有 212 个产品处于有效状态，其中 72 个产品为单制剂品种，占该类产品的 1/3 左右；且大部分产品为乳油剂型。丙溴磷产品的数量主要从 2008 年以后大幅度提升，2009 年登记数量达到 70 个，此后每年均有登记，近两年来，有零星登记（如图 8-18 所示）。

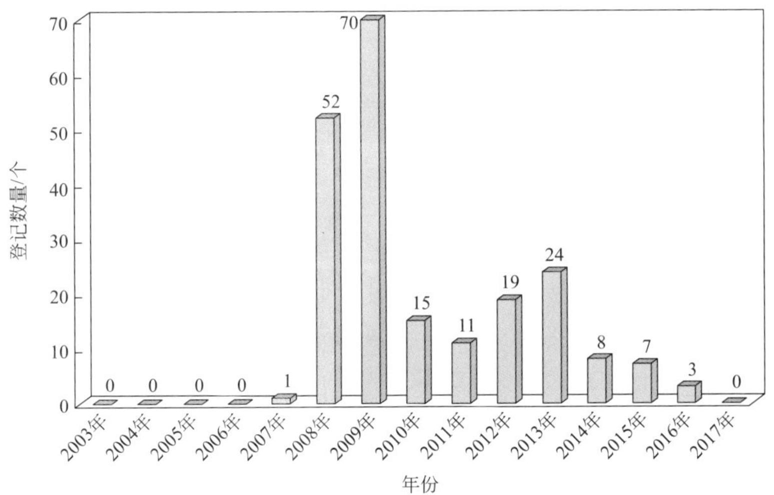

图 8-18　丙溴磷的登记数量变化趋势

8.2.7.2　丙溴磷的工艺概况

对于丙溴磷的合成工艺路线主要有三条可以选择。第一条路线采用二烷基硫代磷酰氯（不对称的磷酰氯）与卤代苯酚在碱性条件下缩合制得丙溴磷[17]，如图 8-19 所示。

图 8-19　二烷基硫代磷酰氯与氯代苯酚制备丙溴磷

第二条路线采用二乙氧基硫酮代磷酰氯与卤代苯酚缩合，得到二乙氧基芳氧基硫酮代磷酰氯后，在 KSH（或 NaSH）的作用下发生重排反应生成钾（钠）盐后，再与溴丙烷缩合，即得到产品，该路线相对较长。可以采用二烷基铵盐代替 KSH（或 NaSH）而发生类似的重排反应得到相应的铵盐，最后与丙溴基缩合得到目标产品。该方法可以采用水作为反应的溶剂，具有收率高、纯度高等特点，在我国工业化生产中常常被使用。合成工艺路线如图 8-20 所示。

8.2.8　丙硫磷

丙硫磷（prothiophos）属于高效、低毒、广谱、非内吸性、三元不对称二硫代磷酸酯类有机磷杀虫、杀螨剂。由日本特殊农药公司合成，其后与德国拜耳公司共同开发生产。丙硫磷对鳞翅目害虫幼虫有特效；主要用于防治水稻二化螟、三化螟、棉铃虫、马铃薯块茎蛾、甘薯夜蛾、小菜蛾、菜蚜等作物害虫，也用于防治土壤害虫及蚊。

丙硫磷的合成工艺路线[18]，基于所采用的原料不同，比较主流的有两种。其一，以三氯硫磷、丙硫醇为起始原料，在碘的催化下先合成丙硫基取代的硫酮磷酰二氯，而后与一分子的乙醇在碱性条件下反应，得到乙氧基丙硫基取代的硫酮代磷酰氯，最后在碱性条件下与 2,4-二氯苯酚缩合，即得到产品，合成工艺路线如图 8-21 所示。

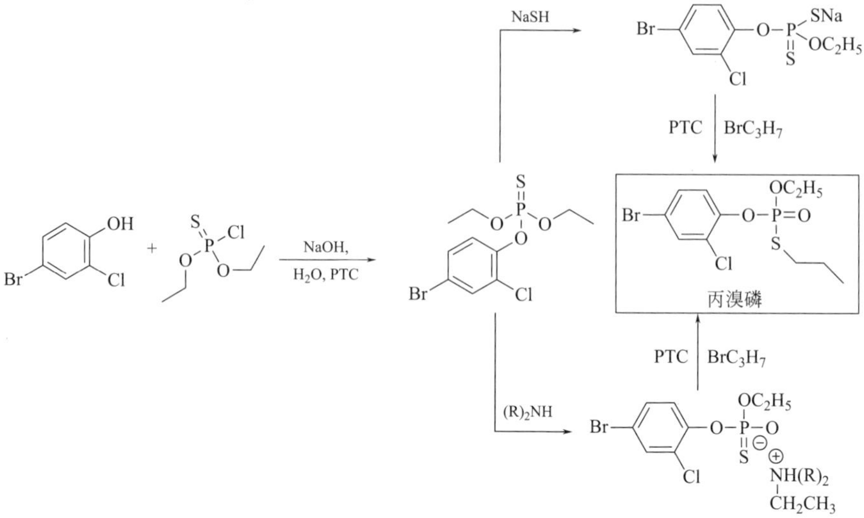

图 8-20 丙溴磷的合成工艺路线

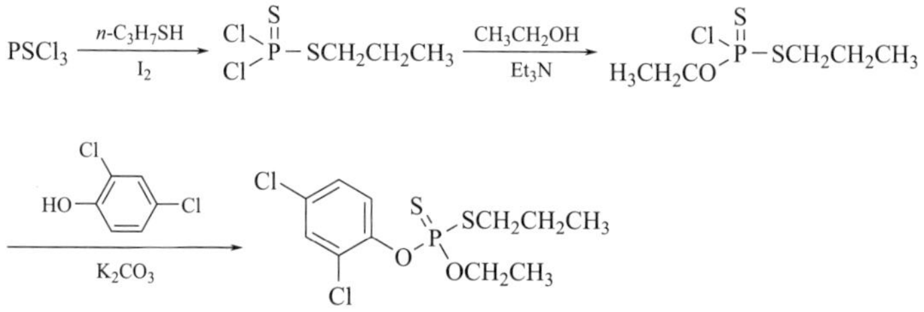

丙硫磷(proothiophos)

图 8-21 以三氯硫磷、丙硫醇为起始原料制备丙硫磷

其二，采用五硫化二磷为起始原料，首先与乙醇、2,4-二氯苯酚在催化剂的作用下生成烷氧基芳氧基取代的二硫代磷酸酯，该中间体再在碱性条件下与溴丙烷反应，即得产品。合成工艺路线如图 8-22 所示。

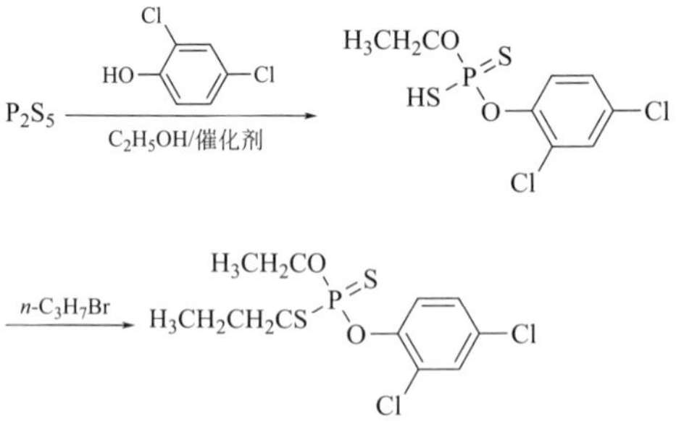

图 8-22 以五硫化二磷为起始原料制备丙硫磷

上述两种方法相比较而言，第二种方法更为环保，条件也比较容易控制。而第一种方法中，难点是如何控制好反应中的投料，以免其他取代基的硫代磷酸酯等副产物产生。

8.2.9 三唑磷

8.2.9.1 三唑磷的产业概况

三唑磷（triazophos）属于高效、广谱硫代磷酸酯类有机磷杀虫、杀螨剂，并有一定的杀线虫作用。1970 年由联邦德国 Hoechs 研发，目前，在国内属于一个大吨位的农药品种。可用于防治：水稻的二化螟、三化螟、稻蓟马、稻纵卷叶螟等；棉花的棉铃虫、红铃虫、棉蚜、红蜘蛛；玉米的玉米螟、钻心虫等；果树的果螟、蚜虫、红蜘蛛；蔬菜的菜青虫、蚜虫；豆类的食心虫等。

到 2017 年底，三唑磷共有 399 个产品登记使用（不含过期有效品种），主要生产厂商包括浙江新安化工集团股份有限公司、浙江新农化工股份有限公司、江西威牛作物科学有限公司、江苏克胜集团股份有限公司、黑龙江省绥化农垦晨环生物制剂有限责任公司、山东邹平农药有限公司、南京华洲药业有限公司等。在登记的产品中，单剂 167 个，其余均为混配制剂，主要与毒死蜱、阿维菌素、敌敌畏等品种进行混配使用。原药登记起始于 1994 年，原药登记厂家有河南省信阳富邦化工股份有限公司、湖北沙隆达股份有限公司、福建省福安市农药厂、福建省三农集团股份有限公司、浙江新农化工有限公司、浙江永农化工有限公司、浙江巨化股份有限公司兰溪农药厂、浙江省东风农药厂、湖南天宇农药化工集团股份有限公司、湖南海利化工股份有限公司、浙江一帆化工有限公司、福建省建瓯福农化工有限公司、上海农药厂、湖南衡阳莱德生物药业有限公司、湖北仙隆化工股份有限公司。生产企业分布情况为浙江省 4 家，福建省、江苏省各 2 家，河南省、湖北省、湖南省、上海市各 1 家。表 8-13 显示了早期（1994～2003 年）我国三唑磷相关登记情况。

表 8-13　1994～2003 年三唑磷的登记情况

时间	登记情况
1994 年	10%氟氯氰·唑磷乳油
1997 年	15%四溴·唑磷乳油，2 组制剂登记防治棉花棉铃虫、小麦蚜虫
1998 年	20%灭·唑磷乳油，防治棉花棉铃虫、水稻二化螟；25%硫丹·唑磷乳油，防治棉花棉铃虫；30%稻瘟·唑磷乳油，防治水稻纵卷叶螟、稻瘟病
1999 年	20%甲萘·唑磷乳油，防治水稻二化螟
2000 年	20%丁硫·唑磷乳油
2001 年	20%哒·唑磷乳油，2 组制剂均登记防治柑橘树红蜘蛛
2002 年	15%氰铃·唑磷乳油，防治水稻二化螟、纵卷叶螟；25%啶虫·唑磷乳油，防治水稻三化螟；48%柴油·唑磷乳油，防治十字花科蔬菜菜青虫；35%敌畏·唑磷乳油，防治水稻二化螟；40%稻丰·唑磷乳油，防治水稻二化螟、三化螟、纵卷叶螟
2003 年上半年	2.5%乐·唑磷乳油，防治水稻二化螟

我国 2000 年以来有近千个三唑磷产品获得登记，其中大部分品种均为临时登记产品，图 8-23 显示了三唑磷 2000 年来的登记变化趋势。2000 年以来，三唑磷在我国的登记出现了两个高峰期，即 2004 年以及 2009 年。

我国生产三唑磷的厂家主要集中在江西、江苏以及浙江等省份，表 8-14 显示了我国三唑磷在各个产地的生产状况。由图 8-24 可以看出，江西的产量达到了 1.205 万吨，占到了近全国产能的 1/3，浙江省所占比例也达到了 27.8%，江苏的比例为 27.0%。

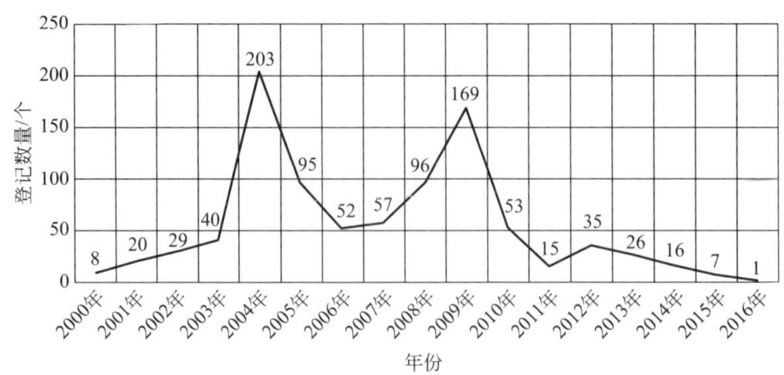

图 8-23　三唑磷近 10 余年来的登记变化趋势

表 8-14　我国三唑磷的产量分布情况

项目	江西	浙江	江苏	福建	湖南	其他	总计
产量/万吨	1.205	1.094	1.063	0.24	0.2	0.13	3.932
所占比例	30.70%	27.80%	27.00%	6.10%	5.10%	3.30%	100%

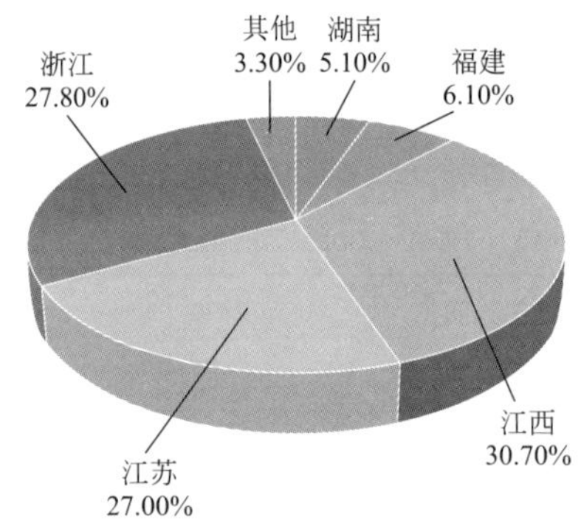

图 8-24　我国三唑磷的产量分布情况

生产三唑磷的主要厂家包括浙江新农化工有限公司、江苏宙龙集团公司、江西省万德化工科技有限公司等，主要情况如表 8-15 所示。其中，浙江新农化工有限公司的产能最大，达到了年产 10000t 三唑磷原药的能力，其次是江苏宙龙集团公司，其产能也达到了 8000t。此外，上千吨产能的企业包括江西省万德化工科技有限公司、江苏好收成韦恩农药化工有限公司、江西正邦化工有限公司、江西凯丰化工有限公司、福建省建瓯福农化工有限公司、江苏射阳农药化工有限公司、湖南衡阳莱德生物药业有限公司、江苏连云港立本农药化工有限公司等。

表 8-15　我国主要生产三唑磷产品的企业情况

编号	企业名称	相关产品	生产能力
1	浙江新农化工有限公司	三唑磷、苯肼、二乙氧基硫代磷酰氯	年产 10000t 三唑磷原药
2	江苏宙龙集团公司	三唑磷系列 80% 原油、20% 乳油、40%乳油	年生产原药 8000t
3	江西省万德化工科技有限公司	三唑磷	年产三唑磷原药 3000t

续表

编号	企业名称	相关产品	生产能力
4	江苏好收成韦恩农药化工有限公司	三唑磷、草甘膦、盐酸苯肼、甜菜宁、甜菜安	年产三唑磷原药3000t
5	江西正邦化工有限公司	三唑磷、仲丁灵、喹硫磷	年产三唑磷2500t
6	江西凯丰化工有限公司	三唑磷、毒死蜱、乙草胺、丁草胺、异丙甲草胺	年产三唑磷2000t
7	福建省建瓯福农化工有限公司	三唑磷	年产三唑磷2000t
8	江苏射阳农药化工有限公司	三唑磷原药、三唑磷乳油、苯肼、苯肼盐酸盐	年产三唑磷原药1600t
9	湖南衡阳莱德生物药业有限公司	甲胺磷、稻瘟灵、三唑磷、多效唑、磷化铝、敌敌畏、嘧啶磷、井冈霉素等	年生产能力100%原油1500t
10	江苏连云港立本农药化工有限公司	三唑磷、毒死蜱原药、精喹原药、乙基氯化物	年产1000t三唑磷和毒死蜱原药
11	河南省信阳富邦化工股份有限公司	40%甲基异柳磷乳油、20%三唑磷乳油、50%甲胺磷乳油	年产三唑磷300t
12	湖北沙隆达股份有限公司	三唑磷、敌百虫、乙酰甲胺磷	年产三唑磷200t
13	福建省福安市农药厂	克百威、三唑磷乳油、水胺磷乳油	年产三唑磷200t
14	浙江巨化股份有限公司兰溪农药厂	乙氧氟草醚、甲胺磷、三唑磷等	年产三唑磷500t
15	江苏长青农化股份有限公司	乙羧氟草醚及烯酰吗啉原药、三环唑、扑虱灵、复方三环唑	年产三唑磷300t左右
16	福建三农化学股份有限公司	甲胺磷、草甘膦、氧化乐果、三唑磷、喹硫磷、氟草醚、哒螨灵	年产三唑磷200t
17	湖南天宇农药化工集团股份有限公司	三唑磷	年产500t
18	浙江东风化工有限公司	三唑磷原油，20%、40%三唑磷乳油	年产三唑磷300t
19	上海农药厂	原药≥85%、乳液≥20%	年产三唑磷200t
20	湖北仙隆化工股份有限公司	水胺硫磷、百草枯、亚胺硫磷、腈菌唑、炔螨特、三唑磷等	年产三唑磷200t左右
21	江西宜春新龙化工有限公司	阿维菌素·三唑磷乳油	年产三唑磷400t
22	安徽省化工研究院	20%三唑磷水乳剂	年产三唑磷原药400t
23	江西泰和县农药厂	20%三唑磷乳油	年产三唑磷原药400t
24	江西云锋化工厂	20%阿维菌素·三唑磷乳油	年产三唑磷原药300t
25	江西龙源农药有限公司	13.5%高渗三唑磷乳油	年产三唑磷原药200t
26	江西省三友化工有限责任公司	80%三唑磷原油	年产三唑磷原药200t
27	浙江一帆化工有限公司	三唑磷原油≥85%	年产三唑磷100t左右
28	江西南昌赣丰化工农药厂	10%高渗三唑磷乳油、25%马拉硫磷·辛硫磷乳油	年产三唑磷原药50t
29	浙江永农化工有限公司	10%、20%、40%三唑磷乳油	年产三唑磷40t

8.2.9.2 三唑磷的工艺概况[19-21]

通常情况下，在得到中间体三唑酚（工艺详见第7章）之后，三唑磷的制备就较为简单，即将上述中间体与前面所述的磷酰氯中间体在适当的条件下缩合提纯后即得到三唑磷。合成工艺路线如图8-25所示。

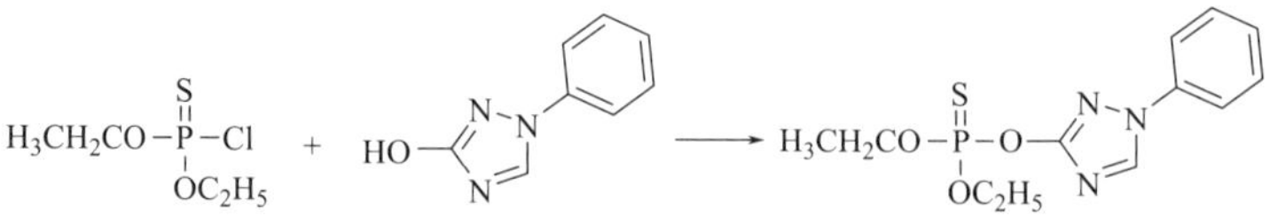

图8-25 三唑磷的工艺路线

在该过程中，溶剂、缚酸剂以及催化剂的选择对于产品的品质有较大的影响。一般情况下，常用的溶剂有甲苯、丙酮、二氯甲烷等；而缚酸剂为常见的碱，但是由于磷酸酯在碱性条件下的稳定性较低，因此不可采用碱性较强的碱作为缚酸剂，通常采用的碱为三乙胺，但该过程中三乙胺的量往往是其他原料的3倍左右，会造成较大的浪费和带来环境方面的问题。

为了克服以上问题，一种常见的方法是先将1-苯基-3-羟基-1,2,4-三唑制备成为相应的醇钠，然后以水作为反应溶剂，加入相转移催化剂，与磷酰氯反应，这也是制备三唑磷的重要方法（图8-26）。这里可以选择的催化剂包括4-二甲基氨基吡啶（DMAP）、四丁基溴化铵（TBAB）、苄基三乙基溴化铵（TEBAB）、聚乙二醇（PEG800）、三亚乙基二胺等[22]。一般情况下，在催化剂量相同的情况下：以二氯甲烷为溶剂，以DMAP和TEBA（苄基三乙基氯化铵）、TBAB组合的催化剂催化效果比较好。

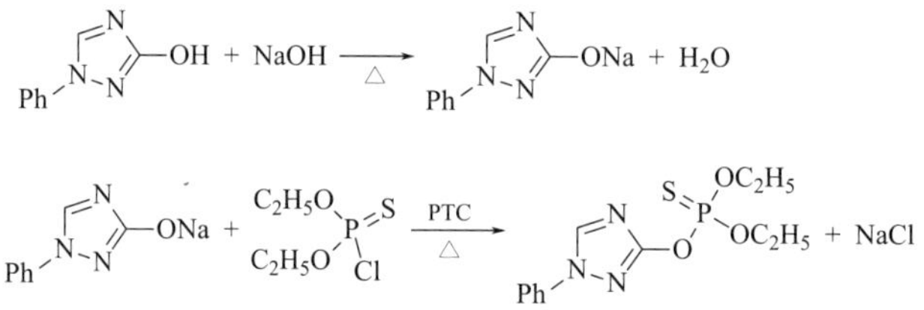

图8-26 醇钠法制备三唑磷

在以上基础上，有研究对以上过程进行了改进，采用“一锅两步法”，在盐酸苯肼、尿素、甲酸反应生成苯唑醇后，直接与乙基氯化物反应生成三唑磷。这种方法整个过程均不分离。起始pH（滴加乙基氯化物前体系的pH值）为7.5～8.5，投料比为1∶1（投料比为盐酸苯肼与乙基氯化物的物质的量之比）时，实验结果较好，产率73.6%。

8.2.10 乙酰甲胺磷

8.2.10.1 乙酰甲胺磷的产业概况

乙酰甲胺磷（acephate）纯品为白色晶体，熔点为92～93℃，相对密度为1.350，分子量183.17，易溶于水、甲醇、丙酮等极性溶剂和二氯甲院、二氯乙烷等卤代烷烃中，在苯、甲苯、二甲苯中溶解度较小，在醚中溶解度更小，在碱性介质中不稳定，可复配成多种含量不同的乳油。乙酰甲胺磷是一种高效、低毒、低残留的内吸触杀杀虫剂，是甲胺磷的乙酰化衍生物，乙酰甲胺磷对环境污染小，施用后很快被植物和土壤微生物降解，乙酰甲胺磷或其代谢产物很快被排出体外，都不会在生物体内积累，因此，具有广阔的应用前景。一直以来，国外都大量使用乙酰甲胺磷，而在国内由于甲胺磷等高毒有机磷大量使用，乙酰甲胺磷被限制在很小的应用范围。高毒有机磷尤其是甲胺磷逐渐淡出市场，对乙酰甲胺磷的广泛应用将是一个很大的机遇。

全球乙酰甲胺磷生产集中在我国和印度，目前国内乙酰甲胺磷生产企业有11家，主要产能集中在湖北、江苏和浙江，目前生产规模较大的包括沙隆达、浙江嘉化、蓝丰生化等。此外，前几年威远生化、山东华阳、广东大光明、台湾兴农和上海悦联也有乙酰甲胺磷生产，但部分规模较小，部分仅为采购原药进行制剂加工。国内产能多在2009年新增，之后两年时间由于盈利能力并不显著，产能基本没有增长。2011～2013年我国乙酰甲胺磷产能、产量和销量具体情况见表8-16，其中国内主要厂商的乙酰甲胺磷产能统计见表8-17所示。

表8-16　2011～2013年我国乙酰甲胺磷产能、产量和销量

指标	2011年	2012年	2013年
产能/(t/年)	25000	32000	35000
产量/t	14973	22500	28431
销量/t	10935	24947	29130

表8-17　国内主要厂商的乙酰甲胺磷产能统计

厂商	年产能/t	产量/t	备注
蓝丰生化	8000	6000	开工不足
江门大光明	1000	600	
沙隆达	20000	13000	
浙江嘉化集团	8000	7500	
南通维立科	2000	1200	
威远生化	5000		停车
沅江赤峰	3000		停车

乙酰甲胺磷的主要原材料是精胺，占生产成本的60%以上。我国精胺除满足国内乙酰甲胺磷需求外，还用于出口，主要出口地是印度（主要原因在于印度缺乏精胺原材料三氯化磷、甲醇、硫酸二甲酯、硫黄等，生产成本高于从中国进口精胺）。目前乙酰甲胺磷的生产工艺已逐渐成熟，质量大幅度提高。20世纪90年代初期，乙酰甲胺磷含量只能达到88%，最高达到90%，但国外却要求98%以上的产品。1990年美国停产乙酰甲胺磷后，想到中国或印度来采购，最后因为我国产品质量不达标而旁落印度；而现在我国技术上有了非常大的进步，乙酰甲胺磷含量已经达到甚至超过了99%。虽然各生产企业仍存在技术水平上的差异，但总体水平已与国际接轨，所以近两年乙酰甲胺磷的出口量大增，而国外现在基本已停止生产该产品，都从中国采购。

近年来，由于越来越多的国家禁止甲胺磷生产，部分生产商停止了精胺生产，但我国的生产能力仍然可观，我国成为国际上重要精胺生产国之一。在精胺生产企业之中，沙隆达无疑是精胺的国内最大生产商，其精胺产能已经达到4万吨，这使其乙酰甲胺磷在生产成本上具有领先优势。同时中国与另外一个生产乙酰甲胺磷的大国印度相比，因印度不得不每年从中国进口精胺用于乙酰甲胺磷的生产，较国内企业而言，其要付出更昂贵的原材料费用，这为乙酰甲胺磷出口带来了一定有利条件。国内精胺生产多配套于乙酰甲胺磷企业，但也有部分生产企业仅具备乙酰甲胺磷产能，而所需精胺通过外购方式解决。从名义产能看，相对于2.53万吨的国内需求量，我国乙酰甲胺磷的名义产能（4.3万吨/年）较为过剩，但由于精胺的限制，部分产能开工不足或已经关停，供需紧张导致乙酰甲胺磷价格大涨，目前价格已经超过4万元/t，且供货紧张。乙酰甲胺磷的利润大部分集中在精胺环节，以外购精胺的蓝丰生化为例，其2013年杀虫剂（主要为乙酰甲胺磷）的毛利率仅为4.43%，因此，乙酰甲胺磷价格的上涨并不会导致行业产能大幅增加，行业景气有望持续。表8-18显示了国内主要的精胺产能情况。

表8-18　目前国内主要的精胺产能统计

厂商	产能/(t/年)
蓝丰生化	15000
沙隆达	40000
沅江赤峰	5000
浙江嘉化集团	15000

2013年来，乙酰甲胺磷价格出现上涨，盈利回升，但调研了解到目前乙酰甲胺磷企业不具备扩产的条件，主要原因有两点：一是精胺供给紧张，价格也在上涨，无精胺配套的乙酰甲胺磷企业不具备竞争优势；二是环保政策严厉，例如江浙地区园区的污水排放量指标固定，企业无扩产能力。

乙酰甲胺磷的需求主要集中在印度、南美和东南亚，海外市场比较稳定；国内需求尚少，因为国内技术指导不够，用药习惯倾向于见效快，而该产品见效慢，但持久性更强，应该说国内需求还有很大潜力。对乙酰甲胺磷的禁止只是局限在局部的一些作物上，未来的应用前景看好。由于一些规定限制，乙酰甲胺磷的登记证未来将很难获得，行业集中度有望进一步提高。巴西是我国乙酰甲胺磷的最大出口国，2012年占我国乙酰甲胺磷出口比例达57.83%，其次是印度23.94%，巴拉圭8.85%。而巴西位于南美地区，出口旺季主要集中在9月份、10月份，因此，当南美出口旺季来临时，乙酰甲胺磷产品价格有望继续走高。随着印度停产带来了乙酰甲胺磷的紧俏，中间体产品精胺也是供不应求。

2007年之前，有机磷杀虫剂占国内杀虫剂市场的70%，而甲胺磷又占据国内有机磷农药70%的市场。与甲胺磷相比，乙酰甲胺磷的生产成本较高，使得市场应用推广较慢。由于甲胺磷属于剧毒农药，我国在2008年1月9日发布了禁止生产、流通和使用的通知。甲胺磷退出国内市场后，乙酰甲胺磷作为替代品种，应用受到重视，需求快速增长。虽然乙酰甲胺磷较甲胺磷成本高，但与毒死蜱等相比优势却很明显，此外乙酰甲胺磷的广谱性、持效期长也使得其优势突出，另外生产乙酰甲胺磷可以对原有甲胺磷生产装置改造后加以利用，对已有甲胺磷生产能力的企业而言节省了固定资产投入。除中国外，2009年巴西也禁用了高毒性的甲胺磷，也为全球替代产品乙酰甲胺磷市场年新增需求2万～3万吨。目前国内乙酰甲胺磷原药年产量约2.5万吨，70%以上的原药供出口，国内使用的以30%乳油为主，折合原药约3000t，国外基本都以75%可溶粉剂为主。30%乳油逐步退出，75%可溶粉剂稳步推进是一种趋势，我国还需要进一步加强推广示范工作，继续提高和深化75%乙酰甲胺磷可溶粉剂的应用技术。乙酰甲胺磷是我国政府在“十一五”期间国家重点国债专项支持发展的产品，也是农业部推荐高毒农药替代品种之一。目前在乙酰甲胺磷工业发展中存在的主要问题：一是产能过剩，目前来看情况已有所缓解；二是甲胺磷残留问题，近年来已经有多个国家和地区因甲胺磷残留问题对乙酰甲胺磷实行了禁限用措施，从技术上解决这一难题将对乙酰甲胺磷行业的发展具有重大的意义和推动作用。

在进出口方面（表 8-19 及表 8-20），由于印度环保政策逐渐严格，2011 年后印度乙酰甲胺磷生产受限制，需求开始向中国转移，经过两年的时间，更多的从印度采购的制剂企业转向中国。以 2013 年的情况为例，受环保政策影响，我国 2013 年 1～11 月的出口同比有较大提升，出口形势向好，乙酰甲胺磷产业链因成本和规模优势充分受益。环保趋严促使甲胺磷逐步被中国及巴西等国家禁用，低毒缓效型的乙酰甲胺磷作为其理想替代品，市场需求不断增长。2013 年乙酰甲胺磷（国内约 60% 用于出口）累计出口 1.67 万吨，同比增长 19.3%；而 2014 年 1 月出口 1730 t，相比于 2013 年同期的 553 t 有了大幅度提高；2014 年 1～2 月累计出口 3455 t，相比于 2013 年同期的 1012 t 有了大幅度提高，并且 2 月份出口均价达到了约 6000 美元/t，为 2013 年以来单月出口均价的最高值。出口迎来量价齐升的大好局面。另外，环保趋严下乙酰甲胺磷的登记越来越难，行业供给收缩，未来市场集中度有望不断提高。

表 8-19　2011～2013 年我国乙酰甲胺磷出口情况

指标	2011 年	2012 年	2013 年
出口量/t	10500	14000	16700
出口金额/万美元	34650	47600	81900

表 8-20　2013 年 1～12 月国内乙酰甲胺磷累计出口量以及金额

时间	出口量/kg	出口金额/美元
2013 年 1 月	553450	3085250
2013 年 2 月	458500	2402426
2013 年 3 月	1783112	9070045
2013 年 4 月	1648704	8385266
2013 年 5 月	1525008	7843678
2013 年 6 月	1482400	7770692
2013 年 7 月	1710004	9099485
2013 年 8 月	1745712	9358079
2013 年 9 月	1384690	7466074
2013 年 10 月	1608000	8912889
2013 年 11 月	1407386	7812506
2013 年 12 月	1393034	8358000

国内部分企业也因为环保问题生产受限，导致产品价格触底回升。2014 年 2 月国内乙酰甲胺磷原药平均成交价格为 3.83 万元/t，目前乙酰甲胺磷价格为 3.4 万/t。随着下半年出口旺季的到来，预计乙酰甲胺磷供求将偏紧，价格也将逐渐走高。产销数据也说明行业供需关系在好转，2012 年一季度乙酰甲胺磷产量 5071t，销量却只有 1630t，2013 年一季度产量 4682t，销量 2937t，从这些数据来看，2014 年一季度相比于上年一季度产能过剩的现象有所缓解。乙酰甲胺磷需求向好，出口价格持续上涨。从海关统计的数据来看，2014 年 2 月乙酰甲胺磷出口单价折合人民币达到了 3.7 万元/t，较去年同期上涨 13.60%。图 8-27 为近年来我国乙酰甲胺磷出口均价。

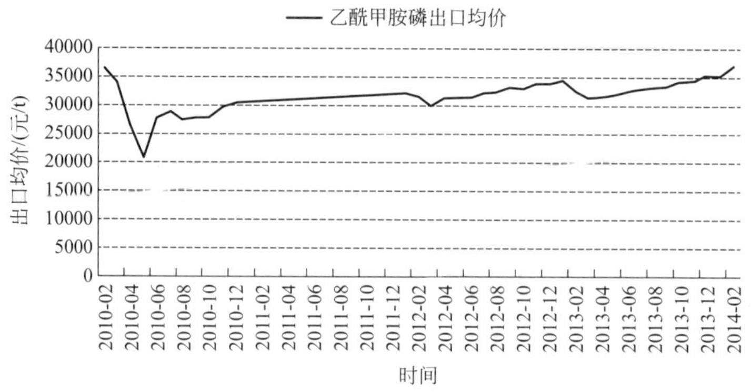

图 8-27　2010～2014 年我国乙酰甲胺磷出口均价

在登记方面（表 8-21），截止到 2017 年 6 月，共有 349 个相关产品登记，其中处于有效状态的产品数为 106 个。剂型涉及乳油、饵剂、可湿性粉剂、水分散粒剂等，但乳油产品占主导地位。我国 2000 年来登记乙酰甲胺磷的变化趋势如图 8-28 所示，可以看出，2004～2009 年为我国乙酰甲胺磷登记的高峰期，但大部分产品均为临时登记产品，大部分产品在临时登记到期后为续展登记或转正登记。其中 2008 年登记的产品数量达到 54 个，为登记高峰期（图 8-28）。近年来少有企业登记，登记的产品主要用于出口。

表 8-21　我国拥有原药生产资质企业的情况

登记证号	总含量	有效期至	生产企业
PD20141245	98%	2019-5-7	山东潍坊润丰化工股份有限公司
PD86175-12	97%	2017-6-28	浙江省台州市黄岩永宁农药化工有限公司
PD20070227	95%	2017-8-8	新兴农化工（南通）有限公司
PD20121572	95%	2017-10-25	江苏省连云港市东金化工有限公司
PD20080806	95%	2018-6-20	湖北仙隆化工股份有限公司
PD20081200	97%	2018-9-11	印度联合磷化物有限公司
PD20081188	95%	2018-9-11	山东华阳农药化工集团有限公司
PD20081522	95%	2018-11-6	湖南衡阳莱德生物药业有限公司
PD20082879	97%	2018-12-9	上海沪联生物药业（夏邑）股份有限公司
PD20084671	95%	2018-12-22	河北威远生化农药有限公司
PD20093008	97%	2019-3-9	信阳信化化工有限公司
PD20097621	97%	2019-11-3	印度禾润保工业有限公司
PD20098270	97%	2019-12-18	南通维立科化工有限公司
PD20152122	97%	2020-9-22	江苏恒隆作物保护有限公司
PD20102143	97%	2020-12-7	浙江泰达作物科技有限公司
PD20110061	95%	2021-1-11	郑州亚农实业有限公司
PD20060076	97%	2021-4-14	江苏蓝丰生物化工股份有限公司
PD20160738	97%	2021-6-19	浙江菱化实业股份有限公司
PD86175-2	97%	2021-11-22	浙江嘉化集团股份有限公司
PD86175-5	90%	2021-12-13	湖南沅江赤蜂农化有限公司
PD86175-6	97%	2022-2-7	湖北沙隆达股份有限公司
PD20070044	97%	2022-3-6	重庆农药化工（集团）有限公司

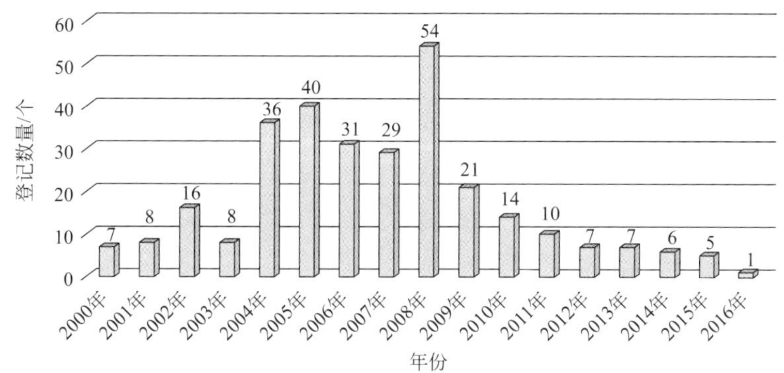

图 8-28　我国 2000 年来乙酰甲胺磷登记数量变化趋势

8.2.10.2　乙酰甲胺磷的工艺概述

对于乙酰甲胺磷的合成工艺路线，常常采用的方法是硫铵法。该方法以精胺为原料，在 PCl_3 的作用下将乙酸滴加到反应体系中，得到乙酰精胺（*O*,*O*-二甲基-*N*-乙酰基硫代磷酰胺）后，再加入硫化铵和硫黄得到相应的硫铵盐，然后在硫酸二甲酯的作用下即可以得到乙酰甲胺磷，如图 8-29 所示。采用该方法可以得到高纯度的产品，但工艺过程中要用到三氯化磷、硫化铵、硫黄等试剂，毒性较大，在反应过程中会产生大量的副产物，在后处理阶段不好处理，原子利用率较低，反应的成本也比较高[23]。收率为 90%，含量为 85%。国外多使用该路线。

$H_3CO-P(=S)(OCH_3)-NH_2 \xrightarrow[PCl_3]{CH_3COOH} (H_3CO)_2P(=S)-NH-C(=O)CH_3 \xrightarrow{(NH_4)_2S/S}$

$H_4NS-P(=O)(OCH_3)-NH-C(=O)CH_3 \xrightarrow{(CH_3O)_2SO_2} H_3CS-P(=O)(OCH_3)-NH-C(=O)CH_3$

乙酰甲胺磷

图 8-29　硫铵法制备乙酰甲胺磷

此外，可以采用 *O*-甲基硫代磷酰二氯为原料，在室温下（20℃）以氯仿为溶剂，*O*-甲基硫代磷酰二氯和乙酰胺反应，再滴加甲醇反应后便可以得到乙酰精胺，最后，乙酰精胺异构化后便得到乙酰甲胺磷[24]。该方法中乙酰胺会与反应过程中产生的盐酸盐反应得到大量的乙酰胺盐酸盐固体，从而影响到反应的传质进程，反应过程中还会发生副反应，产生大量的副产物，该工艺存在反应困难等缺点。其合成工艺路线如图 8-30 所示。

$H_3CO-P(=S)(Cl)-Cl \xrightarrow{NH_2COCH_3} H_3CO-P(=S)(Cl)-NH-C(=O)CH_3 \longrightarrow H_3CO-P(=S)(OCH_3)-NH-C(=O)CH_3 \longrightarrow$

$H_3CS-P(=O)(OCH_3)-NH-C(=O)CH_3$

图 8-30　*O*-甲基硫代磷酰二氯和乙酰胺反应制备乙酰甲胺磷

除了上述两种方法以外，研究者还报道了一些有用的方法[25,26]。以三氯硫磷为原料，制得 O-甲基硫代磷酰二氯，随后进行甲基化，制备二甲基硫代磷酰氯，最终加入氨水进行氨化反应生成精胺。以上各步均需要进行水洗的后处理，中间会产生大量的废水，而用 NaOH 水溶液处理，容易生成副产物硫代磷酸三甲酯，从而降低反应收率。合成工艺路线如图 8-31 所示，这是目前国内形成的较成熟的工业化路线。

$$Cl-P(=S)Cl_2 \longrightarrow H_3CO-P(=S)Cl_2 \longrightarrow H_3CO-P(=S)(OCH_3)-Cl \longrightarrow$$

$$\underset{\text{精胺}}{H_3CO-P(=S)(OCH_3)-NH_2} \xrightarrow{\text{路线1}} \underset{\text{乙酰精胺}}{H_3CO-P(=S)(OCH_3)-NH-C(=O)-CH_3} \longrightarrow \underset{\text{乙酰甲胺磷}}{H_3CS-P(=O)(OCH_3)-NH-C(=O)-CH_3}$$

$$\underset{\text{精胺}}{H_3CO-P(=S)(OCH_3)-NH_2} \xrightarrow{\text{路线2}} \underset{\text{甲胺磷}}{H_3CS-P(=O)(OCH_3)-NH_2} \longrightarrow \underset{\text{乙酰甲胺磷}}{H_3CS-P(=O)(OCH_3)-NH-C(=O)-CH_3}$$

图 8-31　三氯硫磷为原料制备乙酰甲胺磷

乙酰化反应使用的酰化试剂主要有乙酰氯、冰醋酸、乙烯酮、乙酸酐等。采用乙酰氯的反应活性高，但反应条件较难控制，价格也较昂贵，一般不采用；使用冰醋酸成本低，但需要 $POCl_3$ 为催化剂，该物质具有较强的腐蚀性，不利于产业化；乙烯酮为有毒气体，对设备的要求较高。所以在工业生产中，常用的乙酰化试剂为醋酸酐[27-29]。

在乙酰甲胺磷的合成工艺路线中，异构化是关键步骤。一般情况下，采用先异构化后乙酰化的方法收率会更高（相对于先乙酰化反应后再进行异构化）。所以工业中常常采用的方式是先异构化再乙酰化。乙酰甲胺磷是甲胺磷乙酰化后的产物，通常有两种不同的工艺路线。一是精胺先酰化后异构化，二是精胺先异构化后酰化，目前国内企业普遍采用后一种路线。采用此工艺，反应温和，收率高，原药纯度高（达 97%），产品的稳定性好。图 8-32 为精胺-乙酰甲胺磷产业链工艺流程。

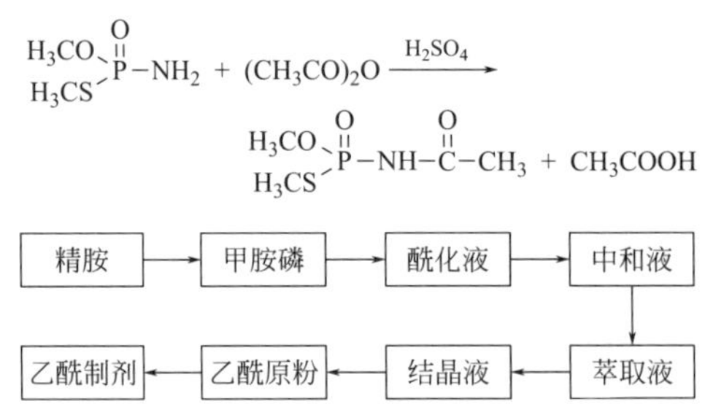

图 8-32　精胺-乙酰甲胺磷产业链

8.2.11　嘧啶氧磷

8.2.11.1　嘧啶氧磷的产业概况

嘧啶氧磷（pirimioxyphos）是我国自己创制成功的有机磷杀虫剂品种。1973 年由沈阳化工研究院与苏州化工厂进行了试制，取得了较好的效果，并于 1974 年研制了嘧啶氧磷，并对其杀虫活性谱、生产工艺等进行了优化，1975～1976 年间进一步确定了嘧啶氧磷的药效。从 1976 年 6 月开始，沈阳化工研究院经过一年多的努力，于 1977 年完成了全部的工艺技术研究。与此同时，江西农药厂自 1972 年开始对氰胺路线合成嘧啶氧磷的工艺进行研究，1999 年完成了小试，1981～1982 年又进行了工艺及废水处理中试，并用中小试产品在国内进行药效试验。嘧啶氧磷是中等毒性、高效、内吸杀虫剂，对害虫具有触杀、胃毒和内吸作用。适用于水稻、棉花、柑橘、甘蔗、茶等作物。可用于防治水稻二化螟、三化螟、稻纵卷叶螟、稻瘿蚊、飞虱、叶蝉、棉蚜、红蜘蛛、地下害虫、桃小食心虫及其他果树害虫，其中对稻瘿蚊有特效。

8.2.11.2　嘧啶氧磷的工艺概况

嘧啶氧磷的合成工艺路线，往往可以分为三步完成，即 *O*-甲基异脲盐的合成、嘧啶环的合成以及嘧啶氧磷的合成三部分。其中，嘧啶环的工艺路线是产品合成的关键步骤。以下分别介绍[30]：

① *O*-甲基异脲盐的合成工艺路线　一般情况下，*O*-甲基异脲盐可以采用硫酸二甲酯与尿素反应得到，如图 8-33 所示。该步反应的反应速率较快，大致在 1h 内即可以得到 *O*-甲基异脲盐。反应为放热反应，反应会随着温度升高而加快，反应也比较完全。但当温度超过 100℃时，副反应也会增加，收率会显著下降。在反应过程中，控制反应温度是比较关键的步骤，如果控制不当，会发生冲料甚至是爆炸事故，因此，常常采用分批加入尿素的方法。该方法工艺简单，原料来源较为广泛，但收率较低。

除了上述方法以外，固体氰胺与浓盐酸及甲醇反应，或 50％的氰胺水溶液与盐酸及甲醇反应，或氰胺与硫酸及醇反应，均能制得 *O*-甲基异脲盐。这三个反应均要求低温投料，甲醇过量 8～10 倍，盐酸与氰胺为等物质的量的配比，也可令盐酸过量，反应收率可达 80％。当用固体氰胺时，收率可达 90％。在工业生产中，一般采用比较经济的盐酸，其后处理也相对容易些（如图 8-34 所示）。

$$(CH_3)_2SO_4 + (NH_2)_2CO \longrightarrow H_3CO(H_2N)C{=}NH \cdot HSO_4CH_3$$

图 8-33　硫酸二甲酯与尿素反应制备 *O*-甲基异脲盐

$$H_2NCN + CH_3OH + HCl \longrightarrow HN{=}C(OCH_3){-}NH_2 \cdot HCl$$

图 8-34　以固体氰胺为原料制备 *O*-甲基异脲盐

采用氰胺为原料制备 *O*-甲基异脲盐时，存在以下问题：氰胺的来源较为困难；反应过程中甲醇用量过大，回收甲醇能耗较高，成本会因此而增加；未反应完的氰胺若不慎带入下一步反应，会影响到下一步产品的质量；氰胺法虽然收率比硫酸二甲酯法高，但成本显著高于后者，因此限制了其工业上的发展等。一般情况下，尿素和硫酸二甲酯反应是比较常用的方法[54]。

② 嘧啶环的合成工艺路线　嘧啶环的合成工艺路线有两种，一般情况下，多采用上述 *O*-甲基异脲盐与乙酰乙酸乙酯反应或采用双乙烯酮与 O-甲基异脲盐反应。实际生产过程中，采用 *O*-甲基异脲与乙酰乙酸乙酯反应是比较理想的方法。将 *O*-甲基异脲盐与乙酰乙酸乙酯以等物质的量混合，放置 1～2d 后，再在 50℃条件下反应 4～5min，反应物全部固化后重结晶，即得到羟基嘧啶。该反应过程中，采用 *O*-甲基异脲得到的收率要比 *O*-甲基异脲盐的收率高得多，因此在实际反应过程中，往往采用加入碱的方式使得 *O*-甲基异脲先游离出来，再与乙酰乙酸乙酯反应。工艺路线如图 8-35 所示。

此外，采用 *O*-甲基异脲盐与双乙烯酮反应也可制备羟基嘧啶（图 8-36）。该方法中，先将上述得到的盐配制成 20％～40％的水溶液，在 5℃下滴加碱液将 *O*-甲基异脲游离出来，之后滴加 1.5 倍量的双乙烯酮，然后于 20℃左右反应 16h，即可以得到羟基嘧啶。

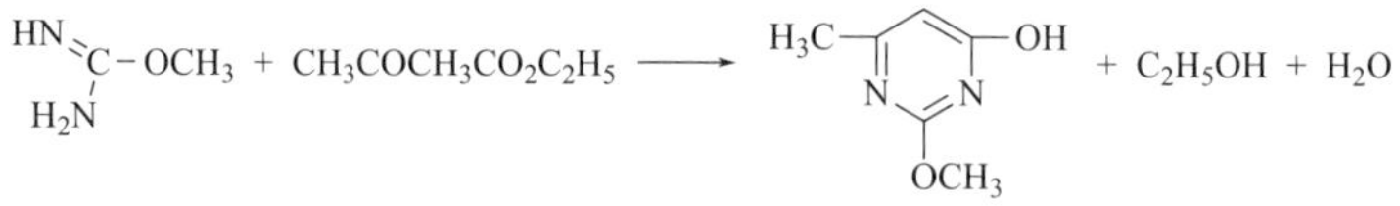

图 8-35 乙酰乙酸乙酯法制备嘧啶环

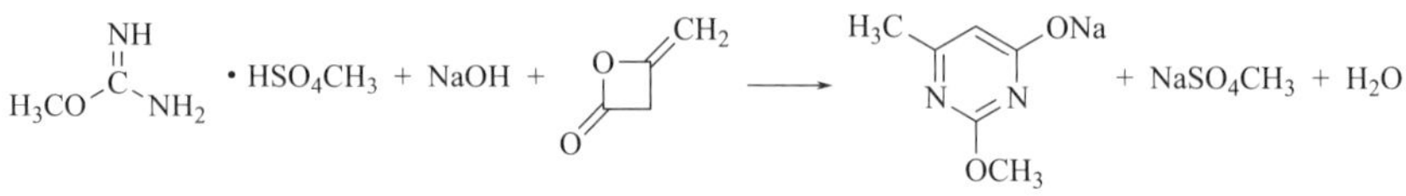

图 8-36 以双乙烯酮为原料制备嘧啶环

上述两个制备羟基嘧啶的方法中，双乙烯酮的价格要比乙酰乙酸乙酯便宜，加之在反应过程中没有其他的副产物（以乙酰乙酸乙酯为原料时会产生乙醇），后处理也较为容易，会大大降低成本。因此采用双乙烯酮为原料的方法，会大大提高竞争力。

③ 嘧啶氧磷合成　在得到上述中间体之后，嘧啶氧磷的合成就容易了。一般情况下，采用二乙氧基硫酮代磷酰氯在缚酸剂的作用下与羟基嘧啶进行缩合，即可以得到嘧啶氧磷。与其他有机磷杀虫剂的工艺路线相似，该过程中采用的溶剂可以是有机溶剂，也可以是水[31,32]。合成工艺路线如图 8-37 所示。

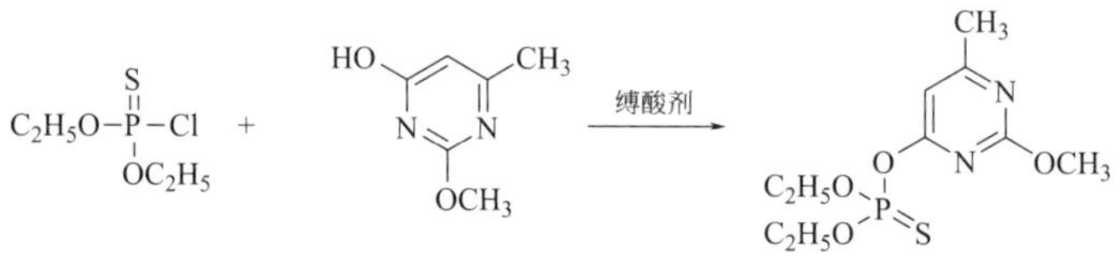

图 8-37 嘧啶氧磷的合成工艺路线

8.2.12 甲基嘧啶磷

8.2.12.1 甲基嘧啶磷的产业概况

甲基嘧啶磷（pirimiphos-methyl）是 1970 年英国卜内门公司开发的高效、低毒、杀虫广谱的嘧啶类有机磷杀虫剂，具有胃毒、触杀和熏蒸作用，有传导作用，广泛用于防治仓储、农作物、家庭和公共卫生害虫。特别是该品种对目前因常用有机磷产生抗性的害虫有良好的防治效果，同时在同类杀虫剂中，还具有药效持久、储存和使用性能好、鱼毒较低等优点。

关于甲基嘧啶磷的登记（表 8-22），目前尚有 10 余家企业，大部分产品均以卫生杀虫剂的形式进行登记。剂型涉及乳油、微乳剂、微囊悬浮剂、水乳剂等。浙江富农生物科技有限公司、湖南海利化工股份有限公司、山东华阳和乐农药有限公司以及一帆生物科技集团有限公司均有甲基嘧啶磷的原药登记，均能够生产其原药。

表 8-22 甲基嘧啶磷的登记情况

登记证号	登记名称	农药类别	剂型	总含量	生产企业
WP20120206	高氯·甲嘧磷	卫生杀虫剂	微乳剂	7%	山东中新科农生物科技有限公司
WL20150017	甲基嘧啶磷	卫生杀虫剂	微囊悬浮剂	30%	南通联农佳田作物科技有限公司
WL20160011	高氯·甲嘧磷	卫生杀虫剂	水乳剂	7%	江苏省南京荣诚化工有限公司

续表

登记证号	登记名称	农药类别	剂型	总含量	生产企业
WP20130159	杀虫泡腾片	卫生杀虫剂	泡腾片剂	8.5%	陕西先农生物科技有限公司
WP85-88	甲基嘧啶磷	卫生杀虫剂	乳油	500g/L	英国先正达有限公司
PD85-88	甲基嘧啶磷	杀虫剂	乳油	500g/L	英国先正达有限公司
PD20081470	甲基嘧啶磷	杀虫剂	原药	90%	浙江富农生物科技有限公司
PD20081556	甲基嘧啶磷	杀虫剂	原药	90%	湖南海利化工股份有限公司
PD20083441	甲基嘧啶磷	杀虫剂	原药	90%	山东华阳和乐农药有限公司
WP20090181	甲基嘧啶磷	卫生杀虫剂	水乳剂	20%	上海风语日化用品有限公司
PD20152466	甲基嘧啶磷	杀虫剂	乳油	55%	河北益海安格诺农化有限公司
PD20160156	溴氰·甲嘧磷	杀虫剂	粉剂	2%	湖南海利化工股份有限公司
PD20060197	甲基嘧啶磷	杀虫剂	原药	90%	一帆生物科技集团有限公司
WP20170036	甲基嘧啶磷	卫生杀虫剂	颗粒剂	1%	山东中新科农生物科技有限公司
PD20121032	甲基嘧啶磷	杀虫剂	乳油	55%	湖南海利化工股份有限公司

8.2.12.2　甲基嘧啶磷的工艺概况

甲基嘧啶磷的工艺路线国内外文献报道较多，关键步骤是其中间体的工艺路线，主要可归纳为：硝基胍法、硫脲法等[33-37]。以下分别介绍这几种方法：

硝基胍法即以硝酸胍为起始原料，在浓硫酸的作用下生成硝基胍，然后与乙酰乙酸乙酯闭环，再与二乙胺反应生成羟基嘧啶。工艺路线如图 8-38 所示。

图 8-38　硝基胍法制备羟基嘧啶

硫脲法用硫脲与硫酸二甲酯作用生成 *S*-甲基异硫脲硫酸盐，然后与二乙胺反应生成二乙胍硫酸盐，再与乙酰乙酸乙酯、柠檬酸或双乙烯酮反应成环而得羟基嘧啶。合成工艺路线如图 8-39 所示。该方法会用到大量的硫酸二甲酯，其毒性较大，反应过程中会生成大量的甲硫醇，而反应过程中乙二胺挥发度较大，会造成原料损失，因此收率较低。

图 8-39　硫脲法制备羟基嘧啶

S-甲硫基嘧啶法是在上述硫脲法制备得到 S-甲基异硫脲硫酸盐基础上进行的，先在碱存在下与乙酰乙酸乙酯环合生成 2-甲硫基-6-甲基羟基嘧啶，接着再以乙氧基乙醇为溶剂，加入二乙胺，在高压条件下反应制得羟基嘧啶。该反应过程中也会生成大量的甲硫醇，而且收率不高。工艺路线如图 8-40 所示。

$CH_3SC(=NH)NH_2 \cdot 1/2H_2SO_4 \xrightarrow{CH_3COCH_2CO_2C_2H_5}$ HO, CH_3, N, N, SCH_3

$\xrightarrow{NH(C_2H_5)_2}$ HO, CH_3, N, N, $N(C_2H_5)_2$ $+ CH_3SH$

图 8-40　S-甲硫基嘧啶法制备羟基嘧啶

氢化钙法是先将二乙胺加硝酸（或盐酸）中和生成二乙胺硝酸盐，而后与碳氮化钙（石灰氮）或单氰胺反应生成二乙胍硝酸盐（或盐酸盐）。然后与乙酰乙酸乙酯在碱存在下合环生成羟基嘧啶。该工艺反应条件温和，易于实现工业化，且收率也较高。工艺路线如图 8-41 所示。

$(C_2H_5)_2NH \xrightarrow[\text{或}HCl]{HNO_3} (C_2H_5)_2NH \cdot HNO_3 \xrightarrow[NH_2CN]{CaCN_2} (C_2H_5)_2NC(=NH)NH_2 \cdot HNO_3$

$\xrightarrow{CH_3COCH_2CO_2C_2H_5}$ HO, CH_3, N, N, $N(C_2H_5)_2$

图 8-41　氢化钙法制备羟基嘧啶

在得到上述关键中间体后，甲基嘧啶磷的缩合合成工艺路线较为统一，即可以用甲基氯化物与羟基嘧啶的钾盐或钠盐反应，或者用甲基氯化物与羟基嘧啶在缚酸剂（如碳酸钾或碳酸钠等）存在下，在适当的溶剂中反应而制得。这里可以参考毒死蜱的制备条件，此处不再赘述。甲基嘧啶磷的合成工艺路线如图 8-42 所示。

S, $Cl-P-OC_2H_5$, OC_2H_5 + HO, CH_3, N, N, $N(C_2H_5)_2$ ⟶ HO, HO, P, S, O, CH_3, N, N, $N(C_2H_5)_2$

图 8-42　甲基嘧啶磷的合成工艺路线

8.2.13　亚胺硫磷

8.2.13.1　亚胺硫磷的产业概况

亚胺硫磷（phosmet）又叫酞胺硫磷，化学名 O,O-二甲基-S-(酞酰亚氨基甲基)-二硫代磷酸酯。亚胺硫磷是 1955 年由德国公司最先合成的杀虫剂，1956 年，美国 Stauffer 化学公司也有报道，但未引起人们的注意。直到 1960 年以后，农业科学研究者陆续发现了该结构对棉铃虫、蚜虫、水稻螟虫、苜蓿象鼻虫、介壳虫等害虫具有优异的防治效果，这才引起人们的广泛关注。

当前，生产亚胺硫磷的厂家不多，仅湖北仙隆化工股份有限公司有该产品的生产资格，其登记原药的含量为 95%。其登记情况如表 8-23 所示。

表 8-23　亚胺硫磷的登记情况

登记证号	登记名称	剂型	总含量	生产企业
PD20094368	亚胺硫磷	原药	95%	湖北仙隆化工股份有限公司
PD20141163	亚胺・高氯	乳油	20%	湖北仙隆化工股份有限公司
PD84112-2	亚胺硫磷	乳油	20%	湖北仙隆化工股份有限公司

8.2.13.2　亚胺硫磷的工艺概况

亚胺硫磷可以采用邻苯二甲酸酐与氨水为起始原料进行制备。即以邻苯二甲酸酐与氨水反应，经过开环、闭环得到邻苯二甲酰亚胺，随后再与甲醛溶液在回流条件下进行羟甲基化，氯化得到 *N*-氯甲基邻苯二甲酰亚胺，最后再与二甲氧基二硫代磷酸钠反应，即可以得到亚胺硫磷。合成工艺路线如图 8-43 所示[38]。

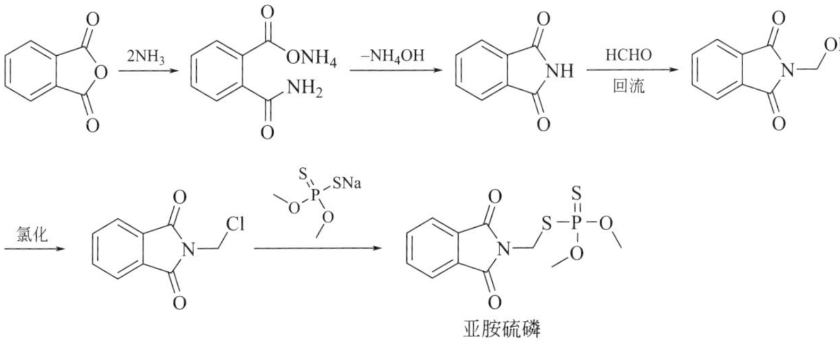

$2NH_3$　$-NH_4OH$　HCHO 回流　氯化　亚胺硫磷

图 8-43　亚胺硫磷的合成工艺路线

8.2.14　噻唑磷

8.2.14.1　噻唑磷的产业概况

噻唑磷（fosthiazate）由日本石原产业公司开发，并于 1983 年申请了欧洲专利（EP146748），实验代号 IKI1145，商品名 Nemathorin。1985 年 5 月 10 日在中国申请了保护制备方法的专利。噻唑磷是一种新颖、高效、有机磷类广谱性的杀虫杀螨剂，作用方式主要有胃毒、触杀等[39]。截至目前，噻唑磷制剂登记主要用于黄瓜、番茄、胡萝卜、茄子、萝卜、山药、马铃薯、大蒜、甘薯、西瓜、香蕉、烟草等众多经济作物上防治地下根结线虫[40]。噻唑磷在植物体内有内吸输导作用，对进入根内部的线虫的防治有重要意义，并对植物寄生线虫和害虫有广谱活性。噻唑磷的生物和理化性质非常适合土表施药，且噻唑磷的急性毒性比常规杀线虫剂低，所以噻唑磷成为了防治植物寄生线虫的理想药剂。噻唑磷是 2005 年在我国注册登记用于防治黄瓜与番茄上根结线虫的新药剂，我国对噻唑磷的研究多集中于田间防治试验[41]。

噻唑磷是防治线虫的重要药剂，近年来有大量企业对其进行了登记。含原药在内，共有 91 个相关产品获得登记。其中，有 13 个相关产品为临时登记，而有 9 个为原药登记，美国

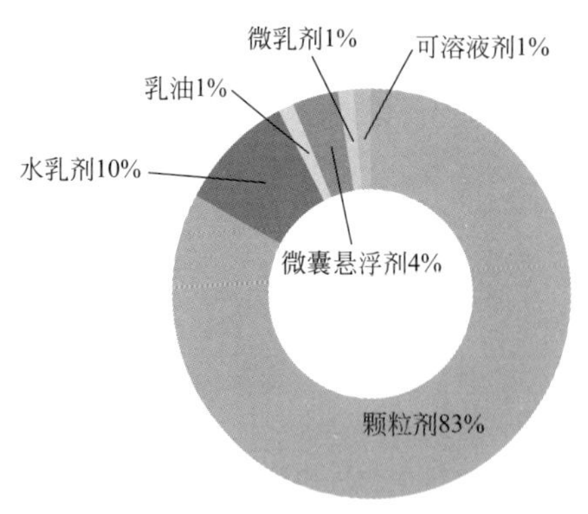

图 8-44 我国近年来噻唑磷的剂型分布情况

默赛技术公司、江苏嘉隆化工有限公司、山东省联合农药工业有限公司、河北省衡水北方农药化工有限公司、湖南国发精细化工科技有限公司、日本石原产业株式会社、河北威远生化农药有限公司、江苏莱科化学有限公司、河北三农农用化工有限公司等九家企业拥有原药登记证。

图 8-44 显示了我国近年来噻唑磷的剂型分布情况，可以看出，噻唑磷的剂型主要以颗粒剂为主，有 83% 的品种均为颗粒剂，水乳剂占有一定的比例，为 10%，其他的剂型如乳油、微乳剂、可溶液剂等仅各占 1%。

图 8-45 显示了噻唑磷在我国的登记变化情况，2005 年以前，基本没有相关产品获得登记。2006～2011 年之间，有少量企业登记了该产品。噻唑磷的登记高峰期于 2013 年以后，近几年来，人们对线虫病的防治越加重视。其中 2015 年登记数量就达到了 21 个。仅到 2017 年 6 月，登记数量就达到了 26 个，预计该产品在后期还会有大量的企业登记，难免在噻唑磷市场上造成一定的恶性竞争。

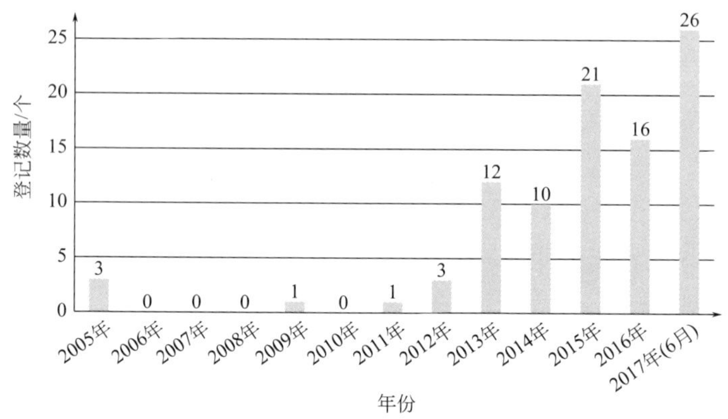

图 8-45 噻唑磷在我国的登记变化情况

8.2.14.2 噻唑磷的工艺概况

关于噻唑磷的工艺路线，目前国内用得较多的方法是将噻唑啉酮与硫代磷酰氯反应。其合成工艺路线如图 8-46 所述[42]。

图 8-46 噻唑磷的合成工艺路线

8.2.15 灭线磷

8.2.15.1 灭线磷的产业概况

灭线磷（ethoprophos）是一种非内吸性、无熏蒸作用的杀线虫剂和土壤杀虫剂

（图 8-47），对害虫具有触杀作用，可用于防治根结线虫、短体线虫、刺线虫、基线虫、剑线虫、毛刺线虫等多种线虫。适用的作物包括：烟草、花生、甜菜、大豆、柑橘、香蕉、菠萝、草莓、多种蔬菜及观赏植物等。对栖息于土壤中的一些鳞翅目、鞘翅目、双翅目害虫的幼虫亦有防治效果[43]。灭线磷对动物无致畸、致突变、致癌作用，但急性毒性较高。灭线磷由法国安万特作物科学公司于 1992 年开始在我国登记。近年来灭线磷用于防治稻瘿蚊效果好，现在我国登记的主要用来防治水稻稻瘿蚊；益农特主要用来防治水稻稻瘿蚊、二化螟、三化螟等[44]。

$$C_2H_5-O-\overset{\overset{\displaystyle O}{\|}}{P}\begin{matrix}\diagup SC_3H_7\\ \diagdown SC_3H_7\end{matrix}$$

图 8-47　灭线磷结构式

表 8-24 显示了我国现阶段灭线磷的登记情况。可以看出，当前仅江苏丰山集团股份有限公司、山东省淄博市周村穗丰农药化工有限公司、浙江富农生物科技有限公司以及河北国东化工科技有限公司具有生产灭线磷原药的资质。而当前登记的大部分产品的剂型均为颗粒剂，仅有山东省淄博市周村穗丰农药化工有限公司登记的产品为乳油剂型。

表 8-24　我国现阶段灭线磷的登记情况

登记证号	剂型	总含量/%	生产企业
PD20083211	颗粒剂	10	江苏丰山集团股份有限公司
PD20084535	颗粒剂	10	广东省佛山市盈辉作物科学有限公司
PD20084565	颗粒剂	5	江苏丰山集团股份有限公司
PD20084818	颗粒剂	10	山东省淄博市周村穗丰农药化工有限公司
PD20085046	颗粒剂	5	山东省济宁市通达化工厂
PD20085336	颗粒剂	5	山东省淄博市周村穗丰农药化工有限公司
PD20094190	颗粒剂	5	广东省佛山市盈辉作物科学有限公司
PD20094385	颗粒剂	10	江西威敌生物科技有限公司
PD20096471	颗粒剂	10	广东省英红华侨农药厂
PD20097449	颗粒剂	10	河北国东化工科技有限公司
PD20098410	颗粒剂	10	山都丽化工有限公司
PD20100813	颗粒剂	10	山东东信生物农药有限公司
PD20101019	颗粒剂	10	山东大农药业有限公司
PD20101396	颗粒剂	10	安徽嘉联生物科技有限公司
PD20084588	乳油	40	山东省淄博市周村穗丰农药化工有限公司
PD20081356	原药	95	江苏丰山集团股份有限公司
PD20083584	原药	95	山东省淄博市周村穗丰农药化工有限公司
PD20084512	原药	95	浙江富农生物科技有限公司
PD20096905	原药	95	河北国东化工科技有限公司

8.2.15.2　灭线磷的工艺概况

其工艺路线分为成盐（图 8-48）、烷基化（图 8-49）与氨解重排、酯化反应（图 8-50）三部分[45]。

$$(C_2H_5O)_2\overset{\overset{\displaystyle S}{\|}}{P}SH + NaOH \xrightarrow{H_2O} (C_2H_5O)_2\overset{\overset{\displaystyle S}{\|}}{P}SNa + H_2O$$

图 8-48　合成中间体硫磷酸钠

$$(C_2H_5O)_2\overset{\overset{\displaystyle S}{\|}}{P}SNa + CH_3CH_2CH_2Br \xrightarrow{催化剂} (C_2H_5O)_2\overset{\overset{\displaystyle S}{\|}}{P}SC_3H_7 + NaBr$$

图 8-49　烷基化合成中间体丙硫酯

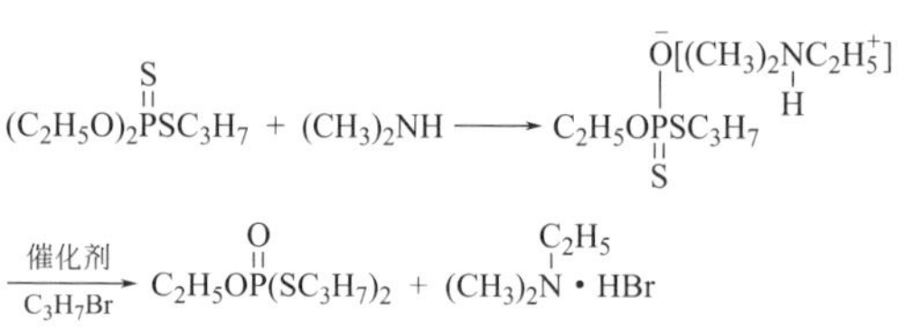

$$(C_2H_5O)_2\overset{S}{\overset{\|}{P}}SC_3H_7 + (CH_3)_2NH \longrightarrow C_2H_5O\underset{\underset{S}{\|}}{\overset{\bar{O}[(CH_3)_2\overset{H}{N}C_2H_5^+]}{\overset{|}{P}}}SC_3H_7$$

$$\xrightarrow[C_3H_7Br]{催化剂} C_2H_5O\overset{O}{\overset{\|}{P}}(SC_3H_7)_2 + (CH_3)_2\overset{C_2H_5}{\overset{|}{N}}\cdot HBr$$

图 8-50 氨解重排、酯化反应合成灭线磷

总的来说，有机磷类杀虫剂在我国农药工业发展史上具有十分重要的地位，1983～2000 年是我国机磷农药产业发展的黄金时代。尽管有机磷农药因为其毒性等各方面的原因，许多品种正在逐渐被淘汰，但有机磷农药在人类历史上以及在世界粮食安全方面，扮演了极其重要的角色。当前，有许多低毒品种还在被人们广泛使用，这类杀虫剂到 2018 年 5 月为止，由于其在活性、使用成本等方面的优势，还没有退出历史舞台，相信这类杀虫剂还将在农药工业舞台上占据一席之地。

8.3 氨基甲酸酯类杀虫剂

氨基甲酸酯类杀虫剂是继有机磷类杀虫剂之后兴起的，该类杀虫剂的发现，得益于毒扁豆碱的发现。很久前，人们曾发现在西非生长的一种蔓生豆科植物毒扁豆（*Physostigma venenosum*）种子——一种咖啡色的小豆中，存在有一种剧毒物质。17、18 世纪，尼日利亚爱菲克斯族人将这种剧毒物质命名为“eserine”。1864 年从该毒物中分离得到毒扁豆碱（physostigmine）。1925 年确定了毒扁豆碱的化学结构（图 8-51）；1935 年完成了毒扁豆碱的人工合成。毒扁豆碱是首次发现的天然存在的氨基甲酸酯类化合物。1931 年杜邦（Du Pond）公司研究了具有杀虫活性的二硫代氨基甲酸衍生物，发现双（四乙基硫代氨基甲酰）二硫物对蚜虫和螨类具有触杀活性，福美双具有拒食活性，代森钠具有杀螨活性（图 8-51）。这是研究氨基甲酸酯类化合物杀虫活性的开始。但上述化合物最终未能成为杀虫剂，而由于它们卓越的杀菌活性，很快就作为杀菌剂进入了农药市场[46]。

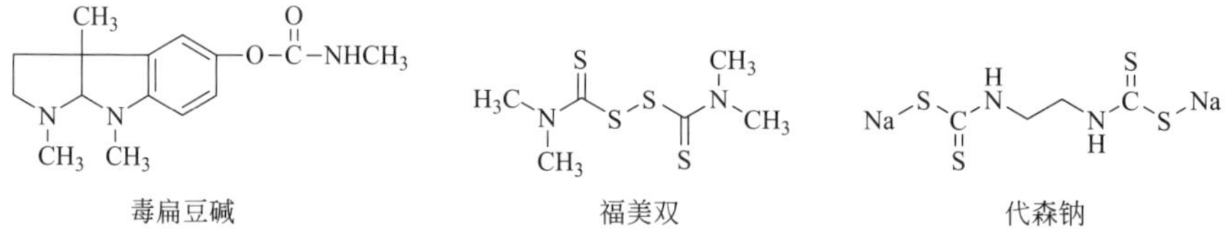

毒扁豆碱　　福美双　　代森钠

图 8-51 氨基甲酸酯类农药的结构

20 世纪 40 年代中后期，第一个真正的氨基甲酸酯类杀虫剂地麦威在瑞士的嘉基（Geigy）公司合成，并于 1951 年进行商业登记。1953 年美国联碳公司合成了著名的此类杀虫剂甲萘威，并于 1957 年投产。由于该药有广谱、低毒、廉价、合成简单等特点，很快成为万吨级商品，成为市场上产量最大的农药品种之一，并有力地推动了氨基甲酸酯类杀虫剂的开发。Union Carbide 公司的化学家们又将肟基引入，从而使得具有触杀和内吸活性的高效杀虫、杀螨和杀线虫剂出现。在短短的几年中相继开发了涕灭威、灭多威、速灭威、异丙威、克百威、仲丁威、丁硫克百威等一大批氨基甲酸酯类杀虫剂（图 8-52），氨基甲酸酯类杀虫剂成为当时杀虫剂领域中最重要的品类之一。氨基甲酸酯类杀虫剂作用迅速，选择性高，有些品种还具有强内吸性以及没有残留毒性等优点，到 20 世纪 70 年代已发展成为杀虫剂中的一个重要品类；但某些品种的高毒性也制约了其使用范围。到 20 世纪 90 年代中期，该类杀虫剂才被拟除虫菊酯类杀虫剂所取代。

氨基甲酸酯类杀虫剂的作用机理与有机磷类杀虫剂相同，亦为胆碱酯酶抑制剂。2014 年，氨基甲酸酯类杀虫剂市场销售额为 12.41 亿美元，占杀虫剂市场的 6.7%，占全球农药

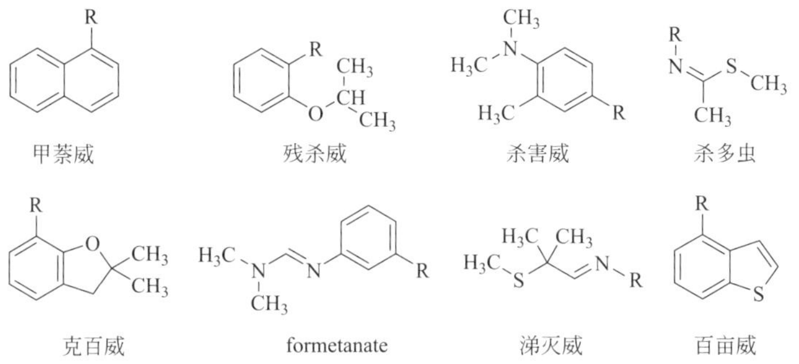

甲萘威　残杀威　杀害威　杀多虫

克百威　formetanate　涕灭威　百亩威

图 8-52　氨基甲酸酯类杀虫剂的结构（R= —$OCONHCH_3$）

市场份额的 2.0%，在杀虫剂类别中排名第六。目前用于农业的氨基甲酸酯类杀虫剂有 17 个，其中 2014 年销售额在 1 亿美元以上的品种有 4 个，依次为灭多威、克百威、茚虫威和丁硫克百威，具体如表 8-25 所示。

表 8-25　2014 年灭多威、克百威、茚虫威和丁硫克百威的销售情况

主要品种	2014 年全球销售额/亿美元	上市时间/年	公司
灭多威	3.25	1966	杜邦、安道麦、Sinon
克百威	2.25	1967	富美实、安道麦、Rallis
茚虫威	1.85	2001	杜邦
丁硫克百威	1.15	1979	富美实、拜耳、安道麦

至今，由于各类高效、低毒、低残留的新杀虫剂不断涌现，使氨基甲酸酯类杀虫剂市场不断减缩。同时，氨基甲酸酯类杀虫剂由于某些品种毒性较高（如克百威、灭多威），致使此类杀虫剂市场不断萎缩，并逐渐被拟除虫菊酯类、烟碱类等杀虫剂所取代，逐渐退出了三大类杀虫剂的地位。

从氨基甲酸酯的结构特征中可以看出，由于该类结构的特殊性以及其结构比较简单，几乎所有的氨基甲酸酯类化合物都是通过三种途径获得的，即异氰酸酯法、氯甲酸酯法以及氨基甲酰氯法[47]。

异氰酸酯法（如图 8-53 所示）中，ArOH 一般指的是各种取代酚、脂肪醇、杂环醇以及含肟的结构。该法是生产氨基甲酸酯类杀虫剂的最主要方法，在国外被广泛采用，具有操作方便、产品优质、收率高、“三废”少等优点。早期的工艺大多在室温下进行，但反应时间往往比较长，有时会长达数日。但经过人们的努力，这种方法得到了较大的改进，目前一般在几个小时以内即可以完成，有的反应几分钟便可以完成，而反应时间的长短往往与 ROH 的类型有较大关系。尽管如此，这类反应一般都拥有以下几点大致相同的反应条件：①由于异氰酸酯极不稳定，反应需在惰性溶剂中进行；②需要加入适当的催化剂；③异氰酸甲酯过量；④反应温度一般保持在 40～80℃之间，但温度也不宜过高，因为异氰酸甲酯易于挥发。该方法在合成的收率及产物质量方面已经无多大潜力可以挖掘。

氯甲酸酯法包括两个工序，即先制成氯代甲酸酯，再以甲胺氨解。与异氰酸酯法相比，总收率稍有下降，但仍不失为以酚作原料制造的氨基甲酸酯类化合物的上乘方法之一。该方法中，两步反应均需要加入适当的缚酸剂。该反应过程对反应温度的要求比较高，第一步反应一般在 10℃左右进行，温度过低反应速率会比较慢，如果温度过高，一些中间体不稳定，光气也会有所损失。第二步反应在较低温度下可以很快进行，当温度超过 50℃时会导致甲胺的损失。该反应中，为了避免二甲脲的生成，一般情况下光气都要过量。在两步法的基础上，也可以采用一步法对该工艺进行改进，一般是以光气、甲胺和酚类一步直接合成，只需将光气和甲胺分别投入到酚中即可，一步法不足之处在于收率在80%以下。合成工艺路线如图8-54所示。

$$\mathrm{ArOH + CH_3N{=}C{=}O \longrightarrow CH_3NH\overset{O}{\overset{\|}{C}}OAr}$$

图 8-53 异氰酸酯法

$$\mathrm{ArONa + COCl_2 \xrightarrow{10℃} ArO\overset{O}{\overset{\|}{C}}Cl \xrightarrow[15\sim35℃]{CH_3NH_2} ArO\overset{O}{\overset{\|}{C}}NHCH_3}$$

图 8-54 氯甲酸酯法

氨基甲酰氯法将乙腈先在高温条件下与光气反应，生成 N-烷基化合物，然后再与羟基化合物发生反应，生成氨基甲酸酯类化合物。该方法在氨基甲酸酯类杀虫剂的制备中具有重要的价值。合成工艺路线如图8-55所示。

$$\mathrm{CH_3CN + COCl_2 \xrightarrow{240\sim400℃} CH_3NH\overset{O}{\overset{\|}{C}}Cl \xrightarrow{ArOH} ArO\overset{O}{\overset{\|}{C}}NHCH_3}$$

图 8-55 氨基甲酰氯法

以下对部分氨基甲酸酯类杀虫剂产业情况及工艺进行简要介绍。

8.3.1 克百威

克百威（carbofuran）别名呋喃丹，是市场上受欢迎的农药品种之一，是内吸杀虫剂、杀螨剂和杀线虫剂，具有高效、低毒、土壤中半衰期短和作用时间长等优点[48]。1963年由美国创制，1967年推广。克百威是内吸剂，兼有触杀作用，能被植物根、茎、叶吸收，并在体内传导。多施于土壤防治害虫，杀虫谱广，对稻、棉、玉米、高粱、甜菜、甘蔗、烟草、大豆、花生等作物以及林木、花卉上的多种害虫和线虫有效，但对稻纵卷叶螟效果差。可广泛用于水稻、棉花、大豆、玉米、高粱及果树等作物防治害虫，同时可促进作物的生长发育，缩短作物的生长周期，有效提高作物的产量。克百威经口毒性大，皮肤接触毒性小，对人的致毒作用在于它抑制胆碱酯酶，硫酸阿托品可作为解毒剂。使用时的安全间隔期一般为21d。对鱼和其他水生动物有剧毒。随着人们环保意识的增强，许多对环境造成巨大破坏的农药被禁止使用[49]。

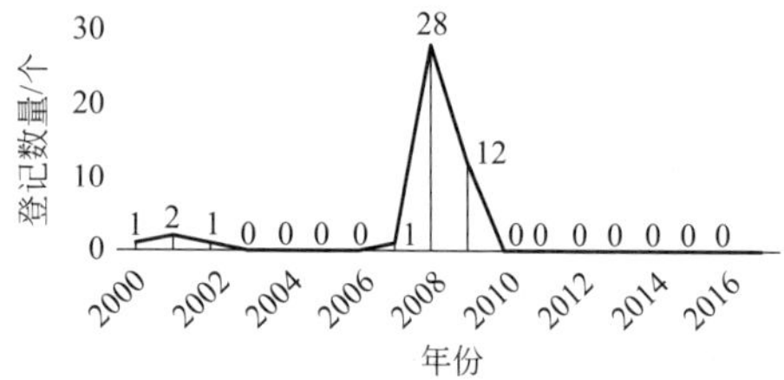

图 8-56 克百威单剂的登记趋势

8.3.1.1 克百威的产业概况

图8-56显示了国内克百威单剂（呋喃丹）的登记情况。从2000年第一个克百威单剂在我国登记以来，之后也陆续有登记。其中，2001年登记数量为2个，2002年登记数量为1个，而在2003～2006年间没有克百威的登记，2007年有1个登记，而2008年成了克百威登记的顶峰期，仅仅克百威单剂的登记数量就达到了28个，到2009年登记数量下降为12个，单剂登记的总数为45个。随着国家对高毒农药的限制或禁用，从2010年以后就没有了克百威，单剂登记。

8.3.1.2 克百威的工艺概况

克百威的合成[49]，关键步骤是中间体呋喃酚的合成。对该中间体，有多种合成途径。

（1）以邻二苯酚为原料　以邻二苯酚为原料合成呋喃酚，有以下三种途径。

① 醚化—酯化—重排—环化途径　邻苯二酚与甲基烯丙基氯先经醚化反应得到异丁烯基苯酚醚，将异丁烯基苯酚醚与乙酐在回流状态下进行酯化反应（保护羟基），得到的酯经重排反应、环化反应，最后脱保护得到呋喃酚（图8-57）。

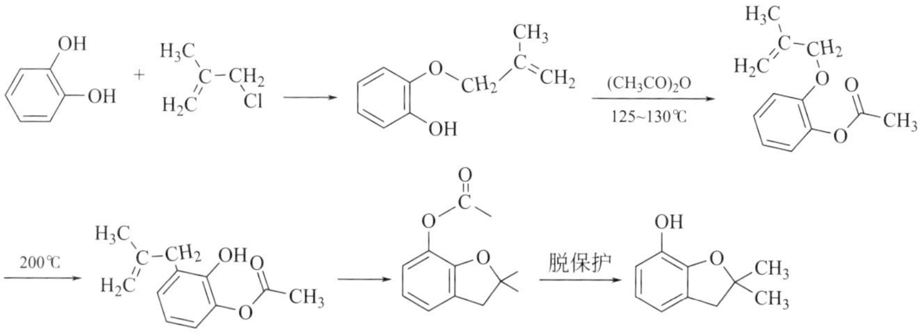

图 8-57　醚化—酯化—重排—环化途径制备呋喃酚

② 缩合环化—重排途径　邻苯二酚与异丁醛在浓硫酸催化作用下，经缩合环化反应得到 2-异丁基-1,3-苯并二噁茂，产物再经重排后可直接得到呋喃酚（图 8-58）。

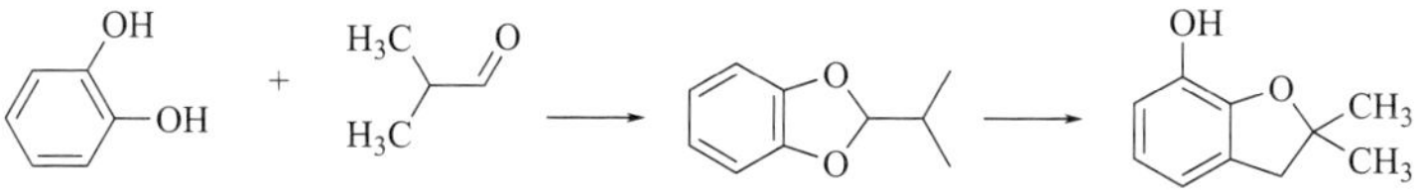

图 8-58　缩合环化—重排途径制备呋喃酚

③ 醚化—重排—环化途径　邻苯二酚与甲基烯丙基氯先进行醚化反应，得到的异丁烯基苯酚醚在催化剂作用下经 Claisen 重排得到取代双酚中间体，再经环合反应制得呋喃酚（图 8-59）。

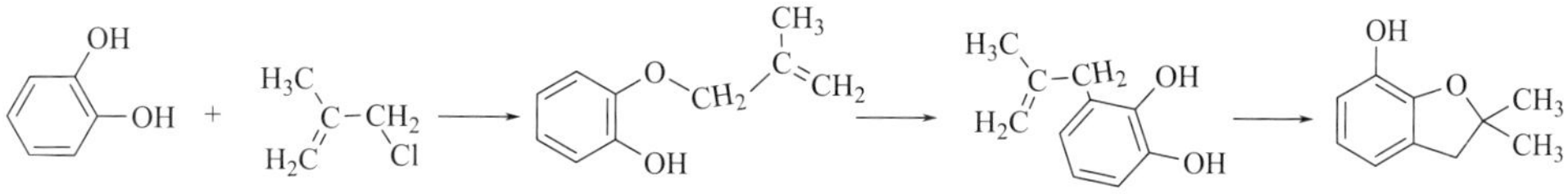

图 8-59　醚化—重排—环化途径制备呋喃酚

（2）邻氯苯酚法　以邻氯苯酚（苯酚经氯化制取）为原料，在碱和加热条件下，与甲基烯丙基氯进行醚化反应，生成邻氯化苯甲代丙烯基醚；然后在助剂和催化剂作用下，加温加压搅拌（重排、环化、水解）一段时间，再经提纯步骤可得到呋喃酚，如图 8-60 所示。

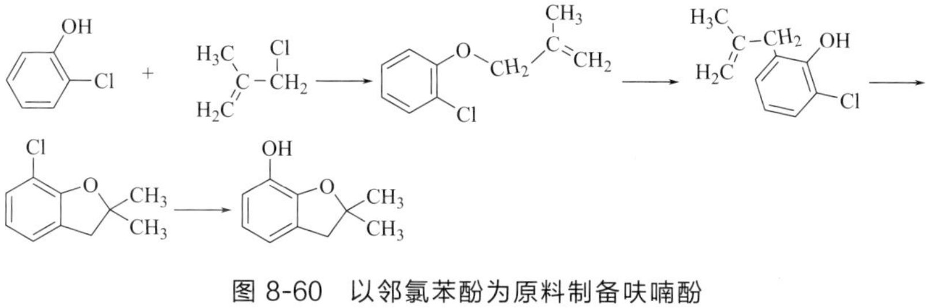

图 8-60　以邻氯苯酚为原料制备呋喃酚

（3）环己酮法　环己酮经亚硒酸氧化可以生成 1,2-环己二酮，在碱和其他催化剂作用下与甲基烯丙基氯进行醚化反应，生成的 2-β-甲基烯丙基氧代-2-环己烯-1-酮在催化剂作用下，升温环化、重排反应一段时间，可得到一定产量的呋喃酚，如图 8-61 所示。

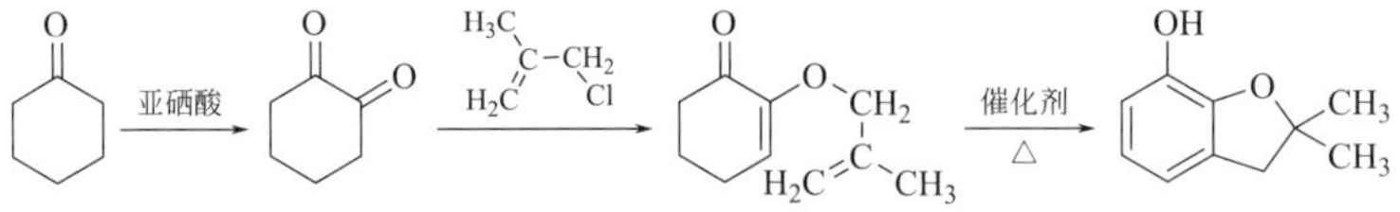

亚硒酸
催化剂
△

图 8-61 环己酮法制备呋喃酚

（4）邻硝基苯酚法 邻硝基苯酚溶于氢氧化钠后，加入甲基烯丙基氯反应生成醚，在无水氯化镁催化下加热重排得到 2,3-二氢-2,2-二甲基-7 硝基苯并呋喃，然后催化还原，再在 $NaNO_2/H_2SO_4$ 作用下，进行重氮化反应，最后经水解反应即可制得呋喃酚，如图 8-62 所示。

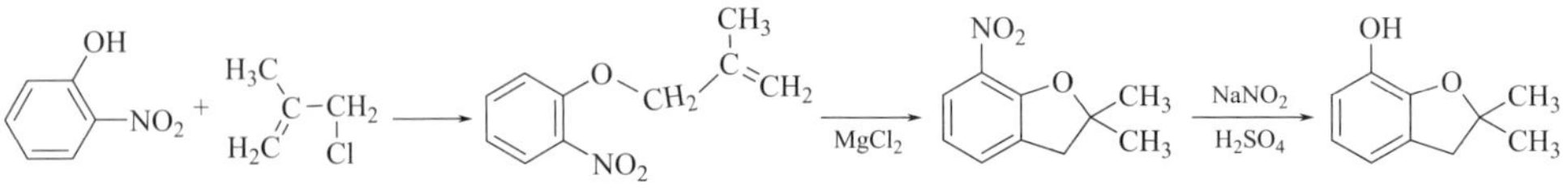

MgCl2
NaNO2
H2SO4

图 8-62 邻硝基苯酚法制备呋喃酚

在上述工艺条件下得到中间体呋喃酚后，再采用异氰酸甲酯法［将醇与甲基异氰酸酯反应即可得到相应的氨基甲酸酯类杀虫剂，在呋喃丹的制备中，将上述方法制备得到的呋喃酚在催化剂存在下，与氨基甲酸酯反应，即可得到克百威（呋喃丹），如图 8-63 所示］、氯代甲酸酯法（呋喃酚先与光气在催化剂存在下进行反应生成氯甲酸呋喃酚酯，而后再与甲胺反应，进行胺解得到，如图 8-64 所示）或甲氨基甲酰氯法（甲氨基甲酰氯法与上述氯代甲酸酯法的反应顺序相反，该方法是先将光气与甲胺反应，得到甲氨基甲酰氯后，再与呋喃酚反应，生成呋喃丹，如图 8-65 所示）即可获得呋喃丹。

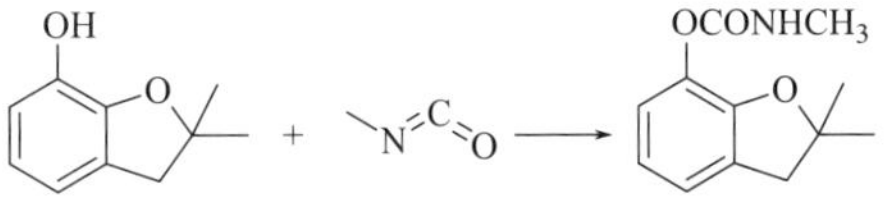

图 8-63 异氰酸甲酯法合成克百威

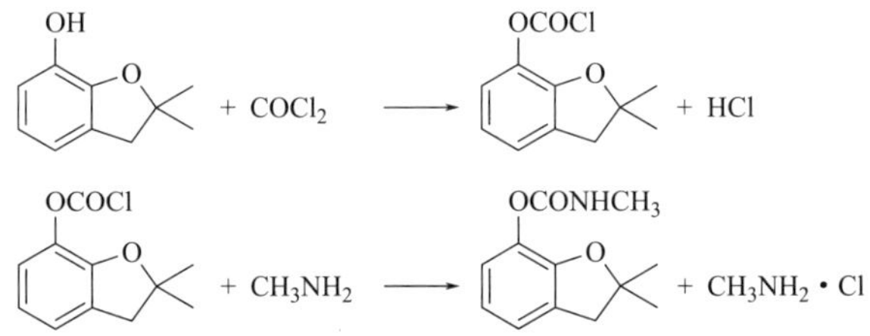

图 8-64 氯代甲酸酯法合成克百威

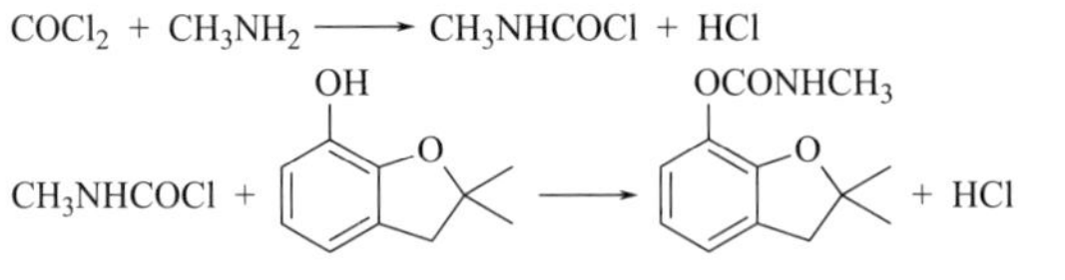

COCl2 + CH3NH2 ⟶ CH3NHCOCl + HCl
CH3NHCOCl +
+ HCl

图 8-65 甲氨基甲酰氯法合成克百威

上述三种获得克百威的方法，各有不同的优缺点，各种方法的比较如表 8-26 所示。对以上三种方法进行综合分析，从原料易得、工艺简单、成本低、易于工业化、投资小、操作安全方便等方面考虑，确定采用甲氨基甲酰氯法合成克百威。

8.3.2 丙硫克百威

8.3.2.1 丙硫克百威的产业概况

丙硫克百威（benfuracarb）是通过在克百威分子中引入硫原子而形成的亚磺酰基衍生

表 8-26　三种方法制备克百威（呋喃丹）的比较[50]

方法	优点	缺点
异氰酸甲酯法	产品收率高，质量好，生产周期短，无污水，可连续化生产	一次性投资大，设备要求高，毒性大，产品颜色稍差
氯代甲酸酯法	产品含量高，颜色白，一次性投资较小	产品收率低，生产周期长，污水量大，操作安全性要求高
甲氨基甲酰氯法	产品收率高，质量好，颜色白，一次性投资小，设备及材料易得，操作安全方便	污水量稍大

物，是克百威的低毒化产品之一。它既保持了克百威优良的杀虫活性，又降低了对哺乳动物的毒性，是日本大冢化学株式会社（Otsuka Chemicals Co. Ltd.）开发的一种新型高效、广谱性、内吸性杀虫剂。用于防治水稻、棉花、玉米、果树、甜菜等作物的害虫。丙硫克百威农药由于对鱼类的毒性较高，且在环境中容易降解成一些活性有毒物，因而对丙硫克百威的生物活性及其环境毒理研究受到广泛关注。

丙硫克百威登记情况如表 8-27 所示，目前，在我国登记原药的企业主要有日本欧爱特农业科技株式会社以及湖南海利化工股份有限公司两家。目前我国已经不再生产丙硫克百威相关制剂产品，丙硫克百威因其毒性已经在我国停用。

表 8-27　我国丙硫克百威的登记情况

登记证号	剂型	总含量/%	生产企业
LS20040031	原药	—	浙江禾田化工有限公司
PD20098161	原药	94	日本欧爱特农业科技株式会社
PD20111225	原药	94	湖南海利化工股份有限公司
LS20140271	种子处理剂	50	北农（海利）涿州种衣剂有限公司

8.3.2.2　丙硫克百威的工艺概况

对于丙硫克百威的工艺，有两条途径可以达到[51]。

① N-异丙基-β-丙氨酸乙酯与一氯化硫反应得到双硫键链接的产物，随后再与磺酰氯反应，生成的产物与呋喃丹衍生物反应即可以得到丙硫克百威[52,53]。合成工艺路线如图 8-66 所示。

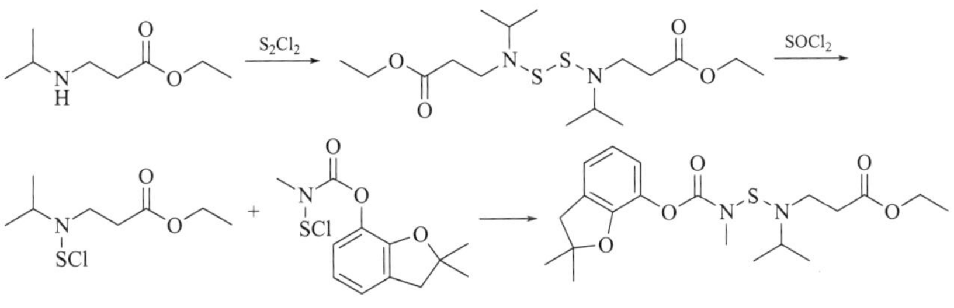

图 8-66　以 N-异丙基-β-丙氨酸乙酯为原料合成丙硫克百威

② 从克百威（呋喃丹）结构出发，先将克百威与二氯化硫反应，得到的克百威衍生物再与 N-异丙基-β-丙氨酸乙酯反应，即可以得到丙硫克百威，如图 8-67 所示[54,55]。

图 8-67 以克百威（呋喃丹）为原料合成丙硫克百威

8.3.3 丁硫克百威

8.3.3.1 丁硫克百威的产业概况

丁硫克百威（carbosulfan）和丙硫克百威一样是克百威（呋喃丹）的低毒化品种，是美国 FMC 公司开发的克百威的低毒化衍生物，即二正丁氨基硫代衍生物，其毒性只有克百威的二十分之一，对昆虫的作用机制基本与克百威相同。

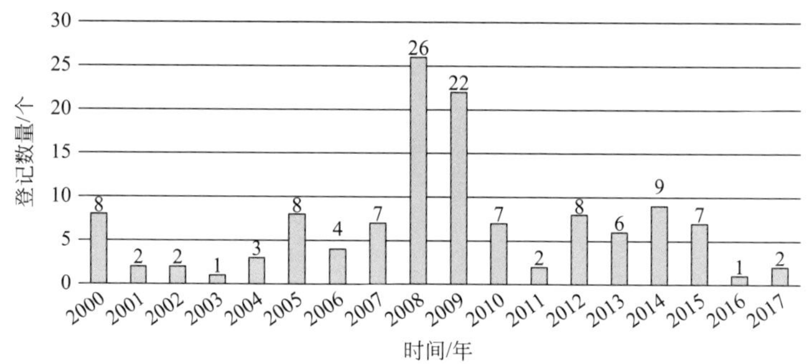

图 8-68 2000 年以来丁硫克百威单剂的登记情况

从图 8-68 可以看出丁硫克百威单剂的登记情况和克百威一样，2000 年开始就有丁硫克百威单剂在我国登记，但是与克百威相比，丁硫克百威似乎更容易被市场所接受。从 2000 年至今每年都有丁硫克百威单剂的登记。其中，登记的顶峰期和克百威一样都为 2008～2009 年。迄今为止，丁硫克百威单剂登记的总数为 125 个，是克百威的 2.8 倍。

8.3.3.2 丁硫克百威的工艺概况

丁硫克百威的合成，当前主要有两种方法，如图 8-69 和图 8-70 所示[56,57]，两种方法的共同点是从二正丁胺出发合成中间体二正丁氨基氯化硫。方法 1：以二氯化硫为原料合成二正丁氨基氯化硫，收率较低。也可首先合成甲氨基甲酰氟，原料为异氰酸甲酯和氟化氢，最后一步合成丁硫克百威，副产物氟化氢。

图 8-69 丁硫克百威的工艺路线（方法 1）

$$CH_3NCO + HF \longrightarrow CH_3NHCOF$$

$$(CH_3CH_2CH_2CH_2)_2NH + S_2Cl_2 \longrightarrow [(CH_3CH_2CH_2CH_2)NS]_2 \xrightarrow{SO_2Cl_2} (CH_3CH_2CH_2CH_2)_2NSCl$$

$$CH_3NHCOF + (CH_3CH_2CH_2CH_2)_2NSCl \longrightarrow (CH_3CH_2CH_2CH_2)_2NSN(CH_3)COF$$

$$\text{(2,2-二甲基-2,3-二氢苯并呋喃-7-醇)} + (CH_3CH_2CH_2CH_2)_2NSN(CH_3)COF \longrightarrow \text{丁硫克百威}$$

图 8-70　丁硫克百威的工艺路线（方法 2）

8.3.4　残杀威

8.3.4.1　残杀威的产业概况

残杀威（propoxur）是速效、长残效氨基甲酸酯类非内吸性杀虫剂，具有触杀、胃毒和熏蒸作用，击倒快，速度接近敌敌畏，持效期长。能杀体外寄生虫、家庭卫生害虫（蚊、蝇、蟑螂等）和仓储害虫。主要用于防治水稻螟虫、稻叶蝉、稻飞虱、棉蚜、果树介壳虫、锈壁虱、杂粮害虫和卫生害虫。残杀威为中等毒杀虫剂，对血红细胞胆碱酯酶活性有抑制作用，可引起恶心、呕吐、视力模糊、出汗、脉搏加快、血压升高，还可引起接触性皮炎。

我国残杀威一共有 92 个相关的产品进行登记，其中原药生产的厂家主要有安徽广信农化股份有限公司、湖南海利化工股份有限公司、江苏常隆农化有限公司、江苏功成生物科技有限公司，含量均为 97%。此外，除江苏生久农化有限公司登记的 8%残杀威可湿性粉剂用于防治桑蚕树上的桑象虫以外，其余产品均为非农用，主要用于卫生杀虫。

由表 8-28 可知，共有 30 多个公司进行了卫生杀虫剂残杀威的登记，而绝大多数都是饵剂，其有效含量主要在 1%～2%之间。

表 8-28　残杀威单剂的登记情况

登记证号	登记名称	剂型	总含量/%	生产企业
WP20130238	残杀威	毒饵	1	福建省厦门市胜伟达工贸有限公司
WP20080218	杀蟑饵剂	毒饵	1	广西柳州华力家庭品业股份有限公司
WP20080260	杀蟑饵剂	饵剂	0.50	广西桂林市柏松卫生品有限责任公司
WP20080307	杀蟑饵剂	毒饵	2	辽宁省大连金猫鼠药有限公司
WP20080374	杀蟑饵剂	饵剂	1	江苏省无锡洛社卫生材料厂
WP20080371	残杀威	乳油	20	湖南海利化工股份有限公司
WP20080447	杀蟑饵剂	饵剂	1.50	辽宁津田科技有限公司
WP20080471	杀蟑饵剂	饵剂	1.50	辽宁省开原市光明杀虫药剂厂
WP20080460	杀蟑饵膏	膏剂	2	北京市隆华新业卫生杀虫剂有限公司
WP20080456	杀蟑饵剂	毒饵	1	辽宁省沈阳东大迪克化工药业有限公司
WP20080466	杀蟑饵剂	饵剂	1.50	辽宁省开原市卫生杀虫药剂厂
WP20080507	杀虫粉剂	粉剂	1	河南省许昌晶威化工有限公司
WP20090086	杀蟑饵剂	饵剂	1.50	辽宁省丹东市益民卫生药厂
WP20090089	杀蟑饵粒	饵剂	1	辽宁省沈阳爱威科技发展股份有限公司
WP20090152	杀蟑饵粒	饵剂	1.50	辽宁省沈阳市双兴卫生消杀药剂厂

续表

登记证号	登记名称	剂型	总含量/%	生产企业
WP20090207	残杀威	乳油	20	开封市普朗克生物化学有限公司
WP20090309	残杀威	乳油	20	江苏功成生物科技有限公司
WP20140209	杀蟑饵剂	饵剂	1.50	湖北武汉宝世卫生药械有限责任公司
WP20100076	杀蟑笔剂	笔剂	2	辽宁省大连金猫鼠药有限公司
WP20100071	杀虫饵粒	饵粒	1.50	广西玉林祥和源化工药业有限公司
WP20150134	残杀威	饵剂	1.50	江苏省南京荣诚化工有限公司
WP20100133	杀蟑胶饵	胶饵	2	浙江省诸暨市白蚁防制技术开发服务研究所
WP20150216	杀蟑烟片	烟剂	2.50	安阳全丰生物科技有限公司
WP20110075	杀蟑饵粒	饵粒	1	洛阳派仕克农业科技有限公司
WP20160071	杀蝇饵粒	饵粒	1	广西玉林市百能达日用粘胶制品厂
WP20170005	杀蝇饵剂	饵剂	1.50	广西桂林市柏松卫生品有限责任公司
WP20170108	杀蟑饵剂	饵剂	1	柳州市白云生物科技有限公司
WP20070025	杀蟑饵剂	饵剂	2	开平市达豪日化科技有限公司
WP20130133	杀虫粉剂	粉剂	0.30	广西省柳州市万友家庭卫生害虫防治所
WP20180138	杀虫饵粒	饵粒	1.50	广西玉林市百能达日用粘胶制品厂
WP20130193	残杀威	微乳剂	10	江门市大光明农化新会有限公司

8.3.4.2 残杀威的工艺概况

据文献报道，残杀威的合成工艺路线有三条：氯代甲酸酯法、甲胺甲酰氯法、甲基异氰酸酯法[58,59]。其中甲基异氰酸酯法（图 8-71）以原料易得、工艺流程简单、收率高、“三废”少、产品质量好而被国内外普遍采用[60,61]。具体操作为：以邻苯二酚为起始原料，在相转移催化剂和碱性条件（K_2CO_3）下，回流生成邻异丙基酚后，将其溶解在无水的 1,4-二氧六环中，然后滴加甲基异氰酸酯和三乙胺，反应混合液逐渐升温，冷却，析出结晶，加石油醚后，结晶完全析出，收集结晶生成物，即为残杀威。副产物尿素用石油醚和水洗涤，除去溶剂，减压、50℃下干燥，从苯中重结晶，回收残杀威。

OH
OH
Br
BTC, K_2CO_3
回流
OH
O
CH_3NCO
催化剂
H
O N
O
O
残杀威

图 8-71 残杀威的合成工艺路线

8.3.5 茚虫威

8.3.5.1 茚虫威的产业概况

茚虫威（indoxacarb）是美国杜邦公司于 1992 年开发，并于 2001 年登记上市的氨基甲酸酯类杀虫剂。其通用名为 indoxacarb，商品名有 Ammate、安打，化学名称为 7-氯-2,3,4*a*,5-四氢-2-[甲氧基羰(4-三氟甲氧基苯基)氨基甲酰基］茚并［1,2-*e*］［1,3,4］噁二嗪-4*a*-羧酸甲酯。和传统的氨基甲酸酯杀虫剂不同，茚虫威为钠通道抑制剂，而并非胆碱酯酶抑制剂，故无交互抗性。茚虫威主要通过阻断害虫神经细胞中的钠通道，使靶标害虫的协调受损，出现麻痹，最终致死。同时，害虫经皮或经口摄入药物后，很快出现厌食，从而极好地保护了作物[62]。

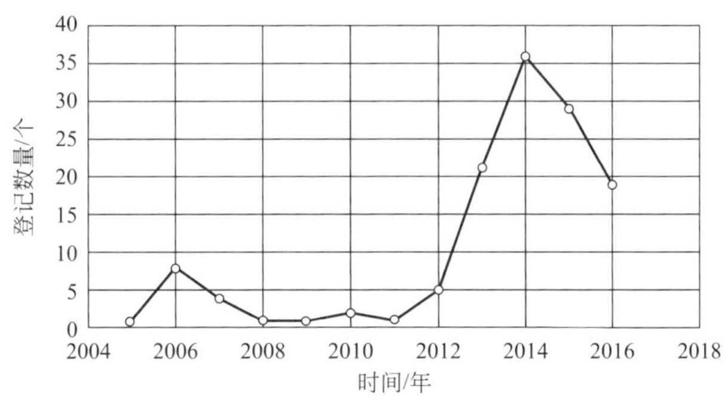

图 8-72　茚虫威单剂的登记变化

图 8-72 为茚虫威单剂的登记情况，可以看出，自 2005 年起，茚虫威单剂在国内就有了登记。2006 年登记数量有了明显的增加，而从 2006～2012 年登记数量呈逐渐减少的趋势，但是从 2012～2014 年茚虫威单剂的登记数量出现了急剧增加的趋势，而到 2016 年登记数量又呈现出下降的趋势。

8.3.5.2　茚虫威的工艺概况

（1）中间体氯羰基[4-(三氟甲氧基)苯基]氨基甲酸甲酯的合成工艺路线[63]　以对三氟甲基苯胺为原料，与氯甲酸甲酯反应，生成[4-(三氟甲氧基)苯基]甲酰胺甲酯，最后再经过氯酰化即得到产品（图 8-73）。

图 8-73　氯羰基［4-(三氟甲氧基)苯基］氨基甲酸甲酯的合成工艺路线

（2）中间体茚甲酯（5-氯-2,3-二氢-1-氧代-1*H*-茚-2-羧酸甲酯）的合成工艺路线　茚甲酯是合成茚虫威的关键中间体之一。此化合物的合成是茚虫威合成过程中的关键步骤，该步反应产生手性分子，其不对称选择性的高低直接影响产品茚虫威的杀虫活性。对于该中间体的合成工艺路线，主要有以下几种方法[64-68]：

① 3-氯丙酰氯法　首先以 3-氯丙酰氯为原料和氯苯反应，然后环合成 5-氯茚酮，再在氢化钠存在下和碳酸二甲酯反应生成 5-氯-1-氧代-2,3-二氢茚-2-羧酸甲酯，最后，在催化剂和过氧化物存在下，得到中间体茚甲酯，如图 8-74 所示。该反应路线中，由于第一步的反应定位效应差，副产物较多，分离困难，收率不高。

② 间氯氯苄法　间氯氯苄首先和丙二酸二甲酯反应，然后水解，再和氯化亚砜反应生成酰氯，随后在三氯化铝存在下经傅-克反应，最后在过氧化物存在下得到中间体茚甲酯（图 8-75）。此路线反应条件较温和，但实验中傅-克反应副产物较多，后处理方法较烦琐。

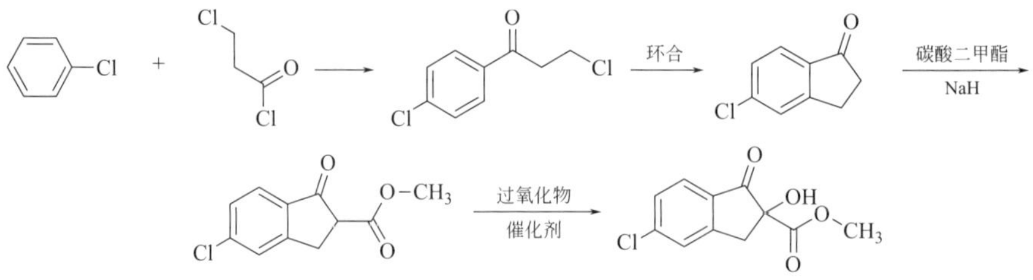

图 8-74　3-氯丙酰氯法合成茚甲酯

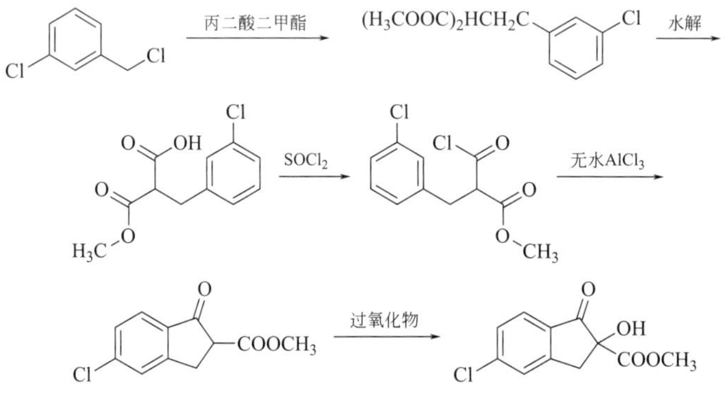

图 8-75　间氯氯苄法合成茚甲酯

③ 间氯苯甲醛法　间氯苯甲醛首先和丙二酸缩合成烯酸，然后在钯-碳存在下加氢还原成 3-(3-氯苯基)丙酸，再和氯化亚砜反应生成酰氯，在三氯化铝存在下环合，最后同图 8-75 所述的方法生成茚甲酯（图 8-76）。虽然此路线步骤较多，但各步收率均较高。由于起始原料间氯苯甲醛和加氢用催化剂价格昂贵，所以整条路线成本较高。

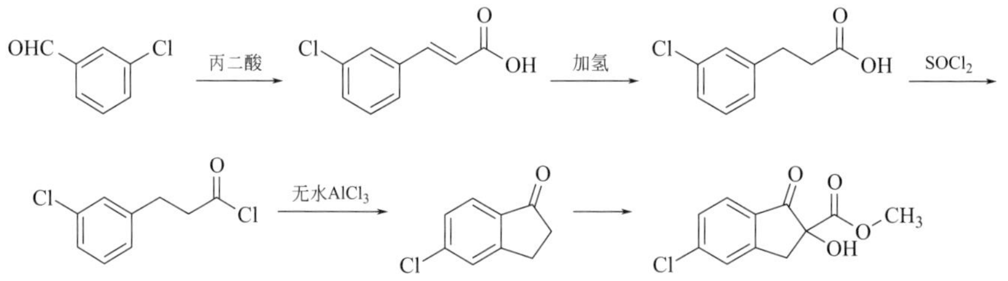

图 8-76　间氯苯甲醛法合成茚甲酯

④ 对氯苯乙酸（对氯苯乙酰氯）法　以对氯苯乙酸为起始原料，首先和氯化亚砜反应成对氯苯乙酰氯，然后在三氯化铝存在下和乙烯发生傅-克反应生成四氢萘酮，接着用过氧乙酸开环氧化再和碳酸二甲酯酯化，在甲醇钠作用下环合，最后同图 8-75 所述的方法得到中间体茚甲酯。此路线步骤较多（图 8-77），但各步都是常见的经典反应，反应的选择性、专一性、成熟度均较好，各步收率均较高，反应条件温和安全，因此具有较好的前景。

⑤ 2-氨基-4-氯苯甲酸法　2-氨基-4-氯苯甲酸经重氮化反应，然后在乙酰丙酮钯的催化下与丙烯酸甲酯反应，高压加氢，最后合环即得中间体化合物。此条路线的起始原料 2-氨基-4-氯苯甲酸和催化剂乙酰丙酮钯价格都较高，且钯催化剂不易回收；重氮化反应产生废水量较大，处理费用增加；加氢还原需要加压，使得此条路线成本较高（图 8-78）。

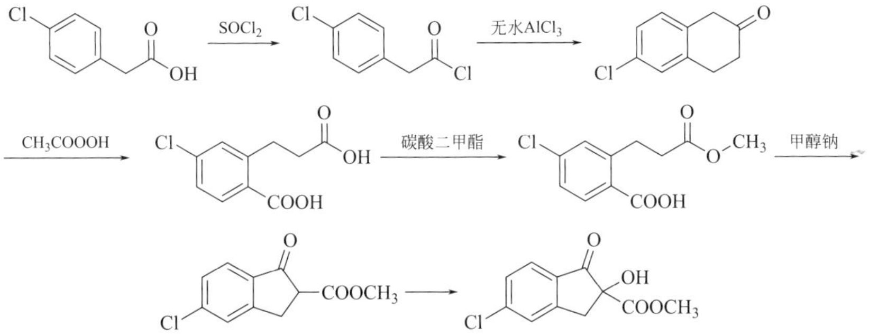

图 8-77　对氯苯乙酸（对氯苯乙酰氯）法合成茚甲酯

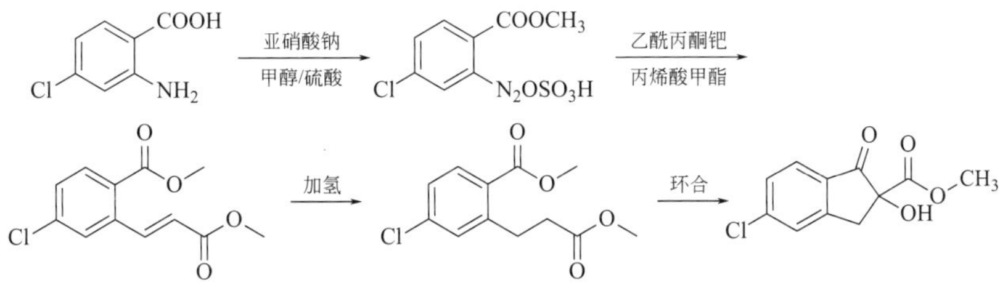

图 8-78　2-氨基-4-氯苯甲酸法合成茚甲酯

（3）茚虫威的合成工艺路线　茚虫威的合成工艺路线以关键中间体茚甲酯（5-氯-2,3-二氢-1-氧代-1*H*-茚-2-羧酸甲酯）为原料，经过不同的单元反应，按照最终产品合成反应不同，合成路径可分为以下 3 条路线[69-72]。

① 方法 1　以关键中间体茚甲酯为原料经氧化、缩合、闭环、催化加氢脱保护，然后与酰氯化物反应得到茚虫威（如图 8-79 所示），其中酰氯化物是以 4-三氟甲氧基苯胺为原料经酰化与光气化 2 步反应制得的。

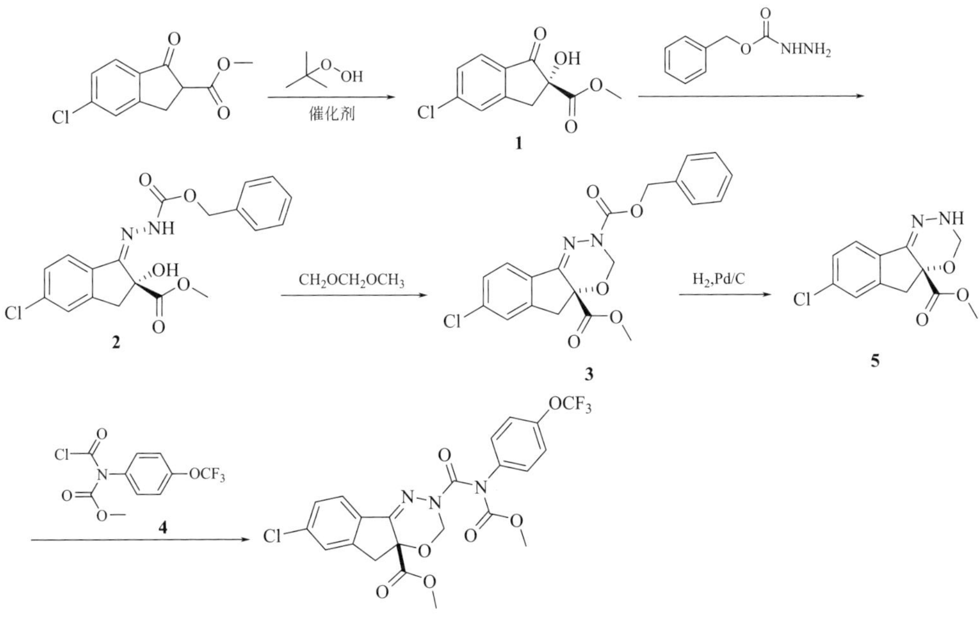

图 8-79　茚虫威的合成工艺路线（方法 1）

② 方法2 以方法1中的化合物**1**为原料，经先缩合、酰化，后闭环得到茚虫威（图8-80）。

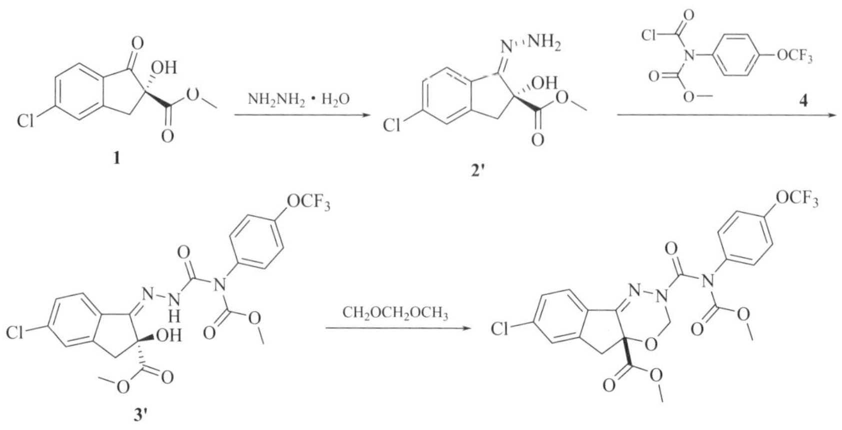

图 8-80 茚虫威的工艺路线（方法 2）

③ 方法3 以方法1中的化合物**1**、肼甲酸苄酯和对三氟甲氧基苯胺为原料，经缩合和氨化、闭环和酰化反应得到茚虫威（图8-81）[73,74]。

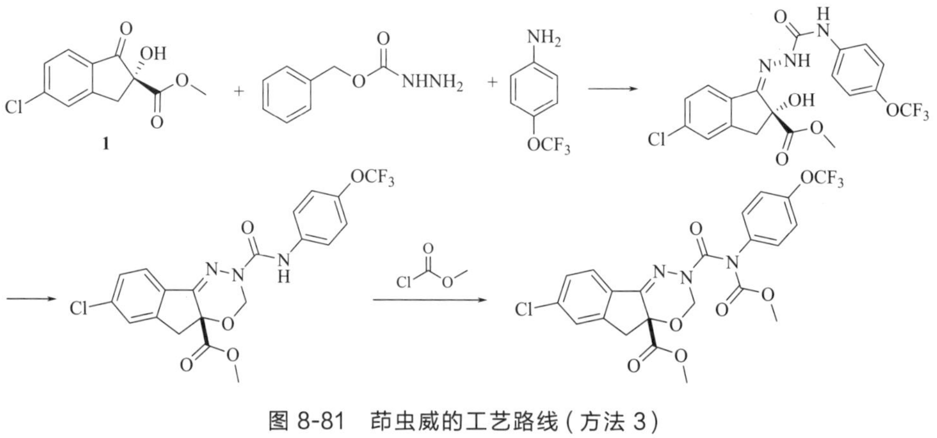

图 8-81 茚虫威的工艺路线（方法 3）

8.4 拟除虫菊酯类杀虫剂

8.4.1 除虫菊酯类杀虫剂的发展及产业简介

除虫菊属于菊科植物，中国古书《周礼》上已有使用记载。但是作为天然植物性杀虫剂在实际中应用还是在19世纪初开始的，那时波斯人发现除虫菊的杀虫活性后，将其制成“波斯粉”出售。以后从高加索和中亚地区传入欧洲[75,76]。

直到1910年，人们才开始了对除虫菊酯化学结构的研究，Fujiaani等最早从除虫菊花中分离出具有杀虫活性的糖浆状酯，并将其称为除虫菊酯。Yamamoto将该产物进行水解然后氧化，分离得反式菊酸（图8-82）和反式菊酮（图8-83），并在1923年证实了天然除虫菊酯中含有环丙烷的环状结构[77]。

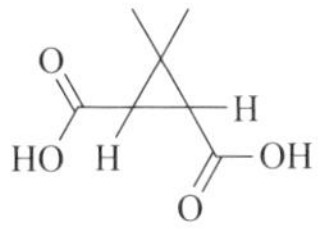

图 8-82　反式菅酸的结构

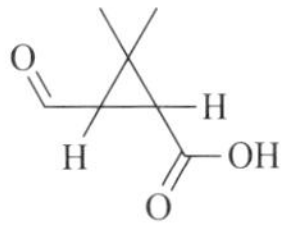

图 8-83　反式菅酮的结构

后来，德国的 H. Staudinger 等于 1945 年经过对除虫菊素活性成分分离及结构确定的长期探索，阐明了天然除虫菊花中含有六种有效成分，即：除虫菊酯Ⅰ、Ⅱ，瓜菊酯Ⅰ、Ⅱ，茉莉菊酯Ⅰ、Ⅱ（图 8-84）。其中含量及活性最高者分别为除虫菊酯Ⅰ（38.7%）和除虫菊酯Ⅱ（30.7%），Staudinger 因这项工作被授予了当时的诺贝尔化学奖。天然除虫菊对多种害虫具有杀灭作用，是防治卫生害虫蚊、蝇、虱和蚤等的理想药剂，其击倒率高，对哺乳动物无毒害且不污染环境。但接触空气、日光照射易分解，不稳定，残效短，因而在农业上不能广泛应用。

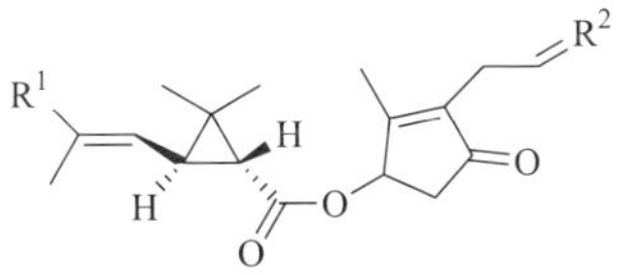

除虫菊酯Ⅰ：$R^1=CH_3, R^2=CH=CH_2$　除虫菊酯Ⅱ：$R^1=COOCH_3, R^2=CH=CH_2$

瓜菊酯Ⅰ：$R^1=CH_3, R^2=CH_3$　瓜菌酯Ⅱ：$R^1=COOCH_3, R^2=CH_3$

茉莉菊酯Ⅰ：$R^1=CH_3, R^2=CH_2CH_3$　茉莉菊酯Ⅱ：$R^1=COOCH_3, R^2=CH_2CH_3$

图 8-84　除虫菊酯的结构

除虫菊酯结构的探明为其合成提供了可能，人们开始在除虫菊酯结构的基础上进行探索，并于 1949 年经过人工化学合成手段，成功合成了第一个被称为"丙烯菊酮"的除虫菊酯类化合物，虽然它的药效不如天然除虫菊，但它的结构与天然除虫菊相似，也为后期合成拟除虫菊酯展示了广阔的前景。1964 年国外又合成了胺菊酯，1969 年又合成了苄呋菊酯，之后又合成了生物丙烯菊酯、生物苄呋菊酯、炔呋菊酯和克敌菊酯等，它们的药效均高于天然除虫菊酯，但也存在对光的不稳定性，仍不能应用于农业，只停留在卫生害虫防治上。20 世纪 70 年代初期，Itaya 等[78]在醇组分中引入间苯氧基苄基来取代对日光敏感的呋喃环和异丁烯侧链基，合成了第一个对日光稳定且活性很高的拟除虫菊酯——苯醚菊酯。1973 年，英国 Elliott 等合成了二氯苯醚菊酯，它对家蝇的毒力为天然除虫菊的 30 倍，对光的稳定性大大超过天然除虫菊和上述人工合成的拟除虫菊酯类，为第一个用于农业上的合成菊酯类农药[79,80]。随后，1974 年，Elliott 又合成了毒力更强的拟除虫菊酯——溴氰菊酯，溴氰菊酯是目前杀虫剂中药效最高的化合物。1975 年法国罗素-优克福公司工业生产了溴氰菊酯。1976 年日本合成了杀灭菊酯，打破了原来除虫菊的三节环结构，降低了生产成本，从此也开拓了除虫菊类杀虫剂的新的方向。之后不断出现许多光稳定性品种，如其中还包括了不含三元环的氰戊菊酯。20 世纪 80 年代以来，结构改变的研究仍在深入，并有了新的进展。例如：拟除虫菊酯结构中引入氟原子的品种兼具杀螨效能；把酯键改为醚键后，可大大降低对鱼的毒性等。

20 世纪后期，除虫菊酯类杀虫剂得到了巨大的发展，成为农药创制研究的热点方向，并成为继有机氯氯杀虫剂、有机磷氯杀虫剂、氨基甲酸酯氯杀虫剂之后的一个新突破，是杀虫剂史上的第三个里程碑。目前拟除虫菊酯类杀虫剂已在农业、林业和卫生方面得到广泛应用，新产品也不断涌现，我国市场上商品化的拟除虫菊酯类农药品种也有数十个，主要有苄呋菊酯、胺菊酯、氯氰菊酯、氟胺氰菊酯、高效氯氟氰菊酯、溴氰菊酯、氰戊菊酯、三氟氯氰菊酯等（图 8-85）[81]。

氯氰菊酯　三氟氯氰菊酯

氰戊菊酯　苄呋菊酯　胺菊酯

氟胺氰菊酯　溴氰菊酯

图 8-85　部分拟除虫菊酯类化合物的结构

拟除虫菊酯高效、广谱，同时具有用量少、使用浓度低、对人畜较安全、对环境污染小等优点，因而在过去几年发展较快，全球终端产品销售规模由 2003 年的约 13 亿美元上升至 2014 年的超过 30 亿美元，2010～2014 年同比增速均在 5%以上，是目前全球第二大类杀虫剂，约占全球杀虫剂市场份额的 17%（图 8-86）。

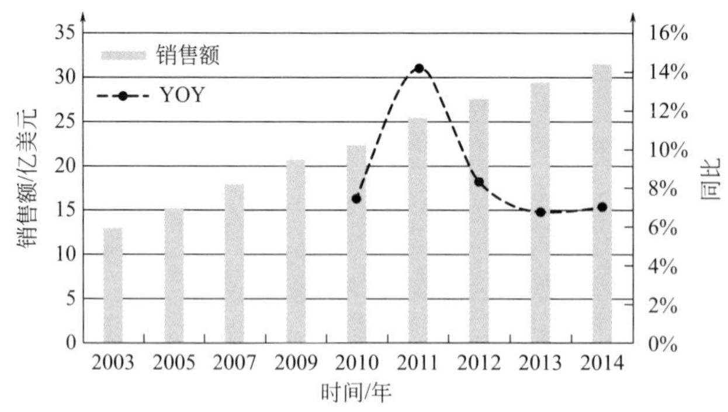

图 8-86　2003～2014 年拟除虫菊酯类杀虫剂的销售额

按照用途，拟除虫菊酯可分为卫生菊酯（主要用于公共卫生杀虫，主要生产气雾剂、蚊香、防蛀剂等）和农用菊酯（主要用于农田害虫防治，尤其在蔬菜、果树、茶叶、烟草等作物上应用广泛）两大类。图 8-87 所示为我国卫生用拟除虫菊酯类农药的剂型分布情况。

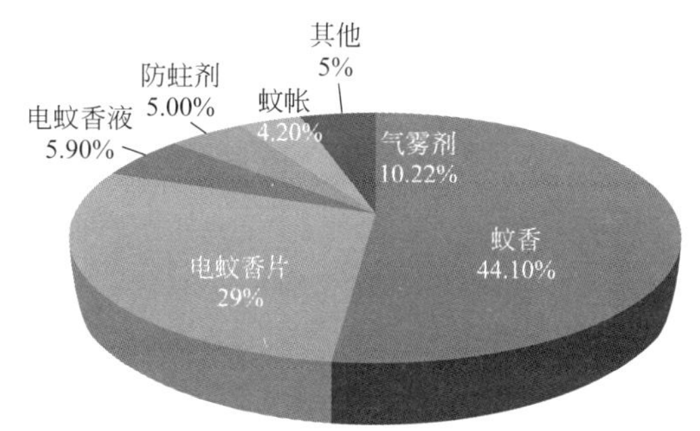

图 8-87　我国卫生用拟除虫菊酯类农药的剂型分布情况

从菊酯细分产品来看（图 8-88），2014 年全球销售额超过 1 亿美元的拟除虫菊酯类杀虫剂有 11 个，主要是农用菊酯，销售额占拟除虫菊酯市场的 90%以上，其中高效氯氟氰菊酯销售额最高，为 6.4 亿美元，占比约 22%。农用菊酯高效、广谱，其杀虫毒力比老一代杀虫剂如有机氯、有机磷、氨基甲酸酯类高 10～100 倍，且毒性低，是替代农业高毒杀虫剂的理想产品。

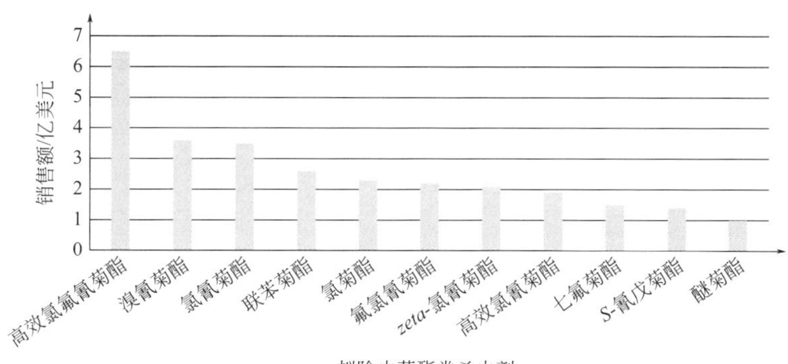

图 8-88　全球销售额超过 1 亿美元的拟除虫菊酯杀虫剂

卫生菊酯方面，2014 年全球卫生菊酯销售额为 5.96 亿美元，约占菊酯市场 18.9%。高毒产品替代（2016 年 WHO 发布推荐用于防止蚊虫的农药名单，已经开始剔除部分高毒的有机氯类、有机磷类农药），亚非拉等地卫生投入加大，共同推动卫生菊酯需求稳步增长。

从国内市场来看（图 8-89），2015 年，在卫生杀虫剂制品中菊酯类有效成分占比超过

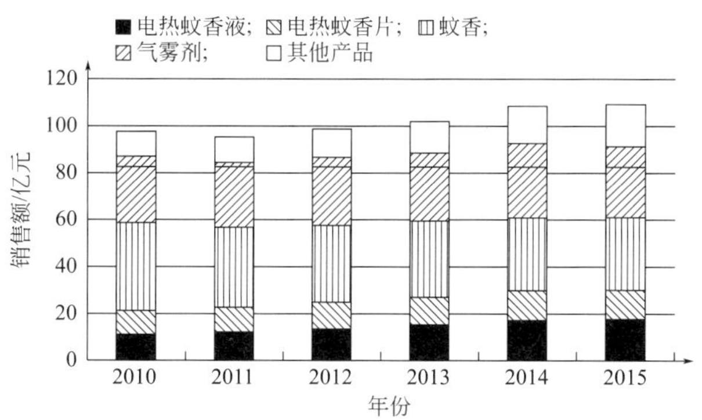

图 8-89　我国家用杀虫制品（按行业结构）销售金额

40%，菊酯类产品销售额占比超过 80%。据中国日杂协会卫生杀虫用品分会统计，2010～2015 年，我国家用卫生杀虫制品销售额由 97.4 亿元提升至 109.3 亿元，下游卫生杀虫制品需求的稳定增长也推动卫生菊酯的需求增加。

8.4.2 苄呋菊酯

8.4.2.1 苄呋菊酯的产业概况

1967 年，英国 Rothamstad 实验站 M. Elliott 等人首先合成的苄呋菊酯（resmethrin）是继烯丙菊酯（allethrin）、胺菊酯（tetramethrin）之后的又一个重要拟除虫菊酯新品种。苄呋菊酯有强烈触杀作用，杀虫活性很高，其对家蝇的毒力是天然除虫菊素的 50 倍，而其对鼠类的毒性约为天然除虫菊素的四分之一，同时发现其对哺乳动物的毒性比除虫菊酯更低。因此，苄呋菊酯不仅是一种良好的家庭卫生用杀虫剂，而且由于其毒性极低，在储粮方面也具有广泛的用途。主要防治蝇类、蚊虫、蟑螂、蚤虱、谷蛾、甲虫、蚜虫、黄蜂等害虫。

表 8-29　苄呋菊酯登记情况及生产企业

登记证号	登记名称	剂型	总含量/%	生产企业
PD150-92	强力库利能杀虫气雾剂	气雾剂	0.255	日本住友化学株式会社
WL2000340	威灭杀蚊气雾剂	气雾剂	0.09	广东省广州家亮化工有限公司
WL98825	金鸟杀虫气雾剂	气雾剂	0.23	广东省中山市金鸟化工有限公司
WL2000380	象球牌杀虫气雾剂	气雾剂	0.30	上海申威（集团）有限公司
WL98779	必扑杀虫气雾剂	气雾剂	0.24	广东省利高曼（广州）有限公司
WP155-92	金鸡杀虫气雾剂	气雾剂	0.23	日本大日本除虫菊株式会社
WP9-93	杀虫气雾剂	气雾剂	0.26	福马（日本）株式会社
WP20090001	生物苄呋菊酯	原药	93	日本住友化学株式会社
WP52-98	右旋苄呋菊酯	原药	88	日本住友化学株式会社
WP20090002	杀飞虫气雾剂	气雾剂	0.25	天津阿斯化学有限公司

由表 8-29 可知，共有 8 家生产企业进行了苄呋菊酯单剂的登记，但大多数登记已经过期。目前苄呋菊酯单剂登记未过期的有生产原药（右旋苄呋菊酯，有效含量为：88%）的日本住友化学株式会社和生产苄呋菊酯气雾剂（有效含量为：0.25%）的天津阿斯化学有限公司。

8.4.2.2 苄呋菊酯的工艺概况

由 5-苄基-3-呋喃甲醇（苄呋醇）与菊酰氯酯反应而成。其合成工艺路线主要有两种，方法如下[82]：

（1）方法 1　丁二酸二乙酯与苯乙腈在醇钠作用下经过亲核反应，发生缩合、酸性水解和脱羧、酯化、羰基保护、甲酰化、分子内环化、还原等过程得到苄呋醇，最后与菊酰氯酯反应得到苄呋菊酯。合成工艺路线如图 8-90 所示。

（2）方法 2　丙二酸二乙酯的钠盐与溴在氯仿作溶剂下发生亲核反应，后经水解、脱羧、酯化、氯化、傅-克烷基化、还原得到苄呋醇，最后与菊酰氯酯反应得到苄呋菊酯。合成工艺路线如图 8-91 所示。

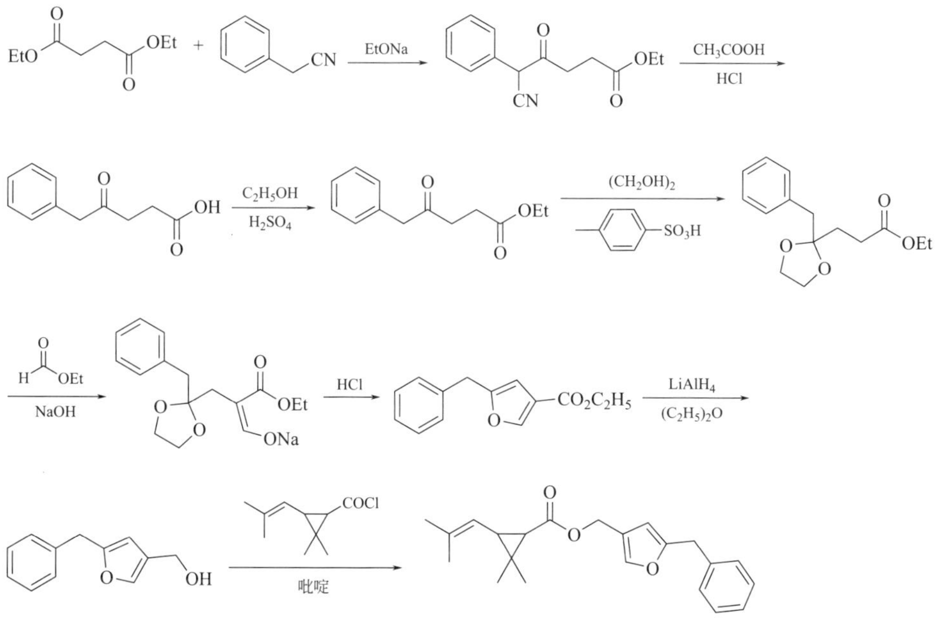

图 8-90　苄呋菊酯的合成工艺路线（方法 1）

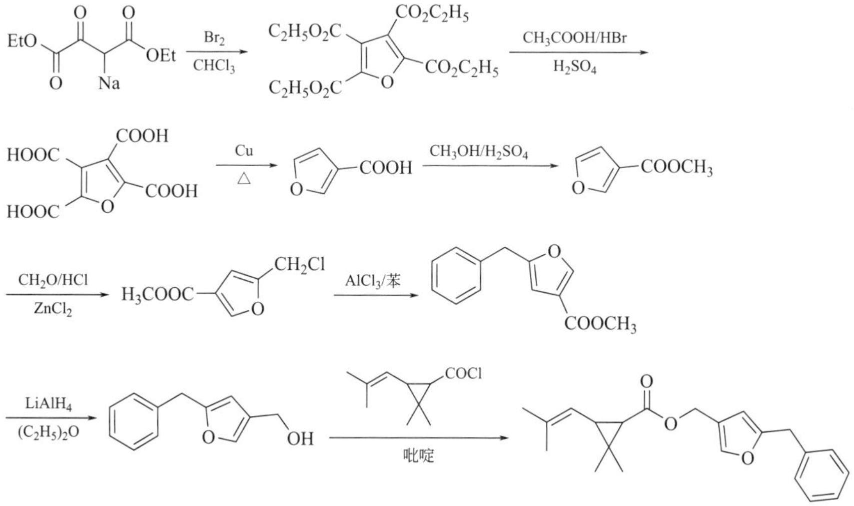

图 8-91　苄呋菊酯的合成工艺路线（方法 2）

8.4.3 溴氰菊酯

8.4.3.1 溴氰菊酯的产业概况

溴氰菊酯（deltamethrin）是 20 世纪 70 年代后期工业化的高效杀虫剂。它是第一个以单一光学异构体成功投放市场的拟除虫菊酯。它具有强烈的胃毒和触杀作用，杀虫谱广，击倒性快，是当代最高效的拟除虫菊酯类杀虫剂之一。同时，它性质稳定，持效期长，活性是氯菊酯的 2～4 倍，是传统杀虫剂的 25～50 倍。其主要防治对象是棉花、果树、蔬菜、烟草等作物上的害虫和蟑螂、蚊、蝇、臭虫、蚤、虱等卫生害虫。

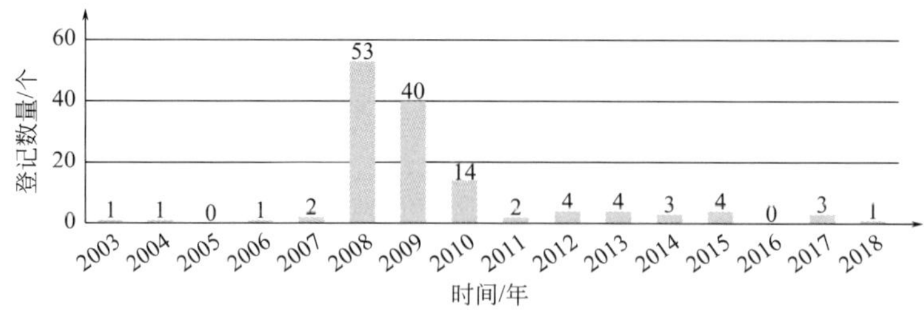

图 8-92　2003 年以来溴氰菊酯单剂的登记情况

由图 8-92 可知，2003 年以来，截止到 2018 年 5 月，溴氰菊酯单剂的登记信息共有 133 条，其中溴氰菊酯单剂在 2008～2010 年间达到了登记的顶峰期，登记数量占到总数的 83.5%，除了这三年之外，其余年份的登记数量均在 0～4 之间，而 2005 年和 2016 年都没有溴氰菊酯单剂的登记。

8.4.3.2　溴氰菊酯的工艺概况

目前，溴氰菊酯的合成工艺路线[83]主要包含两种，均以异戊二烯为起始原料，方法如下：

（1）方法 1　由异戊二烯合成 *dl*-反式菊酸；将 *dl*-反式菊酸拆分成 *l*-*t*-菊酸与 *d*-*t*-菊酸，用 *l*-*t*-菊酸合成（1*R*,3*R*)-二溴菊酸；最后用（1*R*,3*R*)-二溴菊酸合成溴氰菊酯。合成工艺路线如图 8-93 所示。

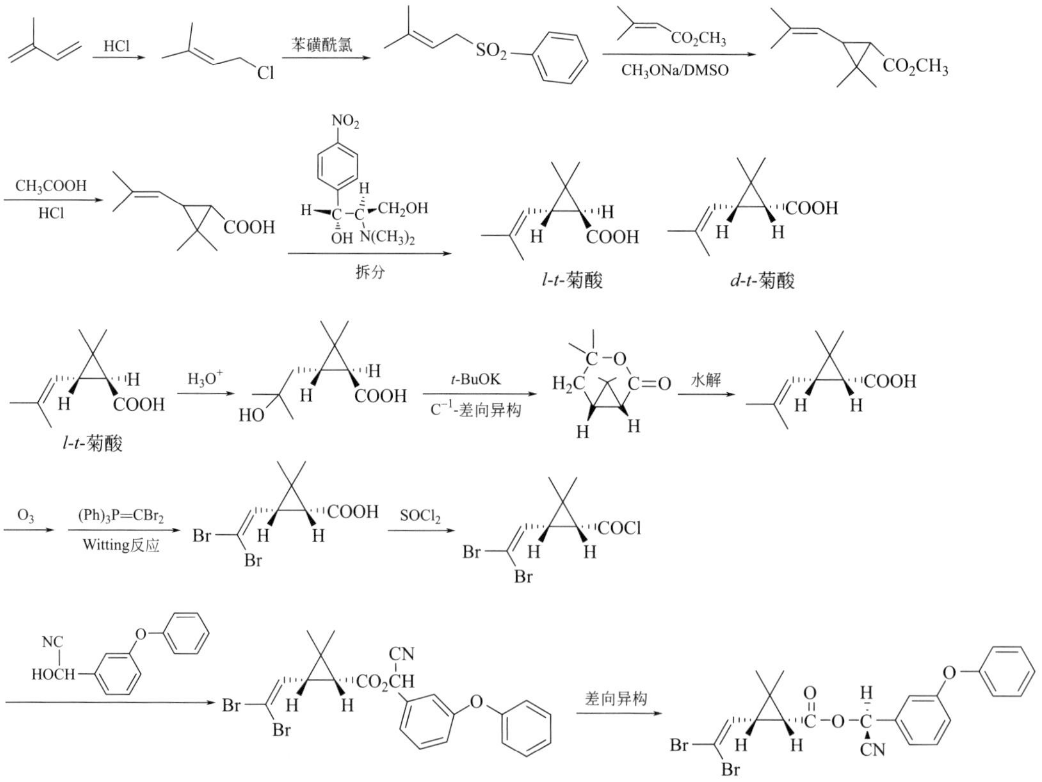

图 8-93　溴氰菊酯的合成工艺路线（方法 1）

（2）方法 2　用拆分的 *d*-*t*-菊酸合成（1*R*,3*R*）-二溴菊酸；最后用（1*R*,3*R*）-二溴菊酸合成溴氰菊酯。合成工艺路线如图 8-94 所示。

图 8-94　溴氰菊酯的合成工艺路线（方法 2）

8.4.4　氯氰菊酯

8.4.4.1　氯氰菊酯的产业概况

氯氰菊酯（cypermethrin）于 1974 年在英国由 E11iot 等发现。氯氰菊酯为触杀和胃毒剂，杀虫谱广，可防治棉花、果树、蔬菜、烟草等作物上的鳞翅目、鞘翅目和双翅目害虫。

氯氰菊酯单剂的登记数量经历了两个高峰期，分别为 2004 年和 2009 年。而其余年份登记相对较少，近年来总体呈现下降趋势，但依然每年都有氯氰菊酯单剂在进行登记。

由图 8-95 可知，最早 1999 年登记的氯氰菊酯单剂目前依然没有过期。1999～2003 年期间氯氰菊酯单剂的登记发展较缓慢，但是到 2004 年登记数量突然暴涨，达到 166 个登记信息；2005～2008 年间登记数量虽然不是太多，但比较平稳，在 16～44 个之间；到 2009 年登记数量又突然暴涨为 180 个，达到登记数量的巅峰；而 2009 年以后登记数量总体在下降，但登记数量依然不少。

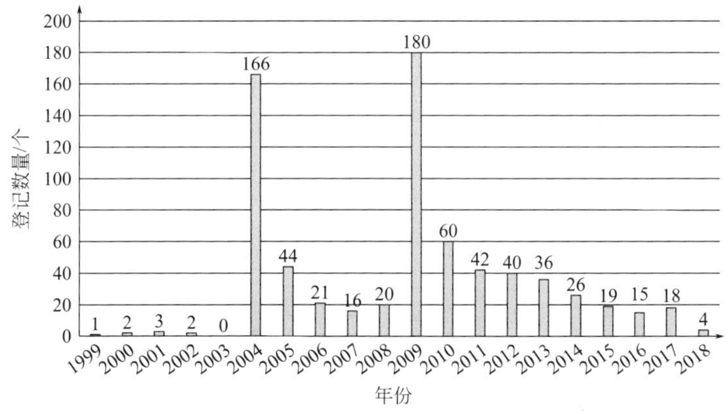

图 8-95　1999 年以来氯氰菊酯单剂的登记情况

8.4.4.2 氯氰菊酯的工艺概况

将3,3-二甲基-4-戊烯酸甲酯与四氯甲烷在氯化亚铜与叔丁基醇作用下发生加成反应，然后经过环化、消除、水解、氯化反应得到2,2-二氯乙烯基-3,3-二甲基环丙烷酰氯，之后再与α-氰基-3-苯氧基苯甲醇或者与3-苯氧基苯甲醛在氰化钠作用下反应生成高效氯氰菊酯。合成工艺路线如图8-96所示。

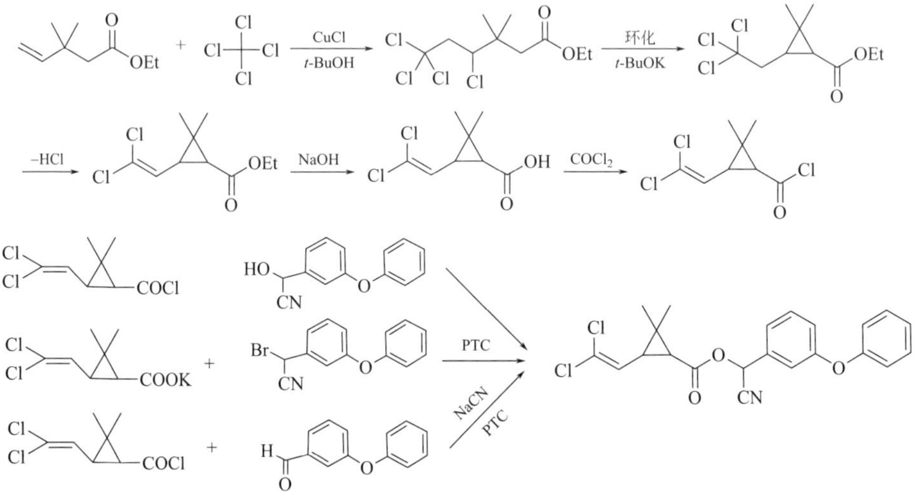

图 8-96 氯氰菊酯的合成工艺路线

8.4.5 氯氟氰菊酯

氯氟氰菊酯（cyhalothrin，图8-97），是一种触杀、胃毒型拟除虫菊酯类杀虫剂，具有广谱、高效的特点。其药性迅速，中毒的害虫神经传导很快受阻，发生痉挛、被击倒，继而麻痹死亡[84]。能有效地防治棉花、果树、蔬菜、大豆等作物上的多种鳞翅目和鞘翅目害虫，同时对刺吸式口器害虫和螨虫具有良好的防治效果。

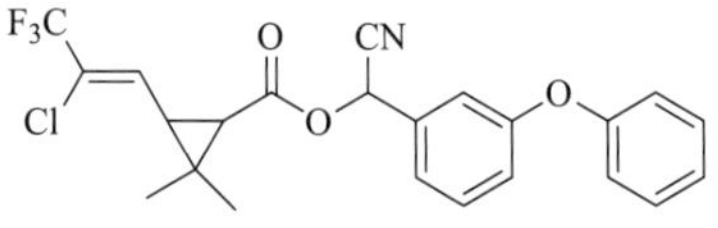

图 8-97 氯氟氰菊酯的结构式

目前氯氟氰菊酯的合成工艺路线主要有三种，介绍如下：

（1）方法1 由3-(2-氯-3,3,3-三氟-1-丙烯基)-2,2-二甲基环丙基甲酸（以下简称为取代的环丙基甲酸）合成相应的酰氯后与α-氰基-3-苯氧基苄醇在碱存在下制得[85]（图8-98）。

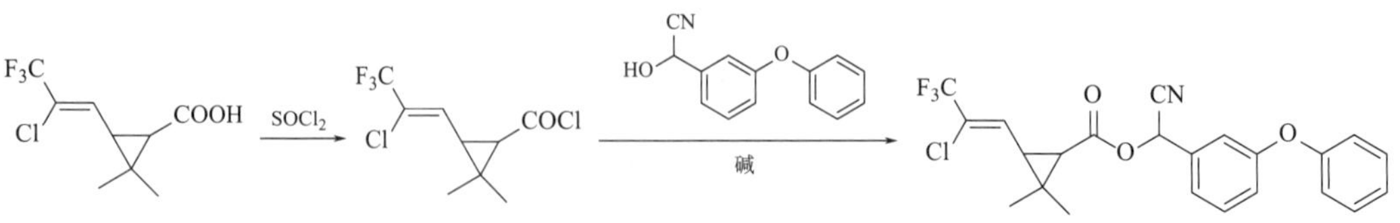

图 8-98 方法1的工艺路线

中间体取代的环丙基甲酸的合成工艺路线如图8-99所示。

中间体α-氰基-3-苯氧基苄醇的合成工艺路线如图8-100所示。

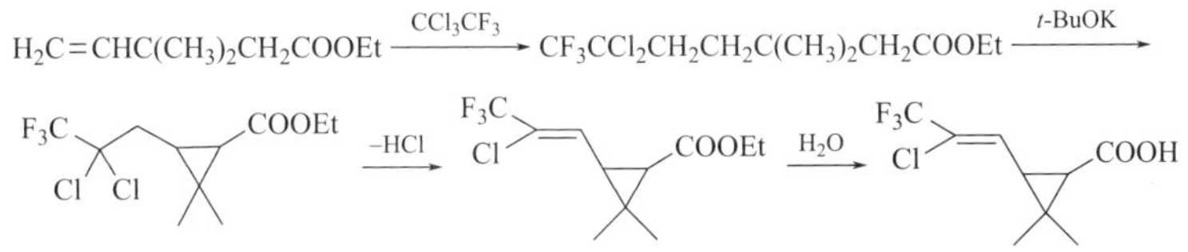

$H_2C{=}CHC(CH_3)_2CH_2COOEt \xrightarrow{CCl_3CF_3} CF_3CCl_2CH_2CH_2C(CH_3)_2CH_2COOEt \xrightarrow{t\text{-}BuOK}$

图 8-99　取代的环丙基甲酸的合成工艺路线

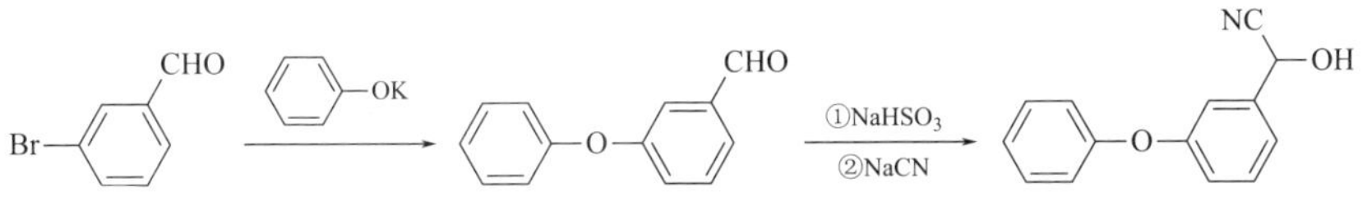

图 8-100　中间体 α-氰基-3-苯氧基苄醇的合成工艺路线

（2）方法 2　由取代的环丙基甲酸合成相应的酰氯后与 3-苯氧基苯甲醛、碱金属的氰化物（NaCN 或 KCN）直接反应得到[86]（图 8-101）。方法 2 直接用 3-苯氧基苯甲醛作原料，与取代的环丙基甲酸（或其酰氯）、碱金属的氰化物（NaCN 或 KCN）一锅反应制得，相对来说工艺路线较简单，原料价廉易得，反应收率高，产品质量好，适合工业化生产。

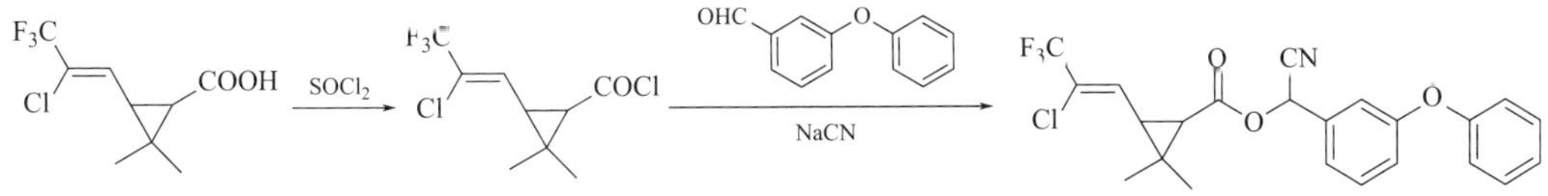

图 8-101　方法 2 的工艺路线

（3）方法 3　以取代的环丙基甲酸与 α-氰基-3-苯氧基苄基三烷基铵盐反应得到[87]（图 8-102）。

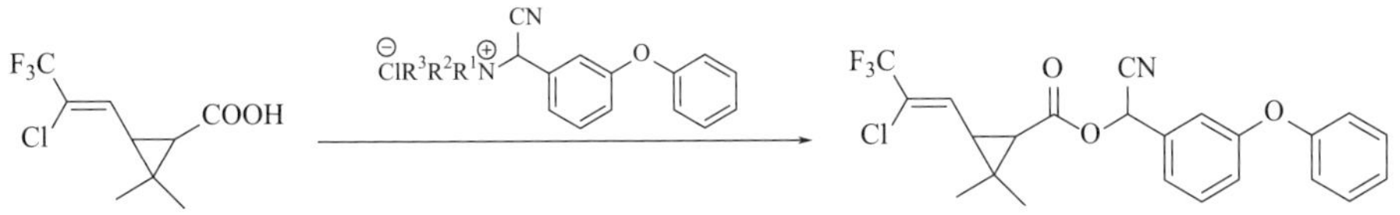

图 8-102　方法 3 的工艺路线

其中，中间体 α-氰基-3-苯氧基苄基三烷基铵盐由 α-氰基-3-苯氧基苄氯与三烷基胺反应制得，也可以从 3-苯氧基苯甲醛出发，先与二烷基胺、氢氰酸反应生成 α-氰基-3-苯氧基苄基二烷基胺，再与卤代烷烃反应得到，合成工艺路线如图 8-103 所示。

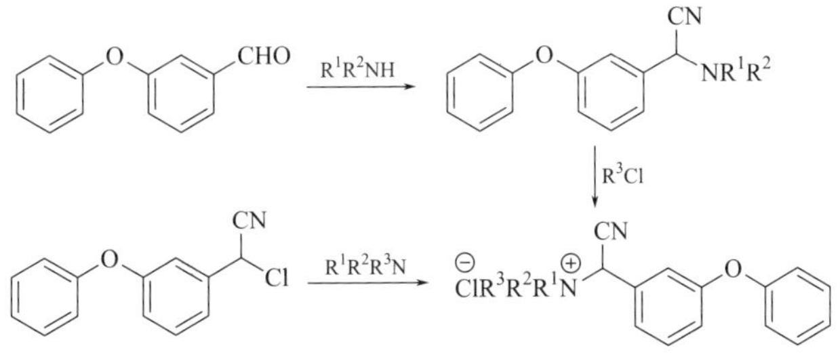

图 8-103　中间体 α-氰基-3-苯氧基苄基三烷基铵盐的工艺路线

8.4.6 高效氯氟氰菊酯

8.4.6.1 高效氯氟氰菊酯的产业概况

高效氯氟氰菊酯又叫功夫菊酯，具有杀虫谱广、高效、速度快、持效期长且对益虫的毒性较低等特点，以触杀和胃毒作用为主，无内吸作用。主要针对棉花、蔬菜、烟草等农作物上的害虫，可有效防治鳞翅目、鞘翅目、半翅目和螨类害虫，如棉蚜、玉米螟、小菜蛾、甘蓝夜蛾等，同时对刺吸式口器的害虫及害螨有一定防效。

2008年以来，每年都有高效氯氟氰菊酯的登记，而在2008～2009年为登记的顶峰时期。

8.4.6.2 高效氯氟氰菊酯的工艺概况

将3,3-二甲基-4-戊烯酸甲酯与1,1,1-三氯-2,2,2-三氟乙烷在氯化亚铜与叔丁基醇作用下发生加成反应，然后经过环化、消除、水解、氯化反应得到2-氯-2-三氟甲基乙烯基-3,3-二甲基环丙烷酰氯，之后再与α-氰基-3-苯氧基苯甲醇反应生成高效氯氟氰菊酯。合成工艺路线[88]如图8-104所示。

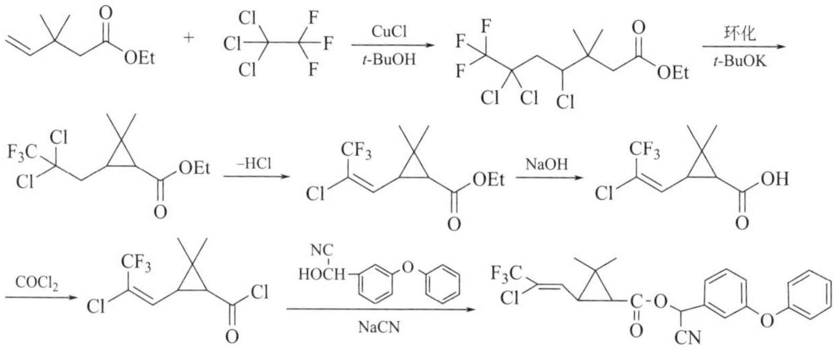

图 8-104 高效氯氟氰菊酯的合成工艺路线

8.4.7 氰戊菊酯

8.4.7.1 氰戊菊酯的产业概况

氰戊菊酯（fenvalerate）是1976年住友化学工业株式会社开发的品种，又名敌虫菊酯、速灭菊酯、速灭杀丁。它是广谱高效杀虫剂，作用迅速，击倒力强，以触杀为主，也有胃毒作用。广泛用于防治棉花、烟草、大豆、玉米、果树、蔬菜等作物上的害虫，也用于防治家畜和仓储等方面的害虫。

8.4.7.2 氰戊菊酯的工业概况

将对氯苯乙腈与苯磺酸异丙酯在氢氧化钠作用下烷基化反应得到α-异丙基对氯苯基乙腈，之后经过水解、氯化得到α-异丙基对氯苯基乙酰氯，最后与3-苯氧基苯甲醛在氰化钠作用下缩合反应制得氰戊菊酯。合成工艺路线如图8-105所示。

8.4.8 氟胺氰菊酯

8.4.8.1 氟胺氰菊酯的产业概况

氟胺氰菊酯（fluvalinate）于1977年由美国ZOECON公司科学家们研究成功，之后由日本三菱化成公司生产并推广应用。它的通用名为fluvalinate，也称之为Mavrik、马扑立克等。氟胺氰菊酯属于非环丙烷羧酸类的拟除虫菊酯类杀虫剂，具有和氰戊菊酯相似的结构。它具有杀螨活性高、持效期长、不易分解、对蜜蜂安全的特点，而且能有效防治棉花、果

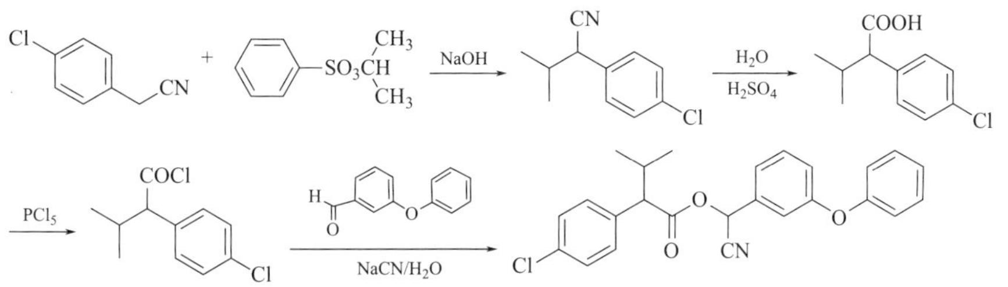

图 8-105　氰戊菊酯的工艺路线

树、蔬菜、玉米、茶叶、烟草等作物上包括鳞翅目、鞘翅目、同翅目和双翅目在内的主要害虫，如蓟马类、烟芽夜蛾、棉铃虫、小菜蛾、甜菜夜蛾及玉米螟等，同时对卫生害虫如家蝇、德国小蠊也有效。

8.4.8.2　氟胺氰菊酯的工艺概况

氟胺氰菊酯的合成工艺主要有三种方法[89,90]，介绍如下：

（1）方法 1　以 D-缬氨酸为原料，经重氮化、溴化、酰氯化后与氰醇进行酯化，再与 2-氯-4-三氟基苯胺进行缩合反应得到氟胺氰菊酯。合成工艺路线如图 8-106 所示。

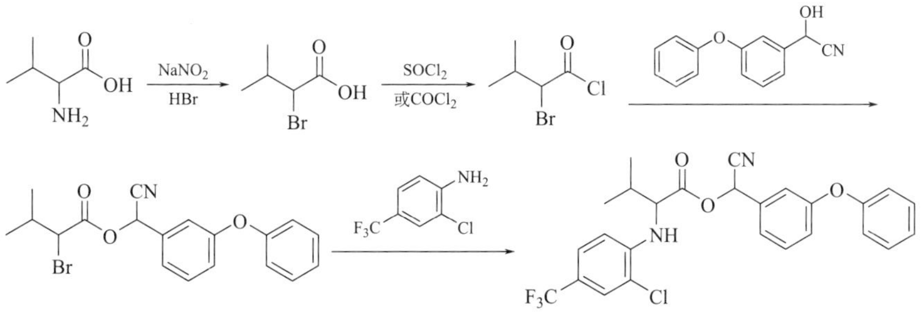

图 8-106　氟胺氰菊酯的合成工艺路线（方法 1）

（2）方法 2　以缬氨酸为原料，经重氮化、溴化、与 4-三氟甲基苯胺缩合后，用 *N*-氯代丁二酰亚胺氯化得到氟胺氰菊酸，再经酰氯化、酯化得到氟胺氰菊酯。合成工艺路线如图 8-107 所示。

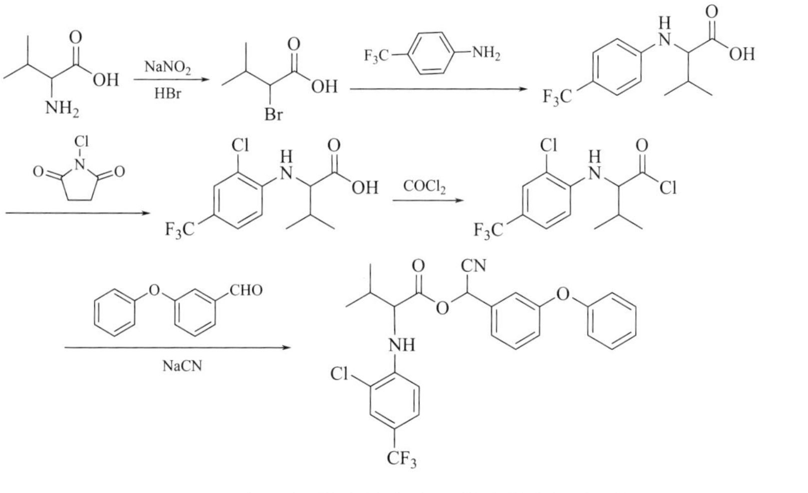

图 8-107　氟胺氰菊酯的合成工艺路线（方法 2）

（3）方法 3　以缬氨酸为原料，与 3,4-二氯三氟甲苯缩合后得到氟胺氰菊酸，再与间苯氧基苯甲醛、氰化钠在催化剂存在下反应得到氟胺氰菊酯。合成工艺路线如图 8-108 所示。

图 8-108　氟胺氰菊酯的合成工艺路线（方法 3）

8.4.9　醚菊酯

8.4.9.1　醚菊酯的产业概况

醚菊酯（ethofenprox）是新型醚类菊酯杀虫剂，是 1987 年日本三井东压公司开发的品种。因对哺乳动物毒性极低，可以广泛用于蔬菜、卫生等领域。醚菊酯对鱼毒性极低，也可用于防治水稻害虫。

由图 8-109 可以看出，2008 年以来，每年都有醚菊酯单剂的登记，而在 2013～2015 年达到登记的顶峰时期，单剂的登记数量分别为 55 个、71 个和 58 个。

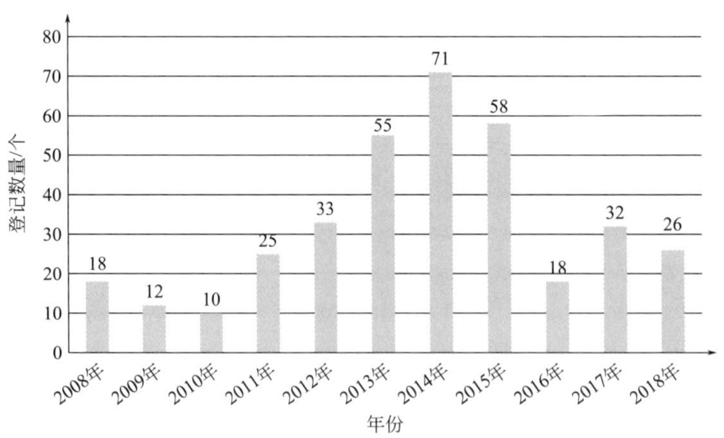

图 8-109　2008 年以来醚菊酯单剂的登记情况

8.4.9.2　醚菊酯的工艺概况

以叔丁基苯酚为原料与醋酸酐发生酰化反应，经氯化后与硫酸二乙酯发生乙基化反应，之后与 3-苯氧基苯甲醇发生取代反应合成得到醚菊酯。合成工艺路线[91]如图 8-110 所示。

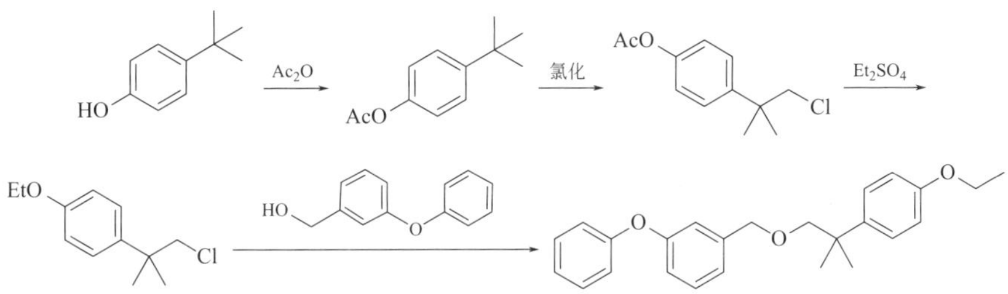

图 8-110 醚菊酯的工艺路线

8.4.10 氟氯氰菊酯

8.4.10.1 氟氯氰菊酯的产业概况

氟氯氰菊酯（cyfluthrin）是含氟高效广谱性拟除虫菊酯类杀虫剂，由德国拜耳公司开发研制。它具有触杀和胃毒作用，杀虫谱广，击倒迅速，持效期长。对多种鳞翅目幼虫有很好的杀灭效果，亦可有效地防治某些地下害虫。可用于防治禾谷类作物、棉花、果树和蔬菜上的鞘翅目、半翅目、同翅目和鳞翅目害虫，如棉铃虫、菜青虫、蚜虫等[92]。

8.4.10.2 氟氯氰菊酯的工艺概况

其合成工艺路线[93-99]主要有两种，介绍如下：

（1）方法 1 以对甲苯胺为原料，经过酰化、溴化、酸化、重氮化、醚化、氯化、氧化得到 4-氟-3-苯氧基苯甲醛，最后与二氯菊酰氯反应得到氟氯氰菊酯。合成工艺路线如图 8-111 所示。

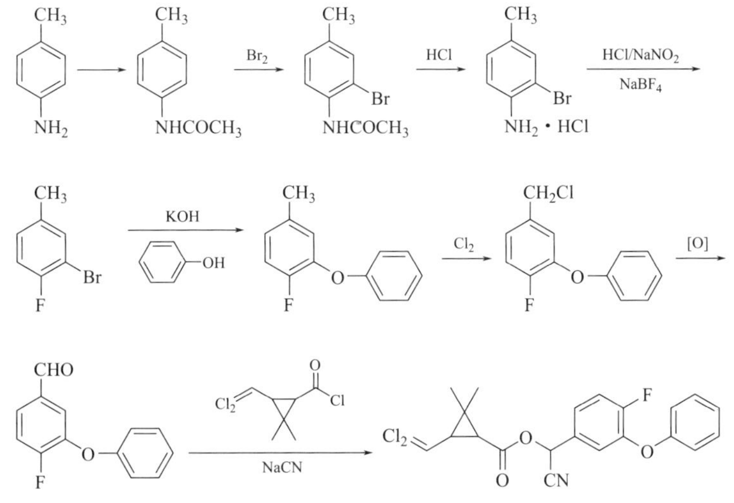

图 8-111 氟氯氰菊酯的合成工艺路线（方法 1）

（2）方法 2 以对氟苯甲醛为原料，经过溴化、酯化、醚化、氧化得到 4-氟-3-苯氧基苯甲醛，最后与二氯菊酰氯反应得到氟氯氰菊酯。合成工艺路线如图 8-112 所示。

8.4.11 四氟苯菊酯

四氟苯菊酯是日本住友化学工业株式会社在国内申请专利保护的菊酯类杀虫剂。该杀虫剂主要用于防治卫生害虫。四氟苯菊酯的工艺，主要有两种[100-103]。

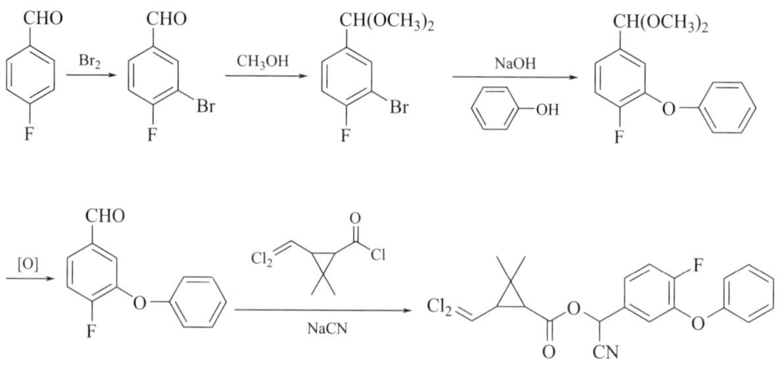

图 8-112 氟氯氰菊酯的工艺路线（方法 2）

（1）中间体四氟苄醇的工艺路线 在四氟苯菊酯的工艺路线中，二氯菊酸可以由上述方法进行制备。而制备得到四氟苄醇，是合成四氟苯菊酯的关键步骤，一般情况下，有两种方法可以制备得到该中间体，分别介绍如下：

① 四氟苯法 该方法以四氟苯为原料，在丁基锂的作用下与碘甲烷反应，在苯环上加一个甲基，而后继续在丁基锂的作用下，与二氧化碳反应，将苯环羧酸化，随后再将羧酸酯化，再在溴代丁二酰亚胺（NBS）的作用下生成苄溴，之后再与甲醇钠反应，进行醚化，最后在氢化锂铝的作用下生成四氟苄醇。该方法不仅使用了价格昂贵的丁基锂、氢化锂铝、碘甲烷等原料和试剂，且四氟苯本身作为原料也不易制得，加之反应条件要求苛刻，不利于工业化生产。合成工艺路线如图 8-113 所示。

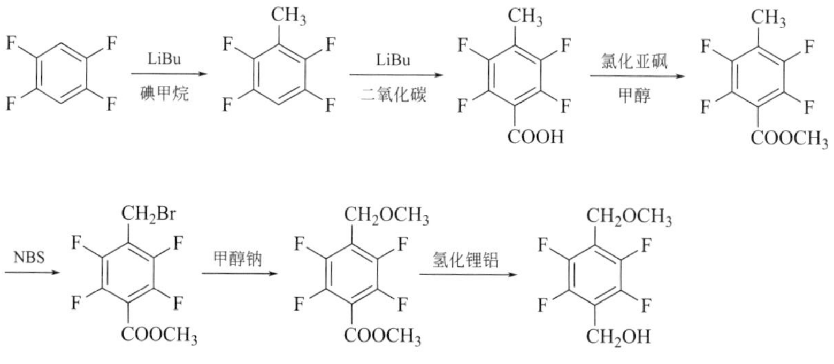

图 8-113 四氟苯法合成四氟苄醇

② 四氯对二氰基苯法[104-106] 该方法以四氯对二氰基苯为起始原料，与 KF 反应，生成四氟对二氰基苯，然后在硫酸的作用下生成四氟对二苯甲酸，再与 $SOCl_2$ 反应，生成四氟对二苯甲酰氯，再经 $NaBH_4$ 还原，之后卤化、醚化得四氟苄醇。合成工艺路线中，所涉及的反应均为常规反应，反应条件温和，无特殊反应，对设备要求简单，反应所用原料均为常用化工原料，且反应收率高，很适合工业化生产。合成工艺路线如图 8-114 所示。

（2）四氟苯菊酯的合成工艺路线[107] 在得到上述中间体后，四氟苯菊酯的合成工艺路线就十分简单，即将二氯菊酸进行酰氯化以后，再与中间体四氟苄醇缩合完成。在 0℃ 滴加二氯菊酰氯，2h 滴加完毕后，在室温搅拌 8～14h，监控反应，以四氟苄醇完全反应为止。

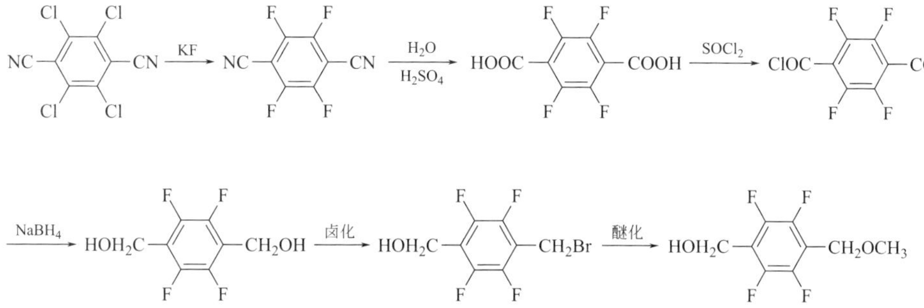

图 8-114　四氯对二氰基苯法合成四氟苄醇

分出有机层，依次用稀酸、稀碱和水洗至中性，干燥有机层，除去溶剂，高真空除去杂质，冷却后得产品。不经过重结晶，含量达 95%以上。合成工艺路线如图 8-115 所示。

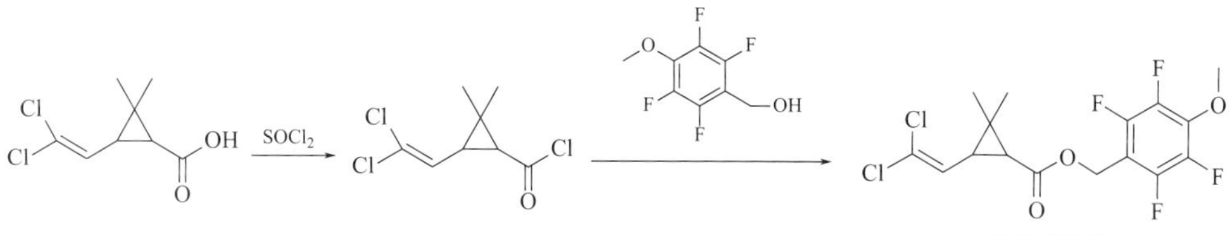

四氟苯菊酯

图 8-115　四氟苯菊酯的合成工艺路线

8.4.12　戊菊酯

8.4.12.1　戊菊酯的产业概况

戊菊酯（valerate）是日本住友化学工业株式会社于 1972 年开发的拟除虫菊酯类杀虫剂，可防治水稻、棉花、旱粮作物、蔬菜上的稻蓟马、稻褐飞虱、二化螟、三化螟、棉蚜、棉铃虫、棉红铃虫及柑橘潜叶蛾等 20 多种害虫。近十年来，戊菊酯相关产品在我国已经没有登记，大部分相关产品已过有效期。

8.4.12.2　戊菊酯的工艺概况

戊菊酯的工艺路线较多[108]，但一般均以甲苯为起始原料，经核氯化、侧链氯化、氰化、烷基化、水解、酯化等步骤而制得。该反应过程中，将甲苯在 Fe、Al、Pd 等氯化盐的催化作用下通入氯气，进行氯化，得到对氯甲苯，而该过程中也有可能会有间氯甲苯等少量的副产物产生。在得到对氯甲苯以后，在偶氮二异丁腈等引发剂的引发下，在强光源如太阳灯、紫外灯等的光照下与 Cl_2 反应，生成对氯苄氯，而后再与 NaCN 反应生成对氯苯乙腈，随后在相转移催化剂（如四丁基溴化铵等）的催化作用下与异丙基溴（或氯代异丙烷、苯磺酸异丙酯）反应生成 α-异丙基对氯苯乙腈（也可以采用丙酮先与之反应后加氢还原得到），而后进行水解得到关键中间体 α-异丙基对氯苯乙酸。在该中间体的基础上，可以采用两种方法得到戊菊酯：一种方法是将 α-异丙基对氯苯乙酸盐化，与（间苯氧基苯基）三乙基氯化铵盐进行酯化反应得到戊菊酯；另一种方法是将 α-异丙基对氯苯乙酸在酰氯化试剂的作用下反应，制备得到相应的 α-异丙基对氯苯乙酰氯后，再与苯氧基苄醇反应，便可以得到产品。合成工艺路线如图 8-116 所示。

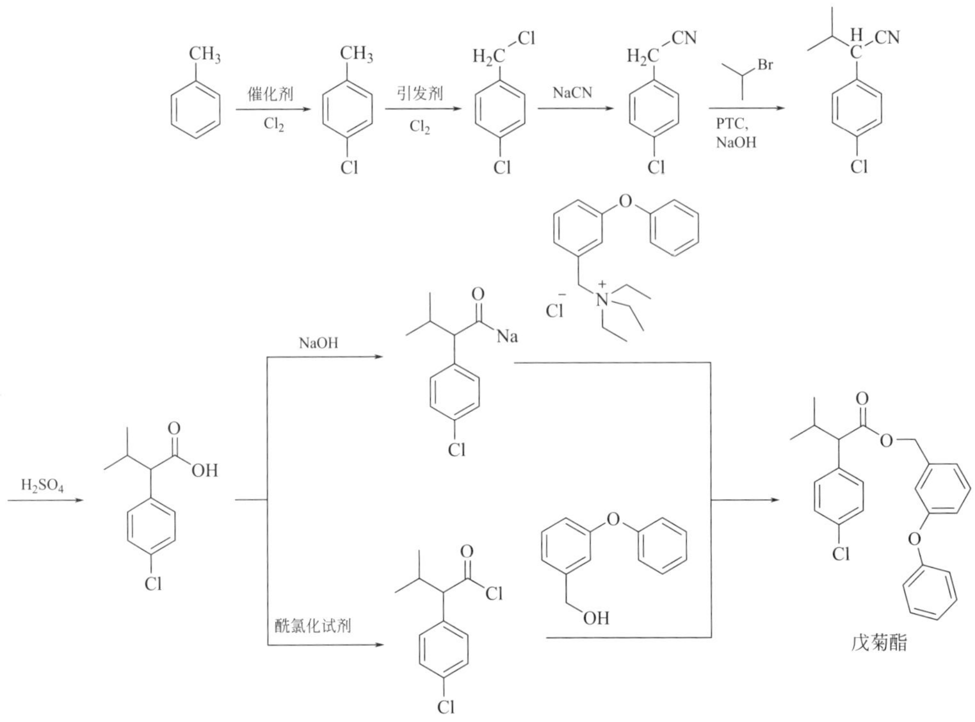

图 8-116　戊菊酯的工艺路线

8.5　新烟碱类杀虫剂

8.5.1　新烟碱类杀虫剂发展概述

烟碱作为杀虫剂使用的历史可以追溯到 17 世纪，那时人类已经使用烟草浸取液作为杀虫剂了。研究人员 1828 年确定该浸取液有效成分为烟碱（*S*-nicotine），1904 年成功合成出烟碱。1970 年壳牌发展公司发现化合物 SD-031588［2-(二溴硝甲基)-3-甲基吡啶］对家蝇和桃蚜具有一定的活性[109]，随后 Soloway 等对该结构进行不断优化，得到了具有高杀虫活性的硝基亚甲基类杂环化合物 nithiazine[110,111]，并经过改造，得到了杀虫剂噻虫醛[112]。硝基亚甲基基团遇光不稳定，因此 nithiazine 没有市场化，未能服务于农业。而噻虫醛是当前唯一商品化的含醛类结构的杀虫剂。虽然 nithiazine 没有市场化，但其发现是新烟碱杀虫剂发现的开端，由于其具有较好的生物活性，使得硝基亚甲基、硝基胍类药效团得以发现，基于其结构及对黑尾叶蝉的杀虫活性，进一步的结构改进和优化后，出现了化合物 NTN32692。NTN32692 防治水稻黑尾叶蝉的活性超过 nithiazine 100 倍，但在日光下迅速分解（$\lambda_{max}=323nm$），继续进行结构优化，在 2000 个新化合物中发现了 NTN33893，即吡虫啉（imidacloprid），其防治水稻黑尾叶蝉的活性为 nithiazine 的 125 倍。吡虫啉是 1984 年拜耳公司开发出的第一个新烟碱类杀虫剂[183,184]。图 8-117 所示为吡虫啉的发现历程。

自吡虫啉上市以来，其销售额逐年上升，成为近 10 年来世界植保界销量最大的杀虫剂品种。此外，1984 年日本曹达株式会社开发了啶虫脒（acetamiprid），1989 年日本武田开发了烯啶虫胺（nitenpyram），随后 1996 年拜耳公司开发了噻虫胺（clothianidin），1997 年开发了噻虫啉（thiacloprid），瑞士诺华（先正达）1991 年发现噻虫嗪（thiamethoxam），日本

天然烟碱　　nithiazine　　NTN32692　　吡虫啉

图 8-117　吡虫啉的发现历程

三井公司 1998 年推出了呋虫胺（dinotefuran）[113-115]。当前，从新烟碱的发现时间及结构特征上看，新烟碱类杀虫剂大致可分为 3 类（图 8-118），即：以吡虫啉、噻虫啉、烯啶虫胺和啶虫脒为代表的第一代新烟碱杀虫剂，该类杀虫剂在结构上都含有相同的吡啶基团；第二代新烟碱杀虫剂主要特征是同时含有氯代噻唑基团，主要代表是噻虫嗪及噻虫胺；第三代新烟碱的代表是呋虫胺，该产品目前在国内处于临时登记阶段，在将来因其高活性及与其他烟碱类产品无交互抗性，必将受到广泛关注。

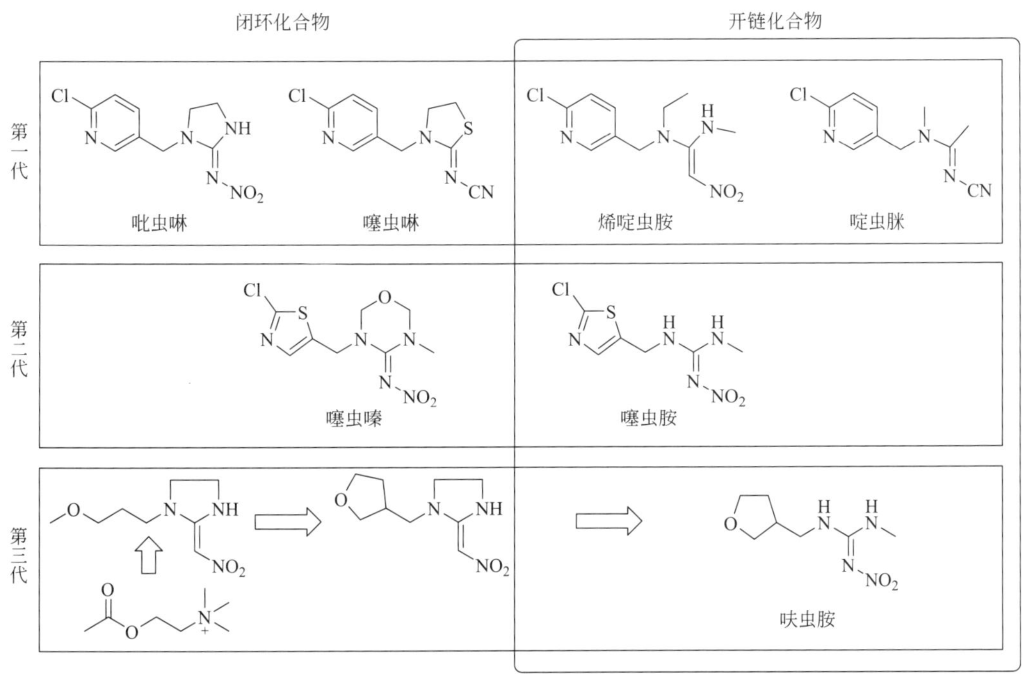

图 8-118　2000 年以前推出的新烟碱类杀虫剂

近几十年来，对新烟碱类杀虫剂的创制研究源源不断。在发现并商品化上述产品的同时，国内外的研究者进行了不断的修饰和改造，也发现了成千上万的具有优异活性的新烟碱类杀虫剂。自从 2000 年以来，美国陶氏益农公司开创性地将磺酰亚胺结构运用到新烟碱类杀虫剂的创制中，虽然在结构上依然保持了新烟碱结构的基本特征，但是在新烟碱类杀虫剂的创制方面却是一个开创性的突破，所得到的磺酰亚胺化合物不仅活性高，而且与现有的新烟碱类杀虫剂无交互抗性，其中，高活性的氟啶虫胺腈（sulfoxaflor）已实现商业化。华东理工大学钱旭红院士团队基于 π-π 共轭作用方式的理论和顺式硝基的理论，将硝基固定在顺式，发现了一批高杀虫活性的新烟碱类化合物，并于近年来成功推出哌虫啶、环氧虫啶。此外，中国农业大学推出了结构较为新颖的杀虫剂戊吡虫胍，该产品对豆蚜、桃粉蚜、棉蚜、菜蚜、甘蓝桃蚜、油菜桃蚜、稻飞虱、烟粉虱等同翅目蚜科、飞虱科、粉虱科害虫以及棉铃虫、甜菜夜蛾等鳞翅目害虫具有良好的防效，可进行该产品的产业化开发[116]。图 8-119 所示为 2000 年以后发现的新烟碱类化合物的结构式。

sulfoxaflor　哌虫啶　环氧虫啶　戊吡虫胍

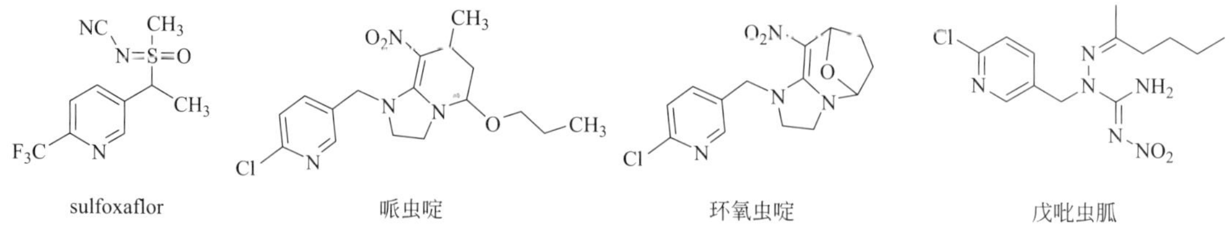

图 8-119　2000 年以后发现的新烟碱类化合物的结构式

8.5.2　吡虫啉

8.5.2.1　吡虫啉的产业概况

吡虫啉（imidacloprid）是 1984 年德国拜耳公司成功开发的第一个商品化新烟碱类杀虫剂，其由于作用机制独特、高效广谱、对非靶标生物安全及对环境友好等特点，迅速成为新农药创制领域的研究热点。吡虫啉主要用于稻飞虱、叶蝉、稻象甲、烟蚜、菜蚜、棉蚜、苹果黄蚜、梨木虱、温室白粉虱、蓟马、马铃薯甲虫、稻负泥虫、甜菜隐食甲、金龟子、白蚁、火蚁等刺吸式口器害虫的防治，还用于蟑螂、蚂蚁等卫生害虫的防治[117]。

吡虫啉纯品为无色晶体，有微弱气味；熔点 143.8℃（晶体形式 1），136.4℃（形式 2）；蒸气压 0.2μPa（20℃）；相对密度 1.543（20℃）；$K_{ow}\lg P=0.57$（22℃），溶解度（g/L，20℃）：水 0.51，二氯甲烷 50～100，异丙醇 1～2，甲苯 0.5～1，正己烷＜0.1。pH 11～15 稳定。大鼠 LD_{50}：急性经口 1260mg/kg；急性经皮＞1000mg/kg；对兔眼睛和皮肤无刺激作用。

目前开发的吡虫啉制剂主要有 70％WDG、10％WP、25％WP、12.5％SL、2.5％WP、5％EC、20％SP 等。

国外吡虫啉原药主要由德国拜耳公司生产，在印度也投资了一套生产装置。德国拜耳公司年销售额超过 10 亿美元，产能 8000t 左右，其中印度公司产能 2000t 左右。目前，我国吡虫啉原药登记企业 75 家，国内有吡虫啉原药许可证 29 个。正常生产吡虫啉原药企业近 20 家，主要有江苏克胜、海利尔药业、江苏长青农化、山东中农联合、江苏扬农化工等。表 8-30 所示为 2013～2015 年吡虫啉原药产能、产量、销售量的变化情况。

表 8-30　2013～2015 年吡虫啉原药产能、产量、销售量的变化情况

类别	2013 年	2014 年	2015 年
产能/t	25000	25000	25000
产量/t	20000	20000	19000
销售量/t	19500	19000	18000

全球吡虫啉产能主要集中在中国（图 8-120，表 8-31）。因我国企业低价恶性竞争，产品价格不到国外产品的 1/4，拜耳公司年产量 8000t，却在吡虫啉全世界 10 多亿美元的销售额中占 70％以上。2-氯-5-氯甲基吡啶（简称 CCMP）是吡虫啉的主要中间体，按其合成工艺分类分为吗啉工艺和环戊二烯工艺。国内绝大部分企业采用环戊二烯工艺。德国拜耳公司每年从我国采购 CCMP 的量在增加。

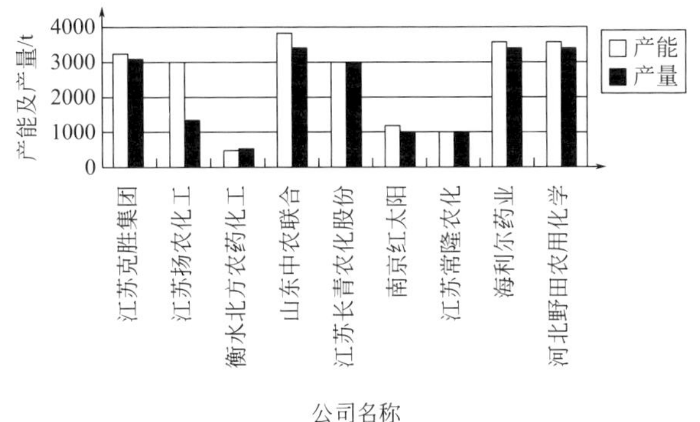

图 8-120　中国吡虫啉主要的生产企业

表 8-31　吡虫啉国内外主要生产企业产能

企业	产能/(t/年)
拜耳公司	8000（其中，印度投资的装置 2000）
江苏克胜集团股份有限公司	3200
海利尔药业	3500
江苏长青农化股份有限公司	3000
江苏常隆化工有限公司	1000
山东中农联合生物科技有限公司	4000
南京红太阳股份有限公司	1000
江苏扬农化工股份有限公司	3000
河北野田农用化学	3500
其他	5000
总计	约 35000（其中，国内约 25000）

2015 年国内吡虫啉原药出口量（包含吡虫啉制剂，折百计算）约 1.2 万吨，出口金额约 3 亿美元。吡虫啉原药价格大幅下跌，一度跌至 9 万元/t，企业开工率较低。原因包括以下几条：

① 前两年价格回升，非法生产企业、中小企业大量开工，促使原药价格回落。

② 2015 年全球经济回落，粮价下跌，导致杀虫剂市场疲软，需求不旺。

③ 噻虫嗪、烯啶虫胺、噻虫啉等同类产品崛起和螺虫乙酯等被迅速开发。

④ 近年来，有研究发现吡虫啉对蜜蜂有危害，美国、欧盟等地区对新烟碱类杀虫剂采取禁、限用措施，对其出口带来负面影响。

近 3 年来，吡虫啉原药价格一路大跌：2013 年曾达到 16 万元/t，2014 年降至 15 万元/t，2015 年又降至 9.2～9.3 万元/t（一度跌至 9 万元/t）。吡虫啉原药出口量、出口金额，都逐年有所下降，但依然是我国农药出口创汇的主打品种之一。

8.5.2.2　吡虫啉的工艺概况

目前，吡虫啉的工艺路线途径有三种，即：直接缩合法、硝化法以及以硝基胍为原料等三种方法[118-126]。以下分别介绍：

（1）直接缩合法　即以咪唑烷和 2-氯-5-氯甲基吡啶中间体（其工艺情况详见第 7 章）

为原料，在碱性条件下，即在缚酸剂碳酸钾和催化剂氯化铯存在的条件下直接缩合得到吡虫啉（图 8-121）。此种方法反应简单，但对原料的纯度要求较高。

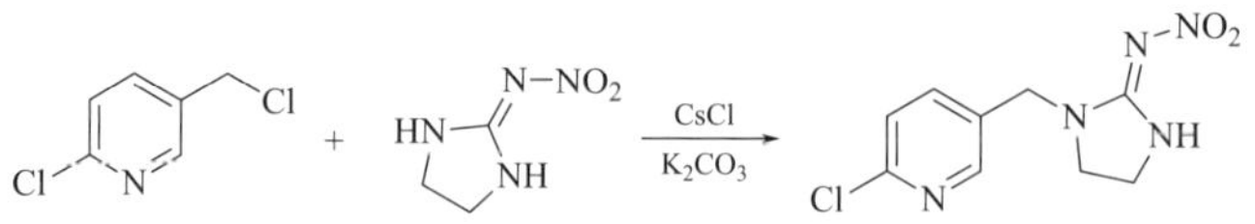

图 8-121　直接缩合法合成吡虫啉

在吡虫啉缩合反应中，因为吡虫啉分子咪唑基团中存在活泼氢原子，导致了一个重要杂质双吡啶咪唑啉硝基化合物，它是吡虫啉与 2-氯-5-氯甲基吡啶继续发生反应的产物。控制杂质双吡啶咪唑啉硝基化合物的方法有三类：①先合成 2-氯-5-氯甲基吡啶，然后再与 *N*-硝基亚氨基咪唑烷发生缩合反应；②先合成 2-氯-5-羟甲基吡啶，然后再与 *N*-硝基亚氨基咪唑烷发生缩合反应；③以 *N*-硝基亚氨基二硫代碳酸二甲酯与 6-氯吡啶-3-基甲基乙二胺为原料进行缩合反应。

在第一类方法中，许多技术人员高度关注着 *N*-硝基亚氨基咪唑烷的溶解率及缩合反应速率的有关动力学控制问题。克胜集团在多种相转移催化剂和其他类型催化剂对反应选择性与速率的影响研究方面，有了可喜的进展。有关合成专家还利用 *N*-硝基亚氨基咪唑烷易溶于热水的特点，选择合适的表面活性剂，积极探讨“水相法”合成吡虫啉的生产工艺。

在第二类方法中，2-氯-5-羟甲基吡啶与 *N*-硝基亚氨基咪唑烷发生缩合反应，副产物是水。反应可以在非碱性条件下进行。

第三类方法，能从根本上控制杂质双吡啶咪唑啉硝基化合物，但要实现工业化，仍然有大量细致的技术研究工作要做。

（2）硝化法　以 2-氯-5-氯甲基吡啶和乙二胺为起始原料，在碱性条件下发生亲核反应，而后与溴化氰反应，闭环得到咪唑环，最后在硝酸和硫酸的体系中硝化得到吡虫啉产品（图 8-122）。该方法由于使用大量的浓硫酸和硝酸，“三废”严重，采用的溴化氰也有很大的毒性，在实际操作中有很大的危险性，因此在实际生产中也较少采用。

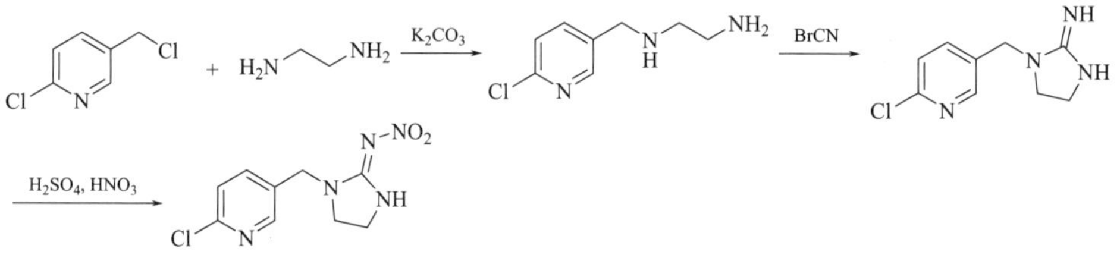

图 8-122　硝化法合成吡虫啉

（3）以硝基胍为原料　以硝基胍为原料有两种途径可以生产吡虫啉。

① 方法 1　以 2-氯-5-氯甲基吡啶、乙二胺以及硝基胍为起始原料，先将 2-氯-5-氯甲基吡啶与乙二胺在碱性条件下发生亲核反应，得到吡啶取代胺后，再与硝基胍闭环得到吡虫啉。此种方法原料易得，并且反应较为简单，反应条件温和，是一种理想的吡虫啉工艺路线（图 8-123）。

② 方法 2　先将乙二胺与硝基胍在碱性条件下闭环后，再在碱性条件下与 2-氯-5-氯甲基吡啶缩合得到吡虫啉（图 8-124）。

图 8-123　以硝基胍为原料合成吡虫啉（方法 1）

图 8-124　以硝基胍为原料合成吡虫啉（方法 2）

8.5.3　烯啶虫胺

8.5.3.1　烯啶虫胺的产业概况

1989 年，日本武田公司成功开发了烯啶虫胺（nitenpyram），其主要用于防治稻飞虱、蚜虫、蓟马、白粉虱、烟粉虱、叶蝉等，并对已对传统杀虫剂产生耐药性的害虫有较好的防治效果，且无交互抗性。

烯啶虫胺单剂自 2011 年以来就有了登记，其中，原药登记企业一共 17 家，分别为浙江禾本科技有限公司、连云港立本作物科技有限公司、江苏省南通江山农药化工股份有限公司、山东省中农联合农药工业有限公司、美国默赛技术公司、山东京蓬生物药业股份有限公司、南京红太阳股份有限公司、江苏常隆农化有限公司、石家庄瑞凯化工有限公司、江苏维尤纳特精细化工有限公司、苏州遍净植保科技有限公司、牡丹江佰佳信生物科技有限公司、河南省春光农化有限公司、海利尔药业、江苏仁信作物保护技术有限公司、河北山立化工有限公司、河北省吴桥农药有限公司。烯啶虫胺单制剂品种一共有 90 个产品，涉及剂型主要有水剂、可溶粒剂、可溶液剂、可湿性粉剂等，其中水剂以及可溶液剂是近年来烯啶虫胺比较主流的剂型。图 8-125 显示了近年来我国烯啶虫胺主要的登记情况（数据截止到 2018 年 3 月 31 日）。此外，烯啶虫胺还与吡蚜酮、联苯菊酯、异丙威等杀虫剂复配使用，其中，将其与吡蚜酮复配使用是近年来国内广大企业竞争的主要复配剂型。

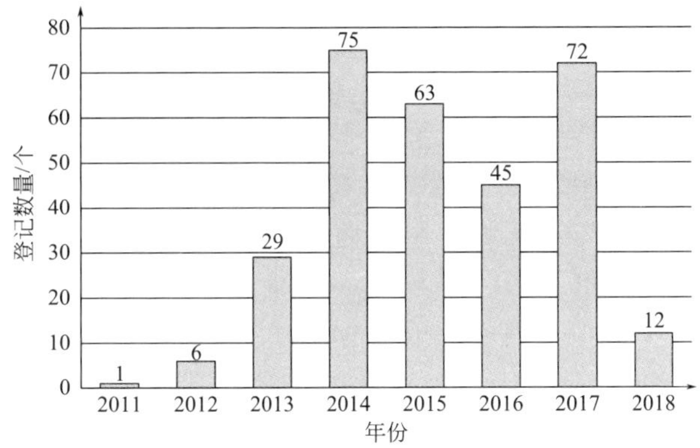

图 8-125　烯啶虫胺的登记情况

8.5.3.2 烯啶虫胺的工艺概况

烯啶虫胺合成工艺路线主要有两种，介绍如下[127,128]：

(1) 方法 1 将 2-氯-5-氯甲基吡啶先与乙胺水溶液反应制得 *N*-[(6-氯吡啶-3-基)甲基]乙胺，再与 1,1-二甲硫基-2-硝基乙烯在无水乙醇中回流反应制得 *N*-[(6-氯吡啶-3-基)甲基]-*N*-乙基-1-甲硫基-2-硝基乙烯胺，最后与甲胺水溶液反应制得烯啶虫胺。合成工艺路线如图 8-126 所示。

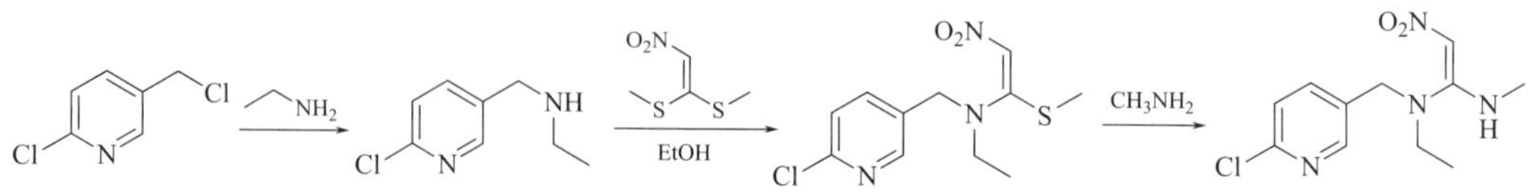

图 8-126 烯啶虫胺的合成工艺路线(方法 1)

(2) 方法 2 将 2-氯-5-氯甲基吡啶先与乙胺水溶液反应制得 *N*-[(6-氯吡啶-3-基)甲基]乙胺，再与 1,1-二氯-2-硝基乙烯在无水乙醇中回流反应制得 1-氯-*N*-[(6-氯吡啶-3-基)甲基]-*N*-乙基-2-硝基乙烯胺，最后与甲胺水溶液反应制得烯啶虫胺。合成工艺路线如图 8-127 所示。

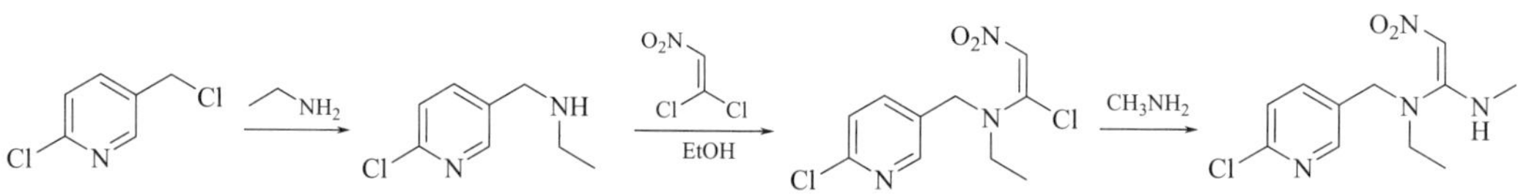

图 8-127 烯啶虫胺的合成工艺路线(方法 2)

8.5.4 啶虫脒

8.5.4.1 啶虫脒的产业概况[129,130]

1984 年，日本曹达株式会社成功开发了啶虫脒 (acetamiprid)，啶虫脒不仅能杀虫还能杀卵，具有强内吸性，对鳞翅目、半翅目、缨翅目、同翅目害虫均有很好的防治效果。主要用于防治蚜虫、叶蝉、粉虱等害虫，对蟀象、康氏粉蚧等害虫防治也有显著效果，是防治蚜虫、粉虱、叶蝉等刺吸式害虫的理想换代产品。

当前，啶虫脒在我国有 720 个相关的产品登记在册。其中，原药产品有 49 个，相关企业如山东潍坊双星农药有限公司、山东省青岛凯源祥化工有限公司、山西绿海农药科技有限公司、山东申达作物科技有限公司、河北省吴桥农药有限公司、潍坊万胜生物农药有限公司、宁夏瑞泰科技股份有限公司、江苏绿叶农化有限公司、如东县华盛化工有限公司均从事原药生产。2008 年啶虫脒单剂的登记达到顶峰时期，单剂的登记数量为 180 个。此外，复配制剂 110 个，主要与毒死蜱、阿维菌素、哒螨灵等杀虫剂复配使用，剂型涉及水乳剂、悬浮剂、可湿性粉剂、水分散粒剂、乳油、微乳剂等，其中微乳剂是该产品关注较多的剂型。随着广大企业对该品种的登记与生产，啶虫脒也必将成为国内竞争的新烟碱杀虫剂品种。

8.5.4.2 啶虫脒的工艺概况

目前，啶虫脒的合成工艺路线主要包含三种，均以 2-氯-5-氯甲基吡啶为起始原料，介绍如下：

（1）方法 1　将 2-氯-5-氯甲基吡啶先与氨气反应制得 2-氯-5-甲氨基吡啶，再与 *N*-氰基乙亚氨酸乙酯反应生成 *N*-氰基-*N'*-(2-氯-5-吡啶甲基)乙脒，最后与碘甲烷或硫酸二甲酯反应制备得到啶虫脒。合成工艺路线如图 8-128 所示。

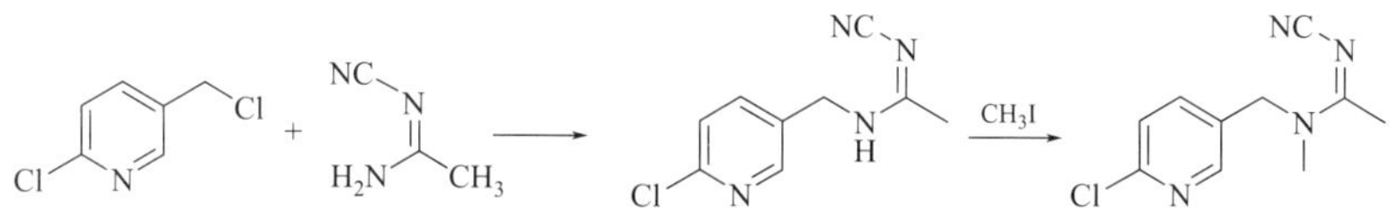

图 8-128　啶虫脒的合成工艺路线（方法 1）

（2）方法 2　将 2-氯-5-氯甲基吡啶先与甲胺反应制得 2-氯-5-(*N*-甲基)氨甲基吡啶，然后再与 *N*-氰基乙亚氨酸乙酯反应而制得啶虫脒。合成工艺路线如图 8-129 所示。

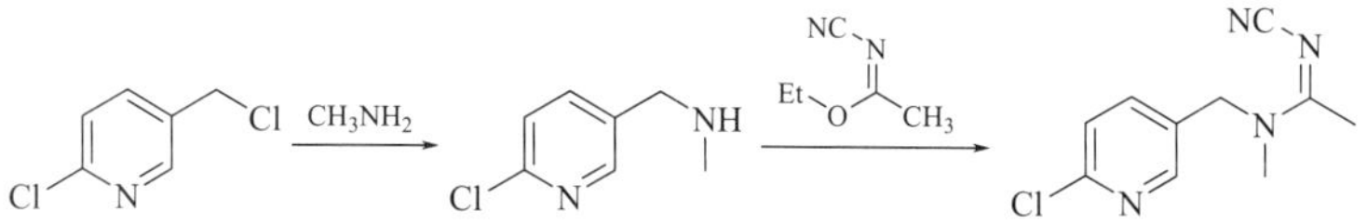

图 8-129　啶虫脒的合成工艺路线（方法 2）

（3）方法 3　将 2-氯-5-氯甲基吡啶先与 *N*-氰基乙脒反应生成 *N*-氰基-*N'*-(2-氯-5-吡啶基甲基)乙脒，然后再与碘甲烷或硫酸二甲酯在氢化钠存在下反应而生成啶虫脒。合成工艺路线如图 8-130 所示。

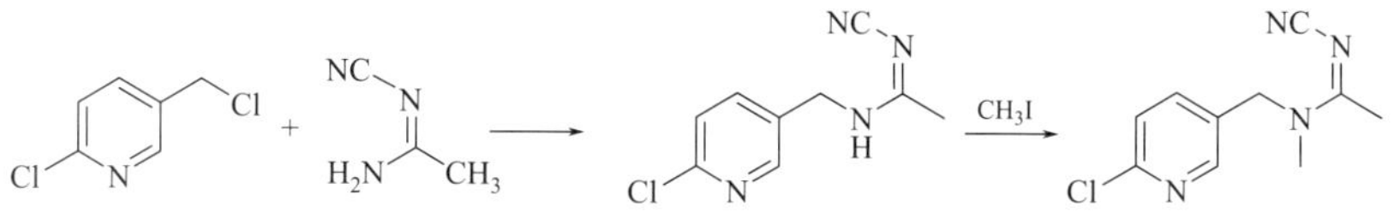

图 8-130　啶虫脒的工艺路线（方法 3）

8.5.5　噻虫啉

8.5.5.1　噻虫啉的产业概况

2000 年，日本武田公司开发了噻虫啉（thiacloprid）。噻虫啉是广谱性杀虫剂，对松褐天牛、光肩星天牛、黄斑星天牛、青杨天牛、杨干象、双条杉天牛等鞘翅目害虫和美国白蛾、舞毒蛾、柳毒蛾、落叶松鞘蛾、松毛虫等鳞翅目害虫，以及其他同翅目、半翅目、直翅目害虫都有很好的防治效果。当前，噻虫啉原药生产企业主要有山东省联合农药工业有限公司、利民化工股份有限公司、如东众意化工有限公司等几家。共 48 个相关的产品获得登记，其中单制剂产品 37 个，在 2016 年达到登记的顶峰时期，单剂的登记数量为 11，而 2014 年和 2018 年单剂的登记数量均为 2 个。在剂型方面，主要涉及悬浮剂、水分散粒剂等水基化制剂。此外，共有 11 个复配制剂登记生产，主要与吡蚜酮、溴氰菊酯、联苯菊酯等进行登记使用。

8.5.5.2　噻虫啉的工艺概况

将单氰胺先与二硫化碳在以氢氧化钠为缚酸剂的条件下反应，随后加入硫酸二甲酯制得 1,1-二甲硫基-2-(*N*-氰基)乙亚胺，再与巯基乙胺反应制得 *N*-(噻唑烷-2-亚基)氨基氰，然后与 2-氯-5-氯甲基吡啶在碳酸钾的作用下制得噻虫啉[131]。合成工艺路线如图 8-131 所示。

图 8-131 噻虫啉的合成工艺路线

8.5.6 噻虫胺[132-134]

8.5.6.1 噻虫胺的产业概况

2003 年，拜耳公司开发上市的噻虫胺（clothianidin），是新烟碱类杀虫剂中的重要品种，它对非洲爪蟾卵母细胞表达 SADβ2 乙酰胆碱受体表现为超级激动剂。其主要应用于防治半翅目、鞘翅目、双翅目和某些鳞翅目害虫。

除了日本住友化学工业株式会社在我国登记噻虫胺原药之外，我国当前共有 9 个企业生产噻虫胺的原药，含量均在 95%以上，这些企业分别是江苏辉丰生物农业股份有限公司、江苏中旗科技股份有限公司、山东海利尔化工有限公司、河北威远生物化工有限公司、南通泰禾化工股份有限公司、河北德瑞化工有限公司、江苏省农用激素工程技术研究中心有限公司、山东科信生物化学有限公司等。

此外，共有 30 个企业登记了噻虫胺的单制剂产品（表 8-32），其中水分散粒剂、悬浮剂以及颗粒剂是国内企业登记较多的剂型，主要以悬浮剂为主。

表 8-32 噻虫胺的登记情况

登记证号	有效成分	剂型	含量/%	有效期	生产企业
PD20182224	阿维·噻虫胺	悬浮剂	24	2023-6-27	山东省青岛凯源祥化工有限公司
PD20180523	吡醚·咯·噻虫	悬浮种衣剂	30	2023-2-8	江西中迅农化有限公司
PD20181152	吡蚜·噻虫胺	悬浮剂	20	2023-3-15	江苏明德立达作物科技有限公司
PD20180584	吡蚜·噻虫胺	可湿性粉剂	50	2023-2-8	湖南农大海特农化有限公司
PD20172729	吡蚜·噻虫胺	水分散粒剂	50	2022-11-20	陕西标正作物科学有限公司
PD20182538	吡蚜·噻虫胺	水分散粒剂	50	2023-6-27	福建新农大正生物工程有限公司
PD20182274	吡蚜·噻虫胺	水分散粒剂	60	2023-6-27	陕西恒田生物农业有限公司
PD20180292	吡蚜·噻虫胺	悬浮剂	30	2023-1-14	浙江省桐庐汇丰生物科技有限公司
PD20180080	吡蚜·噻虫胺	悬浮剂	30	2023-1-14	河北博嘉农业有限公司
PD20173028	丙威·噻虫胺	可湿性粉剂	50	2022-12-19	江苏丰山集团股份有限公司
PD20180783	精·咪·噻虫胺	悬浮种衣剂	27	2023-2-8	江苏辉丰生物农业股份有限公司
PD20181000	联苯·噻虫胺	颗粒剂	1	2023-3-15	广东真格生物科技有限公司
PD20172950	联苯·噻虫胺	颗粒剂	1	2022-11-20	广东省江门市新会区农得丰有限公司
PD20172903	联苯·噻虫胺	颗粒剂	1	2022-11-20	济南绿霸农药有限公司
PD20180746	联苯·噻虫胺	悬浮剂	20	2023-2-8	河北省农药化工有限公司
PD20180495	氯虫·噻虫胺	悬浮剂	40	2023-2-8	东莞市瑞德丰生物科技有限公司

续表

登记证号	有效成分	剂型	含量/%	有效期	生产企业
PD20180189	氯氟·噻虫胺	微囊悬浮-悬浮剂	25	2023-1-14	江苏辉丰生物农业股份有限公司
PD20181087	噻虫·氟氯氰	颗粒剂	0.70	2023-3-15	山西运城绿康实业有限公司
PD20172842	噻虫·毒死蜱	颗粒剂	1	2022-11-20	广西汇丰生物科技有限公司
PD20182488	噻虫·氟氯氰	颗粒剂	2	2023-6-27	广西田园生化股份有限公司
PD20161501	噻虫胺	颗粒剂	0.50	2021-11-14	广东省江门市新会区农得丰有限公司
PD20171375	噻虫胺	颗粒剂	0.50	2022-7-19	湖南岳阳安达化工有限公司
PD20171276	噻虫胺	颗粒剂	0.06	2022-7-19	广西田园生化股份有限公司
PD20180641	噻虫胺	颗粒剂	0.50	2023-2-8	广西国泰农药有限公司
PD20180847	噻虫胺	颗粒剂	0.50	2023-3-15	山东省联合农药工业有限公司
PD20181894	噻虫胺	颗粒剂	0.06	2023-5-16	孟州沙隆达植物保护技术有限公司
PD20181882	噻虫胺	颗粒剂	0.10	2023-5-16	河南金田地农化有限责任公司
PD20181719	噻虫胺	颗粒剂	1	2023-5-16	广西康赛德农化有限公司
PD20181711	噻虫胺	颗粒剂	0.10	2023-5-16	孟州云大高科生物科技有限公司
PD20181710	噻虫胺	颗粒剂	1	2023-5-16	孟州云大高科生物科技有限公司
PD20182156	噻虫胺	颗粒剂	0.10	2023-6-27	成都科利隆生化有限公司
PD20171448	噻虫胺	可湿性粉剂	5	2022-8-21	海利尔药业集团股份有限公司
PD20171437	噻虫胺	水分散粒剂	50	2022-7-19	陕西美邦农药有限公司
PD20172506	噻虫胺	水分散粒剂	30	2022-10-17	北京华戎生物激素厂
PD20121669	噻虫胺	水分散粒剂	50	2022-11-5	日本住友化学工业株式会社
PD20180459	噻虫胺	水分散粒剂	50	2023-2-8	山东省青岛奥迪斯生物科技有限公司
PD20180886	噻虫胺	水分散粒剂	50	2023-3-15	江苏腾龙生物药业有限公司
PD20180846	噻虫胺	水分散粒剂	50	2023-3-15	山东省联合农药工业有限公司
PD20181817	噻虫胺	水分散粒剂	50	2023-5-16	陕西汤普森生物科技有限公司
PD20172991	噻虫胺	悬浮剂	20	2022-12-19	江苏辉丰生物农业股份有限公司
PD20161599	噻虫胺	悬浮剂	48	2021-12-16	江苏中旗科技股份有限公司
PD20170709	噻虫胺	悬浮剂	30	2022-4-10	河北博嘉农业有限公司
PD20180003	噻虫胺	悬浮剂	20	2022-11-20	河北利时捷生物科技有限公司
PD20173236	噻虫胺	悬浮剂	20	2022-12-19	江西海阔利斯生物科技有限公司
PD20180020	噻虫胺	悬浮剂	20	2023-1-14	河北威远生物化工有限公司
PD20180492	噻虫胺	悬浮剂	48	2023-2-8	河南瀚斯作物保护有限公司
PD20181245	噻虫胺	悬浮剂	20	2023-3-15	山东省联合农药工业有限公司
PD20181268	噻虫胺	悬浮剂	20	2023-4-17	柳州市惠农化工有限公司
PD20181969	噻虫胺	悬浮剂	10	2023-5-16	河南省安阳市锐普农化有限责任公司
PD20181908	噻虫胺	悬浮剂	30	2023-5-16	孟州云大高科生物科技有限公司
PD20181794	噻虫胺	悬浮剂	48	2023-5-16	河南远见农业科技有限公司

续表

登记证号	有效成分	剂型	含量/%	有效期	生产企业
PD20182374	噻虫胺	悬浮剂	20	2023-6-27	海利尔药业集团股份有限公司
PD20182074	噻虫胺	悬浮剂	48	2023-6-27	山东奥坤作物科学股份有限公司
PD20182054	噻虫胺	悬浮剂	30	2023-6-27	南通泰禾化工股份有限公司
PD20181340	噻虫胺	悬浮种衣剂	48	2023-4-17	山东省联合农药工业有限公司
PD20170813	噻虫胺	种子处理悬浮剂	18	2022-5-9	江苏省苏州富美实植物保护剂有限公司
PD20180429	杀单·噻虫胺	颗粒剂	10	2023-2-8	湖北省天门斯普林植物保护有限公司
PD20182486	杀单·噻虫胺	颗粒剂	0.50	2023-6-27	南宁市德丰富化工有限责任公司

8.5.6.2 噻虫胺的工艺概况

（1）方法 1　先将 2-硝基胍与甲胺水溶液反应制得 1-甲基-2-硝基胍，再在甲胺水溶液和甲醛中反应闭环制得 *N*-(1,5-二甲基-1,3,5-三嗪-2-亚基)硝酰胺，随之与 2-氯-5-氯甲基噻唑反应制得 *N*-{1-[(2-氯噻唑-5-基)甲基]-3,5-二甲基-1,3,5-三嗪-2-亚基}硝酰胺，最后开环反应得到噻虫胺[133,134]。合成工艺路线如图 8-132 所示。

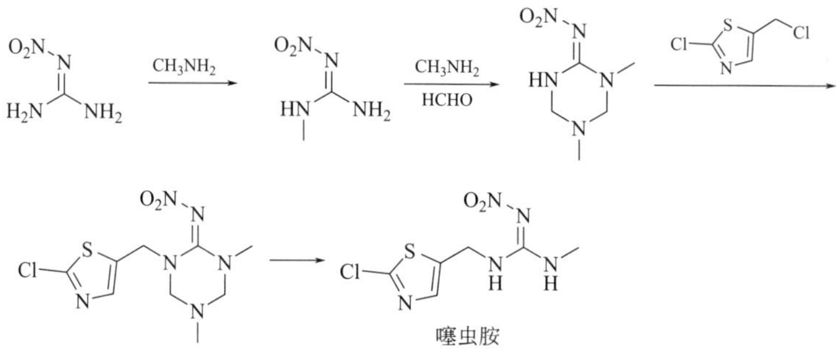

O_2N CH_3NH_2 H_2N NH_2 HN CH_3NH_2 HCHO Cl S N Cl

噻虫胺

图 8-132　噻虫胺的合成工艺路线(方法 1)

（2）方法 2　2-氯-5-氨甲基噻唑与 1,3-二甲基-3-硝基异硫脲反应，或者 1-(2-氯噻唑甲基)-3-硝基-2-甲基异硫脲与甲胺溶液反应[132]（如图 8-133 所示）。

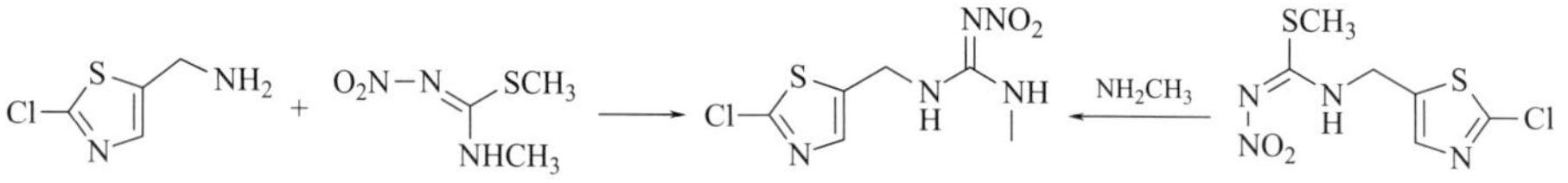

Cl S N NH_2 + O_2N-N SCH_3 $NHCH_3$ NNO_2 NH H NH_2CH_3 SCH_3 NO_2

图 8-133　噻虫胺的工艺路线(方法 2)

8.5.7 噻虫嗪

8.5.7.1 噻虫嗪的产业概况

1998 年，瑞士诺华（现先正达）成功开发了噻虫嗪（thiamethoxam），对鞘翅目、双翅目、鳞翅目尤其是同翅目害虫有高活性，可有效防治各种蚜虫、叶蝉、飞虱类、粉虱、金龟子幼虫、马铃薯甲虫、线虫、地面甲虫、潜叶蛾等害虫及对多种类型化学农药产生抗性的害虫。

噻虫嗪单剂自 2011 年以来在国内就有了登记，到 2018 年 5 月，一共有 64 家企业（浙江禾本科技有限公司、山东潍坊润丰化工股份有限公司、江苏辉丰生物农业股份有限公司、上虞颖泰精细化工有限公司、京博农化科技有限公司、湖南海利化工股份有限公司、江苏长青农化股份有限公司、连云港市金囤农化有限公司、河北奇峰化工有限公司、泸州东方农化有限公司、江苏嘉隆化工有限公司、江苏中旗科技股份有限公司、泰州百力化学股份有限公司、永农生物科学有限公司、南通泰禾化工股份有限公司、江苏汇丰科技有限公司等）登记了该产品的原药，可见其竞争是白热化的。该情况在其单剂上的登记也可以明显反映出来，在 2014～2017 年达到登记的顶峰时期（图 8-134，截止到 2018 年 5 月），每年均有几十个单剂产品获得登记。而混剂的登记情况也高达 150 个，主要涉及颗粒剂、悬浮种衣剂、悬浮剂、水分散粒剂等剂型。

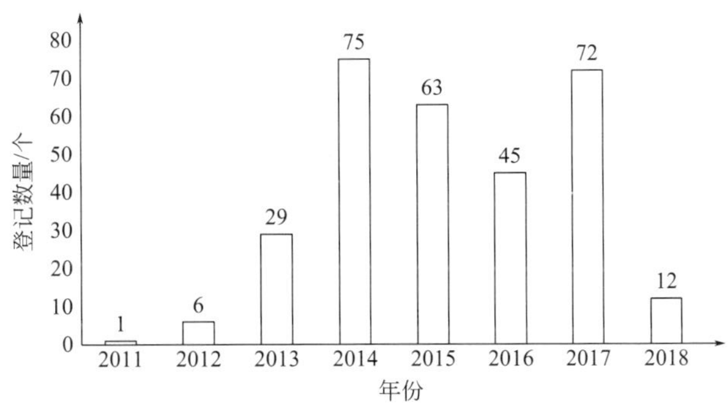

图 8-134　噻虫嗪单剂的登记情况

8.5.7.2　噻虫嗪的工艺概况

对于噻虫嗪的合成工艺路线，当前主要的方法是先将硝基胍和甲胺盐酸盐反应生成甲基硝基胍，然后与 37％甲醛水溶液和甲酸进行环合反应，得到 3-甲基-4-硝基亚胺-1,3,5-噁二嗪，最后与 2-氯-5-氯甲基噻唑反应制得噻虫嗪[135,136]。合成工艺路线如图 8-135 所示。该路线是一条较为经典的工艺路线，国内外报道较多。但此路线中采用的关键中间体 2-氯-5-氯甲基噻唑性质不稳定，易分解聚合，刺激性大，个别敏感体质的人对其过敏。它的纯度对原药合成的收率影响特别大，需要高真空蒸馏或冷冻重结晶提纯，给工业生产增加了麻烦。

图 8-135　噻虫嗪的合成工艺路线 1

此外，2-取代硫基-5-氯甲基噻唑合成法也是比较主流的方法，该方法不经过关键中间体 2-氯-5-氯甲基噻唑，直接将 2,3-二氯丙烯与硫氰化钠反应，得到 2-氯-3-硫氰基丙烯，再与硫醇反应，得到硫代酰胺后再与氯化试剂（$SOCl_2$）反应得到 2-取代硫基-5-氯甲基噻唑，随后在碱性条件下与 3-甲基-4-硝基亚胺-1,3,5-噁二嗪反应，最后氯化即得到噻虫嗪[137,138]。合成工艺路线如图 8-136 所示。

图 8-136　噻虫嗪的合成工艺路线 2

8.5.8　呋虫胺

8.5.8.1　呋虫胺的产业概况

1995 年，日本三井公司开发了第三代烟碱类杀虫剂——呋虫胺（dinotefuran），该药剂杀虫谱广，具有卓越的内吸渗透作用，在很低的剂量即显示了很高的杀虫活性。该药剂对哺乳动物、鸟类及水生生物十分安全，对作物无药害，可用于水稻、果树、蔬菜等众多作物[139]。主要防治对象有：褐飞虱、白背飞虱、灰飞虱、黑尾叶蝉、稻蛛椽蝽象、二小星蝽象、稻绿蝽象、红须盲蝽、稻负泥虫、稻筒水螟、二化螟、稻蝗类[140]。

呋虫胺是 2015 年专利过期的品种，国内很多企业在其到期之前就早有部署，很多企业纷纷抢占专利主权，到 2018 年 5 月，主要有乐斯化学有限公司、河北兴柏农业科技有限公司、海利尔药业、江苏安邦电化有限公司、河北威远生物化工有限公司、开封博凯生物化工有限公司、江苏好收成韦恩农化股份有限公司、江西欧氏化工有限公司、中山凯中有限公司、南通泰禾化工股份有限公司、辽宁省葫芦岛凌云集团农药化工有限公司、江苏苏滨生物农化有限公司、南京红太阳股份有限公司、江苏省盐城利民农化有限公司、江苏绿叶农化有限公司等企业登记了该产品，含量均在 95%以上。近年来，对该产品的登记数量不断增长。自从 2015 年该产品在国内有了登记（图 8-137），登记数量一直在逐年增加，尤其是 2018 年，5 月以前已经有近 40 个产品获得登记。此外，一共有 39 个复配制剂登记使用，主要与烯啶虫胺、吡蚜酮、联苯菊酯等进行复配使用，剂型涉及颗粒剂、悬浮剂、水分散粒剂、水乳剂、悬浮种衣剂等。

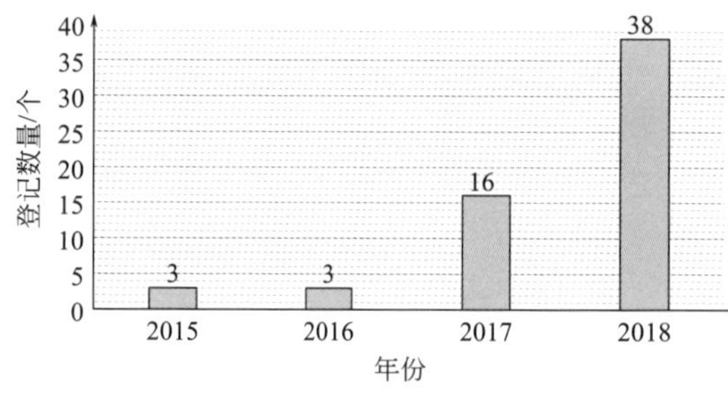

图 8-137　呋虫胺单剂的登记情况

8.5.8.2　呋虫胺的工艺概况

呋虫胺的合成当前主要有 3 种工艺路线，介绍如下：

（1）工艺路线 1　合成工艺路线如图 8-138 所示，以硝基胍为起始原料，先与甲胺水溶液反应制得 1-甲基-2-硝基胍，接着在甲胺水溶液和甲醛水溶液中闭环反应制得 *N*-(1,5-二甲基-1,3,5-三嗪-2-亚基)硝酰胺，然后在碱性条件下与（四氢呋喃-3-基）甲基甲磺酸酯反应，再在稀释的盐酸中反应，处理后制得呋虫胺[141-144]。

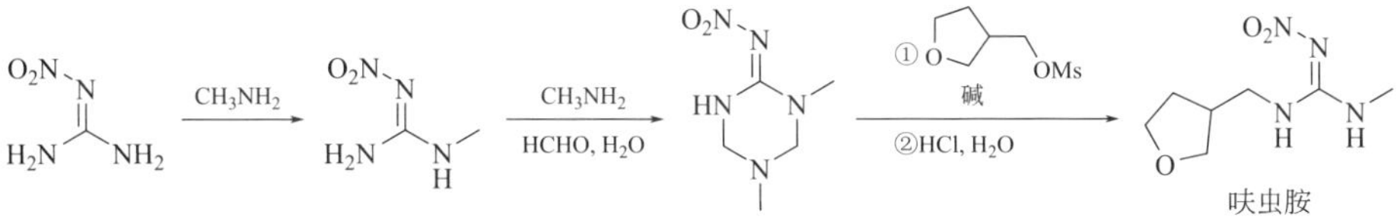

图 8-138　呋虫胺的合成工艺路线 1

（2）工艺路线 2[145-147]　如图 8-139 所示。

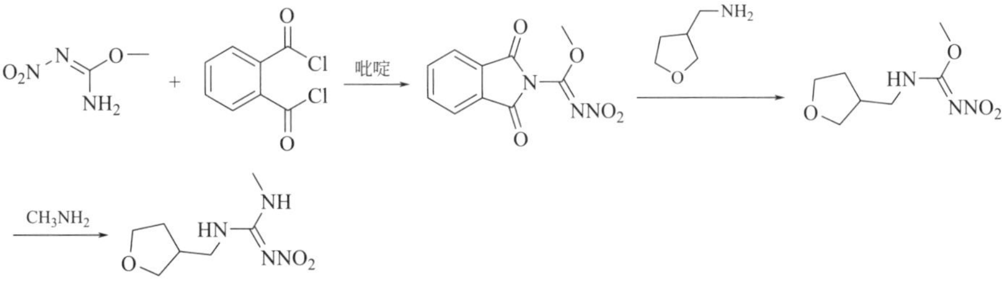

图 8-139　呋虫胺的合成工艺路线 2

（3）工艺路线 3[148,149]　1,3-二甲基-2-硝基异脲与 3-四氢呋喃甲胺反应[270,271]，收率 74%。合成工艺路线如图 8-140 所示。

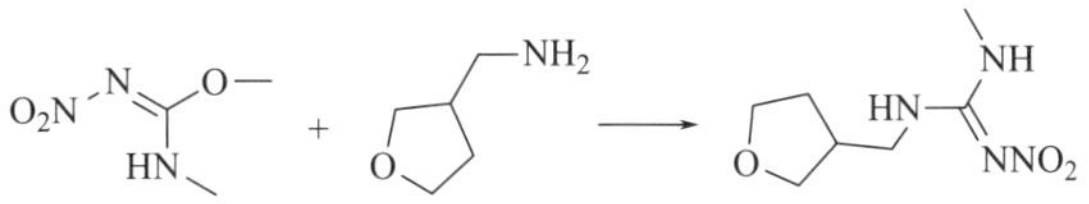

图 8-140　呋虫胺的合成工艺路线 3

8.5.9　哌虫啶

8.5.9.1　哌虫啶的产业概况

2007 年，华东理工大学药物化工研究所李忠教授等推出了哌虫啶。李忠教授等从 NTN32692 出发通过引入四氢吡啶环固定硝基为顺式构型，并采用环外醚基和烷基取代调节化合物的脂溶性，合成了一系列顺式硝基烯类新烟碱化合物。哌虫啶对蚜虫具有较好的杀虫活性，尤其是对褐飞虱等具有高活性，且与传统的新烟碱类化合物的生物活性特征有一定的差异，对哺乳动物低毒性（LD_{50}＞5000mg/kg）。该化合物对抗性稻飞虱有较好的活性，市场前景较好[150]。

到 2018 年 5 月为止，哌虫啶单剂仅有江苏克胜集团股份有限公司进行登记，登记剂型分别为 10%的悬浮剂和 95%的原药（表 8-33）。

表 8-33　哌虫啶的登记情况

登记证号	登记名称	农药类别	剂型	总含量	有效期至	生产企业
PD20171719	哌虫啶	杀虫剂	悬浮剂	10%	2022-8-30	江苏克胜集团股份有限公司
PD20171435	哌虫啶	杀虫剂	原药	95%	2022-8-30	江苏克胜集团股份有限公司

8.5.9.2　哌虫啶的工艺概况

先令 2-氯-5-氯甲基吡啶与乙二胺反应制得 *N*-1-[(6-氯吡啶-3-基)甲基]-1,2-乙二胺，随后再与二甲硫基硝基烯（或者二氯硝基烯）在回流状态下闭环，得到 NTN32692，然后在乙腈中与2-烯-1-丁醛反应制得稠环衍生物，最后与正丙醇反应制得哌虫啶[151]。合成工艺路线如图8-141所示。

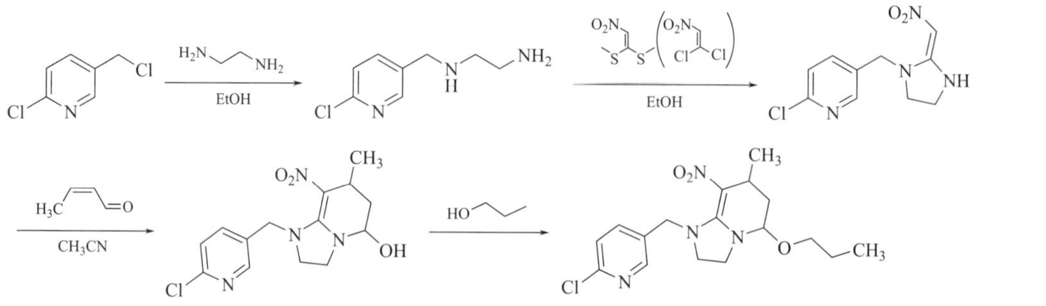

图8-141 哌虫啶的合成工艺路线

8.5.10 环氧虫啶

2009年，李忠等以NTN32692为母体，通过引入氧桥构建了氧桥杂环化合物——环氧虫啶（cycloxaprid）。该化合物具有非常高的活性，对蚜虫 LC_{50} 为1.52mg/L，对黏虫为12.5mg/L，整体活性高于吡虫啉，并且对对吡虫啉产生抗性的褐飞虱的活性是吡虫啉的50倍。它具有很好的商品化前景，目前正处于开发阶段。

环氧虫啶的合成工艺路线如图8-142所示，其前半段的工艺路线（即NTN 32692的工艺路线）方法与哌虫啶相同，同样可以采用二甲硫基硝基烯（或二氯硝基烯）为闭环的原料。所不同的是，NTN32692直接与丁二醛闭环即得到环氧虫啶[152]。与哌虫啶相比，其合成工艺路线相对较短，成本也相对较低。该过程中，丁二醛可以由2,5-二乙氧基四氢呋喃在10%的盐酸中加热至90℃进行制备。

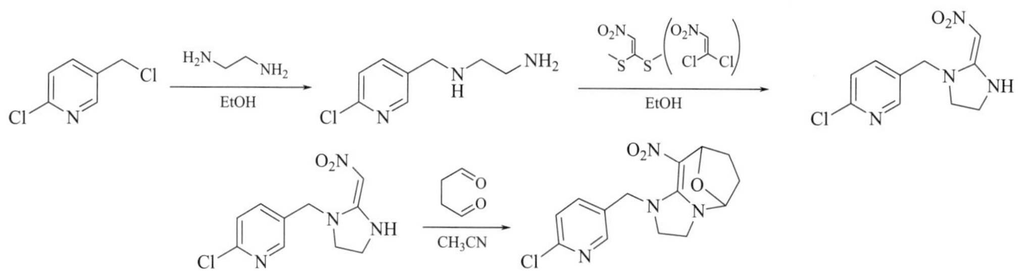

图8-142 环氧虫啶的合成工艺路线

8.5.11 戊吡虫胍

戊吡虫胍是中国农业大学覃兆海课题组将新烟碱类与缩氨脲类杀虫剂的活性结构单元结合在一起，成功开发出的高效、低毒、具有自主知识产权的新型杀虫剂。该产品对雌、雄大鼠急性经口 $LD_{50}>5000mg/kg$，急性经皮 $LD_{50}>5000mg/kg$，均为微毒；急性吸入 $LC_{50}>3485mg/m^3$，属低毒；对兔眼、皮肤刺激强度为无刺激级；皮肤变态（致敏）强度为Ⅰ级，属弱致敏物；Ames试验结果为阴性；体外哺乳动物细胞基因突变试验结果阴性；细胞体外染色体畸变试验结果阴性，小鼠睾丸染色体畸变试验结果阴性。

戊吡虫胍对豆蚜、桃粉蚜、棉蚜、菜蚜、甘蓝桃蚜、油菜桃蚜、稻飞虱、烟粉虱等同翅目蚜科、飞虱科、粉虱科害虫以及棉铃虫、甜菜夜蛾等鳞翅目害虫具有良好的防效，其防治效果与吡虫啉相当，并且对抗吡虫啉的害虫具有很好的杀灭效果。该产品当前正在申请临时登记。

戊吡虫胍的合成工艺路线如图 8-143 所示，该路线以硝基胍、水合肼为起始原料，经 3 步反应合成了戊吡虫胍。此路线工艺简单，原料价格低廉，收率高，易于实现工业化生产[153]。

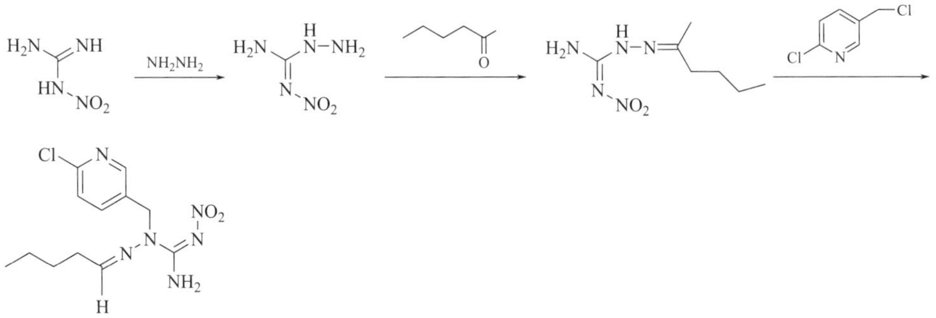

图 8-143　戊吡虫胍的合成工艺路线

8.5.12　氟啶虫胺腈

8.5.12.1　氟啶虫胺腈的产业概况

氟啶虫胺腈（sulfoxaflor）为美国陶氏益农公司（Dow AgroSciences）研制的第一个新颖 sulfoximine 类农用杀虫剂，2010 年 11 月 2 日在英国伦敦召开的世界农药研究会议上，该公司将其公布。氟啶虫胺腈杀虫谱与新烟碱杀虫剂有所不同，其对对新烟碱类杀虫剂产生抗性的刺吸式口器昆虫具有较高防效，可以说是抗性管理方面的一个新型防治药剂。氟啶虫胺腈原药急性经口 LD_{50}：雌大鼠 1000mg/kg，雄大鼠 1405mg/kg；原药急性经皮 LD_{50}：大鼠（雌/雄）＞5000mg/kg；制剂急性经口 LD_{50}＞2000mg/kg[154-156]。

由表 8-34 可以看出，氟啶虫胺腈单剂在国内仅有江苏苏州佳辉化工有限公司和美国陶氏益农公司进行生产登记，登记剂型主要为水分散粒剂和悬浮剂。

表 8-34　氟啶虫胺腈的登记情况

登记证号	登记名称	农药类别	剂型	总含量	有效期至	生产企业
PD20160335F160051	氟啶虫胺腈	杀虫剂	水分散粒剂	50%	2018-5-31	江苏苏州佳辉化工有限公司
PD20160336F160050	氟啶虫胺腈	杀虫剂	悬浮剂	22%	2018-5-31	江苏苏州佳辉化工有限公司
PD20160336	氟啶虫胺腈	杀虫剂	悬浮剂	22%	2021-2-25	美国陶氏益农公司
PD20160335	氟啶虫胺腈	杀虫剂	水分散粒剂	50%	2021-2-25	美国陶氏益农公司
PD20160337	氟啶虫胺腈	杀虫剂	原药	95.9%	2021-2-28	美国陶氏益农公司

8.5.12.2　氟啶虫胺腈的工艺概况

对于氟啶虫胺腈的合成，目前有多种方法，介绍如下：

（1）以 3-氯甲基-6-(三氟甲基)吡啶为起始原料　以 3-氯甲基-6-(三氟甲基)吡啶为起始原料，先与甲硫醇钠反应生成 3-[1-(甲硫基)甲基]-6-(三氟甲基)吡啶，然后和胺腈在碘苯二乙酯中反应生成甲基[1-(2-三氟甲基吡啶-5-基)甲基]-*N*-氰基硫亚胺，最后再经过氧化及甲基化 2 步反应得到氟啶虫胺腈。合成工艺路线如图 8-144 所示[157-159]。

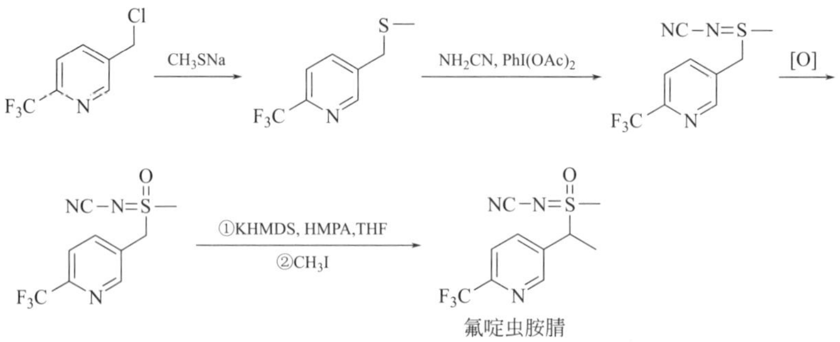

图 8-144 以 3-氯甲基-6-(三氟甲基)吡啶为起始原料合成氟啶虫胺腈

(2) 以丁醛与吡咯为起始原料[160-162] 丁醛与吡咯反应生成 1-四氢吡咯-1-丁烯，而后与 1-乙氧基-4,4,4-三氟-1-丁烯反应生成 5-乙基-2-(三氟甲基)吡啶。再经溴化得到 5-(1-溴乙基)-2-(三氟甲基)吡啶，其与甲硫醇钠反应生成 3-[1-(甲硫基)乙基]-6-(三氟甲基)吡啶，再与单腈胺反应生成甲基-[1-(2-三氟甲基吡啶-5-基)甲基]-*N*-氰基硫亚胺，最后氧化得到氟啶虫胺腈。合成工艺路线如图 8-145 所示。

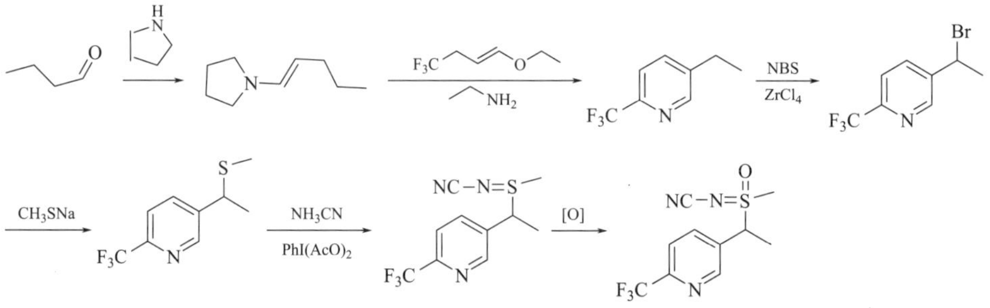

图 8-145 以丁醛与吡咯为起始原料合成氟啶虫胺腈

(3) 以巴豆醛与甲硫醇钠为起始原料[163] 巴豆醛与甲硫醇钠反应生成 3-甲硫基丁醛，再与四氢吡咯反应得到 1-四氢吡咯-3-甲硫基-1-丁烯；然后与 4-氯-4-乙氧基-1,1,1-三氟-2-丁酮反应生成 3-[1-(甲硫基)乙基]-6-(三氟甲基)吡啶。其与单腈胺反应生成甲基-[1-(2-三氟甲基吡啶-5-基)乙基]-*N*-氰基硫亚胺，再经氧化得到氟啶虫胺腈。合成工艺路线如图 8-146 所示。

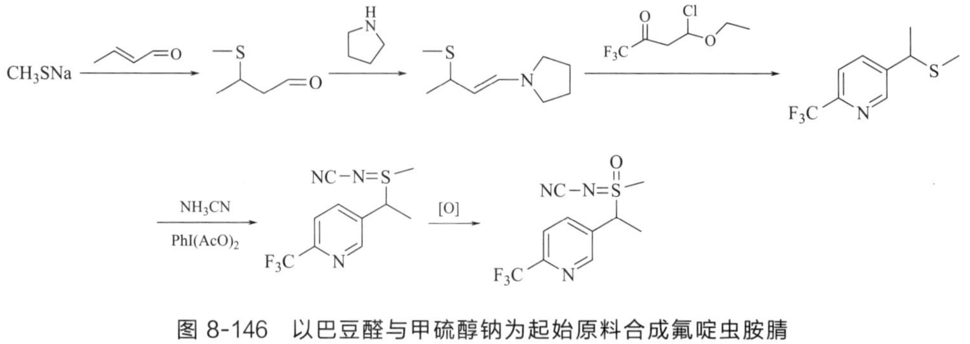

图 8-146 以巴豆醛与甲硫醇钠为起始原料合成氟啶虫胺腈

8.6 邻苯二甲酰胺类杀虫剂

8.6.1 邻苯二甲酰胺类杀虫剂发展概述

随着各种杀虫剂长期大剂量的使用，害虫已对许多农药产生了抗药性，如何应对日益严重的害虫抗药性问题成为植物保护成功的关键。寻求并开发具有新型作用机理的杀虫剂无疑是解决抗药性问题的方法之一。近年来，邻苯二甲酰胺类杀虫剂的出现给农业生产及新农药的创制带来了新的思路，该类杀虫剂作用机理独特、化学结构新颖，不仅与传统的杀虫剂无交互抗性，而且对哺乳动物等安全，受到人们的极大关注[164]。

邻苯二甲酰胺类杀虫剂的发现可以追溯到 20 世纪 80 年代[165]。最初，该类化合物并非以邻苯二甲酰胺和杀虫剂的形式出现，而是以具有除草和杀菌功能的吡嗪二甲酰胺类化合物 **1** 出现的。该类结构由日本大阪大学的 Tsuda 博士报道[166,167]，因其具有结构新颖、机理独特等特点而受到农药研究者的广泛关注。

日本农药公司的研究者们对该结构产生了较为浓厚的兴趣，并以此为先导开展了大量的研究工作，继续合成新的该类化合物，希望得到活性较好的除草剂。在新化合物的筛选过程中意外发现化合物 **2** 除了具有除草活性外，在 500mg/L 时能够对鳞翅目类害虫小菜蛾及毛虫具有一定的杀虫活性[168]。他们注意到该类化合物的作用机理不同于之前的杀虫剂，且具有结构十分新颖的特点。在随后的工作中，他们以该化合物为先导进行不断的修饰和衍生[169,170]，从合成的数千个该类化合物中进行筛选，并通过构效关系研究，最终于 1998 年发现了氟苯虫酰胺（flubendiamide）。邻苯二甲酰胺类杀虫剂的发现历程如图 8-147 所示。氟苯虫酰胺主要用于蔬菜、水果、水稻和棉花防治鳞翅目害虫，不仅对成虫和幼虫有优良的活性，而且作用速度快，持效期长，与传统杀虫剂没有交互抗性，对节肢类益虫安全[171]。

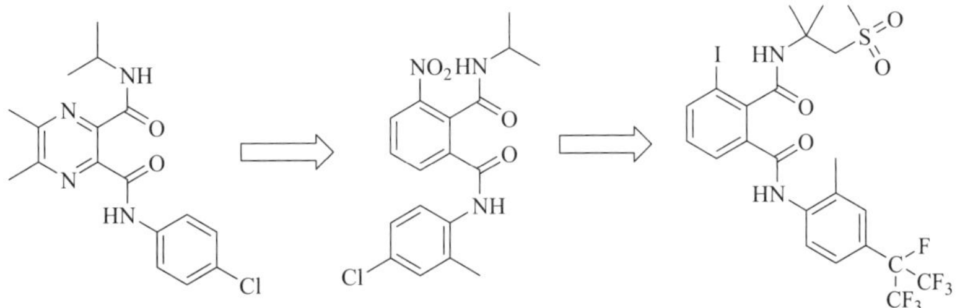

1　　2　　氟苯虫酰胺

图 8-147　邻苯二甲酰胺类杀虫剂的发现历程

氟苯虫酰胺的成功引起了广泛的关注，杜邦公司在氟苯虫酰胺的结构上经过修饰和改造，当多家公司在研究邻苯二酰胺类杀虫剂方面花费大量精力时，杜邦公司却结合本公司已有的工作，并以日本农药公司的研究作为基础，另辟蹊径，于 2000 年开发出一类结构全新的邻甲酰基苯甲酰胺类化合物，并实现产业化，即氯虫苯甲酰胺（图 8-148）[172-174]。

氯虫苯甲酰胺的成功掀起了邻苯二甲酰胺类杀虫剂的创制热潮，近 10 余年来，国内外的多家科研院所纷纷投入到该类结构的优化及结构改造中，发现了一大批具有优异杀虫活性的化合物[175-179]。在氯虫苯甲酰胺成功开发以后，杜邦公司又成功推出了溴氰虫酰胺（图 8-149）[180]。溴氰虫酰胺除了对半翅目害虫（包括飞虱等）有优异的活性外，对鳞翅目害虫、双翅目害虫、果蝇、甲虫、牧草虫、蚜虫、叶蝉及象鼻虫等也具有很好的活性。室内和田间试验表明，其对多种飞虱有非常优异的活性，包括 B 型和 Q 型烟粉虱等[180]。与氯虫苯甲酰胺（即氯虫酰胺）相比，溴氰虫酰胺具有更广谱的杀虫活性，对刺吸式口器害虫具有优异的防效，并且具有较好的内吸性，该杀虫剂已于 2012 年投放市场，市场前景广阔。

我国的研究者在邻苯二甲酰胺的创制中也获得了极大的成功，2013 年沈阳化工研究院在氯虫酰胺的结构基础上，成功推出了具有自主知识产权的双酰胺类杀虫剂四氯虫酰胺（图 8-148）[181]。

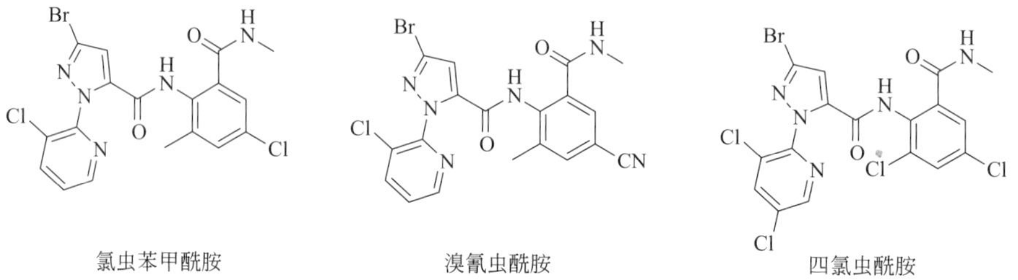

氯虫苯甲酰胺　　溴氰虫酰胺　　四氯虫酰胺

图 8-148　继氟苯虫酰胺后开发的邻苯二甲酰胺类杀虫剂

当前，对该类杀虫剂的创制工作还在如火如荼地进行，相信还会有更多活性更高、更广谱的新结构被发现。

近年来，以 RyR（鱼尼丁受体）为靶标的杀虫剂的研究取得了突破性进展，到 2018 年 5 月为止，鱼尼丁受体杀虫剂主要有两类，即：邻苯二甲酰胺类（phthalic acid diamides），代表杀虫剂为氟苯虫酰胺；邻甲酰氨基苯甲酰胺类（anthranilic diamides），代表杀虫剂为氯虫酰胺和溴氰虫酰胺。以下就目前商品化的杀虫剂及部分鱼尼丁受体抑制剂进行介绍。

8.6.2　氟苯虫酰胺

8.6.2.1　氟苯虫酰胺的产业概况

氟苯虫酰胺（flubendiamide，NNI-001）是日本农药株式会社和拜耳公司联合开发的新型杀虫剂，属新型邻苯二甲酰胺类杀虫剂，能够激活鱼尼丁受体细胞内钙释放通道，导致储存钙离子失控性释放。主要用于蔬菜、水果、水稻和棉花防治鳞翅目害虫，不仅对成虫和幼虫都有优良的活性，而且作用速度快，持效期长。由于作用机理独特，因此与传统杀虫剂没有交互抗性；对节肢类益虫安全，适宜于害虫综合治理和害虫抗性治理。

2001 年，日本农药公司和拜耳公司携手合作，加速了氟苯虫酰胺的市场化进程。2007 年，拜耳公司首先上市了氟苯虫酰胺产品 Belt。迄今，氟苯虫酰胺已在全球许多国家销售，包括：阿根廷、澳大利亚、孟加拉国、巴西、喀麦隆、中国、智利、哥伦比亚、塞浦路斯、加纳、希腊、印度、科特迪瓦、日本、利比里亚、马来西亚、墨西哥、摩洛哥、荷兰、尼日利亚、巴基斯坦、菲律宾、南非、韩国、西班牙、泰国和多哥等。在拜耳公司和日本农药公司的共同推动下，氟苯虫酰胺迅速成为杀虫剂市场中的一匹“黑马”。2007 年才上市的氟苯虫酰胺，2011 年的全球销售额即达 1.50 亿美元，其中拜耳公司占据了 50.0%的市场份额，销售额为 0.75 亿美元；2012 年，氟苯虫酰胺的销售额进一步攀升至 2.30 亿美元，2007～2012 年的复合年增长率为 87.2%；2013 年，氟苯虫酰胺的全球销售额同比增长了 93.5%，达 4.45 亿美元，2008～2013 年的复合年增长率为 77.9%，其中拜耳公司 2013 年的销售额为 3.80 亿美元，占全球市场的 85.4%。

2014 年，巴西棉铃虫暴发，推动了氟苯虫酰胺的市场需求大幅提升。这一年，氟苯虫酰胺的全球销售额增至 5.30 亿美元，达到历史峰值；2009～2014 年的复合年增长率为

67.7%。其中，拜耳 2014 年的销售额为 4.65 亿美元，占全球市场的 87.7%。

在全球农药市场低迷的背景下，氟苯虫酰胺也未能独善其身。2015 年，氟苯虫酰胺的全球销售额同比下降了 9.4%，为 4.80 亿美元；2010～2015 年的复合年增长率为 45.0%。其中，拜耳 2015 年的销售额为 4.15 亿美元，占全球市场的 86.5%。从全球市场来看，氟苯虫酰胺也名列前茅，2015 年，其在全球杀虫剂市场销售额位居第七。

近年来，双酰胺类杀虫剂市场增长迅猛，重磅品种的横空出世至关重要，氯虫酰胺和氟苯虫酰胺在此类产品中的市场地位举足轻重，两品种在中国的化合物专利将分别于 2022 年和 2019 年期满，显然，氟苯虫酰胺将首先成为非专利产品生产商考察的对象。

鉴于氟苯虫酰胺还在专利保护期，当前，在我国登记氟苯虫酰胺的企业均为外企，即日本农药株式会社、拜耳公司。而江苏龙灯化学有限公司以及中农立华（天津）农用化学品有限公司也有该产品的复配制剂的登记。如江苏龙灯化学有限公司的登记产品为 20%的水分散粒剂和 80%的氟苯·杀虫单可湿性粉剂；而中农立华（天津）农用化学品有限公司登记了 12%的甲维·氟酰胺微乳剂（PD20182311），主要用于防治甘蓝小菜蛾、水稻纵卷叶螟等害虫。然而鉴于氟苯虫酰胺产品对水生物的毒性高，农业农村部对氟苯虫酰胺产品采取了禁限用措施，这意味着登记作物范围仅包括水稻的氟苯虫酰胺产品将被撤销登记并退出市场。

氟苯虫酰胺不仅在中国撤销其在水稻上的登记，早在 2016 年，美国就撤销了其在 200 多种作物上的登记。全球两大农药市场对氟苯虫酰胺抡起了大斧。如果单从这两个国家，或单从水稻作物来说，对氟苯虫酰胺的全球市场影响不大。因为氟苯虫酰胺现已形成以巴西为龙头国家、大豆为重要作物的全球市场格局，“美国”和“水稻”不是氟苯虫酰胺市场中的重要关键词。

然而，氟苯虫酰胺对大型溞剧毒，对藻类高毒，这都是指示生物中最高级别的毒性。所以，蝴蝶翅膀的振动绝非偶然，一旦引发“蝴蝶效应”，市场或将难以预测。如何趋利避害，才是氟苯虫酰胺产品目前面临的最大挑战。

8.6.2.2　氟苯虫酰胺的工艺概况

目前，氟苯虫酰胺的合成工艺路线多种多样，涉及三个中间体的合成工艺路线及其本身的合成工艺路线，介绍如下：

（1）中间体 2-甲基-2-氨基-1-(甲硫基)丙烷的合成工艺路线

① 以 2-氨基-2-甲基丙醇为原料[182]

a. 方法 1：其合成工艺路线如图 8-149 所示。

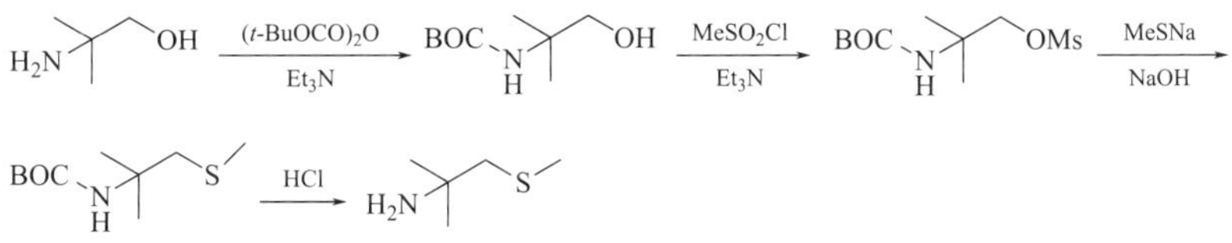

H_2N …OH $\xrightarrow[Et_3N]{(t\text{-}BuOCO)_2O}$ BOC-NH …OH $\xrightarrow[Et_3N]{MeSO_2Cl}$ BOC-NH …OMs $\xrightarrow[NaOH]{MeSNa}$ BOC-NH …S… $\xrightarrow{HCl}$ H_2N …S…

图 8-149　2-甲基-2-氨基-1-(甲硫基)丙烷的合成工艺路线(方法 1)

b. 方法 2：以 2-氨基-2-甲基-1-丙醇为原料　与硫酸酯化，再与甲硫醇钠反应得到目标产物。该方法操作简单，原料易得，反应条件温和，反应收率较高，是一条较适于工业化的路线。其合成工艺路线如图 8-150 所示。

② 以噁唑啉或噁唑烷酮衍生物和硫醇类反应　通过噁唑啉或噁唑烷酮衍生物与硫醇类物质反应得到目标物（图 8-151）。由于噁唑啉或噁唑烷酮衍生物需要经过多个反应步骤制备，并且反应条件较苛刻，该方法的收率非常低，成本较高，不适于工业化。

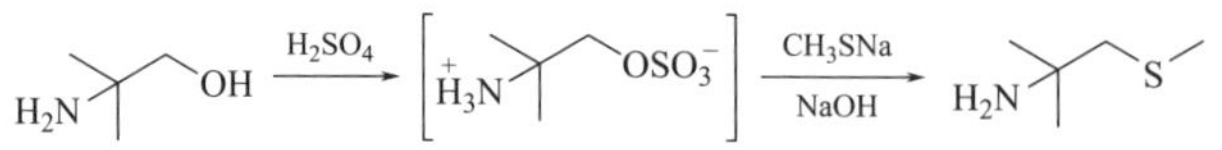

图 8-150　2-甲基-2-氨基-1-（甲硫基）丙烷的合成工艺路线（方法 2）

③ 噻唑啉或噻唑烷酮衍生物水解法　如图 8-152 所示，通过噻唑啉或噻唑烷酮衍生物水解得到目标物。由于噻唑啉或噻唑烷酮衍生物需要经过多个反应步骤制备，该方法的收率非常低，成本较高，不适于工业化。

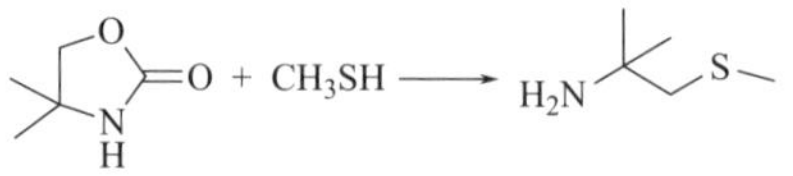

图 8-151　2-甲基-2-氨基-1-（甲硫基）丙烷的合成工艺路线（方法 3）

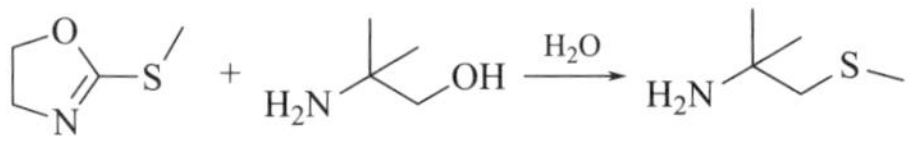

图 8-152　2-甲基-2-氨基-1-（甲硫基）丙烷的合成工艺路线（方法 4）

④ 以 2,2-二甲基丙酸作为原料[183]　其合成工艺路线如图 8-153 所示。

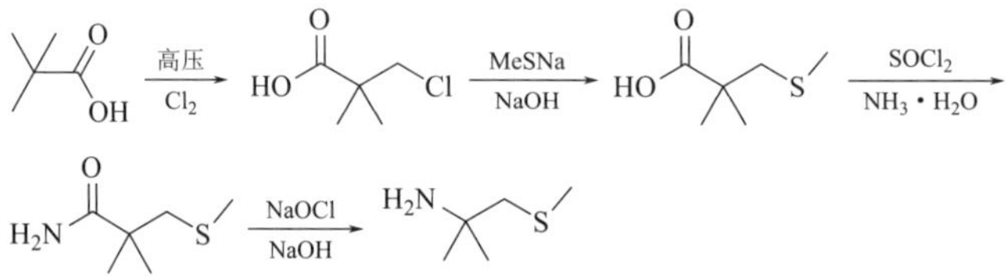

图 8-153　2-甲基-2-氨基-1-（甲硫基）丙烷的合成工艺路线（方法 5）

（2）中间体 2-甲基-4-(七氟异丙基)苯胺的合成工艺路线[184]　即以全氟丙烯为原料，经过溴化后与 KF 反应，最后与苯胺在 $Na_2S_2O_4/NaHCO_3/Bu_4NHSO_4$ 的作用下制得 2-甲基-4-(七氟异丙基)苯胺（如图 8-154 所示）。

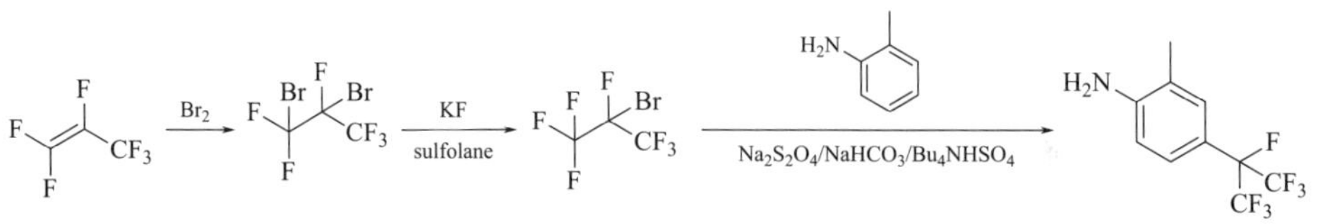

图 8-154　2-甲基-4-（七氟异丙基）苯胺的合成工艺路线

（3）4-碘异苯并呋喃-1,3-二酮的合成工艺路线　以 3-硝基邻苯二甲酸为原料，在醋酸酐中回流得到 4-硝基异苯并呋喃-1,3-二酮；4-硝基异苯并呋喃-1,3-二酮再在 Pd/C 催化剂存在下还原得到 4-氨基异苯并呋喃-1,3-二酮；4-氨基异苯并呋喃-1,3-二酮经过重氮化反应后，再制备得到 4-碘异苯并呋喃-1,3-二酮。其合成工艺路线如图 8-155 所示。

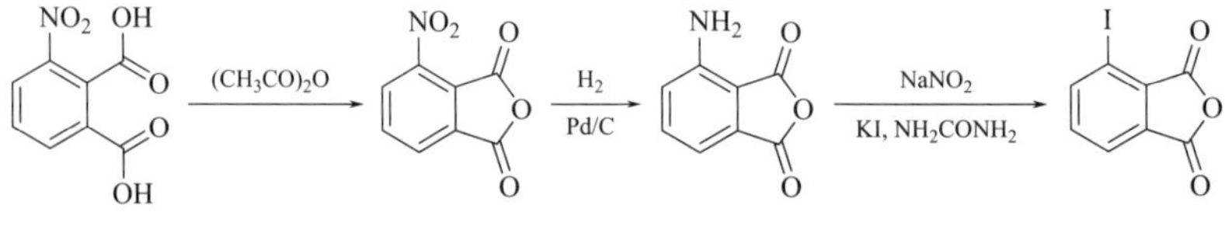

图 8-155　4-碘异苯并呋喃-1,3-二酮的合成工艺路线

(4) 氟苯虫酰胺的合成工艺路线

① 工艺路线 1 以碘代邻苯二甲酸酐为起始原料，与 2-甲基-2-氨基-1-(甲硫基)丙烷反应后，与多氟取代的苯胺反应开环后氧化即得。如图 8-156 所示。

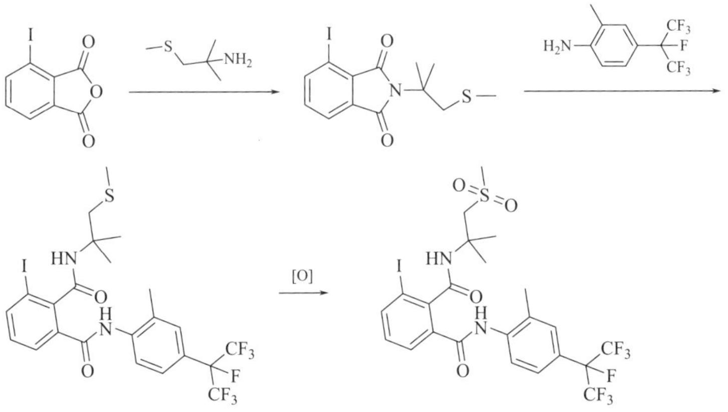

图 8-156 氟苯虫酰胺的合成工艺路线 1

② 工艺路线 2 与工艺路线 1 相比，该方法与其区别主要是投料顺序的不同，如图 8-157 所示。

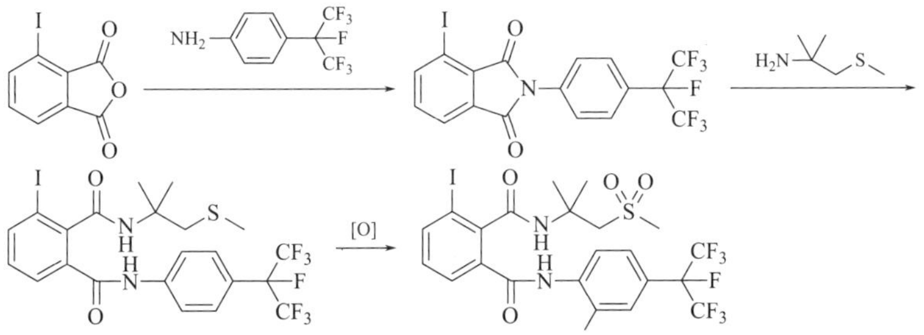

图 8-157 氟苯虫酰胺的合成工艺路线 2

③ 工艺路线 3 以碘代邻苯二甲酸酐为起始原料，在碱性条件下与 2-甲基-2-氨基-1-(甲硫基)丙烷反应开环，随后在三氟乙酸酐的作用下闭环，再与 2-甲基-4-(七氟异丙基)苯胺反应开环，最后氧化得到氟苯虫酰胺（如图 8-158 所示）。

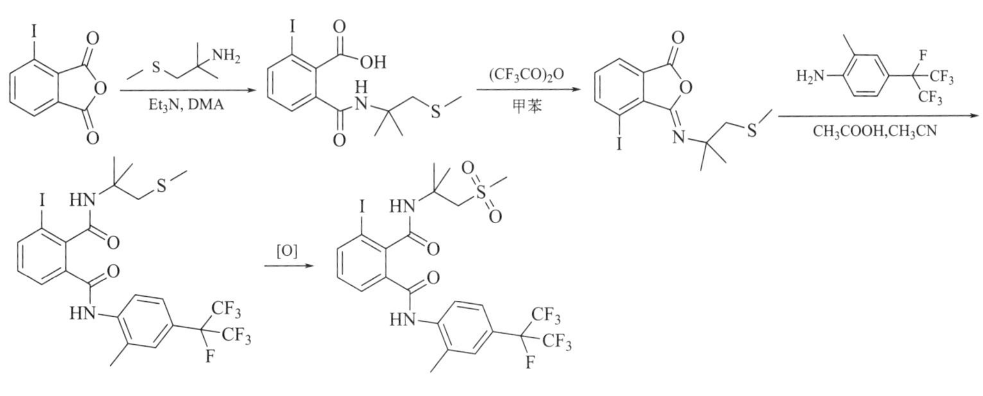

图 8-158 氟苯虫酰胺的合成工艺路线 3

④ 工艺路线 4　与工艺路线 3 相似，不同之处在于投料顺序有所不同，如图 8-159 所示。

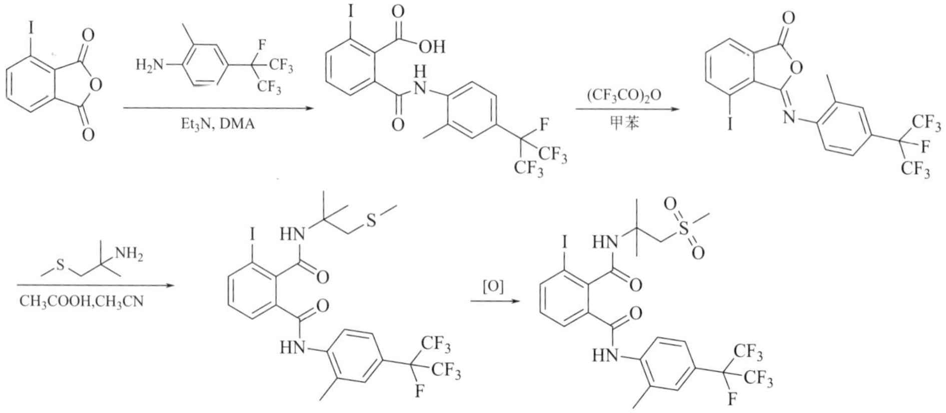

图 8-159　氟苯虫酰胺的合成工艺路线 4

⑤ 工艺路线 5　以碘苯甲酰氯为原料，与 2-甲基-2-氨基-1-(甲硫基)丙烷反应，生成相应的酰胺，然后与 CO_2 作用，进行羧酸化，再与 $SOCl_2$ 反应生成相应的酰氯，接着与 2-甲基-4-(七氟异丙基)苯胺反应即得到二酰胺类衍生物，最后氧化得到氟苯虫酰胺（如图 8-160 所示）。

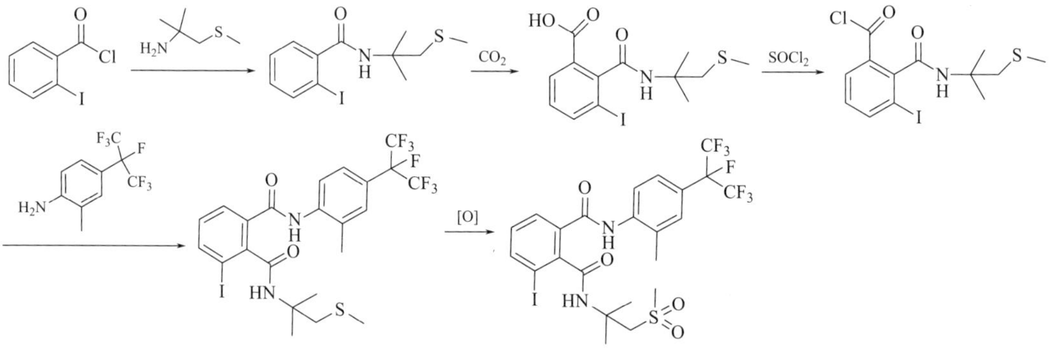

图 8-160　氟苯虫酰胺的合成工艺路线 5

在以上各种工艺路线中，最后一步均为氧化反应，氧化方法有多种，而目前采用的主要有两种。第一种以 *m*-CPBA（间氯过氧苯甲酸）作为氧化剂；第二种以 H_2O_2 作为氧化剂[185]。

8.6.3　氯虫苯甲酰胺

8.6.3.1　氯虫苯甲酰胺的产业概况

氯虫苯甲酰胺（chlorantraniliprole，商品名 Aliacor、Coragen、Rynaxypyr）实验代号 DPX-E2Y45，是美国杜邦公司 2000 年开发的一类新型高效、低毒的邻甲酰氨基苯甲酰胺类杀虫剂，对鳞翅目昆虫有特效[186]。该类杀虫剂通过诱导昆虫鱼尼丁受体（ryanodine receptor，RyR）调控细胞内钙离子释放而表现出杀虫作用。

2008 年，杜邦公司的氯虫苯甲酰胺首先上市，商标名为 Rynaxypyr。该产品自上市以来，获得了前所未有的成功，从而使其成为杜邦公司的第一大产品，也是全球最畅销产品之一。2014 年，杜邦公司的氯虫苯甲酰胺的全球销售额大幅增长，达 12.00 亿美元，占公司农药总销售额的 32.5%，占杀虫剂销售额的 73.39%。拉美市场的强势需求，成为氯虫苯甲酰胺显著增长的重要支撑，尤其在巴西市场增长强劲。该产品在巴西主要用于玉米和大豆。

氯虫苯甲酰胺广谱、高效，用于防治果树、蔬菜、大田作物、特种作物和草坪上的咀嚼式口器害虫。除了防治鳞翅目害虫外，在增加用药量的情况下，氯虫苯甲酰胺还可以防治科罗拉多甲虫、叶蝉等，同时，对粉虱具有抑制作用。

氯虫酰胺在许多国家上市，如美国、加拿大、土耳其和多个亚洲国家等。该产品以众多商品面市，如 Altacor 为水分散粒剂，用于葡萄、梨果和核果等；Coragen 为悬浮剂，用于莴苣、番茄和辣椒等蔬菜作物。Altacor 和 Coragen 现已在许多国家登记，其重要市场覆盖美国、巴西、印度、中国和日本等；两产品用于多种作物，主要包括：果树、蔬菜、棉花、大豆和水稻等。

Dermacor 是基于氯虫苯甲酰胺的种子处理剂，最近已经上市，该产品在亚洲某些国家、美国和巴西登记用于水稻，2014 年，在巴西进一步上市用于棉花。该产品已在墨西哥和阿根廷上市。杜邦公司与多家第三方公司达成了分销和销售协议。如杜邦公司授权拜耳公司在葡萄牙销售氯虫苯甲酰胺应用于葡萄、马铃薯和番茄等作物上，商品名为 Coragen；先正达公司获得杜邦公司授权，将氯虫苯甲酰胺用于复配产品，如与噻虫嗪的复配产品 Durivo，与阿维菌素的复配产品 Voliam Targo，与高效氯氟氰菊酯的复配产品 Voliam Xpress 等。最近杜邦公司与爱利思达生命科学公司达成一项协议，两公司同意在缅甸上市 Prevathon（氯虫苯甲酰胺）和 Ammate（茚虫威）。

虽然氯虫苯甲酰胺上市不久，但由于其对许多害虫防效优异（尤其对咀嚼式口器害虫），所以很快被种植者广为接受，并迅速发展成为杜邦公司的第一大畅销产品。杜邦公司还发现，氯虫苯甲酰胺还有其他用途，这将进一步大幅提升该产品的销售额。氯虫苯甲酰胺的增长持续受益于杜邦公司给先正达公司用于复配产品的授权。截至 2014 年底，氯虫苯甲酰胺已在全球 90 多个国家登记。

在全球市场中，氯虫苯甲酰胺销售额迅猛增长，2008 年全球销售额 5500 万美元，2011 年 6.75 亿美元，2012 年 9.15 亿美元，2013 年 12.40 亿美元，2014 年 14.80 亿美元，2009～2014 年复合年增长率为 46.4%。2014 年，氯虫苯甲酰胺在全球杀虫剂排行榜中位列第一。然而，2015 年，全球经济复苏乏力、农产品价格走低、库存水平趋高等一系列利空因素导致全球农药市场需求疲软，农药企业销售业绩普遍下滑，全球农药市场陷入“寒冬”。在严峻的市场环境下，氯虫苯甲酰胺这样的骄子，也难违大势，2015 年其在拉美市场的销售额不及 2014 年。杜邦公司的氯虫苯甲酰胺的销售额出现下滑，由 2014 年的 12 亿美元降到 2015 年的 10 亿美元，降幅达 16.7%。截至 2015 年底，氯虫苯甲酰胺已在全球 110 个国家销售。

氯虫苯甲酰胺的化合物专利大多于 2021 年 3 月到期。其世界专利（WO0170671），申请于 2001 年 3 月 20 日，2021 年 3 月 19 日专利到期；欧洲专利（EP1265850）申请于 2001 年 3 月 20 日，将终止于 2021 年 3 月 19 日；美国专利（US6747047）申请于 2001 年 3 月 20 日，2021 年 3 月 20 日专利到期；中国专利（CN1419537B、CN1419537A）申请于 2001 年 3 月 20 日，将于 2021 年 3 月 19 日保护期届满。

在登记方面，2008 年氯虫苯甲酰胺首次在中国获得登记，截至 2016 年 4 月 2 日，已登记的在有效期内的氯虫苯甲酰胺产品有 25 个。其中，原药 2 个，含量 95.3%，登记厂家为美国杜邦公司、上海杜邦农化有限公司；单剂 10 个，产品有 5%悬浮剂、35%水分散粒剂、

50%悬浮种衣剂、200g/L 悬浮剂、0.4%颗粒剂；混剂 13 个，产品有 40%氯虫·噻虫嗪水分散粒剂、14%氯虫·高氯氟微囊悬浮-悬浮剂、300g/L 氯虫·噻虫嗪悬浮剂、6%阿维·氯苯酰悬浮剂。

2015 年先后有 21 个含氯虫苯甲酰胺的产品获批进行田间试验，其中单剂 10 个，混剂 11 个。这 21 个产品中登记剂型涵盖悬浮剂、水分散粒剂、微囊悬浮-悬浮剂、颗粒剂、超低容量液剂、可分散油悬浮剂等 6 种剂型。11 个混剂中配伍产品包括阿维菌素、高效氯氟氰菊酯、噻虫嗪、三氟苯嘧啶、噻虫胺、啶虫脒、甲维盐等 7 种不同有效成分。

8.6.3.2 氯虫苯甲酰胺的工艺概况

关于氯虫苯甲酰胺的合成，关键在于获得吡唑环部分和芳环部分的中间体。该两部分中间体的工艺路线介绍如下：

（1）吡唑环部分中间体的合成工艺路线　吡唑环部分中间体的制备方法较多，依据起始原料不同主要分为 3 种合成工艺路线。

① 以 *N*,*N*-二甲基氨磺酰基吡唑为原料[187]　在 BuLi 作用下上溴，而后在 TFA 作用下脱去磺酰基，再与 2,3-二氯吡啶反应，得到吡啶代吡唑后，再在 LDA 的作用下制备吡唑酸。工艺路线如图 8-161 所示。此路线主要缺点是运用了如 LDA、TFA 等试剂，原料价格昂贵，来源受限，且需－75℃低温，反应条件苛刻，不适合工业化生产。

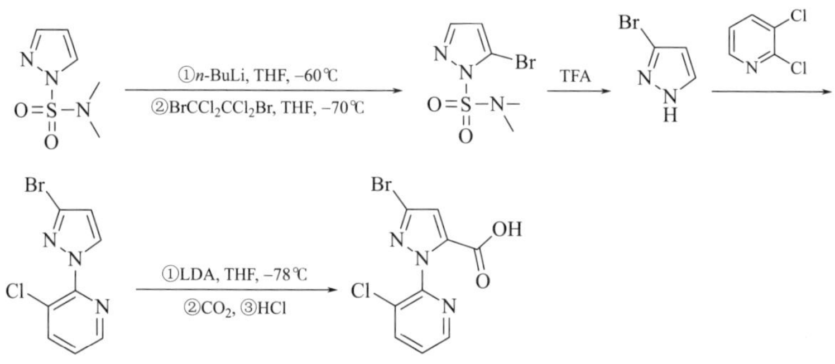

图 8-161　以 *N*,*N*-二甲基氨磺酰基吡唑为原料合成吡唑酸

② 以 2,3-二氯吡啶和马来酸二乙酯为原料[188]　以 2,3-二氯吡啶为原料，与水合肼反应，得到 2-肼基-3-氯吡啶，在 EtONa 作用下与马来酸二乙酯闭环，后再经过溴化、脱氢等步骤得到吡唑酸。工艺路线如图 8-162 所示。

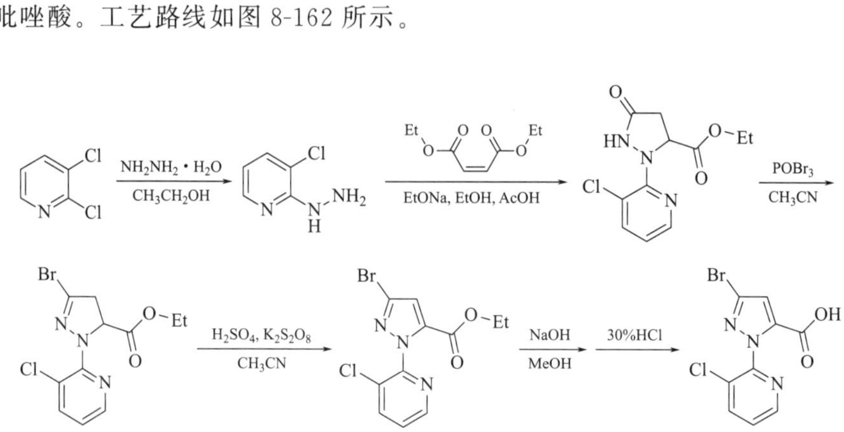

图 8-162　以 2,3-二氯吡啶和马来酸二乙酯为起始原料合成吡唑酸

③ 以马来酸酐为起始原料[189]　以马来酸酐为起始原料，与甲醇反应，得到马来酸单甲酯，而后经过溴化、酰氯化后与 2-肼基-3-氯吡啶闭环，再经过溴化、氧化脱氢等步骤得到吡唑酸。工艺路线如图 8-163 所示。

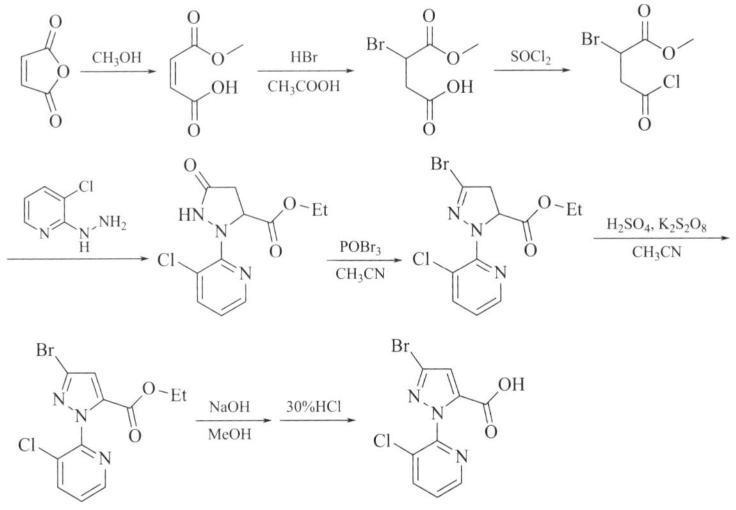

图 8-163　以马来酸酐为起始原料合成吡唑酸的路线

此路线优点是将图 8-161 中的乙酯替换为甲酯，体现了原子经济的理念，同时也提高了底物的反应活性。此法原料价廉易得，无需特别试剂，反应条件温和且收率高，适宜工业化开发。

以上三种合成吡唑环部分的方法中，除了第一种以外，第二种和第三种方法都要涉及闭环、氧化、酯解等反应步骤。

(2) 芳环部分中间体的合成工艺路线　依据起始原料的不同主要分为以下两种：

① 以 2-甲基-4-氯苯胺作为起始原料　合成工艺路线如图 8-164 所示。

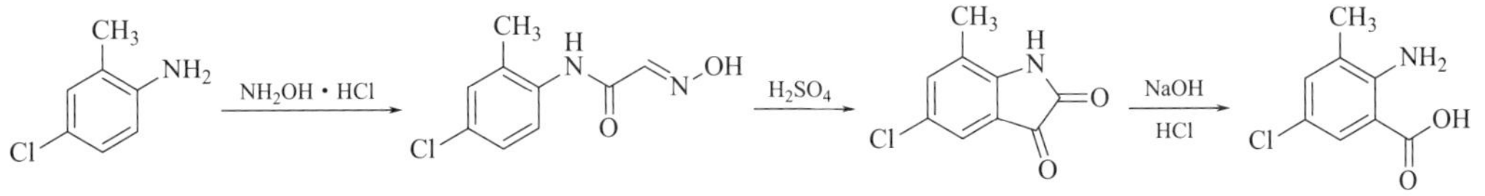

图 8-164　以 2-甲基-4-氯苯胺为原料合成芳环的路线

② 以 2-氨基-3-甲基苯甲酸为起始原料[190,191]　以 2-氨基-3-甲基苯甲酸为原料的目的主要是在氨基的对位引入氯原子。因此，有多种方法，其中最为主要的有两种：一种用 NCS，但由于底物有苄基，在 NCS 的作用下容易生成氯苄，给后处理和产品纯度造成影响；另一种用 H_2O_2 和浓盐酸，此法路线短，易操作，室温下即可反应，后处理简便。合成工艺路线如图 8-165 所示。

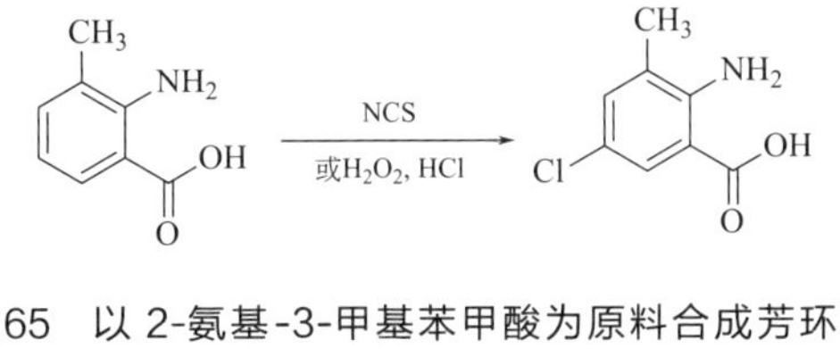

图 8-165　以 2-氨基-3-甲基苯甲酸为原料合成芳环的路线

（3）氯虫苯甲酰胺的合成工艺路线　在得到上述两个中间体以后，氯虫苯甲酰胺的合成就相对简单了。一种方法是吡唑酸在碱性条件下与3-甲基-2-氨基-5-氯苯甲酸反应，在甲磺酸与吡啶的作用下闭环，生成噁嗪酮，而后再与甲胺作用开环，即得到产品。合成工艺路线如图8-166所示。

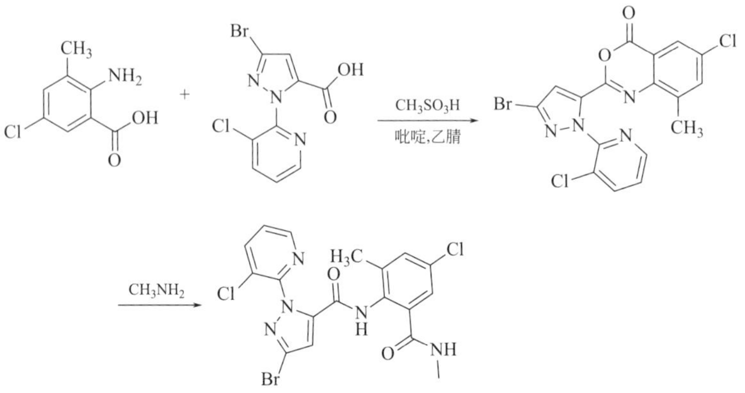

图8-166　氯虫苯甲酰胺的合成工艺路线（方法1）

此外，亦可以先令3-甲基-2-氨基-5-氯苯甲酸反应生成噁嗪酮，与甲胺反应开环后得到邻氨基苯甲酰胺后，与酰氯反应，便可以得到产品[192]。合成工艺路线如图8-167所示。

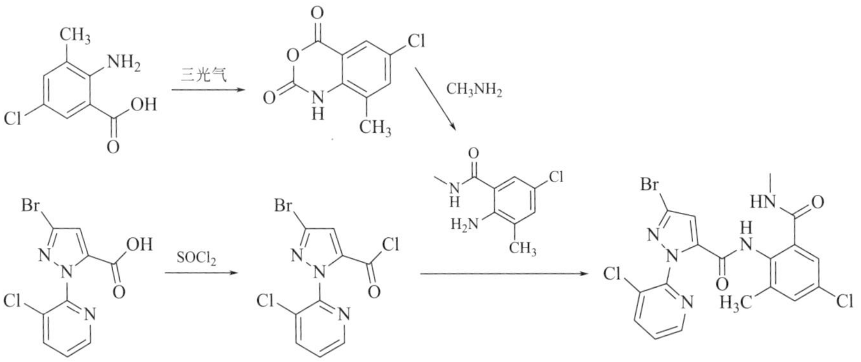

图8-167　氯虫苯甲酰胺的合成工艺路线（方法2）

在采用酰氯法制备氯虫苯甲酰胺的过程中，有文献报道可以采用更短的步骤得到，即：在制备酸的过程中，将氧化脱氢步骤与酰氯化步骤合二为一[193]，在得到3-溴-1-(3-氯吡啶-2-基)-4,5-二氢-1*H*-吡唑-5-甲酸乙酯后，直接在碱性条件下制备相应的酸，而后在二氯亚砜的作用下直接将氧化脱氢与酰氯化合成一步，在无缚酸剂存在下高收率地制得吡唑酰氯。该工艺路线步骤短、收率高，不仅避免了单独的氧化反应，简化了反应步骤，而且减少了对环境的污染，增加了反应的安全性。合成工艺路线如图8-168所示。

8.6.4　溴氰虫酰胺

8.6.4.1　溴氰虫酰胺的产业概况

溴氰虫酰胺（cyantraniliprole），也叫氰虫酰胺，是杜邦公司继氯虫苯甲酰胺之后成功

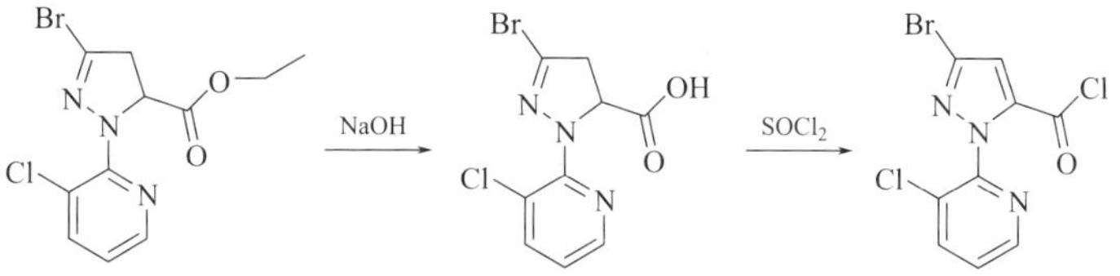

图 8-168　吡唑酰氯的合成工艺路线

开发的第二代鱼尼丁受体抑制剂类杀虫剂，溴氰虫酰胺通过改变苯环上的各种极性基团而成，即将氯虫酰胺苯环上的 Cl 原子更改为 CN 基团。溴氰虫酰胺更高效，适用作物更广泛，可有效防治鳞翅目、半翅目和鞘翅目害虫，如小白菜小菜蛾、小白菜菜青虫、小白菜蚜虫、小白菜斜纹夜蛾、小白菜跳甲、菜豆美洲斑潜蝇、菜豆豆荚螟、黄瓜瓜蚜、黄瓜烟粉虱、大葱斑潜蝇、大葱蓟马、大葱甜菜夜蛾、豇豆美洲斑潜蝇、豇豆豆荚螟、豇豆蓟马、豇豆蚜虫、西瓜烟粉虱、西瓜蚜虫、西瓜棉铃虫、西瓜甜菜夜蛾、番茄棉铃虫、番茄烟粉虱、番茄蚜虫、棉花蚜虫、棉花棉铃虫、棉花烟粉虱等。产品已经于 2012 年上市。

2008 年，杜邦公司就溴氰虫酰胺、硝磺草酮与先正达公司达成了相互授权协议。根据协议，先正达公司获得了杜邦公司关于溴氰虫酰胺用于复配产品的独家授权，并可开发一些非农用市场等；两公司共同分担溴氰虫酰胺的登记费用，以开发该产品的市场；与此同时，先正达公司授权杜邦公司开发其玉米田除草剂硝磺草酮，将硝磺草酮与杜邦公司的专利除草剂复配，用于玉米和甘蔗等。这是杜邦公司和先正达公司继氯虫苯甲酰胺和啶氧菌酯相互授权后的又一联合之作。

目前，溴氰虫酰胺仍处于商品化开发的早期阶段。由于溴氰虫酰胺不断取得新的登记，所以其销售额持续增长。2013 年的全球销售额为 0.20 亿美元；2014 年为 0.45 亿美元，其中，杜邦公司溴氰虫酰胺的销售额为 0.30 亿美元。同样，先正达公司也非常重视溴氰虫酰胺的开发，预计其两个种子处理剂系列产品 Fortenza 和 Minecto 的年峰值销售额将超 4.00 亿美元。杜邦公司希望，基于溴氰虫酰胺的产品销售额能超过 10 亿美元。溴氰虫酰胺由杜邦公司生产，而其市场开发不再局限于杜邦公司和先正达公司两大巨头，通过不断授权和合作，如今，拜耳、Agro-Kanesho、组合化学、住友化学和日本曹达等公司都参与了溴氰虫酰胺的市场开发。

2012 年上市后，溴氰虫酰胺已覆盖全球 30 多个国家，包括巴西、中国、印度、日本、美国和加拿大等。2012 年 7 月，杜邦公司的溴氰虫酰胺首先在阿根廷登记，同年上市，商品名为 Benevia，用于番茄；继而于 2013 年在加拿大取得登记，施用方式为叶面喷雾和种子处理，用于许多作物。2013 年，先正达公司在阿根廷上市了溴氰虫酰胺与噻虫嗪的复配产品 Fortenza Duo，作为种子处理剂，用于大豆、玉米和向日葵等；2014 年底，在加拿大获准登记。截至 2013 年底，溴氰虫酰胺已在全球 20 多个国家登记。

日本对溴氰虫酰胺的市场开发也进行得如火如荼，尤其是 2014 年，大量新产品取得登记和上市。拜耳公司的 Routine Duo Box GR（溴氰虫酰胺＋isotianil）在日本取得登记；Agro-Kanesho 登记和上市了溴氰虫酰胺产品 Benevia；组合化学上市了溴氰虫酰胺单剂产品 Esperansa、Kumiai Benevia、Kumiai Verimark、Kumiai Exirel、Kumiai Padeet 和 Buzz，以及溴氰虫酰胺与 isotianil 的复配产品 Twin Padeet Box G 和 Routine Punch Box G 等；日本曹达公司上市了溴氰虫酰胺产品 Verimark；日产化学登记和上市了溴氰虫酰胺单剂 Exirel SE 和 Prirosso G。2014 年，杜邦公司在加拿大上市了溴氰虫酰胺种子处理剂 Lumiderm，用于油菜。2015 年，Lumivia（溴氰虫酰胺）在美国上市，用于先锋玉米杂交种子。2015 年，日本曹达在日本登记了 Nisso Verimark（溴氰虫酰胺悬浮剂）和 Avail（啶虫脒+溴氰虫酰胺，颗粒剂）；住友化学在日本上市了 Stout Padeet（isotianil+溴氰虫酰胺）。

2015 年，先正达公司在美国登记了 Ference（溴氰虫酰胺），用于草坪；最近还在日本上市了 Twin Attack（溴氰虫酰胺+噻虫嗪），用于草坪。先正达公司计划在所有主要大田作物上进一步登记溴氰虫酰胺，用于种子处理和叶面喷雾。

杜邦公司早在中国市场布局溴氰虫酰胺产品，先正达公司也随后跟进。2012 年 9 月 13 日，美国杜邦公司在中国临时登记了 94%溴氰虫酰胺原药；同时，临时登记了 10%溴氰虫酰胺可分散油悬浮剂。2014 年 2 月 13 日，两产品皆已在中国取得正式登记。

2014 年，美国杜邦公司还在我国临时登记了 19%溴氰虫酰胺悬浮剂。2015 年，上海杜邦农化有限公司正式登记了 94%溴氰虫酰胺原药；美国杜邦公司正式登记了 10%溴氰虫酰胺悬乳剂；瑞士先正达作物保护有限公司正式登记了 40%溴酰·噻虫嗪种子处理悬浮剂（20%溴氰虫酰胺+20%噻虫嗪）。

10%溴氰虫酰胺可分散油悬浮剂（商品名“倍内威”）登记防治大葱、番茄、黄瓜、棉花、水稻、西瓜、小白菜、豇豆等作物上的蓟马、美洲斑潜蝇、甜菜夜蛾、白粉虱、棉铃虫、蚜虫、烟粉虱、稻纵卷叶螟、二化螟、三化螟、菜青虫、黄条跳甲、小菜蛾、斜纹夜蛾和豆荚螟等，叶面喷雾，有效成分用药量为 15～85g/hm^2。2013 年 5 月，倍内威在中国市场推出。

19%溴氰虫酰胺悬浮剂（商品名“维瑞玛”）登记防治番茄、黄瓜、辣椒等作物上的蓟马、甜菜夜蛾、烟粉虱、瓜绢螟和美洲斑潜蝇等，苗床喷淋，有效成分用药量为 75～150g/hm^2。2015 年 4 月 28 日，维瑞玛在中国正式上市。该产品专为苗期护理而开发，具有环境友好、杀虫谱广、防效优异、持效期长、省工省时等特点，可帮助作物“赢在起跑线”。

10%溴氰虫酰胺悬乳剂（商品名“沃多农”）登记用于甘蓝和辣椒等作物上，喷雾防治甜菜夜蛾、小菜蛾、蚜虫、白粉虱、蓟马、棉铃虫和烟粉虱等，有效成分用药量为 19.5～90g/hm^2。

40%溴酰·噻虫嗪种子处理悬浮剂（商品名“福亮”）登记防治玉米田蓟马和蛴螬等，拌种，有效成分用药量为 120～180g/100kg 种子。该产品正在登记防治地老虎、二点委夜蛾和甜菜夜蛾等。其对玉米种子安全，能提供全面的虫害防治谱，可有效控制玉米地下、地表和地上多种害虫，并能够提高玉米成苗率，确保一播全苗。

2015 年，福亮在中国上市，此乃该产品的全球首发。福亮由噻虫嗪与溴氰虫酰胺强强组合，噻虫嗪对刺吸式口器害虫和咀嚼式口器的鞘翅目害虫防效优秀，同时具有卓越的壮苗效果；溴氰虫酰胺能有效控制咀嚼式口器的鳞翅目和鞘翅目害虫。溴氰虫酰胺与噻虫嗪复配优势互补，扩大了杀虫谱，在有效防治作物苗期害虫的同时，还能强化噻虫嗪的壮苗效果。福亮是目前中国登记的第一个能够同时防治刺吸式和咀嚼式口器害虫的具有划时代意义的杀虫种子处理剂。

此外，据欧委会披露，溴氰虫酰胺已在欧盟获准正式登记，有效期至 2026 年 9 月 14 日。欧盟成员国在登记基于溴氰虫酰胺的产品时，必须根据需要强制性地采取减风险措施，以保护操作人员、水生生物、蜜蜂、其他非靶标节肢动物和地下水等。当溴氰虫酰胺用于生长中的作物时，管理部门也应该考虑其对蜜蜂和大黄蜂（为授粉而释放）的风险。溴氰虫酰胺的登记申请是由杜邦公司和先正达公司于 2011 年向英国联合提交的，英国为溴氰虫酰胺在欧盟登记的文件起草国。这项登记已获得了欧盟成员国的批准。虽然目前尚未有欧盟成员国登记该产品，但已有 10 个成员国（奥地利、保加利亚、捷克、西班牙、匈牙利、爱尔兰、意大利、荷兰、斯洛文尼亚和英国）正在登记。

在溴氰虫酰胺的专利方面，世界专利（WO2004067528）申请于 2004 年 1 月 21 日，终止于 2024 年 1 月 20 日。欧洲专利（EP2264022）申请于 2004 年 1 月 21 日，终止于 2024 年 1 月 20 日。美国专利（US7247647）申请于 2004 年 1 月 21 日，终止于 2024 年 1 月 21 日。中国专利（CN100441576C）申请于 2004 年 1 月 21 日，终止于 2024 年 1 月 20 日。即：至 2024 年 1 月 20 日，溴氰虫酰胺在世界许多国家和地区的专利将会到期。

8.6.4.2　溴氰虫酰胺的工艺概况

溴氰虫酰胺的合成工艺路线与氯虫酰胺大同小异，除去中间体不同以外，其他均相同[194]。其中间体 *N*-甲基-3-甲基-2-氨基-5-氰基苯甲酰胺的合成工艺路线如图 8-169 所示。

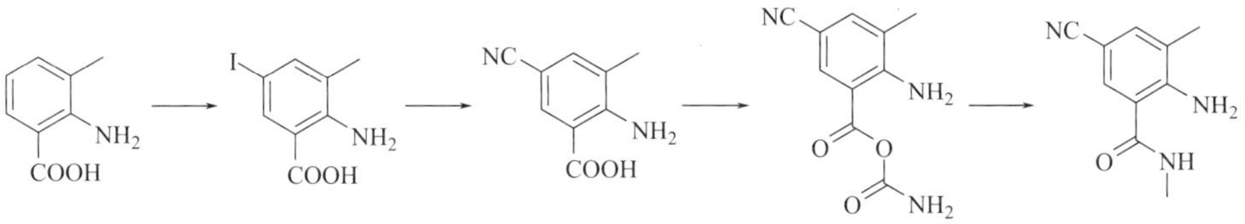

图 8-169　*N*-甲基-3-甲基-2-氨基-5-氰基苯甲酰胺的合成工艺路线

8.6.5　四氯虫酰胺

四氯虫酰胺（tetrachlorantraniliprole，SYP-9080）是沈阳化工研究院有限公司创制的杀虫剂，对哺乳动物低毒，对鳞翅目害虫防效优异，具有应用前景和开发价值。四氯虫酰胺以 2,3,5-氯吡啶为起始原料经 7 步制得，对甜菜夜蛾、小菜蛾、黏虫、二化螟及稻纵卷叶螟等鳞翅目害虫具有优异的防效。经过后续的深入研究，于 2013 年获得临时登记，于 2014 年上市。四氯虫酰胺目前仅有沈阳科创化学品有限公司进行登记，登记剂型分别为含量为 95%的原药和 10%的悬浮剂（表 8-35）。

表 8-35　四氯虫酰胺的登记情况

登记证号	登记名称	农药类别	剂型	总含量	有效期至	生产企业
PD20171752	四氯虫酰胺	杀虫剂	原药	95%	2022-8-30	沈阳科创化学品有限公司
PD20171751	四氯虫酰胺	杀虫剂	悬浮剂	10%	2022-8-30	沈阳科创化学品有限公司

关于四氯虫酰胺的工艺路线，在步骤上与氯虫酰胺相似[195-197]，仅仅是原料不同。图 8-170 列举了其中一种工艺路线。

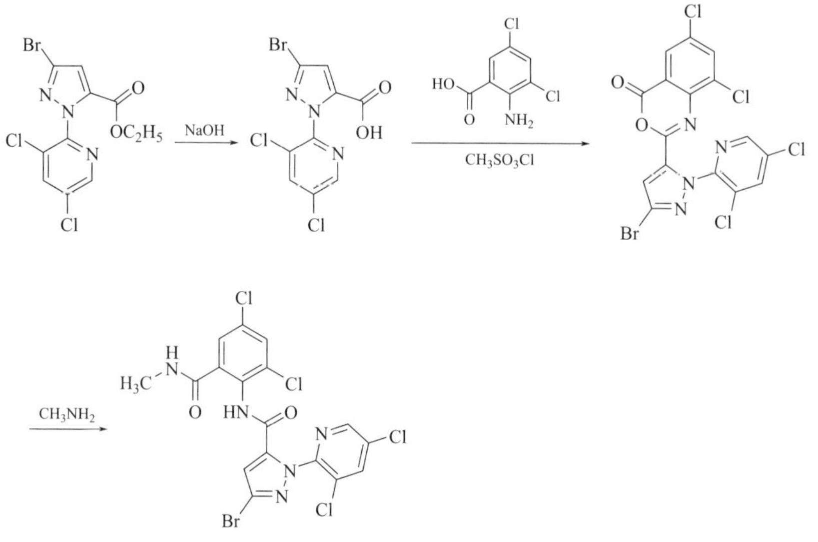

图 8-170 四氯虫酰胺的工艺路线

8.7 沙蚕毒素类杀虫剂

8.7.1 沙蚕毒素类杀虫剂发展概述

沙蚕毒素类杀虫剂是 20 世纪 60 年代开发兴起的一种新型有机合成仿生杀虫剂，沙蚕毒素类杀虫剂具有广谱、高效、低毒等特点，而且作用方式多样，除具有很强的胃毒作用外，还有触杀、拒食和内吸作用，对鳞翅目、鞘翅目和双翅目的多种害虫有较好的防治效果，现已被广泛用于水稻、蔬菜和果树等多种农作物上害虫的防治[198-200]。

对于沙蚕毒素类杀虫剂的发现历史，可以追溯到 20 世纪 30 年代，1934 年，日本学者 Nitta 首先从海生环节足动物异足索沙蚕（*Lumbricomerereis hateropoda*）体内分离出一种有效成分，取名为沙蚕毒素（nereistoxin，简称 NTX）[201,202]。但该化合物在此后的近 20 年内，没有得到人们的重视，就连其结构也没有得到确证。直到 1960 年，日本学者 Hashimoto 和 Okaichi 重新对沙蚕毒素的属性进行了研究，并于 1962 年提出了 NTX 的分子式，并确定了其结构。

1965 年，Hagiwara 等人对沙蚕毒素及其衍生物进行了合成研究，并测试了它们的生物活性。经过广泛筛选，日本武田药品工业株式会社成功开发了第一个沙蚕毒素类杀虫剂——巴丹（cartap），即杀螟丹[201]，并进行了产业化开发，成为人类历史上第一个成功利用动物毒素进行仿生合成的动物源杀虫剂[202]。杀螟丹的成功开发，掀起了广大研究者及企业对该类化合物研究的热潮。通过对该类化合物官能团的变换和构效关系研究，相继开发了一系列具有 S—C—C(—N)—C—S 结构的高效沙蚕毒素类杀虫剂。1970 年，日本武田化学公司在杀螟丹的结构基础上，将 H_2NCO—改变为苯亚磺酰基，开发出了杀虫磺（bensultap）[203]；1975 年瑞士 Sandoz 公司开发了易卫杀（thiocyclam，杀虫环）[204]；1975 年我国贵州省化工研究所（现名贵州省化工研究院）研制开发了杀虫双（bisultap）[205] 和杀虫单（monosultap）[206]。图 8-171 为当前商品化的沙蚕毒素类杀虫剂的结构。

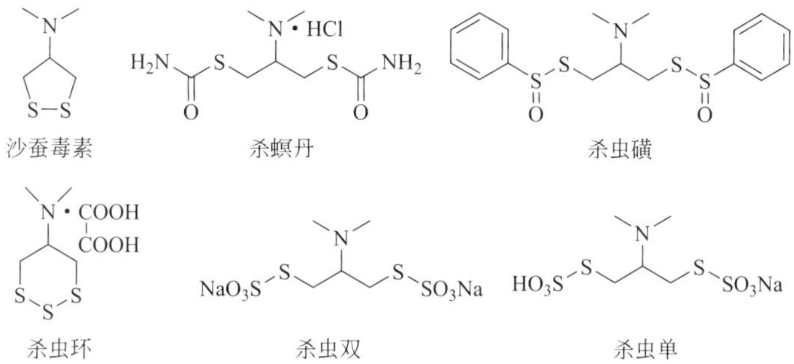

图 8-171　沙蚕毒素类杀虫剂的先导化合物及商品化品种

8.7.2　杀螟丹

8.7.2.1　杀螟丹的产业概况

杀螟丹（cartap）是一种沙蚕毒素类杀虫剂，具有强烈的触杀、胃毒、熏蒸和内吸作用，对害虫击倒快，残效期长，杀虫谱广，可用于防治鳞翅目、鞘翅目、半翅目、双翅目等多种害虫及线虫。

2008 年以来，除 2011 年以外每一年都有杀螟丹单剂的登记，其中，2008 年和 2009 年的登记数量分别为 49 个和 27 个。2011 年以后鲜有登记。在原药登记方面，目前，我国生产杀螟丹原药的主要有山东潍坊润丰化工股份有限公司、江苏安邦电化有限公司、安徽华星化工有限公司、湖北仙隆化工股份有限公司、湖南岳阳安达化工有限公司、湖南国发精细化工科技有限公司、浙江博仕达作物科技有限公司、日本住友化学工业株式会社、天津京津农药有限公司、湖南昊华化工有限责任公司、江苏天容集团股份有限公司、重庆农药化工（集团）有限公司、安徽常泰化工有限公司、连云港立本作物科技有限公司、河北省衡水北方农药化工有限公司等企业，登记的含量均在 95%以上。在复配制剂方面，共 9 个药剂登记，主要与乙蒜素、咪鲜胺进行复配，以可湿性粉剂为主。图 8-172 所示为 2008 年以来杀螟丹单剂的登记变化趋势。

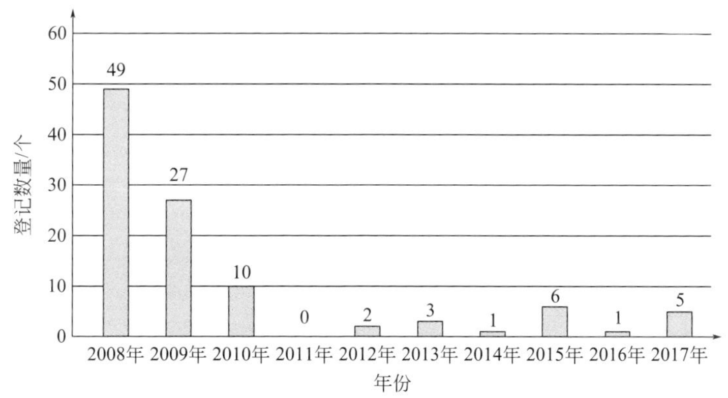

图 8-172　2008 年以来杀螟丹单剂的登记变化趋势

8.7.2.2　杀螟丹的工艺概况

2-*N*,*N*-二甲氨基-1,3-二硫氰基丙烷（**1** 有效体）是合成杀螟丹的关键中间体[206]，目前主要通过高含量杀虫单与氰化钠反应制备。此法生产的杀螟丹有效体含量较高，产品质量上有一定的优势[207]；缺点是使用剧毒的氰化钠，在反应液分离和洗涤操作过程中，工作环境差，中毒危险性大，废水处理成本高。合成工艺路线如图 8-173 所示。

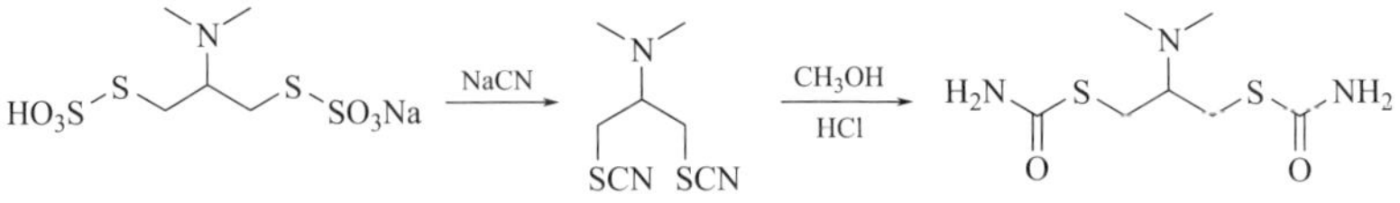

图 8-173 杀螟丹的合成工艺路线（方法 1）

另一条生产路线是采用硫氰酸盐与 1-*N*,*N*-二甲基-2,3-二氯丙胺盐酸盐反应一步法合成 2-*N*,*N*-二甲氨基-1,3-二硫氰基丙烷。此法避免使用高毒的氰化钠，"三废"量少，但此法合成的硫氰化物含有异构体 1-*N*,*N*-二甲氨基-2,3-二硫氰基丙烷（**2** 无效体），难于提纯，水解所得杀螟丹有效体含量低，产品质量差[208-210]；但从绿色环保角度出发，此路线具备较大的开发价值。合成工艺路线如图 8-174 所示。

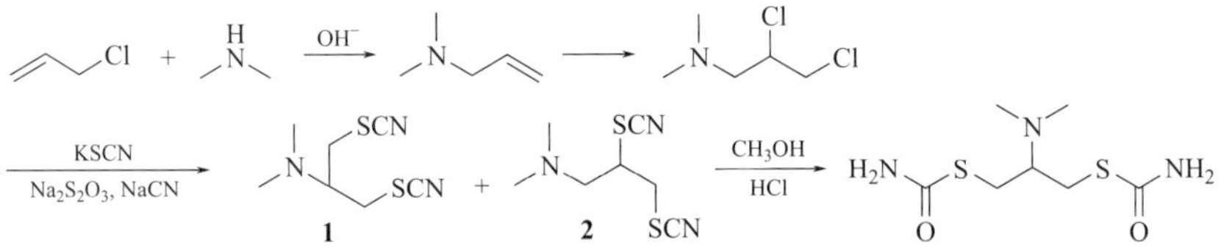

图 8-174 杀螟丹的工艺路线（方法 2）

8.7.3 杀虫环

8.7.3.1 杀虫环的产业概况

当前，共有四家公司登记了杀虫环（thiocyclam）单剂（表 8-36），其中，江苏天容集团股份有限公司的登记数量为 2 个，分别为 50%的可溶粉剂和 90%的原药。杀虫环登记的剂型主要为可溶粉剂。

表 8-36 杀虫环的登记情况

登记证号	登记名称	农药类别	剂型	总含量	有效期至	生产企业
PD44-87F160034	杀虫环	杀虫剂	可溶粉剂	50%	2018-4-26	上海绿泽生物科技有限责任公司
PD20080989	杀虫环	杀虫剂	可溶粉剂	50%	2018-7-24	江苏天容集团股份有限公司
PD20070105	杀虫环	杀虫剂	原药	90%	2022-4-26	江苏天容集团股份有限公司
PD44-87	杀虫环	杀虫剂	可溶粉剂	50%	2022-5-28	日本化药株式会社
PD20080049	杀虫环	杀虫剂	原药	87.5%	2023-1-3	盐城联合伟业化工有限公司

8.7.3.2 杀虫环的工艺概况

1975 年，瑞士 Sando 公司报道由盐酸盐和硫代硫酸钠反应得到中间体 2-*N*,*N*-二甲氨基-1-硫代硫酸基-3-硫代硫酸钠基丙烷（简称单钠盐），再与硫化钠环化、成盐即得杀虫环。单钠盐路线具有原料易得、工艺要求不高、产品质量高、反应温和、"三废"处理容易等优点。杀虫环的合成工艺路线如图 8-175 所示。

杀虫环

图 8-175　杀虫环的合成工艺路线

8.7.4　杀虫双和杀虫单

8.7.4.1　杀虫双和杀虫单的产业概况

近十几年来，杀虫双（bisultap）单剂的登记主要集中在 2008～2009 年。2016 年和 2018 年没有生产企业进行杀虫双单剂的登记（图 8-176）。

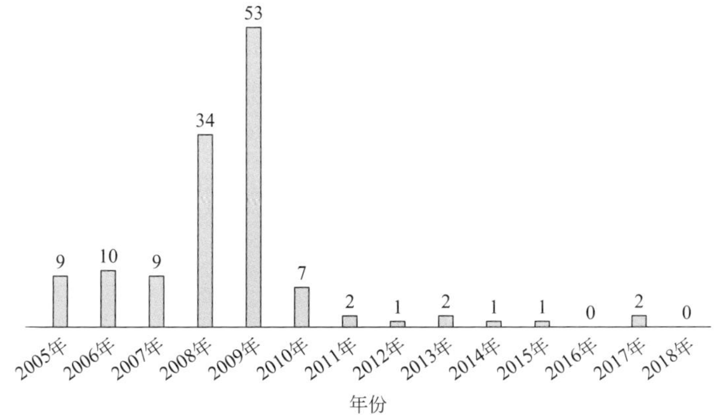

图 8-176　2005～2018 年杀虫双单剂的登记变化趋势

在杀虫双复配制剂方面，一共 19 个产品登记，主要与阿维菌素、吡虫啉、井冈霉素（杀菌剂）、灭多威等有效成分复配，涉及剂型主要包括水剂、微乳剂、颗粒剂等。而杀虫双一共有 131 个单剂产品（自 2005 年后数据），其中母药 4 家企业，分别为江苏辉丰生物农业股份有限公司、湖北仙隆化工股份有限公司、湖南省郴州天龙农药化工有限公司、江苏天容集团股份有限公司（含量为 25%～40%）。

杀虫单一共有 303 个相关的产品登记，其中原药登记生产企业有：江苏辉丰生物农业股份有限公司、湖南海利常德农药化工有限公司、湖南省郴州天龙农药化工有限公司、江苏天容集团股份有限公司、浙江博仕达作物科技有限公司、湖北仙隆化工股份有限公司、江苏景宏生物科技有限公司、安徽华星化工有限公司、湖南昊华化工有限责任公司、江苏安邦电化有限公司、湖南比德生化科技股份有限公司、重庆农药化工（集团）有限公司、湖南国发精细化工科技有限公司、中盐安徽红四方股份有限公司、湖北省钟祥市第二化工农药厂、江西中科合臣实业有限公司。此外，单制剂产品共有 39 个，以可溶粉剂为主，该类产品的剂型含量一般较高，大部分可溶粉剂的含量均大于 90%，另外也有少量水乳剂产品。杀虫单常常与吡虫啉、克百威、毒死蜱以及苏云金杆菌等有效成分复配使用。

8.7.4.2　杀虫双和杀虫单的工艺概况

1975 年我国贵州省化工研究所（现名贵州省化工研究院）研制开发了杀虫双和杀虫单（monosultap）。合成杀虫单、杀虫双的主要中间体是 1-*N*,*N*-二甲氨基-2,3-二卤代丙烷或 2-

N,N-二甲氨基-1,3-二卤代丙烷。国内外有关这两个化合物的合成路线已有很多报道。比较了诸如硝基甲烷法、丙胺法、异丙胺法、异丙醇法、缩水甘油法和卤代丙烯法等，从而认为湖南省化工研究所和沈阳化工研究院采用的氯丙烯法是切合我国实际情况的，也切合贵州的情况。选定的合成工艺路线各步反应如图 8-177 所示。

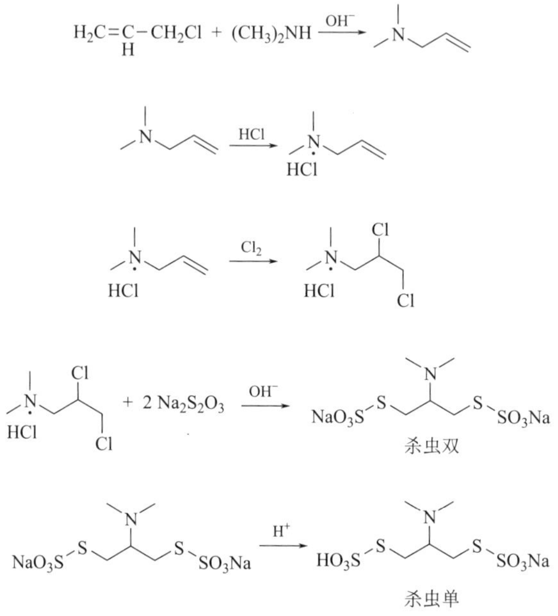

$H_2C=CH-CH_2Cl + (CH_3)_2NH \xrightarrow{OH^-}$

$\xrightarrow{HCl}$ HCl

HCl $\xrightarrow{Cl_2}$ HCl Cl Cl

HCl Cl Cl $+ 2\ Na_2S_2O_3 \xrightarrow{OH^-}$ NaO_3S S N S SO_3Na

杀虫双

NaO_3S S N S SO_3Na $\xrightarrow{H^+}$ HO_3S S N S SO_3Na

杀虫单

图 8-177 杀虫双和杀虫单的合成工艺路线

8.8 几丁质合成抑制剂

8.8.1 概述

几丁质合成抑制剂（chitin synthesis inhibitors）能特异性地抑制昆虫几丁质合成酶的活性，阻碍几丁质合成，即阻碍新表皮的形成，使昆虫的蜕皮、化蛹受阻，活动减缓，取食减少，甚至死亡。这是一类新的长效、选择性杀虫剂，在害虫的化学防治中有极大的应用前景[211]。苯甲酰脲类（BPUs）杀虫剂的发现始于除草剂，早在 1972 年，Wellinga 等在筛选除草剂敌草腈的过程中，意外发现 BPUs 具有杀幼虫及杀卵效果。从此掀起了系统研究酰基脲类几丁质合成抑制剂的序幕。人们为了寻求更高效的新杀虫剂，以 BPUs 为先导化合物，受生理活性的启示，运用生物电子等排原理，合成了一系列类似物，目前已商品化的有数十种，在 40 余个国家获准登记使用。BPUs 类化合物作为昆虫中最主要的几丁质合成抑制剂，在害虫防治中具有重要意义[212]。

几丁质抑制剂——苯甲酰脲类杀虫剂基本骨架的构筑方法有如下几种[213,214]：

（1）异氰酸酯与酰胺反应　大多数早期文献采用此路线。由含苯环的原料生成硝基化合物，经还原成胺，进一步由光气或草酰氯或硫光气制成异（硫）氰酸酯，然后与相应的酰胺在高沸点非质子性溶剂（如甲苯、二甲苯等）中回流得目标物。此条路线比较令人感兴趣，也较便宜，适用于工业生产。缺陷是：反应温度较高，异（硫）氰酸酯毒性大。反应通式如图 8-178 所示。

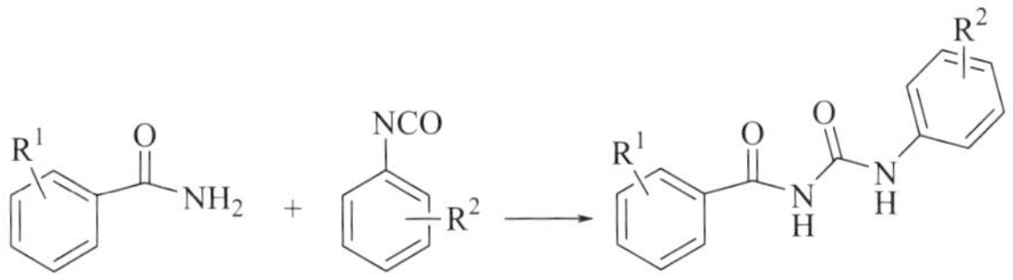

图 8-178　异氰酸酯与酰胺反应合成苯甲酰脲

(2) 苯甲酰异氰酸酯与胺反应　该路线已成为近期合成苯甲酰脲的主要途径之一。该反应属于亲核加成反应，考虑到酰胺在有机介质中的溶解性及亲核性均不如胺类好，而且苯甲酰异氰酸酯中的碳原子的活性也高于苯异氰酸酯，目前绝大多数采用此路线。苯甲酰异氰酸酯用苯酰胺与草酰氯或硫光气反应制取，或者由酰氯与异氰酸盐制备。该条路线苯胺部分有相当大的灵活性，整个反应过程十分温和，而且在所有非质子性溶剂中均有良好产率，更适于实验室使用。缺点是苯甲酰异氰酸酯十分活泼，在室温下尤其在空气中容易聚合，可以将酰胺与光气反应生成苯甲酰异氰酸酯，随后通入取代苯胺，使得两步反应连续进行，直接将酰胺与草酰氯及胺“一锅法”反应进行制备，克服上述问题。合成工艺路线如图 8-179 所示。

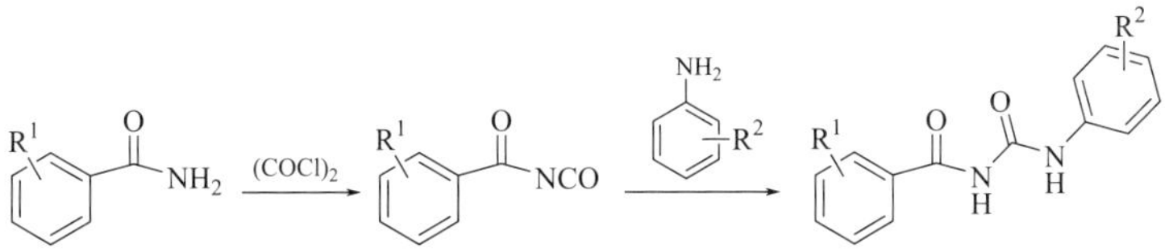

图 8-179　苯甲酰异氰酸酯与胺反应制备苯甲酰脲

(3) 苯氨基甲酸衍生物与酰胺反应　该反应须在溶解力强、高沸点溶剂（如氯苯、1,1,2,2-四氯乙烷）回流条件下反应，条件较苛刻，结果是脱去小分子。由于有小分子逸出，常加入碱（如叔胺）加速反应。合成工艺路线如图 8-180 所示。

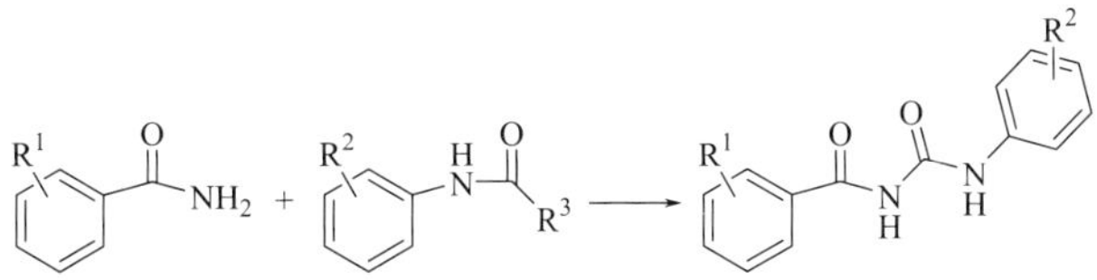

图 8-180　苯氨基甲酸衍生物与酰胺反应制备苯甲酰脲

(4) 苯甲酰氨基甲酸（硫）酯与胺反应　一般加入强碱三乙胺等为缚酸剂，以加速反应向产物方向进行；采用硫酸的较多，可能硫基较醇基易脱离。合成工艺路线如图 8-181 所示。

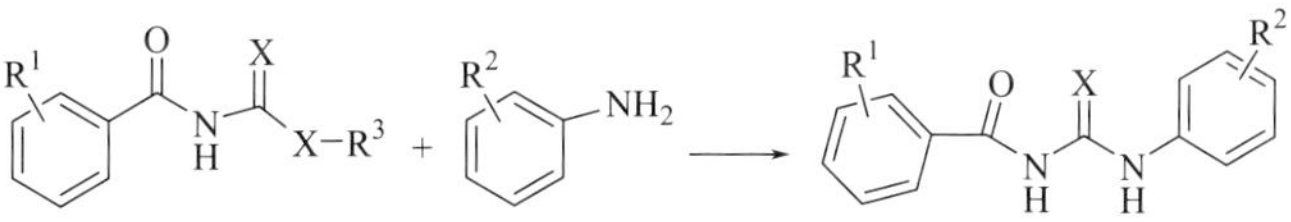

$X = O, S$; $R^3=C_1\sim C_4$烷基

图 8-181　苯甲酰氨基甲酸（硫）酯与胺反应制备苯甲酰脲

(5) 苯甲酰异腈类似物与胺反应　该类反应结构通式如图 8-182 所示。反应过程中，会有两分子的 HSR^3 放出。

图 8-182　苯甲酰异腈类似物与胺反应制备苯甲酰脲

（6）取代脲法　该合成工艺路线具有环境污染小、原料便宜、收率高等优点，很具有发展前途。商品化产品中的灭幼脲 3 号、噻嗪酮就是利用此法合成的。合成工艺路线如图 8-183 所示。

图 8-183　取代脲法制备苯甲酰脲

当前，主要的苯甲酰脲类杀虫剂品种均可以采用上述通用方法进行合成，但实际生产过程中，可以根据不同的品种及对应的原料、成本等因素进行综合考虑，采用合适的工艺路线。以下简要介绍几种苯甲酰脲类昆虫生长调节剂的工艺路线。

8.8.2　除虫脲

8.8.2.1　除虫脲的产业概况

近十年来，除虫脲（diflubenzuron）共 20 个原药在我国被相关的企业登记，主要生产企业有山东潍坊润丰化工股份有限公司、上虞颖泰精细化工有限公司、河北威远生物化工有限公司、爱利思达生物化学品有限公司、河南省安阳市安林生物化工有限责任公司、江苏瑞邦农药厂有限公司、上海生农生化制品股份有限公司、江苏禾业农化有限公司、京博农化科技有限公司、安阳全丰生物科技有限公司、安徽富田农化有限公司、连云港市金囤农化有限公司、泰州百力化学股份有限公司、江阴苏利化学股份有限公司、德州绿霸精细化工有限公司、江苏苏滨生物农化有限公司、河南省春光农化有限公司等。图 8-184 显示了 2005 年以

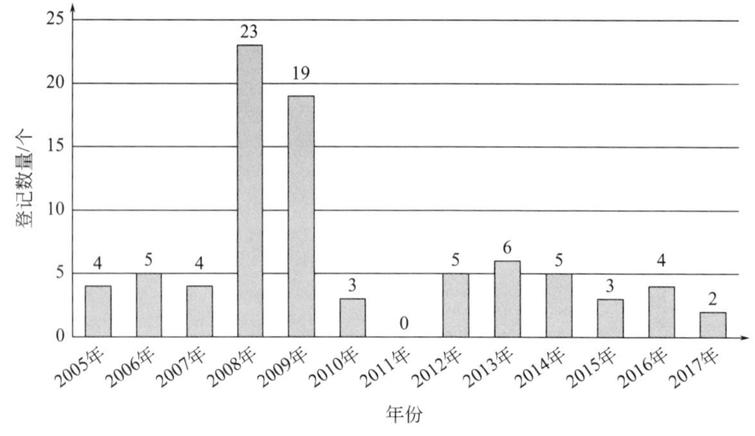

图 8-184　2005 年以来我国除虫脲的登记情况

来我国除虫脲的登记情况，其中，2008 年达到登记的峰值时期，登记数量为 23 个。在混合制剂的登记方面，主要与辛硫磷、毒死蜱、阿维菌素、甲维盐以及联苯菊酯等进行复配，截止到 2018 年 5 月，共 11 个复配制剂产品。在剂型方面，复配制剂主要有悬浮剂和乳油两种剂型，而单制剂主要为可湿性粉剂。

8.8.2.2 除虫脲的工艺概况

2000 年于登博等[214]报道了一种合成除虫脲的方法，以 2,6-二氯苯甲腈为起始原料，经氟化、水解、酯化、缩合而得除虫脲。此方法简单易操作，合成工艺路线如图 8-185 所示。

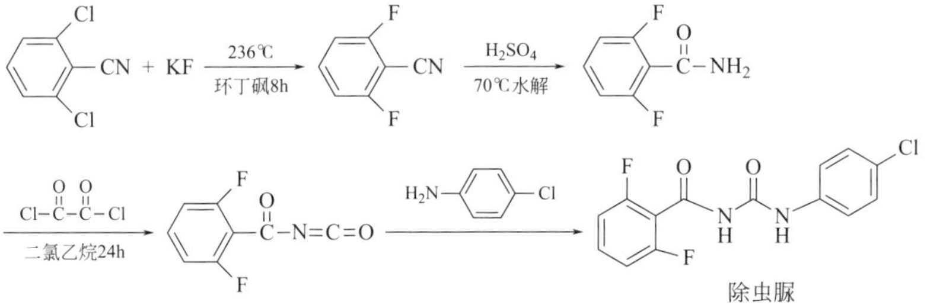

图 8-185 除虫脲的合成工艺路线

8.8.3 灭幼脲

8.8.3.1 灭幼脲的产业概况

近十年来，灭幼脲（chlorbenzuron）在我国登记的相关产品共 56 个，其中原药 3 个，登记生产企业为河南省安阳市安林生物化工有限责任公司、威海韩孚生化药业有限公司以及吉林省通化农药化工股份有限公司。在复配剂型方面，大部分产品均与阿维菌素进行复配，主要剂型为悬浮剂（占 90%以上），少量产品为可湿性粉剂。

8.8.3.2 灭幼脲的工艺概况

以光气为起始原料，以合理的工艺、较佳的反应条件合成出异氰酸酯对氯苯酯后，再与取代苯甲酰胺缩合，期间异氰酸酯化、缩合两步反应采用“一锅法”的操作方式，合成得到高含量的取代苯基甲酰基脲（灭幼脲）[215]。合成工艺路线如图 8-186 所示。

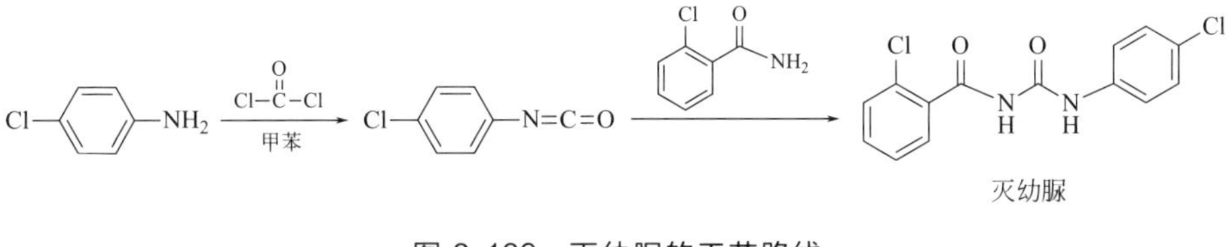

图 8-186 灭幼脲的工艺路线

8.8.4 氟铃脲

8.8.4.1 氟铃脲的产业概况

近十年来，氟铃脲（hexaflumuron）在我国共有 165 个产品登记，其中，有 8 个为原药登记。德州绿霸精细化工有限公司、河北威远生物化工有限公司、江苏扬农化工集团有限公司、大连瑞泽生物科技有限公司、河北赞峰生物工程有限公司、江苏维尤纳特精细化工有限公司、河南省春光农化有限公司、美国陶氏益农公司等 8 家企业生产氟铃脲原药。美国陶氏益农公司登记专用为卫生杀虫剂原药，而大连瑞泽生物科技有限公司登记为植物生长调节剂品种；此外，德州绿霸精细化工有限公司登记为昆虫生长调节剂。氟铃脲单剂品种一共53个，而复配制剂一共104个，其中43个产品是甲维·氟铃脲（有效成分是甲维盐和氟铃脲），14个产品为高氯·氟铃脲（有效成分是高效氯氰菊酯和氟铃脲），21个产品为阿维·氟铃脲（有效成分是阿维菌素和氟铃脲），此外已有毒死蜱、辛硫磷、茚虫威以及苏云金杆菌与氟铃脲进行复配使用。

在剂型方面，氟铃脲及相关产品主要以乳油剂型为主，占77.85%，而水基化制剂占有率较少（图8-187）。

8.8.4.2 氟铃脲的工艺概况

氟铃脲是美国陶氏益农公司1981年开发，1987年投产的第二代苯甲酰脲类杀虫剂。2001年赵永华[216]采用光气制备的3,5-二氯-4-(1,1,2,2-四氟乙氧基)苯基异氰酸酯，合成了氟铃脲，其比采用草酰氯制备异氰酸酯的方法，可大大降低氟铃脲原料成本。其合成工艺路线如图8-188所示。

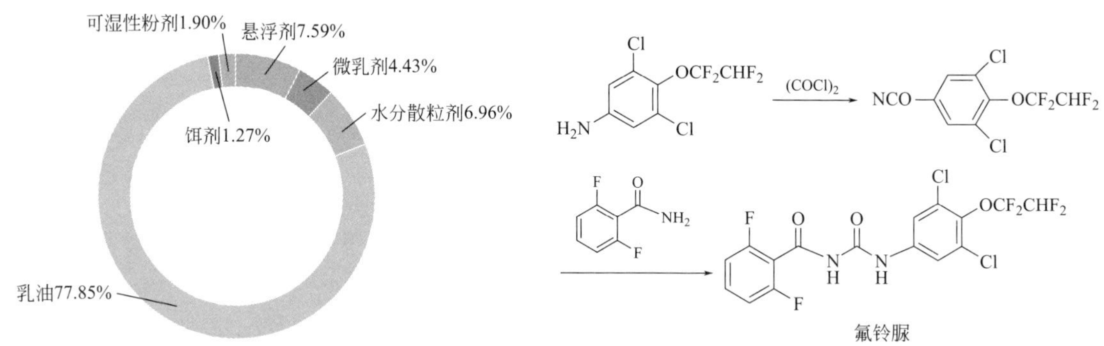

图8-187 氟铃脲剂型分布情况

图8-188 氟铃脲的合成工艺路线

8.8.5 噻嗪酮

8.8.5.1 噻嗪酮的产业概况

截至2018年7月，共489个噻嗪酮（buprofezin）相关的产品在我国登记。其中，登记原药产品的共24家企业，主要包括山东潍坊润丰化工股份有限公司、宁夏新安科技有限公司、无锡禾美农化科技有限公司、安徽广信农化股份有限公司、江苏省兴化市青松农药化工有限公司、陕西亿农高科药业有限公司、日本农药株式会社、江苏中旗科技股份有限公司、江苏省南通施壮化工有限公司、广西平乐农药厂、连云港市金囤农化有限公司、江苏嘉隆化工有限公司、江苏省农药研究所股份有限公司、江苏功成生物科技有限公司、江苏七洲绿色化工股份有限公司、江苏百灵农化有限公司等。单制剂品种多达186个，主要以可湿性粉剂为主，仅河南锦绣之星作物保护有限公司和上海沪联生物药业（夏邑）股份有限公司等就有30个悬浮剂产品（单剂）上市。在复配制剂方面，一共279个产品，主要与异丙威、吡虫啉、三唑磷、井冈霉素、杀虫单等有效成分进行复配，主要剂型还是以可湿性粉剂为主。从图8-189可以看出，噻嗪酮的可湿性粉剂占78%，而悬浮剂、水分散粒剂占比较小，此

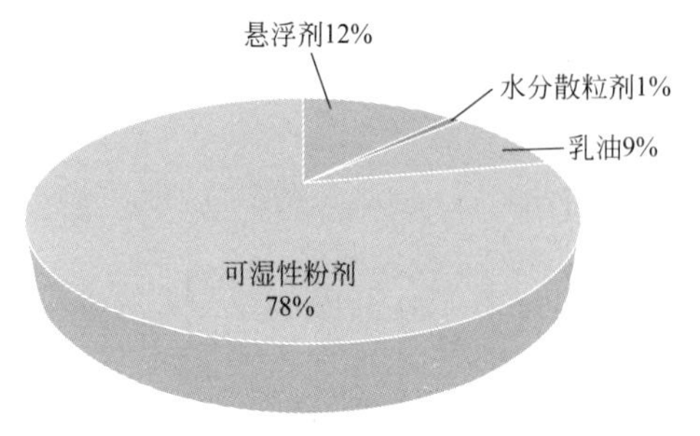

图8-189 噻嗪酮剂型分布情况

外，也有 9%的乳油剂型在登记生产。

据 Phillips Mcdougall 公司的调研数据，2016 年，中国水稻用前十大杀虫剂分别为毒死蜱、吡虫啉、氯虫酰胺、敌敌畏、噻虫嗪、三唑磷、烯啶虫胺、噻嗪酮、辛硫磷和异丙威。这 10 个产品总的销售额为 3.1499 亿美元，占该年水稻用杀虫剂总销售额 4.82 亿美元的 65%，其中噻嗪酮的销售额为 23.39 百万美元。噻嗪酮是水稻种植中的主要用药之一。

8.8.5.2 噻嗪酮的工艺概况

噻嗪酮是 20 世纪 80 年代日本农药公司研究出的杀虫剂品种，其对叶蝉、飞虱、介壳虫、粉虱等害虫具有特效。其合成工艺路线：以叔丁醇和 *N*-甲基苯胺为原料，经过数步反应，分别制得 *N*-氯甲基-*N*-苯基甲酰氯和 *N*-叔丁基-*N'*-异丙基硫脲后，两者再于碱性条件下缩合即得噻嗪酮。合成工艺路线如图 8-190 所示[217]。

HCOOH; Cl_2 BPO; DMF/丙酮 KOH; $(CH_3)_3COH$ $\xrightarrow[HCl]{NH_4SCN}$ $(CH_3)_3CNCS$ ⟶ $(CH_3)_3CNHC(=S)-NHCH(CH_3)_2$

图 8-190　噻嗪酮的合成工艺路线

8.8.6 氟虫脲

8.8.6.1 氟虫脲的产业概况

氟虫脲（flufenoxuron）别名卡死克，是德国巴斯夫公司（BASF）开发的一种苯甲酰脲类杀虫杀螨剂，具有触杀和胃毒作用。其作用机制独特，通过抑制昆虫表皮几丁质的合成，使昆虫不能正常蜕皮或变态而死亡[218]。氟虫脲对叶螨属和全爪螨属的多种害螨的幼螨、若螨防效好，也常被用于防治果树、棉花、蔬菜等作物上的鳞翅目、鞘翅目、双翅目及半翅目等害虫。当前，我国共有 7 家生产企业登记了氟虫脲单剂，其中，有 4 家生产企业登记了 95%的原药，还有 3 家登记的为 50g/L 的可分散液剂（表 8-37）。

表 8-37　氟虫脲的登记情况

登记证号	登记名称	农药类别	剂型	总含量	有效期至	生产企业
PD20131805	氟虫脲	杀虫剂	原药	95%	2018-9-16	连云港禾田化工有限公司
PD20086068	氟虫脲	杀虫剂	原药	95%	2018-12-30	威海韩孚生化药业有限公司
PD20092964	氟虫脲	杀虫剂	可分散液剂	50g/L	2019-3-9	天津市绿亨化工有限公司
PD20096880	氟虫脲	杀虫剂	原药	95%	2019-9-23	巴斯夫欧洲公司
PD20100309	氟虫脲	杀虫剂	可分散液剂	50g/L	2020-1-11	威海韩孚生化药业有限公司
PD20101979	氟虫脲	杀虫剂	可分散液剂	50g/L	2020-9-21	安阳全丰生物科技有限公司
PD20080764	氟虫脲	杀虫剂	原药	95%	2023-6-11	江苏中旗作物保护股份有限公司

8.8.6.2 氟虫脲的工艺概况

以 DMSO 为溶剂，将 2-氟-4-羟基苯胺与 3,4-二氯三氟甲苯在氢氧化钾存在条件下反应得到 4-[4-三氟甲基-2-氯苯氧基]-2-氟苯胺，再与 2,6-二氟苯甲酰基异氰酸酯发生加成反应，得到氟虫脲[219,220]（图 8-191）。

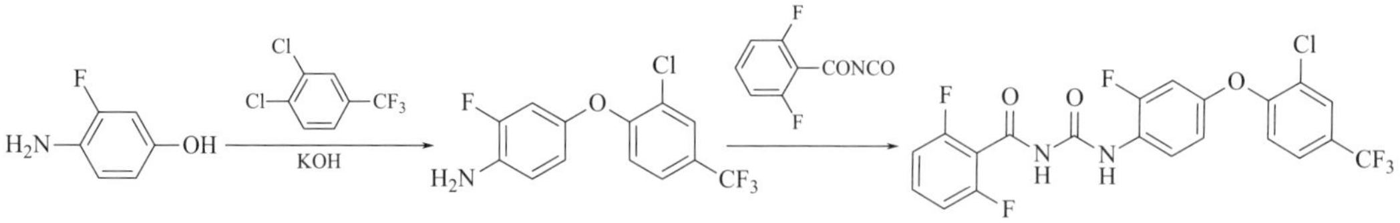

图 8-191 氟虫脲的合成工艺路线

8.9 蜕皮激素类生长调节剂

8.9.1 概述

蜕皮激素（双酰肼类化合物）是由昆虫前胸腺分泌的一种甾类激素，对昆虫的蜕皮过程及蜕皮后的生长发育起调控作用。蜕皮激素最早由 Kurlsmn 和 Butedandt 于 1954 年从家蚕蛹中分离得到，1965 年，Huber 等人鉴定其分子结构为 α-蜕皮素，并从蚕蛹及烟草天蛾中分离鉴定出 β-蜕皮素（即 20-羟基蜕皮素，如图 8-192 所示）[221]。至 20 世纪 70 年代末期，人们已从昆虫体中鉴定出 15 种蜕皮激素。但由于化学结构复杂，极性基团多，蜕皮激素难以通过表皮进入昆虫体内，在实际应用上遇到了很大困难。

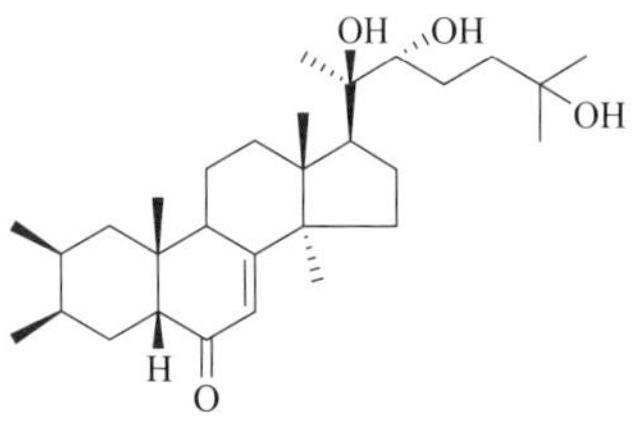

图 8-192 20-羟基蜕皮素的结构

1988 年，美国罗姆-哈斯公司在对大量天然或人工合成化合物进行筛选的基础上，开发出了第一个与天然蜕皮激素结构不同、却同样具有蜕皮激素活性的双酰肼类昆虫生长调节剂 RH-5849（抑食肼）。它可诱使鳞翅目幼虫提早蜕皮，同时又具有抑制蜕皮作用，还可促使昆虫打破休眠，干扰昆虫的正常发育过程。此外，由于分解缓慢，RH-5849 能在受体内存在较长时间，故而有可能作用于昆虫的整个生长期。RH-5849 的成功合成为昆虫生长调节剂开辟了一个新的研究方向，而且，人工合成的相对容易，也为这类昆虫生长调节剂的大范围应用提供了可能性。随后出现了大量的双酰肼类杀虫剂，如虫酰肼（RH-5992）、氯虫酰肼（RH-0345）、甲氧虫酰肼（RH-2485）、环虫酰肼（ANS-118）以及由我国南方农药创制中心自主研发的呋喃虫酰肼（JS-118）等。图 8-193 所示为部分双酰肼类蜕皮激素化合物的结构。

RH-5849 (抑食肼)　虫酰肼

氯虫酰肼　甲氧虫酰肼

环虫酰肼　呋喃虫酰肼

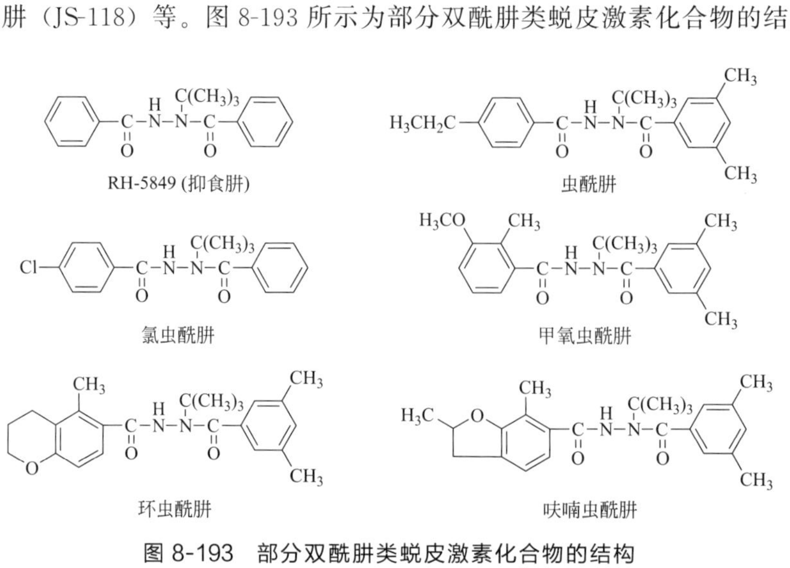

图 8-193 部分双酰肼类蜕皮激素化合物的结构

从已有的双酰肼类昆虫生长调节剂合成工艺来看，主要的工艺路线主要有以下几种：

（1）取代肼分步酰化方法[221] 取代肼与含有不同取代基的酰氯分步反应是制备双酰肼类化合物最常用的工艺路线。即取代肼的盐酸盐与碱中和，再在碱的作用下，游离的取代肼分别与不同取代的酰氯反应，即可得到二酰肼化合物。该工艺路线简单方便。此制备方法中可以用酯或者酸代替酰氯与肼反应，但反应条件苛刻，时间长，收率低，成本高，在工业生产中不常用。合成工艺路线如图 8-194 所示。

$$\mathrm{RNHNH_2} \xrightarrow[\text{碱}]{\mathrm{R^1COCl}} \mathrm{RNHNH{-}C(=O){-}R^1} \xrightarrow[\text{碱}]{\mathrm{R^2COCl}} \mathrm{RN(C(=O)R^2)NH{-}C(=O)R^1}$$

图 8-194 取代肼分步酰化方法合成双酰肼

（2）氨基保护取代肼的工艺路线[221] 此法在合成不对称二酰肼（即：结构通式中的 R^1、R^2 为不同取代基）时，产品纯度高。除了 Boc（叔丁氧羰基）保护法外，还可用 Cbz（苄氧羰基）保护，在钯-碳催化下通 H_2 脱保护。Cbz 保护法收率高，后处理简单，但 Cbz 保护法也有一些局限性，例如，当 R^1 和 R^2 的环上有卤素或 NO_2 时，易被氢还原，则不宜使用该法。Cbz 也可用 HBr 脱保护，但易使氮-烷基脱落，故对该反应并不适宜。合成工艺路线如图 8-195 所示。

$$\mathrm{RNHNH_2} \xrightarrow{\mathrm{(Me_3CO_2C)_2O}} \mathrm{Me_3COC(=O)NHNHR} \xrightarrow[\text{碱}]{\mathrm{R^2C(=O)Cl}} \mathrm{Me_3COC(=O)NHN(R)C(=O)R^2} \xrightarrow{\mathrm{HCl}} \mathrm{NH_2N(R)C(=O)R^2} \xrightarrow[\text{碱}]{\mathrm{R^1C(=O)Cl}} \mathrm{R^1C(=O)NHN(R)C(=O)R^2}$$

图 8-195 氨基保护取代肼的工艺路线合成双酰肼

（3）*N*-羰基腙还原法[221] 单酰肼与酮或醛缩合成腙，腙在氰基硼氢化钠等作用下被还原为酰肼，酰肼再与酰氯反应即可得到目的产物。该合成线路步骤较多，因而副反应也较多，造成后处理复杂，难以用于实际生产；其优点是可以在氮原子上接不同的取代基，易进行结构改造。合成工艺路线如图 8-196 所示。

$$\mathrm{R^1C(=O)NHNH_2} \xrightarrow{\mathrm{R^3C(=O)R^4}} \mathrm{R^1C(=O)NHN{=}CR^3R^4} \longrightarrow \mathrm{R^1C(=O)NHNHCHR^3R^4} \xrightarrow{\mathrm{R^2C(=O)Cl}} \mathrm{R^1C(=O)NHN(CHR^3R^4)C(=O)R^2}$$

图 8-196 *N*-羰基腙还原法合成双酰肼

（4）二取代基噁二唑开环[222] 此方法必须在强酸的催化下才能够进行，反应时间约为 46h，收率较低，而且难以控制叔丁基的位置。由于其原料难以得到，在实际的工艺路线中没有应用价值。合成工艺路线如图 8-197 所示。

$$\text{2-}\mathrm{R^1}\text{-5-}\mathrm{R^2}\text{-1,3,4-噁二唑} + \mathrm{R^3OH}(\text{或烯烃}) \xrightarrow{\text{强酸}} \mathrm{R^1{-}C(=O){-}N(R^3){-}NH{-}C(=O){-}R^2}$$

图 8-197 二取代基噁二唑开环法合成双酰肼

8.9.2 虫酰肼[223]

8.9.2.1 虫酰肼的产业概述

虫酰肼（tebufenozide）代号为RH-5992，化学名称为*N*-叔丁基-*N'*-(4-乙基苯甲酰基)-3,5-二甲基苯甲酰肼，微溶于有机溶剂，在通常条件下稳定。虫酰肼悬浮剂被罗姆-哈斯公司推荐用于防治蔬菜、水稻及果树等多种作物上的鳞翅目害虫。作为一种对环境安全的昆虫蜕皮激素拮抗剂，在西班牙，虫酰肼被用来防治水稻二化螟。二化螟属鳞翅目螟蛾科，是水稻的重要害虫，用三唑磷、氟虫腈等防治效果虽好，但环境相容性较差。虫酰肼的防治效果同传统治螟药剂（包括有机磷和菊酯类）相当，是一种既安全又有选择性的新型蜕皮激素兴奋性杀虫剂，广泛应用于水稻、棉花、果树、蔬菜等农作物以及森林病虫害的防治。

在我国一共有120个虫酰肼相关产品登记，其中虫酰肼17个，由浙江禾本科技有限公司、京博农化科技有限公司、日本曹达株式会社、山东省联合农药工业有限公司、浙江富农生物科技有限公司等生产。主要与阿维菌素、甲维盐以及高效氯氰菊酯等复配使用。图8-198显示了2005年以来虫酰肼在我国的登记情况，近年来虫酰肼的登记数量有增加趋势。在剂型方面，大部分以悬浮剂为主，有少量的可湿性粉剂登记生产。

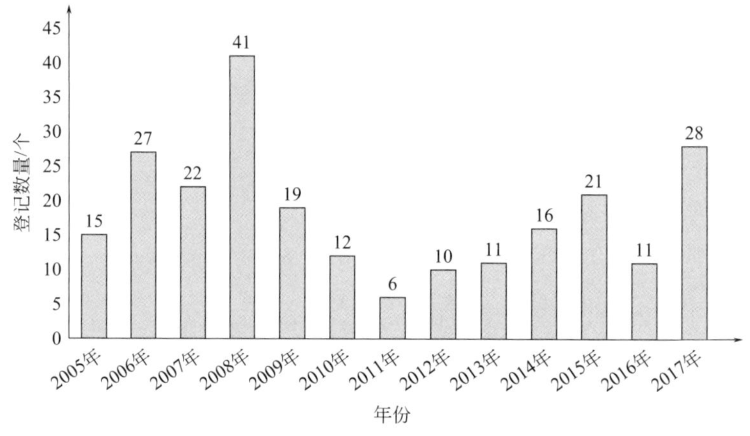

图8-198 2005年以来虫酰肼在我国的登记情况

8.9.2.2 虫酰肼的工艺概况

虫酰肼的合成工艺路线一般有两种（如图8-199所示）。一种方法是首先将乙苯在$AlCl_3$的催化作用下与三氯乙酰氯发生傅-克酰基化反应，进而再与叔丁基肼反应生成单酰肼，最后与另一分子的二甲基取代的苯甲酰氯反应，即得到虫酰肼；另外一种方法是直接以对乙基苯甲酰氯为原料，与叔丁基肼反应后，再与另一分子的二甲基取代的苯甲酰氯反应。这两种方法中，后者收率更高[223]。

8.9.3 呋喃虫酰肼

8.9.3.1 呋喃虫酰肼的产业概况

呋喃虫酰肼（JS-188）是我国具有自主知识产权的杀虫剂，是由国家南方农药创制中心江苏基地首创，江苏省农药研究所股份有限公司最新开发的一种高效促蜕皮仿生杀虫剂，已获中国发明专利授权。主要用于防治鳞翅目害虫如甜菜夜蛾幼虫、小菜蛾幼虫。对哺乳动物、鸟类、鱼类、蜜蜂毒性极低，对环境友好，属微毒农药。害虫取食后，很快出现不正常

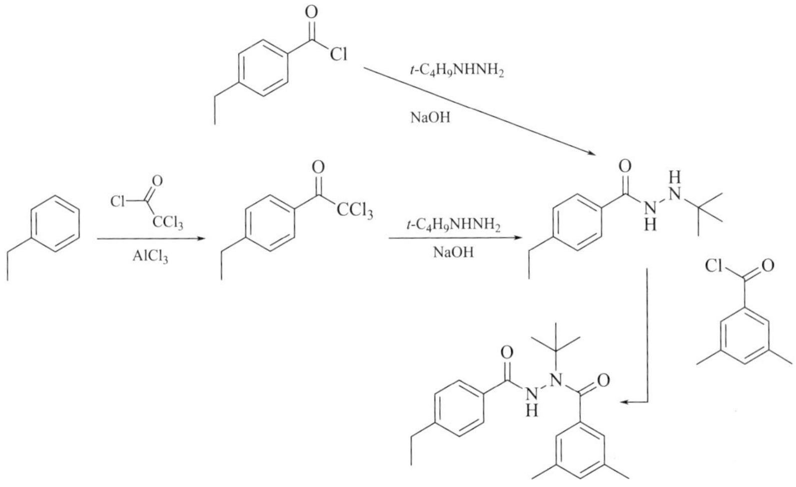

图 8-199　虫酰肼（RH-5992）的工艺路线

蜕皮反应，停止取食，提早蜕皮，但由于不正常蜕皮而无法完成蜕皮，导致幼虫因脱水和饥饿而死亡。害虫取食后数小时内停止危害作物，尽管害虫的死亡速度不一，但呋喃虫酰肼对作物的保护效果既快又好！因此，它是一种非常有希望的创新农药，可以用作高毒杀虫剂的替代品种[224]。

表 8-38　呋喃虫酰肼的登记情况

登记证号	登记名称	农药类别	剂型	总含量	有效期至	生产企业
PD20121672	呋喃虫酰肼	杀虫剂	原药	98%	2022-11-5	江苏省农药研究所股份有限公司
PD20121676	呋喃虫酰肼	杀虫剂	悬浮剂	10%	2022-11-5	江苏省农药研究所股份有限公司

由表 8-38 可知，截止到 2018 年 5 月，只有江苏省农药研究所股份有限公司进行了呋喃虫酰肼单剂的登记，登记剂型分别为含量为 98%的原药和 10%的悬浮剂。2017 年，随着环保政策的收紧，呋喃虫酰肼原药价格一度达到 80 万元/t，当前呋喃虫酰肼是国内走势较好的品种。

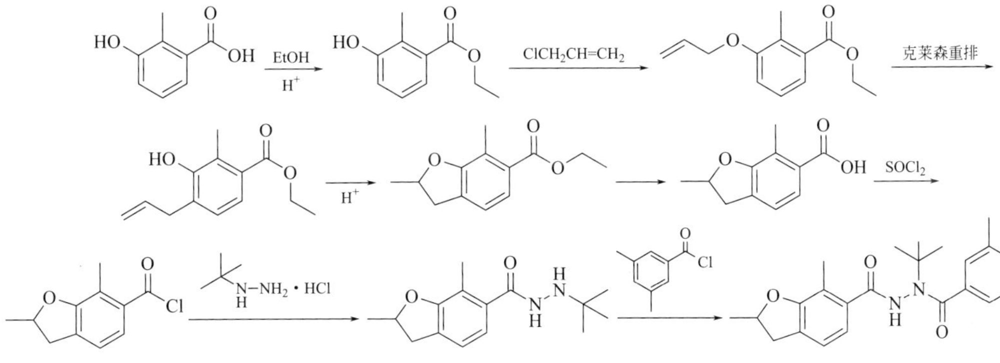

图 8-200　呋喃虫酰肼的工艺路线

8.9.3.2 呋喃虫酰肼的工艺概况

对于其合成，主要采用2-甲基-3-羟基苯甲酸为起始原料，经过酯化、醚化、克莱森重排、闭环酸化、酰氯化后，再与叔丁基肼反应生成酰肼化产物，在此基础上再与另一分子的二甲基取代的苯甲酰氯反应，即得到呋喃虫酰肼（JS-188），其合成工艺路线如图8-200所示。

8.9.4 甲氧虫酰肼[225]

8.9.4.1 甲氧虫酰肼的产业概况

甲氧虫酰肼（methoxyfenozide）为第2代双酰肼类昆虫生长调节剂，由美国罗姆-哈斯（现陶氏益农）公司1990年发现。该产品由陶氏益农生产，并在世界各地销售，其欧洲市场的销售权授予了拜耳公司。甲氧虫酰肼对鳞翅目害虫具有高度选择杀虫活性，以触杀作用为主，并具有一定的内吸作用。该药属仿生型蜕皮激素类，害虫取食药剂后，即产生蜕皮反应开始蜕皮，由于不能完全蜕皮而导致幼虫因脱水、饥饿而死亡。该药与抑制害虫蜕皮的药剂的作用机制相反，可在害虫整个幼虫期用药进行防治。主要用于防治鳞翅目害虫的幼虫，如甜菜夜蛾、甘蓝夜蛾、斜纹夜蛾、菜青虫、棉铃虫、金纹细蛾、美国白蛾、松毛虫、尺蠖及水稻螟虫等，适用作物如十字花科蔬菜、茄果类蔬菜、瓜类、棉花、苹果、桃、水稻、林木等。

2001年以商品名“美满”在中国获得临时登记，2005年以“雷通”获得正式登记。2012年10月末，浙江省绍兴上虞银邦化工有限公司成为国内首家取得杀虫剂甲氧虫酰肼原药（98.5%）正式登记的企业。截至2017年8月，国内有16个原药、19个复配制剂、11个单剂获得登记。从剂型上来看，目前主要的剂型还是以悬浮剂为主。图8-201为甲氧虫酰肼单剂的登记情况。

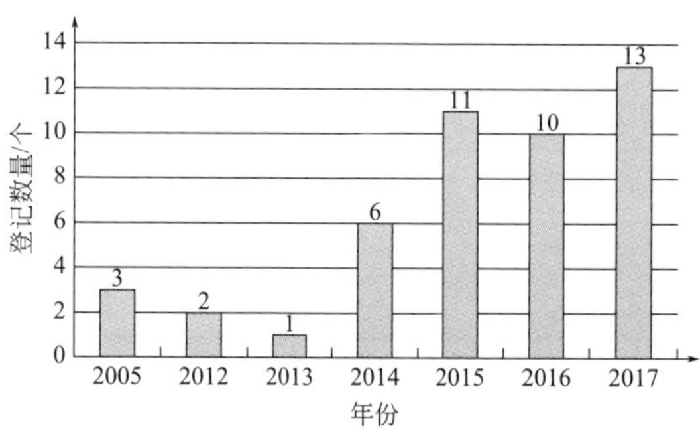

图8-201 甲氧虫酰肼单剂的登记情况

甲氧虫酰肼自1999年上市以来，销售额稳步增长。2009年实现全球销售额0.8亿美元，2010年跃升至1亿美元，2011年进一步增至1.15亿美元，2014年增至1.6亿美元。然而，甲氧虫酰肼在国内仍在推广过程中，一直处于比较冷淡的状态。由于甲氧虫酰肼属于昆虫激素类产品，就决定了此成分难以在短期之内表现出效果，一般效果都在36h后才能体现出来，所以与农户的期望差距较大，在市场上一直处于比较边缘的状态，甚至处于冷僻的状态。近两年来由于害虫耐药性增加迅速，在没有更好的成分出现的情况下，国内杀虫剂在老品种的复配上开始下功夫，甲氧虫酰肼的市场逐渐慢慢打开。甲氧虫酰肼持效期较长，抗性较低，符合无公害政策，在近年来对食品安全要求逐渐提高的情况下，此成分逐渐走进大家的视野当中。全国农技中心监测结果表明：上海奉贤、崇明，广东白云甜菜夜蛾种群对双酰胺类药剂氯虫酰胺处于高水平抗性（抗性倍数为112～805倍）；对茚虫威、昆虫生长调节剂类药剂甲氧虫酰肼处于中等水平抗性；对大环内酯类药剂多杀菌素处于敏感至中等水平抗性。从国内推广的产品来看，甲氧虫酰肼复配制剂有比较好的效果，在市场上销售的甲氧虫酰肼基本以组合形式出现，如与甲维盐、阿维菌素组合。

2017年河南远见农业科技有限公司取得阿维菌素和甲氧虫酰肼复配的正式登记，登记作物为水稻，防治对象为二化螟，产品的商品名叫乐无虫。

8.9.4.2　甲氧虫酰肼的工艺概况

关于甲氧虫酰肼的合成工艺路线，主要有以下两种：

（1）方法 1　以 3-甲氧基-2-甲基苯甲酸与叔丁基肼为起始原料，制得中间体 *N*-(3-甲氧基-2-甲基苯甲酰基)-*N*′-叔丁基肼，再与 3,5-二甲基苯甲酰氯反应制得甲氧虫酰肼。合成工艺路线如图 8-202 所示。

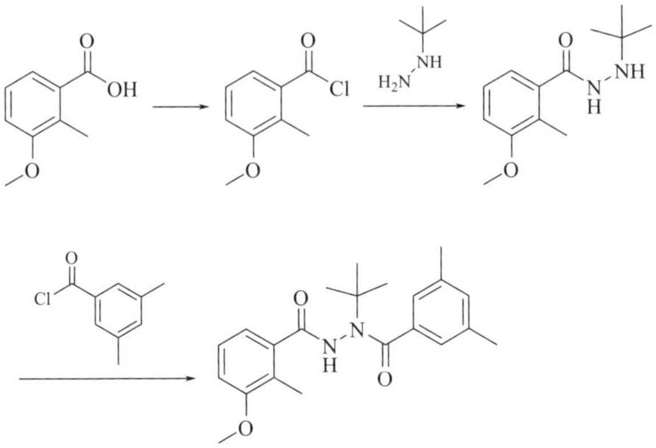

图 8-202　甲氧虫酰肼的合成工艺路线（方法 1）

（2）方法 2　先将叔丁基肼与二碳酸二叔丁酯或氯甲酸苄酯等反应，进行氨基保护，再与 3,5-二甲基苯甲酰氯反应，然后脱保护制得中间体 *N*-(3,5-二甲基苯甲酰基)-*N*-叔丁基肼，该中间体与 3-甲氧基-2-甲基苯甲酰氯反应制得甲氧虫酰肼。合成工艺路线如图 8-203 所示。

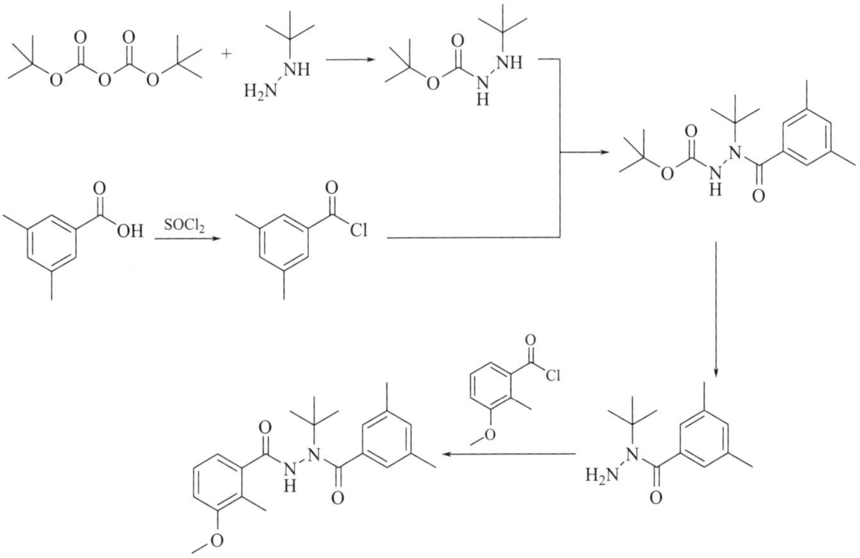

图 8-203　甲氧虫酰肼的合成工艺路线（方法 2）

8.9.5　环虫酰肼

8.9.5.1　环虫酰肼的产业概况

环虫酰肼（chromafenozide）是日本化药株式会社和三共株式会社（现为三共农用株式会社）共同开发并实用化的新型杀虫剂。环虫酰肼为双酰肼类杀虫剂，害虫取食后几小时内进食受抑制，同时引起害虫提前蜕皮导致死亡。环虫酰肼不仅对哺乳动物、鸟类、水生动物低毒，而且对节肢动物类、捕食性蜱螨、蜘蛛、半翅目昆虫、鞘翅目昆虫（甲虫类）、寄生生物及环境无影响。因此，它是综合有害生物治理体系中的一个理想的药剂。

环虫酰肼经昆虫摄取后在几小时内抑制昆虫进食，同时引起昆虫提前蜕皮导致死亡，其症状与其他二苯酰肼类化合物相同。它通过调节幼体荷尔蒙和蜕皮激素活动干扰昆虫的蜕皮过程，引起昆虫的过早蜕皮死亡。因其能够快速抑制昆虫的进食，相对于其他常用的 IGR（昆虫生长调节剂）来说，可减少对作物的危害。对夜蛾和其他的毛虫，不论在哪个时期，环虫酰肼都有很强的杀虫活性。

表 8-39　环虫酰肼的登记情况

登记证号	登记名称	农药类别	剂型	总含量	有效期至	生产企业
PD20171756	环虫酰肼	杀虫剂	原药	92%	2022-8-30	日本化药株式会社
PD20171755	环虫酰肼	杀虫剂	悬浮剂	5%	2022-8-30	日本化药株式会社

由表 8-39 可知，到 2018 年 5 月为止，只有日本化药株式会社进行了环虫酰肼单剂的登记，登记剂型分别为含量为 92%的原药和 5%的悬浮剂。

1999 年，环虫酰肼首先在日本登记；2000 年，在日本和泰国上市，商品名 Matric，用于防治鳞翅目害虫，尤其用于水稻田防治水稻螟虫、卷叶螟、稻苞虫（直纹稻弄蝶）和稻螟蛉等；2001 年，在哥伦比亚登记；2004 年，在沙特阿拉伯登记，商品名 Matric；2006 年，在马来西亚登记，用于蔬菜；2007 年，在韩国登记，商品名 Hi-metrix 和 Youngil matrix；2008 年，在法国登记，用于苹果；2015 年，在欧盟获得登记，用于防治苹果卷叶蛾、潜叶蛾和苹果蠹蛾等，有效期至 2025 年 3 月 31 日。此外，环虫酰肼还在德国登记，用于果树；在匈牙利登记，用于苹果；在西班牙、意大利等欧洲国家以及南美、中东和亚洲多国登记和上市。

环虫酰肼欧洲专利 EP0496342，申请日 1992 年 1 月 21 日，2012 年 1 月 20 日期满；美国专利 US5378726，申请日 1992 年 1 月 15 日，2012 年 1 月 15 日期满；中国专利 CN1035539C，申请日 1992 年 1 月 25 日，2012 年 1 月 24 日期满。

8.9.5.2　环虫酰肼的工艺概况[226]

目前环虫酰肼的合成工艺路线主要有两条。

（1）方法 1　以 2-特丁基-5-甲基苯酚与溴丙炔反应生成 2-特丁基-5-甲基苯丙炔醚；然后在 *N*,*N*′-二甲苯胺的催化下闭环生成苯并吡喃；通过钯碳加氢得到苯并二氢吡喃；再经过酰化、溴化、水解、酰肼化等得到中间体 *N*-5-甲基苯并二氢吡喃-6-甲酰-*N*′-叔丁基肼；*N*-5-甲基苯并二氢吡喃-6-甲酰-*N*′-叔丁基肼最后与 3,5-二甲基苯甲酰氯反应得到环虫酰肼。该路线反应步骤多，工艺复杂，原材料不易得，难于实现工业化，合成工艺路线如图 8-204 所示。

（2）方法 2　采用乙酰乙酸乙酯与甲醛缩合，然后脱羧得到 2-甲基-4-氧-2-环己烯甲酸乙酯；2-甲基-4-氧-2-环己烯甲酸乙酯在四乙基溴化铵（TEAB）催化下与 1-溴-3-氯丙烷反应得到 5-甲基-7,8-2*H*-6-苯并二氢吡喃甲酸乙酯；然后在硫粉的催化下脱氢得到 5-甲基苯并二氢吡喃-6-甲酸乙酯；再经水解、酰肼化得到关键中间体 *N*-5-甲基苯并二氢吡喃-6-甲酰-*N*′-特丁基肼，然后与 3,5-二甲基苯甲酰氯反应得到环虫酰肼。合成工艺路线如图 8-205 所示。

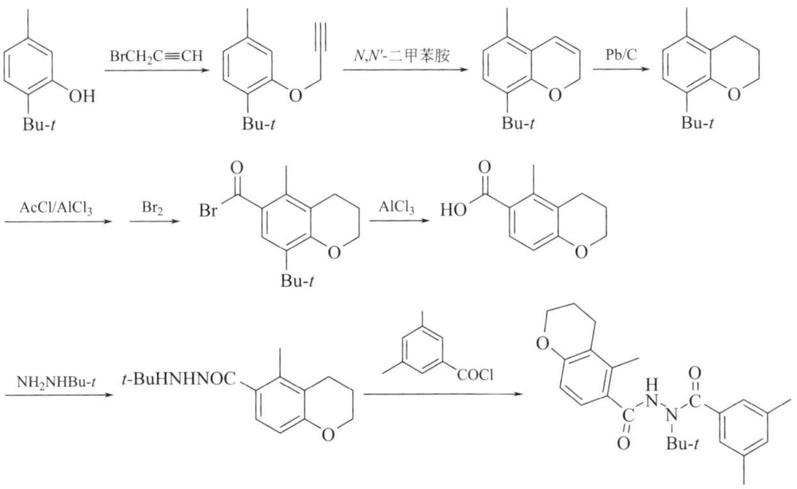

图 8-204　环虫酰肼的工艺路线（方法 1）

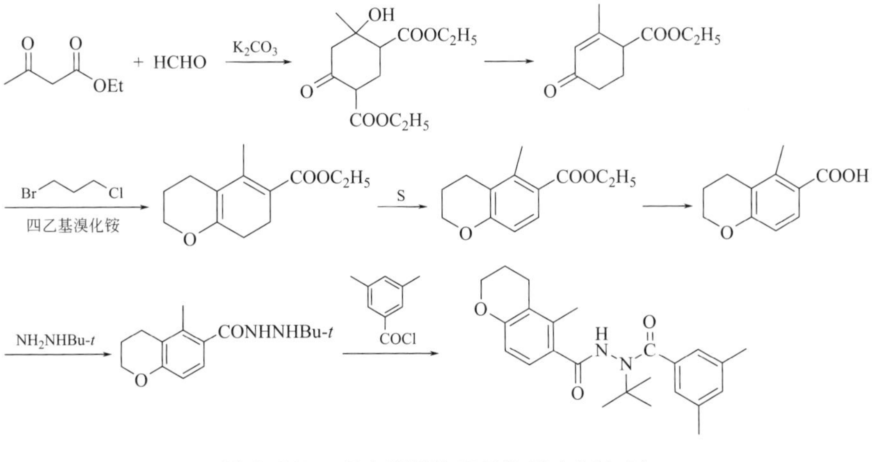

图 8-205　环虫酰肼的工艺路线（方法 2）

8.10　保幼激素类昆虫生长调节剂

8.10.1　概述

1967 年 Williams 提出以保幼激素（JH）及蜕皮激素（Ⅻ）为主的 IGR（昆虫生长调节剂）作为第三代杀虫剂。1985 年赵善欢认为 IGR 应包括 JH、MH 及其类似物、抗 JH、几丁质合成抑制剂、植物源次生物的拒食剂、昆虫源信息素、引诱剂等干扰害虫行为及抑制害虫生长发育等特异性作用的缓效型“软农药”，从而拓宽了 IGR 的范畴。应用此类药剂有利于无公害绿色食品生产，符合人们保护生态要求，曾一度受到人们的关注，并进行开发研究。

保幼激素类似物 JHA（juvenile hornone analog）主要为烯烃类化合物，可直接通过害虫表皮或被吞食后使害虫死亡。1934 年，V. B. Wiggleswth 首先发现昆虫体内存有保幼激素。1956 年 Williams 从天蚕蛾腹部的第一节成功获得具有很高活性的保幼激素；从此，许多学者开始系统地对保幼激素及其类似物进行研究和探索。早期研究开发出的品种有：ZR-

515（烯虫酯）、ZR-512（烯虫乙酯）、ZR-777（烯虫炔酯）、JH-286（保幼炔）等。后来开发的产品有：哒幼酮（NC-170），其可选择性地抑制叶蝉、飞虱的变态，具有抑制胚胎发育，防止和终止若虫滞育，刺激卵巢发育使产生短翅型等生理作用；双氧威（苯氧威）属氨基甲酸酯类，能抑制害虫的发育、幼虫的蜕皮、成虫的羽化，可有效防治果树上的木虱、介壳虫、鳞翅目害虫等多种害虫，亦可用于防治仓储和卫生害虫；吡丙醚（蚊蝇醚）对同翅目、双翅目、缨翅目、鳞翅目害虫有高活性[227]。

8.10.2 烯虫酯

8.10.2.1 烯虫酯的产业概况

烯虫酯（methoprene）是一种昆虫保幼激素的仿生产物，作为杀虫剂使用时，它不杀成虫，而是作为一种生长调节剂，干扰昆虫体内激素平衡，可阻止昆虫卵的胚胎发育，可使幼虫增加蜕皮次数，使成虫产生不孕现象，引起昆虫各期的反常现象，从而破坏昆虫的生物生命周期，防止复发的侵扰。烯虫酯具有极高的保幼激素活性，尤其对双翅目、鞘翅目害虫活性更为突出。与天然保幼激素相比，它对伊蚊活性高 1000 倍，对大黄粉甲活性高 130 倍；与有机磷杀虫剂相比，它对家蝇的生物活性较甲基 1605 高 100 倍，比 DDT 高 600 倍。

瑞士先正达作物保护有限公司在 2000 年时对其进行了登记（LS97029），为可溶液剂，已于 2002 年 12 月 4 日到期。

8.10.2.2 烯虫酯的工艺概况

对于烯虫酯的合成工艺路线，以香茅醛为起始原料，通过羟醛缩合反应和 Reformatskii 反应得到 3,7,11-三甲基-2,4,10-十二碳三烯酸异丙酯的双键顺反异构体混合物（**3**），经苯硫酚两次催化双键顺反异构化，(2*E*,4*E*)-异构体 3a 的含量由原来的 26%提高到 85%，再通过醚化反应，立体选择性地全合成了具有保幼激素活性的昆虫生长调节剂烯虫酯（**1**）及其异构体[228]。合成工艺路线如图 8-206 所示。

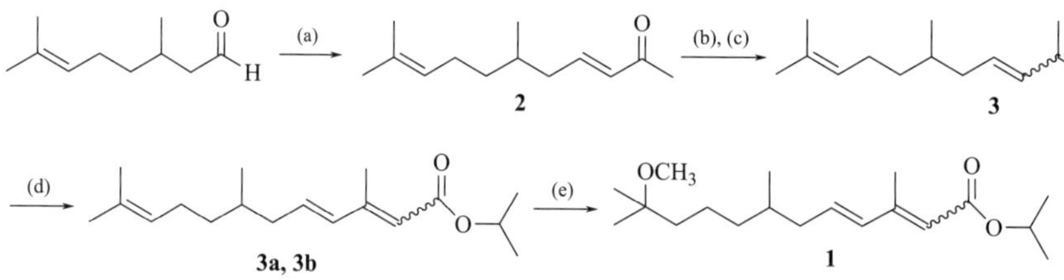

2 **3** **3a, 3b** **1**

(a) CH_3COCH_3/LiOH/PEG 400;
(b) Zn/$BrCH_2COOCH(CH_3)_2$/THF;
(c) TsOH/Δ;
(d) PhSH/Δ或PhSH/AlBN/Δ;
(e) CH_3OH

图 8-206 烯虫酯的合成工艺路线

8.10.3 吡丙醚

8.10.3.1 吡丙醚的产业概况

吡丙醚（pyriproxyfen）又称灭幼宝、蚊蝇醚，化学名称为 4-苯氧苯基-(*RS*)-2-(2-吡啶基氧）丙基醚，是由日本住友化学工业株式会社（Sumitomo Chemical）于 1983 年创制开发的一类烷氧吡啶保幼激素类几丁质合成抑制剂。吡丙醚的主要剂型有颗粒剂、乳油、悬浮剂，被广泛应用于水果、蔬菜、棉花和观赏植物上白粉虱和介壳虫的防治，以及公共卫生管理中蚊蝇控制和动物保健。其光稳定性好，用量少，活性高，叶片传导性与内吸性强，持效期长，对作物安全，对哺乳动物低毒，对生态环境影响小，符合人类保护生态环境的目标，被认为是害虫综合治理的有效药剂之一[229,230]。吡丙醚为杀虫剂研究与开发的一个重要领域。

由图 8-207 可知，2005 年以来，每年都有吡丙醚的登记，其中，2014 年登记数量为 9 个，2018 年截止到 8 月，已经有 14 个产品获得登记，鉴于后续登记难度的增加，可能登记数量会有所减少。吡丙醚一共有 49 个相关的产品（有效的），大部分用作卫生杀虫剂。原药生产厂家主要有浙江禾本科技有限公司、日本住友化学工业株式会社、上海生农生化制品有限公司、石家庄瑞凯化工有限公司、浙江天丰生物科学有限公司、陕西恒润化学工业有限公司、江苏快达农化股份有限公司、安徽广信农化股份有限公司、如东众意化工有限公司、江苏省南通施壮化工有限公司等企业。涉及的剂型主要有颗粒剂、悬浮剂、水乳剂等。

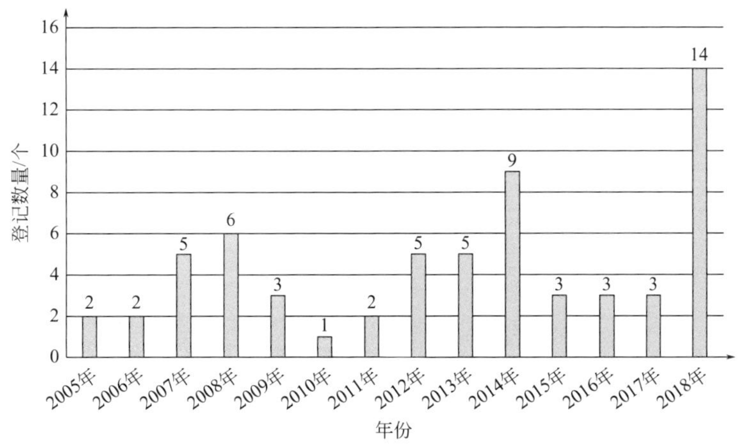

图 8-207　2005 年以来吡丙醚登记情况

8.10.3.2　吡丙醚的工艺概况

当前有关吡丙醚原药合成的文献报道的路线，基本都是以对羟基二苯醚为原料，在碱性条件下与环氧丙烷或 1-氯-2-丙醇反应得到 1-(4-苯氧基苯氧基)-2-丙醇（PPP）后，再与 2-氯吡啶缩合得到。这也是当前该原药工业生产所普遍采用的工艺。合成工艺路线如图 8-208 所示。

图 8-208　吡丙醚的工艺路线

值得注意的是吡丙醚中有一个不对称碳原子，存在（*R*）和（*S*）两个对映异构体，可以通过以下 3 种方法得到：① 以光化学活性的乳酸为起始原料来合成吡丙醚（*S*)-异构体[工艺路线如图 8-209 所示][231]；②用酶（洋葱假单胞菌脂肪酶）催化发生不对称水解反应来合成吡丙醚（S）-异构体[合成工艺路线如图 8-210 所示][232]；③以三(4-甲基苯甲酸)纤维素酯为手性固定相进行手性分离得到[233]。

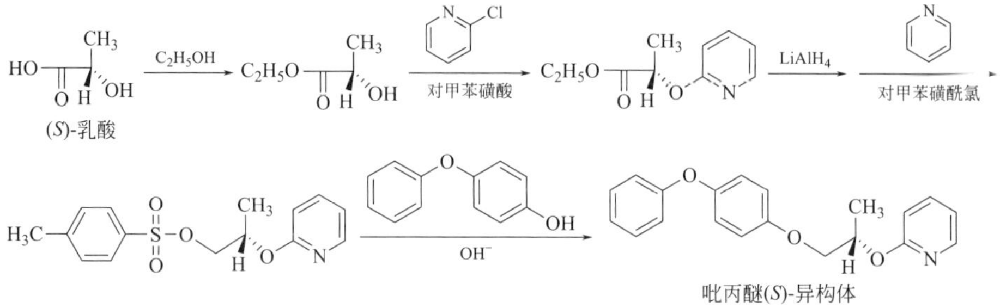

图 8-209　以乳酸为起始原料合成吡丙醚（S）-异构体的工艺路线

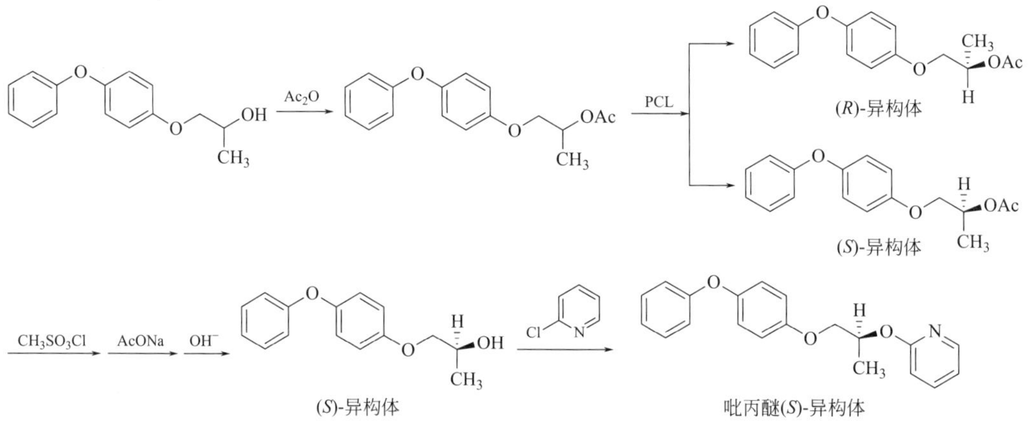

图 8-210　洋葱假单胞菌脂肪酶（PCL）催化合成吡丙醚（S）-异构体的工艺路线

8.11　其他类型杀虫剂

8.11.1　啶虫丙醚

8.11.1.1　啶虫丙醚的产业概况

啶虫丙醚（pyridalyl）是日本 Sumitomo 化学公司开发出来的新型杀虫剂。其对水稻、蔬菜、棉花及果树上的许多鳞翅目害虫有着卓越的杀虫活性，研究表明该化合物同时具有胃毒与触杀作用，与现有鳞翅目害虫杀虫剂无交互抗性，对因现有杀虫剂产生抗性的害虫，同样具有优良的效果；其化学结构新颖但不复杂。与它的高活性相比，啶虫丙醚对各种节肢动物的影响很小，有望成为一个在害虫综合治理（IPM）或杀虫剂抗性治理中对鳞翅目和缨翅目害虫防治的有效工具。当前，啶虫丙醚在我国还没有登记和使用。

8.11.1.2　啶虫丙醚的工艺概况

对于啶虫丙醚的合成工艺路线，介绍如下：

采用 1,1,1,3-四氯丙烷与对苯二酚在碱性条件下醚化，随后在 SO_2Cl_2 的作用下得到 2,6-二氯-4-(3,3-二氯丙烯氧基苯酚)，该中间体与 3-溴丙醇反应后再与 2-氯-5-三氟甲基吡啶在碱性条件下反应，即可以得到产品。合成工艺路线如图 8-211 所示[234]。

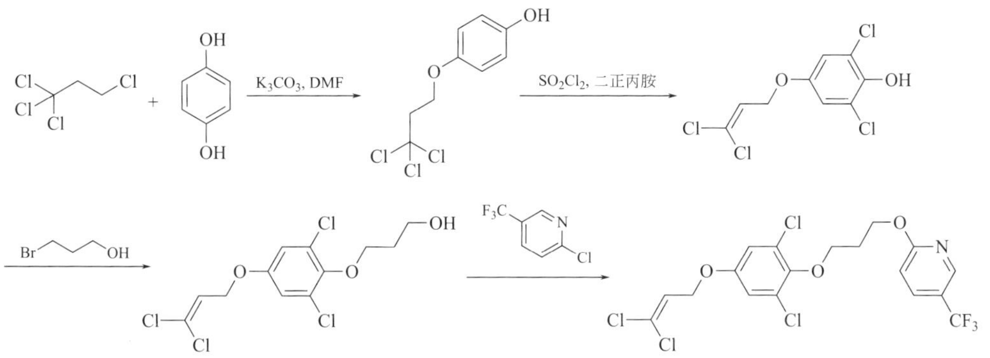

图 8-211　啶虫丙醚的合成工艺路线

8.11.2　吡蚜酮

8.11.2.1　吡蚜酮的产业概况

吡蚜酮（pymetrozine）是含吡啶类和三嗪酮结构的杀虫剂，是全新的非杀生性杀虫剂，最早由瑞士汽巴嘉基公司于 1988 年开发，该产品对多种作物的刺吸式口器害虫表现出优异的防治效果。

关于吡蚜酮的作用机制，研究表明，无论是点滴、饲喂还是注射试验，只要蚜虫或飞虱一接触到吡蚜酮几乎立即产生口针阻塞效应，立刻停止取食，并最终因饥饿致死，而且此过程是不可逆转的。有研究表明，其主要作用于害虫体内血液中的胺［5-羟色胺（血管收缩素、血清素）］信号传递突进，从而导致类似神经中毒反应，取食行为的神经中枢被抑制，通过影响流体吸收的神经中枢调节而干扰正常的取食活动。

2018 年 5 月，巴斯夫公司在澳大利亚登记了全新作用机理的杀虫剂 afidopyropen，同年 6 月宣布上市，这让不由自主地联想到吡蚜酮（pymetrozine）。两产品同属于国际杀虫剂抗性行动委员会（IRAC）划分的 Group 9 中的成员，同为刺吸式口器害虫杀虫剂。目前，Group 9 中仅有两个亚组：Group 9B 和 Group 9D。Group 9B 中包含两个吡啶甲亚胺衍生物，即为吡蚜酮和 pyrifluquinazon；Group 9D 仅含一个有效成分 afidopyropen。

吡蚜酮于 1994 年由诺华（现先正达）公司上市，商品名为 Chess。吡蚜酮为杀蚜剂，并对早期生长阶段的粉虱和飞虱有一定的防效。该产品继 1998 年在日本上市后，1999 年在美国获准登记，2000 年在欧洲取得登记……吡蚜酮被东亚市场广泛接受，其全球市场受益于它的内吸作用及其不同于新烟碱类杀虫剂的作用机理。2017 年，安道麦公司接管了先正达 Fulfill（50%吡蚜酮）产品在美国市场的销售权。

截止到 2018 年 5 月，吡蚜酮在我国登记的产品共 431 个，其中原药共 38 个，主要有石家庄瑞凯化工有限公司、江苏健谷化工有限公司、江苏省盐城利民农化有限公司、湖南海利化工股份有限公司、江苏优士化学有限公司、河北威远生物化工有限公司、广东立威化工有限公司、江苏天容集团股份有限公司、江西核工业金品生物科技有限公司、上海悦联生物科技有限公司、河北双吉化工有限公司、浙江东风化工有限公司、江苏好收成韦恩农化股份有限公司等 38 个企业登记。在单制剂方面，我国共 219 个相关的产品登记，主要剂型有悬浮剂、水分散粒剂、可湿性粉剂等，在复配制剂方面，与异丙威、阿维菌素、毒死蜱、烯啶虫胺、仲丁威等进行复配使用，共有 174 个产品登记。图 8-212 显示了吡蚜酮的剂型分布情况，吡蚜酮相关剂型以悬浮剂、水分散粒剂、可湿性粉剂等为主。

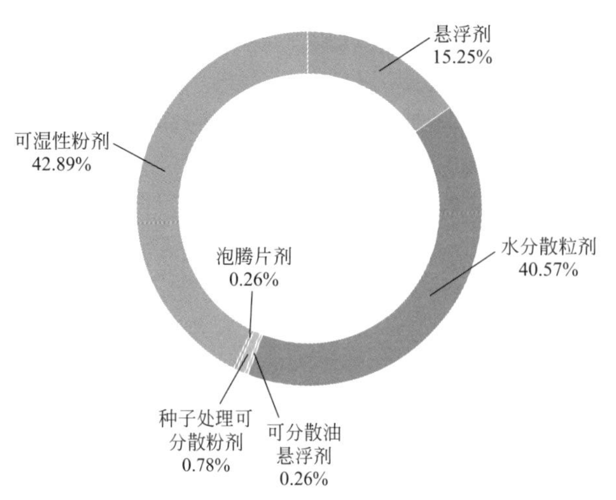

图 8-212 吡蚜酮的剂型分布情况

吡蚜酮已上市 20 余年，销售额超亿美元。2016 年，吡蚜酮的全球销售额为 1.05 亿美元，2011～2016 年的复合年增长率为 8.4%。中国是吡蚜酮最重要的市场，2016 年的销售额为 0.36 亿美元，占 1.05 亿美元吡蚜酮全球销售额的 34.4%；印度尼西亚和日本分列第 2、3 位，销售额分别为 0.13 亿美元和 782 万美元，分别占全球市场的 12.4%和 7.4%。水稻是吡蚜酮最大的应用作物，2016 年的销售额为 0.25 亿美元，占总市场的 24.2%。亚洲是吡蚜酮最大的地区市场，2016 年的销售额为 0.65 亿美元，占全球市场的 61.6%；欧洲为第二大地区市场，销售额为 0.17 亿美元，占全球市场的 16.0%。

8.11.2.2 吡蚜酮的工艺概况

通常可以采用一些常见的原料如乙酸乙酯和水合肼为起始原料，通过缩合生成乙酰肼，然后与光气闭环，生成噁二唑酮，再与 4-氯代-2-丁酮反应进行烷基化，接着与水合肼反应扩环，然后在 HCl 的作用下脱去乙酰基，最后与吡啶腈缩合，即得到吡蚜酮。该路线原料易得，反应条件较温和，适合于工业化生产。合成工艺路线如图 8-213 所示。[235]

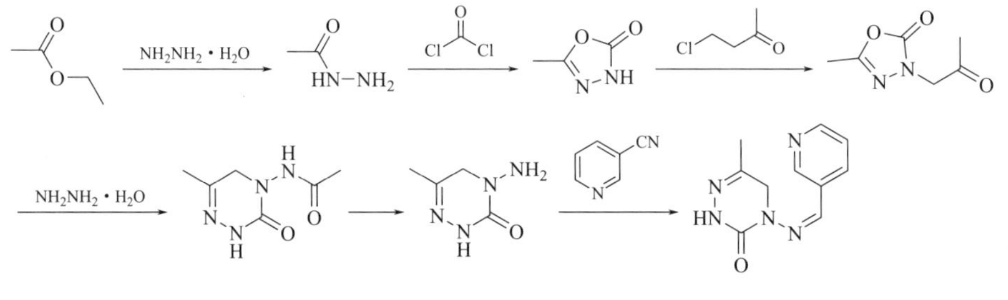

图 8-213 吡蚜酮的合成工艺路线

8.11.3 氟虫腈

8.11.3.1 氟虫腈的产业概况

氟虫腈（fipronil）是一种苯基吡唑类杀虫剂，杀虫谱广，对害虫以胃毒作用为主，兼有触杀和一定的内吸作用，其作用机制在于阻碍昆虫 γ-氨基丁酸控制的氯化物代谢，因此对蚜虫、叶蝉、飞虱、鳞翅目害虫的幼虫、蝇类和鞘翅目害虫等有很高的杀虫活性，对作物无药害。该药剂可施于土壤，也可叶面喷雾。施于土壤能有效防治玉米根叶甲、金针虫和地老虎。

由图 8-214 可知，2013～2015 年氟虫腈单剂的登记数量达到峰值，登记数量分别为 30 个、43 个和 50 个。鉴于氟虫腈的蜜蜂毒性，其现在主要用作卫生杀虫剂。

目前还有近 200 个相关的产品登记（有效）。生产原药的有江苏托球农化股份有限公司、海正化工南通有限公司、沈阳科创化学品有限公司、江苏富鼎化学有限公司、大连瑞泽生物科技有限公司、安徽华星化工有限公司、江苏优士化学有限公司、一帆生物科技集团有限公司、江苏莱科化学有限公司、河北三农农用化工有限公司、江苏云帆化工有限公

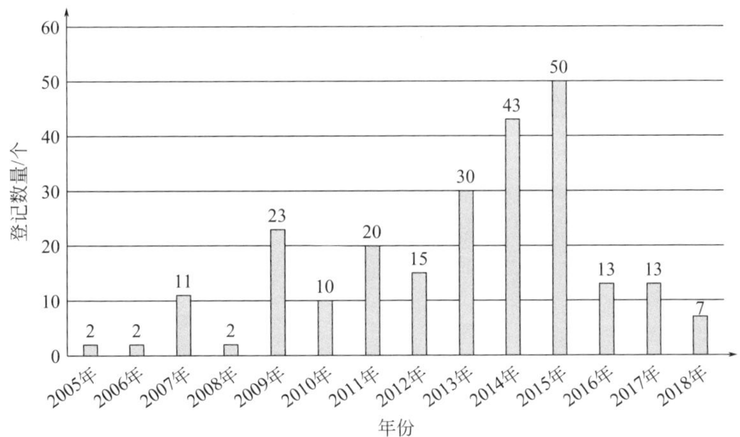

图 8-214　2005 年来氟虫腈单剂的登记变化趋势

司、江苏长青农化股份有限公司、山东省青岛凯源祥化工有限公司、连云港埃森化学有限公司、江苏中旗科技股份有限公司等企业。当前的大部分剂型主要是种子处理剂（悬浮种衣剂）。

8.11.3.2　氟虫腈的工艺概况

首先要得到关键中间体芳基吡唑腈。关于该中间体的工艺路线，按原材料可分为两种：以对三氟甲基苯胺为原材料合成的方法，即胺线路；以对三氟甲基苯肼为原材料合成的方法，即肼线路。两种线路的区别在于合成母环的方法稍有不同，其他基本相似。此处介绍以对三氟甲基苯胺为原材料的工艺路线[236,237]，如图 8-215 所示。

图 8-215　氟虫腈的关键中间体芳基吡唑腈的工艺路线

在得到这个关键中间体后，又有几种方式可以得到最终产物。介绍如下：

（1）方法 1　以芳基吡唑腈为原料，与三氟甲硫基卤代烷（CF_3SX）反应，引入三氟甲硫基（CF_3S—）后，再经间氯过氧苯甲酸（m-ClC_6H_6COOOH）氧化得到目标产物。工艺路线如图 8-216 所示。该反应操作过程比较困难，首先，由于 CF_3SX 的毒性均极高，且实

图 8-216　氟虫腈合成方法 1

验采用的 CF_3SCl 为气体，因此，操作过程中要十分注意安全问题。其次，由于采用间氯过氧苯甲酸作氧化剂，氧化时间一般需 2d 甚至更长，而反应时间过长会导致副产物增多、产率低。该路线不适于大规模工业生产。

（2）方法 2　由芳基吡唑腈出发先制备双硫代物，用 S_2Cl_2 打断 S—S 键形成 R—S 键，最后经三氟乙酸氧化 R—S 键得到目标产物。由于采用先形成双硫代物后用毒性较小的卤代烷 CF_3Br 断键形成 CF_3S—R，减少了如图 8-216 所示的方法中 CF_3SX 的高毒性问题，但仍然不能避免最后一步的氧化时间过长的问题。工艺路线如图 8-217 所示。

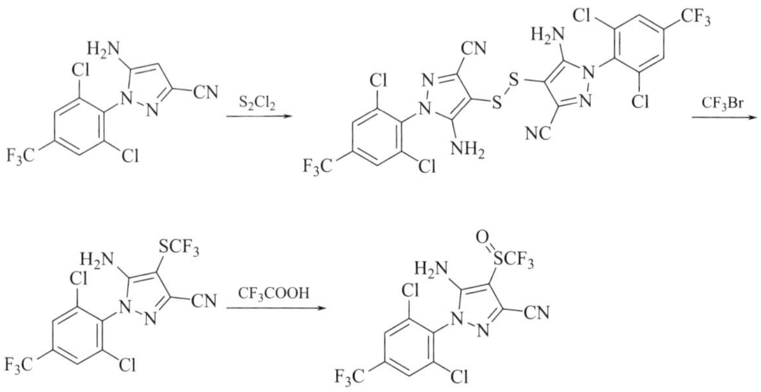

图 8-217　氟虫腈合成方法 2

（3）方法 3　由芳基吡唑腈直接与亚磺酰基取代物 $CF_3S(O)X$（X＝Cl、NMe_2、ONa）反应，一步合成目标产物。该路线通过直接在芳基吡唑腈上引入亚磺酰基而一步实现，虽然步骤大为减少，但对产率并无多大影响，更重要的是在安全性方面具有独到的优点。工艺路线如图 8-218 所示。

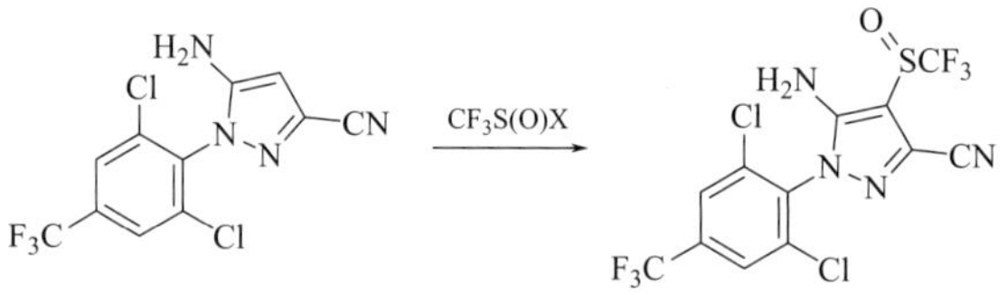

图 8-218　氟虫腈合成方法 3

8.11.4　丁虫腈

8.11.4.1　丁虫腈的产业概况

丁虫腈（flufiprole）是大连瑞泽农药股份有限公司于 2002 年发现的新型杀虫剂。该化合物是一种对半翅目、鳞翅目、缨翅目害虫具有优异防效的广谱杀虫剂，可用在水田上防治稻飞虱、二化螟、稻纵卷叶螟，还可用在蔬菜田防治小菜蛾。该药剂对盲蝽象、草原蝗虫有特效。

由表 8-40 可知，到 2018 年 5 月为止，只有大连瑞泽生物科技有限公司进行了丁虫腈单剂的登记，登记剂型分别为有效含量为 0.2％的饵剂、80％的水分散粒剂、5％的乳油和 96％的原药。

表 8-40　丁虫腈的登记情况

登记证号	登记名称	农药类别	剂型	总含量	有效期至	生产企业
WP20130225	杀蟑饵剂	卫生杀虫剂	饵剂	0.2%	2018-11-5	大连瑞泽生物科技有限公司
PD20132280	丁虫腈	杀虫剂	水分散粒剂	80%	2018-11-8	大连瑞泽生物科技有限公司
PD20120413	丁虫腈	杀虫剂	乳油	5%	2022-3-12	大连瑞泽生物科技有限公司
PD20120414	丁虫腈	杀虫剂	原药	96%	2022-3-12	大连瑞泽生物科技有限公司

8.11.4.2　丁虫腈的工艺概况

丁虫腈是在氟虫腈的结构基础上经过改造得到的，其工艺路线与氟虫腈相同，即在氟虫腈的结构基础上引入异丁烯而得[238]。其合成工艺路线如图 8-219 所示。

图 8-219　丁虫腈合成路线

8.11.5　螺螨酯

8.11.5.1　螺螨酯的产业概况

螺螨酯（spirodiclofen）是拜耳公司开发的全新结构的季酮螨酯类低毒杀螨剂，具有触杀和胃毒作用，但无内吸活性。螺螨酯杀螨谱广，持效期长，兼杀卵和幼螨。螺螨酯主要抑制螨的脂肪合成，阻断螨的能量代谢，对于螨的各个发育阶段都有效，特别是杀卵活性突出，与现有杀螨剂之间无交互抗性，适用于防治对现有杀螨剂产生抗性的有害螨类。

螺螨酯于 2000 年由 U. Wachendorff 在布赖顿植保会上报道，2002 年登记并上市。螺螨酯的销售额逐年上升，2008 年超过了炔螨特，成为杀螨剂中销售额最高的品种，并从此稳居杀螨剂市场首席地位。2007～2009 年，螺螨酯获得了 50%的销售额增长率，这 3 年的销售额分别为 5000 万美元、6000 万美元和 7500 万美元；在杀螨剂中所占份额也逐年攀升，分别为 9.7%（2007 年杀螨剂销售额为 5.15 亿美元）、10.7%（2008 年为 5.63 亿美元）和 13.0%（2009 年为 5.79 亿美元）。2010 年，其销售额大幅增长了 1/3，达到了 1.0 亿美元。

螺螨酯已在世界上 50 多个国家登记和上市，商品名为 Daniemon 和 Envidor 等。2002 年，螺螨酯在南非首先上市，用于柑橘；2003 年，在巴西上市，用于咖啡、果树、橡胶和番茄等；同年，在日本登记并上市，用于防治柑橘红蜘蛛和锈螨；是年，还在荷兰取得了登记。2004 年，螺螨酯在中国获得在柑橘上的临时登记试验，2005 年开始在中国销售，商品名为螨危。2008 年在中国获得应用于苹果树、棉花和柑橘上的临时登记，用于防治红蜘蛛。

2012 年 10 月 24 日，95.5% 螺螨酯原药和 240g/L 螺螨酯悬浮剂在中国正式登记，制剂产品用于喷雾防治柑橘树、苹果树和棉花上的红蜘蛛。2012 年 6 月起，国内企业也开始登记螺螨酯产品。浙江新农化工股份有限公司和上海亚泰农资有限公司先后临时登记了

40% 螺螨·三唑磷水乳剂（3% 螺螨酯＋37% 三唑磷）和 20% 阿维·螺螨酯悬浮剂（1.0%阿维菌素＋19.0% 螺螨酯），用于喷雾防治柑橘树红蜘蛛。2013 年 3 月 12 日，石家庄市兴柏生物工程有限公司正式登记了 98% 螺螨酯原药，这是国内企业首次登记螺螨酯原药。螺螨酯单剂的登记在 2014～2015 年达到峰值，分别为 46 个和 57 个，而 2013 年以前登记数量比较少或者无生产企业登记（图 8-220）。

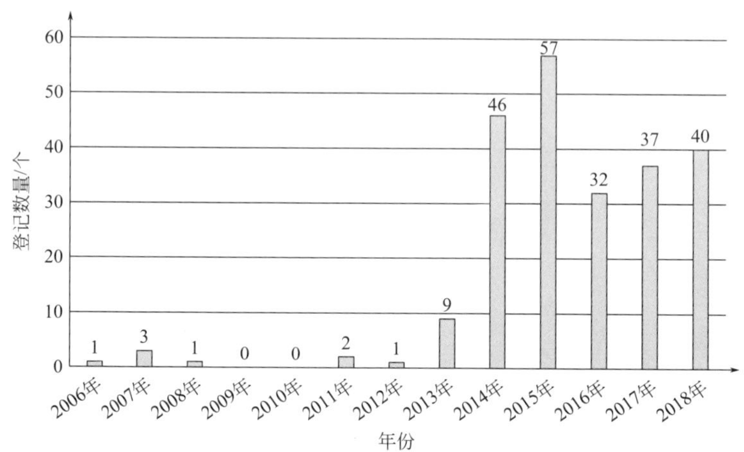

图 8-220　2006 年后螺螨酯登记变化趋势（2018 年为 8 月以前的数据）

8.11.5.2　螺螨酯的工艺概况

螺螨酯是由关键中间体 3-(2,4-二氯苯基)-2-氧代-1-氧杂螺-[4,5]-癸-3-烯-4-醇与 2,2-二甲基丁酰氯进行反应而得到的。其合成工艺路线，主要有以下两种[239,240]：

（1）方法 1　以环己酮为原料，与 NaCN 加成后生成氰醇，氰基水解成羟基酸，进一步酯化，再与 2,4-二氯苯乙酰氯反应生成环己酯，然后闭环反应，最后与二甲基丁酰氯反应得产品。其合成工艺路线如图 8-221 所示。

图 8-221　螺螨酯的工艺路线（方法 1）

（2）方法 2　以环己酮为原料，首先与 NaCN 加成生成氰醇，然后和 2,4-二氯苯乙酰氯反应，氰基水解成酸，再经酯化反应成环己酯，接着经闭环反应，最后与二甲基丁酰氯反应得到产品。其合成工艺路线如图 8-222 所示。

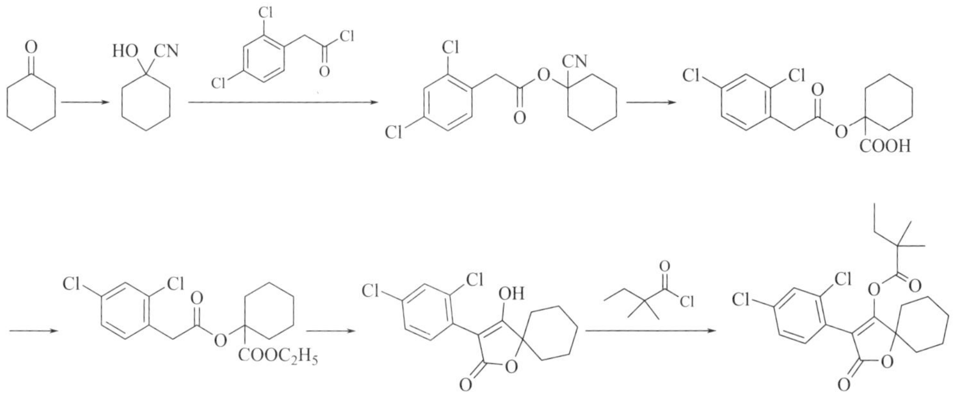

图 8-222 螺螨酯的工艺路线（方法 2）

8.11.6 螺虫乙酯

8.11.6.1 螺虫乙酯的产业概况

螺虫乙酯（spirotetramat）是拜耳公司开发的新颖杀虫、杀螨剂，属季酮酸类化合物，属类脂合成抑制剂，通过抑制昆虫脂质的合成，造成其中毒死亡。螺虫乙酯是迄今为止唯一一个具有双向内吸传导性能的杀虫、杀螨剂，持效期长，可有效防治各种刺吸式口器害虫和害螨，药剂在整个植物体内能够向上向下移动，抵达叶面和树皮，这种独特的内吸性能可保护新生茎、叶和根部。

螺虫乙酯是拜耳公司发现和开发的、具有环状酮-烯醇化学结构的、继螺螨酯和螺甲螨酯之后的第 3 种该类杀虫剂，是该类化学结构中第 1 个具有广谱活性的产品。拜耳在 2008 年上市了螺虫乙酯，该产品自上市以来，销售额几乎没有停止过增长。2015 年，螺虫乙酯的全球销售额为 1.75 亿美元，2010～2015 年的复合年增长率为 15.5%。此期间，全球作物用农药市场的复合年增长率为 4.4%。

2017 年 7 月 22 日，拜耳的螺虫乙酯专利号 ZL97198554.5 在中国的化合物专利到期，然而，该专利是关于顺反异构体混合物的专利。而其真正发挥杀虫活性的顺式异构体的专利要在 2023 年才期满。在螺虫乙酯全球首次登记前夕，拜耳公司申请了多个有关悬浮剂的专利。在单一活性成分产品全面上市后，拜耳公司又不失时机地针对复配制剂进行了专利布局，将螺虫乙酯和其他杀虫剂的复配杀虫剂专利纳入囊中，例如和旗下的氟吡呋喃酮进行复配，其保护期直到 2029～2030 年才最终结束。

拜耳的螺虫乙酯业务在全球增长速度迅猛，预计 2020 年全球销售额达 3 亿欧元。近年来在中国市场也获得超过两位数字的增长。在 2017 年制剂业务加上原药业务按终端价格计超过 1.5 亿人民币，在众多抗性小虫市场均获得不俗的表现。

未来随着国家农药化肥零增长政策的实施以及更多中高毒农药的退市，像亩旺特（螺虫乙酯）、稳特（螺虫乙酯＋噻虫啉）这样绿色、高效的保护性杀虫剂会越来越受到市场的青睐。拜耳的螺虫乙酯会成为水稻市场上叱咤风云的品种，尤其是在缺少新的化合物和有效的解决方案时，其将在抗性小虫治理市场上有惊人的表现。

截至 2018 年 8 月，共有 12 家生产企业进行了螺虫乙酯单剂的登记，其中，拜耳股份公司分别进行了有效含量为 22.4%悬浮剂和 96%原药的登记，而在 12 家生产企业中，有 11 家进行了原药登记，且有效含量都≥96%。表 8-41 显示了螺虫乙酯的登记情况。

表 8-41　螺虫乙酯的登记情况

登记证号	登记名称	农药类别	剂型	总含量	有效期至	生产企业
PD20110281	螺虫乙酯	杀虫剂	悬浮剂	22.4%	2021-3-16	拜耳股份公司
PD20110188	螺虫乙酯	杀虫剂	原药	96%	2021-3-16	拜耳股份公司
PD20171529	螺虫乙酯	杀虫剂	原药	97%	2022-8-21	山东省青岛好利特生物农药有限公司
PD20172591	螺虫乙酯	杀虫剂	原药	96%	2022-9-18	美国默赛技术公司
PD20172360	螺虫乙酯	杀虫剂	原药	97%	2022-9-18	牡丹江佰佳信生物科技有限公司
PD20171870	螺虫乙酯	杀虫剂	原药	97%	2022-9-18	青岛中达农业科技有限公司
PD20171917	螺虫乙酯	杀虫剂	原药	96%	2022-10-17	河北兴柏农业科技有限公司
PD20173251	螺虫乙酯	杀虫剂	原药	96%	2022-12-19	江苏中旗作物保护股份有限公司
PD20173199	螺虫乙酯	杀虫剂	原药	96%	2022-12-19	连云港立本作物科技有限公司
PD20180785	螺虫乙酯	杀虫剂	水分散粒剂	50%	2023-1-14	陕西美邦农药有限公司
PD20180773	螺虫乙酯	杀虫剂	原药	96%	2023-2-8	山东海利尔化工有限公司
PD20180502	螺虫乙酯	杀虫剂	原药	96%	2023-2-8	河北兰升生物科技有限公司
PD20181014	螺虫乙酯	杀虫剂	原药	96%	2023-3-15	江苏云帆化工有限公司

8.11.6.2　螺虫乙酯的工艺概况

螺虫乙酯合成主要有 2 条工艺路线[241]，介绍如下：

（1）方法 1　手性源法，以 *cis*-8-甲氧基-1,3-二氮杂螺［4,5］癸-2,4-二酮为初始原料，水解得到的氨基羧酸，先进行酯化，然后将氨基酰胺化，合环，最后将羟基酯化即得到目标化合物。合成工艺路线如图 8-223 所示。

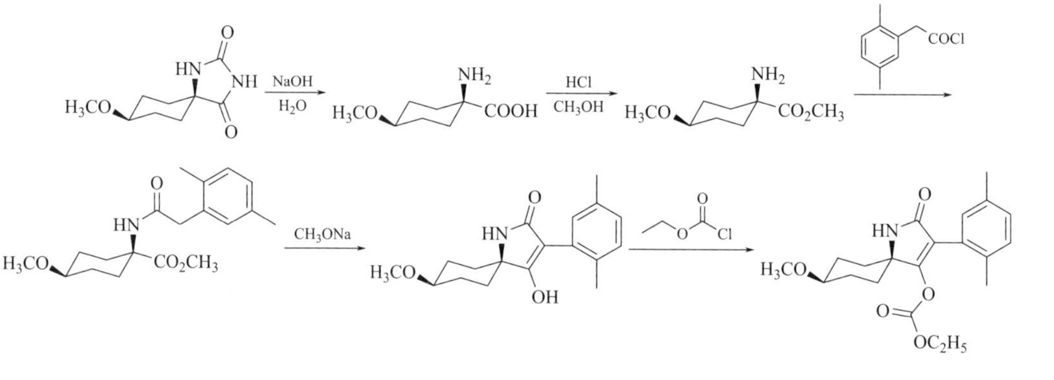

NaOH / H_2O；HCl / CH_3OH；COCl；CH_3ONa

图 8-223　螺虫乙酯的工艺路线（方法 1）

（2）方法 2　4-甲氧基-1-氰基环己胺和 2,5-二甲基苯乙酰氯反应得到 4-甲氧基-1-氰基环己基-2,5-二甲苯乙酰胺，然后将氰基水解成酯基，合环，羟基酯化后手性拆分得到螺虫乙酯。合成工艺路线如图 8-224 所示。

8.11.7　螺甲螨酯

螺甲螨酯（spiromesifen）是拜耳作物科学公司开发的新型螺环季酮酸杀虫杀螨剂，具有新颖的作用方式，通过抑制害虫脂肪生物合成起到杀虫作用。主要用于水果、蔬菜、玉米、棉花和观赏植物的杀虫。

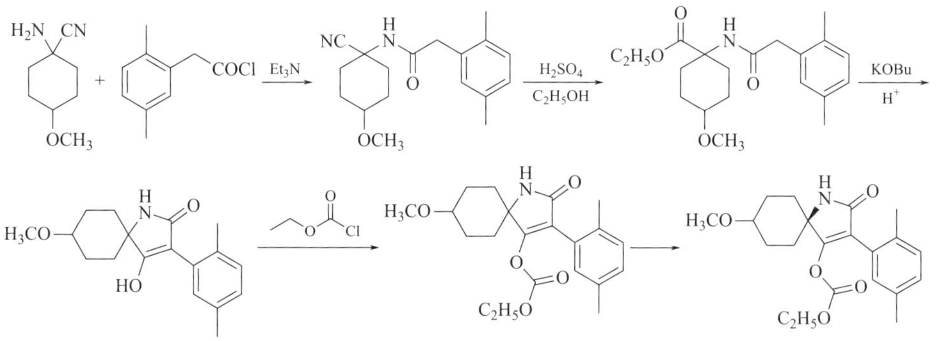

图 8-224　螺虫乙酯的工艺路线(方法 2)

拜耳作物科学公司开发并于 2003 年在英国首发登记的季酮酸（tetronic acid）杀虫杀螨剂螺甲螨酯，在我国的核心化合物专利 CN1174676C 保护期即将届满。螺甲螨酯与现在在国内登记和关注热度颇高的杀虫杀螨剂螺螨酯和螺虫乙酯隶属同门，同是杀螨剂届的主力，其 2014 年的销售额为 0.95 亿美元。

螺甲螨酯是由关键中间体 3-(2,4,6-三甲基苯基)-2-氧代-1-氧杂螺［4,5］-壬-3-烯-4-醇与 3,3-二甲基丁酰氯反应制得的，主要有 3 条合成工艺路线[242,243]。

(1) 方法 1　以环戊酮为起始原料，合成工艺路线如图 8-225 所示。

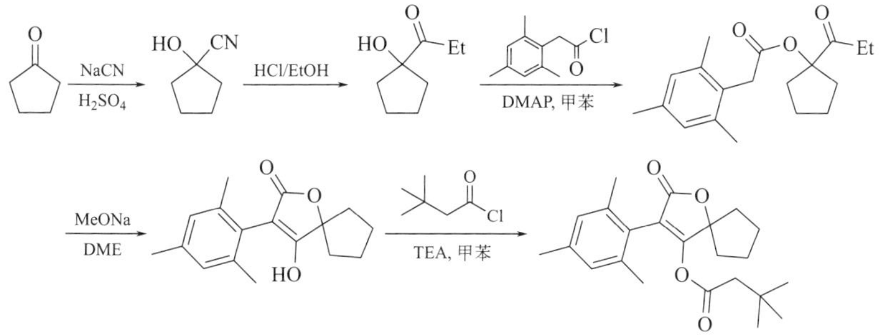

图 8-225　螺甲螨酯的合成工艺路线(方法 1)

(2) 方法 2　以 1-(2′,4′,6′-三甲基苯乙酰氧基）环戊甲酸乙酯为起始原料，在氢氧化钠作用下合环成烯醇式钠盐，再经 3,3-二甲基丁酰氯酰化制得螺甲螨酯。合成工艺路线如图 8-226 所示。

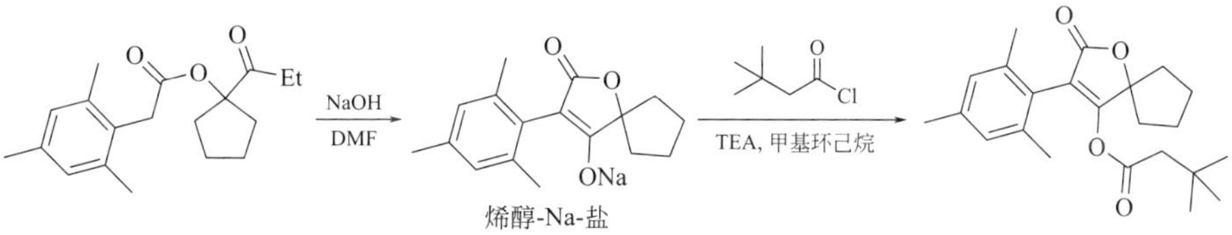

图 8-226　螺甲螨酯的合成工艺路线(方法 2)

(3) 方法 3　以 1-羟基环戊甲酸为起始原料，经酯化、合环、酰化制得螺甲螨酯。工艺路线如图 8-227 所示。

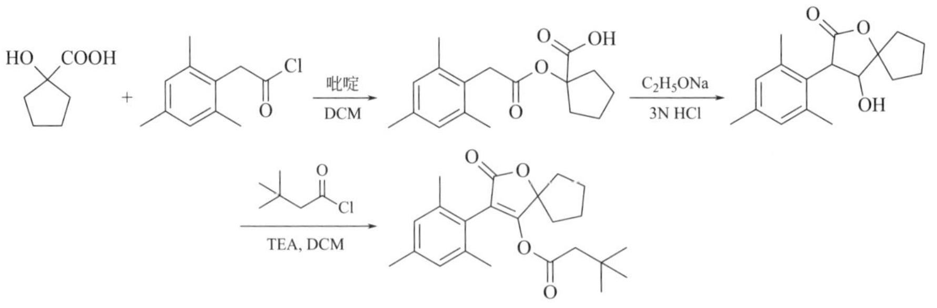

图 8-227　螺甲螨酯的合成工艺路线（方法 3）

方法 1 利用醇解法一步得到 1-羟基环戊基甲酸乙酯，操作简单，收率较高。合环过中采用有机碱甲醇钠，避免了原药合成过程中酮式异构体的产生。该方法 5 步总收率大于 57%，操作简单，易于控制，适宜工业化生产。方法 2 环合过程中需要减压条件，不利于工业化生产。同时，采用氢氧化钠作碱，易导致二酯中间体的分解及酮式异构体的产生，降低了收率。方法 3 中，3 步总收率大于 60%，反应条件温和，达到了绿色化学的要求，适合工业化生产。

8.11.8　哒螨灵

8.11.8.1　哒螨灵的产业概况

哒螨灵［实验代号 NC-129、NCI-129（both Nissan）、BAS-300I（BASF）；通用名称 pyridaben；商品名称 Sanmite（Nissan）、Agrimit（Sundat）、Dinomite（Vapco）、Pyromite（Mobedco）、Tarantula（Baocheng）］，又称速螨灵、哒螨酮、牵牛星。其由 K. Hirata 等报道，是日产化学工业株式会社开发的哒嗪酮类杀虫、杀螨剂。哒螨灵为广谱、触杀性杀螨剂，可用于防治多种植食性害螨。对螨的整个生长期即卵、幼螨、若螨和成螨都有很好的效果，对移动期的成螨同样有明显的速杀作用。该药不受温度变化的影响，无论早春或秋季使用，均可达到满意效果[244,245]。图 8-228 所示为哒螨灵的结构式。

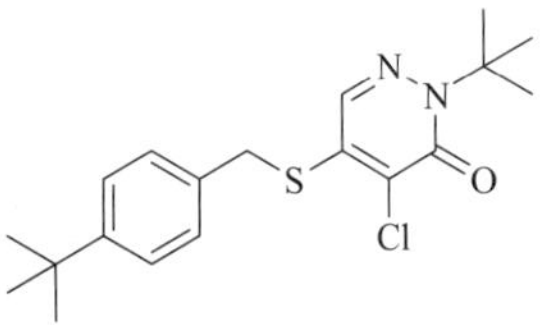

图 8-228　哒螨灵的结构式

哒螨灵在国内登记生产原药的主要有浙江新安化工集团股份有限公司、湖北沙隆达股份有限公司、江苏蓝丰生物化工股份有限公司、南京红太阳股份有限公司、连云港立本作物科技有限公司、山东省联合农药工业有限公司、江苏克胜作物科技有限公司、江苏扬农化工集团有限公司、江苏百灵农化有限公司、江苏维尤纳特精细化工有限公司、新沂市泰松化工有限公司等 11 家企业。2005 年以来，哒螨灵在我国先后登记产品到达 1000 余个（大部分临时登记产品，过期后没有续展登记），图 8-229 为哒螨灵近十几年来的登记数量变化趋势。

在剂型方面，哒螨灵以悬浮剂为主，乳油和可湿性粉剂也占相当大的比例。近年来水基化制剂的比重逐步增加。

8.11.8.2　哒螨灵的工艺概况

其工艺路线主要有两种，介绍如下：

（1）方法 1　叔丁基肼与糠氯酸在 35～40℃反应 4h 生成 2-叔丁基-4,5-二氯-3(2*H*)-哒嗪酮，收率 80%；然后与 4-叔丁基苄硫醇在碳酸氢钠存在下反应，即得哒螨灵[246]。合成工艺路线如图 8-230 所示。

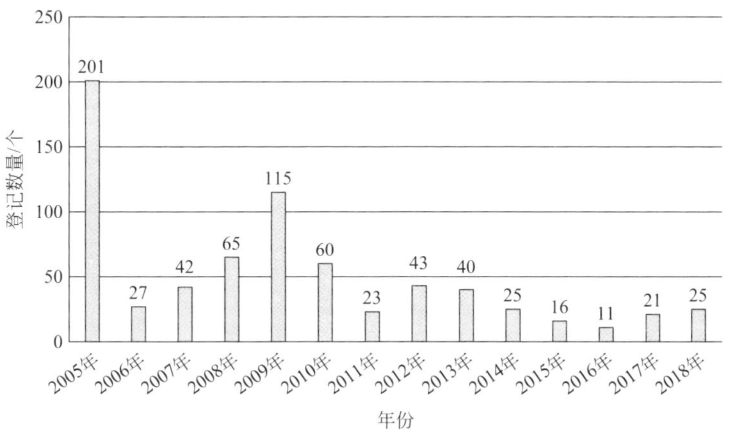

图 8-229　2005 年以来哒螨灵登记数量变化趋势

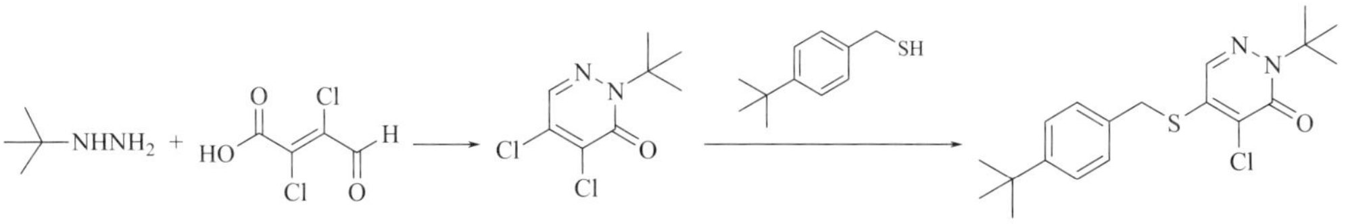

图 8-230　哒螨灵的合成工艺路线（方法 1）

（2）方法 2　硫酸肼与糠氯酸反应，生成物用叔丁基卤化物进行烷基化，再用硫氢化钠水解，生成 2-叔丁基-4-氯-5-巯基-3(2H)-哒嗪酮；然后与 4-叔丁基苄基氯反应，即制得哒螨灵[247]。合成工艺路线如图 8-231 所示。

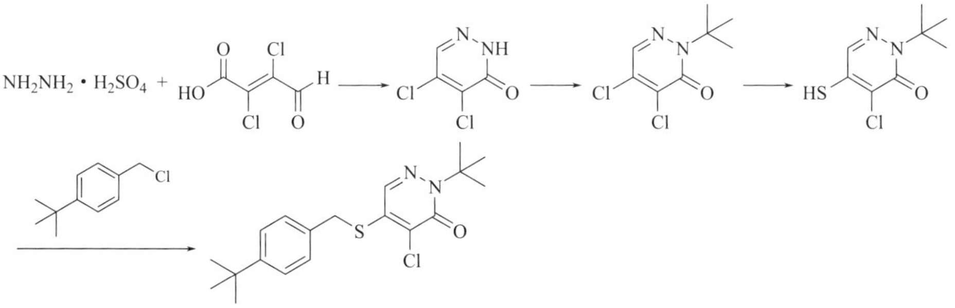

图 8-231　哒螨灵的合成工艺路线（方法 2）

8.11.9　炔螨特

8.11.9.1　炔螨特的产业概况

炔螨特（propargite），广谱有机硫杀螨剂，对成螨和若螨有特效，可用于防治棉花、蔬菜、苹果、柑橘、茶、花卉等作物上的各种害螨。炔螨特具有选择性，对蜜蜂及天敌较安全，残效持久，毒性很低，对人畜及自然环境危害小，不易产生耐药性，是综合防治的理想杀螨剂[248-250]。图 8-232 所示为炔螨特的结构式。

炔螨特共有 226 个有效的产品，其中原药 14 个，主要由浙江禾本科技有限公司、乐斯

图 8-232 炔螨特的结构式

化学有限公司、爱利思达生物化学品有限公司、浙江禾田化工有限公司、山东麒麟农化有限公司、新加坡利农私人有限公司、山西绿海农药科技有限公司、江苏丰山集团股份有限公司、江苏剑牌农化股份有限公司、湖北仙隆化工股份有限公司、江苏克胜作物科技有限公司、江苏常隆农化有限公司、浙江东风化工有限公司、山东省青岛瀚生生物科技股份有限公司等企业生产。由图 8-233 可知，近十几年来，几乎每年都有炔螨特单剂的登记，2008 年、2009 年为登记的顶峰时期，登记数量分别为 89 个和 68 个，而 2010 以后登记的数量则变少。其剂型主要以乳油为主，水乳剂、可湿性粉剂等也占有一定比例。

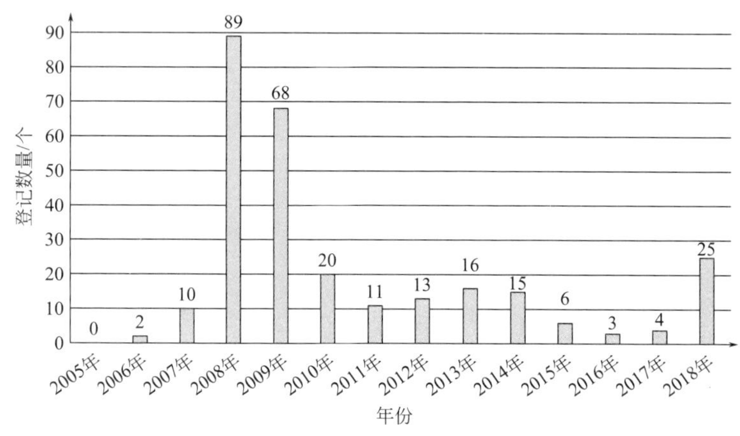

图 8-233 2005 年以来炔螨特单剂的登记变化情况

8.11.9.2 炔螨特的工艺概况

生产方法如下[251]：将 4-叔丁基苯酚在 150℃下滴加 1,2-环氧环己烷，随后用浓硫酸中和，即得 2-(对叔丁基苯氧基) 环己醇的二甲苯溶液。60℃下加入氯化亚砜，室外反应，经减压蒸馏得 2-(对叔丁基苯氧基) 环己基氯代磺酸酯。最后，加入炔丙醇，经后处理，得炔螨特。合成工艺路线如图 8-234 所示。

图 8-234 炔螨特的工艺路线

8.11.10 虫螨腈

8.11.10.1 虫螨腈的产业概况

虫螨腈是由美国氰胺公司于 20 世纪 80 年代后期发现并开发的芳基吡咯类杀虫杀螨剂，英文通用名为 chlorfenapyr，又名溴虫腈（图 8-235）。虫螨腈通过影响害虫体内能量转化而发挥作用，高效广谱，具有胃毒和触杀作用；在植物叶面渗透性强，有一定的内吸作用。对钻蛀式、刺吸式和咀嚼式害虫及害螨的防效优异，尤其对抗性小菜蛾和甜菜夜蛾等有特效，可用于防治对氨基甲酸酯类、有机磷类、拟除虫菊酯类杀虫剂产生抗性的害虫。主要剂型为 10% 虫螨腈悬浮剂，适用于防治蔬菜害虫[252,253]。

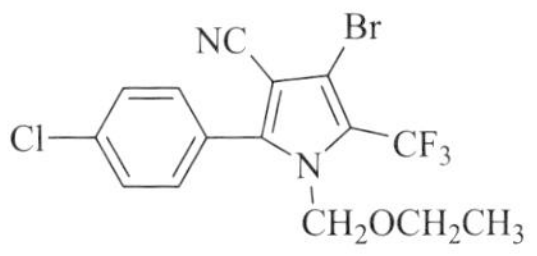

图 8-235　虫螨腈的结构式

8.11.10.2　虫螨腈的工艺概况

其合成工艺路线主要有两种，介绍如下：

（1）以对氯苯甘氨酸为原料　以对氯苯甘氨酸为原料，经内酯化、吡咯环化、溴代和乙氧甲基化 4 步反应合成溴虫腈。该方法操作简便，原料易得，收率较高，对工艺要求不高，适宜于工业推广[252,254,255]。合成工艺路线如图 8-236 所示。

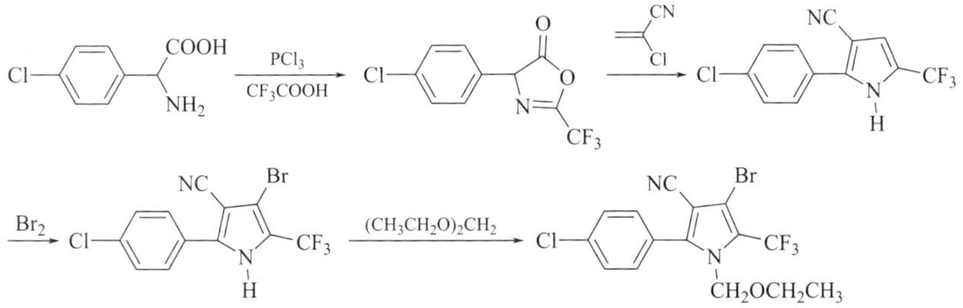

图 8-236　以对氯苯甘氨酸为原料合成虫螨腈

（2）以对氯苄胺为原料　以对氯苄胺为主要原材料，经酰化、氯化、环加成、溴化和乙氧基甲基化等 5 步反应合成溴虫腈。该工艺具有原料易得、反应条件温和、环境污染小、中间体的纯度和收率高等特点，具有工业应用价值[256]。合成工艺路线如图 8-237 所示。

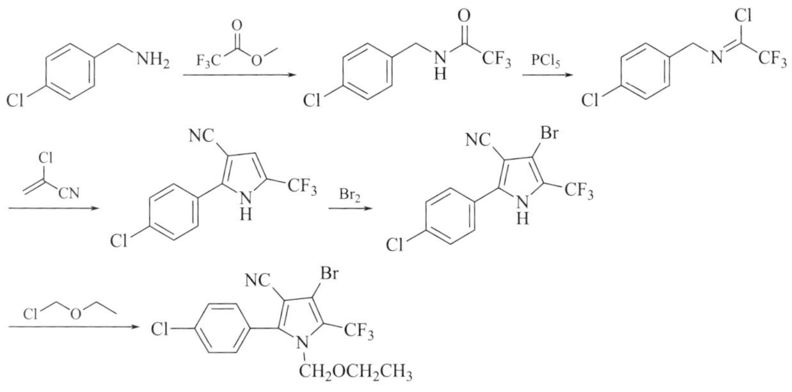

图 8-237　以对氯苄胺为原料合成虫螨腈

8.11.11　乙螨唑

8.11.11.1　乙螨唑的产业概况

乙螨唑（图 8-238）是日本八洲化学公司 1994 年开发的新型噁唑类杀螨剂，英文通用名为 etoxazole，它对蔬菜叶螨、柑橘叶螨、苹果叶螨、梨叶螨等各种叶螨具有卓越的杀卵、杀幼螨活性。该药剂速效性较差，但却具长时间的杀卵、杀幼螨及若螨效果，可抑制叶螨繁殖达 1 个月以上。此药剂可在成虫（螨）期喷洒，从而使成虫（螨）所产卵不孵化，其主要通过抑制叶螨和蚜虫的蜕皮而发挥药效[257]。

由图 8-239 可知，2012 年开始有乙螨唑产品在我国进行登记，但 2013 年和 2014 年登记数量为 0，而到 2017 年则达到登记的顶峰期，数量为 26 个。

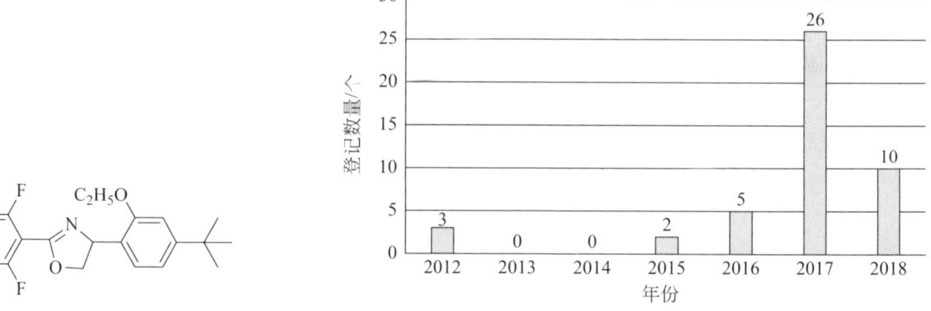

图 8-238　乙螨唑的结构式

图 8-239　2012 年以来乙螨唑的登记情况

8.11.11.2　乙螨唑的工艺概况

其合成工艺路线主要有两种，介绍如下：

（1）氯乙醛缩二甲醇法　以经济易得的 2,6-二氟苯甲酰胺为起始原料，使氯乙醛缩二甲醇与 2,6-二氟苯甲酰胺及间叔丁基苯乙醚反应，再通过分子内成环制得乙螨唑。在第 1 步产品的纯化过程中，采用低温打浆方式，在避免重结晶烦琐操作及高昂成本的同时，减少产品损失。合成过程中采用“一锅法”，在不影响最终乙螨唑产品纯度的情况下简化操作程序，减少产品损失。该工艺操作程序简便，产品收率较高，满足工业化生产要求[257,258]。合成路线如图 8-240 所示。

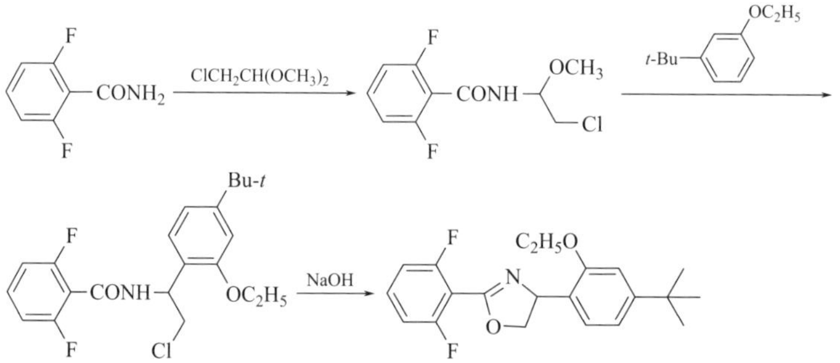

图 8-240　氯乙醛缩二甲醇法合成乙螨唑

（2）氨基乙醇法　以 4-叔丁基-2-乙氧基苯基氨基乙醇为原料，在三乙胺存在下，和 2,6-二氟苯甲酰氯反应，再在氯化亚砜、氢氧化钠、甲醇存在下，环化制得乙螨唑[259]。合成工艺路线如图 8-241 所示。

8.11.12　氟啶虫酰胺

8.11.12.1　氟啶虫酰胺的产业概况

氟啶虫酰胺（flonicamid）是日本石原产业株氏会社开发的新型吡啶酰胺类杀虫剂，根据合作协议，主要由美国 FMC 公司进行市场开发。氟啶虫酰胺通过阻碍害虫吮吸作用而发挥效果，害虫摄入药剂后很快停止吮吸，最后因饥饿而死。氟啶虫酰胺主要用于非农作物、棉花、水果和蔬菜，对各种刺吸式口器害虫有效，具有良好的内吸和渗透作用，可从根部向茎部、叶部渗透。

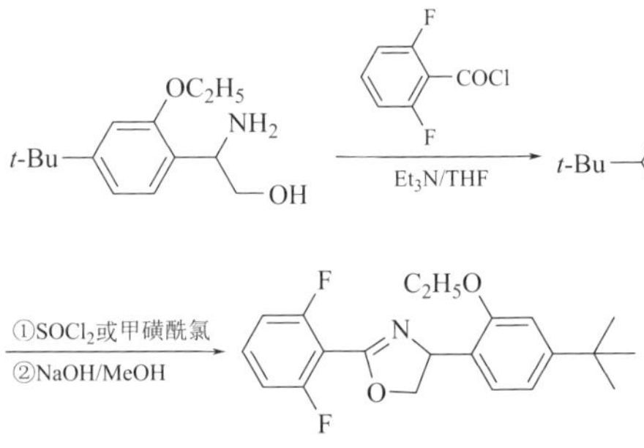

图 8-241　氨基乙醇法合成乙螨唑

由表 8-42 可知，到 2018 年 5 月为止，共有 10 家生产企业进行了氟啶虫酰胺单剂的登记，其中，日本石原产业株式会社分别进行了有效含量为 10%的水分散粒剂和 96%原药的登记，而其余的所有生产企业登记的均为原药。

表 8-42　氟啶虫酰胺的登记情况

登记证号	登记名称	农药类别	剂型	总含量	有效期至	生产企业
PD20173352	氟啶虫酰胺	杀虫剂	原药	96%	2022-12-19	江苏辉丰农化股份有限公司
PD20110324	氟啶虫酰胺	杀虫剂	水分散粒剂	10%	2021-3-24	日本石原产业株式会社
PD20110323	氟啶虫酰胺	杀虫剂	原药	96%	2021-3-24	日本石原产业株式会社
PD20171710	氟啶虫酰胺	杀虫剂	原药	97%	2022-8-21	山东省青岛好利特生物农药有限公司
PD20171918	氟啶虫酰胺	杀虫剂	原药	96%	2022-9-18	河北兴柏农业科技有限公司
PD20171767	氟啶虫酰胺	杀虫剂	原药	96%	2022-9-18	美国默赛技术公司
PD20172919	氟啶虫酰胺	杀虫剂	原药	96%	2022-11-20	江苏中旗作物保护股份有限公司
PD20172736	氟啶虫酰胺	杀虫剂	原药	98%	2022-11-20	江苏建农植物保护有限公司
PD20172677	氟啶虫酰胺	杀虫剂	原药	98.5%	2022-11-20	山东省联合农药工业有限公司
PD20180535	氟啶虫酰胺	杀虫剂	原药	96%	2022-12-19	京博农化科技股份有限公司
PD20180414	氟啶虫酰胺	杀虫剂	原药	96%	2023-1-14	江苏省无锡市稼宝药业有限公司

8.11.12.2　氟啶虫酰胺的工艺概况

氟啶虫酰胺的合成共有 2 种工艺路线[260]：

(1) 方法 1　以 4-三氟甲基烟酸为起始原料，与 $SOCl_2$ 反应生成酰氯后再与胺反应直接制备氟啶虫酰胺。合成工艺路线如图 8-242 所示。

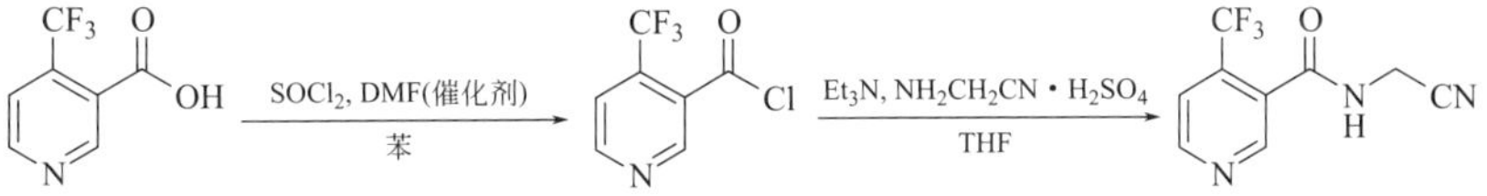

图 8-242　氟啶虫酰胺的工艺路线（方法 1）

(2) 方法 2　以 4-三氟甲基烟酰氯及亚甲氨基乙腈为起始原料，制备相应的酰胺，经 2 步水解得氟啶虫酰胺。合成工艺路线如图 8-243 所示。

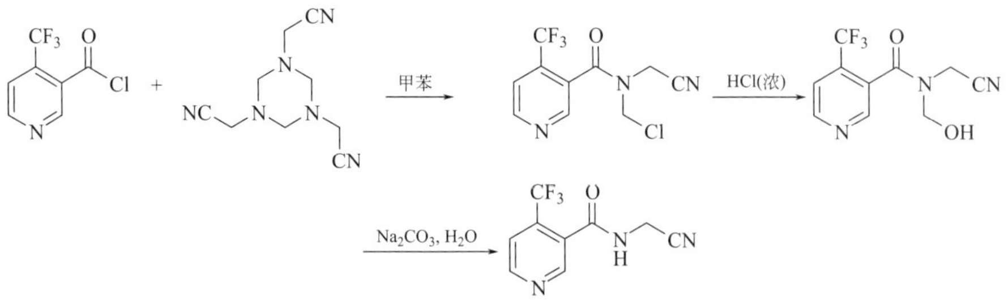

图 8-243　氟啶虫酰胺的工艺路线（方法 2）

8.11.13　联苯肼酯

8.11.13.1　联苯肼酯的产业概况

联苯肼酯（bifenazate）是由美国尤尼罗伊尔化学公司（康普顿集团公司）研制的联苯肼类杀螨剂。主要作用于螨类中枢神经传导系统的 γ-氨基丁酸（GABA）受体，对螨的各个生长阶段有效，具有杀卵活性和对成螨击倒活性，药效期长，具有触杀作用，对叶螨、全爪螨等植食性螨等均有效，与目前市场上的杀螨剂无交互抗性。可用于防治苹果、桃子、葡萄以及观赏植物等作物上的二斑叶螨和苹果全爪螨，对益螨及有益昆虫无害。

图 8-244 所示为近十来年联苯肼酯在我国登记的变化情况，当前还有 82 个相关的产品为有效登记状态。其中原药生产单位有上虞颖泰精细化工有限公司、爱利思达生物化学品有限公司、广东广康生化科技股份有限公司、浙江省上虞银邦化工有限公司、河北兴柏农业科技有限公司、江苏省南通金陵农化有限公司、山东东营胜利绿野农药化工有限公司、江苏省农药研究所股份有限公司、青岛润农化工有限公司等 9 家企业。一共 37 个单剂，剂型以悬浮剂为主，该产品常与阿维菌素、哒螨灵、螺螨酯、乙螨唑等进行复配使用，复配制剂以悬浮剂为主。

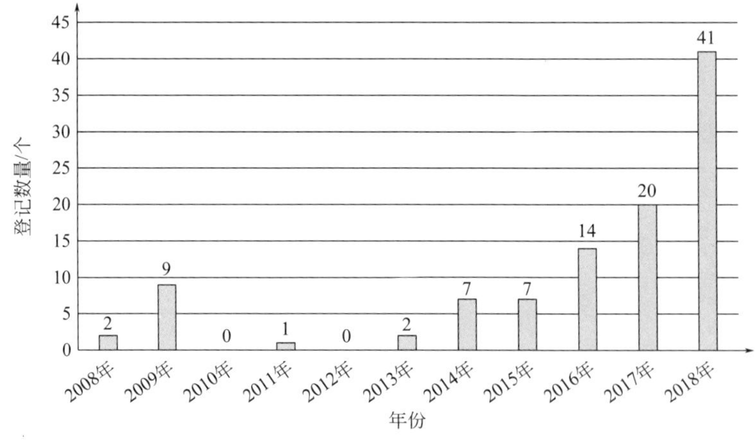

图 8-244　近十来年联苯肼酯单剂的登记情况

8.11.13.2　联苯肼酯的工艺概述

联苯肼酯主要有以下 4 条合成工艺路线[261]：

(1) 方法 1　以 5-溴-2-甲氧基苯胺为初始原料，经重氮化、还原、酰化反应，最后在催化剂的作用下与苯硼酸新戊烷乙二醇酯发生反应生成联苯肼酯。合成工艺路线如图 8-245 所示。

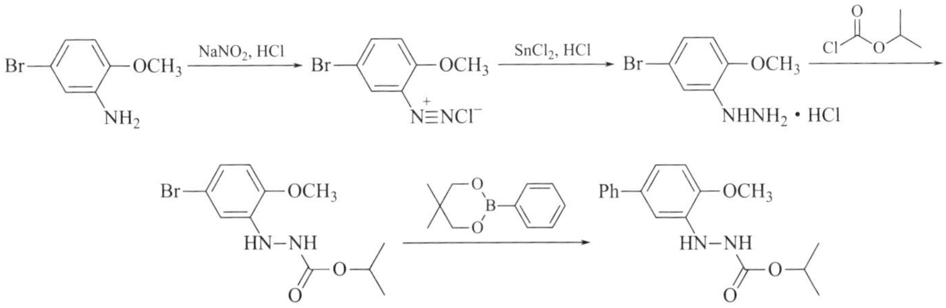

图 8-245　联苯肼酯的合成工艺路线（方法 1）

（2）方法 2　在碱性条件下，其合成工艺路线如图 8-246 所示。

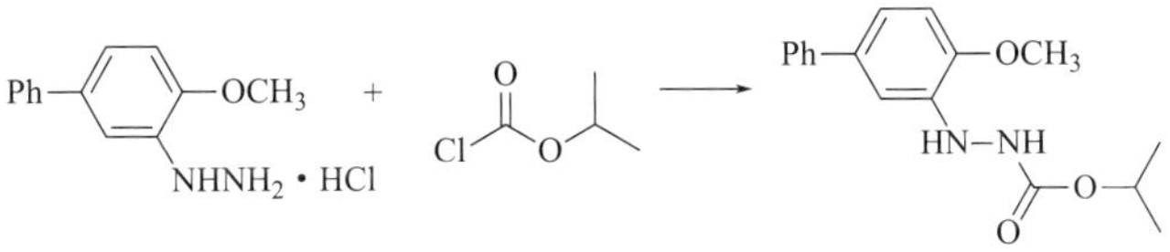

图 8-246　联苯肼酯的合成工艺路线（方法 2）

（3）方法 3　以对羟基联苯为初始原料，与偶氮二甲酸二异丙酯（DIAD）进行氨化反应，然后在碱性条件下进行选择性水解，最后甲基化得到联苯肼酯。合成工艺路线如图 8-247 所示。

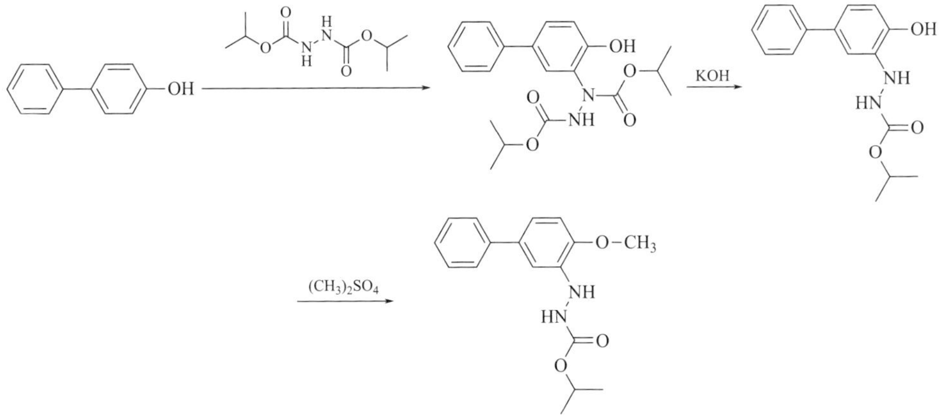

图 8-247　联苯肼酯的合成工艺路线（方法 3）

（4）方法 4　以对羟基联苯为初始原料，经烷基化、氨化、选择性水解得到联苯肼酯。合成工艺路线如图 8-248 所示。

8.11.14　氰氟虫腙

8.11.14.1　氰氟虫腙的产业概况

氰氟虫腙（metaflumizone）[262]是德国巴斯夫公司和日本农药公司联合开发的一种全新结构的化合物，用于蔬菜、棉花和其他作物防治鳞翅目和鞘翅目害虫。其作用机制独特，本身具有杀虫活性，不需要生物激活，与现有的各类杀虫剂无交互抗性。氰氟虫腙通过附着在

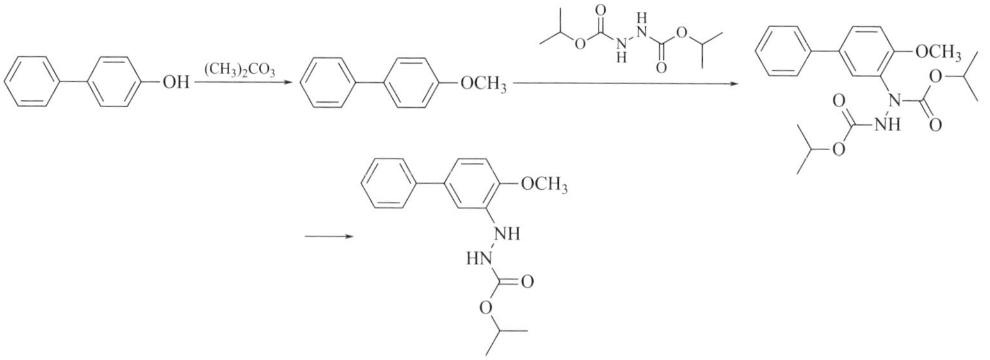

图 8-248 联苯肼酯的合成工艺路线（方法 4）

钠离子通道的受体上，阻碍钠离子通行，阻断害虫神经元轴突膜上的钠离子通道，使钠离子不能通过轴突膜，进而抑制神经冲动使虫体过度放松、麻痹，几个小时后，害虫即停止取食，1～3d 内死亡。

由表 8-43 可知，到 2018 年 5 月为止，只有广西利民药业股份有限公司和江苏龙灯化学有限公司进行了氰氟虫腙单剂的登记，且均为悬浮剂，有效含量分别为 22%和 33%。

表 8-43 氰氟虫腙的登记情况

登记证号	登记名称	农药类别	剂型	总含量	有效期至	生产企业
PD20180331	氰氟虫腙	杀虫剂	悬浮剂	22%	2023-1-14	广西利民药业股份有限公司
PD20180295	氰氟虫腙	杀虫剂	悬浮剂	33%	2023-1-14	江苏龙灯化学有限公司

8.11.14.2 氰氟虫腙的工艺概况

（1）中间体的合成工艺路线　3-三氟甲基苯基-4′-氰基苄基酮是氰氟虫腙合成过程中的重要中间体。对于该中间体的合成，目前主要有两种工艺路线，介绍如下：

① 以 3-三氟甲基苯乙酮和对氯苯腈为原料　3-三氟甲基苯乙酮与对氯苯腈在一定的反应条件下反应得到 3-三氟甲基苯基-4′-氰基苄基酮。该方法收率较低，同时原料间三氟甲基苯乙酮价格比较昂贵，在实际生产中不值得推荐。合成工艺路线如图 8-249 所示。

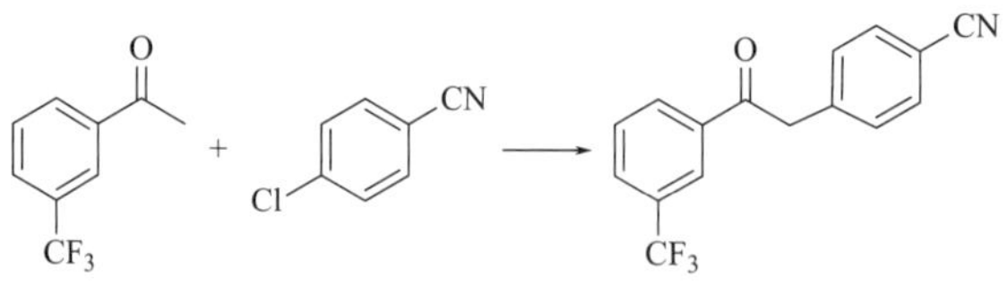

图 8-249 以 3-三氟甲基苯乙酮与对氯苯腈为原料合成 3-三氟甲基苯基-4′-氰基苄基酮

② 以间三氟甲基苯甲酸甲酯为原料　将间三氟甲基苯甲酸甲酯与 4-甲基苯腈在一定的反应条件下反应得到 3-三氟甲基苯基-4-氰基苄基酮。该方法收率较高，同时原料也比图 8-261 所示方法的价格便宜，反应操作也较简单，因此是比较值得推荐的方法。合成工艺路线如图 8-250 所示。

（2）氰氟虫腙的合成工艺路线　在得到上述关键中间体 3-三氟甲基苯基-4-氰基苄基酮后，氰氟虫腙的合成就较为简单了。目前氰氟虫腙的主要合成工艺路线有 3 条，均以对三氟甲氧基苯胺和中间体 3-三氟甲基苯基-4-氰基苄基酮经过不同的化学反应制得[263]。主要介绍如下：

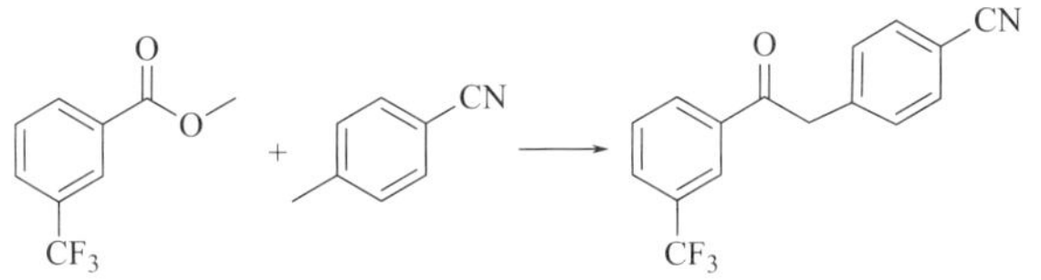

图 8-250 以间三氟甲基苯甲酸甲酯为原料合成 3-三氟甲基苯基-4-氰基苄基酮

① 方法 1 3-三氟甲基苯基-4-氰基苄基酮与水合肼反应生成中间体腙，然后该中间体与对三氟甲氧基苯胺和光气反应生成的对三氟甲氧基异氰酸酯进行加成反应得到氰氟虫腙。此方法的缺点是 3-三氟甲基苯基-4-氰基苄基酮与水合肼反应，易生成副产物双腙化合物，而不是期望的单腙化合物。合成工艺路线如图 8-251 所示。

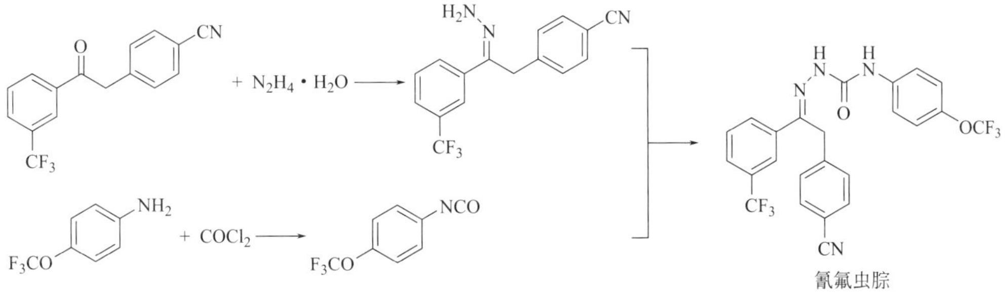

图 8-251 氰氟虫腙的合成工艺路线（方法 1）

② 方法 2 对三氟甲氧基苯胺与氯甲酸乙酯缩合生成中间体对三氟甲氧基苯氨基甲酸乙酯，然后该中间体与水合肼发生加成反应制得中间体对三氟甲氧基苯氨基酰肼，对三氟甲氧基苯氨基酰肼与 3-三氟甲基苯基-4′-氰基苄基酮发生加成反应得到氰氟虫腙。此方法具有反应温和、原料易得、收率和产品纯度较高等优点；缺点是反应中使用较大剂量的水合肼作原料，毒性较大。合成工艺路线如图 8-252 所示。

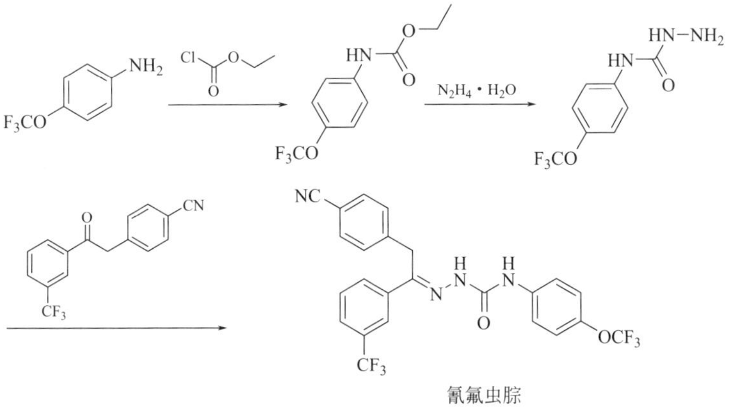

图 8-252 氰氟虫腙的合成工艺路线（方法 2）

③ 方法 3 3-三氟甲基苯基-4-氰基苄基酮与肼基甲酸甲酯生成中间体腙衍生物，该腙衍生物与对三氟甲氧基苯胺进行加成反应得到氰氟虫腙。此方法具有反应步骤短、操作简单、产品收率和纯度均较高等特点，因此，该方法比较适合工业化生产。合成工艺路线如图 8-253 所示。

图 8-253　氰氟虫腙的合成工艺路线（方法 3）

8.11.15　矿物油杀虫剂

1865 年，未经乳化的煤油开始被用于控制柑橘树上的介壳虫；20 世纪 20 年代，润滑油加乳化剂开始被应用于柑橘树和落叶果树。我国从 20 世纪 80 年代开始矿物油农药的应用研究和工业化生产，80 年代后期批量生产的矿物油产品相继投放市场。

矿物油农药可用作杀虫剂（杀螨剂）、杀菌剂和增效剂。作杀虫剂（杀螨剂）时的作用机理主要为物理窒息和行为改变。矿物油能在虫体或卵壳表面形成油膜，并通过毛细作用进入幼虫、蛹、成虫的气门和气管，使害虫窒息而死；还能通过穿透卵壳，干扰卵的新陈代谢和呼吸系统作用，达到杀卵目的。植食性昆虫和螨类通常利用触角、口器、足或腹部的感觉器来探测植物的化学物质，从而辨认可取食和产卵的特定寄主植物。矿物油膜可以封闭害虫身上的感觉器官，阻碍其找到寄主；同时，在植物表面也可形成保护膜，从而降低害虫的取食和产卵能力，甚至还可以改变其交配行为，直接降低害虫种群数量，保护作物。2008 年以来，除了 2008 年和 2015 年之外，每年都有矿物油单剂的登记，但总体而言，矿物油的登记数量比较少，每年的登记量均为个位数（图 8-254）。

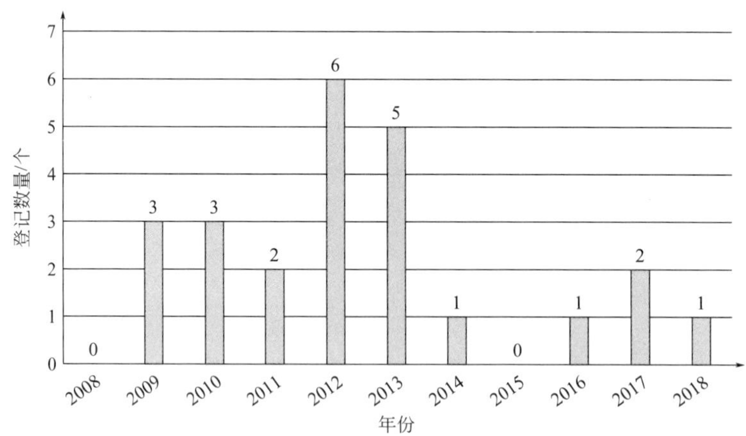

图 8-254　2008 年以来矿物油杀虫剂单剂的登记情况

传统意义上的矿物油是指从石油中经过适当工艺提炼出来的液态烃类混合物。矿物油的组成表征有 2 种形式，即族组成和结构组成。族组成包括链烷烃、环烷烃和芳烃；结构组成则以 C_A（芳烃碳原子占总碳原子的百分数）、C_N（环烷烃碳原子占总碳原子的百分数）、C_P（链烷烃碳原子占总碳原子的百分数）表征。

8.12 植物源杀虫剂

8.12.1 概述

在早期的农业生产以及日常生活中，人类就发现一些植物对农业害虫或蚊蝇等卫生害虫具有杀伤作用。早在公元前 7～前 5 世纪，中国就用莽草等植物杀灭害虫，用菊科艾属的艾蒿茎、叶点燃后熏蚊蝇；公元 6 世纪就有利用藜芦作杀虫剂的记载；10 世纪中叶有用百部根煎汁作杀虫剂的记载；到 17 世纪，烟草、松脂、除虫菊和鱼藤等也已作为农药使用。在印度、巴基斯坦等地，印楝是传统的杀虫植物，当地农民很早以前就将印楝叶子混入谷物以防治储粮害虫。

在 20 世纪 40 年代以前的 100 余年中，烟草、除虫菊和鱼藤等植物源杀虫剂是工业化国家重要的农药品种。在有机氯、有机磷和氨基甲酸酯等化学农药出现以后，植物源杀虫剂在农药市场所占的比重才迅速下降。1947 年，美国从东南亚进口鱼藤根超过 6700t，但 1963 年减少到了 1500t。

随着化学农药的大量使用，其弊端越来越引起了人们的重视，如环境污染、对非靶标生物的杀伤、害虫抗药性、农药残留以及害虫的再增猖獗等，同时也由于开发新农药的难度加大，使得植物源农药的发展有了新的契机。由于植物源农药来源于自然，具有对人、畜安全，不污染环境，不易引起抗药性，在自然环境中易于降解等优点，因此，植物源农药的研究与开发是当今农药研究与开发的一个重要方面。植物中蕴藏着数量巨大、具有潜在应用价值的天然产物。事实上，全球有多个实验室已经筛选了数千种高等植物，不仅仅是搜寻医药产品，同时也在发现农药产品。在实验室乃至大田试验中，许多植物都表现出了潜在的害虫控制特性，但是，要想成功地投入商业化开发，防治效果仅仅是所需要的诸多条件中的一个。最乐观地估计，植物源农药仅占全球农药市场的 1%，但其以每年 10%～15%的速度增长是完全有可能的。在未来 5 年内，在家庭卫生用药和园林保护农药市场中，植物源农药很可能占有 20%以上的份额。

除了效果和作用广谱之外，植物源农药在生物学方面需要具备的条件还包括：较低的毒性，对环境的压力尽可能小（即对哺乳动物的选择性，对天敌和非靶标生物的选择性，环境中可快速降解）。印楝杀虫剂能够满足这些条件，但是印楝产品的商品化也花费了十多年的时间以及数千万美元。显而易见，一个具有很好的防治效果，而且对使用者和环境都较安全的产品要实现商品化，还有其他条件需要满足，主要包括：丰富的资源；标准化的提取物，有效成分的质量控制；在管理上针对植物源农药的特殊要求。这些条件对传统化学农药来说都不是问题。

除非原材料能够满足市场的需求，即该植物在天然状态下储量足够丰富，或者能够人工种植，否则不太可能投入数百万美元去开发一个植物源农药产品。例如，除虫菊素和鱼藤酮都是通过种植来提取的，印楝树在印度的保有量已经达到 2500 万株。

植物源农药一个最好的来源途径是含有效成分的种子正好是果汁工业的副产品。在美国，柑橘业每年要产生数千吨的柚种子，从其中能够获得 300t 柠檬素。柑橘属植物种子中最重要的柠檬素对马铃薯甲虫具有很好的拒食作用。在东南亚，人们以红毛榴莲（*Annona muricata*）制备果汁，仅在菲律宾该水果的年产量就达到 8500t，在红毛榴莲及其他番荔枝属植物种子中富含具有高杀虫活性的化合物——番荔枝内酯。木材加工业的副产品也是植物源农药的一个重要来源，如楝科的一些植物木质部和树皮中含有大量对昆虫具有拒食作用或抑制生长发育的柠檬素类成分，从木材加工中产生的锯末、树皮等废弃物中可以提取大量的农药活性成分。最后，组织培养是生产天然生物活性成分的一个潜在途径。印楝的愈伤组织培养物可以产生印楝素和其他具有生物活性的柠檬素类化合物。在最初的培养中，印楝素的含量很低，经过工艺优化，细胞悬浮液中印楝素的含量提高了100多倍。

随着化学与生物学的交叉研究，杀虫植物已成为新农药创制的重要资源。化学合成与生物合成相结合开发新农药的方法有两种。一种是以从植物中发现的杀虫活性成分作为先导化合物，创制新的农药。例如：以天然除虫菊素为先导化合物，开发出了当今几十个高效拟除虫菊酯类杀虫剂；以毒扁豆碱为先导，开发了甲萘威、速灭威、异丙威等氨基甲酸酯类杀虫剂；以烟碱为先导，开发了吡虫啉、啶虫脒等杀虫剂。另一种方法是对现有天然产物杀虫剂的结构进行改造，开发出活性更高、毒性更低的新杀虫剂，这方面最典型的例子是阿维菌素的结构改造。在植物源农药方面虽然也有不少研究，但未有真正成功的报道。

关于植物源杀虫剂的工艺路线，由于植物源杀虫剂往往具有复杂的化学结构，采用人工合成的方法成本高，而且工艺技术尚不成熟。因此目前植物源杀虫剂大都是从植物中直接提取的。以下简单介绍几种重要的植物源杀虫剂在我国的概况：

8.12.2 印楝素

表8-44显示了印楝素登记情况。截至2018年7月底共有19家生产企业进行了印楝素的登记，其中，广东园田生物工程有限公司分别进行了有效成分含量为2%的水分散粒剂和1%的微乳剂的登记，而成都绿金生物科技有限责任公司则分别进行了有效成分含量为0.30%的乳油、10%的母药、1%的水分散粒剂和0.03%的粉剂的登记。总体上，印楝素乳油的登记占比较大。

表8-44　印楝素的登记情况

登记证号	登记名称	剂型	含量/%	生产企业
PD20140520	印楝素	乳油	0.30	山东省乳山韩威生物科技有限公司
PD20141036	印楝素	水分散粒剂	2	广东园田生物工程有限公司
PD20141074	印楝素	微乳剂	1	广东园田生物工程有限公司
PD20101580	印楝素	乳油	0.30	成都绿金生物科技有限责任公司
PD20101579	印楝素	母药	10	成都绿金生物科技有限责任公司
PD20150973	印楝素	可溶液剂	0.50	保定市亚达益农农业科技有限公司
PD20101807	阿维·印楝素	乳油	0.80	成都绿金生物科技有限责任公司
PD20101847	印楝素	母药	12	河南鹤壁陶英陶生物科技有限公司
PD20151522	印楝素	微乳剂	1	河南省濮阳市科濮生化有限公司
PD20102187	印楝素	乳油	0.30	浙江来益生物技术有限公司
PD20110076	印楝素	乳油	0.30	海南利蒙特生物农药有限公司
PD20110360	印楝素	乳油	0.50	云南光明印楝产业开发股份有限公司
PD20110336	苦参·印楝素	乳油	1	云南光明印楝产业开发股份有限公司
PD20170766	印楝素	水分散粒剂	1	成都绿金生物科技有限责任公司
PD20120804	印楝素	乳油	0.30	辽宁省沈阳东大迪克化工药业有限公司
PD20171332	印楝素	微乳剂	1	福建省德盛生物工程有限责任公司

续表

登记证号	登记名称	剂型	含量/%	生产企业
PD20172720	印楝素	母药	40	印度科门德国际有限公司
PD20173338	苦参·印楝素	可溶液剂	1	福建省漳州市龙文农化有限公司
PD20130175	印楝素	乳油	0.60	九康生物科技发展有限责任公司
PD20181127	印楝素	粉剂	0.03	成都绿金生物科技有限责任公司
PD20181114	印楝素	微乳剂	1	江西丰源生物高科有限公司
PD20130868	印楝素	乳油	0.50	山东惠民中联生物科技有限公司
PD20182491	虫菊·印楝素	微囊悬浮剂	2	上海宜邦生物工程（信阳）有限公司
PD20182146	印楝素	微乳剂	1	六夫丁作物保护有限公司
PD20131636	印楝素	乳油	0.30	湖北蕲农化工有限公司

8.12.3　苦皮藤素

表 8-45 显示了苦皮藤素的登记情况。截至 2018 年 7 月底共有 6 家生产企业进行了苦皮藤素的登记，其中，河南省新乡市东风化工厂分别进行了有效含量为 1%的乳油、6%的母药的登记；而成都新朝阳作物科学有限公司、山东惠民中联生物科技有限公司进行了有效含量为 1%的水乳剂的登记，陕西康禾立丰生物科技药业有限公司登记的含量为 0.30%。总体上苦皮藤素水乳剂的登记占比较大。

表 8-45　苦皮藤素的登记情况

登记证号	登记名称	剂型	含量/%	生产企业
PD20132487	苦皮藤素	水乳剂	1	成都新朝阳作物科学有限公司
PD20101575	苦皮藤素	母药	6	河南省新乡市东风化工厂
PD20101574	苦皮藤素	乳油	1	河南省新乡市东风化工厂
PD20151745	苦皮藤素	水乳剂	1	山东圣鹏科技股份有限公司
PD20182273	苦皮藤素	水乳剂	0.30	陕西康禾立丰生物科技药业有限公司
PD20183253	苦皮藤素	水乳剂	1	山东惠民中联生物科技有限公司
PD20132009	苦皮藤素	水乳剂	0.20	陕西麦可罗生物科技有限公司

8.12.4　除虫菊素

表 8-46 所示为除虫菊素在我国的登记情况。截至 2018 年 7 月底共有 9 家生产企业进行了除虫菊素的登记，其中，云南创森实业有限公司、云南南宝生物科技有限责任公司均进行了有效含量为 70%的原药的登记，澳大利亚天然除虫菊公司进行了有效含量为 50%的母药的登记。

表 8-46　除虫菊素的登记情况

登记证号	登记名称	剂型	含量	生产企业
WP20080417	杀虫喷射剂	喷射剂	0.10%	河南三浦百草生物工程有限公司
PD20092509	除虫菊素	原药	70%	云南南宝生物科技有限责任公司
PD20092513	除虫菊素	原药	70%	云南创森实业有限公司

续表

登记证号	登记名称	剂型	含量	生产企业
WP20090170	杀虫气雾剂	气雾剂	0.30%	四川新朝阳邦威生物科技有限公司
PD20095107	除虫菊素	乳油	5%	云南创森实业有限公司
WP20090272	电热蚊香片	电热蚊香片	15mg/片	四川新朝阳邦威生物科技有限公司
WP20090281	蚊香	蚊香	0.25%	四川新朝阳邦威生物科技有限公司
PD20141627	虫菊·苦参碱	微囊悬浮剂	1%	云南省玉溪山水生物科技有限责任公司
WP20140149	杀虫气雾剂	气雾剂	0.60%	云南南宝生物科技有限责任公司
WP20140223	杀虫气雾剂	气雾剂	0.60%	广州超威日用化学用品有限公司
PD20098425	除虫菊素	水乳剂	1.50%	云南南宝生物科技有限责任公司
WP20110080	除虫菊素	水乳剂	1.50%	云南南宝生物科技有限责任公司
WP20160045	除虫菊素	热雾剂	1.80%	云南南宝生物科技有限责任公司
WP20160059	杀虫气雾剂	气雾剂	0.40%	广州超威日用化学用品有限公司
WP20160061	杀虫气雾剂	气雾剂	0.80%	云南创森实业有限公司
PD20170093	虫菊·苦参碱	水乳剂	1.80%	云南南宝生物科技有限责任公司
PD20170359	除虫菊素	母药	50%	澳大利亚天然除虫菊公司
PD20170545	虫菊·苦参碱	可溶液剂	0.50%	赤峰中农大生化科技有限责任公司
PD20121952	除虫菊素	水乳剂	1.50%	内蒙古清源保生物科技有限公司
WP20120248	杀虫气雾剂	气雾剂	0.90%	云南南宝生物科技有限责任公司

8.12.5 苦参碱

表8-47所示为苦参碱在我国的登记情况。截至2018年7月底共有100家左右生产企业进行了苦参碱的登记，其中，天津市恒源伟业生物科技发展有限公司、山东省成武县有机化工厂分别进行了有效含量为5%、13.70%的水剂的登记。总体上苦参碱水剂的登记占比较大，也有少量的可溶液剂登记使用。

表8-47 苦参碱的登记情况

登记证号	登记名称	剂型	含量/%	生产企业
PD20132477	苦参碱	水剂	0.30	宁夏亚乐农业科技有限责任公司
PD20132689	苦参碱	水剂	0.30	河北沃德丰药业有限公司
PD20132710	苦参碱	可溶液剂	1.50	成都新朝阳作物科学有限公司
PD20132711	苦参碱	可溶液剂	0.50	韩国生物株式会社
PD20140021	苦参碱	可溶液剂	1	湖南惠农生物工程有限公司
PD20140025	苦参碱	可溶液剂	0.30	湖南惠农生物工程有限公司
PD20140085	苦参碱	水剂	0.30	黑龙江企达农药开发有限公司
PD20140188	苦参碱	水剂	5	天津市恒源伟业生物科技发展有限公司
PD20140426	苦参碱	水剂	1.30	河北华灵农药有限公司
PD20140550	苦参碱	水剂	0.30	丽水市绿谷生物药业有限公司
PD20140710	苦参碱	水剂	0.50	河北赛瑞德化工有限公司

续表

登记证号	登记名称	剂型	含量/%	生产企业
PD20141033	苦参碱	水剂	0.30	广东园田生物工程有限公司
PD20141080	苦参碱	水剂	0.30	广东真格生物科技有限公司
PD20141103	苦参碱	可溶液剂	1	广东园田生物工程有限公司
PD20141143	苦参碱	水剂	0.30	山东淼农生物科技股份有限公司
PD20141224	苦参碱	水剂	1.30	河北省沧州正兴生物农药有限公司
PD20141570	苦参碱	水剂	0.50	广东新景象生物工程有限公司
PD20141599	苦参碱	水剂	0.30	江苏丰山集团股份有限公司
PD20141627	虫菊·苦参碱	微囊悬浮剂	1	云南省玉溪山水生物科技有限责任公司
PD20141670	苦参碱	水剂	0.30	青岛海纳生物科技有限公司
PD20141711	苦参碱	水剂	0.50	河北中保绿农作物科技有限公司
PD20141907	苦参碱	水剂	0.30	河南省亚乐生物科技股份有限公司
PD20142032	苦参碱	水剂	0.30	广西兄弟农药厂
PD20100679	苦参碱	母药	5	内蒙古帅旗生物科技股份有限公司
PD20100678	烟碱·苦参碱	乳油	1.20	内蒙古帅旗生物科技股份有限公司
PD20150189	苦参·蛇床素	水剂	1.50	山西德威本草生物科技有限公司
PD20101207	苦参碱	母药	5	江苏省南通神雨绿色药业有限公司
PD20101244	苦参碱	水剂	0.30	河北省农药化工有限公司
PD20101239	苦参碱	水剂	0.30	山东美罗福农业科技股份有限公司
PD20101234	苦参碱	水剂	0.30	郑州亚农实业有限公司
PD20101233	苦参碱	水剂	0.30	河北阔达生物制品有限公司
PD20101227	苦参碱	水剂	0.30	山西安顺生物科技有限公司
PD20101298	苦参碱	水乳剂	0.30	江苏嘉隆化工有限公司
PD20101283	苦参碱	水剂	0.50	江苏省南通神雨绿色药业有限公司
PD20101319	苦参碱	水剂	0.30	五家渠农佳绿和生物科技有限公司
PD20150393	苦参碱	水剂	0.30	陕西康禾立丰生物科技药业有限公司
PD20150437	苦参碱	水剂	1.30	山西德威本草生物科技有限公司
PD20150475	苦参碱	水剂	1.30	天津艾格福农药科技有限公司
PD20101371	苦参碱	乳油	0.30	杨凌馥稷生物科技有限公司
PD20101370	苦参·硫黄	水剂	13.70	山东省成武县有机化工厂
PD20101385	苦参碱	可溶液剂	0.36	河北海虹生化有限公司
PD20150709	苦参碱	水剂	0.50	山西美源化工有限公司
PD20150717	苦参碱	水剂	0.50	山东荣邦化工有限公司
PD20101419	苦参碱	水剂	0.30	山西德威本草生物科技有限公司
PD20101455	苦参碱	水剂	0.30	北京富力特农业科技有限责任公司
PD20101435	苦参碱	水剂	0.30	福建新农大正生物工程有限公司
PD20101514	苦参碱	水剂	0.30	山东省潍坊鸿汇化工有限公司
PD20101509	苦参碱	水剂	0.30	山东兖州新天地农药有限公司

续表

登记证号	登记名称	剂型	含量/%	生产企业
PD20150834	苦参碱	水剂	1.30	河北万特生物化学有限公司
PD20101530	苦参碱	水剂	0.30	江苏万农生物科技有限公司
PD20101596	苦参碱	水剂	0.30	桂林集琦生化有限公司
PD20101681	苦参碱	可溶液剂	0.30	山西浩之大生物科技有限公司
PD20150907	苦参碱	水剂	0.50	河北伊诺生化有限公司
PD20151077	苦参碱	水剂	0.60	安徽瑞然生物药肥科技有限公司
PD20151167	苦参·藜芦碱	水剂	0.60	陕西康禾立丰生物科技药业有限公司
PD20151243	苦参碱	水剂	0.50	天津市恒源伟业生物科技发展有限公司
PD20151422	苦参碱	水剂	2	天津艾格福农药科技有限公司
PD20101866	苦参碱	水剂	0.30	内蒙古清源保生物科技有限公司
PD20101921	苦参碱	水剂	0.30	陕西省西安嘉科农化有限公司
PD20151543	苦参碱	水剂	2	云南文山润泽生物农药厂
PD20102013	苦参碱	可溶液剂	0.50	北京亚戈农生物药业有限公司
PD20102038	苦参碱	水剂	0.30	大连贯发药业有限公司
PD20102071	苦参碱	母药	5	北京三浦百草绿色植物制剂有限公司
PD20102101	苦参碱	水剂	0.30	山东省乳山韩威生物科技有限公司
PD20102100	苦参碱	可溶液剂	1	赤峰中农大生化科技有限责任公司
PD20152442	苦参碱	水剂	0.50	江苏江南农化有限公司
PD20152472	苦参碱	可溶液剂	1	葫芦岛市鹏翔农药化工科技有限公司
PD20152538	苦参碱	水剂	0.50	山东澳得利化工有限公司
PD20152567	苦参碱	可溶液剂	0.50	内蒙古帅旗生物科技股份有限公司
PD20110058	苦参碱	水剂	0.50	北京三浦百草绿色植物制剂有限公司
PD20110085	烟碱·苦参碱	乳油	0.60	河南省安阳市五星农药厂
PD20110116	苦参碱	水剂	0.30	陕西道森农业生态科技有限公司
PD20160375	苦参碱	水剂	0.30	福建省德盛生物工程有限责任公司
PD20110310	苦参碱	水剂	0.30	江西省高安金龙生物科技有限公司
PD20110345	苦参碱	可溶液剂	0.30	山东戴盟得生物科技有限公司
PD20110336	苦参·印楝素	乳油	1	云南光明印楝产业开发股份有限公司
PD20110546	苦参碱	水剂	0.30	北京三浦百草绿色植物制剂有限公司
PD20110637	苦参碱	母药	10	赤峰中农大生化科技有限责任公司
PD20161103	苦参碱	水剂	0.50	河南省濮阳市双灵化工有限公司
PD20120002	苦参碱	水剂	0.50	山东汤普乐作物科学有限公司
PD20120012	苦参碱	水剂	0.30	杨凌馥稷生物科技有限公司
PD20170120	苦参碱	水剂	1.30	华北制药河北华诺有限公司
PD20170117	苦参碱	水剂	0.30	陕西省杨凌大地化工有限公司
PD20170093	虫菊·苦参碱	水乳剂	1.80	云南南宝生物科技有限责任公司
PD20170027	苦参碱	水剂	0.50	广西上思县农药厂

续表

登记证号	登记名称	剂型	含量/%	生产企业
PD20120115	苦参碱	水剂	0.30	山东百士威农药有限公司
PD20170545	虫菊·苦参碱	可溶液剂	0.50	赤峰中农大生化科技有限责任公司
PD20170851	苦参碱	水剂	0.30	佛山市高明区万邦生物有限公司
PD20120826	苦参碱	水剂	0.50	保定市亚达益农农业科技有限公司
PD20171069	苦参碱	水剂	0.50	河北金德伦生化科技有限公司
PD20171339	苦参碱	水剂	5	陕西恒田生物农业有限公司
PD20171287	苦参碱	水剂	2	河北神华药业有限公司
PD20171271	苦参碱	水剂	1.30	河北赛瑞德化工有限公司
PD20171246	苦参碱	水剂	0.30	山东奥农生物科技有限公司
PD20171223	苦参碱	水剂	1.3	山西奇星农药有限公司
PD20121089	苦参碱	母药	5	内蒙古清源保生物科技有限公司
PD20121361	苦参碱	可溶液剂	0.30	河北欣田生物科技有限公司
PD20172009	苦参碱	水剂	0.30	贵州道元生物技术有限公司
PD20171810	苦参碱	水剂	0.50	永济市环球生物制剂厂
PD20121488	苦参碱	水剂	1.30	天津市恒源伟业生物科技发展有限公司
PD20172573	苦参碱	水剂	2	河北省沧州正兴生物农药有限公司
PD20172368	苦参碱	水乳剂	3	成都美科达生物药业有限公司
PD20121727	苦参碱	水剂	0.60	内蒙古清源保生物科技有限公司
PD20121750	苦参碱	水剂	2	天津市恒源伟业生物科技发展有限公司
PD20172882	苦参碱	水剂	0.30	山东百信生物科技有限公司
PD20173338	苦参·印楝素	可溶液剂	1	福建省漳州市龙文农化有限公司
PD20130180	苦参碱	水剂	0.30	运城绿齐农药有限公司
PD20130258	烟碱·苦参碱	微囊悬浮剂	3.60	黑龙江省平山林业制药厂
PD20180875	苦参碱	水剂	0.50	江西丰源生物高科有限公司
PD20130428	苦参碱	水剂	0.50	陕西康禾立丰生物科技药业有限公司
PD20130430	苦参碱	可溶液剂	1.50	内蒙古帅旗生物科技股份有限公司
PD20181302	苦参碱	可溶液剂	0.30	成都新朝阳作物科学有限公司
PD20181757	苦参碱	水剂	2	北京三浦百草绿色植物制剂有限公司
PD20131203	苦参碱	水剂	0.50	河北省沧州正兴生物农药有限公司
PD20182354	苦参碱	水剂	1	河北中天邦正生物科技股份公司
PD20182126	苦参碱	水剂	0.50	河南豫之星作物保护有限公司
PD20182014	苦参碱	可溶液剂	1	河北省黄骅市鸿承企业有限公司
PD20131467	苦参碱	水剂	1	江苏功成生物科技有限公司
PD20183164	苦参碱	水剂	0.50	新乡市莱恩坪安园林有限公司
PD20182706	苦参碱	水剂	0.50	孟州云大高科生物科技有限公司
PD20131568	烟碱·苦参碱	烟剂	1.20	黑龙江省平山林业制药厂

在制备方面，苦参碱的提取工艺主要有：溶剂提取法、离子交换法、树脂吸附法、超临界流体萃取技术等。

溶剂提取法常用水、酸水及乙醇等作为提取溶剂，提取方法多为浸渍、渗滤、煎煮、回流等经典方法。例如乙醇回流法对苦参总碱的提取效果较好，是一种目前较为合适的苦参总碱溶剂提取方法。其最佳工艺参数为：采用筛分目数 20～60 目的苦参粉，以 60％的乙醇溶液，料液比为 1∶2，回流提取 2 次。此外，采用渗滤法可以明显提升苦参碱含量。

离子交换法利用生物碱盐通过强酸型阳离子交换树脂柱，使生物碱盐阳离子交换在树脂上，而非生物碱化合物则流出柱外，将交换后的树脂晾干，用氨水碱化，氯仿提取。其基本的技术路线是：苦参粉→甲醇回流提取→回收溶剂→粗提物→稀硫酸溶解→脱脂→水层→除鞣→上 201 型阳离子交换树脂→碱化树脂→氯仿提取→回收溶剂→脱水→丙酮→苦参碱结晶。采用上述提取分离方法，苦参碱的产率最高，结晶质量最好。此外，研究表明，用 60％的乙醇进行提取和用阳离子交换树脂进行纯化的工艺过程生物碱收率较高，生产成本较低，工序较为简单，有一定的先进性，适宜工业化生产。

吸附树脂是近 10 年来发展起来的一类有机高分子聚合物，它具有物理化学稳定性高、吸附选择性独特、不受无机物存在的影响、再生简便、解吸条件温和、使用周期长、易于构成闭路循环、节省费用等诸多优点。因此，它被广泛应用于草药有效成分的提取分离，而应用于苦参碱的提取分离正在研究探索中。

此外，超临界 CO_2 流体萃取法也是常用的方法，但实际上，在农药的制备中，从成本的角度考虑，常用的方式还是以溶剂提取法为主。

8.13 微生物源杀虫剂

微生物源杀虫剂也常被称为抗生素类杀虫剂，是指由细菌、真菌和放线菌等微生物代谢所产生的具有杀虫活性的物质。与传统化学合成杀虫剂相比，微生物源类杀虫剂具有防效高、杀虫谱广、毒性相对较低、对环境影响小等优点，已广泛用于水稻、棉花、蔬菜、果树、烟草、花卉等多种作物的害虫防治，并在牲畜、宠物内外寄生虫的防治中显示了极大的优越性。

早在 1950 年 Kido 等就报道了链霉菌代谢产生的抗霉素 A（antimycin A）具有杀虫杀螨活性，但直到 20 世纪 60 年代以后，人们才开始有目的性地筛选具有杀虫活性的微生物源抗生素，筛选出的抗生素包括卟啉霉素（porfiromycin，又称紫菜霉素）、密旋霉素（pactamycin）、稀疏霉素（sparosomycin）、杀螨素（tetranactin，又称四活霉素或四抗霉素）、莫能菌素（monensin）等有实用价值的杀虫抗生素品种。其中 1967 年从链霉菌中分离得到的莫能菌素主要用于鸡球虫病防治，莫能菌素的研发成功被喻为是农用抗生素的一个新的里程碑。日本三共株式会社 1974 年从土壤中分离的放线菌吸水链霉菌金色亚种（*Streptomyces hygroscopicus* var. *aureolacrimosus*）的代谢产物中分离得到一个十六元环大环内酯类杀虫杀螨抗生素米尔贝霉素（milbemycin），对大多数的农业害虫如蚜虫、螨虫、黄褐天幕毛虫、肠道内寄生虫、线虫等具有广谱防治活性。2002 年，美国 EPA 批准米尔贝霉素 A3/A4 是在草莓、西瓜、桃、梨、茄子、家庭观赏植物等中使用最安全的农药之一，在日本被登记用于茶叶害虫的防治。除此之外，米尔贝霉素半合成化合物米尔贝霉素肟已商品化用于兽药，2005 年米尔贝霉素半合成化合物 Latidectin 也被登记用于兽药，2006 年另一米尔贝霉素衍生物 Lepimectin 也已登记用于防治蔬菜、水果的鳞翅目、半翅目害虫的防治。20 世纪 80 年代后，杀虫抗生素逐步成为抗生素研究领域的热点，特别是从阿维链霉菌（*Streptomyces avermitilis*）中分离提取的阿维菌素（avermectin）展现出对线虫和螨类具有极强的杀虫活性，通过对阿维菌素的结构改造，相继开发出毒性降低的抗寄生虫药物伊维菌素（ivermectin）、多拉菌素（doramectin）和塞拉菌素（selamectin）以及对鳞翅目害虫毒力提高的埃玛菌素（emamectin）等一系列的半合成阿维菌素类药物。阿维菌素的发现和开发被认为是微生物源天然产物研究的划时代进展，也是抗生素在农业生产中应用的又一个里程碑，阿维菌素是农业生产中最有潜力的抗生素。1985 年，美国陶氏益农公司的研究人员发现土壤放线菌多刺糖多孢菌（*Saccharopolyspora spinosa*）可以产生杀虫活性非常高的大环内酯类抗生素——多杀菌素（spinosyns），能有效防治多种储粮害虫，且用药量极少，持效期长，残留低，无交互抗性，是迄今为止发现的最有效和安全的杀虫抗生素。我国抗生素类杀虫剂的研究起步虽晚，但自 20 世纪 80 年代以来也相继开发出杀螨剂浏阳霉素（liuyangmycin）、华光霉素（nikkomycin）、韶关霉素（shaoguanmycin）以及抗球虫药物南昌霉素（nanchangmycin）等。近年来，对杀虫抗生素的研究也发现了一些很有发展潜力的抗生素品种，如戒台霉素（jietacin）、okarami B、埃尔森菌素（altemicidin）、赛泰菌素（setamycin）、Z-laureatin 和震颤基团真菌毒素（verrucalon）等。

8.13.1 阿维菌素

8.13.1.1 阿维菌素的产业概况

阿维菌素（abamectin）是由日本北里大学和美国 Merck 公司首先开发的一类具有杀虫、杀螨、杀线虫活性的十六元环大环内酯齐墩果糖双糖衍生物，由链霉菌（*Streptomyces avermitilis*）发酵产生，是目前理想的驱虫药物。根据 C-5、C-22—C-23 和 C-25 三个位置结构的不同，可将阿维菌素分为 8 个主要的组分，分别命名为 A_{1a}、A_{1b}、A_{2a}、A_{2b}、B_{1a}、B_{1b}、B_{2a}和 B_{2b}（图 8-255），其中以 B_{1a}的杀虫活性最高。历经 30 多年的系统研究表明，阿维菌素是一种高效的杀虫抗生素，不仅对牲畜体内外的几十种寄生虫和螨类具有高效的杀虫活性，对鳞翅目、缨翅目、双翅目、膜翅目、蜚蠊目、半翅目、同翅目等多种农业害虫也有活性，是一种较广谱的高效杀虫抗生素。阿维菌素有良好的层移活性，对害螨、潜叶蝇、潜叶蛾以及其他钻蛀性害虫或刺吸式害虫等常规药剂难以防治的害虫高效。1981 年 Merck 公司将阿维菌素作为兽药投放市场，当年获得巨大成功，并于 1985 年作为农药上市。生产上使用的阿维菌素是 B_{1a}和 B_{1b}以 8∶2 比例组成的混合物，常用名为 abamectin，中文名为除虫菌素、爱福丁、虫螨光、绿采宝、阿巴丁等。目前，阿维菌素已广泛用于畜牧业和农业生

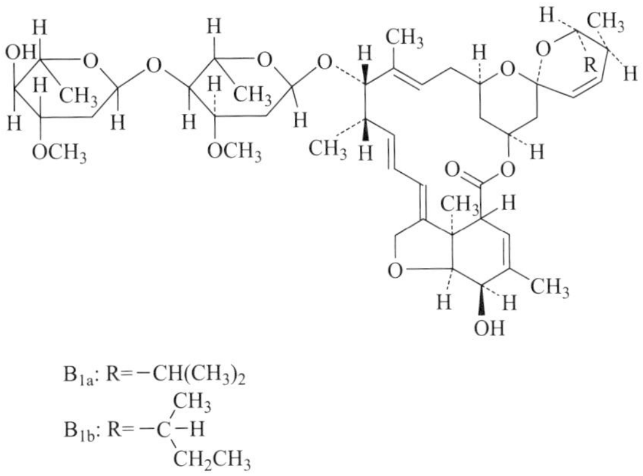

B_{1a}: R= $-CH(CH_3)_2$

B_{1b}: R= $-C(H)(CH_3)CH_2CH_3$

图 8-255　阿维菌素的结构

产上的杀螨剂及选择性杀虫剂，对蔬菜、果树、棉花、水稻等多种作物上的10个目25个科的84种害虫有不同程度的防治效果，对难防治且严重危害农作物的小菜蛾、菜青虫、棉铃虫、美洲斑潜蝇及螨类等主要农作物害虫具有显著防效，尤其适用于对常用有机磷和菊酯类农药产生耐药性的小菜蛾等害虫。

阿维菌素缩写为AV。化学名称：（10*E*,14*E*,16*E*,22*Z*)-(1*R*,4*S*,5′*S*,6*S*,6′*R*,8*R*,12*S*,20*R*,21*R*,24*R*)-6′-[(*S*)-仲丁基]-21,24-二羟基-5′,11,13,22-四甲基-2-氧代-3,7,19-三氧杂四环［15.6.1.14，8.020,24］二十五-10,14,16,22-四烯-6-螺-2′-(5′,6′-二氢-2′*H*-吡喃)-12-基-2,6-二脱氧-4-*O*-(2,6-二脱氧-3-*O*-甲基-*α*-1-阿拉伯己吡喃糖基)-3-*O*-甲基-*α*-L-阿拉伯-己吡喃糖苷（B_{1a}）与（10*E*,14*E*,16*E*,22*Z*)-(1*R*,4*S*,5′*S*,6*S*,6′*R*,8*R*,12*S*,13*S*,20*R*,21*R*,24*S*)-21,22-二羟基-6′-异丙基-5′,11,13,22-四甲基-2-氧代-3,7,19-三氧杂四环[15.6.1.14,8.020,24]二十五-10,14,16,22-四烯-6-螺-2′-(5′,6′-二氢-2′*H*-吡喃)-12-基-2,6-二脱氧-4-*O*-(2,6-二脱氧-3-*O*-甲基-*α*-L-阿拉伯己吡喃糖基)-3-*O*-甲基-*α*-L-阿拉伯己吡喃糖苷（B_{1b})(4：1）的混合物。

物理形态：白色或浅黄色结晶性粉末，无味。分子式与分子量：B_{1a}，$C_{48}H_{72}O_{14}$，873.1；B_{1b}，$C_{47}H_{70}O_{14}$，859.1。熔点：157～162℃。蒸气压：199.98nPa。密度：（1.16±0.05)kg/m^3（21℃）。旋光度（$CHCl_3$）：$[\alpha]=53°\sim58°$。水解性：pH＝5～9范围内不发生水解。光学性质：在波长为237nm、245nm、254nm处均有吸收峰，$\lambda_{max}=(244\pm2)$nm。毒性：小鼠急性经口LD_{50} 13.6mg/kg（麻油）、29.7mg/kg（甲基纤维素）；大鼠急性经口LD_{50} 10.0mg/kg（麻油）；兔急性经皮LD_{50} 2000mg/kg，对兔眼睛有轻微刺激作用，对兔皮肤无刺激作用；毒性试验表明，无致癌、致畸、致突变作用。其溶解度如表8-48所示。

表8-48 阿维菌素的溶解度（21℃） 单位：g/L

溶剂	溶解度	溶剂	溶解度
水	（7～10）$\times10^{-6}$	丙酮	100
正丁醇	10	氯仿	25
环己烷	6	乙醇	20
异丙醇	70	煤油	0.5
甲醇	19.5	甲苯	350

（1）阿维菌素的国内市场　产品由于产能过剩和高污染，国家相关部门已将阿维菌素列为限制类新建项目。在2011年3月27日国家发展改革委第9号令和2013年2月16日国家发展改革委第21号令公布的《国家发展改革委关于修改〈产业结构调整指导目录（2011年本)〉有关条款的决定》(修正）中，第二类限制类中石化化工之9项，明确列出不允许新建阿维菌素生产装置。阿维菌素因高污染，环保部自2013年起将阿维菌素产品列入环境保护综合名录的“高污染、高环境风险”限制新建产品名录。表8-49、表8-50为阿维菌素在我国主要生产企业产能相关情况。

表8-49 阿维菌素主要生产企业产能情况 单位：t/年

厂家	2009年产能	2010年产能	2014年产能	2015年产能
齐鲁制药	—	—	1500	1500
威远生化	400	500	500	600
浙江拜克	240	240	280	280

续表

厂家	2009 年产能	2010 年产能	2014 年产能	2015 年产能
山东齐发	500	1000	600	600
山东志诚	300	500	—	—
华曙制药	450	600	—	—
兴柏生物	400	600	850	1100
宁夏大地	100	180	200	240
山东胜利	140	140	—	—
江苏丰源	100	100	100	100
大庆志飞	150	150	—	300
华药爱诺	100	100	120	120
钱江生化	50	50	—	—
浙江海正	40	40	—	—

表 8-50　阿维菌素产能、产量和销售量

项目	2013 年	2014 年	2015 年
产能/t	5500	5600	5600
产量/t	3543	3763	4211
销售量/t	3323	3678	4120

(2) 阿维菌素出口情况　表 8-51 显示了 2014～2015 年阿维菌素的出口情况，表 8-52 及图 8-256 对比了 2013～2015 年阿维菌素出口量变化，可以看出，2015 年阿维菌素的出口量比 2014 年大幅度增长。

表 8-51　2014～2015 年阿维菌素精品月度出口量值推移

月份	2014 年			2015 年		
	出口量/kg	出口金额/美元	平均价格/(美元/kg)	出口量/kg	出口金额/美元	平均价格/(美元/kg)
1	16215	1483087	91.46	35630	3724828.72	104.54
2	32668	3930351	120.31	39765	4465457.46	112.30
3	37612	4093143	108.83	112585	13322187.2	118.33
4	52245	6033720	115.49	53809	5939001.18	110.37
5	69850	8015481	114.75	75640	8749795.67	115.68
6	91737	4813358	52.47	64491	6766739.13	104.93
7	41289	4359270	105.58	84240.2	8878112.33	105.39
8	39482	4032063	102.12	53735	5355023.38	99.66
9	54180	5390085	99.48	70485	7118693.5	101.00
10	57058	3223087.85	56.49	67129.1	5877576	87.56
11	47063	5401298	114.77	50485	4281551.75	84.81
12	50602	5634861	111.36	44640	3121943	69.94
总计	590001	56409804.85	95.61	752634.3	77600909.32	103.11

表 8-52　2013～2015 年阿维菌素出口情况对比分析

项目	2013 年	2014 年	2015 年
出口数量/t	526	590	753
出口金额/万美元	5416	5641	7760

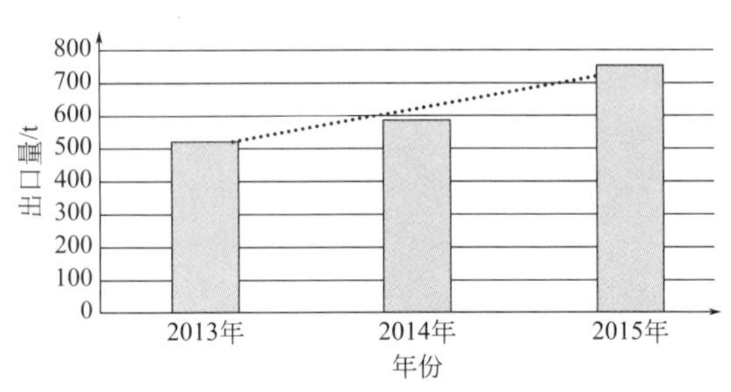

图 8-256　2013～2015 年阿维菌素原药出口量及同比

8.13.1.2　阿维菌素的工艺概述

阿维菌素主要通过 *Streptomyces avermitilis* 发酵生产，经过多年的诱变育种，其发酵效价已由 100μg/mL 提高到 5000μg/mL 以上。阿维菌素组分中以 B_1 的杀虫活性更高，而毒性最小，因此，众多的研究试图通过诱变手段提高 *S. avermitilis* 产生 B_1 的能力[264-275]。如宋渊等利用高频电子流及亚硝基胍作为诱变剂对 *S. avermitilis* 进行诱变处理，得到 B_1 组分提高 45%，且阿维菌素产量达 3500～4000μg/mL 突变株[264]；金志华等用紫外线处理阿维菌素产生菌，然后通过含有 L-异亮氨酸的平板培养基筛选获得 B_{1a} 发酵单位提高 50%以上的突变株[265]。Li 等通过增加阿维链霉菌中编码麦芽糖 ABC 转运系统基因 *malEFG-α* 的拷贝数，使阿维菌素的产量提高 2.6 倍，同时缩短了发酵生产时间[275]。

工业中阿维菌素通过菌株发酵进行生产，发酵培养基配方的优化和发酵工艺的研究对进一步提高阿维菌素的产量至关重要。培养基配方的优化包括培养基的碳源、氮源、无机盐及微量元素等的优化，例如中国科学院微生物研究所张立新课题组利用响应面法对突变菌株 *S. avermtilis* 14-12A 的发酵培养基进行了优化，使阿维菌素 B_{1a} 组分的摇瓶发酵效价提高了 1.45 倍，达到 5128mg/L[276]。近年来，对发酵过程参数相关特性和发酵动力学的研究对发酵过程优化起到了重要的指导作用[277-279]。阿维菌素的提取工艺主要包括浸提、浓缩结晶和重结晶提纯，其关键步骤在于结晶，为了获得较高纯度的产品，企业生产中一般采用多次结晶的方式。其一般的生物合成工艺路线如图 8-257 所示。

(1) 工艺路线及优缺点分析　阿维菌素产品的工艺路线主要包括两部分，即发酵和提纯。

① 发酵工艺　根据发酵规模，普遍采用二级和多级发酵，首先通过菌种筛选，获得优良菌株，制备孢子悬液接种到种子罐，生长到对数期，转种于发酵罐逐级放大培养，经过多年的生产实践，各种控制指标相差不大。发酵过程可分为两种生产工艺。一种是间断工艺，每批次按工艺要求配好培养基，至营养接近耗尽，菌体进入衰退期，放罐，一批生产结束，之后再重新配培养基、灭菌、接种、发酵，进行下一批。该工艺控制简单，但生产效率相对较低。另外一种是连续发酵，培养基不断加入，部分发酵物放出，微生物始终保持相对稳定的代谢状态。该工艺效率高，一定程度上可以实现自动控制，但该工艺对操作人员要求高，且容易造成杂菌污染。

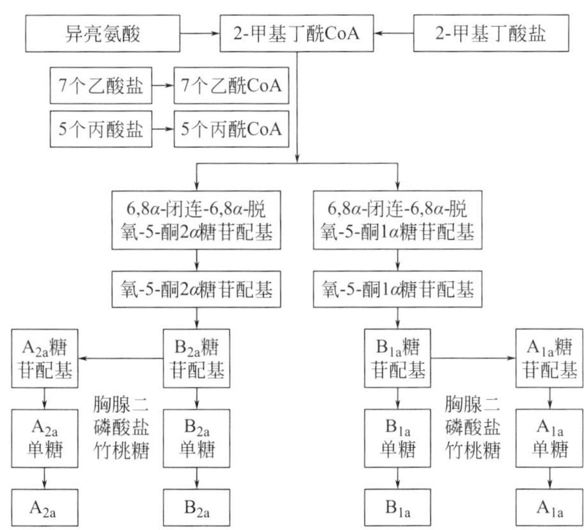

图 8-257　阿维菌素的工艺路线

② 提纯工艺　阿维菌素存在于发酵液的菌丝体中，提纯过程可分为两种工艺：一种是发酵液经板框压滤，得菌丝滤饼，烘干（或不烘干），再用甲醇或乙醇浸提，浸提液浓缩后直接结晶；另一种是浸提液经蒸馏，所得的含阿维菌素的油膏用疏水性溶剂溶解，用水洗涤后蒸馏，所得的油膏用甲醇或乙醇结晶，可得到阿维菌素精品，母液经脱溶后得到油膏。

阿维菌素按照提取溶剂分为甲醇和乙醇法两种生产工艺。甲醇提取成本较低，但是甲醇毒性较高，对工作场所的要求较严格，目前多数阿维菌素生产企业均采用甲醇提取。乙醇提取相对成本较高，但是其毒性较低，对操作人员相对安全，有少数企业使用。

（2）近 5 年来阿维菌素工艺研发成果及发展趋势分析

① 改良　几十年的研究表明，经过不断的菌种选育和工艺优化，各种抗生素生产菌的效价水平一般都可以达到上万个单位甚至于数万个单位以上。而国内现阶段阿维菌素发酵水平仅在 4000～5000$\mu g/mL$ 左右，效价水平应当还有提高的潜力。通过传统的物理化学诱变育种，仍可以逐步提升发酵水平。据报道，中国科学院发明的离子注入诱变具有离子源种类多、诱变后产生的突变幅度广、正突变率高、突变种类多等特点，是一种值得关注的诱变方法。在突变株的筛选方面，有报道采用含异亮氨酸或链霉素的培养基进行筛选，认为是可以获得异亮氨酸诱导的高产菌株。应当说明的是：在用摇瓶发酵筛选、鉴别高效价菌株时，培养条件的控制是不容忽视的，如摇瓶的大小、培养基装量、摇床振幅与转速、培养室温度和湿度等条件必须严格、标准化控制，否则在菌株效价的筛选鉴别方面会出现假象，造成误导，给科研和生产带来不必要的损失。

阿维菌素是一种经济价值大、具有多种用途的抗生素，因此，自上市以来在世界范围内对阿维菌素的生产技术进行了广泛、深入的研究。近几年来在阿维菌素产生菌的分子生物学研究方面有了突破性进展。阿维菌素的工艺路线途径和全基因序列都已清楚，已克隆出全部相关基因簇，大村智和 Ikade 获得了 B_{1a} 和 B_{2a} 选择性合成的基因工程菌、C-5 氧阿维菌素 B_{1a} 和 B_{2a} 选择性合成的基因工程菌、阿维菌素 B_{2a} 选择性合成的基因工程菌，由阿维菌素分子中 C-25 位修饰突变株得到了阿维菌素 B_1 单组分缺陷突变株，并获得了不产生有毒物质寡霉素的改良株，为进一步获得不产寡霉素的生产用菌种奠定了基础。这些成果表明利用分子生物学技术改良菌种具有很大的价值和可行性。

另外，除提高产量外，通过改良菌种，提高 B_{1a} 组分含量，减少杂质甚至有害成分含量也将是一个重要的技术发展方向。

② 培养基优化，原料质量优化　近几年来，菌种通过诱变和自然筛选，效价水平获得一定提高，然而其使用的培养基变化不大，进行培养基的进一步优化，如改变培养基成分、调整配比，以更适合目前菌株的产素，仍将是非常具有意义的探索方向。生产实践中，原料的质量对菌体代谢影响甚大，如原料的颗粒大小、加工方法、生化指标都是必须合格稳定的。提高原料质量、寻找性价比更好的替代品是整个发酵产业的必然要求。

③ 工艺优化和精细控制　多年以来的阿维菌素生产实践，使人们逐步掌握了其生产过程中重要的指标和参数，并形成了日臻完善的操作规程。但是目前阿维菌素生产控制仍较为粗放，能耗在生产成本中占有很大比例，对生产各个环节进行精细化控制，降低能耗物耗，降低生产成本势在必行。

（3）目前“三废”治理现状及进展

① 废水　阿维菌素生产废水 COD 值在 1 万以上，目前主要采用 UASB-接触氧化法进行处理。首先进行 UASB（升流式厌氧污泥床）处理，再进入接触氧化池，最后进入二沉池。该方法目前仍存在一些问题，如 UASB 处理后的废水进行好氧生化处理仍比较困难，存在抑菌物质等，如控制不当就难达到环保要求水平。

近年来，一些科研单位和生产企业在阿维菌素废水循环利用方面做了很多工作，通过适当处理的废水，可适合一些经过驯化的、有价值的微生物生长繁殖，做到变废为宝。

② 废渣　产生的废渣采取回收和综合利用的方式处理，菌丝渣富含多种营养成分，可将其进行再加工利用，制成优质的生物有机肥料，用于蔬菜，沼渣可加工成有机肥还田。剩余的菌丝渣与污水处理的污泥、废活性炭焚烧。（菌丝体是否可以加工成有机肥，需要认真研究）

③ 废气　发酵废气中的主要成分一般为二氧化碳和氮气，采用高空排放；含少量溶剂的尾气经过冷凝回收溶剂后，高空排放。

8.13.2 多杀菌素

8.13.2.1 多杀菌素的产业概况

多杀菌素（spinosyn）是陶氏益农公司于 20 世纪 90 年代开发的一类新型绿色环保的广谱杀虫剂，由放线菌刺糖多孢菌（*Saccharopolyspora spinosa*）发酵所产生，主要成分为 spinosyn A 和 spinosyn D（图 8-270）。多杀菌素为大环内酯类化合物，其母核是由一个 12 元的内酯环与一个 5,6,5-顺，反，顺三环黏合而成的，两侧分别通过糖苷键与氨基糖 β-D-福乐糖胺（D-forosamine）和中性糖 α-L-鼠李糖（L-rhamnose）相连。毒力试验表明，与传统药剂相比，多杀菌素对鳞翅目幼虫、双翅目的卫生害虫和缨翅目的蓟马有很高的毒杀活性，尤其是对鳞翅目幼虫的活性可与拟除虫菊酯类农药相媲美，远超有机磷类。氨基甲酸酯类和环戊二烯类杀虫剂，且作用机制独特，与其他药剂无交互抗性，对非靶标生物和环境安全。目前为止，已发现超过 25 种的多杀菌素类化合物，均由刺糖多孢菌所产生，不同多杀菌素组分的结构区别主要在于两个糖基上的 *N*-甲基化和 *O*-甲基化不同或母核上 *C*-甲基化不同。多杀菌素产品的主要活性成分是 spinosyn A 和 spinosyn D。Spinosad（多杀菌素）是由 spinosyn A（主要成分）和 spinosyn D（次要成分）组成的混合物，于 1997 年在美国登记用于棉花害虫的防治。另一个商品化药物是乙基多杀菌素（第二代多杀菌素 spinetoram），为 spinosyn A 和 spinosyn D 半合成衍生物，于 2007 年上市，乙基多杀菌素不但对蔬菜作物的杀虫效果明显，并且弥补了 Spinosad 对水果和坚果等作物上的虫害控制不显著的缺点[280,281]。多杀菌素兼具生物农药的安全性和化学合成农药的速效性，且具有低毒、低残留、对昆虫天敌安全和自然分解快等特点，于 1999 年、2008 年和 2010 年 3

次获得美国“总统绿色化学品挑战奖”，成为历史上唯一获此殊荣的杀虫药物[282,283]。此外，丁烯基多杀菌素（图 8-258）是由须糖多孢菌（*Saccharopolyspora pogona*）产生的多杀菌素类结构类似物，但比多杀菌素具有更广泛的杀虫谱，特别是对多杀菌素不能控制的世界性检疫有害生物苹果蠹蛾和重要农业害虫烟青虫具有良好的生物活性[284,285]。通过基因工程方法对多杀菌素产生菌 *S. spinosa* 进行改造后得到 21-环丁基多杀菌素 A 和 D，其对棉花夜蛾和烟草夜蛾的杀虫活性明显高于多杀菌素，且扩大了从鳞翅目昆虫到刺吸式害虫的杀虫范围[286,287]。多杀菌素已成为国际上最具发展前景的生物杀虫剂，主要用于防治农林、储粮害虫以及家禽宠物体外寄生虫，也被认为是保证粮食安全性的一个战略性物质。

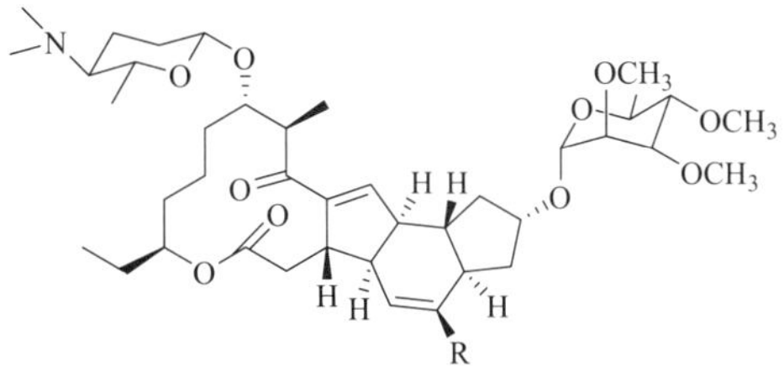

多杀菌素A: R=H
多杀菌素D: R=CH_3

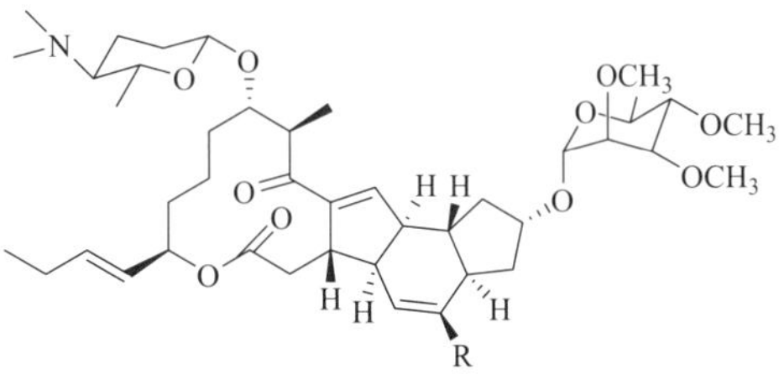

丁烯基多杀菌素A: R=H
丁烯基多杀菌素D: R=CH_3

图 8-258　多杀菌素类杀虫剂的结构

表 8-53 可知，到 2018 年 5 月为止，仅有广东德利生物科技有限公司和美国陶氏益农公司进行了乙基多杀菌素的登记，广东德利生物科技有限公司登记的为有效含量为 60g/L 的悬浮剂，而美国陶氏益农公司登记的则是有效含量为 60g/L 的悬浮剂和 81.2%的原药。

表 8-53　乙基多杀菌素的登记情况

登记证号	登记名称	农药类别	剂型	总含量	有效期至	生产企业
PD2012024DF100019	乙基多杀菌素	杀虫剂	悬浮剂	60g/L	2018-5-31	广东德利生物科技有限公司
PD20120240	乙基多杀菌素	杀虫剂	悬浮剂	60g/L	2022-2-13	美国陶氏益农公司
PD20120250	乙基多杀菌素	杀虫剂	原药	81.2%	2022-2-13	美国陶氏益农公司

8.13.2.2　多杀菌素类杀虫剂的工艺概况

多杀菌素由放线菌刺糖多孢菌（*Saccharopolyspora spinosa*）发酵进行生产制备，但野生的刺糖多孢菌产生的多杀菌素的产量较低，筛选多杀菌素高产菌株和优化发酵培养基及发酵条件是提高多杀菌素产量的主要途径[287]。我国尚未掌握多杀菌素的生产技术，对多杀菌素的研究处于起步阶段。国内已采用紫外诱变、^{60}Co 诱变、^{137}Cs 诱变、亚硝基胍诱变、硫酸二乙酯诱变、原生质诱变等技术，在一定程度上提高了多杀菌素的产量，但多杀菌素的产量均在 500mg/L 以下[288]；上海医药工业研究院的李继安等通过培养基的优化使多杀菌素的产量提高了 19 倍，达到 1150mg/L，但距离工业化生产还有很大的差距[289]。随着对多杀菌素生物合成机制和代谢路径研究的深入，采用基因工程方法对多杀菌素产生菌株进行改造成了提高多杀菌素产量的研究热点。在专利 WO 9946387 中提出了通过增加多杀菌素合成中限速步骤的基因拷贝数以提高多杀菌素产量的策略[290]，Madduri 等通过增加鼠李糖路径中将糖苷配基转化为拟糖苷配基的基因和福乐糖胺路径中基因的拷贝数，使 90%以上的拟糖苷配基转化为多杀菌素 A 和 D，从而提高了多杀菌素的产量[291]；Pan 等利用两个红霉素启动子分别控制 *gtt*（编码 TDP-葡萄糖合酶）和 *gdh*（编码 4,6-葡萄糖脱水酶）串联过表达增加了鼠李糖和福乐糖胺合成的共同前体 TDP-4-酮-6-脱氢-D-葡萄糖的积累量，使多杀菌素的产量显著提高[292]。

通过操纵相关调控基因提高次级代谢产物的产量是代谢工程改造获得高产菌株的重要途径，但国内外对多杀菌素合成调控基因的研究尚属空白，杨克迁课题组通过生物信息学分析提出多杀菌素的工艺路线可能受到 *BldD* 的调控[282]。由于刺糖多孢菌的遗传操作困难，不易进行基因工程改造，且我国还未掌握多杀菌素的高产技术，多杀菌素主要靠进口陶氏公司的产品进行农业害虫的防治。因此，建立自主的多杀菌素生产技术和探索提高多杀菌素产量的方法仍将是今后研究工作的重点。

多杀菌素是亲脂性化合物，可采用有机溶剂萃取、离子交换分离、吸附法分离、色谱法以及沉淀法进行分离提取。据文献报道，多杀菌素的分离纯化主要采用溶剂萃取和色谱柱分离法。溶剂萃取法的主要步骤为：①发酵液中加入等体积的丙酮，经陶瓷过滤器或加压过滤器抽滤后调整滤液 pH 值至 10；②加入 1/4～1/2 滤液体积的乙酸乙酯萃取，回收乙酸乙酯相，并经真空浓缩至 1/2 体积；③向浓缩后的乙酸乙酯溶液中加入 1/2 体积含水的 0.1mol/L 酒石酸，萃取，分离两相；④通过真空蒸发，从水相中回收其中的乙酸乙酯，用反渗透装置浓缩该水溶液；⑤用 NaOH 调整溶液 pH 值至 10～11；⑥过滤，分离出沉淀物，用水清洗，真空下干燥，即得到多杀菌素[293]。王琨等采用大孔吸附树脂提取多杀菌素，通过树脂的选择与 pH、洗脱液流速的优化，将多杀菌素的回收率提高到 95.7%，且具有有机溶剂使用少、工艺简单、安全性能高的优点[294,295]。

乙基多杀菌素是 3-乙氧基-5,6-二氢多杀菌素 J 和 3′-乙氧基-5,6-二氢多杀菌素 L 以 3∶1 比例组成的混合物，它是陶氏公司研究人员采用人工神经网络（artifical neural networks）经过推断多杀菌素的定量结构和活性关系，对更高活性的类似物进行了预测并研制出来的新一代多杀菌素类杀虫剂。乙基多杀菌素的工艺路线以刺糖多孢菌发酵产生的多杀菌素 J 和 L 为起始原料，在反应物、溶剂和催化剂存在的条件下，将鼠李糖上的双键还原和 3′-位上的羟基修饰为氧乙基后而得，其具体的合成工艺路线如图 8-259 所示[296]。虽然以多杀菌素 J

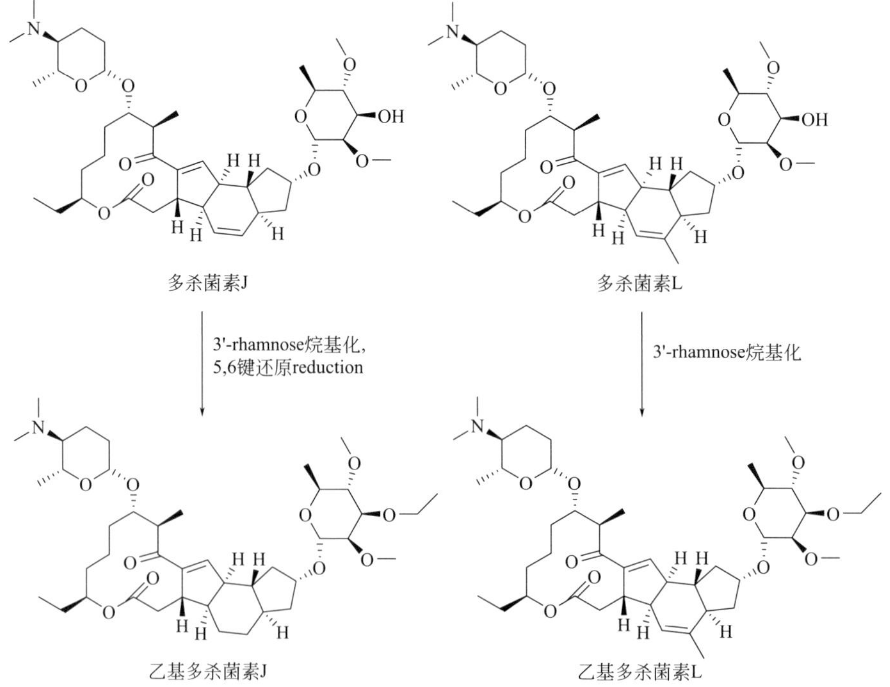

图 8-259　乙基多杀菌素的合成工艺路线

和 L 为起始原料合成乙基多杀菌素的工艺简单、产率高，但刺糖多孢菌主要产生多杀菌素 A 和 D 组分，而多杀菌素 J 和 L 的产量非常少，因此，原料的缺乏成为乙基多杀菌素生产的最大障碍。

多杀菌素与乙基多杀菌素结构的最大区别在于鼠李糖 3-位取代基的不同，因此研究者试图以多杀菌素为起始原料进行乙基多杀菌素的工艺路线。Jacek 等通过水解多杀菌素 A 和 D 的方法获得了多杀菌素的糖苷配基[297]；Tietze 等报道了以常用的化学试剂为起始原料通过 Knoevenagel 反应和 Diels Alder 反应合成 D-福乐糖胺[298]；Takeo 等从烷基化的鼠李糖出发经过多不保护脱保护合成了 2,4-二甲基-α-L-鼠李糖[299]；这 3 个重要中间体的工艺路线为以多杀菌素为起始原料合成乙基多杀菌素提供了理论基础。

8.13.3　苏云金杆菌

苏云金芽孢杆菌简称苏云金杆菌（*Bacillus thuringiensis*），是内生芽孢的革兰氏阳性细菌，在芽孢形成初期会形成杀虫晶体蛋白，对敏感昆虫有特异性的防治作用。1956 年苏联发表了用液体培养基摇瓶培养苏云金杆菌并用于防治菜青虫的报道，从而揭开了苏云金杆菌大规模培养的序幕。我国从 20 世纪 60 年代也开始了规模化生产，同苏云金杆菌有关的研究，特别是有关分子生物学方面的研究正在持续展开。

苏云金杆菌是目前全世界公认最有效、最有前途的生物农药，且已工业化生产。它可以用于森林、棉花、玉米、蔬菜、水果以及茶、麻、烟叶等作物害虫的防治，也可用于储藏害虫和环境害虫的防治。对蔬菜、茶叶等害虫的防治效果达 85%以上，且农产品符合国家绿色食品 A 级标准。同时，在苏云金杆菌的生产过程中，所用原料为玉米、豆饼、麸皮及谷糠，这些原料为农产品或农副产品，是天然的无毒物。生产过程为固体发酵，也不产生任何有毒或有污染的物质，只有少量洗涤水排放，可以随生活污水排出，对环境不产生危害。因此，苏云金芽孢杆菌的推广和运用受到各国的重视，

苏云金杆菌制剂常用的剂型包括以水为介质的水悬剂、以有机溶剂为介质的油悬剂和以固体填充剂为介质的可湿性粉剂。近 10 年来还开发出了水分散粒剂和胶囊剂等新剂型，已投入使用。与化学农药相比，苏云金杆菌制剂安全性增强，但产品的稳定性差，残效期短，杀虫速度慢，而且受施用环境影响大。解决这些问题除了使用合适的剂型外，还可以添加一些辅助剂。为了增加田间残效，目前使用的辅助剂包括由液态发酵产品制成粉剂所需的吸附剂、使菌剂在表面展着的湿润剂、防止芽孢萌发和其他微生物生长的防腐剂、促进昆虫食欲

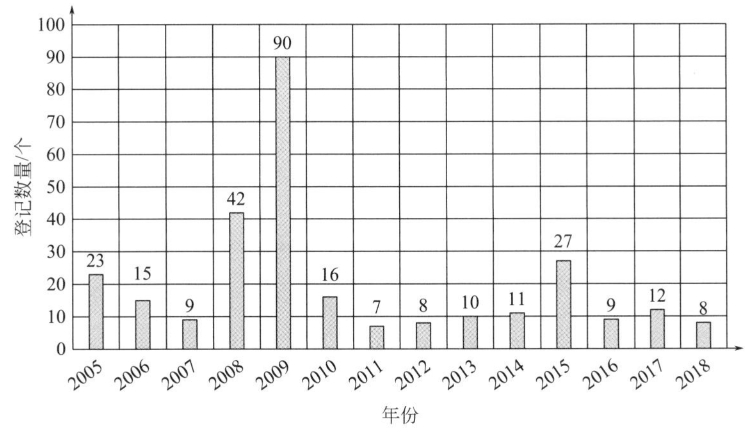

图 8-260　近十多年来苏云金杆菌单剂的登记情况

的引诱剂、防紫外线的保护剂，还有黏着剂、乳化剂和增效剂等。苏云金杆菌发酵生产包括液态发酵和固态发酵两种方式。

苏云金杆菌是近十多年来十分受关注的生物农药，2008 年和 2009 年登记数量较多，分别为 42 个和 90 个，而 2010 年以后有所下降，但每年均有登记（图 8-260）。

参考文献

[1] 李敏莲，程建国．有机磷杀虫剂的结构优势及新品种的研发方向．河南农业科学，2006，(10)：71-73.

[2] 胡笑形．有机磷农药的回顾与前程．第三届农药交流会论文集．2003：75-83.

[3] 刘刚，彭梅．有机磷杀虫剂的清洁生产初探．现代农业科技，2008，(17)：144-145.

[4] 贺红武，刘钊杰．有机磷农药的发展趋势与低毒有机磷杀虫剂的开发和利用（上）．世界农药，2001，23 (3)：1-5.

[5] 姜书凯．毒死蜱产业现状及前景．农药研究与应用，2008，12 (3)：23-24.

[6] Eric S，Conn M. Process for Preparing Highly Chlorinated Pyridines：US，3538100. 1968-03-15.

[7] 许振元，许丹倩．毒死蜱的合成研究．农药，1998，37 (1)：15-17.

[8] 王红明，李健，葛九敢等．水相法合成毒死蜱的清洁工艺改进．现代农药，2012，11 (6)：15-18.

[9] 上海农药厂．敌百虫合成新工艺．上海化工，1974，(1)：22-23.

[10] 张文．敌百虫生产工艺的某些改进．农药，1996，35 (6)：15-16.

[11] 谢永红，文美蓉．敌敌畏合成工艺改进．湖北化工，1998，(S1)：111-112.

[12] 万积秋，李建强，张雄等．硝虫硫磷的合成及对矢尖蚧的药效试验．现代农药，2002，(1)：14-20.

[13] 陈万义．农药生产与合成．北京：化学工业出版社，2000.

[14] 石鑫．新农药的使用和选购．上海：上海科学技术文献出版社，1992.

[15] 邱玉娥．94%无臭马拉硫磷原油合成新工艺．应用化工，2004，33 (1)：48-49.

[16] 吴隆宗．乐果的合成．化学世界，1964，(10)：472-474.

[17] 郑志明，潘立勇．有机磷杀虫剂丙溴磷合成工艺改进．安徽化工，2001，(3)：39-40.

[18] 夏春胜．结构不对称杀虫剂丙硫磷的工艺路线、制剂加工与应用研究．江苏：南京林业大学，1996.

[19] 雷进海，王振华．三唑磷生产技术进展．江苏化工，1995，23 (2)：4-7

[20] 钟灿林，叶维光．合成三唑磷工艺的改进．现代化工，1997，(4)：19-20.

[21] 肖文精，丁明武，王今红等．三唑磷合成工艺研究．农药，1994，33 (2)：14-15.

[22] 曹耀艳．三唑磷合成工艺的改进研究．浙江：浙江工业大学，2003.

[23] 浙江化工研究院．乙酰甲胺磷硫化铵异构新工艺．浙江化工，1978，(3)：1-7.

[24] 郑斐能，邓德峰．期待乙酰甲胺磷在我国成长为万吨级大品种．中国农药，2009，(3)：8-13.

[25] 王群芳，张青峰，严新伟．合成乙酰甲胺磷的探讨．湖北化工，1997，(1)：33-34.

[26] 李国珍，罗亮明，卢惕依．乙酰甲胺磷原粉新工艺研究．企业技术开发，2003，8 (1)：28-30.

[27] 李卓林．乙酰甲胺磷催化新工艺．广东化工，2006，3 (33)：54-56.

[28] 冯纪涛，李汝芝．乙酰甲胺磷工艺改进研究．精细与专用化学品，2003，18 (1)：15-17.

[29] 李坚．高含量甲胺磷和高含量乙酰甲胺磷的制备：CN，1931864A. 2007-03-21.

[30] 曹广宏．嘧啶氧磷合成工艺研究进展．河北化工，1994，(2)：48-53.

[31] Gysin H，Margot A. Insecticide Preparation and Properties，Chemistry and Toxicological Properties of *O*,*O*-Diethyl-*O*-(2-isopropyl-4-methyl-6-pyrimidinyl)Phosphorothioate (Diazinon)．J Agric Food Chem，1958，6 (12)：900-903.

[32] Peterson W D，DuPertuis G L，Habra L. Process for Preparing Phoshhate Esters：US，3607991. 1971-09-21.

[33] 聂萍，罗贞礼，段湘生，等．甲基嘧啶磷的合成研究．湖北化工，1998，(S)：103-104.

[34] Mchattie G V. Heterocyclic Phosphate and Thiophosphate Derivatives：GB，1019227. 1966-02-02.

[35] Sharpe S P，Snell B K. Pesticidal Pyrimidine Derivatives：GB，1204552. 1967-09-21.

[36] Parry D R. Verfahren Zur Herstellung Von Pyrimidinderivatens：DE，2400608. 1974-07-11.

[37] 聂萍，孟建刚，陈明等．98%甲基嘧啶磷合成新工艺研究．精细化工中间体，2010，40 (1)：18-19.

[38] 陈雄飞，吴隆宗，邓傅铮等．新有机磷杀虫剂亚胺硫磷的合成．化学世界，1966，(3)：108-111.

[39] 揣国利，曲海明．噻唑膦防治根结线虫．新农业，2009，(04)：45.

[40] 马涛．20%噻唑磷双层微囊悬浮剂的工艺研究．北京：中国农业科学院，2016.

[41] 邹雅新，李秀花，张小风，等．噻唑膦对南方根结线虫的作用方式．河北农业大学学报，2011，34 (5)：78-81.

[42] 沈德隆，曹炜，噻唑磷的合成．农药，2005，44 (5)：208-209.

[43] 张广民，朱汉城，于金凤，等．10%灭线磷防治番茄根结线虫病试验．农药，2002，41 (2)：29-30.

[44] 陈小军，徐汉虹，张志祥，等．灭线磷在水稻上的降解动态和残留分析．江西农业大学学报，2010，32 (1)：67-72.

[45] 李立新，徐志发，郑志明等．灭线磷合成试验．安徽化工，2000，(06)：29-30.

[46] 雷得漾．　氨基甲酸醋类杀虫剂的发展．农药译丛，1992，14 (5)：37-41.

[47] 王秀祺．氨基甲酸酯类杀虫剂的工艺路线．农药译丛，1983，5 (6)：25-29.

[48] 谭绩业，李德鹏，李昕跃，等．相转移催化合成邻甲基烯丙氧基酚．大连大学学报，2000，21 (6)：51-53.

[49] 王小舟．呋喃酚的合成方法．企业技术开发，2004，23 (6)：16-18.

[50] 孟宪民，仇是胜．甲氨基甲酰氯法合成克百威．农药，1996，(03)：10-11.

[51] 毛婷婷，刘卫东，杜升华，等．丙硫克百威的化学合成．国家农药创制工程技术研究中心 2007 学术研讨会论文集．2007：119-120.

[52] Asai N，Soeda T，Tanaka A，et al. Aminosulfenyl Chloride Derivatives Useful as Intermediates in the Preparation of Insecticidal，Miticidal or Nematocidal Carbamate Derivatives：BE，892670，1982-07-16.

[53] Gotou T，Tnaka A. Production of Carbamate Derivatives：JP，59161353. 1984-09-12.

[54] Goto T，Takao H. Carbamate Derivatives and Insecticide，Miticidal or Nematocidal Compositions Containing the Same：US，4413005. 1983-11-01.

[55] Takao H. Sulfenyl Carbamate Derivatives and Insecticidal Composition Containing the Same：US，4540708. 1985-09-10.

[56] 曾宪泽，段湘生，杨联熠．丁硫克百威的化学合成．农药，1995，34 (6)：12-15.

[57] 姜雅君．氨基甲酸酯类杀虫剂丁硫克百威．农药，1998，37 (9)：43.

[58] Masami T M. Organicsynthesis：vol. 3. Great Britian：BPPC Wheatons Ltd，1991：313-318.

[59] Patrice L. Catalyzed Synthesis for Propoxur，US，6030410. 1980-03-01.

[60] 梁跃华，杀虫剂残杀威原药合成研究．精细化工中间体，2001，31 (4)：25-26.

[61] 吴志广，邹志琛，黄汝骐，等，合成残杀威的新方法．农药，1989，28 (3)：3-4.

[62] 陈锦露，张芝平，张一宾．新颖氨基甲酸酯类杀虫剂——茚虫威（indoxacarb）的合成与应用．浙江化工，2005，(1)：32-34.

[63] Annis G D. Arthropodicidal Carboxanilides：WO，9211249. 1992-07-09.

[64] 段湘生，曾文平，陈明，等．高效杀虫剂茚虫威的合成与应用．农药研究与应用，2006，10 (2)：17-20.

[65] Nose S，Sano K，Yamakiwa S，et al. Novel Acid Halide Derivatives，Their Production，and Production of Indanone-carboxylic Acid Esters Using the Same：JP，3618738．2003-08-20.

[66] 丁宁．噁二嗪类杀虫剂的工艺路线与创制研究．大连：大连理工大学，2004：15-16.

[67] Annis G D，Mccann S F，Shapiro R. Preparation of Arthropodicidal 2,5-Dihydro-2-［［(Methoxycarbonyl)［4-(Trifluoromethoxy) Phenyl］Amino］Carbonyl］Indeno［1，2-*e*］［1，3，4］Oxadiazine-4*a*（3*H*)-Carboxylates：WO，9529171. 1995-11-02.

[68] Lange W，Komoschinski J，Steffan G，et al. ErnstSubstituted Cinnamic Acids and Cinnamic Acid Esters：DE，19837069．2000-01-05.

[69] 柏亚罗，张晓进，顾群等．专利农药新品种手册．北京：化学工业出版社，2011：56-63.

[70] 李翔 马海军，顾林玲等．茚虫威合成路线研究与比较．现代农药，2009，8 (5)：23-16.

[71] 王以燕，李友顺．Analysis of Technical and Formulated Pesticide-CIPIC Handbook N. 世界农药，2013，35 (3)：47-50.

[72] 刘长令．新型高效杀虫剂茚虫威．农药，2003，42 (2)：42-44.

[73] 马俊凯，欧晓明，蔡德玲，等．茚虫威 10% 悬浮剂的液相色谱分析方法．精细化工中间体，2008，38 (5)：62-64.

[74] 徐强，刘奎涛，汤飞荣，等．15%茚虫威悬浮剂的液相色谱分析．现代农药，2010，9 (1)：31-35.

[75] 卢盛林．拟除虫菊酯类杀虫剂．蔬菜，1988，(2)：1-4.

[76] 丁智慧，刘吉开，丁靖垲．拟除虫菊酯的研究进展．云南化工，2001，(2)：22-24.

[77] 尹江平，亦冰．除虫菊酯类化学的发展与未来．世界农药，2000，22 (1)：23-30.

[78] Matsuo T，Itaya N. Alpha-Cyanobenzyl Cyclopropanecarboxylates：US，3835176. 1973-01-11.

[79] Elliott M，Farnham A W，Janes N F，et al. Photostablepyrethroid. Nature，1973，246：169.

[80] Elliott M，Farnham A W，Janes N F，et al. 5-Benyl-3-Furyl-Methylchrysanthemate：a New Order of Activity. Nature，1967，217：493.

[81] 程暄生，薛振祥．我国菊酯类杀虫剂的研究与开发．农药．1991，30（1）：1-6.
[82] 沙鸿飞．拟除虫菊酯杀虫剂的合成．阜阳师范学院学报（自然科学版），1984：64-91.
[83] 孔勇．溴氰菊酯合成．现代农药，2003，2（6）：5-6.
[84] 王畹玄，阮铃莉，吴慧珍，等．功夫菊酯的合成综述．广州化工，2012，40（6）：44-45.
[85] Engel J. Insecticidal Perhaloalkylvinylcyclopropanecarboxylates and Intermediates：EP，0003336，1979 -01-19.
[86] Jung S，Kim S K. Process for the Preparation of Pyrethroid Type Ester Compounds：US，4874887，1988-10-07.
[87] Wilshire C，Jongen R. α-Cyanophenoxybenzylamine Derivatives and Their Use as Intermediates for Pyrethroid Insecticides：EP，0049577，1982-04-14.
[88] 张湘宁，李翔，田建刚，等．超高效三氟氯氰菊酯的工艺路线及生物活性研究．现代农药，2008，7（4）：14-16，21.
[89] 严传明．氟胺氰菊酯的合成．现代农药，2003，(1)：13-15.
[90] 祝捷，方维臻，陆群．氟胺氰菊酯的合成．农药，2011，50（7）：487-488，491.
[91] Mita R，Umemoto M，Fukunaga Y. Production of *p*-Alkoxyneophyl Alcohols：JP，03120235．1991-05-22.
[92] 沙家骏，张敏恒，姜雅君等．国外新农药品种手册．北京：化学工业出版社，1993：74-77.
[93] 张梅凤，唐永军，杨朝辉等．氟氯氰菊酯的工艺路线．农药，2006，48（8）：13-15.
[94] Fuchs R，Maurer F，Priesnitz U，et al. Preparation of Substituted（Cyclo）Alkanecarboxylicacid α-Cyano-3-Phenoxy-Benzyl Esters. US，4350640．1982-09-01.
[95] Reimer R R．Process for the Preparation of Alpha-Cyano-Phenoxy Benzylic Esters：EP，25925. 1981-04-01.
[96] Fuchs R，Hammann I，Behrenz W. 3-Phenoxy-Fluoro-Benzyl Alcohol Intermediates：US，4261920. 1981-04-14.
[97] Behrenz W，Fuchs R，Hammann I. Combating Arthropods with 3-Pheoxy-Fluoro-Benzyl Carboxylic Acid Esters：US，4218469. 1980-08-19.
[98] 那有光，王秋玲．含氟拟除虫菊酯杀虫剂中间体 4-氟-3-苯氧基苯甲醛的工艺路线．农药，1985，(2)：56-57.
[99] 张梅凤，唐永军，杨朝晖，等．氟氯氰菊酯的工艺路线．农药，2006，45（8）：529-530.
[100] 氏原一哉，石渡多贺男．环丙烷羧酸酯化合物：CN，1306958. 2001-8-8.
[101] 森达哉．拟除虫菊酯化合物和用于防治害虫的含有该化合物的组合物：CN，1254506. 2000-05-31.
[102] 岩崎智则，松永忠功．害虫防除剂以及害虫防除方法：CN，1306749. 2001-08-08.
[103] 岩崎智则，松永忠．杀虫方法及应用：CN，1408230. 2003-4-9.
[104] 陈卫东，宋恭华，钱旭红．2,3,4,5-四氟苯甲酸的制备方法：CN 1201779. 1998-12-16.
[105] 冯亚青，张宝，姚光源．2,3,5,6-四氟对甲基苄醇的制备方法：CN 458137. 2003-11-26.
[106] 陈建海，吴小燕．四氟苯甲醚菊酯的合成．农药，2005，44（9）：405-406.
[107] 邹新琢，杜劲梅．两种卤代菊酸含氟对甲氧甲基苄酯的合成及杀虫活性．有机化学，2003，23（3）：274-276.
[108] 曹广宏．戊菊酯合成工艺研究进展．河北化工，1993，(2)：43-47.
[109] 周育，庚琴，侯慧锋，等．新型烟碱类杀虫剂啶虫脒研究进展．植物保护，2006，32（3）：16-19.
[110] Soloway S B，Henry A C，Kollmeyer W D. Nitromethylene Insediades. Oxford：Pergamon press，1978：206-217.
[111] 孙越．新烟碱类化合物的合成及其杀虫活性研究．农药译丛，1996，18（6）：19-21.
[112] 化工部农药信息总站．国外农药品种手册．北京：化学工业出版社，1996.
[113] 左伯军，李磊，石隆平．新烟碱类杀虫剂发展历程浅说．今日农药，2011，(4)：21-24.
[114] Leicht W. Substituted Aza（Cyclo）Alkanes. Pfanzenschutz Nachrichten Bayer，1996，(49)：71-84.
[115] 邵旭升，田忠贞，李忠等．新烟碱类杀虫剂及稠环固定的顺式衍生物研究进展．农药学学报，2008，10（2）：117-126.
[116] 覃兆海．硝基缩氨基胍类化合物及其制备方法与其作为杀虫剂的应用：CN，101821232. 2008-11-25.
[117] Coppola K. Process for the Preparation of 2-Chloro-5-Chloromethylthiaz Ole：WO，2001010852. 2001-02-15.
[118] Coppola K. Process for the Preparation Ofthiamle Derivatives：US，6566530. 2003-05-20.
[119] 陆阳，陶京朝，张志荣．高效杀虫剂吡虫啉的合成新工艺．化工中间体，2008，4（10）：25-28.
[120] 鲁伶兰，曹仕东．吡虫啉的合成研究．天津化工，1999，(2)：8-9.
[121] 程志明．近年来吡虫啉合成新进展．农药，2009，48（7）：469-470.
[122] 孙玉泉，王晓华．吡虫啉的合成与应用．天津化工，2003，17（1）：37-38.
[123] 程磊磊．杀虫剂吡虫啉的合成进展．安徽化工，2011，37（5）：12-13.
[124] 程志明．我国吡虫啉工业化合成路线探讨．世界农药，2011，33（5）：10-13.
[125] 宣日成，郑巍，刘维屏，史成华，徐红彪．吡虫啉的合成方法．农药，1998，37（10）：11-14.

[126] 陆阳，陶京朝，张志荣．吡虫啉的合工艺研究．化工技术与开发，2008，37（11）：21-22.

[127] 陶玉成，周华栋．烯啶虫胺合成方法的研究．现代农药，2010，3（9）：23-25.

[128] 王党生．烯啶虫胺的合成路线．农药，2002，10（41）：43-45.

[129] 范金勇，张秀珍，马新刚，等．啶虫脒合成研究进展．今日农药，2011，（2）：24-26.

[130] 孙玉泉．杀虫剂啶虫脒的合成．潍坊教育学院学报，2006，19（2）：17-18.

[131] 张品，吴道新，杜升华．高效、低毒杀虫剂噻虫啉的合成工艺研究．精细化工中间体，2010，46（6）：23-26.

[132] 王党生，隋卫平，谭晓军．噻虫胺的合成方法．农药，2003，9（42）：15-17.

[133] 陆阳．噻虫胺的合成．农药科学与管理，2010，31（4）：22-25.

[134] 张明媚，孙克，吴鸿飞，等．噻虫胺的合成．农药，2010，49（2）：94-96.

[135] 范文政，程志明，顾保权，等．杀虫剂新品种——噻虫嗪的合成研究．上海化工，2002，15（16）：25-27.

[136] 陶贤鉴，黄超群，罗亮明，等．新一代烟碱类杀虫剂——噻虫嗪的合成研究．现代农药，2006，1（5）：11-13.

[137] Thomas R，Gottfried S，Marcel S. Process for the Manufacture of Thiazole Derivatives with Pesticidal Activity：US，6861522. 2005-03-01.

[138] Thomas P，Henry S，Peter M. Process for the Preparation of Thiazole Derivatives：US，6677457. 2004-01-13.

[139] 赵聪，杨文革，胡永红，等．呋虫胺及其中间体的合成方法．现代农药，2009，2（8）：13-19.

[140] Takeo W，Katsutoshi K，Kenji K，et al. Synthesis and Structure-Activity Relationships of Dinotefuran Derivatives：Modification in the Tetrahydro-3-Furylmethyl Part. J Pestic Sci，2004，29（4）：356-363.

[141] 程志明．新型杀虫剂呋虫胺的创制．世界农药，2005，1（27）：1-5.

[142] 戴炜锷，蒋富国，程志明．第三代烟碱类杀虫剂呋虫胺的合成．现代农药，2008，6（7）：12-15.

[143] Kodaka K，Kinoshita K，Shiraish S，et al. Furanyl Insecticide. EP，0649845. 1995-04-26.

[144] Ebihara K，Daisuke U，Michihiko M，et al. Process for the Preparation of Nitroguanidine Derivatives Starting from 2-Nitroimino-Hexahydro-1，3，5-Triazines in the Presence of Ammonia，Primary or Secondary Amine：EP，0869120. 1998-10-07.

[145] Kando Y，Uneme H，Minamida I. Synthetic Intermediates for the Prepa-Ration of *N*，*N*′-Disubstituted Isothio-urea Derivatives and *N*-cyclic(methyl)-*N*′-Disubstituted Isothiourea Derivatives：US，6160126. 2000-12-12.

[146] Wakita T，Kinoshita K，Yasui N，et al. Synthesis and Structure-Activity Relationships of Dinotefuran Derivatives：Modification in the Nitroguanidine Part. J Pestic Sci，2004，29（4）：348-355.

[147] Uneme H，Konobe M，Ishizuka H，Process for Producing Guanidine Derivatives，Intermediates Therefor and Their Production：WO，9700867. 1997-01-09.

[148] Arai K，Matsuno H，Oura T，et al. Nitroisourea Derivatives：US，6124466. 2001-10-17.

[149] Nanjo K，Takasuka K，Segami S，et al. Nitroguanidine Compounds Useful as Insecticides：US，5166164. 1992-11-2

[150] 吴重言，吴言富，秦立华，等．哌虫啶及其中间体的新合成方法研究．今日农药，2012，（7）：23-26.

[151] 李璐，邵旭升，吴重言，等．杀虫剂哌虫啶合成的工艺优化．现代农药，2009，2（8）：16-19.

[152] 李忠，钱旭红，邵旭升，等．二醛构建的具有杀虫活性的含氮或氧杂环化合物及其制备方法：CN，101747320A. 2010-06-23.

[153] 韩金涛，苏旺苍．新型硝基缩氨基胍类杀虫剂——戊吡虫胍．山东农药信息，2013，（9）：19-21.

[154] 于福强，黄耀师，苏州，等．新颖杀虫剂氟啶虫胺腈．农药，2013，52（10）：753-755.

[155] 石小丽．2010 年世界农药会议新品种——氟啶虫胺腈．农药研究与应用，2010，14（6）：42-43.

[156] 叶萱．新颖杀虫剂 sulfoxaflor 的生物特性．世界农药，2011，33（4）：19-24.

[157] David E，Podherez M，Ronald R，et al．Process for the Preparation of Certain Substituted Sulfilimines：US，20080207910. 2008-08-28.

[158] Arndt K E，Bland D，Podhorez D E，et al．Process for the Oxidation of Certain Substituted Sulfilimines to Insecticidal Sulfoximines：WO，2008097235. 2008-08-14.

[159] Loso M R，Nugent B M，Huang J M，et al. Insecticidal *N*-Substituted（6-Haloalkyl Pyridin-3-Yl）Alkyl Sulfoximines：WO，2007095229. 2007-08-23.

[160] Mcconnell J R，Bland D C. Improved Process for the Addition of Thiolates to Alfa，Beta-Unsaturated Carbonyl or Sulfonyl Compounds：WO，2010021855. 2010-02-25.

[161] Heller S T，Ross R，Irvine N M，et al．Process for the Preparation of 2-Substituted-5-(1-Alkylthio) Alkylpyridines：WO，2008066558. 2008-06-05.

[162] Loso M R, Nugent B M, Zhu Y M, et al . Insecticidal N-Substituted (Heteroaryl) Alkyl Sulfi Limines: WO, 2008030266. 2008-03-13.
[163] Bland D C, Roth G A. Improved Process for the Preparation of 2-Trifluoromethyl-5-(1-Substituted) Alkylpyridines: WO, 2010002577. 2010-01-07.
[164] 孟祥冰, 欧阳贵平, 刘浩, 等. 鱼尼丁受体抑制剂的研究进展. 广州化工, 2011, 39 (10): 28-32.
[165] 巨修练, 黄强. 氟虫双酰胺 (flubendiamide) 的开发经纬. 世界农药, 2011, 33 (6): 18-21.
[166] Tsuda T, Yasui H, Ueda H. Synthesis of Esters and Amides of 2,3-Dimethyl -5-(Substituted Phenylamino- carbonyl)-6-Pyrazine-Carboxylic Acids and Their Phytotoxicity. Nippon Noyaku Gakkaishi, 1989, 4 (2): 241-243.
[167] Tsuda C, Kunugimoto I, Ootsuka T, et al. Preparation of Pyrazinedicarboxylic Acid Diamide Dericatives as Herbicides: JP, 0602-25190. 1994-02-01.
[168] 柴宝山, 林丹, 刘远雄, 等. 新型邻甲酰氨基苯甲酰胺类杀虫剂的研究进展. 农药, 2007, 46 (3): 148-153.
[169] 欧晓明, 唐德秀, 林雪梅. 新型邻甲酰氨基苯甲酰胺类农药氯虫酰胺的研究概述. 世界农药, 2007, 29 (5): 6-10.
[170] Lahm G P, Mccann S F. Arthropodicidal Anthranilamides: WO, 2003015519. 2003-02-27.
[171] 李正名, 王宝雷, 张吉凤, 等. 吡唑甲酰基硫脲衍生物与制备方法和应用: CN, 102276580. 2011-12-14.
[172] Zhang X L, Li Y X, Ma J L, et al. Synthesis and Insecticidal Evaluation of Novel Anthranilic Diamides Containing *N*-Substitued Nitrophenylpyrazole. Bio Med Chem, 2014, 22 (1): 186-193.
[173] 张湘宁, 朱红军, 谭海军, 等. 邻杂环甲酰苯胺类化合物及其合成方法和应用: CN, 101747325. 2000-06-23.
[174] 倪珏萍, 张雁南, 张湘宁, 等. 噻虫酰胺对5种鳞翅目昆虫的杀虫活性研究. 现代农药, 2010, 9 (5): 21-25.
[175] Zhou Y Y, Wang B L, Di F J, et al. Synthesis and Biological Activities of 2, 3-Dihydro-1, 3, 4-Oxadiazole Compounds and Its Derivatives as Potential Activator of Ryanodine Receptors. Bio Med Chem Lett, 2014, 24 (10): 2295-2299.
[176] Wu J, Song B A, Hu D Y, et al. Design, Synthesis and Insecticidal Activities of Novel Pyrazole Amides Containing Hydrazone Substructures. Pest Management Science, 2012, 68 (5): 801-810.
[177] 宋宝安, 吴剑, 杨松, 等. 含杂环酰胺结构的酰腙及肟酯类化合物及其应用: CN, 102060841A. 2011-05-18.
[178] 宋宝安, 吴剑, 杨松, 等. 一类酰腙和酰肼衍生物及其应用: CN, 102093335. 2011-06-15.
[179] 杨桂秋, 黄琦, 陈霖, 等. 新型杀虫剂溴氰虫酰胺研究概述. 世界农药, 2012, 34 (6): 19-21.
[180] Hughesk A, Lahmg P, Selbyt P, et al Cyano Anthranilamide Insecticides: WO, 2004067528. 2004-08-12.
[181] 李斌, 杨辉斌, 王军锋, 等. 四氯虫酰胺的合成及其杀虫活性. 现代农药, 2014, 13 (3): 17-20.
[182] Lahm G P, Pasteris R J. Pyrazolecarboxamide Insecticides: WO, 03106427. 2003-12-24.
[183] Tohnishi M, Nakao H, Furuya T, et al. Flubendiamide, a Novel Insecticide Highly Active Against Lepidopterous Insect Pests. J Pestic Sci, 2005, 30 (4): 354-360.
[184] 李洋, 李淼, 柴宝山, 等. 新型杀虫剂氟虫酰胺. 农药, 2006, 45 (10): 697-699.
[185] Albrecht M, Axel P. Verfahren zur Herstellung von Perfluoroalkylanilins: EP, 1418171. 2004-05-12 .
[186] 柴宝山, 林丹, 刘远雄, 等. 新型邻甲酰胺基苯甲酰胺类杀虫剂的研究进展. 农药, 2007, 46 (3): 148-153.
[187] Lahm G P, Selby T P, Stevenson T M. Anthranilamide Insecticides. WO, 2004033468. 2004-04-22.
[188] Freuden-berger J H, Lahm G P, Selby T P, et al. Substituted Dihydro 3-Halo-1*H*-Pyrazole-5-Carboxylates Their Preparation and Use: WO, 03016283. 2003-02-27.
[189] 柴宝山, 彭永武, 李慧超, 等. 氯虫酰胺的合成与杀虫活性. 农药, 2009, 48 (1): 13-16.
[190] Annis G D. Preparation and Use of 2-Substituted-5-Oxo-3-Pyrazolidinecarboxylates: WO, 2004087689. 2004-10-14.
[191] Lahm G P, Selby T P, Stevenson T M. Arthropodicidal Anthranilamides: WO, 03015519. 2003-02-27.
[192] Davis R F, Shapiro R, Taylor E D. Process for Making 3-Substituted-2-Amino-5-Halo-Benzamides: WO, 2008010897. 2008-01-24.
[193] 李斌, 吴鸿飞, 于海波, 等. 一种苯甲酰胺类化合物的制备方法. WO, 2009121288A1. 2009-10-08.
[194] 柴宝山, 何晓敏, 王军锋, 等. 氰虫酰胺的合成与生物活性. 农药, 2010, 49 (3): 167-169.
[195] 李斌, 杨辉斌, 王军锋, 等. 取代吡啶基一吡唑酰胺类化合物及其应用: ZL, 200810116198. 4. 2011-04-13.
[196] Li B, Yang H B, Wang J F, et al. 1-Substituted Pridyl Pyrazolyl Amidc Compounds and Uses Thereof: US, 8492409. 2013-07-23.
[197] 李斌, 杨辉斌, 王军锋, 等. 四氯虫酰胺的合成及其杀虫活性. 现代农药, 2014, 13 (3): 17-20.
[198] 林进添, 凌远方, 刘展眉. 沙蚕毒素类农药对美洲斑潜蝇的防治效果研究. 华南农业大学学报, 1998, (3):

29-33.
[199] 孔繁华，王朝亮，王洋泉．沙蚕毒素类药剂防治玉米螟试验．植保技术与推广，1993，(1)：37.
[200] 陶国良，徐汉虹．沙蚕毒素类复配农药：CN 1091898. 1994-09-14.
[201] Ntta S. A Poisonous Constituent of Lumbriconereis Heteropoda Marenz (Eunicidae). Yakugaku Zasshi，1934，54：648-652.
[202] Okaichi T，Hashimoto Y. the Structure of Nereistoxin. Agric Biol Chem，1962，(26)：224-227.
[203] Sakai M，Sato Y，Kato M，et al. Pesticidal 2-(Dimethylamino)-1，3-Dithio-1，3-Propanedisulfonic Acid Esters：DE，1917246. 1969-10-23.
[204] Konishi K. New Insecticidally Active Derivatives of Nereistoxin. Agric Biol Chem，1968，32 (5)：678-679.
[205] 唐太斌．沙蚕毒系新型杀虫剂——杀虫双的研究．农药工业，1980，19 (4)：12-16，11.
[206] 刘长令．世界农药大全——杀虫剂卷．北京：化学工业出版社，2012，122.
[207] 许网保，魏明阳，虞国新，等．沙蚕毒素类仿生农药清洁生产工艺：CN，1740097. 2006-03-01.
[208] 俞传明．不同反应条件对非氰化钠路线合成巴丹的影响．农药，2001，40 (10)：14-16.
[209] 邢存章，孙玉善，孙明昆．海洋资源的化学——Ⅵ杀螟丹中间体硫氰化物的合成研究．山东海洋学院学报，1985，15 (1)：19-30.
[210] 俞传明，周瑛，来虎钦，等．巴丹的非氰化钠路线合成研究．农药，2000，39 (1)：15-16.
[211] 李红然，贺淹才，刘治江．几丁质酶抑制剂的研究进展．生物学通报，2007，42 (1)：8-10.
[212] 李秀峰，庄佩君，唐振华．昆虫几丁质合成抑制剂及其作用机理．世界农药，2001，23 (1)：21-23.
[213] 林友伟，沈晋良，张晓梅．几丁质合成与抑制的研究进展．世界农药，2003，25 (4)：35-38.
[214] 于登博，张平南．除虫脲的工艺路线研究．农药，2000，39 (3)：16.
[215] 金人宪．一种采用光气为原料的“灭幼脲”合成方法：CN，101293858. 2007-04-28.
[216] 赵永华．光气法合成氟铃脲．农药，2001，40 (11)：16-17.
[217] 孙致远，卢建华，朱昌寿，等．噻嗪酮的合成．农药，1998，37 (2)：13-14.
[218] 王绍敏．卡死克防治蔬菜害虫效果好．农药市场信息，2008，17：35-35.
[219] 陈英奇，王胜鹏，洪朝．新杀虫杀螨剂氟虫脲的合成．化学反应工程与工艺，1994 (4)：413-415.
[220] 邹晓民．苯甲酰基苯基脲类杀虫剂的进展及主要品种制备方法．浙江化工，1997 (1)：13-15.
[221] Adam C H，Harold E A，Raymond A M. Insecideal *N′*-Substituted-*N*-*N′*-Disubstituted Hydrazines：US，5117057. 1992-04-26.
[222] Kcllv Martha J. Synthesis of *N*-Alkyl-1，2-(Liacylhydrazines)：US，5110986. 1992.
[223] 杜升华，刘卫东，江国防．虫酰肼的合成．精细化工中间体，2007，37 (3)：1-3.
[224] 张湘宁，李玉峰，倪珏萍，等．创新双酰肼类昆虫生长调节剂 JS118 的合成和生物活性．农药，2003，42 (12)：18-20.
[225] 于春睿，孙克，张敏恒．甲氧虫酰肼合成方法述评．农药，2013，52 (2)：151-152.
[226] 彭荣，刘安昌，陈涣友．环虫酰肼的合成．现代农药，2011，10 (6)：24-26.
[227] 周忠实，邓国荣，罗淑萍．昆虫生长调节剂研究与应用概况，广西农业科学，2003，(1)：34-36.
[228] 周容，刘建福，苏利霞，等．烯虫酯的立体选择性全合成．有机化学，2008，28 (3)：436-439.
[229] 谭海军，童益利．杀虫剂吡丙醚．现代农药，2011，2 (4)：40-45.
[230] Ishaaya I，Homwitz A R. Pyriproxyfcn，a Novel Insect Growth Regulator for Controlling Whiteflies：Mechanisms and Resistance Management. Pestic Sci，1995，43 (3)：227-232.
[231] Nishida S，Matsuo N，Hatskoshi M，et a1. Nitrogen-Containing Heterocyclic Compounds，and Their Production and Use：GB，2140010. 1984-11-21.
[232] Kannji N，Yasutaka O，Norimda M，et al. Lipase-Catalyzed Hydrolysis of (4-Phenoxyphenoxy) Propyl Ccetates for Preparation of Enantiomerically PureJuvenile HormoneAnalogues. Enzyme Microb Tech，1997，20 (5)：333-339.
[233] Masahiko O，Hiroshi N. Direct Enantiomeric Resolution of Pyriproxyfen (Sumilarv+) on a Cellalduse-Based Chiral Stationary Phase. Ana Sci，1991，7 (9)：147-150.
[234] 张梅凤，吕秀亭．2011 年—2015 年专利到期的农药品种之啶虫丙醚．今日农药，2013，(3)：33-38.
[235] 王胜得，曾文平，段湘生，等．高效杀虫剂吡蚜酮的合成研究及应用．农药研究与应用，2007，11 (6)：23-24.
[236] 赵海云，张华，王静，等．氟虫腈合成工艺的研究．现代农药，2008，7 (4)：17-19.
[237] Hatton L R，Hawkins D W. Derivatives of *N*-phenylpyrazoles：US，5232940. 1993-08-03.

[238] 李彦龙．创制杀虫剂丁虫腈．农药，2014，53（2）：126-128.

[239] 陆一夫，徐旭辉，孙楠，等．新型杀螨剂螺螨酯的合成．精细化工中间体，2009，39（2）：19-21.

[240] 赵贵民，谢春艳，张敏恒．螺螨酯合成方法述评．农药，2013，52（7）：540-541.

[241] 李洋，孙克，张敏恒．螺虫乙酯合成方法述评．农药，2013，52（4）：306-308.

[242] 陈康，赵东江，杨彬，等．新型杀螨剂螺螨甲酯的合成研究．精细化工中间体，2010，40（6）：18-31.

[243] 吕亮，孙克，张敏恒．螺甲螨酯合成方法述评．农药，2013，52（6）：464-465.

[244] 柏亚罗．具有不同作用机理的杀螨剂．现代农药，2005，27-30.

[245] 唐除痴，李煜昶，陈彬，等．农药化学．天津：南开大学出版社，2011，236.

[246] Xu L Z，Yu G P，Xu Z J，et al. Synthesis and Crystal Structure of 2-Tert-Butyl-5-(4-Tert-Butylbenzylthio)-4-Chloropyridazin-3(2*H*)-One. Chem Res Chin Univ，2006，22：763-764.

[247] Ogura，Tomoyuki. Pyridazinone Derivatives. JP，61112057，1986-5-30.

[248] 李伟男，薛兆民．炔螨特的合成研究．山东教育学院学报，2009，5：77-79.

[249] 郑志明，李立新，张旭华，等．高含量克螨特原药的合成．农药，2001，40：10 -11.

[250] 唐除痴，李煜昶，陈彬，等．农药化学．天津：南开大学出版社，2011，229.

[251] Covey R A，Hubbard W L，Smith A E. Mixed Sulfite Esters as Insecticides：US，3311534. 1967-3-28.

[252] 谢建武，王梦雪，鲍家馨，等．新型芳香吡咯类农药溴虫腈的合成工艺探究．浙江师范大学学报，2015（02）：185-189.

[253] 徐尚成，蒋木庚，俞幼芬，等．杀虫剂溴虫腈的合成．南京农业大学学报，2004，27（2）：105-108.

[254] 付庆，张晓铭，姚巍，等．溴虫腈的合成．农药，2006，45（6）：385-386.

[255] 徐尚成，蒋木庚．溴虫腈的研究与开发进展．农药，2003，42（2）：5-8.

[256] 程绎南，谢桂英，孙淑君，等．溴虫腈合成新方法．农药，2010（8）：560-562.

[257] 丁成荣，郭欣，张国富，等．乙螨唑的合成工艺．农药，2014，53（10）：715-717.

[258] 李玉峰，卜洪忠，倪钰萍，等．酰胺类乙螨唑新化合物的合成及杀螨活性．农药，2013，52（11）：800-802.

[259] 戴炜锷，程志明．新颖杀螨剂——乙螨唑的合成．浙江化工，2009，40（7）：7-9.

[260] 刘鹏飞，孙克，张敏恒．氟啶虫酰胺合成方法述评．农药，2013，52（8）：615-619.

[261] 于福强，孙克，季剑峰．联苯肼酯合成方法述评．农药，2013，52（5）：383-385.

[262] 白丽萍，孙克，张敏恒．氰氟虫腙合成方法述评．农药，2013，52（3）：228-230.

[263] 王卫霞，诸昌武．一种清洁高效的氰氟虫腙合成工艺研究．江苏农业科学，2013，41（12）：124-126.

[264] 宋渊，曹贵明，陈芝，等．阿维菌素高产菌株的选育及阿维菌素 B_1 的鉴定．生物工程学报，2000，16（1）：31-35.

[265] 金志华，金一平，宋友礼．Avermectin 产生菌异亮氨酸诱导变种的选育．中国抗生素杂志，1997，22（2）：84-86.

[266] Omura S，Ikeda H，Hanamoto A，et al. Genome Sequence of an Industrial Microorganism Streptomyces Avermitilis：Deduced the ability of producing secondary metabolites［J］. Proc Natl Acad Sci USA，2001，98（21）：12215-12220.

[267] Ikeda H，Ishikawa J，Hanamoto A，et al. Complete Genome Sequence and Comparative Analysis of the Industrial Microorganism Streptomyces Avermitilis. Nat Biotechnol，2003，21（5）：526-531.

[268] Sun P，Zhao Q，Yu F，et al. Spiroketal Formation and Modification in Avermectin Biosynthesis Involves a Dual Activity of AveC［J］. J Am Chem Soc，2013，135（4）：1540-1548.

[269] Ikeda H，Wang L-R，et al. Cloning of the Encoding Avermectin B 5-*O*-Methyltransferase in Avermectin-Producing Streptomyces Avermitilis. J Gene，1998，206（2）：175-180.

[270] 陈芝，宋渊，等．阿维链霉菌中 aveD 基因阻断对阿维菌素合成的影响．微生物学报，2001，41：440-446.

[271] Ikeda H，Takada Y，Peng C H，et al. Transposon Mutagenesis by Tn4560 and Applications with Avermectin-Producing Streptomyces Avermitilis. J Bacteriol，1993，175（7）：2077-2082.

[272] 张晓琳，陈芝，等．阿维菌素 B 产生菌寡霉素合成阻断株的构建．科学通报，2004，49：90-94.

[273] Yu Q，Bai L Q，Zhou X F，et al. Inactivation of the Positive LuxR-Type Oligomycin Biosynthesis Regulators OlmRI and OlmRII Increases Avermectin Production in Streptomyces Avermitilis. Chin Sci Bull，2012，57：869-876.

[274] Zhao X，Wang Q，Guo W，et al. Overexpression of MetK Shows Different Effects on Avermectin Production in Various Streptomyces Avermitilisstrain. World J Microbiol Biotechnol，2013，29（10）：1869-1875.

[275] Li Z，Ji X，Kan S，et al. Past，Present，and Future Industrial Biotechnology in China. Adv Biochem Eng Biotechnol，2010，122：1-42.

[276] Gao H，Liu M，Liu J，et al. Medium Optimization for the Production of Avermectin B1a by Streptomyces Avermitilis 14-12A Using Response Surface Methodology. Bioresource Technol，2009，100（17）：4012-4016.

[277] 王遗，陈中兵，储消和，等．工业规模产阿维菌素的分批发酵动力学及其流变特性模型．中国抗生素杂志，2010，35（8）：576-584.

[278] 巫延斌，储消和，王永红，等．阿维菌素发酵过程参数相关特性研究及过程优化．华东理工大学学报，2007，33（5）：643-646.

[279] 李永亮，杨玉淮，邹球龙，等．阿维菌素发酵补料工艺的研究．中国抗生素杂志，2011，36（7）：515-518.

[280] 秦文，高菊芳．多杀菌素类杀虫剂的抗性与交互抗性．世界农药，2013，35（4）：16-22.

[281] 柴洪新，史大昕，张奇等．多杀菌素的研究进展．化工进展，2011，30：239-243.

[282] 李月，常城，杨克迁．多杀菌素生物合成途径及改造策略．微生物学报，2011，51（11）：1431-1439.

[283] Chio E H. Spinosyn Insecticides：Part II. Triple Winner of the US-EPA Presidential Green Chemistry Challenge Award. Formosan Entomol，2011，31（1）：15-23.

[284] Donald R H，Jesse L B，Lewer，et al. Pesticidal Spinosyn Derivatives：US，0097377. 2004-05-20.

[285] 寿佳丽，裘娟萍．新型生物农药——丁烯基多杀菌素．农药，2011，50（4）：239-243.

[286] Huang K X，Xia L Q，Zhang Y M，et al. Recent Advances in the Biochemistry of Spinosyns. Appl Microbiol Biotechnol，2009，82（1）：13-23.

[287] 蔡恒，王燕，万红贵，等．刺糖多孢菌生产多杀菌素的研究进展．中国生物工程杂志，2011，31（2）：124-129.

[288] 马坤，裘娟萍，赵春田．植物油对刺糖多孢菌生长及其合成多杀菌素能力的影响．农药学学报，2015，17（3）：257-266.

[289] 李继安，韩丽敏．发酵多杀菌素产生菌的培养基：CN，101560477A. 2009-10-21.

[290] Madduri K，Waldron C，Matsushina P，et al. Genes for the Biosynthesis of Spinosyns Applications for Yield Improvement in Saccharopolyspora Spinosa. J Ind Microbiol Biotechnol，2001，27（6）：399-402.

[291] Madduri K，Waldron C，Merb D J. Rhamnose Biosynthesis Pathway Supplies Precursors for Primary and Secondary Metabolism in Saccharoploysspora Spinosa. J Bacteriol，2001，183（19）：5623-5638.

[292] Pan H X，Li J A，He N J，et al. Improvement of *Gtt* and *Gdh* Controlled by Promoter *PermE** in *Saccharopolyspora Spinosa* SIPI-A2090. Biotechnol Lett，2010，33（4）：733-739.

[293] Mynderse J S，Mabe J A，Turner J R，et al. A83543 Compounds and Process for Production Thereof：US，5760486. 1997-09-23.

[294] 王琨，金志华，林建平，等．大孔吸附树脂分离提取多杀菌素．离子交换与吸附，2005，21（5）：444-451.

[295] 胡西洲，贺玉平，戴经元，等．大孔吸附树脂法提取多杀菌素的方法．华中农业大学学报，2006，25（4）：397-399.

[296] Sparks T C，Crouse G D，Dripps J E，et al. Neural Network-Based QSAR and Insecticide Discovery：Spinetoram [J]．Comput Aided Mol Des，2008，22（6-7）：393-401.

[297] Martynowt J G，Kirst H A. Chemistry of A83543A Derivatives. 1. Oxidations and Reductions of A835543A Aglycon. J Org Chem，1994，（59）：1548-1560.

[298] Tietze I F，Bohnke N，Dietz S，et al. Synthesis of the Deoxyaminosugar（＋）-D-Forosamine Via a Novel Domino Knoevenagel Hetero-diels Alder Reaction. Org Lett，2009，11（13）：2948-2950.

[299] Takeo K I，Aspinall G O，Brennan P J，et al. Synthesis of Tetrasaccharides Related to the Antigenic Determinants from the Glycopepidolipid Antigens of Serovars 9 and 25 in the Mycobacterium Avium M. Intracellulare M. Scrofulaceum Serocomplex. Carbohydrate Res，1986，150（1）：133-150.

第 9 章
杀菌剂的产业发展

杀菌剂是对植物病原微生物（真菌、细菌、病毒）具有毒杀、抑制或增抗作用的化合物。杀菌剂防治害虫的原理不外乎三种，即化学保护、化学治疗和化学免疫。按作用方式分为保护性杀菌剂和内吸性杀菌剂。按化学结构类型分为：无机杀菌剂、金属有机和元素有机杀菌剂、有机杀菌剂。杂环杀菌剂是对植物病原微生物具有毒杀、抑制或增抗作用的杂环化合物。

几十年来农药市场发生巨大变化，大批农药被挤出农药市场！主要原因是农药的安全性问题。近年来农药呈现出两个显著的特点：一是生命科学前沿技术如基因组、功能基因组、蛋白质组学和生物信息学等与农药研究紧密结合，以发现新先导化合物和验证新型药物靶标作为重要目标，新型农药得到了蓬勃发展；二是越来越多的其他科学渗入到新农药发现的前期研究中，如化学、物理学、理论和结构生物学、计算机和信息科学等学科与药物研究的交叉和渗透，使得新农药的研究面貌发生了重大变化，出现了一批支撑新农药创制的核心技术，如合理的药物设计、化学生物信息学、靶标验证、组合化学和高通量筛选等。我国绿色农药先导结构及靶标的研究工作尚处于起步阶段，相应自主知识产权极其缺乏，这是制约我国自主创新农药研究开发的瓶颈。

9.1 (硫代)氨基甲酸酯类杀菌剂

9.1.1 (硫代)氨基甲酸酯类杀菌剂发展概述

1934 年，蒂斯代尔（W. H. Tisdale）等报道了二硫代氨基甲酸酯类化合物福美双（thiram）对植物病害的防治作用，标志着人类进入利用人工合成有机杀菌剂防治植物病害的新纪元，这也是 20 世纪植物病害化学防治历史上的第一次重大突破。作为最早大量广泛用于植物病害防治的一类有机杀菌剂，（硫代）氨基甲酸酯类杀菌剂的出现是杀菌剂从无机到有机发展的一个重要标志[1]。（硫代）氨基甲酸酯类杀菌剂因具高效、广谱、低毒、价廉，且对人、畜、植物安全等特点，自开发之后发展迅速，在替代铜、汞等无机金属制剂方面起到了重要的推动作用。20 世纪 90 年代后，随着以杂环类以及甲氧基丙烯酸酯类化合物为代表的新杀菌剂品种的出现，氨基甲酸酯类农药的比重开始下降，但是仍然不断有新结构的氨基甲酸酯类农药的报道。此类杀菌剂包括氨基甲酸酯类和二硫代氨基甲酸酯类两大类，结构差别往往较大[2]，但其分子结构中通常都有—NH—CO(S)—O(S)—单元（图 9-1）。

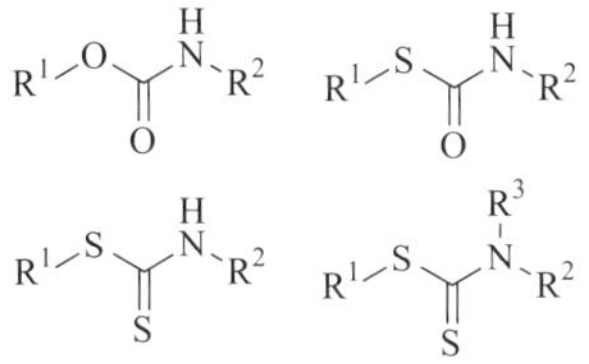

图 9-1 （硫代）氨基甲酸酯类杀菌剂结构单元

1864 年，Jobst 和 Hesse 首次从西非生长的一种蔓生豆科植物毒扁豆中发现毒扁豆碱（physostigmine）（图 9-2），此后经历结构确认和合成验证，结构中包括氨基甲酸酯亚结构。从 1935 年实现毒扁豆碱全合成到现在，经过 70 多年的研究和开发应用，氨基甲酸酯类农药品种不断出现，并得到了广泛的应用，尤其是在杀虫剂和杀菌剂领域，而其中大多数作为杀菌剂的氨基甲酸酯类化合物分子都是经已有化合物结构优化得来的。目前已商品化的氨基甲酸酯类农药有 100 多个，商品化的杀菌剂在 60 种以上，已成为世界上应用最广泛的农药品种之一，如乙霉威、苯噻菌胺等（图 9-2）[3]。

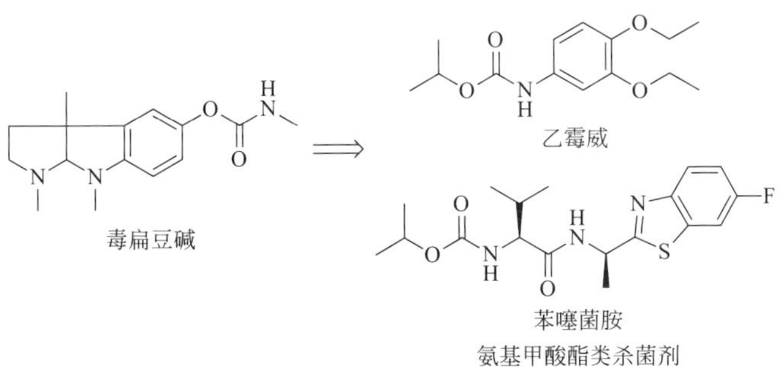

毒扁豆碱

乙霉威

苯噻菌胺

氨基甲酸酯类杀菌剂

图 9-2 毒扁豆碱与氨基甲酸酯类杀菌剂

硫原子作为“迟缓因子”引入到氨基甲酸酯类分子中，得到的硫代氨基甲酸酯可在保持其活性的同时，大大降低对动物的毒性，由此开发出来的农药在杀菌剂领域应用广泛[4,5]。20 世纪 30 年代，Tiadale 和 Williams 首次在杜邦公司研究了氨基甲酸酯类化合物的杀菌活性[6]，经过 10 年开发后开始生产商品规模的二硫代氨基甲酸酯衍生物类杀菌剂，这类杀菌剂在化学结构上具有一个共同特点，即它们都是由母体化合物二硫代氨基甲酸衍生而来的，具体分为福美类、代森类和烷酯类[7,8]（图 9-3）。

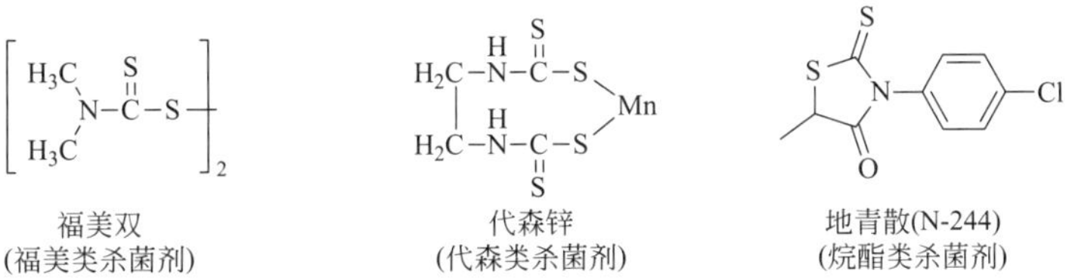

福美双
(福美类杀菌剂)

代森锌
(代森类杀菌剂)

地青散(N-244)
(烷酯类杀菌剂)

图 9-3 二硫代氨基甲酸酯类杀菌剂

（1）机制及活性 氨基甲酸酯类杀菌剂具体作用靶标和作用机理大多尚不明确。文献报道霜霉威主要通过抑制病菌细胞膜成分磷脂和脂肪酸的生物合成，抑制菌丝生长、孢子囊的形成和萌发；乙霉威、异丙菌胺等则是通过抑制细胞分裂而起作用的；而苯噻菌胺是通过抑制病菌细胞壁的合成而起作用的。氨基甲酸酯类杀菌剂用于对苯酰胺类杀菌剂有抗性的马铃薯晚疫病以及对甲氧基丙烯酸酯类有抗性的黄瓜霜霉病等病害的防治均有明显活性，说明其与这些杀菌剂的作用机理不同。而硫代氨基甲酸酯类杀菌剂，包括福美类、代森类，则为经典的多位点抑制剂，既能抑制能量生成过程中各种含巯基（—SH）脱氢酶的活性，破坏辅酶A（CoA－SH），从而影响菌体的生物氧化（呼吸），又能抑制以铜、铁等为辅基的酶的活性，硫代氨基甲酸酯类分子可和铁、铜等形成螯合物而使酶失去活性[9]。

氨基甲酸酯类杀菌剂如霜霉威、乙霉威主要用于霜霉病和晚疫病的防治，同时对蔬菜苗期的猝倒和立枯病也有很好预防效果，均无内吸活性。其中霜霉威主要用于黄瓜、番茄、辣椒等防治霜霉病、疫病等病害；乙霉威对灰霉菌、青霉菌和绿霉菌有很好作用，与多菌灵或者腐霉利复配使用有增效作用，单剂使用易产生抗药性，故单剂不宜长期多次使用。硫代氨基甲酸酯类杀菌剂低毒、安全，具有内吸性，兼有保护和治疗作用，可用于种子消毒、土壤处理和叶面喷施，对鞭毛菌、子囊菌、担子菌和半知菌等真菌和欧氏杆菌、黄单胞杆菌、假单胞杆菌等细菌有生物活性。可用于番茄早疫病、马铃薯晚疫病、黄瓜霜霉病、花生叶斑病、烟草炭疽病、麦类锈病等多种病害的防治。其中福美类杀菌剂能形成螯合物，持效期长，可用于种子处理、土壤处理、茎叶喷雾，主要用于防治多种作物的立枯病、根腐病、黑穗病、早疫病、霜霉病、白粉病、锈病、炭疽病等。代森类杀菌剂化学性质较不稳定，持效期较短，如代森锰锌等，对早疫病、霜霉病、绵疫病等有效，对多种作物上的早疫病、晚疫病、霜霉病、炭疽病、斑点落叶病等高效，但对白粉病防效差。

（2）氨基甲酸酯药效团的合成工艺路线　氨基甲酸酯类农药合成工艺路线较多[10-13]，工业中应用的主要有异氰酸酯法、氯甲酸酯法和氨基甲酰氯法[14-17]。

① 异氰酸酯法　先制备得到异氰酸酯，然后与醇进行酯化，最后得到氨基甲酸酯结构。该方法简易，无论是少量制备还是工业规模生产，收率都很高，反应式如图9-4所示。

$$R^1-NH-C(=O)-Cl \longrightarrow R^1-N=C=O \xrightarrow{R^2OH} R^1-NH-C(=O)-O-R^2$$

图 9-4　异氰酸酯法合成氨基甲酸酯结构

② 氯甲酸酯法　该方法以醇开始，与光气（或氯甲酸三氯甲酯、三光气）生成氯甲酸酯结构，最后与胺反应，得到目标结构氨基甲酸酯，反应式如图9-5所示。

$$R^2OH + Cl-C(=O)-Cl \longrightarrow R^2O-C(=O)-Cl \xrightarrow{R^1NH_2} R^2O-C(=O)-NHR^1$$

图 9-5　氯甲酸酯法合成氨基甲酸酯结构

③ 氨基甲酰氯法　由相应的醇或酚得到取代醇盐或酚盐，然后再与氨基甲酰氯反应，即可得到氨基甲酸酯结构，反应式如图9-6所示。

$$R-C_6H_4-OH \longrightarrow R-C_6H_4-ONa \xrightarrow{Cl-C(=O)-NH-} R-C_6H_4-O-C(=O)-NH-$$

图 9-6　氨基甲酰氯法合成氨基甲酸酯结构

（3）福美类杀菌剂的合成工艺路线　原料为胺、二硫化碳和氢氧化钠或者氨水，一般是先制得二硫代氨基甲酸酯的钠盐或者铵盐，再分别与无机金属离子进行交换反应，制得目标产物福美盐[18,19]，反应式如图9-7所示。

$$\rangle NH + CS_2 + NaOH\ (NH_3 \cdot H_2O) \longrightarrow \rangle N-\overset{S}{\overset{\|}{C}}-SNa(NH_4) \xrightarrow{M^{n+}} \left[\rangle N-\overset{S}{\overset{\|}{C}}-S-\right]_n M$$

M = Ni, Zn, Fe; n = 2, 3

图 9-7　福美类杀菌剂合成工艺

（4）代森类杀菌剂产业及合成工艺概况　以下以代森锰锌为例，介绍代森类杀菌剂的产业情况。代森锰锌（mancozeb）原药为灰黄色粉末，熔点约 150℃分解，不溶于水及大多数有机溶剂，遇酸碱分解，高温暴露在空气中和受潮易分解，可引起燃烧。代森锰锌是美国罗姆-哈斯公司 1961 年开发的一种高效、低毒、低残留、杀菌谱广的保护性杀菌剂，作用机理主要是抑制病菌体内丙酮酸的氧化。适用作物主要包括水果、蔬菜、谷物、马铃薯、葡萄、花生等，主要用于防治黄瓜、西瓜的炭疽病和霜霉病，番茄早疫病，马铃薯晚疫病，稻瘟病，玉米大斑病，辣椒的炭疽病与疫病，苹果、梨、柑橘等水果的斑点落叶病、炭疽病、疮痂病，以及小麦锈病等，长期使用不易产生抗性。

国内登记代森锰锌的企业有 30 家，但拥有生产许可并能正常生产的企业不多，只有不到 10 家，其产能近 6 万吨，2015 年产量超过 3 万吨。主要生产企业有利民化工股份有限公司（30000t 产能）、西安近代农药科技有限公司（5000t 产能）、陶氏益农农业科技（中国）有限公司（3000t 产能）、西安市植丰农药厂（1200t 产能）、天津市施普乐农药技术发展有限公司（500t 产能）。表 9-1 所示为 2013～2015 年代森锰锌的产能、产量和销售量。

表 9-1　代森锰锌总产能、产量和销售量　　单位：t

项目	2013 年	2014 年	2015 年
产能	51000	51000	56000
产量	28000	31500	33300
销售量	15500	22200	25000

在进出口方面（表 9-2），2015 年相比较 2014 年出口数量增长 15.8%。一是得益于在市场需求量较大的南美地区获得登记，对该地区出口增长比较迅猛。二是由于国内代森锰锌品质的提升，得到东南亚地区客户的进一步认可。三是国内产能增加，对国外供货不再紧张。四是 2014 年国内供货紧张，国外客户库存耗尽，2015 年加大了采购，同时，在非洲的传统市场则表现稳定。

表 9-2　代森锰锌 2013～2015 年出口情况对比

项目	2013 年	2014 年	2015 年
出口数量/t	10200	19000	22000
出口金额/万元	20000	45000	62000

代森类杀菌剂的合成工艺路线与福美类比较类似，起始原料为亚乙基二胺或者取代亚乙基二胺，与二硫化碳、氢氧化钠或者氨水反应制得钠盐或者铵盐，再分别与无机金属离子进行交换反应，制得目标产物代森盐[20]，反应式如图 9-8 所示。

9.1.2　霜霉威

9.1.2.1　霜霉威的产业概况

霜霉威（propamocarb）是一种新型高效低毒的氨基甲酸酯类杀菌剂，在我国生产和使

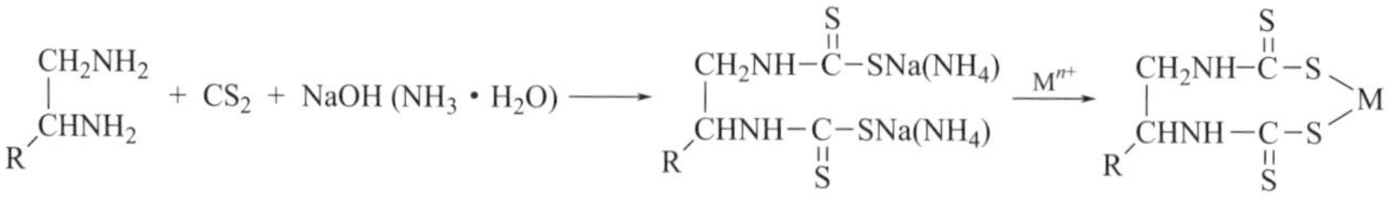

R = H, Me; M = Ni, Zn, Mn

图 9-8　代森类杀菌剂的工艺路线

用都比较多。这种农药不仅可以被用于防治农作物根部的病害，而且对地面植物的病害也能进行防治，广泛用于番茄、辣椒、莴苣等蔬菜及烟草、草莓、花卉等的卵菌纲真菌病害的防治，尤其对葡萄、马铃薯疫病有特效。其杀菌机制主要是抑制病菌细胞膜成分的磷脂和脂肪酸的生物合成，进而抑制菌丝生长、孢子囊的形成和萌发。

2000～2018 年霜霉威的登记情况如图 9-9 所示，其中 2008 年和 2009 年的登记数量最多。

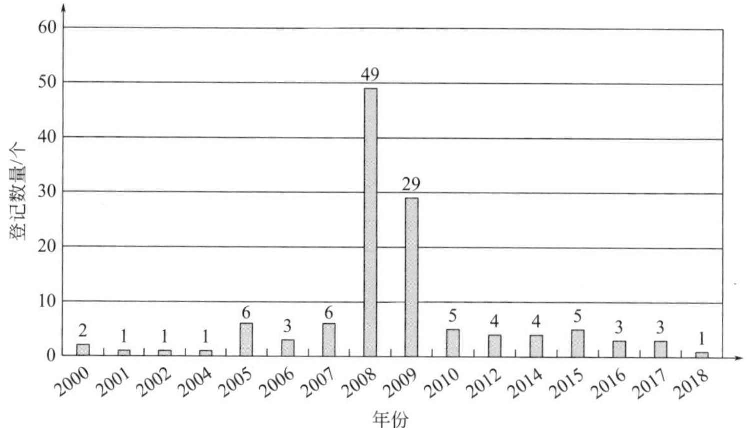

图 9-9　2000～2018 年霜霉威的登记情况

9.1.2.2　霜霉威的工艺概况

霜霉威主要的合成工艺路线介绍如下[21,22]：

（1）方法 1　以氮杂环丁烷为原料，与二甲胺反应开环，之后与氯甲酸正丙酯发生酰化反应，最后与盐酸成盐，即可制得目标化合物霜霉威（图 9-10）。

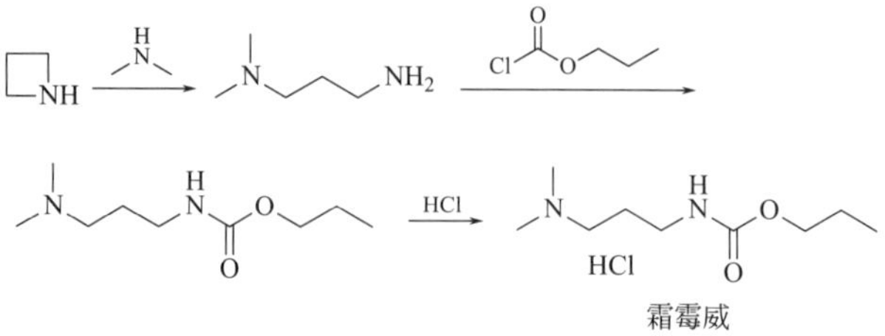

霜霉威

图 9-10　霜霉威的合成工艺路线（方法 1）

（2）方法 2　以丙烯腈为原料，与二甲胺反应后催化氢化得到伯胺，再与氯甲酸正丙酯发生酰化反应，最后与盐酸成盐，即可制得霜霉威（图 9-11）。

$$\mathrm{CH_2{=}CHCN} \xrightarrow{\mathrm{HN(CH_3)_2}} \mathrm{(CH_3)_2N(CH_2)_2CN} \xrightarrow{\mathrm{Pd,\ H_2}} \mathrm{(CH_3)_2N(CH_2)_3NH_2} \xrightarrow{\mathrm{ClCOOCH_2CH_2CH_3}}$$

$$\mathrm{(CH_3)_2N(CH_2)_3NHCOOCH_2CH_2CH_3} \xrightarrow{\mathrm{HCl}} \mathrm{(CH_3)_2N(CH_2)_3NHCOOCH_2CH_2CH_3 \cdot HCl}$$

霜霉威

图 9-11　霜霉威的合成工艺路线（方法 2）

9.1.3　乙霉威

9.1.3.1　乙霉威的产业概况

乙霉威（diethofencarb）是日本住友化学工业株式会社开发的氨基甲酸酯类杀菌剂，具有保护和治疗作用，主要用于防治多种植物的灰霉病，能有效防治对多菌灵产生耐药性的灰葡萄孢菌引起的葡萄和蔬菜灰霉病，并对菌核病、褐腐病、轮纹病、炭疽病、叶霉病、白粉病和叶斑病等多种真菌性病害具有很好的防治效果。其杀菌机制主要是与菌体细胞内的微管蛋白结合，从而抑制细胞分裂，该作用方式与多菌灵较相似，但二者不在同一作用点发挥药效。

乙霉威的登记情况如表 9-3 所示，主要剂型有原药、可湿性粉剂、水分散粒剂和悬浮剂四种（见图 9-12）。2000～2017 年乙霉威的登记情况如图 9-13 所示，共有 117 个登记证号，其中 2000～2007 年登记数量较多，2009 年后登记数量较少。

表 9-3　乙霉威登记情况

登记证号	登记名称	剂型	总含量	有效期至	生产企业
PD20132690	乙霉威	原药	5%	2018-12-25	安徽广信农化股份有限公司
PD20141751	甲硫·乙霉威	可湿性粉剂	65%	2019-7-2	河北省唐山市瑞华生物农药有限公司
PD20150131	乙霉威	原药	96%	2020-1-7	山东潍坊双星农药有限公司
PD20100323	甲硫·乙霉威	可湿性粉剂	65%	2020-1-11	江苏蓝丰生物化工股份有限公司
PD20100322	乙霉威	原药	95%	2020-1-11	江苏蓝丰生物化工股份有限公司
PD20100566	乙霉·多菌灵	可湿性粉剂	50%	2020-1-14	江苏蓝丰生物化工股份有限公司
PD20100530	乙霉·多菌灵	可湿性粉剂	50%	2020-1-14	江苏蓝丰生物化工股份有限公司
PD20101178	多·福·乙霉威	可湿性粉剂	50%	2020-1-28	海利尔药业集团股份有限公司
PD20101259	乙霉·多菌灵	可湿性粉剂	25%	2020-3-5	江苏蓝丰生物化工股份有限公司
PD20150405	乙霉·多菌灵	可湿性粉剂	60%	2020-3-18	山东潍坊双星农药有限公司
PD20120029	嘧胺·乙霉威	水分散粒剂	26%	2022-1-9	山东省青岛瀚生生物科技股份有限公司
PD20070064	甲硫·乙霉威	可湿性粉剂	65%	2022-3-12	日本住友化学工业株式会社
PD20070063	乙霉威	原药	95%	2022-3-12	日本住友化学工业株式会社
PD20120935	甲硫·乙霉威	可湿性粉剂	66%	2022-6-4	山东省青岛东生药业有限公司
PD20171374	甲硫·乙霉威	悬浮剂	44%	2022-7-19	上海惠光环境科技有限公司
PD20172525	嘧胺·乙霉威	水分散粒剂	26%	2022-10-17	江苏省盐城利民农化有限公司
PD20130725	嘧胺·乙霉威	水分散粒剂	26%	2023-4-12	山东省青岛奥迪斯生物科技有限公司
PD20130733	嘧胺·乙霉威	水分散粒剂	26%	2023-4-12	山东省青岛东生药业有限公司

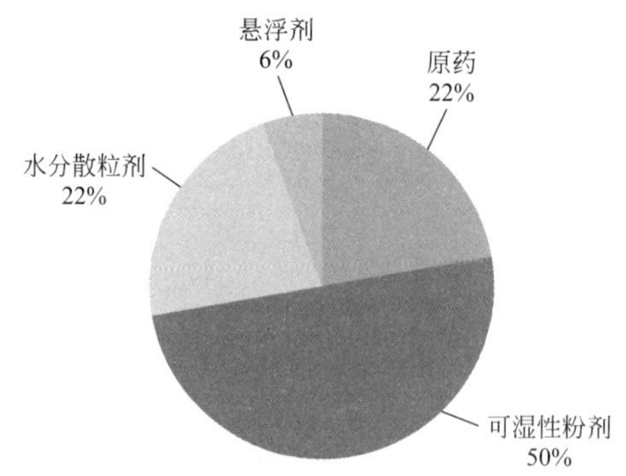

图 9-12　乙霉威剂型占比情况

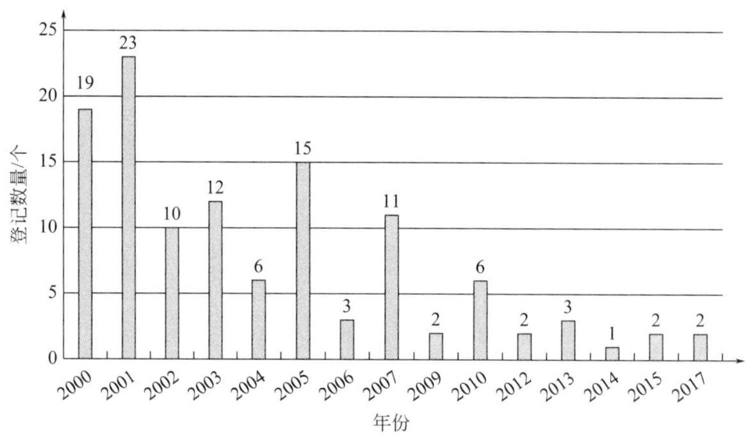

图 9-13　2000～2017 年乙霉威登记情况

9.1.3.2　乙霉威的工艺概况

乙霉威的合成工艺路线报道较多[23-25]，主要以邻苯二乙醚为主要原料，经混酸硝化后催化加氢还原，得中间体对氨基邻苯二乙醚，再与氯甲酸异丙酯缩合，即得到乙霉威（图 9-14）。

图 9-14　乙霉威的合成工艺路线

9.1.4　苯噻菌胺

9.1.4.1　苯噻菌胺的产业概况

苯噻菌胺（benthiavalicarb-isopropyl）是日本组合化学公司研制，和德国拜耳公司共同开发的新型氨基甲酸酯类杀菌剂，具有高效、广谱、低毒、环保等特点，有很强的预防、治疗、渗透活性，而且有很好的持效性和耐雨水冲刷性，防治对苯酰胺类杀菌剂有抗性的马铃薯晚疫病以及对甲氧基丙烯酸酯类有抗性的黄瓜霜霉病等病害均有较好效果。其作用机理：推测苯噻菌胺为菌体细胞壁合成的抑制剂。

9.1.4.2 苯噻菌胺的工艺概况

苯噻菌胺合成工艺路线主要有两种[26]：

（1）方法 1　以对氟苯胺或者 2,4-二氟硝基苯和取代的 L-氨基酸为起始原料，经多步反应制得目标化合物（图 9-15）。

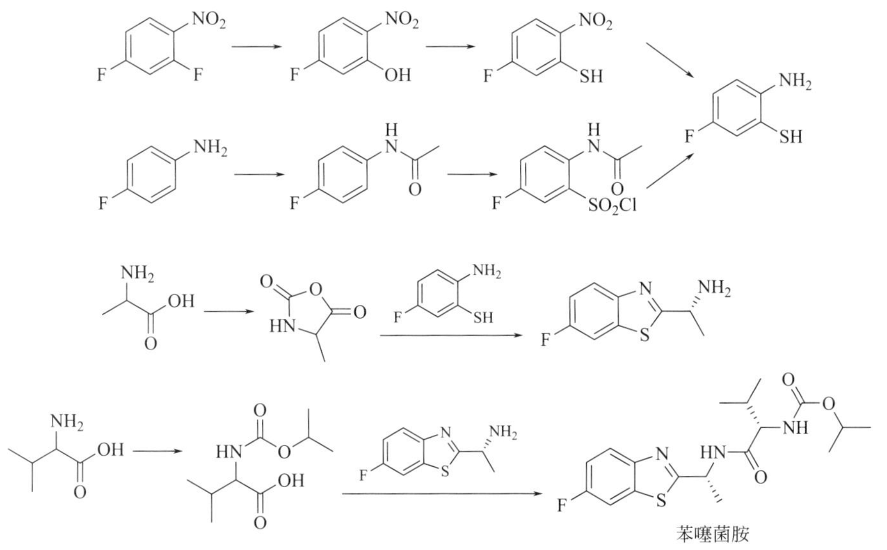

苯噻菌胺

图 9-15　苯噻菌胺的合成工艺路线（方法 1）

（2）方法 2　在得到苯并噻唑中间体的基础上，经多步酰胺缩合反应即可制得目标化合物（图 9-16）。

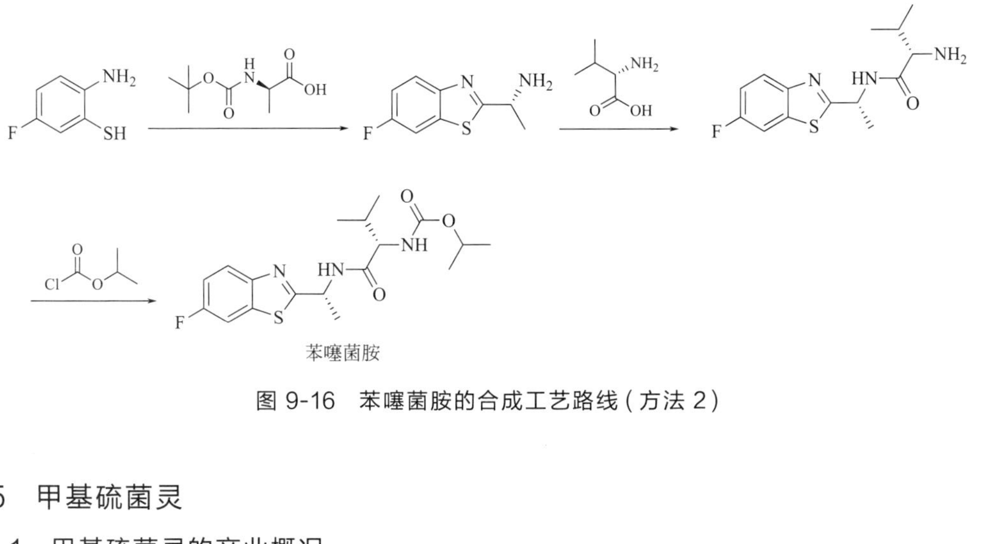

苯噻菌胺

图 9-16　苯噻菌胺的合成工艺路线（方法 2）

9.1.5 甲基硫菌灵

9.1.5.1 甲基硫菌灵的产业概况

甲基硫菌灵（thiophanate-methyl）是日本曹达开发出来的新型氨基甲酸酯类杀菌剂，

具有高效、广谱、内吸、低毒等特点，兼有保护和治疗作用，持效期长，适用范围和多菌灵相近，但药效高于多菌灵。文献报道甲基硫菌灵作用于病菌的有丝分裂中纺锤体的形成过程，干扰影响细胞分裂，能有效地防治多种病害。

2000～2018 年甲基硫菌灵登记情况如图 9-17 所示，登记证号 620 个，2008 年和 2009 年登记数量最多。

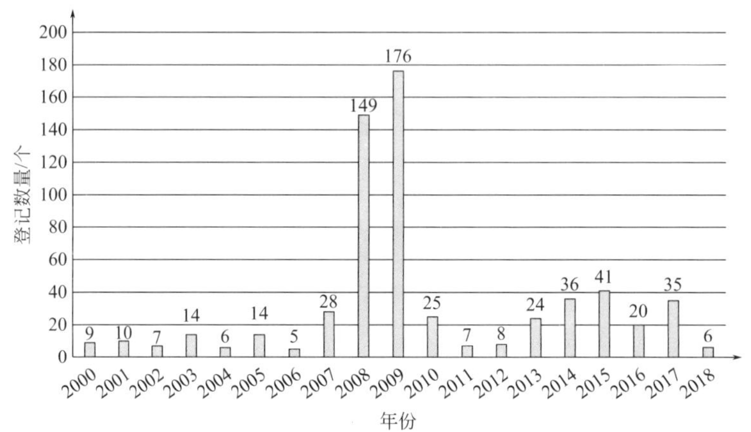

图 9-17　2000～2018 年甲基硫菌灵登记情况

9.1.5.2　甲基硫菌灵的工艺概况

甲基硫菌灵的经典合成工艺路线[27,28]：以氯甲酸甲酯和硫氰酸钠为原料制得异硫氰基甲酸甲酯，最后加入邻苯二胺，即可制得甲基硫菌灵（图 9-18）。

甲基硫菌灵

图 9-18　甲基硫菌灵的合成工艺路线

9.1.6　磺菌威

磺菌威（methasulfocarb）是日本化药公司开发的氨基甲酸酯类杀菌剂，兼具有植物生长调节活性。该杀菌剂用于土壤，尤其用于水稻的育苗箱，可有效防治由根腐属、腐霉属、木霉属、伏革菌属、毛霉属、丝核菌属和极毛杆菌属等病原菌引起的水稻枯萎病，并可促进水稻根系和植株的生长。

文献报道的磺菌威的工艺路线较多，主要差别是中间体对巯基苯酚工艺路线的不同，应用较多的有以下 3 种[29,30]：

① 方法 1　以苯酚和硫氰酸铵为原料反应，然后碱性水解得到对巯基苯酚，再与甲基异氰酸酯反应得到硫代酯结构，最后与甲基磺酰氯反应即可得到目标化合物（图 9-19）。

② 方法 2　以对氯硝基苯为起始原料，先制得对巯基苯酚，然后相继与甲基异氰酸酯、甲基磺酰氯反应即可得到目标化合物（图 9-20）。

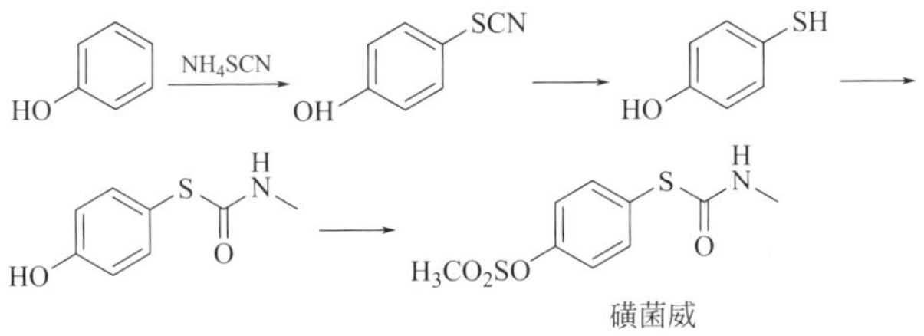

图 9-19　磺菌威的工艺路线 1

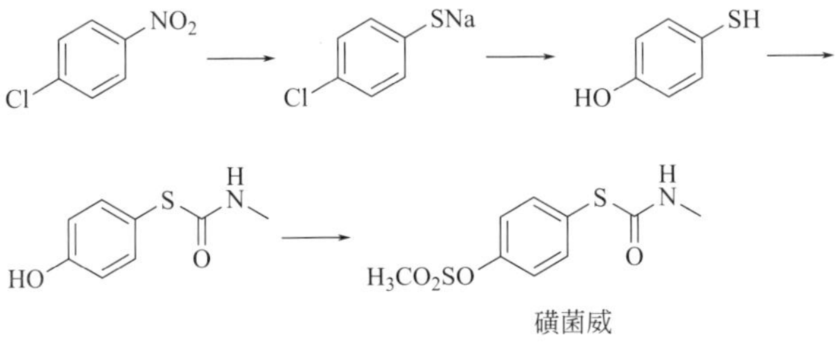

图 9-20　磺菌威的工艺路线 2

③ 方法 3　苯酚与硫黄或者二氯化二硫在催化条件下制得二(羟基苯基)二硫，再还原为对巯基苯酚，然后相继与甲基异氰酸酯、甲基磺酰氯反应即可得到目标化合物（图 9-21）。

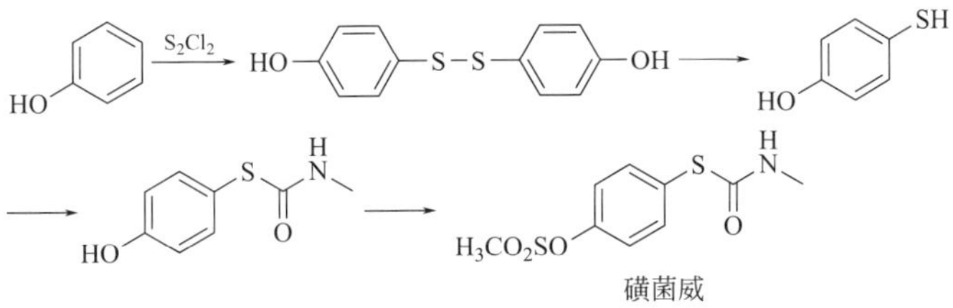

图 9-21　磺菌威的工艺路线 3

9.1.7　福美锌

9.1.7.1　福美锌的产业概况

福美锌（zinc dimethyl dithiocarbamate）是一种广谱、低毒、保护性的硫代氨基甲酸酯类杀菌剂，1931 年由美国杜邦公司开发推出，目前仍被广泛使用。福美锌作为一种保护性杀菌剂，对多种真菌引起的病害有抑制和预防作用，兼有刺激生长、促进早熟的作用。用于防治水稻稻瘟病、恶苗病，麦类锈病、白粉病，马铃薯晚疫病、黑斑病，通常与福美双等其他福美类杀菌剂混配使用。

2000～2018 年，福美锌的登记情况如图 9-22 所示，其中 2009 年和 2015 年登记量较多，2007 年以前每年登记量不超过 10 个。

9.1.7.2　福美锌的工艺概况

福美锌的合成工艺路线是经典的福美类杀菌剂的合成工艺路线[31,32]。以二甲胺、二硫化碳和氢氧化钠或者氨水为原料，一般是先制得二硫代氨基甲酸酯的钠盐或者铵盐，再分别与无机金属离子进行交换反应，即可制得福美锌（图 9-23）。

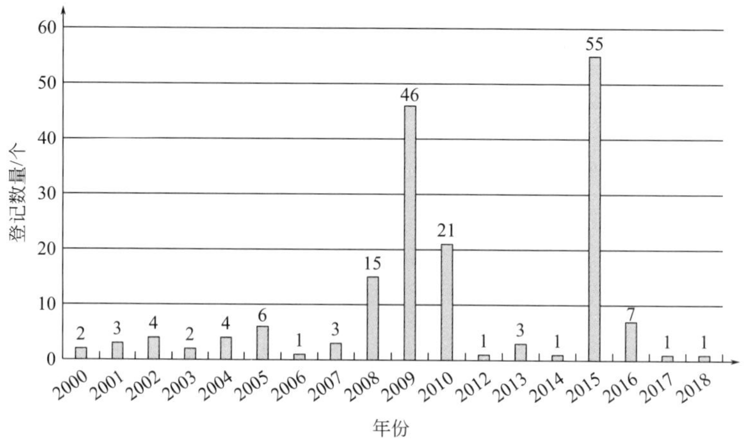

图 9-22　2000~2018 年福美锌登记情况

9.1.8　福美双

9.1.8.1　福美双的产业概况

该品作为农药通常被称为福美双（图 9-24），英文通用名为 thiram，是一种有机硫类保护性杀菌剂，杀菌谱广，对皮肤和黏膜有刺激作用。主要用于种子和土壤处理，防治禾谷类白粉病、黑穗病及蔬菜病害[33]。该品还可作天然胶、合成胶及胶乳的超促进剂，通常称促进剂 TMTD，是秋兰姆硫化促进剂的代表，硫化促进力非常强[34,35]。

$$\text{>NH} + CS_2 + NaOH \longrightarrow \text{>N}-\overset{\overset{\displaystyle S}{\|}}{C}-SNa \xrightarrow{Zn^{2+}} \left[\text{>N}-\overset{\overset{\displaystyle S}{\|}}{C}-S\right]_2 Zn$$

福美锌

图 9-23　福美锌的合成工艺路线

$$(CH_3)_2N-C(=S)-S-S-C(=S)-N(CH_3)_2$$

图 9-24　福美双的结构式

2000 年以来有大量的福美双产品登记，2008 年、2009 年受到当时相关登记政策的要求影响，登记数量巨大。2010 年后，登记数降低，近年来有零星登记（图 9-25）。

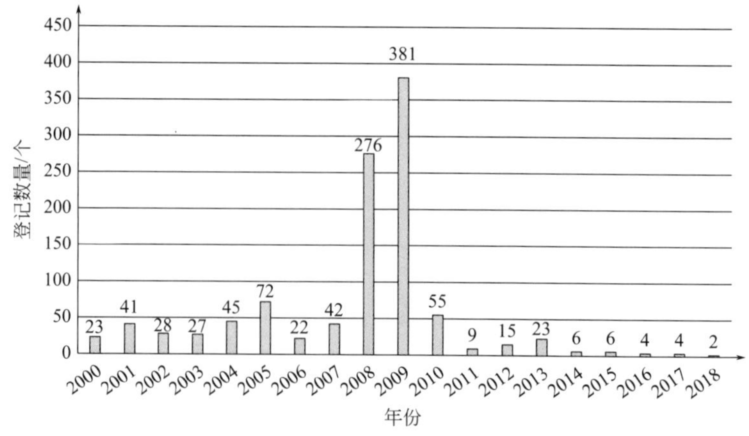

图 9-25　2000~2018 年福美双登记情况

9.1.8.2　福美双的工艺概况

目前，国内外合成福美双的方法主要有亚硝酸钠-空气氧化法、氯气-空气氧化法、电解氧化法和氧气氧化法等四种[36-38]。其反应式如图 9-26 所示。

$$(H_3C)_2NH \xrightarrow[\text{缩合}]{CS_2,\ NaOH} (H_3C)_2N-\overset{S}{\overset{\|}{C}}-SNa \xrightarrow[\text{氧化}]{NaNO_2,\ H_2SO_4} (H_3C)_2N-\overset{S}{\overset{\|}{C}}-S-S-\overset{S}{\overset{\|}{C}}-N(CH_3)_2$$

图 9-26　合成福美双的方法

（1）亚硝酸钠-空气氧化法　亚硝酸钠-空气氧化法是 1956 年由美国 Cheshire、Nadler 等开发成功的。在 40%（质量分数）二甲胺水溶液和 15%（质量分数）氢氧化钠水溶液的混合液中滴加二硫化碳，在 40～45℃下反应（压力不超过 0.1MPa），反应得淡绿色液体（二甲基二硫代氨基甲酸钠的水溶液）。该中间产品在低于 10℃并在通空气的条件下用亚硝酸钠氧化，再经过滤、水洗、干燥即得产品。

（2）氯气-空气氧化法　氯气-空气氧化法是 1962 年由美国杜邦公司开发成功的。在 40%（质量分数）二甲胺水溶液和 15%（质量分数）氢氧化钠水溶液的混合液中滴加二硫化碳，在 40～45℃下反应（压力不超过 0.1MPa），反应得淡绿色液体，然后通入用空气稀释的氯气进行反应得悬浮液，再经过滤、水洗、脱水、干燥即得产品。

（3）电解氧化法　从 20 世纪 70 年代起，国内外开发出如下两种电解工艺。①电解二甲基二硫代氨基甲酸钠的工艺，此工艺由美国杜邦公司开发，前南斯拉夫以及我国湘潭大学分别对此工艺进行了改进研究，确定了相对价廉的电极和隔膜材料，简化了电解槽的结构，并且产率超过 90%。②直接电解工艺，此工艺很新颖，省去了合成二甲基二硫代氨基甲酸盐这一步，直接用仲胺与二硫化碳在直流电作用下合成产物，并可连续化生产。

（4）氧气氧化法　20 世纪 80 年代初，荷兰阿克苏公司开发了一步催化氧气（或空气）氧化工艺。该工艺直接用二甲胺与二硫化碳在催化剂和有机溶剂的存在下反应，用氧气或含氧气体氧化。方法是向带有加热系统、温度计和搅拌的压力釜中，加入二甲胺和溶解在溶剂中的催化剂，在此溶液中再加入二硫化碳。把这种浅黄色透明液体加热到适宜温度，在搅拌条件下，向反应釜中通入氧气，氧气不断被吸收。由于产品的析出，反应液为浑浊状态，当氧气不再被吸收时，二甲胺反应完全。然后经过滤、洗涤、干燥，得白色产品。滤液和洗液可回收并循环使用。

9.1.9　代森锰锌

9.1.9.1　代森锰锌的产业概况

代森锰锌（mancozeb）最早在 1961 年由美国 Rohm Hass 公司研制成功，其后在欧洲、各国相继进行了大量研究。代森锰锌具有高效、低毒、低残留、对人畜安全无“三致”作用等特点，属低毒农药范畴[39]。代森锰锌可广泛用于蔬菜、水果以及多种作物多种病害的防治，可与大多数杀虫剂、杀菌剂等混合使用，不易使病原菌产生耐药性[40,41]。与内吸性杀菌剂混配还可发挥协同增效作用，使其在应用方面具有广阔前景[42,43]。图 9-27 所示为代森锰锌的结构式。

$$\left[\begin{array}{c} \text{—CH}_2\text{—NH—C(=S)—S} \\ \qquad\qquad\qquad\qquad\quad \text{Mn} \\ \text{—CH}_2\text{—NH—C(=S)—S} \end{array}\right]_x (Zn)_y$$

图 9-27　代森锰锌的结构式

2000～2018 年代森锰锌登记情况如图 9-28 所示，总共登记 1201 个产品，其中 2008 年和 2009 年登记量最多，分别为 338 个和 396 个产品，其他年份登记数量均小于 70 个产品。

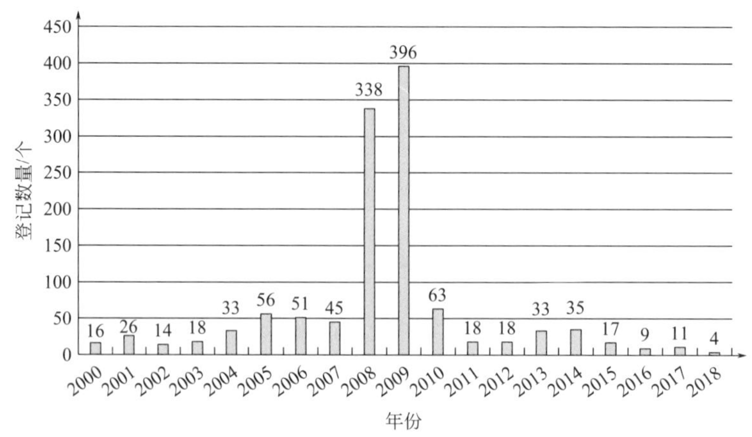

图 9-28　2000～2018 年代森锰锌登记情况

9.1.9.2　代森锰锌的工艺概况

其工艺路线主要有两种，介绍如下；

（1）方法 1　在氨水条件下由乙二胺与二硫化碳作用，生成相应的铵盐，再在硫酸锰和硫酸锌的作用下得到代森锰锌[44]。合成工艺路线如图 9-29 所示。国内多采用此工艺。

$$(CH_2NH_2)_2 + 2CS_2 + 2NH_3\cdot H_2O \longrightarrow \left(H_2C-\overset{H}{N}-\overset{S}{\overset{\|}{C}}-S-NH_4\right)_2 + H_2O$$

$$\xrightarrow{MnSO_4} \text{(环状乙撑双二硫代氨基甲酸锰)} \xrightarrow{ZnSO_4} \left[\text{环状乙撑双二硫代氨基甲酸锰}\right]_x (Zn)_y$$

图 9-29　代森锰锌的合成工艺路线（方法 1）

① 优点　采用氨水为原料合成代森锰锌，整个反应过程较为稳定，温度等反应条件较易控制，因此生产过程相对安全；且废水治理可实现循环利用，并能从中提取铵盐作为副产品，基本可实现趋零排放，既节约水资源，又不会对环境产生二次污染。

② 缺点　以氨水为原料合成代森锰锌，需将废料中的铵盐去除方可达标排放，废水处理的投入及成本相对较高。

（2）方法 2　在氢氧化钠条件下由乙二胺与二硫化碳作用，生成相应的二钠盐，再在硫酸锰和硫酸锌的作用下得到代森锰锌[45]。合成工艺路线如图 9-30 所示。国外常采用此工艺。

$$(CH_2NH_2)_2 + 2CS_2 + 2NaOH \longrightarrow \left(H_2C-\overset{H}{N}-\overset{S}{\overset{\|}{C}}-S-Na\right)_2 + H_2O$$

$$\xrightarrow{MnSO_4} \text{(环状乙撑双二硫代氨基甲酸锰)} \xrightarrow{ZnSO_4} \left[\text{环状乙撑双二硫代氨基甲酸锰}\right]_x (Zn)_y$$

图 9-30　代森锰锌的合成工艺路线（方法 2）

① 优点　此工艺采用氢氧化钠为合成原料，在生成代森锰锌后，产生的废水废液中，含有钠盐，通过预处理后稀释可达到排放要求，处理较为简单，因此环保成本和污水处理成

本都较低。

② 缺点　氢氧化钠让此工艺过程反应较为强烈，因此在生产工艺上，对热量和过程控制要求较高，操作和生产的危险性较大；且虽然废水可达到排放标准，但对环境依然产生影响。

9.1.9.3　近 5 年来生产技术工艺研发成果及发展趋势分析

以利民化工股份有限公司为例，近 5 年来生产技术工艺研发成果如下：产品合成采用 DCS 自动控制；干燥采用自主研发的连续干燥专利技术；物料输送采用自主研发的粉体输送专利技术；废水处理采用自主研发的循环利用、副产品回收等专利技术。但是由于受反应控制能力相对较弱、装备技术受限、人员素质参差不齐等条件的限制，生产技术相对于国外先进水平，依然还有差距。

随着科技的不断发展及植保要求的不断提高，产品的发展将呈现以下趋势：

(1)“三废”的趋零排放　随着国家对于环保要求的进一步提高，“三废”治理趋零排放已成为本行业的发展趋势。

(2) 能源的综合利用　节约资源与能源、降低生产成本、提高产品综合竞争力是参与国际竞争的必然要求。

(3) 水基化剂型的增长趋势　水分散粒剂、悬浮剂、微乳剂等环境友好剂型都将成为今后主要的开发方向。

(4) 原药含量的进一步提高　生产工艺的改进与创新使得原药的含量进一步提高。

(5) 产品微量杂质控制要求的提高　如 ETU（亚乙基硫脲）等杂质已在一些国家有所限制，从而满足越来越高的低残留、高食品安全等级的要求。

(6) 应用技术的深入拓展趋势　提高产品的药效及安全性、降低亩用量、提高环境友好水平、提高施用药品的有效利用率将成为植保科技的新要求。

(7)“三废”治理现状及进展　目前采用国内生产工艺（氨法工艺）的“三废”治理已较好地达到国家排放标准。以利民化工为例，针对生产过程中产生的“三废”及其他污染物，采取了有效的治理措施，治理后均达到国家及地方相关环保标准的要求。具体措施如下：

① 废水治理

a. 处理标准　废水处理执行《化学工业主要水污染物排放标准》（DB 32/939—2006）一级标准。

b. 处理方法　生产过程、产品实验、分析化验所产生的废水，一部分分类收集、分质处理，进行减压蒸馏及吸附预处理；另一部分统一收集到污水处理车间进行化学沉降及三效蒸发预处理，通过化学沉降回收锰盐、锌盐再利用，多效蒸发回收硫酸铵综合利用。

经过预处理后的废水一部分作为中水回用，另一部分与生活污水混合均质、经 A/O (anoxic/oxic，是由厌氧和好氧两部分反应组成的污水生物处理系统）生化处理达到《化学工业主要水污染物排放标准》（DB 32/939—2006）一级标准后，通过市政污水管网排入城市污水处理厂处理。该公司的“代森锰锌产品生产中含氨废水综合治理的方法”获国家发明专利（专利号 ZL200810155222.5)。

② 废气治理

a. 执行标准　含药粉尘尾气排放执行《大气污染物综合排放标准》（GB 16297—1996）表 2 二级标准：粉尘 $<120mg/m^3$，排放速率 $<5.9kg/h$；锅炉尾气排放执行《锅炉大气污染物排放标准》(GB 13271—2014) 二类区Ⅱ时段标准：TSP $<200mg/m^3$，$SO_2<900mg/m^3$。

b. 处理方法 含药粉尘尾气处理工艺为旋风加布袋除尘处理，处理实际净化率达到99.4%，处理后的尾气高空排放。锅炉房烟气采用稀碱液水膜除尘法进行处理，除尘率达到99%。

③ 废渣的处理 固体废物按危险级别分类收集、堆放，分质处置。尽量将固体废物资源化利用，对生产过程中产生的不能再利用的残液、残渣等危险固体废物指定场所妥善储存，委托有危险固体废物处理许可资质的公司处理。

9.1.10 代森锰

9.1.10.1 代森锰的产业概况

代森锰（maneb）最早在1961年由美国Rohm Hass公司研制成功，其后在欧洲、德国等国家相继进行了大量研究。代森锰具有高效、低毒、低残留、对人畜安全、无“三致”作用等特点，属低毒农药范畴[46]。代森锰为淡黄色固体，用作农用杀菌剂。可作种子处理、叶面喷雾、土壤处理、农用器材的消毒等；可防治马铃薯、番茄晚疫病，瓜类炭疽病，番茄炭疽病，水稻白叶枯病，甘蔗黑斑病，棉花炭疽病、立枯病等[47]。图9-31所示为代森锰的结构式。

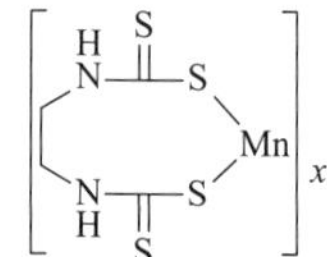

图9-31 代森锰的结构式

2000～2018年代森锰产品共登记1165个，如图9-32所示，其中2008年和2009年登记产品量最多，分别为320个和396个产品。

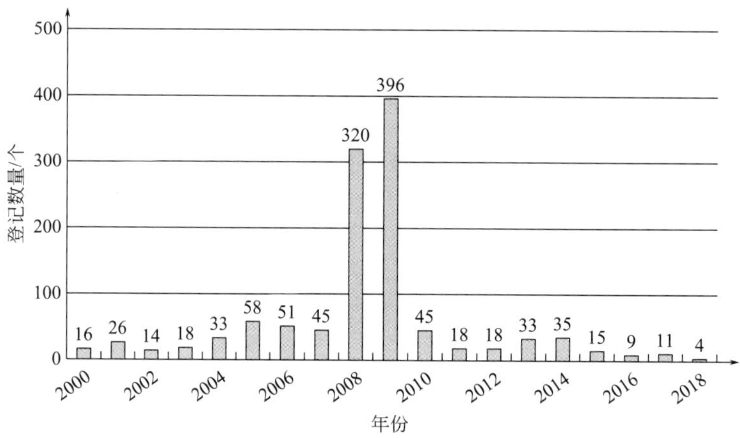

图9-32 2000～2018年代森锰产品登记情况

9.1.10.2 代森锰的工艺概况

代森锰的合成工艺路线主要有两种，介绍如下：

（1）方法1 在氨水条件下由乙二胺与二硫化碳作用，生成相应的铵盐，再在硫酸锰的作用下得到代森锰[48]。合成工艺路线如图9-33所示。

$$(CH_2NH_2)_2 + 2CS_2 + 2NH_3 \cdot H_2O \longrightarrow \left(H_2C-\overset{H}{N}-\overset{\overset{S}{\parallel}}{C}-S-NH_4\right)_2 + H_2O$$

$$\xrightarrow{MnSO_4} \left[\text{代森锰}\right]_x$$

图9-33 代森锰的合成工艺路线（方法1）

(2) 方法 2　在氢氧化钠条件下由乙二胺与二硫化碳作用，生成相应的二钠盐，再在硫酸锰的作用下得到代森锰[49]。合成工艺路线如图 9-34 所示。

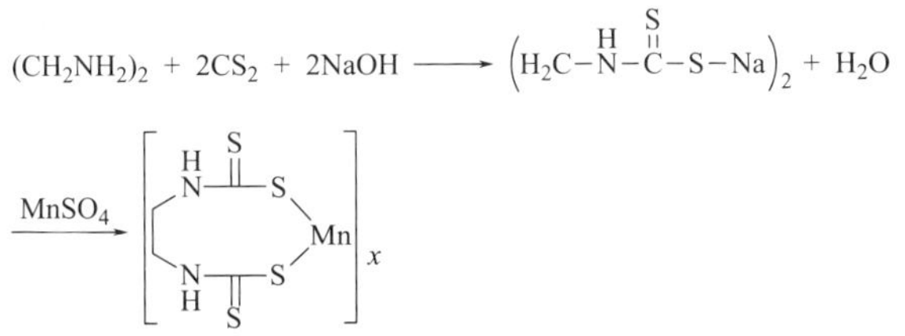

$$(CH_2NH_2)_2 + 2CS_2 + 2NaOH \longrightarrow \left(H_2C-\overset{H}{N}-\overset{S}{\overset{\|}{C}}-S-Na\right)_2 + H_2O$$

$$\xrightarrow{MnSO_4} [\text{Mn 乙撑双二硫代氨基甲酸盐}]_x$$

图 9-34　代森锰的合成工艺路线（方法 2）

9.1.11　代森环

代森环（milneb）是广谱的硫代氨基甲酸酯类杀菌剂，主要用于蔬菜、果树上多种病害的防治，对防治瓜类和白菜的霜霉病及小麦锈病效果也较显著，对人畜低毒。代森环与代森系列其他品种相比，除药效高外，还能刺激植物的生长。

代森环的合成工艺路线：以乙二胺、二硫化碳和氨水为原料，制得代森铵后，加入乙醛，即可制得代森环[50,51]（图 9-35）。

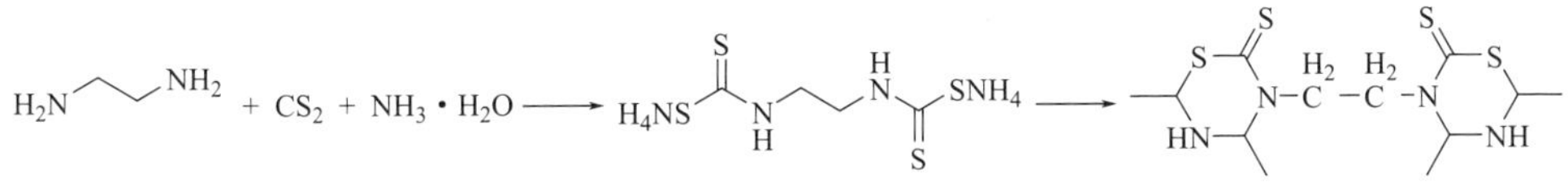

$$H_2N\text{—}CH_2CH_2\text{—}NH_2 + CS_2 + NH_3\cdot H_2O \longrightarrow H_4NS\text{—}C(=S)\text{—}NH\text{—}CH_2CH_2\text{—}NH\text{—}C(=S)\text{—}SNH_4 \longrightarrow \text{代森环}$$

代森铵　　代森环

图 9-35　代森环的合成工艺路线

9.1.12　噻胺酯

噻胺酯作为杂环类氨基甲酸酯类杀菌剂，能防治多种真菌引起的病害，对稻瘟病、花生褐斑病和蚕豆花腐病等防效显著，对稻瘟病和马铃薯晚疫病的防效优于福美锌。

噻胺酯的合成工艺路线：以 2-氨基噻唑、二硫化碳和氢氧化钠为起始原料，经两步反应即可制得目标产物[52]（图 9-36）。

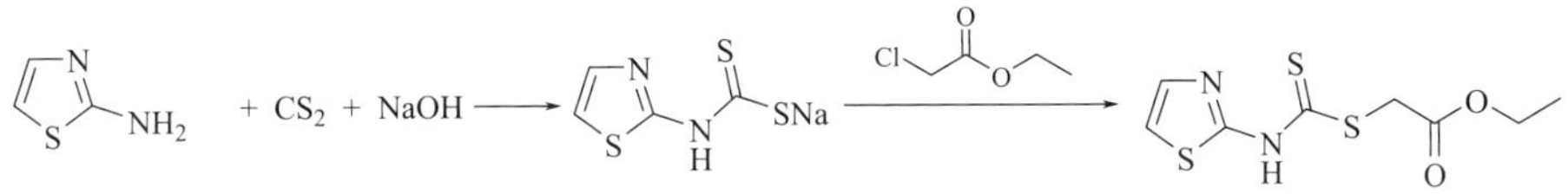

$$\text{2-氨基噻唑} + CS_2 + NaOH \longrightarrow \text{噻唑-NH-C(=S)-SNa} \xrightarrow{ClCH_2COOC_2H_5} \text{噻唑-NH-C(=S)-S-CH}_2\text{COOC}_2\text{H}_5$$

噻胺酯

图 9-36　噻胺酯的合成工艺路线

9.2　酰胺类杀菌剂

9.2.1　酰胺类杀菌剂发展概述

酰胺类化合物作为杀菌剂已有将近 50 年的使用历史，自 1966 年美国 Uniroyal 公司成功开发出第一个酰胺类杀菌剂萎锈灵（carboxin）以来[53]，先后有多个商品化的酰胺类杀菌剂上市。但是由于其杀菌谱较窄，研究日趋减少，这类化合物真正引起人们注意则始于 20 世纪 90 年代后期。通过氟原子和杂环的引入[54]，使新开发的酰胺类杀菌剂活性得以提高，杀菌谱更广，可以用于多种病害的防治，且与市场上已有的大部分杀菌剂不产生交互抗性。尤其是在 2003 年此类杀菌剂中的啶酰菌胺上市并迅速成为上亿美元大品种后，结构新颖、性能更优的该类杀菌剂不断问世[55]，如近期被成功研制的氟吡菌酰胺（fluopyram）、联苯吡菌胺（bixafen）、吡唑萘菌胺（isopyrazam）、氟唑环菌胺（sedaxane）和苯并烯氟菌唑（benzovindiflupyr）等最新品种[56]，此类杀菌剂已受到了人们的广泛关注。目前已上市的这类杀菌剂从化学结构上可以分为以下 7 类：①氧硫杂环酰胺类（oxathiin-carboxamides）；②苯基苯甲酰胺类（phenyl-benzamides）；③苯基酰胺侧链类（phenyl-carboxamide-side chains）；④吡啶苯甲酰胺类（pyridinyl-benzamides）；⑤呋喃酰胺类（furan-carboxamides）；⑥噻唑（噻吩）酰胺类［thiazole（thiophene）-carboxamides］；⑦吡唑酰胺类（pyrazole-carboxamides）。图 9-37～图 9-43 所示是酰胺类杀菌剂代表性化合物的结构式[57]。

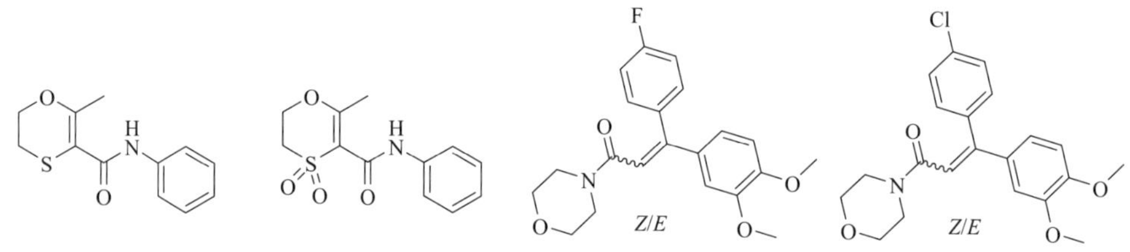

萎锈灵　　氧化萎锈灵　　氟吗啉　　烯酰吗啉

图 9-37　氧硫杂环（吗啉）酰胺类杀菌剂

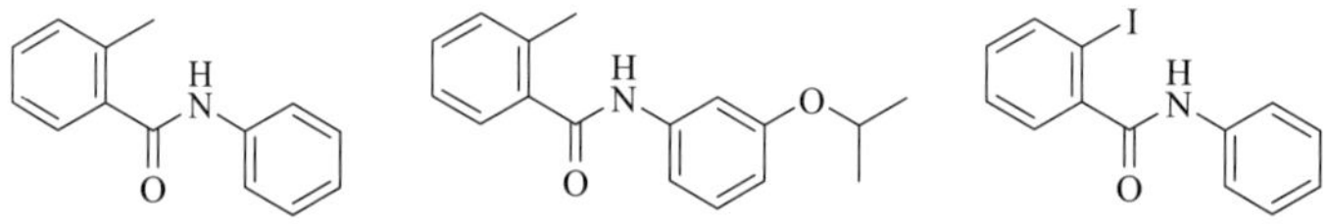

灭锈胺　　担菌宁　　麦锈灵

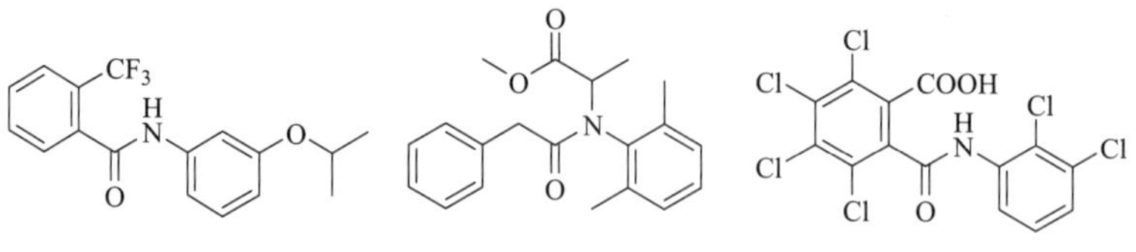

氟酰胺　　苯霜灵　　叶枯酞

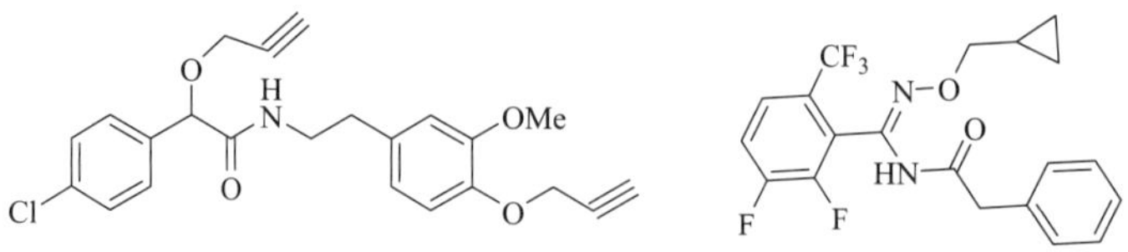

双炔酰菌胺　　环氟菌胺

图 9-38　苯基苯甲（乙）酰胺类杀菌剂

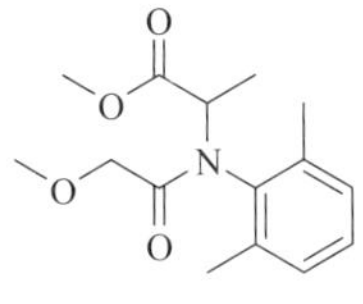
甲霜灵

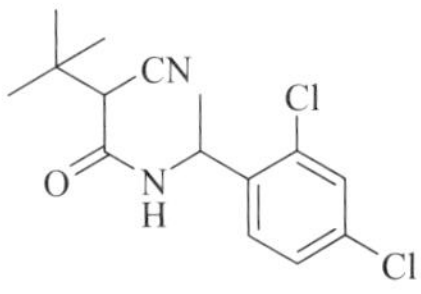
双氯氰菌胺

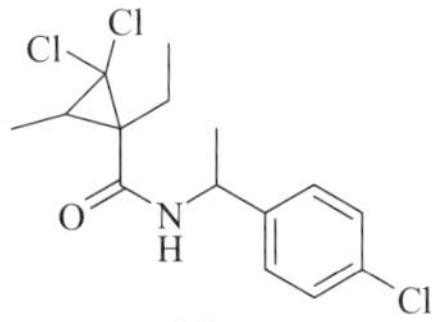
环丙酰菌胺

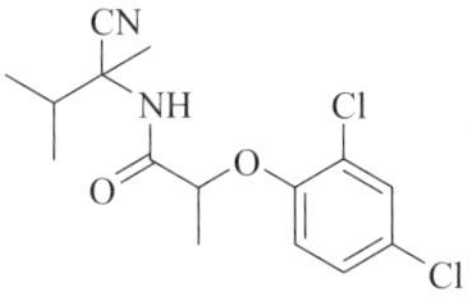
氰菌胺

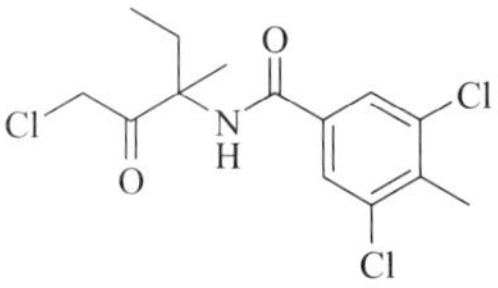
苯酰菌胺

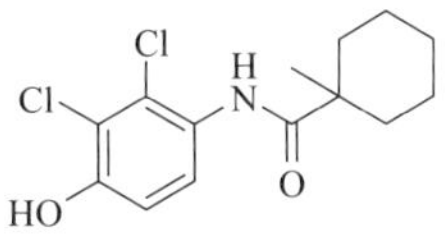
环酰菌胺

图 9-39　苯基酰胺侧链类杀菌剂

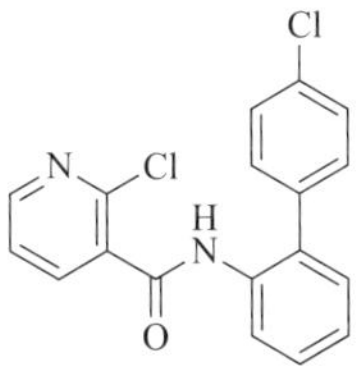
啶酰菌胺

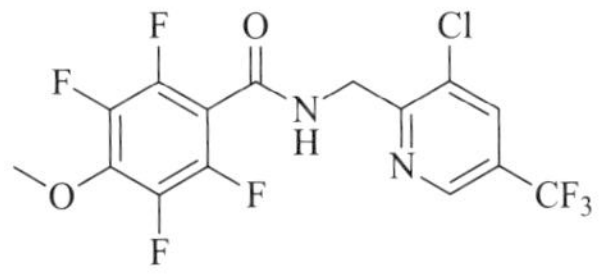
氟醚菌酰胺

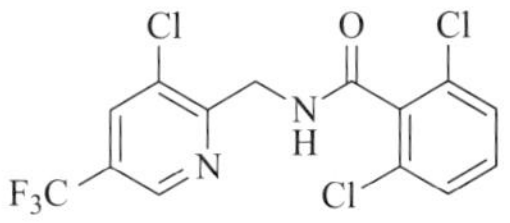
氟吡菌胺

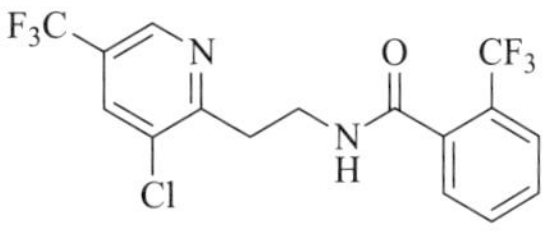
氟吡菌酰胺

图 9-40　吡啶苯甲酰胺类杀菌剂

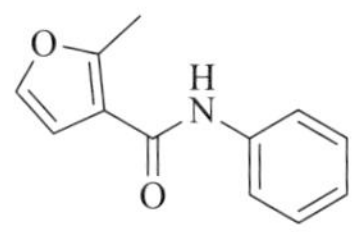
甲呋酰胺

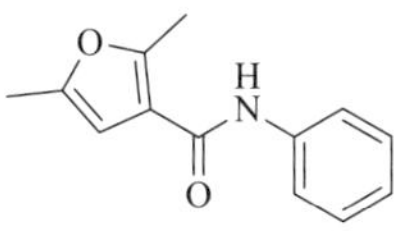
二甲呋酰胺

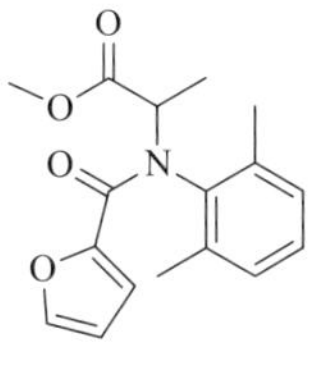
呋霜灵

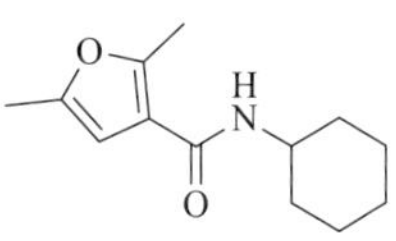
环菌胺

图 9-41　呋喃酰胺类杀菌剂

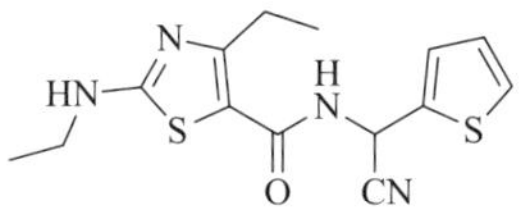
噻唑菌胺

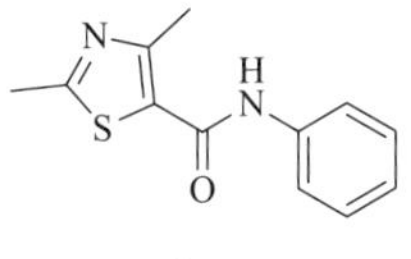
甲噻灵

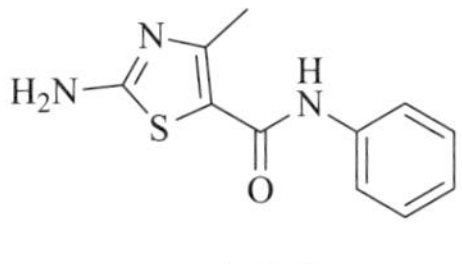
拌种灵

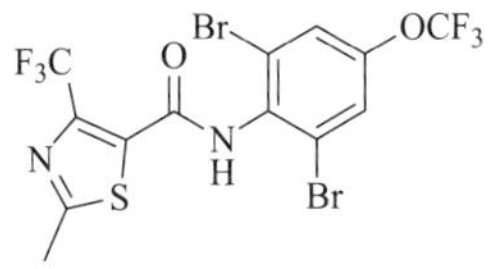
噻氟菌胺

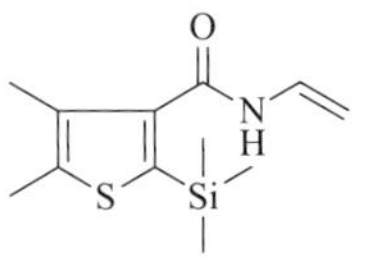
硅噻菌胺

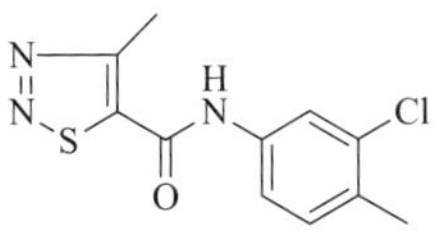
噻酰菌胺

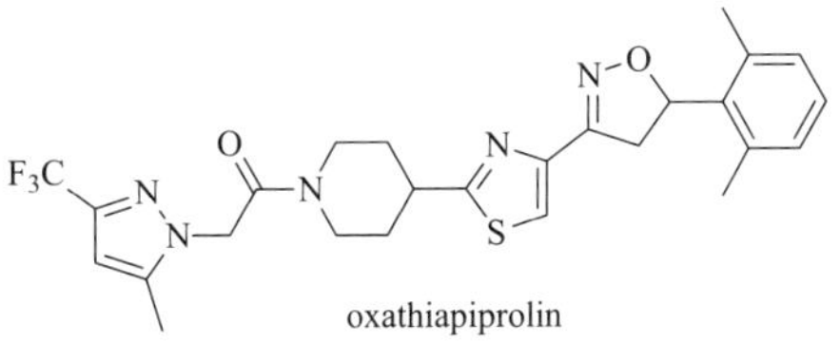
oxathiapiprolin

图 9-42　噻唑（噻吩）酰胺类杀菌剂

氟唑菌酰胺　联苯吡菌胺　氟唑环菌胺

吡唑萘菌胺　苯并烯氟菌唑　呋吡菌胺

吡噻菌胺　氟唑菌苯胺

图 9-43　吡唑酰胺类杀菌剂

酰胺类杀菌剂分子在化学结构上都含有酰氨基，新研发的该类杀菌剂大都是以原有活性基团为骨架进行基团替代衍生而得的。通常的工艺路线策略是由羧酸部分与氨基部分的缩合酰化反应得来，所以羧酸（酰卤）的工艺路线、氨基化合物合成以及二者最后的缩合酰化反应是该系列杀菌剂合成的通用的“三步走”方法[58]。工业合成以及实验室合成中，酰胺的缩合酰化反应比较成熟，因此该系列的关键往往是羧酸（酰卤）的工艺路线，以及氨基化合物合成。

9.2.2　萎锈灵

9.2.2.1　萎锈灵的产业概况

1966 年美国 Uniroyal 公司成功开发了第一个酰胺类杀菌剂萎锈灵（carboxin），作为优良的内吸杀菌剂，其主要用于防治由锈菌和黑粉菌在多种作物上引起的锈病和黑粉病。

2002～2018 年萎锈灵登记情况统计如图 9-44 所示，总共登记产品为 36 个，2005 年和 2006 年没有登记产品。

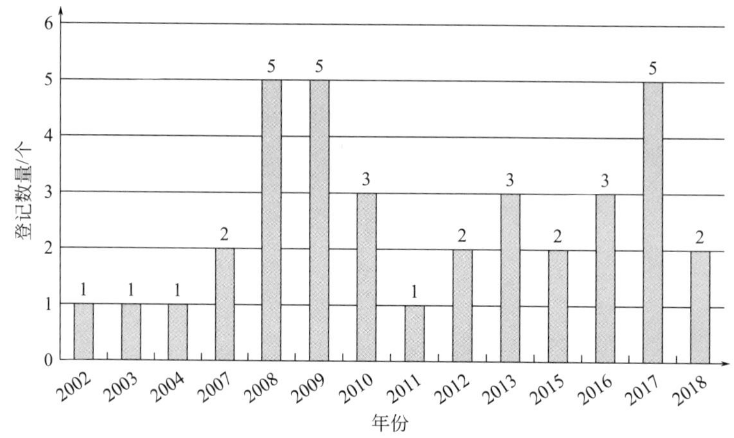

图 9-44　2002～2018 年萎锈灵登记情况

9.2.2.2 萎锈灵的工艺概况

萎锈灵的合成工艺路线主要有两种，皆以乙酰乙酸乙酯为原料，方法如下[59]：

（1）方法 1　由乙酰乙酸乙酯出发，经氯化、环化、水解、再氯化，最后与苯胺反应制得萎锈灵（图 9-45）。

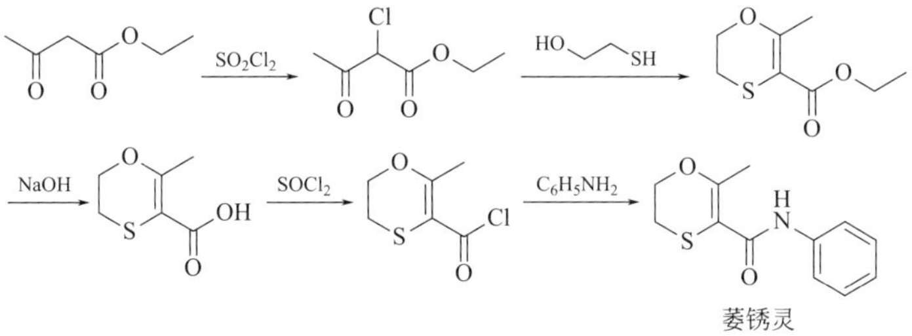

萎锈灵

图 9-45　萎锈灵的合成工艺路线（方法 1）

（2）方法 2　由乙酰乙酸乙酯或乙烯酮等为原料制得乙酰乙酰苯胺，再经氯化、环化、脱水，制得萎锈灵（图 9-46）。

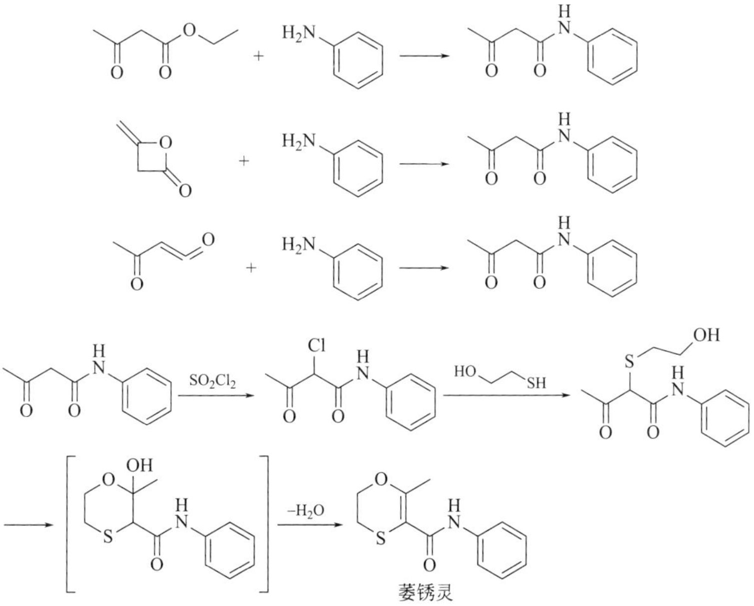

萎锈灵

图 9-46　萎锈灵的合成工艺路线（方法 2）

1973 年，Uniroyal 公司继续开发了萎锈灵的亚磺酸体——氧化萎锈灵，作为园艺用杀菌剂而产业化。将萎锈灵在双氧水存在条件下氧化，可得氧化萎锈灵（图 9-47）。

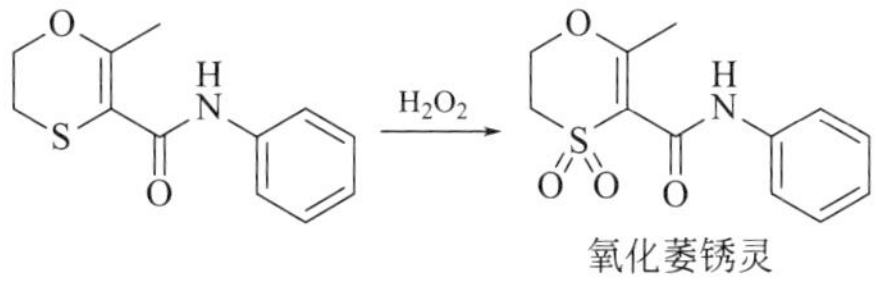

氧化萎锈灵

图 9-47　氧化萎锈灵的工艺路线

9.2.3 氟吗啉

9.2.3.1 氟吗啉的产业概况

1994 年，沈阳化工研究院刘长令等在活性天然产物肉桂酸酯的基础上经过结构优化改造创制了我国第一个具有自主知识产权的酰胺类杀菌剂氟吗啉（flumorph）。氟吗啉是由顺反异构体组成的，据文献报道其顺反异构体均有活性。氟吗啉对孢子囊萌发的抑制作用显著，对卵菌类引起的黄瓜霜霉病、白菜霜霉病、番茄晚疫病、辣椒疫病、葡萄霜霉病等有优异的活性，而且与目前市场上的农药品种无交互抗性，防治对甲霜灵产生抗性的菌株仍有很好的活性。

2001～2018 年氟吗啉登记情况以及登记剂型统计如图 9-48 所示，总共登记 18 个产品，可湿性粉剂产品较多，原药登记较少。

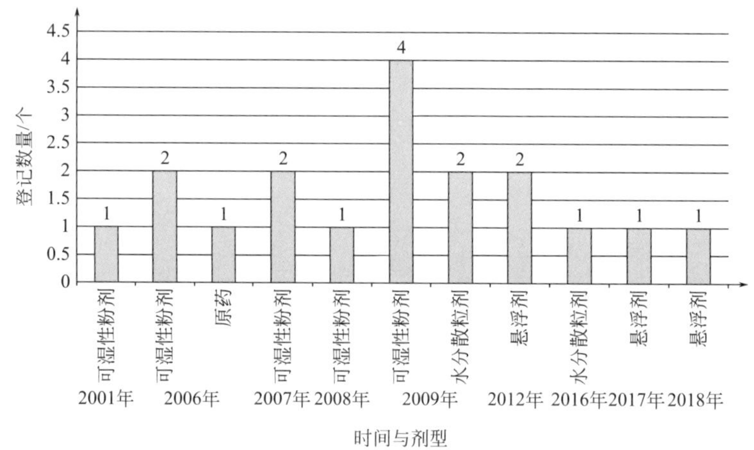

图 9-48 2001～2018 年氟吗啉登记情况

9.2.3.2 氟吗啉的工艺概况

以邻苯二酚为原料，经甲基化、酰化、缩合即可制得氟吗啉（图 9-49）[60]。

图 9-49 氟吗啉的工艺路线

9.2.4 氟酰胺

9.2.4.1 氟酰胺的产业概况

氟酰胺（flutolanil）是由日本农药公司开发的内吸性酰胺类杀菌剂，用来防治担子菌纲真菌引起的病害，以及丝核菌引起的水稻纹枯病，对水稻纹枯病效果虽不是很好，但具有施药适用期宽、持效期长等优点，故作为水田用药剂而广泛应用。

2008～2018 年氟酰胺的登记情况如图 9-50 所示，该产品登记较少，以水分散粒剂为主，2009～2012 年没有产品登记。

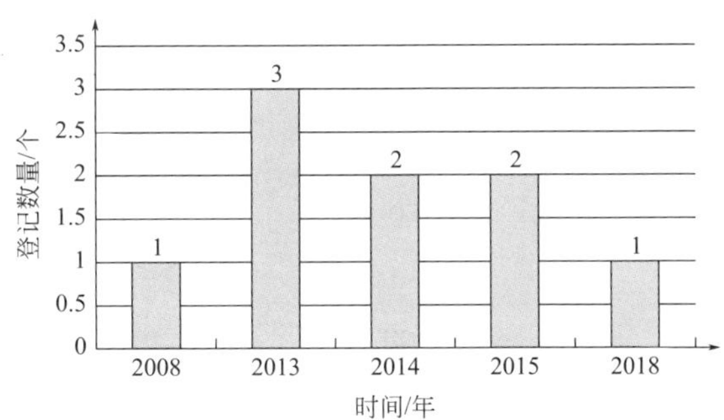

图 9-50　2008～2018 年氟酰胺的登记情况

9.2.4.2　氟酰胺的工艺概况

以间硝基苯酚为原料，与异丙醇进行醚化，然后将硝基还原成为氨基，最后与邻三氟甲基苯甲酰氯反应，即得到氟酰胺。反应式如图 9-51[61] 所示。

图 9-51　氟酰胺的工艺路线

9.2.5　双炔酰菌胺

9.2.5.1　双炔酰菌胺的产业概况

双炔酰菌胺（mandipropamid）是先正达公司开发出的第一个商品化的扁桃酰胺类化合物。其作用机理特殊，既可有效地抑制孢子的萌发，又能抑制菌丝体的生长与孢子的形成。双炔酰菌胺具有高效、低毒、持效期长、耐雨水冲刷、对作物安全、对环境友好等特点。

双炔酰菌胺登记情况如表 9-4 所示，登记产品较少，剂型主要为悬浮剂和原药，生产企业主要为先正达作物保护有限公司。

表 9-4　双炔酰菌胺登记情况

登记证号	登记名称	剂型	总含量	有效期至	生产企业
LS20072478	双炔酰菌胺	原药	93%	2011-11-19	瑞士先正达作物保护有限公司
LS20091299F090119	双炔・百菌清	悬浮剂	440g/L	2012-5-26	先正达（苏州）作物保护有限公司
PD20102139F080031	双炔酰菌胺	悬浮剂	23.40%	2018-4-7	先正达（苏州）作物保护有限公司
PD20120438F090119	双炔・百菌清	悬浮剂	440g/L	2018-5-31	先正达（苏州）作物保护有限公司
PD20142151	双炔酰菌胺	悬浮剂	23.40%	2019-9-18	先正达南通作物保护有限公司
PD20102139	双炔酰菌胺	悬浮剂	23.40%	2020-12-2	瑞士先正达作物保护有限公司
PD20102138	双炔酰菌胺	原药	93%	2020-12-2	瑞士先正达作物保护有限公司
PD20120438	双炔・百菌清	悬浮剂	440g/L	2022-3-14	瑞士先正达作物保护有限公司

9.2.5.2 双炔酰菌胺的工艺概况

以香草醛和对氯苯甲醛为起始原料，香草醛经过氰基化、还原得到4-(2-胺乙基)-2-甲氧基苯酚，对氯苯甲醛经酸化、闭环得到5-(4-氯苯基)-2,2-二甲基1,3-二氧戊环-4-酮，再令两个中间体进行反应，进行开环，随后醚化，即得到双炔酰菌胺。其合成工艺路线如图9-52[62]所示。

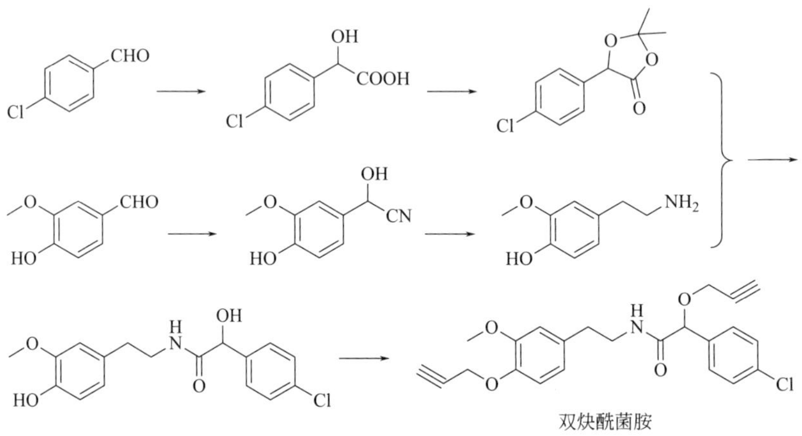

双炔酰菌胺

图 9-52 双炔酰菌胺的合成工艺路线

9.2.6 环酰菌胺

9.2.6.1 环酰菌胺的产业概况

环酰菌胺（fenhexamid）是德国拜耳公司开发的新型酰胺类内吸性杀菌剂，具体的作用机理尚不清楚，大量的研究表明其具有独特的作用机理，与苯并咪唑类、二羟酰亚胺类、三唑类、苯胺嘧啶类、*N*-苯基氨基甲酸酯等现有杀菌剂作用机理均不相同，对灰霉病、菌核病等的防治非常有效，并且防治对其他药剂产生耐药性的菌种亦有效，无交互抗性，主要用于蔬菜、果树等的病害防治。

9.2.6.2 环酰菌胺的工艺概况

其合成工艺路线如图9-53[63]所示。

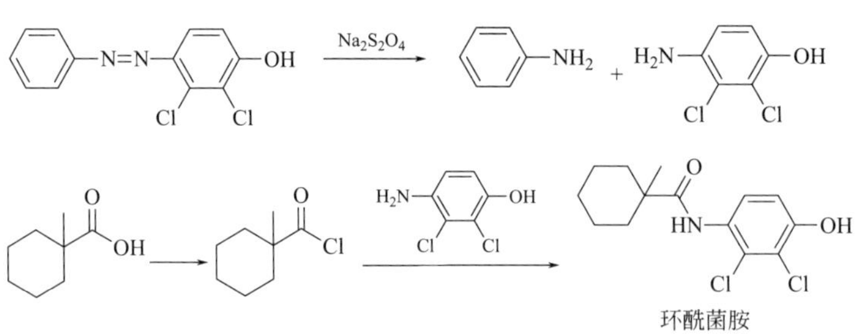

$Na_2S_2O_4$

环酰菌胺

图 9-53 环酰菌胺的合成工艺路线

9.2.7 啶酰菌胺

9.2.7.1 啶酰菌胺的产业概况

1992年，德国巴斯夫公司的研究人员开发了一种新型吡啶苯甲酰胺类杀菌剂啶酰菌胺

(boscalid)，2002年首次取得登记，并于2003年上市，并迅速成长为销售额过亿的品种，2012年全球销售额达3.55亿美元。啶酰菌胺作为线粒体呼吸链中琥珀酸辅酶Q还原酶抑制剂，其具有广谱、低毒、高效和与市场上其他杀菌剂无交互抗性等优点，主要防治白粉病、灰霉病、褐腐病和腐烂病等。2004年巴斯夫公司在中国获得啶酰菌胺7.5年的行政保护，啶酰菌胺的行政保护时间已于2012年11月9日过期。图9-54显示了2008年以来啶酰菌胺在我国的登记情况，目前登记产品有91个，其中2017年登记量最多达44个。其剂型以水分散粒剂和悬浮剂剂型为主。

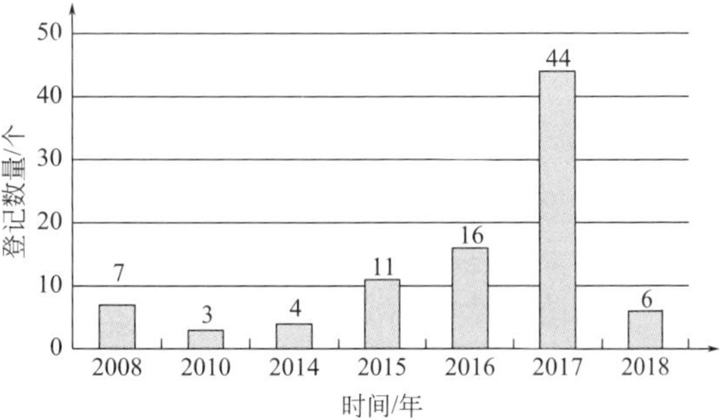

图9-54 2008~2018年啶酰菌胺登记情况

9.2.7.2 啶酰菌胺的工艺概况

根据文献报道，啶酰菌胺的合成工艺路线主要有3条[64,65]，现在分别介绍如下：

(1) 以邻氯硝基苯为原料　邻氯硝基苯与对氯苯硼酸在醋酸钯催化下发生Suziki偶联反应得到中间体2-(4-氯苯基)硝基苯，再经过铁粉还原得到中间体2-(4-氯苯基)苯胺，最后与2-氯烟酰氯缩合得到目标产物啶酰菌胺，其合成工艺路线如图9-55所示。

图9-55 以邻氯硝基苯为原料合成啶酰菌胺

(2) 以邻碘苯胺为原料　将邻碘苯胺与对氯苯硼酸发生Suzuki反应，生成中间体2-(4-氯苯基)苯胺，然后将该中间体与2-氯烟酰氯反应，制得啶酰菌胺，合成工艺路线如图9-56所示。

图9-56 以邻碘苯胺为原料合成啶酰菌胺

(3) 以对二氯苯为原料　以对二氯苯为原料，与Mg、LiCl反应，制备对应的格氏试剂，然后将该中间体与2-溴苯胺进行偶联，生成中间体2-(4-氯苯基)苯胺，随后再与2-氯烟酰氯反应，制得啶酰菌胺，合成工艺路线如图9-57所示。

9.2.8 氟醚菌酰胺

9.2.8.1 氟醚菌酰胺的产业概况

2010年，山东省联合农药工业有限公司与山东农业大学合作创制了一种新型含氟酰胺类杀

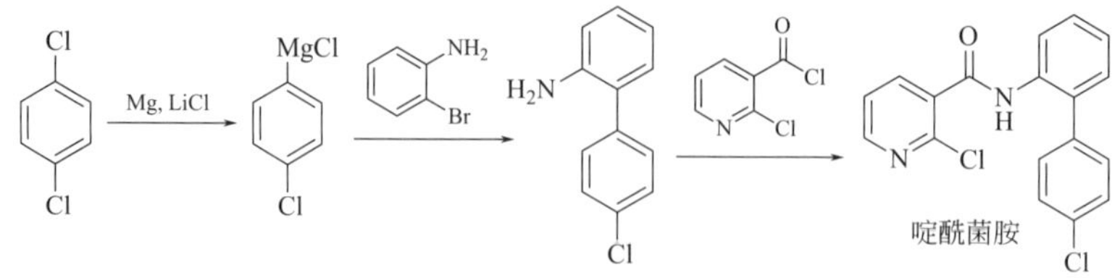

图 9-57 以对二氯苯为原料合成啶酰菌胺

菌剂——氟醚菌酰胺（fluopimomide），其不仅对卵菌有抑制作用，对子囊菌和半知菌的抑制作用也很明显，对病菌的无性繁殖过程、细胞膜通透性和三羧酸循环均有明显抑制作用。

氟醚菌酰胺登记情况如表 9-5 所示。

表 9-5 氟醚菌酰胺登记情况

登记证号	登记名称	剂型	总含量	有效期至	生产企业
LS20150222	氟醚菌酰胺	原药	98%	2017-7-30	山东省联合农药工业有限公司
PD20170010	氟醚菌酰胺	原药	98%	2022-1-3	山东省联合农药工业有限公司
PD20170009	氟醚菌酰胺	水分散粒剂	50%	2022-1-3	山东省联合农药工业有限公司
PD20170008	氟醚·己唑醇	悬浮剂	40%	2022-1-3	山东省联合农药工业有限公司
PD20172273	氟醚·烯酰	悬浮剂	40%	2022-10-17	山东省联合农药工业有限公司

9.2.8.2 氟醚菌酰胺的工艺概况

采用五氟苯甲酸为原料，依次经过酰氯化、酰胺化、氯化、醚化四步，以较高的收率制得氟醚菌酰胺[66]（图 9-58）。

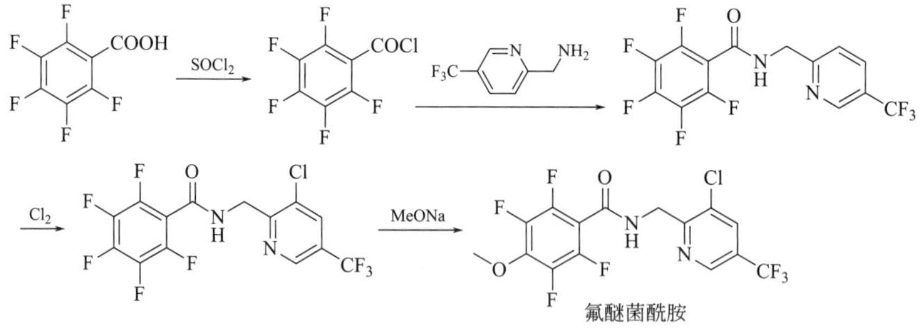

图 9-58 氟醚菌酰胺的合成工艺路线

9.2.9 氟吡菌酰胺

9.2.9.1 氟吡菌酰胺的产业概况

拜耳公司的杀菌剂氟吡菌酰胺（fluopyram），于 2010 年下半年在美国首次登记，便迅速成长为销售额过亿的品种，峰值销售额达 2 亿欧元。氟吡菌酰胺高效广谱，可用于包括灰霉病、白粉病、菌核病和褐腐病等 70 多种作物病害的防治，单独使用或是与其他杀菌剂复配在低剂量下即有非常好的药效，很适合用于病害的抗性治理。氟吡菌酰胺登记情况如表 9-6 所示，登记产品量较少，以悬浮剂为主要登记剂型。

表 9-6　氟吡菌酰胺登记情况

登记证号	登记名称	剂型	总含量	有效期至	生产企业
LS20130338F140007	氟菌・肟菌酯	悬浮剂	42.80%	2016-2-14	拜耳作物科学（中国）有限公司
LS20140288F140062	氟菌・戊唑醇	悬浮剂	35%	2016-12-18	拜耳作物科学（中国）有限公司
LS20140288	氟菌・戊唑醇	悬浮剂	35%	2017-8-25	拜耳股份公司
PD20121664F130024	氟吡菌酰胺	悬浮剂	41.70%	2018-4-2	拜耳作物科学（中国）有限公司
PD20152429F160030	氟菌・肟菌酯	悬浮剂	43%	2018-4-26	拜耳作物科学（中国）有限公司
PD20152429	氟菌・肟菌酯	悬浮剂	43%	2020-12-4	拜耳股份公司
PD20121664	氟吡菌酰胺	悬浮剂	41.70%	2022-11-5	拜耳股份公司
PD20121673	氟吡菌酰胺	原药	96%	2022-11-5	拜耳股份公司
PD20172927	氟菌・戊唑醇	悬浮剂	35%	2022-11-20	拜耳股份公司
PD20172803	氟菌・肟菌酯	悬浮剂	43%	2022-11-20	拜耳作物科学（中国）有限公司

9.2.9.2　氟吡菌酰胺的工艺概况

氟吡菌酰胺的合成工艺路线如图 9-59[67] 所示。

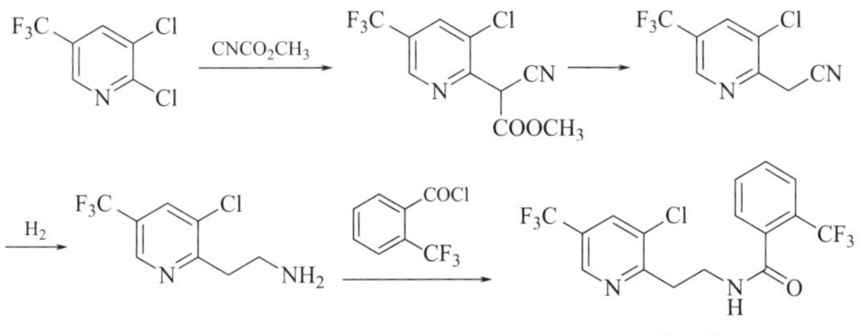

图 9-59　氟吡菌酰胺的合成工艺路线

9.2.10　噻酰菌胺

9.2.10.1　噻酰菌胺的产业概况

噻酰菌胺（tiadinil）是由日本农药公司开发的新型内吸性杀菌剂，化合物本身对病菌的抑制活性较差，但传导性较好，能通过根部吸收并迅速传导到其他部位，其作用机理主要是阻止病菌菌丝侵入邻近的健康细胞，并能诱导产生抗病基因。噻酰菌胺可以提高水稻本身的抗病能力。

9.2.10.2　噻酰菌胺的工艺概况

噻酰菌胺的合成工艺路线如图 9-60[68] 所示。

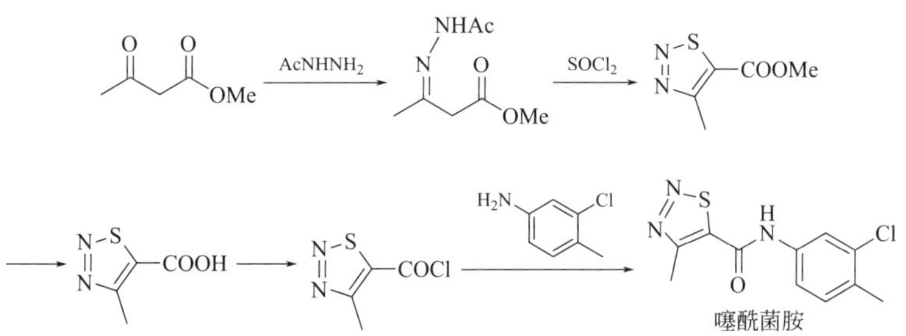

图 9-60　噻酰菌胺的合成工艺路线

9.2.11 联苯吡菌胺

9.2.11.1 联苯吡菌胺的产业概况

2006 年，拜耳公司公开其开发的吡唑酰胺类杀菌剂联苯吡菌胺（bixafen）。其杀菌谱广，可用于白粉病、锈病、霜霉病等多种病害的防治，尤其是对大麦网斑病、苹果白粉病有很好的防治和保护效果，年峰值销售额达 3 亿欧元。

9.2.11.2 联苯吡菌胺的工艺概况[69,70]

（1）方法 1　以 3,4-二氯苯胺为原料经重氮化反应、偶联反应、酰化反应制得联苯吡菌胺（图 9-61）。

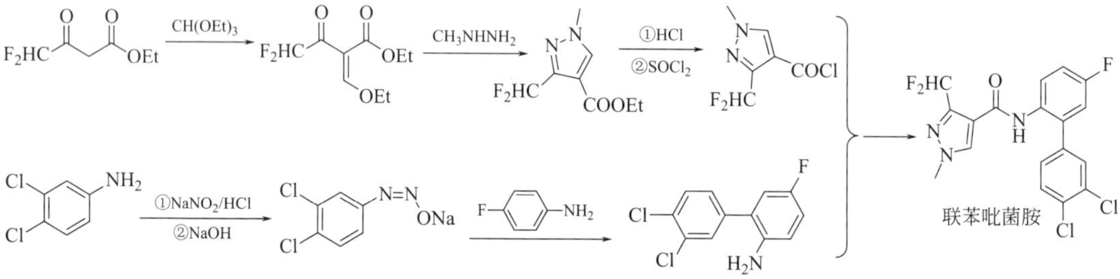

图 9-61　联苯吡菌胺的工艺路线（方法 1）

（2）方法 2　以 2-溴-4-氟苯胺为原料，经偶联反应、酰化反应即可制得目标产物（图 9-62）。

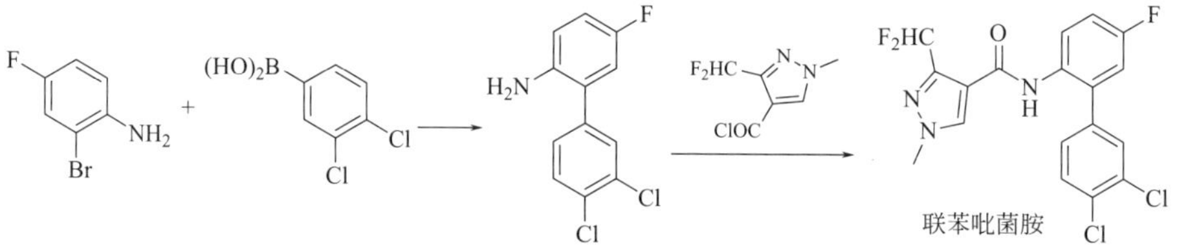

图 9-62　联苯吡菌胺的工艺路线（方法 2）

9.2.12 吡噻菌胺

9.2.12.1 吡噻菌胺的产业概况

吡噻菌胺（penthiopyrad）是由日本三井公司研制开发的新型吡唑酰胺类杀菌剂，该化合物于 2005 年首先在日本取得登记。吡噻菌胺具有杀菌活性优异、杀菌谱广、对环境友好、与其他杀菌剂无交互抗性等优点。室内和田间试验结果均表明，不仅对锈病、菌核病有优异的活性，对灰霉病、白粉病和苹果黑星病也显示出较好的杀菌活性。

9.2.12.2 吡噻菌胺的工艺概况

根据文献报道，吡噻菌胺的工艺路线主要有两种：第一种方法是分别合成中间体吡唑甲酰氯和氨基噻吩，然后这两个中间体再缩合酰化生成吡噻菌胺；第二种方法是首先合成中间体 *N*-(3-噻吩)-1-甲基-3-三氟甲基-1*H*-吡唑-4-甲酰胺，然后再与甲基异丁基甲酮反应，最后氢气还原支链双键得到吡噻菌胺[71,72]。

（1）方法 1　通过甲酸乙酯与乙酸乙酯经克莱森交叉酯缩合反应后，与二甲胺盐酸盐反应生成 3-二甲氨基丙烯酸乙酯，其经三氟乙酰化，与甲基肼反应环合后，再水解、氯化得到 1-甲基-3-三氟甲基-1*H*-吡唑-4-甲酰氯，反应式如图 9-63 所示。

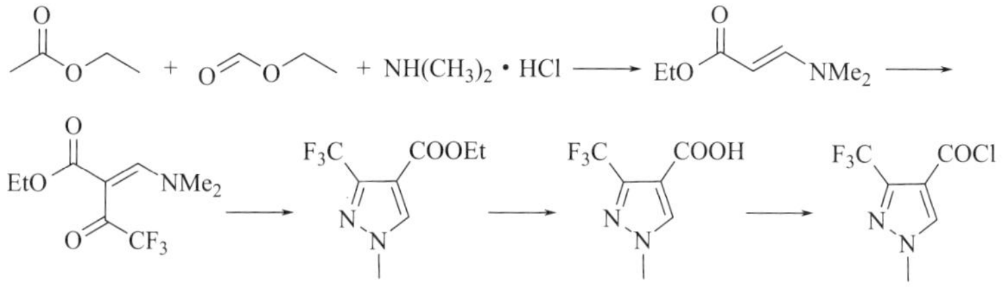

图 9-63　1-甲基-3-三氟甲基-1*H*-吡唑-4-甲酰氯的工艺路线

以 3-氨基噻吩-2-甲酸甲酯为起始原料，然后用苯甲酰基将氨基保护，再水解酯基，接着经过偶联、加氢还原，最后经过氨基脱保护基得到 2-(4-甲基戊基-2-基)-3-氨基噻吩，反应式如图 9-64 所示。

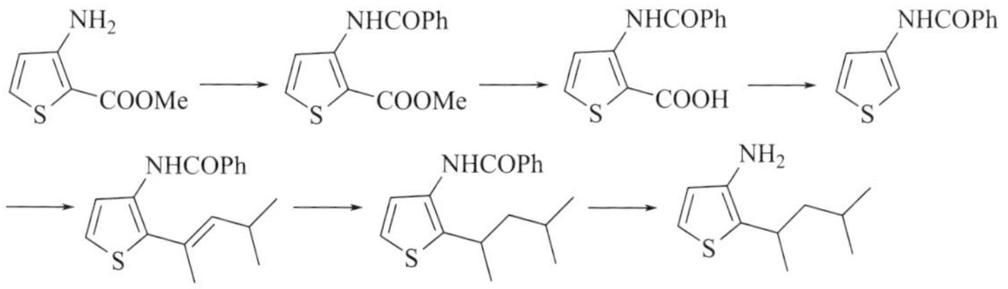

图 9-64　2-(4-甲基戊基-2-基)-3-氨基噻吩的工艺路线

最后二者进行缩合酰化反应，制得吡噻菌胺，反应式如图 9-65 所示。

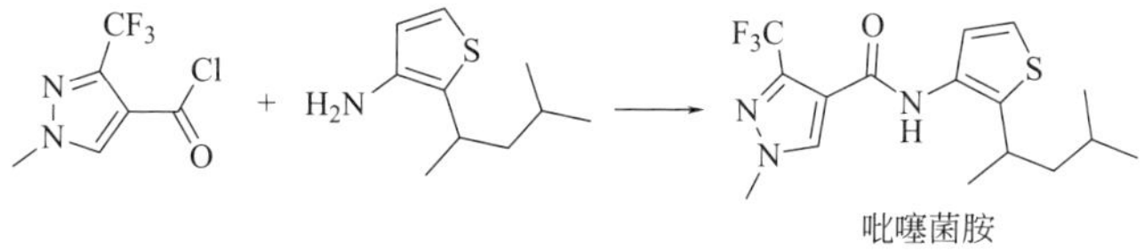

吡噻菌胺

图 9-65　吡噻菌胺的工艺路线(方法 1)

(2) 方法 2　首先合成中间体 *N*-(3-噻吩)-1-甲基-3-三氟甲基-1*H*-吡唑-4-甲酰胺，然后再与甲基异丁基甲酮反应，最后用氢气还原双键得到吡噻菌胺，反应式如图 9-66 所示。

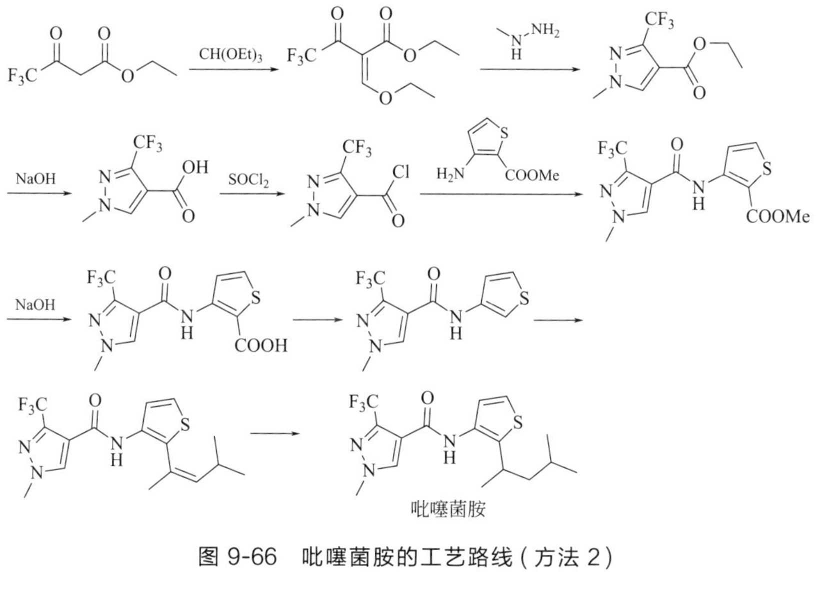

吡噻菌胺

图 9-66　吡噻菌胺的工艺路线(方法 2)

9.2.13 氟唑菌苯胺

9.2.13.1 氟唑菌苯胺的产业概况[73,74]

氟唑菌苯胺（penflufen）是拜耳公司开发的又一个吡唑酰胺类杀菌剂，于 2006 年申请专利，主要用于种子处理，对多种植物病原真菌具有良好活性。表 9-7 所示为氟唑菌苯胺登记情况。

表 9-7 氟唑菌苯胺登记情况

登记证号	登记名称	剂型	总含量	生产企业
LS20150048F150079	氟唑菌苯胺	种子处理悬浮剂	22%	拜耳作物科学（中国）有限公司
LS20150049	氟唑菌苯胺	原药	95%	拜耳股份公司
LS20150048	氟唑菌苯胺	种子处理悬浮剂	22%	拜耳股份公司

9.2.13.2 氟唑菌苯胺的工艺概况[73,74]

（1）以 2-氨基苯乙酮和氯化异丁基镁为原料　以 2-氨基苯乙酮和氯化异丁基镁为原料，两者发生格氏反应，再经脱水、催化加氢（以 Pd/C 为催化剂），得到关键中间体 2-(4-甲基戊-2-基）苯胺后，再与含氟吡唑酰氯反应，便可以制备得到氟唑菌苯胺，合成工艺路线如图 9-67 所示。

图 9-67 氟唑菌苯胺的合成工艺路线（方法一）

（2）以 2-氨基苯乙酮和吡唑酰氯为原料　该方法与上述方法 1 相比，主要区别在于投料顺序不一致。该方法是先将 2-氨基苯乙酮与含氟吡唑酰氯缩合，得到相应的酰胺以后，再与氯化异丁基镁进行格氏反应，随后经过脱水、催化加氢反应即可制得氟唑菌苯胺，合成工艺路线如图 9-68 所示。

图 9-68 氟唑菌苯胺的合成工艺路线（方法二）

9.2.14 拌种灵

9.2.14.1 拌种灵的产业概况

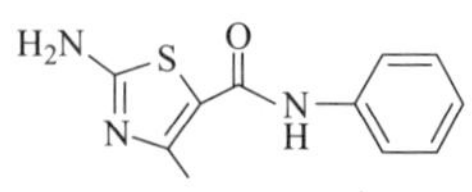

图 9-69 拌种灵

拌种灵（amicarthiazol）学名 2-氨基-4-甲基-5-苯甲酰胺噻唑（图 9-69），是从 20 世纪 60 年代末由加拿大 Uniroyal 公司合成并投放市场的一种高效、广谱、内吸性杀菌剂，属噻唑酰胺类杀菌剂中的一种。通常主要用于防治禾谷类作物由担子菌引起的多种病害，如麦散黑穗病、棉花立枯病等[75]。1980 年以来相继报道拌种灵对水稻白叶枯病[76]、柑橘溃疡病[77]等细菌病害有较好的防治效果。

表 9-8 显示了拌种灵在我国的总体登记情况。

表 9-8　拌种灵登记情况

登记证号	登记名称	剂型	总含量	生产企业
LS93563	福・拌悬	悬浮种衣剂	10%	江苏省南通江山农药化工股份有限公司
LS20001654	拌・福可	可湿性粉剂	40%	河北省张家口金赛制药有限公司
LS95646	拌・福可湿	可湿性粉剂	8%	江苏灶星农化有限公司
LS97735	拌・福・五粉剂	粉剂	20%	孟州沙隆达植物保护技术有限公司
LS94741	拌・福・五	粉剂	40%	孟州沙隆达植物保护技术有限公司
LS20081016	福美・拌种灵	悬浮种衣剂	10%	安徽华微农化股份有限公司
PD85140-2	拌・福	可湿性粉剂	40%	黑龙江省佳木斯市恺乐农药有限公司
PD85140-4	福美・拌种灵	可湿性粉剂	40%	河北圣禾化工有限公司
PD85140	拌种・双	可湿性粉剂	40%	江苏省南通江山农药化工股份有限公司
PD20110907	拌・福・乙酰甲	悬浮种衣剂	18.60%	新疆绿洲兴源农业科技有限责任公司
PD20070033	福美・拌种灵	可湿性粉剂	40%	四川国光农化股份有限公司
PD20070137	福美・拌种灵	悬浮种衣剂	7.20%	新疆绿洲兴源农业科技有限责任公司
PD20081919	福美・拌种灵	悬浮种衣剂	15%	安徽丰乐农化有限责任公司
PD20132486	吡・拌・福美双	悬浮种衣剂	20%	安徽丰乐农化有限责任公司
PD20084629	福美・拌种灵	悬浮种衣剂	10%	沈阳化工研究院（南通）化工科技发展有限公司
PD20084829	福美・拌种灵	悬浮种衣剂	10%	江苏天禾宝农化有限责任公司
PD20085099	福美・拌种灵	悬浮种衣剂	40%	江苏省南通南沈植保科技开发有限公司
PD20090109	福美・拌种灵	可湿粉种衣剂	70%	沈阳化工研究院（南通）化工科技发展有限公司
PD20090154	福美・拌种灵	悬浮种衣剂	10%	江苏省南通派斯第农药化工有限公司
PD20092251	锰锌・拌种灵	可湿性粉剂	20%	湖南神隆超级稻丰产生化有限公司

9.2.14.2　拌种灵的工艺概况[78]

将乙酰乙酰苯胺溶于二氯甲烷中，搅拌均匀，与二氯亚砜反应，生成 α-氯代乙酰乙酰苯胺。再将合成的 α-氯代乙酰乙酰苯胺溶于水中，加入浓盐酸搅拌升温至 70℃，缓慢加入硫脲水溶液，反应完成后，加入氨水调节 pH 值至 8～9，析出白色固体，即为拌种灵。合成工艺路线如图 9-70 所示。

$SOCl_2$, DCM, 35℃；① $H_2N-C(=S)-NH_2$，浓HCl, H_2O, 70℃；② $NH_3 \cdot H_2O$

图 9-70　拌种灵的合成工艺路线

9.2.15　苯酰菌胺

9.2.15.1　苯酰菌胺的产业概况

苯酰菌胺（试验代号 RH-7281；英文通用名称 zoxamide）是由罗姆-哈斯公司（现为陶

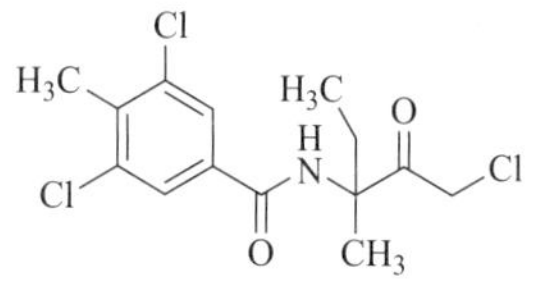

氏农业科学公司）开发的苯基酰胺侧链类保护性杀菌剂，具有新颖的作用机理。可有效防治包括葡萄和马铃薯在内的果树和蔬菜等作物上由卵菌纲真菌引起的病害，如马铃薯和番茄晚疫病，黄瓜和葡萄霜霉病等，对葡萄霜霉病有特效。图 9-71 所示为苯酰菌胺的结构式。

图 9-71 苯酰菌胺的结构式

苯酰菌胺登记情况如表 9-9 所示。

表 9-9 苯酰菌胺登记情况

登记证号	登记名称	剂型	总含量	生产企业
LS20120321	苯酰菌胺	原药	97%	辽宁省大连凯飞化学股份有限公司
LS20130312F130059	苯酰·锰锌	水分散粒剂	75%	东莞市瑞德丰生物科技有限公司
LS20150229	苯酰菌胺	原药	97%	辽宁省大连凯飞化学股份有限公司
PD20160341F160055	锰锌·苯酰胺	水分散粒剂	75%	东莞市瑞德丰生物科技有限公司
PD20160342	苯酰菌胺	原药	96%	美国高文国际商业有限公司
PD20160341	锰锌·苯酰胺	水分散粒剂	75%	美国高文国际商业有限公司

9.2.15.2 苯酰菌胺的工艺概况[79]

（1）方法 1　如图 9-72 所示，以对甲基苯甲酸为起始原料，在盐酸、双氧水及醋酸的作用下，进行环氯化反应，得到 3,5-二氯-4-甲基苯甲酸，再进行酰化反应得到 3,5-二氯-4-甲基-苯甲酰氯。接着以丁酮为起始原料与乙炔在叔丁醇钾的作用下，得到 3-甲基-1-戊炔-3-醇，再经过醇氯化反应，得到 3-氯-3-甲基-1-戊炔，在低温条件下发生氨化反应得到 3-氨基-3-甲基-1-戊炔。再将得到的原料 3,5-二氯-4-甲基-苯甲酰氯加入 3-氨基-3-甲基-1-戊炔中，反应形成酰胺。所得酰胺进一步氯化缩合得到噁唑中间体，最后开环得到苯酰菌胺。

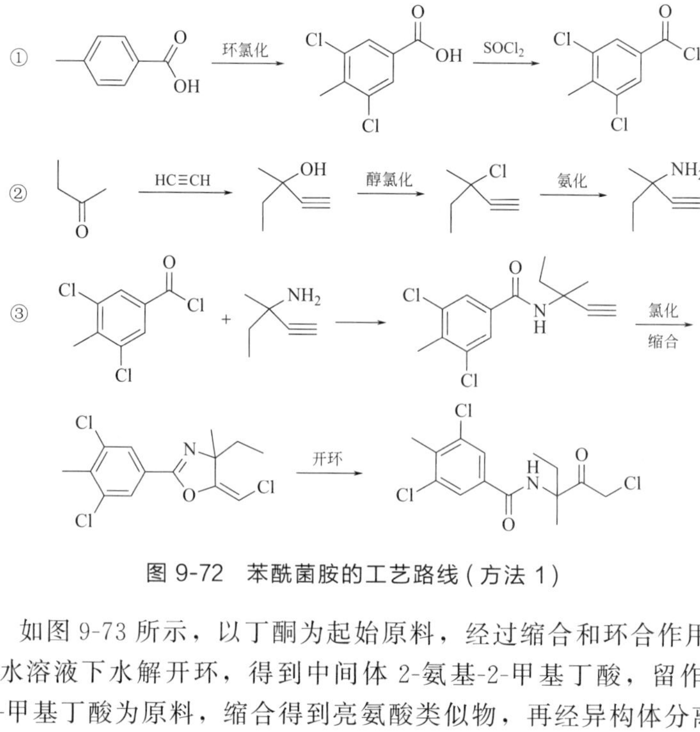

图 9-72 苯酰菌胺的工艺路线（方法 1）

（2）方法 2　如图 9-73 所示，以丁酮为起始原料，经过缩合和环合作用，得到 2,5-吡咯烷二酮，在盐酸水溶液下水解开环，得到中间体 2-氨基-2-甲基丁酸，留作备用。再以氯乙酰氯和 2-氨基-2-甲基丁酸为原料，缩合得到亮氨酸类似物，再经异构体分离得（S）-2-氨基-

2-甲基丁酸。然后以3,5-二氯-4-甲基苯甲酰氯和（*S*）-2-氨基-2-甲基丁酸为起始原料，经过酰胺化反应得到（*R*）-2-(3,5-二氯-4-甲基苯甲酰氨基)-2-甲基丁酸，经过环合作用，得到(*R*)-2-(3,5-二氯-4-甲基苯基)-4-乙基-4-甲基噁唑-5(4*H*)-酮，再在甲基锂的作用下开环甲基化，得到（*R*）-2-(3,5-二氯-4-甲基苯甲酰氨基)-3-甲基戊酮，再由氯气氯化得二氯产物，最后在钯的作用下还原加氢得到终产物（*R*）-苯酰菌胺。

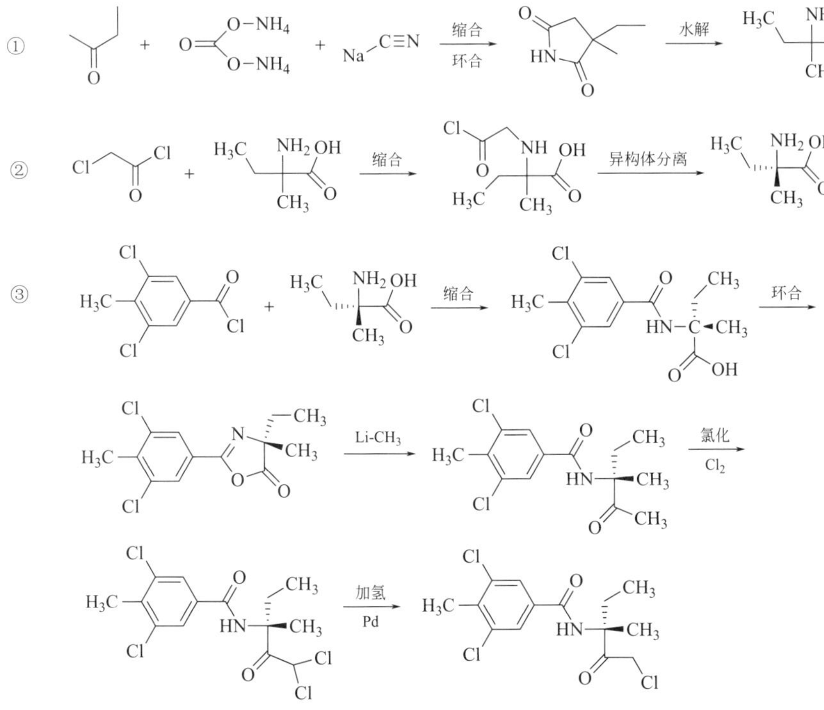

图9-73 苯酰菌胺的工艺路线（方法2）

9.3 有机磷类杀菌剂

9.3.1 有机磷类杀菌剂发展概述

1960年以后，用于防治农业病害的有机汞制剂由于高残留毒性被淘汰，于是有机磷杀菌剂的研究便取而代之。1963年日本Ihara农药公司深入研究了*S*-苄基磷酸酯系化合物对稻瘟病的杀菌效果，直至1965年稻瘟净（kitazin）研发成功，开创了有机磷酸酯杀菌剂的新领域。

有机磷杀菌剂引起世界各国的重视，是由于它们本身具有各种化学特性，如潜在的烷基化、酰基化、磷酸化及氧化、还原等性质，这些事实表明它们对真菌细胞作用的非单一性。有机磷化合物具有变化多端的结构，较易从中筛选出有效的化合物。绝大多数的有机磷化合物在生物体内易分解成无毒的物质。这些特点均为有机磷杀菌剂发展的极有利因素。

当前，有机磷杀菌剂主要应用于防治水稻稻瘟病及纹枯病。最近几年出现了对水稻白叶枯病及其他作物的白粉病有优良防治效果的有机磷化合物。这也说明了它们杀菌活性的非单一性。已公布的有机磷杀菌剂超过450种，其中一些制剂得到了大规模的实际应用，但大部分尚处于实验阶段。

目前，我国用于防治稻瘟病的有机磷杀菌剂主要有稻瘟净和异稻瘟净两种。对我国农作物的其他主要病害如稻白叶枯病、棉花黄枯萎病及玉米大小斑病等的防治，尚期待高效、低毒和低残留的新品种[80]。

有机磷类杀菌剂，从结构上分析，基本上都基于磷酸酯结构的变换，它们一般是具有两个相同的低级烷基与一个比较复杂的基团的混合酯，因此有机磷杀菌剂的主要中间体大体上可以分为以下几种（图 9-74）[81]。

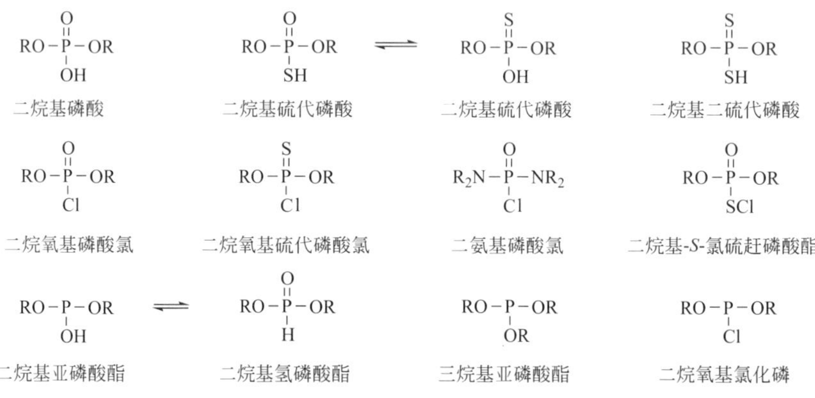

图 9-74　主要通用中间体

按结构特点可将有机磷杀菌剂分为硫赶磷酸酯、磷酸酯、磷酰胺酯及其他磷酸酯等四种类型。

（1）硫赶磷酸酯　在此类型中研究得比较详尽的是具有 S-苄基结构的磷酸酯。当前，如众所周知的稻瘟净、异稻瘟净、乙苯稻瘟净、绿稻宁、克瘟散及 Conen（BEBP）等都属于这类结构。除上述提到的几种重要的硫赶磷酸酯类杀菌剂之外，报道具有活性的化合物还有在苄基苯环上具有不同取代基［如—CH_3、卤素、—NO_2、（CH_3）$_2$N—、RCOO—、—CN 等］的衍生物[82]。

（2）卤代烷氧基化合物　如 O,O-双-（β-氯乙基）-S-（对氯苄基）硫赶磷酸酯（图 9-75）。

图 9-75　卤代烷氧基化合物结构

（3）氧乙基化合物　如 O,O-二乙基-S-（2-苯氧乙基）硫赶磷酸酯（图 9-76）。

（4）S-乙基双-（O-取代苯基）化合物　如 S-乙基双（对氯苯基）硫赶磷酸酯（图 9-77）。

图 9-76　氧乙基化合物结构

图 9-77　S-乙基双-（O-取代苯基）化合物结构

随着 S-苄基磷酸酯杀菌剂的大量应用，近年来一些文献提到，该类化合物在使用过程中可能会对大米造成异臭。日本科学家村山尚指出，1966 年春在日本的东北地区发现米有残臭的情况，怀疑与 1965 年使用稻瘟净有关。后经调查结果证实，米的残臭是由一种霉菌引起，并非稻瘟净本身导致的。因此，目前异稻瘟净仍在使用。

下面介绍部分品种及其工艺路线。

9.3.2　稻瘟净[83]

稻瘟净（kitazine）是日本组合化学工业公司开发的杀菌杀虫剂。具有内吸作用，对水稻各生育期的病害有较好的保护和治疗作用。稻瘟净在水稻上有内吸渗透作用，可阻止菌丝产生孢子，起到保护和治疗作用。此外，稻瘟净对水稻小粒菌核病、纹枯病、颖枯病也有一定的效果，可兼治水稻飞虱、叶蝉。

对于稻瘟净的工艺路线，当前所采用的方法主要是铵盐法，即：将 PCl_3 与 C_2H_5OH 反应，生成二乙基亚磷酸酯后，再与硫黄、碳酸氢铵反应制得硫代磷酸铵盐，最后与苄氯反应制得稻瘟净原油。其合成工艺路线如图 9-78 所示。

$$C_2H_5OH \xrightarrow{PCl_3} (C_2H_5O)_2P{-}OH \xrightarrow{S,NH_4HCO_3} (C_2H_5O)_2P(=O){-}SNH_4 \xrightarrow{PhCH_2Cl} (C_2H_5O)_2P(=O){-}SCH_2Ph$$

图 9-78　稻瘟净的工艺路线

在上述工艺路线中，存在相关副反应，即：当反应介质中有水存在时，会得到副产物（图 9-79）。此外，硫代磷酸铵盐制备稻瘟净原油时会有异构体生成，但该异构体在有过量苄氯存在下加热，可以转化成稻瘟净。具体情况如图 9-80 所示的两个副反应。

$$(C_2H_5O)_2P(=S){-}OCH_2Ph$$

图 9-79　稻瘟净的工艺路线产生的副产物

$$(C_2H_5O)_2P{-}OH \xrightarrow{H_2O,NH_4HCO_3} (C_2H_5O)_2P(=O){-}ONH_4 \xrightarrow{PhCH_2Cl} (C_2H_5O)_2P(=O){-}OCH_2Ph$$

$$(C_2H_5O)_2P(=O){-}SNH_4 \xrightarrow{PhCH_2Cl} (C_2H_5O)_2P(=S){-}OCH_2Ph$$

图 9-80　稻瘟净的工艺路线过程中可能的副反应

9.3.3　异稻瘟净[84]

9.3.3.1　异稻瘟净的产业概况

异稻瘟净（iprobenfos）是由日本组合化学工业公司开发，具有中等毒性的有机磷杀菌剂，该产品同时具有内吸传导作用，属磷酸酯合成抑制剂。主要干扰细胞膜透性，阻止某些亲脂几丁质前体通过细胞质膜，使几丁质的合成受阻碍，细胞壁不能生长，从而抑制菌体的正常发育。适宜于水稻、玉米、棉花等作物防治稻瘟病、水稻纹枯病、玉米小斑病等病害，同时能兼治稻叶蝉、稻飞虱等害虫。

2000～2013 年异稻瘟净的登记情况如图 9-81 所示，其中 2008 年和 2009 年登记产品数量最多。

9.3.3.2　异稻瘟净的工艺概况

异稻瘟净的工艺路线十分简单，主要采用异丙醇与 PCl_3 反应，随后再与 S、NH_3 反应，然后与苄氯反应，即得异稻瘟净，其合成工艺路线如图 9-82 所示。

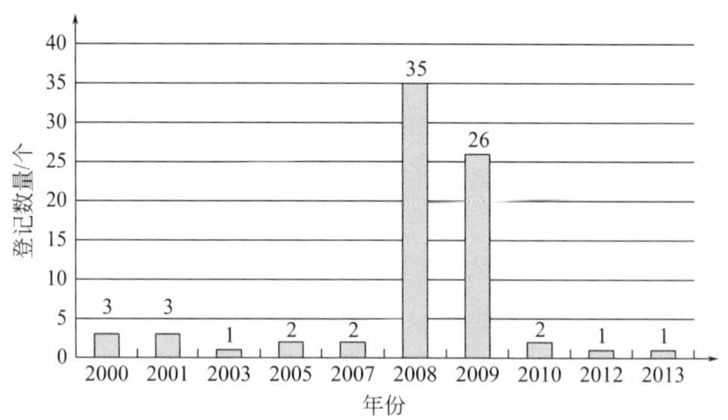

图 9-81　2000～2013 年异稻瘟净登记情况

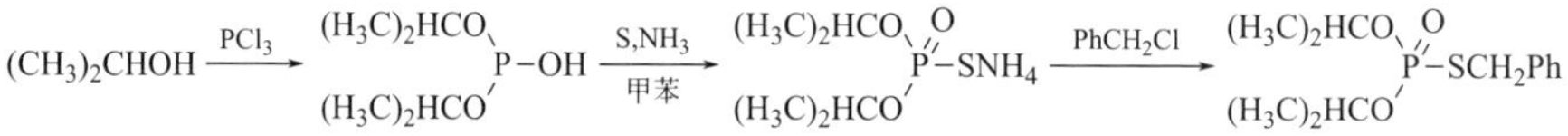

$$(CH_3)_2CHOH \xrightarrow{PCl_3} [(H_3C)_2HCO]_2P\text{-}OH \xrightarrow[\text{甲苯}]{S,NH_3} [(H_3C)_2HCO]_2P(=O)\text{-}SNH_4 \xrightarrow{PhCH_2Cl} [(H_3C)_2HCO]_2P(=O)\text{-}SCH_2Ph$$

图 9-82　异稻瘟净的合成工艺路线

该反应过程中会有相关的副反应产生，与上述稻瘟净可能会发生的副反应相似，硫代磷酸铵盐制备异稻瘟净原油会有异构体 $[(H_3C)_2HCO]_2P(=S)\text{-}OCH_2Ph$ 生成（如图 9-83 所示），但在有过量苄氯条件下加热，可以转化成异稻瘟净。

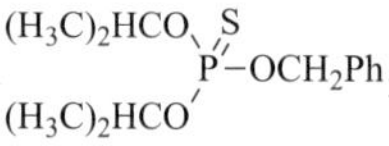

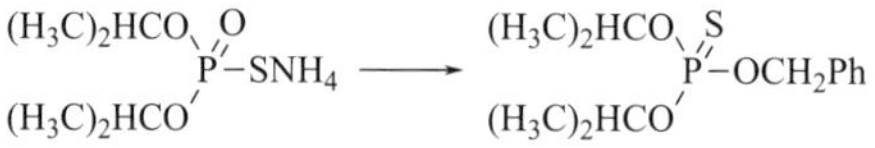

$$[(H_3C)_2HCO]_2P(=O)\text{-}SNH_4 \longrightarrow [(H_3C)_2HCO]_2P(=S)\text{-}OCH_2Ph$$

图 9-83　异稻瘟净的合成工艺路线中可能的副反应

9.3.4　磷酸酯

磷酸酯类型的农药品种主要包括了不含硫原子的磷（或膦）酸酯[85]。主要有如下几种类型：

（1）2,4,5-三氯苯基磷酸酯　1970 年平泽和夫报道了如图 9-84 所示的三氯苯基磷酸酯类化合物，其对稻瘟病具有良好的防治效果。

（2）2-硝基取代苯基磷酸酯类化合物　此类化合物对水稻稻瘟病和纹枯病有优良防治效果，而且对动物及鱼类毒性很低，如图 9-85 所示。

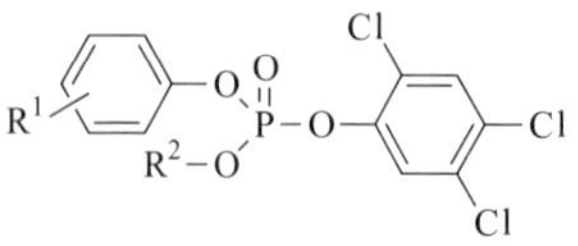

图 9-84　2,4,5-三氯苯基磷酸酯的结构

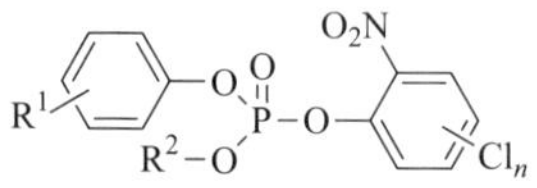

图 9-85　2-硝基取代苯基磷酸酯类化合物的结构

（3）2-硝基-4-氯-5-甲基取代苯基磷酸酯类化合物　其结构如图 9-86 所示。试验结果表明，其防治效果突出，而且不会产生二次药害。

（4）双取代苯基磷酸酯化合物　对稻瘟病亦有优良的防治效果，其中效果最好的是乙基双-(2,4-二氯苯基）磷酸酯（图 9-87）。

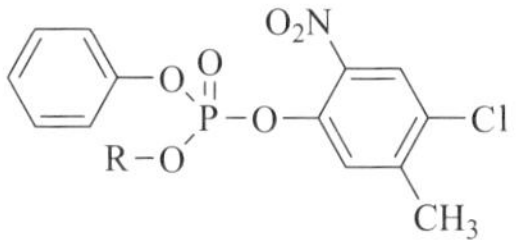

图 9-86　2-硝基-4-氯-5-甲基取代苯基磷酸酯类化合物的结构

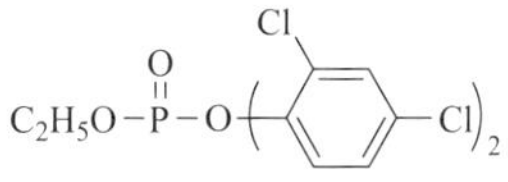

图 9-87　双取代苯基磷酸酯化合物的结构

将 20%的此化合物与 1%的春日霉素混合，作为稻瘟病的防除剂，效果优于异稻瘟净。

（5）*O*-乙基-*O*-苯基-*O*-邻（对）氰基苯基磷酸酯　如图 9-88 所示。其对稻瘟病的防治效果优于异稻瘟净，且无二次药害及异臭。

（6）卤代乙烯基磷酸酯　如溴代羧烷基二烷基磷酸酯（图 9-89），可作为防治植物根部腐烂的土壤杀菌剂和种子消毒剂。

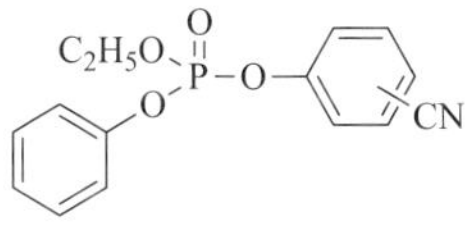

图 9-88　*O*-乙基-*O*-苯基-*O*-邻（对）氰基苯基磷酸酯的结构

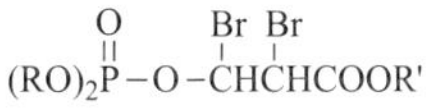

图 9-89　溴代羧烷基二烷基磷酸酯的结构

该类型的农药品种具有代表性的是灭瘟灵[86]。该品种是 1970 年报道的一种有机磷杀菌剂，纯品为无色透明油状液体，急性经口 LD_{50} 为 122mg/kg，对稻瘟病具优异防效。

该类产品的工艺路线（以灭瘟灵为例）：首先将苯酚与三氯氧磷反应，得到相应的磷酰二氯，再接连与一分子的乙醇和 2,4,5-三氯苯酚反应，即可制备得到目标物。灭瘟灵的合成工艺路线如图 9-90 所示。

在制备灭瘟灵的过程中，也会存在相关的副反应，即当苯酚与三氯氧磷反应时，难免会生成单磷酰氯以及三苯基磷酸酯；此外，磷酰二氯与乙醇反应过程中，也难免“两个氯”都会被取代掉，从而生成相应的三磷酸酯，具体情况见图 9-91。

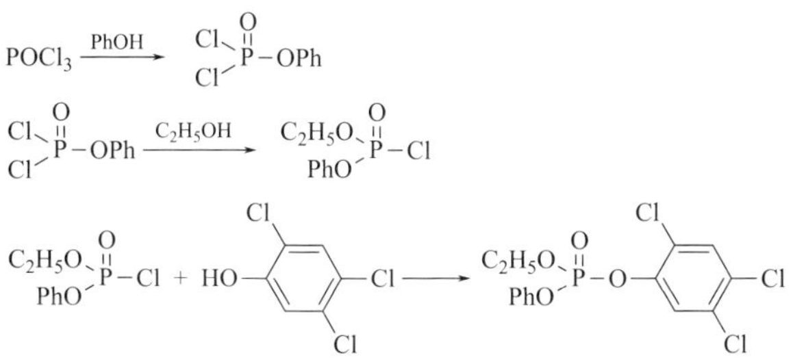

图 9-90　灭瘟灵的合成工艺路线

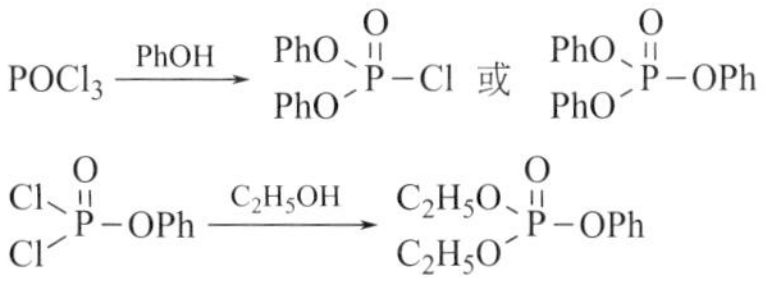

图 9-91　灭瘟灵的合成工艺路线过程中可能会发生的副反应

通常，在有机磷化物中的烷酯基位置引进一个酰氨基，会使该化合物具有一定的杀菌活性。这样的品种包括灭菌磷、威菌磷等品种[87]。以下简要介绍这两个品种及其工艺路线。

9.3.5 灭菌磷

9.3.5.1 灭菌磷的产业概况

灭菌磷（ditalimfos）是磷酰胺杀菌剂的代表品种。由于此化合物具有弱的胆碱酯酶阻碍作用，因此对动物的毒性极低，经口致死中量 LD_{50} 是 5660mg/kg。它能有效地控制果树和观赏植物白粉病（powdery mildew）病害的发生，有治疗和保护作用。

9.3.5.2 灭菌磷的工艺概况

对于灭菌磷的合成，其方法较为简单，首先是制备得到二乙基硫代磷酰氯，再与邻苯二甲酰亚胺钾盐反应，便可以制备得到相应的灭菌磷产品。其合成工艺路线如图 9-92 所示。

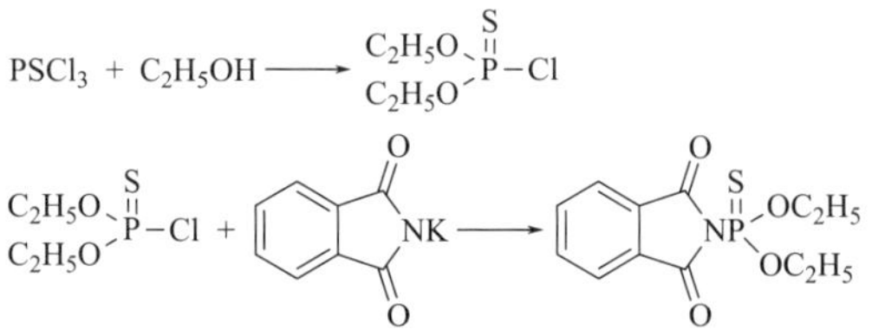

$$PSCl_3 + C_2H_5OH \longrightarrow (C_2H_5O)_2P(=S)-Cl$$

$$(C_2H_5O)_2P(=S)-Cl + \text{邻苯二甲酰亚胺钾盐 (NK)} \longrightarrow \text{N-P(=S)}(OC_2H_5)_2$$

图 9-92 灭菌磷的合成工艺路线

9.3.6 威菌磷[88]

9.3.6.1 威菌磷的产业概况

威菌磷（triamiphos）是磷酸三酰胺类杀菌剂的代表品种。它主要应用于玫瑰和苹果白粉病的防治。此化合物有广谱生物活性，具有杀虫、杀菌、杀螨活性，有内吸性，但对动物的毒性很高，经口致死中量 LD_{50} 是 20mg/kg。威菌磷的作用机制：主要抑制菌中几丁质的合成。

9.3.6.2 威菌磷的工艺概况

关于威菌磷的合成方法，根据所采用的原料不同，主要有两种：第一种方法是将二甲氨基磷酰二氯与苯基取代的三唑胺反应后，再与二甲胺反应［见图 9-93（a）］；第二种方法是先将苯基取代的三唑胺与三氯氧磷反应后，得苯基取代的三唑胺取代的磷酰二氯，然后再与两分子的二甲胺反应即可以得到威菌磷［见图 9-93（b）］[89]。

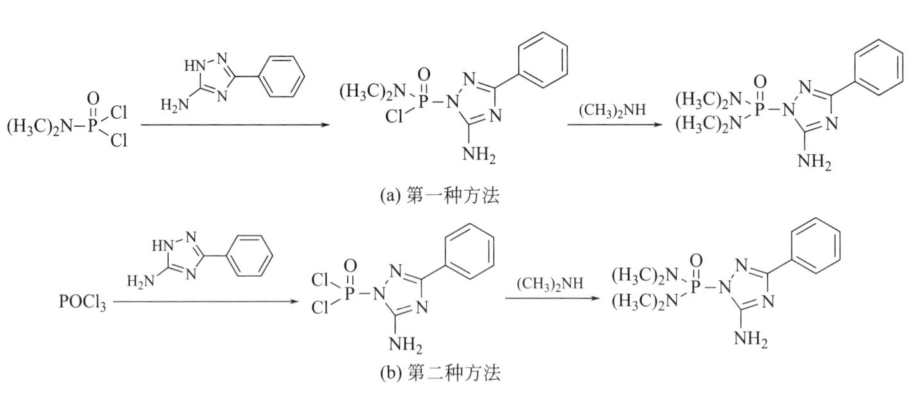

(H₃C)₂N−P(O)Cl₂ —(3-氨基-5-苯基-1,2,4-三唑)→ (H₃C)₂N−P(O)(Cl)−三唑 —$(CH_3)_2NH$→ [$(H_3C)_2N$]₂P(O)−三唑

(a) 第一种方法

$POCl_3$ —(3-氨基-5-苯基-1,2,4-三唑)→ Cl₂P(O)−三唑 —$(CH_3)_2NH$→ [$(H_3C)_2N$]₂P(O)−三唑

(b) 第二种方法

图 9-93 威菌磷的合成工艺路线

9.3.7 其他的磷酸酯

O-甲基-苯基-*O*-(2,5-二氯-4-溴)苯基硫代磷酸酯（图 9-94），对稻瘟病有优良的防治

效果[90]。

近年来也出现了对稻瘟病及稻白叶枯病具有卓越效果的化合物，其中比较有代表性的品种是吡菌磷[91~95]。吡菌磷属于黑色素合成抑制剂，具有保护、治疗作用及内吸作用，适用于禾谷类作物、蔬菜、果树等，可防治各种白粉病、根腐病和云纹病等病害。吡菌磷的合成工艺路线如图 9-95 所示。即：以乙酰乙酸乙酯、氰基乙酸乙酯、原甲酸三乙酯、水合肼、O,O-二乙基硫酮代磷酰氯为原料。先将乙酰乙酸乙酯与原甲酸三乙酯缩合后得到中间体 2-乙氧亚甲基乙酰乙酸乙酯，再将氰基乙酸乙酯与水合肼闭环得到 3-氨基-1H-吡唑-5(4H)-酮，最后将两者进行反应闭环得到吡啶并吡唑中间体，随后与硫酮代磷酰氯反应，即得到吡菌磷。

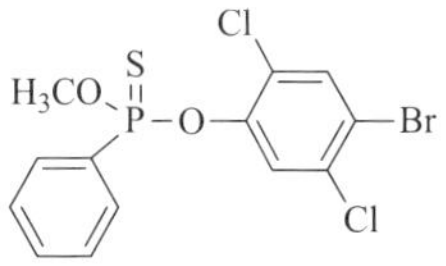

图 9-94　O-甲基苯基-O-(2,5-二氯-4-溴)苯基硫逐磷酸酯

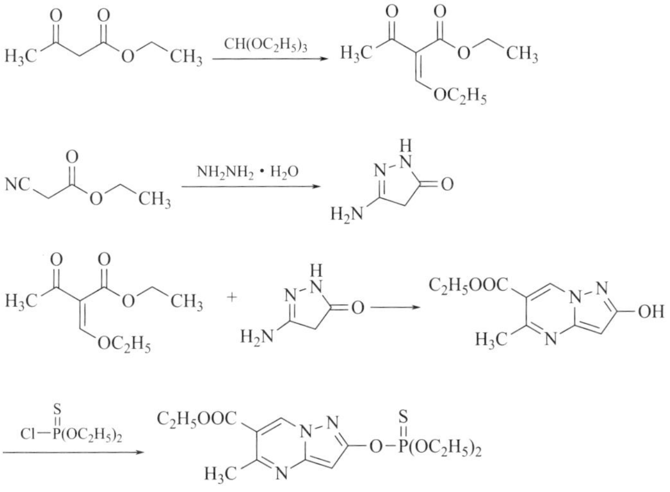

图 9-95　吡菌磷的合成工艺路线

9.4　甲氧基丙烯酸酯类杀菌剂

9.4.1　甲氧基丙烯酸酯类杀菌剂发展概述

strobilurin A 和 oudemansin A 分别是从木腐担子菌——附胞球果菌（*Strobilurins tenacellus*）和霉状小奥德蘑（*Oudemansiella mucida*）分离得到的两种具有杀菌活性的天然抗生素（图 9-96[96,97]）。人们以此为先导结构，经过近二十年的优化改造和生物活性研究，最终开发出了一类新颖、广谱、高效的新型农用杀菌剂——β-甲氧基丙烯酸酯类杀菌剂，又称 strobilurin 类杀菌剂[98]。1996 年由捷利康公司（现先正达公司）开发的首个 strobilurin 类杀菌剂嘧菌酯上市，之后巴斯夫公司的醚菌酯、拜耳公司的肟菌酯等 strobilurin 类杀菌剂相继面世，并在短短 10 余年时间里 strobilurin 类杀菌剂已成为农用杀菌剂市场中的主流产品之一。2011 年甲氧基丙烯酸酯类杀菌剂销售额为 31.71 亿美元，已超过三唑类，占杀菌剂销售额（133.05 亿美元）的 23.8%，占全球农药市场销售额（503.05 亿美元）的 6.3%，在各类杀菌剂中位列首席，在杀菌剂开发史上树立了继苯并咪唑类和三唑类杀菌剂之后又一个新的里程碑[99]。

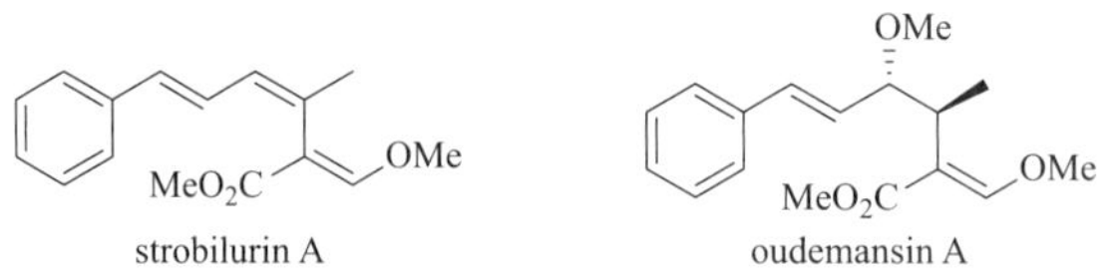

图 9-96 strobilurin A 和 oudemansin A 的化学结构

目前活跃在国际农药市场上的甲氧基丙烯酸酯类杀菌剂已有十多个，表 9-10 所示为世界各大农药公司和国内外科研机构商品化和在研杀菌剂[100~102]。其中先正达公司（Syngenta）的嘧菌酯自 1996 年 4 月获得首次登记并于 1996 年底在德国上市，第二年销售额就达到 6300 万英镑，1998 年销售额达到 1.84 亿英镑，成为当时世界上销售额最大的杀菌剂品种之一，2011 年市场销售额为 12.45 亿美元，雄居杀菌剂市场第一位。2000 年先正达又公布了啶氧菌酯，并于 2001 年在德国登记。德国巴斯夫公司（BASF）继 1996 年向市场推出醚菌酯以来[103]，又分别于 2002 年、2003 年和 2006 年推出了吡唑醚菌酯、醚菌胺和肟醚菌胺，一共上市了 4 个 strobilurin 类杀菌剂，成为成功开发此类杀菌剂最多的公司[104~106]。其中的吡唑醚菌酯以其广谱性迅速抢占市场，2011 年销售额已上升至 7.90 亿美元，位居 strobilurin 类杀菌剂市场第二位，仅次于嘧菌酯。德国拜耳公司（Bayer）1998 年研发了肟菌酯，1999 年该产品推向市场；1994 年又发现氟嘧菌酯，于 2004 年投放市场。其中肟菌酯 2011 年销售额达 5.85 亿美元。日本盐野义公司（Shionogi）是从事该领域研究最早的公司之一，1993 年研究发现了苯氧菌胺，1999 年上市，成为防治水稻稻瘟病的优良杀菌剂。杜邦新近研制的 DPX-KZ165 也属于 strobilurin 类杀菌剂。此外，日本和韩国也有多个 strobilurin 类杀菌剂推出，如宇部兴产的 UBF-307 等。国内也有多个研究机构在 strobilurin 杀菌剂领域的研究卓有成效，有多个高活性化合物推出[107-109]，如沈阳化工研究院开发的烯肟菌酯、烯肟菌胺、丁香菌酯和唑菌酯，浙江化工研究院研发的苯醚菌酯，华中师范大学研发的苯噻菌酯都很有市场前景。

表 9-10 目前商品化和开发中的甲氧基丙烯酸酯类杀菌剂[110-115]

序号	名称	结构式	研发公司
1	嘧菌酯 azoxystrobin	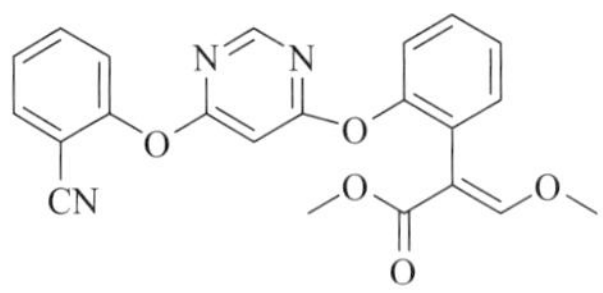	英国 Syngenta
2	醚菌酯 kresoxin-methyl	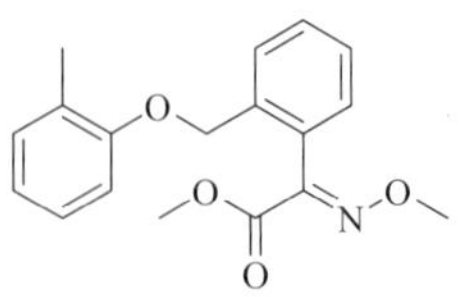	德国 BASF
3	苯氧菌胺 metominostrobin	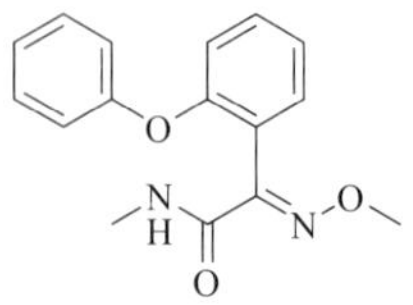	日本 Shionogi

续表

序号	名称	结构式	研发公司
4	肟菌酯 trifloxystrobin	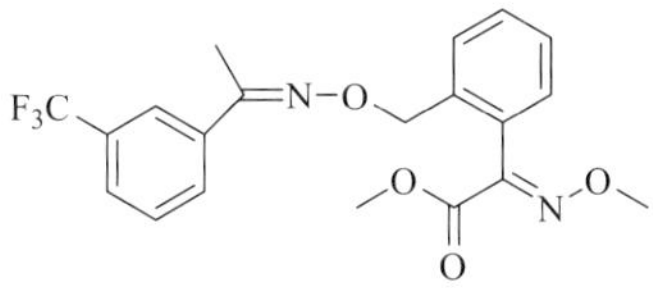	德国 Bayer
5	氟嘧菌酯 fluoxystrobin	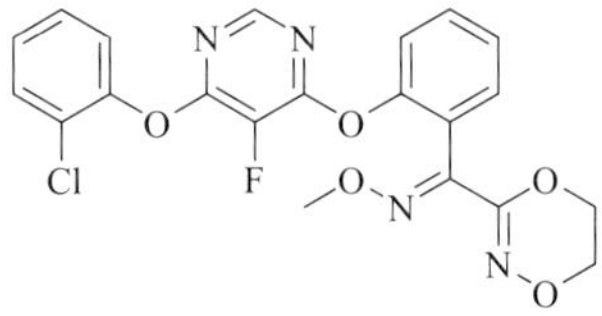	德国 Bayer
6	烯肟菌酯 enestroburin	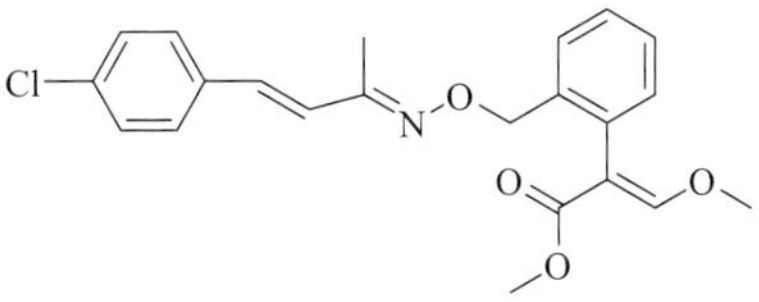	沈阳化工研究院
7	啶氧菌酯 picoxystrobin	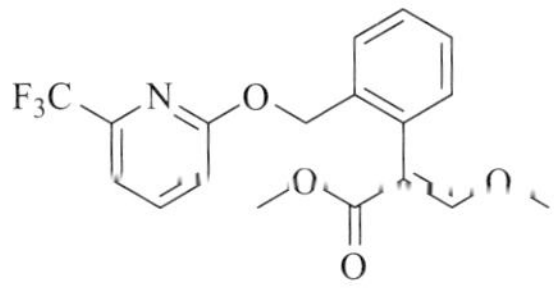	英国 Syngenta
8	吡唑醚菌酯 pyraclostrobin	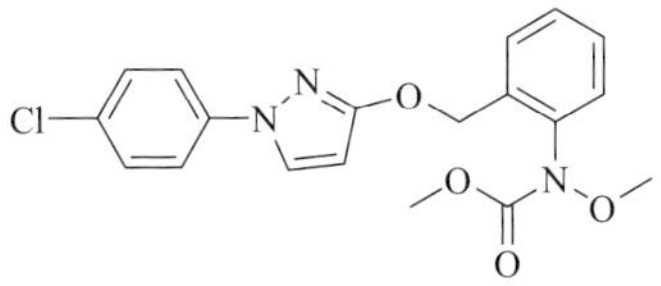	德国 BASF
9	醚菌胺 dimoxystrobin	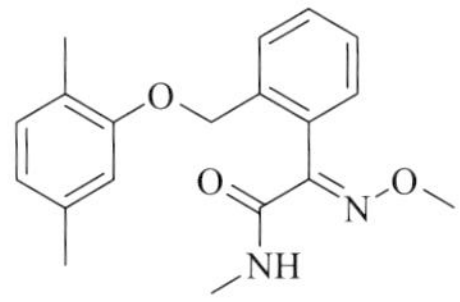	德国 BASF
10	DPX-KZ165	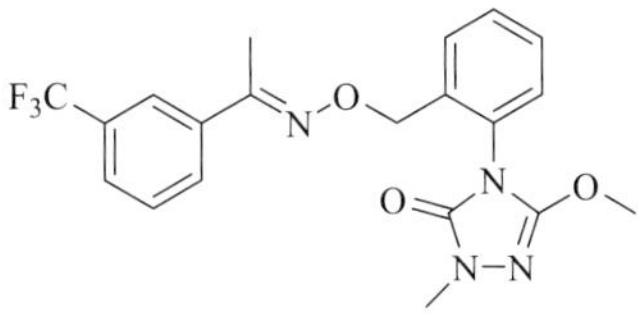	美国 Dupont
11	烯肟菌胺	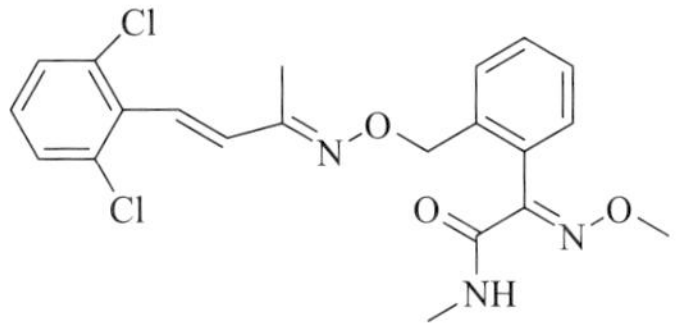	沈阳化工研究院
12	苯醚菌酯	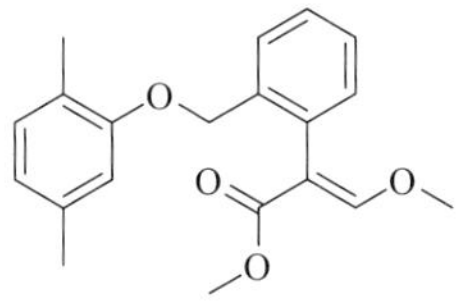	浙江化工研究院

续表

序号	名称	结构式	研发公司
13	肟醚菌胺 orysastrobin	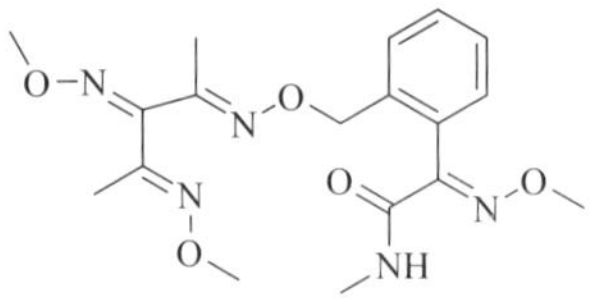	德国 BASF
14	苯噻菌酯	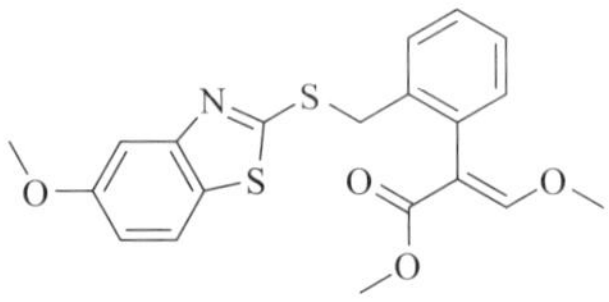	华中师范大学
15	丁香菌酯 coumoxystrobin	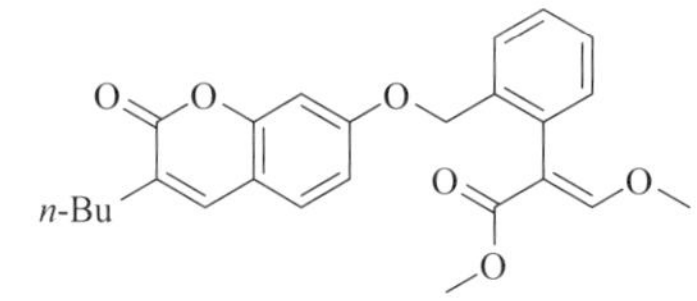	沈阳化工研究院
16	唑菌酯 pyrazoxystrobin	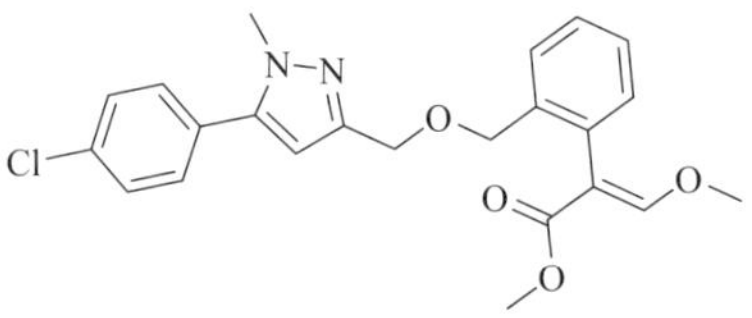	沈阳化工研究院
17	UBF-307	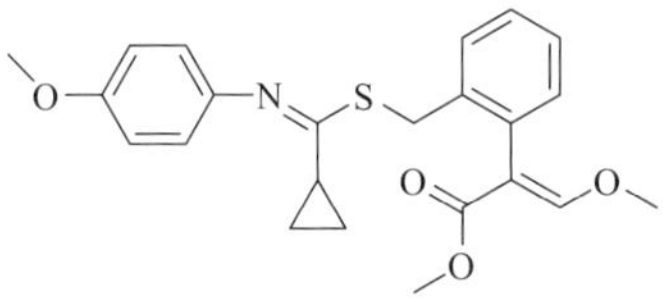	日本宇部兴产
18	krea. developing	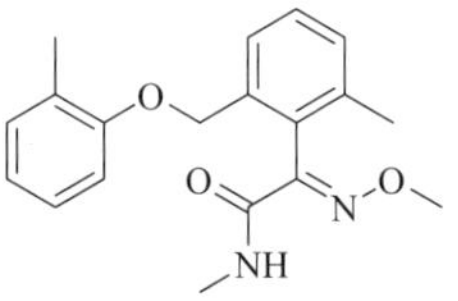	韩国 Dongbu Hannong

9.4.1.1 药效团 β-甲氧基丙烯酸酯的工艺概况

药效团β-甲氧基丙烯酸酯是代表性品种嘧菌酯、啶氧菌酯、UBF-307、烯肟菌酯、唑菌酯、苯噻菌酯、苯醚菌酯、丁香菌酯等品种的关键中间体，也是该类农药品种的重要药效团结构，因此了解该中间体的工艺路线，十分必要。对于该中间体的工艺路线，按照原料的不同，有以下三种方法[116,117]：

（1）以邻甲基苯乙酸为原料　以邻甲基苯乙酸为起始原料，与甲醇反应进行酯化，然后与甲酸甲酯缩合，再与硫酸二甲酯进行甲基化，最后与 NBS 反应对甲基进行溴化，即可以得到目标中间体，合成工艺路线如图 9-97 所示。

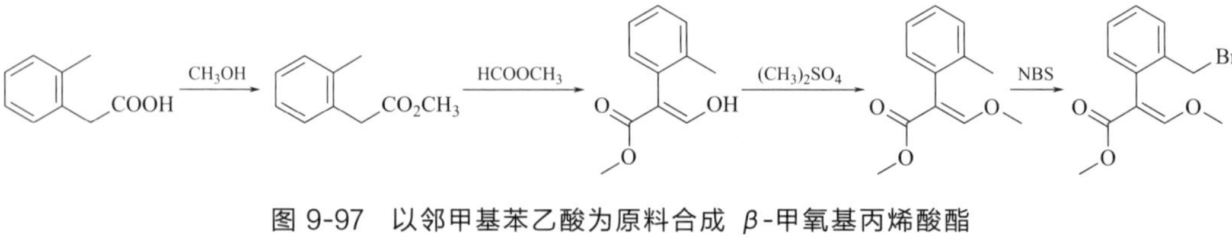

图 9-97　以邻甲基苯乙酸为原料合成 β-甲氧基丙烯酸酯

（2）以邻二甲苯为原料　以邻二甲苯为起始原料，将其中的一个甲基进行氯化后，再与氰化钠反应，在甲基侧链上连上氰基，随后在碱性条件下水解得羧酸，然后再采用如上述方法一所示的方法经过酯化、缩合、甲基化以及溴化等反应合成药效团部分，其合成工艺路线如图 9-98 所示。

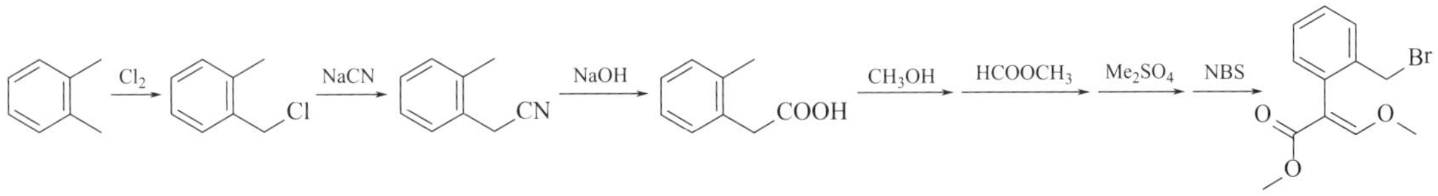

图 9-98　以邻二甲苯为原料合成 β-甲氧基丙烯酸酯

（3）以邻羟基苯乙酸为原料　以邻羟基苯乙酸为起始原料，与甲醇进行酯化反应得到邻羟基苯乙酸甲酯，随后该中间体与苄基溴反应进行醚化（目的是将羟基保护起来），随后再缩合、甲基化、脱苄基保护，即可合成药效团部分。合成工艺路线如图 9-99 所示。

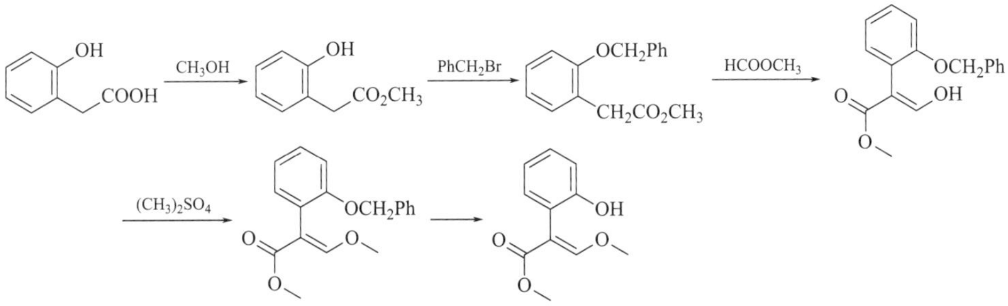

图 9-99　以邻羟基苯乙酸为原料合成 β-甲氧基丙烯酸酯

9.4.1.2　药效团 α-甲氧亚氨基乙酸甲酯的工艺概况

药效团 α-甲氧亚氨基乙酸甲酯是醚菌酯、肟菌酯的关键中间体，α-甲氧亚氨基乙酸甲酯的工艺路线多种多样，但按照原料的不同，主要有以下六种[118-121]：

（1）以邻苯二甲酸酐为原料　以邻苯二甲酸酐为起始原料，经过还原、开环之后得到邻氯甲基苯甲酰氯，再在该中间体结构基础上连上氰基，经过酯化、肟醚化便可以得到目标中间体，合成工艺路线如图 9-100 所示。

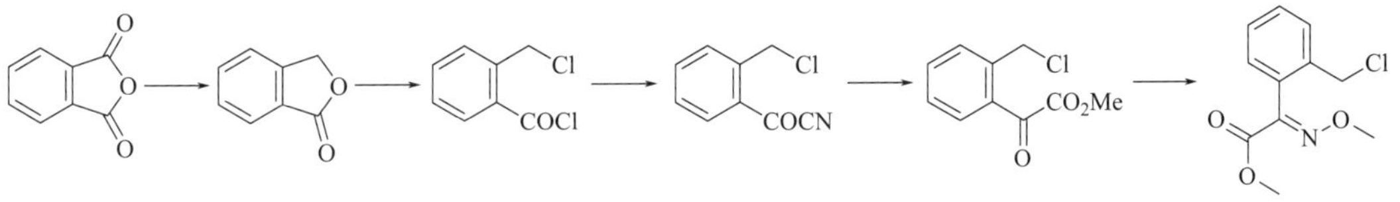

图 9-100　以邻苯二甲酸酐为原料合成 α-甲氧亚氨基乙酸甲酯

（2）以邻甲基苯甲醛为原料　以邻甲基苯甲醛为原料，经过五步合成药效团中间体，合成工艺路线如图 9-101 所示。

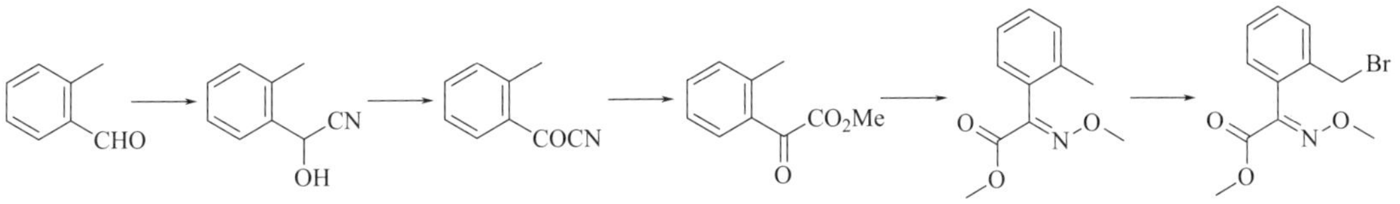

图 9-101　以邻甲基苯甲醛为原料合成 α-甲氧亚氨基乙酸甲酯

（3）以邻甲基苯乙酮为原料　以邻甲基苯乙酮为原料，经过高锰酸钾氧化生成邻甲基苯甲酰甲酸，随后进行酯化，再与甲氧基胺反应后得到酮肟，随后再与 NBS 反应，对甲基进行溴化后，得到该药效团。合成工艺路线如图 9-102 所示。

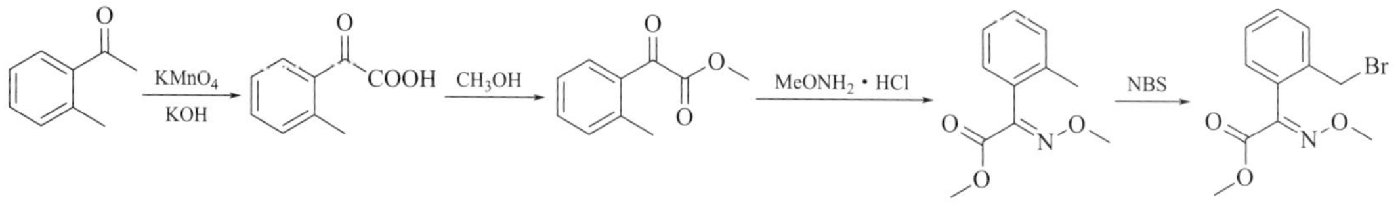

图 9-102　以邻甲基苯乙酮为原料合成 α-甲氧亚氨基乙酸甲酯

（4）以邻溴甲苯为原料　以邻溴甲苯和乙二酰氯单甲酯为原料，通过铜锂试剂进行偶联反应制备酮酯，与甲氧胺缩合后，以 NBS 溴化即可合成药效团中间体。合成工艺路线如图 9-103 所示。

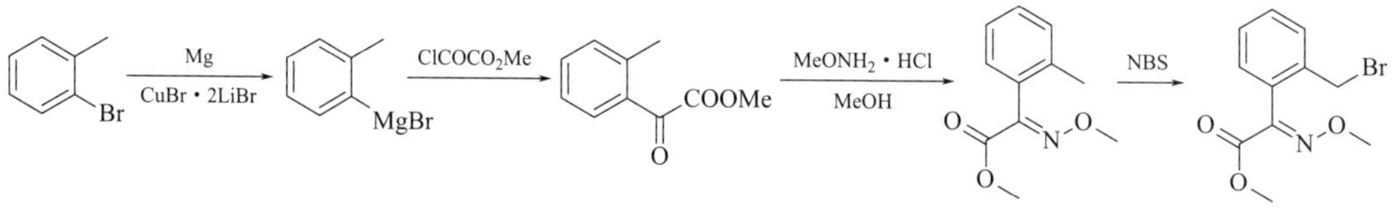

图 9-103　以邻溴甲苯为原料合成 α-甲氧亚氨基乙酸甲酯

（5）以邻甲基苯甲酸为原料　以邻甲基苯甲酸为原料，制备得到邻甲基苯甲酰氯，然后上氰基、酯化、肟醚化，再对甲基进行溴化，即得到目标中间体。合成工艺路线如图 9-104 所示。

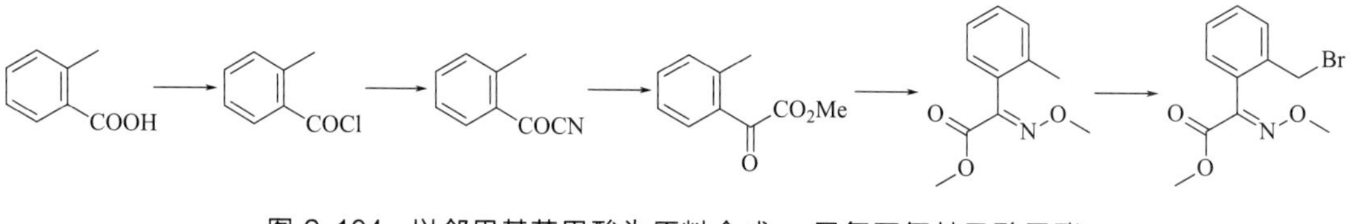

图 9-104　以邻甲基苯甲酸为原料合成 α-甲氧亚氨基乙酸甲酯

（6）以 *N*,*N*-二甲基苄胺为原料　以 *N*,*N*-二甲基苄胺与草酸二甲酯为原料，在 *N*,*N*-二乙基的邻位上引入 MeOCOCO 后，再用 Cl 将 $N(CH_3)_2$ 取代，随后进行肟醚化，即得到目标中间体。该合成工艺路线如图 9-105 所示。

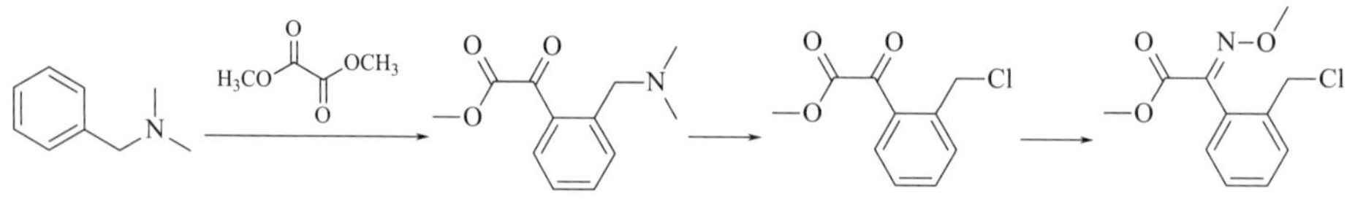

图 9-105　以 N, N-二甲基苄胺为原料合成 α-甲氧亚氨基乙酸甲酯

9.4.1.3　药效团甲氧亚氨基乙酰胺的工艺概况

甲氧亚氨基乙酰胺是苯氧菌胺、醚菌胺、肟醚菌胺、烯肟菌胺和 krea. developing 等甲氧基丙烯酸酯类杀菌剂的关键中间体。对于该药效团的工艺路线，基本都是在肟醚乙酸酯结构的基础上氨解制备的，其代表性化合物就是苯氧菌胺。苯氧菌胺并不是对天然产物 strobilurin 模拟的类似物，而是日本盐野义制药公司根据公司的异噁唑类化合物开发的新杀菌剂。苯氧菌胺于 1993 年在日本登记，该药剂对多种水稻病害具有很好的预防和治疗效果，且持效期长，较之其他相关药剂可减少施药次数，减轻对环境的影响。下面以代表性品种苯氧菌胺的工艺路线为例，介绍药效团甲氧亚氨基乙酰胺的工艺路线[122-124]：

（1）以邻氯溴苯为原料　以邻氯溴苯为原料，首先构建苯氧菌胺的侧链部分，得到苯氧基溴苯，随后再与 2-(1*H*-咪唑-1-基)-2-乙酮酸甲酯反应，得到 2-苯氧基苯甲酰甲酸甲酯，随后进行肟醚化，而后氨解，即得到苯氧菌胺。其中的药效团甲氧亚氨基乙酰胺就是经过这种方法构建的，合成工艺路线如图 9-106 所示。

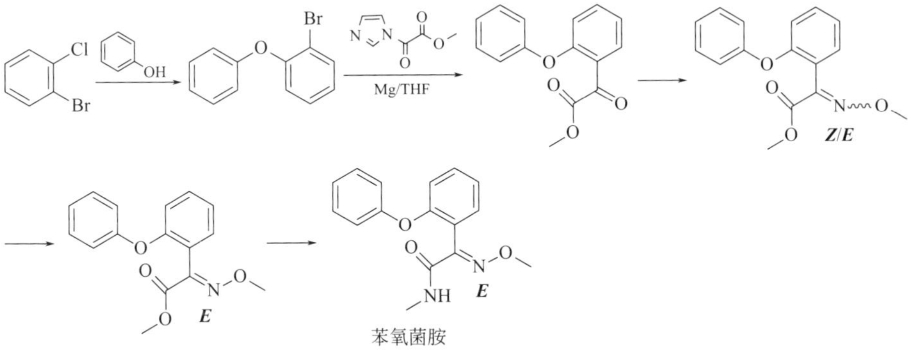

Mg/THF

Z/*E*

E

E

苯氧菌胺

图 9-106　药效团甲氧亚氨基乙酰胺的构建（方法 1）

（2）以邻甲基苯酚为原料　以邻甲基苯酚为原料，同样先构建侧链部分，即生成 2-苯氧基甲苯，随后进行卤化、氰基化、肟化、肟醚化，之后再将氰基酯化，在此结构基础上反应即得到苯氧菌胺。合成工艺路线如图 9-107 所示。

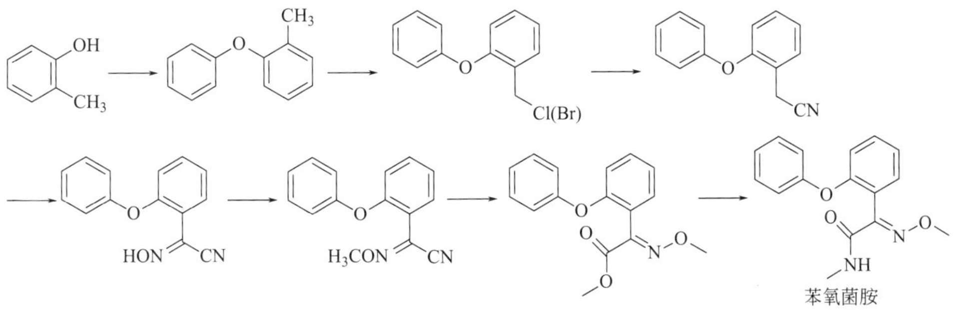

苯氧菌胺

图 9-107　药效团甲氧亚氨基乙酰胺的构建（方法 2）

（3）以邻羟基苯甲酸甲酯为原料　以邻羟基苯甲酸甲酯为原料，先构建侧链部分得到 2-苯氧基苯甲酸甲酯，经过酸化得到 2-苯氧基苯甲酸，之后生成酰氯，再引入氰基，随后进行肟醚化酯化（也可以将氰基化的产物先进行酯化后再肟醚化），氨解即得到产品。合成工艺路线如图 9-108 所示。

9.4.1.4　药效团甲氧基氨基甲酸酯的工艺概况

含药效团甲氧基氨基甲酸酯的代表性品种是吡唑醚菌酯。该中间体的工艺路线基本上都以邻硝基甲苯为起始原料，经过四步反应可得到目标中间体（如图 9-109 所示）[125]。

9.4.1.5　药效团杂环的工艺概况

在前面介绍的药效团结构基础上，拜耳公司和杜邦公司采用关环的策略巧妙避开了其他公司的专利保护，也各自推出了商品化的甲氧基丙烯酸酯类杀菌剂。

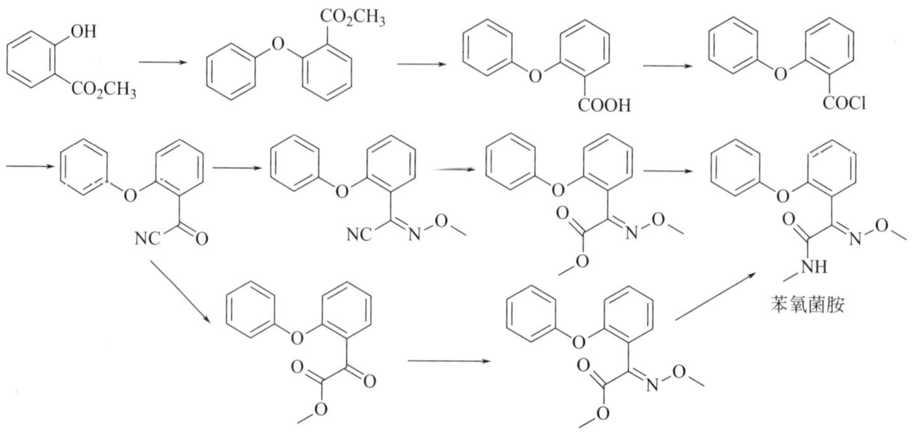

图 9-108　药效团甲氧亚氨基乙酰胺的构建（方法 3）

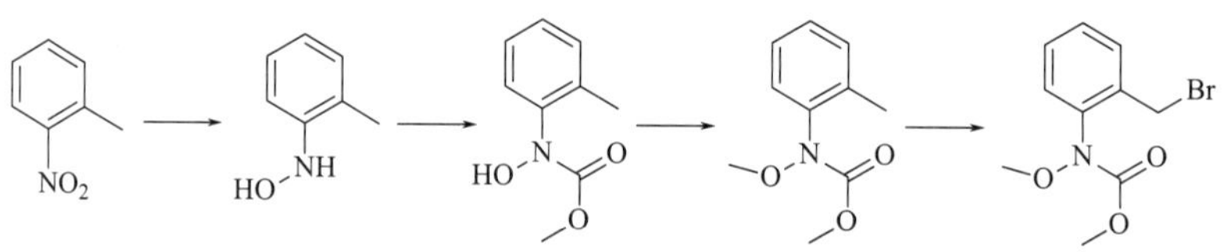

图 9-109　甲氧基氨基甲酸酯的工艺路线

氟嘧菌酯是德国拜耳公司 2004 年开发的，其药效团杂环是在链状的甲氧亚氨基乙酰胺基础上关二噁嗪环得来的。以邻羟基苯乙酸甲酯为原料，经过六步合成药效团杂环，然后以邻氯苯酚和 4,5,6-三氟嘧啶为原料合成侧链中间体，再将其与药效团部分拼接，即可制得商品化药剂氟嘧菌酯[126]。合成工艺路线如图 9-110 所示。

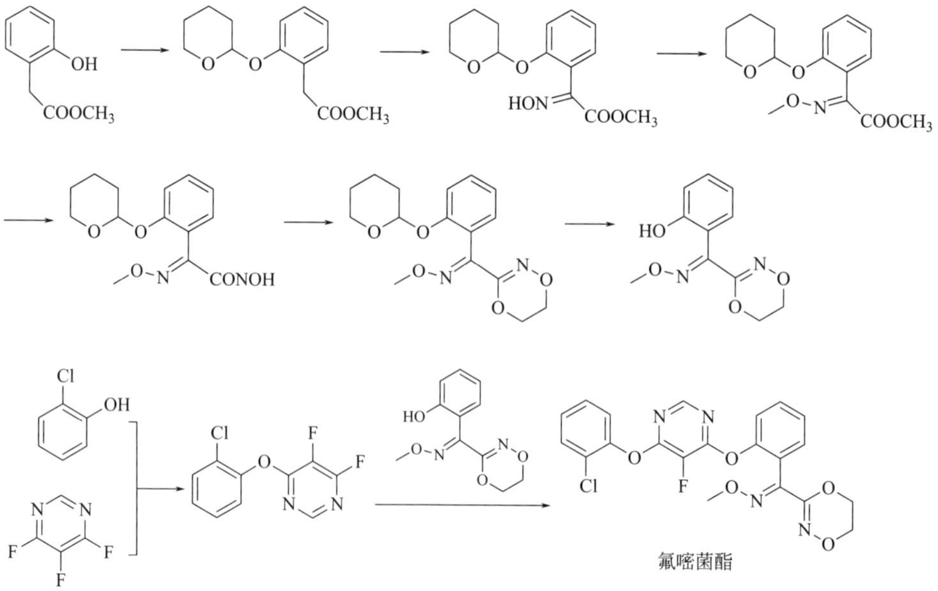

图 9-110　药效团二噁嗪和氟嘧菌酯的合成工艺路线

杜邦公司在药效团进行环化改造上同样获得成功，结合 strobilurin 类杀菌剂的药效团 β-甲氧基丙烯酸甲酯和肟醚乙酰胺结构，直接将链状药效团改为环状，经结构优化得到杀菌活性很好的 1,2,4-三唑啉酮类化合物，制得了 DPX-KZ165[127]。药效团部分三唑啉酮的合成工艺路线如图 9-111 所示。

图 9-111　药效团三唑啉酮的合成工艺路线

9.4.2　嘧菌酯

9.4.2.1　嘧菌酯的产业概况

嘧菌酯（azoxystrobin）是世界上第一个商品化的甲氧基丙烯酸酯类杀菌剂，也是目前世界上销量最大的杀菌剂，其杀菌谱广，对几乎所有的真菌纲（子囊菌纲、担子菌纲、卵菌纲和半知菌类）病害，包括白粉病、锈病、颖枯病、网斑病、霜霉病、稻瘟病等均有良好的防治效果，适用于谷物、水果、大豆、蔬菜、草坪和观赏性植物等。2010 年 2 月嘧菌酯制剂专利保护到期，同时关于中间体和合成工艺的专利也于 2011 年年底到期。

2006～2018 年嘧菌酯的登记情况如图 9-112 所示，主要登记剂型有悬浮剂、原药和水分散粒剂，其中 2014 年登记产品数量最多。

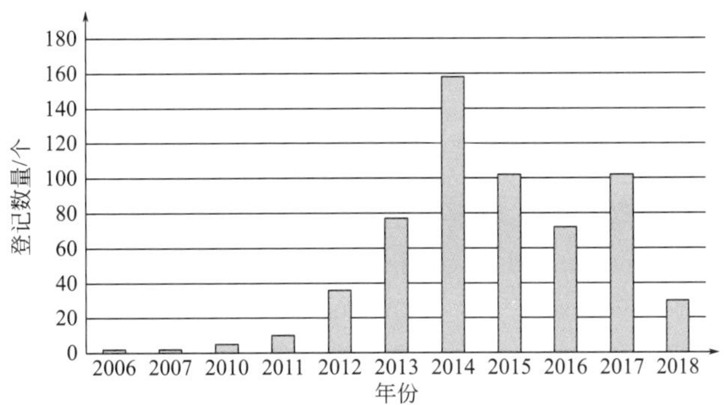

图 9-112　2006～2018 年嘧菌酯的登记情况

9.4.2.2　嘧菌酯的工艺概况

嘧菌酯的合成工艺路线很多，但是一般均以邻羟基苯乙酸或水杨醛为起始原料，其中代表性工艺路线有两种[128-130]：

（1）以邻羟基苯乙酸为原料　以邻羟基苯乙酸为原料，生成 α-(2-羟基苯基)-β-甲氧基丙烯酸甲酯之后，再与二氯嘧啶反应进行第一步醚化，随后与 2-氰基苯酚反应进行第二步醚化，制得嘧菌酯。合成工艺路线如图 9-113 所示。

（2）以水杨醛为原料　以水杨醛为原料，经醚化、还原、氯化、氰化等一系列反应得药效团部分，然后侧链部分醚化即可制得嘧菌酯。合成工艺路线如图 9-114 所示。

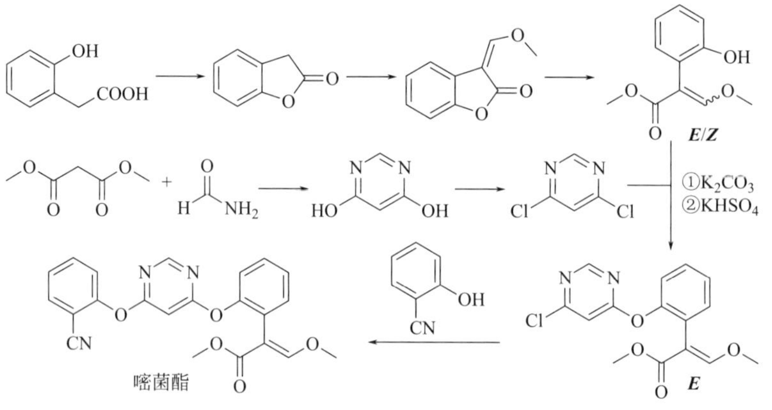

图 9-113　嘧菌酯的合成工艺路线（方法 1）

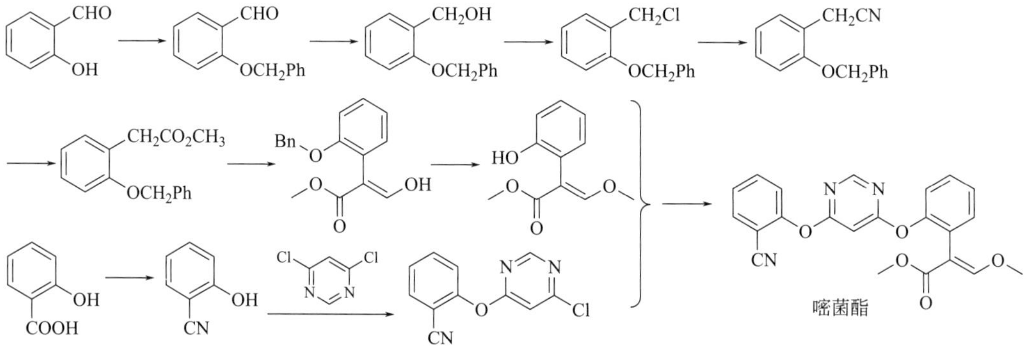

图 9-114　嘧菌酯的合成工艺路线（方法 2）

9.4.3　苯噻菌酯

华中师范大学杨光富课题组开展新型绿色农药的合理设计研究，开发了基于药效团连接的碎片筛选方法（pharmacophore-linked fragment virtual screening，PFVS），筛选出具有自主知识产权的 strobilurin 类杀菌剂苯噻菌酯（benzothiostrobin）[131,132]。苯噻菌酯酶水平和田间活性测试均优于对照药剂嘧菌酯和醚菌酯，其合成工艺路线如图 9-115 所示。

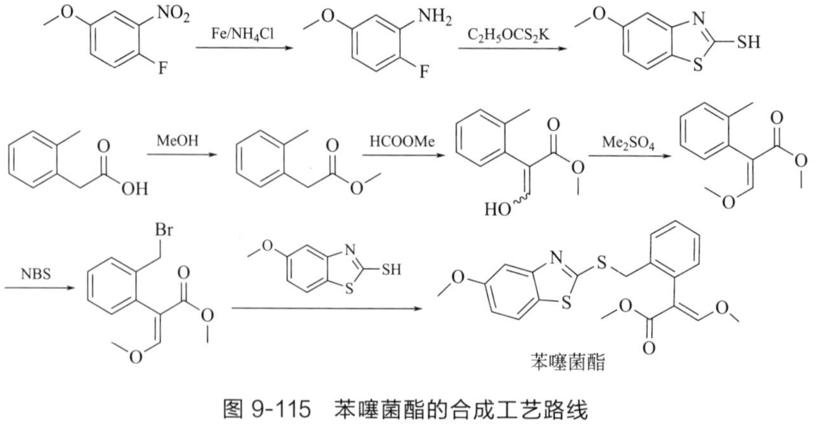

图 9-115　苯噻菌酯的合成工艺路线

9.4.4 丁香菌酯

9.4.4.1 丁香菌酯的产业概况

丁香菌酯（coumoxystrobin）是沈阳化工研究院开发的具有自主知识产权的新杀菌剂，是基于天然产物 strobilurin A 和香豆素进行活性亚结构拼接优化得来的，是一种保护性杀菌剂，同时兼有一定的治疗作用。其具有广谱、低毒、高效、安全的特点，有免疫、预防、治疗、增产增收作用[133]。

丁香菌酯登记情况如表 9-11 所示，生产企业均为吉林省八达农药有限公司，登记剂型有悬浮剂和原药。

表 9-11　丁香菌酯登记情况

登记证号	登记名称	剂型	总含量	有效期至	生产企业
LS20130500	丁香·戊唑醇	悬浮剂	40%	2016-12-9	吉林省八达农药有限公司
PD20161261	丁香菌酯	悬浮剂	20%	2021-9-18	吉林省八达农药有限公司
PD20161260	丁香菌酯	原药	96%	2021-9-18	吉林省八达农药有限公司
PD20172631	丁香菌酯	悬浮剂	0.15%	2022-11-20	吉林省八达农药有限公司

9.4.4.2 丁香菌酯的工艺概况

以乙酰乙酸乙酯为起始原料，与正丁基溴在碱性条件下反应后再与间苯二酚闭环生成香豆素环，然后与前述方法中制备得到的药效团 β-甲氧基丙烯酸酯反应，进行醚化即可得到丁香菌酯。合成工艺路线如图 9-116 所示。

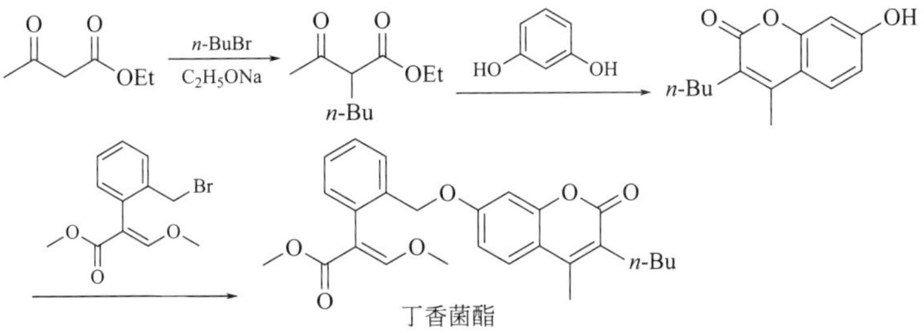

图 9-116　丁香菌酯的合成工艺路线

9.4.5 醚菌酯

9.4.5.1 醚菌酯的产业概况

醚菌酯（kresoxim-methyl）又称苯氧菌酯，是由 BASF 公司 1996 年推出的 strobilurin 类杀菌剂，是最早进入市场的 strobilurin 类杀菌剂的两个品种之一，有着广谱、高效的活性，且具有高度的选择性，对环境友好。2002～2018 年醚菌酯的登记情况如图 9-117 所示，其中 2017 年登记产品数量最多。以悬浮剂和水分散粒剂为主要登记剂型。

9.4.5.2 醚菌酯的工艺概况

醚菌酯的合成工艺路线较多[134,135]，现将部分工艺路线介绍如下：

（1）以邻甲基苯酚和邻溴苄溴为原料　以邻甲基苯酚以及邻溴苄溴为起始原料，经过醚化、格氏反应等步骤即可制得醚菌酯。其合成工艺路线如图 9-118 所示。

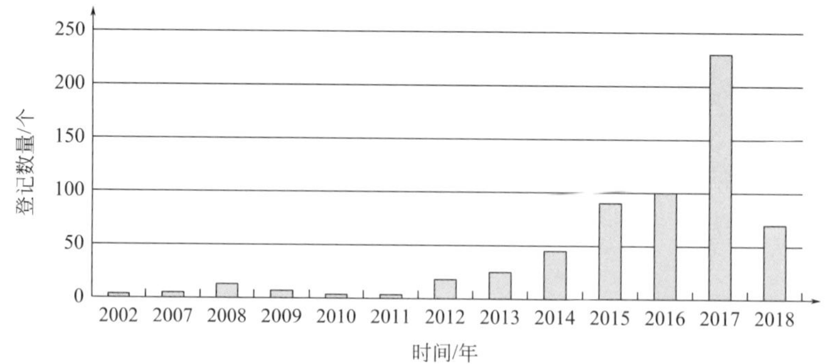

图 9-117　2002~2018 年醚菌酯的登记情况

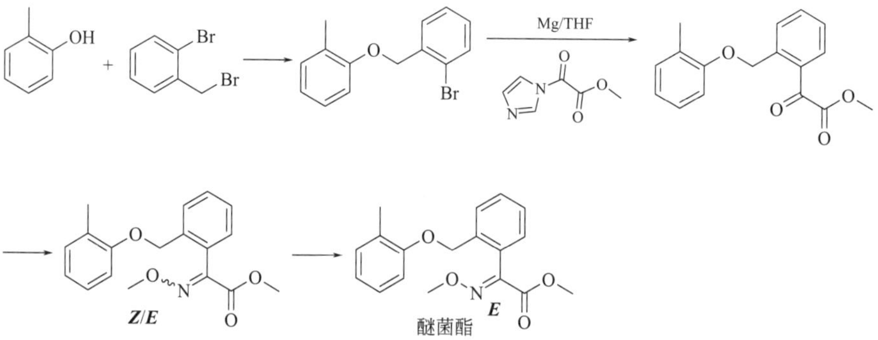

图 9-118　醚菌酯的合成工艺路线（方法 1）

（2）以邻甲基苯甲醛为起始原料　以邻甲基苯甲醛为起始原料，首先进行氰化反应，再经水解、氧化、肟化、溴化、醚化等一系列反应即可制得醚菌酯。其合成工艺路线如图 9-119 所示。

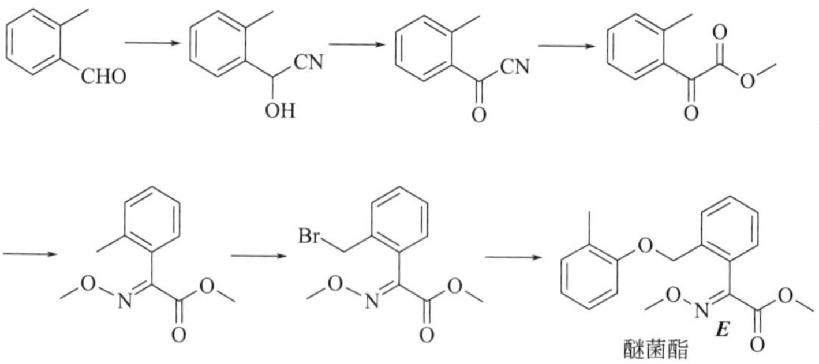

图 9-119　醚菌酯的合成工艺路线（方法 2）

（3）以邻甲基苯腈为起始原料　以邻甲基苯腈为起始原料，先将甲基溴化，而后与邻甲基苯酚反应，再将氰基转化成为醛，在此结构基础上生产氰基醇，将氰基酯化，最后经过肟醚化，即可制备得到醚菌酯。其合成工艺路线如图 9-120 所示。

（4）以邻甲基苯甲酸为起始原料　以邻甲基苯甲酸为起始原料，经一系列反应制得中间体苄溴，再与邻甲基苯酚反应，即可制得醚菌酯。其合成工艺路线如图 9-121 所示。

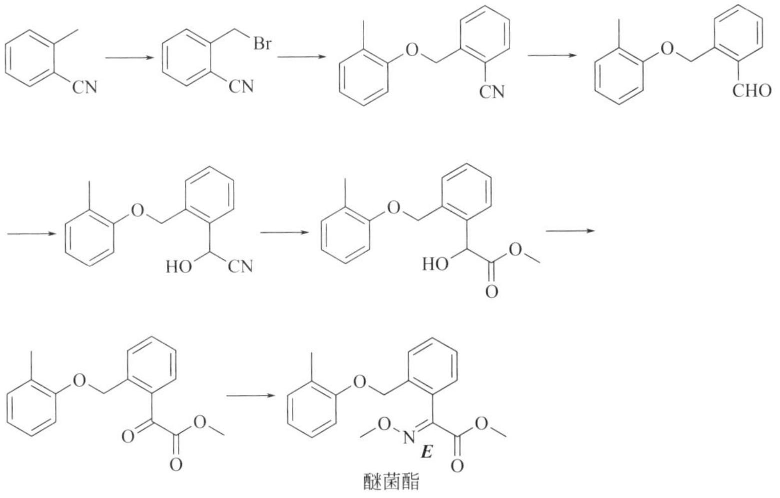

图 9-120　醚菌酯的合成工艺路线（方法 3）

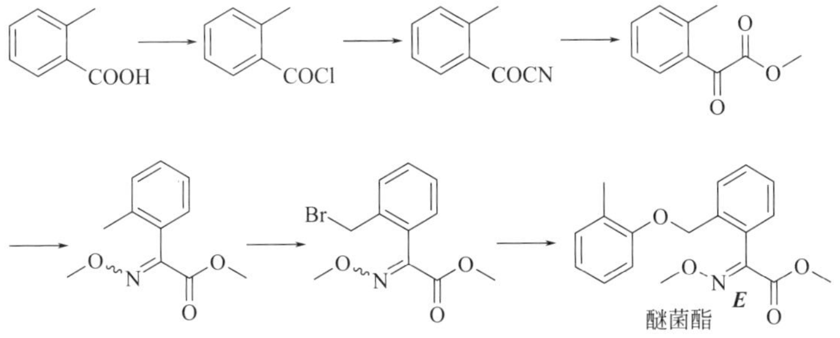

图 9-121　醚菌酯的合成工艺路线（方法 4）

（5）以邻甲基苯乙酸为起始原料　以邻甲基苯乙酸为起始原料，经一系列反应制得中体苄溴，再与邻甲基苯酚反应，即可制得醚菌酯。其合成工艺路线如图 9-122 所示。

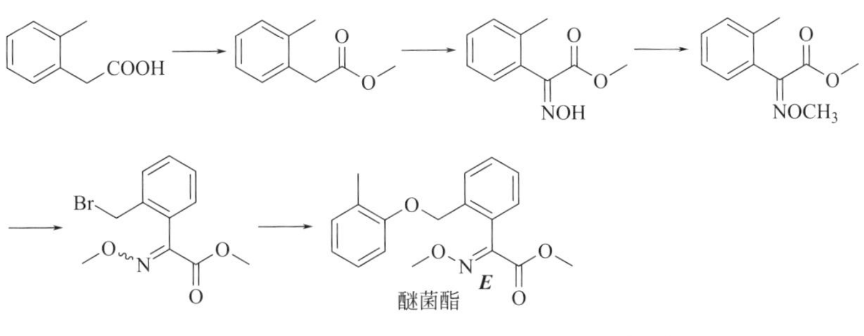

图 9-122　醚菌酯的合成工艺路线（方法 5）

（6）以苯酐为起始原料先氯化法　以苯酐为起始原料，经还原、氯化与酰氯化制得中间体，再经几步反应后与邻甲基苯酚反应，即可制得醚菌酯。其合成工艺路线如图 9-123 所示。

（7）以苯酐为起始原料先醚化法　以苯酐为起始原料，经还原并与邻甲基苯酚反应制得羧酸，酰氯化制得中间体，再经几步反应即可制得醚菌酯。其合成工艺路线如图 9-124 所示。

图 9-123　醚菌酯的合成工艺路线（方法 6）

图 9-124　醚菌酯的合成工艺路线（方法 7）

9.4.6 肟菌酯

9.4.6.1 肟菌酯的产业概况

肟菌酯（trifloxystrobin）是诺华农化部门（现先正达公司）于 1998 年推出的新型含氟 strobilurin 类广谱杀菌剂，2000 年由拜耳公司推向市场。肟菌酯具有高效、广谱、保护、治疗、铲除、渗透、内吸活性、快速分布、耐雨水冲刷、持效期长等特性，与目前已有杀菌剂无交互抗性。2007～2018 年肟菌酯的登记情况如图 9-125 所示，其中 2017 年登记产品数量最多，以悬浮剂和水分散粒剂为主要登记剂型。

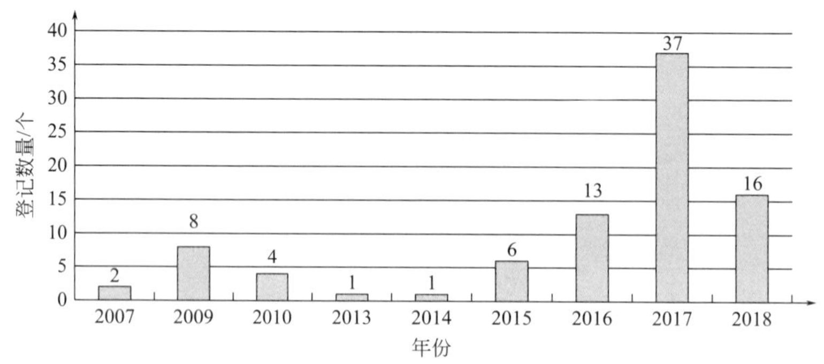

图 9-125　2007～2018 年肟菌酯的登记情况

9.4.6.2 肟菌酯的工艺概况[136-139]

（1）以间三氟甲基苯乙酮为起始原料　以间三氟甲基苯乙酮为起始原料，先将酮部分肟化，然后与药效团中间体反应即可制得肟菌酯。其合成工艺路线如图 9-126 所示。

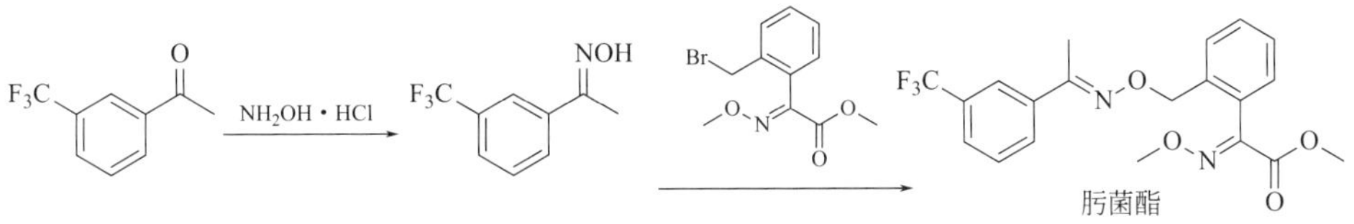

图 9-126 肟菌酯的合成工艺路线（方法 1）

（2）以肟化的间三氟甲基苯乙酮为起始原料 2-(溴甲基苯基)硼酸与肟化的间三氟甲基苯乙酮反应，先生成肟化的中间体，再与药效团中间体发生 Heck 偶联反应，即可制得肟菌酯。其合成工艺路线如图 9-127 所示。

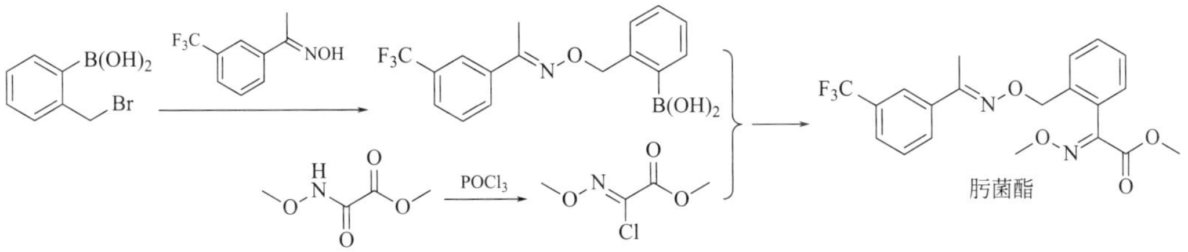

图 9-127 肟菌酯的合成工艺路线（方法 2）

（3）以 *N*,*N*-二甲基苄胺为起始原料 以 *N*,*N*-二甲基苄胺为起始原料，经酰化、氯化之后与侧链肟中间体反应，最后药效团肟化即可制得肟菌酯。其合成工艺路线如图 9-128 所示。

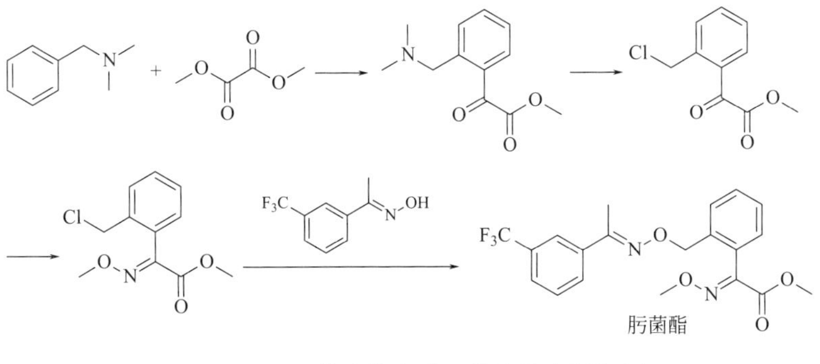

图 9-128 肟菌酯的合成工艺路线（方法 3）

9.4.7 醚菌胺

9.4.7.1 醚菌胺的产业概况

醚菌胺（dimoxystrobin）是日本盐野义公司研制，并与巴斯夫（BASF）公司共同开发的具有层移作用的广谱内吸性甲氧基丙烯酸酯类杀菌剂。主要用于防治白粉病、霜霉病、稻瘟病、纹枯病等。

9.4.7.2 醚菌胺的工艺概况[140-142]

（1）以二甲基苯酚为起始原料 以二甲基苯酚等为起始原料，经醚化、酰氯化、氰基取代、酯化、肟化以及氨化即可制得醚菌胺。其合成工艺路线如图 9-129 所示。

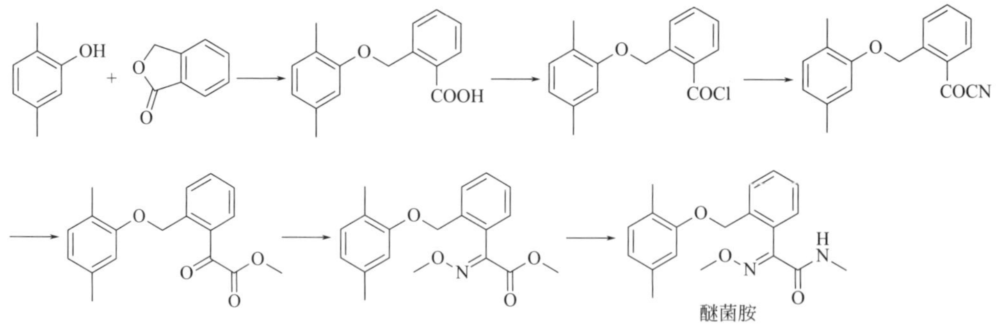

图 9-129 醚菌胺的合成工艺路线（方法 1）

（2）以苯酐为起始原料 以苯酐为起始原料，经还原并与二甲基苯酚制得羧酸，酰氯化得中间体，再经过 5 步即可制得醚菌胺。其合成工艺路线如图 9-130 所示。

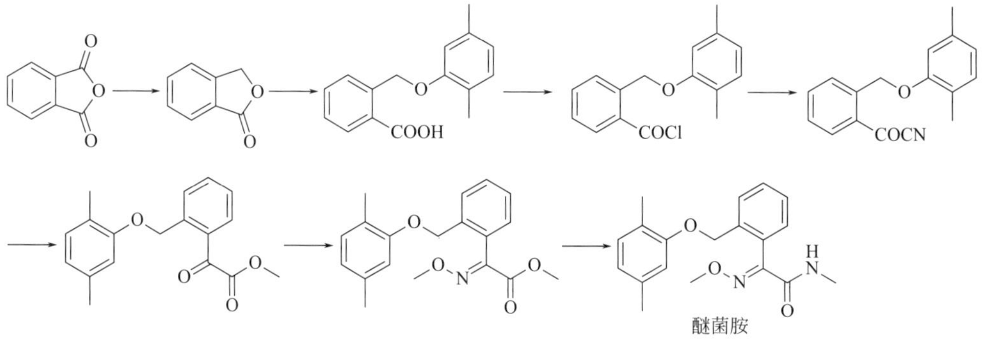

图 9-130 醚菌胺的合成工艺路线（方法 2）

9.4.8 吡唑醚菌酯

9.4.8.1 吡唑醚菌酯的产业概况

吡唑醚菌酯（pyraclostrobine），又名唑菌胺酯，是巴斯夫公司 2001 年上市的一款含氨基甲酸酯药效团的甲氧基丙烯酸酯类杀菌剂，与最初的 β-甲氧基丙烯酸甲酯结构相比，有了较大的差异。吡唑醚菌酯广谱、高效、毒性低，具有保护、治疗和根治作用，对非靶标生物安全，对使用者和环境均安全友好，同时它又是一种激素型杀菌剂，能使作物吸收更多的氮，促进作物的生长。

吡唑醚菌酯自 2002 年推向市场后销售额迅速上升，目前，吡唑醚菌酯单剂和许多复配制剂已经在全球 80 多个国家的 180 多种作物上进行了登记。在中国，吡唑醚菌酯表现同样亮眼。巴斯夫公司已经在中国推出了 7 个吡唑醚菌酯产品（凯润、百泰、凯特、健达、凯津、欧帕、碧翠，其中凯润是单剂产品，其他 6 个产品是巴斯夫公司根据不同作物杀菌需求复配的），其中百泰、凯润已进入全国杀菌剂销售前三甲。百泰 2015 年全国零售销售额高达 4 亿元，是杀菌剂销售中的冠军单品；凯润则早已成为了香蕉区杀菌难以替代的一款产品。对全球市场的良好预期，促使近年中国企业对吡唑醚菌酯的登记呈现“井喷”趋势。包括巴斯夫公司的登记在内，截止到 2018 年 7 月共有 462 个产品登记，仅原药，就有 77 个在我国登记生产，其中 2017 年登记产品数量最多，如图 9-131 所示。

在国内，很多企业十分重视吡唑醚菌酯这个产品。例如海利尔将吡唑醚菌酯作为战略产品来打造，在潍坊投资了 2 亿元建立原药厂，产能初步规划在 3000t。同时。海利尔还推出了 3 个制剂产品，3 年内目标是年销售额上亿元。随着愈来愈多企业推出吡唑醚菌酯产品，在未来五年内，吡唑醚菌酯市场将会继续扩大，加上其可控性好，作用广谱，未来极有可能替代代森锰锌、百菌清及其复配制剂的市场，市场占有率将进一步提高。此外，特别是一些成分在专利到期后，众多企业一拥而上，产品扎堆涌现，导致产品使用量短期内大幅增加，作物对产品产生耐药性的概率上升，最终令产品没落。但吡唑醚菌酯是一个高复配性的成分，通过复配，可以有效降低作物耐药性。巴斯夫目前推出的 7 个吡唑醚菌酯产品中，有 6 个是复配产品，说明巴斯夫通过对复配药剂的研发，已经有意识地在管理吡唑醚菌酯的耐药性。

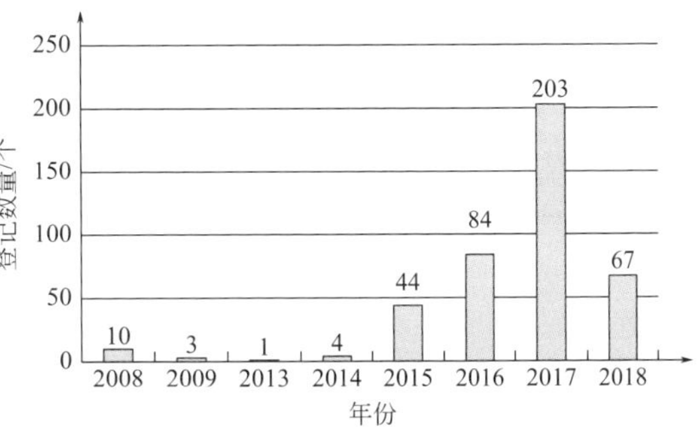

图 9-131　吡唑醚菌酯的登记情况（截止到 2018 年 7 月）

9.4.8.2　吡唑醚菌酯的工艺概况

吡唑醚菌酯的合成工艺路线如下[143,144]：

（1）中间体 1-(4-氯苯基)-3-吡唑醇的制备　以对氯苯胺为起始原料，将氨基肼基化后，与丙烯酸甲酯闭环生成吡唑啉酮，再重排成为 1-(4-氯苯基)-3-吡唑醇。其合成工艺路线如图 9-132 所示。

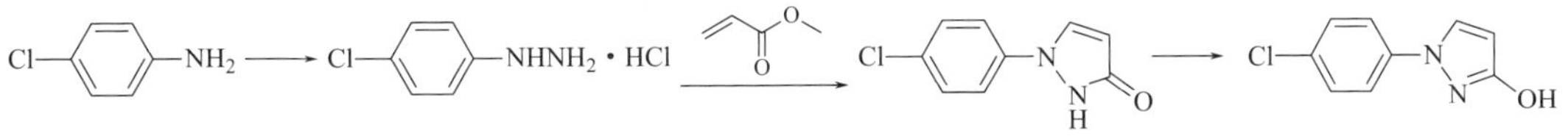

图 9-132　中间体 1-(4-氯苯基)-3-吡唑醇的合成工艺路线

（2）吡唑醚菌酯的合成

① 以邻硝基甲苯为起始原料，经溴化、醚化、还原、酰胺化以及甲基化即可制得吡唑醚菌酯。合成工艺路线如图 9-133 所示。

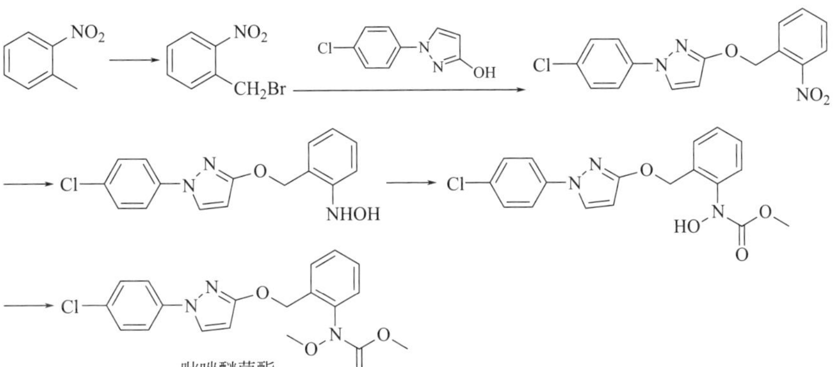

图 9-133　吡唑醚菌酯的合成工艺路线（方法 1）

② 以邻硝基甲苯为起始原料，经还原、酰胺化、甲基化、溴化以及醚化即可制得吡唑醚菌酯。合成工艺路线如图 9-134 所示。

图 9-134 吡唑醚菌酯的合成工艺路线（方法 2）

9.5 杂环类杀菌剂

9.5.1 吡啶类杀菌剂发展概述

吡啶作为一种活性杂环，广泛存在于杀菌剂分子中。吡啶类杀菌剂通常是在已有活性结构的基础上，利用活性亚结构拼接和生物电子等排体等原理，引入具有广泛生物活性的吡啶环，经组合优化而得来的[145]。按照吡啶类杀菌剂分子结构进行分类，啶菌胺属于氨基甲酸酯类，啶酰菌胺、环啶菌胺、氟吡菌胺、氟吡菌酰胺和氟醚菌酰胺属于吡啶酰胺类，其他分子除结构中含有吡啶环外并无系统规律，所以吡啶类杀菌剂作用机理也多有不同，但大多为内吸性杀菌剂，主要代表性化合物有氟啶胺、啶斑肟、环啶菌胺、啶酰菌胺、啶菌胺和吡氯灵等。

如图 9-135 所示为市场上较为常见的吡啶类杀菌剂，其中啶酰菌胺、氟吡菌胺、氟吡菌酰胺和氟醚菌酰胺在 9.2 小节酰胺类杀菌剂中已做介绍，此章节不再赘述。

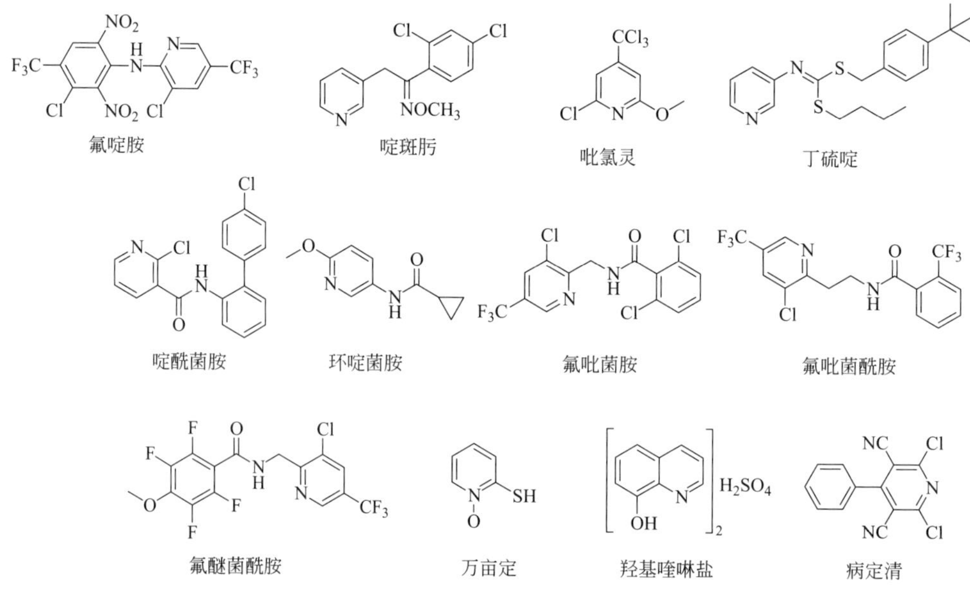

图 9-135 吡啶类杀菌剂

9.5.2　氟啶胺

9.5.2.1　氟啶胺的产业概况

氟啶胺（fluazinam）是由日本石原产业研制，英国 ICI 公司（先正达公司前身）开发的吡啶类杀菌剂，具有广谱、高效、持效期长和耐雨水冲刷等特点，效果优于常规保护性杀菌剂，对腐菌核病、黑斑病、疫霉病、黑星病等病害有良好的防治效果，并且防治对苯并咪唑类和二羧酰亚胺有抗性的病害也有活性。文献报道其为线粒体氧化磷酰化解偶联剂，可抑制病菌孢子的形成、萌发以及生长。据报道，氟啶胺在 2009 年全球销售额达到 1.05 亿美元，现基本稳定在 1 亿美元以上[146]。

2008～2018 年氟啶胺每年的登记情况如图 9-136 所示，2017 年登记产品数量最多。

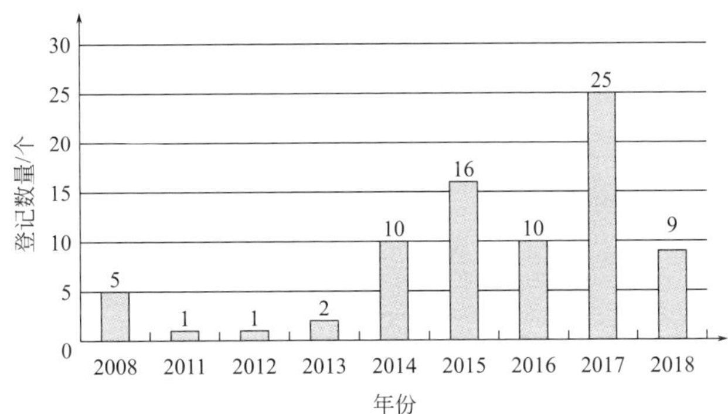

图 9-136　2008～2018 年氟啶胺每年的登记情况

9.5.2.2　氟啶胺的工艺概况

以 2,3-二氯-5-三氟甲基吡啶和 4-三氟甲基-2,6-二氯苯胺为起始原料，先将 4-三氟甲基-2,6-二氯苯胺 5-位进行氯化，而后再将 2-位及 6-位的氯原子进行硝基化，再与 2,3-二氯-5-三氟甲基吡啶进行偶联，即可以得到目标化合物[147]。其合成工艺路线如图 9-137 所示。

氟啶胺

图 9-137　氟啶胺的合成工艺路线

9.5.3　啶斑肟

啶斑肟（pyriphenox）是由先正达公司开发的吡啶肟类杀菌剂，是具有保护和治疗作用的内吸性杀菌剂，可有效防治孢菌属、黑星菌属等引起的葡萄、香蕉、花生和蔬菜病害。作用机理：啶斑肟为病菌的麦角甾醇生物合成抑制剂。

啶斑肟的合成工艺路线：以 2,4-二氯苯甲酸或 2,4-二氯苯甲酸乙酯为起始原料，制备得到中间体 1-(2,4-二氯苯基)-2-(吡啶-3-基）乙基酮后，进行肟化，随后在肟的结构基础上甲基化，即可以得到啶斑肟[148,149]。其合成工艺路线如图 9-138 所示。

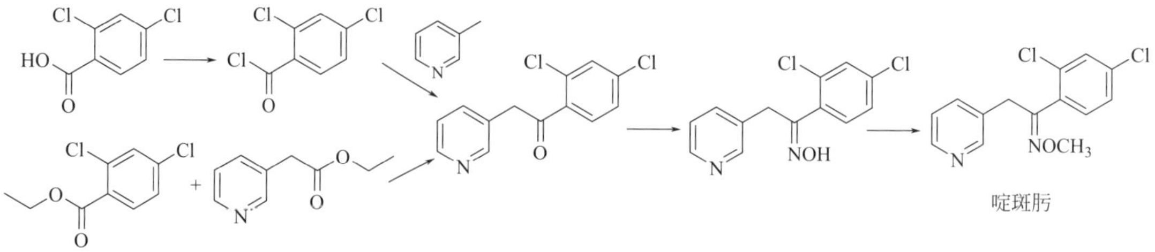

图 9-138　啶斑肟的合成工艺路线

9.5.4　吡氯灵

吡氯灵是 1966 年开发的世界上第一个共质体内吸性杀菌剂，对疫霉菌具有特效，持效期长，虽然在土壤中容易降解，但在一般作物的整个生长期仍然有效。无论喷叶、土壤处理或浇灌一般都具有较好的效果。它可用于防治大豆根腐病、烟草黑茎病、花卉树木茎腐病等。

吡氯灵的结构极为简单，以 4-甲基吡啶为起始原料，经氯化、取代反应，即可制得吡氯灵[150]。合成工艺路线如图 9-139 所示。

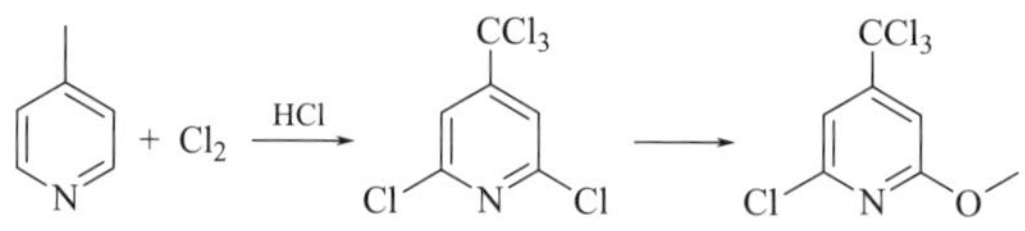

图 9-139　吡氯灵的合成工艺路线

9.5.5　啶菌胺

啶菌胺是日本住友化学工业株式会社开发的新型吡啶酰胺类杀菌剂，同样也属于氨基甲酸酯类杀菌剂，对灰霉病有特效，对白粉病、稻瘟病和立枯病等也有很好的防治效果，其作用机理是干扰病原菌的细胞分裂。

其合成路线：以氯甲酸炔丙酯和取代氨基吡啶为起始原料，酰化缩合即得[151]，反应式如图 9-140 所示。

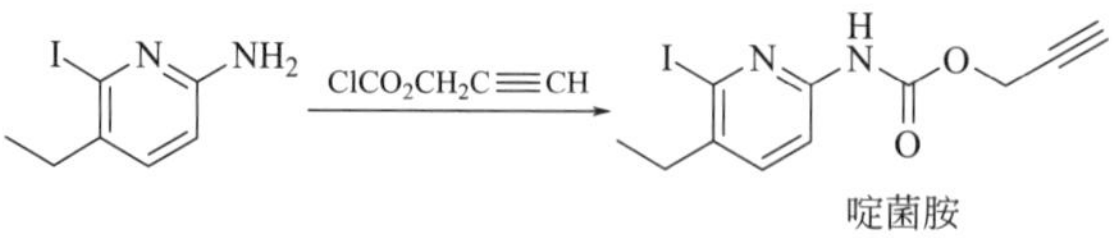

图 9-140　啶菌胺的合成工艺路线

9.6　嘧啶类杀菌剂

9.6.1　嘧啶类杀菌剂发展概述

嘧啶衍生物广泛存在于自然界中，是生命体的重要组分，核酸中含有最常见的两种碱基尿嘧啶和胞嘧啶，维生素 B_1 中也含有嘧啶环，众多药物如磺胺嘧啶中也含有嘧啶环，而以嘧啶作为农用杀菌剂的研究开发也引起了人们的重视。早在1968年英国卜内门化学公司就开发出两种含嘧啶环的杀菌剂——乙菌定（ethirimol）和甲菌定（dimethirimol），作为内吸性杀菌剂广泛用于谷物以及瓜类白粉病的防治[152,153]。

此后，20世纪90年代初开发出一系列重要的嘧啶类杀菌剂，例如：1990年，日本组合化学公司开发的嘧菌胺（mepanipyrim），1992年先灵农化开发的嘧霉胺（pyrimethanil），1994年汽巴-嘉基公司开发的嘧菌环胺（cyprodinil）等。嘧啶类杀菌剂作为一类新型的内吸性杀菌剂，具有高效、广谱、低毒、低残留等特点，对灰葡萄孢菌所致的各种病害有特效，并且与多数现有杀菌剂无交互抗性，对敏感或抗性病原菌均有较好的活性，具有保护和治疗效果。因此，嘧啶类杀菌剂受到人们的广泛关注[154,155]。如图9-141所示为市场上较为常见的嘧啶类杀菌剂。

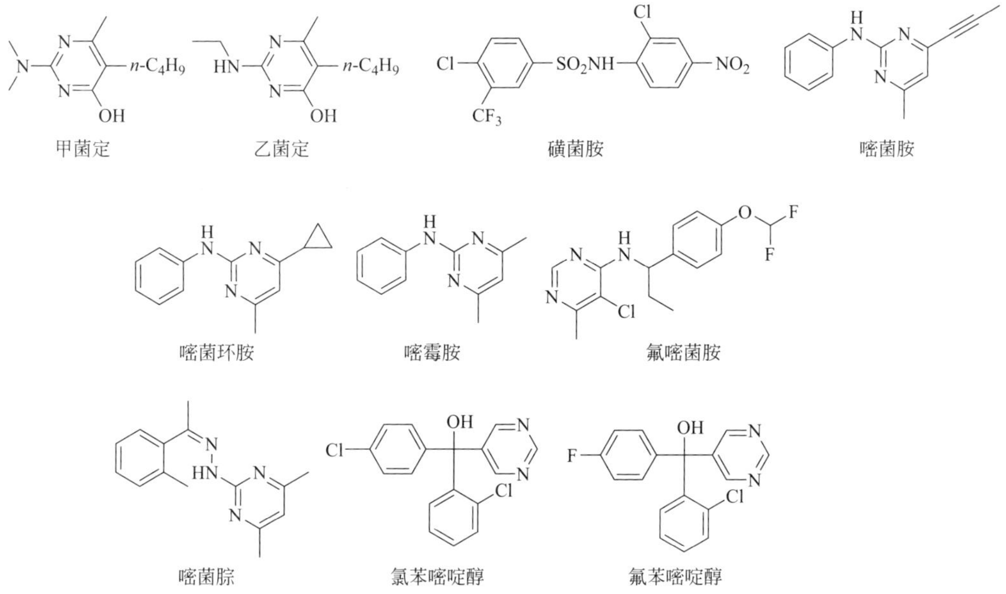

甲菌定　乙菌定　磺菌胺　嘧菌胺

嘧菌环胺　嘧霉胺　氟嘧菌胺

嘧菌腙　氯苯嘧啶醇　氟苯嘧啶醇

图9-141 嘧啶类杀菌剂

9.6.2 甲菌定

甲菌定（dimethirimol）是英国卜内门化学公司1968年开发出的内吸性杀菌剂，对各种作物的白粉病有特效，但是进入市场几年后即出现了对其产生抗性的白粉病植株。

甲菌定的合成工艺路线：以乙酰乙酸乙酯、尿素等为原料，经取代、关环即可制得目标化合物[156]。其合成工艺路线如图9-142所示。

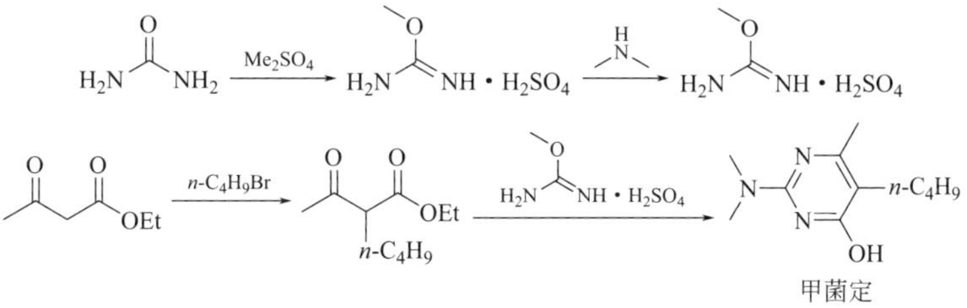

Me_2SO_4　n-C_4H_9Br　H_2SO_4

甲菌定

图9-142 甲菌定的合成工艺路线

9.6.3 唑嘧菌胺

9.6.3.1 唑嘧菌胺产业概述

唑嘧菌胺（ametoctradin）是一种高选择性的杀菌剂，可高效灵活地防治霜霉病和晚疫病。该产品耐雨水冲刷，能在叶片中重新分布，保护作物健康成长，充分发挥生长潜力。以唑嘧菌胺为活性成分的产品最初于 2010 年获得登记，2013 年在印度获得登记，用于葡萄。目前唑嘧菌胺产品可在 50 多个国家用于超过 30 种特殊作物，包括葡萄、土豆、番茄、生菜及其他蔬菜等。2012～2017 年唑嘧菌胺在我国的登记情况如表 9-12 所示，其中主要剂型为悬浮剂。

表 9-12 唑嘧菌胺在我国的登记情况

登记证号	登记名称	总含量	有效期至	生产企业
LS20120281F130003	烯酰·唑嘧菌	47%	2015-1-8	上海绿泽生物科技有限责任公司
PD20142264F150012	烯酰·唑嘧菌	47%	2016-3-18	上海绿泽生物科技有限责任公司
PD20142264F150091	烯酰·唑嘧菌	47%	2017-12-18	巴斯夫植物保护（江苏）有限公司
PD20142264	烯酰·唑嘧菌	47%	2019-10-20	巴斯夫欧洲公司
PD20142265	唑嘧菌胺	98%	2019-10-20	巴斯夫欧洲公司
PD20170168	烯酰·唑嘧菌	47%	2022-1-7	巴斯夫植物保护（江苏）有限公司
PD20172326	烯酰·唑嘧菌	47%	2022-10-17	深圳诺普信农化股份有限公司

9.6.3.2 唑嘧菌胺合成工艺概况

选择以丙酰乙酸甲酯为起始原料。首先与溴代正辛烷缩合，再与 1*H*-1,2,4-三唑-5-胺合环得到三唑并嘧啶醇。经过氯化、氨基化等步骤合成目标化合物唑嘧菌胺（图 9-143）[157]。

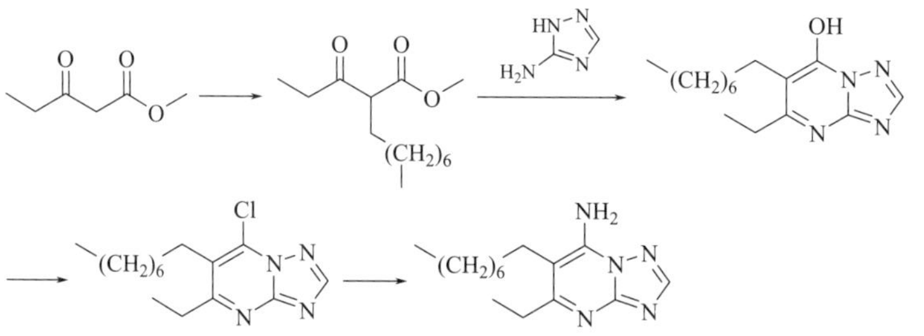

图 9-143 唑嘧菌胺合成工艺路线

9.6.4 嘧菌环胺

9.6.4.1 嘧菌环胺的产业概况

嘧菌环胺（cyprodinil）是由先正达公司开发的嘧啶胺类杀菌剂，是具有保护和治疗作用的内吸性杀菌剂，主要用于灰霉病、白粉病、黑星病、颖枯病和小麦眼纹病等病害的防治，其作用机理是抑制病菌水解酶的分泌和蛋氨酸的生物合成。

2007～2018 年嘧菌环胺的登记情况如表 9-13 所示，剂型以水分散粒剂为主。原药生产企业主要有上虞颖泰精细化工有限公司、江苏中旗作物保护股份有限公司、江苏丰登作物保护股份有限公司、利民化工股份有限公司以及瑞士先正达作物保护有限公司。

表 9-13　嘧菌环胺的登记情况

登记证号	登记名称	剂型	总含量	有效期至	生产企业
PD20170349	嘧菌环胺	可湿性粉剂	50%	2022-2-13	陕西韦尔奇作物保护有限公司
LS20120313	嘧菌环胺	水分散粒剂	50%	2014-9-6	上虞颖泰精细化工有限公司
LS20120398	嘧环·咯菌腈	水分散粒剂	63%	2015-12-12	上虞颖泰精细化工有限公司
LS20070720F070053	嘧菌环胺	水分散粒剂	50%	2011-5-30	先正达（苏州）作物保护有限公司
LS20120084	嘧菌环胺	水分散粒剂	50%	2015-3-7	陕西上格之路生物科学有限公司
PD20120252F140024	嘧环·咯菌腈	水分散粒剂	62%	2016-7-14	江门市植保有限公司
LS20140064	嘧环·异菌脲	水分散粒剂	50%	2017-2-18	山西运城绿康实业有限公司
PD20120252F160069	嘧环·咯菌腈	水分散粒剂	62%	2017-9-28	先正达（苏州）作物保护有限公司
PD20142387F150015	嘧菌环胺	水分散粒剂	50%	2018-4-17	先正达（苏州）作物保护有限公司
PD20142387	嘧菌环胺	水分散粒剂	50%	2019-11-4	瑞士先正达作物保护有限公司
PD20170227	嘧环·咯菌腈	水分散粒剂	62%	2022-2-13	浙江省杭州宇龙化工有限公司
PD20120252	嘧环·咯菌腈	水分散粒剂	62%	2022-2-13	瑞士先正达作物保护有限公司
PD20172658	嘧菌环胺	水分散粒剂	50%	2022-11-20	江西众和化工有限公司
PD20172352	嘧菌环胺	水分散粒剂	50%	2022-11-20	绩溪农华生物科技有限公司
PD20180421	嘧环·咯菌腈	水分散粒剂	62.00%	2023-1-14	陕西汤普森生物科技有限公司
PD20180340	嘧菌环胺	水分散粒剂	50%	2023-1-14	陕西韦尔奇作物保护有限公司
PD20180682	嘧菌环胺	水分散粒剂	50%	2023-2-8	陕西恒润化学工业有限公司
LS20170240	嘧环·甲硫灵	悬浮剂	40%	2018-5-9	成都科利隆生化有限公司
PD20170467	嘧菌环胺	悬浮剂	30%	2022-3-9	陕西韦尔奇作物保护有限公司
PD20170511	嘧菌环胺	悬浮剂	40%	2022-4-10	山东省青岛瀚生生物科技股份有限公司
PD20173073	嘧菌环胺	悬浮剂	40%	2022-12-19	成都科利隆生化有限公司
PD20180707	嘧环·咯菌腈	悬浮剂	25%	2023-2-8	浙江省杭州宇龙化工有限公司
PD20181104	嘧环·啶酰菌	悬浮剂	26%	2023-3-15	江苏明德立达作物科技有限公司
LS20110098	嘧菌环胺	原药	99%	2014-4-11	上虞颖泰精细化工有限公司
LS20090708	嘧菌环胺	原药	95%	2012-3-31	江苏中旗作物保护股份有限公司
LS20091257	嘧菌环胺	原药	98%	2012-5-12	江苏丰登作物保护股份有限公司
PD20152432	嘧菌环胺	原药	98%	2020-12-4	江苏丰登作物保护股份有限公司
PD20161090	嘧菌环胺	原药	95%	2021-8-30	利民化工股份有限公司
PD20120245	嘧菌环胺	原药	98%	2022-2-13	瑞士先正达作物保护有限公司

9.6.4.2 嘧菌环胺工艺概况

嘧菌环胺的合成工艺路线较多[158-160]，以乙酰乙酸乙酯和甲基环丙基酮或环丙基甲酰氯为起始原料制得丙酰基环丙基酮，再与苯胍关环即可制得嘧菌环胺，反应式如图 9-144 所示。

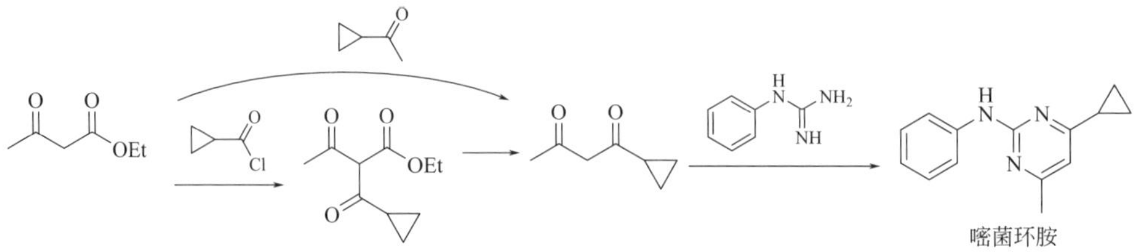

图 9-144 嘧菌环胺的工艺路线

9.6.5 氟嘧菌胺

氟嘧菌胺（diflumetorim）是日本宇部兴产公司研发，与日产化学公司共同开发的嘧啶胺类杀菌剂，具有较好的保护作用和一定的治疗作用，对小麦锈病、菊花锈病、小麦白粉病、玫瑰白粉病具有优异的保护活性。氟嘧菌胺化学结构不同于现有的杀菌剂，具体的作用机理还在研究中，但是其同二硫代氨基甲酸酯类、苯并咪唑类及三唑类等杀菌剂无交互抗性，因此氟嘧菌酯对抗性或敏感病原菌均有很好的活性。

氟嘧菌胺的工艺路线：以乙酰乙酸乙酯和苯酚为起始原料，经多步反应制得目标化合物[161]，图 9-145 所示。

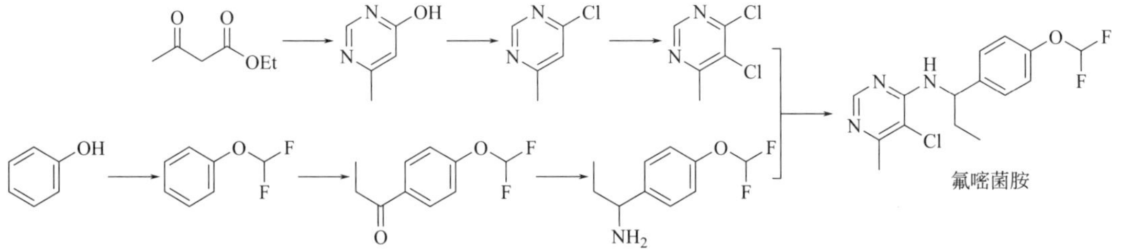

图 9-145 氟嘧菌胺的工艺路线

9.6.6 氯苯嘧啶醇

9.6.6.1 氯苯嘧啶醇的产业概况

氯苯嘧啶醇（fenarimol）是由美国陶氏化学公司开发的具有保护、治疗和铲除作用的广谱杀菌剂，广泛用于白粉病、黑星病、炭疽病、黑斑病、褐斑病、锈病、轮纹病等多种病害的防治，属于病害菌体麦角甾醇生物合成抑制剂，能抑制病菌的菌丝生长发育，使得病菌不侵染植物组织。氯苯嘧啶醇目前唯一一个登记产品是 6%氯苯嘧啶醇（可湿性粉剂），见表 9-14。

表 9-14 氯苯嘧啶醇登记情况

登记证号	登记名称	剂型	总含量	有效期至	生产企业
PD145-91	氯苯嘧啶醇	可湿性粉剂	6%	2011-10-19	美国高文国际商业有限公司

9.6.6.2　氯苯嘧啶醇的工艺概况

以氯苯和邻氯苯甲酰氯为起始原料，经酰化、缩合等多步反应制得氯苯嘧啶醇[162,163]，反应式如图 9-146 所示。

图 9-146　氯苯嘧啶醇的工艺路线

9.6.7　嘧霉胺

9.6.7.1　嘧霉胺的产业概况

嘧霉胺（pyriMethanil），又称施佳乐，是艾格福公司开发的一种高效、低毒、广谱、内吸性杀菌剂。图 9-147 所示为嘧霉胺的结构式。法国安万特作物科学公司于 1998 年在我国登记商品施佳乐原药和施佳乐 40%悬浮剂，用于防治黄瓜、番茄灰霉病。嘧霉胺作用机理独特，能通过抑制病菌侵染酶的分泌，包括降低一些水解酶水平，阻止病菌的侵染，并杀死病菌。其对灰霉病有特效，可防治黄瓜、番茄、葡萄、草莓、豌豆、韭菜等的灰霉病，还用于防治梨黑星病、苹果黑星病和斑点落叶病等病害[164-166]。

2001～2018 年嘧霉胺每年的登记情况如图 9-148 所示，其中 2008 年登记数量最大。

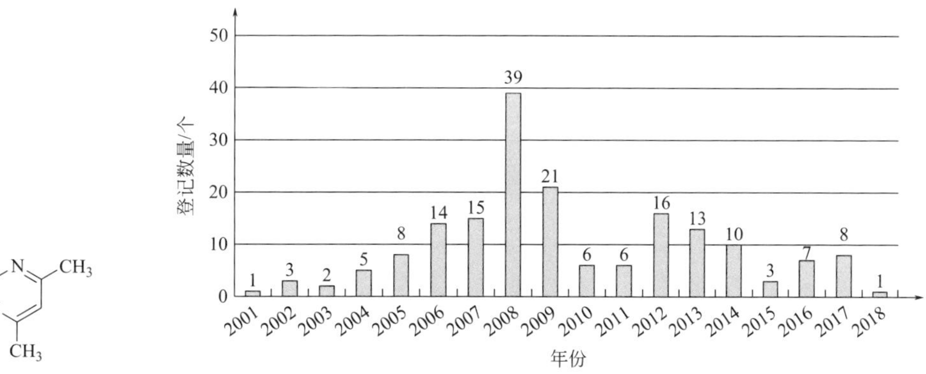

图 9-147　嘧霉胺的结构式

图 9-148　2001～2018 年嘧霉胺每年的登记情况

9.6.7.2　嘧霉胺的工艺概况

其合成工艺路线较多，但考虑生产成本和我国实际情况，主要有以下两种方法[167-182]：

（1）方法 1　苯胺先与盐酸中和成盐，然后搅拌下加入氨基氰，一段时间后，加入碳酸钠水溶液，制得苯基胍碳酸盐，再与水、乙醇混合，加入乙酰丙酮，加热反应 5h，冷却，即可制得嘧霉胺（图 9-149）。该法成本高、毒性大，不利于工业生产。

（2）方法 2　先将硝酸胍、乙酰丙酮和碳酸钾混合搅拌制得 2-氨基-4,6-二甲基嘧啶，然后将此化合物与浓盐酸混合，再加入亚硝酸钠水溶液，待全部加入，反应液成绿色后，用氢氧化钠中和，乙醚萃取可得到 2-氯-4,6-二甲基嘧啶，同乙腈缚酸剂混合后，在 50～60℃下

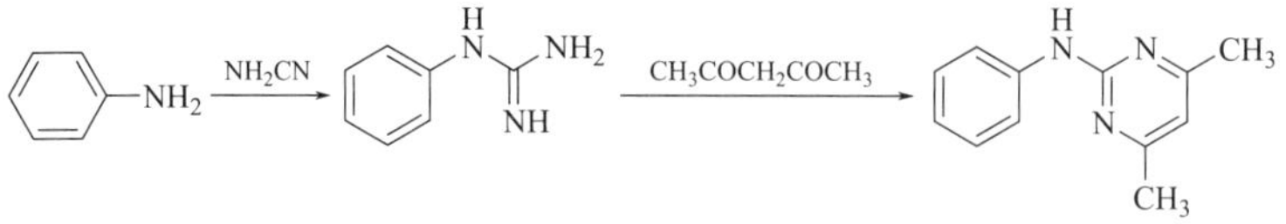

图 9-149 嘧霉胺的合成工艺路线（方法 1）

滴加苯胺，回流 5h，反应完，降温至 30℃，过滤可得嘧霉胺（图 9-150）。该路线操作烦琐，对温度、中和速度等要求高，条件不易控制，且有毒气产生，对环境污染严重。

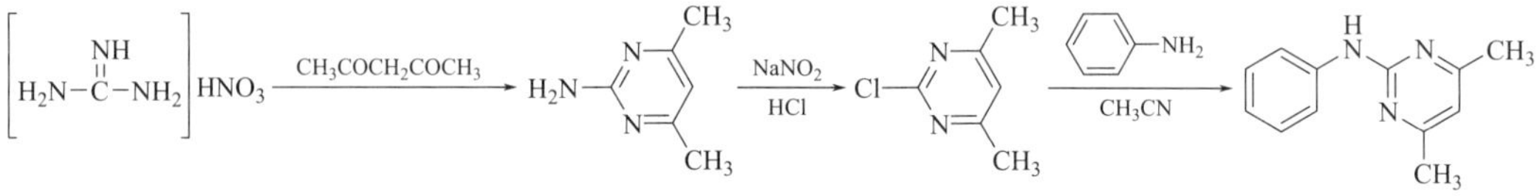

图 9-150 嘧霉胺的合成工艺路线（方法 2）

9.7 吗啉类杀菌剂

9.7.1 吗啉类杀菌剂发展概述

吗啉作为一种活性杂环结构，在医药、农药等领域有着重要应用，例如抗病毒药物吗啉胍盐酸盐等，但是作为农用杀菌剂的吗啉类化合物发展十分缓慢，到 2018 年 5 月为止，品种数量并不多，仅有 5 种：十二环吗啉（dodemorhp）、丁苯吗啉（fenpropimorph）、十三吗啉（tridemorph）、烯酰吗啉（dimethomorph）、氟吗啉（flumorph）[183-185]。其中烯酰吗啉和氟吗啉还属于吗啉酰胺类，在 9.2 小节酰胺类杀菌剂中已做介绍，此节不再赘述。

如图 9-151 所示为市场上较为常见的吗啉类杀菌剂。

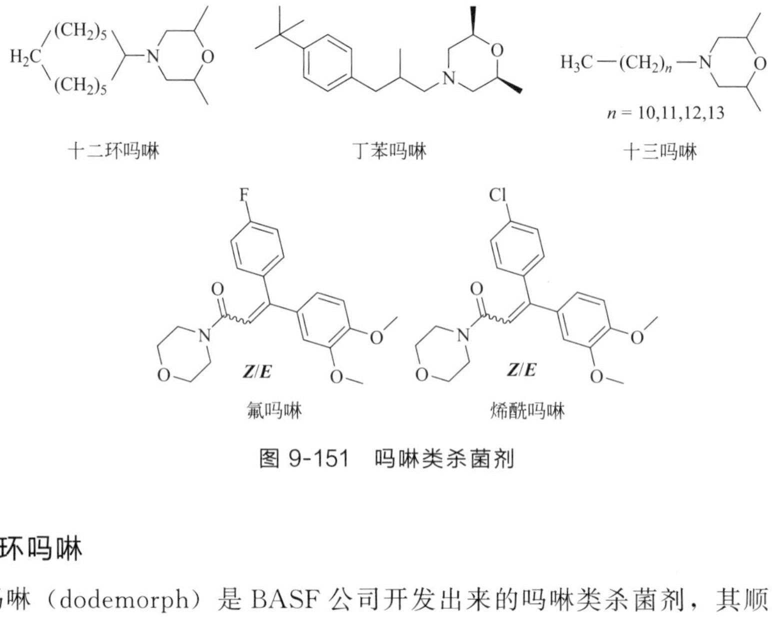

十二环吗啉　丁苯吗啉　十三吗啉（$n = 10,11,12,13$）

氟吗啉　烯酰吗啉

图 9-151 吗啉类杀菌剂

9.7.2 十二环吗啉

十二环吗啉（dodemorph）是 BASF 公司开发出来的吗啉类杀菌剂，其顺反异构体比例约为 3∶2，主要用于玫瑰等花卉植物以及黄瓜等作物的白粉病的防治，其乙酸盐为具有保护和治疗活性的内吸性杀菌剂。文献报道，十二环吗啉属于病菌体麦角甾醇生物合成抑制剂。

十二环吗啉及其乙酸盐的合成工艺路线如图 9-152 所示。

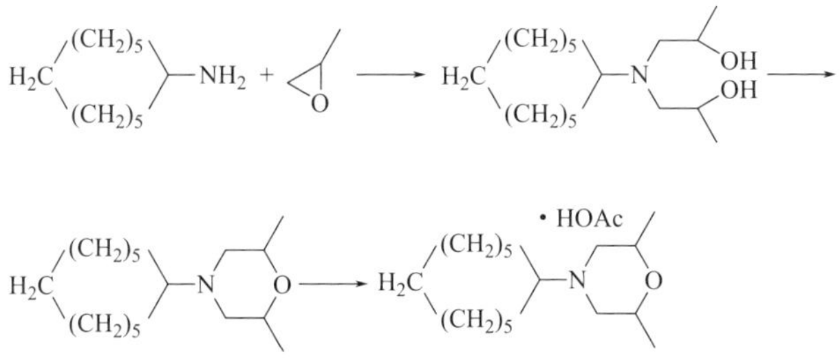

十二环吗啉　　十二环吗啉乙酸盐

图 9-152　十二环吗啉及其乙酸盐的合成工艺路线

9.7.3　丁苯吗啉

丁苯吗啉（fenpropimorph）是 BASF 公司和先正达公司共同开发的内吸性吗啉类杀菌剂，主要用于白粉病、叶锈病、条锈病、黑穗病、立枯病等多种病害的防治，同样也属于病菌体麦角甾醇生物合成抑制剂。

丁苯吗啉的工艺路线如图 9-153 所示，以苯为原料发生傅-克烷基化反应得到异丁基苯，再与丙酰氯进行傅-克酰基化反应，得到对丁基苯基乙基酮，随后在 $POCl_3$ 和 DMF 的作用下发生维斯迈尔反应，最后消除得到 3-[4-(丁基)苯基]-2-甲基丙醛，最后与（2*R*,6*S*)-2,6-二甲基吗啉缩合，即得到丁苯吗啉。

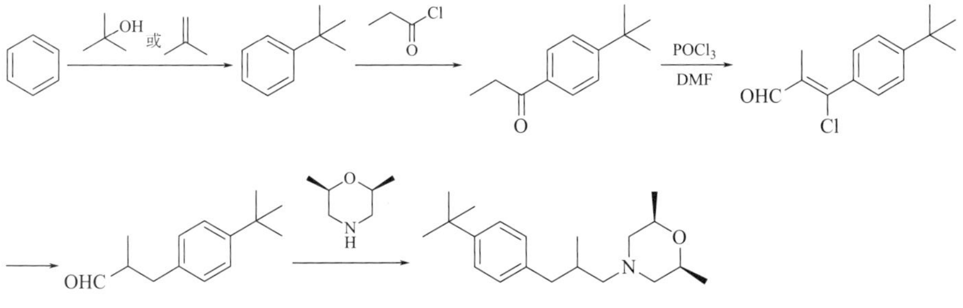

丁苯吗啉

图 9-153　丁苯吗啉的合成工艺路线

9.7.4　十三吗啉

十三吗啉（tridemorph）是 BASF 公司开发的广谱内吸性吗啉类杀菌剂，是多种同系物组成的混合物，其中十三烷基异构体占 70%左右，主要用于防治由担子菌、子囊菌和半知菌等引起的病害，兼有保护和治疗的作用，同样也属于病菌体麦角甾醇生物合成抑制剂。

2006～2012 年十三吗啉的登记情况如表 9-15 所示。大部分产品为乳油剂型，原药生产企业主要有浙江世佳科技有限公司、杭州颖泰生物科技有限公司、上海生农生化制品股份有限公司、江苏联合农用化学有限公司、南通维立科化工有限公司等。

表 9-15　2006～2012 年十三吗啉的登记情况

登记证号	登记名称	剂型	总含量	有效期至	生产企业
PD135-91	十三吗啉	乳油	750g/L	2016-1-11	巴斯夫欧洲公司
PD20094986	十三吗啉	乳油	750g/L	2019-4-21	上海生农生化制品股份有限公司
PD20098367	十三吗啉	乳油	750g/L	2019-12 18	东莞市瑞德丰生物科技有限公司
PD20100712	十三吗啉	乳油	750g/L	2020-1-16	陕西美邦农药有限公司
PD20100711	十三吗啉	乳油	750g/L	2020-1-16	陕西皇牌作物科技有限公司
PD20100699	十三吗啉	乳油	750g/L	2020-1-16	陕西上格之路生物科学有限公司
PD20100927	十三吗啉	乳油	750g/L	2020-1-19	福建新农大正生物工程有限公司
PD20101317	十三吗啉	乳油	750g/L	2020-3-17	陕西标正作物科学有限公司
PD20102053	十三吗啉	乳油	750g/L	2020-11-3	山东省青岛奥迪斯生物科技有限公司
PD20110115	十三吗啉	乳油	750g/L	2021-1-26	深圳诺普信农化股份有限公司
PD20120823	十三吗啉	乳油	750g/L	2022-5-22	海南博士威农用化学有限公司
PD20094991	十三吗啉	油剂	86%	2019-4-21	浙江世佳科技有限公司
LS20091443	十三吗啉	油剂	95%	2012-11-12	江苏富比亚化学品有限公司
PD20121565	十三吗啉	油剂	860g/L	2022-10-25	江苏龙灯化学有限公司
PD20121929	十三吗啉	油剂	86%	2022-12-7	江苏联合农用化学有限公司
PD20094964	十三吗啉	原药	99%	2019-4-21	浙江世佳科技有限公司
LS20060320	十三吗啉	原药	95%	2008-3-1	杭州颖泰生物科技有限公司
PD20094966	十三吗啉	原药	99%	2019-4-21	江苏富比亚化学品有限公司
PD20095003	十三吗啉	原药	95%	2019-4-21	上海生农生化制品股份有限公司
PD20101826	十三吗啉	原药	99%	2020-7-28	江苏联合农用化学有限公司
PD20110771	十三吗啉	原药	99%	2021-7-25	南通维立科化工有限公司

十三吗啉的合成工艺路线如图 9-154 所示，可以采用两种方法得到该产品。方法 1：将二异丙醇胺直接闭环得到 2,6-二甲基吗啉，再与溴代十三烷基反应即可以得到十三吗啉。方法 2：以 1-氯-2-[(1-氯丙-2-基)氧]丙烷为原料制得十三吗啉。

HN OH OH → HN O —RBr→ R−N O ← RNH_2, NaOH — Cl Cl O

R = $n\text{-}C_{11}H_{23}$, $n\text{-}C_{12}H_{25}$, $n\text{-}C_{13}H_{27}$

图 9-154　十三吗啉的合成工艺路线

9.8　咪唑类杀菌剂

9.8.1　咪唑类杀菌剂发展概述

咪唑类杀菌剂结构特征是分子中含有咪唑环基团，包括咪唑（二唑）衍生物和苯并咪唑衍生物两大类，其中苯并咪唑类杀菌剂的出现是现代杀菌剂进入有机时代后一次里程碑性的进展，标志着杀菌剂从此进入选择性时代[186]。

咪唑类杀菌剂（二唑）如氟菌唑、咪鲜胺、稻瘟酯、咪菌腈等属于麦角甾醇生物合成抑制剂，同三唑类杀菌剂相对照，推测咪唑类杀菌剂是分子结构中咪唑作为三唑的生物电子等排体替换而优化得来的。

苯并咪唑类杀菌剂的特点：①高效性和内吸性；②广谱性，除藻菌纲和细菌引起的病害外，对大多数病害都有效；③作用机制类似，多数此类杀菌剂在病菌体内代谢转化为多菌灵，毒杀机制与多菌灵相似程度高[187]。

自 20 世纪 60 年代苯菌灵上市后，以多菌灵为代表的苯并咪唑类杀菌剂因其高效广谱成为我国使用量最大的杀菌剂类型之一，已广泛应用数十年，耐药性不可避免地成为该类农药面临的一个重要问题。主要原因是此类内吸性杀菌剂的针对性很强，活性高，对病菌的作用机制单一，病原菌很容易对苯并咪唑类杀菌剂产生耐药性，而且在长期大面积使用下，病原菌耐药性群体极容易壮大，最终导致药效大幅度降低[188]。

如图 9-155 所示的为常见的咪唑类杀菌剂。

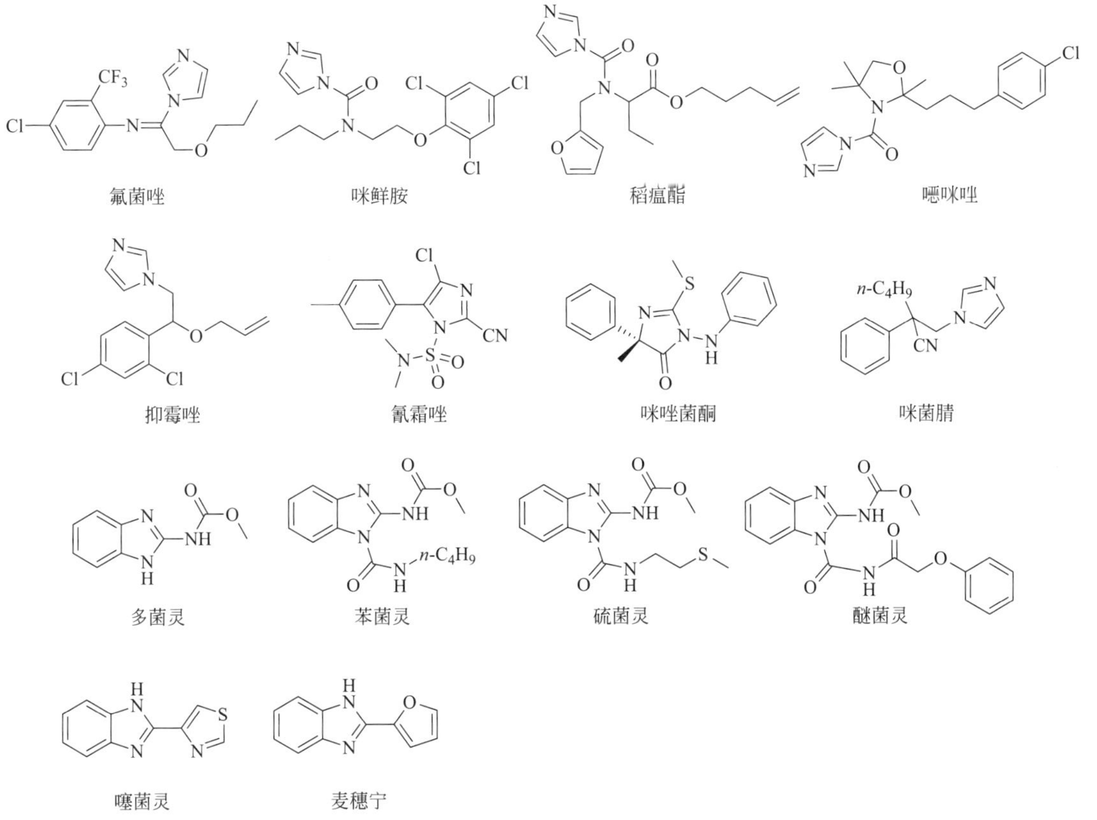

氟菌唑　咪鲜胺　稻瘟酯　噁咪唑

抑霉唑　氰霜唑　咪唑菌酮　咪菌腈

多菌灵　苯菌灵　硫菌灵　醚菌灵

噻菌灵　麦穗宁

图 9-155　常见的咪唑类杀菌剂

9.8.2　氟菌唑

氟菌唑（triflumizole）是日本曹达公司开发的广谱高效的咪唑类杀菌剂，属于麦角甾醇脱甲基化抑制剂，具有保护、治疗和铲除作用，内吸传导性好，抗雨水冲刷，可用于麦类、果树、蔬菜等的白粉病、锈病、桃褐腐病等多种病害的防治。表 9-16 所示为氟菌唑的登记情况。

表 9-16 氟菌唑的登记情况

登记证号	登记名称	剂型	总含量	生产企业
PD20091325	氟菌唑	可湿性粉剂	30%	浙江禾本科技有限公司
LS20050125	氟菌唑	可湿性粉剂	30%	日本曹达株式会社
PD142-91	氟菌唑	可湿性粉剂	30%	日本曹达株式会社
PD20081026	氟菌唑	原药	97%	日本曹达株式会社
PD20084412	氟菌唑	原药	95%	江苏禾本生化有限公司
PD20100022	氟菌唑	可湿性粉剂	30%	上海生农生化制品股份有限公司
PD20093399	氟菌唑	原药	95%	上海生农生化制品股份有限公司
PD20141066	氟菌·醚菌酯	可湿性粉剂	30%	陕西韦尔奇作物保护有限公司
PD20142017	氟菌唑	可湿性粉剂	40%	海利尔药业集团股份有限公司
PD20142213	氟菌唑	可湿性粉剂	30%	永农生物科学有限公司
PD20142366	氟菌唑	可湿性粉剂	30%	山东省青岛奥迪斯生物科技有限公司
PD20142431	氟菌唑	可湿性粉剂	35%	陕西韦尔奇作物保护有限公司
PD20151674	氟菌·多菌灵	可湿性粉剂	30%	陕西汤普森生物科技有限公司
PD20151862	氟菌唑	可湿性粉剂	40%	陕西恒田生物农业有限公司
PD20160814	氟菌唑	原药	97%	河北兴柏农业科技有限公司
PD20160992	氟菌唑	可湿性粉剂	30%	山东省青岛凯源祥化工有限公司
PD20161282	氟菌·多菌灵	可湿性粉剂	60%	陕西汤普森生物科技有限公司
PD20170126	氟菌唑	可湿性粉剂	30%	山东科大创业生物有限公司
PD20171030	氟菌唑	原药	97%	安徽富田农化有限公司
PD20171585	氟菌唑	可湿性粉剂	30%	陕西上格之路生物科学有限公司
PD20171892	宁南·氟菌唑	可湿性粉剂	29%	德强生物股份有限公司
PD20121474	氟菌唑	可湿性粉剂	30%	陕西美邦农药有限公司

氟菌唑的合成工艺路线：以正丙氧基乙酸和 2-三氟甲基-4-氯苯胺为起始原料，经酰化、氯化和缩合 3 步即可制得氟菌唑[189-191]，如图 9-156 所示。

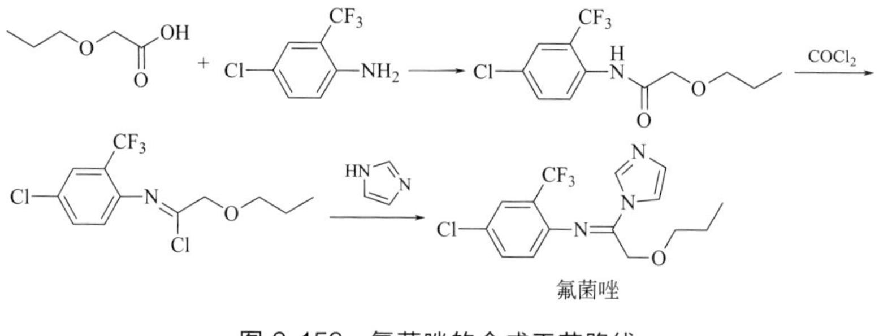

图 9-156 氟菌唑的合成工艺路线

9.8.3 咪鲜胺

咪鲜胺（prochloraz）是拜耳公司开发的咪唑类杀菌剂，特点是高效、广谱、低毒，具有预防、保护、治疗等多重作用。通过抑制甾醇（又称固醇）的生物合成而起作用，无内吸作用，对于子囊菌和半知菌引起的多种病害有很好的防治效果。

2000～2018 年咪鲜胺的登记情况如图 9-157 所示。

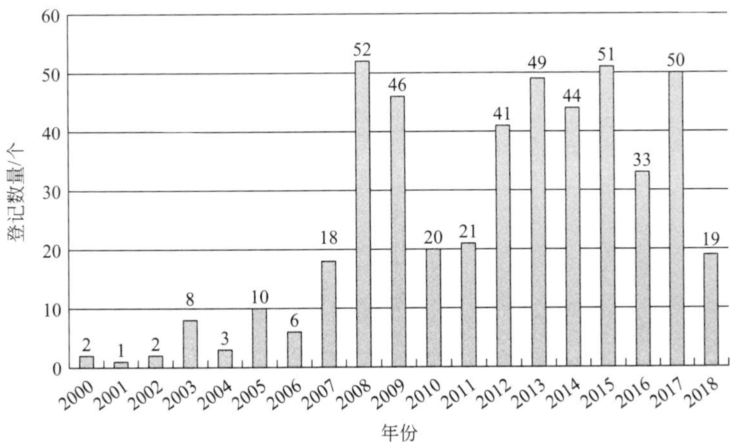

图 9-157　咪鲜胺 2000～2018 年登记情况

咪鲜胺的合成工艺路线：以均三氯苯酚为起始原料，经醚化、氨化、酰化和缩合 4 步即可制得咪鲜胺[192]，反应式如图 9-158 所示。

图 9-158　咪鲜胺的合成工艺路线

9.8.4　抑霉唑

抑霉唑（imazalil）是 Janssen Pharmaceutical 公司开发的广谱内吸性咪唑类杀菌剂，属于影响细胞膜渗透性、生理功能的脂类合成代谢抑制剂。

2002～2017 年抑霉唑的登记情况如图 9-159 所示，其中 2009 年登记产品最多。

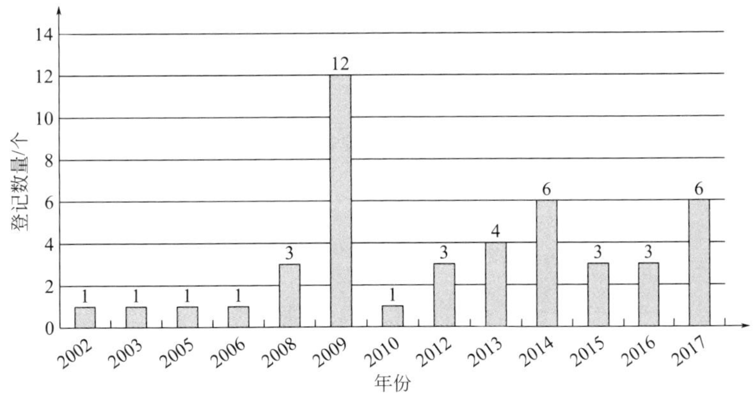

图 9-159　2002～2017 年抑霉唑的登记情况

以间二氯苯和咪唑等为原料，经过酰化、还原、烷基化等步骤制备杀菌剂抑霉唑[193]。其合成工艺路线如图 9-160 所示。

图 9-160　抑霉唑的合成工艺路线

9.8.5　多菌灵

9.8.5.1　多菌灵的产业概况

多菌灵（carbendazim）是巴斯夫和杜邦公司联合开发的苯并咪唑类杀菌剂，作用机理是干扰病原菌有丝分裂中纺锤体的形成，影响细胞分裂，从而起到杀菌作用。特点是高效、低毒和内吸性，有治疗和保护作用。常用于谷物或水果杀菌，但在部分国家，这种除菌剂只可用于草坪或康乐设施，而不能用于农产品。

目前多菌灵的全球产能 6 万吨，90%以上的产能集中在广信农化、新安化工、扬州农化、江苏蓝丰 4 家企业中。全球多菌灵的需求量为 4 万吨左右，其中海外需要 3 万吨。巴西、印度、阿根廷为多菌灵的主要出口国。2000～2018 年多菌灵的登记情况如图 9-161 所示，其中 2008 年和 2009 年登记产品数量最多。

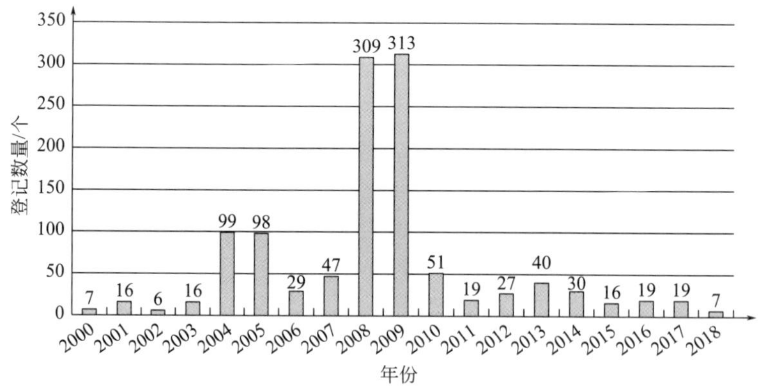

图 9-161　2000～2018 年多菌灵的登记情况

9.8.5.2　多菌灵的工艺概况

多菌灵的合成工艺路线很多[194]，包括氯甲酸甲酯法、硫脲法、脲法、氰氨化钙法等。

（1）以氯甲酸甲酯和氰胺为起始原料　以氯甲酸甲酯和氰胺为起始原料，酰化得到 *N*-氰基甲酸甲酯，随后再与邻苯二胺闭环，即得到多菌灵。其合成工艺路线如图 9-162 所示。

（2）以硫脲为起始原料　以硫脲为起始原料，与硫酸二甲酯反应进行甲基化反应，然后与氯甲酸甲酯反应，最后与邻苯二胺闭环即可以得到多菌灵。其合成工艺路线如图 9-163 所示。

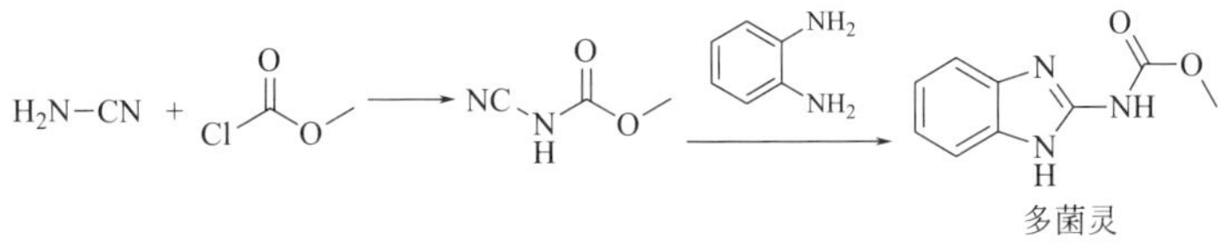

图 9-162　多菌灵的合成工艺路线（方法 1）

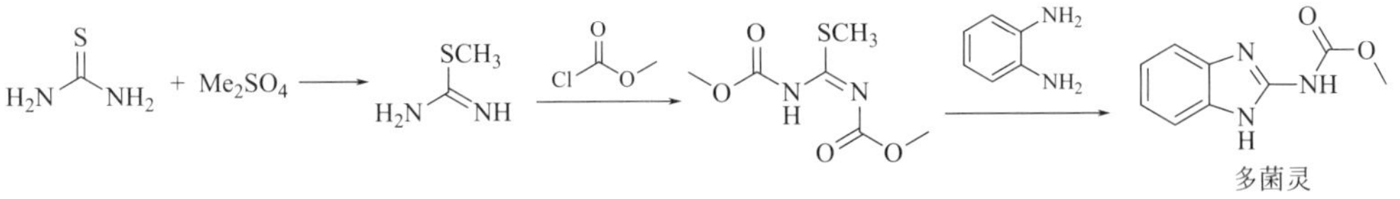

图 9-163　多菌灵的合成工艺路线（方法 2）

（3）以脲为起始原料　此方法与上述以硫脲为原料的方法类似，同样是经甲基化、缩合和关环 3 步即可制得多菌灵。其合成工艺路线如图 9-164 所示。

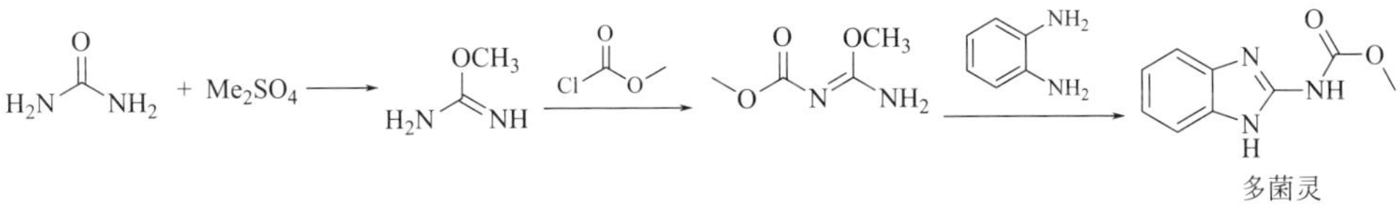

图 9-164　多菌灵的合成工艺路线（方法 3）

（4）以氰化钙为起始原料　以氰化钙为起始原料，先将其水解，然后与氯甲酸甲酯反应生成 *N*-氰基甲酸甲酯，最后与邻苯二胺闭环即可制得多菌灵。该方法原料便宜，工艺简单，为工业规模化生产所采用。其合成工艺路线如图 9-165 所示。

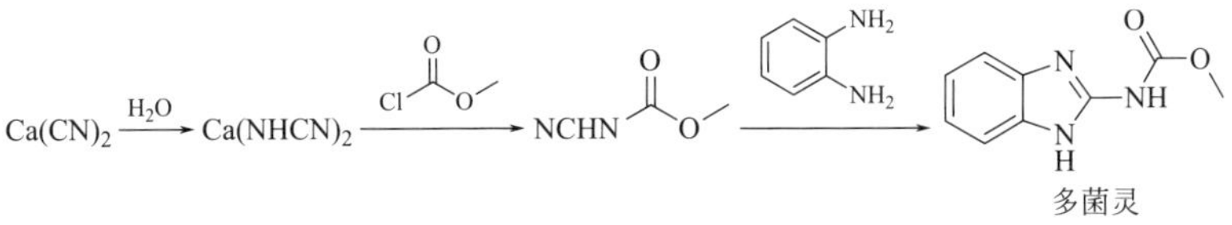

$$Ca(CN)_2 \xrightarrow{H_2O} Ca(NHCN)_2 \longrightarrow NCHN\text{-}COOCH_3 \longrightarrow \text{多菌灵}$$

图 9-165　多菌灵的合成工艺路线（方法 4）

9.8.6　苯菌灵

苯菌灵（benomyl）是高效、广谱、内吸性的杀菌剂，具有保护、治疗和铲除作用，主要用于防治谷类、蔬菜、果树、油料作物等的白粉病等病害。

2001～2013 年苯菌灵登记情况如表 9-17 所示。

表 9-17　2001～2003 年苯菌灵登记情况

登记证号	登记名称	剂型	总含量/%	生产企业
LS98945	苯菌・福福美双	可湿性粉剂	50	山东省淄博市淄川黉阳农药有限公司
LS20031344	苯菌・福福美双	可湿性粉剂	50	山东省泰安市宝丰农药厂
LS20011451	苯菌・福福美双	可湿性粉剂	40	广西桂林井田生化有限公司

续表

登记证号	登记名称	剂型	总含量/%	生产企业
LS96504	环锌・苯菌灵	乳油	25	山东惠民中联生物科技有限公司
LS2000351	苯菌灵	可湿性粉剂	50	苏州遍净植保科技有限公司
LS2001812	苯菌灵	原药	95	苏州遍净植保科技有限公司
LS20061260	苯菌灵	可湿性粉剂	50	深圳诺普信农化股份有限公司
LS20090439	苯菌灵	可湿性粉剂	50	山东省青岛格力斯药业有限公司
PD20131577	苯菌灵	原药	95	湖南国发精细化工科技有限公司
PD20096853	苯菌灵	可湿性粉剂	50	江苏蓝丰生物化工股份有限公司
PD20096852	苯菌灵	原药	95	江苏蓝丰生物化工股份有限公司
PD20097395	苯菌灵	原药	95	江苏泰仓农化有限公司
PD20097619	苯菌灵	可湿性粉剂	50	陕西上格之路生物科学有限公司
PD20097616	苯菌灵	原药	95	江苏安邦电化有限公司
PD20098164	苯菌灵	可湿性粉剂	50	江苏泰仓农化有限公司
PD20100065	苯菌灵	可湿性粉剂	50	江苏安邦电化有限公司
PD20100627	苯菌灵	可湿性粉剂	50	广西弘峰（北海）合浦农药有限公司
PD20101168	苯菌灵	可湿性粉剂	50	兴农药业（中国）有限公司
PD20101368	苯菌灵	可湿性粉剂	50	安徽华星化工有限公司
PD20101832	苯菌・福・锰锌	可湿性粉剂	50	山东曹达化工有限公司
PD20110114	苯菌灵	原药	95	安徽华星化工有限公司
PD20120692	苯菌灵	可湿性粉剂	50	允发化工（上海）有限公司

苯菌灵和其他的苯并咪唑类杀菌剂一样，都是以多菌灵为原料，经缩合反应得来的[195]。合成工艺路线如图 9-166 所示。

n-$C_4H_9NH_2$ + $ClC(O)Cl$ → $ClC(O)NH$-n-C_4H_9 → (多菌灵) → 苯菌灵

图 9-166　苯菌灵的合成工艺路线

9.8.7　噻菌灵

噻菌灵（thiabendazole）是先正达公司开发的高效、广谱、内吸性杀菌剂，属于线粒体呼吸作用和细胞增殖抑制剂，主要用于防治果树、蔬菜、油料作物的白粉病、炭疽病、灰霉病和黑星病等病害。

2002～2018 年噻菌灵登记情况如图 9-167 所示。

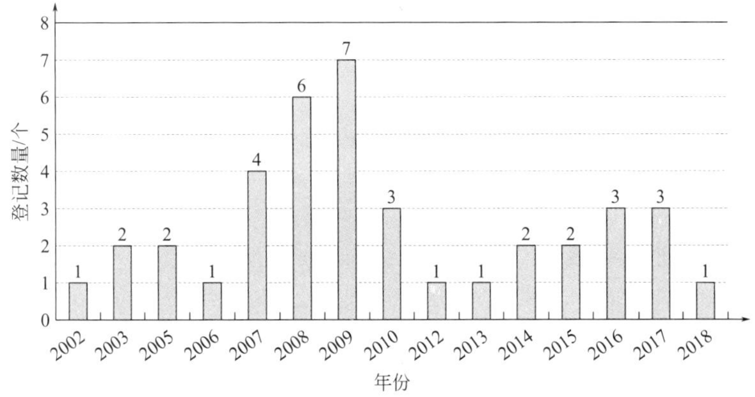

图 9-167　2002～2018 年噻菌灵登记情况

噻菌灵的合成工艺路线较多[196]，通常以氯丙酮酸乙酯、邻二氨基苯为原料经关环、脱巯基、水解、氯化和缩合关环 5 步反应制得，反应式如图 9-168 所示。

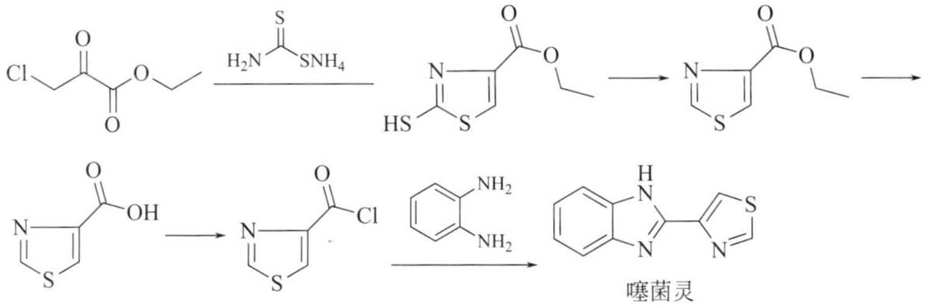

图 9-168　噻菌灵的合成工艺路线

9.8.8　稻瘟酯

稻瘟酯（pefurazoate）是一种新颖的咪唑类化合物，是由宇部兴产公司和北兴化学工业公司联合开发的一个水稻杀菌消毒剂，对防治种子传播的病害显示出很高的活性，尤其针对“恶苗病”、水稻种子上的稻瘟病和叶枯病，对由宫部旋孢腔菌引起的长孺孢叶斑病也有效。该杀菌剂具有系统活性，从种子表面开始吸收，并迅速传导至内部，稻瘟酯在甾醇生物合成途径中的 C-14α 位置上专门抑制 24-次甲基双氢羊毛固醇的去甲基化反应，还影响赤霉素类似物的产生[197,198]。

稻瘟酯的合成工艺路线见图 9-169。1992 年，Takenaka 等报道了稻瘟酯异构体的合成

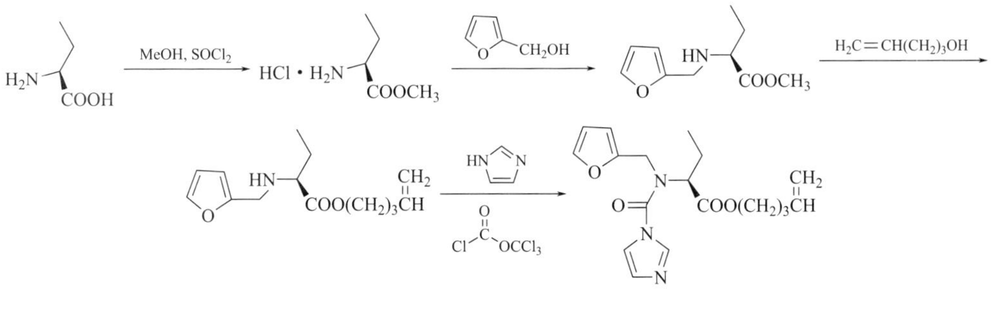

图 9-169　稻瘟酯的合成工艺路线

工艺路线，以（S)-α-氨基丁酸为起始原料合成了（S)-(－)-稻瘟酯。将（S)-α-氨基丁酸甲基化后，与糠醇作用引入呋喃环，再与4-正戊烯-1-醇进行酯交换反应引入烯戊基，最后在氯甲酸三氯甲酯的参与下引入咪唑环生成稻瘟酯[199]。

9.9 三唑类杀菌

9.9.1 三唑类杀菌剂发展概述

三唑类杀菌剂（triazole fungicides）最早发现是在20世纪70年代初，荷兰Philiph-Dupher公司开发出第一个1,2,4-三唑类杀菌剂——威菌灵（图9-170)。20世纪70年代中期，德国拜耳（Bayer）公司和比利时詹森（Janssen）公司首次报道了1-取代三唑类衍生物的杀菌活性，并由拜耳开发出第一个新型的三唑类杀菌剂三唑酮（图9-171)。此后，三唑类化合物的高效杀菌活性引起国际农化巨头的高度关注，活性更好、杀菌谱更广的新品种不断出现，三唑类杀菌剂成为杀菌剂发展史上最有影响的新型杀菌剂之一。三唑类杀菌剂的出现极大地提高了杀菌剂活性，是现代杀菌剂进入有机时代后里程碑性的进展。三唑类杀菌剂长期处于农用杀菌剂销售市场的领先地位，直到2004年才被甲氧基丙烯酸酯类杀菌剂超越，目前仍在农用杀菌剂领域中占有相当重要的地位，2011年三唑类杀菌剂销售额为27.63亿美元，占杀菌剂销售总额的20.8%，占全球农药市场销售额的5.5%[200,201]。

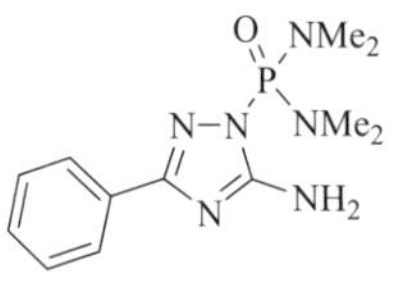

图9-170 威菌灵的结构式

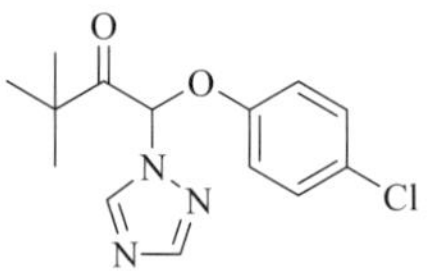

图9-171 三唑酮的结构式

作为杀菌剂的三唑类衍生物共同特点是含有1,2,4-三唑基团，此外主链上也会有羟基(酮基)、取代苯基，三唑类杀菌剂按照化学结构特点可以划分为三类（图9-172)：①*N*-烷基取代衍生物；②*N*-杂原子取代衍生物（O、N、P等)；③*N*-不饱和取代衍生物。

三唑类杀菌剂是菌体麦角甾醇生物合成的抑制剂（ergosterol biosynthesis inhibitor，EBI)。麦角甾醇是菌体细胞膜的重要组成部分，它与膜脂中的碳氢键相互作用，有保持膜的流动性和稳定膜分子结构的重要作用，而麦角甾醇是由羊毛固醇在含有铁卟啉轴基的细胞多功能氧化酶P450催化下，发生氧化脱甲基化，继而发生双键迁移等多步复杂的生化反应

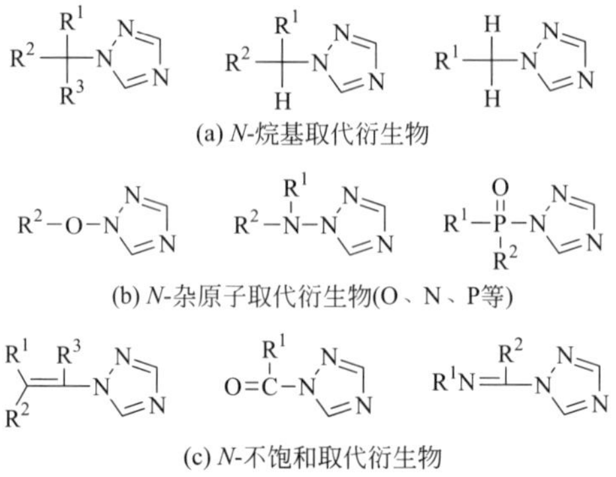

(a) *N*-烷基取代衍生物

(b) *N*-杂原子取代衍生物(O、N、P等)

(c) *N*-不饱和取代衍生物

图9-172 三唑类杀菌剂结构分类

而合成得到的产物。三唑类杀菌剂利用三唑环中 sp^2 杂化的氮原子上的孤对电子与病菌体内的铁卟啉中心铁原子进行配位阻碍铁卟啉铁氧络合物的形成，从而抑制麦角甾醇的生物合成，最终导致菌体因细胞膜功能破坏而死亡[202,203]。

三唑类杀菌剂具有杀菌谱广、活性高、杀菌速度快、持效期长、内吸传导性强等特点，兼有保护、治疗、铲除和熏蒸的作用，对于多种病害均有很高的活性，如由鞭毛菌、担子菌、子囊菌和半知菌类等引起的白粉病、旱疫病、立枯病、叶斑病、锈病、黑星病、蔓枯病、根腐病、叶霉病等，但对霜霉病、疫病等卵菌病害和细菌性病害无效果。三唑类杀菌剂除了有显著的防病治病效果外，对植物的生长亦有较强的调节作用。

迄今为止，人们已经合成了数以十万计的三唑类化合物以供筛选，不少化合物表现出优异的杀菌活性，其中作为商品化杀菌剂推出的三唑类化合物有 30 多种[204,205]。其中拜耳公司开发了包括三唑酮、戊唑醇和丙硫菌唑等销售额过亿美元的明星产品在内的 10 个品种，先正达公司也开发出了包括环丙唑醇、丙环唑和苯醚甲环唑等销售额过亿美元的明星产品在内的 7 个品种，拜耳与先正达成为成功开发此类杀菌剂最多的两家企业。如表 9-18 所示的为已商品化的三唑类杀菌剂及其研发公司。

表 9-18 常见的三唑类杀菌剂及其研发公司[206-208]

序号	中文名	英文名	结构式	专利申请时间/年	研发公司
1	三唑酮	triadimefon	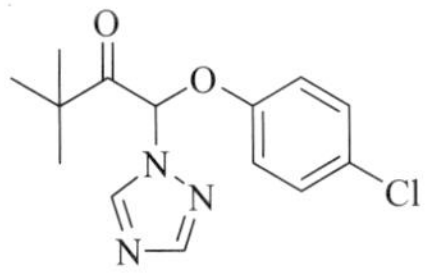	1978	德国拜耳
2	三唑醇	triadimenol	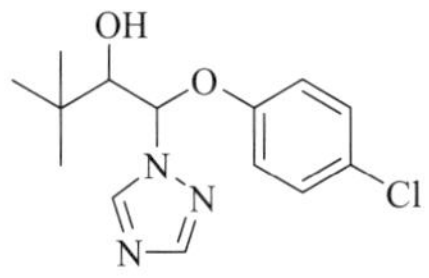	1978	德国拜耳
3	双苯三唑醇	bitertanol	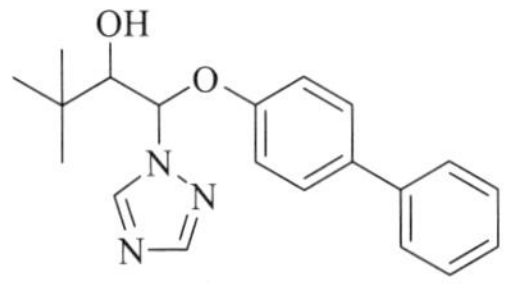	1974	德国拜耳
4	苄氯三唑醇	diclobutrazol	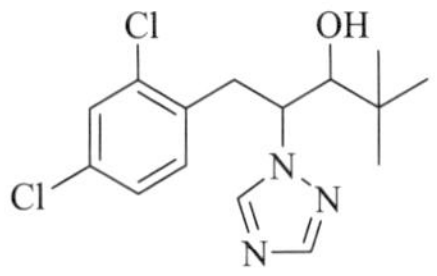	1979	英国 ICI 公司
5	硅氟唑	simeconazole	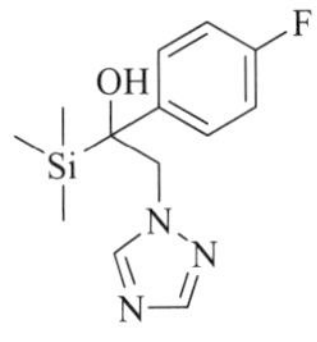	1992	日本三共

续表

序号	中文名	英文名	结构式	专利申请时间/年	研发公司
6	己唑醇	hexaconazole	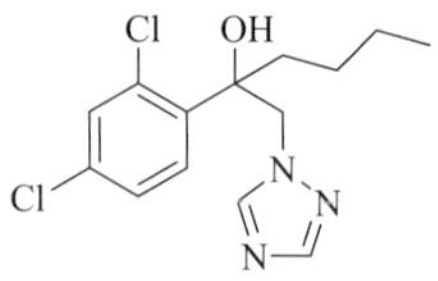 Cl OH Cl N N N	1980	先正达
7	戊唑醇	tebuconazole	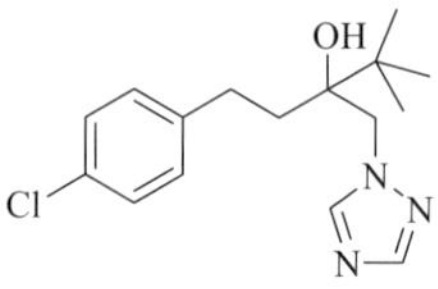 OH Cl N N N	1988	德国拜耳
8	粉唑醇	flutriafol	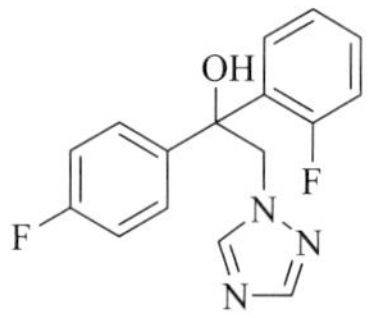 OH F F N N N	1984	先正达
9	环丙唑醇	cyproconazole	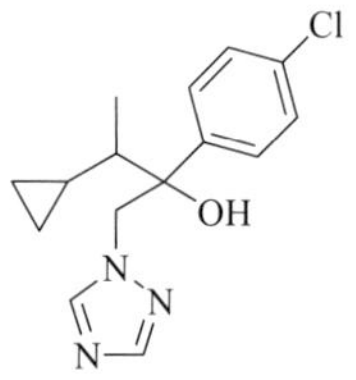 Cl OH N N N	1988	先正达
10	叶菌唑	metconazole	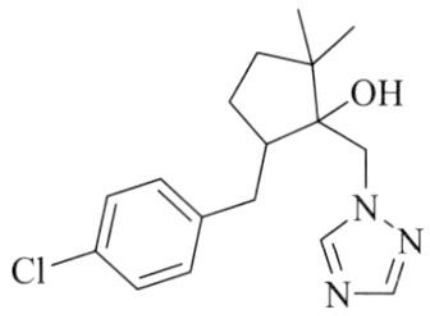 OH Cl N N N	1986	巴斯夫
11	灭菌唑	triticonazole	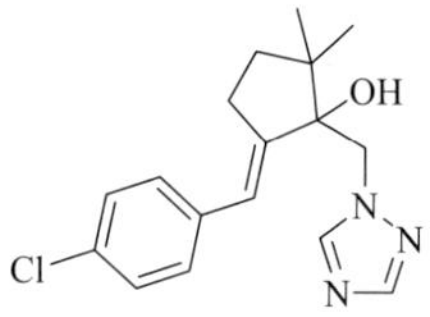 OH Cl N N N	1989	德国拜耳
12	种菌唑	ipconazole	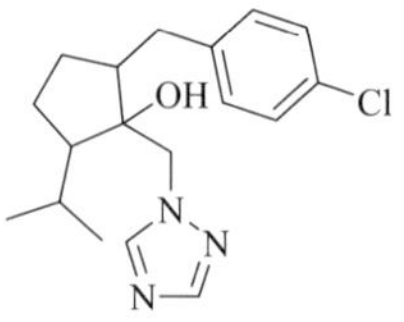 OH Cl N N N	1987	日本吴羽（Kureha）
13	氟醚唑	tetraconazole	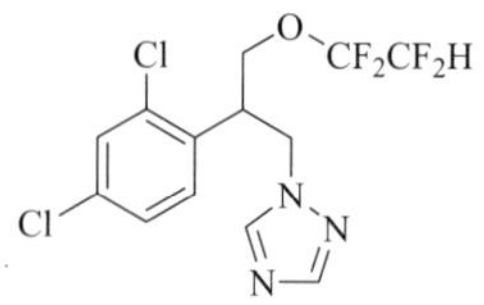 Cl O CF_2CF_2H Cl N N N	1987	Montedision

续表

序号	中文名	英文名	结构式	专利申请时间/年	研发公司
14	戊菌唑	penconazole	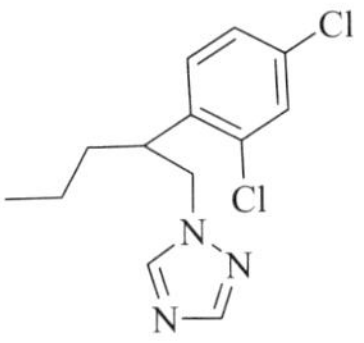	1977	先正达
15	腈菌唑	myclobutanil	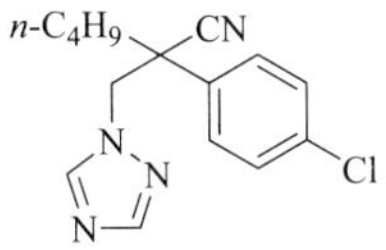	1984	陶氏
16	腈苯唑	fenbuconazole	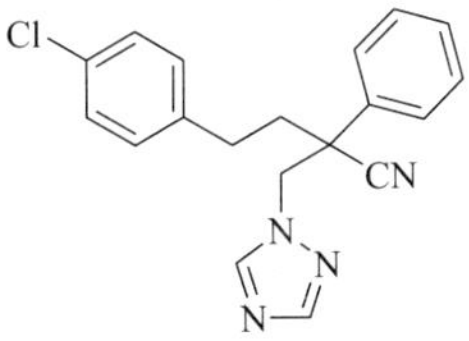	1987	陶氏
17	苯醚甲环唑	difenoconazole	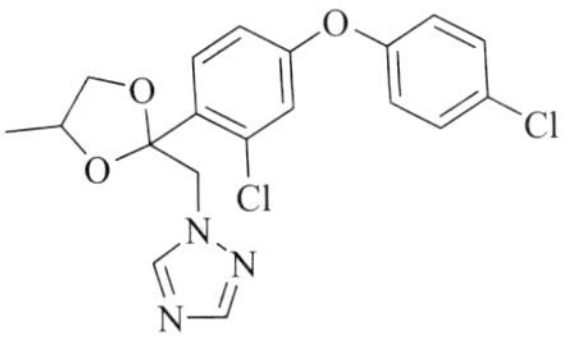	1989	先正达
18	氧环唑	azaconazole	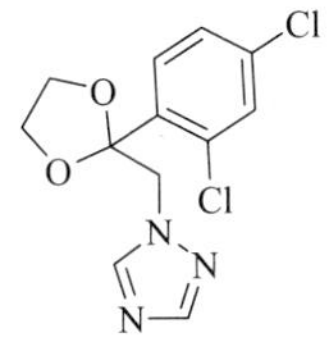	1983	比利时 Janssen
19	乙环唑	etaconazole	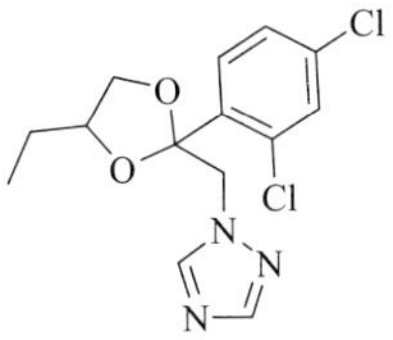	1978	先正达
20	丙环唑	propiconazole	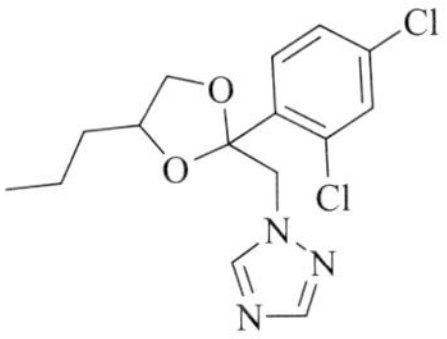	1978	先正达
21	糠菌唑	bromuconazole	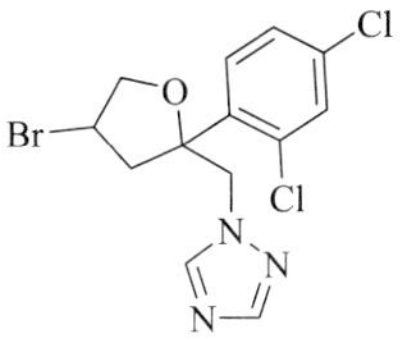	1987	德国拜耳

续表

序号	中文名	英文名	结构式	专利申请时间/年	研发公司
22	呋醚唑	furconazole-cis	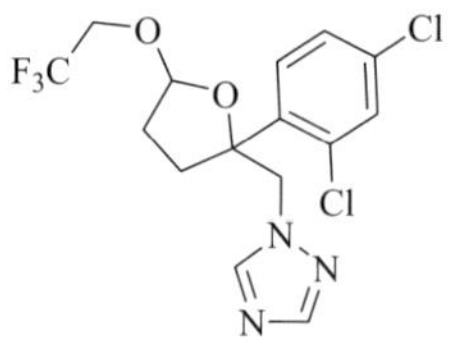	1988	德国拜耳
23	氟环唑	epoxiconazole	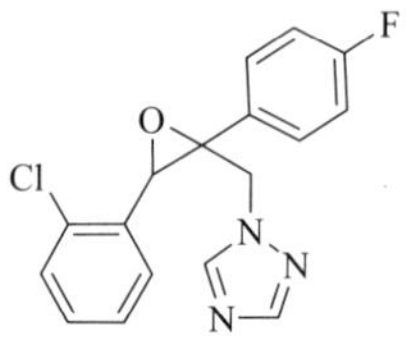	1993	巴斯夫
24	三氟苯唑	fluotrimazole	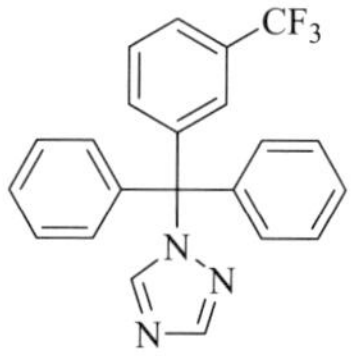	1973	德国拜耳
25	氟硅唑	flusilazole	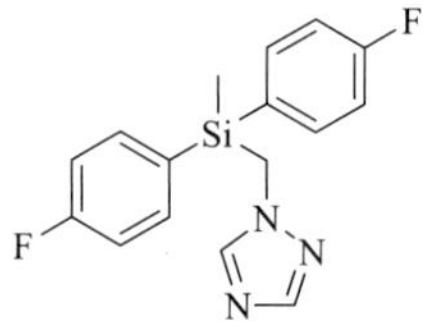	1982	美国杜邦
26	亚胺唑	imibenconazole	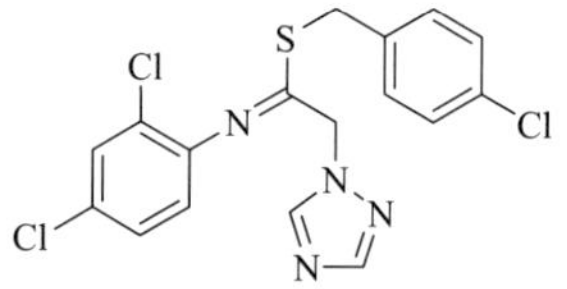	1981	日本北兴
27	烯唑醇	diniconazole	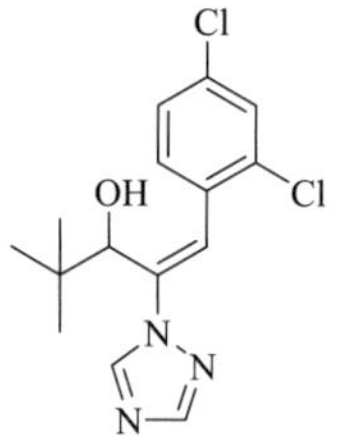	1978	日本住友
28	三环唑	tricyclazole	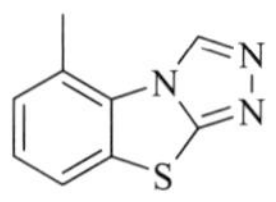	1975	美国礼来
29	氟喹唑	fluquinconazole	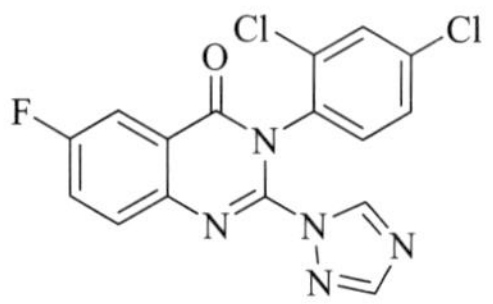	1987	德国拜耳
30	丙硫菌唑	prothioconazole	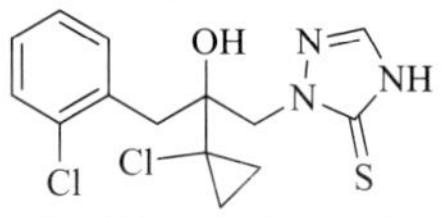	1995	德国拜耳

作为三唑类杀菌剂关键的官能团 1-位取代的 1,2,4-三唑，在合成中通常是通过与三唑反应引入到分子结构中的，其方法有如下三种[209,210]：

（1）*N*-烷基化法　三唑与卤代烷在碱性条件下，发生 *N*-烷基化反应，这是制备三唑衍生物最常用的方法。反应式如图 9-173 所示。

（2）环氧化反应法　三唑与环氧化物反应，即可制得 β-羟基三唑中间体（图 9-174）。

图 9-173　N-烷基化法合成三唑衍生物

图 9-174　环氧化反应法合成三唑衍生物

（3）加成反应法　三唑与 α,β-不饱和羰基化合物发生加成反应，生成三唑衍生物。该方法可用来合成辛唑醇，如图 9-175 所示。

辛唑醇

图 9-175　加成反应法合成三唑衍生物（辛唑醇）

9.9.2　三唑酮

9.9.2.1　三唑酮的产业概况

三唑酮（triadimefon）是最早开发出来的三唑类杀菌剂，其特点为高效、低毒、低残留、持效期长、内吸性强，对锈病、黑穗病和白粉病具有预防、铲除、治疗等作用，对多种作物的病害如玉米圆斑病、麦类云纹病、小麦叶枯病等也有较好的防治效果。

2000～2018 年三唑酮登记情况如图 9-176 所示，2004 年、2008 年和 2009 年登记产品数较多。

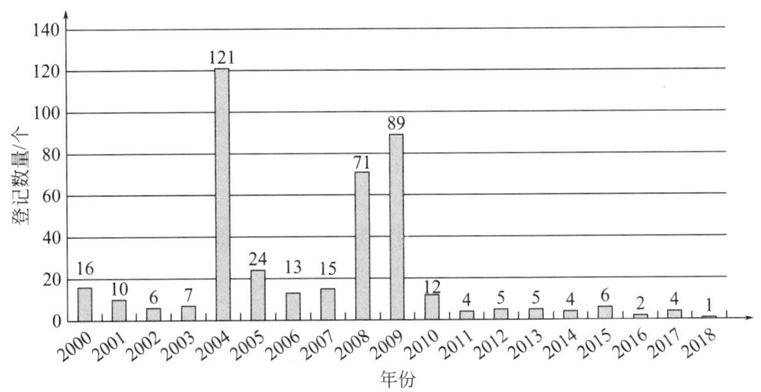

图 9-176　2000～2018 年三唑酮登记情况

9.9.2.2　三唑酮的工艺概况

三唑酮合成工艺路线较多[211,212]，通常以叔丁基甲基酮（或叔丁基二氯甲基酮）为起始原料，经 4 步反应即可制得目标结构，如图 9-177 所示。

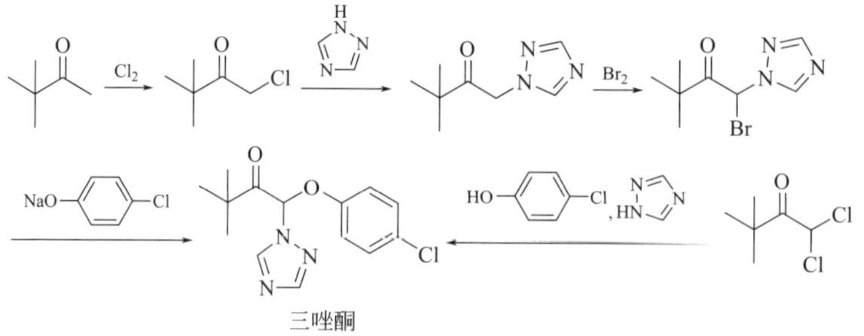

图 9-177 三唑酮的合成工艺路线

9.9.3 三唑醇

三唑醇（triadimenol）是高效、广谱、低毒和内吸性的杀菌剂，具有治疗、保护和铲除的作用，其作用方式类似于三唑酮，但是离体活性高于三唑酮，用于白粉病、叶锈病、条锈病、根腐病和黑穗病等的防治，适用于小麦、玉米、水稻等谷物，以及大豆、花卉、葡萄、烟草、甘蔗和果树等经济作物。

三唑醇是由三唑酮还原得到的，由于还原试剂的不同而有多种方法，还原试剂有硼氢化钠/钾、甲酸-甲酸钠、异丙醇铝等，工业中常用异丙醇铝作为还原剂。三唑酮经还原、水解即可得到目标结构[213]，反应式如图 9-178 所示。

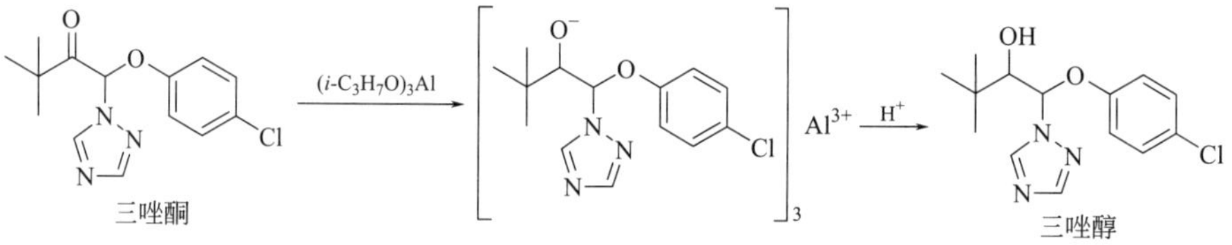

图 9-178 三唑醇的工艺路线

9.9.4 氟环唑

9.9.4.1 氟环唑的产业概况

氟环唑（epoxiconazol）是一种新型、广谱、持效期长的三唑类杀菌剂，分子中具有环氧乙烷的特征结构，代表了新一代的三唑类杀菌剂，是巴斯夫公司于 1985 年开发的一种高端产品。其属于固醇生物合成中 C-14 脱甲基化酶抑制剂，兼具保护和治疗作用，主要用于防治小麦、大麦、水稻、甜菜、油菜、豆科作物、蔬菜、葡萄和苹果等上的立枯病、白粉病、眼纹病等十多种病害。

因氟环唑弥补了三唑酮、多菌灵和代森类等许多常规杀菌剂杀菌谱较窄、预防效果差等不足，推出后便迅速抢占市场，氟环唑 2011 年全球销售额已高达 4.85 亿美元。目前全球氟环唑销售额估计在 5 亿美元左右，年销量 6000t。

近年跨国公司仍不断推出复配新产品（如氟环唑＋嘧菌酯＋丁苯吗啉，商品名 Allegro Plus；氟环唑＋吡唑醚菌酯，商品名 Opera 等）扩大其应用范围并提升功效，使其销售保持平稳增长。而随着氟环唑专利到期与产能转移，国内少数企业逐渐掌握其生产工艺，国内企业目前总产能接近 2000t/年。表 9-19 所列为巴斯夫、陶氏等部分氟环唑产品。

表 9-19　巴斯夫、陶氏等部分氟环唑产品

企业	登记成分	商品名
巴斯夫	氟环唑＋吡唑醚菌酯	Opera
巴斯夫	氟环唑＋醚菌酯＋吡唑醚菌酯	Covershield
巴斯夫	氟环唑＋嘧菌酯＋丁苯吗啉	Allegro Plus
陶氏	氟环唑＋苯氧喹啉＋醚菌酯	TPF

当前，氟环唑共有 149 个相关的产品获得登记。其中 92 个产品为单制剂品种，其他品种与多菌灵、三环唑、嘧菌酯等产品复配使用。氟环唑在我国登记的剂型中，主要以悬浮剂为主（占 73.2%）（图 9-179），此外，原药的登记数量也占了近 15%。我国登记氟环唑原药的企业如表 9-20 所示。

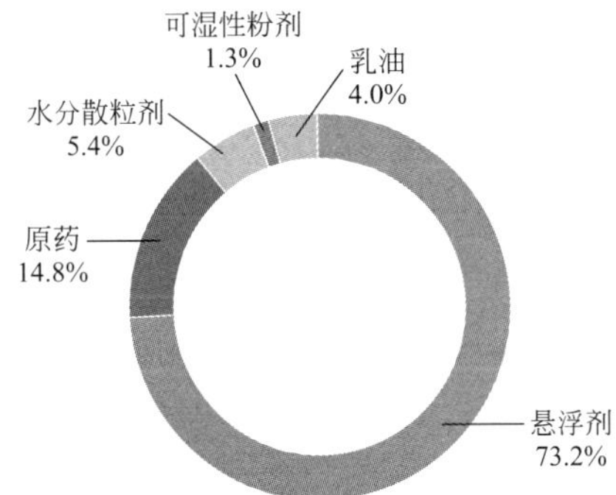

图 9-179　我国氟环唑剂型登记情况

表 9-20　我国登记氟环唑原药的企业

登记证号	含量	企业名称
PD20160417	95%	浙江禾本科技有限公司
PD20130855	97%	山东潍坊润丰化工股份有限公司
PD20111383	96%	利尔化学股份有限公司
PD20121071	97%	江苏辉丰农化股份有限公司
PD20070364	92%	巴斯夫欧洲公司
PD20130865	95%	江苏中旗作物保护股份有限公司
PD20131063	97%	江苏七洲绿色化工股份有限公司
PD20131304	96%	江苏富比亚化学品有限公司
PD20140098	97%	江苏长青农化南通有限公司
PD20140271	98%	美国默赛技术公司
PD20140713	96%	河北冠龙农化有限公司
PD20094684	95%	沈阳科创化学品有限公司
PD20141833	96%	江苏耘农化工有限公司
PD20142154	97%	永农生物科学有限公司
PD20142370	97%	江苏丰登作物保护股份有限公司

续表

登记证号	含量	企业名称
PD20151551	97%	江苏省农用激素工程技术研究中心有限公司
PD20152323	97%	江苏东宝农化股份有限公司
PD20160616	95%	浙江天丰生物科学有限公司
PD20160793	97%	江苏蓝丰生物化工股份有限公司
PD20161622	92%	山西绿海农药科技有限公司
PD20170099	98%	宁夏格瑞精细化工有限公司

2005～2018 年氟环唑登记情况如图 9-180 所示，2014～2017 年登记产品数量较多。

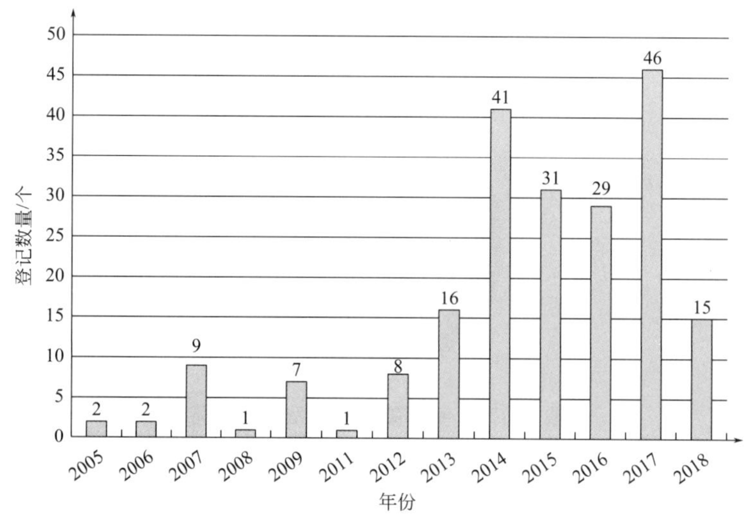

图 9-180　2005～2018 年氟环唑登记情况

9.9.4.2　氟环唑工艺概况

氟环唑的合成工艺路线较多，主要有格氏反应法、缩合反应法、磷叶立德反应法等[214,215]：

（1）格氏反应法制备氟环唑　以邻氯苄氯为起始原料，经格氏反应、脱水得到含烯中间体，再溴化和过氧化，最后引入 1,2,4-三唑，即可制得目标结构（图 9-181）。

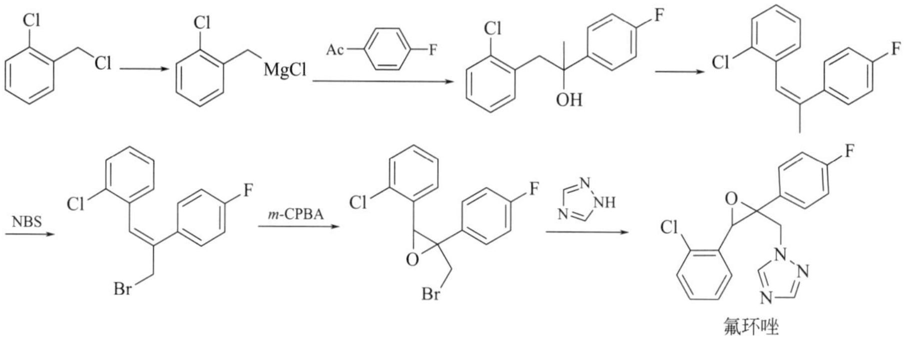

图 9-181　格氏反应法制备氟环唑

（2）缩合反应法制备氟环唑　以邻氯苯甲醛和对氟苯乙醛为起始原料，经 3 步反应即得氟环唑，反应式如图 9-182 所示。

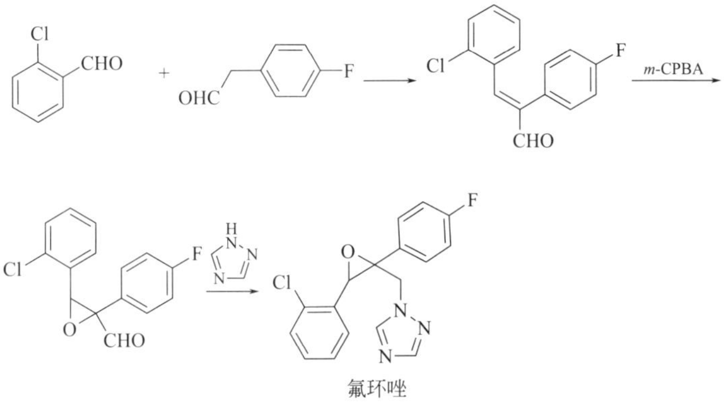

图 9-182　缩合反应法制备氟环唑

（3）磷叶立德反应法制备氟环唑　通过磷叶立德构建含烯中间体，后续反应同格氏反应法（图 9-183）。

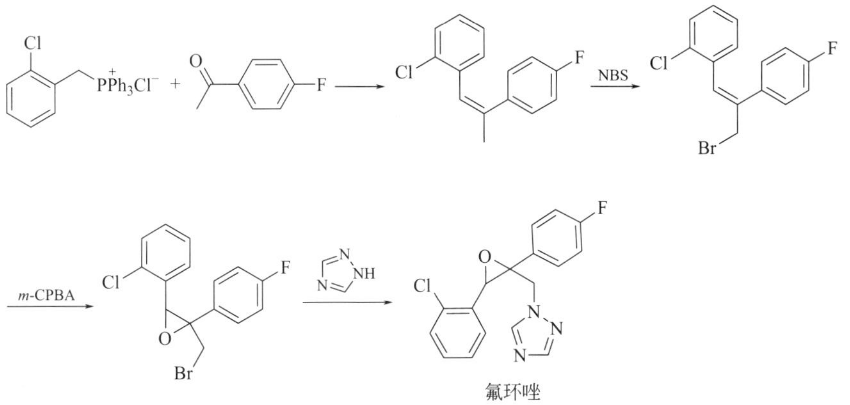

图 9-183　磷叶立德反应法制备氟环唑

9.9.5　戊唑醇

9.9.5.1　戊唑醇的产业概况

戊唑醇（tebuconazole）是一种高效、广谱、内吸性三唑类杀菌农药，具有保护、治疗、铲除作用，杀菌谱广，持效期长，可有效防治小麦、玉米等谷物和香蕉、葡萄、茶树等经济作物的白粉病、黑穗病、纹枯病、锈病、菌核病等多种病害，还有促进作物根系和植株生长的功效。戊唑醇 2011 年全球销售额达 4.40 亿美元。

2003～2018 年戊唑醇的登记情况如图 9-184 所示，2007 年之前登记产品较少。登记剂型中原药登记量较少，悬浮剂最多。

9.9.5.2　戊唑醇的工艺概况

戊唑醇通用的合成工艺路线：以对氯苯甲醛为起始原料，经缩合、还原、成环和开环 4 步反应即可制得目标化合物[216]，如图 9-185 所示。

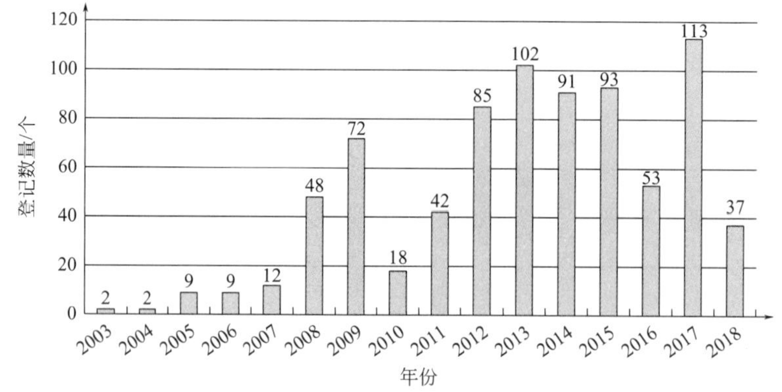

图 9-184　2003～2018 年戊唑醇的登记情况

图 9-185　戊唑醇的合成工艺路线

9.9.6　环丙唑醇

9.9.6.1　环丙唑醇的产业概况

环丙唑醇（cyproconazole）是一种高效、广谱、内吸性的三唑类杀菌农药，具有保护、治疗、铲除的作用，而且持效期长，广泛用于麦类、玉米、高粱、甜菜、苹果、梨、咖啡、草坪等的白粉病、黑穗病、纹枯病、菌核病、锈病和黑星病等病害的防治。环丙唑醇 2011 年全球销售额达 3.50 亿美元。

环丙唑醇的登记情况如表 9-21 所示。以原药为主要登记剂型。

表 9-21　环丙唑醇的登记情况

登记证号	登记名称	剂型	总含量	生产企业
LS20140012	环丙唑醇	水剂	100g/L	山东潍坊润丰化工股份有限公司
LS20130046	环丙唑醇	原药	95%	山东潍坊润丰化工股份有限公司
LS20140099	环唑・嘧菌酯	水分散粒剂	84%	山东潍坊润丰化工股份有限公司
LS20140115	环唑・嘧菌酯	悬浮剂	280g/L	山东潍坊润丰化工股份有限公司
LS20120190	环丙唑醇	原药	95%	江苏剑牌农化股份有限公司
LS20130499	环丙唑醇	原药	95%	如东众意化工有限公司
LS20120394	环丙唑醇	原药	98%	江苏七洲绿色化工股份有限公司
PD20140328	环丙唑醇	原药	95%	江苏丰登作物保护股份有限公司
PD20161263	环丙唑醇	悬浮剂	40%	江苏丰登作物保护股份有限公司
PD20161262	环丙唑醇	原药	95%	江苏丰登作物保护股份有限公司

续表

登记证号	登记名称	剂型	总含量	生产企业
PD20172122	环丙唑醇	原药	95%	江苏省农用激素工程技术研究中心有限公司
PD20172106	环丙唑醇	悬浮剂	40%	江苏七洲绿色化工股份有限公司
PD20172064	环丙唑醇	原药	98%	江苏七洲绿色化工股份有限公司
PD20172001	环丙唑醇	原药	95%	江苏省盐城利民农化有限公司
PD20171937	环丙唑醇	原药	95%	江苏剑牌农化股份有限公司
PD20171864	环丙唑醇	原药	95%	淮安国瑞化工有限公司
PD20172351	环丙唑醇	悬浮剂	40%	江苏中旗作物保护股份有限公司
PD20172222	环丙唑醇	原药	95%	江苏澄扬作物科技有限公司
PD20172201	环丙唑醇	原药	95%	如东众意化工有限公司
PD20172799	环丙唑醇	悬浮剂	40%	江苏剑牌农化股份有限公司
PD20180948	环丙唑醇	原药	95%	响水中山生物科技有限公司

9.9.6.2 环丙唑醇的工艺概况

环丙唑醇合成工艺路线很多[217,218]，常用的方法如下所示。

(1) 以烯丙基氯为起始原料，经过格氏反应、环化、氧化、甲基化、环化和与三氮唑开环取代反应，得到目标化合物，如图 9-186 所示。

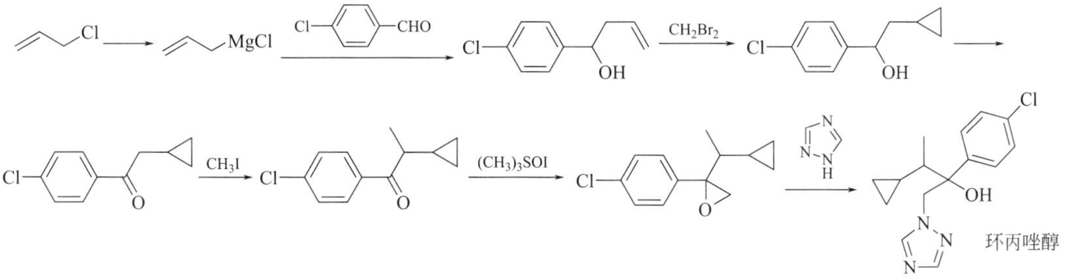

Cl
MgCl
Cl
CHO
Cl
OH
CH_2Br_2
Cl
OH
Cl
O
CH_3I
Cl
O
$(CH_3)_3SOI$
Cl
O
N
N
N
H
Cl
OH
N
N
N
环丙唑醇

图 9-186　环丙唑醇的合成工艺路线 (方法 1)

(2) 以丁内酯为起始原料，经过酰化、缩环、还原、取代、氯化等反应，得到中间体酮的结构，再按照方法 1 中的后续反应即可得到目标化合物，如图 9-187 所示。

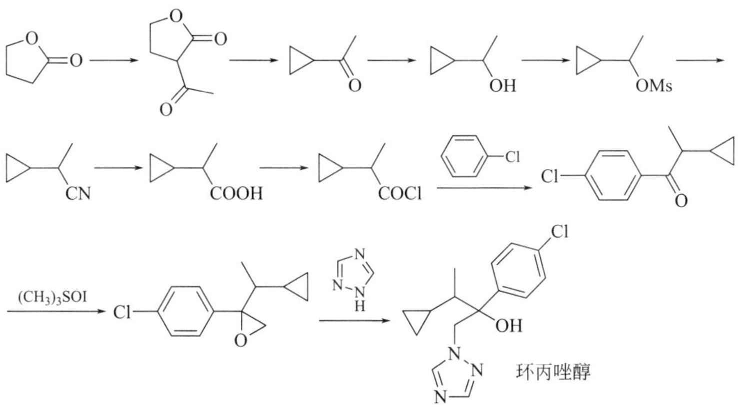

O
O
O
O
O
O
OH
OMs
CN
COOH
COCl
Cl
Cl
O
$(CH_3)_3SOI$
Cl
O
N
N
N
H
Cl
OH
N
N
N
环丙唑醇

图 9-187　环丙唑醇的合成工艺路线 (方法 2)

9.9.7 苯醚甲环唑

9.9.7.1 苯醚甲环唑的产业概况

苯醚甲环唑（difenoconazole）是一种广谱、高效的杀菌剂，主要用于果树、蔬菜、小麦、马铃薯、豆类、瓜类等作物，可有效防治白粉病、黑星病、褐斑病、锈病、条锈病、赤霉病等一系列病害。苯醚甲环唑 2011 年全球销售额为 2.55 亿美元。

2003～2018 年苯醚甲环唑的登记情况如图 9-188 所示，以悬浮剂为主要登记剂型，2007 年之前登记产品数量相对较少，2017 年登记产品数量最多。

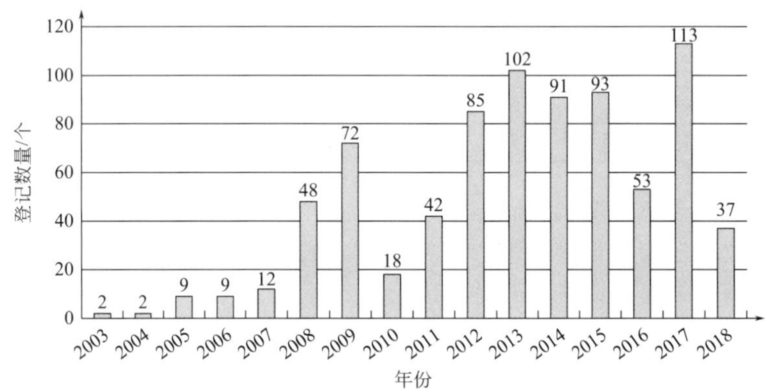

图 9-188 2003～2018 年苯醚甲环唑的登记情况

9.9.7.2 苯醚甲环唑的工艺概况

苯醚甲环唑的合成工艺路线较多[219]，但都会通过中间体二芳醚基甲基酮。以间二氯苯为原料，经过醚化、酰化、环化、溴化、取代 5 步反应可得到苯醚甲环唑，反应式如图 9-189 所示。

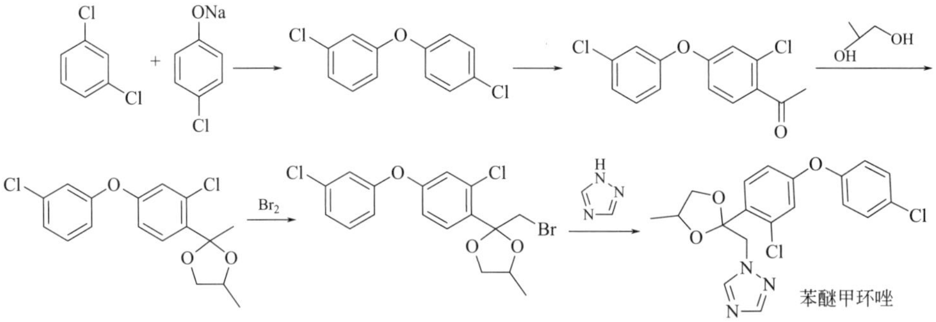

图 9-189 苯醚甲环唑的合成工艺路线

9.9.8 腈菌唑

9.9.8.1 腈菌唑的产业概况

腈菌唑（myclobutanil）是一类具保护和治疗活性的内吸性三唑类杀菌剂，其具有内吸性强、药效高、对作物安全、持效期长等特点，对子囊菌、担子菌等引起的白粉病、锈病、黑星病、灰斑病、褐斑病、黑穗病等均具有很好的防治效果。同时，腈菌唑还有一定的作物生长刺激作用。

2000～2018 年腈菌唑登记情况如图 9-190 所示，其中 2008 年和 2009 年登记产品数量较多。

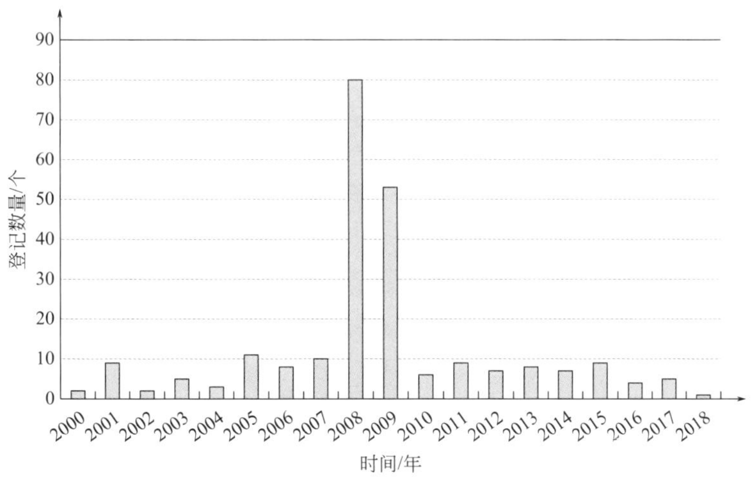

图 9-190　2000～2018 年腈菌唑登记情况

9.9.8.2　腈菌唑的工艺概况

腈菌唑的合成工艺路线较多[200,221]，如图 9-191 所示为常用的工艺路线：以对氯苯乙腈为起始原料，与正丁基氯反应，生成 2-(4-氯苯基)己腈，该中间体再与二溴甲烷反应生成 2-溴甲基-2-(4-氯苯基）己腈以后，再与三唑钠反应，即可以得到腈菌唑；也可以先将三唑羟甲基化后，进行氯化，再将该中间体与 2-(4-氯苯基)己腈缩合得到腈菌唑。

图 9-191　腈菌唑的合成工艺路线

9.9.9　丙硫菌唑

9.9.9.1　丙硫菌唑的产业概况

丙硫菌唑（prothioconazole）为拜耳公司开发的新型三唑硫酮类杀菌剂，与传统三唑类杀菌剂相比，由于在分子结构中引入硫酮结构，使其具有更广谱的杀菌活性，不仅具有很好的内吸活性，而且具有优异的保护、治疗和铲除活性，且持效期长，但丙硫菌唑仍属于菌体麦角甾醇生物合成的抑制剂。丙硫菌唑几乎对所有麦类病害具有很好的防治效果，主要用于防治小麦、大麦、油菜、花生、水稻、豆类、甜菜和大田蔬菜等作物上的众多病害，如白粉病、纹枯病、枯萎病、叶斑病、锈病、菌核病、网斑病、云纹病等。

2011 年丙硫菌唑全球销售额达 5.1 亿美元，是三唑类杀菌剂中销售额最高的一个品种。

9.9.9.2 丙硫菌唑的工艺概况

丙硫菌唑的合成工艺路线较多[222]，但起始原料均为1-乙酰基-1-氯环丙烷或者1-氯环丙甲酰氯，经多步反应可得到产品，以下介绍几种常见的合成工艺路线。

(1) 方法1 以1-乙酰基-1-氯环丙烷为起始原料，经氯化后，与邻氯苄氯的格氏试剂发生格氏反应，随后发生氯的肼解，再在此基础上与NH_4SCN闭环得到三唑硫酮，最后经氧化即可得到丙硫菌唑。合成工艺路线如图9-192所示。

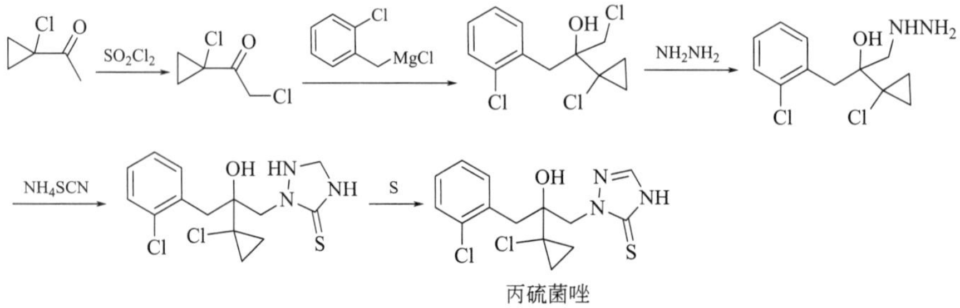

SO_2Cl_2 NH_2NH_2 NH_4SCN S

丙硫菌唑

图9-192 丙硫菌唑的合成工艺路线(方法1)

(2) 方法2 该方法前面的步骤与上述方法1相似，只是该方法中的三唑环无需闭环反应，而是在得到中间体1-氯-2-(1-氯环丙基)-3-(2-二氯苯基)-2-丙醇后，直接与三唑缩合，再经过硫酮化反应即可得到丙硫菌唑。合成工艺路线如图9-193所示。

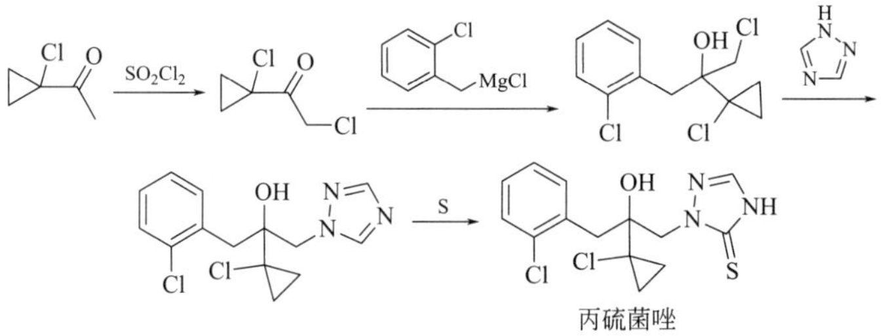

SO_2Cl_2 S

丙硫菌唑

图9-193 丙硫菌唑的合成工艺路线(方法2)

(3) 方法3 以1-乙酰基-1-氯环丙烷、三唑、邻氯苄氯为始原料，先将1-乙酰基-1-氯环丙烷与三唑发生缩合反应得到1-(1-氯环丙基)-2-(1*H*-1,2,4-三唑-1-基)乙基酮后，与邻氯苄氯的格氏试剂发生格氏反应，最后再经过硫化反应即可得到丙硫菌唑。合成工艺路线如图9-194所示。

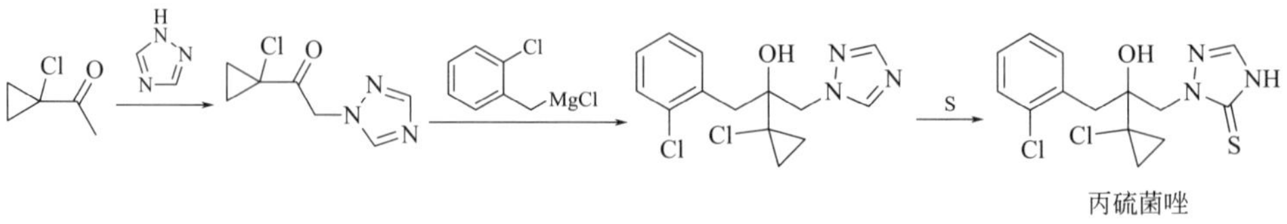

S

丙硫菌唑

图9-194 丙硫菌唑的合成工艺路线(方法3)

(4) 方法4 以1-氯环丙甲酰氯为起始原料，经过格氏反应、环化、缩合、硫化反应后即可得到丙硫菌唑。合成工艺路线如图9-195所示。

丙硫菌唑

图 9-195　丙硫菌唑的工艺路线（方法 4）

9.9.10　烯唑醇

9.9.10.1　烯唑醇的产业概况

烯唑醇（diniconazol），又名速保利，是 20 世纪 80 年代初期日本住友化学工业株式会社从三唑类先导化合物中筛选并开发的 *N*-乙烯基三唑类杀菌剂，也是甾醇脱甲基化抑制剂，具有极高的杀菌活性，杀菌谱广，内吸性强，持效期长，兼有预防和治疗作用。烯唑醇在土壤中移动性小，可缓慢降解，对人畜、环境安全[223]。药效结果表明，无论是在高度杀菌活性方面还是在应用的广谱性方面，均明显超过已使用的三唑酮和三唑醇等高效杀菌剂[224]。烯唑醇对小麦锈病与白粉病、黑穗醋栗白粉病、芦笋茎枯病、甜菜褐斑病、花生叶斑病等均有良好的防治效果。烯唑醇同时具有良好的植物生长调节活性，能使植物矮化、叶色变绿，延缓衰老，改变根冠比，增加植物的抗逆能力等，从而使作物增产且提高作物的营养含量。由于烯唑醇的良好的杀菌活性和植物生长调节活性，近年来已在许多国家得到广泛应用。

2000～2017 年烯唑醇登记情况如图 9-196 所示，其中 2009 年登记产品数量最多。

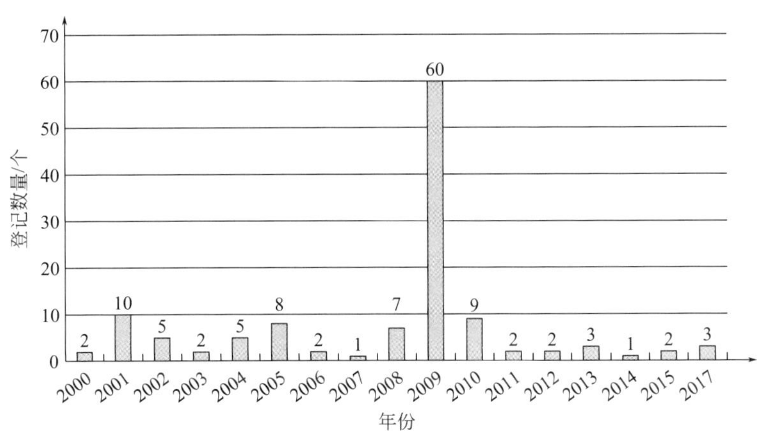

图 9-196　2000～2017 年烯唑醇登记情况

9.9.10.2　烯唑醇的工艺概况

烯唑醇的合成工艺路线主要为 α-三唑频那酮法，具体反应式如图 9-197 所示[225]。

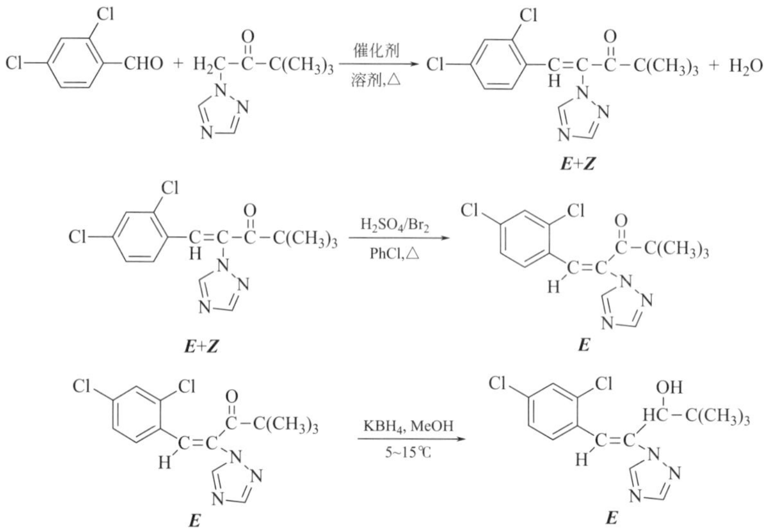

图 9-197 合成烯唑醇的反应

9.9.11 丙环唑

9.9.11.1 丙环唑的产业概况

丙环唑（propiconazole）是由瑞士汽巴-嘉基公司开发的一种环菌唑类内吸性杀菌剂，是一种固醇抑制剂中的三唑类杀菌剂，其原油为淡黄色黏稠液体，沸点 180℃（13.33Pa）。图 9-198 所示为丙环唑的结构式。其作用机理是影响固醇的生物合成，使病原菌的细胞膜功能受到破坏，最终导致细胞死亡，从而起到杀菌、防病和治病的功效。丙环唑可被根、茎、叶部吸收，并能很快地在植株体内向上传导，防治子囊菌、担子菌和半知菌引起的病害，特别是对小麦全蚀病、白粉病、锈病、根腐病，水稻恶菌病，香蕉叶斑病具有较好的防治效果[226]。

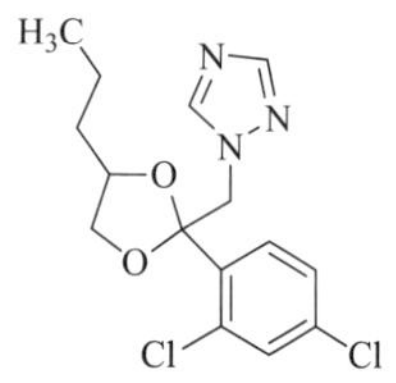

图 9-198 丙环唑的结构式

2002～2018 年丙环唑的登记情况如图 9-199 所示，其中 2008 年和 2009 年登记产品数量最多。

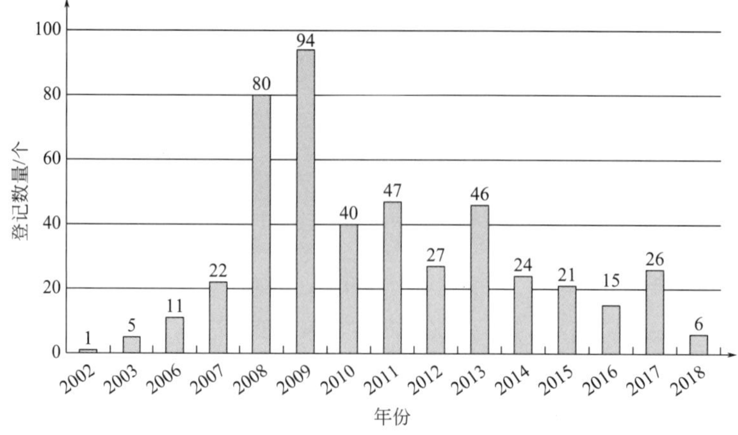

图 9-199 2002～2018 年丙环唑的登记情况

9.9.11.2　丙环唑的工艺概况

当前丙环唑的合成工艺化路线主要有三种，即先环化后溴化再合成法、先溴化后环化再合成法、先溴化后缩化再环化法三种[227]，现将已有合成工艺路线介绍如下：

（1）先环化后溴化再合成法　以 2,4-二氯苯乙酮为原料，先环化后溴化再合成丙环唑（图 9-200）。该方法的缺点是合成工艺长、收率低、催化较困难[228]。

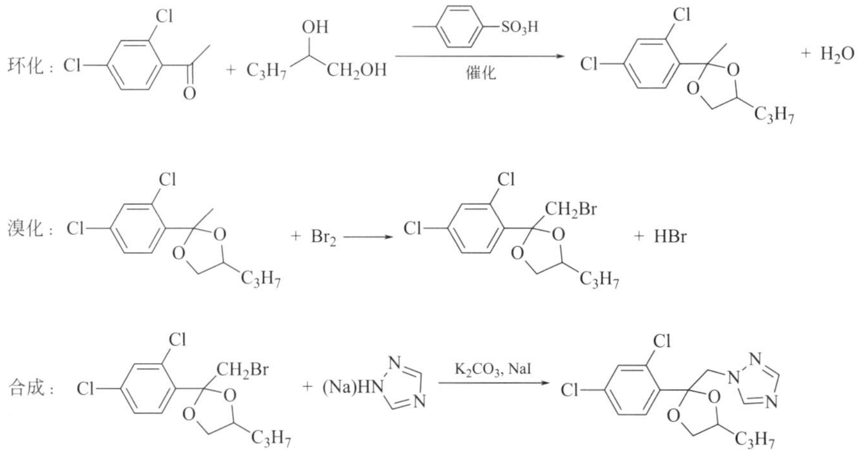

图 9-200　丙环唑的合成工艺路线（先环化后溴化再合成法）

（2）先溴化后环化再化成法　该方法国内较普遍采用，以 1,2,4-三唑钠为原料进行合成。这种方法的优点是：工艺路线短，反应操作易控制，投资小，见效快；工艺收率稳定，三步总收率可达 70%左右，且合成产品质量高；生产过程中“三废”量少，后处理较容易；对生产设备要求不苛刻。若以 1,2,4-三唑为原料进行合成，收率低，后处理困难。

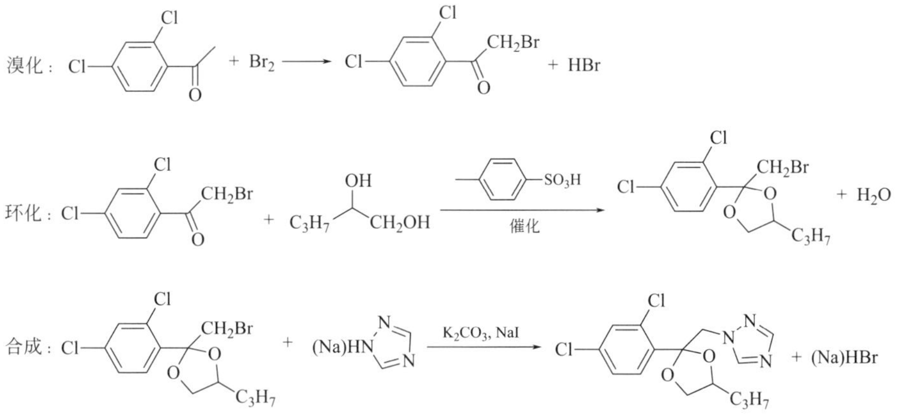

图 9-201　丙环唑的合成工艺路线（先溴化后环化再合成法）

（3）先溴化后缩合再环化法　该方法因收率低，故较少采用（图 9-202）。

9.9.12　粉唑醇

9.9.12.1　粉唑醇的产业概况

粉唑醇（flutriafol）由英国捷力公司开发，是固醇脱甲基化抑制剂，具有内吸、保护和铲除作用，是植物叶片和穗的广谱杀菌剂，对谷物白粉病、云形病、叶斑病和锈病有溴化：Cl—[2,4-二氯苯乙酮] + Br_2 ⟶ Cl—[2,4-二氯-α-溴代苯乙酮 CH_2Br] + HBr

缩合：Cl—[2,4-二氯-α-溴代苯乙酮 CH_2Br] + (Na)HN[1,2,4-三唑] $\xrightarrow{K_2CO_3,\ NaI}$ Cl—[2,4-二氯苯基三唑基乙酮] + (Na)HBr

环化：Cl—[2,4-二氯苯基三唑基乙酮] + C_3H_7—CH(OH)—CH_2OH $\xrightarrow[\text{催化}]{CH_3C_6H_4SO_3H}$ Cl—[丙环唑，C_3H_7] + H_2O

图 9-202　丙环唑的合成工艺路线（先溴化后缩合再环化法）

图 9-203　粉唑醇的结构式

效[229]。该产品于 1983 年商品化，国内有少数商家生产，但至今无详细的工艺路线报道[230]。图 9-203 所示为粉唑醇的结构式。

粉唑醇登记情况如表 9-22 所示，其中主要登记剂型为悬浮剂。原药生产企业主要有浙江世佳科技有限公司、江苏辉丰农化股份有限公司、上虞颖泰精细化工有限公司、江苏瑞邦农药厂有限公司、江苏七洲绿色化工股份有限公司、江苏省盐城利民农化有限公司、兴农药业（中国）有限公司、苏州桐柏生物科技有限公司、江苏建农植物保护有限公司、岳阳迪普化工技术有限公司、如东众意化工有限公司、江苏黄海农药化工有限公司、新兴农化工（南通）有限公司、江苏丰登作物保护股份有限公司等。

表 9-22　粉唑醇登记情况

登记证号	登记名称	剂型	总含量	生产企业
PD20171323	粉唑醇	可湿性粉剂	50%	江苏辉丰农化股份有限公司
PD20140777	粉唑醇	可湿性粉剂	50%	江苏瑞邦农药厂有限公司
PD20141841	粉唑醇	可湿性粉剂	80%	江苏瑞邦农药厂有限公司
PD20161624	粉唑醇	悬浮剂	25%	浙江世佳科技有限公司
PD20171505	粉唑醇	悬浮剂	250g/L	江苏辉丰农化股份有限公司
LS20082838	粉唑醇	悬浮剂	125g/L	江苏省盐城利民农化有限公司
LS20110298	粉唑醇	悬浮剂	250g/L	岳阳迪普化工技术有限公司
PD20111319	粉唑醇	悬浮剂	12.50%	江苏七洲绿色化工股份有限公司
PD20131764	粉唑醇	悬浮剂	250g/L	如东众意化工有限公司
PD20141056	粉唑醇	悬浮剂	250g/L	江苏瑞邦农药厂有限公司
PD20141529	粉唑醇	悬浮剂	12.50%	江苏建农植物保护有限公司
PD20141647	粉唑醇	悬浮剂	25%	深圳诺普信农化股份有限公司
PD20142229	粉唑醇	悬浮剂	25%	江苏省盐城利民农化有限公司
PD20142524	粉唑·嘧菌酯	悬浮剂	500g/L	江苏七洲绿色化工股份有限公司
PD20150564	粉唑醇	悬浮剂	12.50%	兴农药业（中国）有限公司
PD20150821	粉唑醇	悬浮剂	12.50%	江苏七洲绿色化工股份有限公司
PD20150987	粉唑醇	悬浮剂	25%	山东兆丰年生物科技有限公司
PD20151413	粉唑醇	悬浮剂	25%	广东浩德作物科技有限公司

续表

登记证号	登记名称	剂型	总含量	生产企业
PD20151517	粉唑醇	悬浮剂	25%	东莞市瑞德丰生物科技有限公司
PD20151818	粉唑醇	悬浮剂	250g/L	山东省联合农药工业有限公司
PD20160598	粉唑醇	悬浮剂	40%	江苏剑牌农化股份有限公司
PD20160815	粉唑醇	悬浮剂	25%	天津市汉邦植物保护剂有限责任公司
PD20161091	粉唑醇	悬浮剂	250g/L	浙江省杭州宇龙化工有限公司
PD20171384	粉唑·嘧菌酯	悬浮剂	40%	上海悦联化工有限公司
PD20171291	粉唑醇	悬浮剂	12.50%	中农立华（天津）农用化学品有限公司
PD20171699	粉唑醇	悬浮剂	12.50%	浙江中山化工集团股份有限公司
PD20130373	粉唑醇	悬浮剂	12.50%	江苏丰登作物保护股份有限公司

9.9.12.2 粉唑醇的工艺概况

粉唑醇的工艺路线很多，归纳起来主要有两类方法[230]。

（1）方法 1　经二苯基环氧乙烷[231,232]与 1,2,4-三唑钠盐反应。二苯基环氧乙烷的合成工艺路线中要用到碘甲烷[233]或者硒甲烷，此两种原料价格昂贵、利用率低，且反应过程中操作复杂，对设备要求较高，因而不适合于工业化生产。其合成工艺路线如图 9-204 所示。

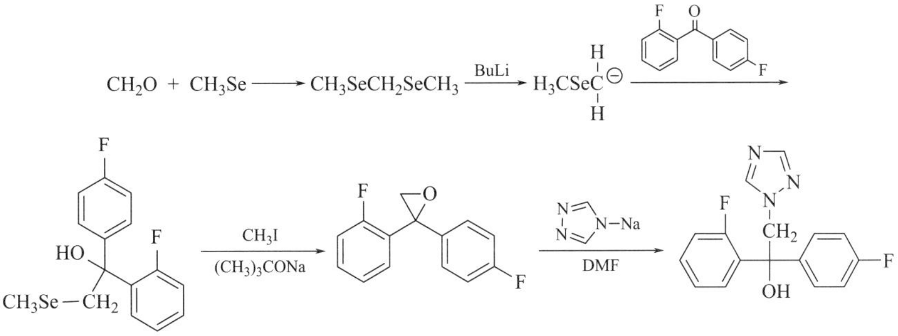

$CH_2O + CH_3Se \longrightarrow CH_3SeCH_2SeCH_3 \xrightarrow{BuLi} H_3CSeCH_2^{\ominus}$

图 9-204　粉唑醇的合成工艺路线（方法 1）

（2）方法 2　经二苯基卤代乙醇[234]与 1,2,4-三唑钠盐反应。该法用到的原料价格便宜，操作相对简单。虽格氏反应一步收率较低，但通过控制反应速率可有效减少副产物的产生，该法适合工业化生产[235,236]。其合成工艺路线如图 9-205 所示。

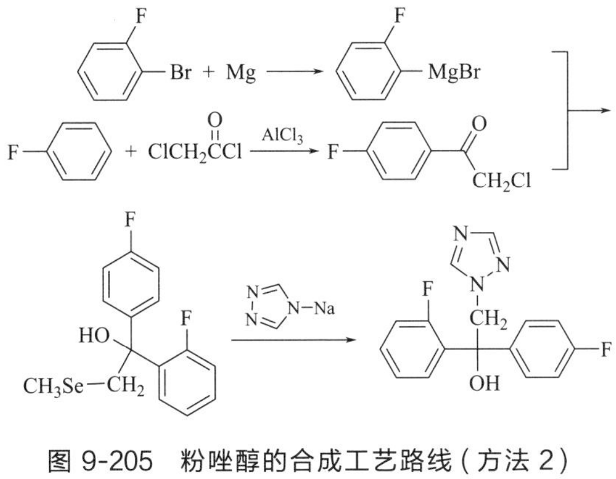

图 9-205　粉唑醇的合成工艺路线（方法 2）

9.10 噁唑与噻唑类杀菌剂

9.10.1 噁唑与噻唑类杀菌剂发展概述

噁唑与噻唑类杀菌剂的结构特征是分子中含有（异）噁唑、（异）噻唑及其酮类衍生物。（异）噁唑、（异）噻唑及其酮类作为一种活性杂环片段，分子中N、O中存在有孤对电子，能够参与分子间的氢键作用，广泛存在于医药、农药以及天然产物分子中[237]，但是作为杀菌剂的噁唑与噻唑类分子数量并不多[238,239]，如图9-206所示。其中噻唑菌胺、拌种灵、噻氟菌胺、甲噻灵和oxathiapiprolin等也属于酰胺类杀菌剂，苯噻菌酯也属于甲氧基丙烯酸酯类杀菌剂，分别在9.2节和9.4节中介绍，在此不再赘述。

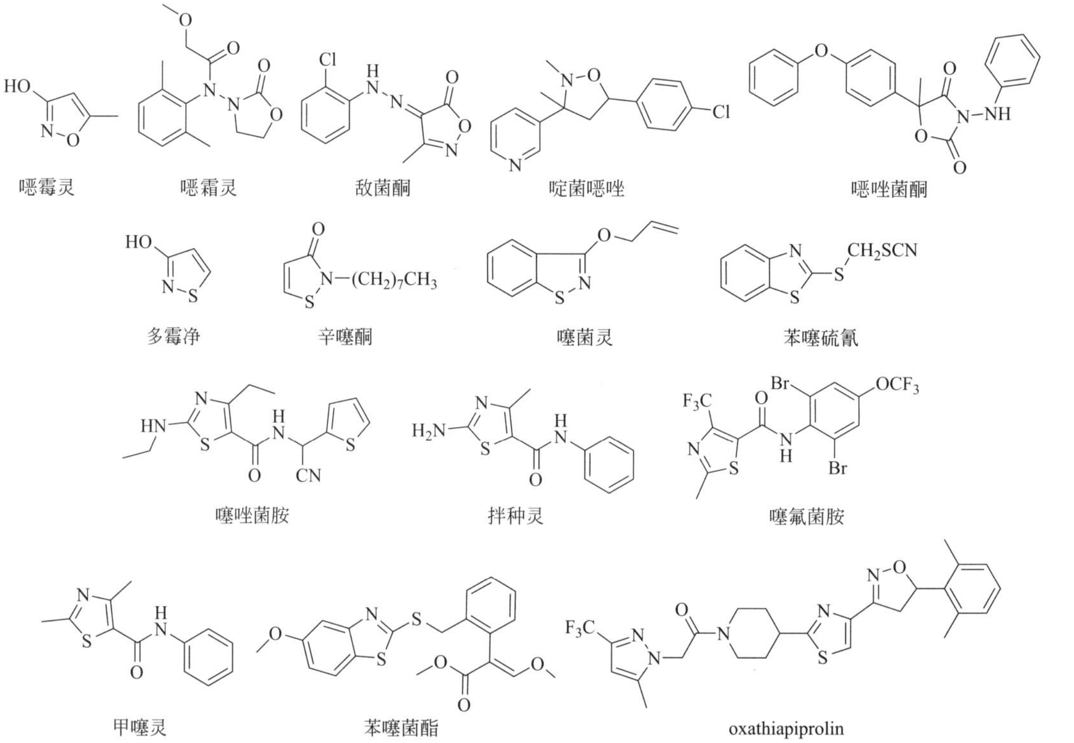

噁霉灵　噁霜灵　敌菌酮　啶菌噁唑　噁唑菌酮

多霉净　辛噻酮　噻菌灵　苯噻硫氰

噻唑菌胺　拌种灵　噻氟菌胺

甲噻灵　苯噻菌酯　oxathiapiprolin

图9-206　常见的噁唑与噻唑类杀菌剂

9.10.2 噁霉灵

噁霉灵（hymexazol）是日本三井公司开发的内吸性杀菌剂，属于孢子萌发抑制剂，具有土壤消毒作用和植物生长调节作用，用于水稻、蔬菜的立枯病等病害的防治。

噁霉灵的合成工艺路线较多[240]，通常以乙酰乙酸乙酯或2-丁炔酸乙酯为起始原料，经关环反应得到噁霉灵，如图9-207所示。

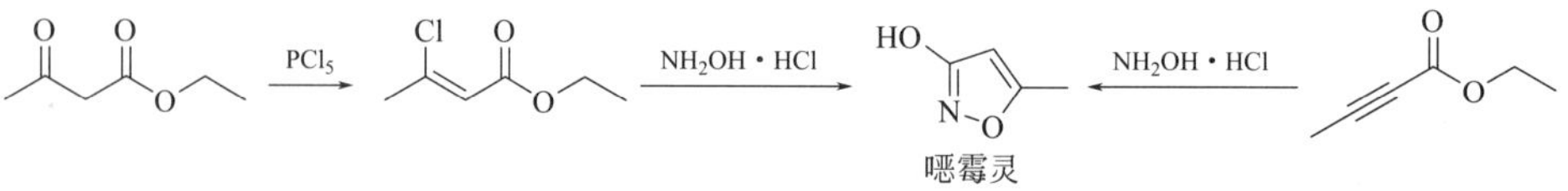

PCl_5　$NH_2OH \cdot HCl$　噁霉灵　$NH_2OH \cdot HCl$

图9-207　噁霉灵的合成工艺路线

9.10.3　啶菌噁唑

啶菌噁唑是沈阳化工研究院开发的一种新型噁唑类杀菌剂，主要用于白粉病和灰霉病等病害的防治。

啶菌噁唑的合成工艺路线：以对氯苯乙酮、3-乙酰基吡啶和硝基甲烷为起始原料，经还原、脱水关环等多步反应得到啶菌噁唑[241]，如图 9-208 所示。

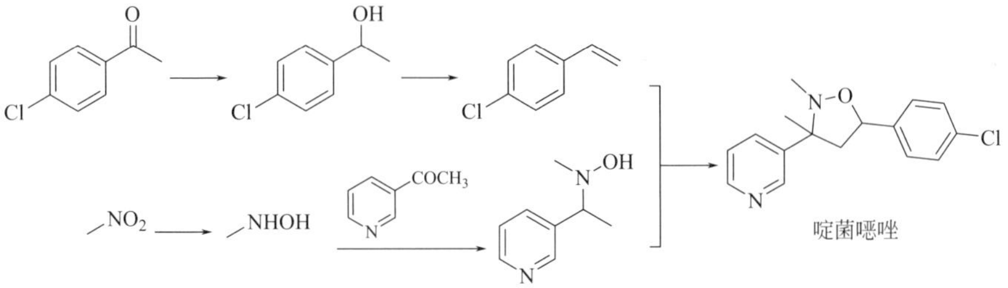

图 9-208　啶菌噁唑的合成工艺路线

9.10.4　噁唑菌酮

噁唑菌酮（famoxadone）是杜邦公司开发的新型噁唑烷二酮类杀菌剂，是线粒体呼吸作用电子传递系统中复合物Ⅲ的抑制剂，广泛用于麦类、水果和蔬菜等农作物白粉病、晚疫病、霜霉病、锈病、颖枯病等病害的防治。

噁唑菌酮的合成工艺路线较多，常以 4-乙酰基溴苯为起始原料，经醚化、加成、水解、关环等多步反应得到，如图 9-209 所示。

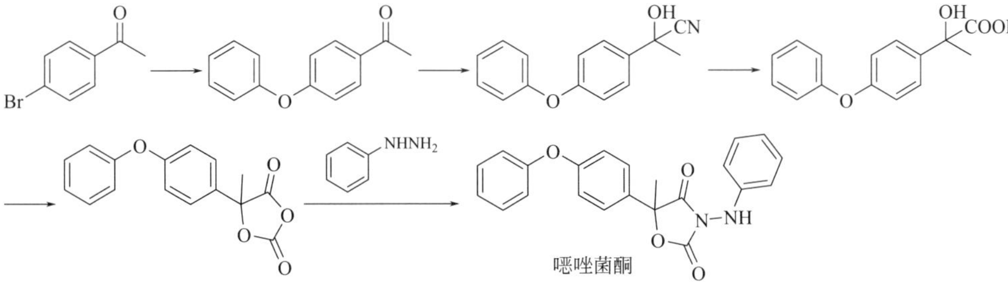

图 9-209　噁唑菌酮的合成工艺路线

9.10.5　苯噻硫氰

苯噻硫氰是美国贝克曼公司开发的新型噻唑类杀菌剂，是一种广谱性的种子保护剂，可有效预防和治疗土壤真菌和细菌性病害。

苯噻硫氰的合成工艺路线：以邻氟硝基苯为起始原料，经还原、关环等多步反应得到苯噻硫氰[242]，如图 9-210 所示。

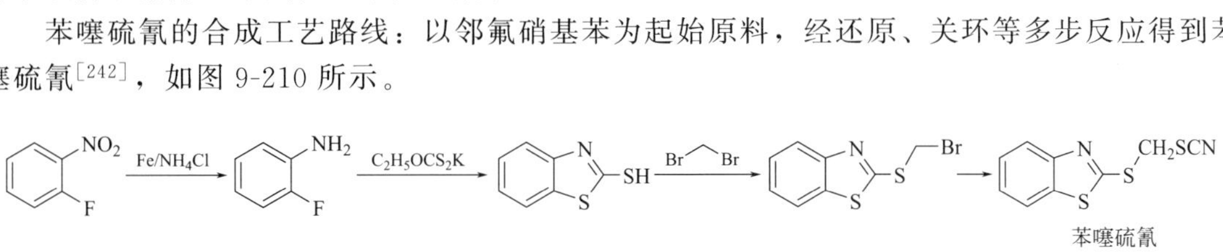

图 9-210　苯噻硫氰的合成工艺路线

9.11 噁二唑与噻二唑类杀菌剂

9.11.1 噁二唑与噻二唑类杀菌剂发展概述

噁二唑与噻二唑类杀菌剂的结构特征是分子中含有噁二唑、噻二唑及其酮类衍生物。

噁二唑及其酮类作为活性杂环片段，广泛存在于医药、农药以及天然产物分子中[243]，如抗艾滋病药物雷特格韦、除草剂噁草酮、杀虫剂噁虫酮，见图 9-211。文献报道噁二唑及其酮类可作为酰胺、酯基的生物电子等排体应用在药物分子优化中[244]，但是作为杀菌剂的噁二唑分子数量很少。

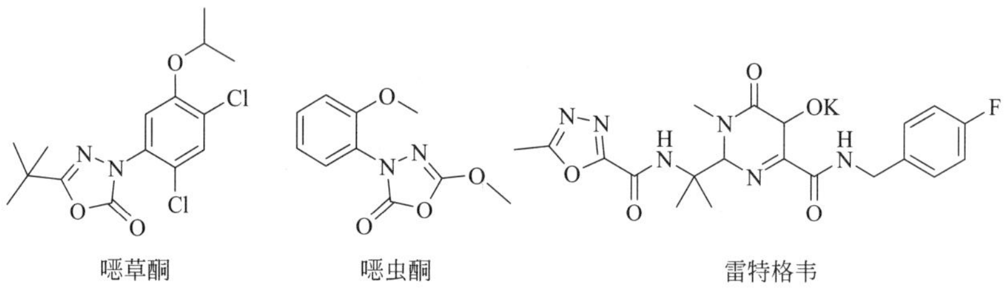

噁草酮　噁虫酮　雷特格韦

图 9-211　噁二唑类药物分子结构式

噻二唑类杀菌剂敌枯唑和敌枯双曾是水稻白叶枯病的特效药，但是由于存在严重的致畸作用而被全面禁止使用，也由此限制了此类杀菌剂的发展，噻二唑类杀菌剂数量也很少[245]，如图 9-212 所示为噻二唑类杀菌剂。

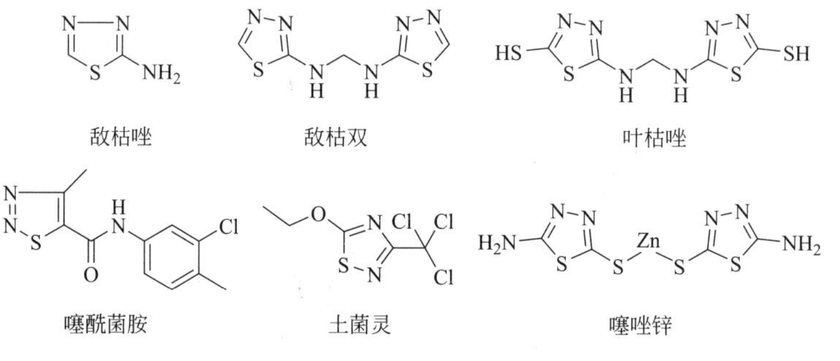

敌枯唑　敌枯双　叶枯唑

噻酰菌胺　土菌灵　噻唑锌

图 9-212　噻二唑类杀菌剂

9.11.2 敌枯双

敌枯双是一种内吸性杀菌剂，残效较长，主要用于防治水稻白叶枯病和细菌性条斑病、柑橘溃疡病、花生青枯病、番茄青枯病等植物细菌性病害。

其合成工艺路线：以氨基硫脲与甲酸反应，关环得到敌枯唑，再与多聚甲醛反应即可得到敌枯双[246]，如图 9-213 所示。

9.11.3 土菌灵

土菌灵（etridiazole）是 Uniroyal Chemical 公司开发的噻二唑类杀菌剂，具有保护和治疗作用，主要用作种子处理。

$NH_2NH_2 \cdot HCl + NH_4SCN \longrightarrow H_2NHNC(S)NH_2 \xrightarrow{HCOOH}$ 2-氨基-1,3,4-噻二唑 $\cdot HCl$ → 敌枯唑 $\xrightarrow{(CH_2O)_n}$ 敌枯双

图 9-213　敌枯双的合成工艺路线

土菌灵目前仅有一个产品于 2014 年登记，如表 9-23 所示，剂型为原药，由广东广康生化科技股份有限公司生产。

表 9-23　土菌灵登记情况

登记证号	登记名称	剂型	总含量	有效期至	生产企业
PD20142266	土菌灵	原药	96%	2019-10-20	广东广康生化科技股份有限公司

其工艺路线：以甲硫醇和乙腈为起始原料，经氯化、关环等多步即可制得土菌灵[247,248]，如图 9-214 所示。

图 9-214　土菌灵的工艺路线

9.11.4　噻唑锌

9.11.4.1　噻唑锌的产业概况

噻唑锌（zinc-thiazole）是浙江新农化工自主开发的噻二唑类杀菌剂，是新一代高效、低毒、安全的农用杀菌剂。

噻唑锌登记情况如表 9-24 所示，仅有两种剂型，以悬浮剂为主要登记剂型。

表 9-24　噻唑锌登记情况

登记证号	登记名称	剂型	总含量	有效期至	生产企业
LS20130167	戊唑·噻唑锌	悬浮剂	40%	2016-4-3	浙江新农化工股份有限公司
PD20096839	噻唑锌	原药	95%	2019-9-21	浙江新农化工股份有限公司
PD20096932	噻唑锌	悬浮剂	20%	2019-9-25	浙江新农化工股份有限公司
PD20150885	戊唑·噻唑锌	悬浮剂	40%	2020-5-19	浙江新农化工股份有限公司
PD20151282	嘧酯·噻唑锌	悬浮剂	50%	2020-7-30	浙江新农化工股份有限公司
PD20151347	噻唑锌	悬浮剂	40%	2020-7-30	浙江新农化工股份有限公司
PD20152654	春雷·噻唑锌	悬浮剂	40%	2020-12-19	浙江新农化工股份有限公司
PD20181209	噻唑锌	悬浮剂	30%	2023-3-15	浙江新农化工股份有限公司
PD20160049	噻唑锌	原药	95%	2021-1-27	江苏新农化工有限公司

9.11.4.2 噻唑锌的工艺概况

以水合肼为起始原料，成盐后与硫氰酸铵反应，再经环化、成盐和缩合等多步反应制得噻唑锌[249]。合成工艺路线如图 9-215 所示。

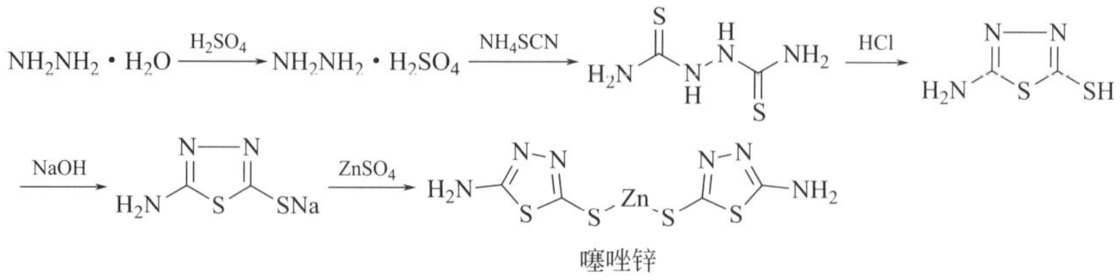

图 9-215 噻唑锌的合成工艺路线

9.11.5 敌枯唑

敌枯唑，即抑枯灵，是防治水稻白叶枯病的一种杀菌剂[250]。其化学名为 2-氨基-1,3,4-噻二唑（简称 ATDA），早在 1896 年由 Freund 和 Mieencke 合成，后作为某些医药和染料的中间体而用于生产。

敌枯唑的工艺路线：以氨基硫脲与甲酸反应，再在 HCl 的作用下关环得到敌枯唑盐酸盐，随后在碱性条件下，除去盐酸，即得到敌枯唑[251]。合成工艺路线如图 9-216 所示。

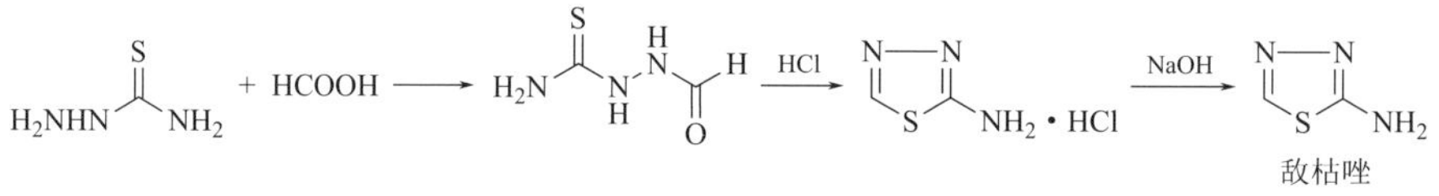

图 9-216 敌枯唑的合成工艺路线

9.12 人工合成的杀菌剂

9.12.1 稻瘟灵

9.12.1.1 产品简介

稻瘟灵（isoprothiolane），日本农药株式会社 1968 年开发，化学名称为 1,3-二硫戊环-2-亚基丙二酸二异丙酯。纯品为无色、无臭结晶固体（原药为略带刺激性气味的黄色固体）。熔点 54～54.5℃（原药 50～51℃），沸点 167～169℃（66.7Pa）。相对密度 1.044。水中溶解度（25℃）54mg/L。有机溶剂中溶解度（g/L，2 5℃）：甲醇 1510，乙醇 760，丙酮 4060，氯仿 4130，苯 2770，正己烷 10。稳定性：对酸、碱、光和热稳定[252-255]。

9.12.1.2 作用机制及生物活性

稻瘟灵属于磷脂质生物合成抑制剂，能够显著抑制菌丝的生长和孢子的形成。稻瘟灵可抑制核糖、半乳糖、甘露糖、葡萄糖的并入，但却不能阻碍葡萄糖胺的并入，进一步研究证实稻瘟灵可抑制^{14}C-蛋氨酸并入脂质，尤其是显著抑制磷脂 *N*-甲基转移酶。在菌体内，以 *S*-腺苷甲硫氨酸为甲基供体，磷脂 *N*-甲基转移酶催化磷脂酰乙醇胺连续三次的甲基转移反应，最终合成得到磷脂酰胆碱。稻瘟灵正是通过抑制磷脂 *N*-甲基转移酶，从而抑制磷脂酰胆碱的合成，进而破坏菌体的生物膜结构，抑制菌体的生长。

稻瘟灵是一种高效、低毒、渗透性很强的有机硫杀菌剂，对稻瘟病有很好的预防和治疗作用，并对水稻上的叶蝉有活性。茎叶处理使用剂量通常为 400～600g(a. i.)/hm^2，水田撒施 3.6～6 kg(a. i.)/hm^2，对菌核病、云纹病也有良好的防治效果[256]。

9.12.1.3　工艺路线

以氯乙酸为起始原料，与 Na_2CO_3 反应生成相应的钠盐，然后与 NaCN 反应，制备得到氰基乙酸钠，氰基乙酸钠在氢氧化钠的作用下反应得到丙二酸钠盐，随后与异丙醇反应（在 H_2SO_4 的催化作用下）制得丙二酸二异丙酯后，再在氢氧化钠存在下与二硫化碳于室温下发生缩合反应，然后与二氯乙烷于 40～60℃缩合成环，即得到稻瘟灵原药。合成工艺路线如图 9-217 所示。

$$ClCH_2COOH \xrightarrow{Na_2CO_3} ClCH_2COONa \xrightarrow{NaCN} CNCH_2CO_2Na \xrightarrow{NaOH,H_2O} CH_2(CO_2Na)_2 \xrightarrow[H_2SO_4]{i\text{-}C_3H_7OH} CH_2(CO_2CH(CH_3)_2)_2 \xrightarrow{C_2S,NaOH} (NaS)_2C{=}C(CO_2CH(CH_3)_2)_2 \xrightarrow{ClCH_2CH_2Cl} \text{(1,3-dithiolan-2-ylidene)}C(CO_2CH(CH_3)_2)_2$$

图 9-217　稻瘟灵合成工艺路线

9.12.2　戊菌隆

9.12.2.1　产品简介

戊菌隆（pencycuron），日本农药公司研制，与拜耳公司合作于 1976 年开发上市。其化学名称为：1-(4-氯苄基)-1-环戊基-3-苯基脲。纯品为无色结晶。熔点 128℃。蒸气压 5×10^{-10} Pa（20℃）。相对密度 1.22。水中溶解度 0.3mg/L（20℃）。有机溶剂中溶解度（20℃，g/L）：二氯甲烷 270，甲苯 20，正己烷 0.12。稳定性：在水中和土表光解。

戊菌隆目前仅有一个产品登记，并且已经过期，如表 9-25 所示。

表 9-25　戊菌隆登记情况

登记证号	登记名称	农药类别	剂型	生产企业
LS97007	47%福·戊隆	杀菌剂	湿拌种剂	拜耳股份公司

9.12.2.2　作用机制及生物活性

戊菌隆对丝核菌有特效，丝核菌可引起植物的多种病害，如水稻纹枯病、马铃薯黑痣病、甜菜褐斑病及各种作物秧苗的病害。戊菌隆是很少见的具有脲骨架的活性衍生物。

用^{14}C 标记的戊菌隆对四株敏感性不同的丝核菌进行研究，由于在介质和菌丝体的试验中标记物对它们显示出很高的杀菌活性，并没有发现有代谢物存在，这表明戊菌隆本身是杀菌的活性物质。用抗体丝核菌对几种杀菌剂（如有效霉素、氟酰胺和多氧霉素）进行比较试验显示，戊菌隆并不影响海藻糖的生物合成、海藻糖的活性，不影响脂肪酸的生物合成，也不影响类脂、几丁质、蛋白质及 DNA 的合成，由此证明戊菌隆的作用机制不同于现有的其他防治水稻纹枯病的杀菌剂。用对戊菌隆敏感的菌株进行处理时发现，菌株的形态上表现出反常的分枝现象，这种形态上改变的现象在苯并咪唑类杀菌剂（如多菌灵）中也可观察到，这就意味着戊菌隆可能具有抗微管的作用。用 β-微管蛋白抗体荧光染色显微镜技术，证明多菌灵是抑制 β-微管蛋白在丝核菌有丝分裂时的聚集，但戊菌隆并没有这样的作用，然而戊菌隆却具有高的疏水性（lg$P$ 为 4.82），它可累积在真菌细胞的类脂双层中，导致膜的流动性改变。目前，其作用机制尚不够明确。

戊菌隆是一种高效、低毒、持效期长、非内吸性的脲类杀菌剂，适用于水稻、马铃薯、甜菜、棉花、甘蔗、蔬菜和观赏植物等，主要用于防治立枯丝核菌引起的病害，对水稻纹枯病有特效。

9.12.2.3 合成工艺路线

戊菌隆的合成工艺路线主要有以下两种：

（1）以4-氯苄基氯、环戊基胺为起始原料 两者反应生成 *N*-(4-氯苄基）环戊胺，随后与苯基异氰酸酯反应，即可以得到戊菌隆，见图9-218。

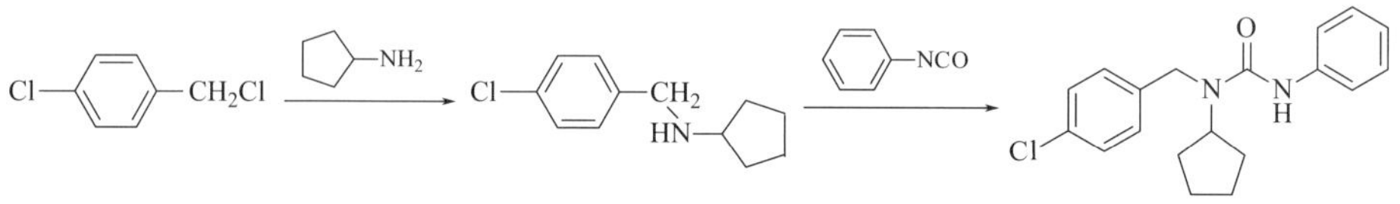

图 9-218 戊菌隆的合成工艺路线(方法 1)

（2）以 *N*-(4-氯苄基)环戊胺为起始原料 与光气反应或先与甲酸反应后经氯化制得取代的氨基甲酰氯，最后与苯胺缩合处理即得目的物（见图9-219)。

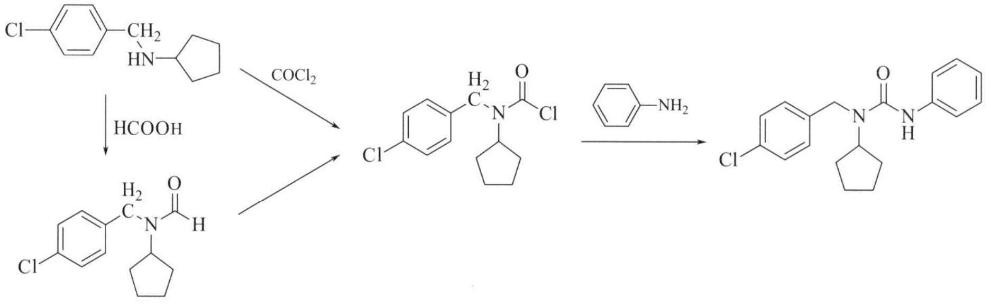

图 9-219 戊菌隆的合成工艺路线(方法 2)

9.12.3 哒菌酮

9.12.3.1 产品简介

哒菌酮（diclomezine)，是日本三共公司于1976年开发的哒嗪类产品，其化学名称为6-(3,5-二氯-4-甲苯基)-3-(2*H*)-哒嗪酮，该产品纯品为白色晶体。熔点250.5～253.5℃，蒸气压≤1.33×10^{-5}Pa（0～60℃)。水中溶解度：0.74mg/L（25℃)；有机溶剂中溶解度(23℃)：甲醇2.0g/L，丙酮3.4g/L。在光照下缓慢分解，在酸、碱和中性环境下稳定。可被土壤颗粒稳定吸附。

9.12.3.2 作用机制及生物活性

哒菌酮通过抑制隔膜形成和菌丝生长，从而起到杀菌作用。哒菌酮的主要作用方式尚不清楚。在含有1mg/L哒菌酮的马铃薯葡萄糖琼脂培养基上，立枯丝核菌、稻小核菌和灰色小核菌分枝菌丝的隔膜形成会受到抑制，并引起细胞内容物泄漏。此现象甚至在培养开始后2～3h便可发现。其快速作用是哒菌酮特有的，其他水稻纹枯病防治药剂如戊菌隆和氟酰胺等杀菌作用相对缓慢。

哒菌酮是一种具有治疗和保护活性的哒嗪类杀菌剂，适用于水稻、花生、草坪等，主要用于防治水稻纹枯病和各种菌核病、花生的白霉病和菌核病等。

9.12.3.3 合成工艺路线

以甲苯、丁二酸酐、水合肼为起始原料，先令甲苯与丁二酸酐发生傅-克酰基化反应，随后通入氯气，在甲基的邻位上氯（两个氯），随后再与水合肼反应即可制得哒菌酮（见图 9-220）。

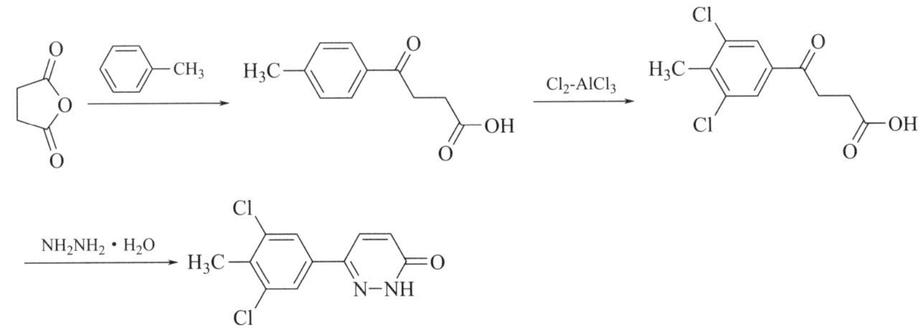

Cl_2-$AlCl_3$

$NH_2NH_2 \cdot H_2O$

图 9-220 哒菌酮的合成工艺路线

9.12.4 螺环菌胺

9.12.4.1 产品简介[257]

螺环菌胺（spiroxamine），又名螺噁茂胺，化学名称为 *N*-乙基-*N*-丙基-8-叔丁基-1,4-二氧杂螺［4.5］癸烷-2-甲胺。拜尔公司开发，1987 年申请专利。螺环菌胺是由异构体 A（49%～56%）和 B（44%～51%）组成的混合物。原药是棕色液体，纯品是淡黄色液体，熔点＜－170℃，沸点 120℃（分解）。蒸气压：A（20℃）9.7 mPa，B（25℃）1.7mPa。相对密度 0.930（20℃）。水中溶解度（20℃，mg/L）：A 和 B 混合物＞2×10^5（pH 3）；A 470（pH 7）、A 14（pH 9）；B 340（pH 7）、B 10（pH 9）。对光稳定性：DT_{50} 为 50.5d（25℃）。

9.12.4.2 作用机制及生物活性

螺环菌胺是一种固醇生物合成抑制剂。主要抑制 C-14 脱甲基还原酶的活性，造成 24-甲基麦角甾二烯醇在膜上异常累积，膜的组成改变，破坏了膜蛋白的环境和功能，引起壳多糖不规则沉积及代谢紊乱，导致真菌生长停止，最终细胞死亡。

螺环菌胺是一种新型内吸性取代胺类杀菌剂。适用于麦类防治白粉病、各种锈病、云纹病、条纹病等，对白粉病特别有效。作用速度快且持效期长，兼具保护和治疗作用。既可以单独使用，又可以和其他杀菌剂混配以扩大杀菌谱。使用剂量为 375～750g(a.i.)/hm^2。

9.12.4.3 合成工艺路线

以对叔丁基苯酚为起始原料，先催化加氢还原后与氯甲基乙二醇或丙三醇反应，再经氯化（或与甲磺酰氯反应），最后氨化制得螺环菌胺。合成工艺路线如图 9-221 所示。

9.12.5 灭螨猛

9.12.5.1 产品简介[258-260]

灭螨猛（英文名称 chinomethionate；其他名称：甲基克杀螨、螨离丹、灭螨蝨、Morestan、菌螨啉、喹菌酮），杀菌杀螨剂，拜耳公司开发，其专利 DE1100372、BE580478 等已过期。其化学名称为 6-甲基喹喔啉-2,3-二硫醇环酸酯。黄色晶体。熔点 170℃，蒸气压 0.026mPa（20℃），相对密度 1.556（20℃）。溶解性（20℃）：水 1mg/L，环己酮 18g/L，二甲基甲酰胺 10g/L，甲苯 25g/L，二氯甲烷 40g/L，己烷 1.8g/L，异丙醇 0.9g/L，环己

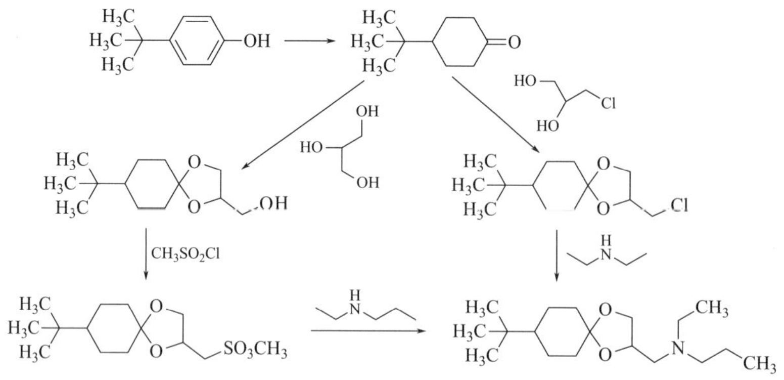

图 9-221 螺环菌胺的合成工艺路线

酮 18g/L，二甲基甲酰胺 10g/L，矿物油 4g/L。稳定性：对高温、光照、水解、氧化均较稳定，对碱不稳定。

9.12.5.2 作用机制及生物活性

该产品作用机制尚不清楚。

灭螨猛是一种高效、低毒、低残留、高选择性的非内吸性杀虫、杀螨剂，对成虫、卵、幼虫都有效，也是一个很好的杀菌剂，对白粉病有特效。剂型有可湿性粉剂、烟雾剂等。在水果、观赏植物和蔬菜上的应用剂量为 7.5～12.5g/hm^2。

9.12.5.3 合成工艺路线

以邻硝基对甲基苯胺为原料，经过 $SnCl_2$ 将硝基还原后，再与乙二酸二乙酯反应关环，得到二羟基喹喔啉中间体，随后氯化得到二氯代喹喔啉，再与 NaSH 反应，得到二巯基喹喔啉，最后用光气或固态光气关环得到产品（见图 9-222）。

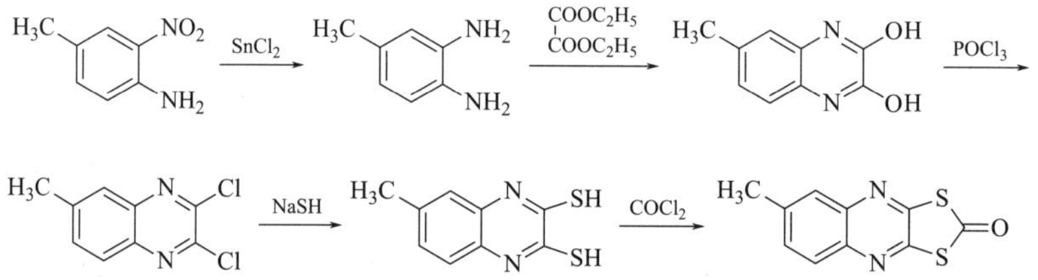

图 9-222 灭螨猛的合成工艺路线

9.12.6 苯氧喹啉

9.12.6.1 产品简介[261]

苯氧喹啉（英文名称 quinoxyfen，其他名称有快诺芬、喹氧灵），1944 年由美国 Dow Agro Science（陶氏益农）推出，1997 年获准进入市场。其化学名称：5,7-二氯-4-喹啉基-4-氟苯基醚。白色絮状固体。熔点 106～107.5℃。蒸气压 1.2×10mPa（20℃）。相对密度 1.56。溶解度（20℃）：水 116μg/L（pH 6.45），丙酮 116g/L，二氯甲烷 589g/L，二甲苯 200g/L，甲苯 272g/L，正辛醇 37.9g/L，己烷 9.64g/L。在 25℃、黑暗条件下稳定，遇光分解。

9.12.6.2 合成工艺路线

以 3,5-二氯苯胺和对氟苯酚为原料，先将 3,5-二氯苯胺与乙氧基亚甲基丙二酸二乙酯反应生成 5,7-二氯-4-羟基喹啉-3-甲酸乙酯，再经过酸化、脱羧等步骤得到 5,7-二氯-4-羟基喹啉，进一步氯化得到三氯喹啉最后与 4-氟苯酚反应，即可以得到苯氧喹啉。合成工艺路线见图 9-223。

图 9-223　苯氧喹啉的合成工艺路线

9.12.7　百菌清[262-264]

9.12.7.1　产品简介

百菌清（英文名称 chlorothalonil，其他名称还有 Bravo、Daconil、Bombardier、Clortocaffaro、Visclor），20 世纪 60 年代美国 Diamond Alkali Co. 研制，后售给日本 ISK Biosciences Corp. 公司，目前美国、日本、意大利、韩国等国均有百菌清生产，我国亦有生产并应用。其化学名称：四氯间苯二腈（或四氯-1,3-苯二甲腈）。纯品为白色无味结晶。熔点 250～251℃，沸点 350℃。相对密度 2.0。水中溶解度（25℃）0.81mg/L。有机溶剂中溶解度（g/kg，25℃）：二甲苯 80，二甲基亚砜、丙酮 20，环己酮、二甲基甲酰胺 30，煤油≤10。稳定性：在常温储存条件下稳定，对弱碱或弱酸性介质稳定，对光照稳定；pH＞9 缓慢水解。

2000～2018 年百菌清的登记情况如图 9-224 所示，其中 2008 年和 2009 年登记产品数量最多，以悬浮剂和可湿性粉剂为主要剂型。

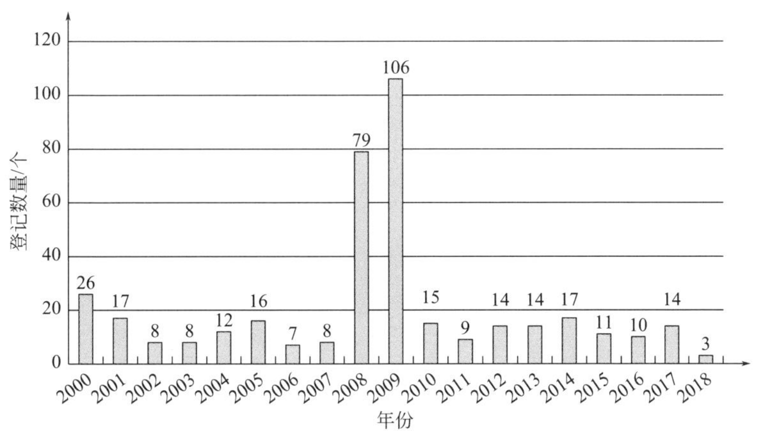

图 9-224　2000～2018 年百菌清的登记情况（截止到 2018 年 3 月）

9.12.7.2　作用机制及生物活性

百菌清能与真菌细胞中的 3-磷酸甘油醛脱氢酶发生作用，与该酶体中含有半胱氨酸的蛋白质结合，破坏酶的活力，使真菌细胞的代谢受到破坏而丧失生命力。百菌清的主要作用是防止植物受到真菌的侵害。在植物已受到病菌侵害，病菌进入植物体内后，杀菌作用很小。百菌清没有内吸传导作用，不会从喷药部位及植物的根系被吸收。

百菌清是一种非内吸性的、广谱、低毒、低残留的农用、林用杀菌剂，对多种作物真菌病害具有预防和治疗作用。百菌清在植物表面有良好的黏着性，不易受雨水等冲刷，因此具有较长的药效期，在常规用量下，一般药效期 7～10d。通过烟剂或粉尘剂烟雾或超微细粉尘细小颗粒沉降附着在植株表面，发挥药效作用，适用于保护地。对蔬菜、瓜果、花生、麦类、林木、花卉等植物的多种真菌性病害均有较好的防治效果，可用于防治蔬菜、瓜类疫病、霜霉病、白粉病，花生叶斑病、锈病，果树炭疽病、黑星病、霜霉病，棉花立枯病等。

9.12.7.3 合成工艺路线

当前，百菌清的合成工艺路线有多种，介绍如下：

(1) 酰胺脱水法　以四氯间苯二甲醇溶于四氯化碳溶剂中，在光照下通氯使之氯化成四氯间苯二甲酰氯，后者溶于溶剂（二甲苯或二噁烷），通氨反应得四氯间苯二甲酰胺，再用脱水剂（三氯氧磷或者五氧化二磷）脱水制得四氯间苯二腈（见图 9-225）。

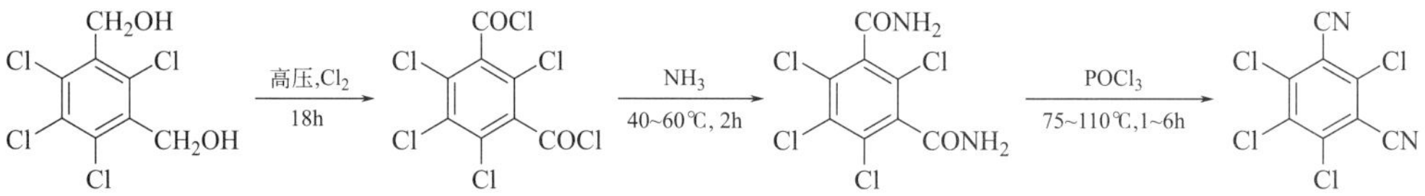

图 9-225　百菌清的合成工艺路线（方法 1）

(2) 液相氯化法　将四氯间苯二甲胺溶于溶剂（如 DMF、叔丁醇等），在液相下与氯化剂（氯气或次氯酸钠）反应，生成 N,N,N',N'-八氯间苯二甲胺，然后再在溶液中加热脱除氯化氢，即得四氯间苯二腈（见图 9-226）。

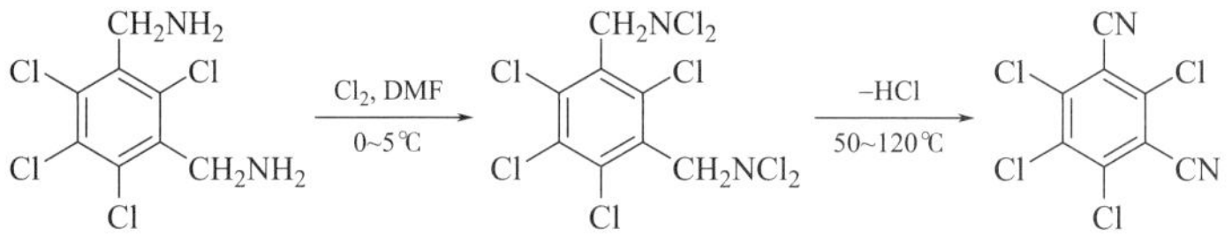

图 9-226　百菌清的合成工艺路线（方法 2）

(3) 高温气相氯化法　间二甲苯与氨、空气在气相催化剂存在下经氨氧化反应制得间苯二腈。间苯二腈再在气相催化剂存在下与氯气进行氯化反应制得四氯间苯二腈（见图 9-227）。

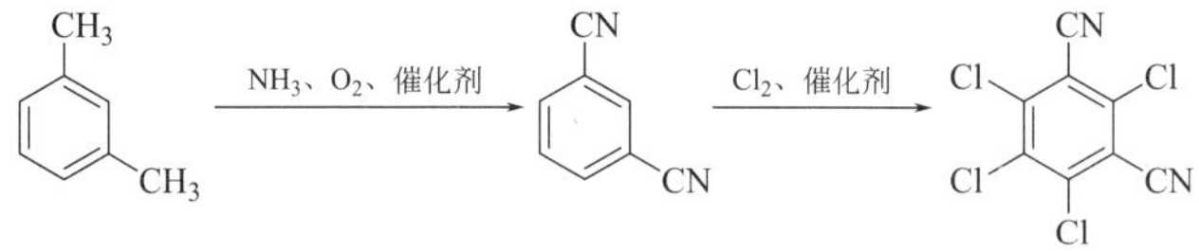

图 9-227　百菌清的合成工艺路线（方法 3）

9.13 微生物源杀菌剂

9.13.1 概述

9.13.1.1 微生物源杀菌剂的发展

随着医用抗生素在人类及动物疾病防治方面取得了巨大的成就，人们开始尝试利用医用抗生素作为农药进行使用。最初将青霉素作为农药的试验以青霉素的不稳定性而失败，但随后美国将链霉素与土霉素混合（商品名为农霉素）用于防治苹果、梨的灼伤病取得了很好的效果；日本也曾利用链霉素防治烟草野火病、柑橘溃疡病和蔬菜软腐病，利用双氢链霉素和氯霉素防治水稻白叶枯病，用新霉素防治土豆溃疡病等。由于某些医用抗生素在使用过程中对植物产生药害以及存在稳定性和抗药性的问题，抗生素在农业上的应用越来越少[265]。直到 1958 年日本成功研制出防治稻瘟病的杀稻瘟素 S（blasticidin S）并实现产业化，农用抗生素的开发进入了新的发展时期，并相继开发出春雷霉素（kasugamycin）、多氧霉素（polyoxins）、有效霉素（validmycin）、米多霉素（mildiomycin）等一系列高效低毒的农药新品种[266]。我国农用抗生素的研究始于 20 世纪 50 年代，至 70 年代后取得了较大的进展，相继开发出已注册登记的井冈霉素、多抗霉素、公主岭霉素（农抗 109）、农抗 120、中生菌素、宁南霉素、武夷霉素和春雷霉素等一系列的杀菌类农用抗生素。表 9-26 所示为我国曾重点研究或正在研发的杀菌类农用抗生素，其中井冈霉素、多抗霉素、春雷霉素、中生霉素和宁南霉素为我国主要生产的品种[267,268]。

表 9-26　我国重点研发过及正在研发的杀菌农用抗生素[237]

放线菌酮	宁南霉素	多抗灵	武夷霉素	拟鲋霉素
变构霉素	长串霉素	灭粉霉素	杀枯肽	杀枯定
悟宁霉素	内疗素	多效霉素	井冈霉素	灭瘟素
春雷霉素	链霉素	磷氮霉素	变构菌素	金核霉素
农抗 878	申嗪霉素	庆丰霉素	多抗霉素	中生霉素
白肽霉素	农霉素	农抗 120	华光霉素	赤霉素
公主岭霉素	制黄杆菌素	杀毒霉素	木霉醛	木霉菌素
新磷氮霉素	中尼霉素	秦岭霉素	marihysin	bafilomycins
grisenusin D				

9.13.1.2　微生物源杀菌剂的作用机制

与其他杀菌剂相比，井冈霉素具有特殊的作用机制，国内外学者已经进行了大量的研究。研究表明，当井冈霉素与水稻纹枯病病原菌接触后能很快被菌体细胞吸收并在菌体内传导，被水解产生井冈羟胺，井冈羟胺与海藻糖结构相似，可作为海藻糖酶底物竞争性抑制剂抑制真菌体内海藻糖酶的活性，使海藻糖酶不再分解海藻糖产生葡萄糖为真菌的生长提供能量，从而抑制丝核菌菌丝的生长，最终表现出菌丝顶端异常分枝和生长停止[269]。李明海等的研究显示，井冈霉素能显著降低水稻纹枯病菌的主要致病因子——细胞壁降解酶的活性，从而减弱水稻纹枯病菌对水稻的侵染力，起到防治水稻纹枯病的作用[270]。井冈霉素本身并没有筛选抗性菌株的作用，一旦病原菌脱离了井冈霉素的环境，纹枯病菌就能重新恢复生长，因此，即使有少量的井冈霉素抗性菌株出现在纹枯病菌的群体中，也不会因为药物的筛选作用而使整个菌群变成抗性群体，这也是很少能分离到对井冈霉素出现抗性的纹枯病菌的原因所在[271]。

井冈霉素在活体水稻植株上对水稻纹枯病菌的毒力作用明显大于离体条件下的毒力作用，这表明井冈霉素具有诱导植物抗性和抑制病菌的双重作用，即井冈霉素既能抑制纹枯病菌的生长，又能激发水稻抗性防卫反应的表达[272]。井冈霉素同样可以抑制植物体内海藻糖酶的活性，导致海藻糖的大量积累；同时伴随着 β-1,3-葡聚糖酶、苯丙氨酸解氨酶和过氧化物酶活性的增高。而苯丙氨酸解氨酶参与植物抗病所需的水杨酸的合成，同时苯丙氨酸解氨酶也是合成植保素和木质素的关键酶之一[273]。但井冈霉素如何与植物细胞膜上的诱导物受体结合，从而激活植物防御反应传导和表达基因、积累产物以及诱导效应与剂量相关的作用还有待于深入研究。

多抗霉素由几丁质合成酶以尿苷二磷酸酯-*N*-乙酰氨基葡萄糖（UDP-GlcNAc）为前体而合成。多抗霉素的化学结构与UDP-GlcNAc非常相似，是几丁质合成酶的竞争性抑制剂，可通过干扰几丁质的合成进而影响真菌细胞壁的形成，造成菌丝顶端膨大、不能生长而死亡。由于植物、哺乳动物体内无几丁质组成结构，所以多抗霉素对脊椎动物和哺乳动物等非靶标生物具有很高的安全性。多抗霉素被广泛用于植物病害的防治。

9.13.2 井冈霉素

9.13.2.1 井冈霉素的产业概况

井冈霉素（validamycin）是20世纪70年代上海农药研究所在我国井冈山地区土壤中发现的吸水链霉菌井冈变种（*Streptomyces hygroscopicus* var. *jinggangensis*）产生的一种氨基糖苷类抗生素，其中有效成分为井冈霉素A（图9-228），与日本早期报道的吸水链霉菌柠檬变种（*Streptomyces hygroscopicus* var. *limneus*）所产生的有效霉素A（validmycin A）具有相同的结构。井冈霉素自发现以来，对我国水稻高产稳产作出了重大贡献，已成为我国农民家喻户晓的理想生物农药，是我国农药中最安全、有效和价廉的主要品种，可广泛用于防治我国及东南亚地区水稻与其他植物的纹枯病以及蔬菜幼苗、棉花、甜菜、谷物和其他植物的立枯病。20世纪70年代中期，我国的浙江、江苏、上海等地对井冈霉素进行了产业化生产。目前全国有30多家工厂生产井冈霉素，年产量6万～7万吨，年产制剂量几十万吨，居世界首位，产值超5亿元，并出口到日本、韩国、泰国和新加坡等国家，年防治面积约1000亿米^2，是我国防治水稻纹枯病应用最广的农药，至今无真菌耐药性出现[274-278]。井冈霉素的结构由β-D-葡萄糖、井冈胺和井冈烯胺组成，而井冈胺和井冈烯胺是临床上以糖苷酶为靶标的治疗糖尿病药物伏格列波糖和阿卡波糖的中间体和原药，浙江工业大学以井冈霉素为原料生产降糖药伏格列波糖，实现了以井冈霉素为原料向附加值更高的生物医药的转变[279,280]。

图9-228 井冈霉素A的结构式

2000～2018年井冈霉素的登记情况如图9-229所示，其中2008年和2009年登记产品数量最多。

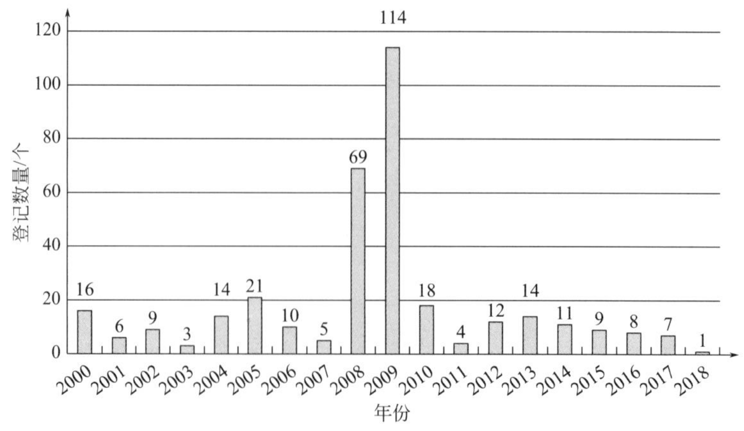

图9-229 2000～2018年井冈霉素的登记情况

9.13.2.2　井冈霉素的工艺概况

已报道的井冈霉素产生菌株有日本的吸水链霉菌柠檬变种以及中国的吸水链霉菌井冈变种和应城变种。井冈变种与柠檬变种存在着显著的差异，如井冈变种的培养温度为 37℃，要显著高于柠檬变种的培养温度（28℃），且井冈变种除产生井冈霉素外，还产生另外一种抗真菌的抗生素——Saramycin[281]。国内生产厂家主要通过微生物发酵法生产井冈霉素，主要进行了选育高产菌株、发酵培养基配方优化、发酵工艺优化和提取工艺改进方面的研究。吸水链霉菌应城变种所产生的井冈霉素产量较低，而井冈变种已成为我国工业生产井冈霉素的主要菌种，经过紫外、氮芥、亚硝基胍、^{60}Co-γ、微波、离子束注入等一系列的复合诱变，井冈霉素的产量已高达 30g/L[282]。随着分子生物学技术的发展，对井冈霉素生物合成机理的研究已取得突破性的进展。Dong 等人研究发现，井冈霉素可以通过如图 9-230 所示的生物合成途径得到[283]。

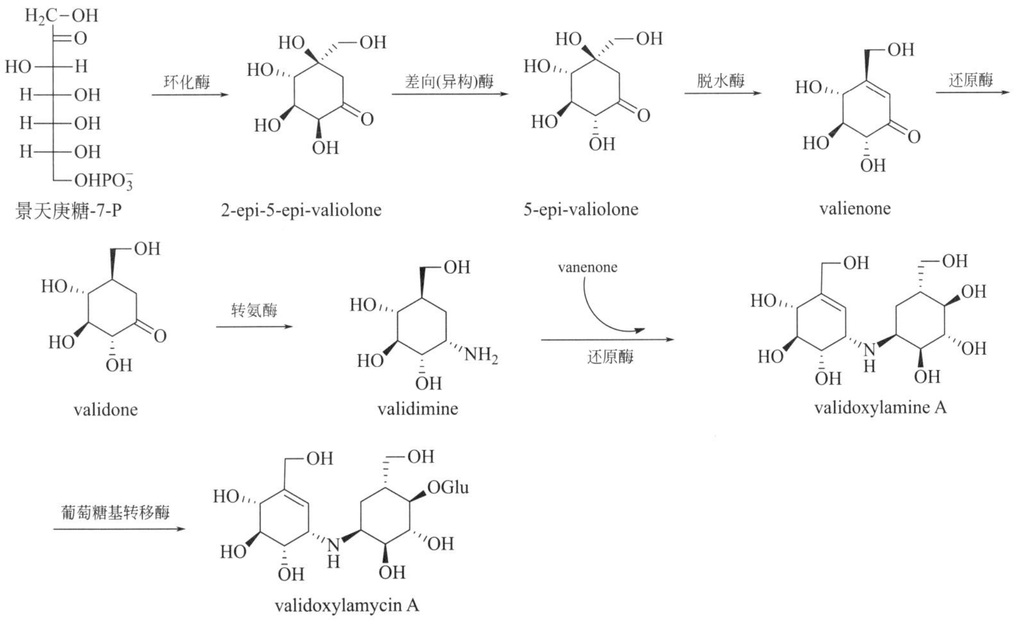

图 9-230　井冈霉素可能的生物合成途径

此外 2005 年，上海交通大学邓子新课题组首次在吸水链霉菌井冈变种 5008 中成功克隆到井冈霉素生物合成基因簇[284]；在此基础上，2006 年，邓子新课题组等对井冈霉素生物合成基因簇进行了深入研究，并成功实现了在变铅青链霉菌中异源表达[285]；在此基础上，提出了如图 9-231 所示的生物合成途径。

9.13.3　多抗霉素

9.13.3.1　多抗霉素产业概况

多抗霉素（polyoxin），又称多氧霉素、多效霉素和丽宝安等，是一种广谱性肽嘧啶核苷类杀菌剂，具有较好的内吸传导作用，主要用于水稻纹枯病、苹果斑点落叶病、烟草赤星病、梨黑斑病、葡萄灰霉病以及其他经济作物的白粉病和霜霉病等植物真菌性病害的防治。多抗霉素最初是 20 世纪 60 年代由日本科研制药株式会社的研究人员从可可链霉菌阿苏变种（*Streptomycs cacaoi* var. *asoensis*）发酵液中分离得到的，主要组分为 A、B 和 H，之后又

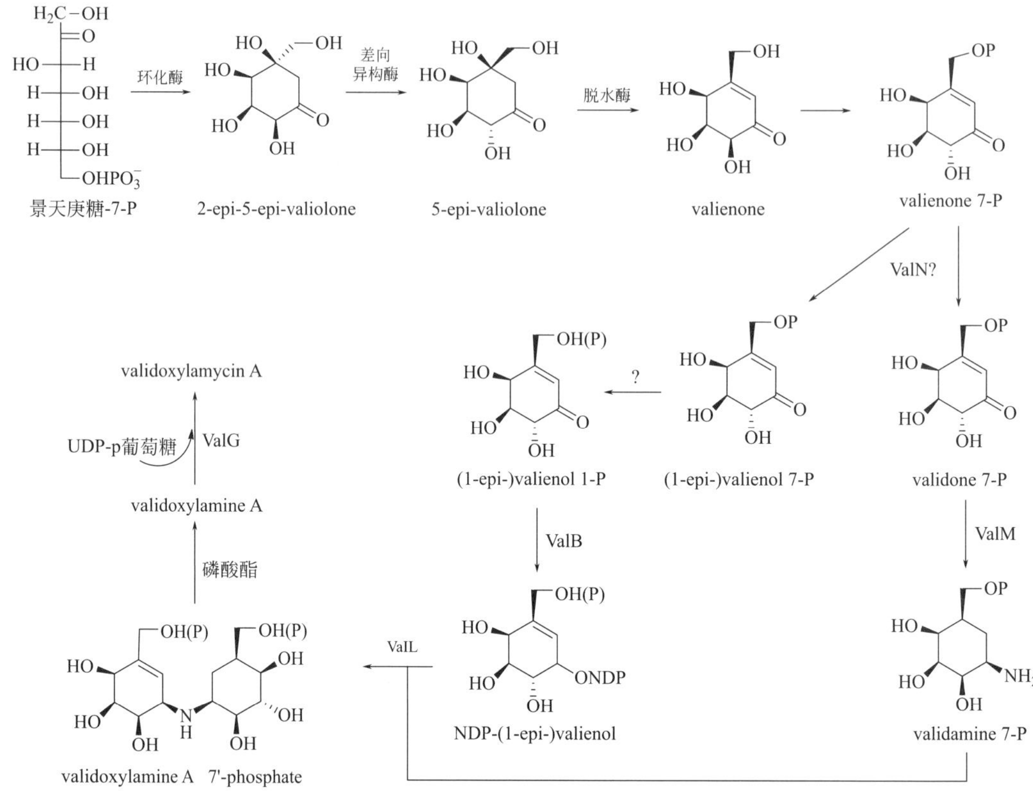

图 9-231 白林泉等提出的井冈霉素的生物合成途径

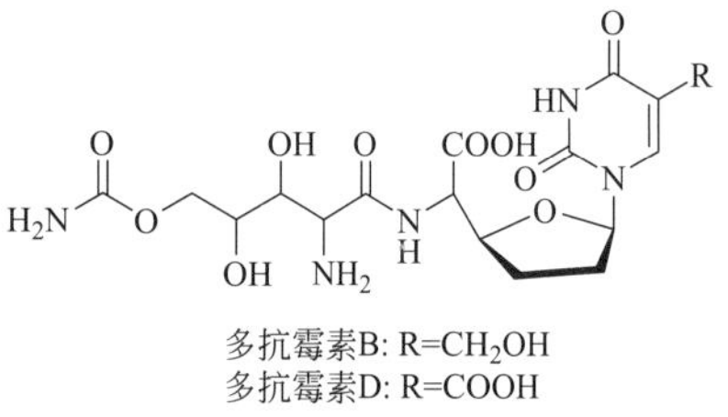

图 9-232 多抗霉素 B 和 D 的结构式

分离得到 C、D、E、F、G、H 和 I 等 13 个多抗霉素组分[286-290]。我国中科院微生物所于 1967 年在安徽合肥市郊一菜园土壤中分离得到另外一株多抗霉素产生菌——金色产色链霉菌（*Streptomyces aureochromogens*），它可产生 A～N 等 14 个多抗霉素组分，主要成分为 A 和 B。在微生物产生的多抗霉素组分中，多抗霉素 A 和 B 组分是主要的成分，但组分 A 几乎没有活性，而多抗霉素 D 的抗真菌能力最强，因此，B 组分和 D 组分是研究最多的两种多抗霉素成分（图 9-232）。多抗霉素 B 的有效作用浓度仅为 50～200mg/kg，远低于常用的化学农药，是最为安全的农药品种之一。多抗霉素的分子结构主要由核苷骨架、氨甲酰多聚草氨酸、聚肟酸以及核苷骨架的 C-5 修饰基团四部分所组成。多抗霉素在水中的溶解度很高，不溶于任何有机溶剂，在碱性溶液中比较稳定，在酸性溶液中易分解。20 世纪 60 年代日本就已经开始在农业生产中大规模推广应用多抗霉素，迄今为止，多抗霉素仍是使用范围最广、开发最成功且未产生耐药性的重要农用抗生素之一。我国生产的多抗霉素是由多抗霉素 A～N 所组成的混合物，其中 A 和 B 是主要成分，原药纯度为 84%，多抗霉素 B 组分含量为 22%～25%。统计表明，2012 年，多抗霉素是仅次于井冈霉素、产量位居第二位的农用抗生素。

2005～2017 年多抗霉素的登记情况如图 9-233 所示，其中 2009 年和 2010 年登记产品数量最多。主要登记剂型有水剂、可湿性粉剂和原药。

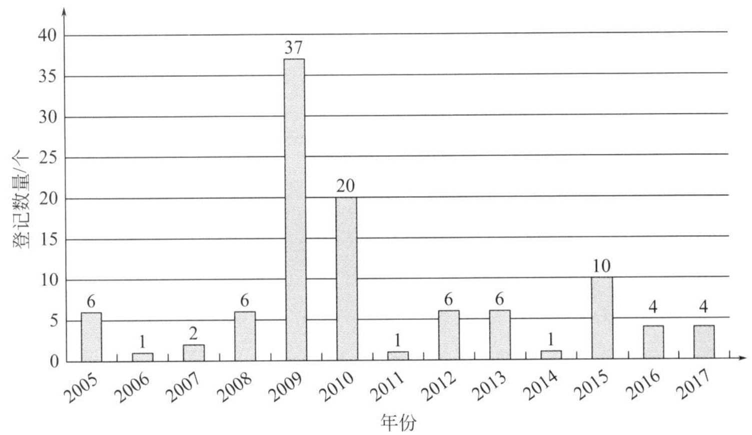

图 9-233　2005~2017 年多抗霉素的登记情况

9.13.3.2　多抗霉素的工艺概况

目前，多抗霉素的主要生产国是日本和中国，且主要通过微生物发酵的方法获得多抗霉素。由于多抗霉素的高活性及广泛的应用，许多化学家试图通过化学合成的方法合成多抗霉素及其衍生物。从多抗霉素的分子结构可以看出（图 9-234），多抗霉素组分都是由一个侧链部分和多抗霉素 C 结构类似物部分通过酰胺键连接而成的。

侧链部分　　多抗霉素C结构类似物部分

图 9-234　多抗霉素组分的结构特点

当 $R^1=CH_2OH$ 或 COOH 时为多抗霉素 C；当 $R^1=H$ 时为尿嘧啶多抗霉素 C；当 $R^1=CH_3$ 时为胸腺嘧啶多抗霉素 C。侧链 1 中 $R^3=OH$，侧链 2 中 $R^3=H$

根据侧链 C-3 位是否有羟基，可将多抗霉素分成两类：第一类包括含有侧链 1 的多抗霉素 A、B、D、F、H、J、K、L 和 N；第二类包括含有侧链 2 的多抗霉素 E、G 和 M。根据多抗霉素 C 类似物部分中 R^1 基团的不同，可将多抗霉素分为多抗霉素 C 类（多抗霉素 A、B、C、D、E、F、G 和 I）、尿嘧啶多抗霉素类（多抗霉素 K、L、M）和胸腺嘧啶多抗霉素类（多抗霉素 H 和 J）。因此，多抗霉素一般都以多抗霉素 C 合成为基础先合成具有不同碱基取代的多抗霉素 C 类似物（图 9-235）后，再合成多抗霉素其他组分的侧链，最后通过酰胺键将这两部分进行连接，从而实现多抗霉素各个组分的合成。由于多抗霉素 C 与天然手性化合物核糖、核苷等在结构上相似，多抗霉素 C 及其类似物的工艺路线主要是以此类天然产物（阿洛糖、丝氨酸、酒石酸、核糖的衍生物）进行的，很少采用非手性原料，人们开展了大量的研究工作[291-296]。2006 年，日本科学家以 4-羟甲基丁内酯为原料通过 α-位羟基化以及 Mitsunobu 反应完成了侧链 2 的构建，并首次实现了多抗霉素 M 的全合成。侧链与多抗霉素 C 及其类似物的偶联主要采用两种方法：①利用 N-羟基琥珀酰亚胺活化侧链羧基直接与未保护的多抗霉素 C 及其类似物的氨基形成酰胺键，然后在 TFA 作用下脱掉酸性敏感保护基；②将羧基酯化氨基裸露的胸腺嘧啶多辛（thymine polyoxin）C与羧基裸露的侧链聚氧肟酸（polyoxamic acid）衍生物直接在BOP（邻苯二甲酰丁辛酯）、二异丙基乙基胺的作用下形成酰胺键，然后分别用LiOH水解酯键，TFA脱掉亚丙基以及Boc保护基[297-301]。

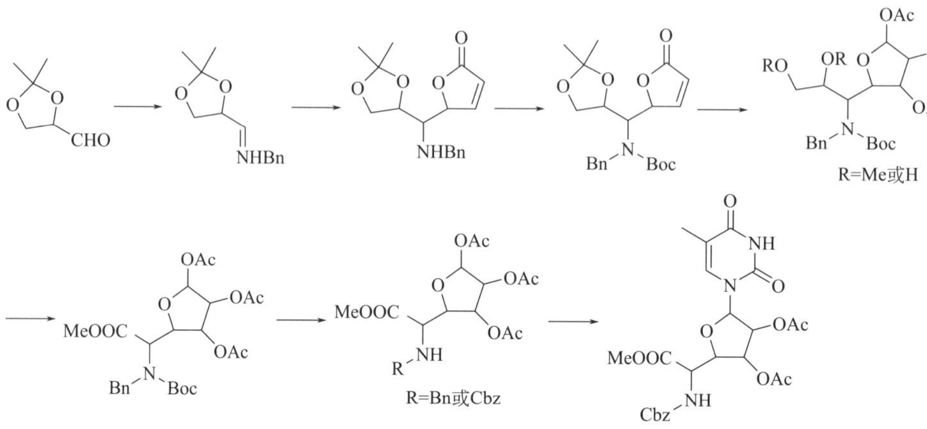

图9-235 多抗霉素类化合物骨架的构建

9.14 植物源杀菌剂

9.14.1 概述

植物是生物活性化合物的天然宝库，其产生的次生代谢产物超过40万种。

目前发现的植物中的杀（抑）菌活性成分，其结构类型涉及萜类、生物碱类、黄酮类、苷类、皂苷、醌类、香豆素、木脂素、芪类、胺类、酯类、酚类、醛类、醇类、甾类、有机酸及精油类等化合物。因此，植物也被认为是化学合成杀菌剂替代品最好的开发资源。较早用于植物病害防治的有大蒜汁、洋葱汁、棉籽饼、辣蓼、五风草等。

来源于植物的杀菌剂品种很少，在“The Pesticide Manual-11 Edition”及“The Bio-pesticide Manual”专著中均未收录一种植物源杀菌剂。据统计，至2014年，我国曾有苦参碱、桉油精、乙酸素、八角茴香油、大黄素甲醚、丁子香酚、莪术醇、蛇床子素、香芹酚、小檗碱作为杀菌剂登记或临时登记。在作用机制的研究方面，目前对植物源杀菌剂的抑菌或杀菌作用机理研究较少。一些研究表明，植物源抑（杀）菌物质可作用于菌体细胞的多个结构，作用机制是很复杂的。这方面的研究主要针对植物提取液对病原菌的直接作用，包括抑制菌丝生长，抑制游动孢子的产生，抑制附着胞形成及侵入丝形成，对病毒病株抑制率及体外钝化效果，以及对寄主的作用（如诱导寄主产生抗性，增强寄主的生长及繁殖能力、保鲜及储藏能力等）。

9.14.2 大蒜素

大蒜素（allitride）对危害植物的真菌性病害，如瓜类白粉病、猝倒病、枯萎病，番茄早疫病、灰霉病，芹菜斑枯病，棉花炭疽病、立枯病，小麦锈病等的病原菌，有抑制其孢子萌发和菌丝生长的作用。大蒜素的登记产品如表9-27所示，目前仅有三个登记产品。

表 9-27　大蒜素的登记情况

登记证号	农药类别	剂型	总含量	生产企业
LS20040148	杀菌剂	浓乳剂	0.05%	贵州省贵阳经济技术开发区十力生物技术有限公司
PD20161252	杀菌剂	母药	50%	成都新朝阳作物科学有限公司
PD20161251	杀菌剂	微乳剂	5%	成都新朝阳作物科学有限公司

除了可以直接从大蒜中提取大蒜素，还可以通过人工合成手段得到。即可以采用 3-氯丙烯及硫粉在相转移反应条件下，先合成二烯丙基二硫，再氧化制备得到大蒜素[302]。合成工艺路线如图 9-236 所示，该反应步骤简单，原料易得，易于进行工业化生产。

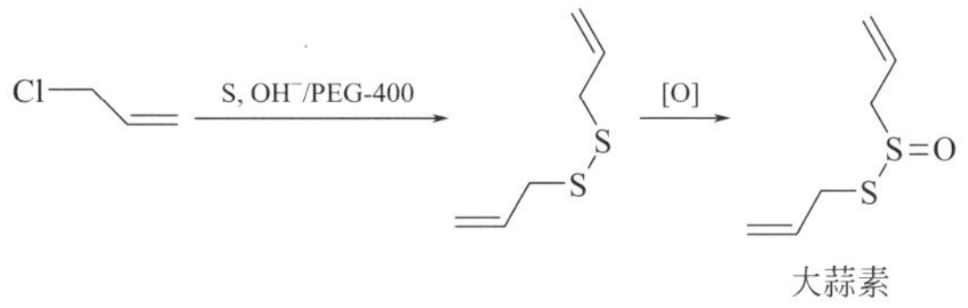

Cl— S, OH⁻/PEG-400 → S S [O] → S=O S 大蒜素

图 9-236　大蒜素的人工合成工艺路线

9.14.3　柠檬醛

柠檬醛（citral）原药为无色透明液体，相对密度 0.91～0.95。其为保护性杀菌剂，对果树、蔬菜、棉花、茶树以及烟草等作物的真菌及细菌病害防治效果显著。柠檬醛主要存在于樟科木姜子属植物中，以山苍子（*Litea cubeba*）果实生产的山苍子油，其主要成分即为柠檬醛，含量可达 55%～85%。

柠檬醛的合成有多种方法，现在主要介绍如下两种工艺路线[303]：

（1）以异戊二烯为原料　以异戊二烯为原料，经调聚反应生成香叶基氯，再在 $SnCl_4$ 的催化作用下，与异戊二烯反应，随后再在乌洛托品的作用下即可得到柠檬醛。合成工艺路线如图 9-237 所示。

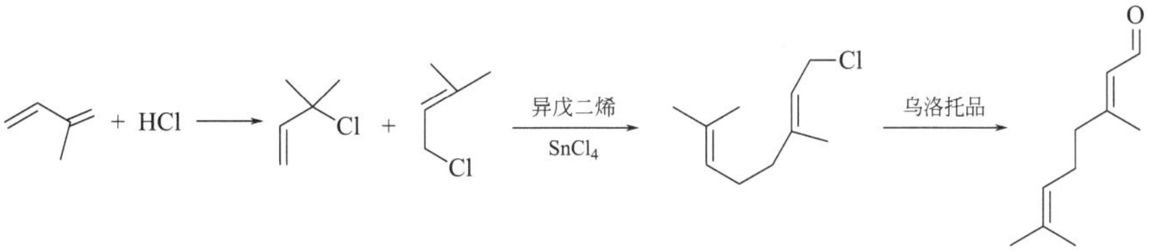

+ HCl → Cl + Cl 异戊二烯 / $SnCl_4$ → Cl 乌洛托品 → O

图 9-237　以异戊二烯为原料合成柠檬醛

（2）以丙酮为原料　以丙酮为起始原料，经过缩合、加氢、脱水、水解等反应步骤，可以合成柠檬醛。合成工艺路线如图 9-238 所示。

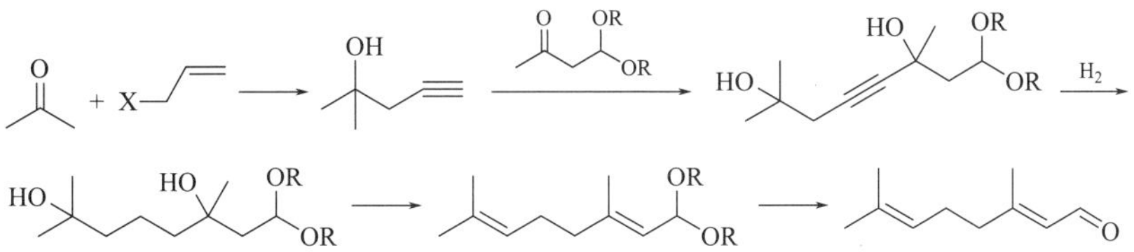

O + X— → OH → (O, OR, OR) → HO OR HO OR H_2 → HO HO OR OR → OR OR → O

图 9-238　以丙酮为原料合成柠檬醛

9.14.4 小檗碱

9.14.4.1 小檗碱的产业概况

小檗碱（berberine）也叫黄连素，熔点 145℃，易溶于水，成盐后水溶性变差。登记用于防治番茄灰霉病和叶霉病、黄瓜白粉病和霜霉病、辣椒疫霉病，使用量一般为 11.25～21g/hm^2。

小檗碱的登记情况如表 9-28 所示，目前登记的产品数量较少，主要登记剂型为水剂。

表 9-28 小檗碱的登记情况

登记证号	登记名称	剂型	总含量	有效期至	生产企业
LS2001201	苦・小檗碱	水剂	0.60%	2005-12-14	天津绿源生物药业有限公司
LS20061490F090017	小檗碱	水剂	0.50%	2010-7-20	新疆锦华农药有限公司
LS20082941	檗・酮・苦参碱	水剂	0.30%	2011-7-23	成都恩威生物农药有限公司
LS20170288	小檗碱	原药	75%	2018-5-31	内蒙古清源保生物科技有限公司
LS20170273	小檗碱	水剂	4%	2018-5-31	内蒙古清源保生物科技有限公司
PD20132004	小檗碱	水剂	0.50%	2018-10-11	浙江华京生物科技开发有限公司
PD20151304	小檗碱	水剂	0.50%	2020-7-30	山东圣鹏科技股份有限公司
PD20151375	小檗碱	水剂	0.50%	2020-7-30	河北万特生物化学有限公司
PD20152443	小檗碱	水剂	0.50%	2020-12-4	成都新朝阳作物科学有限公司

9.14.4.2 小檗碱的工艺概况

该杀菌剂从中药黄连（*Coptis chinensis*）根中提取。但也有人工合成报道，以黄樟油素为起始原料，采用常压反应的工艺路线，得到盐酸黄连素[304]，合成工艺路线如图 9-239 所示。盐酸黄连素进一步反应即可以得到小檗碱。

黄樟油素 —[异构化] KOH→ 异黄樟油素 —$Na_2Cr_2O_7$, H_2SO_4, H_2N-C_6H_4-SO_3H→ 胡椒醛 —CH_3NO_2→ —还原→ 胡椒乙胺 —(2,3-二甲氧基苯甲醛), KBH_4, CH_3OH→ ·HCl —乙二醛，甲酸，硫酸铜, 100℃, 4h→ 盐酸黄连素 (·$2H_2O$)

图 9-239 盐酸黄连素的合成工艺路线

9.14.5 蛇床子素[305]

9.14.5.1 蛇床子素的产业概况

蛇床子素（osthole）商品名为天惠虫清、瓜喜。其对多种鳞翅目害虫、同翅目害虫均有良好的防治效果；可防治各种蔬菜白粉病、霜霉病等病害。主要制剂有0.4%乳油、1%水乳剂（瓜喜）。蛇床子素属高效低毒剂，为我国首创的新型高效环保生物农药。

产品特点：

① 具有高活性、微毒性等优点。

② 高效性。蛇床子素通过抑制昆虫体壁和真菌细胞壁上的几丁质沉积表现杀虫抑菌活性，还可抑制病原菌孢子产生、萌发、黏附、入侵及芽管伸长和作用于害虫的神经系统，因而当每亩（1亩=667m^2）仅喷雾使用1g蛇床子素纯品时，对病虫害防效可达85%～95%，与化学农药效果相当。突破了以往生物农药环保但不高效的缺点。

③ 无残留。药后3天检测不到其在黄瓜果实中的残留，因此在环境中残留时间短，对环境无污染。

蛇床子素的登记情况如表9-29所示，以水乳剂和可溶液剂为主要登记剂型。

表9-29 蛇床子素的登记情况

登记证号	登记名称	剂型	总含量	有效期至	生产企业
LS20030489	蛇床子素	母药	2%	2007-6-24	湖北天惠生物科技有限公司
LS20083024	蛇床子素	水乳剂	1%	2010-9-16	江苏省苏科农化有限责任公司
LS20100045	蛇床子素	乳油	2%	2013-3-31	湖北天惠生物科技有限公司
LS20140092	蛇床子素	可溶液剂	0.40%	2016-3-14	河北省保定市亚达化工有限公司
PD20121586F130064	蛇床子素	水乳剂	1%	2017-11-18	山东省青岛泰生生物科技有限公司
LS20160045	蛇床子素	微乳剂	1%	2018-2-26	云南南宝生物科技有限责任公司
PD20131868	井冈·蛇床素	可湿性粉剂	6%	2018-9-25	江苏省溧阳中南化工有限公司
PD20141075	蛇床子素	水乳剂	1%	2019-4-25	安徽喜丰收农业科技有限公司
PD20150150	蛇床子素	水乳剂	1%	2020-1-14	内蒙古清源保生物科技有限公司
PD20150155	蛇床子素	母药	10%	2020-1-14	内蒙古清源保生物科技有限公司
PD20150189	苦参·蛇床素	水剂	1.50%	2020-1-15	山西德威生化有限责任公司
PD20150223	蛇床子素	水乳剂	1%	2020-1-15	安徽省锦江农化有限公司
PD20151196	蛇床子素	可溶液剂	0.40%	2020-6-27	河北省保定市亚达化工有限公司
PD20171161	蛇床子素	水乳剂	1%	2022-7-19	河北省邯郸市建华植物农药厂
PD20171623	蛇床子素	水乳剂	1%	2022-8-21	成都绿金生物科技有限责任公司
PD20171466	蛇床子素	可溶液剂	1%	2022-8-21	陕西康禾立丰生物科技药业有限公司
PD20172589	蛇床子素	可溶液剂	0.40%	2022-10-17	成都新朝阳作物科学有限公司
PD20121586	蛇床子素	水乳剂	1%	2022-10-25	江苏省苏科农化有限责任公司
PD20173265	井冈·蛇床素	可溶液剂	12%	2022-12-19	江苏省溧阳中南化工有限公司

9.14.5.2 蛇床子素的工艺概况

蛇床子素通常从植物中提取，但也可通过人工合成的方法得到，比较典型的方法是以对甲氧基水杨醛为起始原料，其钠盐与1-溴-3-甲基-2-丁烯反应，得到烯丁基醚化合物，然后再通过Perkin（珀金）缩合反应得到蛇床子素。合成工艺路线如图9-240所示。

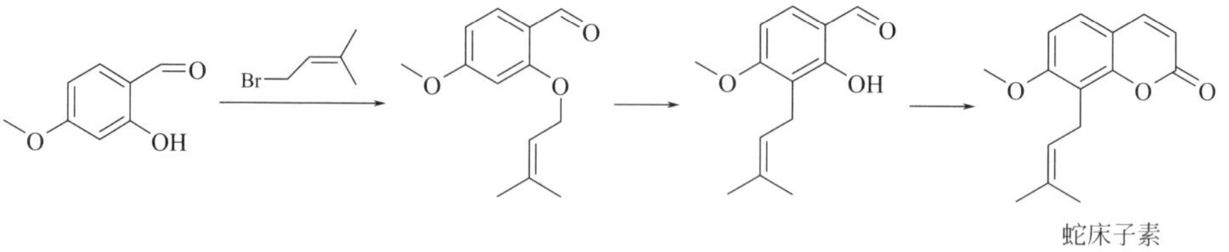

蛇床子素

图 9-240 蛇床子素的合成工艺路线

9.15 抗植物病毒剂

植物病毒病是农业生产中的一大危害，素有“植物癌症”之称。由于防治困难，病毒病给农业生产造成了极大的损失，为了防治植物病毒病，人们进行了多方面研究。化学家们也对植物病毒抑制剂进行了大量研究，迄今已发现多种化合物具有抑制植物病毒的活性。

利用化学合成的药物防治植物病毒病是在天然抗病毒药物、农药及动物病毒药物研究的基础上发展起来的，在这方面最有研究成就的科学家是卡尔-马克思大学的 Schuster 教授。早在 1971～1980 年的十年间，他们对多种化学合成的具有植物生长调节作用的除草剂、杀菌剂和抗病毒药物进行了广泛的研究，从中发现了三嗪类除草剂的抗病毒作用，最后开发出了 DHT 和 DADHT。

大量的研究表明 DHT 和 DADHT 对多种病毒病具有较强的抑制作用，由于 DHT 和 DADHT 的研制成功，近年来美国、日本、中国等国的科学家对数以千计的抗病毒活性化合物进行筛选，并从中发现了一些活性结构，进行了商品化。

9.15.1 DHT

DHT（2,4-二氧六氢-1,3,5-三嗪）作为合成的抗病毒剂于 1979 年首先由德国开发利用，这种药剂对防治马铃薯 X 病毒（PVX）和卷叶病毒所引起的马铃薯病害十分有效。同时对烟草花叶病毒（TMV）等多种植物病毒也有不同程度的治疗作用。DHT 不仅可以抑制病毒的增殖和在细胞间转移，而且还具有一定的增产作用。此外，DHT 化学性质稳定，工艺路线简单，原料易得，价格低廉，是一种很有开发前途的抗病毒剂。但是它也有自身的局限性，如抗病毒谱不广，活性不够高，在水中的溶解度只有 0.2%，内吸性较差，使它只能控制病毒的接触感染。DHT 是一种能够抑制病毒增殖的药剂，主要表现在抑制病毒核酸复制以及抑制病毒装配两个方面。Schuster 等研究发现，DHT 进入烟草花叶病毒侵染的烟草植株以后，能够强烈抑制病毒 RNA 的合成，而对寄主 RNA 的作用十分弱。DHT 还能抑制 PVX（马铃薯 X 病毒），引发产生 RNA 聚合酶，从而抑制 PVS 核酸的复制[134]。在病毒的装配阶段，病毒本身的外壳蛋白必须先形成一定的多聚体，然后与病毒核酸进行装配形成完整的病毒粒子，因此干扰病毒粒子的装配过程，使之不能成为完整的病毒粒子，可以有效地抑制病毒增殖。研究表明，DHT 以及 DADHT 对 TMV 外壳蛋白的聚合过程均有影响[306]。

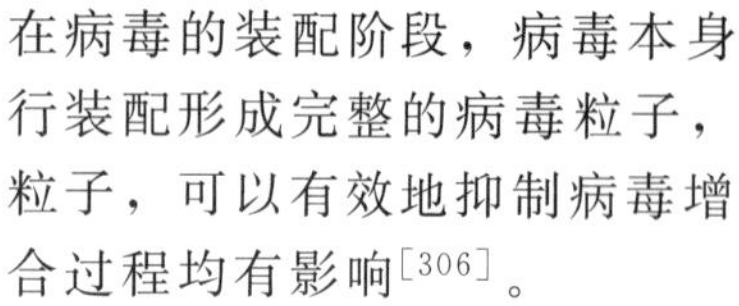

当前 DHT 在我国尚未登记。

DHT 的合成工艺路线[307]十分简单，原料也十分便宜。主要是将甲醛和尿素反应，进行闭环即可以得到 DHT，如图 9-241 所示。

HCHO + H_2N–CO–NH_2 ⟶ DHT

图 9-241 DHT 的合成工艺路线

9.15.2　DADHT

DADHT 是 Schuster 等人于 1985 年报道的 DHT 的 1，5-二乙基取代化合物，其对多种植物病毒病的活性都高于其母体结构 DHT，但从整体上来看，它们的活性并不是很高。在作用机制方面，DADHT 与 DHT 一样，都是通过与病毒的外壳蛋白相互作用，从而阻碍病毒的装配，起到防治病毒的作用。

DADHT 的工艺路线也简单，直接将 DHT 结构中 1、5 这两个位置的 NH 进行乙酰化即可得到 DADHT。如图 9-242 所示。

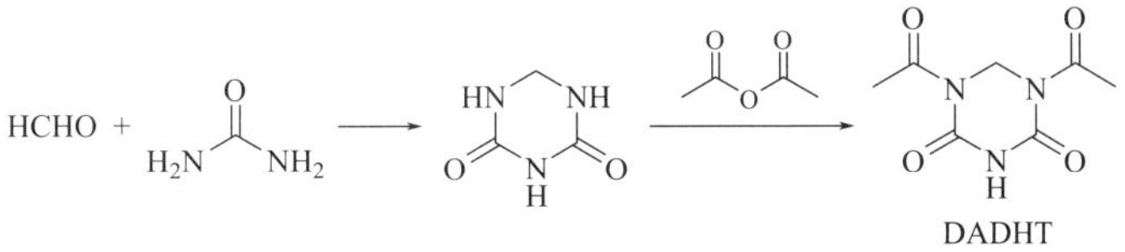

图 9-242　DADHT 的工艺路线

9.15.3　病毒唑[308,309]

9.15.3.1　产品简介

病毒唑（ribavirin，1-β-D-呋喃核糖苷-1,2,4-三唑-3-甲酰胺）是一种合成嘌呤碱基的代谢产物的类似物。最初作为对人和动物体内病毒有抗病活性的物质被研究开发。但与一般的医用抗病毒剂不同的是，病毒唑对许多植物病毒也具有一定的抗病毒活性。最初发现其对马铃薯 X 病毒（PVX）和烟草花叶病毒（TMV）有抑制病毒增殖的作用，后来又发现其还对黄瓜花叶病毒（CMV）、雀麦花叶病毒（BMV）、马铃薯 Y 病毒（PVY）、马铃薯 S 病毒、马铃薯 M 病毒（PVM）、苹果花叶病毒（ApMV）、豇豆花叶病毒（CpMV）以及柑橘裂皮类病毒（CEV）等十几种农业植物病毒和类病毒有不同程度的抗病毒活性。其对 DNA 病毒、RNA 病毒（包括单链 RNA 病毒和双链 RNA 病毒）都有一定的防治功效，一般为 30%～60%，个别达到 80%。病毒唑之所以具有较广谱的抗病毒活性，是由于其在植物体内主要是通过抑制病毒 RNA 及有关蛋白质的生物合成表现出来的。

9.15.3.2　合成工艺路线

以肌苷为原料，加入酸和催化剂进行酰化反应，生成四乙酰核糖，然后将生成的四乙酰核糖和 1,2,4-三唑-3-羧酸甲酯分别用活性炭处理后，再将两者混合均匀，然后加入催化剂进行缩合反应，将得到的缩合物在氨和甲醇中氨解得目标产物（图 9-243）。

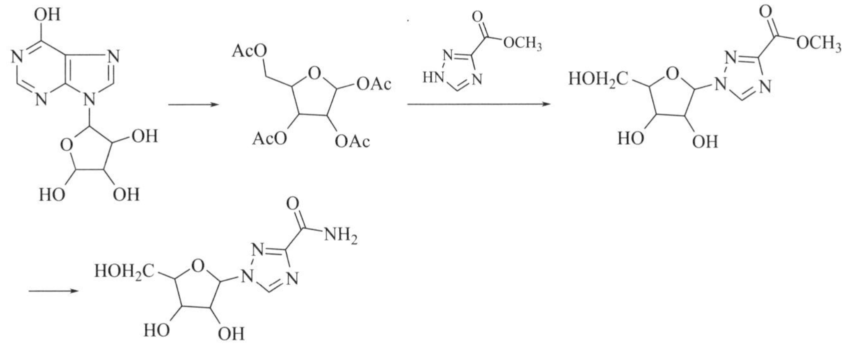

图 9-243　病毒唑的合成工艺路线

9.15.4 毒氟磷

9.15.4.1 产品简介

毒氟磷化学名为 *N*-[2-(4-甲基苯并噻唑基)]-2-氨基-2-氟代苯基-*O*,*O*-二乙基膦酸酯，为结构新颖的含氟氨基磷酸酯类新型抗病毒剂，是我国自主开发的具有知识产权的新型植物抗病毒剂。其对烟草、黄瓜、番茄以及水稻病毒病均具有较好的防治效果。由于该药剂对环境友好，同时还可提高植物抗病毒能力，因此该药剂在综合防治植物病毒病方面发挥了重大的作用[310]。毒氟磷通过诱导植物产生系统性获得性抗性，发挥抗病毒活性[311]。毒氟磷2007 年由广西康赛德农化有限公司登记用于烟草花叶病毒病的防治，并于 2016 年转为正式登记，由广西田园生化股份有限公司登记用于水稻病毒病的防治。毒氟磷的生产登记情况如表 9-30 所示。

表 9-30 我国毒氟磷的生产登记情况

登记证号	剂型	含量	生产企业
LS20071282	可湿性粉剂	30%	广西康赛德农化有限公司
LS20071280	原药	98%	广西康赛德农化有限公司
PD20160339	原药	98%	广西田园生化股份有限公司
PD20160338	可湿性粉剂	30%	广西田园生化股份有限公司

近年来毒氟磷生产销售情况如表 9-31 所示，可见近年来毒氟磷的销售量、销售额以及创造的利税均有所增长。

表 9-31 近年来毒氟磷的生产销售情况

项目	2014 年	2015 年	2016 年
生产销售量/t	30	32.67	39.67
销售额/万元	644.28	683.4	721.8
利税/万元	225.50	223.19	252.63

9.15.4.2 合成工艺路线

毒氟磷生产工艺简单，无“三废”污染，生产成本较低。以 2-氨基-4-甲基苯并噻唑、邻氟苯甲醛、亚磷酸二乙酯为原料，在催化剂条件下经两步加热反应得到毒氟磷。实际生产中，无需将中间体亚胺分离提纯，即采用“一锅两步法”，将 2-氨基-4-甲基苯并噻唑与邻氟苯甲醛反应基本完全后，直接加入亚磷酸二乙酯反应，最后重结晶得到产品。合成工艺路线如图 9-244 所示[312-314]。

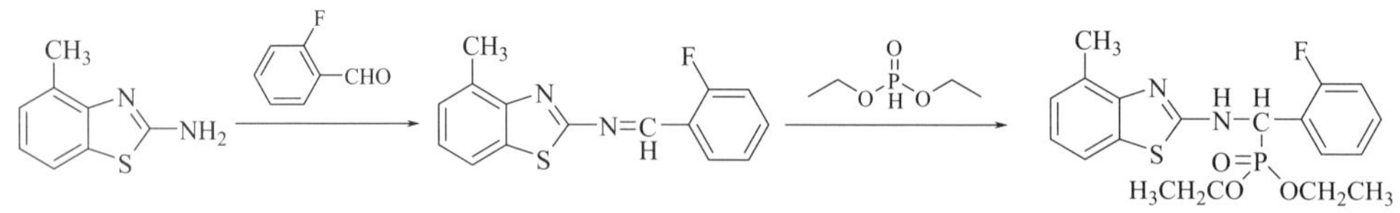

图 9-244 毒氟磷的合成工艺路线

9.15.5 甲噻诱胺

9.15.5.1 产品简介

甲噻诱胺，化学名称为 4-甲基-*N*-(5-甲基噻唑-2-基)-1,2,3-噻二唑-5-甲酰胺，是我国南开大学自主开发的植物激活剂产品。该产品主要登记用于防治烟草病毒病。诱导活性的测定结果发现，在 500μg/mL 时的诱导活性在 50%左右，其活性与 TDL 基本相当，而 20μg/mL 的甲噻诱胺对于烟草抗 TMV 的诱导效果为 52%，TDL 在此浓度下不表现出诱导活性；生物测定的结果与抗病相关酶活性的测定结果基本一致[315]。

初步研究发现，该化合物不仅可以抑制病原真菌菌丝的生长，也可使菌丝畸变，而且还能抑制病原真菌孢子的萌发，或使孢子产生球状膨大物。TMV-GFP 试验结果表明，甲噻诱胺具有较好的诱导抗病性，100μg/mL 的浓度下能有效抑制 TMV 的侵染，与对照药剂 BTH 和 TDL 效果基本相当，这一结论同时得到 RT-PCR 验证。实验结果还表明，甲噻诱胺对 TMV 的抑制具有时效性，通过观察接种农杆菌的烟草植株新生叶片上绿色荧光表达情况判定其抑制增殖的有效时间即持效期为 3～4 周。

甲噻诱胺由利尔化学股份有限公司登记生产，其原药有效成分含量为 96%。目前甲噻诱胺有两个制剂产品，均为悬浮剂。其中，制剂产品 24%甲诱·吗啉胍为临时登记，并且已经过期。甲噻诱胺单剂与 2017 年 1 月 3 日获得正式登记（表 9-32），用于烟草花叶病毒的防治。

表 9-32　我国甲噻诱胺的生产登记情况

登记证号	有效成分	剂型	含量	有效期	生产企业
PD20170015	甲噻诱胺	原药	96%	2022-1-3	利尔化学股份有限公司
LS20140245	甲诱·吗啉胍	悬浮剂	24%	2016-7-14	四川利尔作物科学有限公司
PD20170014	甲噻诱胺	悬浮剂	25%	2022-1-3	四川利尔作物科学有限公司

9.15.5.2　工艺工艺路线

甲噻诱胺合成工艺路线如图 9-245 所示：以碳酸二乙酯为原料，经过肼解，生成肼基甲酸乙酯，随后与乙酰乙酸乙酯缩合，再在氯化亚砜的作用下闭环得到噻二唑环，再在碱性条件下制备得到相应的噻二唑酸，生成酰氯后与噻唑胺缩合生成酰胺，即得到甲噻诱胺产品[315]。

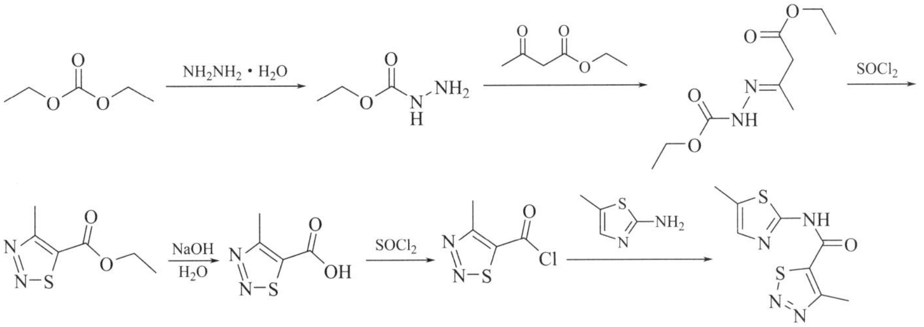

图 9-245　甲噻诱胺的合成工艺路线

9.15.6　盐酸吗啉胍

盐酸吗啉胍（moroxydine hydrochloride），又称盐酸吗啉双胍盐，商品名为病毒灵或盐酸吗啉双胍片（ABOB）。盐酸吗啉胍与有机铜的复配制剂是一种植物病毒防治剂正式登记品种[316]。盐酸吗啉呱作为抗病毒药物，以往主要用于防治流行性病毒 A2 型感冒和流行性结膜炎、腮腺炎、水痘、麻疹等病毒感染。但在抗植物病毒剂中，盐酸吗啉胍也常常作为有效成分被使用。盐酸吗啉胍通常与有机铜复配使用，其对由 TMV、CMV、TuMV、PVX、PVY 等引起的多种植物病毒病有良好的防治效果[317]，已成为防治植物病毒病较大吨位的农药品种。当前我国有 100 个相关的产品登记，其中单制剂产品共 19 个。在登记使用的 81 个复配制剂产品中，有 70 个产品为与铜复配的制剂产品（其中 65 个与乙酸铜复配，3 个与琥珀酸铜复配，2 个与硫酸铜进行复配）。其余为与丙硫菌唑、辛菌胺、羟烯腺嘌呤等有效成分进行复配。此外，中国农科院植保所廊坊农药中试厂生产总含量为 40％的烯・羟・吗啉胍三元复配产品（其中，烯腺嘌呤含量 0.002％，羟烯腺嘌呤含量 0.002％，盐酸吗啉胍含量 39.996％）。

在剂型方面，含盐酸吗啉胍的产品主要以可湿性粉剂为主（占 71％），其次是可溶粉剂（占 14％），另外，水剂也占 11％的比重（图 9-246）。

盐酸吗啉胍的合成工艺路线：通常以吗啉、双氰胺、浓盐酸进行制备，先将吗啉与盐酸反应，生产吗啉的盐酸盐后，再直接与双氰胺缩合，即得到盐酸吗啉胍。合成工艺路线如图 9-247 所示[318,319]。

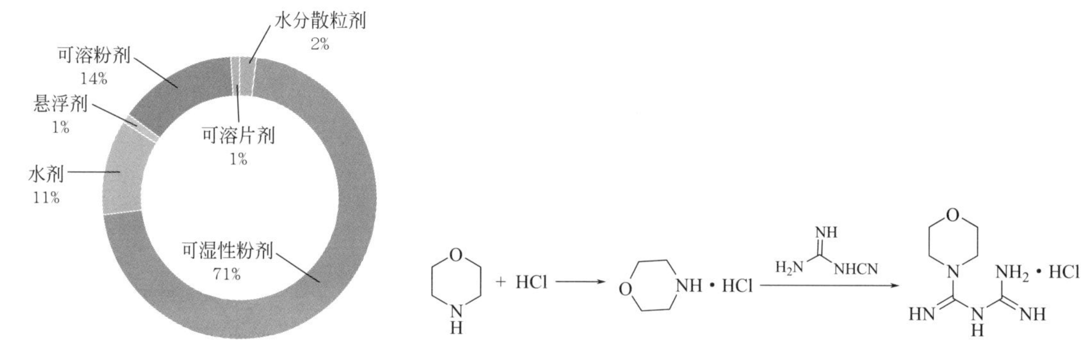

图 9-246　盐酸吗啉胍的剂型分布情况

图 9-247　盐酸吗啉胍的合成工艺路线

9.15.7　宁南霉素[320]

宁南霉素（图 9-248）是中国科学院成都生物研究所历经“七五”“八五”“九五”国家科技攻关并研制成功的专利技术产品。产宁南霉素的菌种是在四川省宁南县的土壤中分离而得的，故将其发酵产物命名为宁南霉素。宁南霉素是由中国科学院成都生物研究所研制成功的创新生物农药，1997 年获得国家发明专利，证书号 ZL93104287.9，由黑龙江强尔生化技术开发有限公司（1997 年更名为德强生物股份有限公司）工业化生产成功，在烟草花叶病毒病、番茄病毒病、辣椒病毒病、水稻立枯病、大豆根腐病、水稻条纹叶枯病、苹果斑点落叶病、黄瓜白粉病上取得了登记。此外，在防治油菜菌核病、荔枝霜疫霉病，以及其他作物病毒病、茎腐病、蔓枯病、白粉病等多种病害上也已大面积推广应用。宁南霉素是一种有着广阔应用前景的新型农用抗生素，在国内同类研究中处于领先水平。

图 9-248　宁南霉素的化学结构

当前，宁南霉素在我国共有 12 个相关的产品登记，且大部分产品均为水剂以及悬浮剂。母药的主要生产企业为德强生物股份有限公司以及四川金珠生态农业科技有限公司。登记情况如表 9-33 所示。

表 9-33　宁南霉素在我国的登记情况

登记证号	登记名称	剂型	总含量	生产企业
PD20141965	宁南・戊唑醇	悬浮剂	30%	德强生物股份有限公司
PD20097122	宁南霉素	水剂	8%	德强生物股份有限公司
PD20097121	宁南霉素	水剂	2%	德强生物股份有限公司
PD20097120	宁南霉素	母药	40%	德强生物股份有限公司
PD20151353	宁南霉素	水剂	8%	黑龙江省佳木斯兴宇生物技术开发有限公司
PD20110754	宁南霉素	可溶粉剂	10%	德强生物股份有限公司
PD20171892	宁南・氟菌唑	可湿性粉剂	29%	德强生物股份有限公司
PD20180387	宁南霉素	母药	40%	四川金珠生态农业科技有限公司
PD20180223	宁南霉素	水剂	8%	四川金珠生态农业科技有限公司
PD20180623	宁南霉素	水剂	4%	四川金珠生态农业科技有限公司
PD20180891	宁南・嘧菌酯	悬浮剂	25%	德强生物股份有限公司
PD20180828	宁南霉素	水剂	2%	四川金珠生态农业科技有限公司

宁南霉素为诺尔斯链霉菌西昌变种（*Strepcomces Noursei* var. *Xichangensis*）发酵的次级代谢产物，其出发种株的生产能力是发酵工业生产中要解决的关键技术。四川金珠生态农业科技有限公司研发中心对宁南霉素生产菌种采用紫外线、亚硝基胍、吖啶黄、^{32}P 重复处理和交差处理等物理和化学手段进行常规诱变育种和原生质体细胞融合技术，构建适合规模生产的高产菌株，现菌种生产水平，摇瓶发酵单位由出发种株 8000U/mL 提高到 12000U/mL，进一步提高并稳定在 20000U/mL 以上。其中获得一株编号为 16-1 的突变菌株运用在 20t 生产发酵罐，发酵水平显著提高。四川金珠生态农业有限公司与四川大学及上海某生物工程公司合作，对发酵工厂进行全方位的技术改造，对发酵过程实现全程自动控制，以 16-1 突变菌株为生产种株，通过摇瓶对发酵条件进行优化，通过 20t 生产罐多批生产试验，获得了一系列的发酵控制工艺参数，使其生产稳定，发酵水平稳定在 17000U/mL 以上。放罐发酵液经快速热处理、酸化、过滤、浓缩，通过后处理工艺的完善优化，其发酵有效成分收率达 85%。加入适量酯助剂可明显提高产品的稳定性。成功开发的 2%宁南霉素水剂存放 2 年其活性仍保留 90%左右，质量稳定，有较好的环境安全性和较低的社会经济成本。宁南霉素母药年产 100t，生产周期为 2d/批，每批上两个发酵罐，每天生产 1.25t 母药，生产时间为 80d。其发酵生产工艺如图 9-249 所示。

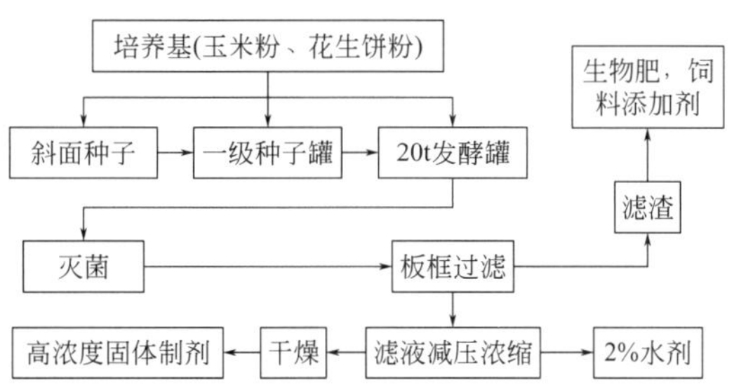

图 9-249　宁南霉素的发酵生产工艺

9.16 氨基寡糖素

氨基寡糖素在环境中易于降解，完全不会对环境造成污染，兼有药效和肥效双重生物调节功能的特点，随着人们对环境保护日益重视，氨基寡糖素这种新型生物农药的需求量在逐年增长。2009 年我国氨基寡糖素消费量达到了 174t，同比增长 11.49%。2010 年，我国氨基寡糖素消费量达到 190t，市场规模达到 9500 万元左右。2013 年，国内氨基寡糖素需求量大约为 258t，市场规模在 1.42 亿元左右。

氨基寡糖素可改变土壤微生物区系，促进有益微生物的生长而抑制一些植物病原菌，氨基寡糖素还可以诱导植物的抗病性，对多种真菌、细菌和病毒产生免疫和杀灭作用，对小麦花叶病、棉花黄萎病、水稻稻瘟病、稻曲病、番茄晚疫病等病害具有良好的防治作用。同时，氨基寡糖素对多种植物病原菌具有一定程度的直接抑制作用。因此，氨基寡糖素可用作诱导杀菌剂，这是目前国内氨基寡糖素最主要的用途，使用量约占 60%。

氨基寡糖素还可用作作物抗逆剂。氨基寡糖素诱导作物的抗性不仅表现在抗病（生物逆境）方面，也表现在抵抗非生物逆境方面。施用氨基寡糖素对作物的抗寒冷、抗高温、抗旱涝、抗盐碱、抗肥害、抗气害、抗营养失衡等方面均有良好作用。

此外，氨基寡糖素还可用作种子被膜剂。氨基寡糖素可诱导植物产生 PR 蛋白（病程相关蛋白）和植保素，利用氨基寡糖素为基本成分研制的新型种衣剂，具有巨大的生产潜力。目前，国内氨基寡糖素在作物抗逆剂和种子被膜剂方面的应用还较少，总共占氨基寡糖素需求量的 15%左右。

在国外，尤其是日本、韩国等国家，氨基寡糖素早已实现产业化，氨基寡糖素杀菌农药已经在农业生产上进行了大面积的推广应用，而我国目前能进行规模化生产氨基寡糖素的企业数量很少。国内对氨基寡糖素的认识和了解程度还不够，没有意识到氨基寡糖素作为新型生物农药的优势，因此，国内目前氨基寡糖素的需求量还较小，我国生产的氨基寡糖素有 70%左右出口到海外。

据《2014—2018 年中国氨基寡糖素行业市场调查研究报告》显示，因长期使用化学农药，病虫害的耐药性越来越强，传统农药的用量越来越大，对生态环境保护和资源的可持续开发与利用造成了较大负面影响。氨基寡糖素具有良好的抗病虫害功能，且有安全、微量、高效、成本低等优势，可使水果、蔬菜、粮食增产 10%～30%，因而可以应用于生物农药产品，部分替代化学农药。

我国是农业大国，水稻、小麦、玉米等粮食作物常年种植面积近 1 亿公顷，棉花近 500 万公顷，蔬菜瓜果近 1800 万公顷，植物免疫诱抗剂氨基寡糖素在上述农作物上具有广阔的应用前景，而且目前我国农业病虫害共 2000 余种，受灾面积数 10 亿亩。因此，氨基寡糖素在农林畜牧上的应用对我国农业的可持续发展以及促进农业增产、增收具有重要意义，氨基寡糖素作为新型生物农药将有广阔的发展空间。

随着经济全球化的深入发展，发达国家的生物农药及制剂生产能力逐步向中国等发展中国家转移，国内企业可以利用国外先进技术和管理经验，不断提升技术、管理和国际化水平，提高生物农药品种的质量档次与环保标准。

发达国家继续保持在生物农药创制领域的优势地位，产品、技术、市场竞争更趋激烈。随着《斯德哥尔摩公约》《鹿特丹公约》等国际公约的推进实施，安全环保标准越来越高，这对我国包括氨基寡糖素在内的生物农药生产企业提出了更高的要求。同时国外企业的进入也给国内的氨基寡糖素生产企业带来了一定威胁。

在登记方面，到 2018 年 1 月，我国登记的氨基寡糖素相关产品共 65 个，其中母药 1 个（含量 7.5%，由辽宁省大连凯飞化学股份有限公司登记生产），原药 1 个（由海南正业中农高科股份有限公司登记生产，氨基寡糖素原药生产项目于 2014 年 3 月底在海南开始土建施工，现已正式投产）。在制剂方面，氨基寡糖素制剂 63 个，其中水剂 45 个，悬浮剂 9 个，悬浮种衣剂 1 个，颗粒剂 2 个，可湿性粉剂 2 个，水乳剂 2 个，微乳剂 2 个。统计结果见图 9-250。

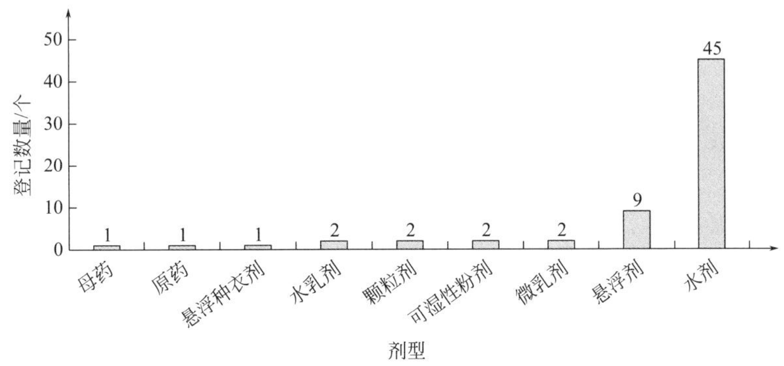

图 9-250　氨基寡糖素在我国的登记情况

由图 9-250 可见，水剂在氨基寡糖制剂中占绝对优势，其数量占总数的 69.2%，说明水剂是氨基寡糖素农药产品的主要剂型。

再从登记的农药类别来看，氨基寡糖素不仅作为杀虫剂、杀菌剂的农药有 58 个，而且已登记作为植物诱抗剂。

氨基寡糖素必将为我国农业可持续发展和促进人类生命健康，发挥其独特的作用，不仅给我国农业带来一定的经济效益，而且会产生更加深远的环保和社会效益，发展前景非常好。

我国目前大部分企业通过生物技术方法制备氨基寡糖素，将预处理的生物来源（蝇蛆壳、虾蟹壳）的甲壳素、壳聚糖进行酶解，结合膜分离技术，制备氨基寡糖素。产品生物活性高、品质好、功能作用强，避免了常规化学方法生产带来的副产物和化学有害物质残留等问题，符合环境保护要求。因此，我国生产的氨基寡糖素具有纯天然、纯绿色、生物活性高、无毒、无害的特点，颇具成本优势，产品质量稳定。其生产工艺路线如图 9-251 所示[321]。

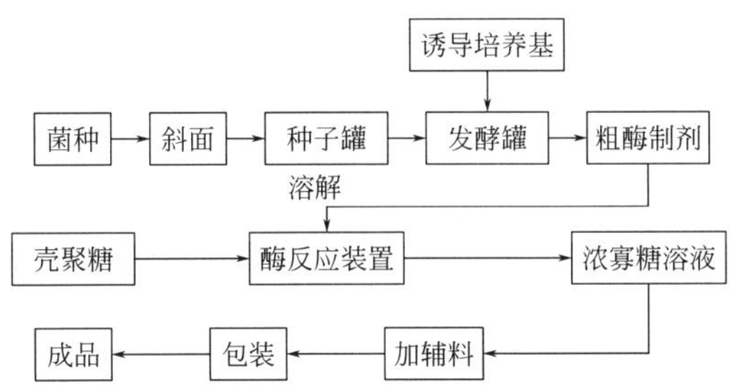

图 9-251　氨基寡糖素生产工艺路线

参考文献

[1] 孙家隆．现代农药合成技术．北京：化学工业出版社，2011：367.

[2] 朱小康．新型2-取代芳氧乙酰亚肼基-1,3-二硫杂环戊烷类杀菌剂的工艺路线与抑菌活性研究．四川：四川大学，2005.

[3] 刘大勇，牛建兵，赵丽娜．一种合成硫代氨基甲酸酯类化合物的新工艺．江西师范大学学报（自然科学版），2007，31（6）：566-569.

[4] Breiter W A，Baker J M，Koskinen W C. Direct Measurement of Henry's Constant for *S*-Ethyl *N*,*N*-di-*n*-Propylthiocarbamate. J Agric Food Chem，1998，46（4）：1624-1629.

[5] Lee S J，Caboni P，Tomizawa M，et al. Cartap Hydrolysis Relative to its Action at the Insect Nicotinic Channel. J Agric Food Chem，2004，52（1）：95-98.

[6] Tisdale W H. Disinfectant and Fungicide：US，1972961. 1934-09-11.

[7] Dimond A E，Heuberger J W，Horsfall J G. A Water-Soluble Protectant Fungicide with Tenacity. Phytopathology，1943，(33)：1095-1097.

[8] Hester W F. Fungicidal Compositions Suitable for Use on Plants or Seeds：US，2317765. 1943-04-27.

[9] 张一宾，张怿，伍贤英．世界农药新进展（三）．北京：化学工业出版社，2014.

[10] Porzelle A，Woodrow M D，Tomkinson N C O. Facile Procedure for the Synthesis of *N*-Aryl-*N*-Hydroxy Carbamates. Synlett，2009：798-802.

[11] Chaturvedi D. Perspectives on the Synthesis of Organic Carbamates. Tetrahedron，2012，68（1）：15-45.

[12] Black D A，Arndtsen B A. General Approach to the Coupling of Organoindium Reagents with Imines via Copper Catalysis. Org Lett，2006，8（10）：1991-1993.

[13] Lebel H，Davi M，Diez-Gonzalez S，et al. Copper-Carbene Complexes as Catalysts in the Synthesis of Functionalized Styrenes and Aliphatic Alkenes. J Org Chem，2007，72（1）：144-149.

[14] 骆萌．氨基甲酸酯类化合物的合成技术．化工中间体导刊，2005，(14)：13-17.

[15] Knolker H J，Braxmeier T. Isocyanates. Part 3. Synthesis of Carbamates by DMAP-Catalyzed Reaction of Amines with Di-Tert-Butyl Dicarbonate and Alcohols. Tetrahedron Lett. 1996，37（33）：5861-5864.

[16] Pandey R K，Dagade S P，Dongare M K，et al. Synthesis of Carbamates Using Yttria-Zirconia-Based Lewis Acid Catalyst. Synth Commun，2003，33（23）：4019-4027.

[17] Pasguato L，Modena G，Cotarca L，et al. Conversion of Bis（Trichloromethyl）Carbonate to Phosgene and Reactivity of Triphosgene，Diphosgene，and Phosgene with Methanol. J Org Chem，2000，65（24）：8224-8228.

[18] 孙家隆．现代农药合成技术．北京：化学工业出版社，2011：368.

[19] 唐除痴，李煜昶，陈彬，等．农药化学．天津：南开大学出版社，1997：365.

[20] 薛超．新型代森类杀菌剂丙森锌的工艺路线及其制剂研究．陕西：西北农林科技大学，2005.

[21] 周玉昆．霜霉威盐酸盐的研究．中国化工学会农药专业委员会第九届年会论文集．435-427.

[22] Tomlin C D S. The Pesticide Manual. 12th ed. British Crop Protection Council，2000：769.

[23] 宋宝安．杀菌剂乙霉威合成方法的研究．农药，1990，29（5）：9-10.

[24] 孙家隆．现代农药合成技术．北京：化学工业出版社，2011：133.

[25] 徐淑飞，孙磊，费小亮，等．杀菌剂乙霉威的合成方法研究．应用化工，2010，(1)：30-32.

[26] 冯化成．新颖杀菌剂苯噻菌胺（benthiavalicarb-isopropyl）．世界农药，2008，(3)：51-51.

[27] 朱良天．精细化工产品手册：农药．北京：化学工业出版社，2004：314-315.

[28] 李英春．采用混合溶剂合成甲基硫菌灵的研究．农药，1999，38（5）：14-15.

[29] 化工部农药信息总站．国外农药品种手册．北京：化学工业出版社，1996：203-205.

[30] 柳庆先．杀菌剂磺菌威的合成方法．农药，1992，31（6）：20-21.

[31] 朱思成．一步合成福美锌．山东师范大学学报（自然科学版），2005，20（3）：50-51.

[32] 陈万义，赵忠华，薛振祥．农药生产和合成．北京：化学工业出版社，2000：316-317.

[33] 周艺峰，聂王焰，沙鸿飞．福美双的新合成工艺．农药，1995，34（9）：8-9.

[34] 朱建军，马广顺．福美双合成方法的改进实验．河北师范大学学报（自然科学版），1998，22（1）：97-99.

[35] 王磊．二硫化四甲基秋兰姆的几种合成方法及特点．天津化工，2016，30（6）：1-3.

[36] 胡生泳．二硫化四甲基秋兰姆合成方法进展．湖南化工，1999，29（1）：7-8.

[37] 胡生泳．二硫化四甲基秋兰姆合成方法进展．广东石油化工专科学校学报，1992：60-66.

[38] 杨鑫莉，胡生泳．二硫化四甲基秋兰姆合成方法进展．广西化工，1999，28（1）：30-34.

[39] 华乃震．永葆青春的低风险、保护性杀菌剂——代森锰锌．农药市场信息，2017，20：31-32.

[40] 张国文，潘军辉，阙青民，等．偏最小二乘-分光光度法同时测定福美锌和代森锰农药残留量．分析试验室，2006，25（11）：27-33.

[41] Manfred Bergfeld，Ludwig Eisenhuth. Preparation of Alkylenebis（Dithiocarbamates）or Their Ammonia Adducts as well as Mixtures Preparable Accordingly：DE，3534246. 1987-03-26.

[42] Adams Jr，John B. Aqueous Fungicidal Formulations：US，4344890. 1982-08-17.

[43] 邵敬华，陈树基．高效、广谱杀菌剂代森环的试制．中国化工学会农药学会第六届年会会议论文．1992.

[44] 宋小平．农药制造技术．北京：科学技术文献出版社，2000：146-147.

[45] 唐除痴，李煜昶，陈彬，等．农药化学．天津：南开大学出版社，1997：368.

[46] 唐除痴，李煜昶，陈彬，等．农药化学．天津：南开大学出版社，1997：387-388.

[47] 张一宾，张怿，世界农药新进展．北京：化学工业出版社，2006：90-91.

[48] 杨吉春，张金波，柴宝山．酰胺类杀菌剂新品种开发进展．农药 2008，47（1）：6-13.

[49] 赵文泽，李黔柱，解旭东．杂环酰胺类化合物的杀菌活性研究进展．吉林农业科学，2012，37（5）：52-58.

[50] 朱书生，卢晓红，陈磊，等．羧酸酰胺类（CAAs）杀菌剂研究进展．农药学学报，2010，12（1）：1-12.

[51] 张一宾．芳酰胺类杀菌剂的演变——从萎锈灵、灭锈胺、氟酰胺到吡噻菌胺、啶酰菌胺．世界农药，2007，29（1）：1-7.

[52] 杨华铮，邹小毛，朱有全．现代农药化学．北京：化学工业出版社，2013：359-360.

[53] 王福．基于细胞色素 bc_1 复合物三维结构的新型 Q_o 位点抑制剂的设计与合成．湖北：华中师范大学，2012.

[54] 李良孔，袁善奎，潘洪玉，王岩．琥珀酸脱氢酶抑制剂类（SDHIs）杀菌剂及其抗性研究进展．农药，2011，50（3）：165-172.

[55] 肖捷．含氟酰胺类农用杀菌剂的工艺路线研究．天津：天津大学，2012.

[56] 唐除痴，李煜昶，陈彬，等．农药化学．天津：南开大学出版社，1997，389-390.

[57] 刘长令．世界农药大全：杀菌剂卷．北京：化学工业出版社，2006：80-82.

[58] 刘长令．世界农药大全：杀菌剂卷．北京：化学工业出版社，2006：93-94.

[59] 崔国崴，鲁洪涛．新型杀菌剂双炔酰菌胺的研究进展．世界农药，2010，32（2）：25-28.

[60] 凌岗，刘晓智．环酰菌胺的合成．农药，2009，48（5）：333-334.

[61] Karl E，Joachim G. Process for Preparing Nitrobiphenylene：US，6087542. 2000-01-11.

[62] 熊力．杀菌剂啶酰菌胺和吡噻菌胺的工艺路线工艺研究．湖北：华中师范大学化学学院，2013.

[63] 吴雪，唐剑锋，王丹丹．新型杀菌剂氟醚菌酰胺的合成．山东化工，2013，42（1）：5-7.

[64] 杨吉春，刘长令．吡啶类农药的研究新进展及合成．农药，2011，50（9）：625-629.

[65] 倪长春．抗性诱导性杀菌剂噻酰菌胺（tiadinil）的开发沿革．世界农药，2007，29（1）：18-24.

[66] Zierke T，Rheinheimer J，Rack M. Method for the Production of *N*-substituited（3-Dihalomethyl-1-Methylpyrazole-4-Y1）Carboxamides：WO，2008145740. 2008-12-04.

[67] 鲍樟水，沈方烈．联苯吡菌胺的合成路线综述．浙江化工，2014，45（3）：17-20.

[68] Hiroyuki K，Seiichi I，Kanji T，et al. Preparation of 3-Acylamino-2-Alylthiophenes：US，6239282. 2001-05-29.

[69] Katsuta H，Mobarashi C，Ishii S，et al. A Process for Preparing 2-Alkyl-3 -Aminothiophene Derivative and 3-Aminothiophene Derivatives：EP，103679. 2000-03-16.

[70] 顾林玲．吡唑酰胺类杀菌剂——氟唑菌苯胺．现代农药，2013，12（2）：44-47.

[71] Gallenkamp B，Rohe L，Marhold A，et al. 1，3-Dimethyl-5-Fluoropyrazole-4-Carbonyl Fluoride：US，5750721. 1998-05-12.

[72] 黄青青，周明国，叶钟音．拌种灵对植物病原细菌的抑菌活性．南京农业大学学报，2001，24（1）：31-34.

[73] 欧阳宝辉，于华坤．丁烯酰胺类杀菌剂的研究．农药工业，1980，4：36-39，33.

[74] 徐春明，周德荣，杨中新，等．拌种双防治柑橘溃疡病研究．农药，1992，31（3）：29.

[75] 丁浩，吴双双，刘欣然，等．2-氨基-4-甲基-5-苯甲酰胺噻唑合成研究．化学世界，2017，1：23-26.

[76] 张梅凤，范金勇，余乐祥．2011—2015 年专利到期的农药品种之苯酰菌胺．今日农药，2013：2.

[77] 李榆．有机磷杀菌剂研究的进展．云南化工技术，1978，(2)：38.

[78] 杨华铮，邹小毛，朱有全，等．现代农药化学．北京：化学工业出版社，2013：401.

[79] 李榆．有机磷杀菌剂研究的进展．云南化工技术，1978，(2)：44-46.

[80] 厉墨宝．有机磷农药重要中间体的制法与化学反应：上．江苏化工市场七日讯，1979，(4)：27.

[81] 厉墨宝．有机磷农药重要中间体的制法与化学反应：上．江苏化工市场七日讯，1979，(4)：28-29.
[82] 厉墨宝．有机磷农药重要中间体的制法与化学反应：上．江苏化工市场七日讯，1979，(4)：31-35.
[83] 厉墨宝．有机磷农药重要中间体的制法与化学反应：下．江苏化工，1980，(1)：16-17.
[84] 厉墨宝．有机磷农药重要中间体的制法与化学反应：下．江苏化工，1980，(1)：18-19.
[85] 厉墨宝．有机磷农药重要中间体的制法与化学反应：下．江苏化工，1980，(1)：19-20.
[86] 厉墨宝．有机磷农药重要中间体的制法与化学反应：下．江苏化工，1980，(1)：20-24.
[87] 李榆．有机磷杀菌剂研究的进展．云南化工技术，1978，(2)：40-41.
[88] 刘长令．世界农药大全：杀菌剂卷．北京：化学工业出版社，2005：295.
[89] 杨华铮，邹小毛，朱有全，等．现代农药化学．北京：化学工业出版社，2013：403.
[90] 李榆．有机磷杀菌剂研究的进展．云南化工技术，1978，(2)：41-42.
[91] 李榆，彭明楷，李惠媛，杨瑞琳．有机磷杀菌剂研究报告．云南化工技术，1983，(3)：1-10.
[92] 李榆．有机磷杀菌剂研究的进展．云南化工技术，1978，(2)：42-43.
[93] 李榆．有机磷杀菌剂研究的进展．云南化工技术，1978，(2)：43.
[94] 林炳栋．1,2,4-三唑类杀菌剂．农药工业，1979，(5)：30-32.
[95] 李榆．有机磷杀菌剂研究的进展．云南化工技术，1978，(2)：44.
[96] Anke T，Oberwinkler F，Steglich W，et al. The Strobilurins—New Antifungal Antibiotics from the Basidiomycete Strobilurus Tenacellus. J Antibiot (Tokyo)，1977，30 (10)：806-810.
[97] Anke T，Hecht H J，Schramm G，et al. Antibiotics from Basidiomycetes. Ⅸ. Oudemansin，an Antifungal Antibiotic from Oudemansiella Mucida (Schrader ex Fr.) Hoehnel (Agaricales). J Antibiot (Tokyo)，1979，32 (11)：1112-1117.
[98] Sauter H，Steglich W，Anke T，et al. Strobilurins：Evolution of a New Class of Active Substances. Ang Chem Inter Ed，1999，38 (10)：1328-1349.
[99] 张一宾，张怿．世界农药新进展．北京：化学工业出版社，2006：93.
[100] 刘长令．世界农药大全：杀菌剂卷．北京：化学工业出版社，2005：264-265.
[101] Godwin J，Anthony V，Clough J，et al. ICIA 5504：A Novel，Broad Spectrum，Systemic Beta-Methoxyacrylate Fungicide. British Crop Protection Council，Farnham (uk)，1992：435-442.
[102] Bartett D W，Clough J M，Godfrey C R A，et al. Understanding the Strobilurin Fungicides. Pestic Outlook，2001，12 (4)：143-148.
[103] Leinhos G M E，Gold R E，Düggelin M，et al. Development and Morphology of Uncinula Necator Following Treatment with the Fungicides Kresoxim-Methyl and Penconazole. Mycol Res，1997，101 (9)：1033-1046.
[104] 张亦冰．新颖甲氧基丙烯酸酯类杀菌剂——唑菌胺酯．世界农药，2007，29 (3)：47-48.
[105] Walker S B. Common Names of Pesticides Recently Approved by the BSI. Pest Manag Sci，2003，59 (3)：371-373.
[106] Van Ravenzwaay B，Akiyama M，Landsiedel R，et al. Toxicological Overview of a Novel Strobilurin Fungicide，Orysastrobin. J Pestic Sci，2007，32 (3)：270-277.
[107] 张荣华，李倩，朱志良．肟菌酯合成工艺．农药，2007，46 (1)：29-30.
[108] 殷锦捷，马海云，关爱莹等．高效杀菌剂氟嘧菌酯．农药，2003，42 (3)：40-42.
[109] 张一宾．水稻田杀菌剂苯氧菌胺 (metominostrobin) 的开发．世界农药，2002，24 (2)：6-12.
[110] Walker M P. Fungicidal Meta-Substituted Strobilurin Analogs. Chim Int J Chem，2003，57 (11)：675-679.
[111] Urihara I，Isshiki A，Hosokawa H，et al. Plant Disease Control Agents Containing Tetrazoyloximes and Other Antimicrobial Agents：WO，2009119072. 2009-10-01.
[112] 司乃国，刘君丽，李志念，等．创制杀菌剂烯肟菌酯生物活性及应用研究 (Ⅰ) ——黄瓜霜霉病．农药，2003，42 (10)：36-38.
[113] 方圆．新型高效杀菌剂——烯肟菌胺．农药市场信息，2008，(17)：34-34.
[114] 关爱莹，刘长令，李志念，等．杀菌剂丁香菌酯的创制经纬．农药，2011，50 (2)：90-92.
[115] 许天明．新型高效杀菌剂——苯醚菌酯．农化市场十日讯，2007，(4)：22-22.
[116] 赵培亮．新型 Strobilurins 衍生物的设计，合成及生物活性研究．湖北：华中师范大学，2008.
[117] 柏亚罗．Strobilurins 类杀菌剂研究开发进展．农药，2007，46 (5)：289-295.
[118] 李新．世界杀菌剂市场概况：上．农化市场十日讯，2013，(33)：18-20.
[119] 王福．基于细胞色素 bc_1 复合物三维结构的新型 Q_o 位点抑制剂的设计与合成．湖北：华中师范大学，2012.
[120] Bartlett D W，Clough J M，Godwin J R，et al. The Strobilurin Fungicides. Pest Manag Sci，2002，58 (7)：

649-662.

[121] Walker A S, Auclair C, Gredt M, et al. First Occurrence of Resistance to Strobilurin Fungicides in Microdochium Nivale and Microdochium Majus from French Naturally Infected Wheat Grains. Pest Manag Sci, 2009, 65 (8): 906-915.

[122] Fernández-Ortuño D, Torés J A, de Vicente A, et al. Field Resistance to QoI Fungicides in Podosphaera Fusca is Not Supported by Typical Mutations in the Mitochondrial Cytochrome b gene. Pest Manag Sci, 2008, 64 (7): 694-702.

[123] Fernández-Ortuño D, Torés J A, Vicente A, et al. Mechanisms of Resistance to QoI Fungicides in Phytopathogenic Fungi. Int Microbio, 2010, 11 (1): 1-9.

[124] Torriani S F F, Brunner P C, McDonald B A, et al. QoI Resistance Emerged Independently at least 4 Times in European Populations of Mycosphaerella Graminicola. Pest Manag Sci, 2009, 65 (2): 155-162.

[125] Defraine P, Snell B K, Clough J M, et al. Heterocyclic Compounds as Fungicides: EP, 0206523. 1986-12-30.

[126] Sierotzki H, Wullschleger J, Gisi U. Point Mutation in Cytochrome b Gene Conferring Resistance to Strobilurin Fungicides in Erysiphe Graminis f. sp. Tritici Field Isolates. Pestic Biochem Phy, 2000, 68 (2): 107-112.

[127] Huang W, Zhao P L, Liu C L, et al. Design, Synthesis, and Fungicidal Activities of New Strobilurin Derivatives. J Agric Food Chem, 2007, 55 (8): 3004-3010.

[128] Chung W J, Higashiya S, Welch J T. Indium-Mediated Allylation Reaction of Difluoro -Acetyltrialkylsilanes in Aqueous Media. Tetrahedron Lett, 2002, 43 (33): 5801-5803.

[129] 董捷，廖道华，楼江松，等．嘧菌酯的合成．精细化工中间体，2007，37 (2)：25-27.

[130] 刘长令，张立新，汪灿明，等．甲氧基丙烯酸酯类杀菌剂的研究进展．农药，1998，37 (3)：1-6.

[131] 张荣华，李倩，朱志良．肟菌酯合成工艺．农药，2007，46 (1)：29-30.

[132] 杨华铮，邹小毛，朱有全．现代农药化学．北京：化学工业出版社，2013：353.

[133] 耿丙新．新型甲氧基丙烯酸酯类杀菌剂的工艺路线及活性研究．山东：青岛科技大学，2014.

[134] Wachendorff-Neumann U, Kraus A, Wetcholowsky I, et al. Synergistic Combination of Prothioconazole and Metominostrobin for Use Against Phytopathogenic Fungi: WO, 2011076688. 2011-06-30.

[135] Lunkenheimer W, Brandes W. Fungicidal Substituted Aminals: DE, 3938287. 1991-05-23.

[136] Kurahashi Y, Sawada H, Sakuma H, et al. Chloropyridylcarbonyl Derivatives and Their Use as Microbiocides: EP, 0763530. 1997-05-19.

[137] 张永臣．唑菌胺酯的工艺路线工艺研究．黑龙江：黑龙江大学，2009.

[138] 钏永明，王超，彭云贵．氟嘧菌酯合成工艺改进．合成化学，2007，15 (6)：798-800.

[139] Brown R J, Frasier D A, Howard J, et al. Preparation of Fungicidal Triazole Derivatives and Related Cyclic Amides: US, 596243. 1999-10-15.

[140] 杨华铮，邹小毛，朱有全．现代农药化学．北京：化学工业出版社，2013：344.

[141] 刘长令，关爱莹，张明星．广谱高效杀菌剂嘧菌酯．世界农药，2002，24 (1)：46-49.

[142] 关爱莹．甲氧基丙烯酸酯类杀菌剂的发展沿革及几个主要品种的合成．精细与专用化学品，2012，20 (4)：24-28.

[143] Hao G F, Wang F, Li H, et al. Computational Discovery of Picomolar Qo Site Inhibitors of Cytochrome bc1 Complex. J Am Chem Soc, 2012, 134 (27): 11168-11176.

[144] Zhao P L, Wang L, Zhu X L, et al. Subnanomolar Inhibitor of Cytochrome bc1 Complex Designed by Optimizing Interaction with Conformationally Flexible Residues. J Am Chem Soc, 2010, 132 (1): 185-194.

[145] 刘长令，关爱莹，张弘，等．苯并吡喃酮类化合物及其制备与应用：CN，1823052. 2006-08-23.

[146] Bartlett D W, Clough J M, Godwin J R. The Strobilurin Fungicides. Pest Manag Sci, 2002, 63 (12): 1191-1200.

[147] 王忠文，李正名，刘天麟．新型杀菌剂甲氧基丙烯酸甲酯类化合物的合成方法概述．合成化学，1997，5 (3)：241-245.

[148] Rossi R, Carpita A. A Novel Method for the Efficient Synthesis of Methyl 2-Oxo-2-Arylacetates and Its Application to the Preparation of Fungicidal Methyl-(*E*)-*O*-Methyloximino-2-Arylace-tates and Their (*Z*)-Stereoisomers. Tetrahedron, 1999, 55 (37): 11343-11364.

[149] Brand S, Kardorff U, Kirstgen R, et al. *O*-Benzyl Oximes, Their Preparation, and Fungicides/Pesticides Containing Them: EP, 463488. 1992-01-02.

[150] Ziegler H, Neff D. Preparation of 2-Aryl-2-(Methoxyimino) Acetate Esters Via Palladium-Catalyzed Cross-Coupling Reaction of Aryboronic Acid and 2-(Methoxyimino) Acetate Esters: WO, 9520569. 1995-08-03.

[151] Pfiffner A, Trah S, Ziegler H. Method for the Production of Phenylacetic Acid Esters: EP, 600835. 1996-06-08.

[152] Alfons P, Hugo Z, Stephan T. Synthesis of 8-Substituted 5*H*, 9*H*-6-Oxa-7-Aza-Benzocyclononene-10, 11-Dione-11-*O*-Methyloximes, A New [1,2]-Oxazonine Ring System. Tetrahedron Letters, 2000, 41 (9): 1381-1384.

[153] 刘长令．世界农药大全：杀菌剂卷．北京：化学工业出版社，2006：126-128.

[154] Takase A, Kai H, Nishida K, et al. Process for Producing Intermediates for Use in Production of Alkoxyiminoacetamides: EP, 0535928. 1996-04-07.

[155] Murabayashi A, Ueda K, Ino A. Process for Producing Alkoxyiminoacetamide Derivative: EP, 0781764. 1996-03-14.

[156] 杨丽娟，柏亚罗．甲氧基丙烯酸酯类杀菌剂——吡唑醚菌酯．现代农药，2012，11 (4)：46-56.

[157] 柴宝山，付晓辰，孙旭峰，辛唑嘧菌胺的合成与生物活性．农药，2012，51 (69)：645-647.

[158] 刘长令．新型吡啶类杀菌剂的开发．农药译丛，1996，18 (3)：50-52.

[159] 齐武．具有发展潜力的杀菌剂——氟啶胺．中国农药，2013，(6)：11.

[160] 刘长令．世界农药大全．杀菌剂卷．北京：化学工业出版社，2006：229-231.

[161] 孙家隆．现代农药合成技术．北京：化学工业出版社，2011：425-426.

[162] 张一宾．一甲基吡啶在农药上的应用．精细与专用化学品，2013，(3)：1-10.

[163] 唐除痴，李煜昶，陈彬，等．农药化学．天津：南开大学出版社，1997，397.

[164] 刘长令．世界农药大全：杀菌剂卷．北京：化学工业出版社，2006：236.

[165] 马忠华，叶忠音．新靶标杀菌剂——嘧啶胺类化合物．农药译丛，1997，19 (3)：11-13.

[166] 李伟，李玉荣，冯建国．嘧啶类杀菌剂发展现状及趋势．中国农药，2010，(1)：39-43.

[167] 刘长令．新型嘧啶胺类杀菌剂的研究进展．农药，1995，34 (8)：25-28.

[168] 孙善起．嘧啶类杀菌剂嘧霉胺和乙嘧酚的工艺路线工艺研究．山东：青岛科技大学，2010.

[169] 沈梅英，姜作佩，王正方．甲菌定合成、分析和药效．农药，1983，(1)：19-20.

[170] 朱丽华．抗葡萄孢剂嘧菌胺（KIF-3535）的合成和构效关系研究．世界农药，2004，26 (5)：18-22.

[171] 柴宝山，刘长令，李志念．嘧菌环胺的合成与杀菌活性．农药，2007，46 (6)：377-378.

[172] 瞿佳，蔡鹏，来虎钦，等．杀菌剂嘧菌环胺的合成．浙江工业大学学报，2012，40 (1)：17-21.

[173] Liu C L, Li L, Li Z. M. Design, Synthesis, and Biological Activity of Novel 4-(3,4-Dimethoxyphenyl)-2-Methylthiazole-5-Carboxylic Acid Derivatives. Bioorg Med Chem, 2004, 12 (11): 2825-2830.

[174] 刘长令．世界农药大全：杀菌剂卷．北京：化学工业出版社，2006：238-239.

[175] 王宁．氯苯嘧啶醇的合成．现代农药，2005，4 (3)：17-18.

[176] 孙家隆．农药化学合成基础．北京：化学工业出版社，2008：153.

[177] 孙晓红．嘧霉胺合成、晶体结构及量子化学计算．化学学报，2011，69 (16)：1909-1914.

[178] 孙晓红．新杀菌剂嘧霉胺盐的合成．有机化学，2004，24 (5)：506-511.

[179] 苍涛，赵学平．嘧霉胺对环境生物毒性及安全评价．江西农业学报，2009，21 (4)：119-121.

[180] 孙善起．嘧啶类杀菌剂嘧霉胺和乙嘧酚的工艺路线工艺研究．山东：青岛科技大学，2010.

[181] 李旭光．新型杀菌剂嘧霉胺的工艺路线研究．四川：西南科技大学，2007.

[182] 周艳丽，薛超．杀菌剂嘧霉胺的合成研究．农药科学与管理．2005，26 (9)：24-25.

[183] 唐除痴，李煜昶，陈彬，杨华铮．农药化学．天津：南开大学出版社，1997：403-404.

[184] 刘长令．世界农药大全．杀菌剂卷．北京：化学工业出版社，2006：221.

[185] 朱良天．精细化工产品手册：农药．北京：化学工业出版社，2004：320.

[186] 薛振祥，农药中间体手册．北京：化学工业出版社，2004：358-359.

[187] 孙家隆．现代农药合成技术．北京：化学工业出版社，2011：439.

[188] 周少方．新型苯并咪唑类化合物的设计合成及抑菌活性研究．泰安：山东农业大学，2012.

[189] 孙家隆．现代农药合成技术．北京：化学工业出版社，2011，446.

[190] 石志琦．油菜菌核病菌对苯并咪唑类杀菌剂抗药性治理研究．江苏：南京农业大学，1999.

[191] 谭成侠，徐瑶，曾仲武，等．杀菌剂氟菌唑的合成及表征．农药，2008，47 (7)：497-499.

[192] 张捷龙，张万昌，李纯聪，等．杀菌剂咪鲜胺的绿色合成．化学试剂，2010，32 (9)：856-858.

[193] 刘尚钟，陈馥衡，李增民．抑霉唑的合成研究．农药，1995，34 (10)：13-14.

[194] 庄海燕．多菌灵的工艺路线研究．江苏：南京理工大学，2004.

[195] 孙家隆．现代农药合成技术．北京：化学工业出版社，2011：411-413.

[196] 孔繁蕾，缪留福，吴仲芳．杀菌剂噻菌灵的合成．江苏化工，1988，(4)：32.

[197] 陈万义．农药生产与合成．北京：化学工业出版社，2000：356-360.

[198] 赵建，曲文岩，林德杰．α-氨基酸在农药合成中的应用．农药学学报，2010，12（4）：371-382.

[199] 乔依．新颖种子消毒剂稻瘟酯的开发．2000，22（2）：56-57.

[200] Takenaka，M. Chiral synthesis of Pefurazoate Enantiomers and Their Antifungal Activity to Gibberella Fujikuroi. J Pestic Sci，1992，17（4）：205-211.

[201] 李新．世界杀菌剂市场概况：上．农化市场十日讯，2013，(33)：18-20.

[202] 胡德禹，宋宝安，杨松，等．1,2,4-三唑类杀菌剂的合成与生物活性．化学通报，2004，67（1）：1-8.

[203] 曹克广，杨夕强．三唑类化合物杀菌剂的发展现状与展望．精细石油化工，2007，24（6）：82-86.

[204] 杨双花．新型含1,2,4-三唑类化合物的工艺路线表征及生物活性研究．山东：青岛科技大学，2006.

[205] 周子燕，李昌春，高同春，等．三唑类杀菌剂的研究进展．安徽农业科学，2008，36（27）：11842-11844.

[206] 曾庆斌．三唑类杀菌剂腈菌唑的工艺路线研究．浙江：浙江工业大学，2004.

[207] 许良忠，李惠静，张书圣．含1,2,4-三氮唑类杀菌剂的研究进展．青岛化工学院学报，2000，21（3）：201-205.

[208] 孙家隆．现代农药合成技术．北京：化学工业出版社，2011：443-445.

[209] 司国栋．新型三唑类化合物的工艺路线与生物活性研究以及新型烟碱类杀虫剂噻虫嗪的工艺路线研究．山东：青岛科技大学，2006.

[210] 杜英娟．国外杀菌剂发展近况．农药，1989，28（1）：48.

[211] 黄润秋，陈宗庭，邓世现，等．三唑酮合成新方法．农药，1984，23（5）：15-16.

[212] 陈明德，张兴奎．相转移催化一步合成三唑酮的研究．厦门大学学报（自然科学版），1994，33（2）：209-210.

[213] 李煜昶．制备杀菌剂三唑醇的新方法．农药，1993，20（1）：20.

[214] 江才鑫，陈祖伟，杨琳荣．氟环唑的合成综述．浙江化工，2006，37（10）：9-12.

[215] 刘丽秀，张鲁新，张亚敏．氟环唑的合成工艺进展．山东化工，2009，38（4）：28-30.

[216] 黄新辉，张发亮，马淑惠，等．新型杀菌剂戊唑醇的合成工艺．安徽农业科学，2007，35（1）：142.

[217] 郝梦安．环丙唑醇合成工艺的研究．重庆：西南科技大学，2009.

[218] 李鸿波，郝梦安，范谦，等．环丙唑醇的新合成方法．化学研究与应用，2009，21（9）：1351-1353.

[219] 李军民，唐浩，祖智波，等．苯醚甲环唑的合成研究．农药研究与应用，2009，13（1）：18-21.

[220] 吴仲芳，王九斤．唑类杀菌剂咪菌腈和腈菌唑的合成．农药，1989，29（5）：1-3.

[221] 李翔，刘丽，胡晓莉，等．腈菌唑的合成新方法．农药，2001，40（3）：11-13.

[222] 关云飞，孙克，张敏恒．丙硫菌唑合成方法述评．农药，2014，53（9）：696-698.

[223] 刘长令．世界农药大全：杀菌剂卷．北京：化学工业出版社，2006：181-183.

[224] 沙家骏，等．国外新农药品种手册．北京：化学工业出版社，1992：226-229.

[225] 李煜昶，等．烯唑醇合成工艺．农药，1998，27（1）：10-12.

[226] 化工部农药信息总站．国外农药品种手册．北京：化学工业出版社，1996：628-629.

[227] 王昌皇．乙环唑．武汉化工，1986，(2)：45-50.

[228] 齐素忠．丙环唑的合成方法．河北化工，2005，(2)：38-39.

[229] 梁诚．4,4′-二氟二苯甲酮的合成与应用．有机氟工业，2004，1：29-31.

[230] 严海昌，王文．三氮唑类杀菌剂——粉唑醇的合成．浙江化工，2003，34（10）：7-8.

[231] Keith P P，Rathmell W G，Worthington. Heterocyclic Compounds：US，4654332. 1987-03-31.

[232] Corey E J，Chaykovsky M. Dimethyloxosulfonium Methylide（$(CH_3)_2SOCH_2$）and Dimethylsulfonium Methylide（$(CH_3)_2SCH_2$）. Formation and Application to Organic Synthesis -Journal of the American Chemical Society（ACS Publications）. J Am Chem Soc，1965，87：1353-1364.

[233] Wolf P，Peter F. Preparation of Oxiranes and Their Use as Intermediates for Plant Growth Regulators and Fungicide：DE，3537817. 1987-04-30.

[234] Kuhn R，Trischmann H. Trimethyl-Sulfoxonium-Ion. Ann，1958，611：117-121.

[235] Peter P K，William R. Triazole Compounds，Their Use as Plant Fungicides and Plant Growth Regulators and Compositions Containing them：EP，47594. 1982-03-17.

[236] 曹伟锋，廖道华，雷子蕙．粉唑醇的合成．精细化工中间体，2006，36（4）：25-26.

[237] Zhang M Z，Chen Q，Mulholland N，et al. Synthesis and Fungicidal Activity of Novel Pimprinine Analogues. Eur J Med Chem，2012，(53)：283-291.

[238] 唐除痴，李煜昶，陈彬，等．农药化学．天津：南开大学出版社，1997：435-437.

[239] 孙家隆．现代农药合成技术．北京：化学工业出版社，2011：447-449.

[240] 方祖凯．噁霉灵氨基酸衍生物的工艺路线及生物活性研究．湖北：长江大学，2013.
[241] 刘长令．世界农药大全：杀菌剂卷．北京：化学工业出版社，2006：212-213.
[242] 李付刚，白雪松．苯噻氰．精细与专用化学品，2007，15（17）：9-11.
[243] 乐长高，丁健桦，杨思金．5-烷基-2-氨基-1,3,4-噻二唑的合成及应用．化学世界，2002，43（7）：366-368.
[244] Zhang M Z，Mulholland N，Beattie D，et al. Synthesis and antifungal activity of 3-(1,3,4-oxadiazol-5-yl) -indoles and 3-(1,3,4-oxadiazol-5-yl) Methyl-Indoles. Eur J Med Chem，2013，(63)：22-32.
[245] Bostroöm J，Hogner A，Llinàs A，et al. Oxadiazoles in Medicinal Chemistry. J Med Chem，2012，55（5）：1817-1830.
[246] 顾学箕，钱超，薛征．农药敌枯双致畸作用的定性和定量研究．上海医科大学学报，1991，18（1）：41-47.
[247] 唐除痴，李煜昶，陈彬，等．农药化学．天津：南开大学出版社，1997：438-439.
[248] 刘长令．世界农药大全：杀菌剂卷．北京：化学工业出版社，2006：218-219.
[249] 魏方林，戴金贵，朱国念，等．创制杀菌剂——噻唑锌．世界农药，2008，2（30）：47-48.
[250] 荆煦瑛，王培兰．有机农药的红外光谱定量分析研究——杀菌剂抑枯灵的测定．农药，1972：31-33.
[251] 2-氨基-1,3,4-噻二唑及其衍生物对水稻白叶枯病的化学治疗作用．农药，1973：21-24.
[252] 唐除痴，李煜昶，陈彬，等．农药化学．天津：南开大学出版社，1997：438-439.
[253] 孙家隆．农药化学合成基础．北京：化学工业出版社，2008：532-534.
[254] 陈万义．农药生产与合成．北京：化学工业出版社，2000：430-434.
[255] 刘长令．世界农药大全：杀菌剂卷．北京：化学工业出版社，2005：294-295.
[256] 张传清，周明国，朱国念．稻瘟病化学防治药剂的历史沿革与研究现状．农药学学报，2009，11（1）：72-80.
[257] 孙家隆．农药化学合成基础．北京：化学工业出版社，2008：413-414.
[258] 杨华铮，邹小毛，朱有全，等．现代农药化学．北京：化学工业出版社，2013：336-338.
[259] 刘长令．世界农药大全：杀菌剂卷．北京：化学工业出版社，2005：314-316.
[260] 孙家隆．农药化学合成基础．北京：化学工业出版社，2008：436-437.
[261] 杨华铮，邹小毛，朱有全，等．现代农药化学．北京：化学工业出版社，2013：534.
[262] 刘长令．世界农药大全：杀菌剂卷．北京：化学工业出版社，2005：317-318.
[263] 孙家隆．农药化学合成基础．北京：化学工业出版社，2008：532.
[264] 杨华铮，邹小毛，朱有全，等．现代农药化学．北京：化学工业出版社，2013：447-453.
[265] 刘长令．世界农药大全．杀菌剂卷．北京：化学工业出版社，2005：321-322.
[266] 孙家隆．农药化学合成基础．北京：化学工业出版社，2008：353-354.
[267] 杨华铮，邹小毛，朱有全，等．现代农药化学．北京：化学工业出版社，2013：300.
[268] 刘长令．世界农药大全：杀菌剂卷．北京：化学工业出版社，2005：247-248.
[269] 杨华铮，邹小毛，朱有全，等．现代农药化学．北京：化学工业出版社，2013：397-398.
[270] 孙家隆．农药化学合成基础．北京：化学工业出版社，2008：561-563.
[271] 杨华铮，邹小毛，朱有全，等．现代农药化学．北京：化学工业出版社，2013：502-503.
[272] 刘长令．世界农药大全：杀菌剂卷．北京：化学工业出版社，2005：292-294.
[273] 文才艺，吴元华，田秀玲．微生物源生物化学农药的研究与开发进展．农药，2004，43（10）：438-441.
[274] 崔增杰，张克诚，折改梅，等．抗真菌农用抗生素有效成分研究进展．中国农学通报，2010，26（5）：213-218.
[275] 沈寅初．我国微生物源杀菌抗生素的研究研发．世界农药，2011，33（4）：1-3.
[276] 杨峻，林荣华，袁善奎，等．我国生物源农药产业现状调研及分析．中国生物防治学报，2014，30（4）：441-445.
[277] 林志楷，刘黎卿，陈菲．井冈霉素研究概况．亚热带植物科学，2013，42（3）：279-282.
[278] 李明海，杨迎青，杨媚，等．井冈霉素对水稻纹枯病菌细胞壁降解酶活性和可溶性蛋白的影响．华中农业大学学报，2010，29（3）：272-276.
[279] 沈寅初．井冈霉素研究开发 25 年．植物保护，1996，22（4）：44-45.
[280] 张穗，郭永霞，唐文华，等．井冈霉素 A 对水稻纹枯病菌的毒力和作用机理研究．农药学学报，2001，3（4）：31-37.
[281] Shigemoto R，Okuno T，Matsuura K. Effects of Validamycin A on the Growth of and Trehalose Content in Mycelia of Rhizoctonia Solani Incubated in a Medium Containing Several Sugars as the Sole Carbon Source. Ann Phytopathol Soc Jpn，1992，58（5）：685-690.
[282] 陈小龙，方夏，沈寅初．纹枯病菌对井冈霉素的作用机制、抗药性及安全性．农药，2010，49（7）：481-483.
[283] Dong H，Mahmud T，Tornus I. et al. Biosynthesis of the Validamycins：Identification of Intermediates in the Bio-

synthesis of Validamycin A by *Streptomyces hygroscopicus* var. *limoneus*. J Am Chem Soc，2001，123（12）：2733-2742.

[284] Li Z，Ji X，Kan S，et al. Past，Present，and Future Industrial Biotechnology in China. Adv Biochem Eng Biotechnol，2010，122：1-42.

[285] 郑裕国．自主井冈霉素再创新　催化其产业链式升级——2008 年度国家科学技术奖励项目专题报道（四）．现代化工，2009，29（6）：90-91.

[286] Yu Y，Bai L，Minagawa K，et al. Gene Cluster Responsible for Validamycin Biosynthesis in *Streptomyces hygroscopicus* subsp. *Jinggangensis* 5008. Appl Environ Microbiol，2005，（71）：5066-5076.

[287] Bai L Q，Li L，Xu H. et al. Functional Analysis of the Validamycin Biosynthetic Gene Cluster and Engineered Production of Validoxylamine A. Chem Biol，2006，13（4）：387-397.

[288] Isono K，Asahi K. Polyoxins，Antifungal Antibiotics. Ⅷ. Structure of Polyoxins. J Am Chem Soc，1969，91（26）：7490-7505.

[289] Isono K，Nagatsu J，Kawashima Y，et al. Studies on Polyoxins' Antifungal Antibiotics. I. Isolation and Characterization of Polyoxins A and B. Agric Biolog Chem，1965，29（9）：848-854.

[290] Isono K，Nagatsu J，Kawashima Y，et al. Studies on Polyoxins，Antifungal Antibiotics Part Ⅴ. Isolation and Characterization of Polyoxins C，D，E，F，G，H and I. Agr Biol Chem，1967，31（2）：190-199.

[291] 吴家全，李军民．多抗霉素研究现状与市场前景．农药研究与应用，2010，14（3）：15-18.

[292] Ohrui H，Kuzuhara H，Emoto S. Synthesis of Deoxypolyoxin C and Thymine Polyoxin C. Tetragedron Lett，1971，12（45）：4267-4270.

[293] Mukaiyama T，Suzuki K，Yamadacl T，et al. 4-*O*-Benzyl-2,3-*O*-Isopropylidene-L-Threose：A Useful Building Stereoselective Synthesis of Monosaccharides. Tetrahedron，1990，46（1）：265-276.

[294] Anthony G M，Barrett J，Lebold A S.（Phenylthio）Nitromethane in the Total Synthesis of Polyoxin C. J Org Chem，1990，55（12）：3853-3857.

[295] Chida N，Koizumi K，Kitada Y，et al. Total Synthesis of（＋）-Polyoxin J Starting from Myo-Inositol. J Chem Soc Chem Commun，1994，（1）：111-113.

[296] Akita H，Uchida K，Chen CH-Y. A Short Path Synthesis of α-Hyfroxy Ester from Aldehyde Using（1-Ethoxy-Vinyl）Lithium and Its Application to the Syntheses of Thymine Polyoxin C and Uracil Polyoxin C. Heterocycles，1997，46（1）：87-90.

[297] Shiro Y，Kato K，Fujii M，et al. First Synthesis of Polyoxin M. Tetragedron，2006，62（37）：8687-8695.

[298] Dondoni A，Franco S，Junquera F，et al. Applications of Sugar Intrones in Synthesis：the Total Synthesis of（＋）-Polyoxin. J Org Chem，1997，62（16）：5497-5507.

[299] Ghosh A K，Wang Y. Stereoselective Synthesis of 5-*O*-Carbarnoylpolyoxamic Acid by [2,3]-Wittig-Still Rearrangement. Tetrahedron，1999，55（47）：13369-13376.

[300] Uchida K，Kato K，Akita H. A Convenient Synthesis of a *N*-Protected L-Carbamoylpolyoxamic Acid Derivative：Total Synthesis of（＋）-Polyoxin J and（＋）-Polyoxin L. Synthesis，1999，（9）：1678-1686.

[301] Kuzuhara H，Ohrui H，Emoto S. Total Synthesis of Polyoxin J. Tetragedron Lett，1973，14（50）：5055-5058.

[302] 刘建中，郑黎，林映才．蒜素的合成工艺改进．中国医药工业杂志，2000，31（11）：483-484.

[303] 郭谊，张文，蔡也夫．柠檬醛的合成研究进展．金山油化纤，2003，22（1）：30-33.

[304] 广西南宁制药厂．常压合成黄连素的工艺方法．医药工业，1973，（7）：1-3.

[305] 厉丹，裴文．蛇床子素化合物合成研究进展．化工生产与技术，2010，17（5）：48-50.

[306] 李在国，黄润秋．植物病毒防治剂的作用机制．植物保护，1999，25（3）：37-39.

[307] 曲凡岐，郑学根，徐小军，等．植物病毒病化学防治剂的探寻，Ⅲ. 2,4-二氧六环-1,3,5-三嗪-*N*-酰基取代化合物的合成．武汉大学学报，1996，42（2）：129-135.

[308] 江山．病毒唑在植物保护中的应用．植物保护，1991，17（6）：35-36.

[309] 郑明英，鲁立，宁异真，等．一种利巴韦林的制备方法：CN，102286046. 2011-12-21.

[310] 陈卓，杨松．自主创制抗植物病毒新农药：毒氟磷．　世界农药，2009，31（2）：52-53.

[311] Chen Z，Zeng M J，Song B A，et al. Dufulin Activates HrBP1 to Produce Antiviral Responses in Tobacco. PLoS ONE. 2012，7（5）：e37944

[312] 张青，韦洁玲，李现玲，等．毒氟磷的合成方法：CN，102391307. 2012-03-28.

[313] 宋宝安，张国平，胡德禹，等．*N*-取代苯并噻唑基-1-取代苯基-*O*,*O*-二烷基-α-氨基膦酸酯类衍生物及制备方法和

用途：CN，1291993.2006-12-17.

［314］宋宝安，张国平，胡德禹，等．N-取代苯并噻唑基-1-取代苯基-O,O-二烷基-α-氨基膦酸酯类衍生物及制备方法和用途：CN，1687088.2005-10-26.

［315］范志金，范谦，石祖贵，等．新型植物激活剂甲噻诱胺的创制开发．第十届全国新农药创制学术交流会论文集．济南：［出版者不详］，2013：11-13.

［316］章思规．精细有机化学品技术手册．北京：科学出版社，1992.

［317］Schuster G. Antiphytoviral Compounds with the Guanidine Structure. Phytopathol Z，1982，103（1）：77-86.

［318］杨光．农用盐酸吗啉双胍合成工艺研究．齐齐哈尔大学学报：自然科学版，2000，16（4）：66-67.

［319］许良忠，郭玉晶，袁枫．植物病毒防治剂盐酸吗啉呱的合成研究．沈阳化工学院学报，2011，15（2）：89-91.

［320］江孝明，李彬，王瑾．《新型高效环保生物农药宁南霉素产业化研究进展》综述．第四届全国农药交流会论文集．2004：4-7.

［321］杜声亮，王士奎．酶解法制备氨基寡糖素生产工艺的研究．中国化学会第三届甲壳素化学与应用研讨会论文集．2001：356-358.

第 10 章
除草剂的产业发展

10.1 概况

除草剂是指可使杂草彻底地或选择性地发生枯死的药剂，又称除莠剂，是用以消灭或抑制植物生长的一类物质。2015 年全球农药市场销售额为 512.1 亿美元，其中市场份额最大的仍然是除草剂，销售额为 216.44 亿美元，市场份额 42%。表 10-1 是 2015 年除草剂销售前 10 的品种，其中草甘膦销售额 49.65 亿美元，远超其他除草剂，其全球第一大农药品种的地位短期内难以撼动。

表 10-1 2015 年除草剂销售前 10 的品种

品种	销售额/亿美元	上市时间	开发公司
草甘膦	49.65	1972 年	孟山都
百草枯	6.95	1962 年	先正达
磷磺草酮	6.10	2001 年	先正达
2,4-滴	6.05	1945 年	纽发姆、陶氏益农
草铵膦	5.70	1986 年	拜耳
莠去津	5.65	1957 年	先正达
异丙甲草胺	5.60	1975 年	先正达
乙草胺	4.30	1985 年	孟山都
喹啉草酯	4.00	2006 年	先正达
丙炔氟草胺	3.70	1993 年	住友
合计	97.70		
前 10 大占比	45.14%		

图 10-1 是 2002～2016 年国内除草剂原药历史产量及增长率，从 2002～2013 年我国除草剂产量一直在增长，近年来有所下降。另外，根据图 10-2 国内除草剂进出口数据走势分析可以看出，我国除草剂的出口量远大于进口量，且出口量呈上升趋势，进口量历年来有增有减。

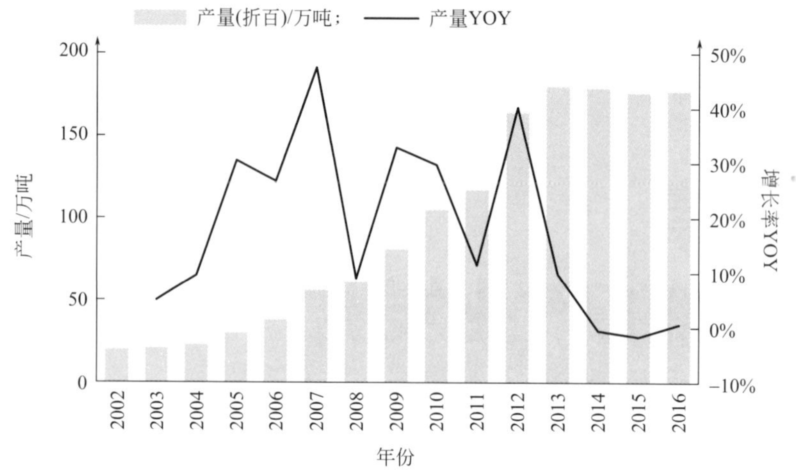

图 10-1 2002~2016 年国内除草剂原药历史产量及增长率

（YOY 指当期较去年同期变动数）

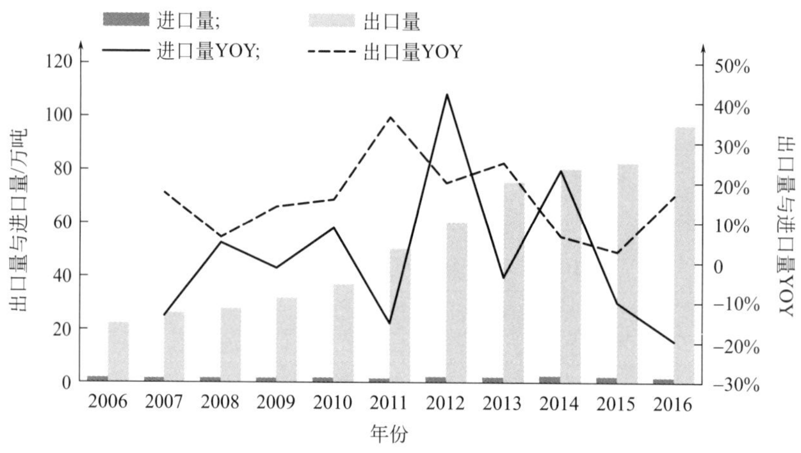

图 10-2 2006~2016 年国内除草剂进出口数据走势分析

到 2018 年 1 月为止，我国登记的除草剂产品共有 13081 个（含过期有效产品），而尚未过期的产品数为 10045 个，其中单制剂品种有 7551 个。剂型方面：乳油、水剂和可湿性粉剂相对较多，分别占总量的 21.13％、17.08％和 16.14％。从登记的数量上来看，2000 年以来，每年均有除草剂相关产品获得登记，且呈增长趋势，比较特殊的是 2008 年和 2009 年，登记数量尤为突出，分别达到了 1899 个和 2557 个。其登记情况变化趋势如图 10-3 所示。

图 10-4 所示为 2000 年以来除草剂登记数量前 10 的公司登记情况。登记数量前 10 的公司分别是吉林金秋农药有限公司、吉林省八达农药有限公司、江苏瑞邦农药厂有限公司、连云港立本作物科技有限公司、辽宁省大连松辽化工有限公司、山东滨农科技有限公司、山东胜邦绿野化学有限公司、山东潍坊润丰化工股份有限公司、沈阳科创化学品有限公司和浙江天丰生物科学有限公司，其中登记数量最多的是辽宁省大连松辽化工有限公司，登记的除草剂数量达到了 175 个。

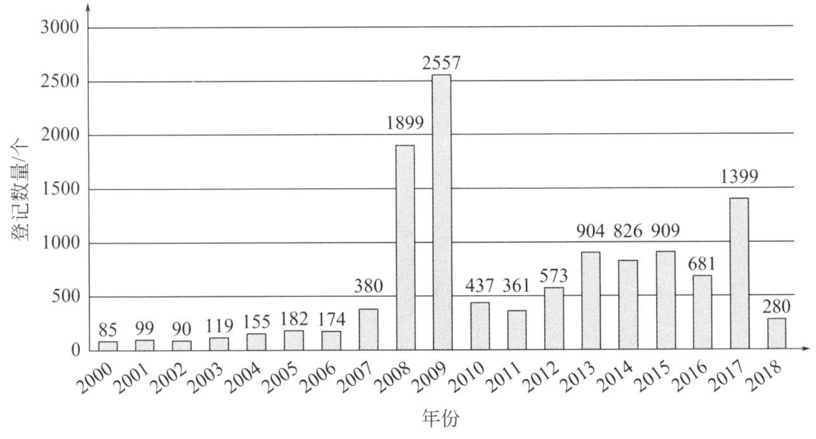

图 10-3　2000 年以来除草剂登记数量变化趋势

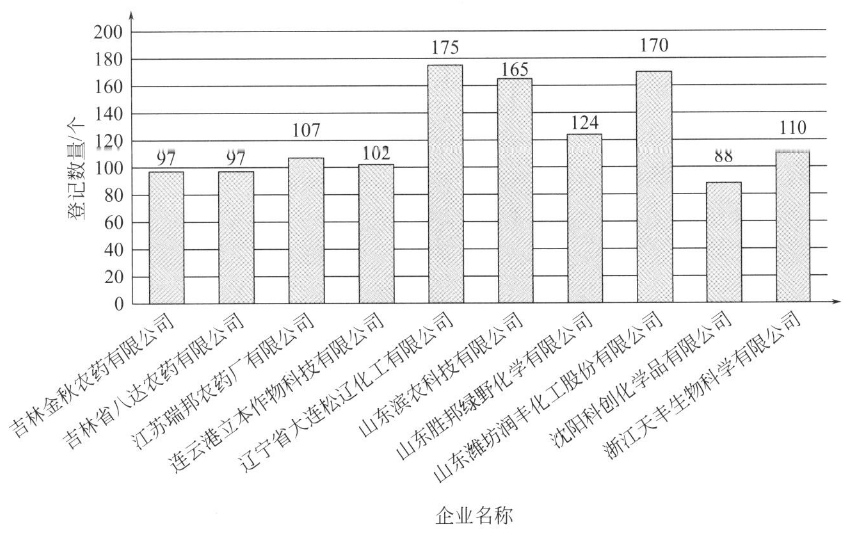

图 10-4　2000 年以来我国除草剂登记数量前 10 的公司登记情况

10.2　苯氧羧酸类除草剂

10.2.1　苯氧羧酸类除草剂发展概述

10.2.1.1　苯氧羧酸类除草剂简介

苯氧羧酸是最早开发成功并广泛应用于农林业生产的一类有机选择性除草剂，1941 年合成了第一个苯氧羧酸类除草剂——2,4-D，1942 年美国 P. W. Zimeman 和 Hitchcock 在研究植物激素过程中，发现氯代苯氧乙酸类化合物，如 2,4-D（2,4-二氯苯氧乙酸）可促进细胞生长，具有植物激素的作用。它们比天然生长素 IAA 具有更高活性，但不像 IAA 能在植物体内快速代谢、降解，从而导致植物异常生长，使植物营养耗尽而死亡。之后进一步发现此类化合物在高浓度条件下可有效抑制双子叶植物的生长发育。1944 年发现 2,4-D 和 2,4,5-D（2,4,5 -三氯苯氧乙酸）对田旋花具有除草活性，1945 年又发现 MCPA（2-甲-4-氯苯氧乙酸）具有除草活性。在第二次世界大战末期，2,4-D、2,4,5-D 和 MCPA 均已发展为商品化除草剂。可以说，氯代苯氧乙酸类化合物的发现和开发开创了有机除草剂工业的新纪元。自从 2,4-D 问世以来，以 2,4-D 为代表的苯氧羧酸类除草剂已经历了 70 多年的发展，许多苯氧羧酸类除草剂（图 10-5）是在 2,4-D 的结构基础上通过进一步结构修饰，衍生合成而获得的，如 2,4-二氯苯氧丙酸（2,4-DP）、2,4-二氯苯氧丁酸（2,4-DB）等。迄今为止，苯氧羧酸类除草剂已形成 20 多个品种。

(a) 2, 4-D

(b) 苯氧羧酸类除草剂的通式

图 10-5 苯氧羧酸类除草剂

苯氧羧酸类化合物作为除草剂应用时，通常被加工成相应的酯、酸、盐等不同剂型，不同剂型的除草活性大小为酯＞酸＞盐，而在盐类中，铵盐＞钠盐[1]。

苯氧羧酸类除草剂，由于在分子内具有相当大的亲脂性成分，故在水中的溶解度极低，其酸性较强，形成盐后溶解度显著增加。因此，一般水溶性制剂均采用盐的形式，如金属盐、铵盐、有机胺盐均可使用。而镁盐及钙盐在水中的溶解度远小于钠盐和钾盐，在配制水溶液时，切不可用硬水。

苯氧羧酸类农药是第一类投入商业生产的选择性除草剂，苯氧羧酸类除草剂接触植物后能够被茎、叶和根系吸收，通过韧皮部筛管和根部的木质部导管进行传导。在应用中显示了良好的高效性、传导性及选择性。主要用作茎叶处理施用于禾谷类作物田、针叶树林、非耕地、牧草场、草坪等，防除一年生和多年生的阔叶杂草，如苋、藜、苍耳、田旋花、马齿苋、大巢菜、波斯婆婆纳、播娘蒿等。在广泛应用的苯氧乙酸类除草剂中，2,4-D 和 MCPA 主要用于小麦、玉米和水稻田防除阔叶杂草。苯氧丙酸类除草剂主要用于防除某些苯氧乙酸类除草剂不能防除的杂草。苯氧丁酸类除草剂对作物具有更好的安全性，甚至可用于多种豆科作物田除草。

由于苯氧羧酸类除草剂具有高效性、高选择性、价格低廉、除草速度较快、易降解等优点，在农业生产中得到广泛应用，至今仍占有较大的市场份额。

苯氧羧酸类除草剂的开发和应用推动了整个有机除草剂领域的发展，扩大了除草剂的使用范围和影响力。几十年来，尽管许多其他的化学除草剂优良品种不断出现，但苯氧羧酸类除草剂仍为重要的品种之一。

10.2.1.2 苯氧羧酸类除草剂的作用机制及生物活性

苯氧羧酸类除草剂可以通过茎叶、根系吸收，茎叶吸收的药剂与光合作用产物结合沿韧皮部筛管在植物体内传导，而根吸收的药剂则随蒸腾流沿木质部导管移动，在分生组织积累。叶片吸收药剂的速度决定于三方面的因素：叶片结构、除草剂的特性、环境条件。苯氧羧酸类除草剂属于激素类除草剂，在低浓度下，能促进植物生长，在生产上也被用作植物生长调节剂；在高浓度下，植物吸收后，体内生长素的浓度高于正常值，从而打破了植物体内的激素平衡，影响植物的正常代谢，导致敏感杂草发生一系列的生理生化变化，组织异常和损伤，从而抑制植物生长发育，使植株扭曲、畸形直至死亡。其在双子叶植物中代谢比在禾本科植物中缓慢，因而双子叶植物耐药力弱；进入禾本科植物体内很快被代谢失去活性，因而禾本科植物具耐药性。2,4-滴丁酸和 2 甲 4 氯丁酸本身无除草活性，须在植物体内经 β 氧化后转变成相应的乙酸才有除草活性。豆科植物缺乏这种氧化酶，因而对这两种除草剂具有抗性[2]。

禾本科作物受害表现在以下几个方面：①幼苗矮化与畸形。禾本科植物形成葱叶形，花序弯曲、难抽出，出现双穗、小穗对生、重生、轮生、花不稔等。茎叶喷洒，特别是炎热夏天喷洒时，会使叶片变窄而皱缩，心叶呈马鞭状或葱状，茎变扁而脆弱，易于折断，抽穗难，生育受抑制。双子叶植物叶脉近于平行，复叶中的小叶愈合；叶片沿叶缘愈合成筒状或类杯状，萼片、花瓣、雄蕊、雌蕊数增多或减少，性状异常。②顶芽与侧芽生长严重受到抑制，叶缘与叶尖坏死。③受害植物的根、茎发生肿胀。可以诱导组织内细胞分裂而导致茎部分加粗、肿胀，甚至茎部出现胀裂、畸形。④花果生长受阻。受药害时花不能正常发育，花推迟、畸形变小；果实畸形，不能正常出穗或发育不完整。⑤植株萎黄。受害植株不能正常生长，敏感组织出现萎黄，生长发育缓慢[3]。

10.2.2　2,4-二氯苯氧乙酸

10.2.2.1　2,4-二氯苯氧乙酸的产业概况

2,4-二氯苯氧乙酸（2,4-D）是目前被广泛使用的有效的除草剂，同时它也是一种植物生长调节剂，具有防倒伏、促进水稻增产和早熟的功能，还可用作防霉剂。在 500mg/L 以上高浓度时用于茎叶处理，可在麦、稻、玉米、甘蔗等作物田中防除藜、苋等阔叶杂草及萌芽期禾本科杂草。有时也用于玉米播后苗前的土壤处理，以防除多种单子叶、双子叶杂草。与阿特拉津、扑草净等除草剂混用，或与硫酸铵等酸性肥料混用，可以增加杀草效果。在温度 20～28℃时，药效随温度上升而提高，低于 20℃则药效降低。2,4-D 吸附性强，用过的喷雾器必须充分洗净，以免棉花、蔬菜等敏感作物受其残留微量药剂的危害。2,4-D 对人畜安全。2,4-D 通常以 2,4-D 丁酯的形式使用，2,4-D 丁酯在气温高时挥发量大，易扩散飘移，为害邻近双子叶作物和树木，须谨慎使用。

2012 年国内产能达到 7.3 万吨，需求量为 2 万吨左右，国外产能超过 3 万吨，全球总需求量约为 5 万吨，产能过剩明显。根据中国农药工业协会统计，2012 年我国 2,4-D 原粉产量约 5.3 万吨，销售 4.7 万吨，出口数量达到 4.6 万吨，出口金额 1.43 亿美元。产销基本平衡，销售额合计 9.5 亿元。2012 年 2,4-D 各类商品全球销售额达到 6.3 亿美元，位列除草剂第三位，较 2011 年同比增长 20.3%。国内主要的生产企业有：常州永泰丰化工有限公司，目前产能 1.5 万吨，并计划扩产到 5 万吨，产品超过一半用于出口；山东潍坊润丰化工有限公司产能 1.5 万吨，产品大部分也用于出口；江苏辉丰农化股份有限公司产能 1 万吨，随着产能的逐步释放，销量明显增加，主要为内销。国外企业主要有陶氏益农、纽发姆和印度的 Atul 等几家公司，产能均在万吨以上。2,4-D 原药登记企业数增多，预计未来 2 年内产能将进一步增加，这将会带来新一轮的产能过剩竞争。

到 2018 年 5 月为止，登记的 2,4-D 产品共有 427 个（含过期有效产品）。而尚未过期的产品数为 301 个。其中单制剂品种有 130 个。剂型分布：乳油 40.28%，水剂 16.86%，悬乳剂 16.63%，原药 14.75%。从登记的数量上来看，2000 年以来，每年均有 2,4-D 相关产品获得登记，2008 年后每年登记数量均在 10 以上，2018 年也已经有 5 项获得登记，其中 2009 年登记数量最为突出，达到 111 个。其登记情况变化趋势如图 10-6 所示。

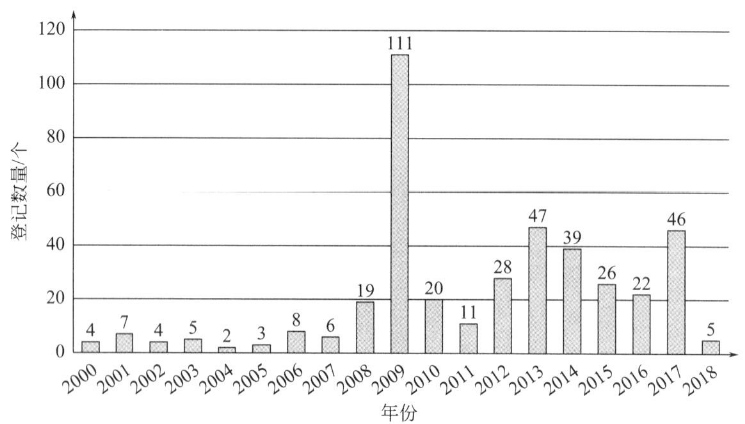

图 10-6　2000 年以来 2,4-D 登记数量变化趋势

10.2.2.2　2,4-二氯苯氧乙酸的工艺概况

通常采用先缩合后氯化的工艺路线[4]，具体合成工艺路线见图 10-7。

缩合：ONa（苯酚钠） + $ClCH_2COONa$ ⟶ OCH_2CO_2Na（苯氧乙酸钠） $\xrightarrow{HCl}$ OCH_2CO_2H（苯氧乙酸）

氯化：OCH_2CO_2H（苯氧乙酸） + HCl + H_2O_2 $\xrightarrow{FeCl_3}$ OCH_2CO_2H（对位 Cl） $\xrightarrow[H^+]{NaOCl}$ OCH_2CO_2H（2-Cl，4-Cl）

2,4-二氯苯氧乙酸

图 10-7　先缩合后氯化法合成 2,4-D

此方法以氯乙酸与苯酚为起始原料，需先用氢氧化钠处理，使氯乙酸与苯酚转化为钠盐。在此先缩合后氯化的工艺路线中，氯乙酸钠与苯酚钠发生缩合反应先生成苯氧乙酸，再由苯氧乙酸通过氯化反应转化为 2,4-D。在氯化反应中，通常在三氯化铁作催化剂的条件下，苯氧乙酸与盐酸和过氧化氢反应生成对氯苯氧乙酸，然后对氯苯氧乙酸进一步与次氯酸钠作用，经酸化后可制得目标化合物 2,4-D。

2,4-D 丁酯的工艺路线：可采用先氯化后缩合法，具体合成工艺路线见图 10-8。

10.2.3　2 甲 4 氯

10.2.3.1　2 甲 4 氯的产业概况

2-甲-4-氯苯氧乙酸（简称 2 甲 4 氯，缩写为 MCPA）是 1945 年由 Imperial Chemical Industrirs 开发并推广的。MCPA 为激素型内吸性苯氧羧酸类除草剂，易被植物的根部和叶面吸收和传导，对植物有较强的生理活性。在低浓度时，对作物有生长刺激作用，可防止落花、落果、形成无籽果实，促进果实成熟及插枝生根等；高浓度时对双子叶植物有抑制生长作用，易使植物产生畸形，直至死亡。

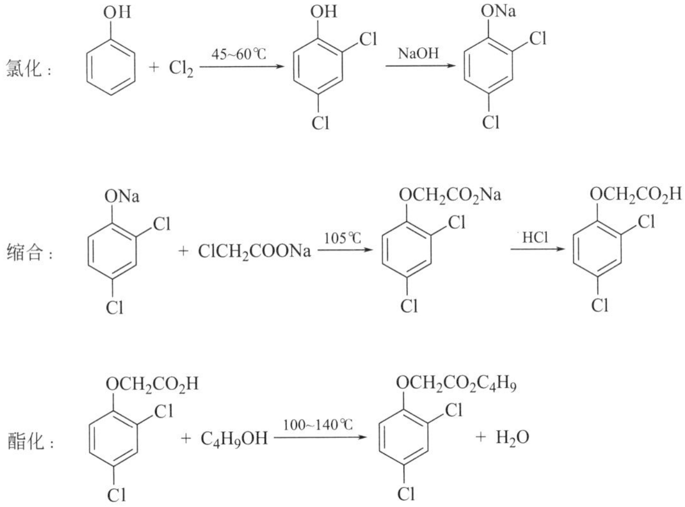

氯化：OH + Cl_2 $\xrightarrow{45\sim60℃}$ OH, Cl, Cl $\xrightarrow{NaOH}$ ONa, Cl, Cl

缩合：ONa, Cl, Cl + $ClCH_2COONa$ $\xrightarrow{105℃}$ OCH_2CO_2Na, Cl, Cl $\xrightarrow{HCl}$ OCH_2CO_2H, Cl, Cl

酯化：OCH_2CO_2H, Cl, Cl + C_4H_9OH $\xrightarrow{100\sim140℃}$ $OCH_2CO_2C_4H_9$, Cl, Cl + H_2O

图 10-8　先氯化后缩合法合成 2,4-D 丁酯

多年来，2 甲 4 氯被广泛用于小麦田、玉米田、水稻田、城市草坪、麻类作物防除一年生或多年生阔叶杂草和部分莎草；与草甘膦混用防除抗性杂草，加快杀草速度作用明显；也有资料介绍，其作为水稻脱根剂使用，能提高拔秧功效。用于土壤处理，对一年生禾草及种子繁殖的多年生杂草幼芽也有一定防效。2 甲 4 氯因成本低、速度快、无残留、对后茬作物安全等优势，被广泛使用，我国获得登记的此类品种主要有：2 甲 4 氯二甲铵盐、2 甲 4 氯异辛酯、2 甲 4 氯钠、2 甲 4 氯硫代乙酯、2 甲 4 氯乙硫酯、2 甲 4 氯异丙铵盐、2 甲 4 氯丁酸乙酯。市场常见品种多以单剂和混剂形式出现，其中 2 甲 4 氯钠单剂以 56％可溶粉剂和 13％水剂居多，也有众多与草甘膦、灭草松、唑草酮、异丙隆、氯氟吡氧乙酸、敌草隆、莠灭净、苄嘧磺隆、苯磺隆、溴苯腈、绿麦隆、莠去津复配的混剂品种，开发的剂型涉及了可湿性粉剂、水剂、乳油、干悬浮剂、可溶液剂五类。

2 甲 4 氯属苯氧羧酸类选择性除草剂，具有较强的内吸传导性，主要用于苗后茎叶处理，药剂穿过角质层和细胞质膜，最后传导到各部分，在不同部位对核酸和蛋白质合成产生不同影响，在植物顶端抑制核酸代谢和蛋白质的合成，使生长点停止生长，幼嫩叶片不能伸展，一直到光合作用不能正常进行；传导到植株下部的药剂，使植株茎部组织的核酸和蛋白质的合成增加，促进细胞异常分裂，使根尖膨大，丧失吸收养分的能力，造成茎秆扭曲、畸形，筛管堵塞，韧皮部被破坏，有机物运输受阻，从而破坏植物正常的生活能力，最终导致植物死亡。

到 2018 年 5 月为止，登记的 2 甲 4 氯产品共有 399 个（含过期有效产品），而尚未过期的产品数为 306 个，其中单制剂品种有 110 个。剂型分布：可溶粉剂 16.79％，可湿性粉剂 31.83％，水剂 27.57％，原药 8.52％。从登记的数量上来看，2001 年以来，每年均有 2 甲 4 氯相关产品获得登记，2008 年前登记数量较少，2008 年和 2009 年登记数量陡增，2010 年和 2011 年又有所下降，随后几年呈上升趋势。其登记情况变化趋势如图 10-9 所示。

10.2.3.2　2 甲 4 氯的工艺概况

通常采用先缩合后氯化的工艺路线[5,6]，具体合成工艺路线见图 10-10。

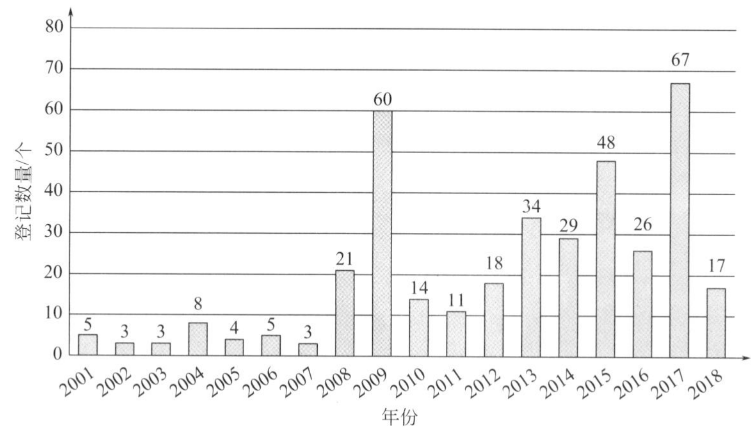

图 10-9　2001 年以来 2 甲 4 氯登记数量变化趋势

图 10-10　2 甲 4 氯的合成工艺路线

此方法以邻甲酚钠为起始原料；需先用氢氧化钠处理，使氯乙酸转化为钠盐。在此先缩合后氯化的工艺路线中，氯乙酸钠与邻甲酚钠发生缩合反应，在 100℃缩合生成中间体邻甲基苯氧乙酸钠，后经盐酸酸化，生成邻甲基苯氧乙酸，然后再氯化即可得到目标化合物 2-甲-4-氯苯氧乙酸（2 甲 4 氯）。

10.2.4　4-氯苯氧乙酸

4-氯苯氧乙酸是由道化学公司开发的产品，可作为除草剂，它也是一种较为广谱的植物生长调节剂。其主要作为植物生长激素，用于调节植物生长，如用于促进坐果、形成无籽果实；也可用作医药的中间体。

4-氯苯氧乙酸的工艺路线：以苯酚和氯乙酸为起始原料，通常先以苯酚与氯乙酸发生缩合反应生成中间体苯氧乙酸，然后经氯化得到目标化合物 4-氯苯氧乙酸。具体合成工艺路线见图 10-11。

图 10-11　4-氯苯氧乙酸的合成工艺路线

10.3 磺酰脲类除草剂

10.3.1 磺酰脲类除草剂发展概述

10.3.1.1 磺酰脲类除草剂简介

磺酰脲类超高效除草剂的发现是农药化学发展史上的一个重要里程碑。在 1978 年，美国杜邦公司研制了首个磺酰脲类除草剂氯磺隆，在 1982 年成功实现商业化。

氯磺隆的发现带来了除草剂品种发展的重大突破。磺酰脲化合物以每公顷用量为克计的高活性突破了传统除草剂的用量水平，使除草剂的应用进入了前所未有的超高效时代。磺酰脲类除草剂是专一的乙酰乳酸合成酶抑制剂，由于动物体内不存在乙酰乳酸合成酶，因此它是一类对人畜毒性较低的除草剂。该类除草剂显示了许多传统除草剂无法比拟的优点。因此，磺酰脲除草剂的问世，标志着除草剂进入了高超效时代，开辟了世界农药研究和应用的新领域。由于磺酰脲类除草剂具有活性高、用量极低、杀草谱广、选择性强、对哺乳动物毒性极低、在环境中易降解等显著优点，使其在全球范围得到广泛的应用。

自美国杜邦公司成功开发超高效除草剂氯磺隆之后，以磺酰脲为先导骨架来设计开发新型超高效除草剂也迅速成为除草剂创制人员关注的热点。在全球范围内多个国外的大公司和许多研究机构开展了磺酰脲超高效除草剂的研发。高活性磺酰脲类除草剂新品种不断问世，磺酰脲类除草剂得到迅速发展，目前至少有三十余个磺酰脲类化合物已成功开发为商业化除草剂产品[7,8]，在全球农药市场成为一类举足轻重的除草剂，在世界农药市场占有举足轻重的地位。

近几年，我国也自主创制开发了数个新型的磺酰脲类除草剂，例如：南开大学李正名院士通过对 800 个新型单取代磺酰脲类化合物的筛选，创制了两个新型的磺酰脲除草剂，单嘧磺隆（monosulfuron，MSU）和单嘧磺酯（monosulfuron-ester，MSE）；湖南化工研究院创制了甲硫嘧磺隆。三十多年来，磺酰脲类除草剂在全球范围内得到了很大的发展，已成为一大类重要的超高效除草剂[9]。

我国目前广泛使用的磺酰脲类除草剂主要有苄嘧磺隆、胺苯磺隆、氯磺隆、吡嘧磺隆、甲磺隆、苯磺隆、醚磺隆、氯嘧磺隆等。

10.3.1.2 磺酰脲类除草剂的作用机制及生物活性

磺酰脲类除草剂是乙酰乳酸合成酶（ALS）抑制剂中的一种。这类除草剂具有超高效、广谱、高选择性、低毒等优良特性。磺酰脲类除草剂在农药发展史上具有重要的里程碑意义，它标志着除草剂进入了超高效时代。随着科学技术和研究方法的不断进步，对磺酰脲作用机理的研究不断深入，取得了较好的研究成果，人们不断提出 ALS 与除草剂作用的多种假设模型，并且在分子水平的研究上取得了很大进展。

磺酰脲类除草剂是一类很有效的植物细胞分裂抑制剂，是专一的乙酰乳酸合成酶抑制剂，通过抑制植物体内乙酰乳酸合成酶的活性，阻止支链氨基酸如缬氨酸、亮氨酸与异亮氨酸合成，进而阻止细胞分裂，使敏感植物停止生长。

乙酰乳酸合成酶是支链氨基酸缬氨酸（valine）、亮氨酸（leucine）和异亮氨酸（isoleucine）生物合成途径中的第一个关键酶，它通常由催化亚基和调节亚基组成，主要催化两个平行反应：一个是两分子的丙酮酸缩合形成乙酰乳酸；另一个是丙酮酸与 2-丁酮酸缩合形成 2-乙酰基-2-羟基丁酸。进而通过一系列生物化学变化合成支链氨基酸缬氨酸、亮氨酸和异亮氨酸。这些氨基酸又会对 ALS 起反作用，抑制其催化活性，从而调控支链氨基酸的生物合成。La Rossa 的研究指出，磺酰脲类除草剂可以被植物的根部吸收，向上传导至茎叶部分，抑制细胞中 ALS 的催化活性，使丙酮酸脱羧和支链氨基酸的合成受阻，进而影响蛋白质的合成，并最终导致植物停止生长，甚至死亡。由此 ALS 作为磺酰脲类除草剂的靶标酶得到确认[10]。磺酰脲类除草剂正是通过抑制植物 ALS 的活性而使上述支链氨基酸的生物合成受阻，从而导致植物受害死亡的。

由于 ALS 只存在于植物和微生物体内，在动物体内不存在，因此以 ALS 为靶标的磺酰脲类除草剂具有极低的动物毒性，ALS 是理想的除草剂靶标酶。

ALS 属于硫胺二磷酸（thiamin diphosphate，ThDP）依赖酶，ThDP 正是催化亚基中的三个辅因子之一，ALS 的催化作用必须在 ThDP 参与下，并由其他物质［如黄素腺嘌呤二核苷（flavinadenine dinucleotide，FAD）、Mg^{2+}、K^{+} 等］协同才能实现。Umbarger 等[11]认为在生物体内 ALS 的催化作用是通过与 ThDP 形成可逆的络合物来实现的，具体过程如图 10-12 所示。首先，丙酮酸脱羧产物作用于同 ALS 络合的 ThDP 噻唑环的 2-位，生

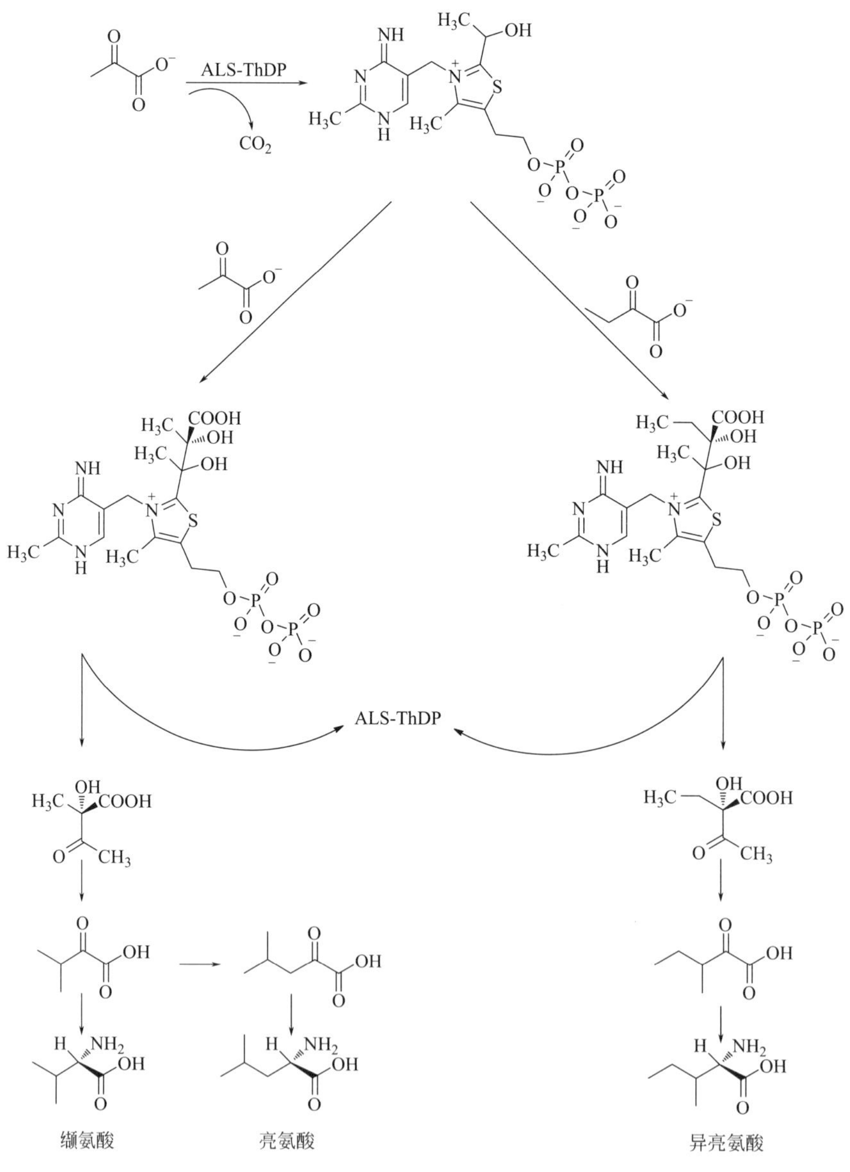

图 10-12　ALS 的催化作用机制

成 α-羟基乙基的 ThDP，然后再与丙酮酸或 2-丁酮酸作用，并进一步从 ThDP 的噻唑环脱除得到乙酰乳酸或乙酰羟基丁酸，最终生成相应的支链氨基酸。

在最初没有得到 ALS 的晶体而不能了解其绝对构型的情况下，人们通过理论计算和对构效关系（SAR）的研究等建立起了一些假设的作用模型，希望能够解释此类除草剂的作用机理。Schloss[12]鉴别出 ALS 实际上有三种同工酶，即 ALSⅠ、ALSⅡ、ALSⅢ，三者对除草剂的敏感性有所不同，其中 ALSⅡ最敏感。Schloss 认为，磺酰脲分子作用在 ALS 的活性点 ThDP 上，ThDP 与磺酰脲嘧磺隆结构相似［均含有取代嘧啶基；在与嘧啶环相连的第二个键都存在一个三角形中心（磺酰脲为脲桥羰基、ThDP 为噻唑环上的氮）；第三个键位置都存在一个负电中心］，使嘧磺隆可以与 ThDP 结合，导致 ThDP 不能与 ALS 正常结合，从而抑制了酶的催化活性。嘧磺隆与 ThDP 的结构式如图 10-13 所示。

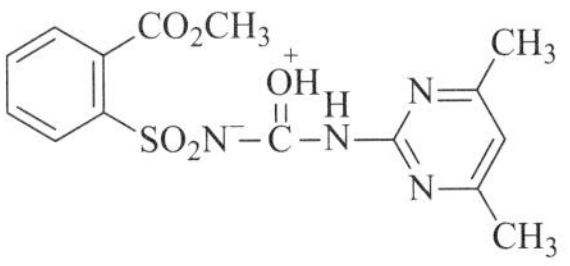

嘧磺隆 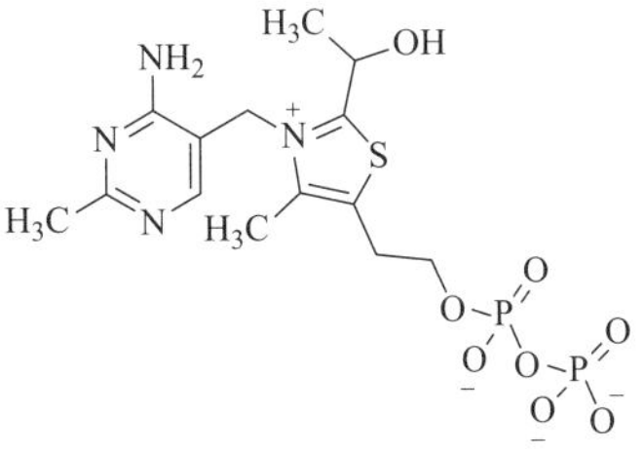　　ThDP

图 10-13　嘧磺隆及 ThDP 的结构式

10.3.2　酰嘧磺隆

10.3.2.1　酰嘧磺隆的产业概况

酰嘧磺隆（amidosulfuron）主要用于小麦、玉米田防除阔叶杂草，如播娘蒿、荠菜、独行菜、藜、猪殃殃、酸模叶蓼、萹蓄、田旋花、苣荬菜。对禾本科杂草无效。小麦 2 叶至孕穗期均可用药，以小麦冬前至春季分蘖期施用为最佳。杂草通过茎叶吸收，细胞有丝分裂受抑制，杂草叶片吸收该药剂后即停止生长，叶片褪绿，而后枯死。该药在土壤中的残效期短，一般不影响下茬作物生长。使用剂量为 10～35g(a. i.)/hm^2。在推荐剂量下对当茬麦类和下茬玉米较安全。杂草叶龄较大或天气干旱又无水浇条件时适当增加用药量。

当前，生产酰嘧磺隆的厂家不多，仅江苏瑞邦农药厂有限公司和拜耳股份公司有该产品的生产资格，其登记原药的含量为 97%，登记情况如表 10-2 所示。

表 10-2　我国现阶段酰嘧磺隆的登记情况

登记证号	登记名称	剂型	总含量	有效期至	生产企业
PD20152064	酰嘧磺隆	水分散粒剂	50%	2020-9-7	江苏瑞邦农药厂有限公司
PD20060044	酰嘧・甲碘隆	水分散粒剂	6.25%	2021-2-7	拜耳股份公司
PD20060042	酰嘧磺隆	原药	97%	2021-2-7	拜耳股份公司
PD20121891	酰嘧磺隆	原药	97%	2022-12-7	江苏瑞邦农药厂有限公司

10.3.2.2　酰嘧磺隆的工艺概况

以异氰酸酯磺酰氯、二甲氧基嘧啶胺为原料，通过磺酰化即可合成酰嘧磺隆[13]。具体反应过程见图 10-14。

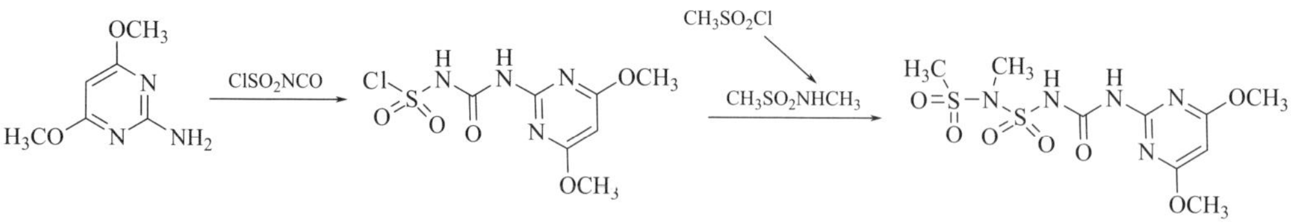

图 10-14 酰嘧磺隆的合成工艺路线

10.3.3 甲酰氨基嘧磺隆

10.3.3.1 甲酰氨基嘧磺隆的产业概况

甲酰氨基嘧磺隆（foramsulfuron）广泛应用于谷类作物如夏玉米、春玉米等，对许多一年生或多年生禾本科杂草和阔叶杂草均有优异的除草活性。使用方法为苗后茎叶处理，对刚出苗至 7～10 叶期杂草均有效，最佳施药期为杂草刚出苗至 4～6 叶期。

10.3.3.2 甲酰氨基嘧磺隆的工艺概况

（1）甲酰氨基嘧磺隆的工艺路线　可由 *N*,*N*-二甲基-2-氨基磺酰基-4-甲酰氨基苯甲酰胺与取代嘧啶通过缩合反应制得甲酰氨基嘧磺隆。具体反应见图 10-15。

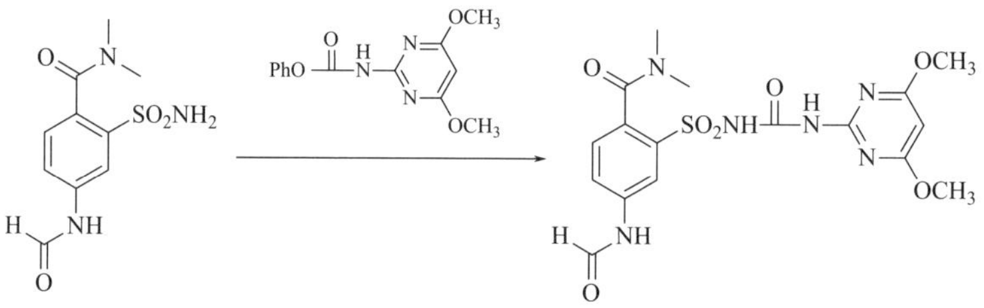

图 10-15 甲酰氨基嘧磺隆的合成工艺路线

（2）中间体的工艺路线　用以合成甲酰氨基嘧磺隆的中间体 *N*,*N*-二甲基-2-氨基磺酰基-4-甲酰氨基苯甲酰胺可分别以 2-氨基-4-硝基苯甲酸、对硝基甲苯或对硝基甲苯邻磺酸为原料合成，其工艺路线概述如下：

① 以 2-氨基-4-硝基苯甲酸为原料，可经酯化、磺酰氯化（酯化产物先与亚硝酸钠反应，后再与二氧化硫、CuCl 作用）、磺酰氨化（与叔丁基胺反应）、胺解等步骤，得到 2-(*N*-叔丁基磺酰基)-*N*,*N*-二甲基-4-硝基苯甲酰胺后，再将硝基还原为氨基，随后与醋酸酐反应，最后在三氟甲烷磺酸钪的作用下，生成 *N*,*N*-二甲基-2-氨基磺酰基-4-甲酰氨基苯甲酰胺。具体反应过程见图 10-16[14]。

② 以对硝基甲苯为原料，经多步反应合成 *N*,*N*-二甲基-2-氨基磺酰基-4-甲酰氨基苯甲酰胺。具体反应过程见图 10-17[15]。

③ 以对硝基甲苯邻磺酸为原料，可经 8 步反应合成 *N*,*N*-二甲基-2-氨基磺酰基-4-甲酰氨基苯甲酰胺。具体反应过程见图 10-18[16,17]。

④ 同样以对硝基甲苯邻磺酸为起始原料，经过下列 7 步反应也可制备 *N*,*N*-二甲基-2-氨基磺酰基-4-甲酰氨基苯甲酰胺[18]。具体反应过程见图 10-19。

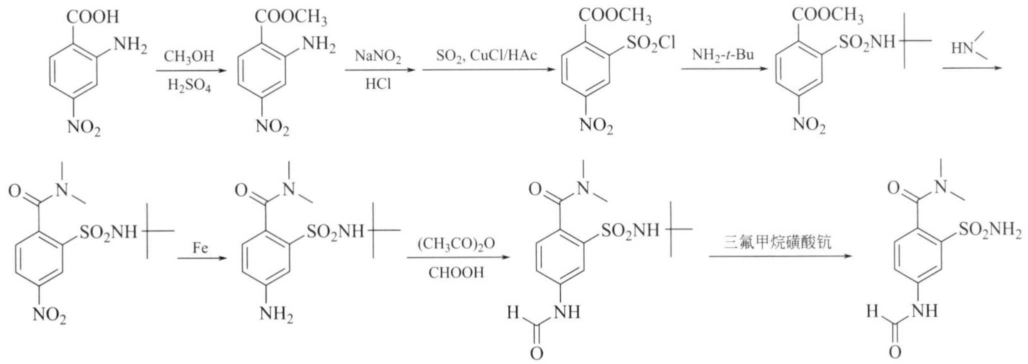

图 10-16　以 2-氨基-4-硝基苯甲酸为原料合成 N,N-二甲基-2-氨基磺酰基-4-甲酰氨基苯甲酰胺

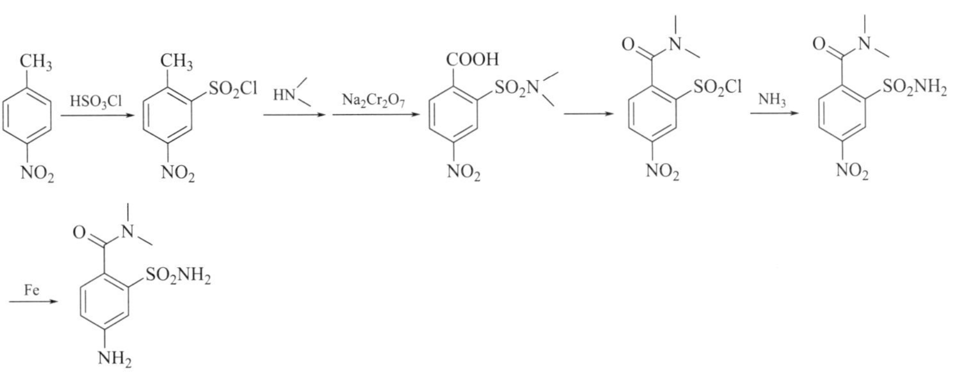

图 10-17　以对硝基甲苯为原料制备 N,N-二甲基-2-氨基磺酰基-4-甲酰氨基苯甲酰胺

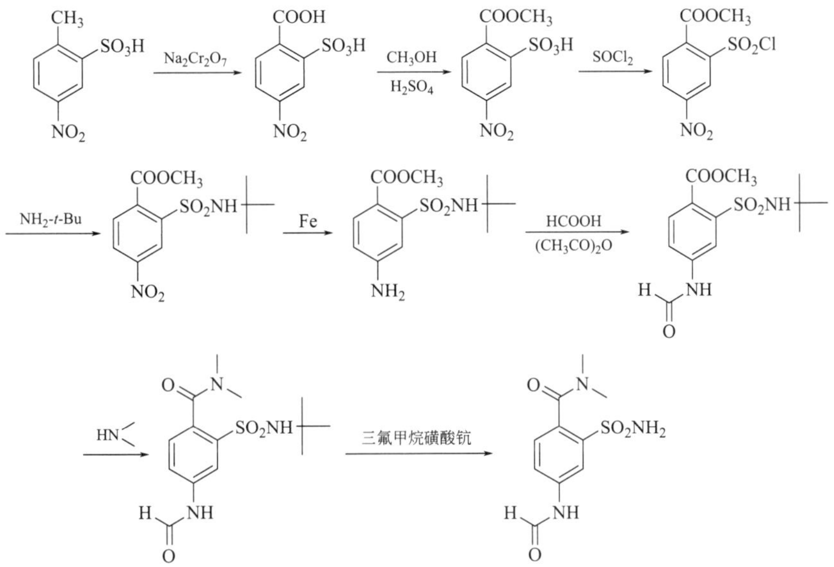

图 10-18　以对硝基甲苯邻磺酸为原料合成 N,N-二甲基-2-氨基磺酰基-4-甲酰氨基苯甲酰胺（8 步反应）

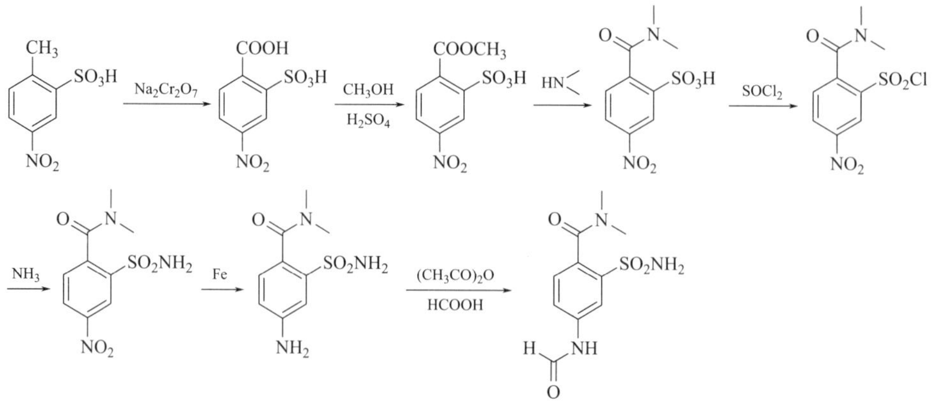

图 10-19　以对硝基甲苯邻磺酸为原料合成 N,N-二甲基-2-氨基磺酰基-4-甲酰氨基苯甲酰胺（7 步反应）

在以上合成 *N*,*N*-二甲基-2-氨基磺酰基-4-甲酰氨基苯甲酰胺的 4 种方法中，最有产业化前景的工艺为方法 4，该方法合成步骤少且每步的产率高，后处理简单，反应时间短，原料易得。

10.3.4　氟嘧磺隆

10.3.4.1　氟嘧磺隆的产业概况

氟嘧磺隆（primisulfuron）为瑞士汽巴-嘉基公司于 20 世纪 80 年代初期开发的玉米田选择性芽后除草剂，能有效地防除禾本科杂草和阔叶杂草。推荐使用剂量 10～20g(a. i.)/hm^2，玉米对氟嘧磺隆具有很好的抗性，超过上述正常剂量，仍有很好的抗性。

选择性输导型除草剂，主要通过杂草的根、茎、叶吸收，并在体内传导。通过抑制基本氨基酸缬氨酸和异亮氨酸的生物合成，阻止细胞分裂和植物生长，使得幼芽和根停止生长，进而使整株死亡。该药剂药效发挥比较缓慢，杂草受药随即停止生长，但 10～20d 后才会干枯死亡。主要用于玉米地防除一年生或多年生禾本科及阔叶杂草，如稗草、狗尾草、碎米莎草、水蜈蚣、香附子、绿苋、早熟禾、荠菜、繁缕等。对哺乳动物眼睛有轻微刺激，对皮肤无刺激；对鱼类中毒，对蜜蜂无毒。

10.3.4.2　氟嘧磺隆的工艺概况

可以通过先合成芳磺酰基异氰酸酯，然后再与杂环胺化合物进行酰胺化反应来合成氟嘧磺隆。如 4,6-双(二氟甲氧基)-2-氨基嘧啶与 2-甲氧基羰基苯磺酰基异氰酸酯进行酰胺化反应来合成氟嘧磺隆，具体反应过程见图 10-20。

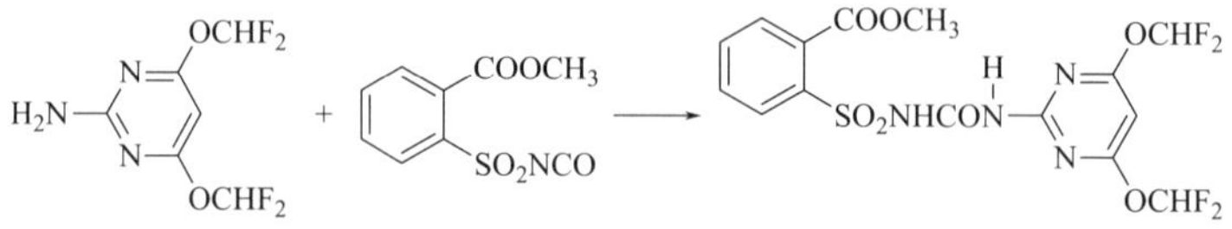

图 10-20　氟嘧磺隆的合成工艺路线

4,6-双(二氟甲氧基)-2-氨基嘧啶为合成氟嘧磺隆的重要中间体。根据起始原料的不同，合成 4,6-双(二氟甲氧基)-2-氨基嘧啶的工艺路线可分为胍法和硫脲法。胍法[19]是以硝酸胍或盐酸胍、丙二酸二乙酯为起始原料，经关环、卤代烷基化两步反应可制得 4,6-双(二氟甲氧基)-2-氨基嘧啶。具体反应过程见图 10-21。

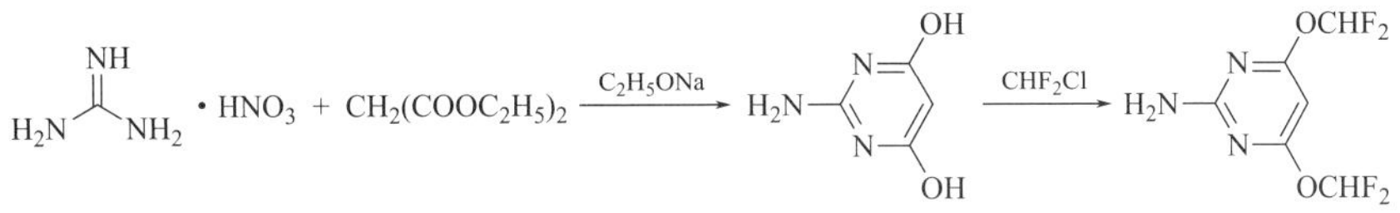

图 10-21　胍法制备中间体 4,6-双(二氟甲氧基)-2-氨基嘧啶

硫脲法以硫脲和丙二酸二乙酯为起始原料经 5 步反应制得 4,6-双(二氟甲氧基)-2-氨基嘧啶。具体反应过程见图 10-22。

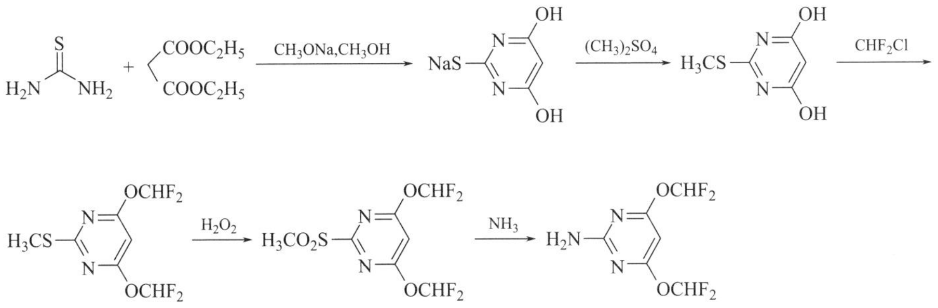

图 10-22　硫脲法制备中间体 4,6-双(二氟甲氧基)-2-氨基嘧啶

在 4,6-双(二氟甲氧基)-2-氨基嘧啶的制备方法中，胍法反应步骤虽少，但原料胍类价格较高，特别是双二氟甲氧基化的关键步骤产率极低，据报道产率不足 10%[20]，且需经过多次补料重复反应，工艺繁杂，不利于工业生产。硫脲法反应步骤虽较多，需经过甲基化、双二氟甲氧基化、氧化和氨解等步骤，各种试剂和辅助原料耗用较多，但各种原料价格低廉，且甲基化、氧化和氨解等步骤工艺简单，条件温和，产率均高达 90%以上，关键步骤双二氟甲氧基化的产率较胍法高，据报道产率为 24.8%[21]。

也可以 2-氨基-4,6-二羟基嘧啶为原料[22]，与氟化试剂反应制备 4,6-双(二氟甲氧基)-2-氨基嘧啶。具体反应见图 10-23。

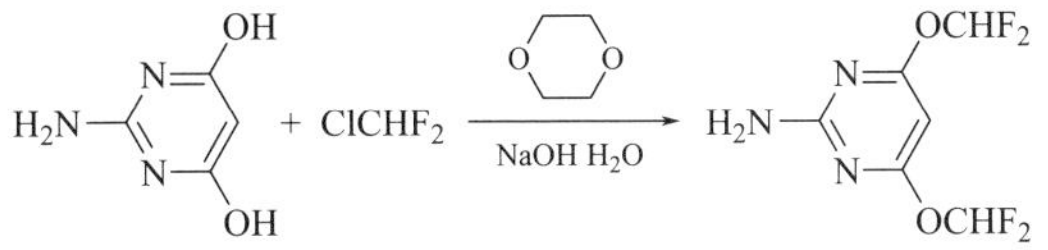

图 10-23　以 2-氨基-4,6-二羟基嘧啶为原料制备中间体 4,6-双(二氟甲氧基)-2-氨基嘧啶

此外，也可采用氟砜基二氟乙酰类化合物（如氟砜基二氟乙酸甲酯和氟砜基二氟乙酸）作为氟化试剂与 2-氨基-4,6-二羟基嘧啶反应来制备中间体 4,6-双(二氟甲氧基)-2-氨基嘧啶。此方法采用的氟砜基二氟乙酰类化合物取代氟利昂作氟化试剂，对大气臭氧层无破坏，保护了环境，同时产率也有提高，但原料价格昂贵，反应条件苛刻。

2-甲氧基羰基苯磺酰基异氰酸酯为合成氟嘧磺隆的另一重要中间体。在 2-甲氧基羰基苯磺酰基异氰酸酯的制备方法中，以邻氯苯甲酸为起始原料通过五步反应合成 2-甲酸甲酯苯磺酰氯，然后再与氰酸钠反应可制得中间体2-甲氧基羰基苯磺酰基异氰酸酯。具体反应过程见图10-24。

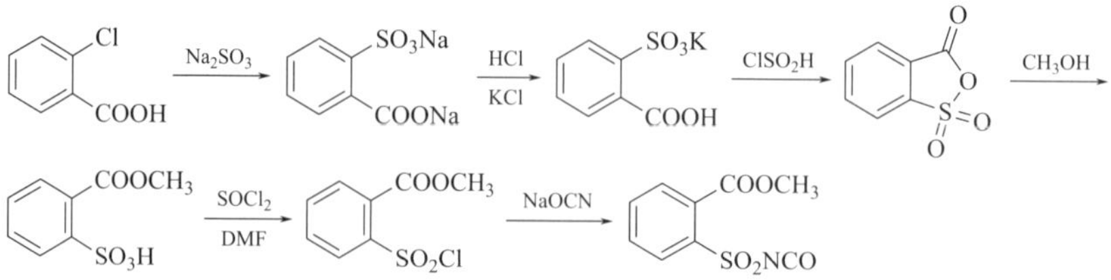

图 10-24　中间体 2-甲氧基羰基苯磺酰基异氰酸酯的制备

10.3.5　啶嘧磺隆

10.3.5.1　啶嘧磺隆的产业概况

啶嘧磺隆（flazasulfuron）为日本石原产业株式会社开发的磺酰脲类除草剂，采用茎叶处理和土壤处理对禾本科杂草、阔叶杂草及莎草均有很好的防除效果。主要用作暖季草坪、柑橘、橄榄、葡萄和甘蔗的选择性除草剂，有时也用于铁路和其他非耕地上除草。但不能用于高羊茅等冷季型草坪，因冷季型草坪对啶嘧磺隆均很敏感。

到2018年5月为止，登记的啶嘧磺隆产品仅18个（含过期有效产品），登记较为分散，尚未过期的产品数为13个，剂型主要为水分散粒剂，各年登记情况如图10-25所示。

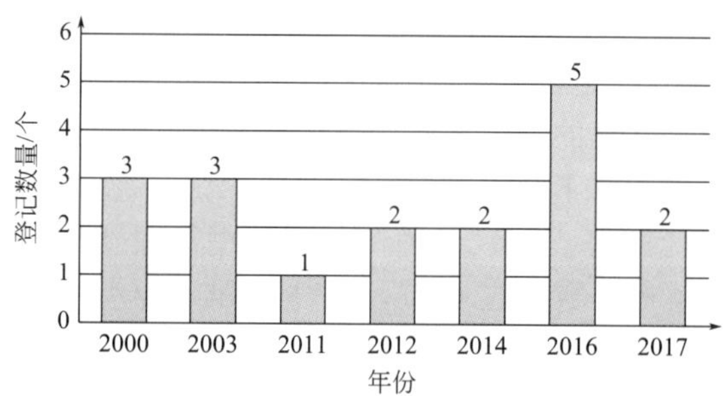

图 10-25　2000 年以来啶嘧磺隆登记数量变化趋势

啶嘧磺隆是内吸性传导型除草剂，可为杂草茎叶和根部吸收，随后在植物体内传导，通过抑制植物体内侧链氨基酸的生物合成，而造成敏感植物生长停滞、茎叶褪绿、逐渐枯死，一般情况下4～5天内新生叶片褪绿，然后扩展到整个植株，20～30天杂草彻底死亡。啶嘧磺隆可用于防除暖季型草坪（仅限于狗牙根类、结缕草类草坪）中的阔叶草、莎草和禾本科杂草，推荐用量为12～16g/亩，防除禾本科杂草用推荐量的高量，如果单除阔叶杂草，用量可降至6～8g/亩。啶嘧磺隆可在大批杂草种子萌发、土壤湿润时对细土均匀撒施进行土壤封闭，也可以在杂草3～4叶期、株高小于10cm时对水45kg/亩（工农-16型喷雾器2喷壶）进行茎叶喷雾。啶嘧磺隆对香附子具特效，药后5～7d香附子的地下球茎变褐，10～15d枯死，不能再生，克服了其他除草剂防除香附子需连续施用2次的缺点。

10.3.5.2　啶嘧磺隆的工艺概况

可采用氨基甲酸酯法来制备啶嘧磺隆[23]，即先制备芳磺酰氨基甲酸酯，然后再与杂环胺进行酰胺化反应。例如，可由图10-26所示的反应来制备啶嘧磺隆。

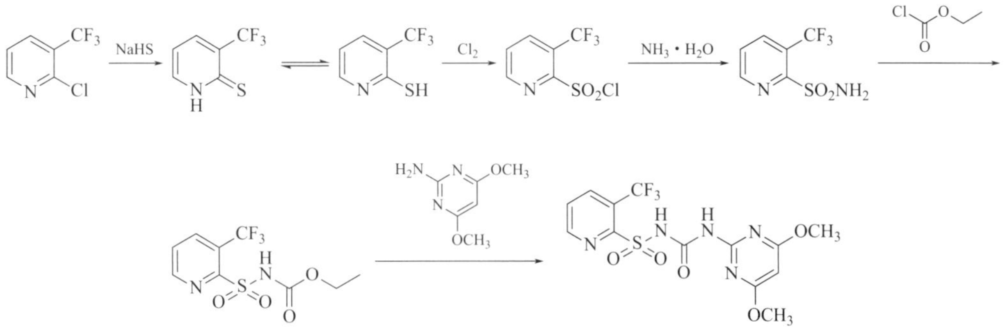

图 10-26　啶嘧磺隆的合成工艺路线

在此方法中，先以 2-氯-3-三氟甲基吡啶与硫氢化钠为起始原料进行反应生成硫化物，其生成物用氯气进行氧氯化反应转变成 3-三氟甲基吡啶-2-磺酰氯，其接着与氨反应，便可生成 3-三氟甲基吡啶-2-磺酰胺。3-三氟甲基吡啶-2-磺酰胺再与氯甲酸酯（乙酯或苯酯）反应生成 3-三氟甲基吡啶-2-磺酰氨基甲酸酯。由于氯甲酸酯分子中羰基碳原子上仍连有 1 个吸电子且空间体积很小的氯原子，它仍具有酰氯的化学特性。因此，氯甲酸酯的反应活性较高，在缚酸剂的作用下，反应一般在室温下便可进行。最后 3-三氟甲基吡啶-2-磺酰氨基甲酸酯进一步与 4,6-二甲氧基嘧啶胺进行酰胺化反应，便可制得啶嘧磺隆。

氯甲酸酯为氨基甲酸酯法的关键中间体。氯甲酸酯的主要工艺路线为光气酯化法，即光气与相应的脂肪醇或芳基醇进行酯化反应生成相应的氯甲酸酯。如果选择固体光气代替光气，在温和的条件下，便可和苯甲醇反应制备氯甲酸苄酯。

10.3.6　烟嘧磺隆

10.3.6.1　烟嘧磺隆的产业概况

烟嘧磺隆（nicosulfuron）是由日本石原产业株式会社开发的磺酰脲类除草剂，为植物体内乙酰乳酸合成酶抑制剂。用于玉米田苗后施用。不同玉米品种对烟嘧磺隆的敏感性有差异，其安全性顺序为马齿型＞硬质玉米。甜玉米及爆裂玉米对该药剂敏感；一般玉米 2 叶期前及 10 叶期以后，对该药敏感，安全性差。

烟嘧磺隆可被植物的茎叶和根部吸收并迅速传导，一般在施药后 3～4d 可看到杂草受害症状。杂草受害症状为心叶变黄、失绿、白化，然后其他叶由上到下依次变黄。一年生杂草 1～3 周死亡，6 叶以下多年生阔叶杂草受抑制，停止生长，失去同玉米竞争的能力。高剂量也可使多年生杂草死亡。

到 2018 年 5 月为止，登记的烟嘧磺隆产品共有 689 个（含过期有效产品）。而尚未过期的产品数为 625 个，其中单制剂品种有 288 个。登记的剂型 77%以上为可分散油悬浮剂。从登记的数量上来看，2007 年仅有 1 项登记，2008 年增至 17 个，2009 年增至 153 个，2010 年下降至 31 个，此后每年均有登记。其登记情况变化趋势如图 10-27 所示。

如图 10-28 所示，烟嘧磺隆产能主要集中在华东地区，山东、江苏、安徽等地企业占比较多。从产能分布来看，山东地区与江苏地区产能较多，分别能够占到总产能的 36%左右，而安徽地区产能能够占到 20%上下。但是近期由于国家大气污染治理以及工业园区改造等措施，部分生产企业开工受到限制。此外，由于上游二氯烟酸以及嘧啶胺供应受阻，导致市场货源供应偏紧，这对烟嘧磺隆价格上涨存在一定推动因素。

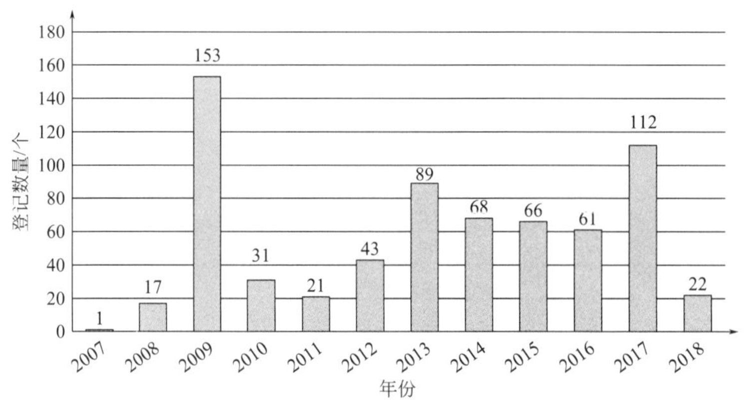

图 10-27　2007 年以来烟嘧磺隆登记数量变化趋势

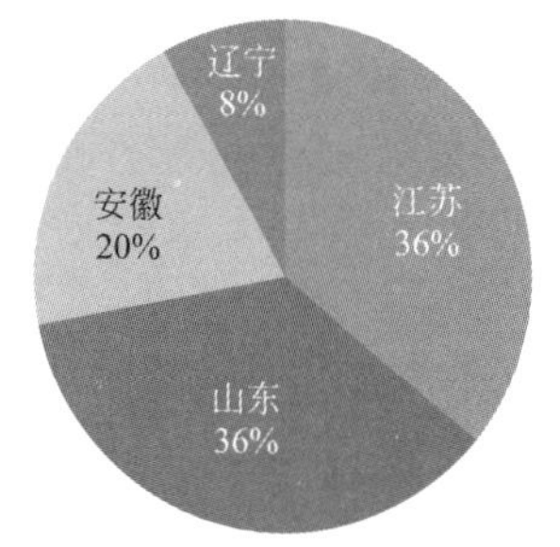

图 10-28　烟嘧磺隆产能分布情况

10.3.6.2　烟嘧磺隆的工艺概况

可采用多种方法制备烟嘧磺隆，以氨基甲酸酯法合成烟嘧磺隆的方法为例进行介绍。可先制备芳磺酰氨基甲酸酯，然后再与杂环胺进行酰胺化反应。由于起始原料的不同，用于制备烟嘧磺隆的氨基甲酸酯法具体可分为：吡啶磺酰胺法和 2-氨基-4,6-二甲氧基嘧啶法[24]。

（1）吡啶磺酰胺法　此法以吡啶磺酰胺与氯甲酸酯为起始原料，在碱性条件下反应生成吡啶磺酰氨基甲酸酯，再与 2-氨基-4,6-二甲氧基嘧啶进行酰胺化反应制得烟嘧磺隆。具体反应见图 10-29。

图 10-29　吡啶磺酰胺法合成烟嘧磺隆

（2）2-氨基-4,6-二甲氧基嘧啶法　此法以 2-氨基-4,6-二甲氧基嘧啶与氯甲酸酯为起始原料，在碱性条件下（如吡啶、氢化钠存在下），反应生成 4,6-二甲氧基嘧啶氨基甲酸酯。反应可在四氢呋喃中进行，反应温度在 25～65℃之间，反应时间 12～36h。然后，4,6-二甲氧基嘧啶氨基甲酸酯再与吡啶磺酰胺进行酰胺化反应制得烟嘧磺隆。具体反应见图 10-30。在适宜的溶剂中反应，反应温度在 20～100℃，反应时间在 0.1～24h 内，然后用酸液酸化制得烟嘧磺隆，收率 83.7%。

10.3.7　吡嘧磺隆

10.3.7.1　吡嘧磺隆的产业概况

吡嘧磺隆（pyrazosulfuron）于 1985 年由日本日产株式会社开发成功，在我国现已有批

图 10-30　2-氨基-4,6-二甲氧基嘧啶法合成烟嘧磺隆

量生产。吡嘧磺隆为超高效广谱、低毒水稻田用磺酰脲类除草剂，是侧链氨基酸合成抑制剂。吡嘧磺隆可被植物的根部吸收并迅速在植物体内传导，使杂草的根和芽停止生长发育，随后整株枯死。该除草剂用于移栽或直播水稻田，采用芽前或苗后处理能高效防除阔叶杂草和莎草，对水稻安全。可有效防除泽泻、异型莎草、水莎草、萤蔺、母草、鸭舌草、水芹、节节菜、瓜皮草、慈姑、眼子菜、青萍、紫萍、稗草等，其活性超过苄嘧磺隆。

到 2018 年 5 月，登记的吡嘧磺隆产品共有 281 个（含过期有效产品）。而尚未过期的产品数为 227 个，其中单制剂品种有 99 个。登记的剂型，70%以上为可湿性粉剂。从登记的数量上来看，2008 年以前登记数量较少，2008 年和 2009 年登记较多，分别为 28 个和 35 个，2010 年又降至 2 个，随后几年有所增加。其登记情况变化趋势如图 10-31 所示。

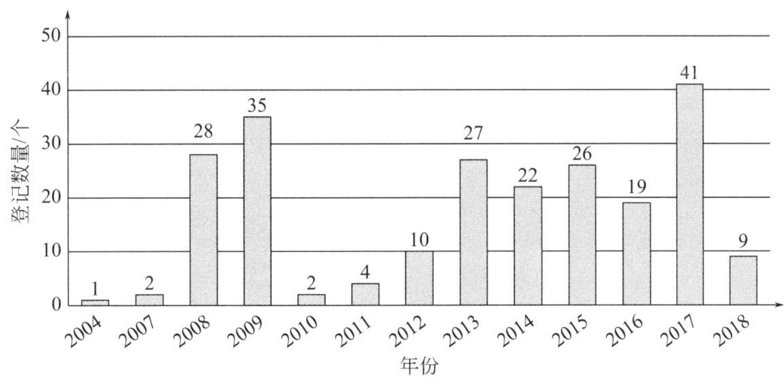

图 10-31　2004 年以来吡嘧磺隆登记数量变化趋势

10.3.7.2　吡嘧磺隆的工艺概况

吡嘧磺隆可通过异氰酸酯法合成[25]，具体反应过程见图 10-32。该工艺路线需先经过反应制得取代吡唑磺酰氯，再与氰酸钠反应可制得取代吡唑磺酰基异氰酸酯。然后进一步与 2-氨基-4,6-二甲氧基嘧啶进行酰胺化反应合成吡嘧磺隆。该法反应步骤较少，总收率较高，

图 10-32　吡嘧磺隆的合成工艺路线

取代吡唑磺酰氯的含量对最后一步反应有很大影响，如果使用高纯度的取代吡唑磺酰氯，反应收率会有很大的提高。

10.3.8 磺酰磺隆

10.3.8.1 磺酰磺隆的产业概况

磺酰磺隆（sulfosulfuron）是由日本武田制药公司研制，并与孟山都公司共同开发的磺酰脲类除草剂。主要用于小麦田苗后除草，用于防除一年生和多年生禾本科杂草和部分阔叶杂草，如燕麦、早熟木、蓼、风剪股颖等，对众所周知的难除杂草雀麦有很好的效果。

10.3.8.2 磺酰磺隆的工艺概况

磺酰磺隆可由中间体 2-乙硫基咪唑［1,2-*a*］吡啶-3-磺酰胺出发采用氨基甲酸酯法制备。具体反应过程见图 10-33。

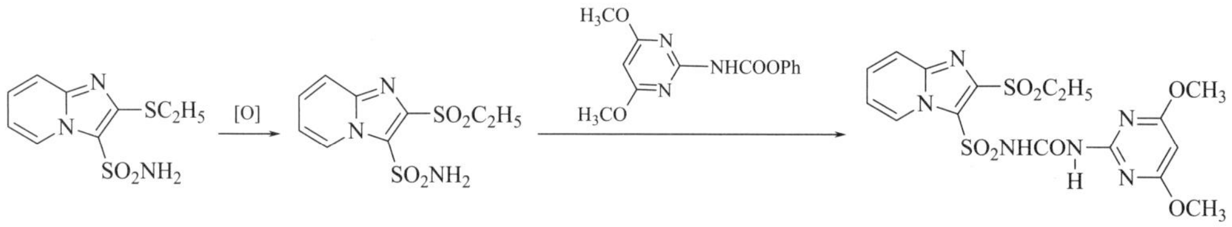

图 10-33 氨基甲酸酯法合成磺酰磺隆

据报道，该法可在 *N*,*N*-二甲基甲酰胺存在下，采用间氯过氧苯甲酸使中间体 2-乙硫基咪唑［1,2-*a*］吡啶-3-磺酰胺氧化得到 2-乙磺酰基咪唑［1,2-*a*］吡啶-3-磺酰胺。然后，该中间体与 4,6-二甲氧基嘧啶酰氨甲酸酯在乙腈中经 DBU［1,8-二氮杂环-(5,4,0) 十一烯-7］催化缩合，再经盐酸酸化制得磺酰磺隆。但在此合成工艺的两个步骤中分别使用了价格昂贵的间氯过氧苯甲酸和 DBU，且它们的消耗量大又不易回收，因此成本较高。据有关文献报道[26]，氧化和缩合步骤可进一步改进。在 2-乙硫基咪唑［1,2-*a*］吡啶-3-磺酰胺氧化为 2-乙磺酰基咪唑［1,2-*a*］吡啶-3-磺酰胺步骤中，可使用双氧水替代价格昂贵的间氯过氧苯甲酸为氧化剂。在 *N*-(4,6-二甲氧基嘧啶基-2-基）氨基甲酸苯酯转化为磺酰磺隆的缩合反应中，可使用无机碱及常见有机碱替代 DBU 催化。例如，乙酸作溶剂，采用双氧水的氧化反应可使收率达到 88%，与以往方法（收率 68.6%）相比该方法收率提高了近 20%，而且原料价格低，副产品为水，更清洁环保；在缩合步骤中使用氢氧化钾催化，也可使缩合反应收率达到 90.0%。

用于合成磺酰磺隆的中间体 2-乙硫基咪唑［1,2-*a*］吡啶-3-磺酰胺可由两种方法制备：方法 1，由 2-乙硫基咪唑［1,2-*a*］吡啶为起始原料制备；方法 2，由 2-氯咪唑［1,2-*a*］吡啶作为起始原料制备。

（1）方法 1　将 2-乙硫基咪唑［1,2-*a*］吡啶溶于二氯乙烷中，滴加氯磺酸使之磺化，再滴加三乙胺和三氯氧磷使磺化产物酰氯化生成磺酰氯，磺酰氯进一步与氨水反应得到中间体 2-乙硫基咪唑［1,2-*a*］吡啶-3-磺酰胺的白色固体［图 10-34（a）］。

（2）方法 2　将 2-氯咪唑［1,2-*a*］吡啶溶于二氯乙烷中，滴加氯磺酸使之磺化，再滴加三乙胺和三氯氧磷使磺化产物酰氯化生成磺酰氯，磺酰氯进一步与氨水反应得到 2-氯咪唑［1,2-*a*］吡啶-3-磺酰胺。随后 2-氯咪唑［1,2-*a*］吡啶-3-磺酰胺在 *N*,*N*-二甲基甲酰胺中与乙硫醇和氢化钠加热反应，冷却酸化后便可得到中间体 2-乙硫基咪唑［1,2-*a*］吡啶-3-磺酰胺［见图 10-34（b）］。

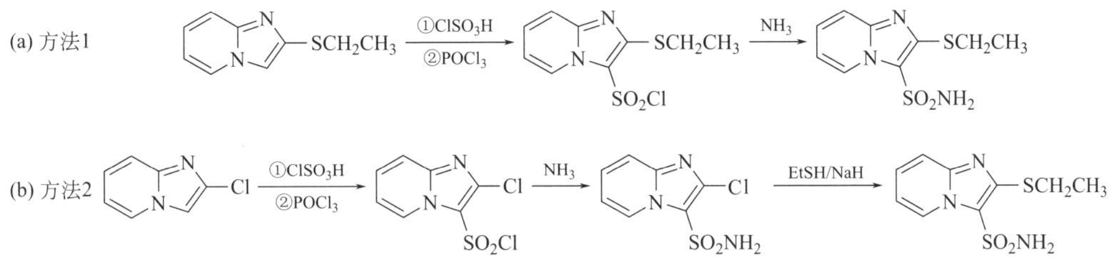

(a) 方法1

(b) 方法2

图 10-34 中间体 2-乙硫基咪唑［1,2-a］吡啶-3-磺酰胺的制备

在方法 1 中，起始原料 2-乙硫基咪唑［1,2-*a*］吡啶制备较难，而方法 2 的起始原料 2-氯咪唑［1,2-*a*］吡啶制备容易，而且由起始原料到中间体 2-氯咪唑［1,2-*a*］吡啶-3-磺酰胺的制备工艺也较成熟。比较而言，方法 2 更合理可行。

10.3.9 环丙嘧磺隆

环丙嘧磺隆（cyclosulfuron）由德国巴斯夫有限公司开发，为内吸性茎叶处理除草剂。主要用于水稻直播田及本田，还可用于小麦、大麦、草坪中。用于防除阔叶和莎草科杂草，如鸭舌草、雨久花、泽泻、狼把草、母草、瓜皮草、牛毛毡、矮慈姑、异型莎草等。

环丙嘧磺隆可由异氰酸酯法制备，采用先由杂环胺与异氰酸酯磺酰氯反应得到杂环氨基氯代磺酰基脲，后者再与芳胺反应制得目标化合物的工艺路线。例如，2-氨基-4,6-二甲氧基嘧啶可与异氰酸酯磺酰氯反应得到4,6-二甲氧基嘧啶氨基磺酰氯，再通过与邻环丙甲酰基苯胺反应制得环丙嘧磺隆。中间体邻环丙甲酰基苯胺可以以邻氨基苯甲酸为起始原料，经磺酰化、酰氯化，再与 γ-丁内酯缩合等多步反应制得[27]。具体反应过程见图 10-35。

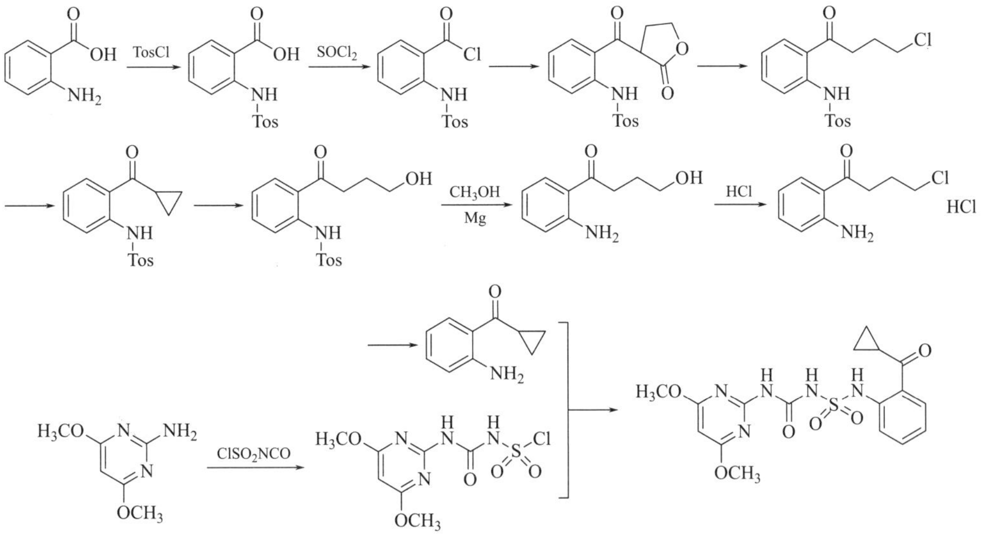

图 10-35 环丙嘧磺隆的合成工艺路线

10.3.10 乙氧磺隆

10.3.10.1 乙氧磺隆的产业概况

乙氧磺隆（ethoxysulfuron）为德国拜耳公司开发的磺酰脲类除草剂。可采用毒土或喷雾处理，通过杂草根和叶的吸收在植物体内传导，使杂草停止生长，而后枯死。主要用于防

除阔草杂叶、莎草科杂草及藻类，如鸭舌草、青苔、雨久花、水绵、飘拂草、牛毛毡、水莎草等。对小麦、水稻、甘蔗等安全，且对后茬作物无影响。用量因季节不同而不同，为10～120g(a.i.)/hm^2。在中国水稻田用量为0.45～2.1g(a.i.)/hm^2，南方稻田用量低，北方稻田用量高。防除多年生杂草和大龄杂草时应采用推荐上限用药量；碱性田中采用推荐的下限用药量。

到2018年5月为止，登记的尚未过期的乙氧磺隆产品数仅13个，剂型主要为水分散粒剂，登记情况如表10-3所示。

表10-3　我国现阶段乙氧磺隆的登记情况

登记证号	登记名称	剂型	总含量	生产企业
PD20150563	乙氧磺隆	原药	96%	山东潍坊润丰化工股份有限公司
PD20140590	乙氧磺隆	原药	95%	浙江泰达作物科技有限公司
PD20141485	乙氧磺隆	水分散粒剂	15%	浙江泰达作物科技有限公司
PD20150094	乙氧磺隆	水分散粒剂	15%	江苏瑞邦农药厂有限公司
PD20060010	乙氧磺隆	水分散粒剂	15%	拜耳股份公司
PD20060009	乙氧磺隆	原药	95%	拜耳股份公司
PD20160272	乙氧磺隆	原药	97%	江苏省农用激素工程技术研究中心有限公司
PD20160292	乙氧磺隆	原药	95%	江苏莱科化学有限公司
PD20160892	乙磺·苯噻酰	水分散粒剂	70%	浙江泰达作物科技有限公司
PD20170631	乙氧磺隆	水分散粒剂	15%	浙江天丰生物科学有限公司
PD20170934	乙氧磺隆	水分散粒剂	15%	海利尔药业集团股份有限公司
PD20130325	乙氧磺隆	原药	97%	江苏瑞邦农药厂有限公司
PD20131514	乙氧磺隆	水分散粒剂	15%	江苏江南农化有限公司

10.3.10.2　乙氧磺隆的工艺概况

乙氧磺隆可由异氰酸酯法合成。在此法中，氯磺酰基异氰酸酯与过量的邻羟基苯乙醚发生醚化反应，其醚化的磺酰基异氰酸酯再与二甲氧基嘧啶胺在甲苯中通过缩合反应合成乙氧磺隆。此外，氯磺酰基异氰酸酯也可先与二甲氧基嘧啶胺发生酰胺化反应生成磺酰脲，再与邻羟基苯乙醚发生醚化反应来制备乙氧磺隆[24]。两条路线的具体反应过程见图10-36。

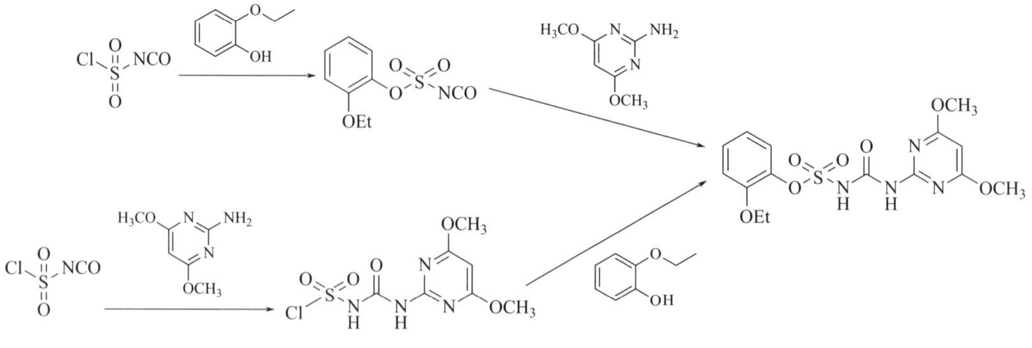

图10-36　乙氧磺隆的合成工艺路线

用于合成乙氧磺隆的原料氯磺酰基异氰酸酯可由三氧化硫与氯氰反应制备，也可由氯磺酰氯与氰酸钠反应制备。具体反应见图 10-37。

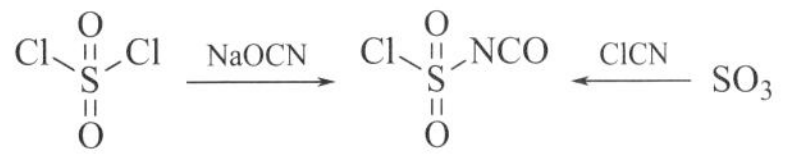

图 10-37 氯磺酰基异氰酸酯的制备

10.3.11 氟啶嘧磺隆单钠盐

氟啶嘧磺隆为美国杜邦公司开发的磺酰脲类除草剂，为具有广谱活性的苗后除草剂，对禾谷类作物安全，适宜作物为小麦、大麦等。对环境无不良影响。因其降解速度快，无论何时施用，对下茬作物都很安全。主要用于防除部分重要的禾本科杂草和大多数的阔叶杂草。使用剂量为 10g(a. i.)/hm^2 [亩用量为 0. 67g(a. i.)]。

氟啶嘧磺隆由氨基甲酸酯法合成，此法以 1,1,1-三氟-3-丁烯-2-酮和丙二酸甲酯单酰胺为起始原料，经合环、氯化、巯基化、氨化合成中间体磺酰胺，然后与二甲氧基嘧啶氨基甲酸苯酯反应合成氟啶嘧磺隆，最后在氢氧化钠的作用下形成氟啶嘧磺隆单钠盐[28]。具体反应见图 10-38。

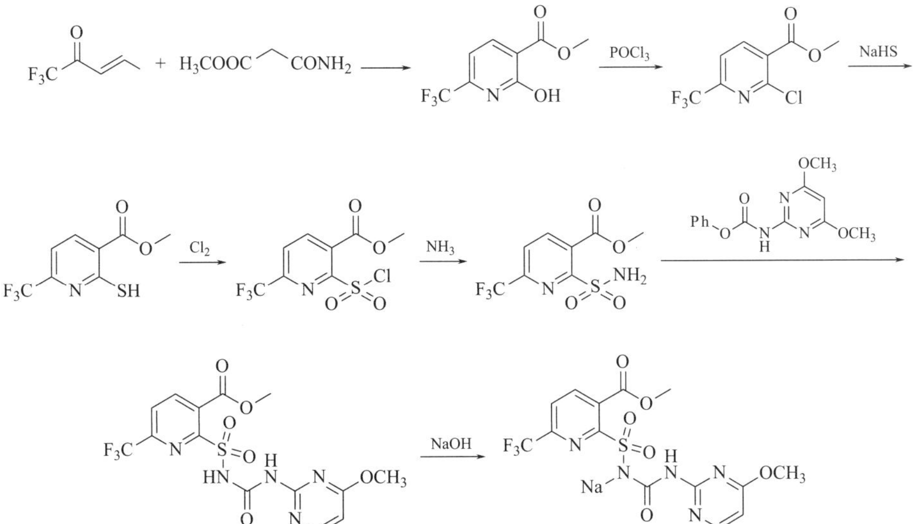

图 10-38 氟啶嘧磺隆单钠盐的合成工艺路线

10.3.12 甲酰氨基嘧磺隆

甲酰氨基嘧磺隆（foramsulfuron）是一种新型磺酰脲类除草剂，可以和双苯噁唑酸（安全剂）结合安全地应用于玉米田。以低于 30～45g(a. i.)/hm^2 的剂量与 30～45g(a. i.)/hm^2 的双苯噁唑酸混用，可以防除世界主要玉米产区的许多重要的禾本科杂草和阔叶杂草。如果再加入 1～2g(a. i.)/hm^2 碘甲磺隆，还可以明显提高对一些阔叶杂草的防效。由于其优异的环境安全性，对后茬轮作作物和环境均很安全。

甲酰氨基嘧磺隆由氨基甲酸酯法进行合成，此法可以由芳香磺酰氨基甲酸酯与杂环胺缩合，也可以由杂环氨基甲酸酯与芳香苯磺酰胺缩合。例如中间体 4-甲酰胺-*N*,*N*-二甲基-2-磺酰胺苯甲酰胺与氯甲酸苄酯反应形成磺酰胺甲酸酯，其与 4,6-二甲氧基氨基嘧啶合成甲酰氨基嘧磺隆。另外也可以先由 4,6-二甲氧基氨基嘧啶与氯甲酸苯酯反应形成氨基甲酸酯，然后与 4-甲酰胺-*N*,*N*-二甲基-2-磺酰胺苯甲酰胺反应合成甲酰氨基嘧磺隆[28]。两条路线的具体反应过程见图 10-39。

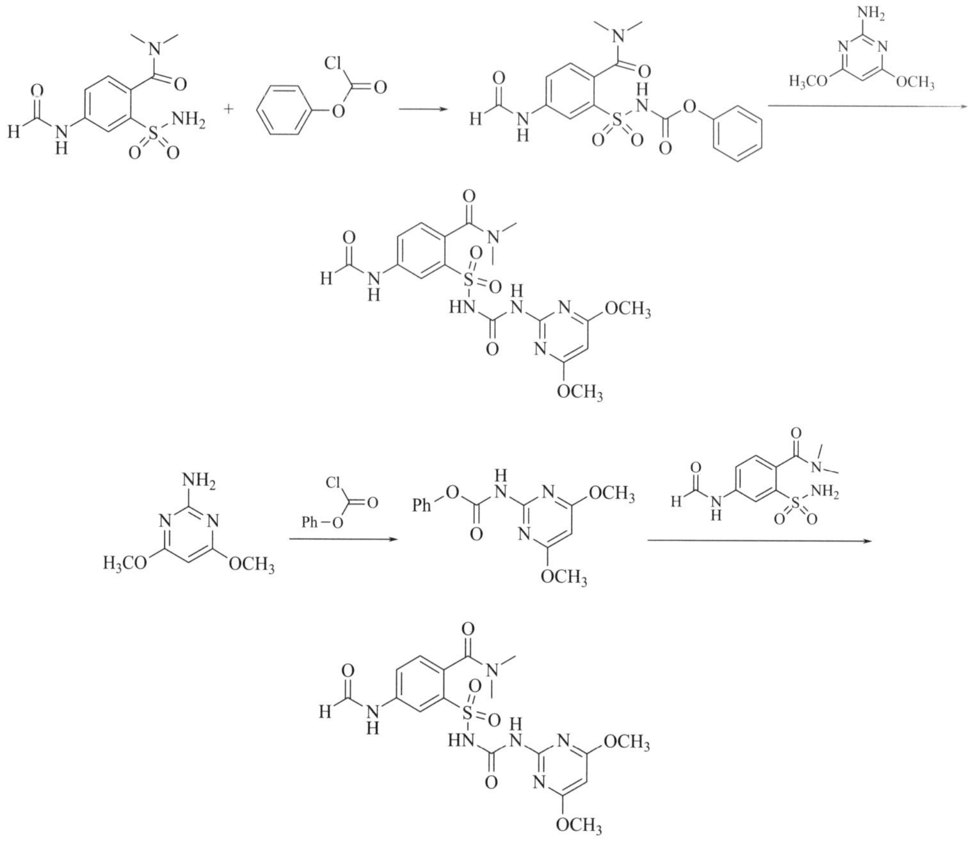

图 10-39　甲酰氨基嘧磺隆的合成工艺路线

用于合成甲酰氨基嘧磺隆的中间体 4-甲酰胺-*N*,*N*-二甲基-2-磺酰胺苯甲酰胺以对硝基甲苯为起始原料经磺化、氧化、酰氯化、酯化、氨化、甲酰基化制得。具体反应见图 10-40。

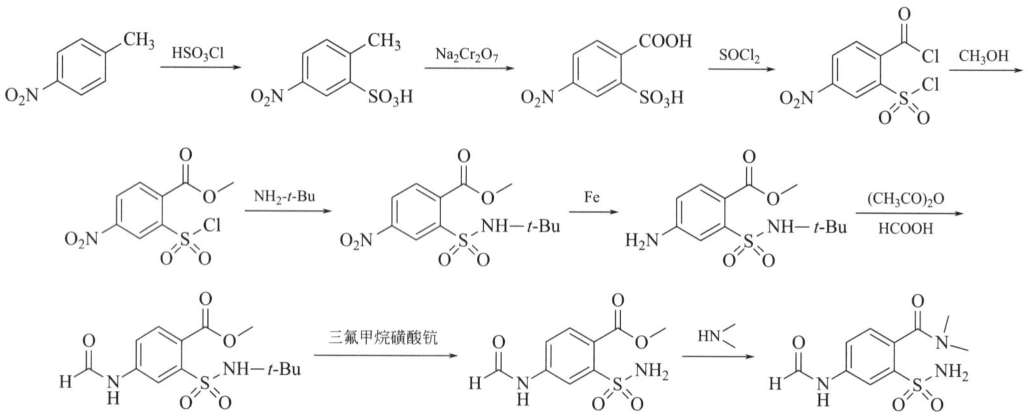

图 10-40　中间体 4-甲酰胺-*N*,*N*-二甲基-2-磺酰胺苯甲酰胺的制备

10.3.13 三氟啶磺隆

10.3.13.1 三氟啶磺隆的产业概况

三氟啶磺隆为诺华（现为先正达）公司开发的磺酰脲类除草剂，通常制备为三氟啶磺隆钠盐（trifloxysulfuron sodium）应用，可用于棉花、甘蔗等作物地防除阔叶杂草和莎草科杂草。对苣荬菜（苦苣菜）、藜（灰菜）、小藜、灰绿藜、马齿苋、反枝苋、凹头苋、绿穗苋、刺儿菜、刺苞果、豚草、鬼针草、大龙爪、水花生、野油菜、田旋花、打碗花、苍耳、醴肠（旱莲草）、田菁、胜红蓟、羽芒菊、臂形草、大戟、酢浆草（酸咪咪）等阔叶杂草具有很好的防除效果；对香附子（三棱草）有特效；对马唐、旱稗、牛筋草、狗尾草、假高粱等禾本科杂草防效较差[29]。

当前，生产三氟啶磺隆的厂家不多，仅瑞士先正达作物保护有限公司有该产品的生产资格，其登记原药的含量为 90%，登记情况如表 10-4 所示。

表 10-4 我国现阶段三氟啶磺隆的登记情况

登记证号	登记名称	剂型	总含量	生产企业
PD20130364	三氟啶磺隆钠盐	可分散油悬浮剂	11%	瑞士先正达作物保护有限公司
PD20130366	三氟啶磺隆钠盐	原药	90%	瑞士先正达作物保护有限公司

10.3.13.2 三氟啶磺隆的工艺概况

三氟啶磺隆可通过四条不同的工艺路线得到，分述如下：

（1）异氰酸酯法 具体反应过程见图 10-41[30,31]。

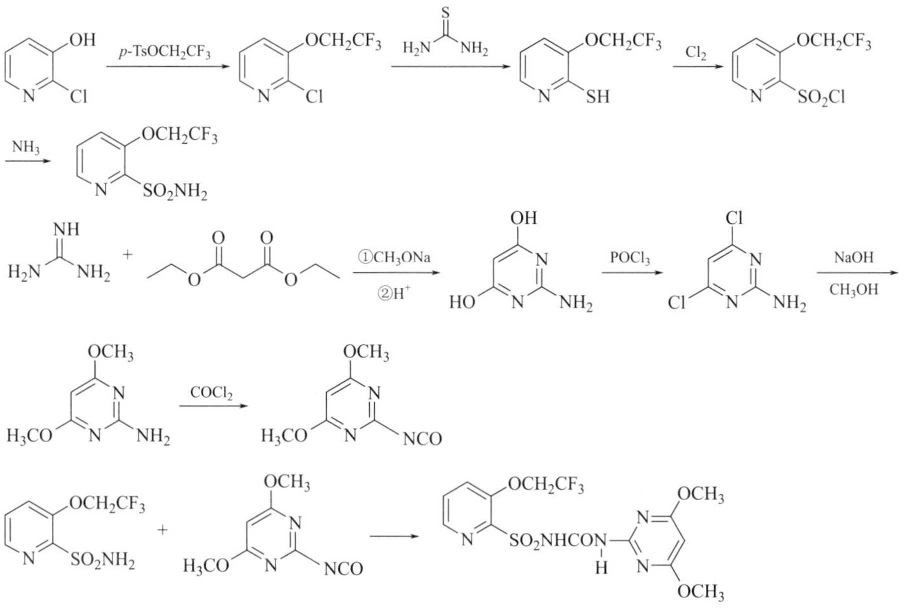

图 10-41 异氰酸酯法合成三氟啶磺隆

（2）脲基嘧啶法 以烟酰胺为起始原料经 Hofmann 降解反应得到 3-氨基吡啶，再经双氧水氧化后氯代得到 2-氯-3-氨基吡啶，重氮化后再用三氟乙醇醇解得到 2-氯-3-三氟乙氧基吡啶，再与硫氢化钠反应得到 2-巯基-3-三氟乙氧基吡啶，用次氯酸钠氧化得到中间体 3-三氟乙氧基吡啶-2-基磺酰氯。另由2-氨基-4,6-二甲氧基嘧啶与尿素反应得到另一中间体4,6-二甲氧基-2-脲基嘧啶，最后由4,6-二甲氧基-2-脲基嘧啶与3-三氟乙氧基吡啶-2-基磺酰氯反应便可制得三氟啶磺隆[32,33]。具体反应过程见图10-42。

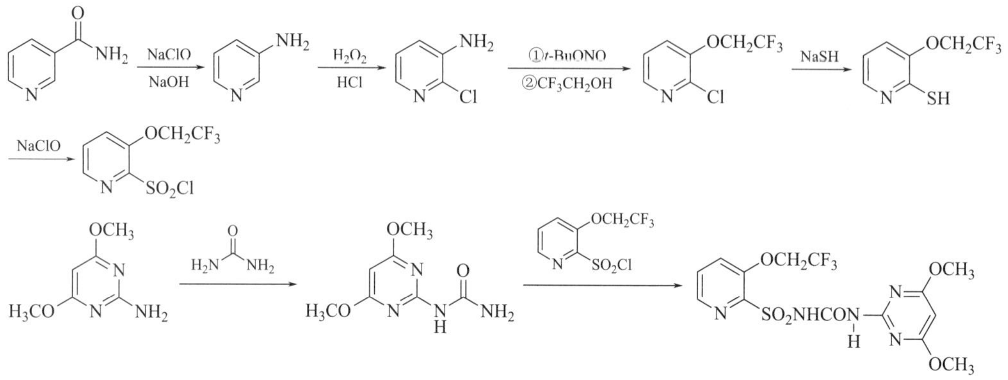

图10-42 脲基嘧啶法合成三氟啶磺隆

(3) 磺酰胺甲酸乙酯法 以3-三氟乙氧基吡啶-2-基磺酰胺与氯甲酸乙酯为起始原料合成中间体3-三氟乙氧基吡啶-2-基磺酰胺甲酸乙酯。另由丙二腈与甲醇、氰胺合成另一中间体2-氨基-4,6-二甲氧基嘧啶。最后由3-三氟乙氧基吡啶-2-基磺酰胺甲酸乙酯与2-氨基-4,6-二甲氧基嘧啶缩合便可得到三氟啶磺隆[34]。具体反应过程见图10-43。

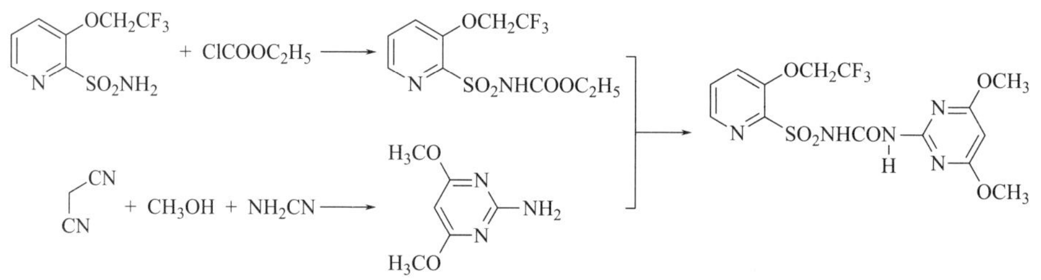

图10-43 磺酰胺甲酸乙酯法合成三氟啶磺隆

(4) 嘧啶氨基甲酸甲酯法 以2-氨基-4,6-二甲氧基嘧啶与氯甲酸甲酯为起始原料合成中间体4,6-二甲氧基嘧啶-2-基氨基甲酸甲酯，再与另一中间体3-三氟乙氧基吡啶-2-基磺酰胺反应便可得到三氟啶磺隆[35]。具体反应过程见图10-44。

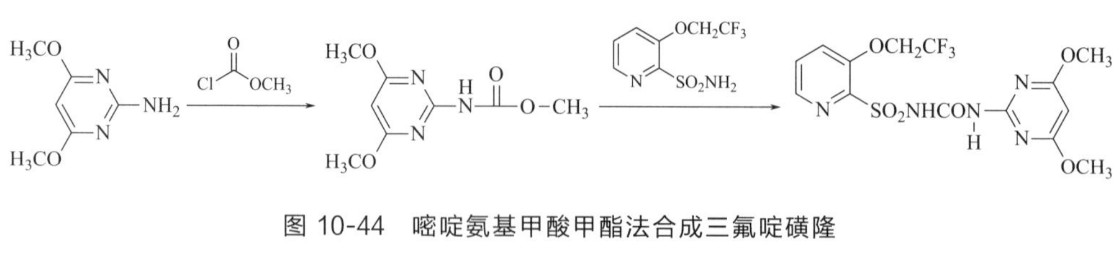

图10-44 嘧啶氨基甲酸甲酯法合成三氟啶磺隆

10.3.14 砜嘧磺隆

10.3.14.1 砜嘧磺隆的产业概况

砜嘧磺隆（rimsulfuron）为美国杜邦公司开发的磺酰脲类除草剂。砜嘧磺隆通过幼芽与叶片被植物吸收，在木质部与韧皮部传导。杀草谱广，每公顷用量 5～20g 可有效地防除大多数阔叶与禾本科杂草，可用于玉米、马铃薯与番茄等作物。苗后早期使用时，乙氧基脂肪胺、胡椒基丁醚（PBO）可作为砜嘧磺隆的增效剂使用，尿素与硝酸铵对其也有增效作用。可与多种除草剂混用，例如，用于玉米田可与莠去津、烟嘧磺隆、噻磺隆、嗪草酮、异丙甲草胺等混用。该除草剂毒性低，在环境中易消失，在土壤中半衰期短，对轮作中各种后茬作物安全。

到 2018 年 5 月为止，登记的砜嘧磺隆产品共有 59 个（含过期有效产品）。而尚未过期的产品数为 53 个，其中单制剂品种有 36 个，剂型以水分散粒剂为主，部分为可分散油悬浮剂。从登记的数量上来看，2009 年后开始呈上升趋势，2014 年后开始转而下降，2017 年又增加至 16 个。其登记情况变化趋势如图 10-45 所示。

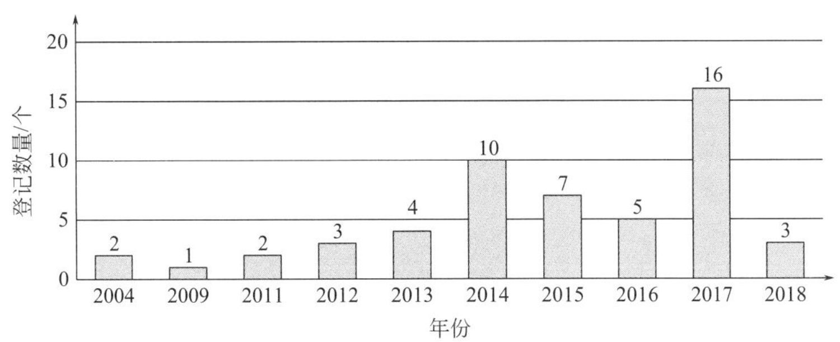

图 10-45　2004 年以来砜嘧磺隆登记数量变化趋势

10.3.14.2　砜嘧磺隆的工艺概况

砜嘧磺隆可由多种方法合成[36]，根据构建磺酰脲桥键方法的不同可分为磺酰氨基甲酸酯法、磺酰基异氰酸酯法、嘧啶异氰酸酯法和嘧啶氨基甲酸苯酯法四种合成方法，分述如下：

（1）磺酰氨基甲酸酯法　先由磺酰胺与氯甲酸酯缩合得到磺酰氨基甲酸酯，然后再与 2-氨基-4,6-二甲氧基嘧啶反应，制得砜嘧磺隆。具体反应过程见图 10-46。

图 10-46　磺酰氨基甲酸酯法合成砜嘧磺隆

（2）磺酰基异氰酸酯法　先由丁胺与光气反应制备丁胺异氰酸酯，再通过与磺酰胺反应，随后在二甲苯中与光气反应制得磺酰基异氰酸酯。磺酰基异氰酸酯进一步与 2-氨基-4,6-二甲氧基嘧啶反应，可制得砜嘧磺隆。具体反应过程见图 10-47。

（3）嘧啶异氰酸酯法　先由 2-氨基-4,6-二甲氧基嘧啶与光气反应制备 4,6-二甲氧基嘧啶异氰酸酯，再通过与磺酰胺反应，可制得砜嘧磺隆。具体反应过程见图 10-48。

（4）嘧啶氨基甲酸苯酯法　先由 2-氨基-4,6-二甲氧基嘧啶与氯甲酸苯基反应制备 4,6-二甲氧基嘧啶氨基甲酸苯酯，再与吡啶基磺酰胺反应可制得砜嘧磺隆。具体反应过程见图 10-49。

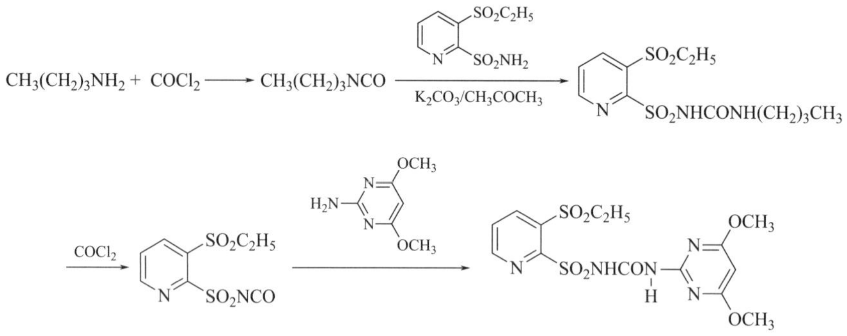

$$CH_3(CH_2)_3NH_2 + COCl_2 \longrightarrow CH_3(CH_2)_3NCO \xrightarrow[K_2CO_3/CH_3COCH_3]{} $$

$\xrightarrow{COCl_2}$

图 10-47 磺酰基异氰酸酯法合成砜嘧磺隆

$\xrightarrow{COCl_2,\ AcOC_2H_5}$

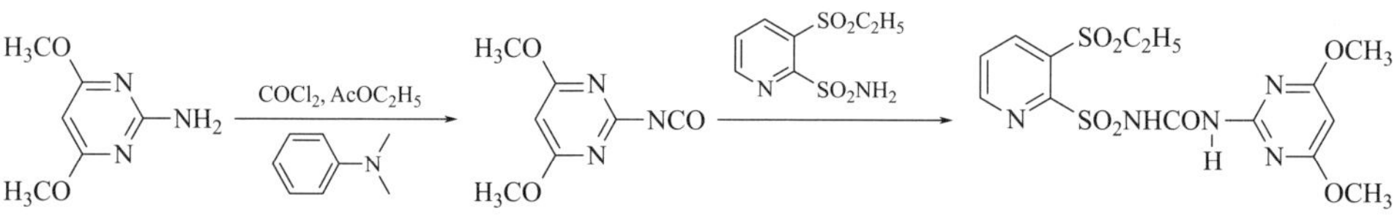

图 10-48 嘧啶异氰酸酯法合成砜嘧磺隆

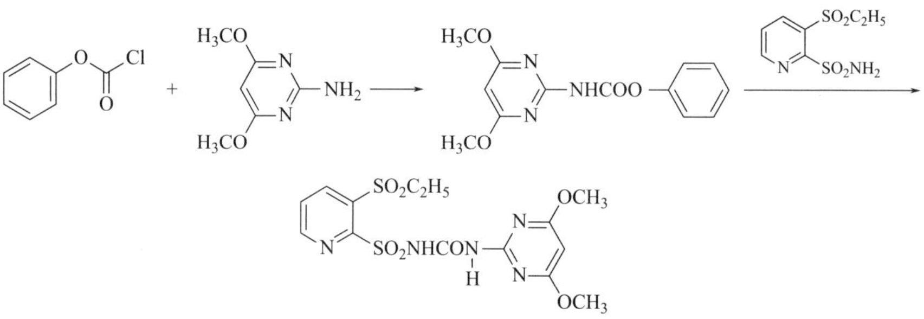

图 10-49 嘧啶氨基甲酸苯酯法合成砜嘧磺隆

比较以上 4 种方法，以嘧啶氨基甲酸苯酯法的步骤相对较少，收率较高，且避免了光气的使用，适宜于工业生产。

10.3.15 甲嘧磺隆

10.3.15.1 甲嘧磺隆的产业概况

甲嘧磺隆（sulfometuron-methyl）为日本石原产业株式会社开发的磺酰脲类除草剂，是侧链氨基酸合成抑制剂。能被敏感植物的根和叶迅速吸收，抑制植株生长端的细胞分裂，从而阻止植物生长。受药植株外表呈明显的红紫色、失绿、坏死。甲嘧磺隆为广谱芽前和苗后除草剂，适用于林木防除一年生和多年生禾本科杂草以及阔叶杂草，如丝叶泽兰、羊茅、柳兰、一枝黄花、小飞蓬、六月禾、油莎草、商陆、豚草、荨麻叶泽兰等。

到 2017 年为止，登记的甲嘧磺隆产品仅 21 个（含过期有效产品），登记较为分散，尚未过期的产品数为 15 个，剂型主要为水分散粒剂、可湿性粉剂和悬浮剂，各年登记情况如图 10-50 所示。

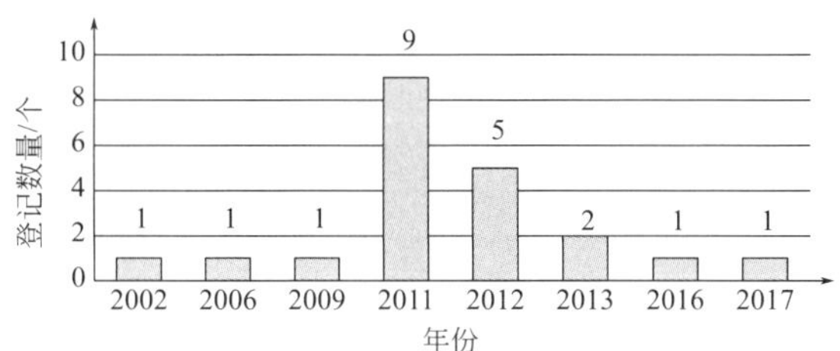

图 10-50　2002 年以来甲嘧磺隆登记数量变化趋势

10.3.15.2　甲嘧磺隆的工艺概况

以糖精等为起始原料，首先由糖精在硫酸存在下转化为 2-甲酸甲酯苯磺酰胺，后者与草酰氯反应得到 2-甲酸甲酯苯磺酰基异氰酸酯，2-甲酸甲酯苯磺酰基异氰酸酯再与 2-氨基-4，6-二甲基嘧啶通过缩合反应可制得甲嘧磺隆[37]。具体反应过程见图 10-51。

图 10-51　甲嘧磺隆的工艺路线

10.3.16　苄嘧磺隆

10.3.16.1　苄嘧磺隆的产业概况

苄嘧磺隆（bensulfuron-methyl）为美国杜邦公司开发的磺酰脲类除草剂，是侧链氨基酸合成抑制剂。为稻田除草剂，在作物苗后、杂草芽前或苗后施药，可防除阔叶杂草和稻田莎草。对大多数一年生和多年生阔叶杂草和莎草科杂草防效较高，但对禾本科杂草防效较差。

到 2018 年 5 月为止，登记的苄嘧磺隆产品共有 857 个（含过期有效产品）。而尚未过期的产品数为 572 个，其中单制剂品种有 111 个，80％以上剂型为可湿性粉剂。从登记的数量上来看，2000 年以来，每年均有苄嘧磺隆相关产品获得登记，其中 2008 年和 2009 年登记数量最为突出，分别为 188 个和 262 个。其登记情况变化趋势如图 10-52 所示。

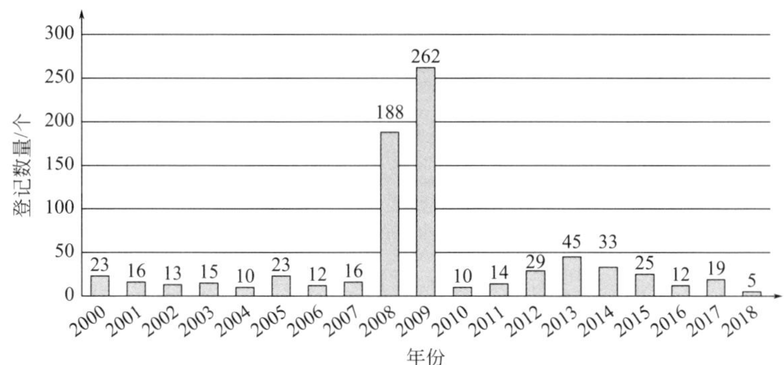

图 10-52　2000 年以来苄嘧磺隆登记数量变化趋势

10.3.16.2 苄嘧磺隆的工艺概况

苄嘧磺隆可由多种方法合成，其中以邻甲酸甲酯苄基磺酰氯、2-氨基-4,6-二甲氧基嘧啶和氰酸钠为起始原料合成除草剂苄嘧磺隆是较佳的工艺路线。此法通常在吡啶（Py）催化下，采用乙腈为溶剂，以邻甲酸甲酯苄基磺酰氯、2-氨基-4,6-二甲氧基嘧啶、吡啶和氰酸钠的物质的量之比为 1∶1∶1∶1.2，在 40℃下搅拌反应 3h，其产品收率为 67.8%，纯度为 97.0%（HPLC）。该方法避免了采用剧毒的光气，简化了工艺路线，是一个对环境友好的工艺路线[38]。具体反应过程见图 10-53。

COOCH$_3$ CH$_2$SO$_2$Cl + NaOCN + H$_2$N— (N, N, OCH$_3$, OCH$_3$) —Py→ COOCH$_3$ CH$_2$SO$_2$NHCON(H)— (N, N, OCH$_3$, OCH$_3$)

图 10-53 以邻甲酸甲酯苄基磺酰氯为原料合成苄嘧磺隆

10.3.17 甲基二磺隆

10.3.17.1 甲基二磺隆的产业概况

甲基二磺隆（mesosulfuron-methyl）为磺酰脲类除草剂，主要通过植物的茎叶吸收，经韧皮部和木质部传导，少量通过土壤吸收，抑制敏感植物体内的乙酰乳酸合成酶的活性，导致支链氨基酸的合成受阻，从而抑制细胞分裂，导致敏感植物死亡。一般情况下，施药 2～4h 后，敏感杂草的吸收量达到高峰，2d 后停止生长，4～7d 后叶片开始黄化，随后出现枯斑，2～4 周后死亡。本品中含有的安全剂，能促进其在作物体内迅速分解，而不影响其在靶标杂草体内的降解，从而达到杀死杂草、保护作物的目的。适用于在软质型和半硬质型冬小麦品种中使用。可防除看麦娘、野燕麦、棒头草、早熟禾、硬草、碱茅、多花黑麦草、毒麦、雀麦、蜡烛草、节节麦、茼草、冰草、荠菜、播娘蒿、牛繁缕、自生油菜等。

到 2018 年 5 月为止，登记的甲基二磺隆产品共有 64 个（含过期有效产品）。而尚未过期的产品数为 57 个，其中单制剂品种有 48 个，剂型以可分散油悬浮剂为主。从登记的数量上来看，2012 年以后登记数量逐年上升，到 2017 年增加至 26 个，2018 年截止到 3 月份已有 5 个甲基二磺隆相关产品进行了登记。其登记情况变化趋势如图 10-54 所示。

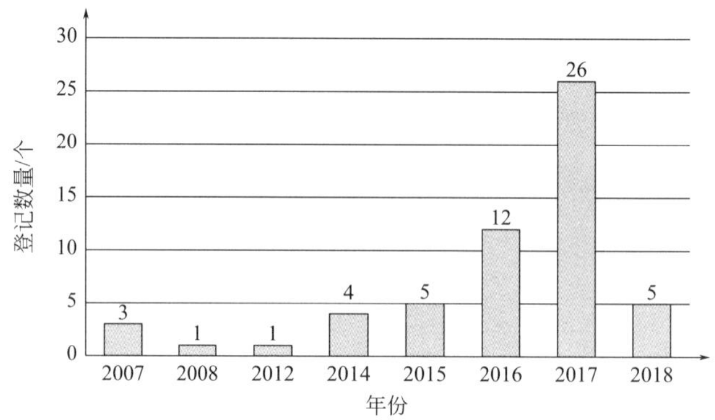

图 10-54 2007 年以来甲基二磺隆登记数量变化趋势

10.3.17.2 甲基二磺隆的工艺概况

甲基二磺隆通常由氨基甲酸酯法合成，此法以中间体 2-甲氧羰基-5-甲磺酰氨基甲基苯磺酰胺与 4,6-二甲氧基嘧啶氨基甲酸苯酯缩合合成甲基二磺隆。具体反应过程见图 10-55。

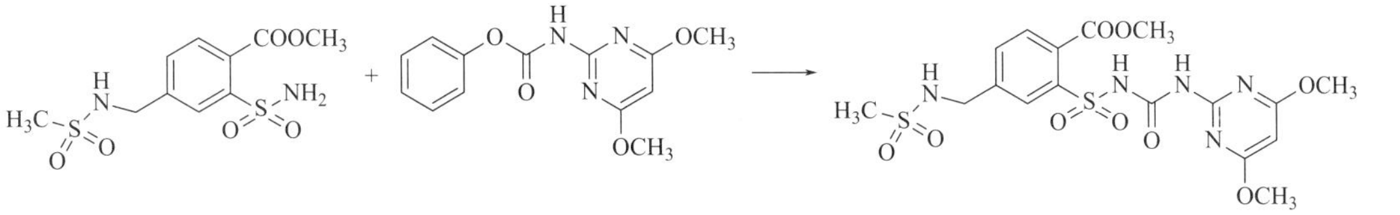

图 10-55　甲基二磺隆的合成工艺路线

用于合成甲基二磺隆的重要中间体 2-甲氧羰基-5-甲磺酰氨基甲基苯磺酰胺的制备方法，目前文献报道主要路线有（图 10-56）：

(a) 路线1

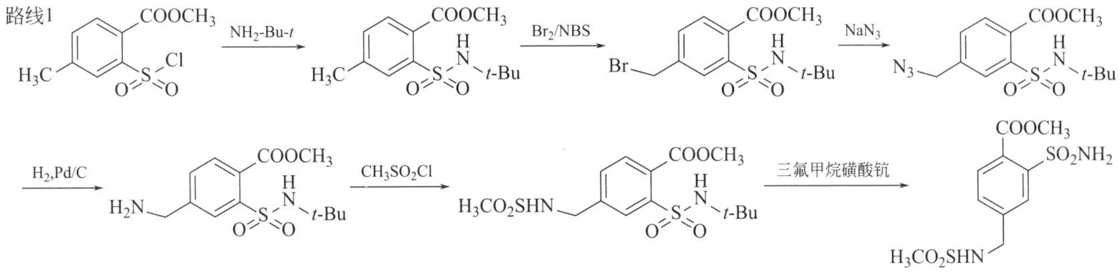

NH_2-Bu-*t*　Br_2/NBS　NaN_3　H_2,Pd/C　CH_3SO_2Cl　三氟甲烷磺酸钪

(b) 路线2

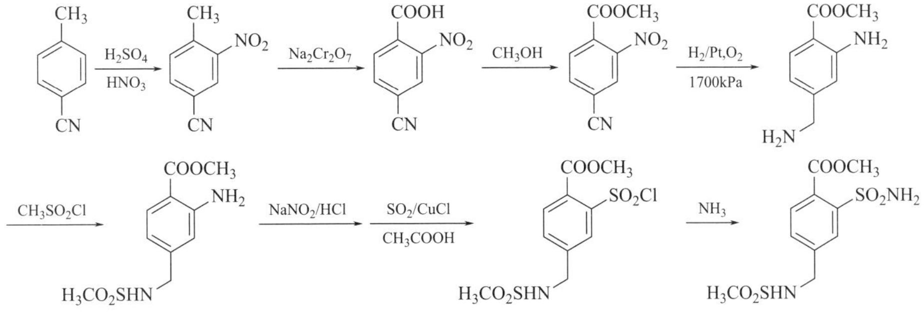

H_2SO_4/HNO_3　$Na_2Cr_2O_7$　CH_3OH　H_2/Pt,O_2 1700kPa　CH_3SO_2Cl　$NaNO_2$/HCl　SO_2/CuCl CH_3COOH　NH_3

(c) 路线3

$ClSO_3H$/EDC　NH_3　$K_2Cr_2O_7$/H_2SO_4　H_2,Pd/C　CH_3SO_2Cl　CH_3OH/H_2SO_4

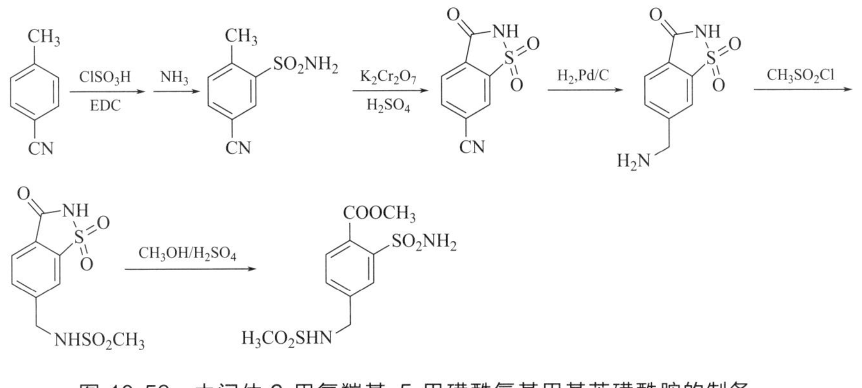

图 10-56　中间体 2-甲氧羰基-5-甲磺酰氨基甲基苯磺酰胺的制备

路线 1，以 5-甲基-2-甲氧羰基苯磺酰氯为原料，通过酰胺化（叔丁基胺）、溴化、叠氮化、还原、甲磺酰化和脱烷基 6 步反应得到甲基二磺隆[39]。此路线中原料不易得，操作烦琐复杂，且反应中使用叠氮钠等高危试剂，不利于生产。

路线 2，以对甲苯腈为原料，通过硝化、氧化、酯化、还原、甲磺酰化、重氮化、磺化和氨解 8 步反应合成甲基二磺隆[40]。此路线中原料虽廉价易得，但合成步骤较为烦琐，总收率仅 12.4%，还原反应需高压（1700 kPa），还用到有毒气体二氧化硫。

2013 年文献[40]报道的工艺路线 3 克服了上述路线的缺点，是一种成本低廉、操作简便、收率高且适合工业化生产的工艺路线，该法以对甲苯腈为原料，通过氯磺化、氨解、氧化、还原、甲磺酰化、醇解 6 步制得甲基二磺隆，总收率为 33.3%。

10.3.18 氯磺隆

10.3.18.1 氯磺隆的产业概况

氯磺隆（chlorsulfuron）为内吸、超高效磺酰脲类除草剂。药剂被杂草叶面或根系吸收后，可传导到植株全身，通过抑制乙酰乳酸合成酶的活性，阻碍支链氨基酸、缬氨酸和亮氨酸的合成，从而使细胞分裂停止，植株失绿，枯萎而死。用于防除禾谷作物田的阔叶杂草及禾本科杂草，如藜、蓼、苋、猪殃殃、苘麻、田旋花、田蓟、荞麦蔓、母菊，以及狗尾草、黑麦草、早熟禾、小根蒜等；对野燕麦、龙葵效果不佳。芽前或芽后早期使用，一般在秋季作物播后芽前或春季杂草芽后施药，更宜芽后叶面处理。用量 0.15～0.6g(a.i.)/100m^2，对水喷雾。与绿麦隆、异丙隆混用效果良好。后茬对该药剂敏感的作物有玉米、油菜等，药量超过 0.6g 对后茬水稻也略有影响。绿黄隆（即氯磺隆）是 1978 年美国杜邦公司开发的磺酰脲类新型除草剂，1981 年将其商品化，它是低毒广谱的麦田选择性除草剂，其突出的特点是具有超高活性。

目前登记的氯磺隆产品均已过期，登记主要集中在 2008 年和 2009 年，分别为 12 个和 9 个，2000 年、2003 年和 2004 年有零星登记。剂型主要为可湿性粉剂，各年登记情况如图 10-57 所示。

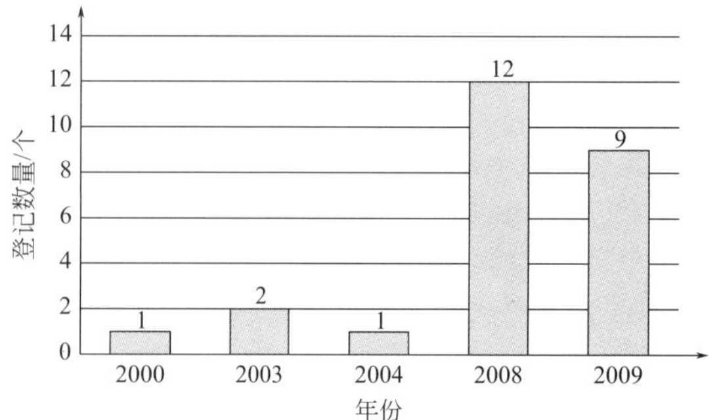

图 10-57　2000 年以来氯磺隆登记数量变化趋势

10.3.18.2 氯磺隆的工艺概况

氯磺隆由氨基甲酸酯法合成，此法以邻氯苯磺酸为起始原料，与氯化亚砜、氨气、氯甲酸甲酯反应制得重要中间体邻氯苯磺酰胺甲酸甲酯，其与 4-甲基-6-甲氧基氨基嘧啶反应制得氯磺隆。具体反应过程见图 10-58。

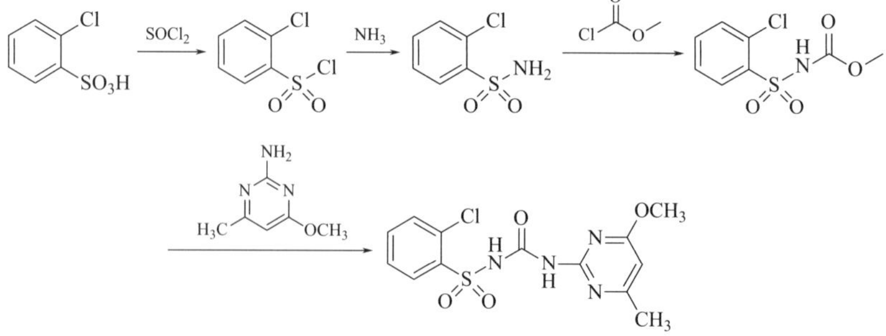

图 10-58　氯磺隆的合成工艺路线

10.3.19 单嘧磺酯钠盐

单嘧磺酯钠盐（monosulfuron-ester-sodium）是由南开大学研发的磺酰脲类除草剂，与其母体单嘧磺酯对马唐、稗草、苋菜和藜的除草活性基本相当。单嘧磺酯钠盐对单子叶、双子叶靶标杂草均有很高的活性。

磺酰脲类化合物钠盐的工艺路线：由磺酰脲在卤代烃类溶剂中与氢氧化钠粉末反应，或者先合成中间体磺酰胺钠盐再与杂环异氰酸酯合成磺酰脲钠盐。前者一般消耗大量的溶剂，且钠盐纯度不高；而后者需分步合成，成本较高。文献［41］中采用前者合成单嘧磺酯钠盐，将单嘧磺酯和氢氧化钠粉末加入水中，室温搅拌使溶液呈淡黄色，过滤，滤液脱溶得到淡黄色粉末，用二甲亚砜重结晶得白色针状晶体，收率 96%。具体成盐过程见图 10-59。

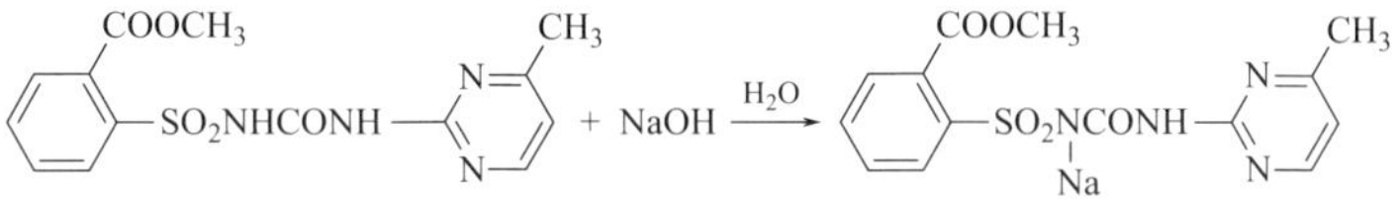

图 10-59　单嘧磺酯钠盐的合成工艺路线

10.3.20　单嘧磺隆

10.3.20.1　单嘧磺隆的产业概况

单嘧磺隆（monosulfuron）是由南开大学研发的磺酰脲类除草剂，是一种高效、低毒除草剂，对环境安全，无致癌、致畸、致突变作用。在一定剂量下能有效防除一年生阔叶杂草，且对作物安全，适宜加工成多种混剂和单剂。单嘧磺隆的单剂及其混剂可以防治夏谷子、夏玉米田阔叶杂草及部分禾本科杂草，还可应用在经济作物田及部分蔬菜田，防效显著。

当前，生产单嘧磺隆的厂家不多，仅天津市绿保农用化学科技开发有限公司有该产品的生产资格，其登记原药的含量为 90%。其登记情况如表 10-5 所示。

表 10-5　我国现阶段单嘧磺隆的登记情况

登记证号	登记名称	剂型	总含量	有效期至	生产企业
PD20070369	单嘧磺隆	原药	90%	2022-10-24	天津市绿保农用化学科技开发有限公司
PD20070368	单嘧磺隆	可湿性粉剂	10%	2022-10-24	天津市绿保农用化学科技开发有限公司

10.3.20.2　单嘧磺隆的工艺概况

单嘧磺隆由氨基甲酸酯法合成，此法以邻硝基苯磺酸为起始原料，与氯化亚砜、氨、氯甲酸甲酯反应制得中间体邻硝基苯磺酰胺甲酸甲酯，其与 4-甲基-6-甲氧基氨基嘧啶反应即可制得单嘧磺隆。具体反应过程见图 10-60。

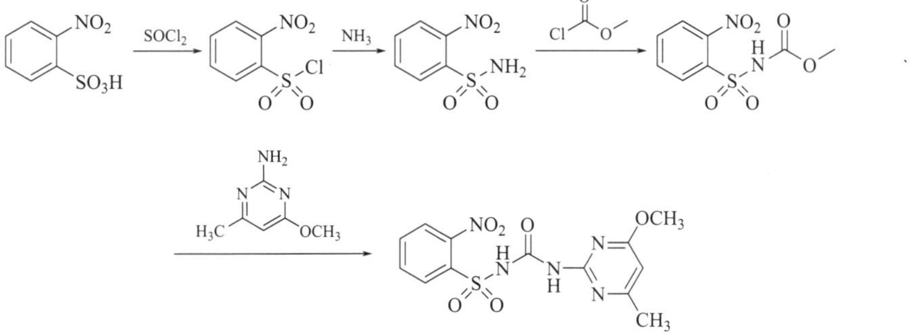

图 10-60　单嘧磺隆的工艺路线

10.3.21 苯磺隆

苯磺隆（tribenuron）为选择性内吸传导型除草剂，可被杂草的根、叶吸收，并在植株体内传导。通过抑制乙酰乳酸合成酶（ALS）的活性，从而影响支链氨基酸（如亮氨酸、异亮氨酸、缬氨酸等）的生物合成。植物受害后表现为生长点坏死、叶脉失绿，植物生长受到严重抑制，植株矮化，最终全株枯死。敏感杂草吸收药剂后立即停止生长，1～3 周后死亡。

10.3.21.1 苯磺隆的产业概况

苯磺隆主要用于防除各种一年生阔叶杂草，对播娘蒿、荠菜、碎米荠菜、麦家公、藜、反枝苋等效果较好，对地肤、繁缕、蓼、猪殃殃等也有一定的防除效果，对田蓟、卷茎蓼、田旋花、泽漆等效果不显著，对野燕麦、看麦娘、雀麦、节节麦等禾本科杂草无效。

截止到 2018 年 5 月，登记的苯磺隆产品共有 375 个（含过期有效产品）。而尚未过期的产品数为 251 个，其中单制剂品种有 198 个。剂型分布：可湿性粉剂 61.07%，水分散粒剂 21.33%，原药 11.47%。从登记的数量上来看，2000 年以来，每年均有苯磺隆相关产品获得登记，其中 2008 年和 2009 年登记数量最多，分别为 123 个和 85 个。其登记情况变化趋势如图 10-61 所示。

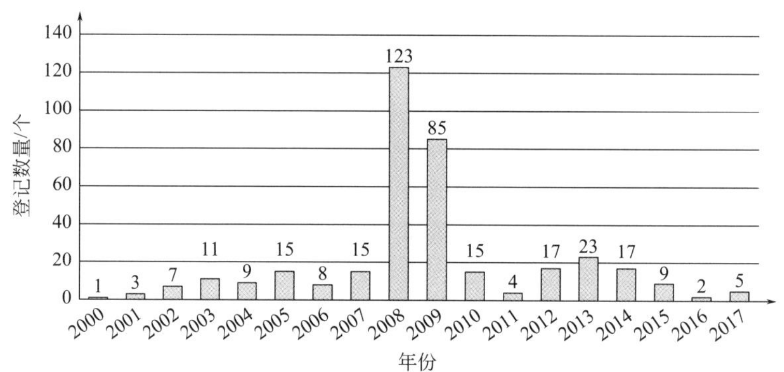

图 10-61 2000 年以来苯磺隆登记数量变化趋势

10.3.21.2 苯磺隆的工艺概况

以邻甲酸甲酯苯磺酰胺和氯甲酸甲酯为起始原料经两步反应即可合成苯磺隆。首先制得邻甲酸甲酯苯磺酰胺甲酸甲酯，其以甲苯为溶剂与杂环胺反应合成苯磺隆[42]。具体反应过程见图 10-62。该方法报道较少，具有一定的创新性，产品的总收率为 86.7%。与其他方法相比，具有反应时间短、反应温度低、合成收率高等优点，是一条具有工业化前途的工艺路线。各步最佳反应条件是：第一步氯甲酸甲酯∶邻甲酸甲酯苯磺酰胺为 3∶1，缚酸剂以吸收完全为最佳，碳酸钾∶邻甲酸甲酯苯磺酰胺为 3.02∶1，温度以 10℃ 为最优；第二步反应以甲苯为溶剂的反应效果最好，邻甲酸甲酯苯磺酰胺甲酸甲酯∶2-甲氨基-4-甲氧基-6-甲基均三嗪为 1∶1 时反应收率最佳。

图 10-62 苯磺隆的工艺路线

用于合成苯磺隆的重要中间体 2-甲氨基-4-甲氧基-6-甲基均三嗪的制备根据起始原料的不同主要有两种制备方法。一种是以 2-氨基-4-甲氧基-6-甲基均三嗪为起始原料通过甲基化得到，另一种是以三聚氯氰为起始原料在格氏试剂的作用下进行甲基化，然后氨基化，最后进行甲氧基取代得到，如图 10-63 所示。

图 10-63　中间体 2-甲氨基-4-甲氧基-6-甲基均三嗪的工艺路线

10.3.22　噻吩磺隆

10.3.22.1　噻吩磺隆的产业概况

噻吩磺隆（thifensulfuron-methyl）可防除禾谷类作物田中阔叶杂草，施用时可加入 0.2%～0.5%（体积分数）非离子表面活性剂，于作物 2 叶期至开花期，杂草高度低于 10cm、生长旺盛但未开花，以及作物冠层无覆盖杂草的时期进行苗后喷药，持效期一般在 30d 以内。对猪殃殃、蓼、藜、苋、马齿苋、猪毛菜、婆婆纳、桂竹糖芥、野蒜、芥菜等防效极好。与甲磺隆混用，具有更好的选择性、广谱性和除草活性。苗后处理，敏感植物几乎立即停止生长，在 7～21d 内死亡。加表面活性剂可提高本品对阔叶杂草的活性。

到 2018 年 5 月为止，登记的噻吩磺隆产品共有 138 个（含过期有效产品）。而尚未过期的产品数为 88 个，其中单制剂品种有 65 个。剂型分布：可湿性粉剂 51.14%，水分散粒剂 26.14%，原药 15.91%。从登记的数量上来看，2007 年以来，每年均有噻吩磺隆相关产品获得登记，2008 年和 2009 年登记数量最多，分别为 31 个和 24 个，2010 年降至 3 个，此后每年均有登记但数量较少。其登记情况变化趋势如图 10-64 所示。

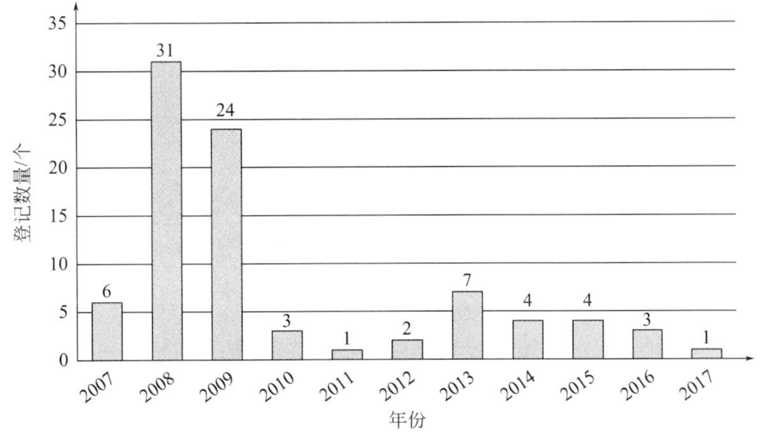

图 10-64　2007 年以来噻吩磺隆登记数量变化趋势

10.3.22.2 噻吩磺隆的工艺概况

噻吩磺隆由氨基甲酸酯法合成，此法以 2-羧甲基-3-磺酰氨基噻吩为起始原料合成除草剂噻吩磺隆。具体反应过程见图 10-65。首先 2-羧甲基-3-磺酰氨基噻吩与氯甲酸甲酯生成 2-甲氧羰基-3 磺酰氨基甲酸甲酯噻吩，再与 2-氨基-4-甲氧基-6-甲基均三嗪反应生成噻吩磺隆。此法避免了异氰酸酯路线和光气法的种种缺点，具有收率高、产品含量高、成本低的特点。以 2-羧甲基-3-磺酰氨基噻吩计，总收率为 77.73%，原药纯度达到 93.6%[43]。

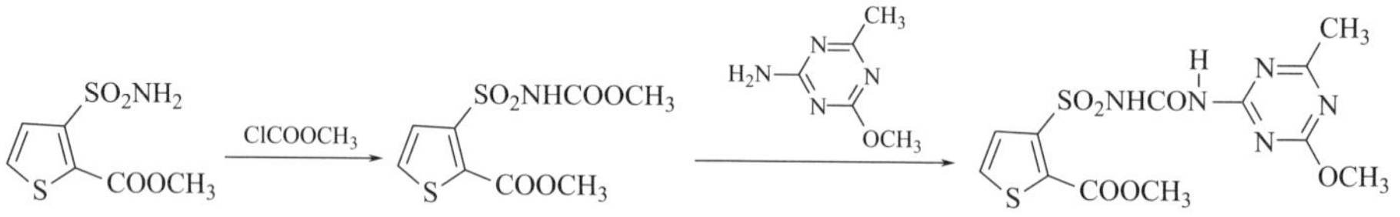

图 10-65 噻吩磺隆的合成工艺路线

10.3.23 氟胺磺隆

10.3.23.1 氟胺磺隆的产业概况

氟胺磺隆（triflulsulfuron-methyl）是由杜邦公司开发的磺酰脲类除草剂，可防除甜菜田许多阔叶杂草和禾本科杂草，是安全性较高的芽后除草剂，按 2 倍的推荐用量施用，对甜菜仍极为安全，在 1～2 叶以上的甜菜中 $DT_{50}<6h$。添加非离子表面活性剂或植物油有助于改善其互溶性，并提高其活性。推荐用量为 10～25g(a. i.)/hm^2。

当前，生产氟胺磺隆的厂家不多，仅江苏省农用激素工程技术研究中心有限公司有该产品的生产资格，其登记原药的含量为 95%。其登记情况如表 10-6 所示。

表 10-6 我国现阶段氟胺磺隆的登记情况

登记证号	登记名称	剂型	总含量	有效期至	生产企业
PD20161256	氟胺磺隆	水分散粒剂	50%	2021-9-18	江苏省农用激素工程技术研究中心有限公司
PD20161255	氟胺磺隆	原药	95%	2021-9-18	江苏省农用激素工程技术研究中心有限公司

10.3.23.2 氟胺磺隆的工艺概况

（1）氟胺磺隆的工艺路线　与原有磺酰脲类除草剂的工艺路线不同，此法在有机碱氰酸钠的催化下，2-氯磺酰基-3-甲基苯甲酸甲酯和 2-氨基-4-二甲氨基-6-三氟乙氧基均三嗪进行缩合生成氟胺磺隆[44]。具体反应步骤见图 10-66。

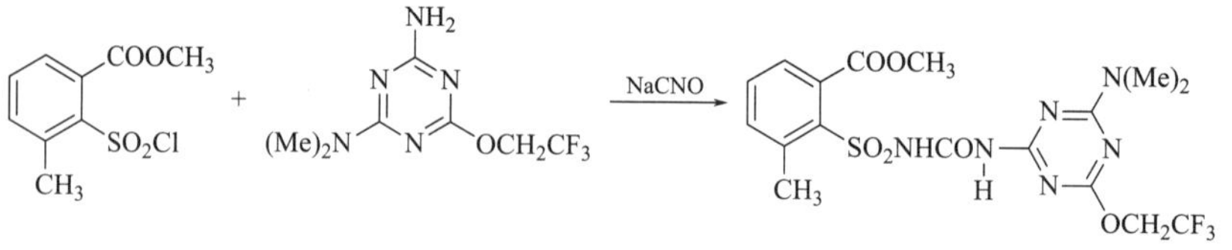

图 10-66 氟胺磺隆的合成工艺路线

（2）中间体的工艺路线　根据步骤的不同关键中间体 2-氯磺酰基-3-甲基苯甲酸甲酯的制备主要有三步法和四步法两种方法：

① 三步法　以 3-甲基-2-硝基苯甲酸为起始原料，经甲酯化、苄巯基化和氯磺化 3 步反应制得该中间体[45]。具体反应过程见图 10-67。

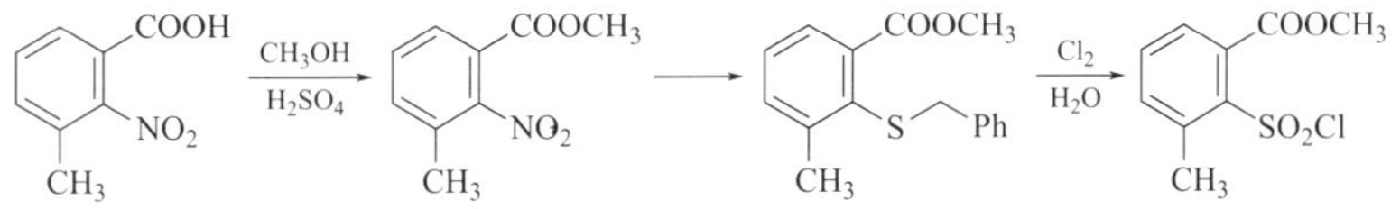

图 10-67 三步法制得中间体 2-氯磺酰基-3-甲基苯甲酸甲酯

② 四步法 以邻甲基水杨酸为原料，经 4 步反应得到该中间体。具体反应过程见图 10-68。

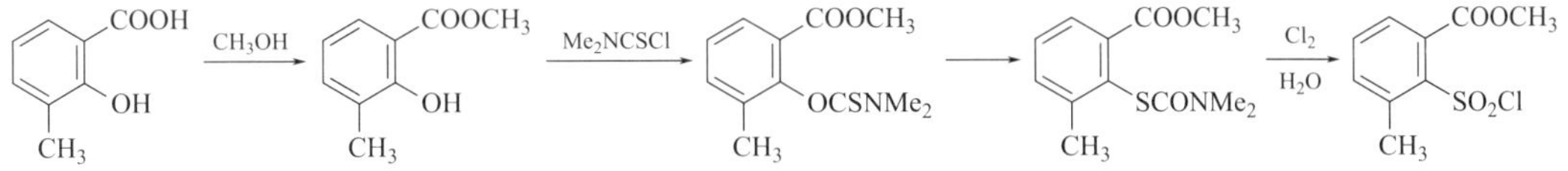

图 10-68 四步法制得中间体 2-氯磺酰基-3-甲基苯甲酸甲酯

三步法虽然反应路线较短，但所用原料 3-甲基-2-硝基苯甲酸和苄硫醇价格过高，而且苄硫醇味道大，难于处理。相比较而言，四步法虽然工艺路线较长，但由于所用原料简单易得，成本较低，而且操作简便，综合各方面因素考虑，采用四步法合成中间体 2-氯磺酰基-3-甲基苯甲酸甲酯比较适合工业化[46]。

10.3.24 醚苯磺隆

10.3.24.1 醚苯磺隆的产业概况

醚苯磺隆（triasulfuron）是内吸剂，通过杂草的根、叶吸收，迅速传导到分生组织，发挥杀草作用。

醚苯磺隆在土壤中的残效期较长。可用于小麦田防除阔叶杂草和某些禾本科杂草，如播娘蒿、荠菜、地肤、早熟禾等，对大部分禾本科杂草无效。适宜用药时期及用药量：小麦 2 叶至孕穗期均可用药，但由于多熟地区大部分后茬作物对该药敏感，因此该药以小麦冬前分蘖期施用为宜。每亩用 10%醚苯磺隆可湿性粉剂 0.75～1g，加水 25～30kg 喷雾。在长江以北，后茬是大豆、玉米等敏感作物的小麦田慎用该药。

当前，生产醚苯磺隆的厂家不多，仅江苏长青农化股份有限公司有该产品的生产资格，其登记原药的含量为 95%。其登记情况如表 10-7 所示。

表 10-7 我国现阶段醚苯磺隆的登记情况

登记证号	登记名称	剂型	总含量	有效期至	生产企业
PD20130751	醚苯磺隆	原药	95%	2018-4-16	江苏长青农化股份有限公司

10.3.24.2 醚苯磺隆的工艺概况

以邻氯苯乙氧基苯磺酰胺为起始原料，与光气反应制得相应异氰酸酯，再与 2-氨基-4-甲氧基-6-甲基均三嗪反应，即制得醚苯磺隆[47]。具体反应过程见图 10-69。

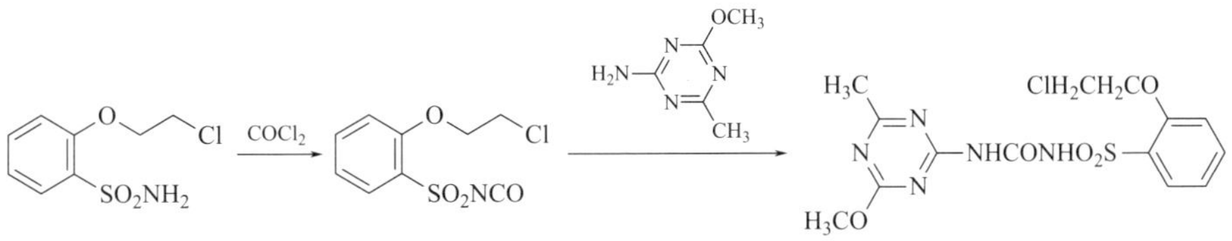

图 10-69 醚苯磺隆的合成工艺路线

10.3.25 三氟丙磺隆

三氟丙磺隆（prosulfuron）主要用于防除阔叶杂草，对苘麻属、苋属、藜属、蓼属、繁缕属等杂草具有优异的防效。适宜作物有玉米、高粱等禾谷类作物，也可用于草坪和牧场。因其在土壤中的半衰期为8～40d，在玉米植株内的半衰期为1～2.5h，明显短于其他商品化磺酰脲类除草剂在玉米植株内的代谢时间，对玉米等作物安全，对后茬作物如大麦、小麦、燕麦、水稻、大豆、马铃薯影响不大，但对甜菜、向日葵有时会产生药害。主要用于苗后除草，使用剂量为10～40g(a. i.)/hm^2。若与其他除草剂混合应用，还可进一步扩大除草谱。

三氟丙磺隆的工艺路线：以氨基磺酸为起始原料，经重氮化与3,3,3-三氟1-丙烯反应后酰胺化、异氰酸酯化，最后与均三嗪胺缩合再经还原即得目的物，反应式如图10-70所示。

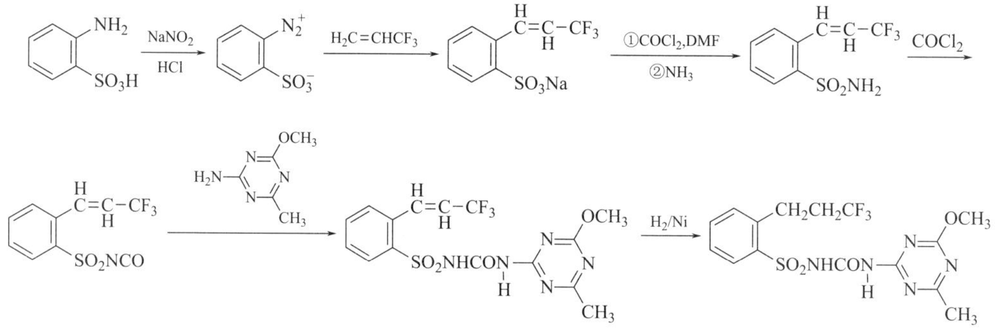

图10-70 三氟丙磺隆的工艺路线

10.3.26 碘甲磺隆钠盐

碘甲磺隆钠盐（iodosulfuron-methyl-sodium）是由本罗纳-普朗克加艾格福研发的，其对禾谷类作物如小麦、硬质小麦、黑小麦、冬黑麦安全，对后茬作物无影响，而且对环境、生态的相容性和安全性极高。主要用于防除禾谷类作物田中阔叶杂草，如猪殃殃和母菊等，以及部分禾本科杂草，如风草、野燕麦和早熟禾等。

碘甲磺隆由异氰酸酯法合成，此法在合成异氰酸酯过程中文献报道有光气法和草酰氯法[48,49]。中间体2-甲氧羰基-5-碘苯磺酰胺在光气或者草酰氯的作用下形成2-甲氧羰基-5-碘苯磺酰异氰酸酯，其与4,6-二甲氧基氨基三嗪缩合即可合成碘甲磺隆，碘甲磺隆在氢氧化钠的作用下形成碘甲磺隆钠盐。虽然使用光气操作比使草酰氯复杂，且有一定危险性，但就目前国内情况来看，使用光气工业化比较成熟。具体反应过程见图10-71。

用于合成碘甲磺隆的中间体2-甲氧羰基-5-硝基苯磺酰胺根据起始原料的不同有三种制备方法。虽然方法1每步收率都还可以（80%以上），但是该方法存在一个致命问题，即原料2-乙酰氨基-4-碘苯甲酸甲酯国内还没有工业化生产，而且合成该原料的工艺路线收率并不高，起始原料成本过高。另外，过早地接上大原子量的碘基团，从原子经济来看并不划算，况且碘的价格昂贵。因此，该路线工业化价值不大。从我国的国情出发，以下两种制备中间体2-甲氧羰基-5-硝基苯磺酰胺的方法更为合适：方法2，以染料中间体4,4-二硝基二苯乙烯-2,2-二磺酸（DNS）为起始原料，经过氧化、磺酰氯化、酯化、酰胺化一系列反应制得2-甲氧羰基-5-硝基苯磺酰胺；方法3，以2-氨基-4-硝基苯甲酸为起始原料，经过酯化、磺酰氯化、氨化制得2-甲氧羰基-5-硝基苯磺酰胺。随后将2-甲氧羰基-5-硝基苯磺酰胺的硝

图 10-71　碘甲磺隆钠盐的工艺路线

基还原，经过重氮化反应，同时加入 KI，即得到中间体 2-甲氧羰基-5-碘苯磺酰胺。具体反应过程见图 10-72。

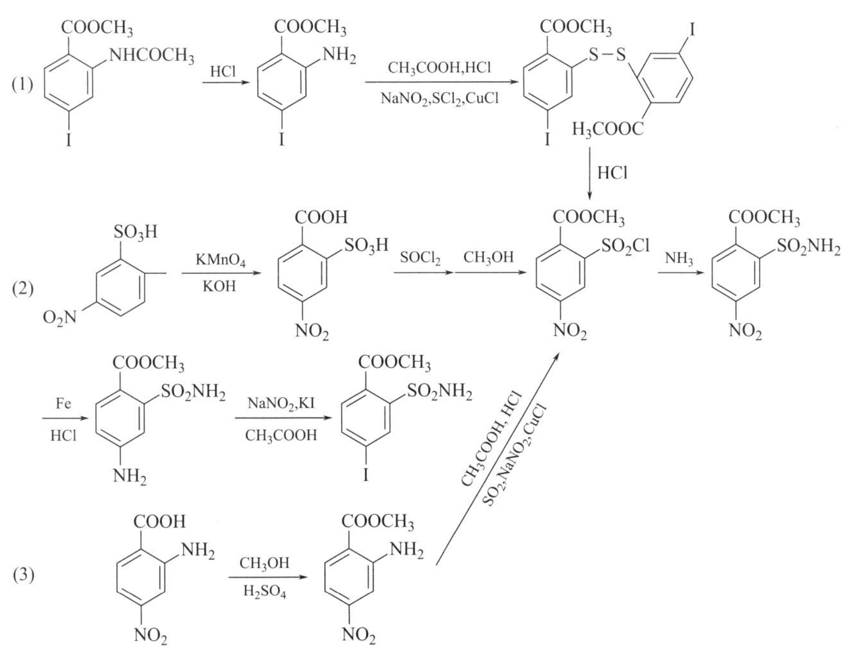

图 10-72　中间体 2-甲氧羰基-5-碘苯磺酰胺的制备

10.4　三唑并嘧啶磺酰胺类除草剂

10.4.1　三唑并嘧啶磺酰胺类除草剂发展概述

20 世纪 80 年代是开发近代除草剂的重要时期，在此期间首先开发出磺酰脲类超高效除草剂，并证明乙酰乳酸合成酶（ALS）是该除草剂的有效靶标，同时，在磺酰脲合成中，发现了超高活性的三唑并嘧啶磺酰胺类除草剂。近代除草剂的用量范围为 100～300g/hm^2，而磺酰脲类除草剂的极低用量促使农药研究者探索活性更高的 ALS 抑制剂，三唑并嘧啶磺酰胺类除草剂就是其中最重要的化合物之一。三唑并嘧啶磺酰胺类除草剂从 20 世纪 80 年代末期开始大量研究，今后仍是新品种开发的重点领域，陶氏公司在此领域已相继开发出一系列高活性与选择性的新品种。

三唑并嘧啶磺酰胺类除草剂是一类高活性化合物，其生物活性之高堪与磺酰脲类除草剂媲美，陶氏公司是此类除草剂的开创者，该公司的 Kleschick 等人通过应用生物等排原理，试图以 C═N 替代磺酰脲桥中的脲羰基（C═O）来寻找更优良的除草剂品种，并合成了一系列 1,2,4-三唑并［1,5-*a*］嘧啶衍生物，实验结果也发现该通式化合物的确显示出较好的除草活性，为了进一步扩展所发现的通式化合物的除草活性，又进行了一些结构改造并成功开发了众多品种。唑嘧磺草胺是三唑并嘧啶磺酰胺类除草剂中第一个品种，它于 1984 年被发现，1992～1993 年完成田间试验，1993 年首次注册登记并销售。其后又相继开发出若干其他品种，如于 1989 年发现并于 1997 年在美国注册的氯酯磺草胺，2000 年注册的双氯磺草胺以及新近开发的五氟磺草胺、甲氧磺草胺等。此类除草剂是典型的 ALS 抑制剂，是涉及丙酮酸与 TPP 的混合型抑制剂，对酶的结合点进行竞争，而对基质或辅因子不产生竞争作用[50]。

植物的根与叶均吸收此类除草剂，在体内通过木质部与韧皮部进行传导，积累于分生组织，抑制细胞分裂。杂草受害的典型症状是：叶片中脉失绿，叶脉褪色，叶片白化或紫化，节间变短，顶芽死亡，最终整个植株死亡。通常情况下，从产生受害症状至死亡约需 10～15d。不同植物对三唑并嘧啶类除草剂的敏感性差异很大，抗性作物吸收药剂后由细胞色素 P450 单加氧酶诱导，通过羟基化与葡萄糖缀合作用进行代谢而丧失活性。三唑并嘧啶类除草剂不挥发、不水解，在土壤中主要通过微生物降解而消失，土壤有机质对其吸附比黏粒严重，在低 pH 土壤吸附比高 pH 土壤严重，而且活性也比高 pH 土壤低。三唑并嘧啶类化合物是弱酸性化合物，其吸附作用系 pH 依赖型，在大多数土壤中，化合物既有中性态，也有阴离子态；在高 pH 土壤中，阴离子态比重较大，降解迅速，随着 pH 下降，中性态增多，吸附量也相应增加，降解缓慢，残留时期延长。总之，此类除草剂在土壤中的残留恰恰与磺酰脲类除草剂相反，即中性与碱性土壤残留期短，而在酸性土壤中残留时期长，这是使用中需要注意的问题。

该类除草剂作用机制与磺酰脲类除草剂类似，详细见 10.3 节磺酰脲类除草剂。

10.4.2 阔草清

阔草清（flumetsulam）是三唑嘧啶磺酰胺类除草剂的第一个品种，是内吸传导型除草剂，杂草根系与叶、茎均能吸收，根系吸收后药剂通过木质部导管向上传导，叶面吸收后药剂则通过韧皮部筛管向下传导，最终在植物分生组织内积累，抑制乙酰乳酸合成酶的活性，使支链氨基酸（亮氨酸、缬氨酸与异亮氨酸）合成停止，从而导致植物体内蛋白质合成受阻，生长停滞，最终导致杂草死亡。杂草受害症状为叶脉失绿、褪色，叶片颜色变浅、变白或变紫，由于分生组织受抑制造成节间变短，顶芽死亡。阔草清致使杂草产生的受害症状是缓慢发生的，由于环境条件，特别是温度与土壤湿度以及杂草的种类的不同，从开始受害到植株死亡约需 6～10d，但杂草植株一旦吸收药剂后，生长便完全停止，从而丧失与作物竞争的能力。抗性作物（如大豆、玉米、小麦等）吸收阔草清后，迅速代谢降解使其完全失去活性，从而保障了作物的安全。

阔草清的工艺路线：以 5-氨基-3-巯基-1,2,4-三唑（简称 AZT）为起始原料，将其硫醚化后，氨基部位与 4,4-二甲氧基-2-丁酮环化缩合可得三唑并嘧啶环，而将巯基氧氯化和氨解可得相应的磺酰胺，由此可以合成阔草清。根据嘧啶环的环合及巯基转变成磺酰胺的顺序，可分为先环合路线和后环合路线[51,52]如图 10-73、图 10-74 所示。

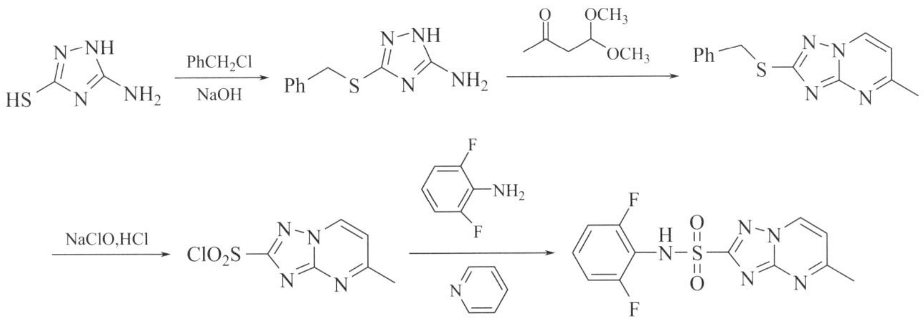

图 10-73　阔草清先环合路线

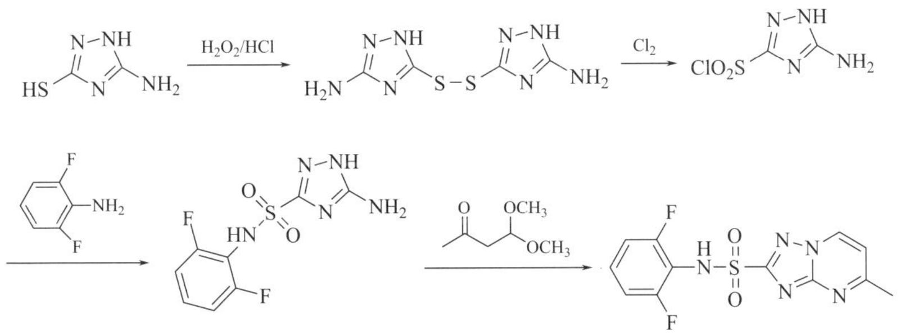

图 10-74　阔草清后环合路线

10.4.3　磺草唑胺

磺草唑胺（metosulam）适用苗后冬小麦与春小麦、大麦及黑麦田防治龙葵、藜、繁缕、母菊、婆婆纳、苋等多种阔叶杂草，用量 5～10g/hm^2；与氯氟吡氧乙酸（fluroxypyr）混用，防治效果显著增强，此外，也可与 2,4-D、2 甲 4 氯混用。用于玉米田可进行芽前土壤处理或苗后茎叶喷雾，主要防治阔叶杂草，用量 20～30g/hm^2，可与氟噻草胺混用以扩大杀草谱。本剂有可能用来防治黑麦草、草地早熟禾、鸭茅、羊茅等草坪的阔叶杂草。磺草唑胺在土壤中的半衰期因土壤特性及气候条件而异，通常施用后 6～47d，基本上不向 10cm 以下土层移动，对后茬作物安全；在超过推荐剂量 1 倍的情况下，小麦、大麦、黑麦、玉米等在收获时土壤中残留量仅 0.01mg/kg，植株残留量≤0.10mg/kg。

文献报道磺草唑胺有两种工艺路线，其合成工艺路线均以取代氨基三唑为起始原料，经过三唑嘧啶的环合得到目的物，不同点在于磺酰胺化的顺序与方法不一样[53]，如图 10-75 所示。

10.4.4　氯酯磺草胺

氯酯磺草胺（cloransulam-methyl）是磺酰胺类除草剂。经杂草叶片、根吸收，累积在生长点，抑制乙酰乳酸合成酶（ALS），影响蛋白质的合成，使杂草停止生长而死亡。用于大豆田茎叶喷雾，防除阔叶杂草。经室内活性测定和田间药效试验表明，对春大豆田阔叶杂草鸭跖草、红蓼、豚草有较好的防治效果，对苦菜、苣荬菜有较强的抑制作用。使用药量为

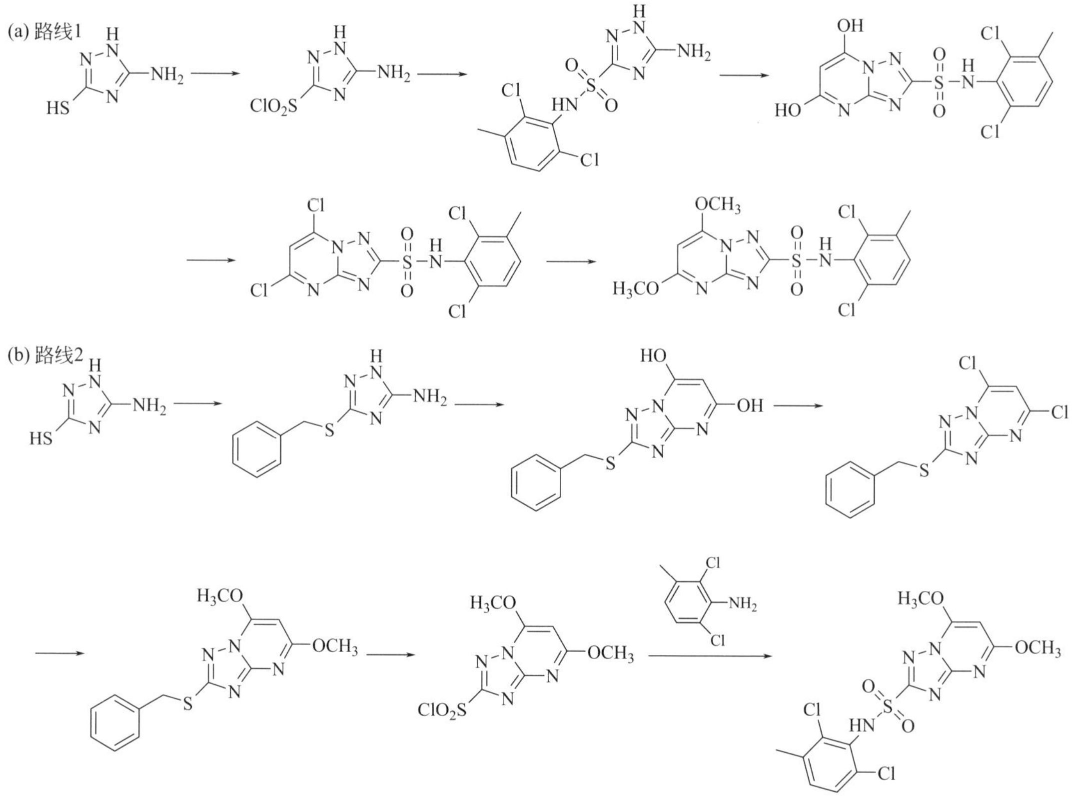

图 10-75 磺草唑胺的工艺路线

25.2～31.5g(a.i.)/hm^2（折合成84%水分散粒剂商品量为30～37.5g/hm^2，或每亩2.0～2.5g加水15～30L稀释），于鸭跖草3～5叶期、大豆第1片3出复叶后施药，施药方法为茎叶喷雾。施药后，大豆叶片可能出现暂时的、一定程度的褪绿药害症状，后期可恢复正常，不影响产量；对未使用过该药的大豆新品种，在小试安全后，再大面积使用。本品仅限于一年一茬的春大豆田施用。对后茬作物的安全性试验：在推荐剂量下，施药后间隔3个月可安全种植小麦和大麦；间隔10个月后，可安全种植玉米、高粱、花生等；间隔22个月以上，可安全种植甜菜、向日葵、烟草等。

10.4.4.1 氯酯磺草胺的产业概况

氯酯磺草胺适于各种栽培方式的大豆田，如免耕、少耕及传统栽培方式，播种前土表处理、混土处理、芽前土表处理均可，用量35～44g/hm^2，主要防治苍耳、苘麻、豚草，可与防治禾本科杂草的除草剂如酰胺类除草剂品种混用以扩大杀草谱。

当前，生产氯酯磺草胺的厂家不多，仅江苏省农用激素工程技术研究中心有限公司和美国陶氏益农公司有该产品的生产资格，其登记原药的含量分别为98%和97.5%。其登记情况如表10-8所示。

表 10-8 我国现阶段氯酯磺草胺的登记情况

登记证号	登记名称	剂型	总含量	生产企业
PD20152057	氯酯磺草胺	原药	98%	江苏省农用激素工程技术研究中心有限公司
PD20152070	氯酯磺草胺	水分散粒剂	84%	江苏省农用激素工程技术研究中心有限公司
PD20121665	氯酯磺草胺	原药	97.50%	美国陶氏益农公司

续表

登记证号	登记名称	剂型	总含量	生产企业
PD20121666	氯酯磺草胺	水分散粒剂	84%	美国陶氏益农公司
PD20173087	氯酯磺草胺	水分散粒剂	40%	江苏省农用激素工程技术研究中心有限公司

10.4.4.2　氯酯磺草胺的工艺概况

以氨基氰、丙二酸二乙酯与脒为起始原料，经多步反应制备得 2-乙氧基-4,6-二氟嘧啶。2-乙氧基-4,6-二氟嘧啶首先与水合肼反应，再与二硫化碳合环、重排、氯磺化后与取代苯胺反应，处理即得目的物[54]，如图 10-76 所示。

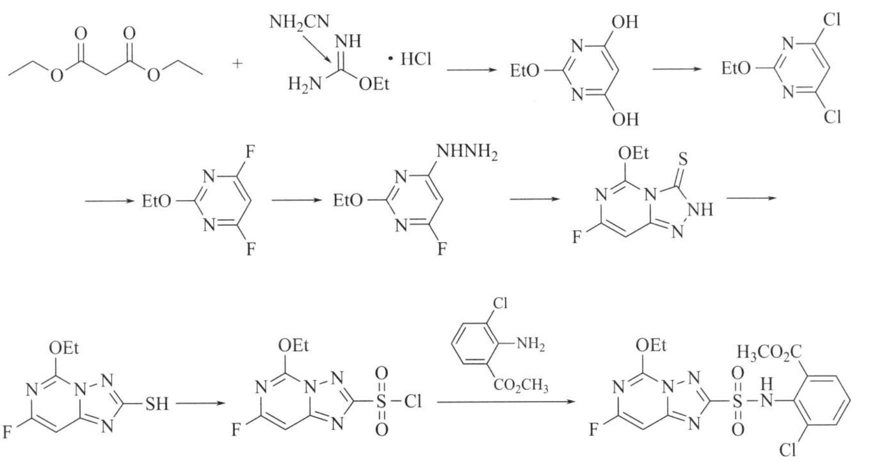

图 10-76　氨基氰法合成氯酯磺草胺

10.4.5　双氯磺草胺

双氯磺草胺（diclosulam）是播前混土及芽前土表处理防治阔叶杂草及香附子的除草剂，对苋、铁苋菜、苘麻、藜、蓼等均有良好防治效果，用于大豆 26～35g/hm^2、花生 17.5～26g/hm^2，由根吸收，最终积累于生长点及叶片，阻止敏感杂草出苗或出苗后停止于子叶期，吸收的药剂通过木质部与韧皮部扩散于周围组织中。大豆与花生吸收药剂后，在体内传导作用差，并能迅速将其代谢为无活性物质，其在大豆植株体内的半衰期为 3h。此外，双氯磺草胺也可在花生出苗后早期处理。双氯磺草胺在土壤中主要通过微生物降解而消失，半衰期 33～65d，不会污染地下水，对后茬作物安全。

双氯磺草胺的工艺路线：以对称的乙酯与脒为起始原料，经环合、卤代、肼解、环合、磺酰胺化得目的物[55]，反应过程如图 10-77 所示。

10.4.6　双氟磺草胺

双氟磺草胺（florasulam）是三唑并嘧啶磺酰胺类超高效除草剂。双氟磺草胺是内吸传导型除草剂，可以传导至杂草全株，因而杀草彻底，不会复发。在低温下药效稳定，即使是在 2℃时仍能保证稳定药效，这一点是其他除草剂无法比拟的。用于小麦田防除阔叶杂草。进口 5%双氟磺草胺 SC，商品名普瑞麦。双氟磺草胺杀草谱广，可防除麦田大多数阔叶杂草，包括猪殃殃（茜草科）、麦家公（紫草科）等难防杂草，并对麦田中最难防除的泽漆（大戟科）有非常好的抑制作用。

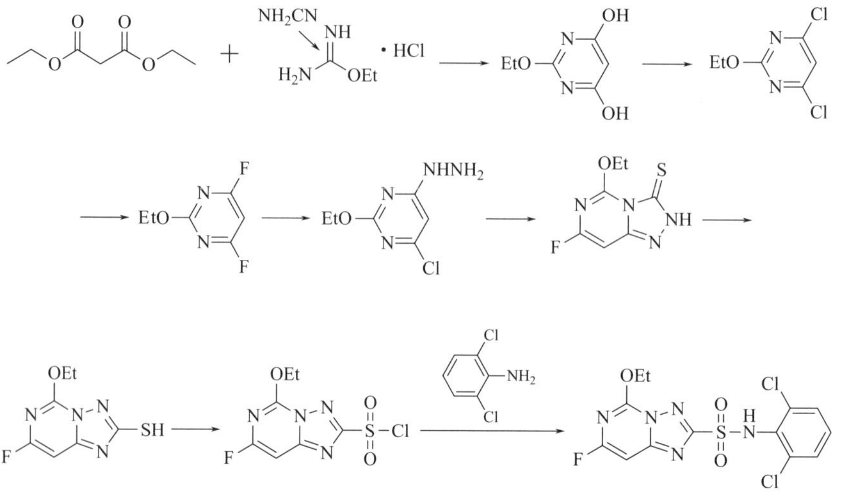

图 10-77 双氯磺草胺的工艺路线

10.4.6.1 双氟磺草胺的产业概况

双氟磺草胺是目前三唑并嘧啶磺酰胺类除草剂中活性最高的化合物，用量 2.5～7.5g/hm^2，苗后防治冬小麦、冬大麦、冬燕麦、春小麦、春大麦、春燕麦、草坪、草地、放牧场及洋葱田阔叶杂草，是一种广谱除草剂，对黑麦草、多花黑麦草、羊茅、紫羊茅、草地早熟禾、梯牧草以及剪股颖也具有很强的选择性，可以有效防治石竹科、茜草科、旋花科、十字花科、蓼科杂草，重要的田间杂草如猪殃殃、卷茎蓼、龙葵、繁缕、播娘蒿、荠、反枝苋、地肤、宾州蓼、苦荬菜、蒲公英等多种杂草对其敏感。

到 2018 年 5 月为止，登记的双氟磺草胺产品共有 148 个（含过期有效产品）。而尚未过期的产品数为 131 个，其中单制剂品种有 80 个。剂型分布：悬浮剂 49.62%，悬乳剂 16.79%，原药 19.85%。从登记的数量上来看，双氟磺草胺相关产品的登记从 2013 年开始逐年增加，2017 年登记数量达 42 个，截止到 2018 年 3 月，2018 年双氟磺草胺相关产品的登记已达 8 个。其登记情况变化趋势如图 10-78 所示。

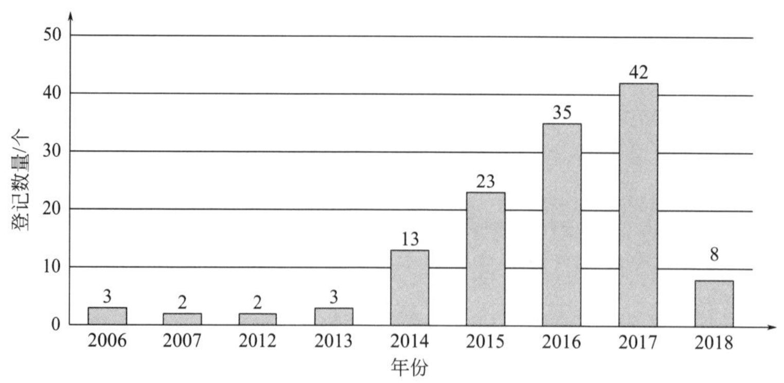

图 10-78 2006 年以来双氟磺草胺登记数量变化趋势

10.4.6.2 双氟磺草胺的工艺概况

以 5-氟嘧啶-2,4-(1*H*,3*H*)二硐和 2,6-二氟苯胺为起始原料。反应路线如图 10-79 所示[55]。

图 10-79 脲嘧啶法制备双氟磺草胺

10.4.7 五氟磺草胺

五氟磺草胺（penoxsulam）为传导型除草剂，经茎叶、幼芽及根系吸收，通过木质部和韧皮部传导至分生组织，抑制植株生长，使生长点失绿，处理后 7～14d 顶芽变红，坏死，2～4 周植株死亡；本剂为强乙酰乳酸合成酶抑制剂，药剂呈现作用较慢，需一定时间杂草才逐渐死亡。

10.4.7.1 五氟磺草胺的产业概况

五氟磺草胺苗后防治禾本科杂草、莎草科及阔叶杂草，以及抗敌稗、抗二氯喹啉酸及 ACCase 的稗草，也能防治许多抗苄嘧磺隆的杂草，对稻田稗草、许多阔叶与莎草科杂草具有残留活性，是一种杀草谱很广的稻田除草剂，用于移栽、旱直播与水直播稻田，用量 10～15g/hm^2。五氟磺草胺茎叶处理后，抑制杂草生长，喷药后 7～14d 顶芽一定程度变红、坏死，处理后 2～4 周植株死亡。在具体使用中可考虑加入甲酯化植物油及非离子型表面活性剂以提高活性，也可与其他苗后应用的除草剂混用。

到 2018 年 5 月为止，登记的五氟磺草胺产品共有 133 个（含过期有效产品）。而尚未过期的产品数为 123 个，其中单制剂品种有 86 个。剂型分布：可分散油悬浮剂 51.15%，原药 37.40%。从登记的数量上来看，2017 年以前，每年登记数量在 5 个及以下，2017 年登记数量剧增至 75 个，2018 年截止到 3 月也已经登记五氟磺草胺产品 35 个。其登记情况变化趋势如图 10-80 所示。

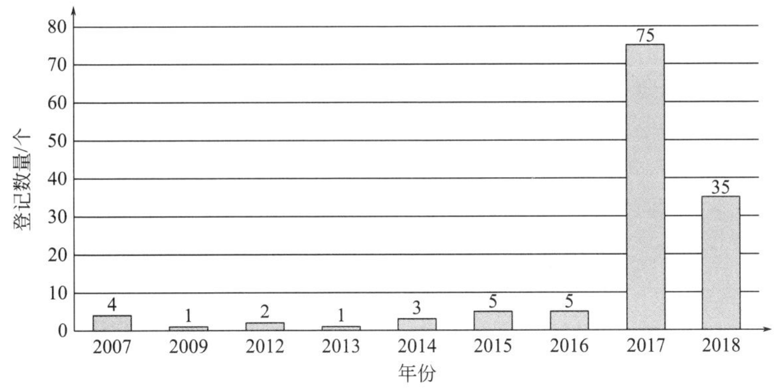

图 10-80 2007 年以来五氟磺草胺登记数量变化趋势

10.4.7.2 五氟磺草胺的工艺概况

首先以2-甲氧基乙酸甲酯为起始原料，与甲酸甲酯、甲醇钠反应，得到3-羟基-2-甲氧基丙烯酸甲酯的钠盐，再与甲基异硫脲反应得2,5-二甲氧基-4-羟基嘧啶，接着用三氯氧磷氯化得2,5-二甲氧基-4-氯嘧啶，随后与水合肼反应得2,5-二甲氧基-4-肼基嘧啶，用溴化氰环合得到3-氨基-5,8-二甲氧基［1,2,4］三唑并［4,3-*c*］嘧啶，再与甲醇钠反应得到氨基转位的中间体，最终的产品可以用常规的方法合成，如图10-81所示[56,57]。

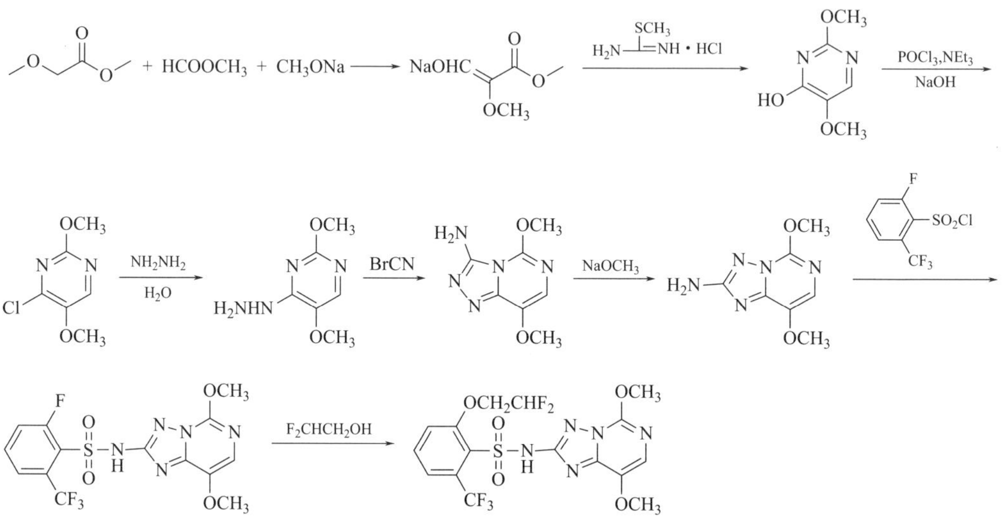

图10-81 2-甲氧基乙酸甲酯法合成五氟磺草胺

10.5 酰胺类除草剂

10.5.1 酰胺类除草剂发展概述

酰胺类除草剂是一类高效、高选择性的除草剂，在除草剂中占有较重要的地位。酰胺类除草剂又可进一步分为酰芳胺类除草剂及氯代乙酰胺类除草剂。最早开发的酰芳胺类除草剂是于1956年发现的水稻选择性除草剂敌稗［*N*-(3,4-二氯)苯基丙酰胺］。1952年美国孟山都公司发现氯代乙酰胺类化合物具有除草活性，经过进一步研究，也于1956年成功开发了第一种氯代乙酰胺类除草剂CDAA（*N*,*N*-二烯丙基-*α*-氯代乙酰胺），主要用于玉米和大豆田中苗前除草。1969年后美国孟山都公司又先后成功开发了甲草胺、丁草胺和乙草胺[58]。20世纪六七十年代酰胺类除草剂发展迅速，至今，大约已有53个酰胺类除草剂品种商品化[59]。

酰胺类除草剂具有广谱性，且针对玉米、棉花、大豆而言，亩使用成本低、效果好、使用方便，因此，该类作物主要生产国美国、中国、巴西、印度、阿根廷等是酰胺类除草剂最重要的消费市场。近年来，酰胺类除草剂产量逐年增长，酰胺类除草剂在市场中所占的份额非常大，其市场销量仅次于有机磷除草剂（草甘膦、草铵膦等）和磺酰脲类除草剂。酰胺类除草剂在全世界广泛应用，在全球市场中最火热的产品当属乙草胺、异丙甲草胺和丁草胺[60]。此类除草剂在广大发展中国家和地区拥有坚实的市场基础，成为传统惯用的产品。

我国酰胺类除草剂的生产始于20世纪70年代，此后酰胺类除草剂工业在我国迅速发展，主要产品有甲草胺、乙草胺、异丙甲草胺和丁草胺。近年来我国酰胺类除草剂以乙草胺、异丙甲草胺和丁草胺为主。特别是乙草胺自 1989 年在我国使用以来，经过 20 多年的推广，已成为国内除草剂市场的支柱型产品[60]。乙草胺具有杀草谱广、效果突出、使用成本低等优势，同时还具有使用方便、持效期适中、苗前使用对作物安全、不影响下茬作物的特点。多年来，乙草胺始终处于国内酰胺类除草剂市场绝对主导地位，是使用面积最大的旱地土壤处理选择性苗前除草剂。

自 1956 年成功开发了酰胺类除草剂以来，酰胺类除草剂获得了很大的发展。酰胺类除草剂新品种的结构趋向复杂化，在酰胺类化合物中引入杂环和氟原子是这类除草剂开发的一大热点，如苯噻草胺、甲氧噻草胺、异噁草胺、吡草胺、四唑酰草胺、氟丁酰草胺、吡氟草胺、氟吡草胺、氟噻草胺等结构的开发。

此外，具有手性结构的酰胺类除草剂品种逐年增多，由于许多具有单一光学活性异构体的除草剂具有比消旋体更高的除草活性、更好的安全性，因此单一光学异构体的除草剂的研发受到更多的关注，并取得显著进展。如异丙甲草胺和二甲噻草胺均为手性酰胺类除草剂品种。先正达公司研制的异丙甲草胺于 1996 年成功实现了高活性单一对映体（*S*)-metolachlor 的工业化生产。高活性单一对映体（*S*)-metolachlor 的使用剂量比消旋的异丙甲草胺降低了一半。之后德国巴斯夫公司开发的单一光学异构体的高效二甲噻草胺也于 2000 年商品化[58]。具有单一光学活性的除草剂精二甲噻草胺（dimethenamid-*P*）其用量只需外消旋体的 50%。

随着酰胺类除草剂品种的不断开发，使酰胺类除草剂应用范围进一步扩大。酰胺类除草剂的开发与应用给农民带来方便，大大减少农民因为杂草问题所消耗的劳动力和财力[59]。随着世界人口的增长、农作物需求量的扩大，以及产品性能的完善，在全球范围内，酰胺类除草剂的年使用量将呈递增趋势。

酰胺类除草剂既有应用于旱田的品种（如甲草胺、乙草胺、异丙草胺等），又有应用于水田的品种（如丁草胺、敌稗等），主要用于防除一年生禾本科杂草和部分阔叶杂草，然而对于多年生杂草的防效则较差。

大多数酰胺类除草剂的品种属于土壤处理剂，单子叶植物和双子叶植物吸收除草剂的具体部位完全不同，单子叶植物对除草剂的主要吸收部位是胚芽和胚芽鞘，双子叶植物对除草剂的主要吸收部位为上胚轴，其次是幼芽。

酰胺类除草剂可抑制脂类合成或抑制细胞分裂与生长，从而导致杂草死亡。酰胺类除草剂的选择性主要表现在各种植物开始代谢降解吸入药剂的时间有所不同，如对药剂有抗性的玉米和大豆在处理后 6h 内就分解掉许多药剂，而敏感植物在 6h 内还没有开始分解[59]。因而凡是能够延迟或缓慢代谢药剂的植物，都可以在短时间内积累较高浓度的毒物，并导致其致命伤害。

酰胺类除草剂是一类具有多作用靶点性质的除草剂，研究表明酰胺类除草剂对杂草的作用机制可以分为如下五方面：

第一，能够作为电子传递链的抑制剂、解偶联剂来破坏植物的光合作用。如乙草胺可通过抑制电子的传递，从而对植物的光合作用产生抑制；高浓度的异丙甲草胺可以显著地抑制小球藻的光合作用。

第二，能够抑制脂肪合成以及脂肪酸的生物合成，并对软脂酸和油酸的生物合成起一定的抑制作用，如唑草胺、氯乙酰胺和氧化乙酰胺，已被确定为长链脂肪酸生物合成中的脂肪酸延长酶抑制剂。

第三，能够抑制蛋白质的合成，特别是抑制赤霉酸所诱导的蛋白酶和 α-淀粉酶的形成，会使幼芽和根生长缓慢，从而达到防除杂草的目的。

第四，能够抑制植物的呼吸作用，主要是抑制呼吸作用中含硫氢基酶的活性，已经证明 N,N-二烯丙基-α-氯代乙酰胺（CDAA）可抑制植物呼吸作用中的某些含硫氢基酶的活性。

第五，能够干扰植物体内相关蛋白的生物合成，影响细胞分裂，影响膜的合成以及完整性，如异丙甲草胺可伤害新形成的细胞器的膜，即破坏膜的结构和生化状况，从而抑制了组织内养分的传导，最终导致植物体生长受到一定的抑制。

10.5.2 乙草胺

10.5.2.1 乙草胺的产业概况

乙草胺（acetochlor）（图 10-82）成品外观为棕色或紫色均相透明液体，不易光解，在常温下稳定，pH 值为 5.0～9.0，水分≤0.4%。熔点 50℃，蒸气压 4.53nPa（25℃），沸点 162℃（7mmHg，1mmHg=133.322Pa），相对密度 1.1358（20℃），水中溶解度 223mg/L（25℃），能溶解在多种有机溶剂中。对人畜低毒。大鼠急性经口 LD_{50} 为 2593mg/kg，家兔急性经皮 LD_{50} 为 3667mg/kg，对皮肤和眼睛有轻微刺激作用。

CH_3 / $COCH_2Cl$ / N / $CH_2OCH_2CH_3$ / CH_2CH_3

图 10-82 乙草胺的结构式

乙草胺是选择性芽前除草剂，适用于大豆、花生、玉米、油菜、甘蔗、棉花、马铃薯、白菜、萝卜、甘蓝、花椰菜、番茄、辣椒、茄子、芹菜、胡萝卜、莴苣、茼蒿、豆科蔬菜、柑橘、葡萄及其他果园等作物田内防除一年生禾本科杂草及某些双子叶杂草。乙草胺是一种具有高活性、对作物安全和持效期适中等特点的除草剂。然而，越来越多的研究表明，乙草胺对人体健康以及环境存在着较大的威胁。乙草胺已被列为 B2 类致癌物，流失到环境中的乙草胺及其代谢产物可能会给人类、水生生物以及食草的鸟类等带来癌症、遗传病、繁殖紊乱和畸变等严重的健康问题和环境问题。正是基于这方面的考虑，乙草胺被欧盟列入禁限用名单。尽管乙草胺在使用中出现过这些问题，但是由于其具有良好的除草活性和经济性，仍在大量使用。2005～2006 年由于种植转基因玉米的影响，市场销量有所下降，以后逐年恢复，2011 年全球销售额达到 5.3 亿美元[60]。

如表 10-9 所示，我国乙草胺产能在 2014～2015 年度有所增加，但 2013～2015 年产量每年均有所下降，销售量 2014 年最高，为 40626t。

表 10-9 乙草胺的产能、产量和销售量 单位：t

项目	2013 年	2014 年	2015 年
产能	76000	76000	84000
产量	72447	58527	44194
销售量	30827	40626	33562

生产乙草胺的主要厂家包括山东侨昌化学有限公司、内蒙古宏裕科技股份有限公司、山东中石药业有限公司、大连瑞泽农药股份有限公司等。主要情况如表 10-10 所示。其中，山东侨昌化学有限公司、内蒙古宏裕科技股份有限公司、山东中石药业有限公司的产能最大，年产乙草胺原药的能力超过了 20000t，其次是大连瑞泽农药股份有限公司和吉林市绿盛农药化工有限公司，产能达到 18000t，江苏常隆、山东滨农、江苏绿利来等企业的产能也达到了 10000t。

表 10-10　乙草胺的主要生产企业

省份（自治区）	企业名称	产能/(t/年)
山东	山东侨昌化学有限公司	21000
内蒙古	内蒙古宏裕科技股份有限公司	20000
山东	山东中石药业有限公司	20000
辽宁	大连瑞泽农药股份有限公司	18000
吉林	吉林市绿盛农药化工有限公司	18000
江苏	江苏常隆农化有限公司	10000
山东	山东滨农科技有限公司	10000
江苏	江苏绿利来股份有限公司	10000
山东	潍坊科赛基农化工有限公司	10000
浙江	上虞颖泰精细化工有限公司	10000
浙江	杭州庆丰农化有限公司	8000
江苏	南通江山农药化工股份有限公司	8000
江苏	无锡禾美农化科技有限公司	5000
山东	山东胜邦绿野化学有限公司	4500
安徽	安徽富田农化有限公司	4000
山东	山东潍坊润丰化工有限公司	2000
江苏	江苏腾龙生物药业有限公司	2000
江苏	新沂中凯农用化工有限公司	1000
吉林	吉林金秋农药有限公司	1000
辽宁	大连松辽化工有限公司	1000
天津	天津市绿农生物技术有限公司	500
合计		184000

到 2018 年 5 月为止，登记的乙草胺产品共有 1071 个（含过期有效产品）。而尚未过期的产品数为 706 个，其中单制剂品种有 293 个。剂型：可湿性粉剂 24.00%，乳油 49.30%，悬乳剂 13.63%。从登记的数量上来看，2000 年以来，每年均有乙草胺相关产品获得登记，除 2008 年和 2009 年外，各年登记情况较平稳，登记数量维持在 9～50 之间。其登记情况变化趋势如图 10-83 所示。

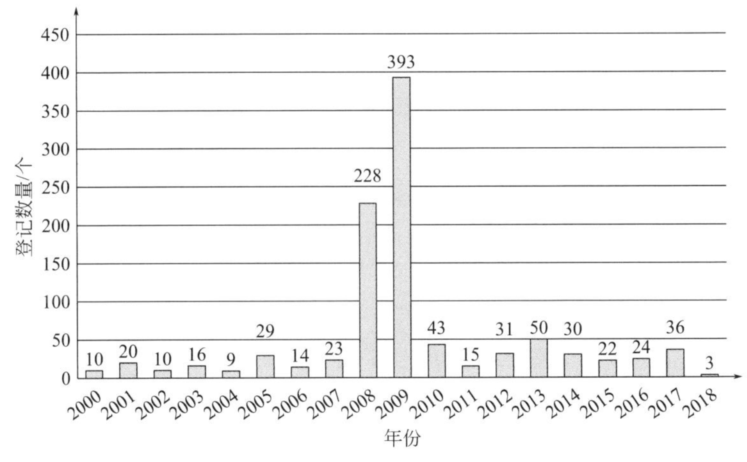

图 10-83　2000 年以来乙草胺登记数量变化趋势

10.5.2.2 乙草胺的工艺概况

乙草胺的工艺路线可根据最后一步合成反应的特点分为醚化和缩合两种方法。

（1）醚化法 该法以2-甲基-6-乙基苯胺（MEA）、甲醛、氯乙酰氯、乙醇等为主要原料，通过烯胺化反应、酰化反应、醚化反应三步反应制备除草剂乙草胺[61]。在有的文献中，根据第一步反应的特点，此法也称为亚甲基法。

① 烯胺化反应 2-甲基-6-乙基苯胺与甲醛反应生成*N*-2-甲基-6-乙基苯基甲亚胺，反应式见图10-84。

② 酰化反应 *N*-2-甲基-6-乙基苯基甲亚胺与氯乙酰氯进行酰化反应，反应式见图10-85。

$$\text{(2-}C_2H_5\text{-6-}CH_3\text{-}C_6H_3)\text{-}NH_2 + CH_2O \longrightarrow \text{(2-}C_2H_5\text{-6-}CH_3\text{-}C_6H_3)\text{-}N{=}CH_2 + H_2O$$

图10-84 烯胺化反应

$$\text{(2-}C_2H_5\text{-6-}CH_3\text{-}C_6H_3)\text{-}N{=}CH_2 + ClCH_2COCl \longrightarrow \text{(2-}C_2H_5\text{-6-}CH_3\text{-}C_6H_3)\text{-}N(COCH_2Cl)(CH_2Cl)$$

图10-85 酰化反应

③ 醚化反应 ②中的产物与乙醇反应、制得乙草胺，反应式见图10-86。

$$\text{(2-}C_2H_5\text{-6-}CH_3\text{-}C_6H_3)\text{-}N(COCH_2Cl)(CH_2Cl) + CH_3CH_2OH \longrightarrow \text{(2-}C_2H_5\text{-6-}CH_3\text{-}C_6H_3)\text{-}N(COCH_2Cl)(CH_2OCH_2CH_3)$$

图10-86 醚化反应

（2）缩合法 该法是通过2-甲基-6-乙基氯代乙酰替苯胺与氯甲基乙基醚缩合来制备乙草胺的。该法包括三步：①MEA、氯乙酸与三氯化磷反应，生成2-甲基-6-乙基氯代乙酰替苯胺；②乙醇与多聚甲醛在氯化氢存在下反应，生成氯甲基乙基醚；③通过2-甲基-6-乙基氯代乙酰替苯胺与氯甲基乙基醚缩合，制备除草剂乙草胺[62]。在有的文献中，根据第二步反应的特点，此法也称为醚法（传统醚法）。具体合成工艺路线见图10-87。

$$\text{(2-}C_2H_5\text{-6-}CH_3\text{-}C_6H_3)\text{-}NH_2 + ClCH_2COOH \xrightarrow{PCl_3} \text{(2-}C_2H_5\text{-6-}CH_3\text{-}C_6H_3)\text{-}NH\text{-}C(=O)\text{-}CH_2Cl$$

$$C_2H_5OH + (HCHO)_n \xrightarrow{HCl} C_2H_5OCH_2Cl$$

$$\text{(2-}C_2H_5\text{-6-}CH_3\text{-}C_6H_3)\text{-}NH\text{-}C(=O)\text{-}CH_2Cl + C_2H_5OCH_2Cl \xrightarrow{\text{缩合}} \text{(2-}C_2H_5\text{-6-}CH_3\text{-}C_6H_3)\text{-}N(CH_2OC_2H_5)\text{-}C(=O)\text{-}CH_2Cl$$

图10-87 缩合法合成乙草胺

近年来，醚化法（或亚甲基法）乙草胺生产工艺逐步替代缩合法（或传统醚法）生产工艺。由于缩合法的主要原料是气体氯化氢、三氯化磷、氯乙酸、固体烧碱等强酸强碱性物质，会造成设备腐蚀严重，也可能产生致癌中间体；而改进后的醚化法可以有效地避免可能的致癌物中间体，同时其废水量大幅下降，乙草胺生产过程的环保性也得到极大改善，使乙草胺的生产具有一定的可持续性[63]。

10.5.3　异丙甲草胺

异丙甲草胺（metolachlor）主要通过植物的幼芽即单子叶植物的胚芽鞘、双子叶植物的下胚轴吸收向上传导。出苗后主要靠根吸收向上传导，抑制幼芽与根的生长。如果土壤墒情好，杂草被杀死在幼芽期；如果土壤水分少，杂草出土后随着降雨土壤湿度增加，杂草吸收药剂后首先叶皱缩，之后整株枯死。因此，施药应在杂草发芽前进行。

10.5.3.1　异丙甲草胺的产业概况

异丙甲草胺为广谱性播后苗前除草剂，为防除禾本科杂草的有效药剂。对棉花、花生、玉米、马铃薯、甜菜、向日葵和大多数阔叶作物有选择性。可在多种作物田如大豆、玉米、棉花、花生、马铃薯、白菜、菠菜、蒜、茄科蔬菜和果园、苗圃使用。与其他除草剂混用也可用于蚕豆、胡萝卜、大麻、小扁豆、辣椒田除草[64]。该品种一直是玉米田首选的禾本科杂草除草剂，它与阔叶杂草除草剂嘧磺草胺（阔草清）混用后，更是相得益彰。目前异丙甲草胺已发展成为酰胺类除草剂中最重要的品种。

到 2018 年 5 月为止，登记的异丙甲草胺产品共有 248 个（含过期有效产品）。而尚未过期的产品数为 186 个，其中单制剂品种有 126 个。剂型分布：可湿性粉剂 10.48%，乳油 45.56%，悬乳剂 14.52%，原药 16.53%。从登记的数量上来看，2000～2007 年异丙甲草胺相关产品获得登记数量较平稳，每年 2～5 个左右，2008 年和 2009 年比较特殊，登记数量陡增，2010 年以后呈逐年上升趋势。其登记情况变化趋势如图 10-88 所示。

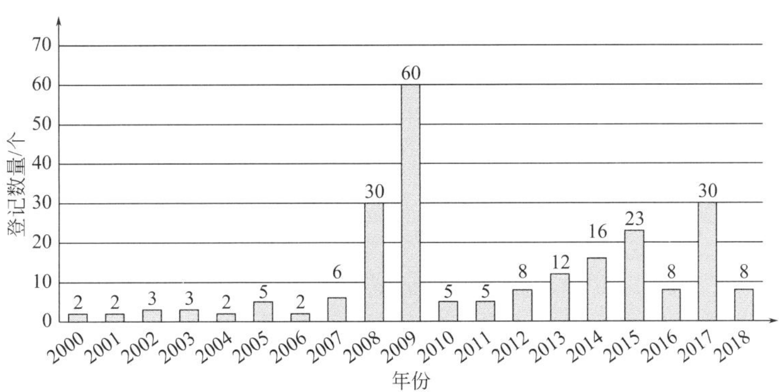

图 10-88　2000 年以来异丙甲草胺登记数量变化趋势

10.5.3.2　异丙甲草胺的工艺概况

异丙甲草胺可以通过三种方法[65]来制备，三种方法均以 MEA 为起始原料，但具体合成工艺路线不同。三种方法的具体过程分述如下。

（1）先烯胺化、酰化再醚化法　该法以 MEA 为原料，依次与多聚甲醛、氯乙酰氯、异丙醇反应，通过烯胺化、酰化、醚化三步反应来制得异丙甲草胺，具体合成工艺路线见图 10-89。

$$\text{2-}C_2H_5\text{-6-}CH_3C_6H_3NH_2 \xrightarrow{(HCHO)_n} \text{2-}C_2H_5\text{-6-}CH_3C_6H_3N{=}CH_2 \xrightarrow{ClCH_2COCl} \text{2-}C_2H_5\text{-6-}CH_3C_6H_3N(COCH_2Cl)CH_2Cl$$

$$\text{2-}C_2H_5\text{-6-}CH_3C_6H_3N(COCH_2Cl)CH_2Cl + (CH_3)_2CHOH \longrightarrow \text{2-}C_2H_5\text{-6-}CH_3C_6H_3N(COCH_2Cl)CH_2OCH(CH_3)_2$$

图 10-89　先烯胺化、酰化再醚化法合成异丙甲草胺

（2）氯甲基异丙基醚法　该法以 MEA、氯乙酸和三氯化磷为起始原料，先经反应生成 2-甲基-6-乙基氯代乙酰替苯胺。此外，在盐酸存在下，由异丙醇与多聚甲醛反应制得氯甲基异丙基醚。最后由 2-甲基-6-乙基氯代乙酰替苯胺与氯甲基异丙基醚在碱性介质中反应，便可制得异丙甲草胺。具体合成工艺路线见图 10-90。

$$\text{2-}C_2H_5\text{-6-}CH_3C_6H_3NH_2 \xrightarrow[ClCH_2COCl]{ClCH_2COOH} \text{2-}C_2H_5\text{-6-}CH_3C_6H_3NHCOCH_2Cl$$

$$(HC(=O)-H)_n + (CH_3)_2CHOH + HCl \longrightarrow ClCH_2OCH(CH_3)_2$$

$$\text{2-}C_2H_5\text{-6-}CH_3C_6H_3NHCOCH_2Cl + ClCH_2OCH(CH_3)_2 \xrightarrow{NaOH} \text{2-}C_2H_5\text{-6-}CH_3C_6H_3N(COCH_2Cl)CH_2OCH(CH_3)_2$$

图 10-90　氯甲基异丙基醚法合成异丙甲草胺

（3）先酰化、氯甲基化再醚化法　该法由先酰化、*N*-氯甲基化再醚化的工艺路线步骤来合成异丙甲草胺。在此法中，MEA 与氯乙酰氯先发生酰化反应生成 2-甲基-6-乙基氯代乙酰替苯胺，然后 2-甲基-6-乙基氯代乙酰替苯胺与多聚甲醛和氯化剂作用生成 *N*-氯甲基-*N*-2,6-甲乙基苯基氯乙酰胺，最后再进一步与异丙醇发生醚化反应，便可制得异丙甲草胺。具体合成工艺路线见图 10-91。

$$\text{2-}C_2H_5\text{-6-}CH_3C_6H_3NH_2 \xrightarrow[ClCH_2COCl]{ClCH_2COOH} \text{2-}C_2H_5\text{-6-}CH_3C_6H_3NHCOCH_2Cl \xrightarrow[HCl]{(HCHO)_n} \text{2-}C_2H_5\text{-6-}CH_3C_6H_3N(COCH_2Cl)CH_2Cl$$

$$\text{2-}C_2H_5\text{-6-}CH_3C_6H_3N(COCH_2Cl)CH_2Cl + (CH_3)_2CHOH \longrightarrow \text{2-}C_2H_5\text{-6-}CH_3C_6H_3N(COCH_2Cl)CH_2OCH(CH_3)_2$$

图 10-91　先酰化、氯甲基化再醚化法合成异丙甲草胺

1970 年先正达公司首次发现异丙甲草胺，1978 年异丙甲草胺以消旋体的形式实现工业化生产（>20000t/年）。由于（S）-构型单一光学活性异构体的异丙甲草胺的除草活性比其（*R*）-构型要高 10 倍左右[66]；显然应用（S）-构型单一光学活性异构体的异丙甲草胺比消旋体具有更高的除草活性和更好的环境安全性。直至 1996 年，才成功实现了高活性单一对映体精异丙甲草胺或（S）-metolachlor 的工业化生产（>10000t/年）[67]。高活性单一对映体精异丙甲草胺的使用剂量比消旋的异丙甲草胺降低了一半。

从成功实现消旋体的工业化生产到实现高活性单一对映体（*S*）-metolachlor 的工业化生产经历了 18 年的过程，其中关键的技术是发现和应用了以 Ir-ferrocenyl diphosphine 为催化剂的催化技术。由此可见，不对称合成技术在工业上开发应用的难度很大。因此，经济实用的不对称合成技术是实现光学纯手性农药品种应用开发需解决的关键技术问题。

早期生产的异丙甲草胺活性较低，同时生产使用成本较高，在发展中国家和地区尚未充分推广普及，其发展速度远低于乙草胺。近几年，随着生产工艺技术的提高、生产成本的降低，国内异丙甲草胺生产发展迅速，截至 2012 年，异丙甲草胺已经发展成为国内第二大的酰胺类除草剂品种。但我国所生产的异丙甲草胺全部为外消旋混合物，没有实现精异丙甲草胺原药的生产[63]。

消旋的异丙甲草胺的使用剂量为 2～3kg/hm^2，而精异丙甲草胺使用剂量为 1～1.5kg/hm^2，显然精异丙甲草胺的使用剂量比消旋的异丙甲草胺降低了一半。由于精异丙甲草胺亩用量更低、安全环保性更佳，随着工艺技术水平的发展和人们环保意识的增强，异丙甲草胺，特别是精异丙甲草胺［(S)-metolachlor，金都尔］的生产及应用也呈现出较快的增长势头[63]。在国际市场上，异丙甲草胺以及精异丙甲草胺占酰胺类除草剂市场份额的 28%，2011 年销售额达 5.5 亿美元，超过乙草胺成为该类除草剂的最大品种[60]。

10.5.4　甲草胺

10.5.4.1　甲草胺的产业概况

甲草胺（alachlor）是旱田除草剂的骨干品种，它被杂草幼苗的根部吸收，干扰核酸和蛋白质合成，阻止细胞增大，从而抑制根的伸长，然后影响全株生长，使杂草死亡。甲草胺的结构式如图 10-92 所示。它是一种选择性芽前除草剂，主要用于玉米、大豆、花生、甘蔗，也可用于非沙性土壤中的棉花、油菜、马铃薯、洋葱、辣椒、甘蓝等作物，防治一年生禾本科杂草和某些阔叶杂草，持效期 4～8 周。甲草胺属于选择性旱地芽前除草剂，主要用于在出苗前土壤中萌发的杂草，对已出土杂草基本无效。

CH_2CH_3　$COCH_2Cl$　N　CH_2OCH_3　CH_2CH_3

图 10-92　甲草胺的结构式

到 2018 年 5 月为止，登记的甲草胺产品共有 65 个（含过期有效产品）。而尚未过期的产品数为 43 个，其中单制剂品种有 19 个，剂型主要为乳油。从登记的数量上来看，2001 年以来，不是每年都有登记，且登记数量在 1～4 个之间，2008 年和 2009 年比较特殊，甲草胺相关产品的登记分别有 16 个和 25 个。其登记数量变化趋势如图 10-93 所示。

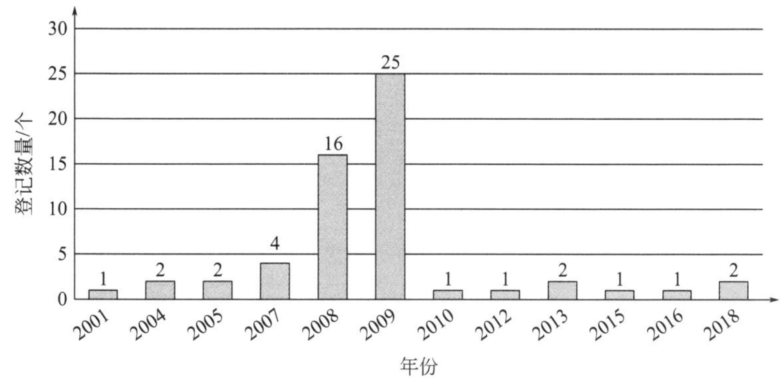

图 10-93　2000 年以来甲草胺登记数量变化趋势

10.5.4.2　甲草胺的工艺概况

甲草胺可由 2,6-二乙基苯胺（DEA）与甲醛水溶液反应，生成 2,6-二乙基亚甲基苯胺，然后与氯乙酰氯反应，生成加成物，再与甲醇反应，用氨作缚酸剂，脱去一分子氯化氢，便可制得 2-氯-2,6-二乙基-*N*-甲氧甲基乙酰替苯胺（甲草胺）。具体合成工艺路线见图 10-94。

图 10-94 甲草胺的工艺路线

10.5.5 丁草胺

10.5.5.1 丁草胺的产业概况

丁草胺（butachlor）是选择性芽前除草剂，一般用于芽前土壤表面处理。水田苗后也可应用，主要用于水稻直播田、移栽水稻田防除一年生禾本科杂草及某些阔叶杂草，为水稻田除草剂的重要品种。也可用于小麦、大麦、甜菜、棉花、花生和白菜等作物田的除草。丁草胺（图 10-95）于 1969 年由美国孟山都公司开发投产，目前已成为国内除草剂中的大吨位常用品种，同时也成为我国出口的主要品种。

图 10-95 丁草胺的结构式

截止到 2018 年 5 月为止，登记的丁草胺产品共有 397 个（含过期有效产品）。而尚未过期的产品数为 294 个，其中单制剂品种有 120 个。剂型分布：可湿性粉剂 21.41%，乳油 39.55%，颗粒剂 7.30%，悬乳剂 9.32%，原药 6.55%。从登记的数量上来看，2000 年以来，每年均有丁草胺相关产品获得登记，2007 年以前登记数量均在 10 个以下，2007 年以后登记数量明显增加，其中 2008 年和 2009 年最为突出，登记数分别达到了 99 个和 112 个。其登记数量变化趋势如图 10-96 所示。

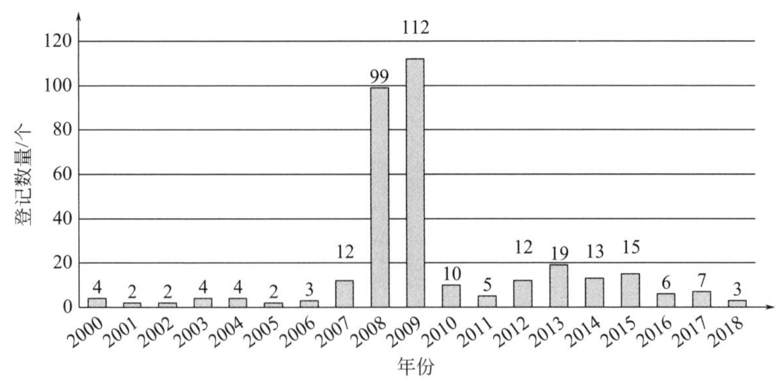

图 10-96 2000 年以来丁草胺登记数量变化趋势

10.5.5.2 丁草胺的工艺概况

由 2,6-二乙基苯胺（DEA）与多聚甲醛反应生成 *N*-亚甲基-2,6-二乙基苯胺，然后与氯乙酰氯反应，生成 *N*-(2,6-二乙基苯胺)-*N*-氯甲基氯乙酰胺，最后与正丁醇反应制得 2-氯-2,6-二乙基-*N*-丁氧甲基乙酰替苯胺（丁草胺）[68]。具体合成工艺路线见图 10-97。

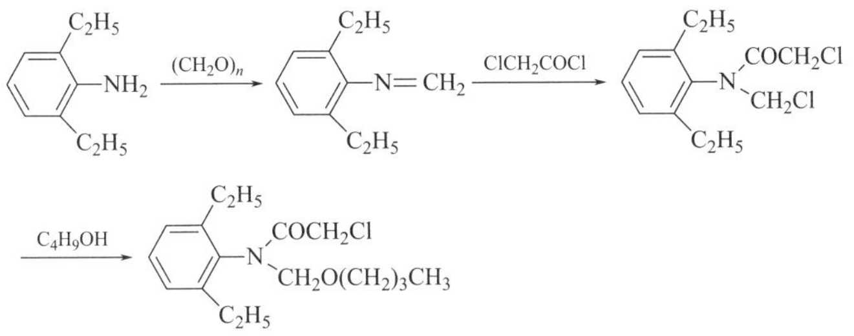

图 10-97　丁草胺的工艺路线

随着酰胺类除草剂新品种的不断研发，在酰胺类化合物中引入杂环和氟原子成为这类除草剂开发的一大热点，如氟丁酰草胺、二甲吩草胺、氟吡草胺是自 1956 年成功开发了酰胺类除草剂之后所出现的新品种。

10.5.6　氟丁酰草胺

氟丁酰草胺（beflubutamid）化学名称为 *N*-苄基-2-[4-氟-3-(三氟甲基)苯氧基]丁酰胺，结构式如图 10-98 所示。

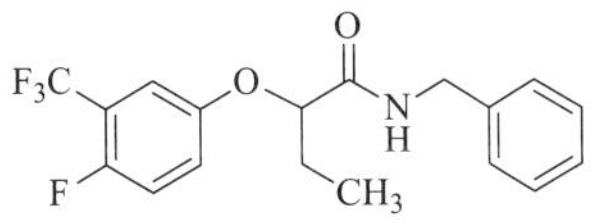

氟丁酰草胺是芽后除草剂，主要用于小麦田苗后防除阔叶杂草，也可用于大麦、黑麦和黑小麦田苗后防除禾本科杂草和阔叶杂草，包括宝盖草、猪殃殃等[69]。

图 10-98　氟丁酰草胺的结构式

氟丁酰草胺的工艺生产可由 α-氯代丁酰氯为起始原料，通过先酰化再缩合的工艺路线制得氟丁酰草胺。也可通过先酯化、醚化再酰化的工艺路线生成氟丁酰草胺。此外，还可由 2-氟代三氟甲苯为起始原料，经过硝化、还原、重氮化、醚化、酰化五步反应的工艺路线制得氟丁酰草胺[65]。根据合成工艺路线的特点，氟丁酰草胺的三种方法分别称之为：①缩合法；②先酯化、醚化再酰化法；③先重氮化、醚化再酰化法。具体合成工艺路线简述如下：

（1）缩合法　该法以 α-氯代丁酰氯为起始原料，先与苄基胺发生酰化反应生成相应的酰胺，然后酰胺通过与 4-氟-3-(三氟甲基)苯酚发生缩合反应，最终制得氟丁酰草胺，具体合成工艺路线见图 10-99。

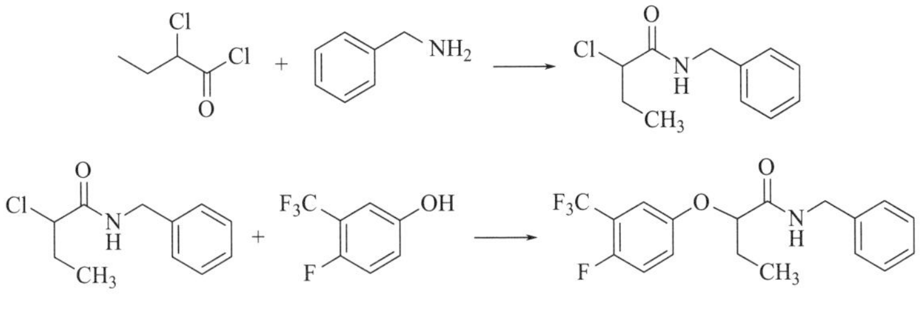

图 10-99　缩合法合成氟丁酰草胺

（2）先酯化、醚化再酰化法　该法以 α-氯代丁酰氯为起始原料，先与乙醇发生酯化反应，再与 4-氟-3-(三氟甲基)苯酚发生醚化反应产生相应的醚，最后醚与苄胺发生酰化反应生成氟丁酰草胺，具体合成工艺路线见图 10-100。

（3）先重氮化、醚化再酰化法　该法以 2-氟代三氟甲苯为起始原料，经过硝化、还原、重氮化等反应先制得中间体 4-氟-3-(三氟甲基)苯酚，其酚再与溴化物作用发生醚化反应。最后再与苄胺发生酰化反应生成氟丁酰草胺，具体合成工艺路线见图 10-101。

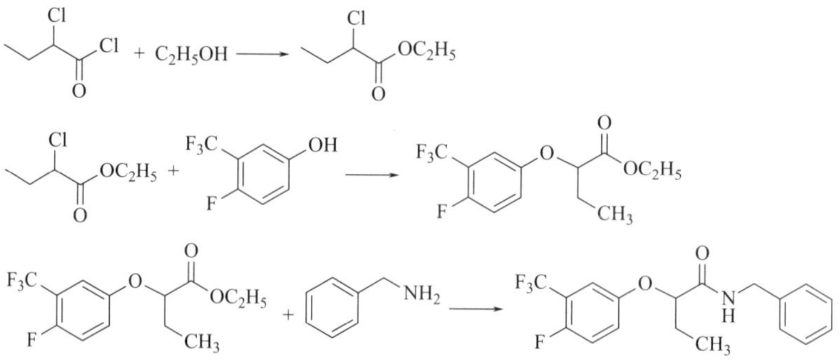

图 10-100 先酯化、醚化再酰化法合成氟丁酰草胺

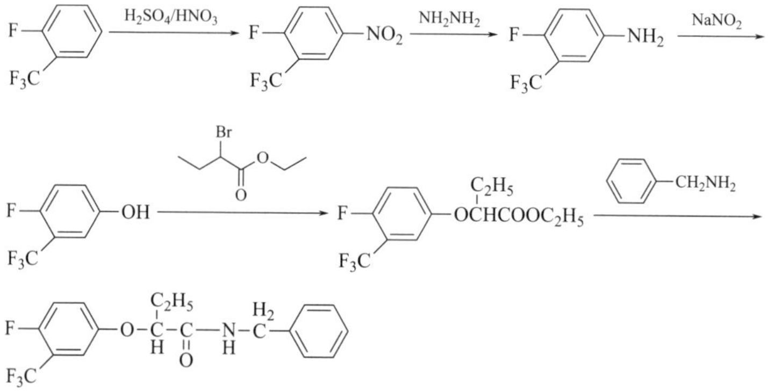

图 10-101 先重氮化、醚化再酰化法合成氟丁酰草胺

10.5.7 二甲吩草胺

二甲吩草胺（dimethenamid）化学名称为 2-氯-*N*-(2,4-二甲基-3-噻吩基)-*N*-(2-甲氧基-1-甲基乙基)乙酰胺。

根据起始原料的不同，可以以 2,4-二甲基-3-氨基噻吩为起始原料，或以 2,4-二甲基四氢噻吩-3-酮为起始原料[65]来制备二甲吩草胺。两种制备方法简述如下：

(1) 以 2,4-二甲基-3-氨基噻吩为起始原料　该法以 2,4-二甲基-3-氨基噻吩为起始原料，制得目的物二甲吩草胺，反应见图 10-102。

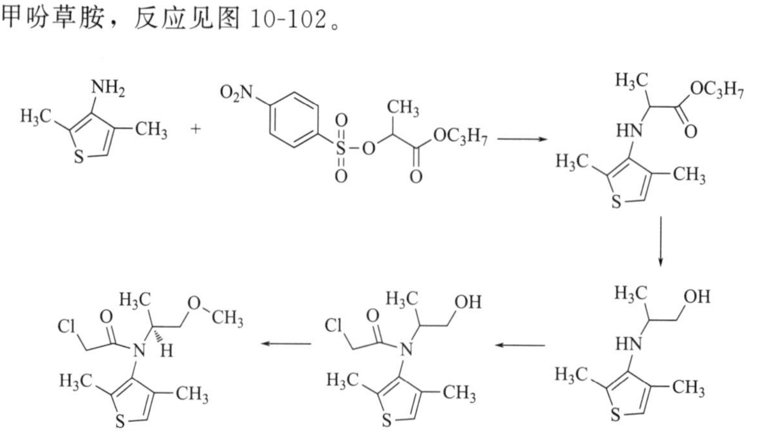

图 10-102 以 2,4-二甲基-3-氨基噻吩为起始原料合成二甲吩草胺

（2）以 2,4-二甲基四氢噻吩-3-酮为起始原料　该法以 2,4-二甲基四氢噻吩-3-酮为起始原料，制得目的物二甲吩草胺，反应式见图 10-103。

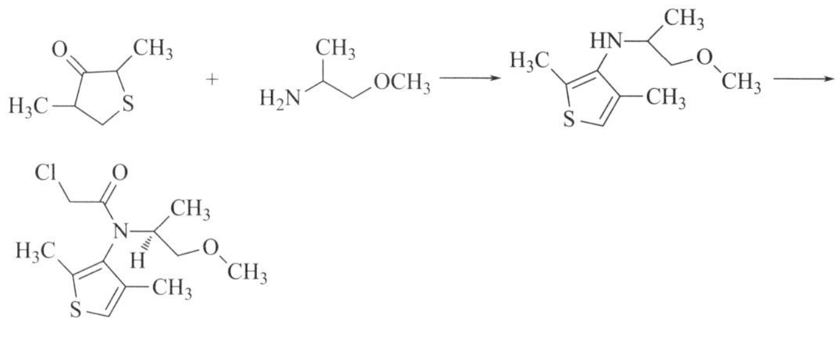

图 10-103　以 2,4-二甲基四氢噻吩-3-酮为起始原料合成二甲吩草胺

2,4-二甲基四氢噻吩-3-酮和 2,4-二甲基-3-氨基噻吩可通过如图 10-104 所示的反应式合成。

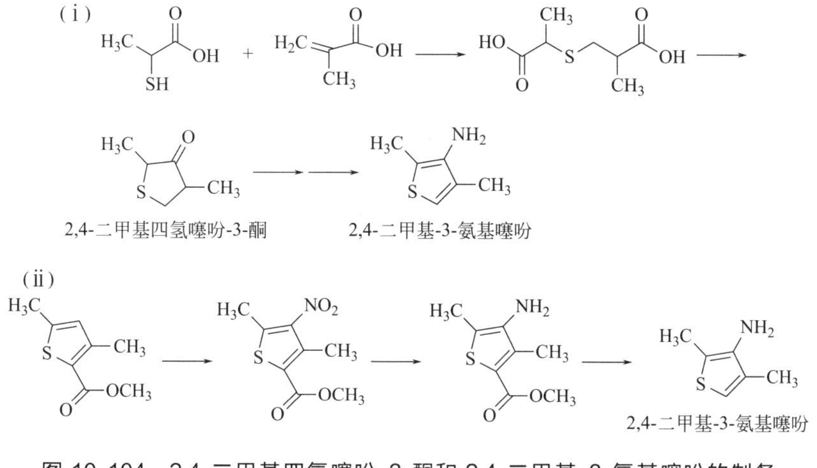

2,4-二甲基四氢噻吩-3-酮　2,4-二甲基-3-氨基噻吩

2,4-二甲基-3-氨基噻吩

图 10-104　2,4-二甲基四氢噻吩-3-酮和 2,4-二甲基-3-氨基噻吩的制备

10.5.8　氟吡酰草胺

10.5.8.1　氟吡酰草胺的产业概况

当前，生产氟吡酰草胺（picolinafen）的厂家不多，仅江苏省南通嘉禾化工有限公司有该产品的生产资格，其登记原药的含量为 97%。其登记情况如表 10-11 所示。

表 10-11　我国现阶段氟吡酰草胺的登记情况

登记证号	登记名称	剂型	总含量	有效期至	生产企业
LS20140108	氟吡酰草胺	原药	97%	2015-3-17	江苏省南通嘉禾化工有限公司

10.5.8.2　氟吡酰草胺的工艺概况

氟吡酰草胺可由 2-氯-6-甲基吡啶为起始原料，经氯化、水解、酰胺化、醚化即得目的产物氟吡酰草胺[65]，反应式见图 10-105。

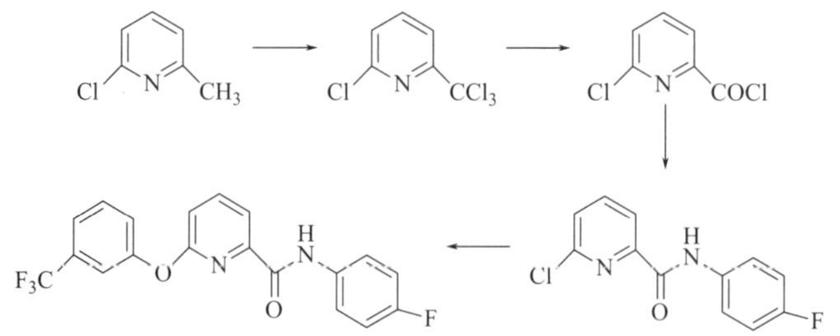

图 10-105 以 2-氯-6-甲基吡啶为起始原料合成氟吡酰草胺

10.6 氨基甲酸酯类除草剂

10.6.1 氨基甲酸酯类除草剂发展概述

氨基甲酸酯类是一类生物活性广泛的化合物，其中许多被成功开发为杀虫剂、除草剂、杀菌剂。1945 年美国 PPG 公司成功开发了第一个氨基甲酸酯类除草剂苯胺灵（propham），这促使了人们将注意力转向氨基甲酸酯类除草剂的研发。此后，又相继出现了氯苯胺灵、燕麦灵、甜菜宁、黄草灵（asulam）、甜菜灵等多个氨基甲酸酯类除草剂产品。其中甜菜宁和甜菜灵为双氨基甲酸酯类的化合物。

早期的氨基甲酸酯类除草剂一般用于稻田除草。目前这类品种销售额最大的不是用作稻田除草剂，而是用作甜菜除草剂。销售额位于前列的氨基甲酸酯类除草剂为甜菜宁（phenmedipham）、苄草丹、甜菜安。其中甜菜宁 1968 年由安万特开发，与拜耳的苯嗪草酮（metamitron）和巴斯夫的氯草敏（甜菜灵 chloridazon）共称甜菜除草剂“三剑客”。甜菜宁的长处在于苗后应用，防除阔叶杂草。

氨基甲酸酯类除草剂是选择性除草剂，可选择性地杀死禾本科杂草，主要防除野燕麦、稗草等一年生禾本科杂草和小粒种子阔叶杂草。对豆或草莓等旱田作物安全。作为茎叶处理的氨基甲酸酯类除草剂品种是通过茎叶吸收药剂，在植物体内向分生组织传导的。用作土壤处理的品种主要通过幼根幼芽吸收药剂。这类除草剂显示了低毒和在土壤中残效期相对较短并较易为非靶标生物降解的特点[70,71]。

含有氨基甲酸酯基本骨架的另一类除草剂是硫代氨基甲酸酯类除草剂，硫代氨基甲酸酯类化合物是在 1954 年以后发展起来的一类除草剂。第一个硫代氨基甲酸酯类除草剂品种是由 Stauffer 公司开发的菌达灭（EPTC），用于防除一年生禾本科杂草及许多阔叶草。1960 年前后，Monsanto 公司先后开发了燕麦敌（diallate）和燕麦畏（triallate），两者均用于小麦地防除野燕麦，为优良的旱田除草剂。之后日本又成功开发了硫代氨基甲酸酯类除草剂禾草丹（thiobencarb），用于水田除草。美国开发的环草丹（molinate），是水田除草剂的优良品种，每年均有大吨位的产品远销世界各地，在除草剂市场上占有重要地位。

大多数氨基甲酸酯类除草剂主要作为土壤处理除草剂应用，具有以下特点：

① 大多数品种是通过幼根和芽吸收药剂的。

② 可以有效防治多种一年生禾本科杂草，对部分阔叶杂草也有效。

③ 大多数氨基甲酸酯类除草剂能严重抑制顶芽及其他分生组织的发育。据报道，这种抑制作用的原因主要是抑制植物的氧化磷酸化作用、RNA 合成、蛋白质合成及光合作用，或抑制脂肪合成，干扰类脂物的形成，从而影响膜的完整性。

④ 氨基甲酸酯类除草剂的选择性主要依赖于它们在植物体内代谢速度的差异。

燕麦灵由植物体的叶子吸收后进入植物体内，传导至生长点，破坏细胞的有丝分裂，造成细胞壁破裂，生长锥分生组织肿大，产生巨细胞，阻止叶腋分蘖和生长点的生长。燕麦灵抑制氧化磷酸化、蛋白质与 RNA 的合成，从而起到毒杀作用。

绝大部分硫代氨基甲酸酯类除草剂均是在苗前采用土壤处理法施用的，具有以下特点：①具有良好的内吸传导性，在种子萌发时，植物通过种子吸收药剂，药剂可通过植物的根吸收，并迅速向茎、叶传导，也可由芽鞘吸收传导至根部；②硫代氨基甲酸酯类除草剂对幼芽的抑制作用比对根的抑制作用强，抑制作用的强弱与药剂浓度有关。

有关硫代氨基甲酸酯类除草剂作用机制的研究报道很有限。据有关报道，此类除草剂主要干扰类脂物的形成，从而影响膜的完整性。此类化合物对植物细胞有丝分裂也有强烈抑制作用，因而可导致萌芽的杂草种子和萌发初期的杂草死亡。硫代氨基甲酸酯类除草剂自身的选择性很差，主要通过吸收量、传导速度或降解速度不同而产生选择性。例如，杀草丹在水稻体内降解较在稗草体内迅速。一般而言，在植物体内降解为硫醇、二氧化碳、二烷基胺，硫醇进一步降解可断去硫原子。

10.6.2 甜菜宁

10.6.2.1 甜菜宁的产业概况

甜菜宁（phenmedipham）化学名称为 3-[(甲氧羟基)氨基]苯基-*N*-(3-甲基苯基）氨基甲酸酯，其结构式如图 10-106 所示。

甜菜宁为选择性苗后茎叶处理剂，适用于甜菜、草莓等作物田防除多种双子叶杂草，如藜属杂草、荠菜、野芝麻、萹蓄、卷茎蓼、繁缕、野萝卜等，但蓼、龙葵、苦苣菜、猪殃殃等杂草耐药性强，对禾本科杂草、莎草科杂草和未萌发的杂草无效。

$NHCOOCH_3$　H　N—COO　H_3C

图 10-106　甜菜宁的结构式

当前，生产甜菜宁的厂家不多，主要有拜耳股份公司、浙江东风化工有限公司、广东广康生化科技股份有限公司、浙江富农生物科技有限公司、永农生物科学有限公司和江苏好收成韦恩农化股份有限公司等。其登记情况如表 10-12 所示。

表 10-12　我国现阶段甜菜宁的登记情况

登记证号	登记名称	剂型	总含量	生产企业
PD164-92	甜菜宁	乳油	160g/L	拜耳股份公司
LS20090520	甜菜宁	原药	95%	浙江东风化工有限公司
PD186-94	甜菜安·宁	乳油	160g/L	拜耳股份公司
LS20120288	安·宁·乙呋黄	乳油	27.40%	广东广康生化科技股份有限公司
PD20102052	甜菜宁	原药	97%	拜耳股份公司
PD20083731	甜菜宁	原药	97%	浙江富农生物科技有限公司
PD20091667	甜菜安·宁	乳油	160g/L	永农生物科学有限公司
PD20092189	甜菜宁	原药	96%	江苏好收成韦恩农化股份有限公司
PD20097068	甜菜宁	乳油	16%	江苏好收成韦恩农化股份有限公司
PD20142428	甜菜宁	原药	97%	永农生物科学有限公司
PD20152361	甜菜安·宁	乳油	160g/L	浙江东风化工有限公司
PD20110736	甜菜宁	原药	97%	浙江东风化工有限公司
PD20121210	甜菜宁	原药	97%	广东广康生化科技股份有限公司
PD20131165	安·宁·乙呋黄	乳油	21%	江苏好收成韦恩农化股份有限公司

10.6.2.2 甜菜宁的工艺概况

根据所用起始原料的不同，可通过以下三种方法合成甜菜宁[72]：

（1）以 1-甲基 3-硝基苯为原料　该法以 1-甲基-3-硝基苯为起始原料，在 140kPa 高压，V_2O_5 作催化剂的条件下，通过与 3-羟基苯基氨基甲酸甲酯进行反应合成甜菜宁。中简体 3-羟基苯基氨基甲酸甲酯可由间硝基苯酚为原料制备。具体反应过程见图 10-107。该方法原子经济性较高，而且原料易得，价格相对便宜。

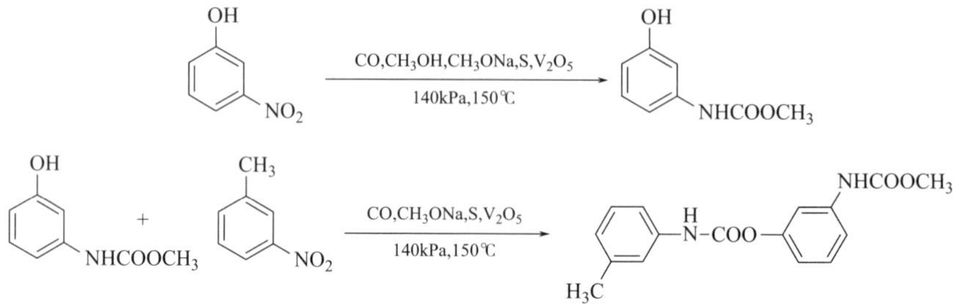

图 10-107　以 1-甲基-3-硝基苯为原料合成甜菜宁

（2）以间甲苯基异氰酸酯为原料　该法以间甲苯基异氰酸酯为起始原料，通过与 3-羟基苯基氨基甲酸甲酯进行缩合反应合成甜菜宁。该方法原料易得，已有工业化制备；该法简单易行，反应时间短，安全可靠，并且产品纯度和收率都较高，据报道此法的产品收率、纯度均可高达 95%以上[73-75]。具体反应过程见图 10-108。

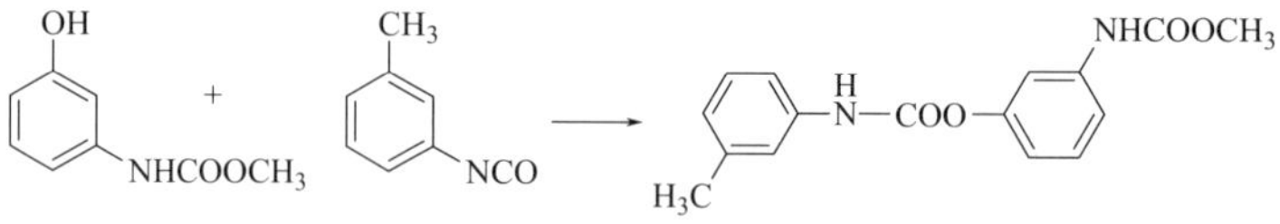

图 10-108　以间甲苯基异氰酸酯为原料合成甜菜宁

（3）以间甲苯基氨基甲酰氯为原料　该法通过间甲苯基氨基甲酰氯与 *N*-间羟基苯氨基甲酸甲酯的亲核取代反应合成甜菜宁。该反应条件温和，收率较高。但该法所需的原料，间甲苯基氨基甲酰氯需由相应的芳胺与光气来制备，反应条件苛刻，制备比较困难[76]。具体反应过程见图 10-109。

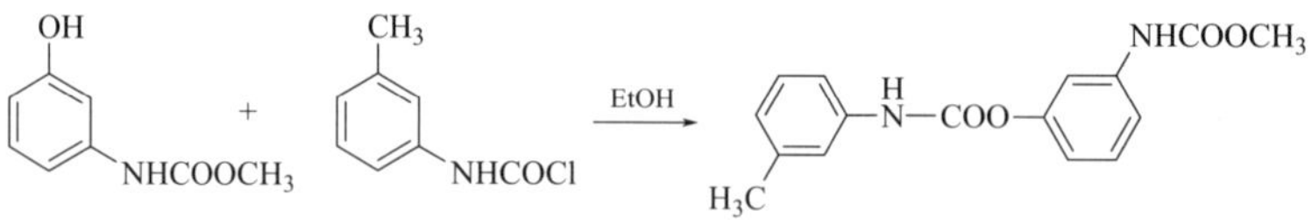

图 10-109　以间甲苯基氨基甲酰氯为原料合成甜菜宁

10.6.3 燕麦灵

燕麦灵（barban）化学名称：4-氯-2-丁炔基-*N*-间氯苯基氨基甲酸酯。燕麦灵是氨基甲酸酯类内吸选择性除草剂，对野燕麦有特效。

燕麦灵的工艺路线：以间氯苯胺为起始原料，先与光气发生酯化反应生成间氯苯氨基异氰酸酯，随后间氯苯氨基异氰酸酯与 1,4-丁炔二醇进行缩合反应，最后分子中的羟基与二氯亚砜发生氯化反应，由此得到目标化合物燕麦灵。具体反应过程见图 10-110。

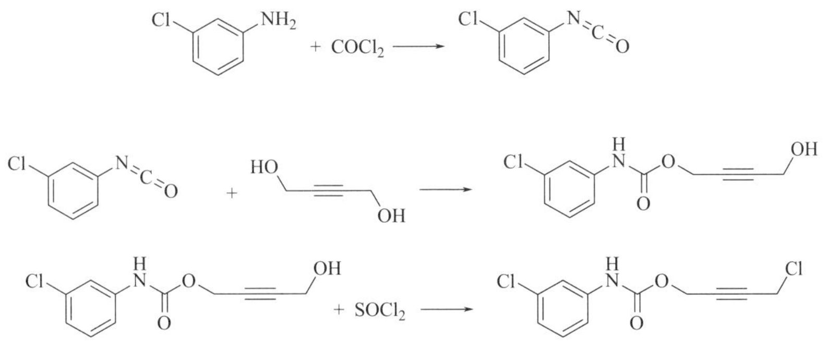

图 10-110　燕麦灵的工艺路线

10.6.4　禾草丹

10.6.4.1　禾草丹的产业概况

禾草丹（thiobencarb）是硫代氨基甲酸酯类选择性内吸传导型土壤处理除草剂，可被杂草的根和幼芽吸收，特别是幼芽吸收后转移到植物体内，对生长点有很强的抑制作用。适用于水稻、麦类、大豆、花生、玉米、蔬菜田及果园等防除稗草、牛毛草、异型莎草、千金子、马唐、蟋蟀草、狗尾草、碎米莎草、马齿苋、看麦娘等。

到 2018 年 5 月为止，登记的禾草丹产品共有 31 个（含过期有效产品）。而尚未过期的产品数为 17 个，其中单制剂品种有 13 个，剂型主要为乳油。从登记的数量上来看，2001 年以来，禾草丹相关产品的登记较分散，且登记数量在 1～4 个之间。其登记数量变化趋势如图 10-111 所示。

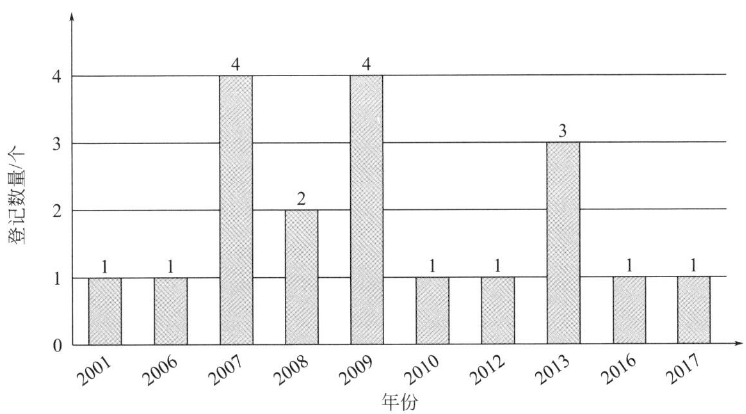

图 10-111　2001 年以来禾草丹登记数量变化趋势

10.6.4.2　禾草丹的工艺概况

禾草丹可采用氧硫化碳法合成，此合成工艺路线有利于采用活泼氯衍生物为原料。该法的关键是制备氧硫化碳（COS），工业上通常由一氧化碳和硫在高温和催化剂的条件下，生成氧硫化碳气体。具体合成反应见图 10-112。

禾草丹的工艺路线：将氧硫化碳气体通入 N,N-二乙基胺的氢氧化钠溶液，生成相应的钠盐，最后该钠盐与对氯苄氯发生缩合反应可制得禾草丹[77]。合成反应见图 10-113。

$$CO + S \xrightarrow[\text{分子筛}]{400\sim460^{\circ}C} COS$$

图 10-112 氧硫化碳的制备

$$(C_2H_5)_2NH + COS + NaOH \xrightarrow{0\sim5^{\circ}C} (C_2H_5)_2N-\overset{O}{\overset{\|}{C}}-SNa$$

$$(C_2H_5)_2N-\overset{O}{\overset{\|}{C}}-SNa + ClCH_2-C_6H_4-Cl \xrightarrow{50\sim60^{\circ}C} (C_2H_5)_2N-\overset{O}{\overset{\|}{C}}-SCH_2-C_6H_4-Cl$$

图 10-113 氧硫化碳法合成禾草丹

在氧硫化碳法的反应中，反应一般在 0～5℃将气体通入胺的氢氧化钠溶液中，充分反应后，加入活泼的氯化物，逐渐升温至 50～60℃约 30h，一般可得到 70%～90%收率的产品。如燕麦敌一号、杀草丹等除草剂在工业上也可采用此法合成。

10.6.5 除草丹

除草丹化学名称：*S*-(2-氯苄基)-*N*,*N*-二乙基硫代氨基甲酸酯。除草丹在稻和稗之间具有选择性，可用于水稻秧田、本田、直播田防除稗草。它适用期广，既可作为芽前土壤处理除草剂，又可在稗草芽期、芽叶期乃至二叶期使用；同时，其杀草谱宽，毒性低，对皮肤无刺激性。

（1）氧硫化碳法合成除草丹 除草丹可采用氧硫化碳法合成，首先将氧硫化碳气体通入 *N*,*N*-二乙基胺的氢氧化钠溶液，使生成相应的钠盐；该钠盐与对甲基苄氯进行缩合反应可制得除草丹。具体合成反应见图 10-114[78]。

$$(C_2H_5)_2NH + COS + NaOH \xrightarrow{H_2O} (C_2H_5)_2N-\overset{O}{\overset{\|}{C}}SNa$$

$$(C_2H_5)_2N-\overset{O}{\overset{\|}{C}}SNa + CH_3-C_6H_4-CH_2Cl \longrightarrow (C_2H_5)_2N-\overset{O}{\overset{\|}{C}}-SCH_2-C_6H_4-CH_3$$

图 10-114 以氧硫化碳法合成除草丹

（2）光气法合成除草丹 除草丹也可采用光气法合成，首先光气与 *N*,*N*-二乙基胺反应生成酰氯，酰氯再与对甲基苄硫醇进行反应，即可制得除草丹。具体合成反应见图 10-115。

$$(C_2H_5)_2NH + COCl_2 \longrightarrow (C_2H_5)_2NCOCl$$

$$(C_2H_5)_2NCOCl + HSCH_2-C_6H_4-CH_3 \longrightarrow (C_2H_5)_2NCOSCH_2-C_6H_4-CH_3$$

图 10-115 以光气法合成除草丹

10.6.6 环草丹

环草丹（molinate）是一种内吸传导型除草剂，它在土壤表面被杂草的幼根和芽吸收，抑制 α-淀粉酶的生物合成，这样使发芽种子中的淀粉水解过程停止或减弱，使杂草停止生长而死亡。环草丹用于水稻中能有效地防治稗草和牛毛草，对水稻十分安全。

环草丹均可以六亚甲基亚胺为起始原料合成，根据所用其他原料的不同，环草丹的工艺路线分为 S-乙基甲酰氯法、光气法、氧硫化碳法三种。分述如下：

（1）S-乙基甲酰氯法　合成环草丹的原料六亚甲基亚胺通常采用催化加氢法制备。具体合成反应见图 10-116。

以六亚甲基亚胺为起始原料，通过与 S-乙基甲酰氯进行亲核取代反应便可制得环草丹[79]。具体合成反应见图 10-117。

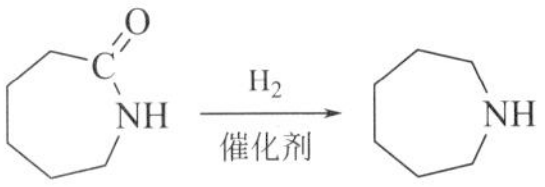

图 10-116　催化加氢法合成六亚甲基亚胺

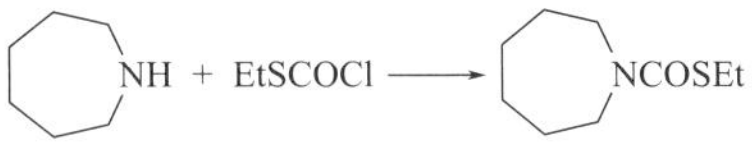

图 10-117　S-乙基甲酰氯法合成环草丹

（2）光气法　以六亚甲基亚胺与光气反应生成六亚甲基甲酰氯，继而在过量碱液存在下与乙硫醇进行巯基化反应便可制得环草丹[80]。具体合成反应见图 10-118。

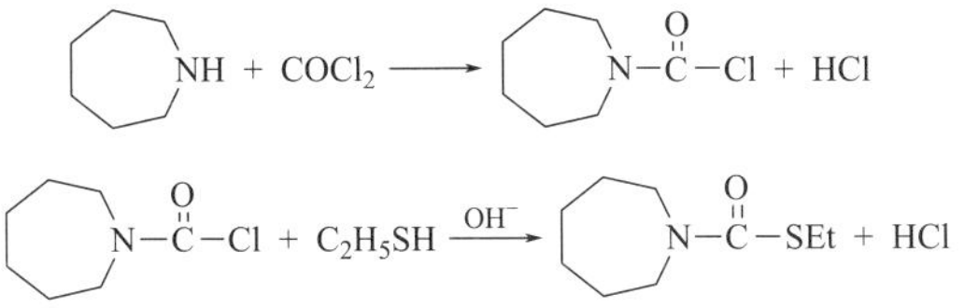

图 10-118　光气法合成环草丹

（3）氧硫化碳法　氧硫化碳在碱存在下与六亚甲基亚胺反应，生成 N,N-六亚甲基硫化氨基甲酸钠，继而与硫酸二乙酯反应便可制得环草丹[80]。具体合成反应见图 10-119。

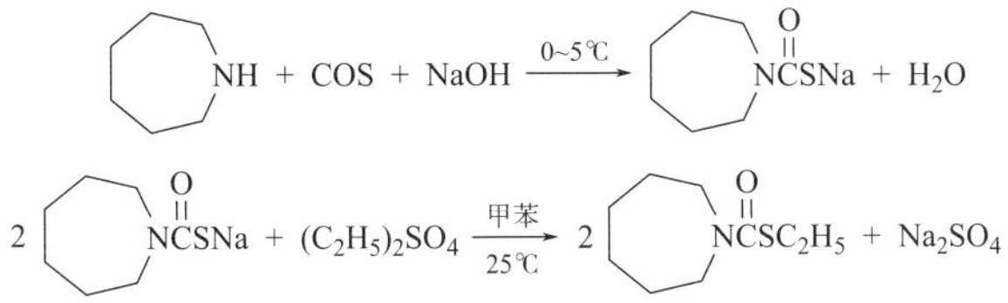

图 10-119　氧硫化碳法合成环草丹

10.6.7　燕麦畏

燕麦畏（triallate）是一种内吸选择性除草剂。主要用于麦田防除野燕麦及鼠尾看麦娘等杂草。土壤处理时，野燕麦通过芽鞘吸收药剂，苗后茎叶处理时，野燕麦通过地中茎与根吸收药剂。燕麦畏影响幼小基叶的有丝分裂，抑制淀粉酶的合成和蛋白质与 RNA 的代谢作用。燕麦畏选择除草机理，主要在于小麦、大麦、青稞与野燕麦分节部位的差异及生理反应的不同。

燕麦畏可采用氧硫化碳法合成，该工艺路线采用异丙胺为起始原料，通过与氧硫化碳、氢氧化钠反应生成相应的钠盐，该钠盐与 1,1,2,3-四氯-1-丙烯进行反应制得燕麦畏。具体合成反应见图 10-120。

10.6.8　燕麦敌

燕麦敌（diallate）是选择性播前防除野燕麦的旱田除草剂，适用于小麦、青稞、豆类、马铃薯及油菜等农作物。

$$[(CH_3)_2CH]_2NH + COS + NaOH \longrightarrow [(CH_3)_2CH]_2N-\overset{O}{\overset{\|}{C}}-SNa$$

$$[(CH_3)_2CH]_2N-\overset{O}{\overset{\|}{C}}-SNa + Cl_2C{=}CClCH_2Cl \longrightarrow [(CH_3)_2CH]_2N-\overset{O}{\overset{\|}{C}}-SCH_2\underset{Cl}{C}{=}\underset{Cl}{C}Cl$$

图 10-120　氧硫化碳法合成燕麦畏

燕麦敌采用氧硫化碳法合成，该法以异丙胺为起始原料，通过与氧硫化碳、氢氧化钠反应生成相应的钠盐，该钠盐与1,2,3-三氯丙烯进行反应，最终合成燕麦敌。具体合成反应见图 10-121。

$$(i\text{-}C_3H_7)_2NH + COS + NaOH \longrightarrow (i\text{-}C_3H_7)_2N\overset{O}{\overset{\|}{C}}SNa$$

$$(i\text{-}C_3H_7)_2N\overset{O}{\overset{\|}{C}}SNa + ClHC{=}CClCH_2Cl \longrightarrow [(CH_3)_2CH]_2N-\overset{O}{\overset{\|}{C}}-SCH_2CCl{=}CHCl$$

图 10-121　氧硫化碳法合成燕麦敌

10.6.9　燕麦敌二号

燕麦敌二号也是选择性播前防除野燕麦的旱田除草剂，适用于小麦、青稞、豆类、马铃薯及油菜等农作物。

燕麦敌二号采用氧硫化碳法合成，该法以异丙胺为起始原料，通过与氧硫化碳、氢氧化钠反应生成相应的钠盐，该钠盐与苄氯进行反应，最终合成燕麦敌二号。具体合成反应见图 10-122。

$$(i\text{-}C_3H_7)_2NH + COS + NaOH \xrightarrow[0\sim5℃]{H_2O} (i\text{-}C_3H_7)_2N\overset{O}{\overset{\|}{C}}SNa$$

$$(i\text{-}C_3H_7)_2N\overset{O}{\overset{\|}{C}}SNa + C_6H_5CH_2Cl \longrightarrow [(CH_3)_2CH]_2N-\overset{O}{\overset{\|}{C}}-SCH_2-C_6H_5$$

图 10-122　氧硫化碳法合成燕麦敌二号

10.7　取代脲类除草剂

10.7.1　取代脲类除草剂的发展概况

取代脲类除草剂在第二次世界大战后迅速发展起来。1946～1949 年期间，Thompson 等人对一系列不同的脲类衍生物进行了研究，并发现和报道了这些脲类衍生物具有生物活性。随后杜邦公司于 1951 年成功开发了首个取代脲类除草剂——灭草隆（monuron）。该类除草剂易被植物的根吸收，被证明是通过抑制光合作用系统Ⅱ的电子传递来抑制植物的光合作用的。

自第一个取代脲类除草剂开发成功后，新的脲类除草剂如敌草隆（diuron）、利谷隆（linuron）、伏草隆（flumeturon）、丁噻隆（tebuthiuron）和异丙隆（isoproturon）等产品相继开发。第二次世界大战后取代脲类除草剂得到迅速发展。至今，大约已有二十余个取代脲类除草剂品种进入市场。

在已进入市场的取代脲类除草剂品种中，销售额最大的是 1954 年由杜邦公司开发的敌草隆（diuron），该品种可苗前施用，能有效防除单子叶、双子叶杂草。主要用于棉花、葡萄、果树、蔬菜、甘蔗及非耕地的除草。

在 20 世纪 70 年代末，美国杜邦公司成功开发了首个磺酰脲类除草剂氯磺隆（chlorsulfuron）后，磺酰脲类除草剂以其高效、用量极低、广谱、选择性强、对哺乳动物毒性极低、易降解等显著优点在全球范围得到广泛应用。由于磺酰脲类除草剂独特的优势，使得取代脲类除草剂的创制研发逐渐停止。

20 世纪 80 年代初是取代脲类除草剂的销售高峰，目前市场仍较稳定。但值得注意的是，脲类除草剂的应用历史已有半个多世纪，由于用量、抗性以及引起地下水污染等问题使其逐渐走向衰弱。再加上磺酰脲类等其他除草剂的迅速发展，使取代脲类除草剂的市场份额在缓慢下滑。

目前研究认为，所有的脲类化合物很容易被植物吸收，并易于随着蒸腾作用传导到植物的茎及叶中，但吸收量与运转速度因植物品种不同而异。当将药剂施于叶面时，不同药物渗透入角质及表皮层的速度也不相同。加入表面活性剂可以促进药物的进入，一部分药物不仅到达进行光合作用的叶肉细胞，而且到达植物的导管或叶脉，然而很少或几乎没有进入植物的韧皮部，因此药物实际上没有通过同化流进入植物的茎、邻近的叶、花或果实中。某些表面活性剂可能有助于该药剂在韧皮部的传导或向下的传导，但尚未完全证实。

取代脲类除草剂的作用机制是强烈地影响植物的光合作用，主要是抑制电子的传递过程。

结构与活性研究表明，环取代基的疏水性对苯基脲类化合物的抑制效力是最重要的，苯环上的取代基是通过影响化合物的疏水性来增强其对光合作用的抑制活性的。而 1,1-二烷基侧链的疏水性对于脲类的作用没有多大帮助，研究表明，烷基碳链的增长导致活性的降低。

脲类除草剂的选择性主要来自不同的吸收、运转以及不同的代谢。棉花具有明显的降解灭草隆、敌草隆及伏草隆的能力，而某些单子叶植物如玉米、燕麦及狗尾草则相反，但是代谢的速度取决于降解的速度，而不取决于生物化学转化的途径。目前科学的资料还不足以完全解释某些脲类的选择性。

10.7.2　绿麦隆

10.7.2.1　绿麦隆的产业概况

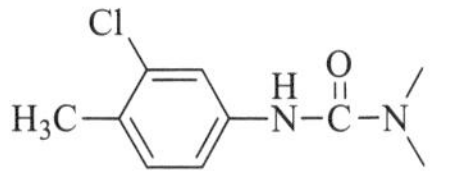

绿麦隆（chlorotoluron）主要适用于麦类、棉花、玉米、谷子、花生等作物田防除看麦娘、早熟禾、野燕麦、繁缕、猪殃殃、藜、婆婆纳等多种禾本科及阔叶杂草。但对田旋花、问荆、锦葵等杂草无效。

当前，生产绿麦隆的厂家不多，包括四川国光农化股份有限公司、鹤岗市旭祥禾友化工有限公司、江苏快达农化股份有限公司、江苏省泰兴市东风农药化工厂、江苏苏中农药化工厂及山东省泗水丰田农药有限公司等。剂型主要以可湿性粉剂为主。原药方面，仅江苏快达农化股份有限公司有生产和销售资格。其登记情况如表 10-13 所示。

表 10-13　我国现阶段绿麦隆的登记情况

登记证号	登记名称	剂型	总含量	生产企业
PD85166-18	绿麦隆	可湿性粉剂	25%	四川国光农化股份有限公司
PD85166	绿麦隆	可湿性粉剂	25%	鹤岗市旭祥禾友化工有限公司
PD85137-3	绿麦隆	原药	95%	江苏快达农化股份有限公司
PD85166-17	绿麦隆	可湿性粉剂	25%	江苏省泰兴市东风农药化工厂
PD85166-5	绿麦隆	可湿性粉剂	25%	江苏苏中农药化工厂
PD85166-2	绿麦隆	可湿性粉剂	25%	山东省泗水丰田农药有限公司
PD20080800	绿麦隆	可湿性粉剂	25%	江苏快达农化股份有限公司

10.7.2.2　绿麦隆的工艺概况

绿麦隆可通过光气法或尿素法来合成。

（1）光气法　该法以对硝基甲苯为起始原料，先通过氯化、还原反应制得对甲间氯苯胺，再采用光气使之酯化转化为对甲间氯苯基异氰酸酯，最后由对甲间氯苯基异氰酸酯与尿素反应即可制得绿麦隆。光气法合成绿麦隆的反应过程见图 10-123。

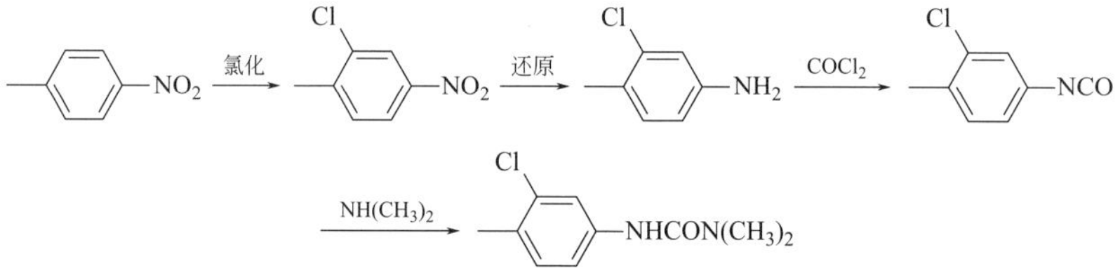

NO_2 氯化 → Cl NO_2 还原 → Cl NH_2 $COCl_2$ → Cl NCO

$NH(CH_3)_2$ → Cl $NHCON(CH_3)_2$

图 10-123　光气法合成绿麦隆

在工业上主要采用光气法来合成绿麦隆，但是由于光气的毒性，特别是大量使用有毒气体光气不仅运输和使用困难，而且往往市场紧俏短缺，造成原料的供应困难，不能满足绿麦隆的正常生产需求[81]。

（2）尿素法　相对光气法而言，尿素法是一种较安全而又方便的生产绿麦隆的方法。利用尿素法来合成绿麦隆的反应过程见图 10-124。

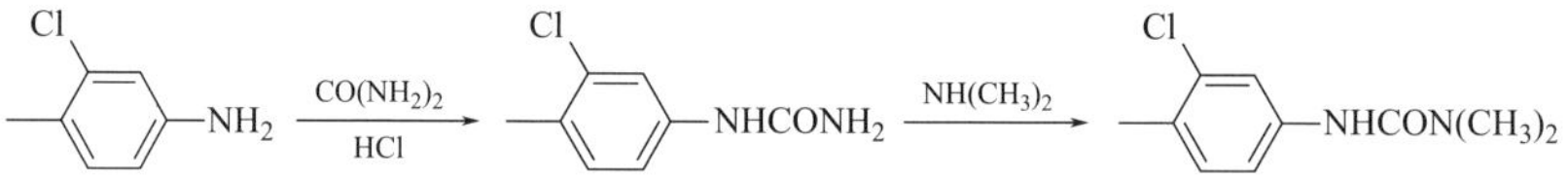

Cl NH_2 $CO(NH_2)_2$ / HCl → Cl $NHCONH_2$ $NH(CH_3)_2$ → Cl $NHCON(CH_3)_2$

图 10-124　尿素法合成绿麦隆

该法同样以对硝基甲苯为起始原料，先通过氯化、还原反应制得对甲间氯苯胺，但之后不用光气，而是利用对甲间氯苯胺与尿素通过两次胺交换反应合成除草剂绿麦隆。由于尿素酰胺键上连有两个具有未取代的—NH_2，可以和不同的胺进行两次酰基化反应进而生成 *N*,*N*-二取代脲。在该反应中，对甲间氯苯胺中的—NH_2 先与尿素酰胺键上的—NH_2 交换反应，使之形成 *N*-对甲间氯苯基取代脲，该产物进一步与二甲胺发生交换反应生成绿麦隆。

尿素法经四步合成绿麦隆，可获得较满意的收率。据报道，采用该法合成除草剂绿麦隆，总收率可达 70%[82]。

10.7.3 利谷隆

10.7.3.1 利谷隆的产业概况

利谷隆（linuron）具有内吸传导和触杀作用。其结构式如图 10-125 所示。土壤黏粒及有机质对利谷隆吸附力较强，因此肥沃黏土应比沙质薄瘦地块用量大。利谷隆对一年生禾本科杂草马唐、狗尾草、蓼等有很好的防除效果，可用于防除麦类、大豆、芦笋、玉米、芹菜、豆科蔬菜、胡萝卜、马铃薯、葱等作物田中杂草。由于受到转基因作物冲击，在大豆田的应用已被淘汰出局，其他市场也在缩小。

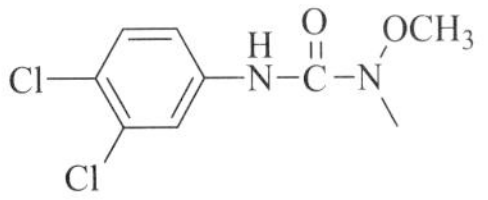

图 10-125 利谷隆的结构式

当前，生产利谷隆的厂家不多，仅江苏瑞邦农药厂有限公司和江苏快达农化股份有限公司有该产品的生产资格，其登记原药的含量为 97%。其登记情况如表 10-14 所示。

表 10-14 我国现阶段利谷隆的登记情况

登记证号	登记名称	剂型	总含量	有效期至	生产企业
PD20140298	利谷隆	悬浮剂	500g/L	2019-2-12	江苏瑞邦农药厂有限公司
PD20140338	利谷隆	原药	97%	2019-2-18	江苏瑞邦农药厂有限公司
PD20140349	利谷隆	原药	97%	2019-2-18	江苏快达农化股份有限公司

10.7.3.2 利谷隆的工艺概况

利谷隆一般可通过异氰酸酯法、芳胺缩合法以及三氯乙酰氯法来合成。

(1) 异氰酸酯法 工业上合成利谷隆一般采用异氰酸酯法。首先通过光气制备芳基异氰酸酯，然后芳基异氰酸酯可和不同的原料进一步反应来合成利谷隆。根据与芳基异氰酸酯反应的原料的不同，异氰酸酯法合成利谷隆可归纳为三条不同的工艺路线。

其一，由 3,4-二氯苯胺与光气反应先生成 3,4-二氯苯基异氰酸酯，再由 3,4-二氯苯基异氰酸酯与甲氧基甲胺反应，便可制得利谷隆。其合成工艺路线见图 10-126。该反应一般在二甲苯、氯苯等有机溶剂中进行，收率可达 90%以上。

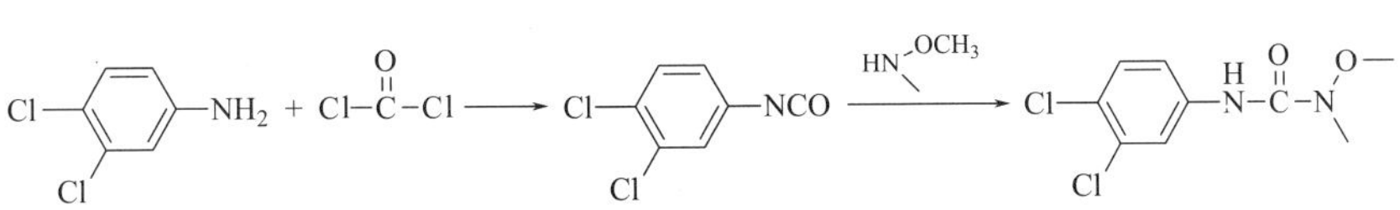

图 10-126 由 3,4-二氯苯基异氰酸酯与甲氧基甲胺合成利谷隆

其二，先制得 3,4-二氯苯基异氰酸酯，再由 3,4-二氯苯基异氰酸酯在室温下与甲氧基胺反应生成 *N*-甲氧基-*N*-(3,4-二氯) 苯基脲，然后在氢氧化钠的存在下，与硫酸二甲酯进行甲基化反应，便可制得利谷隆[83]。其合成工艺路线见图 10-127。

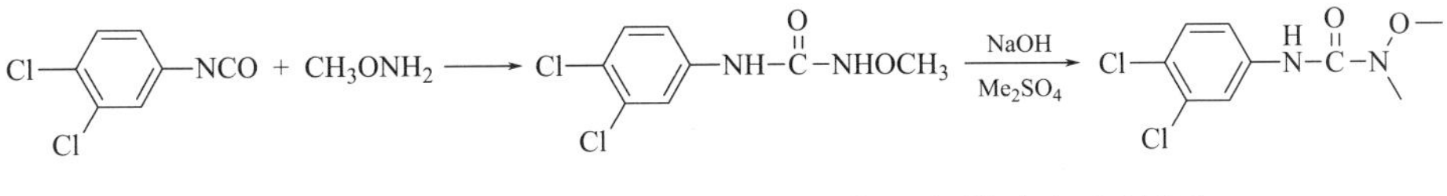

图 10-127 由 3,4-二氯苯基异氰酸酯与甲氧基胺合成利谷隆

其三，同样先由3,4-二氯苯胺与光气反应制备中间体3,4-二氯苯基异氰酸酯，然后在氢氧化钠的存在下3,4-二氯苯基异氰酸酯与羟胺盐酸盐反应生成相应的*N*-羟基取代芳基脲，*N*-羟基取代芳基脲再进一步与硫酸二甲酯进行甲基化反应制得利谷隆[84]。其合成工艺路线见图10-128。该法合成利谷隆收率84%。

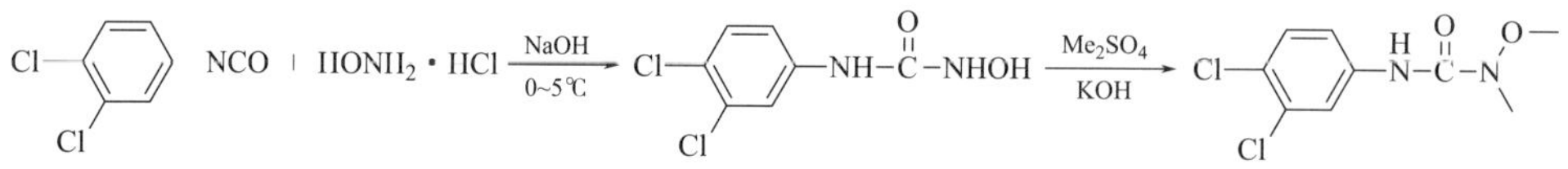

图 10-128 由3,4-二氯苯基异氰酸酯与盐酸羟胺合成利谷隆

(2) 芳胺缩合法　先通过光气与脂肪胺反应生成相应的酰氯，再由酰氯与芳香胺进行缩合反应。如光气与甲氧基甲胺反应生成相应的酰氯，酰氯与3,4-二氯苯胺反应便可制得利谷隆[85]，收率可达92%。其合成工艺路线见图10-129。

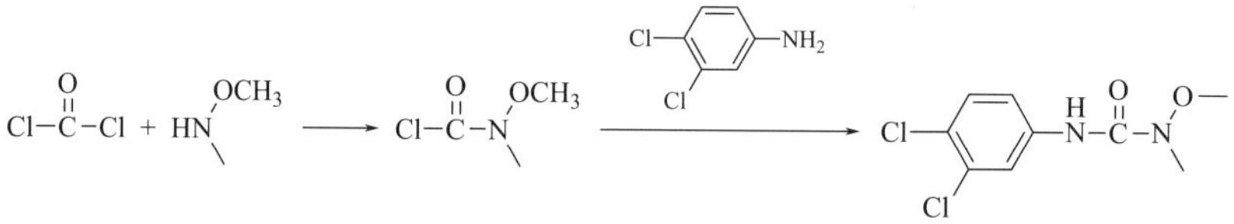

图 10-129 芳胺缩合法合成利谷隆

利用芳胺缩合法合成利谷隆的第二步中，酰氯也可先与苯胺反应生成3-苯基-1-甲氧基-1-甲基脲后，再利用氯气在苯环上进行氯代反应制得利谷隆。此法可称之为后氯化法，其合成工艺路线见图10-130。

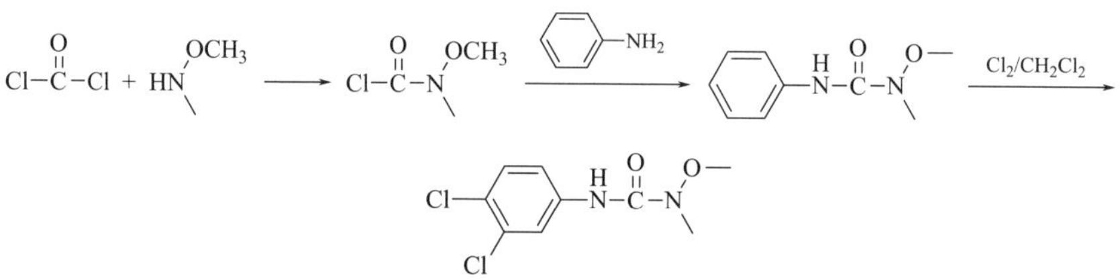

图 10-130 后氯化法合成利谷隆

(3) 三氯乙酰氯法　在三乙胺的存在下，通过3,4-二氯苯胺与三氯乙酰氯的酰化反应生成相应的三氯乙酰基芳基酰胺，然后该酰胺再与甲氧基甲胺发生缩合反应脱去小分子三氯甲烷，便可制得利谷隆。其合成工艺路线见图10-131。

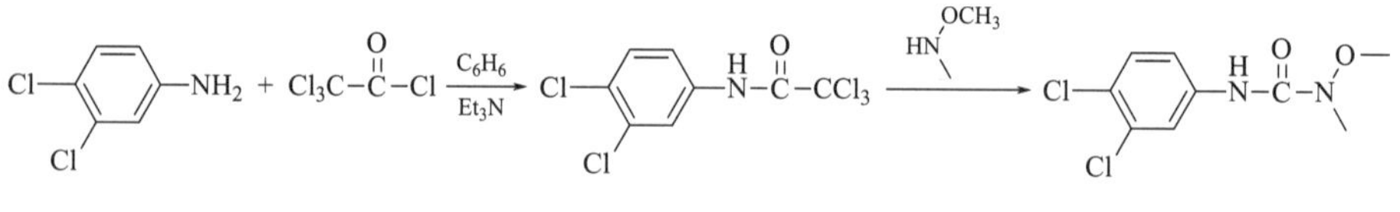

图 10-131 三氯乙酰氯法合成利谷隆

10.7.4 杀草隆

10.7.4.1 杀草隆的产业概况

杀草隆(daimuron)是一种取代脲类选择性芽前土壤处理除草剂，适于芽前和苗后早期用药，防除一年生禾本科和莎草科杂草。该药剂(图10-132)主要通过植物的根部吸收并

迅速地转移至分生组织，通过抑制细胞分裂及地下根、茎的伸长而杀死杂草。杀草隆在芽前使用时对莎草科杂草显示了非常强的活性，但对阔叶杂草没有活性。在实际应用中可通过和其他对阔叶杂草有效的除草剂复配来扩大杀草谱[86]。

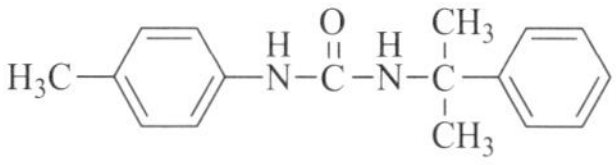

图 10-132　杀草隆的结构式

当前，我国生产杀草隆的厂家不多，仅安徽华星化工有限公司有该产品的生产资格，其登记情况如表 10-15 所示。

表 10-15　我国杀草隆登记情况

登记证号	登记名称	剂型	有效期至	生产企业
LS20001161	杀草隆	可湿性粉剂	2004-7-3	安徽华星化工有限公司
LS20001162	杀草隆	原药	2005-4-13	安徽华星化工有限公司

10.7.4.2　杀草隆的工艺概况

根据原料的不同，杀草隆的工艺路线可分为异氰酸酯法和尿素法两种。

（1）异氰酸酯法（或光气法）　异氰酸酯法是指通过一级胺和异氰酸酯反应来合成取代脲的经典方法。工业上合成杀草隆主要采用异氰酸酯法，在此法中先利用对甲苯胺与光气反应生成中间体对甲苯基异氰酸酯。同时制备得到相应的中间体 1-甲基-1-苯基乙胺。最后由 1-甲基-1-苯基乙胺和对甲苯基异氰酸酯反应合成杀草隆。其合成工艺路线如图 10-133 所示。

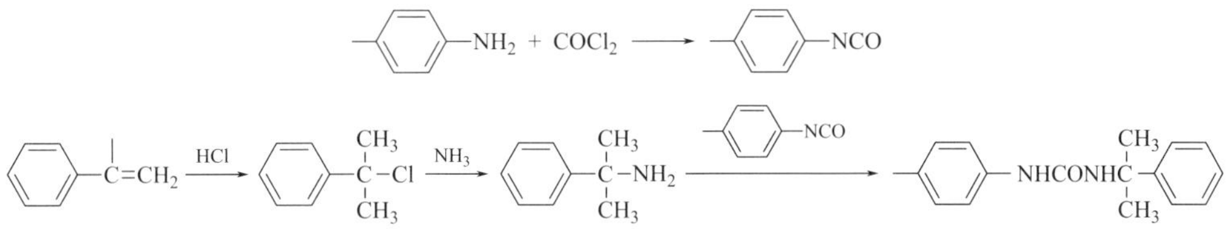

图 10-133　光气法合成杀草隆

（2）尿素法　以对甲苯胺和尿素为原料经反应生成对甲苯基脲，然后对甲苯基脲再与相应的氯化物发生缩合反应，便可制得杀草隆。其合成工艺路线见图 10-134。

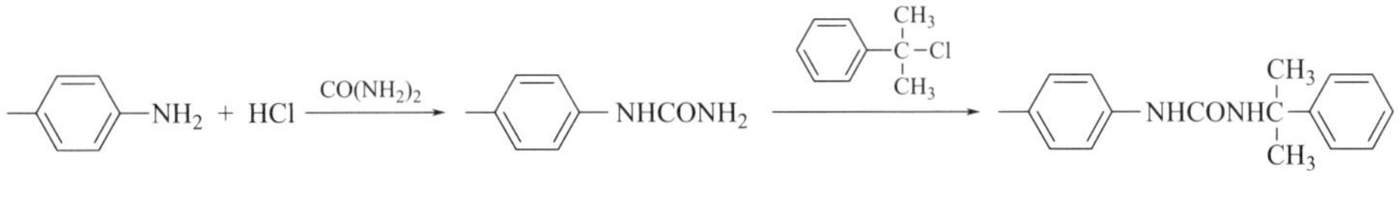

图 10-134　尿素法合成杀草隆

尿素法合成工艺路线的特点是避免了使用光气，而且原料易得，反应周期不长，常压操作，设备简单，易于实现工业化生产。

10.7.5　异丙隆

10.7.5.1　异丙隆的产业概况

异丙隆（isoproturon）为内吸传导型土壤处理剂兼茎叶处理剂。药剂（图 10-135）被植物根部吸收后，传导并积累在叶片中，抑制光合作用，导致杂草死亡。异丙隆常用于大麦、小麦、棉花、花生、玉米、水稻、豆类作物田中防除一年生杂草，用量 1.0～1.5kg/hm^2。

$(H_3C)_2HC-C_6H_4-NH-C(=O)-N(CH_3)_2$

图 10-135 异丙隆的结构式

到 2018 年 5 月为止，登记的异丙隆产品共有 96 个（含过期有效产品）。而尚未过期的产品数为 55 个，其中单制剂品种有 28 个。剂型分布：可湿性粉剂占了 83.33%，水分散粒剂 1.04%，悬浮剂 4.17%，原药 11.46%。从登记的数量上来看，2004 年、2005 年、2008 年和 2009 年登记数量相对较多，分别为 15 个、8 个、11 个和 15 个，其他各年登记数量均在 5 个以下。其登记数量变化趋势如图 10 136 所示。

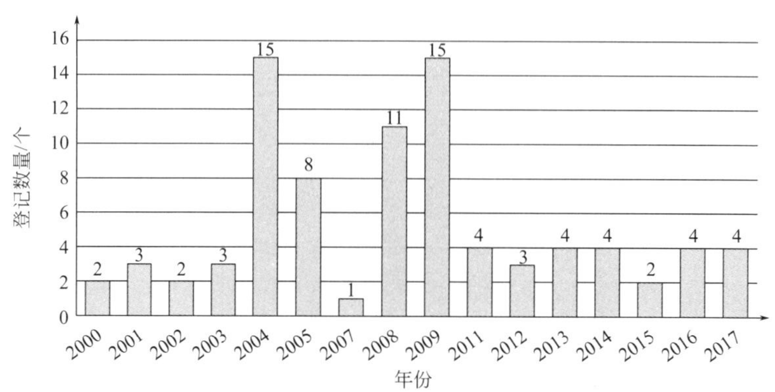

图 10-136 2000 年以来异丙隆登记数量变化趋势

10.7.5.2 异丙隆的工艺概况

异丙隆可由多种方法合成。根据起始原料的不同，异丙隆的工艺路线可归纳为光气法、*N*-取代三氯乙酰胺法、尿素法、二(三氯甲基)碳酸酯法（BTC 法）、氯甲酸甲酯法五种[87]。工业上合成异丙隆主要采用光气法。异丙隆合成的五种方法分述如下：

（1）光气法　工业上主要采用光气法来合成异丙隆。此法由对异丙基苯胺与光气为起始原料，经反应生成对异丙苯基异氰酸酯，然后对异丙苯基异氰酸酯再与二甲胺反应制得 3-对异丙苯基-1,1-二甲基脲（异丙隆）。其合成工艺路线见图 10-137。

$$(H_3C)_2HC-C_6H_4-NH_2 \xrightarrow{COCl_2} (H_3C)_2HC-C_6H_4-NCO \xrightarrow{HN(CH_3)_2} (H_3C)_2HC-C_6H_4-NHC(=O)N(CH_3)_2$$

图 10-137 光气法合成异丙隆

（2）*N*-取代三氯乙酰胺法　在无机碱的催化下，可由对异丙基三氯乙酰苯胺与二甲胺反应来合成异丙隆。该反应过程需采用二甲基亚砜，由于二甲基亚砜价格比较昂贵，该合成工艺路线仅在实验室研究中应用。其合成工艺路线如图 10-138 所示。

$$(H_3C)_2HC-C_6H_4-NHC(=O)CCl_3 \xrightarrow[DMSO]{HN(CH_3)_2} (H_3C)_2HC-C_6H_4-NHC(=O)N(CH_3)_2$$

图 10-138 *N*-取代三氯乙酰胺法合成异丙隆

（3）尿素法　该方法采用尿素与对异丙基苯胺为原料，经反应生成相应的中间体 4-异丙基苯基脲，4-异丙基苯基脲再与二甲胺反应得到异丙隆。其合成工艺路线如图 10-139 所示。通常在此方法中需要使用大量的盐酸，对设备易造成腐蚀。

$$(H_3C)_2HC-C_6H_4-NH_2 \xrightarrow[②NH(CH_3)_2]{①NH_2CONH_2} (H_3C)_2HC-C_6H_4-NHC(=O)N(CH_3)_2$$

图 10-139　尿素法合成异丙隆

（4）二(三氯甲基)碳酸酯法（BTC 法）　二(三氯甲基)碳酸酯（俗称固体光气，BTC，又称之为三光气）是一种稳定的固体化合物，参与化学反应所需的条件十分温和，而且选择性强、收率高。在异丙隆的制备反应中，可先通过对异丙基苯胺和 BTC 反应生成对异丙基苯异氰酸酯，再和二甲胺进一步反应合成异丙隆，其合成工艺路线如图 10-140 所示，此法可以“一锅法”的方式进行[88]。三光气作为光气和双光气的替代品，具有安全经济、使用方便、无污染、反应计量准确、副反应少等特点。与光气法相比，二(三氯甲基)碳酸酯法具有操作安全简便、对环境友好的优点。在此法的操作中，通常采用反滴加法[89]，否则易生成二芳基脲的副产物。反滴加法可以通过控制滴加速度，使反应体系中的芳胺保持在较低的浓度，以控制生成二芳基脲的副反应发生，从而提高芳基异氰酸酯的收率和纯度。此法产品的纯度可达 98%～99%，收率可达 91%～95%。

$$(H_3C)_2HC-C_6H_4-NH_2 \xrightarrow{BTC} (H_3C)_2HC-C_6H_4-NCO \xrightarrow{HN(CH_3)_2} (H_3C)_2HC-C_6H_4-NHC(=O)N(CH_3)_2$$

图 10-140　二(三氯甲基)碳酸酯法合成异丙隆

（5）氯甲酸甲酯法　以对异丙基苯胺和氯甲酸甲酯为原料，经反应先生成中间体对异丙基苯基氨基甲酸甲酯，对异丙基苯基氨基甲酸甲酯再进一步和二甲胺反应便可制得异丙隆。其合成工艺路线如图 10-141 所示。

$$(H_3C)_2HC-C_6H_4-NH_2 \xrightarrow{ClCO_2CH_3} (H_3C)_2HC-C_6H_4-NHCOOCH_3 \xrightarrow{HN(CH_3)_2} (H_3C)_2HC-C_6H_4-NHC(=O)N(CH_3)_2$$

图 10-141　氯甲酸甲酯法合成异丙隆

在上述工艺路线中，由于光气和氯甲酸甲酯的成本较低，因此分别以这两种化合物为原料的光气法和氯甲酸甲酯法在工业上最为常用。与光气相比，BTC 法原料易得，用量少，反应条件温和，收率高，且性质稳定，在生产、储运和使用中极为方便安全，在绿色工业化生产中广泛应用，前景广阔。

10.7.6　敌草隆

10.7.6.1　敌草隆的产业概况

敌草隆（diuron）是当今全球销售额前五十的农药品种之一，其结构式如图 10-142 所示。常用于防除非耕作区中的一般杂草，以防杂草重新蔓延。该品种也常用于芦笋、柑橘、棉花、凤梨、甘蔗、温带树木和水果灌木等田地的除草。

$$3,4\text{-}Cl_2C_6H_3-NH-C(=O)-N(CH_3)_2$$

图 10-142　敌草隆的结构式

到 2018 年 5 月为止，我国登记的敌草隆产品共有 142 个（含过期有效产品）。而尚未过期的产品数为 118 个，其中单制剂品种有 55 个。剂型分布：可湿性粉剂 59.15%，水分散粒剂 14.08%，悬浮剂 9.15%，原药 15.49%。从登记的数量上来看，2005 年以前，只有个别产品登记，2007 年开始，登记数量有明显增加，其中，2013 年和 2015 年均达到 23 个。其登记数量变化趋势如图 10-143 所示。

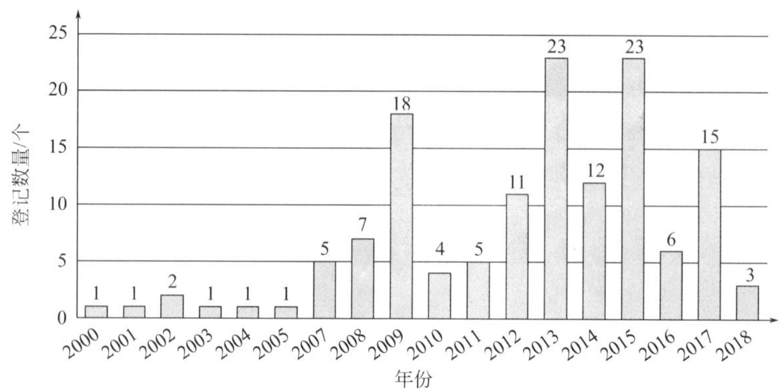

图 10-143　2000 年以来敌草隆登记数量变化趋势

我国生产敌草隆的厂家主要有捷马化工股份有限公司、江苏快达农化股份有限公司、江苏蓝丰生物化工股份有限公司、安徽广信农化股份有限公司和浙江新安化工集团股份有限公司等，其中安徽广信农化股份有限公司以及浙江新安化工集团股份有限公司的产能最大，达到了年产 5000t 敌草隆原药的能力（表 10-16）。

表 10-16　我国敌草隆主要生产企业原药产能

企业名称	产能/(t/年)
捷马化工股份有限公司	2000
江苏快达农化股份有限公司	3000
江苏蓝丰生物化工股份有限公司	4000
安徽广信农化股份有限公司	5000
浙江新安化工集团股份有限公司	5000
合计	19000

10.7.6.2　敌草隆的工艺概况

敌草隆合成的传统工艺是异氰酸酯法。此法先以 3,4-二氯苯胺和光气反应制备 3,4-二氯苯基异氰酸酯，然后再进一步与二甲胺反应便可制得 3-(3,4-二氯苯基)-1,1-二甲基脲（敌草隆）。其合成工艺路线如图 10-144 所示。

$$\text{3,4-}Cl_2C_6H_3{-}NH_2 + Cl{-}\overset{O}{\overset{\|}{C}}{-}Cl \longrightarrow \text{3,4-}Cl_2C_6H_3{-}NCO \xrightarrow{Me_2NH} \text{3,4-}Cl_2C_6H_3{-}\overset{H}{N}{-}\overset{O}{\overset{\|}{C}}{-}N(CH_3)_2$$

图 10-144　异氰酸酯法合成敌草隆

在 3,4-二氯苯基异氰酸酯与二甲胺反应的传统工艺操作中，通常将二甲胺水溶液滴加到 3,4-二氯苯基异氰酸酯的有机溶液中进行反应[90,91]。但在此工艺方法中，3,4-二氯苯基异氰酸酯遇水易分解。据报道，如果采用二甲胺气体代替 40％二甲胺水溶液可提高敌草隆合成产品的质量和收率[92]。

10.7.7 丁噻隆

10.7.7.1 丁噻隆的产业概况

丁噻隆（tebuthiuron）为内吸传导型取代脲类除草剂，可用于非耕地防除杂草，也可用于甘蔗地选择性防除杂草，还可用于牧场去除灌木。其结构式如图 10-145 所示。

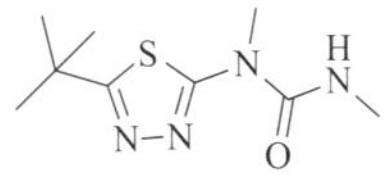

当前，生产丁噻隆的厂家不多，仅江苏快达农化股份有限公司和江苏省盐城南方化工有限公司有该产品的生产资格，其登记原药的含量为 97%。其登记情况如表 10-17 所示。

图 10-145　丁噻隆的结构式

表 10-17　我国现阶段丁噻隆的登记情况

登记证号	登记名称	剂型	总含量	有效期至	生产企业
PD20140317	丁噻隆	原药	97%	2019-2-13	江苏快达农化股份有限公司
PD20140323	丁噻隆	原药	97%	2019-2-13	江苏省盐城南方化工有限公司

10.7.7.2 丁噻隆的工艺概况

根据合成原料的不同，丁噻隆主要可通过异氰酸酯法、双光气法和 *N*-甲基甲酰氯法三种方法合成。

（1）异氰酸酯法　即由 *N*-甲基异氰酸酯与 2-甲基氨基-5-叔丁基-1,3,4-噻二唑反应制得丁噻隆（图 10-146）[93]。用于合成中间体 2-甲基氨基-5-叔丁基-1,3,4-噻二唑的原料 *N*-甲基氨基硫脲可在碱性条件下由二硫化碳、甲胺和水合肼缩合而得，通常有非催化法[94]和硫黄催化法[95]，但反应收率低，导致主产物含量低，并且难以纯化，从而严重影响丁噻隆的品质。*N*-甲基氨基硫脲在三氯氧磷存在的条件下与叔丁基甲酰氯发生环化反应生成 2-甲基氨基-5-叔丁基-1,3,4-噻二唑（如图 10-146 所示）。中间体甲基异氰酸酯属剧毒品，不能运输，只能在生产光气的工厂中采用光气与甲胺反应后就地使用，因此限制了丁噻隆在非光气合成工厂中的生产。

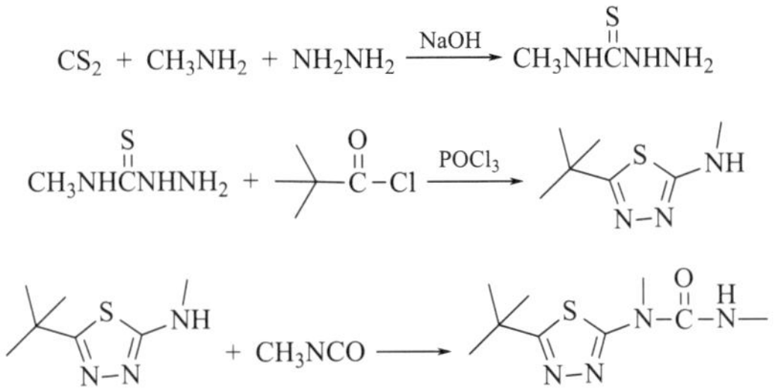

$$CS_2 + CH_3NH_2 + NH_2NH_2 \xrightarrow{NaOH} CH_3NHC(=S)NHNH_2$$

$$CH_3NHC(=S)NHNH_2 + (CH_3)_3C{-}C(=O){-}Cl \xrightarrow{POCl_3} \text{2-甲基氨基-5-叔丁基-1,3,4-噻二唑}$$

$$\text{2-甲基氨基-5-叔丁基-1,3,4-噻二唑} + CH_3NCO \longrightarrow \text{丁噻隆}$$

图 10-146　异氰酸酯法合成丁噻隆

（2）双光气法　采用三光气或双光气对 2-甲基氨基-5-叔丁基-1,3,4-噻二唑进行酰氯化，再与甲胺反应制得丁噻隆[96]。其具体过程为：先由二硫化碳、甲胺和水合肼在碱性条件下缩合制得 *N*-甲基氨基硫脲；*N*-甲基氨基硫脲在三氯氧磷存在的条件下与叔丁基甲酰氯发生环化反应生成 2-甲基氨基-5-叔丁基-1,3,4-噻二唑；2-甲基氨基-5-叔丁基-1,3,4-噻二唑进一步与氯甲酸三氯甲酯（双光气）作用发生酰氯化反应；最后其酰氯化产物与甲胺反应；采用碳酸钾或三乙胺作缚酸剂，便可制得丁噻隆。其合成工艺路线如图 10-147 所示。

$$CS_2 + CH_3NH_2 + NH_2NH_2 \xrightarrow{NaOH} CH_3NHC(=S)NHNH_2$$

$$CH_3NHC(=S)NHNH_2 + (CH_3)_3C{-}C(=O){-}Cl \xrightarrow{POCl_3} \text{2-甲基氨基-5-叔丁基-1,3,4-噻二唑}$$

$$\text{2-甲基氨基-5-叔丁基-1,3,4-噻二唑} + ClCO_2CCl_3 \longrightarrow \text{N-(5-叔丁基-1,3,4-噻二唑-2-基)-N-甲基甲酰氯}$$

$$\text{N-(5-叔丁基-1,3,4-噻二唑-2-基)-N-甲基甲酰氯} + CH_3NH_2 \longrightarrow \text{丁噻隆}$$

图 10-147 双光气法合成丁噻隆

(3) *N*-甲基甲酰氯法 此法需先制备中间体 2-甲基氨基-5-叔丁基-1,3,4-噻二唑。在氢氧化钠催化下先由二硫化碳、甲胺和水合肼缩合制得高含量的 *N*-甲基氨基硫脲[97]。*N*-甲基氨基硫脲在三氯氧磷存在的条件下与叔戊酰氯发生环化反应生成 2-甲基氨基-5-叔丁基-1,3,4-噻二唑。2-甲基氨基-5-叔丁基-1,3,4-噻二唑在酰基化催化剂 DMAP 作用下进一步与 *N*-甲基甲酰氯发生酰基化反应合成制得 *N*-(5-叔丁基-1,3,4-噻二唑-2-基)-*N*,*N'*-二甲基脲(丁噻隆)。此法整个反应过程简单高效、催化剂用量少、成本低，并可获得较满意的结果。该合成反应 3 步总收率可达 70.1%，反应过程如图 10-148 所示。

$$CS_2 + CH_3NH_2 + NH_2NH_2 \xrightarrow{NaOH} CH_3NHC(=S)NHNH_2$$

$$CH_3NHC(=S)NHNH_2 + (CH_3)_3C{-}C(=O){-}Cl \xrightarrow{POCl_3} \text{2-甲基氨基-5-叔丁基-1,3,4-噻二唑}$$

$$\text{2-甲基氨基-5-叔丁基-1,3,4-噻二唑} + CH_3NH{-}C(=O){-}Cl \xrightarrow{DMAP} \text{丁噻隆}$$

图 10-148 *N*-甲基甲酰氯法合成丁噻隆

10.8 醚类除草剂

10.8.1 醚类除草剂发展概述

早在 1930 年 Raiford 等就合成了除草醚(图 10-149)，但直到 1960 年 Rohm & Haas 公司进行再合成并发现其除草活性以后才开辟了二苯醚类除草剂，它是在酚类除草剂基础上发展起来的旱田选择性除草剂[98]。后来日本又将除草醚成功地用于水稻田除草，并于 1966 年开发出对水稻安全的草枯醚[99](见图 10-149)。20 世纪 70 年代后出现了生物活性比除草醚高几十倍的若干新品种，至此醚类除草剂成了除草剂中重要的一类。进入 20 世纪 80 年代，先后开发了一系列含三氟甲基的高效除草剂。目前，二苯醚类除草剂已有近 20 个品种商品化。二苯醚类除草剂大多对鱼贝低毒，且具有较高的生物活性，曾在我国及日本大面积应用。近年来部分品种因为环境毒性而在欧美被禁。

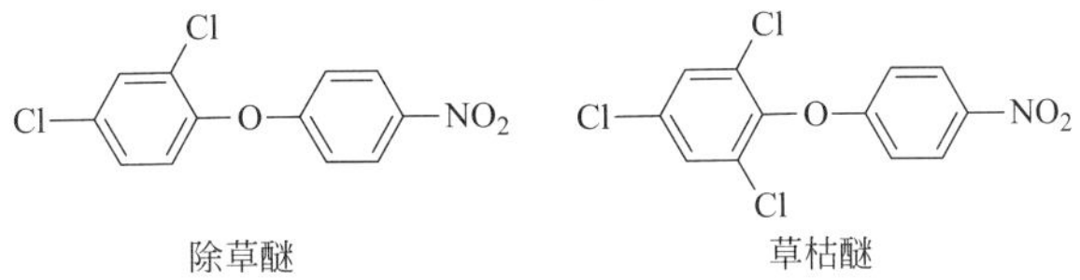

图 10-149 早期二苯醚类除草剂

目前，全球已经开发的二苯醚类除草剂有乙氧氟草醚（oxyfluofen）、三氟羧草醚（acifluorfen）、乙羧氟草醚（fluoroglycofen-ethyl）、乳氟禾草灵（lactofen）、氟磺胺草醚（fomesafen）和氯氟草醚（ethoxyfen-ethyl）（见图 10-150）等 20 多个品种[100-106]。

近期开发的二苯醚类化合物只有一个氯氟草醚（图 10-150），是由匈牙利 Budapest 化学公司开发的具有单一旋光活性体的高效旱田苗后除草剂，主要用于防除冬小麦、大麦田阔叶杂草如猪殃殃、苍耳等。商品名 Buvirex，用量为 10～30g/hm^2，制剂为 240g/L 乳油。

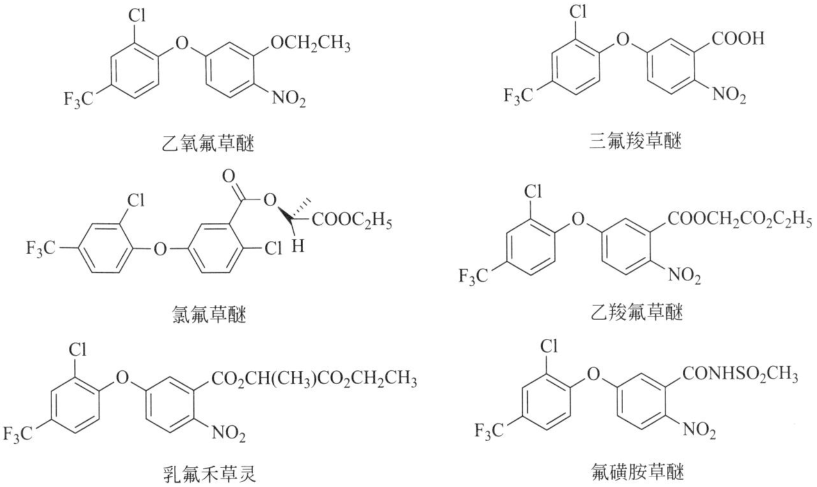

图 10-150 常见的商品化二苯醚类除草剂

这类除草剂中，最重要的品种是氟磺胺草醚（fomesafen，为先正达公司所有），最初由捷利康公司 1982 年开发，用于大豆田苗后防除阔叶杂草[107,108]。二苯醚类另一个重要品种是乙氧氟草醚（oxyfluorfen，果尔）由 Rohm & Haas 开发，现在归道化学公司所有。Rohm & Haas 是最早开发这类产品的公司之一，1976 年推出果尔，1979 年推出三氟羧草醚（acifluorfen，杂草焚），1986 年推出乙羧氟草醚（fluoroglycofen，克草特），果尔可苗前及苗后用于棉花、葡萄、水稻及玉米田防除单子叶及阔叶杂草。乳氟禾草灵（lactofen，克阔乐），1984 年 PPG Industrits（后由 Chevron 收购）的乳氟禾草灵在美国用于大豆田，是大豆田除草剂中最活跃的品种之一。

二苯醚类除草剂有着独特的优势，如对光稳定、生物活性高、安全高效等。大量的研究表明农药分子中包含二苯醚结构可以显著改善农药的理化性质和生物活性，故在农药开发中受到普遍青睐。二苯醚类除草剂的作用速度快，且稍有药害，但通常不影响作物产量，对后茬作物安全。

醚类除草剂是一类触杀型除草剂，通过植物细胞中原卟啉原氧化酶积累而发挥药效。茎叶处理后，可被敏感植物吸收到组织中，使植株迅速坏死，或在阳光照射下使茎叶脱水干枯而死。该除草剂引起的典型生理性变化有：生长抑制；叶绿素降解；原卟啉积累；膜降解产生短链碳氢化合物。其基本特征是活性氧导致的脂质过氧化作用，因此又被称为过氧化除草剂。由于该化合物以植物细胞的叶绿素为作用点，确保了动植物之间的选择毒性，具有超高效、低毒的特点，对作物、环境安全，残效适中，对后茬作物无影响，故成为新型除草剂开发的热点。

10.8.2 三氟羧草醚

10.8.2.1 三氟羧草醚的产业概况

三氟羧草醚（acifluorfen）是一种触杀型选择性芽后除草剂，可被杂草茎叶吸收，在土壤中不被根吸收，且易被微生物分解，故不能作土壤处理，对大豆安全。主要防除阔叶草，适用于大豆田防除铁苋菜、苋、刺苋、豚草、芸苔、灰藜、野西瓜、甜瓜、曼陀罗、裂叶牵牛、旋花科杂草、茜草科杂草、春蓼、宾州蓼、猩猩草。对 1～3 叶期的狗尾草、稷和野高粱也有较好防效，对苣荬菜、刺儿菜有较强的抑制作用。

到 2018 年 5 月为止，我国登记的三氟羧草醚产品共有 47 个（含过期有效产品）。而尚未过期的产品数为 27 个，其中单制剂品种有 15 个，剂型以水剂为主。从登记的数量上来看，2000 年以来，除 2008 年和 2009 年登记数量分别有 7 个和 10 个外，其余各年都在 1～3 个之间。其登记数量变化趋势如图 10-151 所示。

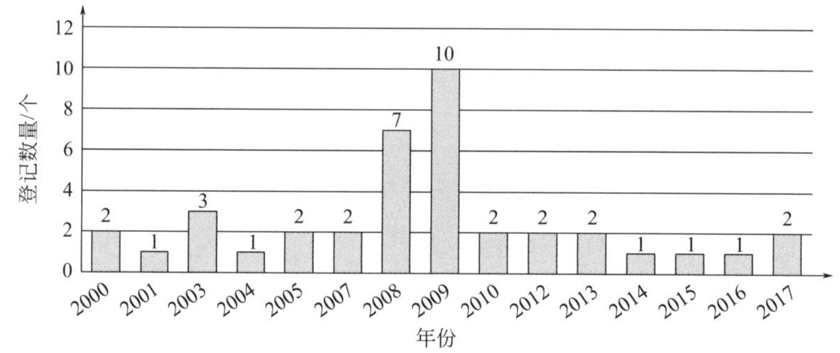

图 10-151　2000 年以来三氟羧草醚登记数量变化趋势

10.8.2.2 三氟羧草醚的工艺概况

三氟羧草醚的工艺路线主要有以下两种。

（1）方法 1　从间羟基苯甲酸和 3,4-二氯三氟甲苯出发，间羟基苯甲酸与 KOH 反应得到间羟基苯甲酸的二钾盐，然后与 3,4-二氯三氟甲苯缩合，再经酸化、干燥，得到中间体 3-[2-氯-4-(三氟甲基)苯氧基]苯甲酸，最终硝化得三氟羧草醚。其合成工艺路线如图 10-152 所示。

图 10-152　以间羟基苯甲酸为原料合成三氟羧草醚

（2）方法 2　从间甲酚和 3,4-二氯三氟甲苯出发，间甲酚首先与 KOH 成盐，然后与 3,4-二氯三氟甲苯缩合，经氧化、硝化反应最终得三氟羧草醚。其过程如图 10-153 所示。

$HO\text{-}C_6H_4\text{-}CH_3 + KOH \xrightarrow{DMAC} KO\text{-}C_6H_4\text{-}CH_3 \xrightarrow{F_3C\text{-}C_6H_3Cl_2} F_3C\text{-}C_6H_3(Cl)\text{-}O\text{-}C_6H_4\text{-}CH_3$

$\xrightarrow[O_2/H_2O_2/HoAC]{NaBr/Co(Ac)_2} F_3C\text{-}C_6H_3(Cl)\text{-}O\text{-}C_6H_4\text{-}COOH \xrightarrow[CH_2Cl_2]{HNO_3/H_2SO_4} F_3C\text{-}C_6H_3(Cl)\text{-}O\text{-}C_6H_3(COOH)\text{-}NO_2$

图 10-153　以间甲酚为原料合成三氟羧草醚

二苯醚类除草剂除三氟羧草醚外，还有氟磺胺草醚、乙羧氟草醚和乳氟禾草灵等活性较好的化合物，这三种化合物均是在三氟羧草醚的基础上进行衍生而得到的。其他该类化合物也是在有关已知化合物的基础上优化得到的。现将二苯醚类除草剂的代表化合物的工艺路线进行介绍。

10.8.3　乙羧氟草醚

10.8.3.1　乙羧氟草醚的产业概况

乙羧氟草醚（fluoroglycofen-ethyl）属二苯醚类除草剂，是原卟啉氧化酶抑制剂，本品一旦被植物吸收，只有在光照条件下才发挥效力。该化合物同分子氯反应，生成对植物细胞具有毒性的化合物四吡咯，积聚而发生作用。积聚过程中，使植物细胞膜完全消失，然后引起细胞内含物渗漏。

该除草剂为触杀型除草剂，杀草活性高，主要用于禾谷类作物防除阔叶杂草，具有活性高、杀草谱广、毒性低的特点。芽后使用防除阔叶杂草，所需剂量相对较低。虽然该药剂芽前施用对敏感的双子叶杂草也有一定活性，可防除阔叶杂草，尤其是猪殃殃、婆婆纳、堇菜、苍耳属和甘薯杂草，但剂量必须高于芽后剂量的 2～10 倍。适用于小麦、大麦、花生、大豆和稻等作物田除草。

到 2018 年 5 月为止，登记的乙羧氟草醚产品共有 115 个（含过期有效产品）。而尚未过期的产品数为 67 个，其中单制剂品种有 46 个。剂型分布：可湿性粉剂 10.43%，乳油 63.48%，原药 9.57%。从登记的数量上来看，2001 年以来，每年均有乙羧氟草醚相关产品获得登记，除 2009 年登记数相对较多，有 18 个外，其他各年登记数较平稳，近两年有上升趋势。其登记情况变化趋势如图 10-154 所示。

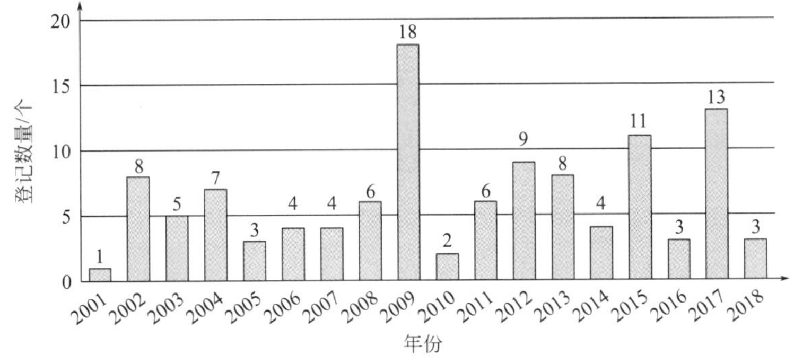

图 10-154　2001 年以来乙羧氟草醚登记数量变化趋势

10.8.3.2 乙羧氟草醚的工艺概况

乙羧氟草醚是在三氟羧草醚的基础上，使羧基与氯乙酸乙酯发生取代反应衍生而得到的，如图 10-155 所示。

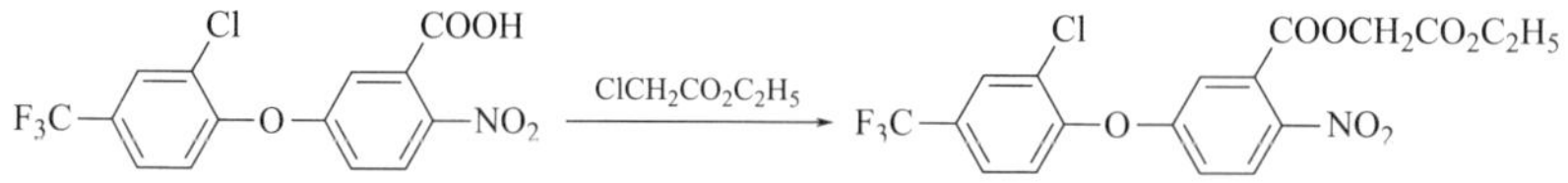

图 10-155 由三氟羧草醚合成乙羧氟草醚

10.8.4 乳氟禾草灵

10.8.4.1 乳氟禾草灵的产业概况

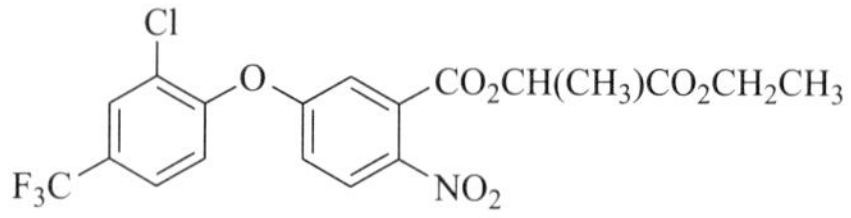

乳氟禾草灵(lactofen)

乳氟禾草灵（lactofen）为选择性苗后除草剂，用于禾谷类作物、棉花、花生、番茄、水稻、大豆田防除阔叶杂草。

到 2018 年 5 月为止，登记的乳氟禾草灵产品共有 36 个（含过期有效产品）。而尚未过期的产品数为 24 个，其中单制剂品种有 19 个，剂型主要以乳油为主。从登记的数量上来看，2001～2003 年每年只有 1 个乳氟禾草灵相关产品登记，2005 开始上升，2009 年达到 14 个，2011 年又降至 3 个，随后没有相关产品登记。其登记数量变化趋势如图 10-156 所示。

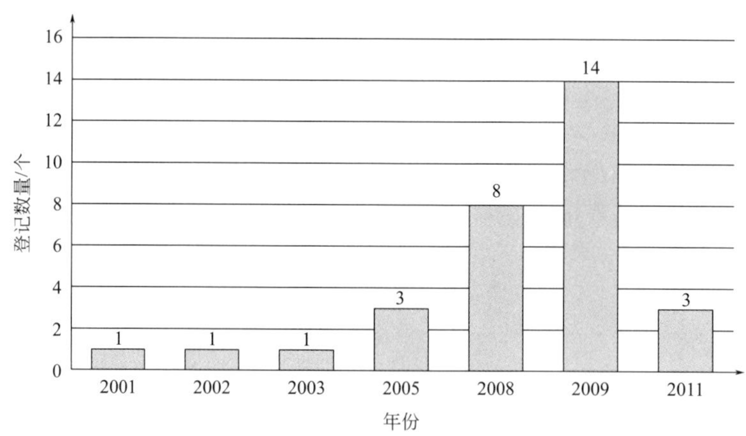

图 10-156 2001 年以来乳氟禾草灵登记数量变化趋势

10.8.4.2 乳氟禾草灵的工艺概况

乳氟禾草灵由三氟羧草醚经酰基化、酯化反应进行衍生而得，如图 10-157 所示。3,4-二氯三氟甲基苯与间羟基苯甲酸反应，得到 3-[2-氯-4-(三氟甲基)苯氧基]苯甲酸，该化合物经硝化得到 5-[2-氯-4-(三氟甲基)苯氧基]-2-硝基苯甲酸，最后与 α-羟基丙酸乙酯在碳酸钾存在下于二甲基亚砜中反应，即制得目的物。

图 10-157　由三氟羧草醚合成乳氟禾草灵

10.8.5　氟磺胺草醚

10.8.5.1　氟磺胺草醚的产业概况

氟磺胺草醚(fomesafen)

氟磺胺草醚（fomesafen）又名虎威，化学名称为 5-(2-氯-4-三氟甲基苯氧基)-*N*-(甲基磺酰基)-2-硝基苯甲酰胺，是由英国 ICI（Imperial Chemical Industries）公司于 1977 年推出的一种二苯醚类除草剂。氟磺胺草醚具有高度选择性，能有效地防除大豆、花生田阔叶杂草和香附子，对禾本科杂草也有一定防效。其能被杂草根叶吸收，并使其迅速枯黄死亡，喷药后 4～6h 遇雨不影响药效，对大豆安全。

到 2018 年 5 月为止，登记的氟磺胺草醚产品共有 338 个（含过期有效产品）。而尚未过期的产品数为 285 个，其中单制剂品种有 163 个。剂型分布：乳油 33.73%，水剂 43.49%，微乳剂 11.24%，原药 7.69%。从登记的数量上来看，2007 年及以前，登记数量增长缓慢，2008 年和 2009 年登记数分别剧增至 57 个和 100 个，随后每年均有登记。其登记数量变化趋势如图 10-158 所示。

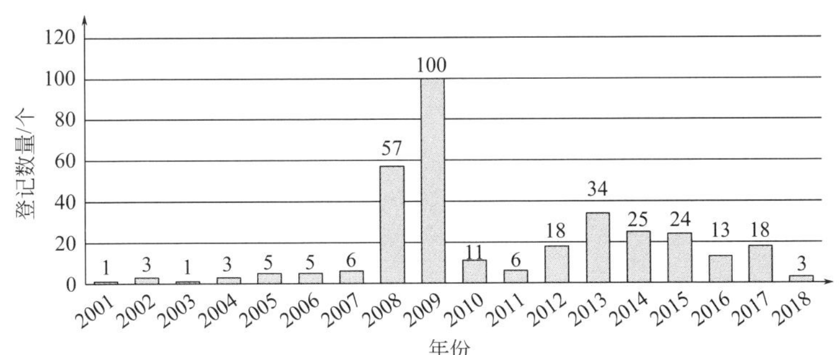

图 10-158　2001 年以来氟磺胺草醚登记数量变化趋势

10.8.5.2　氟磺胺草醚的工艺概况

国外文献报道虎威合成工艺方案路线之一，如图 10-159 所示。

目前国内基本上都采用了上述合成工艺路线，即以间羟基苯甲酸和 3,4-二氯三氟甲苯为起始原料，先合成中间体 3-[2-氯-4-(三氟甲基)苯氧基]苯甲酸，再硝化制得三氟羧草醚，然后与甲基磺酰胺反应合成氟磺胺草醚粗品，最后经提纯后得到高纯度的氟磺胺草醚原药。

氟磺胺草醚

图 10-159　由三氟羧草醚合成氟磺胺草醚

10.8.6　乙氧氟草醚

10.8.6.1　乙氧氟草醚的产业概况

乙氧氟草醚(oxyfluorfen)

乙氧氟草醚（oxyfluorfen）是 1975 年由美国 Rohm & Haas 公司开发成功的含氟苯醚类除草剂，于 1989 年在我国正式登记商品果尔 24 乳油，其除草活性比相应的除草醚提高 5～10 倍，为杀草丹的 16.32 倍。美国陶氏益农公司于 2003 年一季度在我国正式登记乙氧氟草醚原药。其使用范围广，杀草谱广，持效期长，亩用量少，活性高；可与多种除草剂复配使用，扩大杀草谱，提高药效；使用方便，既可芽前处理，又可芽后处理；毒性低。为选择性芽前或芽后触杀型除草剂。在有光的情况下发挥其除草活性。主要通过胚芽鞘、中胚轴进入植物体内，经根部吸收较少，并有极微量通过根部向上运输进入叶部。

到 2018 年 5 月为止，登记的乙氧氟草醚产品共有 172 个（含过期有效产品）。而尚未过期的产品数为 142 个，其中单制剂品种有 68 个。剂型分布：可湿性粉剂 7.10%，乳油 59.76%，微乳剂 10.06%，原药 13.61%。从登记的数量上来看，2002～2006 年每年乙氧氟草醚相关产品登记在 1～3 个之间，随后出现两个增长点，分别在 2008 年和 2017 年，其登记数分别为 27 和 37 个。其登记数量变化趋势如图 10-160 所示。

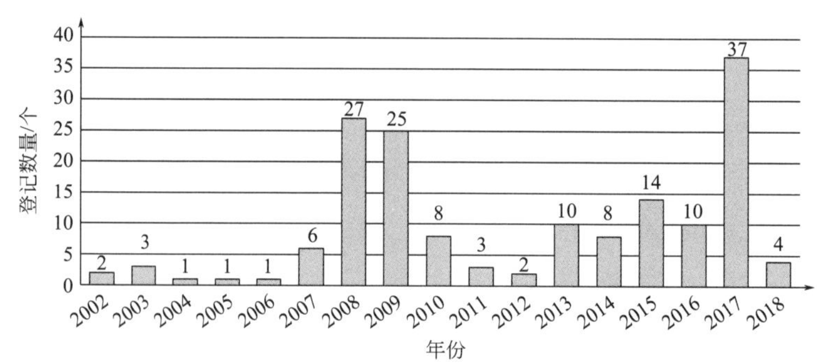

图 10-160　2002 年以来乙氧氟草醚登记数量变化趋势

10.8.6.2　乙氧氟草醚的工艺概况

从乙氧氟草醚的结构可以看出，其工艺路线与其他已商品化的醚类除草剂有所不同。乙氧氟草醚的工艺路线主要有两种。

（1）方法 1　4-三氟甲基邻二氯苯与间苯二酚在氢氧化钾存在下，于 150～160℃反应，生成物再用硝酸-硫酸于 10～30℃进行硝化反应，生成物再在 45℃，与乙醇、氢氧化钾反应 2h，即制得乙氧氟草醚。其合成工艺路线如图 10-161 所示。

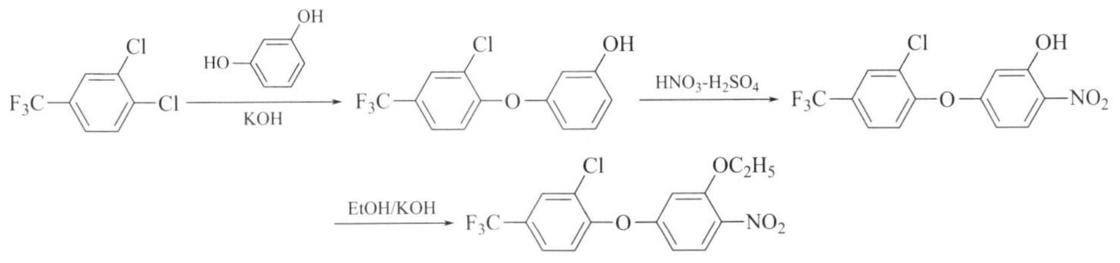

图 10-161　乙醇取代法合成乙氧氟草醚

（2）方法 2　4-三氟甲基邻二氯苯与间苯二酚在氢氧化钾存在下，于 150～160℃进行醚化反应，然后用硫酸二乙酯进行乙基化反应，再用浓硝酸进行硝化反应即合成乙氧氟草醚，如图 10-162 所示。

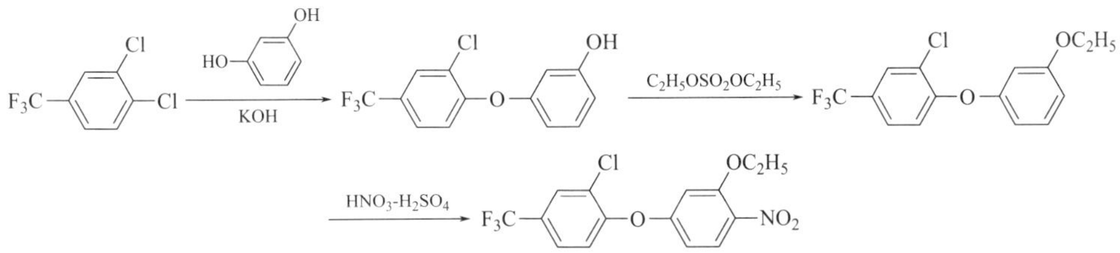

图 10-162　硫酸二乙酯取代法合成乙氧氟草醚

10.8.7　氯氟草醚

氯氟草醚（ethoxyfen-ethyl）化学名称为 *S*-2-氯-5-(2-氯-4-三氟甲基苯氧基)苯甲酸乳酸乙酯，商品名为 Buvirex，是由匈牙利 Budapest 化学公司于 1988 年开发的具有光学活性的手性二苯醚类除草剂[109,110]。氯氟草醚具有高效低毒、除草谱广、安全的特点，主要用于苗后大豆、小麦、花生、豌豆等田间阔叶杂草的防除，如对猪殃殃、苍耳等十几种杂草均具有较好的防治效果。选择性高，能有效地防除大豆、花生田阔叶杂草和香附子，对禾本科杂草也有一定防效。能被杂草根叶吸收，并使其迅速枯黄死亡，喷药后 4～6h 遇雨不影响药效，对大豆安全。

现氯氟草醚的工艺路线主要有三种，分述如下：

（1）方法 1　以 3,4-二氯三氟甲苯为起始原料，与 2-氯-4-羟基苯甲酸甲酯进行醚化，再经碱解、酰基化、酯化即可得到目标化合物。其合成工艺路线如图 10-163 所示。

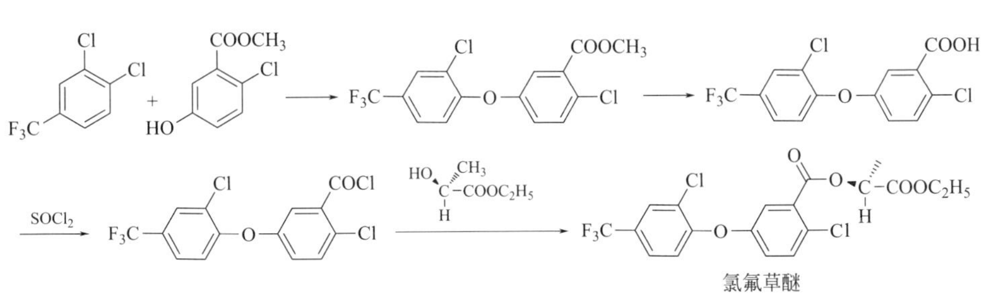

图 10-163　以 2-氯-4-羟基苯甲酸甲酯为原料合成氯氟草醚

（2）方法 2　以 3,4-二氯三氟甲苯为起始原料，与间羟基苯甲酸进行醚化，再经氯化、酰氯化、酯化反应即可得到目标化合物。合成工艺路线如图 10-164 所示。

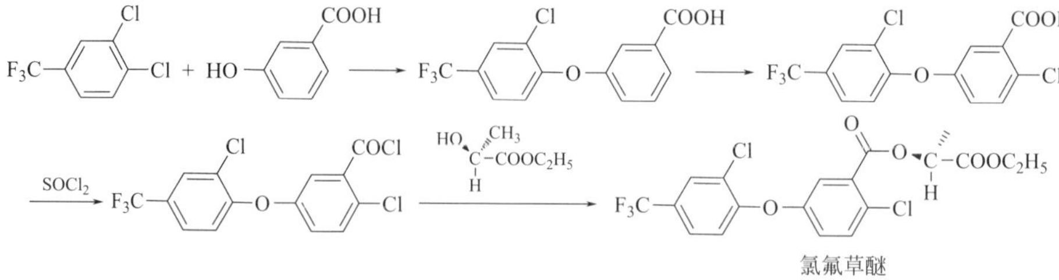

氯氟草醚

图 10-164　以间羟基苯甲酸为原料合成氯氟草醚

（3）方法 3　以 3,4-二氯三氟甲苯为起始原料，经醚化、硝化、酯化、还原制得对应的苯胺，再经重氮化制得对应的氯化物，将此氯化物水解得到对应的取代苯甲酸后再经酯化即可得到目标化合物。合成工艺路线如图 10-165 所示。

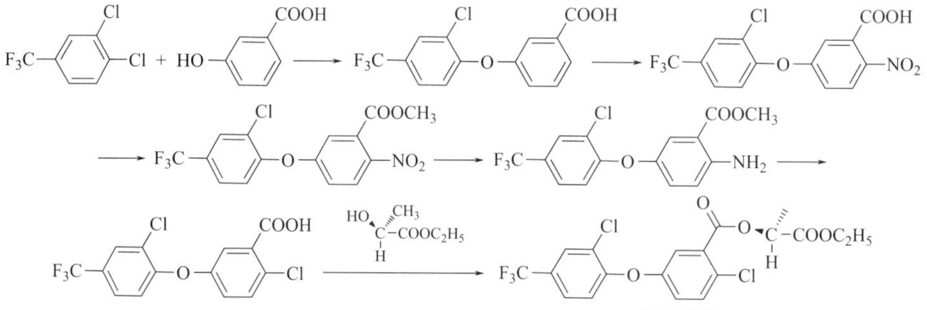

氯氟草醚

图 10-165　重氮化法合成氯氟草醚

10.9　三唑类除草剂

10.9.1　概述

氮杂环化合物普遍存在于自然界中，其广泛的生物活性吸引着众多科学家的关注。其中，三唑类衍生物就是一类重要的含氮杂环化合物。已商品化的三唑类除草剂主要包含三唑啉酮与三唑单元结构。

三唑啉酮属于含氮五元杂环化合物，其独特的作用机制，高效、广谱的生物活性，吸引着广大科研人员的浓厚兴趣。特别是近 20 年来，三唑啉酮在农药上的应用，引起世界上各大农药公司（如拜耳、杜邦和 FMC 公司等）的广泛关注，相继出现了几种商品化的高效除草剂，在国际上申请专利 300 余篇。同时，三唑啉酮类新型高效化合物也不断涌现，到目前为止，三唑啉酮类除草剂已有九个商品化品种上市，分别为唑啶草酮（azafenidin）[111]、磺酰三唑酮（sulfentrazone）[112]、三唑酮草酯（carfentrazon-etheyl）[113]、胺唑草酮（alniearbazone）、氟酮磺隆（fluearbazone）、丙苯磺隆（proearbazone）[114]、噻酮磺隆（thiencarbazone-methyl）、bencarbazone、ipfencarbazone。上述商品化品种从化学结构上可分为三类：四取代苯基三唑啉酮、稠环三唑啉酮和磺酰胺三唑啉酮。

三唑啉酮衍生物主要作为除草剂使用。根据作用靶标不同，三唑啉酮类除草剂可分为两类：一类是原卟啉原氧化酶抑制剂，如唑啶草酯（azafenidin）、磺酰三唑酮（sulfentrazone）

和三唑酮草酯（carfentrazon-ethyl）；第二类是乙酰羟基酸合成酶抑制剂，如氟酮磺隆（flucarbazone）和丙苯磺隆（procarbazone）。

含三唑基团的除草剂到 2018 年 5 月为止共有三个：唑草胺（cafenstrole）、胺草唑（triazofenamide）和氟胺草唑（flupoxam）。其中胺草唑未商品化[115]。

根据作用靶标不同，三唑啉酮类除草剂可分为两类：一类是原卟啉原氧化酶抑制剂；另一类是乙酰羟基酸合成酶抑制剂。其中，乙酰羟基酸合成酶抑制剂的作用机制参见 10.3 节以及 10.14.1.2 节；此处着重介绍原卟啉原氧化酶抑制剂的作用机制。

原卟啉原氧化酶（PPO）在植物、动物、真菌和细菌体内都广泛存在，是血红素和叶绿素生物合成最后一步的共同酶，它能将原卟啉原Ⅸ氧化成原卟啉Ⅸ。当人体内由于突变导致 PPO 活性降低时，人的皮肤就会对光更加敏感，过多的原卟啉Ⅸ，可能导致显性遗传性新陈代谢疾病杂斑卟啉症。对植物来讲，PPO 受到抑制将直接影响光合作用的进行，从而导致植物在短时间内死亡[116]。

在植物体光合作用的过程中，叶绿体是将光能转变为化学能的主要场所。而 PPO 是四吡咯生物合成中的最后一个酶。它夺去无色的、对光不敏感的底物原卟啉原Ⅸ的六个氢原子，将其催化氧化为高度共轭的、对光敏感的原卟啉Ⅸ。

在叶绿素的生物合成过程中，叶绿体中的谷氨酸转化为 δ-氨基-γ-酮戊酸，δ-氨基-γ-酮戊酸再转变为原卟啉原Ⅸ，并与 PPO 结合。该结合体与氧结合生成原卟啉Ⅸ。原卟啉Ⅸ与镁离子络合得到的络合体，可以进一步转化为原叶绿素酸酯，最后生成叶绿素。PPO 抑制剂与原卟啉原Ⅸ竞争性地与 PPO 活性中心结合，因此阻断原卟啉Ⅸ的形成，导致原卟啉原Ⅸ的短暂积累。积累的原卟啉原Ⅸ泄漏到细胞质中，被对除草剂不敏感的原生质膜 PPO 催化转化成原卟啉Ⅸ，最终导致原卟啉Ⅸ在原生质中高度积累。结果在细胞膜内或附近，原卟啉Ⅸ的积累浓度高达 20nmol/mg（鲜重）。由于血红素生物合成受阻，血红素含量降低，其反馈调节叶绿素生物合成的作用减小，卟啉进一步过量生成。原卟啉Ⅸ是一种光敏剂，当有氧和光的存在时可产生高活性的单线态氧原子，造成细胞膜的过氧化作用，生成乙烷，从而使膜被破坏和色素被降解，在植物中表现的具体症状为：除草剂施用几个小时后，叶片卷曲、缩皱、枯黄、坏死，最终导致植物死亡。其作用原理如图 10-166 所示。

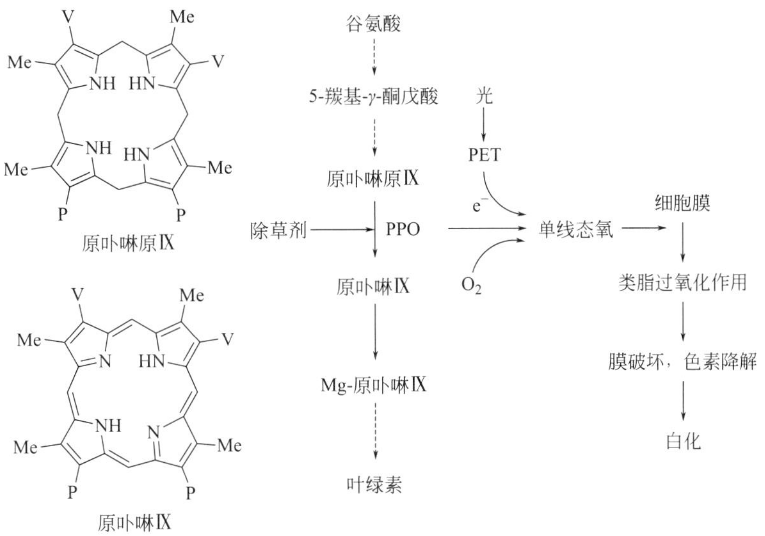

图 10-166　原叶卟啉原氧化酶抑制剂的作用原理

10.9.2 胺唑草酮

胺唑草酮（amicarbazone）可防除玉米和甘蔗田的一年生阔叶杂草和甘蔗田许多一年生禾本科杂草，草坪中的一年生早熟禾杂草。在玉米田，对苘麻、藜、野苋、苍耳和甘薯属杂草等具有优秀防效，亩施药量 33g，对水 30kg 喷施。防除甘蔗田的泽漆、甘薯属杂草、车前臂形草等，亩施药量 33～80g，对水 30kg 喷施。在草坪中，由于胺唑草酮的除草效果，虽然不会对草坪生长有影响，但是可能会存在一定的抑制作用，建议配合多效唑使用。

胺唑草酮的工艺路线：以水合肼、碳酸二甲酯、叔丁基胺为起始原料，经异氰酸酯化、肼解、关环制得胺唑草酮[117]，如图 10-167 所示。

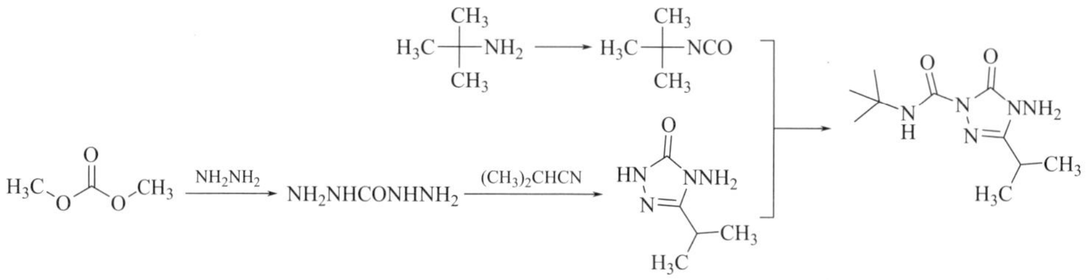

图 10-167 以水合肼、碳酸二甲酯、叔丁基胺为起始原料合成胺唑草酮

10.9.3 三唑酮草酯

三唑酮草酯（carfentrazone-ethyl）主要用于防除阔叶杂草和莎草，如猪殃殃、野芝麻、婆婆纳、苘麻、萹蓄、藜、红心藜、空管牵牛、鼬瓣花、酸模叶蓼、柳叶刺蓼、卷茎蓼、反枝苋、铁苋菜、宝盖菜、苣荬菜、小果亚麻、地肤、龙葵、白芥等杂草。对猪殃殃、苘麻、红心藜、荠、泽漆、麦家公、空管牵牛等杂草具有优异的防效，对耐磺酰脲类除草剂的杂草具有很好的活性[118]。

三唑酮草酯的工艺路线：以邻氟苯胺为起始原料，经酰化、氯化、水解制得中间体4-氯-2-氟苯胺；经重氮化还原制得中间体取代苯肼，再与丙酮酸缩合、与二苯基磷叠氮化物反应制得中间体取代的三唑啉酮；中间体取代的三唑啉酮与氯氟甲烷反应后再硝化、还原制得中间体取代的苯胺；中间体取代的苯胺经重氮化与丙烯酸乙酯反应，处理即得目的物。反应式如图 10-168 所示。

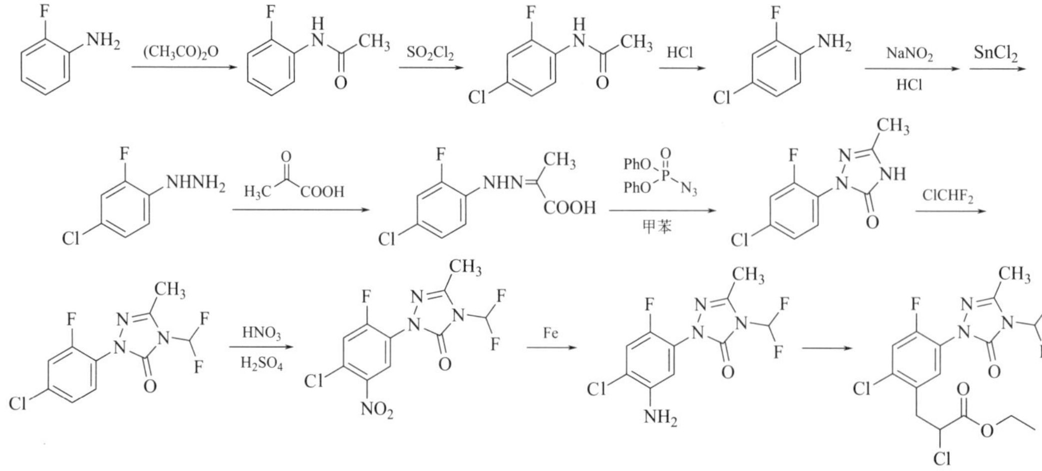

图 10-168 以邻氟苯胺为起始原料合成三唑酮草酯

10.9.4　磺酰三唑酮

磺酰三唑酮（sulfentrazone）用于玉米、高粱、大豆、花生等田中防治牵牛、反枝苋、藜、曼陀罗、马唐、狗尾草、苍耳、牛筋草、香附子等一年生阔叶杂草、禾本科杂草和莎草等。大豆播后苗前用 350～400g/hm^2（有效成分计）均匀喷于土壤表面，或拌细潮土 40～50kg 施于土壤表面。

磺酰三唑酮的工艺路线：以 2,4-二氯苯胺为起始原料，经重氮化还原制得中间体取代苯肼，再与丙酮酸缩合、与二苯基磷酰叠氮化物反应制得中间体取代的三唑啉酮，中间体取代的三唑啉酮与氯氟甲烷反应后再硝化、还原、磺酰氨化即得目的物[119]。反应式如图 10-169 所示。

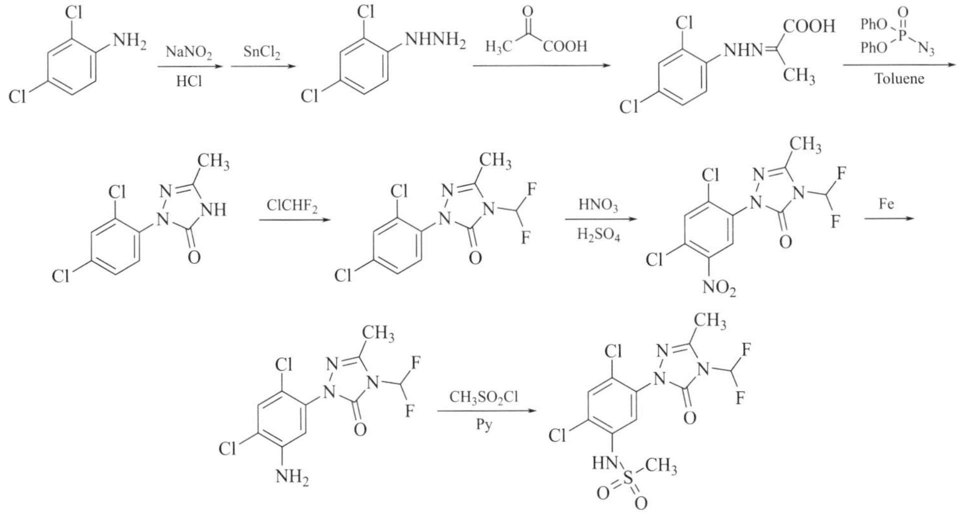

图 10-169　以 2,4-二氯苯胺为起始原料合成磺酰三唑酮

10.9.5　唑啶草酮

唑啶草酮（azafenidin）属于原卟啉原氧化酶抑制剂。适用于橄榄、柑橘、森林及不需要作物和杂草生长的地点。可防除许多重要杂草：阔叶杂草如苋、马齿苋、藜、芥菜、千里光、龙葵等；禾本科杂草如狗尾草、马唐、早熟禾、稗草等。对耐均三氮苯类、芳氧羧酸类、环己二酮类和 ALS 抑制剂如磺酰脲类除草剂等的杂草有特效。在杂草出土前施用，剂量为 240g(a. i.)/hm^2。

唑啶草酮的工艺路线：以 2,4-二氯苯酚为起始原料经醚化、硝化、还原制得相应的中间体，再经重氮化还原制得相应的取代苯肼；氰戊氨基甲酸酯与乙酸酐作用制得相应中间体；两中间体反应后再加热环合制得唑啶草酮[120]。反应式如图 10-170 所示。

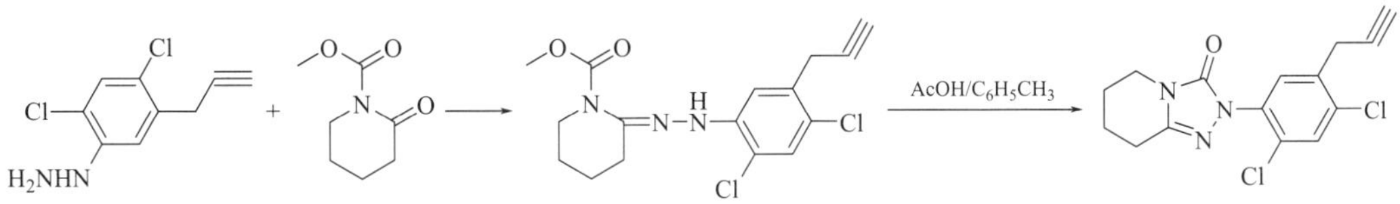

图 10-170　唑啶草酮的合成

10.9.6 氟酮磺隆钠盐

10.9.6.1 氟酮磺隆钠盐的产业概况

氟酮磺隆钠盐（flucarbazone sodium）是磺酰脲类内吸性高效小麦田除草剂，对野燕麦、雀麦、看麦娘等禾本科杂草和多种双子叶杂草有明显防效。其进口名称为彪虎，是一种全新化合物，其有效成分可被杂草的根和茎叶吸收，通过抑制杂草体内乙酰乳酸合成酶的活性，破坏杂草正常的生理生化代谢而发挥除草活性。彪虎可有效防除小麦田大部分禾本科杂草，同时也可有效控制部分阔叶杂草。彪虎在小麦体内可很快代谢，对小麦具有极好的安全性。

10.9.6.2 氟酮磺隆钠盐的工艺概况

氟酮磺隆钠盐的工艺路线，根据构建磺酰脲桥键的方法不同，主要有以下三种[121]：

（1）光气法　以邻三氟甲氧基苯磺酰胺为起始原料，在光气的作用下生成异氰酸酯，然后与三唑啉酮作用形成磺酰脲键，最后在氢氧化钠的作用下形成氟酮磺隆钠盐，如图 10-171 所示。

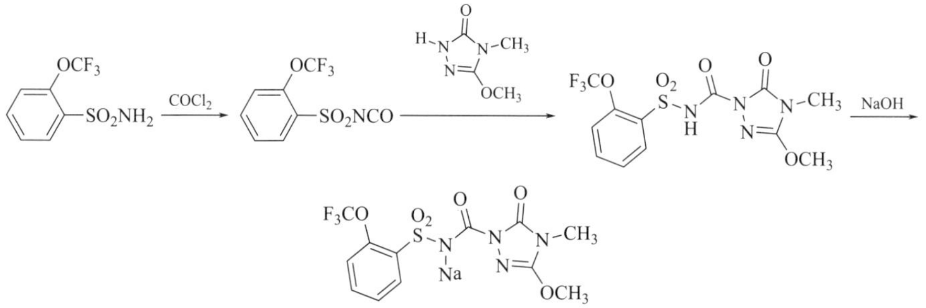

图 10-171　以邻三氟甲氧基苯磺酰胺为起始原料合成氟酮磺隆钠盐

（2）氯甲酸苄酯法　以三唑啉酮与氯甲酸苄酯为起始原料生成苄酯三唑啉酮，然后与邻三氟甲氧基苯磺酰胺作用进行酯交换，最后在氢氧化钠的作用下形成氟酮磺隆钠盐，如图 10-172 所示。

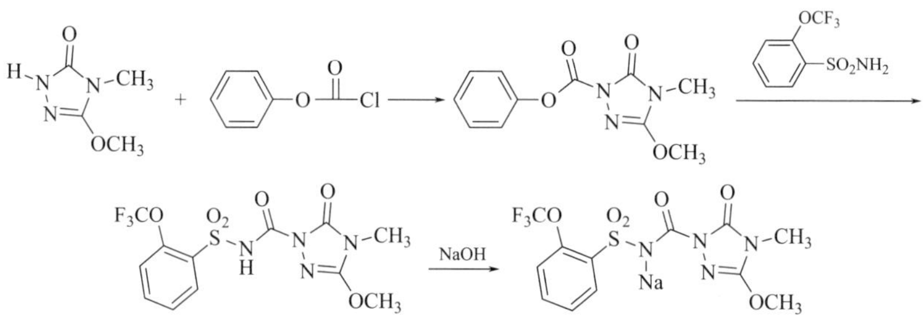

图 10-172　氯甲酸苄酯法合成氟酮磺隆钠盐

通过上述两条路线比较，光气法中邻三氟甲氧基苯磺酰胺异酯化有一定的难度，需要用到光气，收率极低，而氯甲酸苄酯法可以较好地避免上述问题，易于工业化。综上所述，文献［122］报道了合成氟酮磺隆的合理合成工艺路线，氯甲酸苄酯法所采用的工艺路线合理，对设备无特殊要求，操作简单，原材料成本低廉，且全部立足国内，符合国内工业化生产要求。

10.9.7　丙苯磺隆钠盐

丙苯磺隆钠盐（procarbazone sodium）主要用于苗后茎叶处理，防除禾谷类作物如小麦、大麦、黑麦田里的禾本科杂草，包括一年生杂草和部分多年生杂草，如燕麦、看麦娘、风剪股颖、茅草、鹅观草、阿披拉草和很难除去的雀麦草，以及部分阔叶杂草，如白荠、遏蓝菜等。使用剂量为 28～70g(a. i.)/hm^2，喷洒水量为 200～400L/hm^2。为充分利用有效成分的土壤活性，最好在早春杂草刚恢复生长时使用。为了更好防除阔叶杂草，还需要与作用机制不同的其他类型除草剂混用。

丙苯磺隆钠盐的工艺路线：以酯与肟为起始原料首先生成 4-甲基-5-丙氧基-2,4-二氢-3*H*-1,2,4-三唑-3-酮，其与邻甲酸甲酯苯磺酰异氰酸酯反应，再经成盐反应制得丙苯磺隆钠盐[123]，反应式如图 10-173 所示。

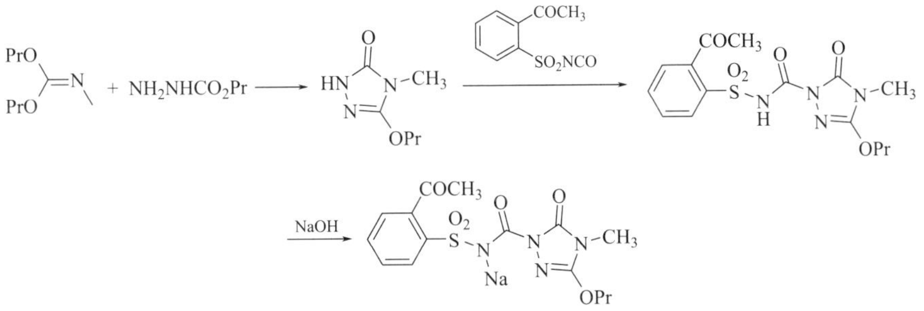

图 10-173　丙苯磺隆钠盐的工艺路线

10.9.8　噻酮磺隆

10.9.8.1　噻酮磺隆的工艺概况

噻酮磺隆（thiencarbazone-methyl）用于玉米播种前、出苗前或苗后除草，整个季节最大用量为 45g(a. i.)/hm^2，安全间隔期（PHI）为 45d，再施药间隔期（RTI）为 14d。它也可以在春小麦出苗后进行一次性施药，剂量为 50g(a. i.)/hm^2，叶片的 PHI 为 7d，麦粒及麦秆的 PHI 为 60d。农作物施工可以使用地面和空中设备。噻酮磺隆也可以用于草坪和观赏植物，整个季节最大用量为 45g(a. i.)/hm^2，施用方法仅可用地面设备，不允许通过灌溉系统施药。

当前，生产噻酮磺隆的厂家不多，仅拜耳股份公司有该产品的生产资格，其登记原药的含量为 98%。其登记情况如表 10-18 所示。

表 10-18　我国现阶段噻酮磺隆的登记情况

登记证号	登记名称	剂型	总含量	生产企业
PD20160357F160053	噻酮・异噁唑	悬浮剂	26%	拜耳作物科学（中国）有限公司
PD20160358	噻酮磺隆	原药	98%	拜耳股份公司
PD20160357	噻酮・异噁唑	悬浮剂	26%	拜耳股份公司

10.9.8.2　噻酮磺隆的工艺概况

以噻吩磺酰胺为起始原料在光气和异氰酸酯的作用下得到对称酯化的磺酰异氰酸酯，其进一步与三唑啉酮反应得到噻酮磺隆[124]，如图 10-174 所示。

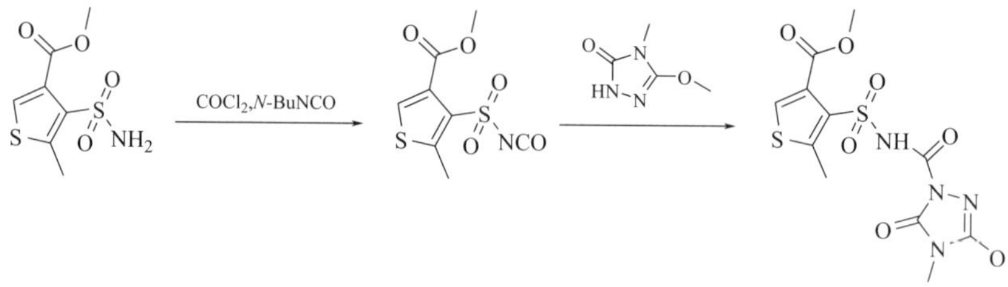

图 10-174 光气法合成噻酮磺隆

中间体噻吩磺酰胺的制备如图 10-175 所示。

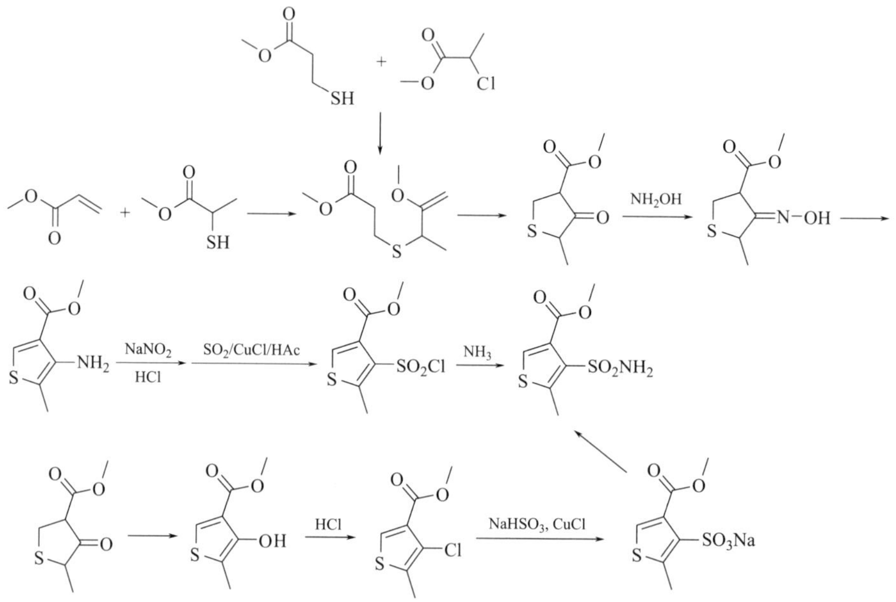

图 10-175 噻吩磺酰胺的制备

中间体三唑啉酮的制备如图 10-176 所示。

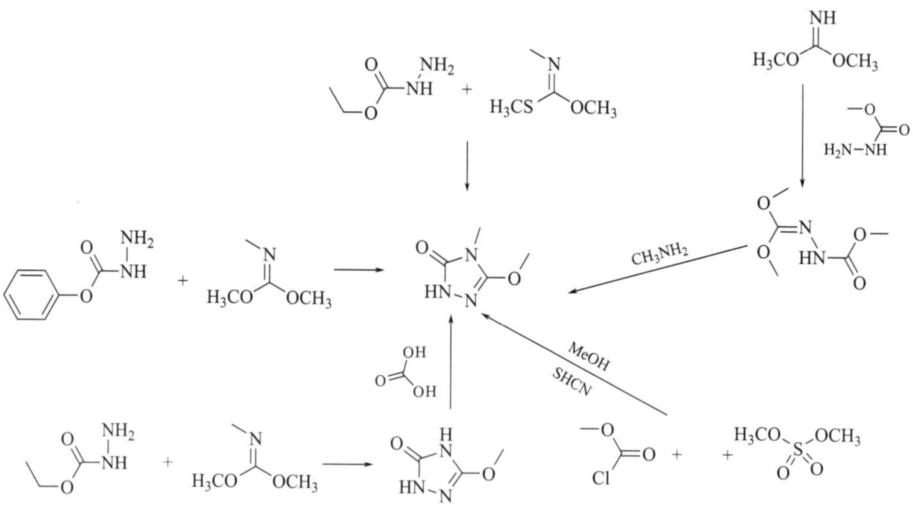

图 10-176 三唑啉酮的制备

10.9.9 三唑酰草胺

三唑酰草胺（ipfencarbazone）化学名称为1-(2,4-二氯苯基)-*N*-2′,4′-二氟-1,5-二氢-*N*-异丙基-5-氧-4*H*-1,2,4-三唑-4-酰基苯胺。三唑酰草胺主要用于禾谷类作物如小麦、大麦、玉米田除草。苗后施用，主要防除阔叶杂草。三唑酰草胺的工艺路线：以 2,4-二氯苯肼为起始原料，在杂叠氮磷酸酯的作用下与氨基甲酸乙酯、原甲酸三乙酯或甲醛、氰酸钠反应环合得到三唑啉酮的中间体，进一步与氨基甲酰氯缩合得到目的物[125]，如图 10-177 所示。

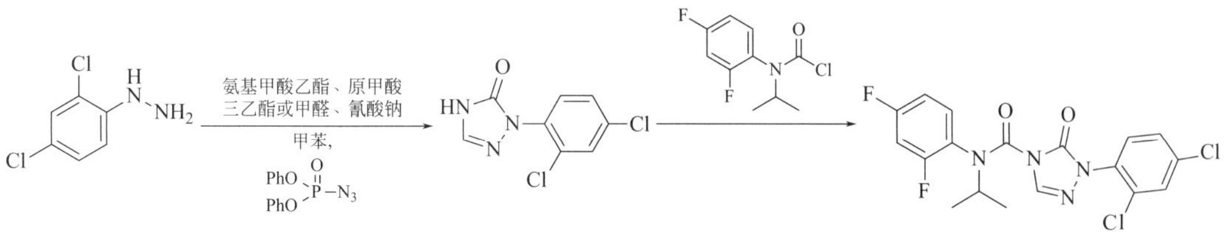

图 10-177 以 2,4-二氯苯肼为起始原料合成 ipfencarbazone

10.9.10 唑草胺

唑草胺（cafenstrole）化学名称：*N*,*N*-二乙基-3-均三甲基苯磺酰基-1*H*-1,2,4-三唑-1-甲酰胺。唑草胺是一种苗前和苗后使用的除草剂，可防除稻田大多数一年生与多年生阔叶杂草，如稗草、鸭舌草、异型莎草、萤蔺、瓜皮草等，对稗草有特效。对移栽水稻安全。持效期超过 40d，使用剂量为 50～300g(a.i.)/hm^2。

唑草胺的工艺路线：以 2,4,6-三甲基苯胺为起始原料，经重氮化与硫代氨基脲制备的巯基三唑反应，经氧化与氨基甲酰氯缩合或先与氨基甲酰氯缩合再氧化即得目的物。反应式如图 10-178 所示。

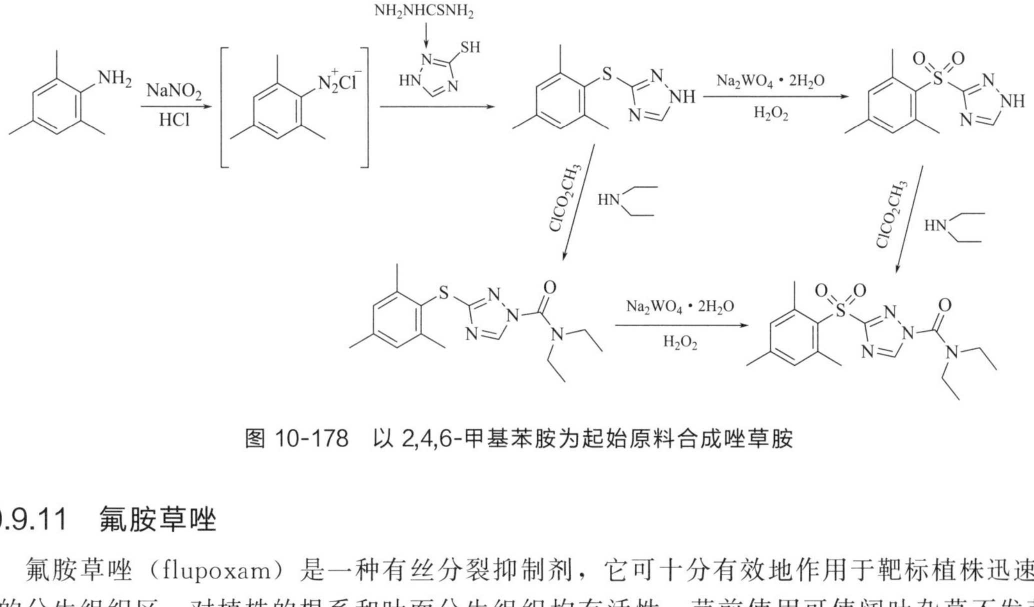

图 10-178 以 2,4,6-甲基苯胺为起始原料合成唑草胺

10.9.11 氟胺草唑

氟胺草唑（flupoxam）是一种有丝分裂抑制剂，它可十分有效地作用于靶标植株迅速生长的分生组织区，对植株的根系和叶面分生组织均有活性。芽前使用可使阔叶杂草不发芽，这是根系生长受抑制、子叶组织受损所致的。芽后使用可使植株逐渐停止生长，直至枯死。

在植株中不移行，主要通过触杀分生组织而起作用。本药剂可防除越冬谷物田中的一年生阔叶杂草及禾本科杂草，在秋冬两季芽前、芽后施用，推荐用量 150g/hm^2，对大麦、小麦均十分安全。除草效果与土壤类型有关，通常在轻质土壤中效果优于黏重土壤中或有机质土壤中。

氟胺草唑的工艺路线：以邻甲基对硝基氯苯为起始原料，经氟代、还原、关环、重氮化得到目的物[126]，如图 10-179 所示。

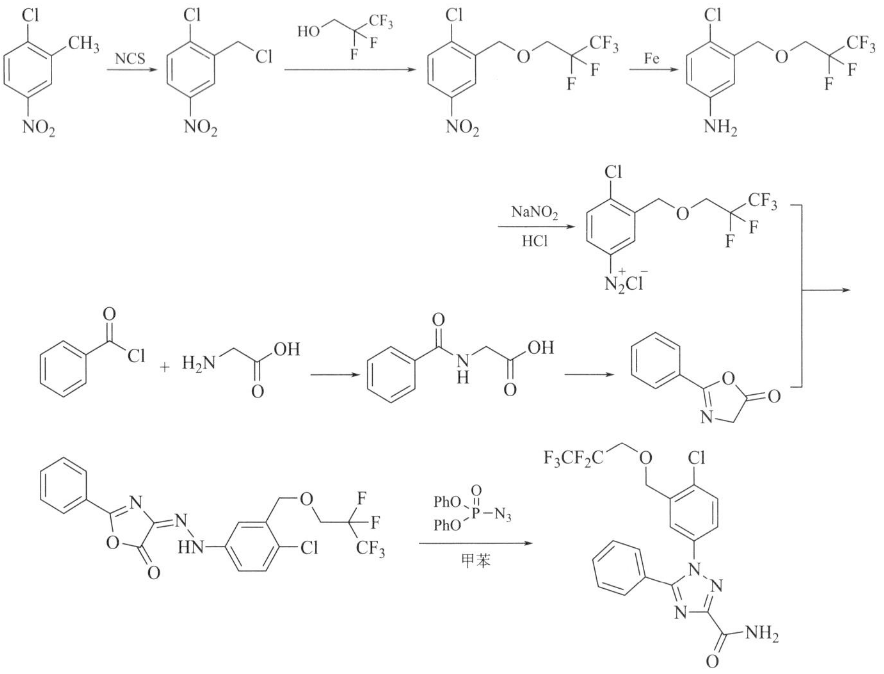

图 10-179　以邻甲基对硝基氯苯为起始原料合成氟胺草唑

10.10　吡啶类除草剂

10.10.1　概述

10.10.1.1　吡啶类除草剂简介

吡啶是一个常见并且重要的含氮杂环，从生物电子等排理论来说，吡啶和苯环是一对生物电子等排体，两者在很多方面具有相似性。但由于两者间的疏水性有较大的差别（苯的疏水常数为 1.96，吡啶为 0.65）。因此，用吡啶环取代苯环而得到的新化合物往往具有更高的生物活性、内吸性、选择性和更低的毒性。因此吡啶环在除草剂分子中的应用日益广泛。一方面作为各种除草剂品种开发与合成的原料或中间体被广泛使用；另一方面则直接作为除草剂分子的母体结构而被开发使用，如百草枯、绿草定、氟硫草定等[127-129]。本节吡啶类除草剂所涉及的除草剂主要指后者。

吡啶类除草剂从结构特点和作用机制上区分主要分为三类。第一类是联吡啶类除草剂，主要包括敌草快（diquat）和百草枯（paraquat）。敌草快和百草枯是由英国 ICI 公司分别于 1955 年和 1958 年开发的灭生性除草剂，主要通过抑制植物的光合作用从而产生毒害而发挥除草作用。第二类是吡啶羧酸类除草剂，是一类合成激素型除草剂，主要包括毒莠定、二氯吡啶酸、绿草定、氯氨吡啶酸、氯氟吡氧乙酸。第一个吡啶羧酸类除草剂毒莠定（picloram）由陶氏化学公司于 1960 年发现，并于 1963 年上市。第三类是吡啶羧酸含氟类除草剂，其作用机制为抑制微管系统，主要包括氟硫草定和噻唑烟酸。氟硫草定和噻唑烟酸由孟山都公司分别于 1985 年和 1992 年开发。

吡啶类除草剂品种不多，其中大多数品种的选择性差，主要用于草原、牧场、森林以及其他非耕地的杂草防除。如图 10-180 所示为部分吡啶类除草剂品种。

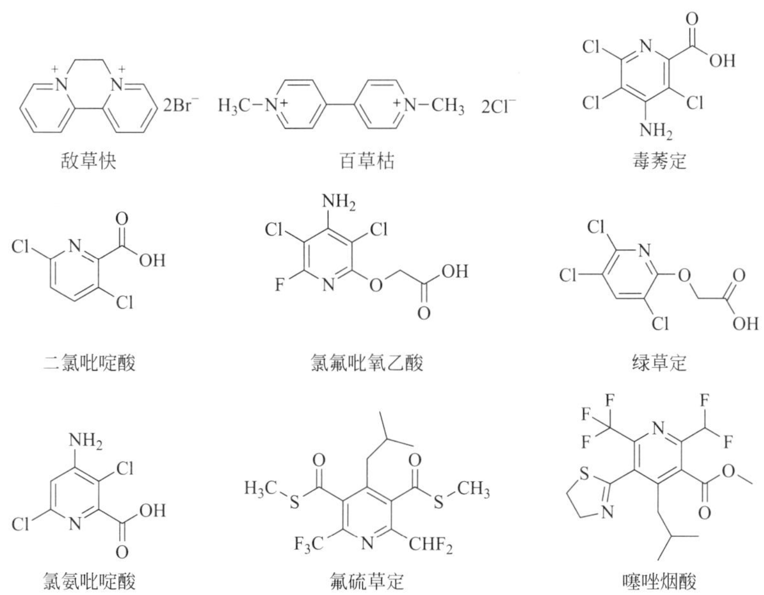

图 10-180　部分吡啶类除草剂品种

10.10.1.2　吡啶类除草剂的作用机制及生物活性

（1）抑制光合系统Ⅰ　联吡啶类除草剂（百草枯，敌草快）是光合作用传递链分流剂，它们作用于光合系统，截获电子传递链中的电子而被还原，阻止铁氧化还原蛋白的还原及其后的反应。联吡啶类除草剂杀死植物并不是其直接截获光合系统的电子而造成的，而是由于还原态的百草枯和敌草快在自动氧化过程中产生的过氧根阴离子导致生物膜中未饱和脂肪酸产生过氧化作用，破坏生物膜的半透性造成细胞的死亡而导致的。同时，联吡啶类除草剂作为电子传递抑制剂在高浓度下也能抑制光合磷酸化，使得 ATP 合成停止，从而造成植物的死亡[130]。

联吡啶类除草剂对阔叶杂草有很强的防除能力，具有用量少、活性高的特点。但是联吡啶类除草剂的吸收受许多环境因素的影响，这些因素主要包括土壤类型、降雨量、湿度、日光等。一般来说，联吡啶类除草剂只有应用于植物地上部分时才有效，同时它们的作用与光线有关。由于其进入植物的过程很快，因此施用后即使很快降雨也不影响其效果。在强日光照射下，处理 1h 就可以看到很好的效果——叶片完全干枯[131]。

（2）抑制微管系统　抑制微管系统吡啶类除草剂主要包括氟硫草定和噻唑烟酸。它们主要通过干扰纺锤体微管的形成，来抑制细胞的分裂。作物表现出来的症状是：根部生长受到抑制，分生组织膨大。还可能表现为子叶下轴或者节间膨大，但对种子发芽没有影响。可通过苗前处理，防除葡萄、柑橘、甘蔗、凤梨、苜蓿和林地里的一年生禾本科杂草和一些阔叶杂草，通常施药量为 0.1～0.56kg/hm^2。

（3）合成生长激素型　吡啶羧酸类除草剂属于激素型除草剂，可被植物叶片、根和茎部吸收传导，能够快速向生长点传导，积累在生长点，使植物产生过量核糖核酸，促使分生组织过度分化，根、茎、叶生长畸形，养分消耗过量，维管束疏导功能受阻，从而引起杂草死亡。在土壤中能被土壤微生物迅速分解，半衰期 46d。适用于大麦、小麦、燕麦、玉米、十字花科蔬菜、芦笋、甜菜、亚麻、薄荷、草莓等，可防治多种阔叶杂草，如大巢菜、鬼针草、苣荬菜、小飞蓬等。对单了叶杂草基本无效。

10.10.2　敌草快

10.10.2.1　敌草快的产业概况

敌草快

敌草快（diquat）是一种非选择性触杀型除草剂，该药剂见效快，杀草谱广，被绿色植物吸收后，通过抑制光合作用的电子传递而起到除草的作用。敌草快适用于阔叶杂草占优势的田地，还可以作为种子植物干燥剂以及马铃薯、棉花、大豆、玉米、高粱、亚麻、向日葵等作物的催枯剂。同时，它还可以被用于抑制甘蔗花序的形成。

到 2018 年 5 月为止，登记的敌草快产品共有 115 个（含过期有效产品）。而尚未过期的产品数为 107 个，其中单制剂品种有 107 个，剂型 88%以上为水剂。从登记的数量上来看，2013 年以前有零星登记，随后登记数量呈上升趋势，2017 年登记数最多，有 47 个。其登记数量变化趋势如图 10-181 所示。

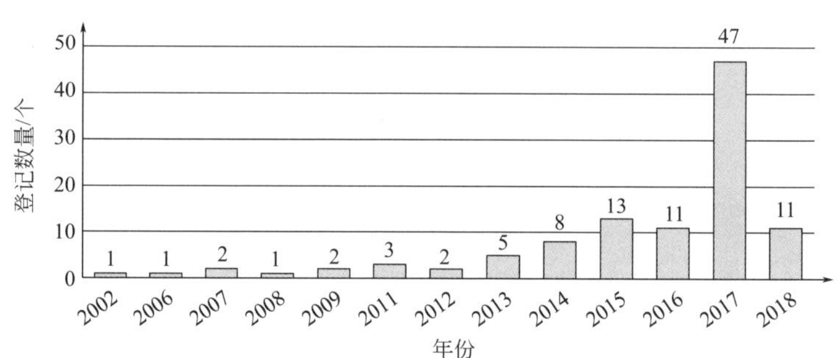

图 10-181　2002 年以来敌草快登记数量变化趋势

10.10.2.2　敌草快的工艺概况

（1）中间体 2,2′-联吡啶的制备　2,2′-联吡啶是合成联吡啶盐类除草剂百草枯、敌草快的重要中间体，它的工艺路线主要有以下几种[132]：

① 直接偶联法　将吡啶在雷尼镍催化下直接偶联即可合成 2,2′-联吡啶，反应式如图 10-182 所示。

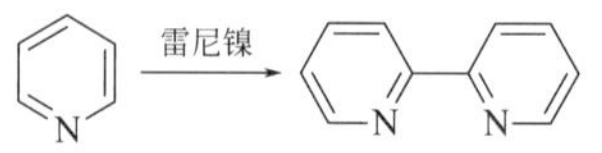

图 10-182　偶联法合成 2,2′-联吡啶

② 氧化法　邻二氮杂菲被碱性高锰酸钾氧化后脱羧可制得 2,2′-联吡啶，反应式见图 10-183。

③ 氨钠法　氧化吡啶在氨基钠作用下偶联可生成 2,2′-联吡啶，反应式见图 10-184。

④ 炔胺环合法　2-氨基甲基吡啶与乙炔在高温下环合反应可生成 2,2′-联吡啶，反应式见图 10-185。

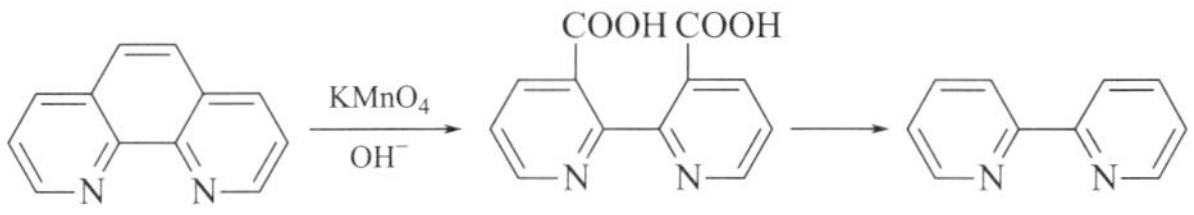

图 10-183　氧化法合成 2,2′-联吡啶

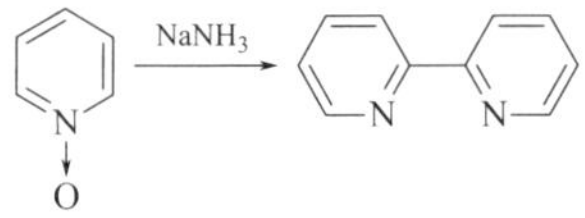

图 10-184　氨钠法合成 2,2′-联吡啶

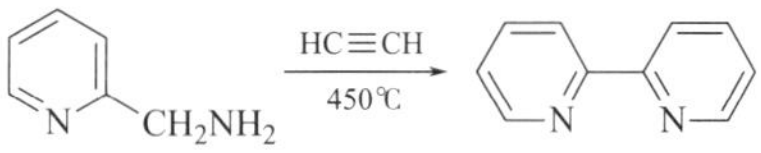

图 10-185　炔胺环合法合成 2,2′-联吡啶

⑤ 吡喃氨化法　六氢吡喃氨化脱氢即得 2,2′-联吡啶，反应式见图 10-186。

⑥ Ullmann 法　2-卤代吡啶在金属铜的催化作用下偶联反应可生成 2,2′-联吡啶，反应式见图 10-187。

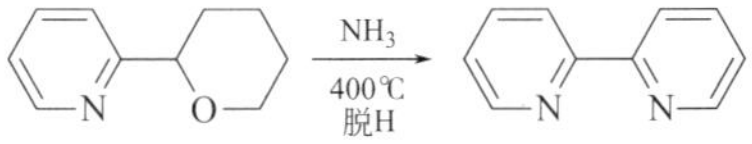

图 10-186　吡喃氨化法合成 2,2′-联吡啶

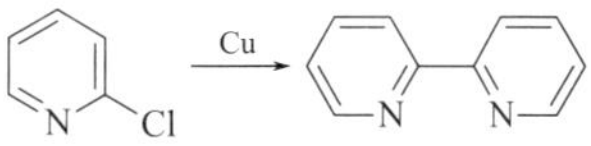

图 10-187　Ullmann 法合成 2,2′-联吡啶

(2) 敌草快的合成工艺路线　敌草快主要由中间体 2,2′-联吡啶和 1,2-二溴乙烷回流反应12～14h 制得[133]，见图 10-188。

图 10-188　敌草快的工艺路线

10.10.3　百草枯

10.10.3.1　百草枯的产业概况

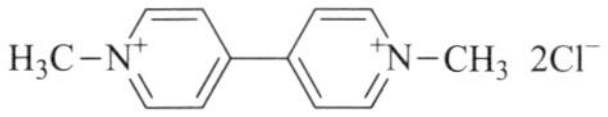

百草枯

百草枯（paraquat）是一种非选择性触杀型除草剂，通过触杀和一定的传导性破坏绿色植物组织，与土壤接触很快失效。具有广谱、速效、无残效以及耐雨水冲刷等特点，主要应用于非耕地（如果园、橡胶园、茶园、水道等）免耕栽培及作物催枯[134]。目前已成为一个独特的大型除草剂品种，年产量在万吨以上，在世界上 120 多个国家广泛使用。

到 2018 年 5 月为止，登记的百草枯产品共有 352 个（含过期有效产品）。而尚未过期的产品数为 48 个，其中单制剂品种有 48 个，剂型 87%以上为水剂。从登记的数量上来看，2000 年以来，每年均有百草枯相关产品获得登记，2007 年前登记数量较少，2000～2013 年之间有一个登记高峰在 2009 年，2013 年以后没有登记。其登记数量变化趋势如图 10-189 所示。

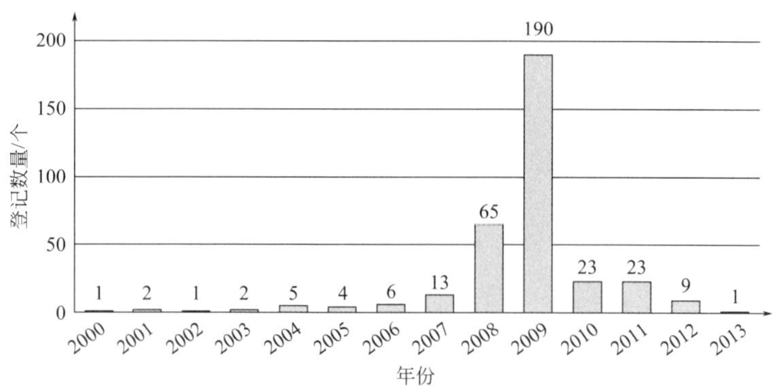

图 10-189　2000 年以来百草枯登记数量变化趋势

2008～2009 年国内百草枯产能快速扩张，随着价格下跌，行业进入产能消化阶段。2009 年后产能增速逐步放缓，由 2010 年的 13.4%一路下滑至 2012 年的 5.1%。与此相反的是在保护性耕作面积增速不断提升的带动下，百草枯需求保持着稳步增长。国内产量由 2009 年的 3.8 万吨增至 2012 年的 5.8 万吨，2011 年和 2012 年的增速分别为 22%和 16%，由此导致开工率在高水平的基础上节节攀升。相关情况见表 10-19、图 10-190 及表 10-20。

表 10-19　国内百草枯产能统计（折百）　　单位：万吨

生产企业	2009 年	2010 年	2011 年	2012 年
红太阳	0.90	1.21	1.69	2.00
先正达南通工厂	0.92	0.92	0.92	0.92
山东绿霸	0.36	0.70	0.70	0.70
沙隆达	0.50	0.50	0.67	0.67
山东绿丰	0.50	0.50	0.50	0.50
山东科信	0.50	0.50	0.50	0.50
山东大成	0.30	0.30	0.30	0.30
浙江永农化工	0.30	0.30	0.30	0.30
湖北仙隆	0.20	0.20	0.20	0.20
山东侨昌	0.20	0.20	0.20	0.20
石家庄宝丰	0.20	0.20	0.20	0.20
合计	4.9	5.5	6.2	6.5
增速		13.4%	11.6%	5.1%

表 10-20　2017 年国内主要百草枯生产企业产能统计　　单位：万吨

生产企业	产能	生产企业	产能
红太阳	6.6	绿丰	2
绿霸	2.5	永农化工	1.5
沙隆达	2.4	科信化工	1.2
先正达	2.4		

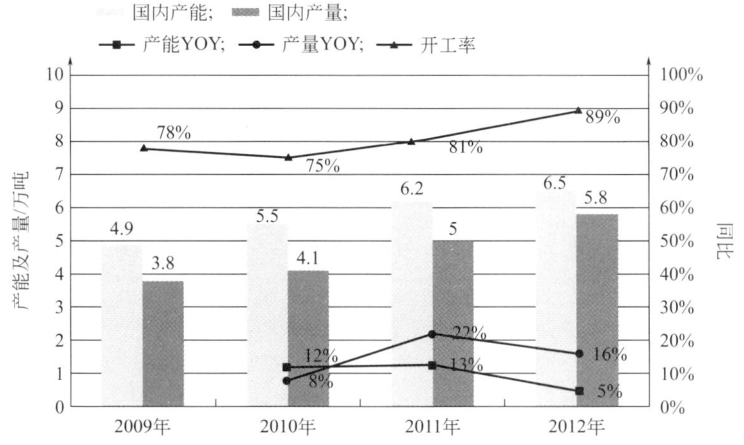

图 10-190 我国百草枯产能产量情况（折百， 万吨）

百草枯是仅次于草甘膦的第二大除草剂类型，具有杀草不杀根的特点，对保持水土有较好的效果，并且工艺成熟，价格较低，为草原草坪更新，免耕栽培除草，玉米、大豆、棉花等作物除草等农业活动所使用。

农业部、工信部、国家质检总局于 2012 年联合发布公告，对百草枯水剂采取限制性管理措施，自 2014 年 7 月 1 日起，撤销百草枯水剂登记和生产许可，停止生产百草枯。2016 年 7 月 1 日以后，百草枯水剂正式停止经营、使用，但保留母药生产企业水剂出口境外登记，允许专供出口生产。受禁令影响，吡啶-百草枯产业链价格整体持续下跌，在 2016 年最低跌到 9000 元/t，行业企业整体处于亏损状态。同时，行业开工率持续低位，其中集中了全国近 7 成产能的华东地区 2016 年开工率降至不足 20%，华中地区开工率至今维持在 40% 左右，百草枯供给持续低位，市场货源紧张。

虽然国内百草枯水剂已经全面禁用，但作为仅次于草甘膦的除草剂类型，百草枯独特的快速触杀和斩草不除根的特性使得其不可替代性较高，目前尚无一种除草剂可以完全替代百草枯，因此发展百草枯非水剂剂型成了行业发展方向，国内企业也一直在积极研发替代剂型。其中山东绿霸和红太阳分别研发出的 50%百草枯可溶胶剂和 20%百草枯可溶胶剂，成功代替了水剂，成了市场上目前唯一三证齐全、可批量生产的替代剂型。其流动性低，无飞溅性，无粉尘隐患，误服风险低，加工工艺与水剂类似，能节约成本、保证安全性和环保性，虽使用成本有所提高，但可溶胶剂能凭借高效的助剂体系在更低用量的情况下获得更好的除草效果，因此逐渐被广大农户所接受。红太阳也依托原有的百草枯产业链优势建立起百草枯可溶胶剂全流程自动化连续生产线，并加大宣传和营销。水剂禁用后，胶剂产品带动百草枯市场需求回升，行业开工率从 2016 年第四季度一路走高，目前行业整体开工率已经升至 70%以上，产量的涨幅也很大。

10.10.3.2 百草枯的工艺概况

百草枯的工艺路线主要有以下四种：

(1) 乙酐-锌法（狄莫罗斯法） 吡啶、乙酐和锌反应二聚生成中间体二乙酰基四氢联吡啶。中间体经重结晶纯化后氧化得 4,4-联吡啶，再与氯甲烷反应得百草枯。未反应的锌、乙酐和吡啶均可回收（图 10-191）。

此方法是 ICI 公司在 20 世纪 50 年代末小量生产百草枯时曾经用过的方法。此工艺的缺点是：由于反应生产的乙酸锌包在未反应锌的表面，使锌不能完全反应，收率<60%，且产品杂质多，并有大量的吡啶、乙酐需要回收。

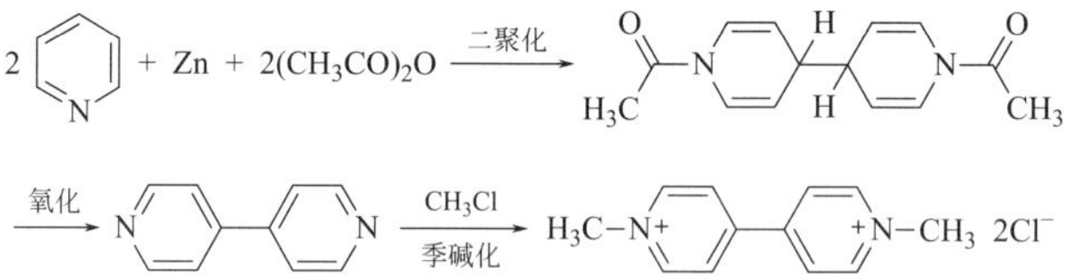

图 10-191 狄莫罗斯法合成百草枯

(2) 热钠法 吡啶同悬浮于 85℃溶剂中的金属钠反应，得四氢-4,4′-联吡啶二钠，再用空气氧化成 4,4′-联吡啶，最后经氯甲烷季碱化得百草枯（图 10-192）。

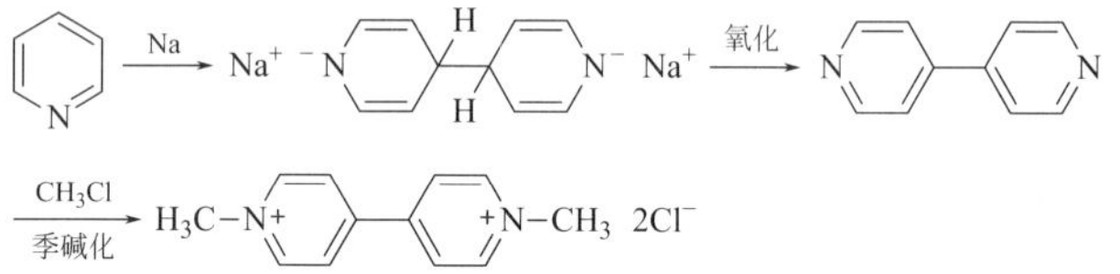

图 10-192 热钠法合成百草枯

该方法的主要问题是易爆炸，所得产物不纯，含有 2,2′-联吡啶及高毒物质三联吡啶，同时 4,4′-联吡啶的收率也在 60%以下。

(3) 金属镁法 该方法是 ICI 公司改进热钠法时发明的新方法（图 10-193）。将镁粉、吡啶在 90～100℃反应，再经氧化，得联吡啶，用萃取法提纯，季碱化得百草枯。镁法同热钠法一样，易燃易爆，比较危险，操作困难，也有高毒物质三联吡啶生成，收率不高，约 60%。

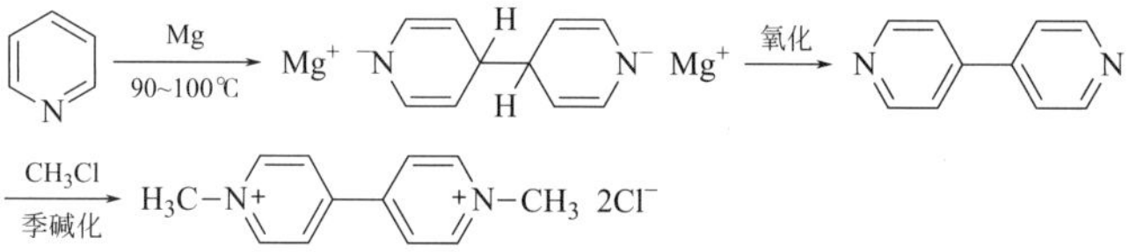

图 10-193 金属镁法合成百草枯

(4) 氰化物催化法 先将吡啶季碱化得 *N*-甲基吡啶盐酸盐，然后在氰化物催化下二聚得 1,1′-二甲基-4,4′-二氢联吡啶，最后经氧化得百草枯（图 10-194）。

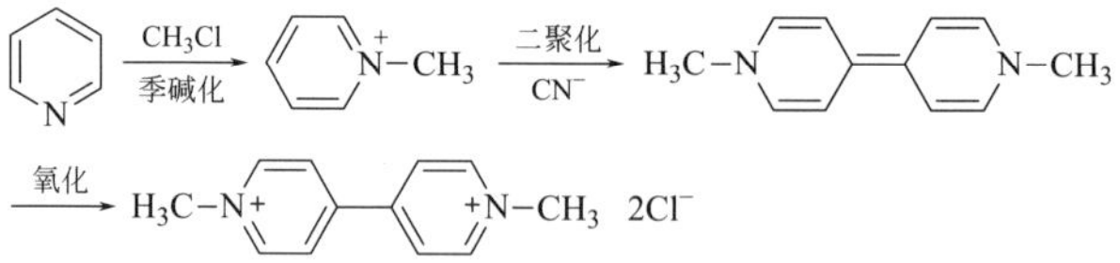

图 10-194 氰化物催化法合成百草枯

此方法合成百草枯工艺简单，收率高，可达 90%以上。

10.10.4 氟硫草定

10.10.4.1 氟硫草定的产业概况

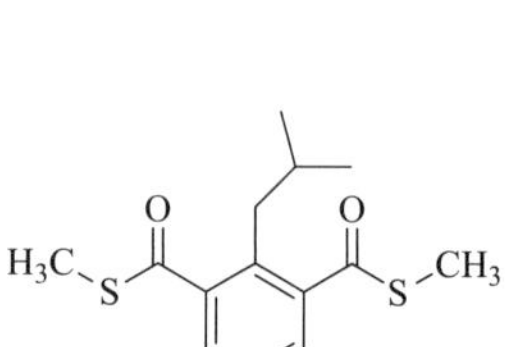

氟硫草定(dithiopyr)

氟硫草定（dithiopyr）化学名称：S,S′-二甲基-2-二氟甲基-4-异丁基-6-三氟甲基吡啶-3,5-二硫代甲酸酯。

氟硫草定属于吡啶羧酸类含氟除草剂，用于稻田和草坪除草，可防除稗、鸭舌草、异型莎草、节节菜等一年生杂草。氟硫草定的除草活性不受环境因素变化的影响，对水稻安全，持效期达 80d[135]。

当前，生产氟硫草定的厂家不多，仅迈克斯（如东）化工有限公司和美国陶氏益农公司有该产品的生产资格，其登记原药的含量分别为 95%和 91.5%。其登记情况如表 10-21 所示。

表 10-21　我国现阶段氟硫草定的登记情况

登记证号	登记名称	剂型	总含量	生产企业
PD20080483	氟硫草定	乳油	32%	美国陶氏益农公司
PD20111071	氟硫草定	原药	95%	迈克斯（如东）化工有限公司
PD20080496	氟硫草定	原药	91.50%	美国陶氏益农公司

10.10.4.2　氟硫草定的工艺概况

氟硫草定的工艺路线主要有两种，分述如下：

（1）三氟乙酰乙酸硫代甲酯法　以三氟乙酰乙酸硫代甲酯与异戊醛为起始原料，经闭环得到 2,6-二三氟甲基-2,6-二羟基-4-异丁基哌啶-3,5-二硫代甲酸酯，再脱水、脱氟得到氟硫草定（图 10-195）。

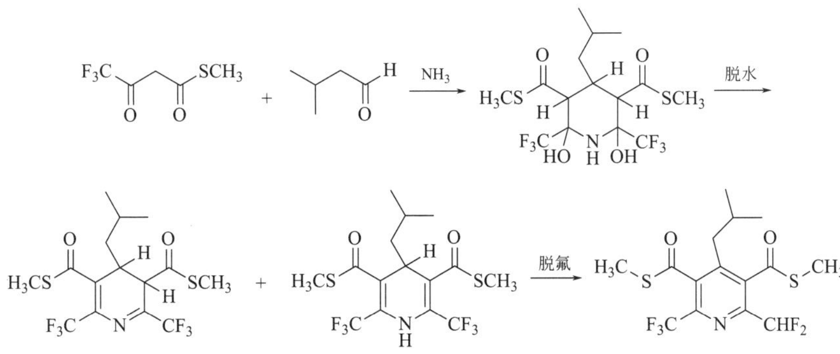

F_3C SCH_3 + H NH_3 H_3CS H H SCH_3 脱水 F_3C HO N H OH CF_3

H_3CS H SCH_3 H F_3C N CF_3 + H_3CS H SCH_3 F_3C N H CF_3 脱氟 H_3C S S CH_3 F_3C N CHF_2

图 10-195　三氟乙酰乙酸硫代甲酯法合成氟硫草定

该方法原料三氟乙酰乙酸硫甲酯不易得到，工业化难度较大。

（2）三氟乙酰乙酸乙酯法　以三氟乙酰乙酸乙酯与异戊醛为起始原料，经过关环得到 2,6-二三氟甲基-2,6-二羟基-4-异丁基哌啶-3,5-二甲酸乙酯，再经脱水、脱氟反应得到 2-二氟甲基-4-异丁基-6-三氟甲基吡啶-3,5-二甲酸甲酯，然后水解、氯化得到 2-二氟甲基-4-异丁基-6-三氟甲基吡啶-3,5-二甲酰氯，最后与甲硫醇钠缩合得到氟硫草定（图 10-196）。

该方法原料易得，反应条件温和，各步反应收率都比较高，适合工业化生产[136-141]。

10.10.5　噻草啶

噻草啶（thiazopyr）化学名称：2-二氟甲基-5-(4,5-二氢-2-噻唑基)-4-(2-甲基丙基)-6-三氟甲基-3-吡啶羧酸甲酯。噻草啶属于吡啶羧酸类含氟除草剂，用于芽前处理，防除果园和林地里的一年生禾本科杂草和一些阔叶杂草。噻草啶通过干扰纺锤体微管的形成，来抑制

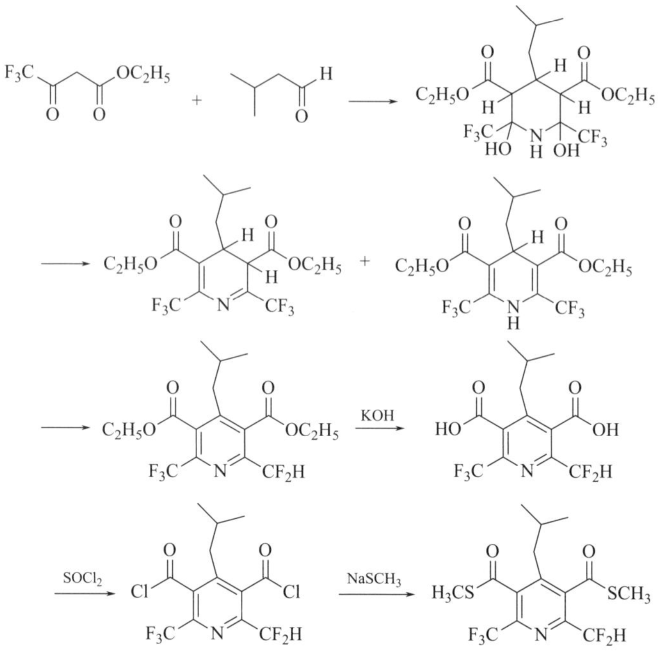

图 10-196　三氟乙酰乙酸乙酯法合成氟硫草定

细胞分裂。植物中毒症状为根部生长受抑制，分生组织膨大，还可能表现为子叶下轴或者节间膨大，但对种子发芽无影响。

噻唑烟酸的合成工艺：

（1）方法 1　以硫代乙酰胺为起始原料，与 2-氨基乙醇经环合形成 2-甲基-4,5-二氢噻唑，再与 2,2,2-三氟乙酸酐反应生成中间体 1,1,1-三氟-3-(4,5-二氢噻唑-2-基)-2-丙酮，然后与 3-甲基丁醛、4,4,4-三氟乙酰乙酸甲酯反应关环生成吡喃环，经氨化、还原生成噻草啶（图 10-197）。

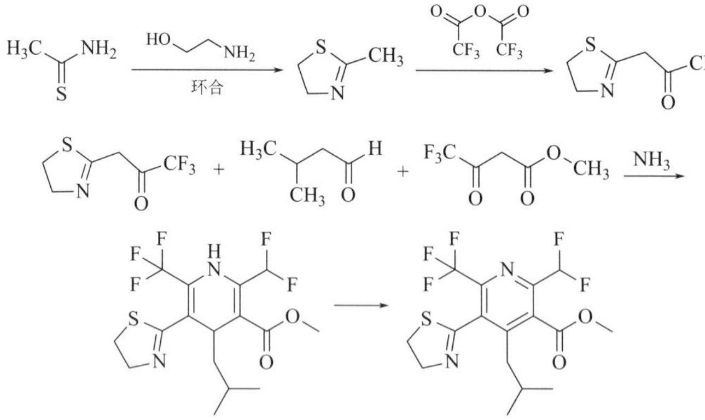

图 10-197　硫代乙酰胺法合成噻草啶

（2）方法 2　三氟乙酰乙酸乙酯和 3-甲基丁醛反应闭环生成取代的吡喃，经氨化、脱水，并与 DBU 反应得到取代的吡啶二羧酸酯，再水解、酰化制得取代的吡啶二酰氯，与 1mol 甲醇反应，生成单酯，再与乙醇胺反应制成酰胺，并与五硫化二磷反应生成硫代酰胺，最后闭环得到噻草啶（图 10-198）。

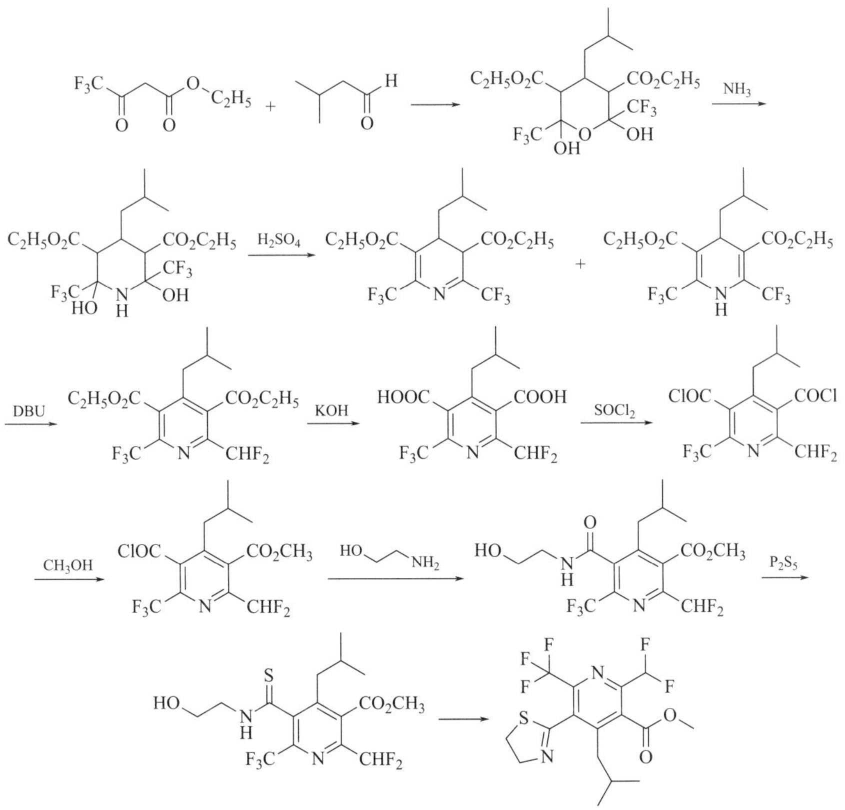

图 10-198　三氟乙酰乙酸乙酯法合成噻草啶

10.10.6　二氯吡啶酸

10.10.6.1　二氯吡啶酸的产业概况

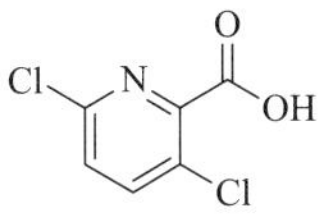

二氯吡啶酸(Clopyralid)

二氯吡啶酸（clopyralid）是一种人工合成的植物生长激素，属内吸性苗后除草剂。主要用于防治油菜田的阔叶杂草，可有效地防除菊类、豆类和伞形科杂草。在禾本科作物中有选择性，在甜菜、亚麻、草莓和葱属作物中也有选择性。二氯吡啶酸可以单剂施用，也可以与其他除草剂混用。

到 2018 年 5 月为止，登记的二氯吡啶酸产品共有 67 个（含过期有效产品）。而尚未过期的产品数为 56 个，其中单制剂品种有 46 个。剂型分布：可溶粒剂 19.70%，水剂 34.85%，原药 31.82%。从登记的数量上来看，只有 2008 年、2013 年、2015 年和 2017 年二氯吡啶酸相关产品的登记较多，分别为 9 个、14 个、9 个和 16 个，其他各年登记数均在 1～4 个之间。其登记数量变化趋势如图 10-199 所示。

10.10.6.2　二氯吡啶酸的工艺概况

二氯吡啶酸的工艺路线主要包括：水解法、肼还原脱氯-水解法、肼还原脱氯法和电化学还原脱氯法[142-153]。

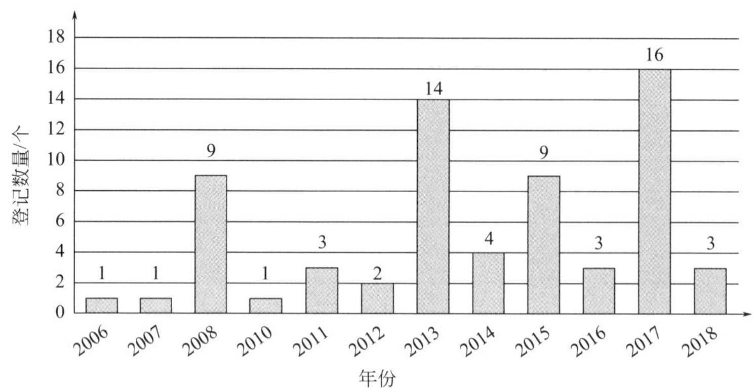

图 10-199　2006 年以来二氯吡啶酸登记数量变化趋势

（1）水解法　水解法合成二氯吡啶酸的原料为 3,6-二氯-2-(三氯甲基）吡啶或 3,6-二氯-2-吡啶腈。它们的制备方法分别为：

3,6-二氯-2-(三氯甲基)吡啶的制备（图 10-200）：甲基吡啶在光催化下于 50～150℃进行氯化，分馏提取 2mmHg（1mmHg＝133.322Pa）、100～104℃下的馏分，得到 3-氯-2-(三氯甲基）吡啶，然后将其在 120～130℃下进行进一步的光催化氯化，正己烷重结晶即可得到 3,6-二氯-2-(三氯甲基）吡啶。

3,6-二氯-2-吡啶腈的制备（图 10-201）：吡啶通过光催化氯化反应，制备得到 2,6-二氯吡啶，然后在催化剂的作用下进一步氯化得到 2,3,6-三氯吡啶，最后在 *N*-甲基吡咯烷酮（NMP）溶液中与氰化钾反应得到 3,6-二氯-2-吡啶腈。

图 10-200　3,6-二氯-2-(三氯甲基)吡啶的制备

图 10-201　3,6-二氯-2-吡啶腈的制备

3,6-二氯-2-(三氯甲基)吡啶或 3,6-二氯-2-吡啶腈和浓硝酸进行混合，加热回流，反应结束后冷却结晶、过滤，然后用苯进行重结晶即可得二氯吡啶酸（图 10-202）。

图 10-202　水解法合成二氯吡啶酸

该方法是最早合成二氯吡啶酸的方法，尽管产率较高、操作方便，但是在制备两种原料的反应中进行的光催化氯代反应为选择性反应过程，反应的条件控制苛刻，对设备要求较高。

（2）肼还原脱氯-水解法　以吡啶为起始原料，经过催化氯化得到五氯吡啶，然后依次经过氟取代和腈基取代，得到四氯吡啶甲腈；以水合肼作为还原剂对四氯吡啶甲腈进行脱氯反应，然后经水解、中和得到二氯吡啶酸（图 10-203）。该方法收率约 70％。

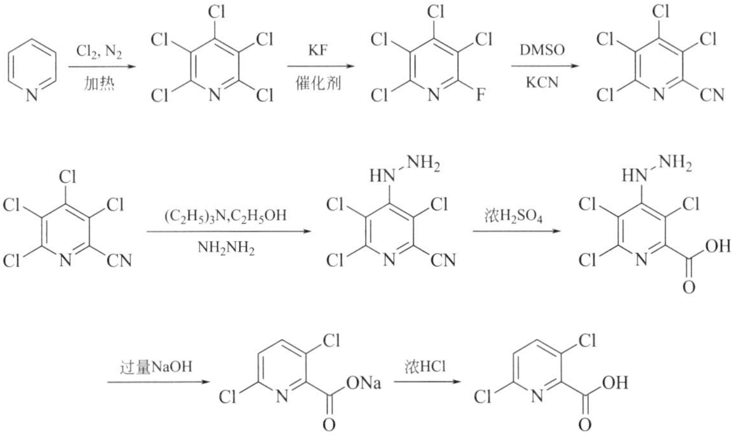

图 10-203　肼还原脱氯-水解法合成二氯吡啶酸

（3）肼还原脱氯法　将 3,4,5,6-四氯-2-(三氯甲基) 吡啶在酸性条件下水解得到 3,4,5,6-四氯吡啶甲酸，再在一定温度的碳酸钠水溶液中用过量的水合肼还原 3,4,5,6-四氯吡啶甲酸，得到中间体 3,5,6-三氯-4-肼基吡啶甲酸盐，然后补加一定量的氢氧化钠或水合肼进一步反应得到二氯吡啶甲酸盐，最后用浓盐酸酸化得到二氯吡啶酸。该方法得到的产品最高收率为 79％，产品纯度为 90％（图 10-204）。

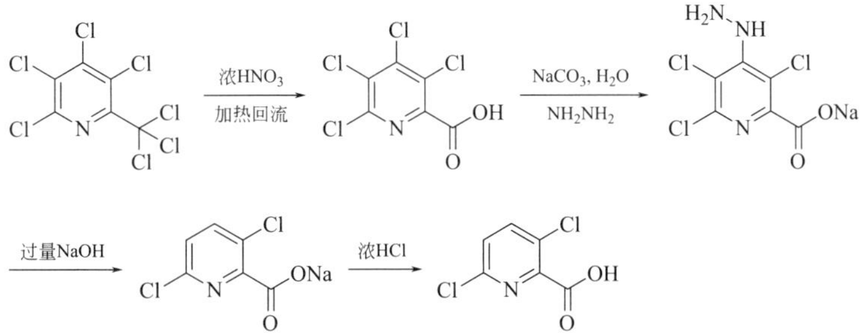

图 10-204　肼还原脱氯法合成二氯吡啶酸

（4）电化学还原脱氯法　电化学还原脱氯法是目前合成二氯吡啶酸最有效的方法（图 10-205）。以 3,4,5,6-四氯吡啶甲酸为原料，在碱性溶液中电解还原可以得到二氯吡啶酸。电解过程中，阳极析氧，阴极制备二氯吡啶酸。采用无隔膜电解槽，阴极采用银作为材料，阳极采用石墨、不锈钢或镍基合金作为材料。电解液采用 0.1～1mol/L 的碱溶液，反应温度为 20～60℃，电流密度 100～500A/dm^2，产率约为 80％～95％。与传统的化学法相比，电化学还原脱氯法制备二氯吡啶酸具有成本低、产率和纯度高、污染少等优点。

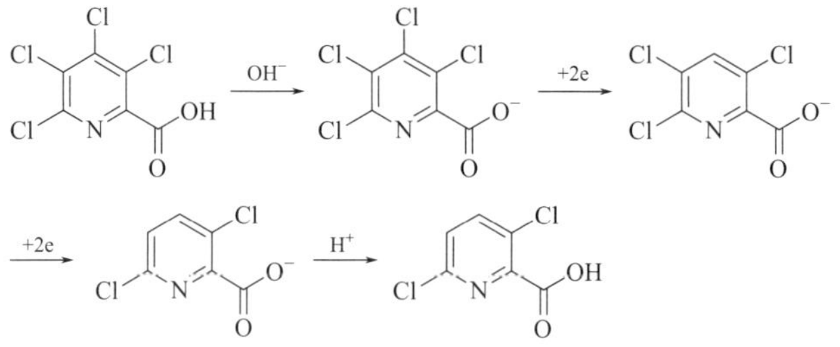

图 10-205 电化学还原脱氯法制备二氯吡啶酸

10.10.7 氯氨吡啶酸

10.10.7.1 氯氨吡啶酸的产业概况

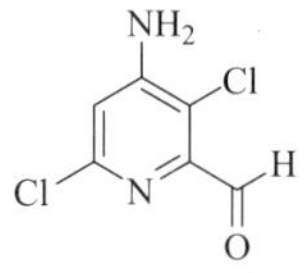

氯氨吡啶酸

氯氨吡啶酸（aminopyralid）属于合成激素型除草剂，能被植物茎叶和根迅速吸收传导，它主要作用于核酸代谢，并且使叶绿体结构及其他细胞器发育畸形，干扰蛋白质合成，作用于分生组织活动等，最后导致植物死亡。除十字花科作物外，大多数阔叶作物都对其反应敏感，而大多数禾本科作物对其具有一定的抗性。它广泛应用于山地、草原、种植地和非耕地的杂草防除，现正被研究开发应用于油菜和禾谷类作物田防除杂草[154]。该品种低毒，无致畸、致突变、致癌作用，对动物内分泌和生殖系统无副作用，对人类低毒[155,156]。

我国氯氨吡啶酸的登记情况如表 10-22 所示。

表 10-22 我国氯氨吡啶酸的登记情况

登记证号	登记名称	剂型	总含量	有效期至	生产企业
PD20160401	氯氨吡啶酸	原药	95%	2021-3-16	利尔化学股份有限公司
PD20142263	氯氨吡啶酸	原药	91.60%	2019-10-20	美国陶氏益农公司
PD20142270	氯氨吡啶酸（暂定）	水剂	21%	2019-10-20	美国陶氏益农公司

10.10.7.2 氯氨吡啶酸的工艺概况

以二氯吡啶酸为起始原料，经酯化、硝化、还原、水解合成目标化合物[157]，合成工艺路线如图 10-206 所示。

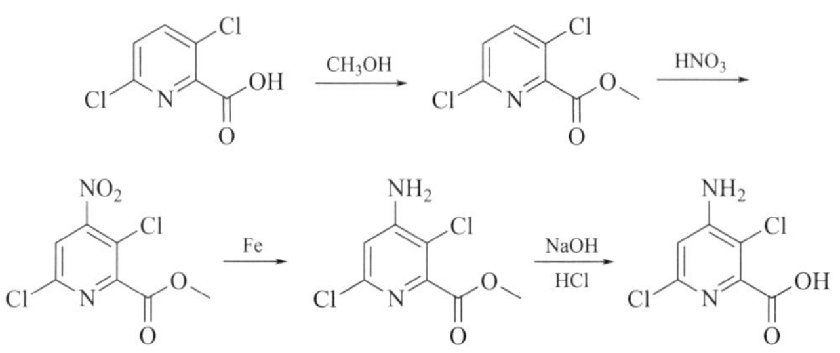

图 10-206 氯氨吡啶酸的合成工艺路线

10.10.8　绿草定

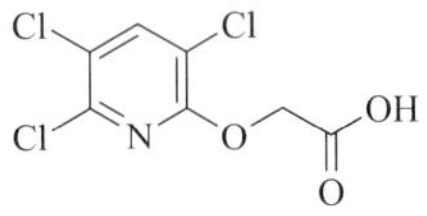

绿草啶

绿草定（triclopyr）由美国陶氏益农公司开发，在土壤中能够迅速被土壤微生物分解，半衰期为 46d。它可以被植物的叶和根吸收，并转移到植株。对禾本科植物无效，可用于定植草坪苗后除草，防除草坪中的阔叶杂草[158]。它与 2,4-滴或敌稗混用，可防除稻田和小麦田（不可用于大麦田）杂草。也可用于种植园（如油棕和橡胶），可防除泽兰属杂草及其他主要杂草；在牧场中，可防除一年生和多年生草本杂草，还可防除悬钩子属杂草和其他木本杂草。

绿草定的合成工艺路线如图 10-207 所示，以三氯乙酰氯、丙烯腈和氯乙酸乙酯为主要原料，首先由三氯乙酰氯和丙烯腈制备三氯吡啶酚钠，再由三氯吡啶酚钠和氯乙酸乙酯制备绿草定，总收率在 78%左右。

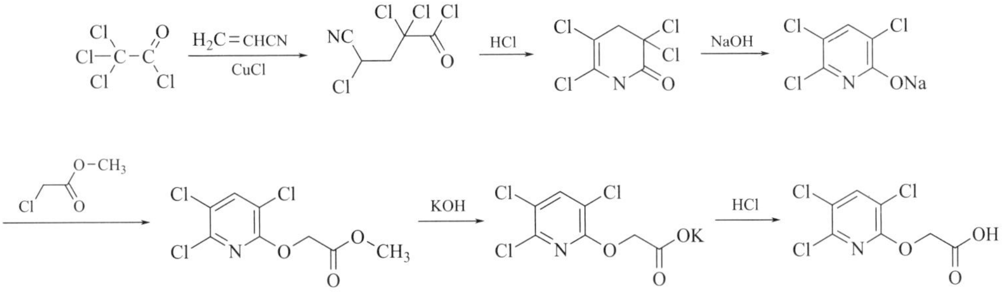

图 10-207　绿草定的合成工艺路线

10.10.9　毒莠定

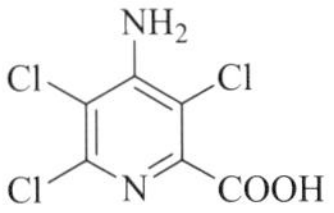

毒莠定

毒莠定（picloram）于 1963 年由 DOW 化学公司科学家 Hamaker 等开发合成[159]，也叫毒草定，它的合成标志着取代吡啶类除草剂的开发。毒莠定是一种内吸性除草剂，它的主要特点是用量少、选择性高、毒性低，在土壤和植物体中的残留量小且残留周期短，于 2000 年被列入了国家级技术创新计划。在国际市场上，要求原药的含量大于 93%。

按合成的起始原料的不同，目前国内外对毒莠定的合成工艺主要有以下三条路线[160,161]：

(1) 以七氯甲基吡啶为原料　以七氯甲基吡啶为原料，经氨解反应和酸化处理后得到 4-氨基-3,5,6-三氯吡啶甲酸（毒莠定）[162,163]。反应过程如图 10-208 所示。

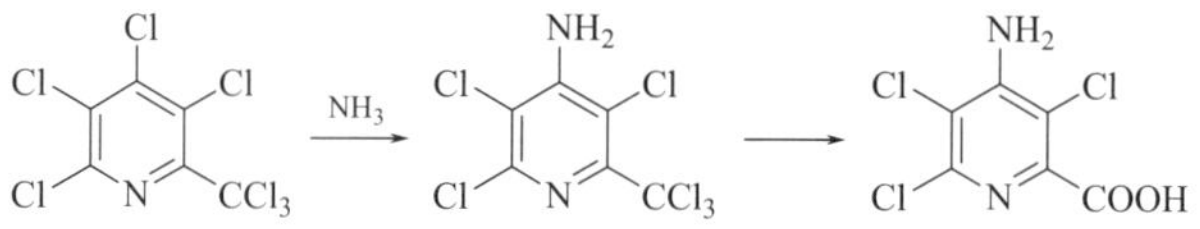

图 10-208 以七氯甲基吡啶为原料的工艺路线

（2）以 3,4,5,6-四氯吡啶腈为原料 反应路线如图 10-209 所示[164,165]。

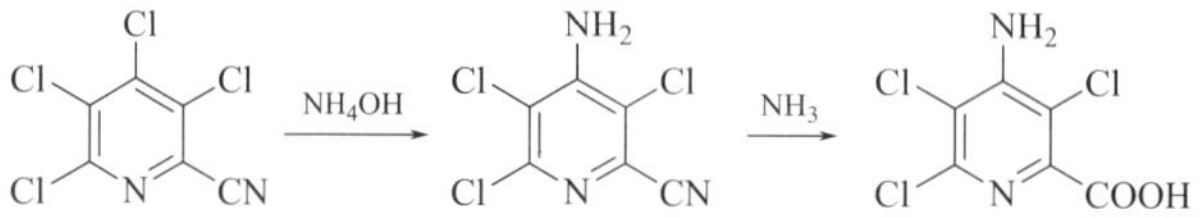

图 10-209 以 3,4,5,6-四氯吡啶腈为原料的工艺路线

（3）以 3,4,5,6-四氯吡啶甲酸为原料 以 3,4,5,6-四氯吡啶甲酸或 3,4,5,6-四氯吡啶甲酸盐为起始原料，先与氨水在高压釜内进行氨解反应，然后再使用盐酸或硫酸进行酸化处理，最后经过滤得到产品毒莠定。反应过程如图 10-210 所示[166,167]。

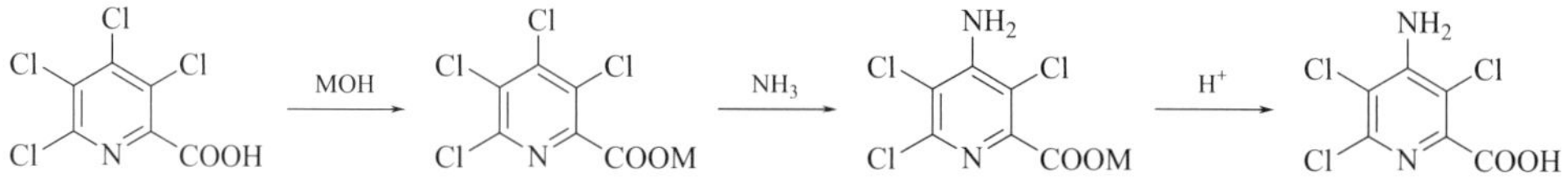

图 10-210 以 3,4,5,6-四氯吡啶甲酸为原料的工艺路线

10.11 三嗪类除草剂

10.11.1 概述

10.11.1.1 三嗪类除草剂简介

三嗪类除草剂是一类传统的除草剂，它通过光合系统Ⅱ（PSⅡ）以 D_1 蛋白为作用靶标，抑制植物的光合作用而发挥作用[168]。第一个均三嗪类除草剂西玛津诞生于 1955 年，1957 年瑞士 Ciha-Gergy 公司开发上市了除草剂莠去津（阿特拉津，atrazine），随后莠去津成为了世界上产量最大的除草剂[169,170]。迄今为止，三嗪类除草剂已经开发出 30 多个品种，部分已经上市的品种如图 10-211 所示。三嗪类除草剂的生产和使用于 20 世纪 70～80 年代在各大类除草剂中居首位，在农业生产上发挥了巨大的作用。但由于其用量较大、残留较长，并由于磺酰脲类等新除草剂的迅速发展，这类除草剂的用量逐渐下降。尽管如此，由于此类除草剂有其作用机制上的特点，加上它们的价格相对较低，故将其作为与其他价格相对较高的除草剂进行混配的主要品种之一，因而它仍在各大类除草剂中居第五位，仅次于氨基酸类（草甘膦等）、磺酰脲类、酰胺类、芳氧苯氧丙酸类除草剂。

三嗪类除草剂的化学结构特点都是以取代的二氨基均三嗪为基本骨架，同时还有氯、甲氧基或甲硫基作为第三个基团直接连在三嗪环上。因此，这类除草剂的命名也具有一定的规律，依次将它们称为津（英文字尾为-azine，含氯）、通（英文字尾-tone，含甲氧基）以及净（英文字尾-tryne，含甲硫基）。

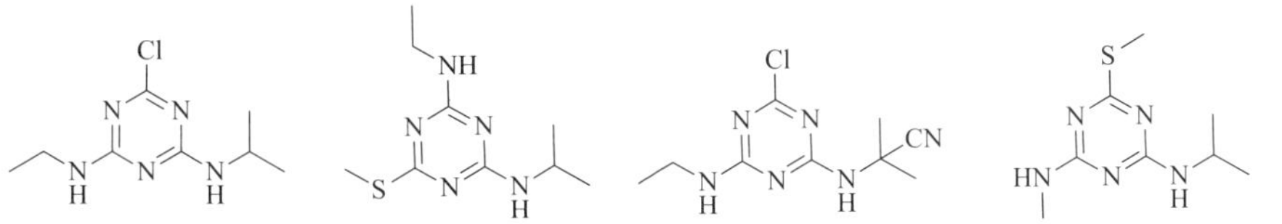

莠去津　莠灭净　氰草津　敌草净

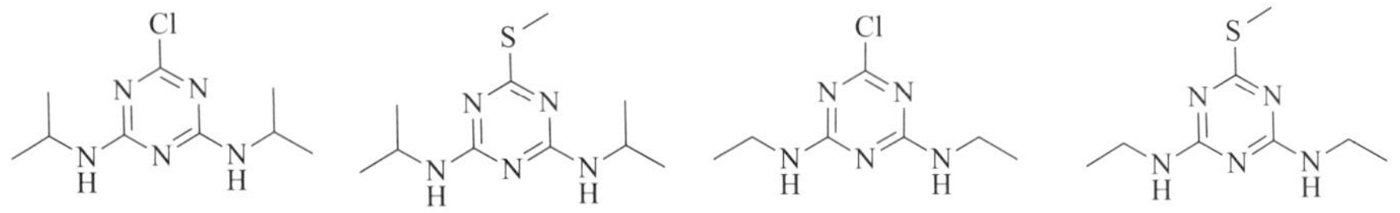

扑灭津　扑草净　西玛津　西草净

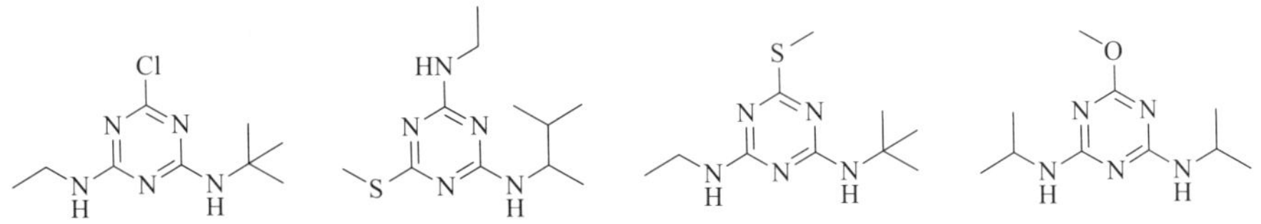

特丁津　异戊乙净　特丁净　扑灭通

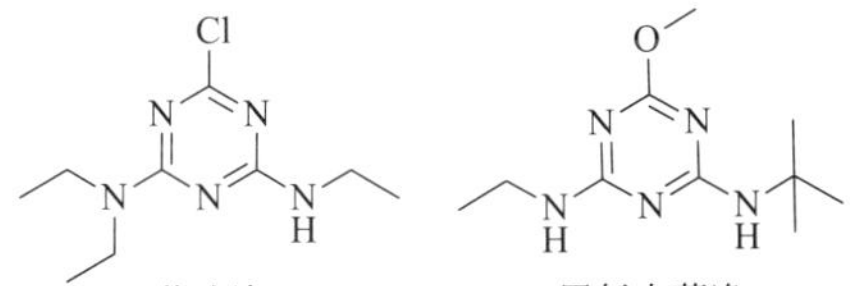

草达津　甲氧去草净

图 10-211　三嗪类除草剂

10.11.1.2　三嗪类除草剂的作用机制及生物活性

三嗪类除草剂是植物光合作用的强抑制剂。它们中大多数是内吸传导型除草剂，主要由植株根系吸收，随植物茎内蒸腾水流的上升而移动，通过木质部输送到植株的地上部分，使叶片产生失绿、枯萎的症状，从而抑制植株的光合作用，抑制植株糖类的形成和淀粉的积累，使植株得不到必要的养分而死亡。

其作用机理可能是因为三嗪类除草剂具有—NH 和—C ═N—基团，这些基团容易与参与光合作用的酶形成氢键而抑制其活性。由于这种酶被抑制便干扰了水的光解过程，因而干扰植株的光合作用，使植株不再释放 O_2 和吸收 CO_2，从而起到杀草作用。然而，在黑暗中施用这种除草剂，没有除草活性出现，这说明光照强度大大影响其除草活性。更为重要的是，这些药剂的药效光谱与叶绿素的吸收光谱很相似，也就是说叶绿素吸收的光对药剂发挥效力起着很重要的作用。

通常三嗪类除草剂具有高度的选择性，它们能杀死杂草而对一些作物如玉米等却很安全。玉米中有一种化合物 2,4-二羟基-7-甲氧基-1,4-苯并噁嗪-3-酮（称为 MBOA），在玉米体内以 2-葡萄糖苷的形式存在，它可使西玛津迅速降解而解毒。三嗪类除草剂在植物中的降解速度随不同植物品种有很大变化：在对除草剂有抗性的植物品种中，它们迅速降解；而在对除草剂敏感的植物中，它们降解缓慢。这是它们在几种农作物中选择性使用的基础。已证明在植物中存在三嗪类除草剂的两种降解反应：一种降解反应是三嗪环 2-位上脱氯、脱甲氧基或脱甲硫基生成羟基三嗪；另一种降解反应是环上 4,6-位的烷基侧链脱烷基反应，三嗪环本身的裂解是较困难的[171-174]。三嗪类除草剂的具体降解反应可用图 10-212 表示。

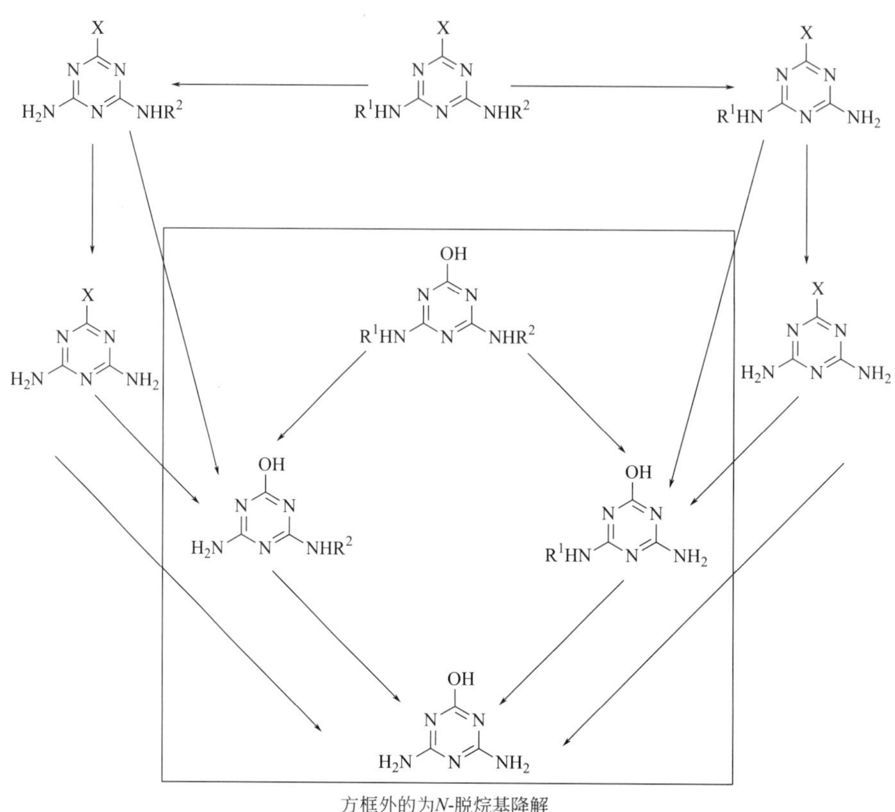

图 10-212 三嗪类除草剂在植物中的降解方式

10.11.2 莠去津

10.11.2.1 莠去津的产业概况

莠去津(atrazine)

莠去津（atrazine）是一种选择性内吸传导型除草剂，可在苗前苗后使用的。适用于玉米、高粱、甘蔗、茶园、林地，防除一年生禾本科杂草和阔叶杂草。莠去津在中性、微酸、微碱介质中稳定，在强酸碱介质中水解为无除草活性的 6-羟基三嗪，在土壤中半衰期为 100d。莠去津在 20 世纪 80～90 年代时傲居除草剂之首，时至今日仍是当今主要的除草剂品种之一，被广泛应用。在开发新除草剂时，往往将莠去津作为主要混配品种之一，这也是近几年莠去津销售额不断增长的原因之一[175,176]。

到 2018 年 5 月为止，登记的莠去津产品较多，共有 1118 个（含过期有效产品）。而尚未过期的产品数为 903 个，其中单制剂品种有 202 个。剂型分布：可分散油悬浮剂 31.87%，可湿性粉剂 10.23%，悬浮剂 23.97%，悬乳剂 25.85%。从登记的数量上来看，2000 年以来，每年均有莠去津相关产品获得登记，且呈上升趋势，尤其是近年来增幅较大。另外，在 2009 年有一次登记高峰。其登记数量变化趋势如图 10-213 所示。

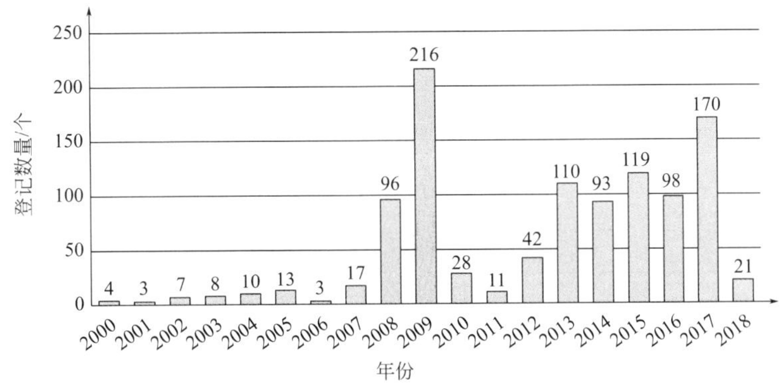

图 10-213　2000 年以来莠去津登记数量变化趋势

10.11.2.2　莠去津的工艺概况

莠去津的生产工艺可以采用溶剂法和水介质法。溶剂法生产莠去津具有反应效果好、收率与产品含量较高的优点，但因使用大量的溶剂［n(三聚氯氰)∶n(溶剂)＝1∶13.5］，存在损耗及大量溶剂的干燥处理问题。水介质法具有工艺较简单，物料后处理方便等优点，但反应是非均相体系，效果不佳，而且存在着三聚氯氰的分散和分解问题，因此收率和含量较低。针对溶剂法和水介质法存在的问题，采用均相混合法来合成莠去津（图 10-214）不但能避免水介质法和溶剂法的不足，而且产品质量也有一定的提高。

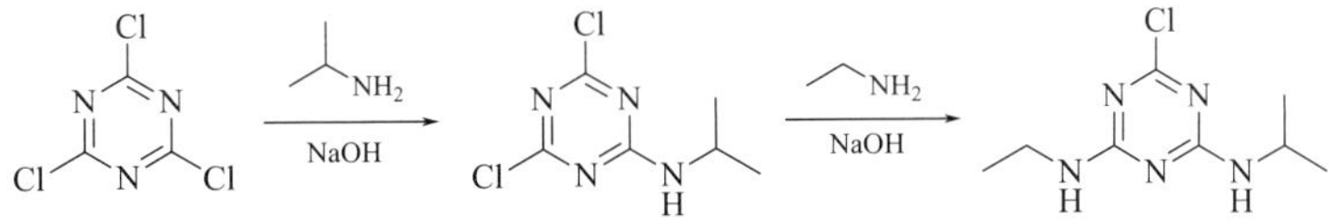

图 10-214　均相混合法合成莠去津

以氯苯和水为混合溶剂，加入助剂使反应体系成乳状均相体系，然后再进行反应。该方法合成的莠去津含量达到 97%，收率约 95%。

10.11.3　莠灭净

10.11.3.1　莠灭净的产业概况

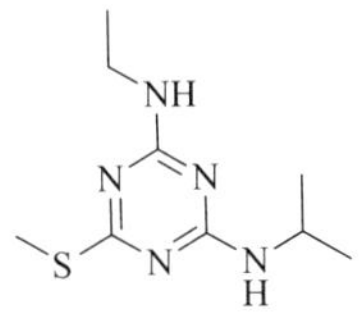

莠灭净(ametryne)

莠灭净（ametryn）是以莠去津为先导，通过结构修饰得到的一种优良的选择性除草剂[177]，是莠去津的理想替代产品，具有高效低毒、药效期短等优点，可用于播后苗前土壤处理或苗后茎叶处理。莠灭净在低浓度时能促进植物生长，刺激幼芽和根的生长，促进叶面积增大、茎加粗等。但在高浓度时又会对植物产生强烈抑制作用。适用于香蕉、柑橘、咖啡、可可、玉米、油棕、凤梨、甘蔗、茶、马铃薯和非耕地中阔叶杂草和禾本科杂草的防治，并可用来防除水生杂草等。

到 2018 年 5 月为止，登记的莠灭净产品共有 148 个（含过期有效产品）。而尚未过期的产品数为 110 个，其中单制剂品种有 43 个。剂型分布：70%以上为可湿性粉剂，原药占 11.64%。从登记的数量上来看，2001 年以来，每年均有莠灭净相关产品获得登记，2012 年以后增长较快，另外，在 2008 年有一次登记高峰。其登记数量变化趋势如图 10-215 所示。

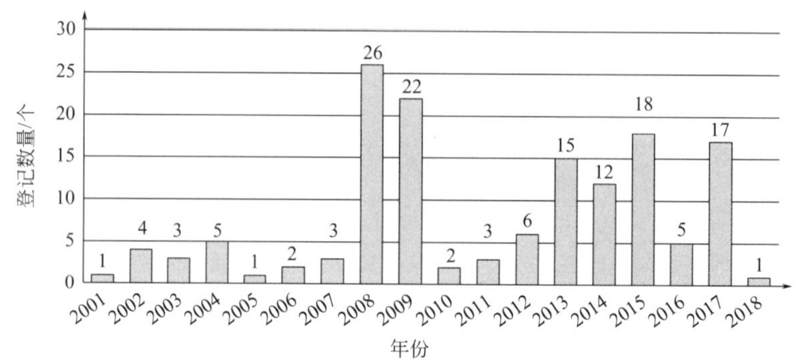

图 10-215　2001 年以来莠灭净登记数量变化趋势

10.11.3.2　莠灭净的工艺概况

以莠去津、甲硫醇钠为起始原料，以有机胺为相转移催化剂合成莠灭净，收率和纯度均可达 95%。其合成工艺路线如图 10-216 所示。

图 10-216　莠灭净的合成工艺路线

10.11.4　氰草津

10.11.4.1　氰草津的产业概况

氰草津(cyanazine)

氰草津（cyanazine）是英国壳牌化学有限公司（Shell Inter-national Chemical Co，Ltd）于 1971 年开发的除草剂，20 世纪 80 年代得到广泛的应用。氰草津是继莠去津之后又一玉米田除草剂，能有效地防除玉米田中几十种禾本科杂草和阔叶杂草，可在播后苗前土壤处理或苗后玉米四叶期以前使用，也可在杂草 2～5 叶期进行茎叶处理，持效期为 2～3 个月，由于玉米本身有一种酶能分解氰草津，所以氰草津对玉米安全，对玉米后茬作物没有影响，属玉米田特效除草剂。氰草津除适合玉米田外，还适合高粱、甘蔗、棉花、蚕豆、马铃薯等作物，能防除多种禾本科杂草及阔叶杂草，是一种优良的苗前苗后内吸性传导型除草剂。

到 2018 年 5 月为止，登记的氰草津产品共有 36 个（含过期有效产品）。而尚未过期的产品数为 16 个，单制剂品种有 1 个，为山东大成生物化工有限公司登记的氰草津原药。剂型分布：可湿性粉剂 20.00%，悬浮剂 62.86%，悬乳剂 8.57%，原药 8.57%。从登记的数量上来看，2000～2005 年，每年均有氰草津相关产品获得登记，2010 年以后有零星登记。其登记数量变化趋势如图 10-217 所示。

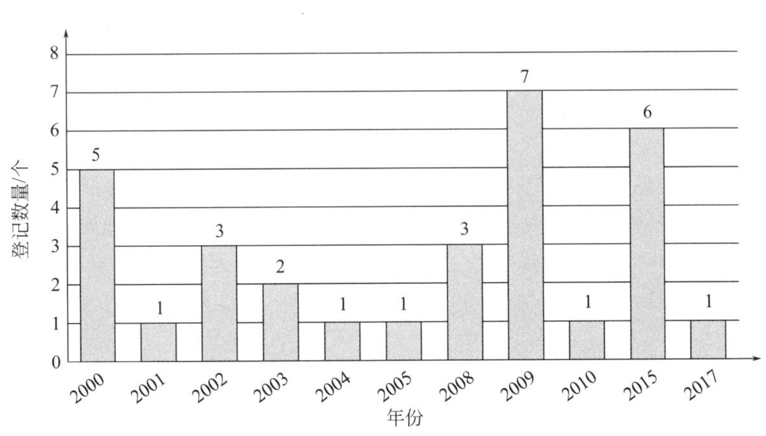

图 10-217　2000 年以来氰草津登记数量变化趋势

10.11.4.2　氰草津的工艺概况

由三聚氯氰经氨化来合成氰草津，收率为 90%，产品纯度可达 97%左右[178]。其合成工艺路线如图 10-218 所示。

图 10-218　氰草津的合成工艺路线

10.11.5　扑灭津

扑灭津（propazine），化学名称：6-氯-N^2,N^4-二异丙基-1,3,5-三嗪-2,4-二胺。扑灭津是一种选择性三嗪类除草剂，芽前处理可防治高粱和伞形花科作物田中的阔叶杂草和禾本科杂草。其杀草谱广，除草能力强，也可用于北方玉米、高粱等作物的杂草防治[179]。

扑灭津的合成工艺路线：以三聚氯氰和异丙胺为原料，以异丙醇和水的混合液作为溶剂，在 NaOH 作用下制得扑灭津（图 10-219），收率可达 90%以上，含量最高可达 98%[180]。

$\xrightarrow[30\sim60℃]{i\text{-}PrNH_2,NaOH}$

扑灭津

图 10-219 扑灭津的合成工艺路线

10.11.6 扑草净

10.11.6.1 扑草净的产业概况

扑草净（prometryne）是1959年由瑞士嘉基（Geigy）公司创制的三嗪类除草剂[181]，苗前苗后均可施用。扑草净在三嗪环上用硫甲基将第三个氯原子取代，这使得它不仅保留了三嗪除草剂杀草谱广、药效长等优点，而且克服了对农作物的药害，使用范围增加，除玉米、高粱外，也可应用于小麦、水稻、棉花、大豆、花生、薯类、甘蔗、蔬菜和水果等[182]。

到2018年5月为止，登记的扑草净产品共有165个（含过期有效产品）。而尚未过期的产品数为120个，其中单制剂品种有34个。剂型分布：粉剂8.48%，可湿性粉剂33.94%，乳油33.94%，悬乳剂9.09%，原药7.27%。从登记的数量上来看，2000年以来，每年均有扑草净相关产品获得登记，除2008年和2009年登记数量较多外（分别为34个和57个），其他各年都是几个。其登记数量变化趋势如图10-220所示。

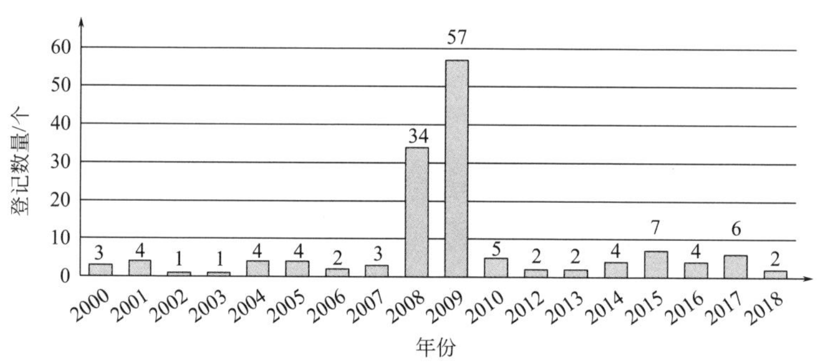

图 10-220 2000年以来扑草净登记数量变化趋势

10.11.6.2 扑草净的工艺概况

按照取代反应顺序不同，可分别采用先氨化后甲硫基化或先甲硫基化后氨化的方法合成扑草净。

在先氨化后甲硫基化工艺路线中，一取代、二取代氨化反应温度较低，异丙胺利用率较高，工艺条件较温和。三取代甲硫基化有两种方式：一种是采用硫氢化钠先巯基化后采用硫酸二甲酯甲基化的两步法；另一种是采用甲硫醇钠甲硫基化的一步法。采用两步甲硫基化法合成扑草净，具有路线较长、副反应较多、设备腐蚀严重、目的产物收率较低等缺点；而采用一步甲硫基化法合成扑草净可以避免上述缺点。

在先甲硫基化后氨化的工艺路线中，虽然第一步甲硫基化反应很容易，但第二、三氨化取代反应比较困难，反应需在90℃以上进行，而异丙胺沸点较低（32.4℃），需加压才能实现。

因此，通常选择先氨化后甲硫基化（一步法）的工艺路线（图10-221）[183-185]。

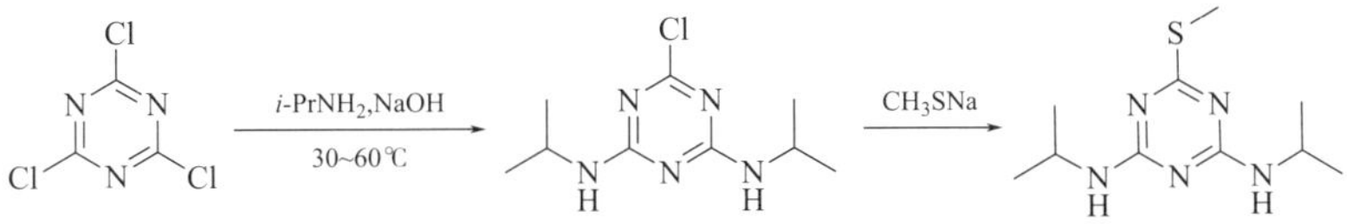

图 10-221　甲硫醇钠一步甲硫基化法合成扑草净

10.11.7　西玛津

10.11.7.1　西玛津的产业概况

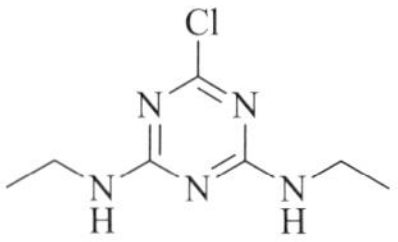

西玛津(simazine)

西玛津（simazine）属于内吸选择性芽前除草剂，能被植物根部吸收并传导。对玉米安全，可防除 1 年生阔叶杂草和部分禾本科杂草，持效期长。适用于玉米、高粱、甘蔗、茶园、橡胶及果园、苗圃防除狗尾草、画眉草、虎尾草、莎草、苍耳、鳢肠、野苋菜、青葙、马齿苋、灰菜、野西瓜苗、罗布麻、马唐、蟋蟀草、稗草、三棱草、荆三棱、苋菜、地锦草、铁苋菜、藜等一年生阔叶草和禾本科杂草。

当前，生产西玛津的厂家不多，包括山东潍坊润丰化工股份有限公司、吉林市绿盛农药化工有限公司、浙江省长兴第一化工有限公司、浙江中山化工集团股份有限公司、安徽中山化工有限公司、山东滨农科技有限公司、河北山立化工有限公司、山东胜邦绿野化学有限公司、连云港立本作物科技有限公司和响水中山生物科技有限公司等，剂型主要以水分散粒剂和可湿性粉剂为主，登记情况如表 10-23 所示。

表 10-23　我国现阶段西玛津的登记情况

登记证号	登记名称	剂型	总含量	生产企业
PD20080238	西玛津	原药	98%	山东潍坊润丰化工股份有限公司
PD20130664	西玛津	水分散粒剂	90%	山东潍坊润丰化工股份有限公司
PD93104	西玛津	原药	85%	吉林市绿盛农药化工有限公司
PD20080692	西玛津	原药	95%	浙江省长兴第一化工有限公司
PD20080795	西玛津	原药	95%	浙江中山化工集团股份有限公司
PD20132589	西玛津	水分散粒剂	90%	浙江省长兴第一化工有限公司
PD20095415	西玛津	悬浮剂	50%	浙江中山化工集团股份有限公司
PD20097234	西玛津	原药	95%	安徽中山化工有限公司
PD85111-2	西玛津	可湿性粉剂	50%	浙江中山化工集团股份有限公司
PD85111	西玛津	可湿性粉剂	50%	吉林市绿盛农药化工有限公司
PD20152233	西玛津	原药	98%	山东滨农科技有限公司
PD20110558	西玛津	水分散粒剂	90%	浙江中山化工集团股份有限公司
PD20160943	西玛津	原药	95%	河北山立化工有限公司
PD20070029	西玛津	原药	90%	山东胜邦绿野化学有限公司
PD20172107	西玛津	原药	98%	连云港立本作物科技有限公司
PD20172193	西玛津	原药	97%	响水中山生物科技有限公司

10.11.7.2 西玛津的工艺概况

西玛津由三聚氯氰与乙胺在碱存在下反应而得。如果以水为反应介质，则在0℃左右加料，然后在70℃保温搅拌2h。如果反应在三氯乙烯等溶剂中进行，则反应温度为30～50℃。合成工艺路线如图10-222所示。

$C_2H_5NH_2$,NaOH

图 10-222 西玛津的合成工艺路线

10.11.8 西草净

10.11.8.1 西草净的产业概况

西草净(simetryne)

西草净（simetryne）于1959年由瑞士嘉基（Geigy）公司创制，属于内吸选择性除草剂，能通过根、叶吸收并传导至全株，适用于稻田防除稗草、牛毛草、眼子菜、泽泻、野慈姑、母草、小慈姑等杂草，对水稻安全。与杀草丹、丁草胺、禾草敌等除草剂混用，可扩大杀草谱。亦可用于玉米、大豆、小麦、花生、棉花等作物田除草。

到2018年5月为止，登记的西草净产品共有47个（含过期有效产品）。而尚未过期的产品数为35个，其中单制剂品种有17个。剂型分布：颗粒剂12.77%，可湿性粉剂61.70%，乳油14.89%，原药8.51%。从登记的数量上来看，西草净相关产品登记最多的是2008年，其次是2017年，其登记数量变化趋势如图10-223所示。

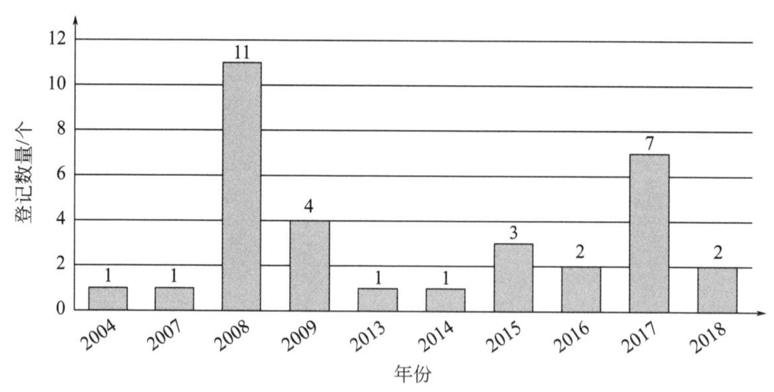

图 10-223 2004年以来西草净登记数量变化趋势

10.11.8.2 西草净的工艺概况

西草净的工艺路线如图10-224所示，主要采用先氨化后甲硫基化（一步法）的工艺路线，以三聚氯氰、乙胺和甲硫醇钠为原料，以三氯乙烯为溶剂[186]。

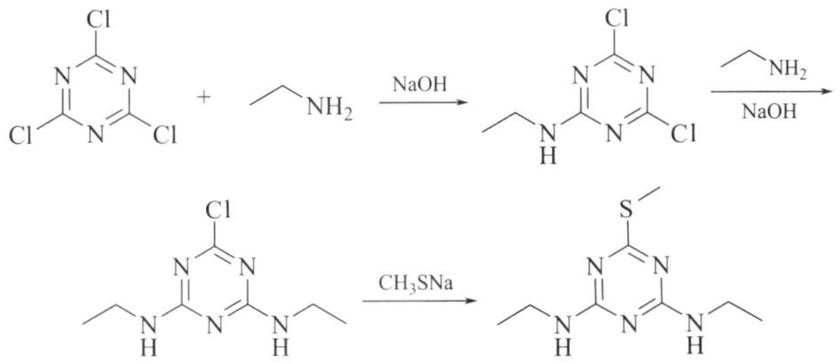

图 10-224　西草净的工艺路线

适宜的反应条件为：三聚氯氰∶乙胺∶氢氧化钠∶甲硫醇钠=1∶2.1∶2.1∶4（物质的量之比）；第一、第二、第三取代反应的反应温度和反应时间分别为 0℃、20℃、78℃ 和 10min、30min、480min。在适宜的条件下，收率和纯度分别为 73.5%和 89.5%。

10.12　环己二酮类除草剂

10.12.1　概况

10.12.1.1　环己二酮类除草剂简介

环己二酮类除草剂亦称环己烯酮类除草剂，是由日本曹达公司发现的一类具有选择性的内吸传导型茎叶处理剂，其作用靶标为乙酰辅酶 A 羧化酶（ACCase，ACC 酶）。1967 年日本曹达公司研究小组在杀螨剂苯螨特的结构基础上进一步优化，将天然产物香豆素的吡喃环结构引入苯螨特结构中，意外发现了此化合物具有除草活性，并在 1973 年开发了第一个环己二酮类除草剂禾草灭（alloxydim）。随后，曹达公司为提高此类除草剂的活性，在禾草灭结构的基础上合成了一系列含硫烷基侧链的环己烷化合物，于 1977 年开发出更高活性的烯禾啶（sethoxydim），其除草活性是禾草灭的 3～8 倍[187]。

自第一个环己二酮类除草剂禾草灭问世以来，各大农药公司纷纷开展了对环己二酮类除草剂的研究，通过结构优化在环己二酮的 5-位以及肟醚上引入不同的取代基以提高活性。从 20 世纪 80 年代到 2018 年 5 月为止共有 9 个品种商品化，包括禾草灭（alloxydim）、烯禾定（sethoxydim）、噻草酮（cycloxydim）、烯草酮（clethodim）、苯草酮（tralkoxydim）、丁苯草酮（butroxydim）、吡喃草酮（tepraloxydim）和环苯草酮（clefoxidim）。

环己二酮类除草剂是 ACC 酶抑制剂，它们有着类似的杂草防除谱，用于苗后防除一年生或多年生禾本科杂草，并对杂草有相似的防除特征：叶片黄化，停止生长，几天后枝尖、叶和根分生组织相继坏死。

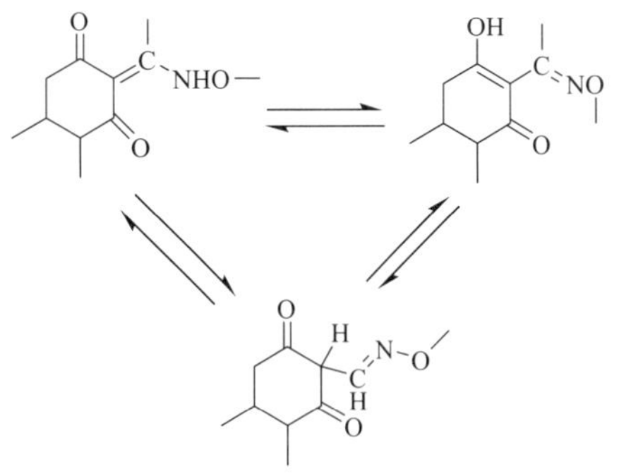

环己二酮类除草剂由于其分子结构中含有多个共轭体系，因此它们实际上是以三种互变异构体形式平衡存在的（图 10-225）[188]。

图 10-225　环己二酮类除草剂的三种互变体

10.12.1.2　环己二酮类除草剂的作用机制及生物活性

环己二酮类除草剂其作用机制是抑制植物体内乙酰辅酶 A 羧化酶（ACCase）。茎叶处理后迅速被植株吸收和转移，传导至整个植株生长点，积累于植物分生组织，抑制植物体内乙酰辅酶A羧化酶，导致脂肪酸合成受阻，从而抑制新芽的生长，杂草先失绿，后变色，于2～4周内完全枯死。环己二酮类除草剂属于内吸传导型茎叶处理除草剂，有优良的选择性，这是因为在双子叶植物的叶绿体中只存在异质型ACCase，而在单子叶植物叶绿体中则以同质型ACCase存在，由于同质型ACCase对抑制剂敏感，异质型ACCase对抑制剂并不敏感，因此单子叶植物能被抑制剂所抑制，而阔叶的双子叶植物则不受抑制。因此，环己二酮类除草剂对禾本科杂草具有很强的杀伤作用，而对双子叶作物安全，被用于阔叶作物中苗后防除一年生或多年生禾本科杂草。环己二酮类除草剂具有低毒及对环境友好等特性。

10.12.2 禾草灭

禾草灭（alloxydim）又名枯草多，作为芽后除草剂能有效防除甜菜、大豆、向日葵、油菜、棉花和蔬菜等作物田中的禾本科杂草，如葡旬冰草、鼠尾看麦娘、野燕麦、臂形草、雀麦属杂草、马唐、蟋蟀草、稗草、野麦草、黑麦草、费氏狗尾草、石茅高粱、黍属杂草和自生小麦等。禾草灭对各生长期的阔叶作物均不产生药害，在施药后不受降雨的影响，且该药在土壤中的残留期很短，对后茬作物无不良影响。

禾草灭的工艺路线：以4-甲基-3-戊烯-2-酮和丙二酸二甲酯为原料，在甲醇钠作用下制得2,2-二甲基-4,6-二酮环己烷羧酸甲酯，该羧酸甲酯与C_3H_7COCl反应制得2-丁酰基-4-甲氧羰基-5,5-二甲基环己烷-1,3-二酮，再与H_2NOH反应得到肟，肟与$H_2C=CHCH_2Br$在室温下反应，即可得禾草灭[189]（图10-226）。

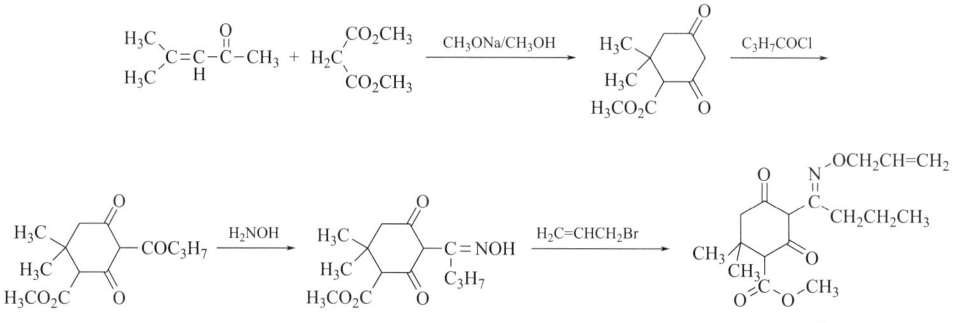

CH_3ONa/CH_3OH　C_3H_7COCl　H_2NOH　$H_2C=CHCH_2Br$

禾草灭

图10-226　4-甲基-3-戊烯-2-酮法合成禾草灭

10.12.3 烯禾啶

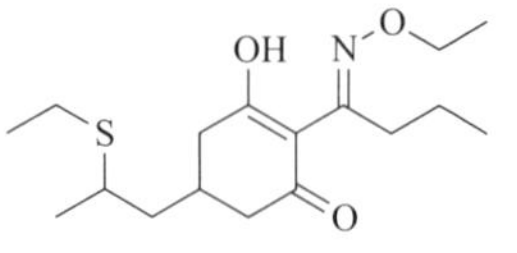

烯禾啶

烯禾啶（sethoxydim）又名拿捕净，是有丝分裂抑制剂，几乎对所有禾本科杂草有高活性，对阔叶杂草无效。苗后使用，可防除阔叶作物棉花、亚麻、油菜、马铃薯、大豆、向日葵和蔬菜等田地的一年生禾本科杂草，也可防除多年生杂草。烯禾啶作为实际使用的产品是其钠盐、钙盐或铵盐。

烯禾啶的工艺路线：丁烯醛和乙硫醇以叔胺（如三乙胺）为催化剂，在惰性有机溶剂

(如二氯甲烷、乙腈) 中常温下即可进行反应加成得到 3-乙硫基丁醛，该化合物再与乙酰乙酸钠通过 Knoevenagel 反应，在甲苯 (或二甲苯) 和水组成的溶剂系统中以 3-甲基哌啶为催化剂，可以高产率制得 6-乙硫基-3-庚烯-2-酮；该产物再与丙二酸二甲酯 (或丙二酸二乙酯) 在低级醇中以醇钠为催化剂发生迈克尔 (Michel) 加成反应进而成环，然后水解、脱羧得到 5-[2-(乙硫基)丙基]-1,3-环己二酮；再把该产物以 4,4-二甲基吡啶为催化剂，以丁酰氯为酰化试剂酰化、重排得到的中间体，其最后与乙氧基胺缩合成肟制得烯禾啶 (图 10-227)。

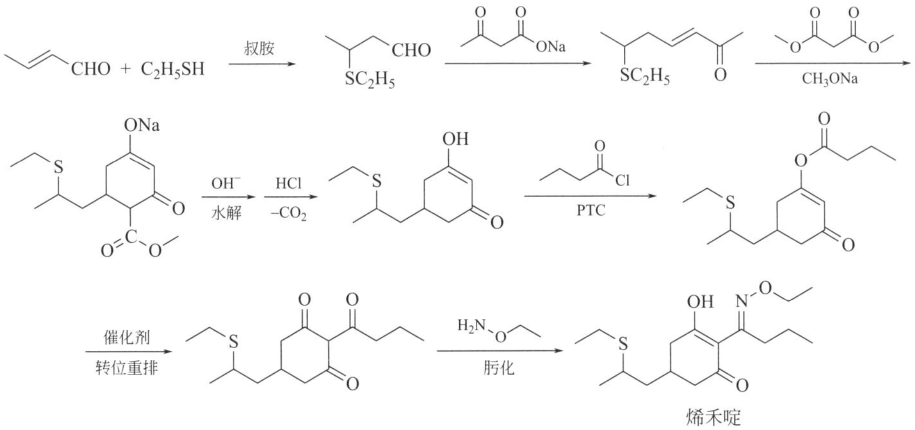

图 10-227　丁烯醛法合成烯禾啶

10.12.4　烯草酮

10.12.4.1　烯草酮的产业概况

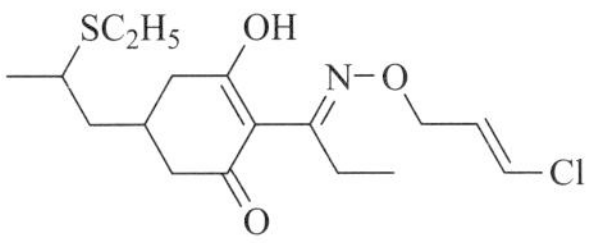

烯草酮 (clethodim) 是美国 Chevron 化学公司推出的一种防除阔叶作物中禾本科杂草的广谱芽后除草剂，对多种一年生和多年生杂草具有很强的杀伤作用，对双子叶植物或莎草活性很小或无活性，主要适用于大豆、亚麻、烟草、西瓜等 40 余种作物的农田除草，可防除稗草等 30 余种禾本科杂草。该除草剂为内吸传导型茎叶处理剂，茎叶处理后经叶迅速吸收，传导到分生组织和根部，使其细胞分裂遭到破坏，从而抑制植物分生组织的活性，在施药 1～3 周内植株褪绿坏死，随后叶干枯而死亡[190]。

到 2018 年 5 月为止，登记的烯草酮产品共有 180 个 (含过期有效产品)。而尚未过期的产品数为 152 个，其中单制剂品种有 137 个。剂型分布：可分散油悬浮剂 5.06%，母药 7.87%，乳油 67.98%，原药 15.73%。从登记的数量上来看，2007～2009 年登记数量增长较快，2010 年下降至 4 个，随后在 2013 年又出现一个小的登记高峰，2017 年的登记数量也较多，达到了 23 个。其登记数量变化趋势如图 10-228 所示。

10.12.4.2　烯草酮的工艺概况

烯草酮的工艺路线步骤与烯禾啶的相似。以丁烯醛和乙硫醇为起始原料，经加成、Knoevenagel 反应、加成环化、水解脱羧、酰基化、重排、肟醚化等反应合成烯草酮[191] (图 10-229)。

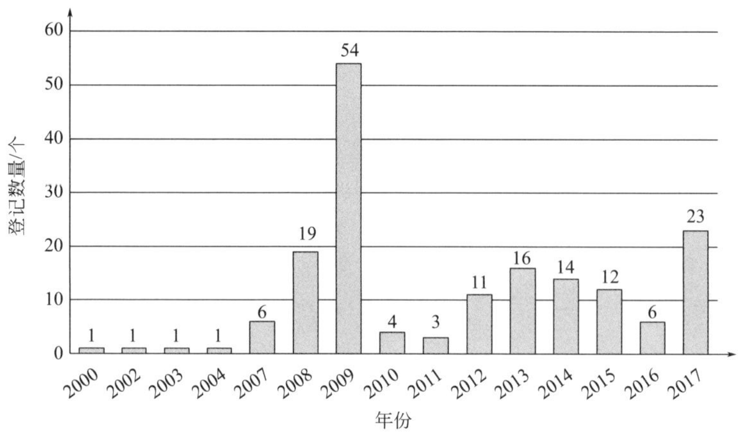

图 10-228　2000 年以来烯草酮登记数量变化趋势

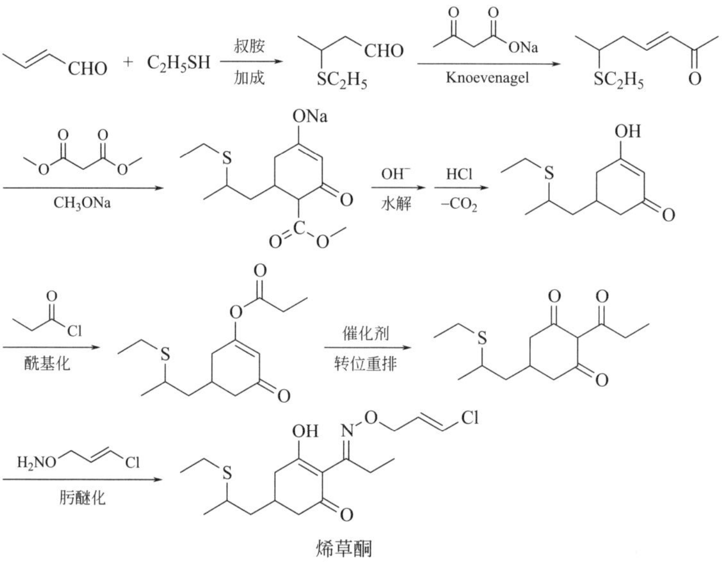

图 10-229　丁烯醛法合成烯草酮

10.12.5　丁苯草酮

丁苯草酮（butroxydim）化学名称：5-(3-丁酰基-2,4,6-三甲苯基)-2-[1-(乙氧亚氨基)丙基]-3-羟基环己-2-烯-1-酮。丁苯草酮用作阔叶作物苗后用除草剂，主要用于防除禾本科杂草。丁苯草酮抑制植物分生组织的活性，使植株生长延缓，植株褪绿坏死，随后叶干枯而死亡。

丁苯草酮的工艺路线：2,4,6-三甲基苯甲醛与丙酮缩合，再与氯乙酸乙酯发生迈克尔（Michel）加成反应进而成环，然后水解、脱羧得到 5-(2,4,6-三甲基苯基)-3-羟基-2-环己烯-1-酮，以丙酰氯为酰化试剂酰化、重排即得到 5-(2,4,6-三甲基苯基)-2-丙酰基-3-羟基-2-环己烯-1-酮，再与乙氧基胺缩合成肟醚，最后与丁酰氯反应得到丁苯草酮[192]（图 10-230）。

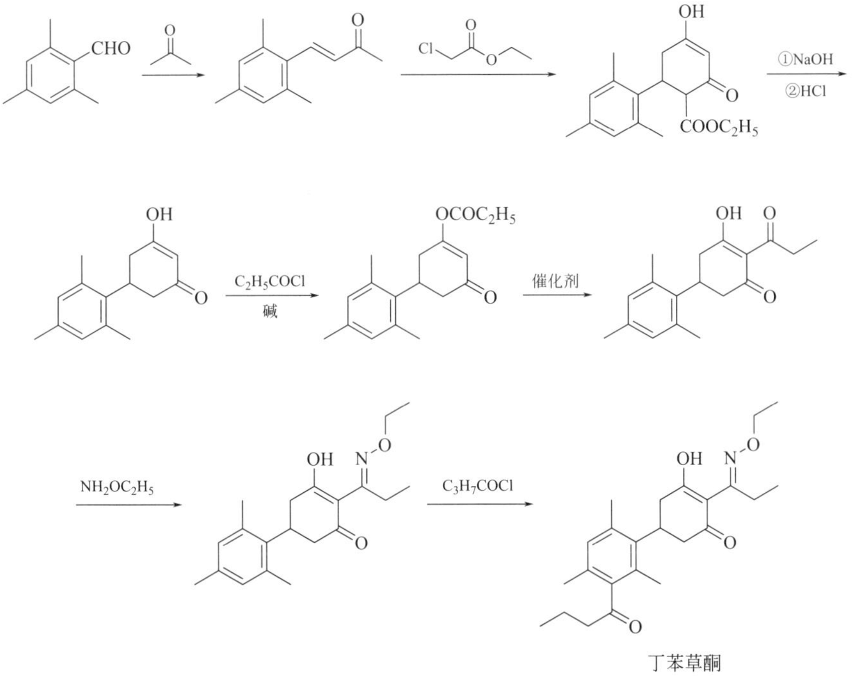

图 10-230　三甲基苯甲醛法合成丁苯草酮

10.12.6　吡喃草酮

10.12.6.1　吡喃草酮的产业概况

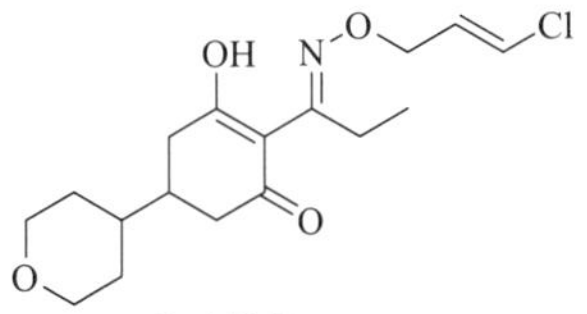

吡喃草酮(teproloxydim)

吡喃草酮（teproloxydim）主要用于阔叶作物（如大豆、棉花、油菜、甜菜）田防除一年生和多年生禾本科杂草，如早熟禾、阿拉伯高粱、狗牙根、马兰草等。吡喃草酮属于内吸传导型乙酰辅酶 A 抑制剂，茎叶处理后迅速被植株吸收与转移，传导至整个植株生长点，积累于分生组织，抑制植株体内乙酰辅酶 A 羧化酶，导致脂肪酸合成受阻，从而抑制新芽的生长，杂草先失绿，后变色，于 2～4 周内完全枯死。吡喃草酮在田间土壤中极易降解，且半衰期较短[193]。

目前，吡喃草酮没有未过有效期的产品登记，已过有效期的登记均为临时登记，登记情况如表 10-24 所示。

表 10-24　我国吡喃草酮的登记情况

登记证号	登记名称	剂型	总含量	生产企业
LS20014F020834	快捕净乳油	乳油	10%	上海菱农化工有限公司
LS20014	吡喃草酮乳油	乳油	10%	日本曹达株式会社
LS20013	吡喃草酮原药	原药	95%	日本曹达株式会社

续表

登记证号	登记名称	剂型	总含量	生产企业
LS20014-F01-712	吡喃草酮乳油	乳油	10%	江苏龙灯化学有限公司
LS20014F030141	快捕净乳油	乳油	10%	中农立华（天津）农用化学品有限公司
LS20031565	吡喃草酮母液	母液	30%	日本曹达株式会社

10.12.6.2 吡喃草酮的工艺概况

以四氢吡喃-4-甲醛为原料，与丙酮缩合得烯酮，然后通过加成环化、水解脱羧、酰基化重排、肟醚化等反应合成得到吡喃草酮（图 10-231）。

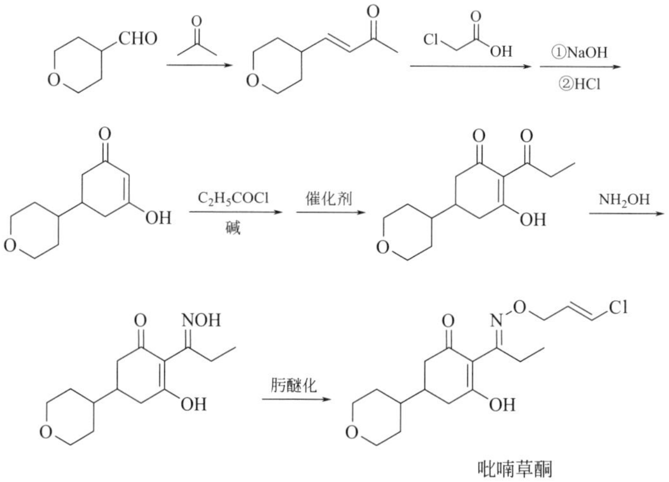

图 10-231 吡喃甲醛法合成吡喃草酮

10.12.7 环苯草酮

环苯草酮（clefoxidim）化学名称：2-{1-[2-(4-氯代苯氧基)丙氧基亚氨基]丁基}-3-羟基-5-(四氢噻喃-3-基)环己烯-2-酮。环苯草酮是由巴斯夫公司开发的环己烯酮类除草剂，是目前发现的唯一一个水田除草剂。环苯草酮是 ACCase 抑制剂，叶面施药后迅速被植株吸收和转移，在韧皮部转移到生长点，抑制新芽的生长，杂草先失绿，后变色枯死，一般 2～3 周内完全枯死。主要用于稻田防除禾本科杂草，如稗草、马唐、千金子、狗尾草、筒轴茅等，对直播水稻和移栽水稻均安全[194]。

合成中间体的工艺路线：以甲基环氧乙烷和对氯苯酚为原料，通过加成、氯化反应制得中间体对氯代异丙氧基氯苯（图 10-232）。

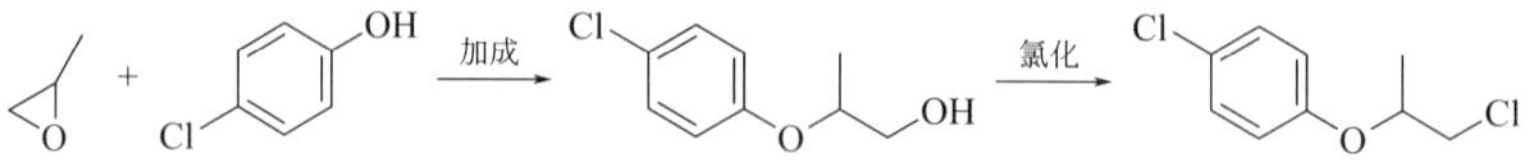

图 10-232 中间体对氯代异丙氧基氯苯的合成工艺路线

环苯草酮的工艺路线：以四氢噻喃-3-甲醛与丙酮缩合得烯酮，然后通过加成环化、水解脱羧、酰基化重排得到 2-丁酰基-3-羟基-5-(四氢噻喃-3-基）环己烯-2-酮，再与羟胺反应生成肟，最后与中间体对氯代异丙氧基氯苯反应肟醚化制得环苯草酮[194]（图 10-233）。

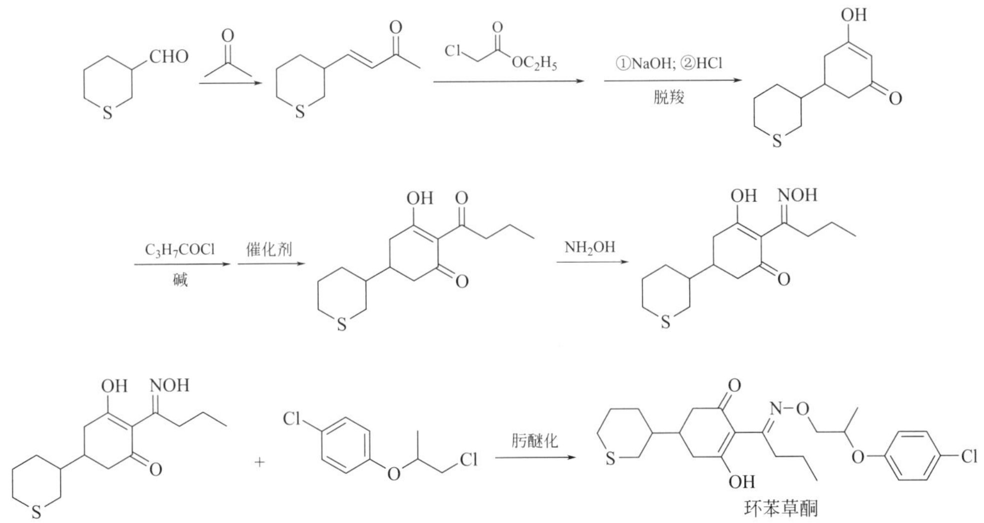

图 10-233　四氢噻喃-3-甲醛法合成环苯草酮

10.13　三酮类除草剂

10.13.1　概述

10.13.1.1　三酮类除草剂简介

三酮类除草剂是一类 HPPD（对羟苯基丙酮酸双氧化酶）抑制剂。三酮类除草剂的先导化合物来自澳大利亚的桃金娘科（Myrtaceous）植物的挥发油纤精酮（leptospermone），纤精酮对若干阔叶杂草与禾本科杂草具有一定的除草活性，敏感杂草接触到纤精酮即产生白化症状，其后缓慢死亡。研究人员对纤精酮进行结构修饰合成了一系列衍生物，并于 1980 年获得专利，1982 年捷利康（现先正达公司）发现第一个三酮类除草剂磺草酮（sulcotrione），并于 1991 年上市；随后，另一个活性更高的品种硝磺草酮（mesotrione）也迅速开发成功并推广使用。如图 10-234 所示为三酮类除草剂的开发过程。

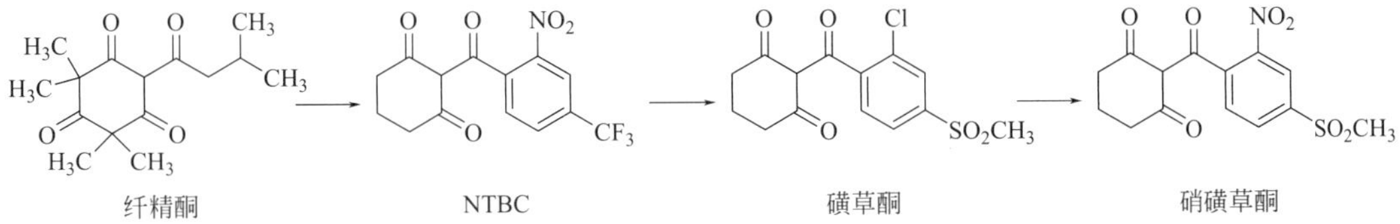

图 10-234　三酮类除草剂的开发过程

日本 SDS 生物技术公司对三酮类除草剂的结构进行了修饰改造，拓展了结构类型，于 2001 年登记了稻田除草剂双环磺草酮（benzobicyclon）。环磺酮（tembotrione）则是由拜耳公司于 2007 年开发的三酮类玉米田除草剂，其活性显著高于硝磺草酮。磺草酮、硝磺草酮和环磺酮主要用于防除玉米田、甘蔗田一年生阔叶杂草和禾本科杂草，双环磺草酮则主要用于防除稻田稗草、莎草等杂草[195,196]。

三酮类除草剂的最大优点是：①水溶液的储存稳定性强，不易挥发与光解；②与其他除草剂的物理相容性好，利于开发混合制剂；③弱酸性除草剂，便于植物吸收[197]。

三酮类除草剂的化学结构主要包括两部分，即环己二酮部分和苯甲酰部分。在苯甲酰部分中，处于苯环2-位的取代基对于化合物的除草活性是必需的，而在苯环4-位另有取代基则可以进一步增强除草活性。

10.13.1.2 三酮类除草剂的作用机制及生物活性

三酮类除草剂对植物HPPD具有强抑制作用，植物体内HPPD是控制质体醌与α-生育酚生物合成中的一种重要酶，而质体醌则是八氢番茄红素去饱和酶的一种关键辅因子，因此，它的衰竭便造成类胡萝卜素减少而导致白化症状。此类除草剂的最终除草效应可能是对光合作用中电子传递间接抑制的结果，研究表明，它引起光合系统Ⅱ量子迅速下降进而类囊体中2,6-二氯酚靛酚下降，这说明三酮类除草剂是希尔反应的有效抑制剂[198]。

三酮类化合物是弱酸，其酸性与除草活性之间有良好的相关性，酸性最强的化合物其除草活性最高。苯甲酰基团第2位取代基的吸电子特性对于其具有高度内能是重要的，而第4位的吸电子基在促进植物吸收与传导所需酸性方面则是必需的。环己烷二酮环所含取代基的功能在于阻断植物的代谢位点，使化合物的除草活性增强，因为环己烷二酮第4位羟基化及苯甲酰基裂解是其主要代谢途径，但是，环己烷二酮的取代基促使化合物代谢作用下降的同时，也造成化合物对玉米的选择性丧失及土壤残留增强。

10.13.2 磺草酮

10.13.2.1 磺草酮的产业概况

磺草酮（sulcotrione）主要用于防除玉米田、甘蔗田一年生阔叶杂草和某些禾本科杂草，如藜、茄、龙葵、蓼、酸模叶蓼、马唐、血根草、锡兰稗和野黍等。芽后施用，在正常轮作条件下，对冬小麦、大麦、冬油菜、马铃薯、甜菜和豌豆等安全。可以单用、混用或连续施用，对作物安全，而且对环境、后茬作物也安全[199]。

到2018年5月为止，登记的磺草酮产品共有42个（含过期有效产品）。而尚未过期的产品数为26个，其中单制剂品种有8个。剂型分布：水剂12.20%，悬浮剂48.78%，原药26.83%。从登记的数量上来看，2004年以来，每年均有磺草酮相关产品获得登记，其中，2009年和2015年登记数量相对较多，近年来有减少的趋势。其登记数量变化趋势如图10-235所示。

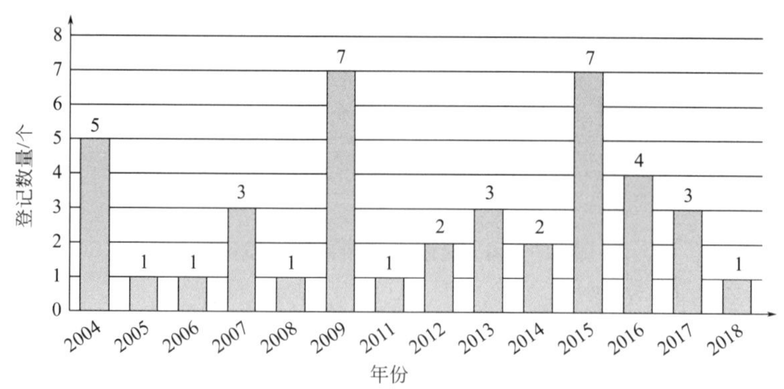

图10-235 2004年以来磺草酮登记数量变化趋势

10.13.2.2 磺草酮的工艺概况

以对甲基苯磺酰氯为原料，$FeCl_3$和I_2为催化剂，在熔融状态下用氯气氯化得3-氯-4-

甲基苯磺酰氯；将反应混合物用 Na_2SO_3 水溶液还原，调节 pH 值到 8～10 得 3-氯-4-甲基苯磺酸钠盐；再与氯乙酸反应得到 3-氯-4-甲基苯磺酰乙酸钠，脱羧得到 3-氯-4-甲基苯甲砜（图 10-236）。

图 10-236　3-氯-4-甲基苯甲砜的工艺路线

3-氯-4-甲基苯甲砜氧化得到 2-氯-4-甲磺酰基苯甲酸，再酰氯化生成 2-氯-4-甲磺酰基苯甲酰氯，再与 1,3-环己二酮缩合生成烯醇酯，最后加入重排试剂重排得到磺草酮（图 10-237）。

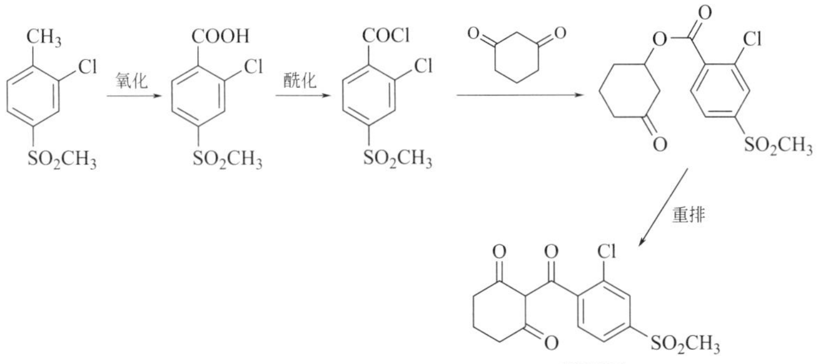

图 10-237　磺草酮的工艺路线

该工艺路线以对甲苯磺酰氯为起始原料，通过七步反应合成磺草酮，总收率约为 59%～62%[199-201]。

10.13.3　硝磺草酮

10.13.3.1　硝磺草酮的产业概况

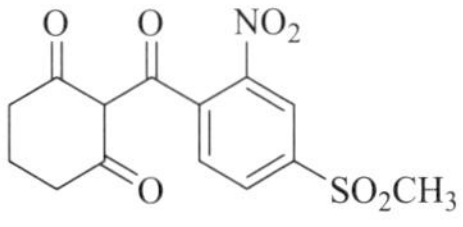

硝磺草酮(mesotrione)

硝磺草酮（mesotrione）化学名称：2-(2-硝基-4-甲磺酰基苯甲酰）环己烷-1,3-二酮，又名甲基磺草酮，为内吸性玉米田广谱性除草剂，能有效防除玉米田一年生阔叶杂草和某些禾本科杂草，如苘麻、苍耳、刺苋、藜属杂草、地肤、蓼属杂草、芥菜、稗草、繁缕、马唐等，不仅对玉米安全，而且对环境、后茬作物安全[202]。

到 2018 年 5 月为止，登记的硝磺草酮产品共有 431 个（含过期有效产品）。而尚未过期的产品数为 398 个，其中单制剂品种有 153 个。剂型分布：可分散油悬浮剂 45.75%，悬浮剂 34.20%，悬乳剂 5.66%，原药 8.49%。从登记的数量上来看，2009 年以来，每年均有硝磺草酮相关产品获得登记，2012 年开始呈现上升趋势，到 2017 年登记数量达 140 个，2018 年截止到 3 月份也有 14 个登记。其登记数量变化趋势如图 10-238 所示。

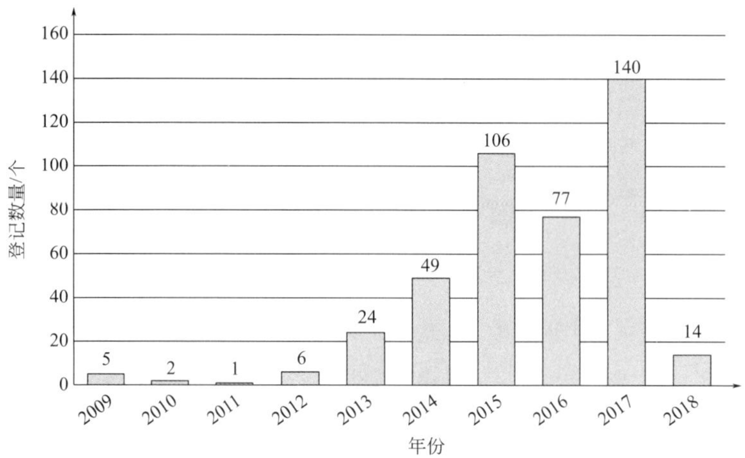

图 10-238　2009 年以来硝磺草酮登记数量变化趋势

2017 年，国内硝磺草酮原药总产能约 1 万吨，详见表 10-25。大弓、利民和颖泰等 3 家未来均有扩产计划，其中，大弓明确表示，年产能将增至 4000t，建成现代化生产车间。从原药生产上看，各家对硝磺草酮未来市场信心十足。

表 10-25　2017 年国内硝磺草酮原药产能

生产厂家	产能/t	实际产能/t	出口量/%
中山	3000	2000～3000	40～50
大弓	2500	2000	45
利民	1000	600～800	30
滨农	600	400～500	自由为主
广富林	500	300～400	0
科创	1500	700～800	100
颖泰	2000	1200～1500	100

10.13.3.2　硝磺草酮的工艺概况

以对甲基苯磺酰氯作为起始原料，亚硫酸钠作为还原剂，氯乙酸钠作为甲基化试剂，合成中间体对甲磺酰基甲苯，再通过硝化、氧化、氯化制得 2-硝基-4-甲磺酰基苯甲酰氯。最后与 1,3-环己二酮缩合、重排得到硝磺草酮（图 10-239）。该方法所用原料成本低、毒性小，操作较为简便，总收率约 61%。

图 10-239　对甲基苯磺酰氯法合成硝磺草酮

10.13.4　环磺酮

环磺酮（tembotrione）化学名称：2-{2-氯-4-甲磺酰基-3-[(2,2,2-三氟乙氧基)甲基]苯甲酰基}环己烷-1,3-二酮。环磺酮是拜耳公司 2007 年研制的玉米田除草剂，其活性高于硝磺草酮，用于玉米田防除多种禾本科杂草和阔叶杂草，对作物安全，无残留活性，有较强的抗雨水冲刷能力[203]。

环磺酮的工艺路线：以 2,6-二氯甲苯为原料，用 $NaSCH_3$ 进行亲核取代制得 2-氯-6-甲硫基甲苯，再与乙酰氯发生傅-克酰基化反应，继而分别将硫醚氧化成砜，将酮羰基氧化成羧基，再将羧酸转化为相应的甲酯，最后用 NBS 溴化得取代的苄溴；苄溴与三氟乙醇缩合，再水解得中间体 2-氯-3-[(2,2,2-三氟乙氧基)甲基]-4-甲磺酰基苯甲酸；该中间体氯化生成酰氯，再与 1,3-环己二酮缩合、重排得到环磺酮（图 10-240）。

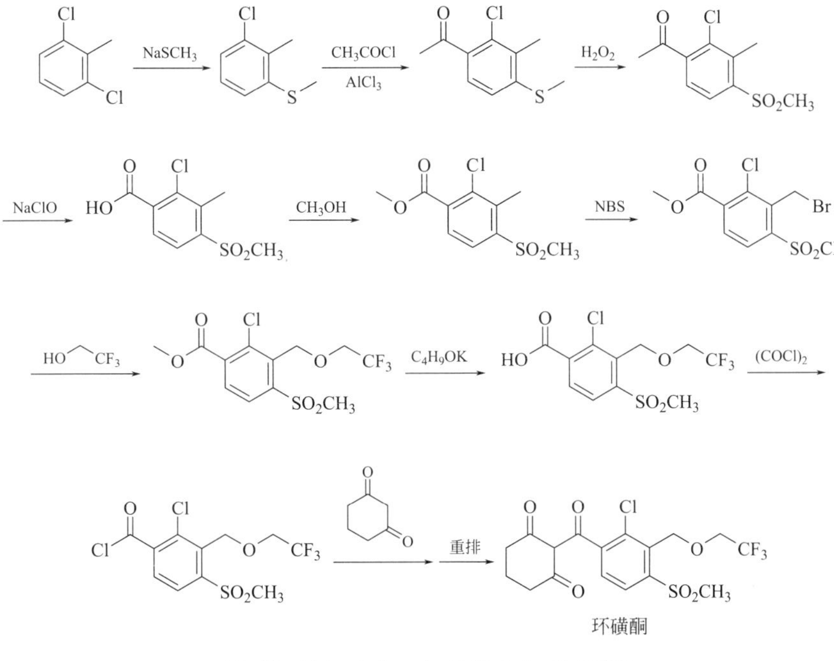

图 10-240　2,6-二氯甲苯法合成环磺酮

10.13.5　双环磺草酮

双环磺草酮（benzobicyclon）化学名称：3-(2-氯-4-甲基磺酰基苯甲酰基)-2-苯硫基双环[3.2.1]辛-2-烯-4-酮。双环磺草酮是日本 SDS 生物公司 1990 年研究开发的水稻田用芽后除草剂，对 HPPD 具有很强的抑制作用。在水稻与杂草间的选择性极高，对水田杂草如鸭舌草、陌上菜类等一年生阔叶杂草，萤蔺、水莎草、牛毛毡等具芒碎米莎草科杂草，水竹草、稻状秕壳草、假稻、匍茎剪股颖、眼子草等难除杂草均有效[203]。

双环磺草酮的工艺路线：以 2-降冰片烯为原料，经扩环、水解、氧化、亲核取代、水解合成关键中间体双环[3.2.1]辛烷-2,4-二酮，再与 2-氯-4-甲磺酰基苯甲酰氯反应得烯醇酯，重排后与氯化亚砜反应得氯化物，最后与苯硫酚反应得双环磺草酮（图 10-241）。该工艺具有原料易得、成本较低、操作简便的特点[204]。

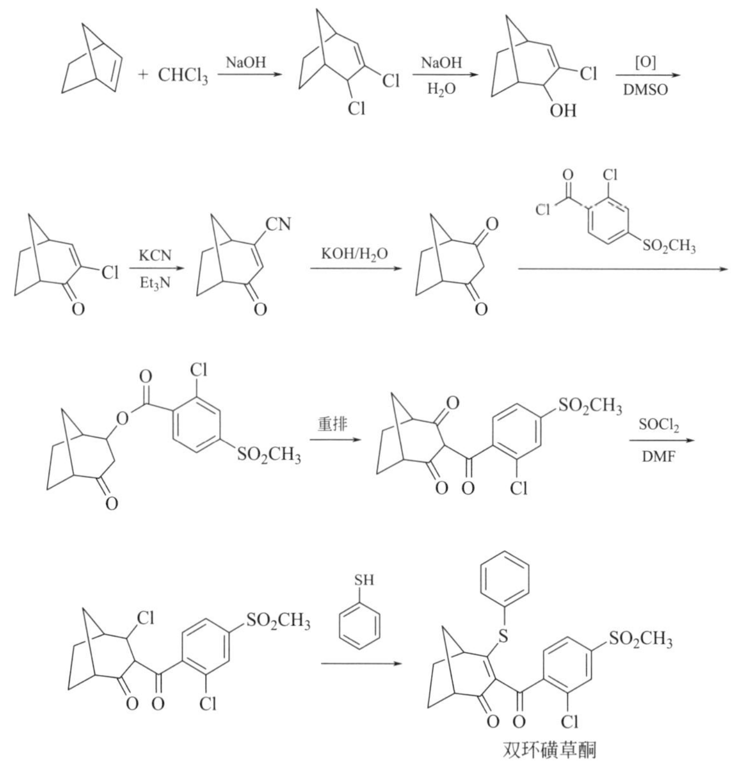

图 10-241 降冰片烯法合成双环磺草酮

10.14 咪唑啉酮类除草剂

10.14.1 概述

10.14.1.1 咪唑啉酮类除草剂简介

咪唑啉酮类除草剂是20世纪80年代美国氰胺公司在随机筛选的过程中发现的一类超高效除草剂，这类除草剂显著的特点是活性高，其除草活性为传统除草剂的100～1000倍，选择性强，杀草谱广，对作物高度安全，是继磺酰脲类除草剂之后另一类乙酰乳酸合成酶（ALS）抑制剂。这类除草剂可被植物茎叶及根系迅速吸收，在木质部或韧皮部中传导，故可采用土壤处理和茎叶处理的方式使用。它们的作用机制主要是抑制ALS，从而抑制带支链氨基酸的生物合成。动物体内不存在支链氨基酸的合成，而是从植物性产品中摄取，所以此类除草剂对人和动物基本无毒或毒性极低，其急性经口毒性（LD_{50}）均≥5000mg/kg。

第一个商品化的咪唑啉酮类除草剂是灭草喹（imazaquin），于1986年上市，继灭草喹之后又有灭草烟（imazapyr）、咪草酯（imazapic）、咪草烟（imazethapyr）、甲氧咪草烟（imazamox）实现商品化（图10-242）。

咪唑啉酮类除草剂的分子结构（图10-243）由三部分组成：咪唑啉酮环、羧酸和芳环。其中羧酸和咪唑啉酮环是重要组成部分，如果改变，对活性的影响特别大。当咪唑啉酮的5-位上同时含有甲基和异丙基时活性最好。芳环通常为苯环、吡啶环或喹啉环。

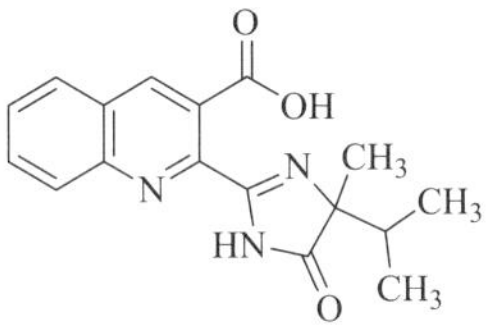

灭草喹 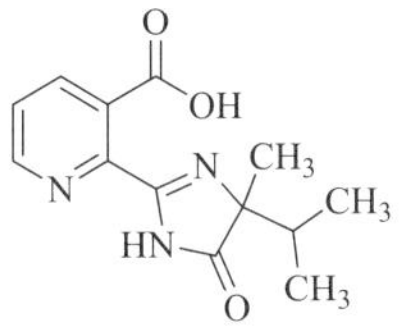　　灭草烟 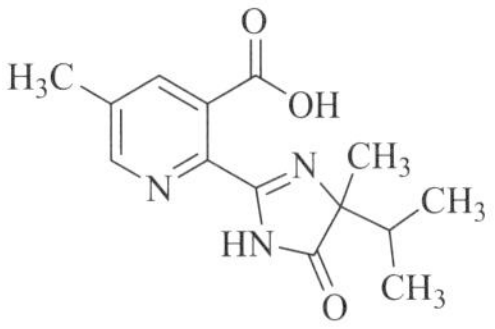　　咪草酯

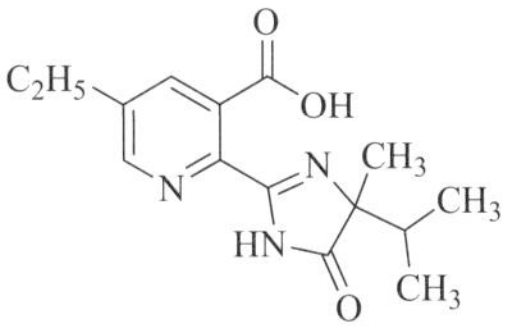

咪草烟 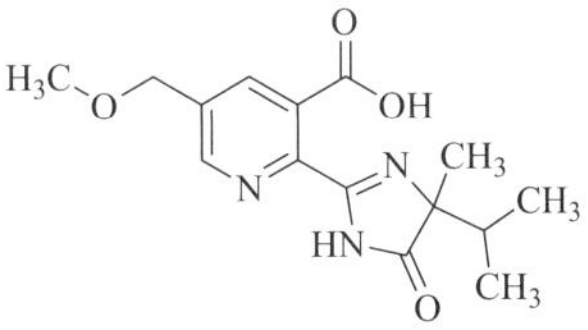　　甲氧咪草烟

图 10-242　咪唑啉酮类除草剂的主要品种

10.14.1.2　咪唑啉酮类除草剂的作用机制和生物活性

咪唑啉酮类除草剂可被植物茎叶及根系迅速吸收，在木质部或韧皮部中传导，积累于分生组织中，表现出杂草顶端分生组织坏死。它们的作用机制与磺酰脲类除草剂一样，主要是抑制 ALS，从而抑制带支链氨基酸的生物合成。乙酰乳酸合成酶（ALS）是支链氨基酸（缬氨酸、亮氨酸与异亮氨酸）生物合成途径中的第一个关键酶。由于在合成代谢中该酶催化的反应可以生产乙酰乳酸和乙酰羟基丁酸，而在分解代谢中，该酶催化的反应只生产乙酰乳酸，因而在合成代谢中又称为乙酰羟酸合成酶（AHAS）。如果 ALS 的活性受到抑制，将造成支链氨基酸的合成受阻，进而影响蛋白质的工艺路线，最终导致植物死亡，其作用机制如图 10-244 所示。

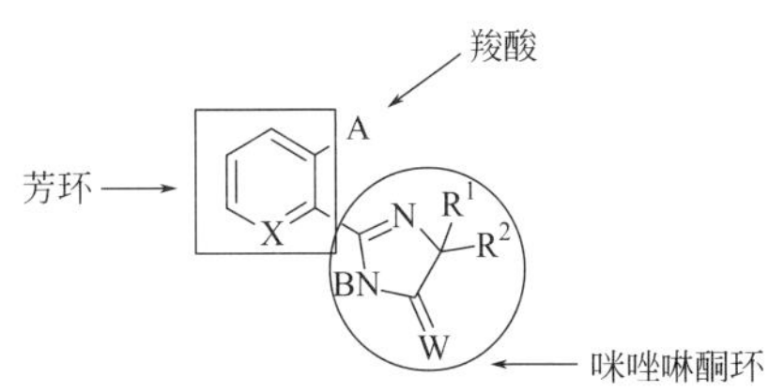

图 10-243　咪唑啉酮类除草剂的分子结构

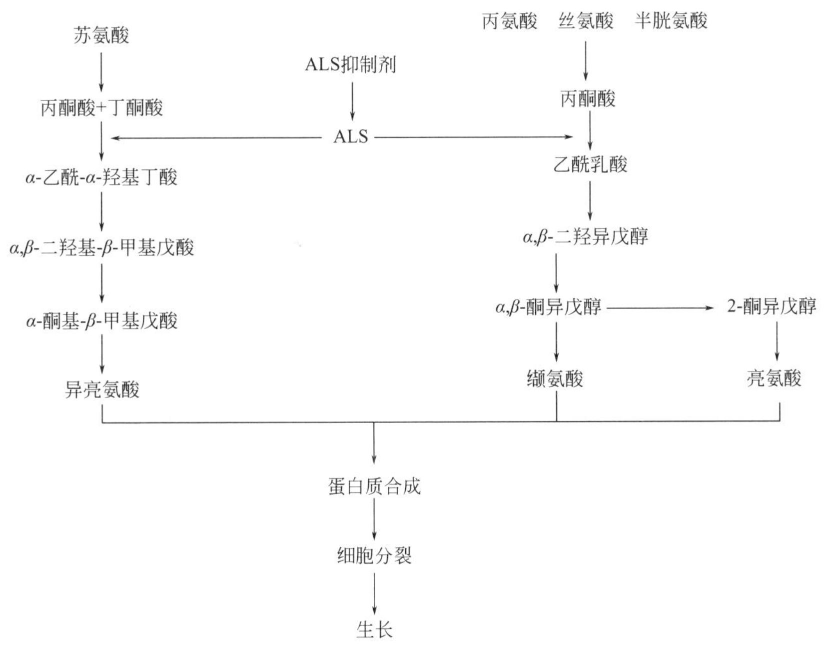

图 10-244　咪唑啉酮类除草剂的作用机制

ALS抑制剂对ALS抑制作用的分子机理目前还不清楚[205,206]。通过对啤酒酵母和拟南芥的ALS与各种ALS抑制剂形成的复合物晶体的三维结构研究，认为ALS的活性中心位于接触亚基与调节亚基的接触面上，咪唑啉酮类抑制剂均结合于底物进出ALS的通道内的一些氨基酸位点，通过阻断底物进出ALS通道的方法使ALS失活。Lee等[207]通过点突变的办法也确定了啤酒酵母及拟南芥ALS上一些影响ALS与其抑制剂结合的关键位点。

10.14.2 灭草烟

灭草烟（imazapyr）化学名称为2-(4-异丙基-4-甲基-5-氧代-2-咪唑啉-2-基）烟酸，是一种广谱除草剂，芽后施用对莎草科杂草、一年生和多年生单子叶杂草、阔叶杂草有卓越的除草活性；非选择性除草剂，用于铁路、公路、工厂、仓库、水渠及林业除草，用量500～2000g/hm^2，可防除大多数一年生与多年生草本与木本植物，可进行土壤处理及出苗后茎叶处理，苗后处理更为有效。茎叶处理时，在溶液中需加0.25%非离子型表面活性剂，2～4周后，草本植物失绿、组织坏化，1个月内树木幼龄叶片变红或褐，一些树种在3个月内全部落叶，最终死亡。

灭草烟的工艺路线：以2,3-吡啶二羧酸为原料，在甲苯中和乙酸酐反应，用吡啶作缚酸剂，生成的吡啶二酸酐不需分离直接与2-氨基-2,3-二甲基丁腈反应，生成氨基甲酰基烟酸，再与过氧化氢在氢氧化钠水溶液中水解，然后将温度升至70℃环合；反应产物为灭草烟钠盐，所以需用盐酸中和至pH=4，再用溶剂萃取，蒸去溶剂得灭草烟。整个过程不需分离，收率达到65%～70%[208]。其合成工艺路线如图10-245所示。

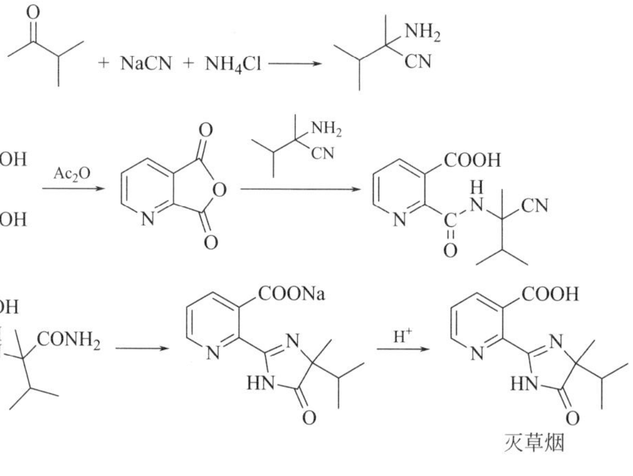

+ NaCN + NH_4Cl →

COOH COOH N Ac_2O O O O N NH$_2$ CN COOH H N CN C O

H_2O_2 COOH H N CONH$_2$ C O → COONa N HN O H^+ COOH N HN O 灭草烟

图10-245 灭草烟的合成工艺路线

10.14.3 咪草烟

咪草烟（imazethapyr）化学名称：5-乙基-2-(4-异丙基-4-甲基-5-氧代-2-咪唑啉-2-基)烟酸。咪草烟是侧链氨基酸合成抑制剂，芽前或芽后施用。对大豆田和其他豆科植物田的禾本科杂草和某些阔叶杂草有优异的防效，如苋菜、蓼、藜、龙葵、苍耳、稗草、狗尾草、马唐、黍等。

咪草烟是咪唑啉酮类除草剂中产量最大的品种，其合成工艺路线主要有以下三种：

（1）氯代草酰乙酸乙酯法　正丁醛和甲醛反应生成2-乙基丙烯醛；氯乙酸乙酯和草酸二乙酯在乙醇钠存在下反应生成氯代草酰乙酸二乙酯；2-乙基丙烯醛和氯代草酰乙酸二乙酯在

氨基磺酸铵存在下反应生成 5-乙基吡啶羧酸二乙酯，再与 2-氨基-2,3-二甲基丁酰胺反应生成咪草烟（图 10-246），产品含量可达 95%。

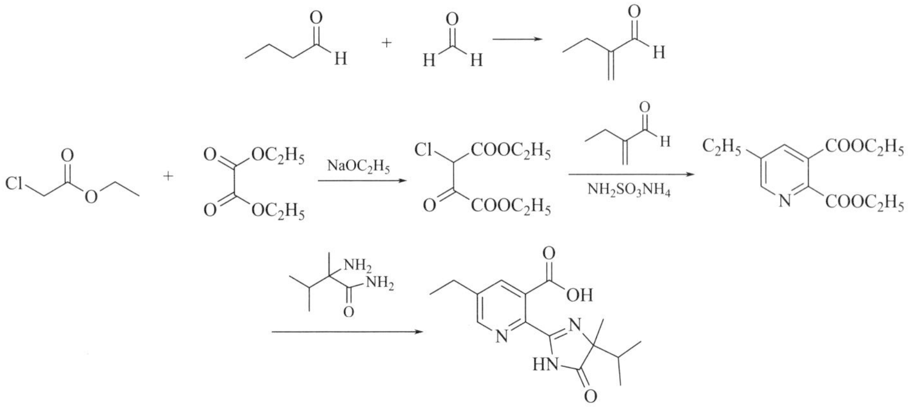

图 10-246　氯代草酰乙酸乙酯法合成咪草烟

（2）氯代乙酰乙酸乙酯法　氯代乙酰乙酸乙酯氯化生成 2,4-二氯代乙酰乙酸乙酯，再在氨基磺酸铵的作用下与烯醛闭环成 2-氯甲基-5-乙基吡啶-3-甲酸乙酯，再与 2-氨基-2,3-二甲基丁酰胺反应，随后经水解、在碱性条件下闭环生成咪草烟（图 10-247）[209,210]。

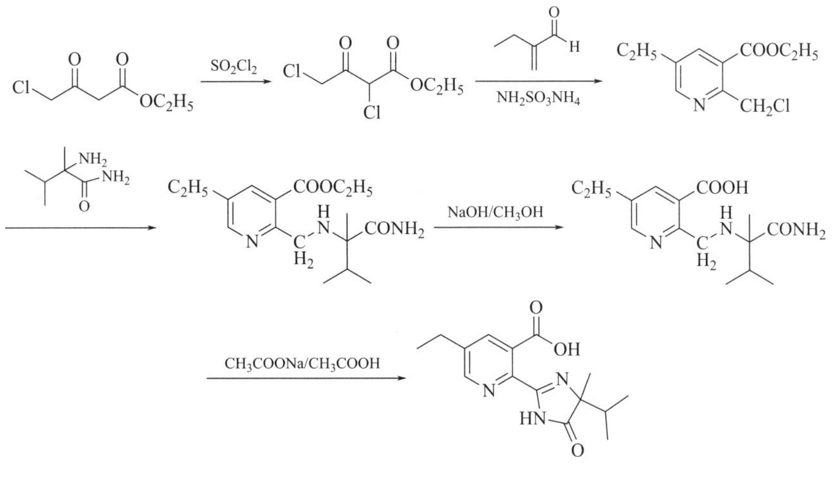

图 10-247　氯代乙酰乙酸乙酯法合成咪草烟

（3）5-乙基吡啶二羧酸法　5-乙基-2,3-吡啶二羧酸与乙酸酐反应生成吡啶二酸酐，再与 2-氨基-2,3-二甲基丁酰胺反应即得到咪草烟[211,212]，如图 10-248 所示。

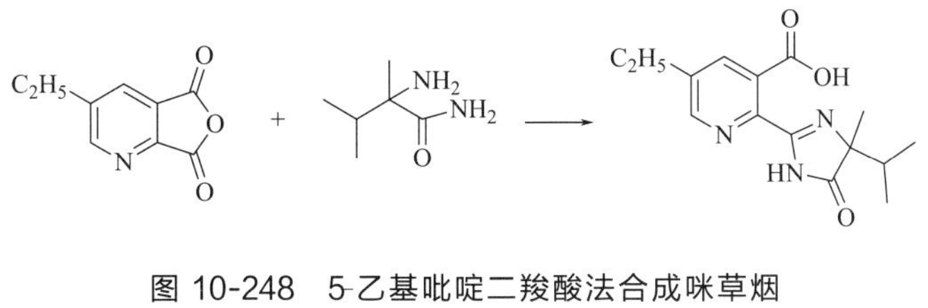

图 10-248　5-乙基吡啶二羧酸法合成咪草烟

10.14.4 甲基咪草烟

甲基咪草烟（imazapic）是选择性芽前及苗后早期除草剂，为支链氨基酸合成抑制剂。通过根叶吸收，并在木质部和韧皮部内传导，积累于植物分生组织内，影响缬氨酸、亮氨酸、异亮氨酸的生物合成，破坏蛋白质，使植物受抑制而死亡。播种前混土处理，也可出苗前土表处理及出苗后早期应用。可防除许多禾本科及阔叶杂草，大豆具耐性，一般用量为140～280g/hm^2，也有报道大豆田除草以75～100g/hm^{2}进行土壤处理。对其他豆类作物也有选择性，用量36～140g/hm^2。如用36～142g/hm^{2}剂量，无论是混土施药或芽后早期施药，均能有效防除双色高粱、西风古、小苋、曼陀罗等；以100～125g/hm^{2}剂量，在播前混土或芽前处理，对稗草、黍、绿狗尾、苘麻、反枝苋、藜等均有极好防效。芽后处理防除一年生禾本科杂草和阔叶杂草，所需剂量为200～250g/hm^2。

甲基咪草烟的工艺路线与咪草烟的工艺路线类似，即正丙醛和甲醛反应生成2-甲基丙烯醛；氯乙酸乙酯和草酸二乙酯在乙醇钠存在下反应生成氯代草酰乙酸二乙酯；2-甲基丙烯醛和氯代草酰乙酸二乙酯在氨基磺酸铵存在下反应生成5-甲基吡啶羧酸二乙酯，再与2-氨基-2,3-二甲基丁酰胺反应生成甲基咪草烟（图10-249），产品含量达95%。

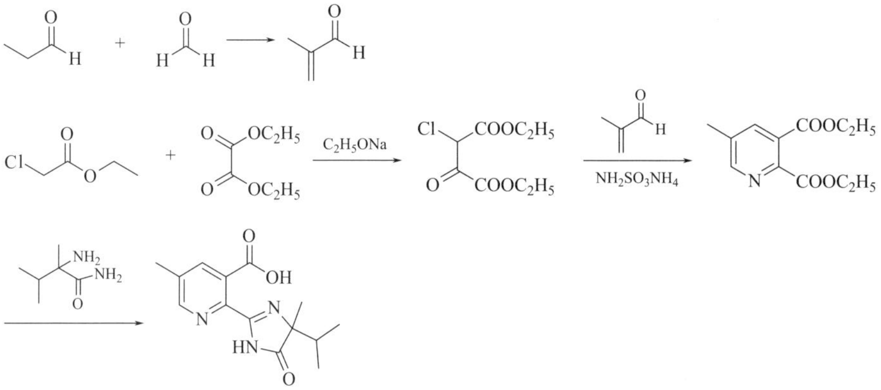

图10-249 氯代草酰乙酸二乙酯法合成甲基咪草烟

10.14.5 甲氧咪草烟

10.14.5.1 甲氧咪草烟的产业概况

甲氧咪草烟（imazamox）为广谱、高活性咪唑啉酮类除草剂。其作用机制主要是抑制乙酰羟酸合成酶（AHAs）的活性，影响3种支链氨基酸——缬氨酸、亮氨酸与异亮氨酸的生物合成，最终破坏蛋白质的合成，干扰DNA合成及细胞分裂和生长。药剂在苗后作茎叶处理后，很快被植物叶片吸收并传导至全株，杂草随即停止生长，在4～6周后死亡。对大多数豆科作物具有高度耐药性，在大豆地苗后早期茎叶喷雾，尤在杂草1～4叶期施药效果最佳。对某些敏感杂草（如苋、苍耳等）于4叶期喷药也能收到良好防效。苗后早期施药，不仅可防除已出苗杂草，而且在喷施中掉落在土壤中的药液雾滴也具一定时间的残留活性。大豆田施药用量为35～45g(a.i.)/hm^2，喷药时应加入喷雾量0.1%～0.25%的非离子型表面活性剂或1.0%～1.25%的浓缩植物油。此外，加入1.0%～2.0%氮肥或每公顷加入2～4kg硫酸铵亦能提高药物的生物活性，从而获得更佳的除草效果。主要杀草谱为大多数阔叶杂草，而且对稗、野燕麦、狗尾草、看麦娘等禾本科杂草也有良好的防效，更为突出的是对某些难治杂草（如卷茎蓼、苣荬菜、打破碗碗花、鼬瓣草、鸭跖草、龙葵等）也有防效。用药量 20～50g(a.i.)/hm^2。对甜菜、茄科等作物敏感。

当前，生产甲氧咪草烟的厂家不多，主要有以下生产企业：山东潍坊润丰化工股份有限公司、江苏省农用激素工程技术研究中心有限公司、潍坊先达化工有限公司、江苏中旗作物保护股份有限公司、沈阳科创化学品有限公司、山东亿星生物科技有限公司、衡水景美化学工业有限公司、山东中禾化学有限公司、山东奥坤作物科学股份有限公司、连云港立本作物科技有限公司、江苏仁信作物保护技术有限公司和江苏中旗作物保护股份有限公司等。其登记情况如表 10-26 所示。

表 10-26　我国现阶段甲氧咪草烟的登记情况

登记证号	登记名称	剂型	总含量	有效期至	生产企业
PD20150999	甲氧咪草烟	原药	98%	2020-6-12	山东潍坊润丰化工股份有限公司
PD20142090	甲氧咪草烟	原药	98%	2019-9-2	江苏省农用激素工程技术研究中心有限公司
PD20150065	甲氧咪草烟	原药	98%	2020-1-5	潍坊先达化工有限公司
PD20150767	甲氧咪草烟	水剂	4%	2020-5-12	潍坊先达化工有限公司
PD20150849	甲氧咪草烟	原药	97%	2020-5-18	江苏中旗作物保护股份有限公司
PD20150991	甲氧咪草烟	原药	98%	2020-6-11	沈阳科创化学品有限公司
PD20151227	甲氧咪草烟	原药	97%	2020-7-30	山东亿星生物科技有限公司
PD20151742	甲氧咪草烟	原药	97%	2020-8-28	衡水景美化学工业有限公司
PD20170219	甲氧咪草烟	原药	98%	2022-2-13	山东中禾化学有限公司
PD20170974	甲氧咪草烟	水剂	4%	2022-5-31	山东奥坤作物科学股份有限公司
PD20171429	甲氧咪草烟	原药	98%	2022-7-19	连云港立本作物科技有限公司
PD20171304	甲氧咪草烟	原药	97%	2022-7-19	江苏仁信作物保护技术有限公司
PD20172134	甲氧咪草烟	水剂	4%	2022-9-18	江苏中旗作物保护股份有限公司

10.14.5.2　甲氧咪草烟的工艺概况

甲氧咪草烟的工艺路线较多，主要可分成后甲氧甲基化法和前甲氧甲基化法两类，而前甲氧甲基化法合成 5-甲氧甲基-2,3-吡啶羧酸二乙酯的收率和含量均很低。下面主要介绍后甲氧甲基化法合成甲氧咪草烟的工艺路线。

以 5-甲基吡啶羧酸二乙酯为原料，经氢氧化钠水溶液水解，得到 5-甲基吡啶-2,3-二羧酸，5-甲基吡啶-2,3-二羧酸和乙酸酐、吡啶反应，生成 5-甲基-2,3-吡啶羧酸酐，用硫酰氯将甲基氯化得到 5-氯甲基-2,3-吡啶羧酸酐；5-氯甲基-2,3-吡啶羧酸酐在三乙胺存在下和 2-氨基-2,3-二甲基丁酰胺反应生成 2-[(1-氨基甲酰基-1,2-二甲基丙基)氨基甲酰基]5-氯甲基烟酸三乙铵盐。该化合物在甲醇钠溶液中反应，再用盐酸中和，即得到甲氧咪草烟（图 10-250）[213]。

图 10-250　后甲氧甲基化法合成甲氧咪草烟

10.14.6 灭草喹

灭草喹（imazaquin）化学名称：2-(4-异丙基-4-甲基-5-氧代-2-咪唑啉-2-基）喹啉-3-羧酸。

灭草喹是支链氨基酸合成抑制剂，对阔叶杂草和禾本科杂草有良好防除效果。主要用于大豆地防除苋草、猩猩草、苘麻、三叶鬼针草、春蓼，以及臂形草、马唐、蟋蟀草、野黍、狗尾草等，植前、芽前和芽后使用，用量为 125～200g(a. i.)/hm^2。

灭草喹的合成工艺路线：将喹啉-2,3-二羧酸在脱水剂光气或乙酸酐存在下脱水生成喹啉-2,3-二羧酸酐，再与 2-氨基-2,3-二甲基丁腈或 2-氨基-2,3-二甲基丁酰胺反应得到灭草喹（图 10-251）。

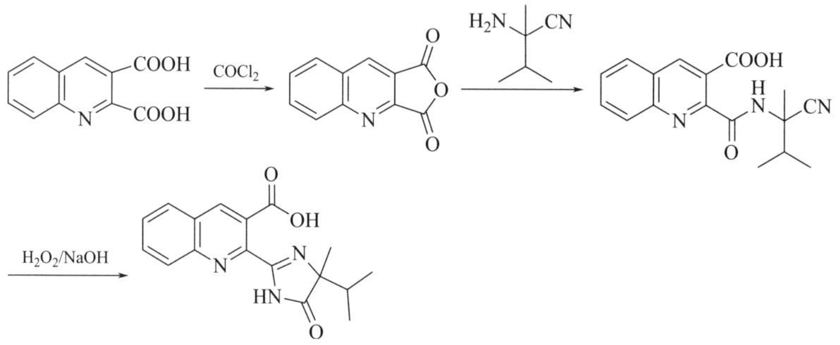

图 10-251 灭草喹的合成工艺路线

起始原料喹啉-2,3-二羧酸的制备：可以邻氨基苯甲醛为原料与草酰乙酸二乙酯或丁炔二酸二乙酯的缩合环化反应制得喹啉-2,3-二羧酸（图 10-252）[214]。

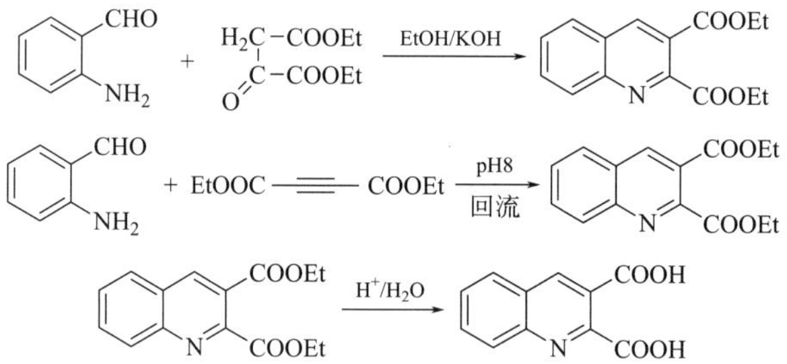

图 10-252 以邻氨基苯甲醛为原料制备喹啉-2,3-二羧酸

或以 2,4-二羟基吖啶为原料通过氧化反应制得喹啉-2,3-二羧酸，收率较高，达到 70%（图 10-253）。

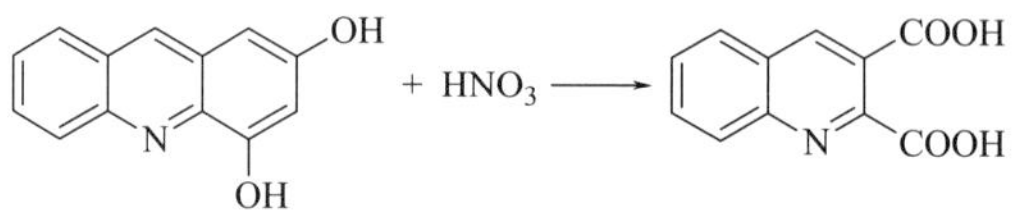

图 10-253 以 2,4-二羟基吖啶为原料制备喹啉-2,3-二羧酸

还可以采用苯胺和乙酰乙酸乙酯为原料制得 2-甲基喹啉-3-羧酸，再催化氧化制得喹啉-2,3-二羧酸[205]。催化氧化收率可达 95%～100%，反应所用的催化剂为过氧化镍、氯化镍，另外氢氧化铜、氧化银等也可用作催化剂（图 10-254）。

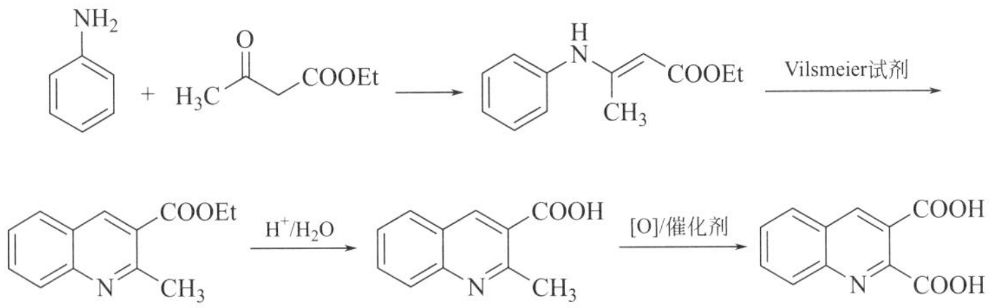

图 10-254　以苯胺为原料制备喹啉-2,3-二羧酸

10.15　芳氧苯氧丙酸类除草剂

10.15.1　概述

芳氧苯氧丙酸类除草剂是一类广泛使用的乙酰辅酶 A 羧化酶（ACCase）抑制剂，可高效专一抑制禾本科杂草的乙酰辅酶 A 羧化酶。芳氧苯氧丙酸类除草剂是在激素型除草剂 2,4-D 的基础上，通过进一步优化发现的[206]。赫斯特公司在研究 2,4-D 类似物时发现将 2,4-D 结构中苯基以二苯醚结构单元替换后所得化合物不具激素活性，并于 1971 年发现了化合物禾草灵（diclofop-methyl），1972 年申请了专利，1975 年将其商品化。禾草灵仅对禾本科杂草有效，而对阔叶杂草无效。禾草灵作为芳氧苯氧丙酸类除草剂的先导化合物，引发了此类除草剂的迅猛发展，许多公司纷纷进入此领域。日本石原产业公司发现将其一边的苯环由吡啶环取代所得的化合物具有更高的除草活性，并于 1976 年推出了第一个含吡啶杂环的芳氧苯氧丙酸类除草剂 pyrifenop，后经结构优化，开发出吡氟禾草灵（fluazifop-butyl）。道化学公司、赫斯特公司、日产化学公司分别研制出吡氟氯禾草灵（haloxyfop-methyl）、噁唑禾草灵（fenoxaprop-ethyl）和喹禾灵（quizalofop-ethyl）等。

芳氧苯氧丙酸类除草剂的分子结构中与羧基相邻的为一个手性碳原子，因而具有 *R* 和 *S* 两种光学异构体，两种光学异构体生物活性差异很大，引起这种差异的主要原因是该类除草剂的两种光学异构体对生物体的作用部位具有选择性，造成了代谢与解毒的速率不一样。如喹禾灵（quizalofop-ethyl）的 *R* 体对水稻与稗草的抑制活性分别比 *S* 体高 430 倍和 65 倍。因而许多国家已经撤销了此类除草剂外消旋混合物的登记。

芳氧苯氧丙酸类除草剂已商品化的品种较多，但工艺路线比较类似。本节主要介绍禾草灵、精吡氟禾草灵、精喹禾灵、炔草酯等常见品种（图 10-255）的合成工艺路线。

芳氧苯氧丙酸类除草剂是一类高效防除禾本科杂草的除草剂，主要是抑制禾本科植物体内的乙酰辅酶 A 羧化酶（ACCase）的活性，进而抑制脂肪酸的合成。脂肪酸在植物体内具有重要的生理作用，其组成的甘油三酯是主要的储能、供能物质，由其转化成的磷脂是细胞膜的组成成分。脂肪酸还可转化成调节代谢的激素类物质，而 ACCase 是脂肪酸生物合成中的关键酶。芳氧苯氧丙酸类除草剂抑制丙二酰辅酶 A 的生成，在进一步合成脂肪酸的过程中，造成形成油酸、亚油酸、亚麻酸、蜡质层和角质层的过程受阻，导致植物的膜结构被迅速破坏，渗透性增强，最终导致植物死亡。ACCase 在植物体内以真核和原核两种形式存在，真核形式对除草剂敏感，而原核形式则不敏感。在双子叶植物叶绿体或质体中存在原核形式的 ACCase，胞液中存在真核形式的 ACCase。而单子叶禾本科植物的叶绿体或质体中只存在真核形式的 ACCcase，由于脂肪酸的生物合成是在植物的叶绿体（质体）中进行的，因此造成单子叶植物被芳氧苯氧丙酸类除草剂所抑制，而阔叶的双子叶植物对其并不敏感。

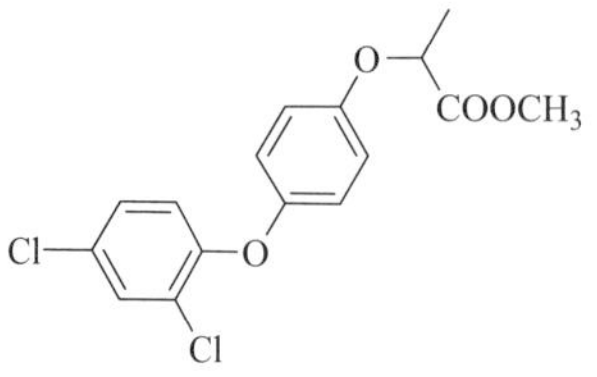

禾草灵 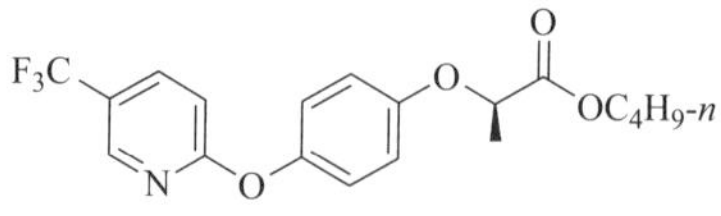　　精吡氟禾草灵

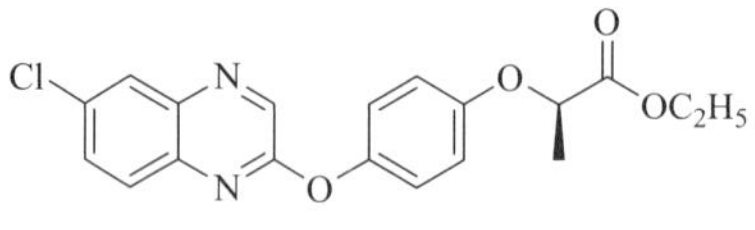

精喹禾灵 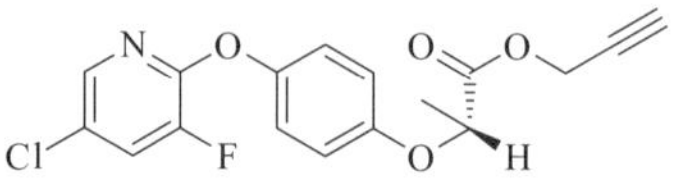　　炔草酯

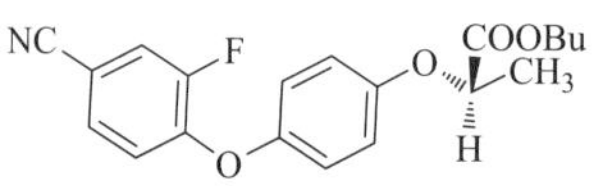

氰氟草酯 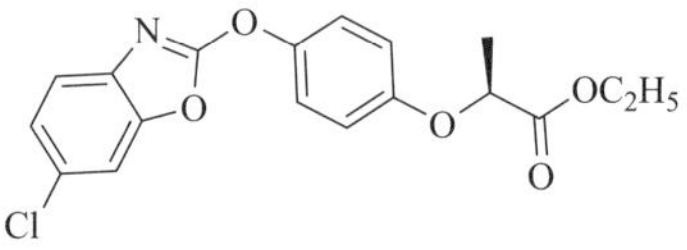　　精噁唑禾草灵

图 10-255　芳氧苯氧丙酸类除草剂主要品种

10.15.2　禾草灵

10.15.2.1　禾草灵的产业概况

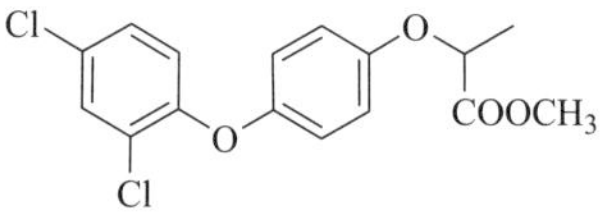

禾草灵

禾草灵（diclofop-methyl）化学名称：2-[4-(2,4-二氯苯氧基)苯氧基]丙酸甲酯。

禾草灵是第一个芳氧苯氧丙酸类除草剂的商品化品种，20 世纪 70 年代由联邦德国赫司特公司研制并商品化。禾草灵是选择性叶面处理剂，可被植物根、茎、叶吸收，只能局部内吸，体内传导性差。其主要作用部位在分生组织，药剂在生长点越多，防治效果越好。主要用于麦类、大豆、花生、油菜等作物田防治禾本科杂草，对野燕麦、稗草、蟋蟀草、牛毛草、看麦娘、宿根高粱、马唐和狗尾草等均有效果。

当前，生产禾草灵的厂家不多，仅捷马化工股份有限公司、鹤岗市旭祥禾友化工有限公司、一帆生物科技集团有限公司和山东潍坊润丰化工股份有限公司有该产品的生产资格，其登记情况如表 10-27 所示。

表 10-27　我国禾草灵的登记情况

登记证号	登记名称	剂型	总含量	有效期至	生产企业
PD20070661	禾草灵	原药	97%	2022-12-17	捷马化工股份有限公司
PD20080394	禾草灵	原药	95%	2023-2-28	鹤岗市旭祥禾友化工有限公司
PD20070016	禾草灵	原药	97%	2022-1-18	一帆生物科技集团有限公司
PD20142306	禾草灵	原药	97%	2019-11-3	山东潍坊润丰化工股份有限公司
PD20082176	禾草灵	乳油	36%	2018-11-26	一帆生物科技集团有限公司
PD20082164	禾草灵	乳油	28%	2018-11-26	一帆生物科技集团有限公司

10.15.2.2　禾草灵的工艺概况

以除草醚为原料，经还原、重氮化、水解制得相应的酚，再与 α-氯丙酸缩合，最后酯化制得禾草灵；或与 α-羟基丙酸甲酯缩合得到禾草灵[215]（图 10-256）。

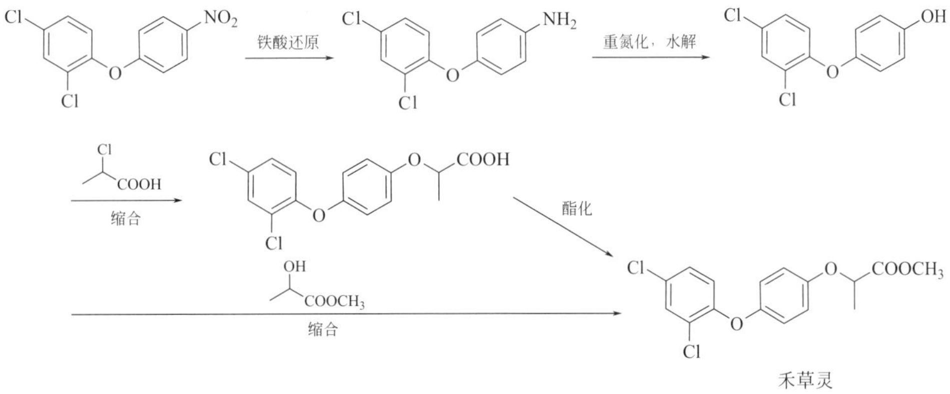

铁酸还原　重氮化，水解　缩合　酯化　缩合　禾草灵

图 10-256　以除草醚为原料合成禾草灵

10.15.3　精吡氟禾草灵

10.15.3.1　精吡氟禾草灵的产业概况

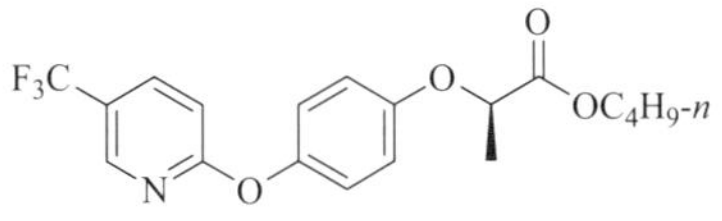

精吡氟禾草灵

精吡氟禾草灵（fluazifop-P-butyl）化学名称：（*R*）-2-[4-(5-三氟甲基-2-吡啶氧基)苯氧基]丙酸丁酯。精吡氟禾草灵由日本石原公司开发，是一种高效、高选择性、低残留除草剂，可在芽后防除双子叶作物田中的一年生和多年生单子叶杂草。吡氟禾草灵有 *R* 体和 *S* 体两种光学异构体，其中 *S* 体没有除草活性。精吡氟禾草灵是除去了非活性部分的精制品（即 *R* 体），适用于大豆、棉花、甜菜、马铃薯、甘薯、花生、豌豆、蚕豆、菜豆、烟草、亚麻、西瓜等多种作物，防除 1 年生和多年生禾本科杂草，如旱稗、狗尾草、马唐、牛筋草、野燕草、看麦娘、雀麦、臂形草、芦苇、狗牙根、双穗雀稗等，对阔叶作物安全，对双子叶杂草无效。

到 2018 年 5 月为止，登记的精吡氟禾草灵产品共有 53 个（含过期有效产品）。而尚未过期的产品数为 44 个，其中单制剂品种有 42 个。剂型分布：乳油 69.23%，原药 25.00%。从登记的数量上来看，2000 年以来，并不是每年都有精吡氟禾草灵相关产品获得登记，有登记的年份其登记数量基本在 1～3 个之间，但 2008 年和 2009 年比较特殊，登记数量分别达到了 19 个和 14 个。其登记数量变化趋势如图 10-257 所示。

10.15.3.2　精吡氟禾草灵的工艺概况

精吡氟禾草灵的合成工艺路线主要有两种，即先醚化法和后醚化法。

（1）先醚化法　对苯二酚与 2-氯-5-三氟甲基吡啶反应成醚，再与 *R*-2-卤代丙酸丁酯缩合制得精吡氟禾草灵（图 10-258）。

（2）后醚化法　对苯二酚与 *R*-2-卤代丙酸丁酯缩合，再与 2-氯-5-三氟甲基吡啶成醚制得精吡氟禾草灵（图 10-259）。

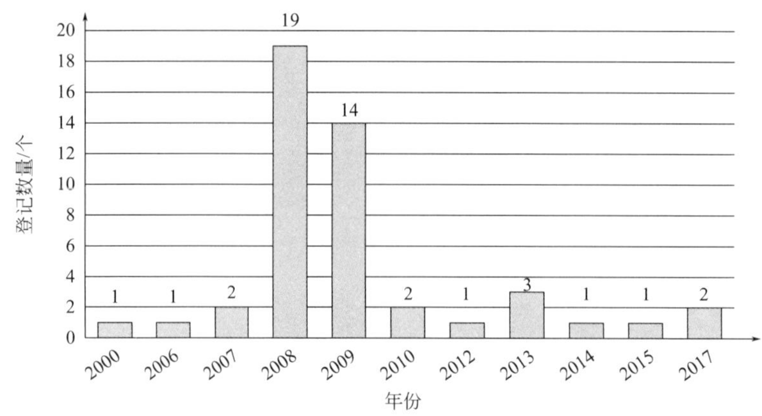

图 10-257　2000 年以来精吡氟禾草灵登记数量变化趋势

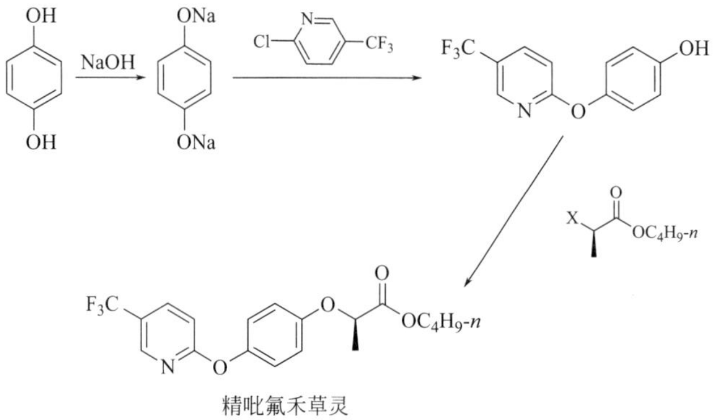

图 10-258　先醚化法合成精吡氟禾草灵

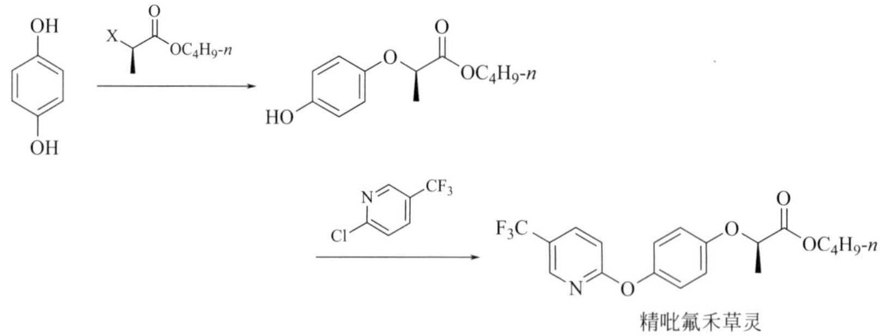

图 10-259　后醚化法合成精吡氟禾草灵

上述工艺路线中均采用了 2-卤代丙酸为原料，由于拆分制备 *R*-2-卤代丙酸收率较低，约为 30%，使得合成总收率低于 20%。

使用廉价易得的 L-乳酸为原料先生成 *R*-甲磺酰乳酸丁酯，代替 *R*-2-卤代丙酸丁酯进行缩合，该工艺路线操作简单，反应条件温和，收率提高到 40%以上，降低了成本，更便于工业化生产（图 10-260）。

精吡氟禾草灵

图 10-260　L-乳酸法合成精吡氟禾草灵

10.15.4　精喹禾灵

10.15.4.1　精喹禾灵的产业概况

精喹禾灵

精喹禾灵（quizalofop-P）化学名称：（*R*）-2-[4-(6-氯喹噁啉-2-基氧)苯氧基]丙酸乙酯。精喹禾灵是一种选择性内吸传导型旱田芽后除草剂，在禾本科杂草与双子叶作物间有高度选择性，茎叶可在几小时内完成对药剂的吸收，一年生杂草在 24h 内可传遍全株。适用于棉花、大豆、油菜、花生、亚麻、苹果、葡萄、甜菜及多种宽叶蔬菜作物地防除单子叶杂草。

到 2018 年 5 月为止，登记的精喹禾灵产品共有 559 个（含过期有效产品）。而尚未过期的产品数为 423 个，其中单制剂品种有 285 个，剂型 84%以上为乳油。从登记的数量上来看，2000 年以来，每年均有精喹禾灵相关产品获得登记，其中，2008 年和 2009 年登记数量陡增，分别为 127 个和 156 个，近年来登记数量比较平稳。其登记数量变化趋势如图 10-261 所示。

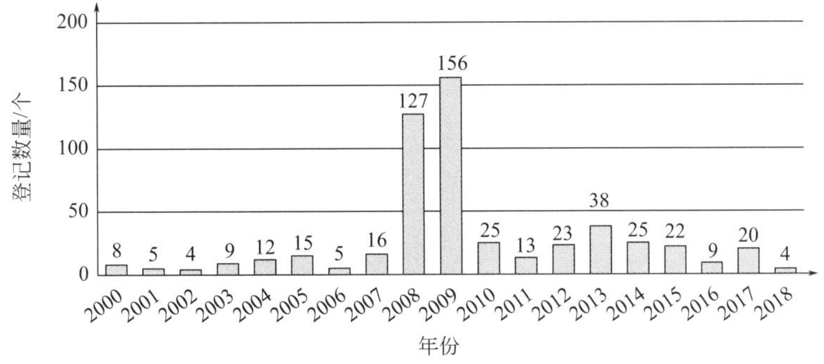

图 10-261　2000 年以来精喹禾灵登记数量变化趋势

10.15.4.2　精喹禾灵的工艺概况

从 2,6-二氯喹噁啉出发，合成精喹禾灵有两条工艺路线[216]。

（1）先醚化法　以 2,6-二氯喹噁啉为起始原料，与对苯二酚反应生成 6-氯-2-(4-羟基苯氧基)喹啉，再与 *S*-(−)-对甲苯磺酰基乳酸乙酯缩合得到精喹禾灵（图 10-262）。

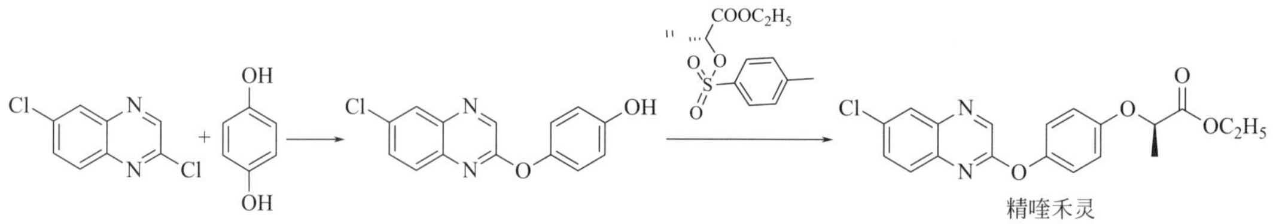

图 10-262　先醚化法合成精喹禾灵

该工艺路线所用原料较易得到，但其最后一步缩合不能一次性使得到的产品含量达到95%以上，需要重结晶，而且产品需要进行脱色处理。

（2）后醚化法　从L-乳酸出发，先得到*S*-(－)-对甲苯磺酰基乳酸乙酯，再与对苯二酚反应，得到*R*-(＋)-2-(4-羟基苯氧基)丙酸乙酯，然后由*R*-(＋)-2-(4-羟基苯氧基）丙酸乙酯与2,6-二氯喹嗯啉反应，合成精喹禾灵（图10-263）。

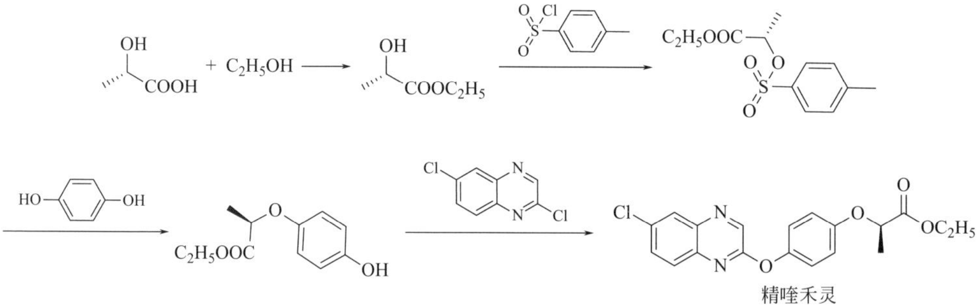

图 10-263　后醚化法合成精喹禾灵

该合成工艺比较简单，但其缺点是合成收率较低，生产成本较高，产品含量较低，产品外观差。

2,6-二氯喹嗯啉是合成精喹禾灵的重要原料，其合成以双乙烯酮与对氯邻硝基苯胺为起始原料，制得中间体2-羟基-6-氯喹嗯啉，再经氯化后得到2,6-二氯喹嗯啉（图10-264）[216]。

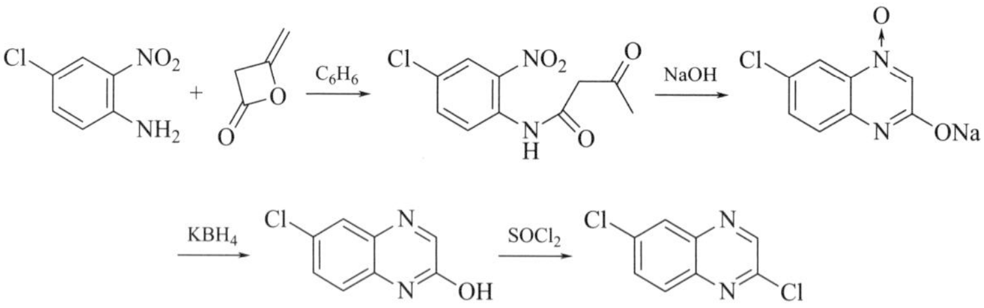

图 10-264　2,6-二氯喹嗯啉的合成工艺路线

10.15.5　炔草酯

10.15.5.1　炔草酯的产业概况

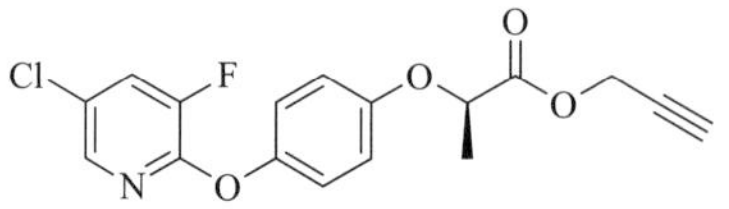

炔草酯

炔草酯（clodinafop-propargyl）化学名称：*R*-2-[4-(5-氯-3-氟-2-吡啶氧基)苯氧基]丙酸丙炔酯。炔草酯是瑞士 Giba Geigy 公司 1981 年开发的苯氧羧酸类手性含氟高效低毒除草剂，属内吸传导型除草剂，对恶性禾本科杂草特别有效。用于禾谷类作物，对禾本科杂草如鼠尾看麦娘、野燕麦、黑麦草、早熟禾、狗尾草等有优异的防效。炔草酯药效比较缓慢，杂草从吸收到死亡一般需 1～3 周，但小粒谷物对它没有足够的抗性，所以需要与专用的作物安全剂喹氧乙酸以一定比例混合使用。

到 2018 年 5 月为止，登记的炔草酯产品共有 173 个（含过期有效产品）。而尚未过期的产品数为 164 个，其中单制剂品种有 140 个。剂型分布：可湿性粉剂 34.68%，乳油 9.83%，水乳剂 17.34%，微乳剂 16.76%，原药 13.29%。从登记的数量上来看，2011 年前，炔草酯相关产品登记数量较少，随后几年呈上升趋势。其登记数量变化趋势如图 10-265 所示。

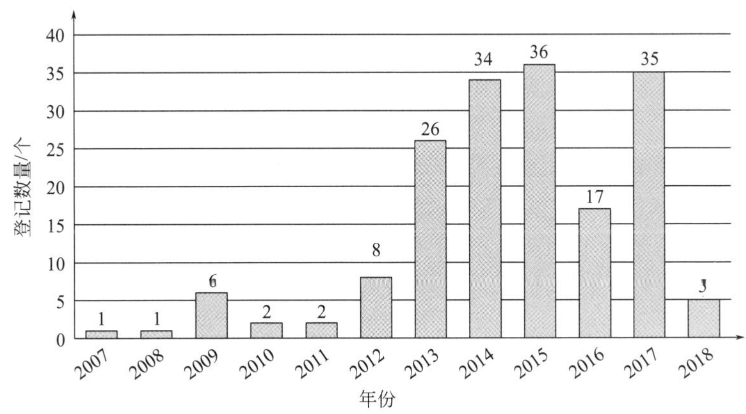

图 10-265　2007 年以来炔草酯登记数量变化趋势

10.15.5.2　炔草酯的工艺概况

炔草酯的合成工艺路线与上述苯氧丙酸类除草剂的工艺路线类似，以对苯二酚为原料，首先与 5-氯-2,3-二氟吡啶单醚化反应，再与（S）-(－)-对甲苯磺酰基乳酸甲酯缩合，再将甲酯水解、氯酰化和酯化制得炔草酯，总收率达 85%以上（图 10-266）[217]。

图 10-266　炔草酯的合成工艺路线

10.16 二硝基苯胺类除草剂

10.16.1 概述

10.16.1.1 二硝基苯胺类除草剂简介

二硝基苯胺类除草剂是20世纪50年代发现的以二硝基苯胺为基本骨架的一类除草剂，随后，1960年美国Eli Lilly公司的Alder等发现以2,6-二硝基苯胺为母体的化合物比2,4-二硝基苯胺和2,3-二硝基苯胺具有更显著的除草活性，1964年二硝基苯胺类除草剂中最著名的品种氟乐灵（trifluralin）首先被商品化生产，并在1973年成为美国八个主要农药品种之一。此后，新的二硝基苯胺类除草剂的研究开发日渐增多，已商品化的品种主要有地乐胺（butralin）、二甲戊灵（pendimethalin）、磺乐灵（nitralin）、乙丁氟灵（benfluralin）、氨基丙氟灵（prodiamine）等。

二硝基苯胺类除草剂是一类高效低毒的选择性除草剂，主要防治一年生禾本科杂草，对阔叶杂草的防除效果差。在实际应用中为扩大杀草谱，常与防治阔叶杂草特效的除草剂混用或配合使用。此类除草剂的特点是：①杀草谱广，对一年生禾本科杂草有特效，还可防除一些一年生阔叶杂草及宿根高粱等多年生杂草；②药效稳定，在土壤中挥发的气体也具有杀草作用，因而可以在干旱条件下施用；③为土壤处理剂，主要防治杂草幼芽，多在作物播种前或播后苗前施药，通过触杀作用抑制杂草的次生根和幼芽；④易于挥发和光解；⑤在土壤中持效期中等或稍长，半衰期为2～3个月；⑥因水溶度低以及被强烈吸附，在土壤中难以移动，因此不会对地下水源造成污染。

二硝基苯胺类除草剂对人或动物无害。它们对大白鼠的急性经口致死中量（LD_{50}）一般都超过1000mg/kg体重，对哺乳动物的亚急性和慢性毒性也比较低，但部分品种有明显的鱼毒，但是由于这些化合物在水中的溶解度低并且能被土壤吸附，因而实际上不构成危险。

10.16.1.2 二硝基苯胺类除草剂的作用机制及生物活性

二硝基苯胺类除草剂对细胞的有丝分裂与分化产生严重抑制，破坏细胞正常分裂，根尖分生组织内细胞变小或伸长区细胞未明显伸长，特别是皮层薄壁组织中细胞异常增大，细胞壁变厚，由于细胞极性丧失，细胞内液泡形成逐渐增强，因而在最大伸长区开始放射性膨大，从而造成根尖呈鳞片状。

二硝基苯胺类除草剂在作物种植前或出苗前进行土壤处理防止杂草出苗。它们对种子发芽没有抑制作用，而是在种子产生幼根或幼芽的过程中以及幼芽出土的过程中产生抑制作用，其典型作用特征是抑制次生根生长，以及对幼芽也产生明显的抑制作用。它们对单子叶植物的抑制作用比双子叶植物重，其选择性主要取决于二者的吸收部位不同，单子叶植物主要通过幼芽吸收，而双子叶植物的下胚轴或下胚轴钩状突起是主要吸收部位。二硝基苯胺类除草剂在植物体内传导能力差，芽吸收的药剂可传导至根部，而根吸附或吸收的药剂向芽传导极其有限。

二硝基苯胺类除草剂造成植物典型的受害症状是严重抑制次生根形成，植物不产生次生根，或次生根少、短而膨大或畸形。受药的一年生禾本科杂草绝大部分是在出土之前死亡，即使有少数杂草能够出苗，但生长缓慢，根系发育不良，次生根少而受抑制，极易拔出。

二硝基苯胺类除草剂主要防治一年生禾本科杂草的幼芽以及通过种子繁殖的多年生杂草

的幼芽，对成株杂草无效或效果很差。它们虽然对一些一年生小粒种子的阔叶杂草如苋、藜等有一定效果，但防治效果远比禾本科杂草差。

10.16.2　氟乐灵

10.16.2.1　氟乐灵的产业概况

氟乐灵（trifluralin）是一种应用广泛的旱地芽前土壤处理剂，具有应用范围宽、杀草谱广、选择性强、持效期适当等特点，是一种优良的旱田除草剂，其结构式如图 10-267 所示。主要用于棉花、大豆、蔬菜及果树、观赏植物等旱地作物的芽前土壤处理。对稗草、大画眉、马唐、早熟禾、千金子、牛筋草、雀舌草、看麦娘、狗尾草、蟋蟀草、野燕麦等禾本科杂草具有很好的防除效果，也能防治一些小粒种子的双子叶杂草（如藜、苋菜、马齿苋、繁缕、蓼、萹蓄、蒺藜等）。

$N(C_3H_7)_2$　O_2N　NO_2　CF_3

图 10-267　氟乐灵的结构式

到 2018 年 5 月为止，登记的氟乐灵产品共有 112 个（含过期有效产品）。而尚未过期的产品数为 81 个，其中单制剂品种有 80 个。剂型分布：乳油 65.18%，水分散粒剂 4.46%，原药 29.46%。从登记的数量上来看，2003 年以来，每年均有氟乐灵相关产品获得登记，但每年登记数量都相对较少，只有 2008 年和 2009 年登记数量比较突出，分别达到了 29 个和 30 个。其登记数量变化趋势如图 10-268 所示。

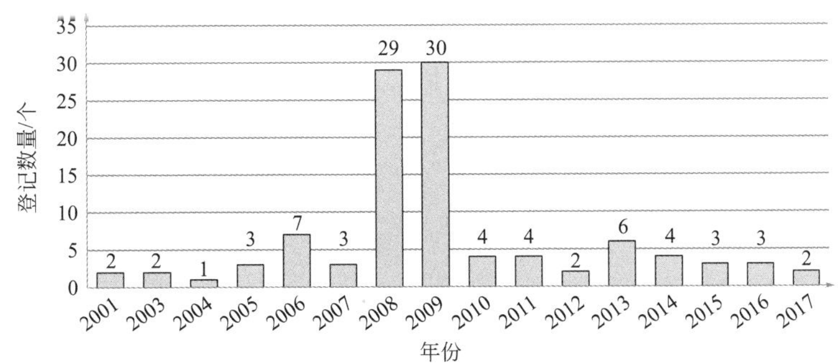

图 10-268　2001 年以来氟乐灵登记数量变化趋势

10.16.2.2　氟乐灵的工艺概况

（1）氟乐灵的工艺路线　氟乐灵是二硝基苯胺类除草剂中最早商品化的一个品种，主要由 3,5-二硝基-4-氯三氟甲基苯与二丙基胺反应得到，其合成工艺路线如图 10-269 所示[218,219]。

（2）中间体 3,5-二硝基-4-氯三氟甲基苯的合成工艺路线

① 对氯甲苯法　以对氯甲苯为原料，先与氯气发生氯代反应，制得对氯三氯甲基苯，再与氟化氢或三氟化锑反应得到对氯三氟甲基苯，再连续发生两次硝化反应得到中间体 3,5-二硝基-4-氯三氟甲基苯。

② 对氨基苯甲酸法　以对氨基苯甲酸为原料，与亚硝酸钠/盐酸重氮化，再与氯化亚铜反应得到对氯苯甲酸，与硝酸/硫酸发生硝化反应得到 3,5-二硝基-4-氯苯甲酸，然后再与四氟化硫反应制得 3,5-二硝基-4-氯三氟甲基苯。

③ 对羟基苯甲酸法　以对羟基苯甲酸为原料，与硝酸发生硝化反应，然后发生亲核取代得到 4-氯-3,5-二硝基苯甲酸，再与四氟化硫反应制备得到中间体 3,5-二硝基-4-氯三氟甲基苯。

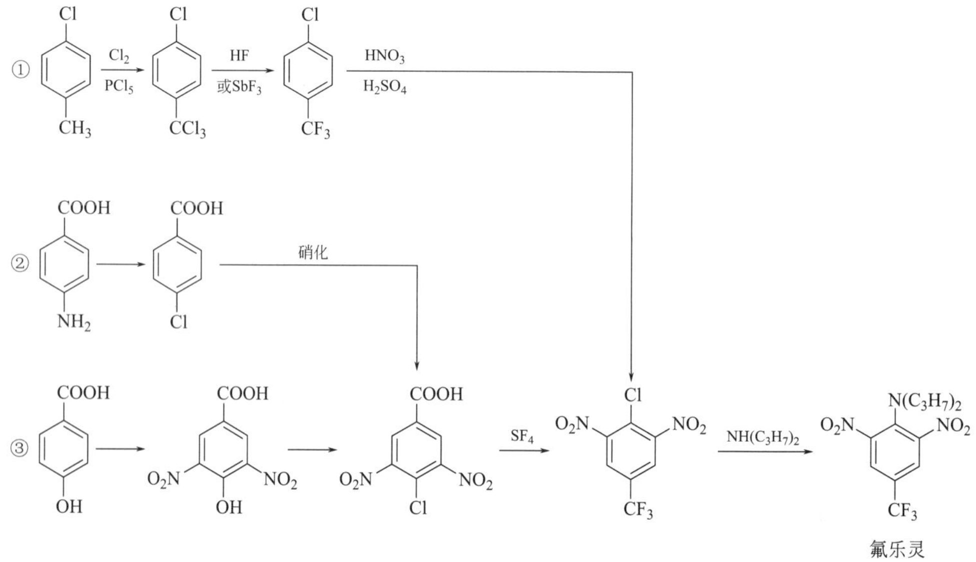

图 10-269 氟乐灵的合成工艺路线

路线②和③主要缺点是：合成过程中副产物多，中间体难纯化，四氟化硫作氟化剂，成本高，生产难控制。采用路线①，不仅原料便宜，而且中间体副产物少、纯度高，便于工业化生产。

10.16.3 二甲戊灵

10.16.3.1 二甲戊灵的产业概况

二甲戊灵（pendimethalin）又名除草通、除芽通、施田补，其结构式如图 10-270 所示。适用于防治一年生禾本科杂草、部分阔叶杂草和莎草，如稗草、马唐、狗尾草、千金子、牛筋草、马齿苋、苋、藜、苘麻、龙葵、碎米莎草、异型莎草等。对禾本科杂草的防治效果优于阔叶杂草，对多年生杂草效果差。二甲戊灵具有活性高、杀草谱广、低毒低残留、对人畜安全性高等特点，又因为土壤对其吸附性强，不易淋溶，在土壤中移动性小，对环境友好。

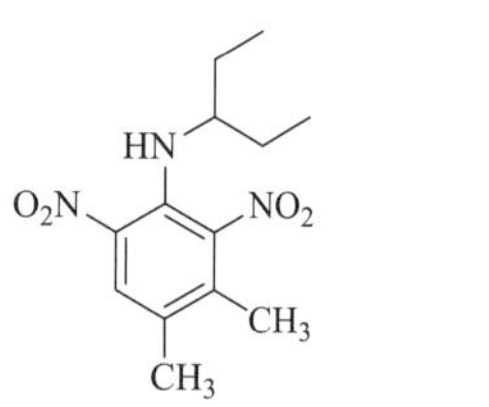

图 10-270 二甲戊灵的结构式

到 2018 年 5 月为止，登记的二甲戊灵产品共有 250 个（含过期有效产品）。而尚未过期的产品数为 206 个，其中单制剂品种有 150 个。剂型分布：可湿性粉剂 9.64%，乳油 60.64%，悬浮剂 9.64%，原药 11.65%。从登记的数量上来看，2001 年以来，每年均有二甲戊灵相关产品获得登记，2009 年左右有一个登记高峰，2011 年和 2012 年登记较少，随后几年登记数量又有所回升。其登记数量变化趋势如图 10-271 所示。

10.16.3.2 二甲戊灵的工艺概况

根据所采用的起始原料来划分，二甲戊灵的合成工艺路线主要有三种，分别为：

（1）3,4-二甲基硝基苯法　国内外二甲戊灵原药现行生产方法以 3,4-二甲基硝基苯为原料，经氢化、烷基化、硝化制得（图 10-272）。

该工艺路线步骤简短，建设投资少，工艺收率较高，原料价廉易得，生产成本低。以 3,4-二甲基硝基苯计，工艺总收率达 80%，粗原药含量在 80%，精制后可达 95%以上。但

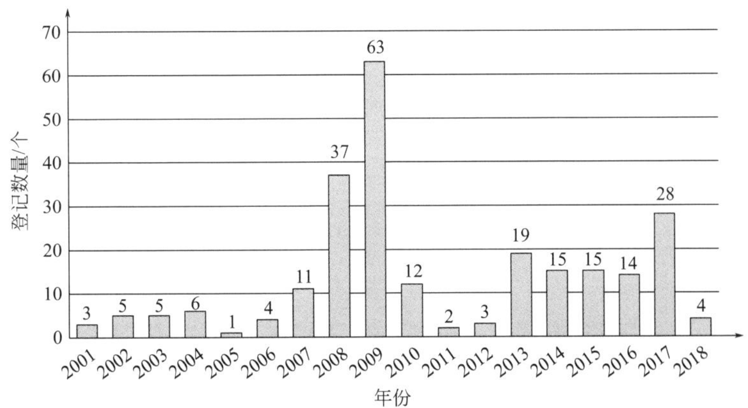

图 10-271　2001 年以来二甲戊灵登记数量变化趋势

H_2　HNO_3　收率: 80%

二甲戊灵

图 10-272　3,4-二甲基硝基苯法合成二甲戊灵

该工艺在最后一步 3,4-二甲基苯胺硝化时，生成的二甲戊灵会进一步硝化，产生亚硝胺（*N*-亚硝基二甲戊灵）副产物。

（2）3,4-二甲基卤代苯法　采用 3,4-二甲基卤代苯为起始原料合成二甲戊灵的研究开始得比较早。该工艺反应步骤较少，生产工艺简单。反应经硝化、氨化后制得二甲戊灵（图 10-273）。

X=Cl,F,Br

图 10-273　3,4-二甲基卤代苯法合成二甲戊灵

采用 3,4-二甲基卤代苯为起始原料，经先硝化、后氨化制备二甲戊灵的方法可杜绝产品中 *N*-亚硝胺的产生，但是，原料 3,4-二甲基卤代苯不易制备。目前 3,4-二甲基卤代苯是通过邻二甲苯卤化制备的，但得到的目标产物 3,4-二甲基卤代苯与异构体 2,3-二甲基卤代苯几乎等量，还有部分二卤代物，因此粗产品需要精制纯化，故成本较高；而且在硝化时，由于卤原子定位能力弱，硝基定位力强，硝化选择性差，二硝基产物可生成三种异构体；另外，卤原子对苯环钝化，二硝化需要使用混酸，产生的酸性废水量很大。

（3）3,4-二甲基苯酚法　以3,4-二甲基苯酚为起始原料的氨化法工艺也是一种无 *N*-亚硝胺产生的新工艺路线。该方法以3,4-二甲基苯酚为原料，经硝化、甲基化、氨化反应，得到目标产物二甲戊灵（图10-274）。

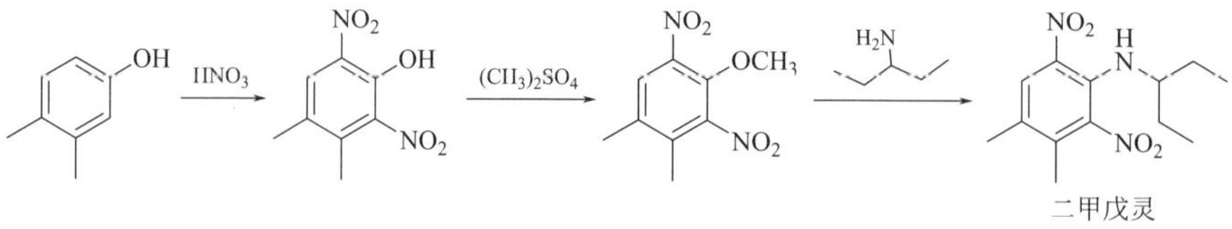

图 10-274　3,4-二甲基苯酚法合成二甲戊灵

然而该工艺路线中间体3,4-二甲基-2,6-二硝基苯酚的工艺路线比较困难。由于酚类在硝化时极易被氧化，形成黏稠油状物，难以分离，且反应硝化选择性不高，使得其反应收率不高。改进后的硝化方法采用二氯乙烷作溶剂，用盐酸稀释硝酸后硝化3,4-二甲基苯酚，二硝化收率可达到90%[220]（图10-275）。

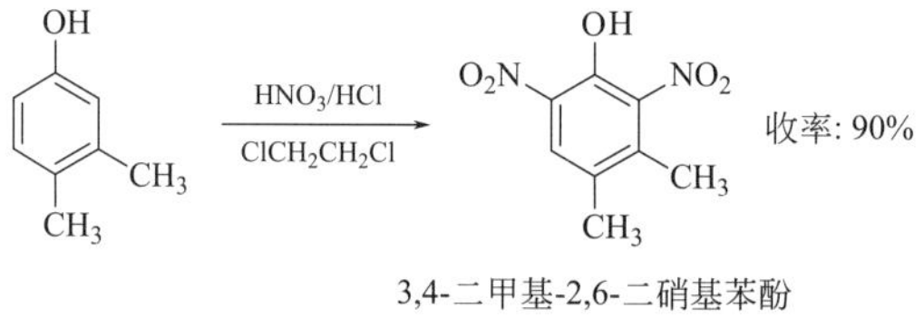

图 10-275　中间体 3,4-二甲基-2,6-二硝基苯酚的合成工艺路线

10.16.4　安磺灵

安磺灵（oryzalin）是一种低毒选择性芽前除草剂，主要用于棉花、花生、冬油菜、大豆、向日葵等苗前除草，防除一年生禾本科杂草和阔叶杂草，也可用于水稻等作物的杂草防除。既可单独使用，也可与其他除草剂混用。在适当的使用方法和合理的使用浓度下，除草效果优异而对农作物没有影响。

安磺灵的工艺路线主要有三条，分别以对氯苯磺酰氯、邻氯硝基苯和氯苯为起始原料。

（1）对氯苯磺酰氯法　以对氯苯磺酰氯为起始原料，经硝化、氨解，再与二丙胺反应得到安磺灵（图10-276）。

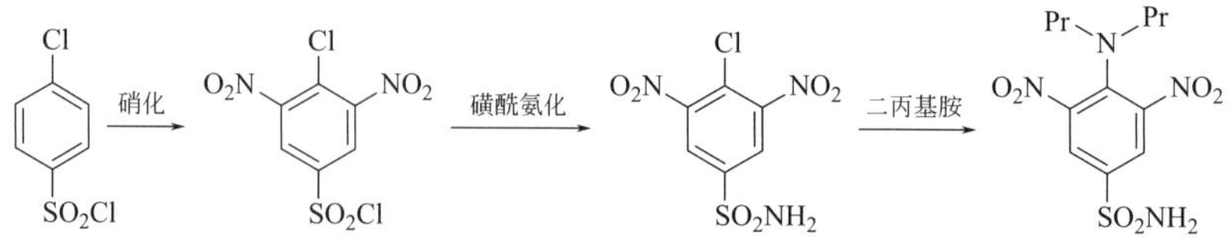

图 10-276　对氯苯磺酰氯法合成安磺灵

该合成工艺路线中起始原料对氯苯磺酰氯不容易得到。

（2）邻氯硝基苯法　以邻氯硝基苯为起始原料，经氯磺化、二硝化、氨解、氨化制备安磺灵（图10-277）。

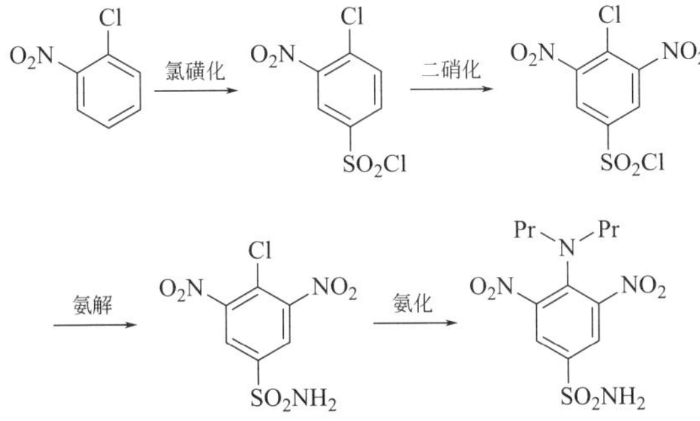

图 10-277　邻氯硝基苯法合成安磺灵

该合成工艺路线中原料较贵，氯磺酸用量大导致成本较高，酸性废水废气较多，设备腐蚀严重。

(3) 氯苯法　以氯苯为起始原料，经过磺化、硝化、盐析、氨化、酰氯化、氨解制备安磺灵（图 10-278）。

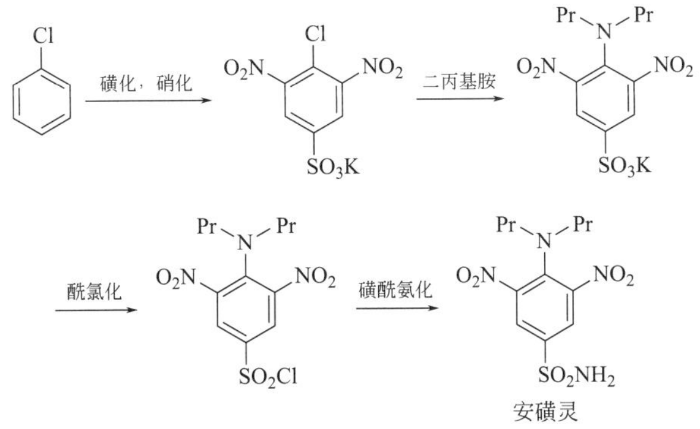

图 10-278　氯苯法合成安磺灵

该合成工艺路线虽然步骤多，但原料相对廉价，生产成本较低[221]。但氯苯二硝化难度较大，采用固体硝酸盐作硝化剂，易发生爆炸；在氨解反应时，使用氨水会产生大量废水；同时酰氯化一步反应也比较困难，采用氯磺酸酰氯化，工艺收率低，产品质量差，废水量大；在过量的三氯氧磷中回流酰氯化，反应结束后再蒸馏脱出未反应的三氯氧磷，此方法工艺收率高，产品质量好，但过量三氯氧磷的蒸除不易控制。

对该工艺路线的改进采用浓硝酸代替固体硝酸钾以减少爆炸危险，用固体光气代替三氯氧磷，用液氨代替氨水。改进后的工艺路线提高了安全性及产品质量，同时减少了污水排放[222]。

10.17　有机磷类除草剂

10.17.1　概述

有机磷化合物具有多种生物活性，它易于被生物吸收及代谢，在作用部位有较好的化学反应亲和性，因此，有机磷化合物也广泛应用于农药领域。在 20 世纪的后三十年里，有机磷农药的产量及销售总额在农药中均居首位。

有机磷化合物作为除草剂的使用始于20世纪50年代。1954年美国研究出两种脱叶剂，即脱叶磷与脱叶亚磷；1958年Dow化学公司推出有机磷除草剂草特磷；1963年Stauffer公司推出选择性有机磷除草剂地散磷；1971年Monsanto公司开发出高效、低毒、广谱性有机磷除草剂草甘膦，并在应用方面取得巨大成功，从而确立了有机磷除草剂的地位。目前，有机磷类除草剂品种不多，主要有草甘膦、草铵膦、胺草膦等，具有代表性的是草甘膦。草甘膦在世界各地广泛使用，是世界上生产量与销售量最大、使用范围最广的除草剂。

10.17.2 草甘膦

10.17.2.1 草甘膦的产业概况

草甘膦（glyphosate）是一种优良的有机磷类非选择性除草剂，化学性质稳定，具有高效、广谱、低毒、低残留、对土壤无影响等特性，对大多数植物有灭生性；易被生物吸收，易于代谢，在植物体内传导性强，使用时通常将其制成铵盐或钠盐。草甘膦为杂草叶面接触处理剂，必须用喷雾器将稀释液均匀地喷洒在杂草叶面上才能充分生效，能有效防除一年生、两年生和多年生禾本科杂草、莎草科杂草、阔叶杂草及灌木与树木，并可有效防除大龄杂草。由于是灭生性除草剂，故使用时不能将药液喷溅在树木的主支干、叶面上，以防药害。

到2018年5月为止，登记的草甘膦产品较多，共有1544个（含过期有效产品）。而尚未过期的产品数为1266个，其中单制剂品种有1099个。剂型分布：可溶粉剂11.21%，可溶粒剂14.46%，水剂57.39%，原药11.01%。从登记的数量上来看，2001年以来，每年均有草甘膦相关产品获得登记，且呈逐年上升的趋势，其中2008年和2009年登记数量最多，分别为204个和252个。其登记数量变化趋势如图10-279所示。

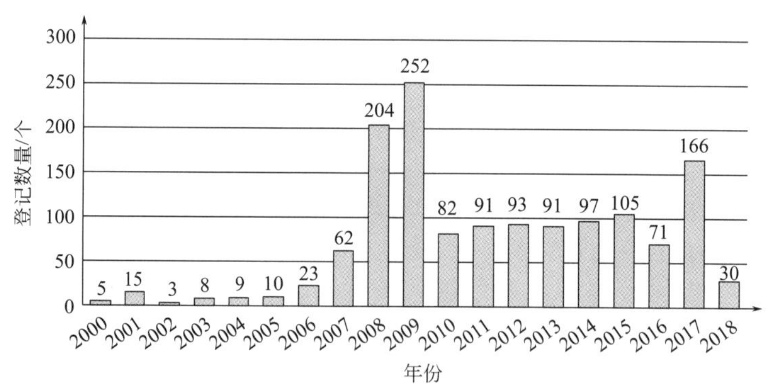

图10-279 2000年以来草甘膦登记数量变化趋势

草甘膦是由美国孟山都公司1971年开发的除草剂。作为有机磷农药，它具有非选择性、无残留和低毒的特点，是全球第一大除草剂品种，占据全球除草剂30%的市场份额。其市场地位难以撼动。自1972年由孟山都公司开发成功并商品化后，草甘膦的销售额不断攀高，特别是在1995年孟山都公司推出耐草甘膦的转基因作物后，草甘膦的需求量增长迅猛，从而确立了全球第一大农药品种的地位。

如图10-280所示，我国草甘膦产能从2015年开始下降，未来几年无新增产能。另外，全球草甘膦产能主要集中在中国和美国（图10-281），2014年全球实际开工的草甘膦有效产能约120万吨，其中中国约84万吨，美国孟山都约27万吨，其他不到10万吨，行业产能利用率为 67%。调研了解到，孟山都公司未来几年无新增产能，国内草甘膦已被列入限制类投资项目，未来预计不再新批生产许可证，个别企业虽宣布扩产但落实的可能性不大，整体看未来几年全球草甘膦无新增产能。

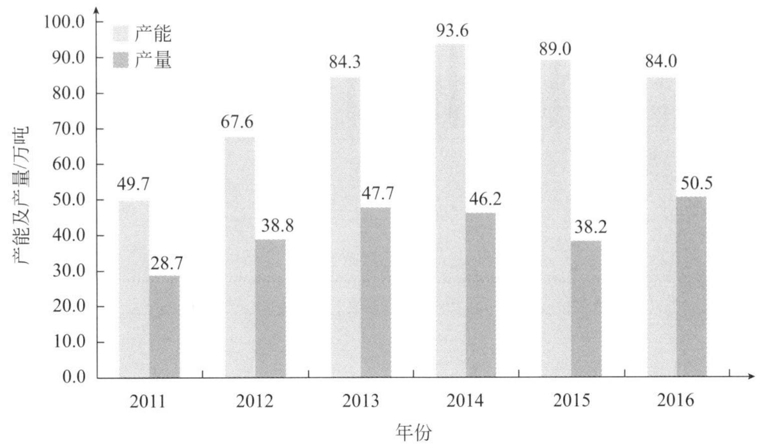

图 10-280　我国草甘膦产能和产量情况

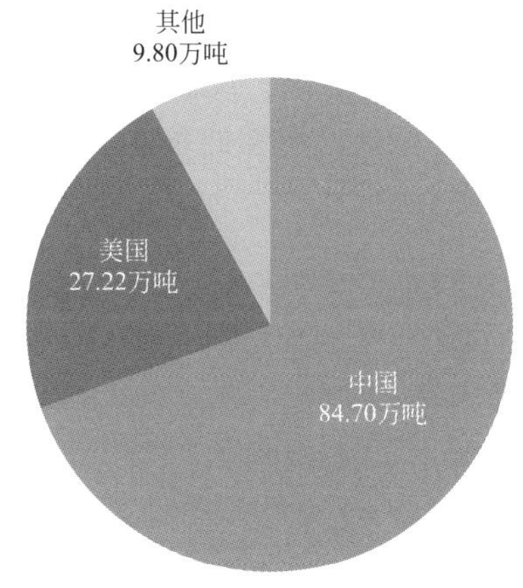

图 10-281　2014 年草甘膦产能分布

我国生产草甘膦的主要厂家包括新安化工、兴发集团、乐山福华、江山股份、安徽华星、内蒙古腾龙、和邦生物、浙江金帆达、捷马化工、扬农化工、广信股份、山东润丰、湖北沙隆达、莱头德生物、浙江菱化、南通利华、京博农化、滨农科技、四川贝尔等。其中，新安化工、兴发集团和乐山福华的产能相对较大，其次是江山股份、安徽华星、内蒙古腾龙以及和邦生物等，主要情况如图 10-282 所示。

10.17.2.2　草甘膦的工艺概况

草甘膦的合成工艺路线有如下七种，分别介绍如下：

（1）双甘膦氧化法　在氧气或含氧气体、改良活性炭存在下可以催化氧化双甘膦生成草甘膦（图 10-283）。该工艺直接将三氯化磷用于双甘膦的合成，先将三氯化磷水解制成亚磷酸和盐酸的混合溶液，再生产双甘膦。优点：大大提高了反应的安全性和操作稳定性。缺点：三氯化磷在潮湿的空气中易吸水变质；三氯化磷原料含有游离磷，有自燃爆炸的危险[223]。

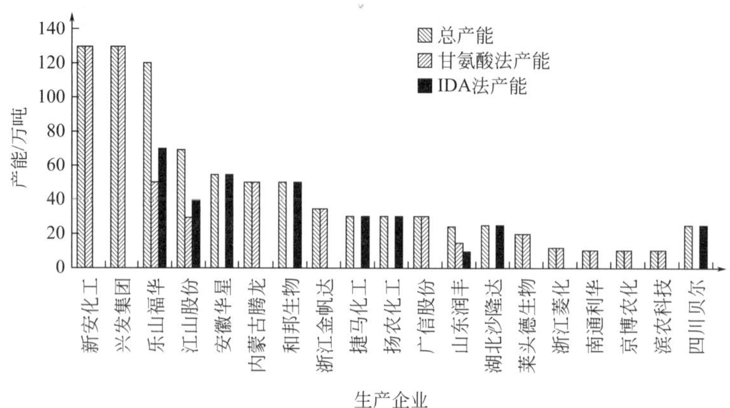

图 10-282 目前国内各草甘膦企业产能情况

$$HN(CH_2COOH)_2 + PCl_3 + CH_2O \xrightarrow{70\sim80^\circ C} (HO)_2P(=O)CH_2N(CH_2COOH)_2$$

$$(HO)_2P(=O)CH_2N(CH_2COOH)_2 \xrightarrow[85^\circ C]{O_2/\text{改良活性炭}} (HO)_2P(=O)CH_2NHCH_2COOH$$

图 10-283 双甘膦氧化法合成草甘膦

（2）双甘膦胍盐电解氧化法 在酸性或碱性的条件下，双甘膦经过溶解，通电电解、氧化可得到草甘膦[224]（图 10-284）。

$$(HO)_2P(=O)CH_2N(CH_2COOH)_2 \cdot Ph \cdot NHC(=NH)NHPh + O_2 \xrightarrow[70^\circ C]{H_2O_2} (HO)_2P(=O)CH_2NHCH_2COOH \cdot Ph \cdot NHC(=NH)NHPh$$

$$(HO)_2P(=O)CH_2NHCH_2COOH \cdot Ph \cdot NHC(=NH)NHPh \xrightarrow{HCl} (HO)_2P(=O)CH_2NHCH_2COOH$$

图 10-284 双甘膦胍盐电解氧化法合成草甘膦

（3）氨甲基膦酸法 氨甲基膦酸与氯代乙酸钠在碱性环境下发生亲核取代反应，在硫酸和过氧化氢条件下，发生脱羧反应，得草甘膦[224]（图 10-285）。

$$(HO)_2P(=O)CH_2NH_2 + ClCH_2COONa \xrightarrow{NaOH} (HO)_2P(=O)CH_2N(CH_2COOH)_2 \xrightarrow{H_2SO_4,H_2O_2} (HO)_2P(=O)CH_2NHCH_2COOH$$

图 10-285 氨甲基膦酸法合成草甘膦

（4）亚磷酸法 亚磷酸与甲醛、仲胺在 110～180℃条件下，发生 Mannich 反应，得草甘膦[224]（图 10-286）。

$$(HO)_2P(=O)H + HCHO + NH(CH_2COOH)_2 \xrightarrow{110\sim180^\circ C} (HO)_2P(=O)CH_2NHCH_2COOH$$

图 10-286 亚磷酸法合成草甘膦

（5）甲酰基膦酸法　甲酰基膦酸与氨基乙酸在氢气存在、钯作催化剂、加压条件下发生亲核加成反应，得目标化合物草甘膦[225]（图 10-287）。

$$H_2NCH_2COOH + OHC-P(=O)(OH)_2 \xrightarrow[\text{加压}]{H_2/Pd\text{-}C} (HO)_2P(=O)-CH_2NHCH_2COOH$$

图 10-287　甲酰基膦酸法合成草甘膦

（6）氰甲胺甲基膦酸二甲酯法　氰甲胺甲基膦酸二甲酯在酸性条件下水解，生成酸，即得草甘膦[226]（图 10-288）。

$$(H_3CO)(OCH_3)P(=O)-CH_2NHCH_2CN \xrightarrow[\text{③HCl}]{\text{①}NaHSO_4\ \text{②}NaCN} (HO)_2P(=O)-CH_2NHCH_2COOH$$

图 10-288　氰甲胺甲基膦酸二甲酯水解法合成草甘膦

（7）吗啉衍生物法　吗啉衍生物在碱性、高温条件下发生氧化开环，最后用盐酸中和，即得目标化合物草甘膦（图 10-289）。

$$\text{O(CH}_2\text{CH}_2)_2\text{N}-CH_2P(=O)(OH)_2 + NaOH \xrightarrow[\text{③HCl中和}]{\text{①250~300℃}\ \text{②冷却}} (HO)_2P(=O)-CH_2NHCH_2COOH$$

图 10-289　吗啉衍生物法合成草甘膦

尽管草甘膦有以上合成工艺路线，但总的来讲，以所用原材料分类，国内草甘膦主要有两种工艺路线：甘氨酸法（图 10-290）和 IDA 法（图 10-291）。目前甘氨酸法路线占比 70%，由于甘氨酸法路线初始投资成本低，且已被前几大草甘膦厂商采用，大部分生产线短期内无更新计划，因此预计未来几年国内草甘膦生产仍以甘氨酸法路线为主。

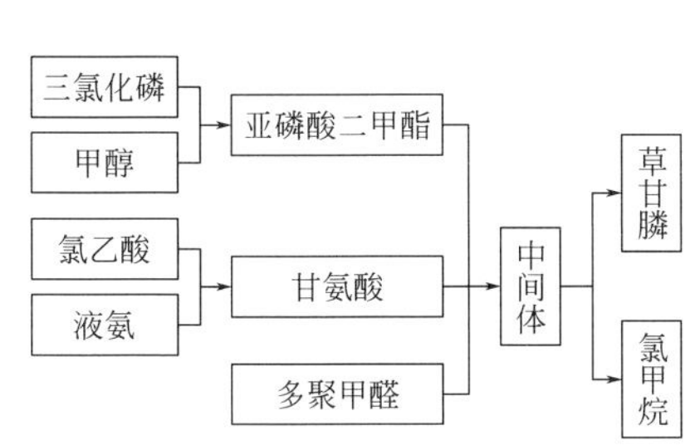

图 10-290　甘氨酸法合成草甘膦技术路线

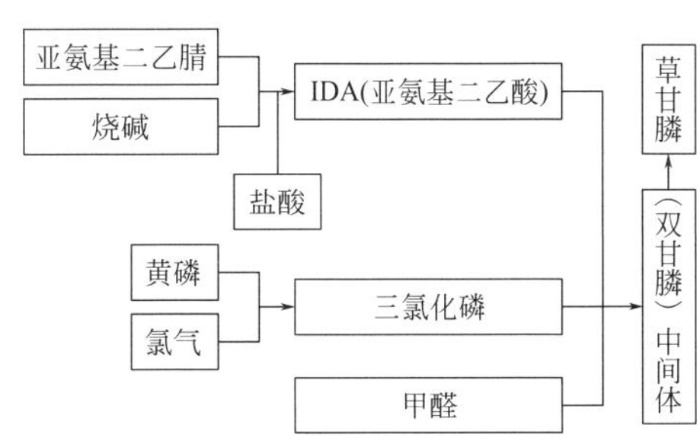

图 10-291　IDA 法生产草甘膦工艺

甘氨酸法技术路线中，甘氨酸、黄磷、甲醇等原材料在总成本中占 85%～90%，2016 年原材料价格大幅上涨（尤其甘氨酸价格上涨 60%），将草甘膦成交价从 2016 年 7 月的 1.7 万元/t 推升至目前的 2.4 万元/t。2018 年，受环保高压影响，草甘膦供给受到压缩且较为明显。目前草甘膦整体开工率已处于高位，未来行业新增产量十分有限。

10.17.3　草铵膦

10.17.3.1　草铵膦的产业概况

草铵膦（glufosinate-ammonium）由赫斯特公司于 20 世纪 80 年代开发，于 1986 年作为除草剂获得登记使用。草铵膦是以谷氨酰胺合成酶（GR）为靶标酶的有机磷类非传导灭生性除草剂，毒性低，较为安全，在土壤中易于降解，对作物安全，杀草迅速，能防除或快速杀死马唐、黑麦草等100种以上的一年生或多年生双子叶阔叶杂草和禾本科杂草。草铵膦其药效只在子叶内传导，不转移到别处，对已出土的植物不会通过根部而起作用，因此其药害较小，而且经草铵膦处理过的土壤，随后播种各类植物，其生长也不会受影响。

到2018年5月为止，登记的草铵膦产品共有467个（含过期有效产品）。而尚未过期的产品数为444个，其中单制剂品种有420个，剂型76%以上为水剂。从登记的数量上来看，2012年以前草铵膦相关产品登记较少，2013年开始增加，尤其是2017年登记数量达到了178个，2018年截止到3月份也已经有42个登记。其登记数量变化趋势如图10-292所示。

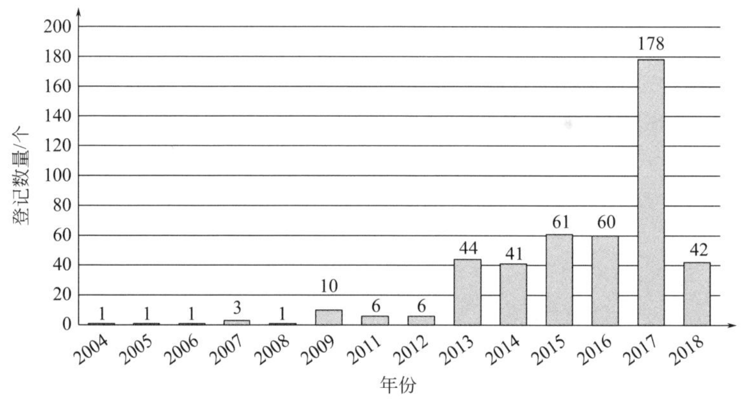

图10-292 2004年以来草铵膦登记数量变化趋势

2010年之后，世界各国相继出台了对百草枯的禁售令，从欧洲开始逐渐蔓延到各国。亚洲的韩国最先在2012～2014年全面禁售百草枯，中国是在2014年开始停止百草枯水剂登记的，继而于2016年7月1日全面禁售百草枯水剂。随着百草枯在全球范围内隐退，草铵膦的市场地位也与日俱增，成为一颗冉冉升起的新星，迅速填补着百草枯退出后留下的市场空缺。如图10-293所示，2010年以来草铵膦的全球销量不断上升，虽然2016年有所下降，

图10-293 草铵膦全球销售额

但其全球销售额仍达 5.0 亿美元，表明其成长性不错，已成为非选择性茎叶处理除草剂的第二大品种。另外，草铵膦与草甘膦复配使用，可有效缓解草甘膦抗性问题。最近 15 年来，转基因作物的推广为草甘膦打开了巨大的市场，使之成为全球第一大除草剂。然而，近年来抗药性问题愈发严重，解决除草剂的抗药性问题成为当务之急。草铵膦对抗药性杂草十分有效，目前基本不存在抗药性问题，可以与草甘膦复配使用。未来随着草甘膦抗药性问题的日趋扩大化，草甘膦复配将提升对草铵膦的需求。

耐草铵膦转基因作物的推广，打开了草铵膦需求增量空间。将草铵膦抗性基因导入水稻、小麦、玉米、甜菜、烟草、大豆、棉花等作物中，可以培育耐草铵膦作物。这些耐草铵膦转基因作物不仅在美国普遍种植，而且随着转基因技术推广和应用，近年来已在亚洲、欧洲、大洋洲等地的部分国家推广种植，由此草铵膦也成为全球重要的转基因作物除草剂，市场空间扩大。基于国外对草铵膦的强劲需求，我国草铵膦原药出口量从 2012 年的 291.4t 增加到 2016 年的 2929.4t，增长超 9 倍，其出口情况如图 10-294 所示。

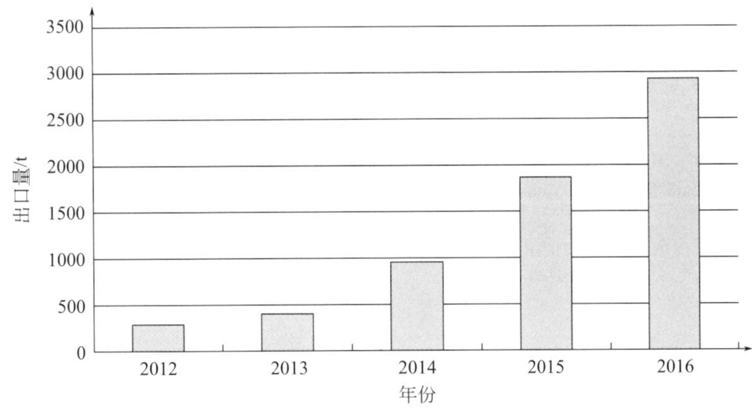

图 10-294　草铵膦出口情况

数据显示，全球草铵膦总产能接近 3.0 万吨，前五大生产商为拜耳、利尔化学、辉丰股份（本部）、内蒙古佳米和浙江永农，合计产能占全球总产能的 73.9%，见图 10-295。为应对未来需求，各大生产商纷纷扩大产能。拜耳是海外最大的草铵膦生产商，目前拥有 6000t/年的产能，已在全球范围内投资 5 亿美元用于 Liberty® 的扩产。2016 年以来，国内草铵膦产能进入快速扩张期，利尔化学、浙江永农和河北威远等公司纷纷扩产。

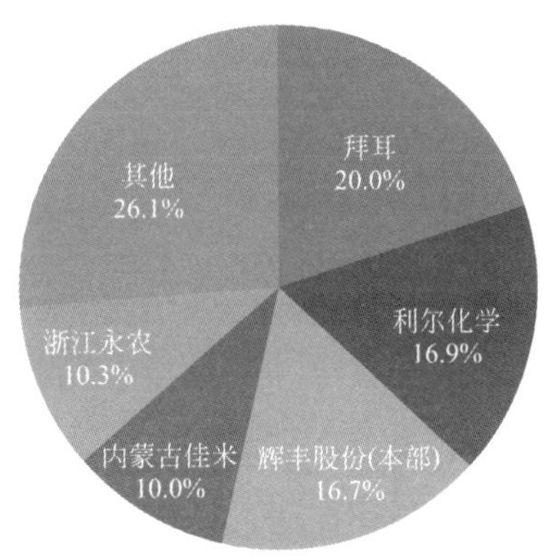

图 10-295　全球草铵膦企业产能份额分布（截至 2017 年 1 月）

10.17.3.2 草铵膦的工艺概况

草铵膦的成功研制、开发及应用，与双丙氨膦（bialaphos）的发现及其结构的确证密切相关。双丙氨膦是从土壤放线菌或链霉菌（*streptomyces hygroscopicus*）的发酵液中分离出的一种三肽类天然抗生物质，它是一种谷氨酸的类似物，其本身没有除草活性，但可在植物体内代谢为具有除草活性的草铵膦。有关草铵膦的制备，除可用双丙氨膦经微生物发酵生产外，其工艺路线绝大多数以三氯化磷或亚膦酸酯为起始原料，经过一定的反应过程合成膦酸酯，然后与某些氨基衍生物发生反应；由于其本身是一种氨基酸，因此也可将亚膦酸酯与烯醛反应后再利用 Strecker 反应，或将膦酸酯与丙二酸二乙酯的衍生物反应后再利用 Gaburial 反应，由此合成草铵膦。

（1）低温定向法　草铵膦有 D 型和 L 型两种光学异构体，L 型异构体的除草活性高，D 型很小。采用低温定向工艺路线，可直接得到高纯度的 L 型草铵膦（图 10-296）。

在－80℃的低温下，强锂试剂（丁基锂）夺去氢离子使氢化吡嗪阴离子化，阴离子化的氢化吡嗪与 β-氯乙基甲基次膦酸甲酯定向合成，再水解生成 L 型草铵膦，收率可达到 85%，光学纯度达 90%以上。但氢化吡嗪的阴离子化过程需－80℃的低温，若考虑到放大后工业生产的实际传质过程，此温度不易工业生产。另外，此步骤中所用到的强锂试剂（n-BuLi）也比较昂贵[227]。

$$H_2NCH_2COOCH_3 + CH_3CH(CH_3)CH(NH_2)COOCH_3 \longrightarrow \text{(二甲氧基二氢吡嗪，含 }CH(CH_3)_2\text{)} \xrightarrow{n\text{-BuLi}} \text{阴离子}$$

$$\text{阴离子} + H_3C-P(=O)(OCH_3)-CH_2CH_2Cl \longrightarrow H_3C-P(=O)(OCH_3)-H_2CH_2C-\text{(吡嗪环)} \xrightarrow[H_2O]{HCl} H_3C-P(=O)(OH)CH_2CH_2CH(NH_2)COOH$$

图 10-296　低温定向法合成草铵膦

（2）阿布佐夫法　该方法采用亚膦酸酯衍生物为起始原料，反应历程简捷，且反应条件要求不高，但是需要采用较为昂贵的三氟乙酸对氨基进行保护[228]。其工艺路线如图 10-297 所示。

$$(H_3CH_2CO)_2P-CH_3 + BrCH_2CH_2CH(NHCOCF_3)COOCH_3 \longrightarrow H_3C-P(=O)(OCH_2CH_3)CH_2CH_2CH(NHCOCF_3)COOCH_3$$

$$\xrightarrow{H^+} H_3C-P(=O)(OH)CH_2CH_2CH(NH_2)COOH$$

图 10-297　阿布佐夫法合成草铵膦

（3）阿布佐夫-迈克尔法　该反应第一步利用阿布佐夫反应完成磷的重排转价，所需的 I_2 为催化剂量，也可用 CH_3I 代替；第三步利用格氏试剂以引入乙烯基构建出迈克尔加成所需的 α,β-不饱和结构单元，体系需绝对无水，乙烯基氯化镁（$CH_2=CHMgCl$）可由氯乙烯与金属镁反应制备，可以在很大程度上进一步节约成本；第四步即利用了迈克尔加成反应，作为亲核试剂的 *N*-乙酰甘氨酸乙酯比较容易得到。其工艺路线如图 10-298 所示。

$$P(OCH_3)_3 \xrightarrow{I_2} H_3CP(=O)-(OCH_3)_2 \xrightarrow[THF]{PCl_3} H_3C-P(=O)(OCH_3)-Cl \xrightarrow[\text{四氢呋喃}]{CH_2=CHMgCl} H_3CP(=O)(OCH_3)-CH=CH_2$$

$$\xrightarrow[C_2H_5OH,Na]{CH_3CONHCH_2COOC_2H_5} H_3CP(=O)(OCH_3)-CH_2CH_2CH(NHCOCH_3)COOC_2H_5$$

$$\xrightarrow[\triangle]{HCl} \xrightarrow[C_2H_5OH/H_2O]{\text{环氧丙烷}} H_3C-P(=O)(OH)CH_2CH_2CH(NH_2)COOH$$

图 10-298　阿布佐夫-迈克尔法合成草铵膦

（4）高压催化合成法　以乙烯基甲基次膦酸甲酯（或丙醛基甲基次膦酸甲酯）为中间体，与乙酰胺在 15～20MPa 压力下，用四羟基二钴作催化剂，二氧六环作溶剂，进行反应，反应生成物经浓盐酸水解得到 DL 型草铵膦（图 10-299），收率可达 80％以上，但催化过程需要 15～20MPa 的高压，对设备的强度要求较高[229]。

$$H_3C-P(=O)(OCH_3)-CH=CH_2 + CH_3CONH_2 + 2CO + H_2 \xrightarrow[\text{二氧六环}]{Co(OH)_4} H_3C-P(=O)(OCH_3)CH_2CH_2CH(NHCOCH_3)COOH$$

$$\xrightarrow[H_2O]{HCl} H_3C-P(=O)(OH)CH_2CH_2CH(NH_2)COOH$$

图 10-299　高压催化法合成草铵膦

（5）盖布瑞尔法　该法比较经典，反应条件也比较温和，不需要高温高压或过低的反应温度，但反应历程较长，并且要用到贵重的金属钠、液溴及二溴乙烷，总收率也比较低，仅约 10％～15％。此外，反应过程中过量的醇钠极易与膦化物发生副反应[230]。其工艺路线如图 10-300 所示。

$$CH_3POH(OC_2H_5)_2 + BrCH_2CH_2Br \xrightarrow{Cl_2} H_3C-P(=O)(OC_2H_5)-CH_2CH_2Br \xrightarrow[Na/EtOH]{CH_2(COOC_2H_5)_2} H_3C-P(=O)(OC_2H_5)-CH_2CH_2CH(COOC_2H_5)_2$$

$$H_3C-P(=O)(OC_2H_5)-CH_2CH_2CH(COOC_2H_5)_2 \xrightarrow{Br/HAc} H_3C-P(=O)(OC_2H_5)-CH_2CH_2C(Br)(COOH)_2 \xrightarrow[\triangle]{HCl} H_3C-P(=O)(OC_2H_5)-CH_2CH_2CH(Br)COOH$$

$$\xrightarrow[H_2O]{NH_3} H_3C-P(=O)(OH)CH_2CH_2CH(NH_2)COOH$$

图 10-300　盖布瑞尔法合成草铵膦

（6）施特雷克尔（Strecker）-泽林斯基法　施特雷克尔（Strecker）反应是氨基酸合成采用的方法。在氨的存在下，无水氰化物与醛的羰基加成生成 α-氨基腈，经水解生成 α-氨基酸。

采用施特雷克尔（Strecker）反应制备草铵膦，是从中间体甲基亚膦酸二乙酯出发，同丙烯醛反应，再水解生成丙醛基甲基次膦酸乙酯。丙醛基甲基次膦酸乙酯再经 Strecker 反应即可得草铵膦（图 10-301）。该法采用较成熟的工艺，收率稳定在 30%左右，且反应条件要求不高，较易应用于生产。只是氰化物为剧毒物质，对环境要求较高[231]。

$$CH_3P(OH)(OC_2H_5)_2 + 2CH_2{=}CHCHO \xrightarrow{C_2H_5OH} H_3C-\overset{O}{\overset{\|}{P}}(OC_2H_5)-CH_2CH_2CH(OC_2H_5)_2$$

$$\xrightarrow[H_2O]{HCl} H_3C-\overset{O}{\overset{\|}{P}}(OH)-CH_2CH_2CHO \xrightarrow[KCN]{NH_4Cl} H_3C-\overset{O}{\overset{\|}{P}}(OH)-CH_2CH_2CH(NH_2)CN$$

$$\xrightarrow{HCl} H_3C-\overset{O}{\overset{\|}{P}}(OH)CH_2CH_2CH(NH_2)COOH$$

图 10-301　施特雷克尔-泽林斯基法合成草铵膦

尽管合成草铵膦有以上诸多工艺路线，但总的来讲，国内草铵膦主要有两种工艺路线：格氏-Strecker 路线和 Hoechst 工艺路线（图 10-302）。格氏-Strecker 路线以亚磷酸三乙酯和三氯化磷为起始原料，然后在氰化钠的参与下生成草铵膦。目前国内草铵膦企业基本采用 Strecker 工艺路线，而该工艺排放大量废水，较难处理，环保压力较大，部分企业产能释放受限。Hoechst 工艺路线分为两步：甲基二氯化膦与异丁醇气相法反应生成甲基亚膦酸单异丁酯；丙烯醛与氢氰酸生成丙烯醛氰醇乙酸酯；这两种中间体生成含有甲基膦酸丁酯结构的中间体，再通过氨化等反应得到草铵膦。该工艺收率高，“三废”少，具有很强的成本优势，国内企业尚未完全掌握。

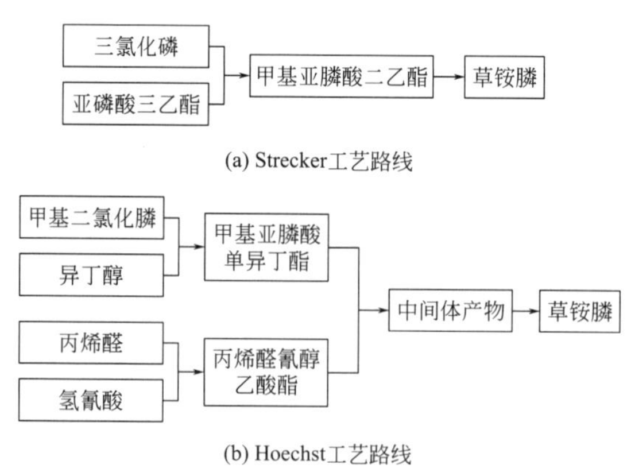

图 10-302　草铵膦合成工艺路线

10.17.4　莎稗磷

10.17.4.1　莎稗磷的产业概况

莎稗磷（anilofos）是联邦德国 Hoechst 公司 20 世纪 70 年代后期开发的新型有机磷除草剂，它是一种内吸传导型土壤处理的稻田除草剂，对稻田稗草、莎草等一年生单子叶杂草高效，每亩用量 22.5～30g（有效成分），也能在棉花、油菜、大豆、花生、黄瓜等作物田中安全使用。莎稗磷（图 10-303）化学名称为 *S*-[*N*-(4-氯苯基)-*N*-异丙基甲酰甲基]-*O*,*O*-二甲基二硫代磷酸酯[232]。

图 10-303　莎稗磷的结构式

到 2018 年 5 月为止，登记的莎稗磷产品共有 75 个（含过期有效产品）。而尚未过期的产品数为 48 个，其中单制剂品种有 32 个。剂型分布：可湿性粉剂 22.97%，乳油 45.95%，微乳剂 8.11%，原药 16.22%。从登记的数量上来看，2000 年以来，每年均有莎稗磷相关产品获得登记，但直到 2011 年，只有 2005 年和 2009 年登记数量相对较多，2012 年以后每年登记数量在 7 个左右。其登记数量变化趋势如图 10-304 所示。

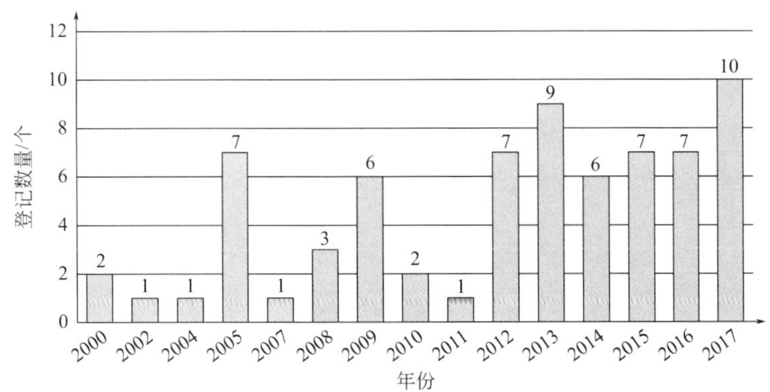

图 10-304　2000 年以来莎稗磷登记数量变化趋势

10.17.4.2　莎稗磷的工艺概况

目前，莎稗磷的合成工艺路线有三种[233-235]，以下分别介绍：

（1）方法 1　以对氯苯胺与溴代异丙烷为原料，经烷基化制得 4-氯-*N*-异丙基苯胺，再与氯乙酰氯经酰化、缩合制得产品莎稗磷（图 10-305）

图 10-305　以对氯苯胺与溴代异丙烷为原料的工艺路线

（2）方法 2　以对硝基氯苯与丙酮在通氢气的条件下[233]，在一定压力下进行烷基化反应制得 4-氯-*N*-异丙基苯胺，再与氯乙酰氯经酰化、缩合制得产品莎稗磷（图 10-306）。

（3）方法 3　对氯苯胺与异丙醇在固体催化剂作用下，在一定压力条件下进行烷基化反应制得 4-氯-*N*-异丙基苯胺，再与氯乙酰氯经酰化、缩合制得产品莎稗磷（图 10-307）。

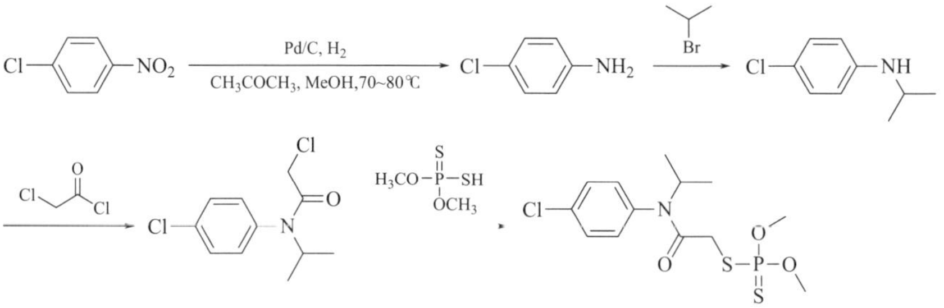

图 10-306　以对硝基氯苯为原料的工艺路线

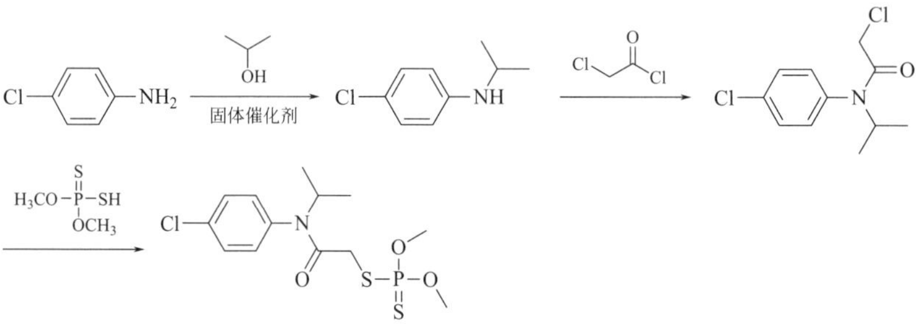

图 10-307　以对氯苯胺为原料的工艺路线

三条合成工艺路线都是先合成关键中间体 4-氯-*N*-异丙基苯胺，再与氯乙酰氯进行酰化反应合成 2-氯-*N*-(4-氯苯基)-*N*-(异丙基)乙酰胺，最后 2-氯-*N*-(4-氯苯基)-*N*-(异丙基)乙酰胺与甲基硫化物缩合得到莎稗磷产品。

10.18　天然产物源除草剂

10.18.1　植物源除草剂

10.18.1.1　植物源除草剂概述

目前在 30 多个科的植物中发现了上百种具有杀草活性的化合物，主要有酚类、醌类、生物碱类、肉桂酸类、香豆素类、噻吩类、腈类、类黄酮类、萜烯类、氨基酸类，其中有些已被开发为除草剂，并得到专利保护。20 世纪 80 年代在研究高粱的根系分泌物时发现了高粱醌（图 10-308），可有效防除苘麻、反枝苋、稗草、马唐和狗尾草；随后在棉花的根系分泌物中分离出另一种醌类物质——独脚金萌素（strigol）（图 10-308），它可有效防除玉米、

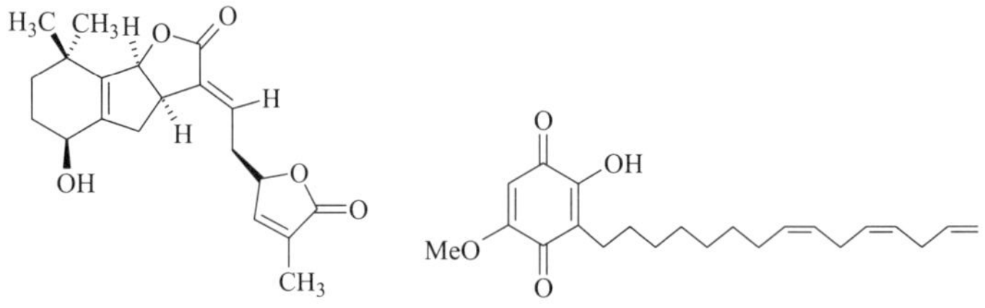

独角金萌素　　高粱醌

图 10-308　独脚金萌素和高粱醌的结构

高粱、甘蔗的寄生性杂草独脚金；从核桃树中分离出的核桃醌，可抑制核桃园中多种杂草的生长；在玉米、燕麦、高粱和小麦等植物的残体及其生长过的农田中发现了阿魏酸、秀豆酸、咖啡酸及香草酸等，这些化合物在较高的浓度下能抑制杂草的生长，也能引起作物产生自毒作用。Tausher 从匍匐冰草中分离出一种物质——4-甲氧肉桂酸甲酯，它在 1mg/kg 的浓度下能抑制多种杂草发芽。此外，以沙漠植物中发现的萜类化合物 1,8-桉叶素为先导开发出了商品化除草剂环庚草醚。

10.18.1.2　植物源除草剂重要品种及工艺概况

国外已商品化登记的植物源除草剂有以粮食作物为原料发酵制成的乙酸（CH_3COOH）、从植物丁香（*Eugenia caryophyllus* Spreng）叶片水蒸气蒸馏的丁香油（clove oil，主要成分为丁子香酚）、从植物提取的多种脂肪酸盐、从牻牛儿苗科植物提取的壬酸（pelargonic acid）、玉米谷粒湿磨的副产品玉米麸、2-苯乙基丙酸酯（薄荷油的一种成分）、松油（主要成分为萜烯醇和皂化脂肪酸）等，它们作为非选择性除草剂在一些经济作物或园艺草坪上使用，但就其防治效果和经济成本而言，大规模的实际应用并不可行。在国内，迄今还未有直接商品化的植物源除草剂品种。部分商品化的植物源除草剂还是基于天然产物结构的衍生化合物，如环庚草醚（cinmethylin）。环庚草醚严格说是 1,4-桉叶素的 2-苯基取代衍生物，并非直接从植物中获得的，需要经过人工合成，早在 1987 年该产品就由壳牌公司开发，苯基的引入降低了其挥发性。环庚草醚的人工合成可采用如图 10-309 所示的路线方法进行[236]。

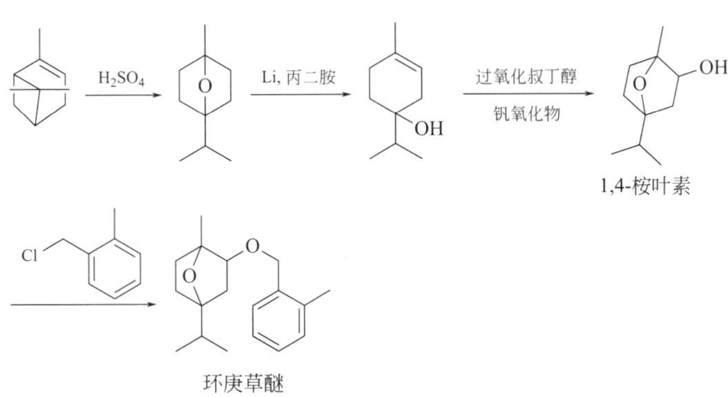

图 10-309　环庚草醚的人工合成路线

10.18.2　微生物源除草剂

10.18.2.1　微生物源除草剂概述

微生物源除草剂是细菌、放线菌和真菌等微生物在生长过程中产生的，具有抑制某些杂草的次级代谢产物。早在 1970 年，日本人田村竹松等发现了第一个具有除草活性的微生物代谢产物放线菌酮。1972 年，日本又发现了第一个导向商品化除草剂的微生物代谢产物——茴香霉素（anisomycin）；它由链霉菌 *Streptomyces* sp. 638 代谢产生，对马唐（*Digitaria sanguinalis*）和稗草（*Echinochloa crusgalli*）等杂草具有强烈的抑制作用[237]。虽然茴香霉素本身没有作为除草剂开发上市，但却为新型除草剂苯草酮（methoxyphenone，NK-049）的开发提供了化学基础[238]。苯草酮可破坏敏感植物的叶绿素合成，于 1974 年作为选择性除草剂进入市场，主要用于芽前处理防除一年生杂草。此外，植物病原菌在侵染宿主植物的过程中，可产生毒素物质，从而影响植物正常的生理状况，导致植物的死亡。因此，植物病原菌是可以提供具有除草活性代谢产物的重要来源。20 世纪 70 年代，从莎草的病原真菌（*Ascochyta cypericola*）中分离得到具有除草活性的二苯醚类化合物 cyperine，以 cyperine 为先导化合物进行结构改造，已成功开发出 10 多个商品化除草剂，并形成了以二苯醚为结构特征的一类除草剂，如三氟羧草醚和氯氟草醚等[238]。目前，已经从微生物中分离得到大量具有除草活性的代谢产物，如除草素（herbicidins）、丰加霉素（toyokamycin）、碳环助间霉素（carbocycylic coformycin）、RI-70014 和 indolmycin 等，但将微生物代谢产物直接作为商品除草剂开发得非常少。双丙氨膦（biolaphos）是第一个直接由微生物代谢产物开发并商品化的除草剂，并以双丙氨膦为模板开发出草铵膦，作为非选择性内吸传导型除草剂广泛用于多种一年生和多年生禾本科杂草和阔叶杂草的防除（图 10-310）。对于微生物源除草剂的开发更多是以微生物代谢产物作为化学合成的模板或先导化合物，经结构修饰或改造后作为商品化除草剂。此外，微生物代谢产物具有结构多样性，与合成的化学除草剂作用方式之间很少重叠，对具有除草活性的微生物天然产物的研究可发现新的作用靶标，有助于设计开发出更多更有效的新型除草剂。由于非靶标毒性、合成困难和生产成本过高等因素限制，开发成功的微生物源除草剂的数量要远低于微生物源杀菌剂和杀虫剂，但微生物天然产物具有独特的靶标作用位点，研究它们的分子作用机制以及构效关系将有助于开发出具有较高除草活性的化合物。此外，自然界中微生物种群的多样性可以为微生物源除草剂的开发提供丰富的先导化合物结构，因此，从微生物中开发除草剂产品仍具有很大的潜力[238]。

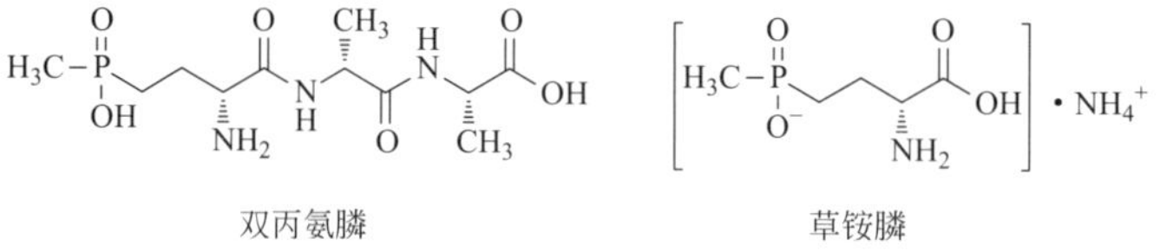

双丙氨膦　　草铵膦

图 10-310　双丙氨膦和草铵膦的化学结构

10.18.2.2　微生物源除草剂及其合成

双丙氨膦是 1971 年从链霉菌 *Streptomyces viridochromogenes* 中分离得到的一种有机磷三肽化合物，随后日本明治制果公司从吸水链霉菌 *Streptomyces hygroscopicus* 发酵液中也分离得到该化合物，在研究了其除草活性后，于 1984 年将双丙氨膦开发为茎叶除草剂，双丙氨膦也是唯一真正商业化的天然非选择性除草剂[238-240]。双丙氨膦本身无除草活性，它在植物体内被代谢成具有除草活性的草铵膦和丙氨酸而起到除草作用。德国赫斯特公司（现合并入拜尔公司）以双丙氨膦为模板，人工合成开发出商品名为草铵膦的除草剂。双丙氨膦和草铵膦都是非选择性除草剂，作用速度比草甘膦快而低于百草枯，而且具有内吸性，能杀死茎和根，对哺乳动物低毒，可被土壤微生物很快降解，常用于非耕地和果园防除一年生或多年生的禾本科杂草和阔叶杂草，对阔叶杂草的防效高于禾本科杂草[238]。作为一种有机磷类广谱灭生性茎叶处理除草剂，草铵膦具有活性高、内吸性好、杀草谱广、低毒和环境相容性好等特点，是与草甘膦和百草枯并存的非选择性除草剂，可防治对草甘膦和百草枯有耐药性的顽固杂草[241,242]。草铵膦作为灭生性除草剂最早于 1984 年在日本取得登记，1991 年在英国取得临时登记，1993 年在美国注册登记，目前已在大约 80 多个国家和地区的上百种作物上取得登记，商品名有 Basta、Rely、Finale、Challenge 和 Liberty 等。我国分别于 2004 年和 2005 年完成了草铵膦的原药和产品登记，2007 年，由浙江永农生物科学有限公司生产的“百速顿”投入市场；2009 年，德国拜耳公司的草铵膦制剂“保试达”在中国上市，截至 2014 年底，已有 10 多家企业（国外企业只有德国拜耳公司）取得了草铵膦的原药登记，6 个企业登记了 60 多个制剂品种，我国目前登记的制剂主要是 200g/L 水剂，用于非耕地、柑橘园、蔬菜地、香蕉园、木瓜园、茶园的杂草防除。

草铵膦可采用生物发酵法和化学合成法制备，生物发酵法（双丙氨膦经微生物发酵生产）产量少，成本很高，现在大多采用化学合成法，但总体面临工艺复杂、反应条件要求高、成本高等困境。拜耳公司是世界上草铵膦最大的生产者和市场占有者，生产技术先进，尚处于技术垄断时期。我国草铵膦生产技术由浙江工业大学研发，生产技术水平要低于拜尔公司，产品收率和纯度有待提高[243]。迄今为止，已报道了 10 多种草铵膦的工艺路线和 20 多个中间体[241]，但现在绝大多数是以三氯化磷或亚膦酸酯为起始原料，经过一定的反应过程合成膦酸酯，然后与某些氨基衍生物发生反应制备草铵膦[243]。关于其合成工艺路线，详见 10.17.3.2 节中草铵膦的合成工艺路线。以下简要介绍 L-草铵膦的合成工艺路线。

化学合成法大多制备的是草铵膦的外消旋混合物，对于 L-草铵膦的制备也有诸多专门的工艺路线，主要包括立体化学合成法、生物合成法和拆分法。生物合成法和拆分法选择性高、专一性强，但成本较高，工业化生产受到限制；而立体化学合成法合成工艺路线较长，某些立体选择剂的制备也比较困难[244]。

（1）立体化学合成法

① 低温定向合成法　详见 10.17.3.2 小节。

② 以谷氨酸或蛋氨酸为原料　该路线以谷氨酸或蛋氨酸为原料，经酯化后热消除得到乙烯基甘氨酸的衍生物，在 2-乙基过己酸叔丁酯催化下，与膦酸酯发生区域选择性加成，生成 L-草铵膦的衍生物，再经水解得到 L-草铵膦，ee 值超过 99%，但热消除需要 500℃的高温，且产率很低，不适合工业化生产[244,245]。合成工艺路线如图 10-311（a）所示。

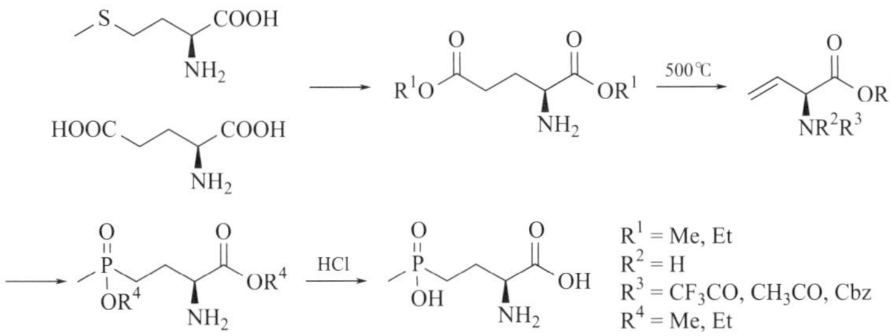

(a) 路线1

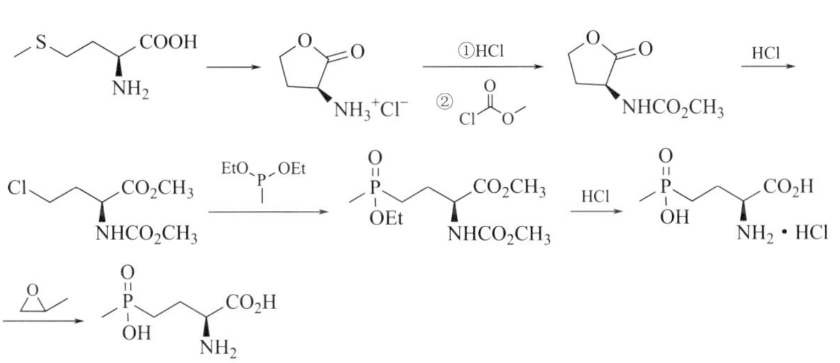

(b) 路线2

图 10-311　以谷氨酸或蛋氨酸为原料合成 L-草铵膦

2006 年，Xu 等人报道了另外一条从谷氨酸或蛋氨酸出发合成 L-草铵膦的路线［图 10-311（b）］，将谷氨酸或蛋氨酸合成内酯后再经过氯化氢开环，生成中间体（S)-2-甲氧羰基氨基-4-氯丁酸甲酯，与甲基亚膦酸二乙酯反应得到草铵膦衍生物，最终得到 L-草铵膦，ee 值为 93.5%，总收率 42.3%[246]。

③ 不对称催化氢化法　在图 10-312（a）所示的工艺路线中，Zeiss 以底物 **A** 为原料，以铑-双磷催化剂［Rh-(*R*,*R*)-norphos］对底物 **A** 中的双键进行不对称催化氢化反应，进一步水解，得到 L-草铵膦，ee 值达到 90.8%。而 Minowa 等以 **A** 的结构类似物 **B** 为原料，以［Rh-((*S*,*S*)-Et-DUPHOSTM)(cod)］为催化剂进行不对称催化反应制备草铵膦，ee 值达 95.6%［图 10-312（b）］[247]。

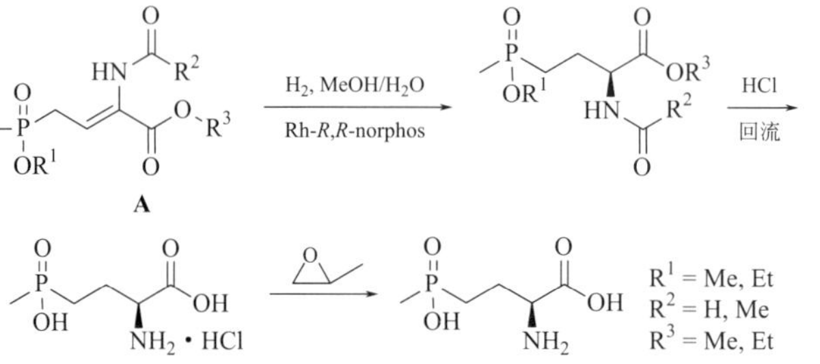

(a) 路线1

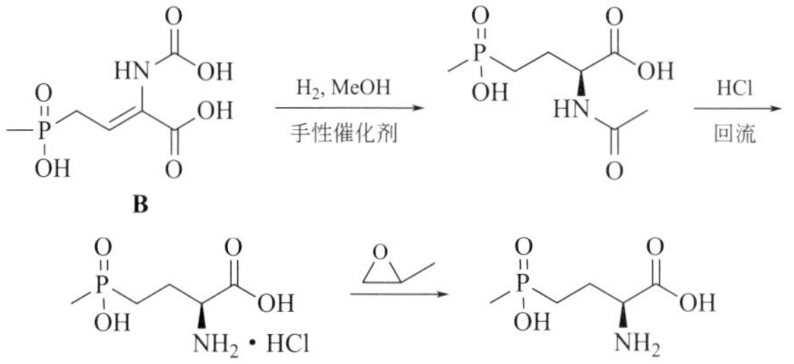

(b) 路线2

图 10-312　不对称催化氢化法合成 L-草铵膦

④ 不对称的氰基加成法　Minowa 等以 *β*-次膦酸酯基醛为起始原料，与胺反应生成亚胺类化合物，在脲类催化剂作用下发生不对称的氰基加成反应，得到 *S*-氨基腈类化合物，再经水解得到 L-草铵膦，ee 值可达 94%[247]。合成工艺路线如图 10-313 所示。

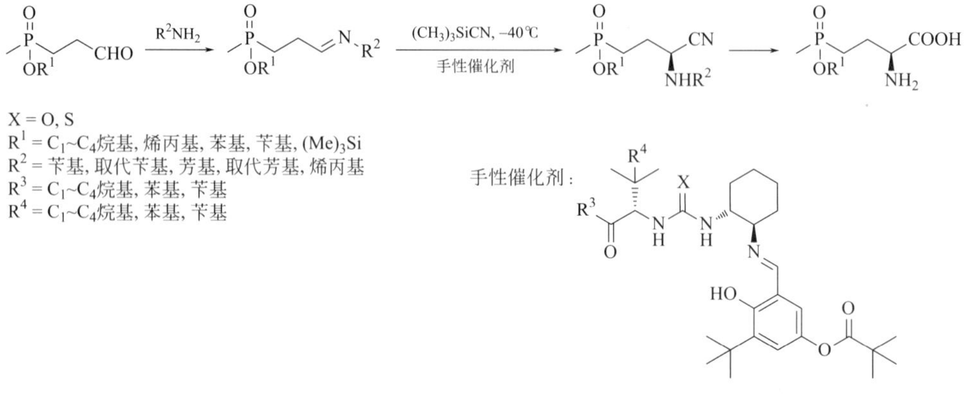

图 10-313　不对称的氰基加成法合成 L-草铵膦

⑤ 迈克尔加成法　以甲基乙烯基膦酸甲酯和 *S*-2-羟基-3-蒎酮的甘氨酸乙酯衍生物为底物，在−78℃低温条件下反应，构建草铵膦的手性中心，进一步水解得到 L-草铵膦，ee 值为 79%[248]。合成工艺路线如图 10-314 所示。

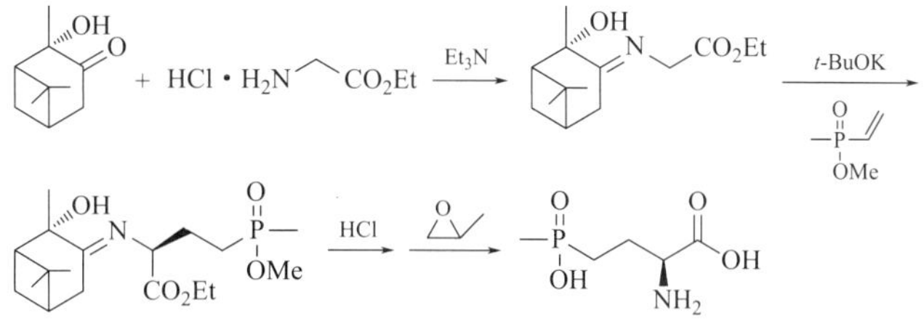

图 10-314　迈克尔加成法合成 L-草铵膦

(2) L-草铵膦的生物合成法　最简单的生物法制备 L-草铵膦是利用蛋白酶直接水解双丙氨膦，脱去 2 分子的 L-丙氨酸后得到 L-草铵膦。Natchev 曾报道以 L-3-氨基-2-环戊酰胺为原料，利用 Michaelis-Becker 反应，制备 L-3-乙酰氨基-4-(羟基甲基膦酰基) 丁酰胺，再经酸催化水解得到外消旋的草铵膦，但在磷酸二酯酶Ⅰ、酰化酶Ⅰ和谷氨酰胺酶的分步作用下，可得到 L-草铵膦，总收率 75.7%[249]。此工艺路线较长，且必须以手性物质为原料，在生产中难以应用。Fang 等报道了以 2-羰基-4-(羟甲基膦酰基) 丁酸在磷酸铵缓冲液中被谷氨酸脱氢酶催化还原形成 L-草铵膦，但谷氨酸脱氢酶的利用效率非常低，反应需要辅酶 NADH 参与，同时需要葡萄糖氧化提供能量，反应收率仅为 25%，ee 值 89.2%，因此，难以工业化应用[250]。与谷氨酸脱氢酶相比，转氨酶不需要辅酶参与，催化底物无严格的专一性，在草铵膦的制备中具有明显的优势。利用转氨酶的转氨作用，以 2-羰基-4-(羟甲基膦酰基) 丁酸为底物，L-谷氨酸为氨基供体，可生产得到 L-草铵膦，将酶固定在生物反应器中，L-草铵膦的生成速率可达 50g/(L・h)，ee 值 99.9%[250]。但转氨酶催化的反应是一个可逆反应，为了提高转氨反应的转化率，必须加入过量的 L-谷氨酸，这造成了原料的浪费，而且未反应的 L-谷氨酸使产物的分离难度提高[251]。以 L-天冬氨酸代替 L-谷氨酸，在特异性的草酰乙酸转氨酶作用下催化 2-羰基-4-(羟甲基膦酰基) 丁酸可形成 L-草铵膦。与 L-谷氨酸相比，L-天冬氨酸经转氨酶作用后生成草酰乙酸，而草酰乙酸易分解为丙酮酸，从而打破了转氨反应平衡，可实现 L-天冬氨酸的完全转化[252]。

(3) 拆分法　在实际工业化应用中，L-草铵膦衍生物的制备较为困难，且成本较高，而利用酶催化拆分外消旋的草铵膦衍生物制备 L-草铵膦相对经济可行。

① 基于 α-胰凝乳蛋白酶的拆分法　Natchev 报道了一种以 Scholkopf 法为基础，用生物酶来分离合成的草铵膦外消旋混合物制备 L-草铵膦的方法[253]。该方法先将外消旋草铵膦合成为双丙氨膦二乙酯，然后用碱性 Mesinterico 肽酶将 C 端酯基水解，再经 α-胰凝乳蛋白酶选择性水解 L-双丙氨膦乙酯的肽键形成 L-草铵膦乙酯，最后利用磷酸二酯酶Ⅰ水解 P 端酯键得到 L-草铵膦。该方法虽然可以制备纯度较高的 L-草铵膦，但是原料中的 D-草铵膦衍生后无法回收重复利用，造成了原料的浪费[254]。

② 基于脱乙酰基酶的拆分法　专利 US4389488 报道了利用大肠杆菌的青霉素酰化酶拆分 *N*-苯基乙酰草铵膦制备 L-草铵膦的方法，拆分效果理想，但制备 *N*-苯基乙酰草铵膦的成本较高[255]。在 US6686181 中，报道了以催化脱掉成本更低的 *N*-乙酰草铵膦中乙酰基制备 L-草铵膦的方法。在该方法中，利用脱乙酰基酶在 37℃、pH8.0 条件下催化反应 48h，可获得 ee 值为 100%的 L-草铵膦；将脱乙酰基酶固定化后，采用流加方式于塔式反应器中

催化，在500mmol/L底物浓度下，可制备转化率为83%的L-草铵膦[256]。

③ 基于酰胺酶的拆分法 Lothar等报道了利用*Enterobacter aerogenes* 9164中的L-酰胺酶水解*R*,*S*-2-氨基-4-(羟基甲基膦酰基)丁酰胺制备得到L-草铵膦，28℃下振荡15h，L-草铵膦的ee值为95.7%[257]。该方法的理论产率为50%，在适当条件下，未反应的D型底物可经有机溶剂萃取，然后在一定条件下消旋后重新作为原料。

参考文献

[1] 江紫薇，谭琳，谭济才，等．苯氧羧酸类除草剂的微生物降解研究进展．农药，2012，51（5）：323-326.

[2] 王铭琦，叶非．新颖氨基甲酸酯类杀虫剂——茚虫威（indoxacarb）的合成与应用．浙江化工，2005，（1）：32-34.

[3] 张玉聚，张德胜，刘周扬，等．苯氧羧酸类除草剂的药害与安全应用．农药，2003，42（1）：41-43.

[4] 唐除痴，李煜昶，陈彬，等．农药化学．南开大学出版社，1998：493-498.

[5] 李霞．2-甲-4-氯酸合成方法的改进．安徽化工，2013，39（6）：47-49.

[6] 潘忠稳．2-甲-4-氯苯氧乙酸的合成．安徽化工，1992，18（2）：36-38.

[7] 王淑艳．磺酰脲合成新方法及新磺酰胺的合成．天津：天津大学，2007.

[8] 张敏恒．磺酰脲类除草剂的发展现状、市场与未来趋势．农药，2010，49（4）：236-245.

[9] 顾林玲，王欣欣．全球除草剂市场、发展概况及趋势．现代农药，2016，15（2）：8-12.

[10] La Rossa R a，Schloss J V. The Sulfonylurea Herbicide Sulfometuron Methyl is an Extremely Potent and Selective Inhibitor of Acetolactate Synthase in Salmonella Typhimurium. J. Bio. Chem.，1984，295（14）：8753-8757.

[11] Umbarger H E，Neidhardt F C，Ingraham J L，et al. Cellular and Molecular Biology，Washington D C：American Society Microbiology，1987.

[12] Schloss J V. Acetolactate Synthase，Mechanism of Action and Its Herbicide Binding Site. Pestic Sci，1990，29（3）：283-292.

[13] 刘长令，柴宝山．新农药创制与合成．北京：化学工业出版社，2013：133.

[14] Schnabel G，Willms L，Bauer K，et al. Preparation of *N*-［Acylamino（Carbamoyl）Phenylsulfonyl］-*N*′-Pyrimidinylureas as Herbicides and Plant Growth Regulators：DE，4415049. 1995-11-02.

[15] Schnabel G，Vermehren J，Willms L. Preparation of Aminophenylsulfonylureidoazines：DE，19540701. 1997-05-07.

[16] Schnabel G，Willms L，Bauer K，et al. Preparation of Phenylsulfonylurea Herbicides and Plant Growth Regulators：US，5723409. 1998-05-03.

[17] 兰格尔R，罗德费尔德L. 氧化相应的硝基甲苯、硝基苯甲醇、酯或醚生产取代苯甲酸的方法：CN 1422243. 2003-06-04.

[18] Ford M J，Vermehren J. Nitrosulfobenzamides，Nitrosulfobenzamides，Processes for Their Preparation，and Their Use in the Production of Sulfonylurea Herbicides：WO，200142226. 2001-06-14.

[19] 肖深初，袁晓燕．超高效除草剂氟嘧黄隆的合成研究．化学世界，2001，42（7）：391-392.

[20] 黄明智．氟嘧磺隆的合成研究与田间除草效果．农药，2003，42（10）：15-16.

[21] Meyer W. Fluoroalkoxyaminopyrimidines and-Triazines：EP，70804. 1983-01-26.

[22] 李凤荣．氟嘧磺隆的合成．延吉延边大学，2003.

[23] 刘长令，柴宝山．新农药创制与合成．北京：化学工业出版社，2013：135.

[24] 杨国荣．超高效磺酰脲类除草剂烟嘧磺隆的工艺路线研究．杭州：浙江工业大学，2006.

[25] 王宝玉，许景哲，姜日善．吡嘧磺隆的合成．延边大学学报，2002，28（3）：177-179.

[26] 周月根，孔繁蕾．磺酰磺隆的合成．农药，2012，51（10）：717-719.

[27] 刘长令，柴宝山．新农药创制与合成．北京：化学工业出版社，2013：134.

[28] 刘长令，柴宝山．新农药创制与合成．北京：化学工业出版社，2013：136.

[29] 杨华铮，邹小毛，朱有全，等．现代农药化学．北京：化学工业出版社，2013：576.

[30] Rawls E，Dunne C L，Johnson M D. Herbicidal Composition：WO，03103397. 2003-12-18.

[31] Sting S R，Konig S，Stutz W，et al. Sulfonylurea Salts as Herbicides：WO，0052006. 2000-09-08.

[32] 薛谊，王文魁，钟劲松，等．一种合成烟嘧磺隆的方法：CN，101671327. 2010-03-17.

[33] 马锦明，穆瑞龙，鲁伶兰，等．磺酰脲除草剂烟嘧磺隆的制备方法：CN，101503403. 2009-08-12.

[34] 徐强，王文魁，钟劲松，等．一种合成烟嘧磺隆的方法：CN，101671328. 2010-03-17.

[35] Levitt G. Agricultural Pyridinesulfonamides：US，4435206. 1984-03-06.

[36] 张晓进．磺酰脲类除草剂——砜嘧磺隆．现代农药，2010，9（3）：44-50.
[37] 冯建友，周龙虎，梅圣远．甲嘧磺隆的合成路线．化学世界，1994，35（3）：134-138.
[38] 王岩，张伟．氰酸钠法合成磺酰脲类除草剂苄嘧磺隆．化学世界，2008，49（11）：685-687.
[39] 刘长令．世界农药大全：除草剂卷．北京：化学工业出版社，2002：46.
[40] Klaus L，Hans-Joachim R，Lothar W. Substitutedsulfonylaminomethylbenzoic Acid（Derivatives）and Their Preparation：US，6538150. 2003-03-25.
[41] 寇俊杰，鞠国栋，李正名，等．单嘧磺酯钠盐的合成及除草活性．农药学报，2013，15（3）：356-358.
[42] 陆阳，董超宇，李春仁．除草剂苯磺隆的合成工艺．世界农药，2007，29（2）：12-14.
[43] 周新建，李梅芳．除草剂噻吩磺隆的合成工艺．南通职业大学学报，2014，28（1）：77-79.
[44] George C，Richard F，Kwaku O. Process for Preparing Sulfonylureas：US，5550238. 1996-08-27.
[45] Onorato C，Marcus P. Process for Preparing Sulfonylureas. US，5157119. 1992-10-20.
[46] 孙永辉，张元元，史跃平，等．氟胺磺隆的合成．农药，2013，52（10）：723-725.
[47] 刘长令．世界农药信息手册．北京：化学工业出版社，2000：120-132.
[48] 刁杰，敖飞．新型除草剂碘甲磺隆钠盐．农药，2007，46（7）：484-485.
[49] 王智敏．除草剂碘甲磺隆钠盐的合成．江苏：苏州大学，2008.
[50] 管有志．新型三唑并嘧啶除草剂的工艺路线工艺研究．安徽：合肥工业大学，2009.
[51] 苏为科．医药中间体的制备方法：第一册．北京：化学工业出版社，2001：344-346.
[52] 徐克勋．精细有机化工原料及中间体手册．北京：化学工业出版社，2002.
[53] 苏少泉．除草剂作用靶标与新品种创制．北京：化学工业出版社，2001.
[54] Percival a. New Heterocyclic Herbicidal Sulphonamides. Pestic Sci，1991，31（5）：569-580.
[55] deBoger G J，Thornburgh S，Eer R J. Translocation and Metabolism of the Herbicide Florasulam in Wheat and Broadleaf Weeds. Pest Manag Sci，2006，62（4）：316-324.
[56] Jabusch T W，Tjeerdema R S. Microbial Degradation of Penoxsulam in Flooded Rice Field Soils. J Agric Food Chem，2006，54（16）：5962-5967.
[57] Jabusch T W，Tjeerdema R S. Photodegradation of Penoxsulam. J Agric Food Chem，2006，54（16）：5958-5961.
[58] 唐除痴，李煜昶，陈彬，等．农药化学．天津：南开大学出版社，1998.
[59] 丁丽，付颖，叶非．酰胺类除草剂的研究和应用进展．农药科学与管理，2011，32（9）：22-26.
[60] 张为农．酰胺类三大除草剂市场需求增长迅速．农资与市场，2014，（2）：78-79.
[61] 秦瑞香，刘福胜，于世涛，等．乙草胺合成新工艺的研究．化学世界，2004，45（3）：134-137.
[62] 秦瑞香，于世涛，刘福胜，等．酰胺类除草剂的研究进展．青岛科技大学学报，2003，9（24）：21-23.
[63] 段又生．在疑虑中前行的酰胺类除草剂．农药，2013，9（6）：37-38.
[64] 张敏恒．新编农药商品手册：除草剂．北京：化学工业出版社，2006.
[65] 刘长令．世界农药大全：除草剂卷．北京：化学工业出版社，2002：204-206.
[66] Fayez K A，Kristen U. The Influence of Herbicides on the Growth and Proline Content of Primary Roots and on the Ultrastructure of Root Caps. Environm Experim Botany，1996，36（1）：71-81.
[67] 包文娟．精异丙甲草胺的不对称催化合成研究进展．世界农药，2007，29（S）：26-34.
[68] 沙家骏．国外新农药品种手册．北京：化学工业出版社，1992.
[69] 刘安昌，沈乔，周青，等．新型除草剂氟丁酰草胺的合成．现代农药，2012，11（2）：21-22.
[70] Kaufman D D. Degradation of Carbamate Herbicides in Soil. J Agric Food Chem，1967，15（4）：582-591.
[71] Paulson G D，Docktor M M，Jacobsen A M，et al. Isopropyl Carbanilate（Propham）Metabolism in the Chicken. Balance Studies and Isolation and Identification of Excreted Metabolites. J Agric Food Chem，1972，20（4）：867-876.
[72] 窦花妮，郑昀红．甜菜宁及甜菜安的合成．浙江化工，2005，36（11）：29-31.
[73] Fukuto T R，Fahmy M A H，Metcalf R L. et al. Alkaline Hydrolysis，Anticholjnesterase，and Insecticidal Properties of Some Nitro-Substituted Phenyl Carbamates. J Agric Food Chem，1967，15（2）：273-281.
[74] 朱锦贤．除草剂甜菜安合成工艺研究．现代农药，2010，9（6）：19-20.
[75] 刘月陇，沈德隆，唐霭淑．甜菜宁的合成研究．农药，2003，42（3）：18.
[76] 刘卫伟，高学萍，杜荣．除草剂甜菜宁的合成工艺研究．辽宁化工，2002，31（8）：331-332.
[77] 杨晓强，周开良，石磊，等．禾草丹除草剂开发与应用技术研究．上海农业科技，2012，（1）：129-132.
[78] 陈茹玉，刘增勋，王惠林，等．硫代（二硫代）氨基甲酸酯类除草剂的研究．农药，1982，22（2）：1-8.

[79] Harry T. Process for Making Chloroformates with Amines as Catalysts：US，3299114. 1967-1-17.

[80] 金甘秋．水田除草剂——禾大壮．浙江化工，1988，19（3）：29-32.

[81] 梅建庭，李鹏，陆世维．硒催化3-氯-4-甲基硝基苯羰基化合成绿麦隆．农药，2009，48（7）：476-478.

[82] 严晞，罗世琼，袁德瑞，等．非光气法合成除草剂绿麦隆．化学世界，1989，（8）：342-345.

[83] Scherer O，Hoerlein G，Huebner R. Synthesis of Urea Derivatives：DE，1189980. 1965-04-01.

[84] Gilbert E E，Rumanowski E J. *N*-Alkyl-*N*-Alkoxy-*N'*-Arylureas：FR，1320068. 1963-03-08.

[85] Winter G R. III，Continuous Separation of Halogens and Halogen-Containing Compounds from Hydrocarbons：JP，7903039. 1979-02-16.

[86] 柳仲庸，王庭森．用于水田的新型取代脲类除草剂——莎扑隆（Dymrone）. Japan Pesticide Information，1979，36（1）：40-43.

[87] 陆阳，冯世龙，董超宇，等．非异氰酸酯法合成异丙隆．世界农药，2006，28（3）：28-30.

[88] 陆阳，冯世龙，徐固华，等．二（三氯甲基）碳酸酯"一锅法"合成取代脲类除草剂．化工技术与开发，2006，35（4）：6-8.

[89] 许响声，杜晓华，胡志燕，等．二（三氯甲基）碳酸酯"一锅法"合成1-芳基-3,3-二甲基脲除草剂．化工技术与开发，2005，44（5）：210-211.

[90] 陈万义．农药生产与合成．北京：化学工业出版社，2000：78-80.

[91] 陈永贵，郑大治，袁晓林，等．敌草隆的生产工艺：CN，200910185466.2．2010-05-19.

[92] 于春红，王凤潮．噻苯隆的合成方法改进．现代农药，2013，12（2）：25-31.

[93] David L B，Richard M R. Process for Preparing Compound 5-t-Butyl-2-Methylamino-1，3，4-Triadiazole：US，4283543. 1981-08-11.

[94] Danny B B，Kansas C M. Preparation of Lower Alkyl Thiosemicarbazides：US，4237066. 1980-12-02.

[95] Gunther C C，Eckart K W. Preparation of 4-Alkylthiosemicarbazides：US，4132736. 1979-01-02.

[96] 刘惠华，范谦．特丁噻草隆的制备方法：CN，101157665. 2008-04-09.

[97] 凌岗，何建玲，陈玉．丁噻隆的合成．农药，2012，51（10）：715-716.

[98] 刘长令．二苯醚类除草剂的创制经纬．农药，2002，41（12）：47.

[99] 张年宝，彭庆义，张雨龙，等．［2,6-3*H*］除草醚和［2,6-3*H*］草枯醚的合成．核技术，1993，16（1）：47-51.

[100] 刘士忠，吴引儿．含氟二苯醚类除草剂发展概况及其制备方法．农药，1991，30（3）：30-33.

[101] Menn J J. Contemporary Frontiers in Chemical Pesticide Research. J Agric Food Chem，1980，28（1）：2-8.

[102] Bakos J，Heil B，Toth I，et al. Preparation of Herbicidal（S）-and（*RS*）-1'-（Alkoxycarbonyl）Ethyl 2-Chloro-5-［2-Chloro-4-（Trifluoromethyl）Phenoxy］Benzoate：DE，3943015．1990-06-28.

[103] 王鸣华，杨春龙，蒋木庚．含二芳醚农药的研究进展．世界农药，2002，24（2）：13-15.

[104] 张海滨，沈书群，周昌宏，等．三氟羧草醚的合成改进．浙江化工，2005，36（1）：19-20.

[105] 刘长令．新农药研究开发文集．北京：化学工业出版社，2002.

[106] 张晓晨．含三氟甲基二苯醚类除草剂的合成．化学工程师，2004，（11）：54-55.

[107] 王中洋．氟磺胺草醚合成工艺研究进展．化工中间体，2012，（10）：13-16.

[108] 江承艳．高含量氟磺胺草醚原药合成．农药，2006，45（2）：99-101.

[109] 葛发祥，梁克俭．高效旱田除草剂氯氟草醚乙酯的制备及应用．安徽化工，2003，2：28-29.

[110] 王兆栋，刘长令．高效除草剂氯氟草醚．江苏农药，2001，4：19-20.

[111] Wolf A D. Substituted Bicyclic Triazoles：DE，2801429. 1978-07-20.

[112] Theodoridis G，Prineetons N J. Herbieidal Aryl triazolinones：US，4818275. 1989-04-04.

[113] Dayan F E，Duke S O，Weete J D，et al. Selectivity and Mode of Action of Carfentrazone-Ethyl，a Novel Phenyl triazolinone Herbicide. Pestic Sci，1997，51（1）：65-73.

[114] Haas W，Muller K H，Konig K，et al. Herbieidal SulPhonylaminoearbonyl Triazolinones Having Two Substituents Bonded Via Oxygen：US，5554761. 1996-09-10.

[115] 刘长令，柴宝山．新农药创制与合成．北京：化学工业出版社，2013：179.

[116] 杨华铮，邹小毛．现代农药化学．北京：化学工业出版社，2013：601-602.

[117] 刘长令，柴宝山．新农药创制与合成．北京：化学工业出版社，2013：183.

[118] 胡耐冬，刘长令．新型三唑啉酮类除草剂唑酮草酯．精细与专用化学品，2013，11（14）：21-24.

[119] 杨华铮，邹小毛．现代农药化学．北京：化学工业出版社，2013：625.

[120] 杨华铮，邹小毛．现代农药化学．北京：化学工业出版社，2013：624.

[121] Dierh H J, Fest C, Kirsten R, et al. Herbicidal Novel 1-(2-Trifluoromethoxy-Phenylsul-Phonyl)-3-Heteroaryl-(Thio) Ureas: US, 4732711. 1988-03-22.

[122] 陈明，段湘生，毛春晖，等．氟酮磺隆的合成研究．CN 化工学会农药专业委员会第十三届年会论文集，2008.

[123] 宋丽丽，耿丽文，杨丙连，等．丙苯磺隆合成方法概述．现代农药，2012，11 (2)：12-15.

[124] 刘长令，柴宝山．新农药创制与合成．北京：化学工业出版社，2013：187.

[125] 刘长令，柴宝山．新农药创制与合成．北京：化学工业出版社，2013：185.

[126] 刘长令，柴宝山．新农药创制与合成．北京：化学工业出版社，2013：180.

[127] 裴娟娟，欧阳贵平，邹骆波．吡啶类农药研究进展．精细化工中间体，2014，(01)：1-9.

[128] 慕长炜，覃兆海．吡啶类农药的研究进展．现代农药，2003，2 (2)：1-6.

[129] 苏少泉．吡啶类除草剂的发展与应用．世界农药，2012，34 (1)：4-6.

[130] 彭娟莹，杨仁斌．联吡啶类除草剂的作用机制及环境行为．农药环境科学学报，2006，25 (S)：435-437.

[131] 杨华铮，陈永正．除草剂的作用方式．北京：化学工业出版社，1985：179-187.

[132] 芮国华．敌草快主要中间体 2,2′-联吡啶的合成工艺概述．世界农药，2004，26 (2)：31-31.

[133] 陈江，沈德隆，章海燕．除草剂敌草快的合成．浙江化工，2004，35 (3)：4-5.

[134] 曹广宏．百草枯合成工艺综述．安徽化工，1994，(2)：1-6.

[135] 周坤英，沈剑仕，韩萍，等．氟硫草定的合成．农药，2012，51 (4)：251-253.

[136] Lee L F. Substituted 2,6-Substituted Pyridine Compounds: EP, 0133612. 1985-02-27.

[137] Lee L F. 2,6-Substituted Pyridine Compounds: US, 4692184. 1987-09-08.

[138] Janoski H L, Pulwer M J. Process for Preparation of Aromatic Thiol Esters: US, 5071992. 1991-10-10.

[139] Miller W H, Pulwer M J. Process for Preparation of Fluoromethyl-Substituted Pyridine Carbodithioates: EP, 0448541. 1991-03-18.

[140] Baysdon S L, Pulwer M J. Process for Preparation of Fluoromethyl-Substituted Piperidine Carbodithioates: EP, 0448544. 1991-03-18.

[141] Bryant R D, Hegde S G, Lee L F, et al. Substitute Pyridine Compounds and Herbicidal Compositions and Methods: US, 5114465. 1992-03-19.

[142] Howard J. Picolinic Acid Compounds: US, 3317549. 1967-05-02.

[143] Stanley D M. Preparation of 3,6-Dichloropicolinic Acid: GB, 1469610. 1977-04-06.

[144] Stanley D M. Preparation of 3,6-Dichloropicolinic Acid: US, 4087431 . 1978-05-02.

[145] Zhao Z G, Zhang H, Wang G L. Synthesis of 2,6-Dichlopyridine by Photochlorination and Characterization of Its Structure. Chin Chem Soc, 1998, (9): 35-36.

[146] Joseph S, David L, Abraham A P. Method of Preparing 2,3,6-Trichloropyridine and 2,3,5,6-Tetrachloropyridine in the Gas Phase: US, 4810797. 1989-03-07.

[147] Chen X, Li Y Q, Zhang H. The Synthesis of 2,3,6-Trichloropyridine. Speciality Petrochemicals, 2000, (3): 38-40.

[148] Michael A D, Todd E E. Process for the Production of 2,3,5,6-Tetra-and/or 2,3,6-Trichloropyridine by Chlorination of 2,3,6-Tri-and/or 2,6-Dichloropyridine: US, 4785112. 1988-11-15.

[149] Jon A O, Alexander P F, Jim L, Thomas J D. Preparation of 2-Cyano-6-Chloropyridine Compounds: US, 4766219. 1988-08-23.

[150] Xue W L, Zeng Z X, Chen Q. Investigation on Synthesis of Pentachlopyridine. J Chem Engin Chin Univ, 2003, 17 (1): 76-78.

[151] Xu L S, Zeng Z X, Xue W L, et al. Optimization of Synthetic Technology Condition for Pentachloropyridine. App Chem Ind, 2005, 34 (1): 43-44.

[152] Ma C A. A Method for the Electrochemical Synthesis of 3,6-Dichloropicolinic Acid and Its Equipments: CN, 200510062042. 9 . 2006-07-26.

[153] 马淳安，储城普，徐颖华，等．Synthesis of 3,6-Dichloropicolinic Acid. 化工学报，2011，62 (9)：2398-2.

[154] 杨吉春，戴荣华，刘允萍，等．吡啶类农药的研究新进展及合成．农药，2011，50 (9)：625-629.

[155] 付群梅．氯氨吡啶酸（aminopyralid）——防除牧草地一年和多年生阔叶草且持效期长的一种新型活性物质．世界农药，2007，29 (1)：52-54.

[156] 胡宗岩，柴宝山，刘长令．新型除草剂氨草啶．农药，2006，45 (12)：847-848.

[157] Fields S C, Alexander A L, Balko T W, et al. Preparation of 4-Aminopicolinates as Herbicides: WO, 0151468.

2001-07-19.
[158] 周曙光，詹波，李丽娟．绿草定酸的制备方法．杭州化工，2006，36（2）：8-10.
[159] 任雪玲，陈彬．含吡啶环除草剂的研究进展．世界农药，2000，22（5）：29-32.
[160] Fumiaki T. Herbicidal 3-Pyrimidinyloxy-Substituted Picolinic Acid Derivatives：US，5403816A. 1995-4-4.
[161] Stanley D M. 3,5,6-Trichloropicolinic Acid：US，3971799. 1976-07-27.
[162] Thomas A U. Pesticide Synthesis Handbook. Park Ridge：Noyes Publications，1996：539.
[163] 苏联．4-Amino-3,5,6-Trichloropicolinic Acid：Su，445662a1. 1975-06-17.
[164] Edwin Ray Henson and David James. Preparation of 4-Amino-3,5,6-Trichloropic Olinic Acid：AU，8344982A. 1982-05-04.
[165] Henson E R，Jackson L. 4-Amino-3,5,6-Trichloropicolinic Acid：US，4336384A. 1982-06-22.
[166] Stanley D M. 3,5,6-Trichloropicolinic Acid：US，3971799. 1976-07-27.
[167] 黄世伟．4-氨基-3,5,6-三氯吡啶-2-甲酸的化学合成方法：CN，1923810a. 2007-03-07.
[168] 刘亚清，胡福临，黄翔，等．均三嗪类衍生物的合成及应用进展．化学与生物工程，2013，30（12）：18-27.
[169] 杨梅，林忠胜，姚子伟．均三嗪类除草剂莠去津的研究进展．农药科学与管理，2006，27（11）：31-37.
[170] Gruesssner B，Watzin M C. Patterns of Herbicide Contamination in Selected Vermont Streams Detected by Enzyme Immunoassay and Gas Chromatography/Mass Spectrometry. Environ Sci Techn，1995，29（11）：2806-2813.
[171] Kearney P C，Kaufman D D. Herbicides：Chemistry，Degradation & Mode of Action. 2nd ed. 1975：129-189.
[172] Ashton T M，Crafts A S. Mode of Action of Herbicides. United Kingdom：Cambridge University Press，1973：337.
[173] Büchel K H. Mechanisms of Action and Structure Activity Relations of Herbicides that Inhibit Photosynthesis. Pestic Sci，1972，3（1）：89-110.
[174] 中国科学院植物研究所．除草剂的作用方式和代谢．北京：科学出版社，1974：191-214.
[175] 严海昌，苏乔，阮建青．均相混合法合成莠去津．杭州化工，2002，32（1）：31-32.
[176] 化工部农药信息总站．国外农药品种手册：新版合订本．北京：化学工业出版社，1996：936-937.
[177] 黄平，韦志明，廖艳芳，等．莠灭净合成新工艺．农药，2010，49（9）：643-644.
[178] 邢兆伍，毕立国，王红星，等．草净津合成工艺．农药，2006，45（1）：26-28.
[179] CN化工信息中心．CN化工产品大全（下）：除草剂．北京：化学工业出版社，1994.
[180] 杨耀彬，薛连海，周瑞文．除草剂扑灭津的合成研究．吉林化工学院学报，2005，22（4）：10-12.
[181] 辛世崇，薛连海，于海富，等．合成扑草净的工艺研究（I）．吉林化工学院学报，2006，23（1）：1-3.
[182] 李占才，李淑勉，侯守君，等．除草剂扑草净的合成．郑州轻工业学院学报，1998，13（2）：48-51.
[183] 陈冠荣．化工百科全书：除草剂．北京：化学工业出版社，1991：451-453.
[184] Berrer D，Vogel C. 2-Alkylthio-4,6-Diamino-s-Triazine Herbicides：DE，1914014. 1969-10-02.
[185] Hacker R，Becker K J，Heinzig H，et al. Sythesis of Mercaptom Ethylbis（Alkylamino）-s-Triazines：DD，204612. 1983-12-07.
[186] 薛连海，辛世崇，遇万钧，等．西草净合成工艺研究（I）．吉林化工学院学报，2005，22（4）：4-6.
[187] 王爽，张荣全，叶非．乙酰辅酶A羧化酶抑制剂的研究进展．农药科学与管理，2004，24（10）：26-32.
[188] 杨博友．环己烯酮类除草剂．农药，1991，30（1）：21.
[189] 徐尚成．环己二酮类除草剂及其合成化学．农药，1990，29（4）：31 - 34.
[190] 杨玉廷，高爽，张宗俭，等．除草剂烯草酮的应用技术研究．农药，2005，44（4）：186-189.
[191] 郭林华，王鹏．除草剂烯草酮的合成研究进展．现代农药，2006，5（1）：5-8.
[192] 刘长令，柴宝山．新农药创制与合成．北京：化学工业出版社，2013：195-198.
[193] 逯州，侯志广，王岩，等．吡喃草酮在不同类型土壤环境中降解行为．农药，2010，49（5）：353-355.
[194] 孙洪涛，刘长令．水田除草剂环苯草酮．农药，2005，12：13.
[195] 刘长令，柴宝山．新农药创制与合成．北京：化学工业出版社，2013：164-167.
[196] 聂开晟，范志金，刘长令．三酮类除草剂的研究新进展．农药，2006，45（1）：4-7.
[197] 李海屏．最近20年世界除草剂新品种开发进展及特点．精细与专用化学品，2004，12（5）：1-7.
[198] 苏少泉，滕春红．三酮类除草剂的发展与硝磺酮的使用问题．现代化农业，2013，（2）：6-9.
[199] 刘前，戴友鹏，邓婵娟，等．磺草酮的绿色合成研究．浙江化工，2011，42（9）：1-4.
[200] 苏少泉．三酮类除草剂磺草酮与硝磺酮的作用特性与使用．现代农药，2002，1（3）：1-3.
[201] 郭胜，杨福民．除草剂磺草酮的合成方法．农药，2001，40（7）：20-21.
[202] 余刚，顾宁，秦林强，等．玉米田除草剂甲基磺草酮的合成．江苏农业学报，2008，23（6）：661-662.

[203] 邓金保．奥地利看好拜耳的除草剂 tembotrione. 农药市场信息，2007，16（1）：26-26.
[204] 葛发祥．水稻田用芽后除草剂双环磺草酮的合成研究．安徽化工，2013，39（6）：41-43.
[205] Ladner D W. Process for the Preparation of 2,3-Quinolinedicarboxylic Acids：US，4459409. 1984-07-10.
[206] 刘长令．芳氧苯氧丙酸酯类除草剂．农药，2002，42（2）：38-41.
[207] Lee D T，Yoon M Y，Kim Y T，et al. Roles of Three Well Conserved Arginine Residues Inmediating Catalytic Activity of Tobacco Acetohydroxy Acid Synthase. J Biochem，2005，138（1）：35-40.
[208] Pascavage J J. Preparation of Substituted and Unsubstituted 2-Carbamoyl Nicotinic and 3-Quinolinecarboxylic Acids：US，4782157. 1988-11-1.
[209] Doehner Roberterancis J R. Method for the Preparation of *O*-Carboxyarylimin Dazolinones：EP，325730. 1990.
[210] Wenker L. Internal Combustion Enginee：EP，153675. 1986-05-21.
[211] Gupton B F，Saukaitis J. Conversion of Pyridine-2,3-Dicarboxylic Acid Esters to Cyclic Anhydrides：US，5208342. 1993-05-04.
[212] Kokai Tokkyo Koho. Manufacture of Imidazolinyl Compound：JP，61277680. 1986-12-08.
[213] Kim K，Kawano A. Biodegradable Laminates of Polyester Nonwoven Fabrics With Cellulose Pulp Sheets with High Bulk and Improved Hygroscopicity and Softness：JP，1143857. 1990-02-16.
[214] Koller G，Strang E. Über eine Synthese der Acridinsäure（Chinolin-2,3-Dicarbonsäure.）. Monatshefte Für Chemie/Chemical Monthly，1928，50（1）：48-50.
[215] 高俊侠．禾草灵的合成路线及除草活性．当代化工，1986，(3)：27-31.
[216] 夏洪林，俞小妹．国内精喹禾灵不同工艺路线的比较．现代农药，2002，(3)：9-10.
[217] 陈强，廖文文，刘智凌．除草剂炔草酯的合成研究．精细化工中间体，2005，35（2）：35-36.
[218] 黄建华，张世相，陈德化，等．除草剂氟乐灵的合成研究．农药，1987，27（5）：5-7.
[219] 张崸．除草剂二甲戊灵的合成研究进展．广州化工，2012，40（16）：47-48.
[220] 张之行，单光霞，孔斌．二甲戊灵合成新工艺探讨．农药科学与管理，2003，24（6）：10-11.
[221] 邱玉娥，孔春燕．安磺灵合成工艺研究．天津化工，2005，19（6）：22-23.
[222] 陈帆，雷进海，张捷龙．除草剂氨磺乐灵合成路线的绿色化改进．广州化工，2011，39（18）：40-41.
[223] Felthouse T R. Oxidation with Encapsulated Co-catalyst：US，4582650. 1986-04-15.
[224] 陈寿军．除草剂草甘膦合成新方法．农药译丛，1988，10（6）：42-44.
[225] Rogers T E. Process for Preparing Glyphosate and Glyphosate Derivatives：US，4568432. 1986-02-04.
[226] 草甘膦的合成路线研究进展．今日农药，2010，(8)：24-25.
[227] Brown J R. Process for the Preparation of L-Homoalanin-4-Yl（Methyl）Phosphinic Acid and Its Alkyl Esters：EP，292918. 1988-11-30.
[228] 南开大学元素有机化学研究所编译．国外农药进展．北京：化学工业出版社，1990：212.
[229] Takamatsu H，Mutoh H，Suzuki F，et al. Process for Producing Phosphinyl Amino Acid Derivatives，Specifically 2-Amino-4-Phosphinylbutyric Acid Derivatives，Useful as Intermediates for Herbicides such as Glufosinate：US，4906764 . 1990-03-06.
[230] 俞传明，刘宣淦．草铵膦的合成．农药，2001，40（4）：15.
[231] 严海昌，何红东．草铵膦的制备方法．农药，2002，43（9）：47.
[232] 吴兴业，王崇磊，焦团．莎稗磷合成方法研究．化学与粘合，2015，37（1）：77-80.
[233] 刘长令．世界农药大全：除草剂卷．北京：化学工业出版社，2002.
[234] 邵志武．除草剂莎稗磷的研究．农药，1989（3）：7-8.
[235] 陈同明，张迎芬，宋静德，等．*N*-氯乙酰基-*N*-异丙基-4-氯苯胺的合成研究．化工中间体，2007（5）：3-5.
[236] 汪灿明，程春生，严士琴，等．4,6-双（二氟甲氧基）-2-氨基嘧啶的合成．农药，1996，35（3）：29-30.
[237] Yamada O，Kaise Y，Futatsuya F. et al. Studies on Plant Growth-Regulating Activities of Anisomycin and Toyocamycin. Aric Bio Chem，2014，36（11）：2013-2015
[238] 徐文平，陶黎明．以微生物代谢物进行除草剂开发的研究进展．现代农药，2011，10（4）：1-8.
[239] 苏少泉．草铵膦述评．农药，2005，44（12）：529-532.
[240] Kondo Y，Shomura T，Ogawa Y，et al. Studies on a New Antibiotic SF-1293. J Sci Rept Meiji Seika Kaisha，1973，13（1）：34-44.
[241] 庄建元，胡笑彤．草铵膦国外工业化路线的探讨和启迪．农药，2014，53（10）：703-711.
[242] 华乃震．非选择性除草剂的进展和应用．农药市场信息，2011，(22)：19-22.

[243] 杨益军．全球草铵膦市场现状及前景预测分析．农药市场信息，2013，(19)：18-19.

[244] 宋宏涛，楚士晋．草铵膦制备合成方法简述．现代农药，2006，5 (3)：1-3.

[245] 毛明珍，何琦文，张晓光，等．草铵膦的合成研究进展．农药，2014，53 (6)：391-393.

[246] Xu X S，Teng H B，Qiu G F，et al. A Facile Synthetic Route to L-Phosphinothinothricin. Chin Chem Lett，2006，17 (2)：177-179.

[247] Minowa N，Nakanishi N，Mitomo M. Method for Producing L-2-Amino-4-(Hydroxymethylphosphinyl)-Butanoic Acid：WO，2006104120A. 2006-10-05.

[248] Minowa N，Hirayama M，Fukatsu S. Asymmetric Synthesis of (+)-Phosphinothricin and Related Compounds by the Michael Addition of Glycine Schiff Bases to Vinyl Compounds. Bull Chem Soc Japan，1987，(60)：1761-1766.

[249] Natchev I A. Organophosphhorus Analogues and Derivatives of the Natural L-Amino Carboxylic Acids and Peptides I. Enzymes Synthesis of D-DL-and L-Phosphinochricin and Their Cyclic Analogues. Bull Chem Soc Japan，1988，(61)：3699-3704.

[250] Fang J M，Lin C H，Bradshaw C W. Enzymes in Organic Synthesis：Oxidoreductions. J Chem Soc Perkin Trans 1，1995，61 (8)：967-978.

[251] Schulz a，Taggeselle P，Tripier D. Stereospecific Production of the Herbicide Phosphinothricin (Glufosinate) by Transamination：Isolation and Characterization of a Phosphinothricin-Specific Transaminase from Escherichia Coli. App Environ Microbio，1990，56 (1)：1-6.

[252] Bartsch K. Process for the Preparation of L-Phosphinothricin by Enzymatic Transamination with Aspartate：US，06936444. 2005-08-30.

[253] Natchev I A. Total Synthesis and Enzyme-Substrate Interaction of D-，DL-and L-Phosphinotrine，"Bialaphos" (SF-1293) and Its Cyclic Analogues. J Chem Soc Perkin Trans I，1989，(1)：125-131.

[254] 楼亿圆，林志坚，郑仁朝，等．生物法合成 L-草铵膦的研究进展．现代农药，2009，8 (3)：1-4，10.

[255] Rainer S，Harald K. Process for the Racemization of Optically Active D-2-*N*-Phenacetyl Amino-4-Methylphosphinobutyric Acid. US，4389488 . 1983-06-21.

[256] Bartsch K. Method for the Production of L-Amino Acids from Their Racemic *N*-Acetyl-D，L-Derivatives by Enzymatic Racemate Cleavage by Means of Isolated Recombinant Enzymes：US，6686181. 2004-02-03.

[257] Lothar W，Bartsch K. Process for the Enzymatic Cleavage of 2-Amino-4-Methyl Phosphino-Butyramide Derivatives：US，5618728. 1997-04-08.

第 11 章
杀鼠剂的产业发展

11.1 杀鼠剂及其产业概况

杀鼠剂是用于控制鼠害的一类农药。狭义的杀鼠剂仅指具有毒杀作用的化学药剂，广义的杀鼠剂还包括能熏杀鼠类的熏蒸剂、防止鼠类损坏物品的驱鼠剂、使鼠类失去繁殖能力的不育剂、能提高其他化学药剂灭鼠效率的增效剂等。

杀鼠剂按杀鼠作用的速度可分为速效性和缓效性两大类。速效性杀鼠剂或称急性单剂量杀鼠剂，如磷化锌、安妥等。其特点是作用快，鼠类取食后即可致死。缺点是毒性高，对人畜不安全，并可产生第 2 次中毒，鼠类取食一次后若不能致死，易产生拒食性。缓效性杀鼠剂或称慢性多剂量杀鼠剂，如杀鼠灵、敌鼠钠、鼠得克、大隆等。其特点是药剂在鼠体内排泄慢，鼠类连续取食数次，药剂蓄积到一定剂量方可使鼠中毒致死，对人畜危险性较小。

杀鼠剂按来源可分为 3 类：无机杀鼠剂有黄磷、白砒等；植物性杀鼠剂有马前子、红海葱等；有机合成杀鼠剂有杀鼠灵、敌鼠钠、大隆等。

杀鼠剂按作用方式可分为胃毒剂、熏蒸剂、驱避剂和引诱剂、不育剂 4 大类。

① 胃毒性杀鼠剂　药剂通过鼠取食进入消化系统，使鼠中毒致死。这类杀鼠剂一般用量低，适口性好，杀鼠效率高，对人畜安全，是目前主要使用的杀鼠剂，主要品种有敌鼠钠、溴敌隆、杀鼠醚等。

② 熏蒸性杀鼠剂　药剂蒸发或燃烧释放有毒气体，经鼠呼吸系统进入鼠体内，使鼠中毒死亡，如氯化苦、溴甲烷、磷化锌等。其优点是不受鼠取食行动的影响，且作用快，无二次毒性；缺点是用量大，施药时防护条件及操作技术要求高，操作费工，适宜于室内专业化使用，不适宜散户使用。

③ 驱鼠剂和诱鼠剂　驱鼠剂的作用是把鼠驱避，使鼠不愿意靠近施用过药剂的物品，以保护物品不被鼠咬。诱鼠剂是将鼠诱集，但不直接杀害鼠的药剂。

④ 不育剂　通过药物的作用使雌鼠或雄鼠不育，降低其出生率，以达到防除的目的，属于间接杀鼠剂，亦称化学绝育剂。

最早使用的杀鼠剂多为天然植物性杀鼠剂或无机化合物，如红海葱、马钱子、亚砷酸、硫酸钡、磷化锌等。1933 年第一个有机合成的杀鼠剂甘氟问世，不久，又合成了如氟乙酸钠、鼠立死、安妥等毒性更强的杀鼠剂，但是这类品种都是急性单剂量的杀鼠剂，在施药过程中需一次投足量使用，否则就易产生拒食现象。1944 年，林克等在研究加拿大牛的“甜苜蓿病”时发现双香豆素有毒，后来合成第一个抗凝血性杀鼠剂杀鼠灵，为杀鼠剂开辟了一个新的领域。这类杀鼠剂与早先的杀鼠剂相比，具有鼠类中毒慢、不拒食、可连续摄食造成累积中毒死亡、对其他非毒杀目标安全等特点，因此，这些杀鼠剂很快就在害鼠的防治中占有了举足轻重的地位。但随着这类杀鼠剂用量的增加和频繁使用，在 20 世纪 50 年代末期鼠类对这类杀鼠剂就形成了严重的耐药性及交互抗性，使其应用效果受到严重影响。20 世纪 70 年代中期，英国首先合成了能克服第一代抗凝血性杀鼠剂抗性的药剂鼠得克，随之，法国也合成了溴敌隆，此后，一些类似的杀鼠剂也相继合成并投入生产，这类杀鼠剂不仅克服了第一代抗凝血杀鼠剂需多次投药的缺点，且增加了急性毒性，对耐药性鼠类毒效好，称为第二代抗凝血性杀鼠剂。一些趋鼠剂、诱鼠剂、不育剂也有所研究，但投入使用者不多。

目前所使用的一些专用杀鼠剂均为胃毒剂，鼠类取食后，通过消化系统的吸收而发挥毒效，使鼠中毒死亡。从作用机理来看，抗凝血杀鼠剂是抑制鼠体内的凝血酶原，使血液失去凝结作用，引起血管出血及内出血死亡。安妥则破坏肺组织，造成肺水肿，呼吸困难，使鼠窒息而死。

我国目前已禁止使用的杀鼠剂有：氟乙酰胺（1081、敌蚜胺等）、氟乙酸钠（1080）、毒鼠强（没鼠命、四二四）和毒鼠硅（氯硅宁 RS-150、硅灭鼠）。

已停止使用的杀鼠剂有：亚砷酸（砒霜、白石比）、安妥（1-萘基硫脲）、灭鼠优（抗鼠灵、鼠必灭）、灭鼠安、士的宁（马钱子碱、番木鳖碱）和红海葱（海葱）。

我国当前使用的杀鼠剂品种主要有环氟菌胺、溴鼠灵、溴敌隆、杀鼠醚、C 型肉毒杀鼠素、D 型肉毒梭菌毒、杀鼠灵、雷公藤甲素、氟鼠灵、莪术醇、敌鼠钠盐、α-氯代醇。其中环氟菌胺是由日本曹达株式会社登记的，当前还没有相关的制剂产品。溴鼠灵、溴敌隆为我国主要的品种（如图 11-1 所示）。相关的原药生产企业及其含量情况如表 11-1 所示。

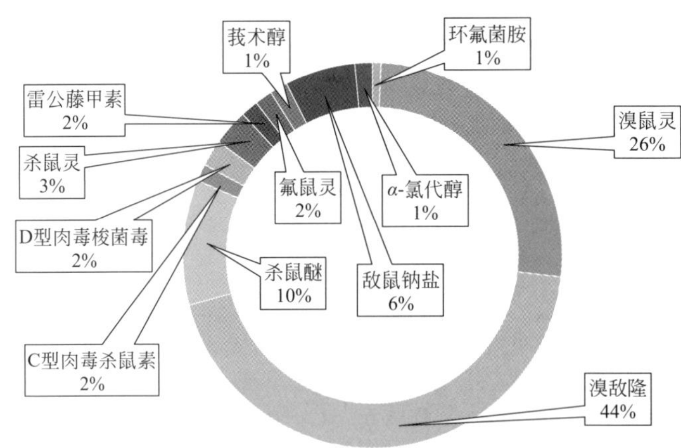

图 11-1　我国主要的杀鼠剂品种占比情况

表 11-1　我国杀鼠剂原药的生产情况

有效成分	含量	生产企业
α-氯代醇	80%	四川新洁灵生化科技有限公司
胆钙化醇	97%	浙江花园生物高科股份有限公司

续表

有效成分	含量	生产企业
敌鼠钠盐	80%	辽宁省大连实验化工有限公司
莪术醇	92%	吉林延边天保生物制剂有限公司
氟鼠灵	95%	江苏功成生物科技有限公司
杀鼠灵	97%	江苏省泗阳县鼠药厂
	98%	河北省张家口金赛制药有限公司
杀鼠醚	98%	江苏省泗阳县鼠药厂
	98%	河北省张家口金赛制药有限公司
	98%	拜耳有限责任公司
溴敌隆	98%	开封市普朗克生物化学有限公司
	95%	河南远见农业科技有限公司
	95%	商丘市大卫化工厂
	98%，95%	天津市天庆化工有限公司
	97%	辽宁省沈阳爱威科技发展股份有限公司
	98%	江苏省泗阳县鼠药厂
	95%	河北省张家口金赛制药有限公司
	95%	陕西秦乐药业化工有限公司
溴鼠灵	95%	河北省张家口金赛制药有限公司
	95%	辽宁省沈阳爱威科技发展股份有限公司
	98%	江苏省泗阳县鼠药厂
	95%	天津市天庆化工有限公司

如图 11-2 所示，在剂型方面，我国杀鼠剂的剂型主要以毒饵为主（占 43%），其次是母药（22%）和母液（21%）。此外，有少量颗粒剂以及饵块登记。

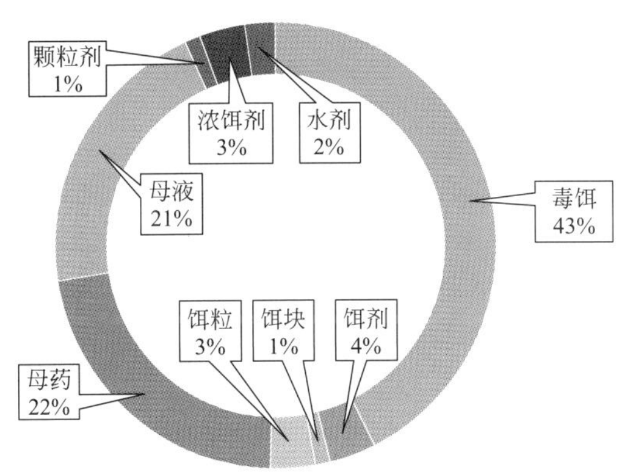

图 11-2　我国杀鼠剂的剂型分布情况

11.2 主要杀鼠剂

11.2.1 溴敌隆

11.2.1.1 溴敌隆的产业概况

溴敌隆（bormadiolone）是法国丽华制药厂于1977年研制出来的一种新型抗凝血灭鼠药物，从属于4-羟基香豆素，为第二代抗凝血灭鼠剂，按鼠药毒性分级标准为剧毒级杀鼠药。其对眼睛有中度刺激作用；对鱼类及水生生物毒性中等。对鸟类低毒，对人畜安全。1978年在加拿大和美国以商品名马其（Maki）登记推广[1]。主要剂型有0.05%母粉、0.5%母粉、0.5%母液、0.005%毒饵。

（1）作用机理　溴敌隆是一种广谱性香豆素类杀鼠剂，具有胃毒作用，属抗凝血型杀鼠剂，鼠类中毒出现内出血和呛血的现象。

（2）使用方法　溴敌隆是第二代抗凝血剂，对鼠类毒力很强，一次投毒可杀灭多种害鼠，并对因第一代抗凝血剂产生耐药性的害鼠有效。可根据不同使用场所及不同种类害鼠的生活习性，选择适宜的施饵方法和灭鼠时间。施饵可采用均匀投饵、带状投饵、等距离投饵、洞口或洞群投饵等施饵方法。

当前，我国生产溴敌隆原药的企业主要有开封市普朗克生物化学有限公司、河南远见农业科技有限公司、商丘市大卫化工厂、天津市天庆化工有限公司、辽宁省沈阳爱威科技发展股份有限公司、江苏省泗阳县鼠药厂、河北省张家口金赛制药有限公司、陕西秦乐药业化工有限公司等。

在剂型方面，溴敌隆的剂型主要有毒饵、饵剂、饵粒、母粉、母药以及母液等。各个剂型的比例如图11-3所示。

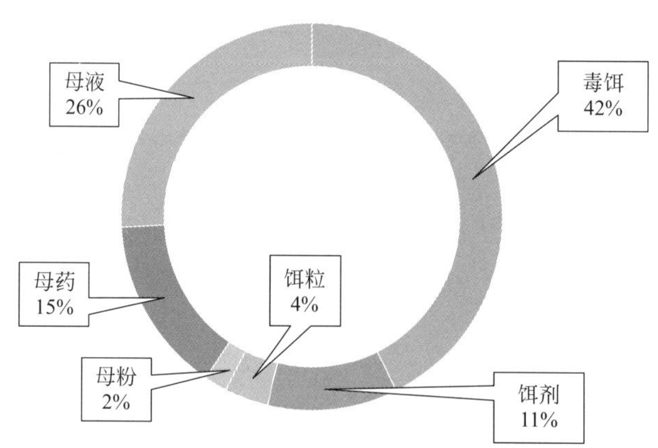

图11-3　溴敌隆的剂型分布情况

11.2.1.2 溴敌隆的工艺概况

溴敌隆主要有两条工艺路线。

（1）合成工艺路线一　如图11-4所示，溴敌隆是以联苯为原料经过溴化、酰化、羟醛缩合、加成和还原五步反应而制得的[2]。

（2）合成工艺路线　溴苯胺经重氮化和芳基化制备4-溴联苯，然后，经酰化、羟醛缩合、加成和还原得到目标产物（图11-5）。

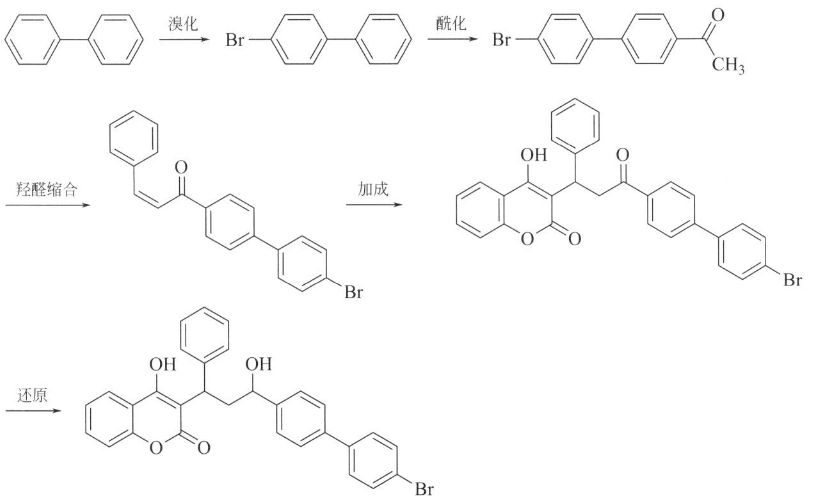

图 11-4　以联苯为原料合成溴敌隆

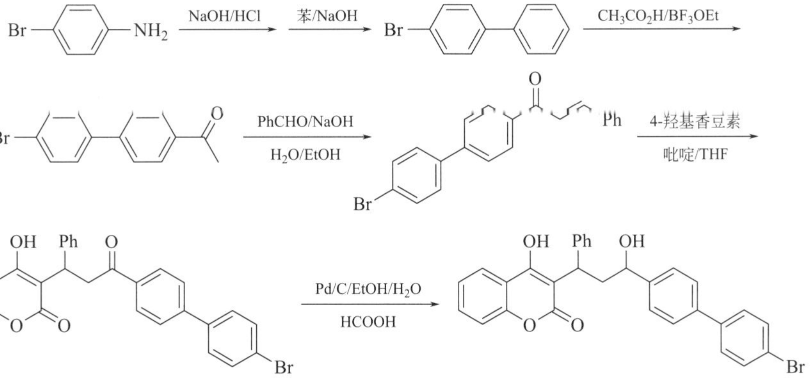

图 11-5　以溴苯胺为原料合成溴敌隆

11.2.2　杀鼠灵

11.2.2.1　杀鼠灵的产业概况

杀鼠灵又名华法林（warfarin），是 20 世纪 40 年代美国 Wisconsin 大学合成的 4-羟基香豆素类广谱抗凝血杀鼠剂[3]，用于杀大鼠和鼷鼠，具有慢性毒力高、对鼠类适口性好、安全、高效、不产生二次中毒等特点，是国家重点推荐的杀鼠剂品种之一，其生产和使用也较为广泛[4]。

目前我国生产杀鼠灵原药的企业主要有江苏省泗阳县鼠药厂、河北省张家口金赛制药有限公司、天津阿斯化学有限公司。杀鼠灵的登记情况如表 11-2 所示。

表 11-2　我国杀鼠灵的生产企业登记情况

登记证号	剂型	含量	有效期	生产企业
PD20081154	原药	97%	2018-9-2	江苏省泗阳县鼠药厂
PD20081779	毒饵	0.05%	2018-11-19	天津阿斯化学有限公司
PD86119	母药	2.5%	2021-11-16	河北省张家口金赛制药有限公司
PD86118	原药	98%	2021-11-16	河北省张家口金赛制药有限公司

11.2.2.2 杀鼠灵的工艺概况

杀鼠灵主要通过 4-羟基香豆素与 4-苯基丁烯酮发生 Michael 加成得到[5]，反应式如图 11-6 所示。

图 11-6 杀鼠灵的工艺路线

11.2.3 C 型肉毒杀鼠素

C 型肉毒杀鼠素是一种高效、低毒、无二次中毒、无环境污染的新型生物毒素杀鼠剂。该毒素是神经毒剂，作用于中枢神经系统，阻碍神经末梢乙酰胆碱的释放，导致肌肉麻痹，最后呼吸停滞引起死亡[6]。

C 型肉毒杀鼠素是肉毒梭菌发酵繁殖时产生的 C 型毒素制成的杀鼠剂[7]。我国从事 C 型肉毒杀鼠素的生产企业如表 11-3 所示。

表 11-3 我国 C 型肉毒杀鼠素的生产企业登记情况

登记证号	剂型	含量	有效期	生产企业
PD20131758	浓饵剂	100 万毒价/mL	2018-9-6	青海生物药品厂有限公司
PD20096472	水剂	1000 万毒价/mL	2019-8-14	青海绿原生物工程有限公司
PD20151269	浓饵剂	1500 万毒价/mL	2020-7-30	青海生物药品厂有限公司
PD20171008	浓饵剂	1 亿毒价/g	2022-5-31	青海绿原生物工程有限公司
PD20070418	水剂	100 万毒价/mL	2022-11-6	青海生物药品厂有限公司

11.2.4 D 型肉毒梭菌毒素

肉毒梭菌毒素（简称肉毒毒素）由大分子量（150000）的蛋白质组成，是由肉毒梭菌在生长繁殖过程中产生的一种细菌外毒素。根据其毒素抗原的不同，将其分为 A、B、C、D、E、F、G 七种类型[8]。肉毒梭菌毒素是一种神经麻痹毒素，中毒动物经过肠道吸收后作用于颅脑神经和外周神经与肌肉接头处及植物神经末梢，阻碍乙酰胆碱的释放，导致肌肉麻痹，引起运动神经末梢麻痹，试验老鼠吞食后 3～7d 内死亡[9-12]。

草原鼠害是我国牧业区一种严重的自然灾害。目前，化学灭鼠剂存在污染环境、禁牧期长及二次中毒等问题。肉毒毒素是毒素性食物中毒的病原。它既保持生物学特异毒性，又具有化学物质基本属性。运用这种大分子量蛋白质来对付生态领域中有害哺乳类动物——鼠类，是植根于生物灭鼠与化学灭鼠的一种生物化学灭鼠新方法。C 型肉毒毒素作为生物灭鼠剂被长期使用，品种单一，存在一定的耐药性。为防止长期使用一种毒素灭鼠而造成的耐药性，用与 C 型抗原性不同的 D 型肉毒毒素灭鼠，一方面增加了生物灭鼠的一个新产品，另一方面 D 型肉毒毒素与 C 型相比，除也具有不污染环境、不需禁牧、简单实用等特点外，通过对绵羊、鹌鹑、鸡等非靶标动物的毒力实验验证，D 型肉毒毒素更安全[8]。因此，用 D 型肉毒毒素进行草原鼠害的防治，效果更好。

我国从事 D 型肉毒梭菌毒素的生产企业如表 11-4 所示。

表 11-4　我国 D 型肉毒梭菌毒素的生产企业登记情况

登记证号	剂型	总含量	有效期	生产企业
PD20096472	水剂	1000 万毒价/mL	2019-8-14	青海绿原生物工程有限公司
PD20151269	浓饵剂	1500 万毒价/mL	2020-7-30	青海生物药品厂有限公司
PD20171008	浓饵剂	1 亿毒价/g	2022-5-31	青海绿原生物工程有限公司

11.2.5　杀鼠醚

11.2.5.1　杀鼠醚的产业概况

杀鼠醚是 1956 年德国拜耳公司开发的第一代慢性、广谱抗凝血杀鼠剂，又名立克命。该药具有慢性、广谱、高效、适口性好等特点，用于防治室内褐家鼠、小家鼠等及野栖黄鼠、沙土鼠等鼠类，可有效杀灭对杀鼠灵产生耐药性的鼠类。

如表 11-5 所示，当前，在我国从事杀鼠醚生产的企业共 6 家，其中原药生产企业共三家，分别为江苏省泗阳县鼠药厂、河北省张家口金赛制药有限公司以及拜耳有限责任公司。此外，共 7 个制剂产品在国内生产，制剂涉及毒饵、母粉、饵剂等。

表 11-5　我国杀鼠醚的生产企业登记情况

登记证号	剂型	含量	有效期	生产企业
PD20083600	原药	98%	2018-12-12	江苏省泗阳县鼠药厂
PD20086384	毒饵	0.0375%	2018-12-31	北京市隆华新业卫生杀虫剂有限公司
PD20086375	毒饵	0.0375%	2018-12-31	吉林省延边天泰生物工程科贸有限公司
PD265-99	追踪粉剂	0.75%	2019-1-15	拜耳有限责任公司
PD20090909	母粉	3.75%	2019-1-19	河北省张家口金赛制药有限公司
PD20093977	母粉	0.75%	2019-3-27	北京市隆华新业卫生杀虫剂有限公司
PD20101547	原药	98%	2020-5-19	河北省张家口金赛制药有限公司
PD20101811	毒饵	0.0375%	2020-7-19	广西玉林祥和源化工药业有限公司
PD20070274	饵剂	0.038%	2022-9-5	拜耳有限责任公司
PD20070577	原药	98%	2022-12-3	拜耳有限责任公司

11.2.5.2　杀鼠醚的工艺概况

杀鼠醚由 4-羟基香豆素和 α-四氢萘醇缩合而成，合成工艺路线如图 11-7 所示。

OH　+　OH　$\xrightarrow[CH_3CN,\ 回流]{CH_3COOH}$　OH

图 11-7　杀鼠醚的合成工艺路线

11.2.6　溴鼠灵

11.2.6.1　溴鼠灵的产业概况

溴鼠灵属于第二代抗凝血杀鼠剂，溴鼠灵可抑制凝血酶原形成，提高毛细血管通透性和脆性，使鼠出血致死，所以无二次中毒现象，一般老鼠死亡高峰期为 3～5d，适合各种环境的灭鼠使用。当前，我国共有35个溴鼠灵相关产品登记，其中原药4个。生产溴鼠灵原药的有辽宁省沈阳爱威科技发展股份有限公司、江苏省泗阳县鼠药厂、天津市天庆化工有限公司以及河北省张家口金赛制药有限公司。原药的含量均在95%以上。母药5个，而在我国生产销售的母药，含量均在0.50%，母液的含量均为0.50%。表11-6所示为我国溴鼠灵的生产企业登记情况，图11-8所示为溴鼠灵的剂型分布情况。

表11-6　我国溴鼠灵的生产企业登记情况

剂型	含量	有效期	生产企业	登记证号
毒饵	0.01%	2023-1-11	天津市天庆化工有限公司	PD20080195
		2018-8-18	江苏省泗阳县鼠药厂	PD20081102
		2018-11-6	北京市隆华新业卫生杀虫剂有限公司	PD20081524
		2018-12-17	辽宁省大连金猫鼠药有限公司	PD20084426
		2018-12-22	辽宁省沈阳爱威科技发展股份有限公司	PD20084740
		2019-2-9	上海高伦现代农化股份有限公司	PD20091904
		2019-3-23	商丘市大卫化工厂	PD20093420
		2019-4-24	陕西秦乐药业化工有限公司	PD20095157
		2019-8-24	洛阳派仕克农业科技有限公司	PD20096561
		2021-6-12	英国先正达有限公司	PD16-86
		2021-6-27	柳州市白云生物科技有限公司	PD20110697
		2021-8-30	河南省虞城县韩氏化工有限公司	PD20161126
		2022-7-3	广东省广州市花都区花山日用化工厂	PD20121033
		2022-10-17	四川锦辰生物科技股份有限公司	PD20172203
饵剂	0.01%	2022-11-28	辽宁省沈阳东大迪克化工药业有限公司	PD20121885
		2018-10-27	浙江宁尔杀虫药业有限公司	PD20081380
		2018-11-20	江苏省无锡洛社卫生材料厂	PD20081843
		2018-11-27	浙江省慈溪市逍林化工有限公司	PD20082242
		2018-12-15	浙江迪乐化学品有限公司	PD20083755
饵块	0.01%	2021-6-12	英国先正达有限公司	PD18-86
饵粒	0.01%	2019-10-26	北京科林世纪海鹰科技发展有限公司	PD20097284
		2019-11-19	河南省虞城县韩氏化工有限公司	PD20142491
		2019-10-10	商丘市大卫化工厂	PD20097078
母药	0.50%	2018-11-25	上海高伦现代农化股份有限公司	PD20082007
		2018-11-27	浙江省慈溪市逍林化工有限公司	PD20082241
		2019-6-16	辽宁省大连金猫鼠药有限公司	PD20096044
		2023-1-11	天津市天庆化工有限公司	PD20080197
		2018-8-18	江苏省泗阳县鼠药厂	PD20081101
母液	0.50%	2018-12-9	河南远见农业科技有限公司	PD20082821
		2019-1-15	开封市普朗克生物化学有限公司	PD20090644
		2019-3-31	辽宁省沈阳爱威科技发展股份有限公司	PD20094272
原药	95%	2019-11-20	辽宁省沈阳爱威科技发展股份有限公司	PD20097790
		2022-9-27	江苏省泗阳县鼠药厂	PD20070323
		2023-1-11	天津市天庆化工有限公司	PD20080196
		2018-12-26	河北省张家口金赛制药有限公司	PD20085637

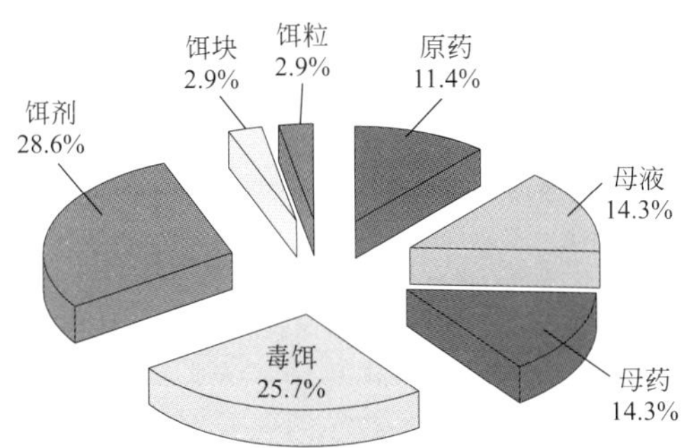

图 11-8 溴鼠灵的剂型分布情况

11.2.6.2 溴鼠灵的工艺概况[13]

溴鼠灵的合成较为复杂，可采用苯乙酰氯以及对溴代联苯为起始原料，发生傅-克酰基化反应，随后与溴乙酸乙酯反应生成叔醇，再经过还原、水解、闭环缩合等步骤的反应，即可以得到溴鼠灵。合成工艺路线如图 11-9 所示。

$AlCl_3$, CH_2Cl_2, 10℃, 16 h, 80%

溴乙酸乙酯，Zn/I_2，苯，回流，72%

TES, TFA, BTDE, K_2CO_3, CH_2Cl_2, 74%

KOH/EtOH, HCl, 回流, 8 h, 55%

PPA, 130~140℃, 1 h, 52%

$NaBH_4$, EtOH, 1,4-二噁烷, 室温, 2 h, 77%

AcOH, H_2SO_4, 80℃, 3 h, 42%

图 11-9 溴鼠灵的合成工艺路线

参考文献

[1] 刘运爱，王广聚，谢青，王宏磊．有机质谱在溴敌隆（Bromadiolone）合成中的作用．河南科学，1990，（Z1）：71-77.
[2] 王伟，宋国英，邹一鸣．具有良好前景的第二代抗凝血杀鼠剂——溴敌隆．上海化工，1991，（04）：12-15.
[3] 黄智勇，等．华法林抗凝作用的影响因素研究进展．医学综述，2011，17（3）：449-451.
[4] 付朝晖，等．磷酰氯合成方法研究进展．中华劳动卫生职业病杂志，2012，30（2）：133-134.
[5] 黄维，等．4-羟基香豆素类抗凝血药华法林的合成．亚太传统医药，2012，8（3）：27-28.
[6] 王秀清，等．齐齐哈尔市牧草产业现状与发展探讨．牧草饲料，2010，5：125-126.
[7] 杨小蓉，等．肉毒梭菌检验样本处理及培养研究．中国卫生检验杂志，2017，27（7）：968-970.
[8] 张西云，张君，牛小迎．D型肉毒梭菌毒素杀灭高原鼠兔试验．四川草原，2004（8）：19.
[9] 赵月华．D型肉毒梭菌毒素水剂灭鼠效果研究．现代农业科技，2011（11）：0175.
[10] 兰德珍，才拉加，贺有龙，等．D型肉毒杀鼠素防治高原鼠兔田间小区试验．青海草业，2006（3）：89-90.
[11] 景增春，王启基，史惠兰，等．D型肉毒杀鼠素防治高原鼠兔灭效试验．草业科学，2006（3）：71-72.
[12] 徐秀霞，孙生合，王慧娟，等．D型肉毒毒素防治高原鼠兔小区试验及示范推广．四川草原，2006.
[13] Jung J C，Oh S. Practical Synthesis of Hydroxychromenes and Evaluation of Their Biological Activity. Molecules，2012，17：240-247.

第 12 章
植物生长调节剂的产业发展

12.1 植物生长调节剂发展概述

12.1.1 植物生长调节剂发展概况

作为农业科学的重大进步之一，植物生长调节剂的研究及应用越来越受到各国农业科学家的重视。近年来，在世界农药市场徘徊的情况下，植物生长调节剂一直稳步增长，我国的植物生长调节剂产业也发展迅速。植物生长调节剂对作物的产量和品质提高可以起到至关重要的作用。

20 世纪 50 年代，我国的植物生理学家在植物激素应用方面的研究，首先是从促进无籽果实、促进扦插生根等方面开始的。吲哚乙酸、2,4-滴钠盐、萘乙酸等小范围的生产示范逐渐展开，其中在防止苹果采前落果、防止棉花落铃、防止番茄与茄子落花等方面均得到了推广应用。

1963 年，我国成功合成矮壮素，并在控制棉花徒长和防止小麦倒伏方面获得有效成果；1971 年试制成功乙烯利，并对其进行了广泛的研究；20 世纪 80 年代，我国棉花栽培技术领域的最大变革是甲哌鎓的应用出现，甲哌鎓取代矮壮素成为棉花种植上延缓营养生长、缩短节间、塑造理想株型、改善光照条件、增加结铃的第一生长延缓剂。

20 世纪 90 年代以来，我国植物生长调节剂进入产品研发与适应领域推广并举的阶段。比如对赤霉酸、乙烯利、甲哌鎓、多效唑等产品的进一步开发研究，取得了巨大的经济效益与社会效益。多效唑被广泛应用于中国的水稻以及果树、园艺等方面，也用于油菜壮秧、提高秧苗的抗寒能力等，年应用面积超过 1 亿亩，稻谷增产 38.5 亿千克，节省稻种 1.5 亿千克，增收油菜籽 3.4 亿千克，净增产值 25.08 亿元，经济效益十分显著。

植物生长调节剂也有可能对作物的生长发育产生某些负面的影响，如使棉田上部果枝不能很好伸展。所以就需要研制新型植物生长调节剂，既能起到节本省工的作用，又能尽可能减小对作物的不良诱导。

另外，目前在植物生长调节剂与水、肥和药的协同使用上，这方面的研究还很欠缺，需要加强研究，组装成集约化的技术体系，通过水、肥、药及植物生长调节剂的科学运作，使农业的投入和产出达到预期最佳效果。

植物生长调节剂能提高植物自身免疫力，减少农药用量和恶劣气候对农作物的损害。但各地生产条件的限制性水平不同，一种或者几种调节剂很难能在多个地区或者较大范围内均达到显著的施药效果。因此今后的方向可根据不同区域作物生产中出现的诸如高低温、旱涝、病虫草害等问题，研究针对性强、更环保的植物生长调节剂及其与化肥、农药、除草剂等的配合使用。此外，利用天然植物及海洋资源或发酵产物作为原料，可作为植物生长调节剂一个重要的发展方向。

12.1.2 植物生长调节剂的登记情况概述

截止到2018年2月底，我国有植物生长调节剂生产企业354家，有效登记的植物生长调节剂产品937个，其中原药数量为169个，母药9个（表12-1所示）。在已经登记的原药中，涉及的有效成分有2-(乙酰氧基）苯甲酸、2,4-滴钠盐、24-表芸・三表芸、24-表芸苔素内酯、*S*-诱抗素、矮壮素、胺鲜酯、苄氨基嘌呤、丙酰芸苔素内酯、赤霉酸（GA_4、GA_7）、丁酰肼、对氯苯氧乙酸钠、多效唑、氟节胺、复硝酚钾、复硝酚钠、硅丰环、甲哌鎓、抗倒酯、氯苯胺灵、氯吡脲、嘧啶肟草醚、灭草松、萘乙酸、萘乙酸钠、噻苯隆、三十烷醇、调环酸钙、烯效唑、乙烯利、异噁草松、抑芽丹、吲哚丁酸、莠去津、芸苔素内酯等品种。我国年生产销售原药及制剂约1.8万吨，销售制剂约20亿元，出口总额超过1亿美元；登记对象涉及95种作物、53种用途，年应用面积约20亿亩次。我国植物生长调节剂已经形成了从原料供应、研究、生产、销售到推广应用的产业链。

表12-1 我国登记的植物生长调节剂母药情况

登记名称	总含量	生产企业
二氢卟吩铁	2%	南京百特生物工程有限公司
羟烯腺嘌呤	0.5%	浙江惠光生化有限公司
烯腺嘌呤	0.1%	浙江惠光生化有限公司
烯腺・羟烯腺	0.006%	高碑店市田星生物工程有限公司
赤・吲乙・芸苔	3.423%	德国阿格福莱农林环境生物技术股份有限公司
烯腺・羟烯腺	0.02%	中国农科院植保所廊坊农药中试厂
萘乙酸	80%	安阳全丰生物科技有限公司
14-羟基芸苔素	5%	成都新朝阳作物科学有限公司
14-羟基芸苔素	80%	成都新朝阳作物科学有限公司

12.1.3 植物生长调节剂的生产情况

目前涉及植物生长调节剂的生产企业近360家，其中主要原药生产企业如表12-2所示。在原药生产企业中，大部分均生产的是单一品种，仅江苏辉丰农化股份有限公司、四川国光农化股份有限公司等公司具备生产多种植物生长调节剂的能力。

表12-2 植物生长调节剂的生产情况分析

企业名称	涉及有效成分名称
湖南神隆海洋生物工程有限公司	2-(乙酰氧基）苯甲酸
安阳全丰生物科技有限公司	调环酸钙
广西桂林市宏田生化有限责任公司	三十烷醇

续表

企业名称	涉及有效成分名称
河北省黄骅市鸿承企业有限公司	矮壮素
河南省博爱惠丰生化农药有限公司	莠去津
吉林省吉林市绿邦科技发展有限公司	硅丰环
江苏丰源生物工程有限公司	苄氨基嘌呤
江苏辉丰农化股份有限公司	氟节胺、抗倒酯、噻苯隆、乙烯利
江苏联化科技有限公司	异噁草松
江苏省激素研究所股份有限公司	甲哌鎓、灭草松
江苏省农用激素工程技术研究中心有限公司	嘧啶肟草醚
江苏永泰丰作物科学有限公司	2,4-滴钠盐
江西农大锐特化工科技有限公司	烯效唑
连云港市金囤农化有限公司	抑芽丹
美国阿塞托农化有限公司	氯苯胺灵
日本三菱化学食品株式会社	丙酰芸苔素内酯
山东潍坊润丰化工股份有限公司	多效唑
山东潍坊双星农药有限公司	24-表芸·三
山西运城绿康实业有限公司	复硝酚钾
四川国光农化股份有限公司	胺鲜酯、对氯苯氧乙酸钠、氯吡脲
四川科瑞森生物工程有限公司	*S*-诱抗素
四川龙蟒福生科技有限责任公司	赤霉酸
四川省兰月科技有限公司	萘乙酸
台州市大鹏药业有限公司	萘乙酸钠、吲哚丁酸
邢台宝波农药有限公司	丁酰肼
云南云大科技农化有限公司	芸苔素内酯
浙江升华拜克生物股份有限公司	赤霉酸（GA_4、GA_7）
浙江世佳科技有限公司	24-表芸苔素内酯
郑州郑氏化工产品有限公司	复硝酚钠

植物生长调节剂与杀菌剂混用和混剂成为新动向。如异戊烯腺嘌呤＋井冈霉素、异戊烯腺嘌呤＋盐酸吗啉胍。

植物生长调节剂和肥料及微量元素混用。由于植物生长调节剂是人工合成或从微生物中提取的，是具有与植物内源激素相同或相似功能的一类物质，其与肥料，尤其是水溶性肥料混合一般不会影响其活性，而且液体水溶性肥多为含氨基酸水溶肥料，侧重于补充植物生长所需的微量元素，是对施用基础肥料的补充，通过植物生长调节剂和水溶性肥料的综合作用，能更好地促进植物生长发育。同时，植物生长调节剂和水溶性肥料混用有利于提高综合利用率，减少使用环节，降低农户生产成本，降低土地污染，改善土壤结构，因此植物生长调节剂和肥料及微量元素混用是未来发展趋势。

生物源植物生长调节剂成为研究开发热点。所谓生物源主要指植物源和海洋源，即利用天然植物及海洋生物资源作为提取植物生长调节剂的原料。这些从生物源提取的植物生长调节剂对于发展绿色食品、实现农业的可持续发展具有重要意义。

植物生长调节剂的混配制剂发展迅速，目前这一类复配剂已有较大应用市场，如赤霉酸＋芸苔素内酯、赤霉酸＋吲哚乙酸、赤霉酸＋生长素＋细胞分裂素、乙烯利＋芸苔素内酯等。这类复配制剂的出现，使各种作用的植物生长调节剂形成优势互补。

12.1.4 植物生长调节剂的市场概况

市场上流通的植物生长调节剂大体分为两大类：一类是植物生长促进剂；一类是植物生长抑制剂。据调查了解，在植物生长促进剂方面，切实形成商品且市场占有量较大的制剂品种有芸苔素内酯、已酸二乙氨基乙醇酯（胺鲜酯）、复硝酚钠等品种。推广比较成功的有广州江门农药厂的“天丰素”（2012 年销售量已达 400t 以上）、成都新朝阳的“硕丰”、云大科技的“云大”、福建浩伦公司的“真多安”、广东植物龙公司的“植物龙”等产品。在植物生长抑制剂方面，形成商品且销售量较大的制剂品种有多效唑、烯效唑、矮壮素、乙烯利等品种，推广比较成功的企业有四川国光、河南郑氏、浩伦农科、四川兰月、江苏七洲、安阳全丰、郑州农达等。

从产品总体来看，创制型和研发型产品极少，仿制型、重复性产品占大多数。加上叶面肥进入市场门槛极低，大多数叶面肥在产品说明上基本和调节剂产品说明一样，农民难以辨别。有些企业为谋取一时的利益，故意在产品上作虚假文章、打擦边球，在经销商和农民对植物生长调节剂的理解和认识不够的情况下，将叶面肥和植物生长调节剂混淆，特别是以河南、山东为代表的部分叶面肥和冲施肥企业，以肥代药现象较为突出，95%以上的叶面肥和冲施肥都有复配调节剂，且品种杂而多、价格高低不一，造成了农资市场的极度混乱，这样使经销商和农民既没得到实惠，也使一些正规的植物生长调节剂企业的发展举步维艰，可以说调节剂产品目前的市场状况是混乱的。

2014 年我国植物生长调节剂制剂产量已超过 12 万吨。由于植物生长调节剂登记试验标准缺乏，试验费用高，登记时间长，加之调节剂单品用药量小，导致很多企业不登记或以肥料登记代替调节剂登记。所以，我国植物生长调节剂实际产量远大于统计数，据农药工业协会估计，我国每年植物生长调节剂原药实际产量约 3 万吨，制剂实际产量约 15 万吨。如图 12-1 所示，2014 年我国植物生长调节剂市场规模为 56.23 亿元，同比增长 20.7%，到 2015 年，我国植物生长调节剂市场规模达到 67.14 亿元。近两年来，植物生长调节剂的市场份额不断增长。截至 2014 年底，拥有“三证”的植物生长调节剂原药和制剂生产企业中，多数企业经营单一大宗的原药及制剂产品，如乙烯利、多效唑、赤霉酸等。与其他农药细分行业如除草剂、杀菌剂、杀虫剂等行业相比，植物生长调节剂行业的生产企业相对较少，行业集中度相对较高。

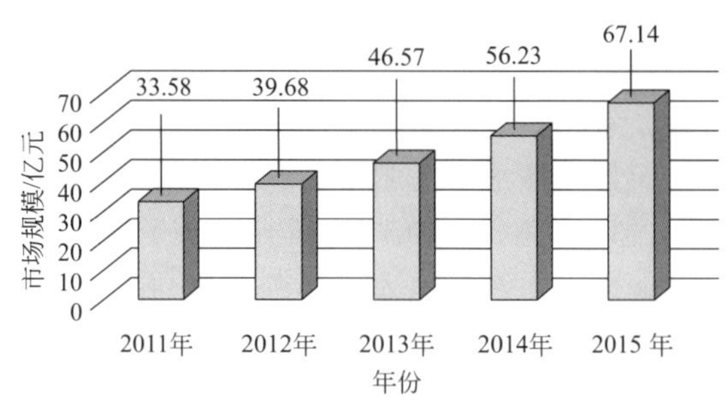

图 12-1 植物生长调节剂的市场情况分析

以下分别介绍相关的植物生长调节剂的产业情况。

12.2 生长素

12.2.1 生长素的概况

生长素（auxins）是发现最早、研究最多、在植物体内存在最普遍的一种植物激素。早在 1880 年达尔文父子进行植物向光性实验时，首次发现植物幼苗尖端的胚芽鞘在单方向的光照下会向光弯曲生长，但如果把尖端切除或用黑罩遮住光线，即使单向照光，幼苗也不会向光弯曲。因此推测：当胚芽鞘受到单侧光照射时，在顶端可能产生一种物质传递到下部，引起苗的向光性弯曲。后来的研究证实了有这种物质的存在，即生长素。生长素是第一个被发现的植物激素，它在生命循环中，在任何一个单细胞中都起着作用。其中最有活性的内源生长素均是含有一吲哚环的化合物。最早在 1934 年，由荷兰人从人尿和酵母中分离出一种物质并获得结晶，经鉴定为 3-吲哚乙酸（IAA）[1-3]。

目前已知的吲哚类生长素（表 12-3）有：吲哚乙酸（IAA）、吲哚丙酸（IPA，已在豌豆和南瓜中发现它的存在）、吲哚丁酸（IBA，它虽是第一个合成的植物生长调节剂，但也存在于自然界如豌豆、柏树、玉米、胡萝卜和烟草中）、4-氯-1*H*-吲哚-3-乙酸（4-Cl-IAA，它存在于蝶形花科等多种植物中）及 7-氯-1*H*-吲哚-3-乙酸（7-Cl-IAA，在土壤微生物假单胞菌及 *P. pyrrocinia* 的排泄物中被发现，它可能会影响高等植物的根的生长）。

人工合成的类似物（表 12-3）有：5-溴-1*H*-3-吲哚乙酸（它在离体时对根形成和茎的再生很有效，但对整株植物如浮萍和玉米有害）、5,6-二氯-1*H*-3-吲哚乙酸（它是最有效的合成的吲哚类生长素之一，可以促进种子成熟和增加田间作物的产量）、β-三氟甲基-1*H*-吲哚-3-丙酸及 4-三氟甲基-1*H*-吲哚-3-丁酸，等等。

表 12-3　主要的吲哚类植物激素

编号	名称	熔点/℃
1	IAA	168～170
2	IPA	134～135
3	IBA	123～125
4	4-Cl-IAA	184～187
5	7-Cl-IAA	181～183
6	5-Br-IAA	143～145
7	5,6-Cl_2-IAA	189～191
8	β-CF_3-吲哚-3-丙酸	117～119（*R*,*S*）

注：表中的化合物 **1**～**4** 均为天然存在的生长素；**5** 为微生物代谢产物；**6**～**8** 为合成产物；**8** 可能为 IBA 的拮抗剂。

表 12-3 中主要的吲哚类植物激素的结构如图 12-2 所示。

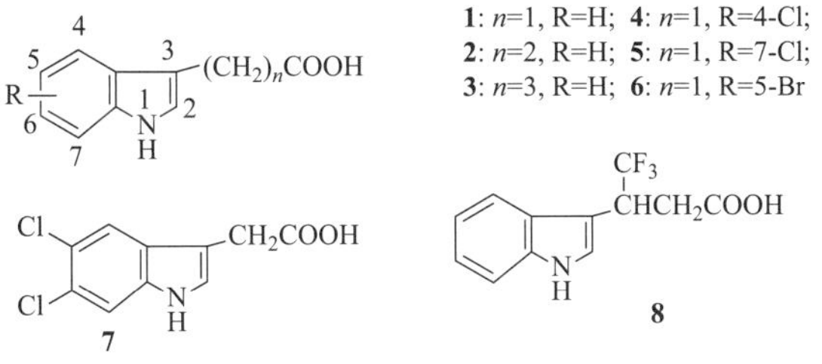
4
5
3
(CH2)nCOOH
R
1
6
N
2
H
7
1: n=1, R=H; 4: n=1, R=4-Cl;
2: n=2, R=H; 5: n=1, R=7-Cl;
3: n=3, R=H; 6: n=1, R=5-Br
CF3
CHCH2COOH
N
H
8
Cl
CH2COOH
Cl
N
H
7

图 12-2　主要的吲哚类植物激素的结构

色氨酸是植物体内生长素生物合成重要的前体物质，其结构与IAA相似，在高等植物中普遍存在。可以通过人工方式合成生长素（如图12-3所示）[4]。①色氨酸首先氧化脱氨形成吲哚丙酮酸，再脱羧形成吲哚乙醛，吲哚乙醛在相应酶的催化下最终氧化为吲哚乙酸。这是高等植物体内生长素生物合成的主要途径。②在十字花科植物中存在较多的吲哚乙腈，在酶的作用下也可转变成为吲哚乙酸。多种合成生长素途径的存在，可以保证不同的植物类型以及植物在不同的生育期、不同的环境下维持体内生长素的正常水平。

图12-3 色氨酸合成生长素的途径

12.2.2 3-吲哚乙酸

12.2.2.1 3-吲哚乙酸的产业概况

IAA（3-in dolylacetic acid）不稳定，当转变成粉红色时即失去活性，它可被多种氧化酶和化学试剂所氧化。吲哚乙酸纯品是无色叶状晶体或结晶性粉末，遇光后变成玫瑰色。熔点165～166℃（168～170℃）。易溶于无水乙醇、乙酸乙酯、二氯乙烷，可溶于乙醚和丙酮；不溶于苯、甲苯、汽油及氯仿；微溶于水，其水溶液能被紫外线分解，但对可见光稳定。其钠盐、钾盐比酸本身稳定，极易溶于水。易脱羧成3-甲基吲哚（粪臭素）。在酸性介质和水溶液中不稳定，剂型有粉剂和可湿性粉剂。许多植物体内都含有破坏IAA的酶，称为吲哚乙酸氧化酶，它能将IAA变成不活跃的物质，工业上不使用IAA而是广泛应用它的类似物（如2,4-D、NAA等）主要就是这个原因。IAA目前主要用于组织培养中诱导愈伤组织和根的形成。表12-4所示为吲哚乙酸在我国的登记情况。

表12-4 吲哚乙酸在我国登记情况

登记证号	登记名称	剂型	生产企业
LS99010	芸苔·吲乙·赤	可湿性粉剂	德国阿格福莱农林环境生物技术股份有限公司
LS99010F090134	芸苔·吲乙·赤	可湿性粉剂	广东省佛山市盈辉作物科学有限公司
PD20100675F120046	吲哚乙酸	水剂	上海农乐生物制品股份有限公司
PD20096813F090134	赤·吲乙·芸苔	可湿性粉剂	广东省佛山市盈辉作物科学有限公司
PD20081125	吲乙·萘乙酸	可溶粉剂	北京艾比蒂生物科技有限公司
PD20081124	吲哚乙酸	原药	北京艾比蒂生物科技有限公司
PD20096812	赤·吲乙·芸苔	母药	德国阿格福莱农林环境生物技术股份有限公司
PD20096813	赤·吲乙·芸苔	可湿性粉剂	德国阿格福莱农林环境生物技术股份有限公司
PD20100675	吲哚乙酸	水剂	乌克兰国家科学院和科教部联合科技中心
PD20151892	吲哚乙酸	原药	河北兴柏农业科技有限公司

12.2.2.2　3-吲哚乙酸的工艺概况

IAA 在工业上的工艺路线的原理是基于吲哚 3-位上对吸电子取代基的特殊的反应性。将吲哚在 Mannich 反应的条件下，于室温生成 3-(*N*,*N*-二烷基氨基甲基吲哚)，再与氰化钾反应后水解生成产物（图 12-4）。也可由吲哚、甲醛与氰化钾在 150℃、9～10atm（1atm＝101325Pa）下反应生成 3-吲哚乙腈，再在氢氧化钾作用下水解生成产品（图 12-4）。

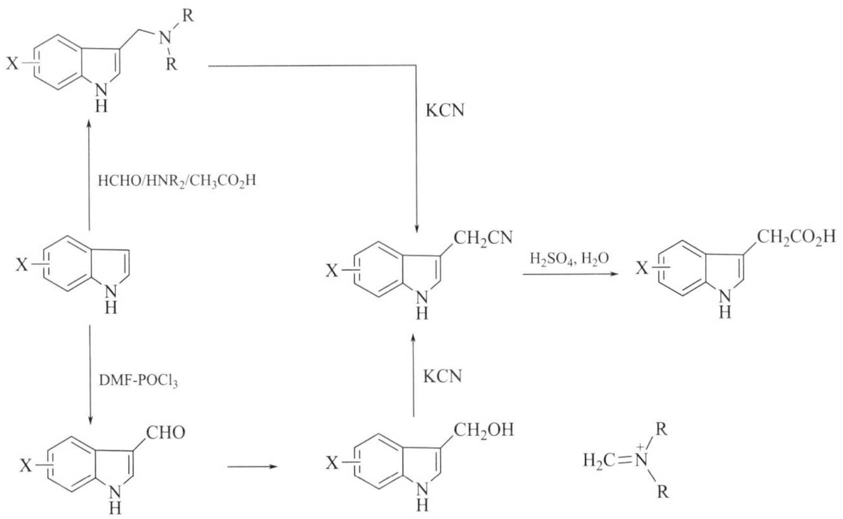

图 12-4　工业上合成吲哚-3-乙酸的路线

当吲哚环上有取代时，往往会干扰标准的 Mannich 反应。它的工艺路线也可用甲基甲酰胺与三氯氧磷进行 Vilsmeyer-Hack 缩合，得到醛的衍生物后，用硼氢化钠还原，再与氰化物反应后水解而得。对于环上有取代基的 IAA 的衍生物，也可由适当的苯基腙作起始原料进行反应生成，如图 12-5 所示。

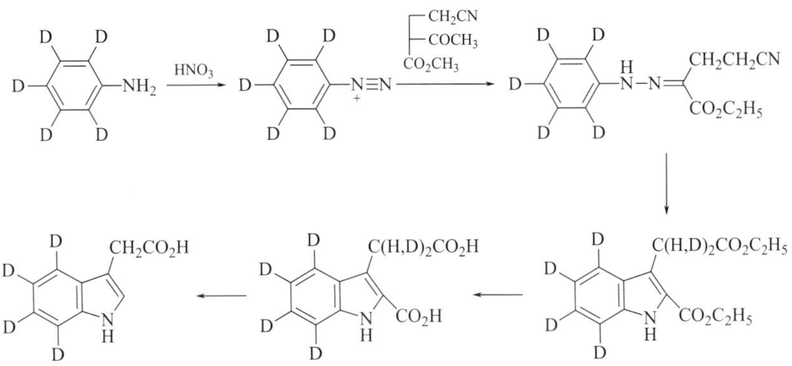

图 12-5　吲哚环上有取代时对 Mannich 反应的影响

在大多数情况下，可利用低价的原料合成吲哚乙酸的衍生物，但是通常需要在酸性催化剂的存在下进行反应，其中很难避免一些多聚物焦油的形成，因此在纯化产品时需要大量的溶剂或用柱色谱的吸附剂，最后产品收率只有 10%～20%。对于环上有非活性的取代基（如芳基或芳氧基）的产物收率甚至更低。

12.2.3 吲哚丁酸

12.2.3.1 吲哚丁酸的产业概况

吲哚丁酸（indolebutyric acid）产品为白色结晶，熔点124～125℃，难溶于水，易溶于醇、乙醚和丙酮等有机溶剂，对酸稳定。吲哚丁酸可经由植株的根、茎、叶、果吸收，但移动性很小，不易被吲哚乙酸氧化酶分解。生物活性持续时间较长，其生理作用类似内源生长素：刺激细胞分裂和组织分化，诱导单性结实，促使形成无籽果实；诱发产生不定根，促进插枝生根等。表12-5所示为吲哚丁酸在我国的登记情况。

表12-5 吲哚丁酸在我国的登记情况

登记证号	登记名称	剂型	总含量	生产企业
LS95721	萘乙·吲哚丁酸	粉剂	50%	广西喷施宝集团有限公司博林公司
PD20097789	吲丁·萘乙酸	可溶粉剂	2%	四川省兰月科技有限公司
PD20100186	吲丁·萘乙酸	可溶粉剂	50%	内蒙古佳瑞米精细化工有限公司
PD20150137	吲丁·萘乙酸	可溶粉剂	5%	重庆市诺意农药有限公司
PD20161046	吲丁·萘乙酸	可溶粉剂	2%	郑州郑氏化工产品有限公司
PD20180314	吲丁·萘乙酸	可溶粉剂	4%	重庆树荣作物科学有限公司
PD20110559	吲丁·萘乙酸	可溶液剂	5%	四川国光农化股份有限公司
LS98696	萘乙·吲哚丁酸	可湿性粉剂	10%	沈阳科创化学品有限公司
LS20020477	吲丁·萘乙酸	可湿性粉剂	10%	山都丽化工有限公司
LS20030386	吲丁·萘乙酸	可湿性粉剂	20%	吉林省八达农药有限公司
PD20100501	吲丁·诱抗素	可湿性粉剂	1%	四川龙蟒福生科技有限责任公司
PD20100831	吲丁·萘乙酸	可湿性粉剂	10%	重庆双丰化工有限公司
PD20170901	吲丁·诱抗素	可湿性粉剂	2%	江西新瑞丰生化有限公司
PD20150661	吲丁·萘乙酸	水分散粒剂	0.08%	江苏瑞邦农药厂有限公司
LS20083215	吲丁·萘乙酸	水剂	1.05%	浙江泰达作物科技有限公司
PD20096827	吲丁·萘乙酸	水剂	1.05%	浙江泰达作物科技有限公司
PD20150152	吲哚丁酸	水剂	1.20%	湖北省天门易普乐农化有限公司
PD20170917	吲丁·诱抗素	水剂	1%	四川省兰月科技有限公司
PD20131508	吲哚丁酸	原药	98%	台州市大鹏药业有限公司
PD20140773	吲哚丁酸	原药	98%	浙江天丰生物科学有限公司
PD20096831	吲哚丁酸	原药	98%	浙江泰达作物科技有限公司
PD20097069	吲哚丁酸	原药	95%	重庆双丰化工有限公司
PD20097554	吲哚丁酸	原药	98%	四川龙蟒福生科技有限责任公司
PD20097788	吲哚丁酸	原药	98%	四川省兰月科技有限公司
PD20100321	吲哚丁酸	原药	95%	四川国光农化股份有限公司
PD20171671	吲哚丁酸	原药	98%	郑州先利达化工有限公司

12.2.3.2 吲哚丁酸的工艺概况

由吲哚与γ-丁内酯在氢氧化钾作用下于280～290℃水解生成产品。反应中生成的水分由分水器不断分出，粗收率可达90%以上。合成工艺路线如图12-6所示[5]。

$$\text{吲哚} + \gamma\text{-丁内酯} \xrightarrow{PTC,KOH} \text{3-}[(CH_2)_3CO_2K]\text{吲哚} \xrightarrow{HCl} \text{3-}[(CH_2)_3CO_2H]\text{吲哚 (吲哚丁酸)}$$

图 12-6　吲哚丁酸的合成工艺路线

12.2.4　2,4-滴

12.2.4.1　2,4-滴的产业概况

2,4-滴（2,4-D）其他名称有 Agrotect、Albar、Amicide，是一种苯氧乙酸类植物生长调节剂。1941 年由美国朴康合成，美国 Amchem Products 开发，1942 年梯曼肯定了它的生物活性。2,4-滴作为除草剂开创了世界化学除草的新历史。在我国生产 2,4-滴原药的企业主要有重庆丰化科技有限公司、上海悦联化工有限公司、四川国光农化股份有限公司。当前市场上见到的主要剂型是可溶粉剂（表 12-6）。

表 12-6　2,4-滴在我国的登记情况

登记证号	剂型	含量	有效期至	生产企业
LS20030127	可溶性粉剂	0.20%	2008-10-18	广东康绿宝科技实业有限公司
LS992285	水剂	2%	2008-12-31	重庆双丰化工有限公司
LS991592	原药	95%	2008-12-31	重庆丰化科技有限公司
LS96691	原粉	95%	2008-12-31	上海悦联化工有限公司
PD20101693	原药	—	2020-6-17	四川国光农化股份有限公司
PD20101776	可溶粉剂	85%	2020-7-7	重庆双丰化工有限公司
PD20102168	可溶粉剂	85%	2020-12-9	四川国光农化股份有限公司
PD20110525	原药	95%	2021-5-12	江苏永泰丰作物科学有限公司
PD20131016	水剂	2%	2023-5-13	四川国光农化股份有限公司

12.2.4.2　2,4-滴的工艺概况

（1）以 2,4-二氯苯酚为原料，与氯乙酸反应得到其钠盐，再酸化得到产品。反应式如图 12-7 所示。

$$2,4\text{-}Cl_2C_6H_3OH + ClCH_2COOH \xrightarrow{NaOH} 2,4\text{-}Cl_2C_6H_3OCH_2COONa \xrightarrow{HCl} 2,4\text{-}Cl_2C_6H_3OCH_2COOH\ (2,4\text{-滴})$$

图 12-7　以 2,4-二氯苯酚为原料合成 2,4-滴

（2）以苯酚为原料，与氯乙酸反应得到中间体，再氯化得到产品。反应式如图 12-8 所示。

$$C_6H_5OH + ClCH_2COOH \longrightarrow C_6H_5OCH_2COOH \longrightarrow 2,4\text{-}Cl_2C_6H_3OCH_2COOH\ (2,4\text{-滴})$$

图 12-8　以苯酚为原料合成 2,4-滴

12.2.5 萘乙酸

12.2.5.1 萘乙酸的产业概况

萘乙酸（α-naphthalene acetic acid）商品名称：Rootone、NAA-800、Pruiton-N、Transplantone；其他名称：NAA、Celmome、Stik、Phyomone、Planovix 等。萘乙酸是一种有机萘类植物生长调节剂，1934 年合成，后由美国联合碳化公司开发。纯品为结晶，无色无臭，熔点 134～135℃，蒸气压＜0.01 mPa（25℃）。溶解度：水中 420mg/L（20℃），二甲苯 55g/L（26℃），四氯化碳 10.6g/L（26℃）。易溶于醇类、丙酮，溶于乙醚、氯仿，溶于热水，不溶于冷水，其盐水溶性好。结构稳定，耐储性好。

萘乙酸属低毒植物生长调节剂，急性经口 LD_{50}：大鼠约 1000～5900mg/kg（酸），小鼠约 700mg/kg（钠盐）。兔急性经皮 LD_{50}＞5000mg/kg，对皮肤、黏膜有刺激作用。绿头鸭和山齿鹑饲喂试验 LC_{50}（8d）＞10000mg/kg 饲料，鲤鱼 LC_{50}（48h）＞40mg/L，蓝鳃翻车鱼 LC_{50}（96h）＞82mg/L，水蚤 LC_{50}（48h）360mg/L，对蜜蜂无毒。

萘乙酸可经由叶、茎、根吸收，然后传导到作用部位，其生理作用和作用机理类似吲哚乙酸。它刺激细胞分裂和组织分化，促进子房膨大，诱导单性结实，促使形成无籽果实，促进开花；在一定浓度范围内抑制纤维素酶，防止落花落果落叶；诱发枝条不定根的形成，加速树木的扦插生根；低浓度促进植物的生长发育，高浓度引起内源乙烯的大量生成，从而有矮化和催熟增产作用；还可提高某些作物的抗旱、寒、涝及盐的能力。

如表 12-7 所示，目前，在原药生产方面，我国具有生产萘乙酸资质的企业共 7 家。其中台州市大鹏药业有限公司以及郑州郑氏化工产品有限公司两家企业主要以萘乙酸钠为主。安阳全丰生物科技有限公司除了生产含量为 95％的萘乙酸以外，还生产含量为 80％的母药。浙江泰达作物科技有限公司生产的萘乙酸含量达到 98％。

表 12-7 萘乙酸原药的生产情况

有效成分名称	含量	企业名称
萘乙酸钠	85.80％	台州市大鹏药业有限公司
萘乙酸	81％	四川省兰月科技有限公司
萘乙酸	98％	浙江天丰生物科学有限公司
萘乙酸	95％	安阳全丰生物科技有限公司
萘乙酸钠	87％	郑州郑氏化工产品有限公司
萘乙酸	80％	四川国光农化股份有限公司
萘乙酸	98％	浙江泰达作物科技有限公司
萘乙酸	80％（母药）	安阳全丰生物科技有限公司

在萘乙酸的相关制剂生产方面，我国共有 27 家企业生产相关制剂产品（共 38 个），其中单制剂品种有 20 个，复配制剂品种共 18 个。复配制剂中，主要是将萘乙酸与复硝酚钠、吲哚丁酸、乙烯利、吲哚乙酸以及氯化胆碱等进行复配使用（产品情况如表 12-8 所示）。

表 12-8 我国萘乙酸制剂产品情况

登记证号	登记名称	剂型	含量	生产企业
PD20111330	氯胆・萘乙酸	可湿性粉剂	18％	重庆双丰化工有限公司
PD20101759	萘乙・硝钠	水剂	2.85％	河南力克化工有限公司

续表

登记证号	登记名称	剂型	含量	生产企业
PD20101121	萘乙·乙烯利	水剂	10%	广东大丰植保科技有限公司
PD20150029	萘乙酸	泡腾片剂	10%	安阳全丰生物科技有限公司
PD20093135	萘乙酸	水剂	5%	
PD20092047	萘乙酸	水剂	5%	河北省农药化工有限公司
PD20082006	萘乙酸	水剂	4.20%	河南绿保科技发展有限公司
PD20085487	萘乙酸	可溶粉剂	1%	黑龙江绥农农药有限公司
PD20082061	萘乙酸	水剂	0.10%	
PD20083740	萘乙酸	水剂	1%	
PD20082512	萘乙酸	水剂	1%	黑龙江五常农化技术有限公司
PD20180555	萘乙酸	水剂	5%	江西新瑞丰生化有限公司
PD20152483	萘乙酸	水剂	5%	山东省德州祥龙生化有限公司
PD20085657	萘乙酸	水剂	0.10%	山西科星农药液肥有限公司
PD20093197	萘乙酸	水剂	0.03%	山西永合化工有限公司
PD20094484	萘乙酸	水剂	1%	
PD20094893	萘乙酸	水剂	0.60%	
PD20095156	萘乙酸	水剂	0.10%	
PD20081509	萘乙酸	粉剂	20%	四川国光农化股份有限公司
PD20140197	萘乙酸	水剂	5%	
PD20085861	萘乙酸	水剂	5%	四川省兰月科技有限公司
PD20096364	萘乙酸	可溶粉剂	40%	中棉小康生物科技有限公司
PD20092442	萘乙酸	水剂	1%	
PD20090345	硝钠·萘乙酸	水剂	2.85%	福建省漳州快丰收植物生长剂有限公司
PD20160702	硝钠·萘乙酸	悬浮剂	3%	甘肃富民生态农业科技有限公司
PD20102175	硝钠·萘乙酸	水剂	2.85%	河南省焦作市瑞宝丰生化农药有限公司
PD20092927	硝钠·萘乙酸	水剂	2.85%	河南欣农化工有限公司
PD20094156	硝钠·萘乙酸	水剂	2.85%	河南中威高科技化工有限公司
PD20150661	吲丁·萘乙酸	水分散粒剂	0.08%	江苏瑞邦农药厂有限公司
PD20100186	吲丁·萘乙酸	可溶粉剂	50%	内蒙古佳瑞米精细化工有限公司
PD20110559	吲丁·萘乙酸	可溶液剂	5%	四川国光农化股份有限公司
PD20097789	吲丁·萘乙酸	可溶粉剂	2%	四川省兰月科技有限公司
PD20096827	吲丁·萘乙酸	水剂	1.05%	浙江泰达作物科技有限公司
PD20161046	吲丁·萘乙酸	可溶粉剂	2%	郑州郑氏化工产品有限公司
PD20150137	吲丁·萘乙酸	可溶粉剂	5%	重庆市诺意农药有限公司
PD20180314	吲丁·萘乙酸	可溶粉剂	4%	重庆树荣作物科学有限公司
PD20100831	吲丁·萘乙酸	可湿性粉剂	10%	重庆双丰化工有限公司
PD20081125	吲乙·萘乙酸	可溶粉剂	50%	北京艾比蒂生物科技有限公司

在剂型方面，我国萘乙酸相关产品的剂型主要有可湿性粉剂、粉剂、可溶粉剂、泡腾片剂、水分散粒剂、水剂、悬浮剂等。其中水剂占有比例达到60%以上，其次是可溶粉剂，其比例也为23.7%，而可湿性粉剂等非水基化制剂也占有一定比例，占整个制剂产品的1/3左右（图12-9）。从登记情况看，存在同一个企业相同的剂型登记多个浓度的情况。

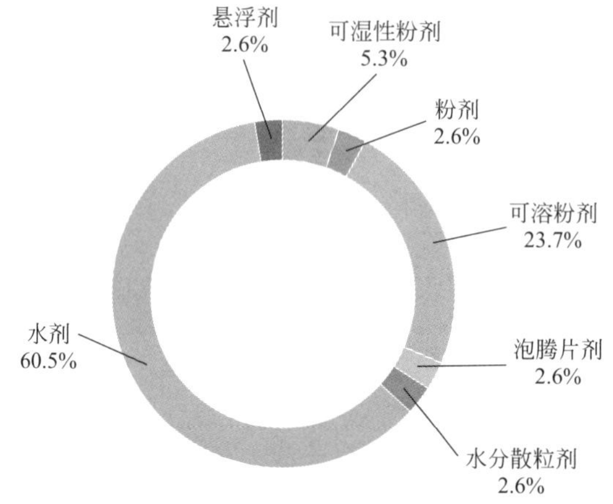

图12-9 萘乙酸产品剂型分布情况

12.2.5.2 萘乙酸的工艺概况

萘乙酸的合成工艺路线主要有如下几种[6]：

（1）以萘为原料 该方法是比较成熟的工艺路线（如图12-10所示），可用于工业化生产，也可土法生产。主催化剂Fe_2O_3、Fe粉、$AlCl_3$、Al、MnO_2等和助催化剂KBr比较易得，但其收率较低，一般为40%～50%，反应时间需30h以上，反应温度较高（200～218℃），原料消耗大，回收困难。

$$+\ ClCH_2CO_2H \xrightarrow{\text{催化剂}} CH_2CO_2H$$

图12-10 萘乙酸的合成工艺路线（方法1）

（2）经氯甲基化、氰化、水解反应合成 该方法也是一个经典的合成NAA的方法（如图12-11所示）。该法的优点是对反应的温度要求不高，原料易得，但其难以克服的缺点是NaCN剧毒，严重影响人畜安全，并且可能对环境造成恶劣影响。

$$+\ HCHO \xrightarrow[H_2SO_4]{HCl} CH_2Cl \xrightarrow{NaCN} CH_2CN \xrightarrow[\triangle]{H_2SO_4,\ H_2O} CH_2CO_2H$$

图12-11 萘乙酸的合成工艺路线（方法2）

（3）经氯甲基化羰化反应合成 即采用1-氯甲基萘，在催化剂的作用下与NaOH、CO反应，生成相应的钠盐后酸化即得到产品。此方法的优点是产率较高，见于报道的产率最低的也有60%以上；缺点是反应的催化剂价格比较贵，在工业化生产时大幅地提高了成本，不适于工业化生产。合成工艺路线如图12-12所示。

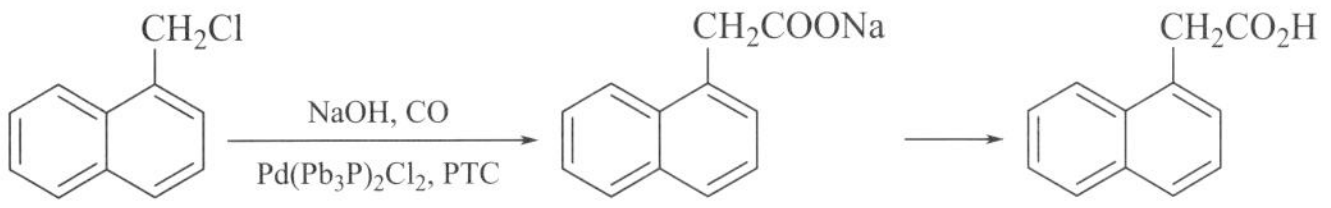

图 12-12 萘乙酸的合成工艺路线(方法 3)

(4) 在高锰酸钾作用下萘与酸酐反应合成 以萘与酸酐为原料,在 $KMnO_4$ 的作用下反应(如图 12-13 所示)。此方法的优点是反应时间短,对温度要求不高,原料便宜,操作简单;缺点是产率不高,一般在 45%左右。

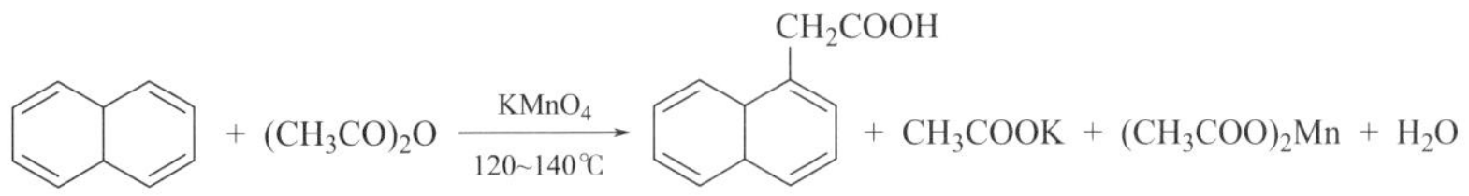

图 12-13 萘乙酸的合成工艺路线(方法 4)

(5) 由 Willgerodt-Kindler 反应合成 此方法最早由 Willgerodt 用芳酮和多硫化胺水溶液在较高温度(200~226℃)下反应制得等碳原子的酰胺,水解得相应羧酸。后来 Kindler 对此法进行改进,他用 S 和一种无水仲胺取代多硫化物进行反应,再水解得到羧酸。改进后的方法优点是可在常压及较低温度下进行,产率也较高,适合工业化生产。缺点是原料价格较贵。合成工艺路线如图 12-14 所示。

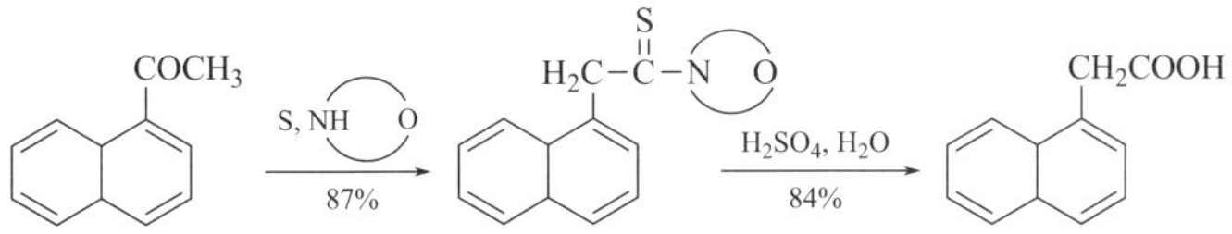

图 12-14 萘乙酸的合成工艺路线(方法 5)

12.2.6 坐果酸

坐果酸(cloxyfonac)是由日本盐野义制药公司(其农用化学品业务 2001 年被安万特公司收购,现为拜耳公司所有)开发的植物生长调节剂。其化学名称为:4-氯-2-羟甲基苯氧基乙酸。为无色结晶,熔点 140.5~142.7℃,蒸气压 0.089 mPa(25℃)。溶解度(g/L):水 2,丙酮 100,二氧六环 125,乙醇 91,甲醇 125;不溶于苯和氯仿。稳定性:40℃以下稳定,在弱酸、弱碱性介质中稳定,对光稳定。

坐果酸的合成工艺路线:2-甲基-4-氯苯氧乙酸在硫酸存在下在苯中用乙醇酯化,然后进行溴化,生成 2-溴甲基-4-氯苯氧乙酸乙酯,最后用氢氧化钠水溶液进行水解,即制得本产品。反应式如图 12-15 所示。

12.2.7 调果酸

调果酸(cloprop)商品名称为 Fruitone,其他名称有 3-CPA、Fruitone-CPA、Peachthim,是由 Amchem Chemical Co. 开发的芳氧基链烷酸类植物生长调节剂。化学名称为:(±)-2-(3-氯苯氧基)丙酸。原药略带酚气味,熔点 114℃。纯品为无色无臭结晶粉末,熔点 117.5~118.1℃。在室温下无挥发性,溶解度:在 22℃条件下(g/L):水中 1.2,丙酮

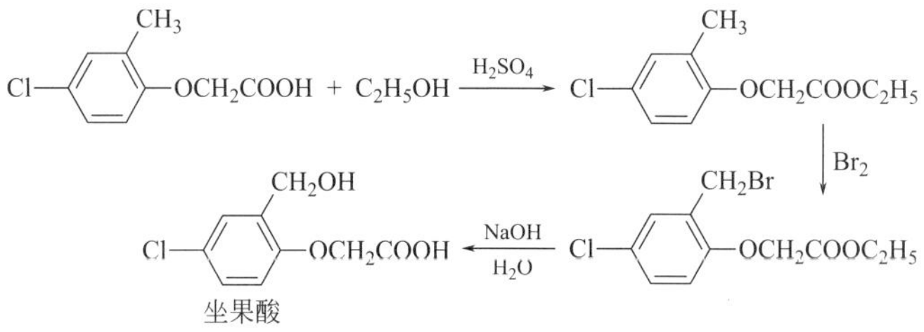

$$Cl-C_6H_3(CH_3)-OCH_2COOH + C_2H_5OH \xrightarrow{H_2SO_4} Cl-C_6H_3(CH_3)-OCH_2COOC_2H_5 \xrightarrow{Br_2} Cl-C_6H_3(CH_2Br)-OCH_2COOC_2H_5 \xrightarrow[H_2O]{NaOH} Cl-C_6H_3(CH_2OH)-OCH_2COOH$$

坐果酸

图 12-15 坐果酸的合成工艺路线

790.9，二甲基亚砜 2685，乙醇 710.8，甲醇 716.5，异辛醇 247.3；在 24℃条件下（g/L），苯 24.2，甲苯 17.6，氯苯 17.1；在 24.5℃条件下（g/L），二甘醇 390.6，二甲基甲酰胺 2354.5，二噁烷 789.2。本品相当稳定。

大鼠急性经口 LD_{50}（mg/kg）：雄 3360，雌 2140。兔急性经皮 LD_{50}>2000mg/kg。对兔眼睛有刺激性，对皮肤无刺激性。大鼠于 1h 内吸入 200mg/L 空气无中毒现象。NOEL 数据：大鼠（2 年）8000mg/kg 饲料，小鼠（1.88 年）6000mg/kg 饲料，无致突变作用。绿头鸭和山齿鹑饲喂试验 LC_{50}（8d）>5620mg/kg 饲料。鱼毒 LC_{50}（96h，mg/L）：虹鳟约 21，蓝鳃翻车鱼约 118。

调果酸为芳氧基链烷酸类植物生长调节剂，通过植物叶片吸收且不易向其他部位传导。通过抑制顶端生长，不仅可增加菠萝植株和根蘖果实大小与重量，而且可以推迟果实成熟。还可用于某些李属果树的疏果。

调果酸由间氯苯酚与 α-氯代丙酸在碱性条件下反应合成，路线如图 12-16 所示。

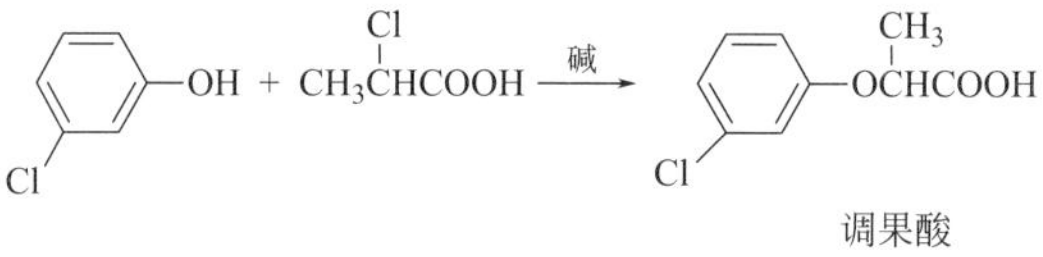

$$m\text{-}Cl-C_6H_4-OH + CH_3CH(Cl)COOH \xrightarrow{碱} m\text{-}Cl-C_6H_4-OCH(CH_3)COOH$$

调果酸

图 12-16 调果酸的合成工艺路线

12.2.8 氯苯氧乙酸

12.2.8.1 氯苯氧乙酸的产业概况

氯苯氧乙酸（4-CPA）商品名称：Tomato Fix Concentrate、Marks 4-CPA、Tomatotone、Fruitone；其他名称：PCPA、防落素、番茄灵、坐果灵、促生灵、防落粉等。氯苯氧乙酸是一种苯氧乙酸类植物生长调节剂。1944 年合成，之后由美国道化学公司、阿姆瓦克公司、英国曼克公司、日本石原、日产公司开发。纯品为无色结晶，熔点 157℃。能溶于热水、酒精、丙酮，其盐水溶性更好，商品多以钠盐形式加工成水剂使用。在酸性介质中稳定，耐储藏。

氯苯氧乙酸属低毒性植物生长调节剂。大白鼠急性经口 LD_{50} 为 850mg/kg。鲤鱼 LC_{50} 为 3～6mg/L，泥鳅为 2.5mg/L（48h）。水蚤 EC_{50}>40mg/L。ADI：0.022mg/kg。

氯苯氧乙酸可经由植株的根、茎、叶、花、果吸收，生物活性持续时间较长，其生理作用类似内源生长素：刺激细胞分裂和组织分化，刺激子房膨大，诱导单性结实，促使形成无籽果实，促进坐果及果实膨大。

我国氯苯氧乙酸的相关产品主要以其钠盐或钾盐等方式进行生产或登记，我国对其产业化起始于 2000 年左右，大连瑞泽生物科技有限公司以及迈克斯（东阳）化工有限公司首先分别登记了含量分别为 96%和 90%的钾盐和钠盐原药，迈克斯（东阳）化工有限公司还登记了 2.2%的水剂，其钾盐没有相关的制剂登记。随后于 2003 年重庆双丰化工有限公司登记了含量为 95%的氯苯氧乙酸钠盐，并同时登记了含量为 10%的可溶粉剂。而上述相关产品均为临时登记，并没有进入“转正”状态。而辽宁省海城园艺化工有限公司临时登记的产品（0.11%的对氯苯氧乙酸钠水剂）已经于 2011-3-17 过期。目前只有四川国光农化股份有限公司具有对氯苯氧乙酸钠 96%原药以及 8%可溶粉剂的生产及销售。我国对氯苯氧乙酸产业化情况如表 12-9 所示。

表 12-9　我国对氯苯氧乙酸产业化情况

登记证号	有效成分	剂型	含量	有效期	生产企业名称
LS20001025	对氯苯氧乙酸钾	原药	96%	2005-2-4	大连瑞泽生物科技有限公司
LS2000258-F02-0152	对氯苯氧乙酸钠	水剂	2.2%	2005-2-12	成都华西农药有限公司
LS2000258	对氯苯氧乙酸钠	水剂	2.2%	2005-3-26	迈克斯（东阳）化工有限公司
LS2000252	对氯苯氧乙酸钠	原药	90%	2005-3-26	迈克斯（东阳）化工有限公司
LS20031818	对氯苯氧乙酸钠	水剂	0.11%	2007-1-6	辽宁省大连诺斯曼化工有限公司
LS20030761	对氯苯氧乙酸钠	原药	95%	2005-10-22	重庆双丰化工有限公司
LS20052191	对氯苯氧乙酸钠	可溶粉剂	10%	2009-6-14	重庆双丰化工有限公司
LS20081401	对氯苯氧乙酸钠	水剂	0.11%	2011-3-17	辽宁省海城园艺化工有限公司
PD20151570	对氯苯氧乙酸钠	可溶粉剂	8%	2020-8-28	四川国光农化股份有限公司
PD20151572	对氯苯氧乙酸钠	原药	96%	2020-8-28	四川国光农化股份有限公司

12.2.8.2　氯苯氧乙酸的工艺概况

氯苯氧乙酸的合成工艺路线主要有两种。

（1）以苯氧乙酸在 pH<8 的条件下氯化得到，反应式如图 12-17 所示。

$$C_6H_5-OCH_2CO_2H \longrightarrow Cl-C_6H_4-OCH_2CO_2H$$

图 12-17　氯苯氧乙酸的合成工艺路线（方法 1）

（2）以对氯苯酚为原料，与氯乙酸反应得到。反应式如图 12-18 所示。

$$Cl-C_6H_4-OH + ClCH_2COOH \longrightarrow Cl-C_6H_4-OCH_2CO_2H$$

图 12-18　氯苯氧乙酸的合成工艺路线（方法 2）

12.2.9　增产灵

增产灵（其他名称：增产灵 1 号）是一种苯氧乙酸类植物生长调节剂，国外未商品化。类似化合物有增产素（对溴苯氧乙酸）。商品有 95%粉剂。增产灵化学名称为：4-碘苯氧乙酸。纯品为白色针状或鳞片状结晶，熔点 154～156℃。工业品为淡黄色或粉红色粉末，纯度 95%，熔点 154℃，略带刺激性臭味。溶于热水、苯、氯仿、酒精，微溶于冷水，其盐水溶性好。

增产灵是一个生理作用类似内源吲哚乙酸的生长调节剂，具有加速细胞分裂、分化，促进植株生长、发育、开花、结实，防止蕾铃脱落，增加铃重，缩短发育周期，使提早成熟等多种作用。

增产灵是我国 20 世纪 70 年代应用广泛的一种生长调节剂，曾在大豆、水稻、棉花、花生、小麦、玉米等作物上大面积应用，但近年来应用较少。

增产灵的合成工艺路线主要有两种，介绍如下：

（1）碘代法　即以苯氧乙酸为原料，在其对位进行碘代（如图 12-19 所示）。

$$C_6H_5\text{-}OCH_2COOH \xrightarrow[HgO]{I_2} I\text{-}C_6H_4\text{-}OCH_2COOH$$

图 12-19　增产灵的合成工艺路线（方法 1）

（2）醚化法　即以 4-碘苯酚和卤代乙基磺酸钠为原料进行醚化后，再与 S-苄基异硫脲反应，最后再酸化即得到产品（如图 12-20 所示）。

$$I\text{-}C_6H_4\text{-}OH + BrCH_2CH_2SO_3Na \longrightarrow I\text{-}C_6H_4\text{-}OCH_2CH_2SO_3Na$$

$$\longrightarrow I\text{-}C_6H_4\text{-}OCH_2CH_2SO_3H \cdot H_2N\text{-}C(=NH)\text{-}SCH_2Ph \longrightarrow I\text{-}C_6H_4\text{-}OCH_2COOH$$

图 12-20　增产灵的合成工艺路线（方法 2）

12.2.10　2 甲 4 氯丁酸

2 甲 4 氯丁酸（其他名称：Bexane、France、Lequmex、MCPD、Thistrol、Triol、Tropotox、Trotox）是苯氧羧酸类的一种植物生长素。纯品为无色结晶固体，熔点 101℃，沸点＞280℃，密度 1.233g/cm^3（22℃），蒸气压 5.77×10^{-2} mPa（20℃）。分配系数 K_{ow} $\lg P$＞2.37（pH5），1.32（pH7），−0.17（pH9）。Henry 常数 5.28×10^{-4} Pa・m^3/mol（计算值）。水中溶解度（20℃，g/L）：0.11（pH5），4.4（pH7），444（pH9）；有机溶剂中溶解度（g/L，室温）：丙酮 313，二氯甲烷 169，乙醇 150，正己烷 0.26，甲苯 8。

通过茎叶吸收，传导到其他组织。高浓度下，可作为除草剂；低浓度下，作为植物生长调节剂，可防止收获前落果。

2 甲 4 氯丁酸的合成工艺路线主要有以下两种：

（1）在碱性条件下，2-甲基 4-氯苯酚钠与 γ-丁内酯反应，即得产品。其反应式如图 12-21 所示。

$$Cl\text{-}C_6H_3(CH_3)\text{-}ONa + \gamma\text{-butyrolactone} \longrightarrow Cl\text{-}C_6H_3(CH_3)\text{-}O(CH_2)_3CO_2H$$

图 12-21　2 甲 4 氯丁酸的合成工艺路线（方法 1）

（2）在乙醇钠存在下，2-甲基-4-氯苯酚与 4-氯丁腈反应，然后水解，制得产品。其反应式如图 12-22 所示。

$$\text{Cl-C}_6\text{H}_3(\text{CH}_3)\text{-OH} + \text{ClCH}_2\text{CH}_2\text{CH}_2\text{CN} \xrightarrow{\text{NaOC}_2\text{H}_5} \xrightarrow[\text{②HCl}]{\text{①NaOH}} \text{Cl-C}_6\text{H}_3(\text{CH}_3)\text{-O(CH}_2)_3\text{COOH}$$

图 12-22　2 甲 4 氯丁酸的合成工艺路线（方法 2）

12.3　赤霉酸

12.3.1　概况

1926 年日本人黑泽发现水稻恶苗病可引起稻苗的徒长，稻苗茎叶纤弱，呈淡黄色，最终枯死，从而引起了后人的注意。1938 年日本东京大学首次从水稻恶苗病菌中提取到两种有效物质的结晶体，称之为赤霉素 A 和赤霉素 B。但由于 1939 年第二次世界大战爆发，该项研究被迫停止。直到第二次世界大战后，这一研究才引起了重视，20 世纪 50 年代初，英、美科学家从真菌培养液中首次获得了这种物质的化学纯产品，英国科学家称之为赤霉酸，美国科学家称之为赤霉素 X。后来证明两者为同一物质，都是赤霉素$_3$（GA_3）。后来研究者又从多种未成熟的植物种子中分离出多种结构稍有变化的赤霉素，并开展了化学结构与生理作用的基础研究，多家公司应用发酵培养大量生产，积极开拓其用途研究。

赤霉酸（赤霉素，gibberellins 或 gibberellic acid，GA）是一个较大的萜类化合物家族，其他名称有九二〇。赤霉素的种类很多，它们广泛分布于植物界，在被子植物、裸子植物、蕨类植物、褐藻、绿藻、真菌和细菌中都发现有赤霉素的存在。赤霉素是植物激素中种类最多的一大类激素（图 12-23）。赤霉素在植物整个生命循环过程中起着重要的调控作用。目前在生物体内已发现的赤霉素共有 120 余种，但只有部分具有生物学活性。这些有活性的赤霉素调控着植物生长发育的各个阶段，包括种子的发芽、茎秆的伸长、叶片的延展、表皮毛状体的发育、开花时间、花与果实的成熟等许多不同的发育过程。自 20 世纪 60 年代起，水稻 *sd1* 基因和小麦 *Rht1* 基因在育种中大规模推广应用，使世界主要粮食作物产量极大幅度地提高，这一历程即为众所周知的“绿色革命”。最近的研究表明，水稻“绿色革命”*sd1* 基因是赤霉素生物合成途径的一个关键酶，小麦“绿色革命”*Rht1* 基因是赤霉素信号转导途径的关键调控元件 DELLA 蛋白，两者都与赤霉素密切相关。

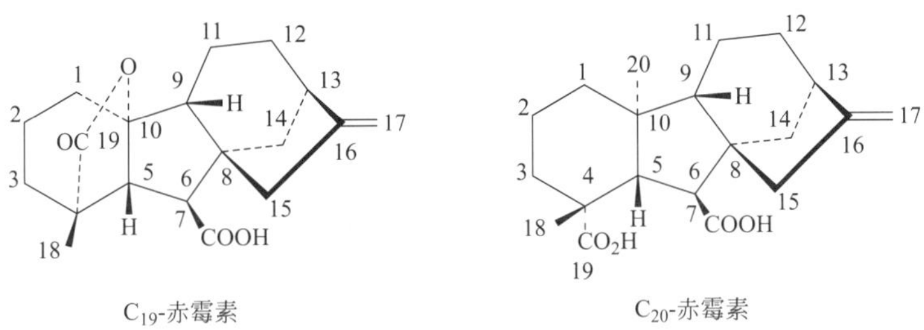

图 12-23　赤霉素的结构

赤霉素与其他所有激素间也存在相互作用，其作用的方向和类型取决于组织器官、发育阶段以及环境条件，赤霉素对植物生长发育的调控及其在不同器官中的生理功能不同。近年来，关于 GA 与其他信号分子之间相互作用的研究较多，在一定程度上揭示了 GA 分子水平上的作用机制。随着这些激素信号传导途径中大量的组分逐步得到鉴定，对不同激素间的交叉反应机制和这一复杂的信号网络体系的研究也取得了相应的进展[7-10]。

12.3.2 赤霉酸的生物合成

赤霉酸（赤霉素）是植物和真菌次生代谢二萜途径的产物，由前质体物牻牛儿基牻牛儿基焦磷酸（geranylgeranyl pyrophosphate，GGPP）环化而成。根据反应类型和酶的种类，可将 GA 的生物合成主要分成三个阶段[11-14]：

第一阶段：从 GGPP 合成内根-贝壳杉烯（ent-kaurene）。这些反应在细胞溶质中进行，有关的酶是可溶性酶，不与膜结合。在古巴焦磷酸合酶（copalyl pyrophosphate synthase，CPS）的催化下，GGPP 环化形成古巴焦磷酸（copalyl diphosphate，CPP），后者在内根-贝壳杉烯合酶（entkaurene synthase，KS）催化下环化成为赤霉素的前身——内根-贝壳杉烯。

第二阶段：内根-贝壳杉烯氧化为 GA_{12}-醛（GA_{12}-aldehyde）。这些反应是由与微粒体膜结合的依赖细胞色素 P450 单加氧酶（monooxygenase）催化的，反应需要氧气和 NADPH 的参与。内根-贝壳杉烯转化为内根-贝壳杉烯醇（ent-kaurenol）、内根-贝壳杉烯醛（ent-kaurenal）、内根-贝壳杉烯酸（ent-kaurenoic acid），内根-7α-羟贝壳杉烯酸（ent-7α-hydroxykaurenoic acid），再到 GA_{12}-醛。GA_{12}-醛是由多种单加氧酶共同参与合成的，还是由单一的单加氧酶催化合成的，目前依然未有定论。但赤霉菌中可能有 4 个不同的 P450 单加氧酶催化从贝壳杉烯到 GA_{12}-醛的工艺路线。

第三阶段：由 GA_{12}-醛转化成其他 GA。此阶段在细胞质中进行。GA_{12}-醛进一步氧化为不同的 GA。首先把 GA_{12}-醛的 C-7 醛基氧化成羧基，成为 GA_{12}，再将 C-20 的甲基氧化成羟甲基，成为 GA_{53}。GA_{53} 和 GA_{12} 分别在 GA_{20}-氧化酶（GA_{20}-oxydase）、$GA_3\beta$-羟化酶（$GA_3\beta$-hydroxylase）作用下，形成有生物活性的 GA_1 和 GA_4。它们在 $GA_2\beta$-羟化酶（$GA_2\beta$-hydroxylase）的作用下，转变为无生物活性的 GA_8-分解代谢物和 GA_{34}-分解代谢物。以上 3 种酶都是双加氧酶（dioxygenase），需要 2-酮戊二酸（2-oxoglutaric acid）和氧分子作为辅底物（cosubstrate），Fe^{2+} 和抗坏血酸为辅因子（cofactor）。与此同时，GA_{53} 和 GA_{12} 也会转化为各种 GA。所以大部分植物体内都含有多种赤霉素。赤霉素的生物合成途径如图 12-24 所示。

植物体内合成 GA 的场所是顶端幼嫩部分，如根尖和茎尖，也包括生长中的种子和果实，其中正在发育的种子是 GA 的丰富来源。一般来说，生殖器官中所含的 GA 比营养器官中的高，前者每克鲜组织含 GA 几微克，而后者每克鲜组织只含 GA 1～10ng。在同一种植物中往往含有多种 GA，如在南瓜与菜豆种子中至少分别含有 20 种与 16 种 GA。

虽然高等植物和真菌都能产生结构相同的 GA，但它们的信号传导途径和合成过程中所涉及的酶，却有很大的不同。对于 GA 的生物合成途径，其中前两步的媒介物在植物和真菌中都存在，第三步由 GA_{12}-醛合成其他 GA 的过程中，由于所起作用的酶及酶的作用底物不同，真菌与植物两者间具有很大的差异。尚需指出的是，GA 合成的过程极其复杂，参与的酶和影响其合成的内外因子较多，其中的许多基本问题尚未弄清。因此，如欲全面了解 GA 的工艺路线，还需作艰苦的探索。

当前人工用赤霉菌生产的赤霉酸多是 GA_3，生产上用得较多的还有 GA_4 和 GA_7。20 世纪 50 年代美国艾博特（Abbott Laboratories）、英国帝国化学公司（I. C. I. ）和日本协和发酵、明治制药等先后投产。1958 年中国科学院、北京农业大学组织生产，现由钱江生物化学公司、江西核工业华新生物化学制品厂、上海同瑞生物科技有限公司、山东鲁抗生物农药公司、江苏射阳化工厂、浙江升华拜克生物公司等生产。

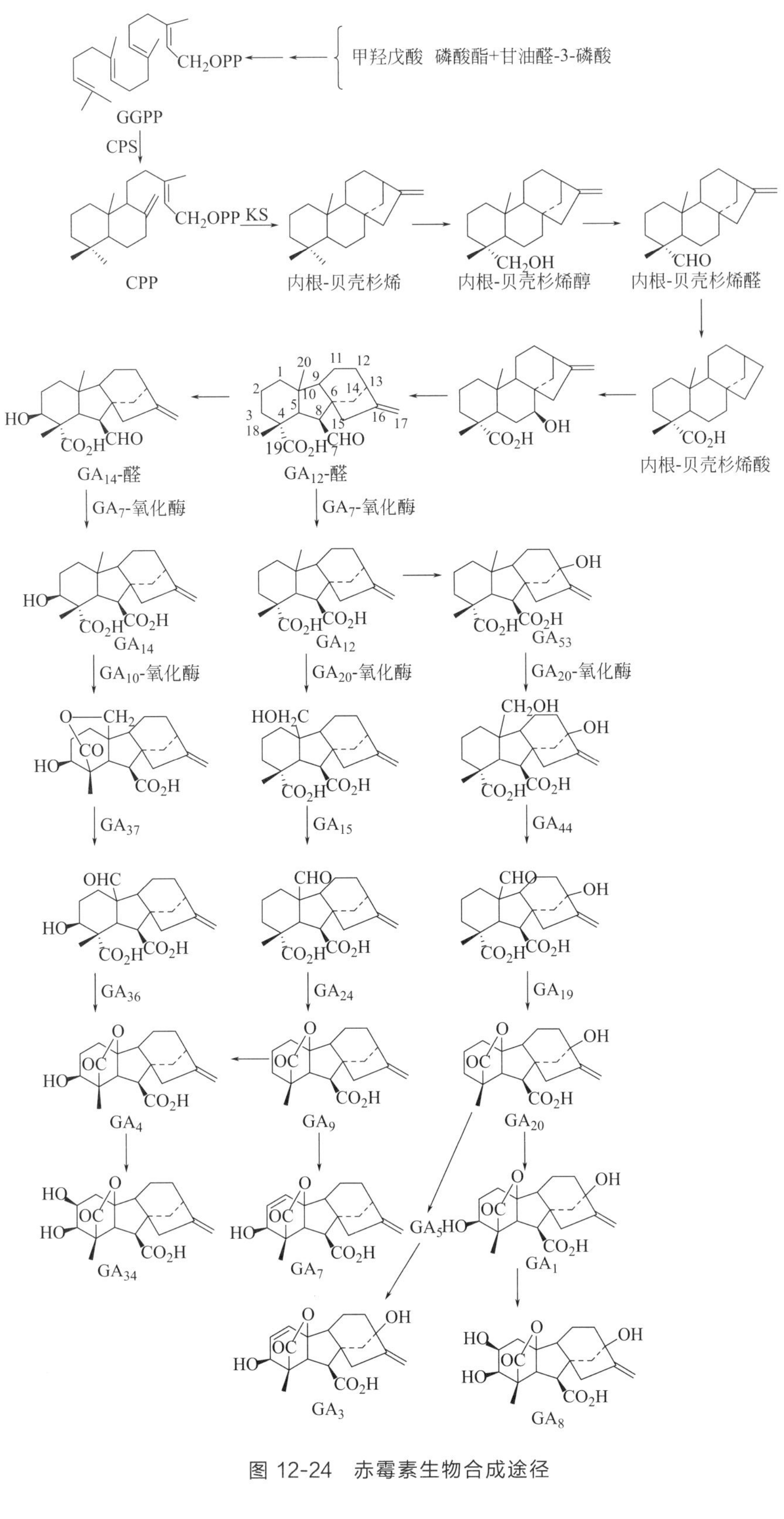
甲羟戊酸 磷酸酯+甘油醛-3-磷酸
CH2OPP
GGPP
CPS
CH2OPP
KS
CPP
内根-贝壳杉烯
CH2OH
内根-贝壳杉烯醇
CHO
内根-贝壳杉烯醛
CO2H
内根-贝壳杉烯酸
OH
CO2H
GA12-醛
GA14-醛
GA7-氧化酶
GA14
GA12
GA53
GA10-氧化酶
GA20-氧化酶
GA37
GA15
GA44
GA36
GA24
GA19
GA4
GA9
GA20
GA34
GA7
GA5
GA1
GA3
GA8

图 12-24　赤霉素生物合成途径

目前，世界上可以生产赤霉酸（GA）的公司，主要集中在中国，2016年中国的生产市场份额为91.06%。GA的产量从2012年的403.5t增加到2016年的480.9t，平均增长率为4.62%。

生产GA的主要原料是*Gibberella fujikuroi*。在全球市场上，原材料供应充足。上游产品价格的波动将影响GA产业的生产成本。

GA纯品为结晶状固体，熔点223~225℃（分解）。溶解性：水中溶解度5g/L（室温），溶于甲醇、乙醇、丙酮、碱溶液，微溶于乙醚和乙酸乙酯，不溶于氯仿。其钾盐、钠盐、铵盐易溶于水（钾盐溶解度50g/L）。稳定性：干燥的GA在室温下稳定存在，但在水溶液或者水-乙醇溶液中会缓慢水解，半衰期（20℃）约14d（pH 3～4）。在碱中易降解并重排成低生物活性的化合物。受热分解。pK_a 4.0。

大鼠和小鼠急性经口LD_{50}＞15000mg/kg，大鼠急性经皮LD_{50}＞2000mg/kg。对皮肤和眼睛没有刺激。大鼠每天吸入2h浓度为400mg/L的GA 21d未见异常反应。大鼠和狗90d饲喂试验＞1000mg/kg饲料（6d/周）。山齿鹑急性经口LD_{50}＞2250mg/kg，LC_{50}＞4640mg/L。虹鳟鱼LC_{50}（96h）＞150mg/L。

在产业化方面，赤霉酸有GA_3、GA_4、GA_7等有效成分，当前含有效成分赤霉酸的产品共116个，其中原药（或母药）共12个，除了江苏丰源生物工程有限公司、浙江升华拜克生物股份有限公司、浙江钱江生物化学股份有限公司、江西新瑞丰生化有限公司等生产的赤霉酸明确了其主要成分为“GA_4+GA_7”，其余的产品均未明确具体的组分。原药有效成分含量均大于90%，其中由浙江天丰生物科学有限公司生产的GA含量达到95%。此外，德国阿格福莱农林环境生物技术股份有限公司生产的母药中也含有3.4% GA。表12-10所示为我国生产赤霉酸原药的情况。

表12-10　我国生产赤霉酸原药的情况

有效成分	含量	生产企业
赤霉酸	90%	四川龙蟒福生科技有限责任公司
赤霉酸	90%	江苏百灵农化有限公司
GA_4+GA_7	90%	江苏丰源生物工程有限公司
GA_4+GA_7	90%	浙江升华拜克生物股份有限公司
赤霉酸	90%	澳大利亚纽发姆有限公司
GA_4+GA_7	90%	浙江钱江生物化学股份有限公司
GA_4+GA_7	90%	江西新瑞丰生化有限公司
赤霉酸	90%	吉安同瑞生物科技有限公司
赤霉酸	95%	浙江天丰生物科学有限公司
赤霉酸	90%	郑州先利达化工有限公司
赤霉酸	90%	江苏丰源生物工程有限公司
赤霉酸	90%	河南三浦百草生物工程有限公司
赤霉酸	90%	江西新瑞丰生化有限公司
赤霉酸	90%	浙江钱江生物化学股份有限公司
赤·吲乙·芸苔	3.423%	德国阿格福莱农林环境生物技术股份有限公司

利用赤霉菌在含麸皮、蔗糖和无机盐等组分的培养液中进行发酵，赤霉菌代谢产生赤霉酸，发酵液经溶剂萃取，浓缩得赤霉酸晶体。

在制剂生产方面，如表 12-11 所示，截至 2018 年 3 月，一共 101 个相关的制剂产品获得登记，其中表明含 GA_3 的产品有 13 个，涉及的剂型有可溶粉剂、脂膏、可溶片剂、涂抹剂等，涉及的水基化制剂较少（图 12-25）。生产厂家有江西新瑞丰生化有限公司、江苏丰源生物工程有限公司、浙江升华拜克生物股份有限公司、江苏丰源生物工程有限公司、湖南神隆超级稻丰产生化有限公司、江苏省农垦生物化学有限公司、烟台绿云生物科技有限公司、四川省兰月科技有限公司。

表 12-11　含有效成分为 GA_3 的产品情况

登记证号	登记名称	剂型	总含量	有效期至	生产企业
PD20082338	GA_3	可溶片剂	10%	2018-12-1	江西新瑞丰生化有限公司
PD20130691	$GA_4+GA_7 \cdot GA_3$	涂抹剂	2.7%	2023-4-10	
PD20083844	GA_3	可溶粉剂	20%	2018-12-15	江苏丰源生物工程有限公司
PD20086034	赤霉酸	脂膏	2.7%	2018-12-29	浙江升华拜克生物股份有限公司
PD20097807	GA_3	可溶粉剂	40%	2019-11-20	江苏丰源生物工程有限公司
PD20101734	$GA_4+GA_7 \cdot GA_3$	脂膏	2.7%	2020-6-28	
PD20101957	GA_3	可溶片剂	10%	2020-9-20	
PD20101973	GA_3	可溶片剂	20%	2020-9-21	
PD20121387	GA_3	脂膏	4.1%	2022-9-13	
PD20110217	GA_3	结晶粉	85%	2021-2-24	湖南神隆超级稻丰产生化有限公司
PD20111453	GA_3	脂膏	3%	2021-12-30	江苏省农垦生物化学有限公司
PD20120504	GA_3	脂膏	2.7%	2022-3-19	烟台绿云生物科技有限公司
PD20170861	苄氨·赤霉酸	可溶液剂	4%	2022-5-9	四川省兰月科技有限公司

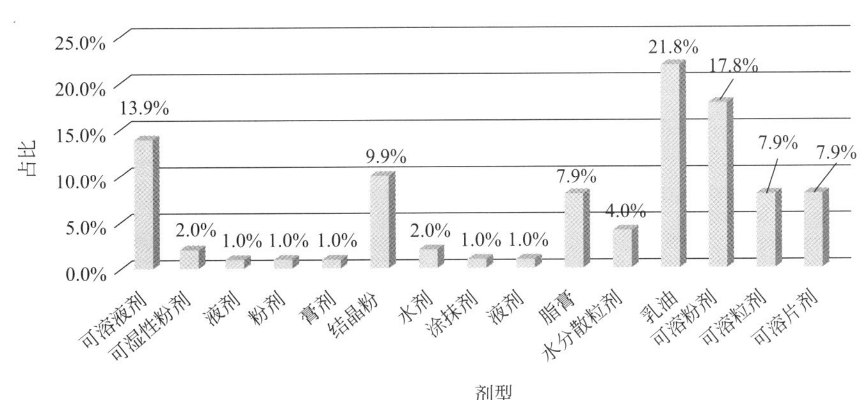

图 12-25　赤霉酸相关产品剂型分布情况

在 101 个相关的制剂产品中，大部分品种为单制剂品种，数量达到 74 个。二元复配制剂为 27 个；三元复配制剂有 1 个，主要有效成分有吲哚乙酸、赤霉酸、芸苔素内酯，由德国阿格福莱农林环境生物技术股份有限公司进行生产（商品名“碧护”）。二元复配制剂大部分均为赤霉酸与胺鲜酯、苄氨基嘌呤、氯吡脲等有效成分进行复配的制剂。

12.4 细胞分裂素

12.4.1 细胞分裂素发展概述

20 世纪初，德国植物学家 G. Haberlandt 将植物韧皮部细胞打碎，放在马铃薯块茎的伤口上，发现伤口附近的薄壁细胞竟然分裂了。20 世纪 40 年代，美国植物学家 J. Van Overbeek 发现椰乳能刺激离体培养的曼陀罗幼胚的生长。他们推测其中存在着不同于已知的任何激素的促进生长的物质。20 世纪 50 年代，美国 F. Skoog 和 C. O. Miller 等人在实验室内培养烟草植物的薄壁组织时，发现薄壁组织在离体的条件下，可以长大成瘤状的细胞团，即愈伤组织，愈伤组织细胞一般都较大，但不分裂，细胞壁却不能长成，他们将椰乳或酵母提取液加到培养基中，细胞果然分裂了，由此推测，起作用的物质可能是与核酸代谢有关的物质。1955 年他们终于分离出一种核酸的降解产物 N_6-呋喃甲基氨基嘌呤，它有刺激细胞分裂的作用，称之为激动素（kinetiin）。虽然激动素是最早发现的刺激细胞分裂的活性物质，但迄今还没有发现在植物细胞中的天然存在。然而人们从大量的探索中发现在不少植物幼嫩器官中，存在着刺激细胞分裂的物质。1963 年，Letham 首次从玉米灌浆期籽粒中提取并结晶出有效物质，命名为玉米素（zeatin），并确定结构。后来又发现了异戊烯基腺嘌呤（IP）、异戊烯基腺苷（IPA）等。于是人们把具有与激动素相同生理活性的所有物质统称为细胞分裂素（cytokinins，CTK）。迄今所有的内源细胞分裂素都是腺嘌呤的衍生物[15-17]。

当前，细胞分裂素主要有两类：一类细胞分裂素是自然界本身就存在的；另一类是通过人工合成的衍生物。自然界存在的细胞分裂素为嘌呤的衍生物，一般在腺嘌呤 N_6-位上含有取代基；细胞分裂素活性大小大致为：玉米素>PBA>6-BA>KT>腺嘌呤。

迄今自然界存在的细胞分裂素如表 12-12 所示。

表 12-12 迄今自然界存在的细胞分裂素

(通式：嘌呤环 6-位 NHR^1，2-位 R^2，9-位 R^3)

R^1	R^2	R^3	化学名称	简称和缩写
$-CH_2(H)C=C(CH_3)CH_2-OH$	H	H	6-(4-羟基-3-甲基反式-2-丁烯基氨基）嘌呤	玉米素 Z
$-H_2C(\ )C=C(CH_2-OH)CH_3$	H	H	6-(4-羟基-3-甲基顺式-2-丁烯基氨基）嘌呤	顺式玉米素（*cis*)-Z
$-CH_2(H)C=C(CH_3)CH_2-OH$	H	核糖	6-(4-羟基-3-甲基反式-2-丁烯基氨基)-9-β-D-呋喃核糖基嘌呤	核糖基玉米素
$-H_2C(\ )C=C(CH_2-OH)CH_3$	H	核糖	6-(4-羟基-3-甲基顺式-2-丁烯基氨基)-9-β-D-呋喃核糖基嘌呤	顺式核糖基玉米素
$-CH_2(H)C=C(CH_3)CH_2-OH$	H	核糖磷酸酯	6-(4-羟基-3-甲基-2-丁烯基氨基)-9-β-D-呋喃核糖基嘌呤磷酸酯	核糖基玉米素磷酸酯

续表

R^1	R^2	R^3	化学名称	简称和缩写
$—H_2C—H_2C—CH(CH_2—OH)(CH_3)$	H	H	6-(4-羟基-2-甲基丁烯基氨基)嘌呤	二氮玉米素（DiH）Z
$—H_2C—HC=C(CH_3)(CH_3)$	H	H	6-(3-甲基-2-丁烯基氨基）嘌呤	iP（ZiP 或 IP）
$—H_2C—HC=C(CH_3)(CH_3)$	H	核糖	6-(3-甲基-2-丁烯基氨基)-9-β-D-呋喃核糖基嘌呤	［9*R*］iP（ziPA，IPA）
$—H_2C—HC=C(CH_3)(CH_3)$	CH_3S	核糖	6-(3-甲基-2-丁烯基氨基)-2-甲硫基-9-β-D-呋喃糖基嘌呤	［2MeS-9*R*］ip（ms-ziPA）
$—CH_2(H)C=C(CH_3)(CH_2—OH)$	CH_3S	核糖	6-(4-羟基-3-甲基反式-2-丁烯基氨基)-2-甲硫基-9-β-D-呋喃核糖基嘌呤	ms-核糖基玉米素
$—H_2C(—)C=C(CH_2—OH)(CH_3)$	CH_3S	核糖	6-(4-羟基-3-甲基顺式-2-丁烯基氨基)-2-甲硫基-9-β-D-呋喃核糖基嘌呤	(*cis*)［2MeS-9*R*］Z
$—H_2C(—)C=C(CH_2—OH)(CH_3)$	H	葡萄糖	6-(4-羟基-3-甲基-2-丁烯基氨基)-9-β-D-呋喃葡糖基嘌呤	葡糖基玉米素、ZG
$—CH_2(H)C=C(CH_3)(CH_2—OH)$	OH	H	2-羟基-6-(4-羟基-3-甲基反式-2-丁烯基氨基）嘌呤	
$—H_2C—H_2C—C(OH)(CH_3)—CH_2—OH$	H	H	6-(3,4-二羟基-3-甲基氨基）嘌呤	
苯环（$—CH_3$，$—OH$）	H	核糖	6-(邻羟基苄基氨基)-9-β-D-核糖基嘌呤	

人工合成的细胞分裂素[18-22]具有细胞分裂素性质，这类化合物主要是苯基类化合物，又称为苯基脲型细胞分裂素。代表性品种包括：二苯脲（DPU）、敌草隆、噻苯隆（thidiazuron）、氯吡脲，等等。

12.4.2　6-苄氨基嘌呤

12.4.2.1　6-苄氨基嘌呤产业概况

6-苄氨基嘌呤（6-BA）是一种嘌呤类人工合成的植物生长调节剂。其化学名称为：6-(*N*-苄基）氨基嘌呤或 6-苄基腺嘌呤。白色或淡黄色粉末，纯度>99%。纯品为无色无臭细针状结晶，熔点 234～235℃，蒸气压 2.373×10^{-6} mPa（20℃），分配系数 K_{ow} $\lg P=2.13$，Henry 常数 8.91×10^{-9} $Pa\cdot m^3/mol$（计算值）。水中溶解度（20℃）为 60mg/L，不溶于大多数有机溶剂，溶于二甲基甲酰胺、二甲基亚砜。稳定性：在酸、碱和中性水溶液中稳定，对光、热（8h，120℃）稳定。

急性经口 LD_{50}（mg/kg）：雄大鼠 2125，雌大鼠 2130，小鼠 1300。大鼠急性经皮

LD_{50}＞5000mg/kg。对兔眼睛、皮肤无刺激性。NOEL数据［mg/(kg·d)，2年］：雄大鼠5.2，雌大鼠6.5，雄小鼠11.6，雌小鼠15.1。ADI值：0.05mg/kg。Ames试验，对大鼠和兔无诱变、致畸作用。鲤鱼LC_{50}（48h）＞40mg/L，蓝鳃翻车鱼LC_{50}（4d）37.9mg/L，虹鳟鱼LC_{50}（4d）21.4mg/L。绿头鸭饲喂试验LC_{50}（5d）＞8000mg/L饲料。水蚤LC_{50}（24h）＞40mg/L，海藻EC_{50}（96h）363.1mg/L（10%可溶液剂）。蜜蜂：LD_{50}（经口）400μg/只，LD_{50}（接触）57.8μg/只（均为10%可溶液剂）。

6-苄氨基嘌呤于1952年由美国威尔康姆实验室合成，1971年国内首先由上海东风试剂厂和化工部沈阳化工研究院开发。现由美商华仑生物科学公司、江苏丰源生物化工、浙江省台州市东海植物激素厂等生产。

如表12-13所示，我国生产6-苄氨基嘌呤原药的厂家有江苏丰源生物工程有限公司、四川省兰月科技有限公司、台州市大鹏药业有限公司、四川国光农化股份有限公司、郑州先利达化工有限公司、重庆双丰化工有限公司等6家，6-苄氨基嘌呤的含量均在97%以上。

表12-13 6-苄氨基嘌呤原药的生产登记情况

登记证号	含量	生产企业
PD20081394	99%	江苏丰源生物工程有限公司
PD20081605	97%	四川省兰月科技有限公司
PD20081600	98.50%	台州市大鹏药业有限公司
PD20081592	99%	四川国光农化股份有限公司
PD20170919	99%	郑州先利达化工有限公司
PD20180444	99%	重庆双丰化工有限公司

在制剂生产方面，我国当前有广东德利生物科技有限公司、江苏丰源生物工程有限公司、江西新瑞丰生化有限公司、美商华仑生物科学公司、陕西美邦农药有限公司、陕西上格之路生物科学有限公司、陕西韦尔奇作物保护有限公司、四川国光农化股份有限公司、四川龙蟒福生科技有限责任公司、四川省兰月科技有限公司、台州市大鹏药业有限公司、兴农药业（中国）有限公司、浙江升华拜克生物股份有限公司、郑州郑氏化工产品有限公司等14家企业从事制剂方面的生产（如表12-14所示）。

表12-14 6-苄氨基嘌呤制剂的生产登记情况

有效成分	剂型	含量	生产企业
苄氨·赤霉酸	液剂	3.60%	广东德利生物科技有限公司
苄氨·赤霉酸	乳油	3.80%	江苏丰源生物工程有限公司
苄氨·赤霉酸	乳油	3.60%	江西新瑞丰生化有限公司
苄氨·赤霉酸	液剂	3.60%	美商华仑生物科学公司
苄氨·赤霉酸	水分散粒剂	1.80%	陕西美邦农药有限公司
苄氨·赤霉酸	可溶液剂	3.60%	陕西上格之路生物科学有限公司
苄氨·赤霉酸	可溶液剂	3.60%	陕西韦尔奇作物保护有限公司
苄氨·赤霉酸	水分散粒剂	1.80%	
芸苔·嘌呤	水分散粒剂	2%	

续表

有效成分	剂型	含量	生产企业
苄氨基嘌呤	可溶粉剂	1%	四川国光农化股份有限公司
苄氨基嘌呤	可溶液剂	2%	
苄氨・赤霉酸	可溶液剂	3.60%	
苄氨・赤霉酸	可溶液剂	4%	四川龙蟒福生科技有限责任公司
苄氨基嘌呤	可溶粉剂	1%	四川省兰月科技有限公司
苄氨基嘌呤	可溶液剂	2%	
苄氨・赤霉酸	可溶液剂	4%	
苄氨・赤霉酸	可溶液剂	4%	
苄氨基嘌呤	水剂	5%	
苄氨基嘌呤	可溶液剂	2%	台州市大鹏药业有限公司
苄氨基嘌呤	可溶液剂	2%	兴农药业（中国）有限公司
苄氨・赤霉酸	乳油	3.60%	浙江升华拜克生物股份有限公司
苄氨・赤霉酸	可溶液剂	3.60%	郑州郑氏化工产品有限公司
苄氨基嘌呤	可溶液剂	2%	

从表 12-14 中可以看出，苄氨基嘌呤大部分是以复配制剂进行登记的，其中仅 8 个相关产品为单制剂。在剂型方面，如图 12-26 所示，主要以可溶液剂为主，其次是水分散粒剂，尚有少量乳油剂型产品。

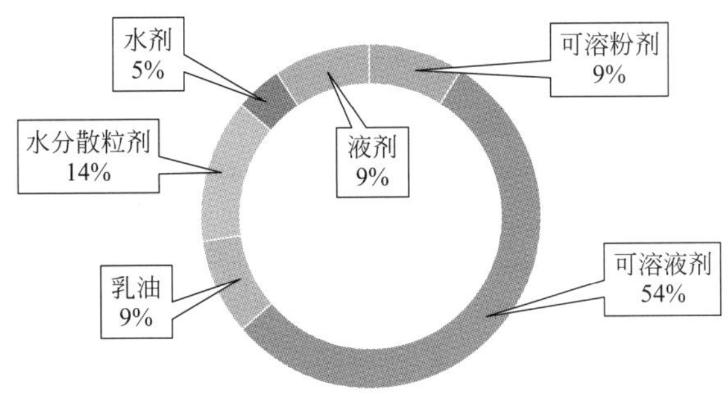

图 12-26　我国苄氨基嘌呤的剂型分布

12.4.2.2　6-苄氨基嘌呤的工艺概况

合成苄氨基嘌呤的工艺路线，当前主要有四种[23]，反应式如图 12-27～图 12-30 所示。

图 12-27　苄氨基嘌呤的合成工艺路线（方法 1）

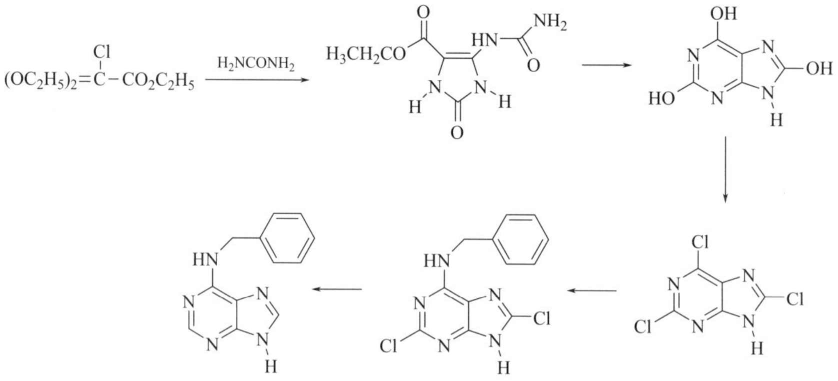

图 12-28　苄氨基嘌呤的合成工艺路线（方法 2）

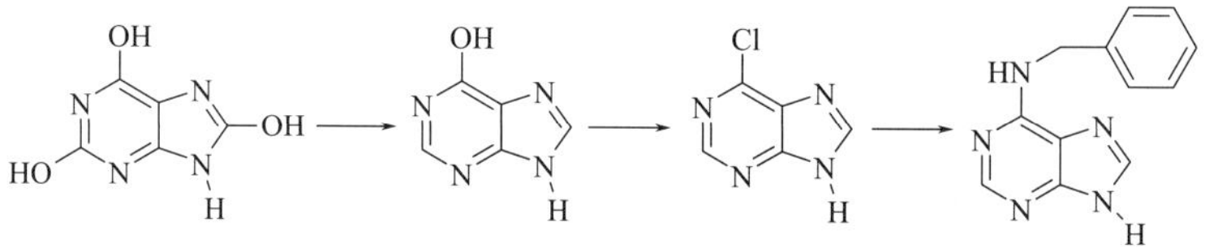

图 12-29　苄氨基嘌呤的合成工艺路线（方法 3）

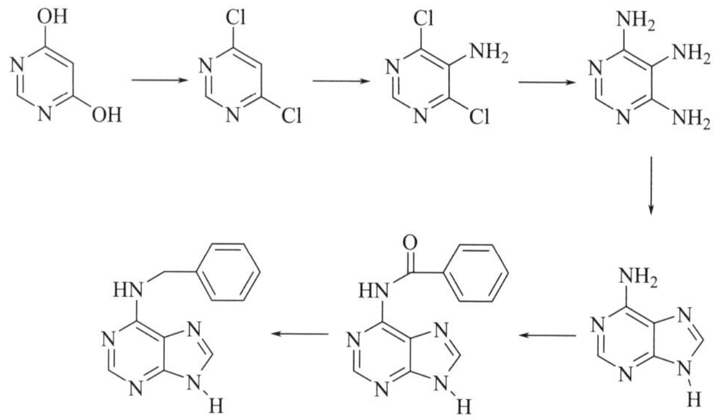

图 12-30　苄氨基嘌呤的合成工艺路线（方法 4）

12.4.3　氯吡脲

12.4.3.1　氯吡脲的产业概况

氯吡脲（forchlorfenuron）试验代号：CN-11-3183、KT-30、4PU-30；商品名称：Fulmet、Sitofex；其他名称：吡效隆、调吡脲、施特优。氯吡脲是由美国 Sandoz Crop Protection Corp. 报道的取代脲类植物生长调节剂，由日本协和发酵工业株式会社开发。其纯品为白色至灰白色结晶粉末，熔点 165～170℃，蒸气压 4.6×10^{-5} mPa（25℃），分配系数 K_{ow} $\lg P=3.2$（20℃）。对光、热和水稳定。

急性经口 LD_{50}（mg/kg）：雄大鼠 2787，雌大鼠 1568，雄小鼠 2218，雌小鼠 2783。兔急性经皮 $LD_{50}>2000$mg/kg。大鼠吸入 LC_{50}（4h）：在饱和空气中无死亡。NOEL 数据：7.5mg/kg 饲料。山齿鹑急性经口 $LD_{50}>2250$mg/kg。山齿鹑饲喂试验 LC_{50}（5d）＞

5000mg/kg 饲料。鱼毒 LC_{50}（mg/L）：虹鳟（96h）9.2，鲤鱼（48h）8.6，金鱼（48h）10～40。水蚤 LC_{50}（48h）：8.0mg/L。海藻 EC_{50}（3h）：11mg/L。

在我国植物生长调节剂氯吡脲的生产企业主要集中在西南地区，四川国光农化股份有限公司、重庆双丰化工有限公司、四川施特优化工有限公司以及四川省兰月科技有限公司均生产氯吡脲的原药，纯度均在 97%以上。

在制剂方面，我国当前生产的氯吡脲相关产品共 15 个，所有产品均为可溶液剂，且大部分均为单制剂产品，目前有三个复配产品，均与赤霉素进行复配。相关情况如表 12-15 所示。

表 12-15　氯吡脲制剂在我国的生产情况

登记证号	有效成分	剂型	含量	生产企业
PD20131658	赤霉・氯吡脲	可溶液剂	0.3%	四川省兰月科技有限公司
PD20170947	赤霉・氯吡脲	可溶液剂	0.35%	四川施特优化工有限公司
PD20171226	赤霉・氯吡脲	可溶液剂	0.50%	四川国光农化股份有限公司
PD20132329	氯吡脲	可溶液剂	0.10%	重庆双丰化工有限公司
PD20082370	氯吡脲	可溶液剂	0.10%	四川国光农化股份有限公司
PD20140334	氯吡脲	可溶液剂	0.10%	重庆市诺意农药有限公司
PD20094490	氯吡脲	可溶液剂	0.10%	浙江平湖农药厂
PD20096641	氯吡脲	可溶液剂	0.10%	宁夏裕农化工有限责任公司
PD2015007	氯吡脲	可溶液剂	0.10%	郑州郑氏化工产品有限公司
PD20150336	氯吡脲	可溶液剂	0.10%	江苏丰源生物工程有限公司
PD20110820	氯吡脲	可溶液剂	0.50%	四川省兰月科技有限公司
PD20070131	氯吡脲	可溶液剂	0.10%	四川施特优化工有限公司
PD20070455	氯吡脲	可溶液剂	0.10%	四川省兰月科技有限公司
PD20180338	氯吡脲	可溶液剂	0.10%	江西新瑞丰生化有限公司
PD20180185	氯吡脲	可溶液剂	0.10%	海南江河农药化工厂有限公司

12.4.3.2　氯吡脲的工艺概况

1955 年，Shantze 等发现椰乳中的 *N*,*N'*-二苯基脲具有促进离体培养的植物细胞分裂的活性，此后大量的应用实例证明，它比嘌呤系列化合物更为优越，具有广泛的生物活性和低毒等特点[24]。国内外合成这一类化合物的方法有光气法、草酰氯法、取代脲法、二氧化碳合成法及叠氮化钠法等，其中光气法和草酰氯法是经常使用的方法，如图 12-31 所示。

R'—C₆H₄—NH₂ ⟶ R'—C₆H₄—NHCO₂CH₃ ⟶(R''—C₆H₄—NH₂) R'—C₆H₄—NHCONH—C₆H₄—R''

图 12-31　*N*,*N'*-二苯基脲的工艺路线

对于氯吡脲，其合成工艺路线主要有三种，反应式如图 12-32～图 12-34 所示。图 12-35 所示为中间体的合成工艺路线。

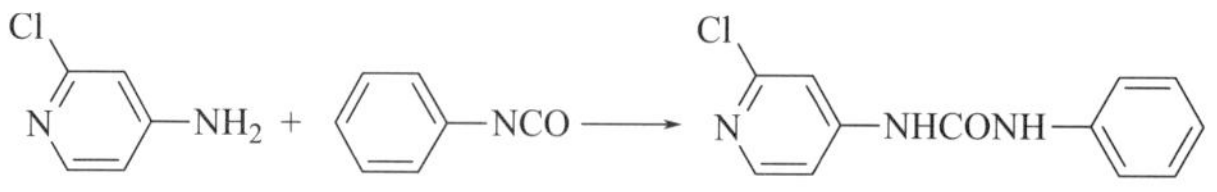

图 12-32　氯吡脲的合成工艺路线（方法 1）

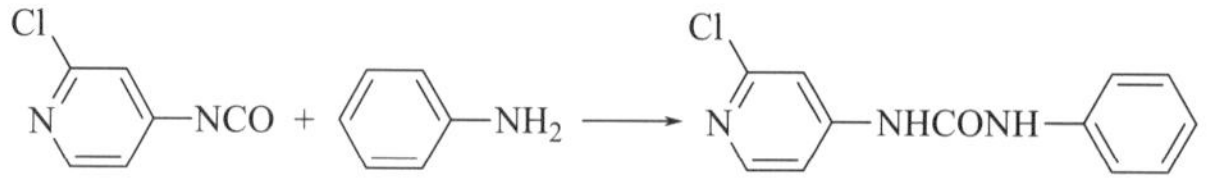

图 12-33　氯吡脲的合成工艺路线（方法 2）

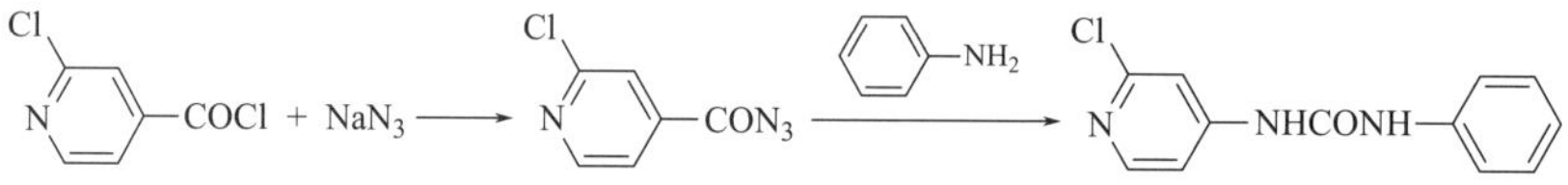

图 12-34　氯吡脲的合成工艺路线（方法 3）

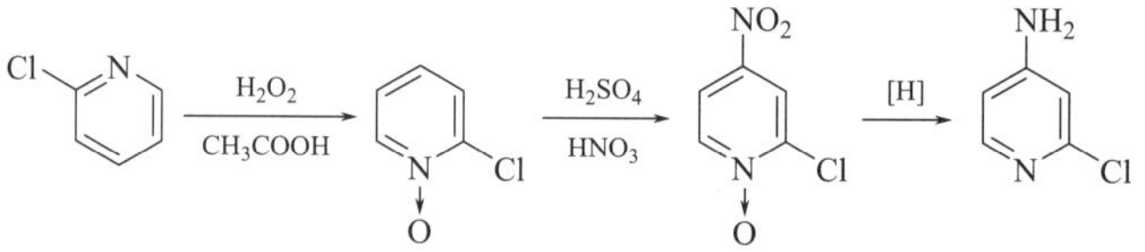

图 12-35　中间体的合成工艺路线

12.4.4　噻苯隆

12.4.4.1　噻苯隆的产业概况

噻苯隆（thidiazuron）试验代号：SN49 537；商品名称：Difolit、Dropp；其他名称：脱落宝、脱叶灵、脱叶脲。F. Arndt 等人 1976 年报道噻苯隆生物活性，由 A. G. Schering（安万特公司）开发，是取代脲类植物生长调节剂。其纯品为无色、无臭结晶体，熔点 210.5～212.5℃，光照下能迅速转化成异构体——1-苯基-3-(1,2,5-噻二唑-3-基）脲。在室温条件下，pH 5～9 稳定，54℃储存 14d 不分解。pK_a 8.86。

急性经口 LD_{50}：大鼠＞4000mg/kg，小鼠＞5000mg/kg。急性经皮 LD_{50}：大鼠＞1000mg/kg，兔＞4000mg/kg。大鼠急性吸入 LC_{50}（4h）＞2.3mg/L 空气。对家兔眼睛有中度刺激性，对兔皮肤无刺激性作用，对豚鼠皮肤无致敏作用。NOEL 数据：大鼠（90d）200mg/kg 饲料，狗（1 年）100mg/kg 饲料，无致突变作用。日本鹌鹑急性经口 LD_{50}＞3160mg/kg。山齿鹑和绿头鸭饲喂试验 LC_{50}（4d）＞5000mg/g 饲料。鱼毒 LC_{50}（96h，mg/L）：虹鳟鱼＞19，大翻车鱼＞32。对蜜蜂无毒。水蚤 LC_{50}（48h）＞10mg/L。蚯蚓 LC_{50}（14d）＞1400mg/kg 土壤。进入动物体内的本品，先经过苯基羟基化，然后转化为水溶性轭合物。经口给药可在 96h 内通过尿和粪便排出体外。本品在棉花种子中的残留量＜0.1mg/kg。本品易被土壤吸附，DT_{50}：约 26～144d（有氧），28d（厌氧）。

当前，噻苯隆作为主要的植物生长调节剂，共有 10 家相关的企业生产其原药：江苏辉丰农化股份有限公司、江苏省激素研究所股份有限公司、河北省衡水北方农药化工有限公司、江苏安邦电化有限公司、陕西省咸阳德丰有限责任公司、四川国光农化股份有限公司、拜耳股份公司、江苏优士化学有限公司、迈克斯（如东）化工有限公司、江苏瑞邦农药厂有限公司等。其原药纯度均在 97%以上。

在制剂生产方面，当前涉及植物生长调节剂噻苯隆的产品共 89 个，其中有 55 个单制剂品种，其余大部分品种（共 32 个）均为与敌草隆进行复配的品种。此外，噻苯隆还与乙烯利进行复配使用（河北国欣诺农生物技术有限公司），而河南翔大化工有限公司将噻苯隆、敌草隆以及乙烯利复配成三元产品（噻苯隆含量 18%，乙烯利含量 40%，敌草隆含量 7%）进行销售，用于棉花脱叶。

在剂型方面，如图 12-36 所示，噻苯隆涉及的剂型有可分散油悬浮剂、悬浮剂、可溶液剂、可湿性粉剂等四种剂型。其中可湿性粉剂与悬浮剂占主要地位。

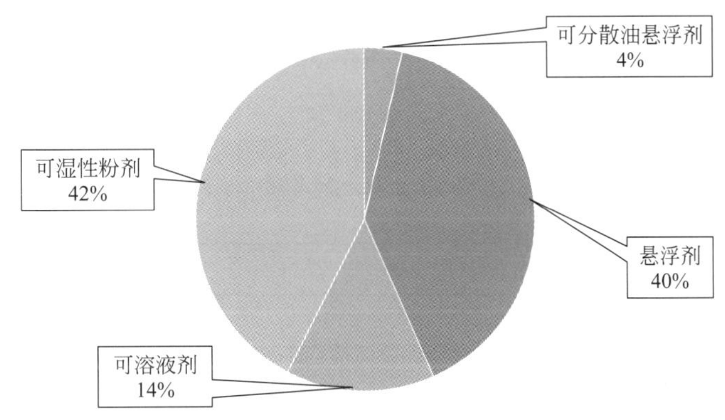

图 12-36　噻苯隆相关产品的剂型分布情况

12.4.4.2　噻苯隆的工艺概况[25]

如图 12-37 所示，以氨基乙腈盐酸盐、亚硝酸钠、苯基异氰酸酯等为起始原料，经重氮化、碱洗、环合、加成反应合成噻苯隆。实验探索了重氮化反应中物料配比、反应温度对中间体 5-氨基-1,2,3-噻二唑收率的影响以及苯基异氰酸酯的滴加速度对噻苯隆收率的影响，确定了最佳反应条件。该合成工艺路线原料易得，操作简单，收率高，适合工业化生产。

NC⌒$NH_2\cdot HCl + NaNO_2 + H_2S \longrightarrow$ 5-氨基-1,2,3-噻二唑 $\xrightarrow{PhNCO}$ 噻苯隆

图 12-37　噻苯隆的工艺路线

12.4.5　敌草隆

12.4.5.1　敌草隆的产业概况

敌草隆（diuron）1954 年由美国杜邦公司生产。纯品为无色结晶固体，熔点 158～159℃，蒸气压 1.1×10^{-3} mPa（25℃），分配系数 K_{ow} $\lg P=2.85\pm0.03$（25℃），Henry 常数 7.04×10^{-6} Pa・m^3/mol（计算值），相对密度 1.48。水中溶解度 5.4mg/L（25℃）；在有机溶剂，如热乙醇中的溶解度随温度升高而增加。敌草隆在 180～190℃下，在酸碱中分解。不腐蚀，不燃烧。大鼠急性经口 LD_{50} 3400mg/kg。大鼠以 250mg/kg 饲料饲喂两年，

无影响。敌草隆对皮肤无刺激。

敌草隆作为植物生长调节剂使用，全部均与噻苯隆进行复配（详见噻苯隆部分）。没有单独的敌草隆作为原药进行登记。作为原药登记时，其登记类型均为除草剂。当前，敌草隆的生产企业及相关的情况如表 12-16 所示。

表 12-16　敌草隆在我国的生产情况

登记证号	总含量	有效期至	生产企业
PD20152084	98.5%	2020-9-22	山东潍坊润丰化工股份有限公司
PD20081115	98%	2018-8-19	江苏快达农化股份有限公司
PD20081155	95%	2018-9-2	江苏常隆农化有限公司
PD20081937	95%	2018-11-24	江苏嘉隆化工有限公司
PD20090445	98.4%	2019-1-12	美国杜邦公司
PD20091248	97%	2019-2-1	宁夏新安科技有限公司
PD20093808	97%	2019-3-25	鹤岗市旭祥禾友化工有限公司
PD20095834	98.5%	2019-5-27	辽宁省沈阳丰收农药有限公司
PD20098131	98%	2019-12-8	安徽广信农化股份有限公司
PD20100988	97%	2020-1-20	捷马化工股份有限公司
PD20151039	98%	2020-6-14	开封华瑞化工新材料股份有限公司
PD20151559	98%	2020-8-3	山东华阳农药化工集团有限公司
PD20151845	98%	2020-8-28	南通罗森化工有限公司
PD20160285	98%	2021-2-25	江苏安邦电化有限公司

12.4.5.2　敌草隆的工艺概况

敌草隆的制备方法主要有两种，即：以 3,4-二氯苯胺为原料，经过异氰酸酯中间体得到产品（图 12-38），或以 3,4-二氯苯胺、脲、二甲胺为原料直接反应得到产品（图 12-39）。

图 12-38　敌草隆的工艺路线（方法 1）

$$\mathrm{3,4\text{-}Cl_2C_6H_3NH_2} \longrightarrow \mathrm{3,4\text{-}Cl_2C_6H_3NCO} \longrightarrow \mathrm{3,4\text{-}Cl_2C_6H_3NHC(O)N(CH_3)_2}$$

$$\mathrm{3,4\text{-}Cl_2C_6H_3NH_2} + NH_2CONH_2 + HN(CH_3)_2 \longrightarrow \mathrm{3,4\text{-}Cl_2C_6H_3NHC(O)N(CH_3)_2}$$

图 12-39　敌草隆的工艺路线（方法 2）

12.5　S-诱抗素

12.5.1　概述

S-诱抗素（abscisic acid，ABA）又名脱落酸。最早是在成熟的干棉壳中分离纯化得到的。1964 年，美国人从将要脱落的棉铃中分离出一种物质，称之为脱落素Ⅱ；英国人同时也分离出能引起树木新芽休眠的物质，称之为休眠素。后经鉴定，实际上两者是同一化学物质，后统一称为 *S*-诱抗素（ABA）。

S-诱抗素为白色结晶，熔点 160～161℃，极难溶于水，但可溶于碱性溶液及丙酮、甲醇、乙醇、三氯甲烷中。ABA 的一个羧基可与葡萄糖进行酯化反应。ABA 有两个光学异构体，植物体中产生的 ABA 是右旋的，以 *S*-ABA 表示，它的对映体 *R*-ABA 无生物活性，人工合成的多为外消旋体。ABA 也可有几何异构体存在，但是反式体没有生物活性。ABA 对光敏感，在紫外线下便慢慢形成 2-反式-ABA，一直到 *S*-ABA 与 2-反式-ABA 大约平衡为止，但在组织内或在提取过程中，天然 *S*-ABA 几乎没有变成反式-ABA 的实例。在植物中也发现与天然的 *S*-ABA 有关的化合物如 2-反式-ABA、菜豆酸及脱落酸基-β-D-吡喃葡萄糖苷等，这些物质的活性都比较低，菜豆酸的生理活性只有脱落酸的十分之一。脱落酸的结构如图 12-40 所示。

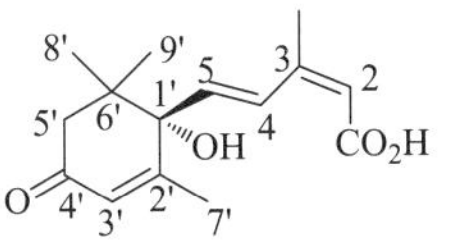

脱落酸(ABA) 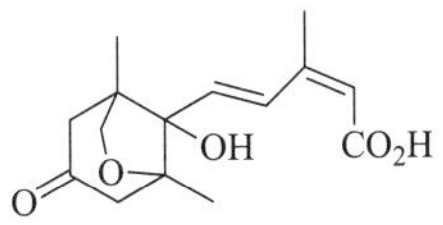　　菜豆酸(phaseic acid)

图 12-40　脱落酸和菜豆酸的结构

ABA 在植物体内广泛存在，但在不同部位的分布存在着差异。正常植株中，根系往往比叶片的含量高。从细胞水平上看，水分充足时细胞内 ABA 呈均匀分布。放射免疫分析表明细胞溶质、核、叶绿体和细胞壁中都存在标记 ABA，并且标记量没有差异。干旱可导致 ABA 重新分布，使质外体 ABA 水平增加。最初有人认为这是由于叶绿体膜破裂导致 ABA 外泄，但后来研究发现叶绿体和核的 ABA 都有增加（分别为 2 倍和 3 倍）。

过去对 *S*-诱抗素的研究主要集中在植物衰老、细胞死亡和组织器官的脱落等方面，*S*-诱抗素被认为是一种生长抑制物质。随着研究的深入，人们发现 ABA 在植物生长发育过程中还具有促进作用，包括体细胞胚的生成和发育、种子发育与休眠、细胞分裂、组织器官的分化与形成等。尤其是逆境胁迫下，ABA 通过信号转导诱导逆境基因和蛋白表达，可提高植物对逆境因子的抗性。

12.5.2　*S*-诱抗素的产业概况

在脱落酸的产业方面，如表 12-17 所示，目前生产脱落酸原药的主要有四川科瑞森生物工程有限公司、四川龙蟒福生科技有限责任公司、江西新瑞丰生化有限公司、四川国光农化股份有限公司，其含量在 90%以上，其中四川科瑞森生物工程有限公司产品的含量较高（98%）。

表 12-17　我国 *S*-诱抗素原药的生产情况

登记证	含量	有效期	生产企业
PD20142152	98%	2019-9-18	四川科瑞森生物工程有限公司
PD20050201	90%	2020-12-13	四川龙蟒福生科技有限责任公司
PD20152643	90%	2020-12-19	江西新瑞丰生化有限公司
PD20110292	90%	2021-3-11	四川国光农化股份有限公司

在制剂方面，我国目前有 *S*-诱抗素相关产品 16 个，剂型主要有水剂、可溶液剂、可湿性粉剂三种（以水剂为主）。另外，大部分产品为单制剂，四川龙蟒福生科技有限责任公司、江西新瑞丰生化有限公司以及四川省兰月科技有限公司同时还开发了吲哚丁酸与 *S*-诱抗素的复配制剂。详细情况见表 12-18。

表 12-18　*S*-诱抗素相关产品登记情况

登记证号	有效成分	剂型	含量	生产企业
PD20141062	*S*-诱抗素	水剂	0.10%	河南赛诺化工科技有限公司
PD20170474	*S*-诱抗素	可溶粒剂	5%	江西新瑞丰生化有限公司
PD20152617	*S*-诱抗素	水剂	0.03%	
PD20170901	吲丁·诱抗素	可湿性粉剂	2%	
PD20180038	*S*-诱抗素	水剂	0.10%	孟州云大高科生物科技有限公司
PD20160253	*S*-诱抗素	水剂	0.25%	陕西美邦农药有限公司
PD20130807	*S*-诱抗素	水剂	0.10%	四川国光农化股份有限公司
PD20093848	*S*-诱抗素	可溶粉剂	1%	四川龙蟒福生科技有限责任公司
PD20152355	*S*-诱抗素	可溶液剂	5%	
PD20140946	*S*-诱抗素	水剂	0.25%	
PD20050199	*S*-诱抗素	水剂	0.01%	
PD20050198	*S*-诱抗素	水剂	0.10%	
PD20100501	吲丁·诱抗素	可湿性粉剂	1%	
PD20170037	*S*-诱抗素	水剂	0.10%	四川省兰月科技有限公司
PD20170917	吲丁·诱抗素	水剂	1%	
PD20180441	*S*-诱抗素	可溶粒剂	5%	浙江世佳科技有限公司

12.5.3 脱落酸的工艺概况

12.5.3.1 生物合成

S-诱抗素的生物合成一般有两条途径：C_{15} 直接途径和 C_{40} 间接途径。前者经法尼基焦磷酸（FPP）直接形成 ABA；后者经由类胡萝卜素的氧化裂解间接形成 ABA，这是高等植物 ABA 生物合成的主要途径。其中 9-顺式环氧类胡萝卜素氧化裂解为黄质醛是植物 ABA 生物合成的关键步骤，然后黄质醛被氧化形成一种酮，该过程需 NAD 为辅助因子，酮再转变形成 ABA-醛，ABA-醛氧化最终形成 ABA。在该途径中，玉米黄质环氧化酶（ZEP）、9-顺式环氧类胡萝卜素双加氧酶（NCED）和醛氧化酶（AO）可能起着重要作用[26-28]。合成途径见图 12-41。

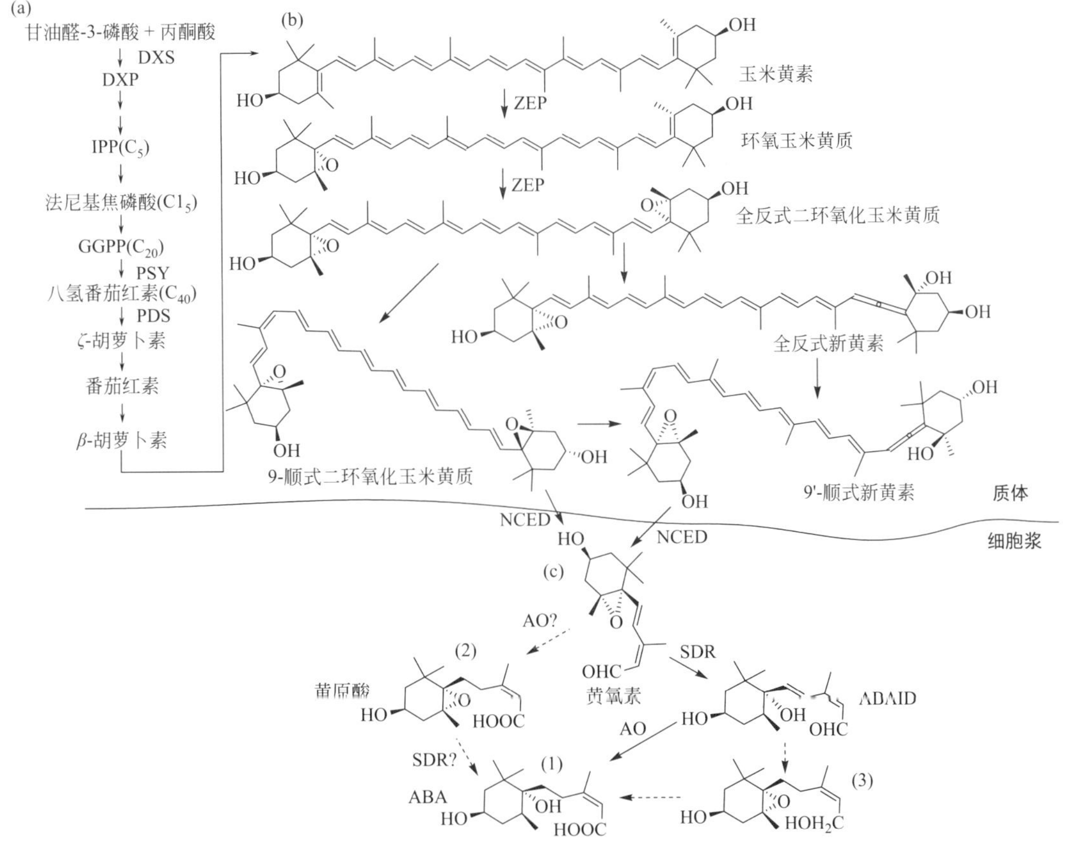

图 12-41 ABA 在植物体内的生物合成

12.5.3.2 *S*-诱抗素的全合成

鉴于 *S*-诱抗素这一植物激素的重要性，有关 ABA 的全合成一直受到研究者的关注。1965 年 Cornforth 等首先在 *Nature* 上报道了 ABA 的全合成。随后越来越多的人投入到 ABA 的工艺路线研究之中。时至今日，有关 *S*-诱抗素及其类似物的工艺路线研究报道已经很多。下面按起始原料的不同，将 *S*-诱抗素的全合成工艺路线做一介绍[29-44]：

（1）Cornforth 合成工艺路线　1965 年，Cornforth 等第一次用化学合成的方法，在实验室合成了外消旋的 *S*-诱抗素。他们利用已有的方法合成了关键中间体 3-甲基-5-(2,6,6-三甲基-1-环己烯基)-(2*Z*,4*E*)-戊二烯酸甲酯，再通过氧化等几步反应得到目标化合物，如图 12-42 所示。该路线的起始原料难以直接获得，而且合成 *S*-诱抗素的产率很低（不过 7%），所以很难实际应用。

CO_2CH_3 → CO_2CH_3 → CO_2H $\xrightarrow[\text{高压}]{O_2}$

CO_2H $\xrightarrow{NaOH}$ OH CO_2H (±)-ABA

图 12-42 Cornforth 合成工艺路线全合成 *S*-诱抗素

（2）紫罗兰酮路线

① α-紫罗兰酮（α-ionone）路线　1968年，Roberts等在前人工作的基础上，首先提出这条路线。随后Kim等又进一步完善和发展了该路线，从而形成了一条完整的ABA合成工艺路线，如图12-43所示。

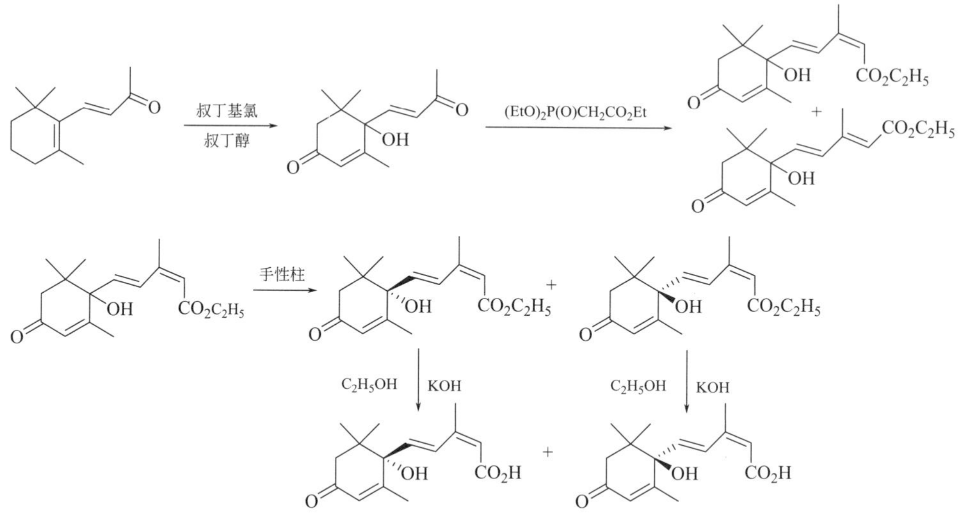

图12-43　α-紫罗兰酮路线全合成S-诱抗素

该路线以α-紫罗兰酮为原料，合成工艺路线较为简单，产率也有所提高。但是依然存在选择性差的问题，在Wittig-Homer反应中，生成的是顺、反异构体混合物（$Z/E=1:1$）；同时也没有解决对映选择性问题，所得产物为一外消旋体，要获得单一的天然光活性化合物，必须依靠拆分。

② β-紫罗兰酮（β-ionone）路线　该工艺在Cornforth工艺路线的基础上，对原料和反应条件做了很大的改进，进而使反应更加经济可行。同样，该路线（图12-44）也一样没有解决反应的立体选择性的问题。

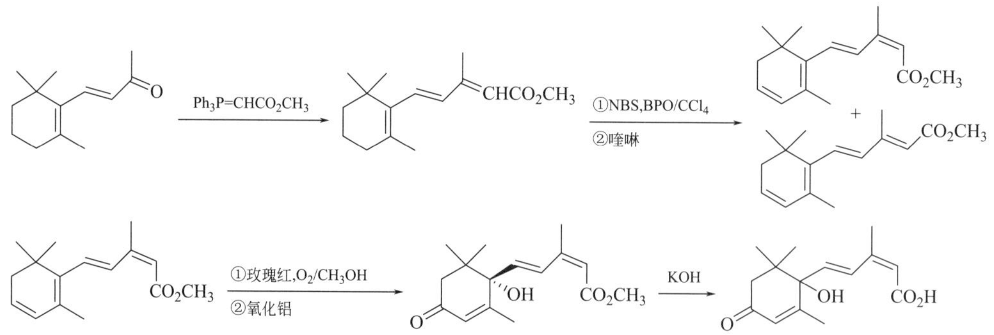

图12-44　β-紫罗兰酮路线全合成S-诱抗素

（3）氧化异佛尔酮路线　为了寻求高选择性的反应路线，Mayer等经过长期的研究，提出了氧化异佛尔酮路线，如图12-45所示。

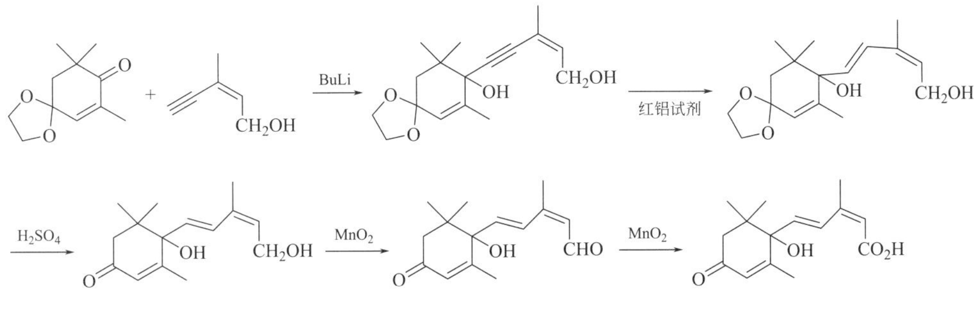

图 12-45　氧化异佛尔酮路线全合成S-诱抗素

氧化异佛尔酮路线在选择性上有所提高，首先，它解决了前面路线中存在的顺反异构问题，简化了操作，提高了产率。其次，氧化异佛尔酮路线在立体选择性上，也有提高的空间，根据不对称合成的原则，人们在合成氧化异佛尔酮缩酮时，采用手性邻二醇，引进一手性因子，对下一步手性中心的形成产生诱导作用，从而可获得一定光学纯度的目标产物。

（4）醛路线　该路线是 1988 年由 Acemoglu 等首先报道的，其反应路线如图 12-46 所示。该路线虽然使立体选择性有很大的提高，在环氧化时，获得了 ee 值高达 97.4%的选择性，但是在进行 Wittig-Horner 反应时，所得产物是 $E/Z=7:1$ 的混合物。

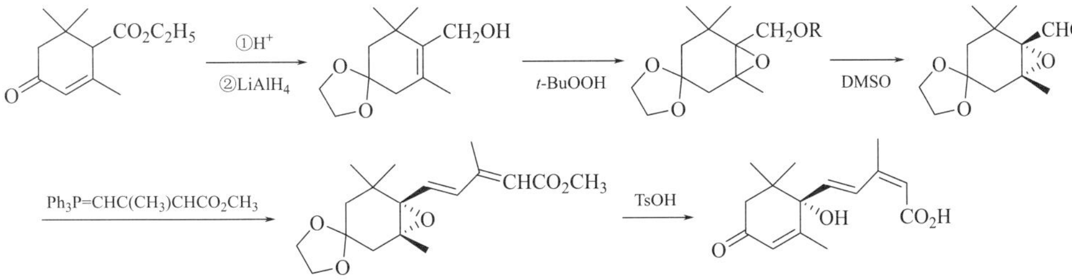

图 12-46　醛路线全合成S-诱抗素（方法 1）

同时期的 Gomes 等则有效地解决了 2-位顺反异构的问题，使生成了单一的顺式产物。他们从 α,β-不饱和醛出发，通过 Reformatsky 反应，找到了一条更适合合成 ABA 的方法，该路线中 4 步反应的总收率为 32.4%。其反应路线如图 12-47 所示。

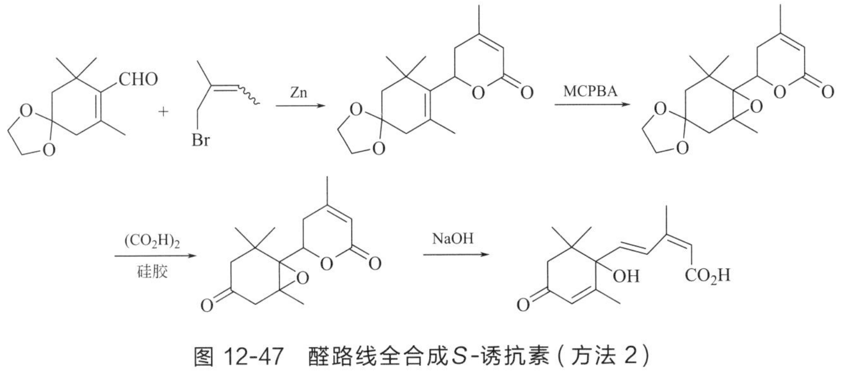

图 12-47　醛路线全合成S-诱抗素（方法 2）

1992 年，Sakai 等综合了前人工作的优缺点，不但解决了顺反异构问题，光学选择性问题也在很大程度上得到了解决，使得醛路线成为目前人们合成光活性 ABA 最好的方法。其路线如图 12-48 所示。

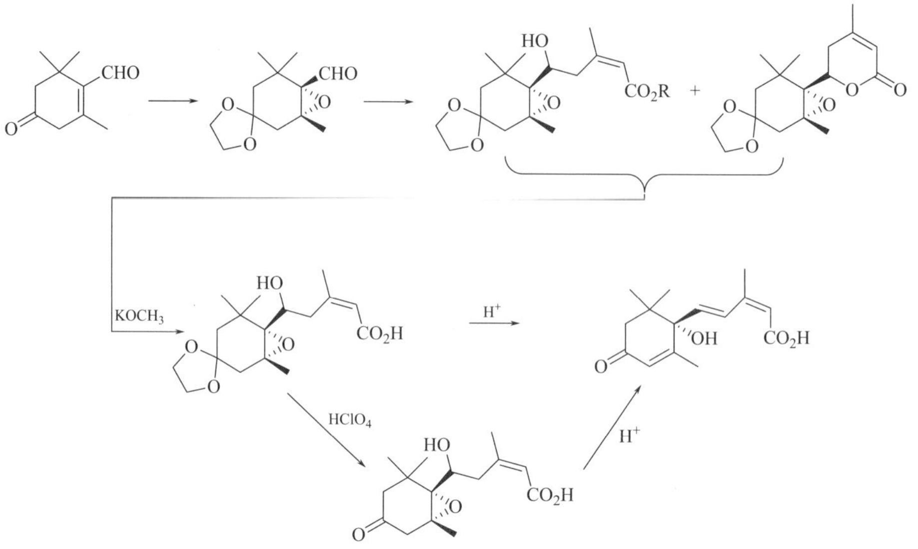

图 12-48 Sakai的S-ABA全合成路线

(5) 2,6-二甲基苯酚路线 1994年，Lei等在ABA衍生物的工艺路线研究中建立了2,6-二甲基苯酚路线。随后，Yasush等进一步完善了该路线，进而形成了从2,6-二甲基苯酚出发合成ABA及其衍生物的方法。该路线可操作性较强，是目前几条路线中成本最低、产率最高的路线，总收率约为16%。但这一路线未涉及光学异构问题。合成工艺路线如图12-49。

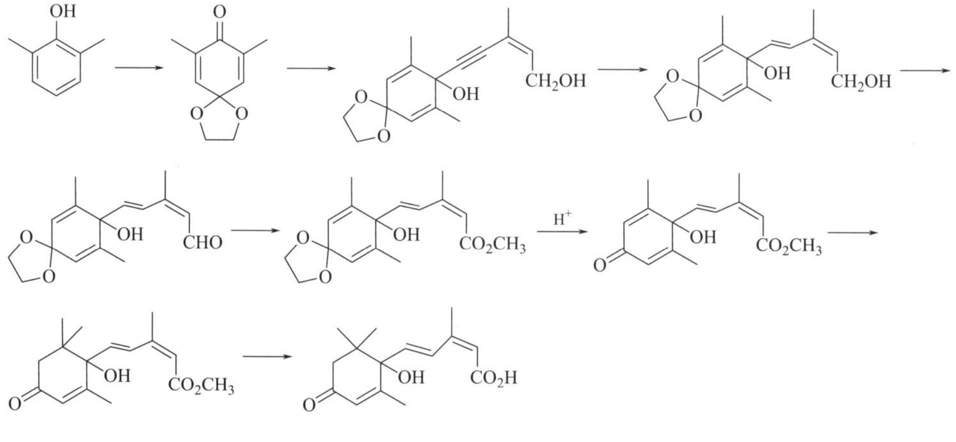

图 12-49 2,6-二甲基苯酚路线合成S-诱抗素

12.6 乙烯

12.6.1 乙烯发展概述

乙烯（ethylene）是最早发现的植物激素之一。早在1901年，俄罗斯植物生理学家Neljubov就发现照明气中的乙烯会引起黑暗中生长的豌豆幼苗产生“三重反应”，即：乙烯

处理的暗生长的植物幼苗会表现出下胚轴变短横向膨大、根伸长受到抑制及顶钩弯曲度增大。1934 年，英国人 Gane 研究发现植物能自身产生乙烯，因此说明了乙烯是植物生长发育的内源调节剂。1965 年 Burg 等提出，乙烯是一种植物激素，此后这个观点得到了公认[45]。

乙烯是一种具有生物活性的简单气体分子，几乎所有的高等植物都能合成乙烯，它调节着植物生长发育的许多生理过程，如种子萌发、根毛发育、植物开花、果实成熟、器官衰老及植物对生物和逆境胁迫的反应等。典型的乙烯反应是“三重反应”，乙烯的另一特征作用是促进果实成熟和器官衰老及脱落。未成熟的果实因施用乙烯而成熟，同时自身成熟的果实在成熟期间又能产生乙烯。乙烯能打破顶端优势，促进球茎与鳞茎的发芽，调节瓜芽性别，增加黄瓜雌花数。但所有上述作用，可因二氧化碳的存在而降低，二氧化碳是乙烯的拮抗物，在二氧化碳浓度高的气氛下储存水果能使水果较长时期保持新鲜就是这个原因。相反，若经氢氧化钾吸收以除去二氧化碳，则可促进乙烯的活性。目前乙烯调节果实成熟的机理尚不很清楚。

乙烯几乎参与了植物生长发育直至衰老死亡的全部过程，它的内源产生以及信号转导一直是人们所关注的焦点。它在植物体内的生成量一般非常微小，但在某些发育阶段如萌发、成熟、衰老时，它的产量急剧增加。乙烯对植物从种子萌发到成熟衰老全部生长发育过程都起着调节作用。

12.6.2 1-甲基环丙烯

经过对乙烯受体和乙烯与受体结合方式的研究，Sisler 等发现某些乙烯类似物能抑制乙烯与受体的结合[46-48]。1-甲基环丙烯（1-methylcyclopropene，1-MCP）在常温下是气体，化学性质稳定，不易爆炸。其结构如图 12-50 所示。

图 12-50 1-甲基环丙烯的结构

1-甲基环丙烯在我国的登记及生产情况如表 12-19 所示。其中，有部分产品为国外公司登记的。

表 12-19 1-甲基环丙烯在我国的登记生产情况

登记证号	剂型	含量	有效期	生产企业
PD20080475	微囊粒剂	3.3%	2011-31	美国阿格洛法士公司
LS20160166	发气剂	12%	2018-5-20	株式会社福阿母韩农
PD20131624	微囊粒剂	0.014%	2018-7-30	美国阿格洛法士公司
PD20142563	微囊粒剂	3.3%	2019-12-15	张家口长城农药有限公司
PD20151445	粉剂	0.03%	2020-7-30	山东奥维特生物科技有限公司
PD20151537	片剂	2%	2020-8-3	美国阿格洛法士公司
PD20152252	微囊粒剂	3.3%	2020-9-24	西安北农华农作物保护有限公司
PD20110872	可溶液剂	1%	2021-8-16	山东奥维特生物科技有限公司
PD20171105	微囊粒剂	0.03%	2022-5-31	西安鼎盛生物化工有限公司
PD20170964	泡腾片剂	0.18%	2022-5-31	龙杏生技制药股份有限公司
PD20171589	粉剂	0.03%	2022-8-21	成都金牌农化有限公司

12.6.3 乙烯利

12.6.3.1 乙烯利的产业概况

乙烯利（ethephon）于1965年由美国联合碳化公司开发，拜耳公司生产。纯品为无色固体（工业品为透明的液体），熔点74～75℃，沸点265℃（分解），相对密度1.409±0.02（20℃，原药），蒸气压<0.01mPa（20℃）。分配系数K_{ow} lg$P$<−2.20（25℃），Henry常数<1.55×10^{-9}Pa・m^3/mol（计算值）。水中溶解度约1 kg/L（23℃），易溶于甲醇、乙醇、异丙醇、丙酮、乙醚和其他极性溶剂，微溶于芳香族溶剂，不溶于煤油和柴油。在pH<5时的水溶液中稳定，在此pH值以上分解释放出乙烯。DT_{50}：2.4d（pH 7，25℃），对紫外线敏感。

大鼠急性经口LD_{50}：3030mg/kg（原药）。兔急性经皮LD_{50}：1560mg/kg（原药）。大鼠急性吸入LC_{50}（4h）：4.52mg/L空气。NOEL数据（2年）：大鼠3000mg/kg、ADI值：0.05mg/kg(b.w.)。山齿鹑急性经口LD_{50}1072mg/kg（原药），山齿鹑饲喂试验LC_{50}（8d）>5000mg/L饲料（原药）。鱼类LC_{50}（96h，mg/L）：虹鳟鱼720，鲤鱼>140。水蚤EC_{50}（48h）：1000mg/L（原药）；海藻EC_{50}（24～48h）：32mg/L。对其他的水生物种低毒；对蜜蜂、蚕、蚯蚓无毒。进入动物体内的本品，很快通过尿被完全排泄到体外，产生的乙烯被释放到空气中。本品在植物体内很快被降解成乙烯。在土壤中很快降解，有较低的流动性。

乙烯利是全球范围内用量最大、用途最广的植物生长调节剂品种，其年销售额一直保持在1亿美元以上。乙烯利广泛应用于棉花催熟、橡胶泌乳及各种蔬菜、水果的催熟转红等。目前，我国乙烯利相关产品共有115个（如表12-20所示）。近年来江苏安邦电化有限公司年产10000t 100%高品质乙烯利（尚未登记），已经通过验收，是国内产能最大、全球第二的乙烯利生产企业，能生产各种含量规格的乙烯利产品。目前，江苏安邦登记有乙烯利原药、70%水剂、40%水剂及5%膏剂四个乙烯利剂型。为丰富产品结构，增加品种差异性，江苏安邦正开发登记720g/L、75%乙烯利水剂及85%乙烯利可溶粉剂等新剂型品种，江苏安邦已成为国内拥有乙烯利登记品种最多的企业，将继续引领国内乙烯利行业发展。

表12-20 我国乙烯利原药产品相关登记情况

含量	登记证有效期	生产企业
91%	2018-12-29	江苏辉丰农化股份有限公司
89%	2018-5-13	江苏蓝丰生物化工股份有限公司
85%	2018-11-12	河北省黄骅市鸿承企业有限公司
91%	2018-12-30	绍兴东湖高科股份有限公司
75%	2018-12-30	山东大成生物化工有限公司
90%	2019-1-21	江苏常丰农化有限公司
90%	2019-2-23	连云港立本作物科技有限公司
91%	2019-4-1	江苏省常熟市农药厂有限公司
89%	2019-4-12	江苏安邦电化有限公司
77.60%	2019-5-12	江苏省常熟市农药厂有限公司
90%	2019-5-27	安阳全丰生物科技有限公司
85%	2019-10-19	江苏省江阴市农药二厂有限公司
91%	2021-4-15	上海华谊集团华原化工有限公司彭浦化工厂

在制剂产品方面，含有乙烯利有效成分的产品共 106 个，其中单制剂品种共 93 个，复配制剂品种 13 个（如表 12-21 所示）。

表 12-21　乙烯利复配制剂在我国登记情况

有效成分	剂型	含量	有效期	生产企业
胺鲜・乙烯利	水剂	30%	2018-9-10	郑州郑氏化工产品有限公司
胺鲜・乙烯利	水剂	30%	2020-10-22	河南农王实业有限公司
胺鲜・乙烯利	水剂	30%	2021-3-7	山西浩之大生物科技有限公司
胺鲜・乙烯利	水剂	30%	2022-2-13	安徽蓝田农业开发有限公司
胺鲜・乙烯利	水剂	30%	2020-10-22	河南农王实业有限公司
胺鲜・乙烯利	水剂	30%	2021-3-7	山西浩之大生物科技有限公司
胺鲜・乙烯利	水剂	30%	2022-2-13	安徽蓝田农业开发有限公司
萘乙・乙烯利	水剂	10%	2020-1-25	广东大丰植保科技有限公司
萘乙・乙烯利	水剂	10%	2020-1-25	广东大丰植保科技有限公司
羟烯・乙烯利	水剂	40%	2019-8-5	江苏安邦电化有限公司
噻苯・乙烯利	悬浮剂	50%	2018-4-26	河北国欣诺农生物技术有限公司
芸苔・乙烯利	水剂	30%	2019-3-9	吉林省吉林市农科院高新技术研究所
芸苔・乙烯利	水剂	30%	2019-5-13	吉林省吉林市升泰农药有限责任公司

在剂型方面，乙烯利相关产品大多数以水剂为主，在已有的 106 个制剂产品中，悬浮剂、涂抹剂相关产品各 1 个，膏剂以及可溶粉剂相关产品各 3 个。剂型分布情况如图 12-51 所示。

12.6.3.2　乙烯利的工艺概况

乙烯利的合成工艺路线主要有四种[49,50]，反应式如图 12-52～图 12-55 所示。

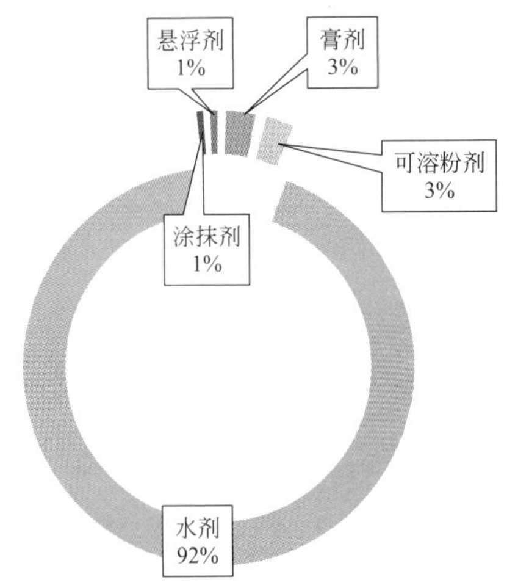

图 12-51　乙烯利相关产品的剂型分布情况

$$ClCH_2CH_2\overset{O}{\overset{\|}{P}}(OCH_2CH_2Cl)_2 \xrightarrow[100^\circ C]{36\%HCl} ClCH_2CH_2\overset{O}{\overset{\|}{P}}(OH)_2$$

图 12-52　乙烯利的合成工艺路线（方法 1）

$$ClCH_2CH_2\overset{O}{\overset{\|}{P}}(OCH_2CH_2Cl)_2 \xrightarrow[175^\circ C]{\text{通 HCl 6.5h}} \xrightarrow{\text{用}N_2\text{排除 HCl}} ClCH_2CH_2\overset{O}{\overset{\|}{P}}(OH)_2$$

图 12-53　乙烯利的合成工艺路线（方法 2）

$$ClCH_2CH_2\overset{O}{\overset{\|}{P}}(OCH_2CH_2Cl)_2 \xrightarrow[3\sim6atm]{36\%HCl} ClCH_2CH_2\overset{O}{\overset{\|}{P}}(OH)_2$$

图 12-54　乙烯利的合成工艺路线（方法 3）

$$ClCH_2CH_2Cl + PCl_3 + AlCl_3 \longrightarrow Cl_2\overset{O}{\overset{\|}{P}}(CH_2)_2Cl \xrightarrow[\text{水解}]{40℃以下} ClCH_2CH_2\overset{O}{\overset{\|}{P}}(OH)_2$$

图 12-55　乙烯利的合成工艺路线（方法 4）

12.7　芸苔素甾醇类

12.7.1　概述

12.7.1.1　芸苔素甾醇的发展概况

芸苔素甾醇类，又称油菜素甾醇类，是已经发现的第六类天然植物激素，它在植物生长和发育过程中，起着重要的调节作用。在植物的种子休眠与萌发、器官分化、维管组织发育、开花和衰老以及向性建成等各个生长发育的重要过程中起到重要调控作用。与其他五类植物内源激素相比，具有含量低、活性高的特点。它与其他信号分子例如光之间存在密切联系，与其他激素也存在相互作用。近年来对于拟南芥、豌豆和番茄缺失这类激素和对这类激素不敏感的突变体进行分子基因的分析及对其生物合成和代谢的研究有了快速的进步，这对于发挥这类新植物生长调节剂在植物保护和作物生产中的作用将具有重要的意义。

历史上有两个独立的研究组最先开展了有关的工作。其一是 1970 年美国农学家 J. W. Mitchell 等从油菜花粉中提取获得一种极具生理活性的物质，对植物茎的伸长和细胞分裂有强烈促进作用，这一开创性工作立即受到植物生理界和有关学科的广泛重视，这一物质定名为油菜素，又称芸苔素（brassin）[51]。其二是日本名古屋大学的研究组从蚊母树（*Distylium racemosum*）树叶的提取物中分离出一含有芸苔素的活性物质，经鉴定为多种甾醇类似物的混合物。1979 年，Grove 等确定其化学结构属于甾醇内酯，故命名为芸苔素内酯（brassinolide，BL），其结构如图 12-56 所示[52]。

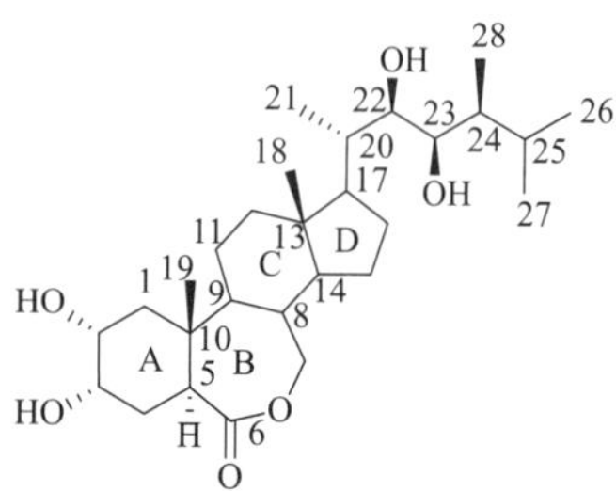

图 12-56　芸苔素内酯的结构

12.7.1.2　芸苔素甾醇的化学结构与分布[53-55]

芸苔素内酯是第一个分离的产物，化学名称为（22*R*，23*R*，24*S*）-2*a*，3*a*，22，23-四羟基-24-甲基-*β*-同-7-氧杂-5*α*-胆甾-6-酮。结构显示这类胆甾类化合物具有两对连二醇结构（A 环的 C-2、C-3 及侧链的 C-22 和 C-23 上），B 环的 6 位上有一个酮基与 7-氧基形成内酯环，另有一个甲基取代在 C-24 上。芸苔素内酯为白色结晶。熔点 256～258℃。水中溶解度为 5mg/L，可溶于甲醇、乙醇、四氢呋喃、丙酮等有机溶剂。

芸苔素内酯为低毒植物生长调节剂，大鼠急性经口 LD_{50}＞2000mg/kg；急性经皮 LD_{50}＞2000mg/kg。无致突变性。对鲤鱼 LC_{50}（96h）＞10mg/L。该化合物用碱处理后活性丧失，再用酸处理活性即可恢复，这与 B 环内酯结构的破坏与形成有关，内酯环是活性重要结构因素。

自从发现芸苔素内酯后，又从另一些植物中提取了十几种具有生物活性的芸苔素甾醇类物质，总称为芸苔素甾醇（brassinosteroid，简称 BR）。BR 分布于 50 多类植物中，其中包括高等植物、蕨类和藻类，但不包括微生物的代谢物，它们广泛存在于根、茎、叶、花粉、雌蕊、果实和种子中。花粉是其最丰富的来源，花粉中的含量可达 1～1000ng/kg，较同株其他部分高 6000 倍。茎、叶组织通常含 BR0.01～0.11ng/g 鲜重。至 2000 年已分离鉴定出 40 多种这类化合物，它们同属胆甾烷的衍生物。在不同种类的 BR 中，油菜素甾酮（castasterone，CS）分布最为广泛，其次是油菜素内酯（brassinolide，BL）、香蒲甾醇（typhasterol，TY）、茶甾酮（teasterone，TE）、6-脱氧油菜素甾酮（6-deoxocastasterone）、28-去甲基油菜素甾酮（28-norcastasterone）等，其他 BR 则分布在有限的几种植物中。

BR 和动物中的雌激素（estrogen）、睾丸素（testosterone）、蜕皮素（ecdysone）一样是由甾醇结构加上对其生物活性起重要作用的侧链构成的。BR 是植物中唯一与动物激素相似的植物激素，芸苔素内酯的 A 环为顺二醇式（2,3-α 型），而后者则是 β-型，蜕皮激素 B 环具有 7-烯-6-酮结构，而芸苔素内酯 B 环则具有内酯结构。有研究证实芸苔素内酯合成中的一个还原酶基因与动物甾醇 5α-还原酶（steroid 5α-reductase）基因同源，这为动物和植物激素调节的研究架起了桥梁，芸苔素内酯已显示了其在进化中的特殊地位和意义。

目前所发现的 BR 系列物（超过 40 种）的结构变化主要在于环 A、B 及侧链上取代基的不同。研究发现芸苔素甾醇类化合物，A 环 C-2 及 C-3 位上有连二醇结构的都具有高活性，如 BL 和 CS。CS 的 C-2 和 C-3 取代的羟基，共有四个立体异构体即 2α,3α、2β,3α、3α,2β、2β,3β，所有这些结构均在自然界有所存在。TY 和 TE 带有一个羟基在 C-3α 或 C-3β,3-脱氢 TE 和带有 2β,3-环氧的 SE 均在自然界存在。对于 B 环，7-位内酯环、6-位羰基及 6-位脱氧的衍生物均有存在。在生物学鉴定中发现在 B 环具 6-氧官能团或内酯结构的 BR 的生物活性最强。至于侧链，C-24 的取代和 C-22、C-23 的连羟基是常见的，C-24 的取代基有 24S-甲基、24S-乙基、24-亚乙基、24-亚甲基、氢等。自然界最多的还是 24*S*-甲基取代的化合物，绝大多数 BR 在 C-22 及 C-23 上均有连二羟基，它们的取向两者均为 *R* 型。所有的 BR 的结构变化可归纳为图 12-57。

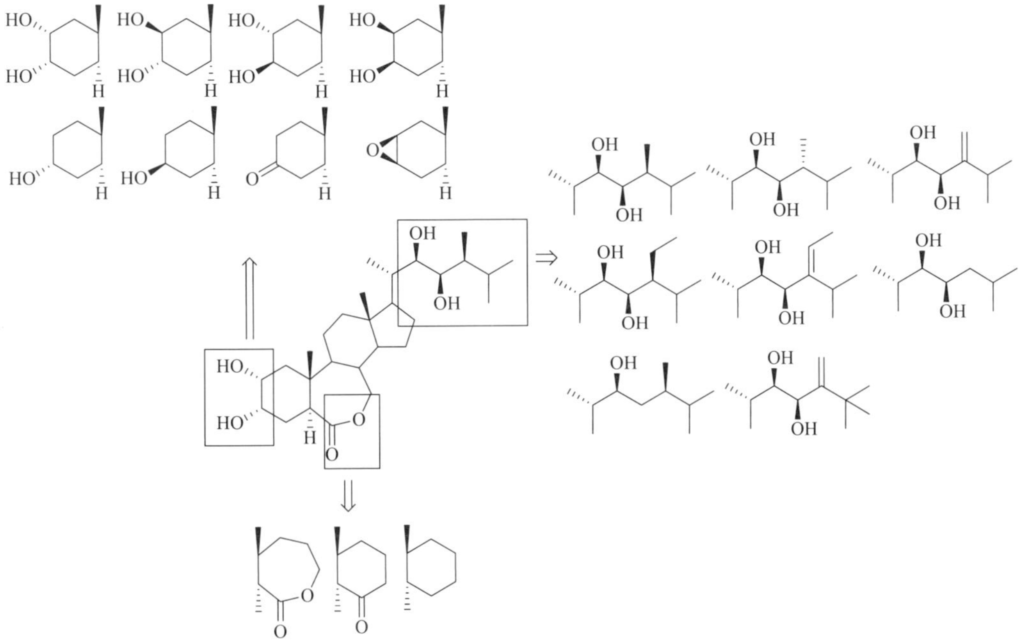

图 12-57　BR 的结构变化

对于它们的结构与活性关系的研究发现，分子中 B 环含氧功能团的差异是内酯型＞酮型＞脱氧型。C-6 上缺少酮基则无活性；C-24 上取代基对活性的影响是甲基＞乙基＞H，C-24 上有亚甲基或亚乙基的也有活性；C-22、C-23 及 C-24 上具有 α-取向基团的化合物比 β 取向的活性高，在所有的这类化合物中，芸苔素内酯的活性是最高的。

人工合成的芸苔素甾醇类化合物作为外源植物生长调节剂在室内和田间试验中，也表现出极高的活性。即有效成分用量仅为15～110mg/亩，便可对作物生长或产量起到促进作用。其活性之高是现有外源植物生长调节剂无法相比的。

12.7.1.3 芸苔素甾醇的生理功能

BR的生理效应是多方面的[56-67]，也能看到对同一生理功能因实验条件不同而结论相反的现象。BR的主要生理功能是促进细胞的伸长和分裂，它可以促进菜豆细胞的伸长和分裂，同时可使水稻幼苗第二节间弯曲，效果特别明显，因为这个反应具有相当高的灵敏度，故可作为测定油菜素内酯生物活性的方法。试验表明，微摩尔（μmol）和纳摩尔（nmol）级浓度的BR，即可使双子叶植物的下胚轴、上胚轴，单子叶植物的胚芽鞘和中胚轴明显伸长。经检查，这种伸长作用是细胞体积增大的结果，是通过加强细胞膜离子泵和超极化作用而实现的。芸苔素内酯促进木本植物幼苗生长的效果要比对草本植物小。

BR还有促进花粉管生长和调节开花的作用，它对花粉发育和生殖过程有影响。花粉发育初（小孢子）期，花粉细胞中的BR呈结合态，储存于淀粉颗粒中。当花粉完成发育时，淀粉粒则将BR释放出来，使游离态BR含量大量增加，显示出BR在受精过程中的重要作用。外源BR能刺激花粉管伸长，从而为受精作用开辟通路。此外，外源BR能刺激一些植物形成两性花，使雄花数量增加，外源BR对性别分化、性器官形成有明显的作用。此外，授粉期是形成单倍体植株的关键时期，BR处理能诱导单倍体种子的形成，并使形成稳定的单倍体植株。BR生物合成发生变异的植物通常也是雄性不育株。虽然BR促进坐果率的报告颇多，但如何促进坐果率，它与植物花芽分化、性器官的发育、受精和果实的发育等生殖过程的关系尚待进一步研究。

BR在光照条件下，特别是在660nm的红光下可抑制绿豆上胚轴的生长，但在黑暗中却不能，因而可能是克服光照特别是660nm红光引起的抑制作用。BR在保鲜上也有一定的作用。分子生物学研究认为，BR所诱导的生长效应依赖于核酸和蛋白质的合成，BR显著地增加了RNA和DNA聚合酶的活性，同时增加了RNA、DNA和蛋白质的合成，BR可能通过参与组织生长过程的复制和转录，促进DNA、RNA和聚合酶的活性，降低DNA、RNA和水解酶的活性，从而增加DNA和RNA的含量，促进组织生长。

芸苔素内酯可增强植物的抗逆性，如抗冷、耐高温、抗真菌的侵染和除草剂的伤害、抗盐碱等作用。经芸苔素内酯处理的植物，在1～5℃试验条件下，电渗作用减弱、超氧化物歧化酶活性下降、ATP和脯氨酸（含量上升）等抗寒生理指标得到明显改善。经BR处理大麦植株在500mmol/L NaCl中浸泡24h后，进行超显微检查时发现，大麦叶子的结构受到了保护。经BR处理过的甜菜等作物，在干旱环境中长势较对照有所改善。还有实验表明BR具有一些除草剂的安全剂功能。BR引起的生理效应的试验报道很多。

芸苔素内酯的许多生理特性与已知的植物激素有明显的不同。它与生长素不同的地方是作用机制不同：用生长素处理时伸长作用发生在处理后的10～15min，但在30～45min内即降低；而BR处理后所引起的伸长则至少开始于45min之后，同时伸长速率增加可延续数小时。这显示了两者间动力学的不同，但两者之间有协同作用：芸苔素内酯可增加内源IAA的含量，这可能是由于它提高了IAA的合成速度；BR可单独或与生长素联合诱导乙烯的产生，这是由于BR促进了ACC合成酶的活性。在对于赤霉素和*S*-诱抗素相互作用关系的研究中发现，BR可以缓解*S*-诱抗素对于萌发的抑制作用，从而促进萌发过程。激动素与BR的作用在植物生理试验中大多认为是独立的。研究发现激动素在暗处具有对拟南芥去黄化的作用，其去黄化突变体是BR缺失型突变体，研究者由此对激动素与BR在形态建成方面的作用有了新的认识。赤霉素也可促进伸长，但其作用机制则与BR完全不同。BR促进茎的伸长但却抑制了根组织的发育和分裂，BR 抑制主根的伸长及不定根的形成，但有时在低浓度时也可促进根的生长，也有报道称 BR 具有细胞分裂的作用。赤霉素只是促进细胞伸长并不能使细胞分裂。BR 与赤霉素的生理作用可能是独立的，也可能是简单的加成作用。BR 与 S-诱抗素之间有强烈的拮抗作用。此外，BR 的活性范围大约在 nmol/L～pmol/L 数量内，比五大类植物激素低得多。

很多试验结果表明：BR 对生长素类物质具增效作用。BR 对赤霉素类物质，具加成作用。BR 诱导的细胞增大作用，能被 S-诱抗素、乙烯和细胞分裂素所抑制。BR 对细胞分裂也有影响，试验表明：nmol/L 数量级的 BR 加上生长素和细胞分裂素，可使培养的向日葵薄壁细胞的数量比对照增加 50%，并能加快矮牵牛原生质体分裂速度。

BR 对植物的生长发育有广泛的作用和独特的生理活性。植物对光的反应可能通过调控靶细胞中 BR 的信号转导途径、合成途径以及改变细胞对 BR 的反应来完成。与此同时，多种植物激素间相互作用，相互影响，精密地调节着植物生长发育进程以及对于外界环境的响应。为进一步了解 BR 作为信号分子在发育中的作用，需要更多的证据来明确 BR 体内平衡的决定因素，包括其合成和降解、细胞中的运输、是否存在特异性的分布及信号传递途径，等等。突变体资源的扩大与新技术的发展为相关领域的研究提供了扩展的空间。

12.7.2　芸苔素甾醇的生物合成

芸苔素甾醇的生物合成工艺路线，在角鲨烯反应步骤之前，与 GA、ABA 等内源激素基本上是相同的。这既表明植物的内源激素生物合成的多样性，也表明它们的同源性。合成中油菜烯甾醇之所以是重要的前体化合物，是因为它在植物细胞内能还原成油菜烷甾醇，也可氧化成 6-氧代油菜烷甾醇。这两种化合物是合成芸苔素甾醇的重要中间体，而且通过饲喂植物试验证实了它们的存在（图 12-58）。[53,54,67]

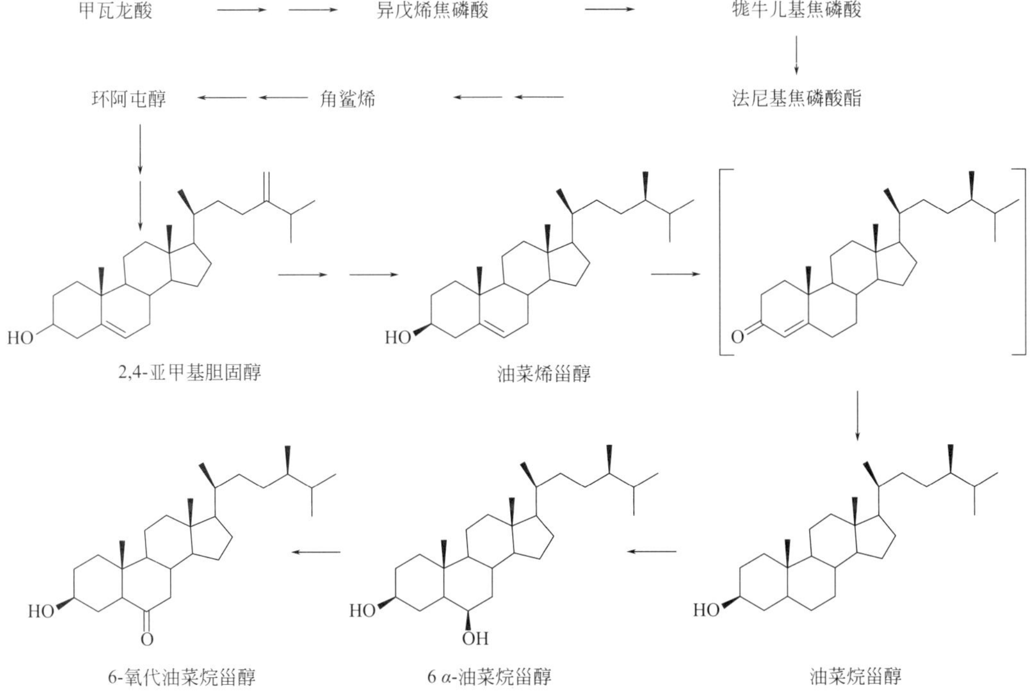

图 12-58　BR 关键前体的生物合成

研究人员在致力确定油菜烯甾醇与油菜烷甾醇、6-氧代油菜烷甾烷醇的代谢关系的同时，还从许多植物中发现了茶甾酮、蓖麻甾酮以及香蒲甾酮等化合物的存在。并利用饲喂植株、外源标记等技术，确定了这些中间体化合物在生物合成芸苔素内酯时的位置。其生物合成途径见图 12-59。

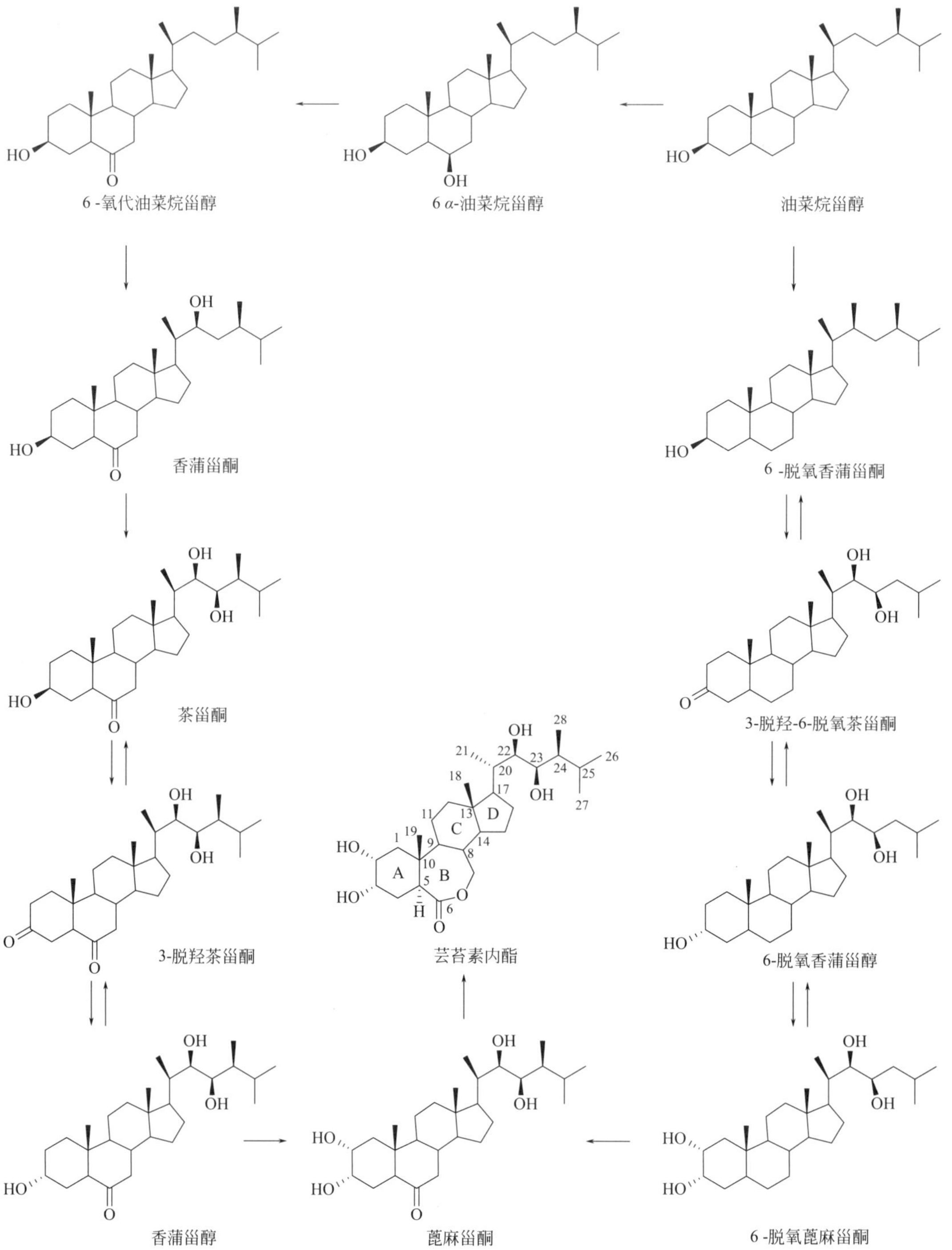

6-氧代油菜烷甾醇

6α-油菜烷甾醇

油菜烷甾醇

香蒲甾酮

6-脱氧香蒲甾酮

茶甾酮

3-脱羟-6-脱氧茶甾酮

3-脱羟茶甾酮

芸苔素内酯

6-脱氧香蒲甾醇

香蒲甾醇

蓖麻甾酮

6-脱氧蓖麻甾酮

图 12-59 芸台素内酯生物合成工艺路线

12.7.3 芸苔素甾醇的人工合成

自从 1979 年发现芸苔素内酯（BL）于后不久，芸苔素甾醇的全新结构和独特的生物活性，促进了在过去 20 余年中有机化学家全合成的兴趣，他们希望从中发现新的生物活性的化合物，几乎所有的天然存在的 BR 及百余个类似物均被合成过。迄今大约已有 20 种不同的路线[68-74]，大多以豆甾醇和麦角甾醇为起始原料，研究工作主要是集中在侧链手性的建立和 A 环上的羟基及 B 环内酯的工艺路线。

BL 是具有最高活性的一种化合物，由豆甾醇合成 BL 及相应的关键中间体可见图 12-60 所示的反应式。

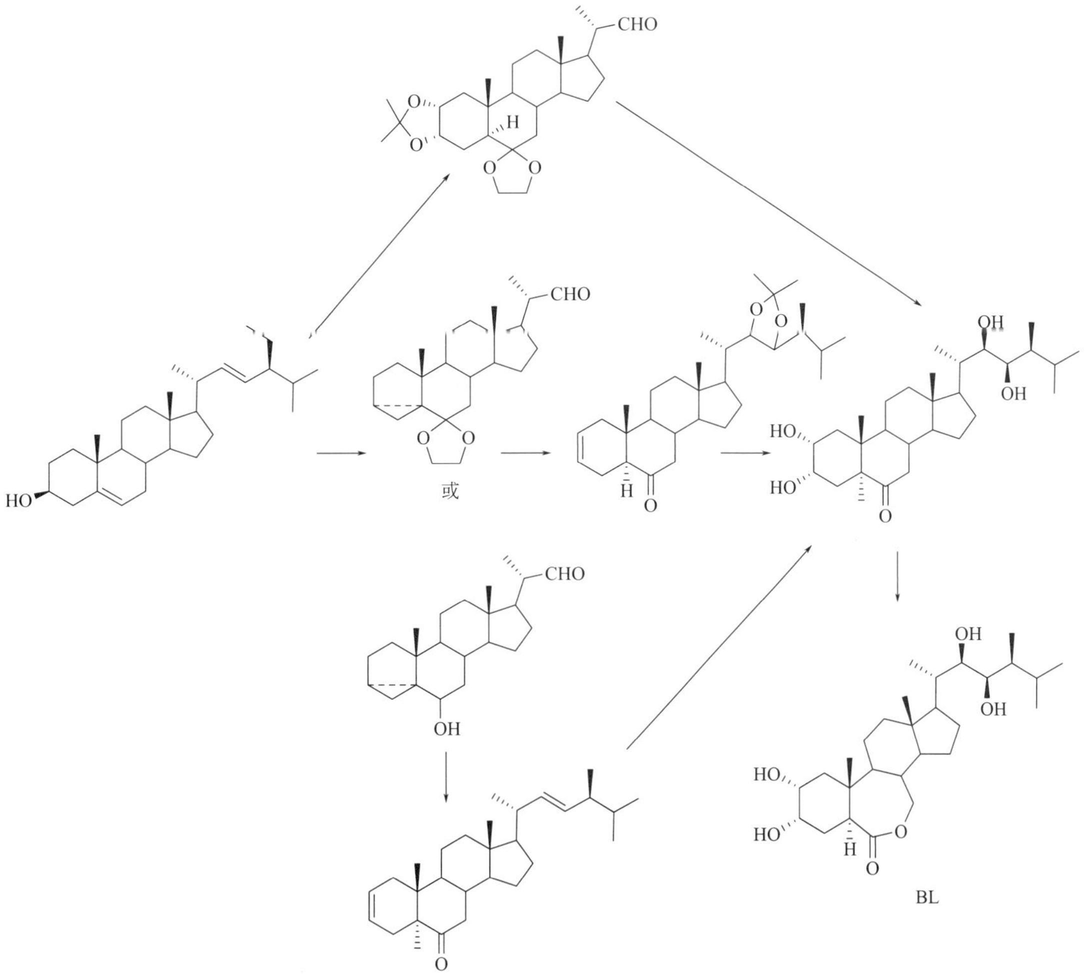

图 12-60　芸苔素内酯人工合成工艺路线

其中 B 环的内酯环可由 6-氧固醇经 Baeyer-Villiger 氧化而得，关键是如何进行侧链上立体选择性地合成 C-22、C-23 及 C-24 的手性问题。最初，22，23-二醇由豆甾醇为起始原料用催化量的 OsO_4 即可得到产品，但得到的却是非理想的 22*S*，23*S* 的二醇化合物。理想的 22*R*，23*R* 二醇则在 OsO_4、$K_3Fe(CN)_6$ 与手性配体双氢喹啉-4-氯苯甲酸（dihydroquinidine-4-chlorobenzoate）存在时，在 2-丙醇水溶液中反应得到。实际的方法由豆甾醇或孕烯醇酮（pregneneolone）如 C-20-酮或 C-22-硫醇等作为起始原料，A 环与 B 环的官能团化可以在侧链建造前后进行，2,22-二烯-6-酮是不对称羟基化的理想原料，可由不同的方法获得。当在 OsO_4 N-甲基吗啉-N-氧化物存在下，双烯酮则可形成理想的（$2a$,$3a$,$22R$,$23R$）具有立体特征的四羟基-6-氧化合物，再经 Baeyer-Villiger 氧化即得到 AB 环具有反式的 7-氧内酯。

12.7.4 芸苔素甾醇的产业情况

芸苔素甾醇类植物生长调节剂原药（或母药）在我国的生产情况如表 12-22 所示。其中，浙江世佳科技有限公司、山东京蓬生物药业股份有限公司以及河北兰升生物科技有限公司的原药有效成分均为含量大于 90%的 24-表芸苔素内酯。张掖市大弓农化有限公司生产的 95%的 24-表芸苔素内酯·三表芸中，22,23,24-表芸苔素内酯（三表芸）含量为 2.5%，24-表芸苔素内酯含量为 92.5%。而山东潍坊双星农药有限公司生产的 24-表芸苔素内酯·三表芸为两者的混合物。现在生产丙酰芸苔素内酯的企业仅有两家，即：威海韩孚生化药业有限公司和日本三菱化学食品株式会社。四川省兰月科技有限公司、江门市大光明农化新会有限公司、云南云大科技农化有限公司以及江西威敌生物科技有限公司等也是芸苔素内酯原药的主要生产企业。在母药方面，成都新朝阳作物科学有限公司有含量为 5%和 80%的 14-羟基芸苔素甾醇两种产品问世。此外，德国阿格福莱农林环境生物技术股份有限公司生产的“赤·吲乙·芸苔”（吲哚乙酸 0.014%，芸苔素内酯 0.0085%，赤霉酸 3.4%）是我国市场上“碧护”产品的主要来源。

表 12-22 我国市场上的芸苔素甾醇类原药（或母药）生产情况

登记证号	有效成分名称	类型	含量	生产企业
PD20132505	24-表芸苔素内酯	原药	90%	浙江世佳科技有限公司
PD20120102	24-表芸苔素内酯	原药	92%	山东京蓬生物药业股份有限公司
PD20180483	24-表芸苔素内酯	原药	90%	河北兰升生物科技有限公司
PD20171750	24-表芸苔素内酯·三表芸	原药	95%	张掖市大弓农化有限公司
PD20140267	24-表芸苔素内酯·三表芸	原药	90%	山东潍坊双星农药有限公司
PD20096814	丙酰芸苔素内酯	原药	95%	日本三菱化学食品株式会社
PD20172952	丙酰芸苔素内酯	原药	95%	威海韩孚生化药业有限公司
PD20100303	芸苔素内酯	原药	95%	四川省兰月科技有限公司
PD20070550	芸苔素内酯	原药	90%	江门市大光明农化新会有限公司
PD20082793	芸苔素内酯	原药	90%	云南云大科技农化有限公司
PD20080444	芸苔素内酯	原药	95%	江西威敌生物科技有限公司
PD20096812	赤·吲乙·芸苔	母药	3.42%	德国阿格福莱农林环境生物技术股份有限公司
PD20171724	14-羟基芸苔素甾醇	母药	5%	成都新朝阳作物科学有限公司
PD20070289	14-羟基芸苔素甾醇	母药	80%	成都新朝阳作物科学有限公司

在制剂产品方面，目前我国芸苔素甾醇类的制剂生产情况如表 12-23 所示。可以看出，其中以 14-羟基芸苔素甾醇为主要有效成分的生产企业有成都新朝阳作物科学有限公司、山东省菏泽北联农药制造有限公司、中棉小康生物科技有限公司等。以丙酰芸苔素内酯为主要有效成分的有中农立华（天津）农用化学品有限公司、日本三菱化学食品株式会社、江苏龙灯化学有限公司。其他企业基本上以 24-表芸苔素内酯、芸苔素内酯为主。

表 12-23　在我国登记生产的芸苔素芸苔素甾醇类植物生长调剂的登记情况

有效成分	剂型	含量	生产企业
14-羟基芸苔素甾醇	可溶粉剂	0.01%	成都新朝阳作物科学有限公司
14-羟基芸苔素甾醇	水剂	0.01%	成都新朝阳作物科学有限公司
14-羟基芸苔素甾醇	水剂	0.01%	山东省菏泽北联农药制造有限公司
14-羟基芸苔素甾醇・烯效唑	悬浮剂	3%	中棉小康生物科技有限公司
24-表芸苔素内酯	水分散粒剂	0.01%	陕西美邦农药有限公司
24-表芸苔素内酯	水剂	0.01%	浙江世佳科技有限公司
24-表芸苔素内酯・三表芸	可溶液剂	0.01%	江门市大光明农化新会有限公司
24-表芸苔素内酯・三表芸	水剂	0.01%	江西巴菲特化工有限公司
24-芸苔素内酯・氨基寡糖素	水剂	6%	海南正业中农高科股份有限公司
24-芸苔素内酯・胺鲜酯	可溶粒剂	5%	陕西汤普森生物科技有限公司
24-芸苔素内酯・苄氨基嘌呤	水分散粒剂	2%	陕西韦尔奇作物保护有限公司
丙酰芸苔素内酯	水剂	0.003%	中农立华（天津）农用化学品有限公司
丙酰芸苔素内酯	水剂	0.003%	日本三菱化学食品株式会社
丙酰芸苔素内酯	水剂	0.003%	江苏龙灯化学有限公司
赤・吲乙・芸苔	可湿性粉剂	0.14%	德国阿格福莱农林环境生物技术股份有限公司
芸苔・赤霉酸	可溶粒剂	40%	成都新朝阳作物科学有限公司
芸苔・赤霉酸	水剂	0.40%	云南云大科技农化有限公司
芸苔・甲哌鎓	水剂	22.50%	云南云大科技农化有限公司
芸苔・烯效唑	水剂	0.75%	云南云大科技农化有限公司
芸苔・乙烯利	水剂	30%	吉林省吉林市农科院高新技术研究所
芸苔・乙烯利	水剂	30%	吉林省吉林市升泰农药有限责任公司
芸苔素内酯	可溶液剂	0.01%	广东金农达生物科技有限公司
芸苔素内酯	可溶液剂	0.01%	上海绿泽生物科技有限责任公司
芸苔素内酯	乳油	0.01%	广东德利生物科技有限公司
芸苔素内酯	乳油	0.01%	福建新农大正生物工程有限公司
芸苔素内酯	乳油	0.01%	广西安泰化工有限责任公司
芸苔素内酯	乳油	0.01%	河南比赛尔农业科技有限公司
芸苔素内酯	乳油	0.01%	爱普瑞（焦作）农药有限公司
芸苔素内酯	乳油	0.01%	江西威敌生物科技有限公司
芸苔素内酯	乳油	0.01%	东莞市瑞德丰生物科技有限公司
芸苔素内酯	乳油	0.15%	浙江省义乌市皇嘉生化有限公司
芸苔素内酯	水分散粒剂	0.10%	陕西美邦农药有限公司
芸苔素内酯	水剂	0.002%	浙江世佳科技有限公司
芸苔素内酯	水剂	0.01%	深圳诺普信农化股份有限公司
芸苔素内酯	水剂	0.004%	云南云大科技农化有限公司
芸苔素内酯	水剂	0.002%	云南云大科技农化有限公司
芸苔素内酯	水剂	0.004%	四川省兰月科技有限公司
芸苔素内酯	水剂	0.04%	浙江来益生物技术有限公司
芸苔素内酯	水剂	0.01%	山西奇星农药有限公司
芸苔素内酯	水剂	0.004%	江西威敌生物科技有限公司
芸苔素内酯	水剂	0.01%	山东省济南仕邦农化有限公司
芸苔素内酯	水剂	0.01%	河南省商丘天神农药厂

续表

有效成分	剂型	含量	生产企业
芸苔素内酯	水剂	0.004%	河南省安阳市国丰农药有限责任公司
芸苔素内酯	水剂	0.01%	山东京蓬生物药业股份有限公司
芸苔素内酯	水剂	0.002%	山东潍坊双星农药有限公司
芸苔素内酯	水剂	0.004%	广东省广州农泰生物科技有限公司
芸苔素内酯	水剂	0.004%	北京中植科华农业技术有限公司
芸苔素内酯	水剂	0.004%	广东植物龙生物技术股份有限公司

此外，我国生产的单制剂产品芸苔素甾醇类植物生长调节剂共有 35 个，含两种有效成分的产品 12 个，含三个有效成分的产品即是著名的植物生长调节剂产品“碧护”。

在剂型方面，如图 12-61 所示，芸苔素甾醇类植物生长调节剂主要剂型是水剂（占比为 61%），其次，环保性较差的乳油剂型也占了 17%，其他大部分剂型均为水基化制剂。

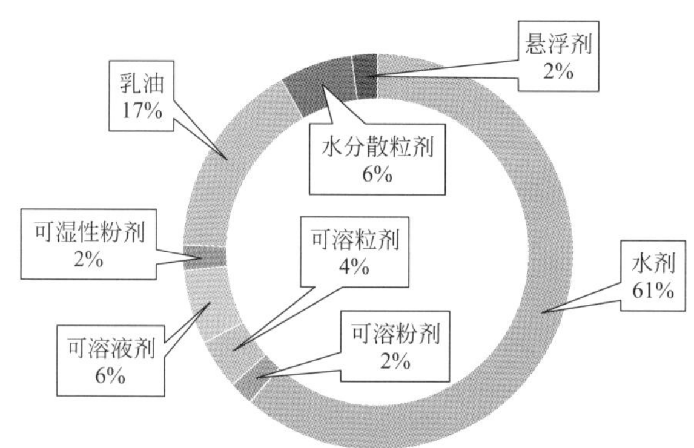

图 12-61　芸苔素甾醇类植物生长调节剂的剂型分布

12.8　其他类型人工合成植物生长调节剂

12.8.1　人工合成植物生长调节剂的分类

人工合成植物生长调节剂由于作用机理和生理功能不同，可分为植物生长抑制剂、植物生长延缓剂和植物生长促进剂三类。

植物生长抑制剂对植物顶端有强烈的破坏作用，能使顶端停止生长，使失去顶端优势，并不为赤霉素所逆转。植物生长抑制剂阻碍顶端分生组织细胞蛋白质、核酸的生物合成并抑制其伸长、分化，从而使细胞分裂减慢，植株变矮，如抑芽丹、增甘膦、三碘苯甲酸等。

植物生长延缓剂的作用机理不同于植物生长抑制剂，它可以抑制赤霉素的生物合成，使细胞延长减慢，植株节间缩短而不减少细胞数目和节间数目，从而使植株变矮。对植物茎部的分生组织的细胞分裂和扩大有抑制作用，其效应可以被赤霉素所逆转。因此，植物生长抑制剂和植物生长延缓剂又被分别称作有丝分裂抑制剂和赤霉素合成抑制剂，并且赤霉素合成抑制剂正逐渐代替有丝分裂抑制剂，因为赤霉素合成抑制剂不影响顶端分生组织的生长，由于叶和花是由顶端分生组织分化而成的，所以它也不影响叶片的发育和数目，以及花的发育。植物生长延缓剂由于控制了植物的营养生长，促进了生殖生长，使株型紧凑，通风透光，减少落铃，因此大面积提高了作物产量和质量。

植物生长促进剂则可以促进细胞分裂、分化和伸长生长，也可促进植物营养器官的生长和生殖器官的发育。人工合成的生长促进剂可分为生长素类、赤霉素类、细胞分裂素类、油菜素内酯类、多胺类等。

12.8.2 植物生长抑制剂

目前所应用的植物生长抑制剂，主要品种有抑芽醚（belvitan）、三碘苯甲酸（2,3,5-triiodobenzoic acid，TIBA）、增甘磷（glyphosine）、整形醇（morphactin）、杀木膦（蔓草磷，fosamine）、抑芽丹（maleic hydrazide，MH）等。上述产品中，仅抑芽丹在我国有登记和生产。

抑芽丹商品名称：马来酰肼、青鲜素、MH30；其他名称：MH、Sucker-Stuff、Retard、Sprout Stop、Royal MH-30、S10-Gro。抑芽丹是一种丁烯二酰肼类植物生长调节剂，1949 年由美国橡胶公司首先开发。抑芽丹在我国的生产登记情况如表 12-24 所示。可以看出，抑芽丹最早于 2003 年由美国爱利思达生物化学品有限公司在我国登记，登记产品为 18%水剂。随后贵州遵义泉通化工有限公司以及山东恒利达生物科技有限公司也从事其水剂的生产。

表 12-24　抑芽丹在我国的生产登记情况

登记证号	剂型	含量	有效期	生产企业
LS98014	水剂	18%	2004-2-24	爱利思达生物化学品有限公司
LS992108	水剂	25%	2006-12-31	贵州遵义泉通化工有限公司
LS97668	水剂	30.20%	2006-12-31	山东恒利达生物科技有限公司
PD20141839	水剂	30.20%	2019-7-24	连云港市金囤农化有限公司
PD20101272	水剂	30.20%	2020-3-5	潍坊中农联合化工有限公司
PD20160731	水剂	30.20%	2021-6-19	重庆双丰化工有限公司
LS20083046	原药	99.60%	2011-9-22	四川国光农化股份有限公司
LS20100157	原药	99.60%	2013-11-19	连云港市金囤农化有限公司
LS20120070	原药	99.60%	2015-3-7	广东广康生化科技股份有限公司
PD20141359	原药	99.60%	2019-6-4	连云港市金囤农化有限公司
PD20150753	原药	99.60%	2020-5-12	邯郸市赵都精细化工有限公司
PD20121675	原药	99.60%	2022-11-5	爱利思达生物化学品有限公司

我国最早从事抑芽丹原药生产的企业是四川国光农化股份有限公司，随后连云港市金囤农化有限公司以及广东广康生化科技股份有限公司也进入该行业，但仅仅连云港市金囤农化有限公司临时登记的原药产品于 2014 年获得正式登记。近年来，邯郸市赵都精细化工有限公司、爱利思达生物化学品有限公司也正式加入该行列。市场上的抑芽丹产品均以水剂为主，所有的临时登记产品均处于无效状态，目前仅有 3 家企业生产销售抑芽丹。

关于抑芽丹的工艺路线，其合成极为简单，由顺丁烯二酸酐与硫酸肼在水溶液中反应即可生成，反应式如图 12-62 所示。

$$\text{(maleic anhydride)} + NH_2NH_2H_2SO_4 \longrightarrow \text{O=}\langle\text{HN-NH}\rangle\text{=O}$$

图 12-62　抑芽丹的工艺路线

12.8.3 植物生长延缓剂

根据结构的特点，现有的植物生长延缓剂可分为三类，即：鎓类化合物（如图 12-63 所示）、含氮杂环化合物（如嘧啶类、降冰片烷醇二氮杂环丁烯类、三唑类、吡啶类的衍生物和咪唑类等，如图 12-64 所示）和酰基环己烷二酮类化合物（如图 12-65 所示）。它们主要是抑制 GA 生物合成，也有的可抑制甾醇的生物合成，还有的对其他的植物激素也有一定的作用。根据化学结构的不同，它们的作用位置和方式也不同。

矮壮素(CCC)　　福斯方(phosf on-D)

阿莫-1618　　CMH　　助壮素

图 12-63　鎓类植物生长延缓剂的结构

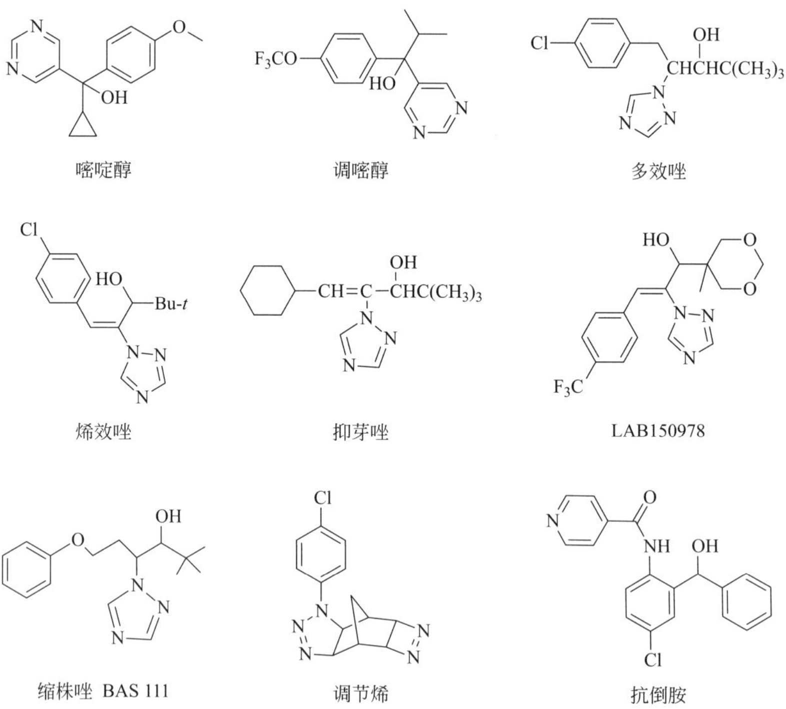

图 12-64　含氮杂环类植物生长延缓剂的结构

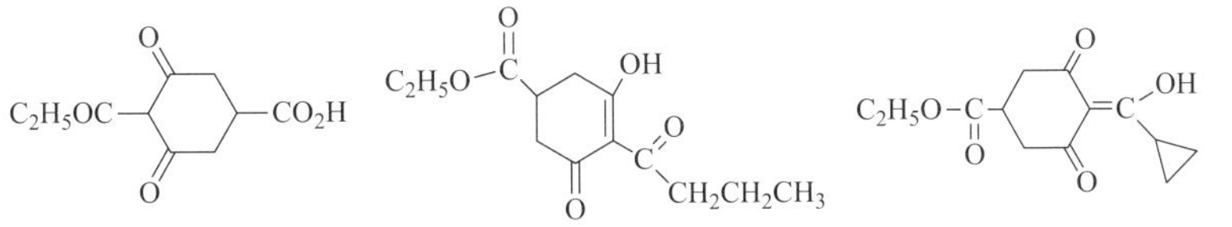

调环酸　　LAB 198 999　　抗倒酯(CGA 163 935)

图 12-65 酰基环己烷二酮类植物生长延缓剂的结构

12.8.3.1 鎓类

（1）矮壮素

① 矮壮素的产业概况　矮壮素（chlormequat，CCC）商品名称：Cycocel；其他名称：Chlorocholine、Chloride、Cycogan、Cycocel-Extra、Increcel、Lihocin、稻麦立、三西。矮壮素是一种季铵盐类植物生长调节剂，1957 年由美国氰胺公司开发。

矮壮素可经由植株的叶、嫩枝、芽和根系吸收，然后转移到起作用的部位，主要作用是抑制赤霉酸的生物合成，其作用机理是抑制古巴焦磷酸生成贝壳杉烯，致使内源赤霉酸的生物合成受到抑制。它的生理作用是控制植株徒长，使节间缩短，使植株长得矮、壮、粗，使根系发达，抗倒伏，同时叶色加深，叶片增厚，叶绿素含量增多，光合作用增强，促进生殖生长，从而提高某些作物的坐果率，也能改善某些作物果实、种子的品质，提高产量，还可提高某些作物的抗旱、抗倒伏、抗盐、抗寒及抗病虫害的能力。

我国目前生产矮壮素原药的企业有河北省黄骅市鸿承企业有限公司、河北省衡水北方农药化工有限公司、四川国光农化股份有限公司、安阳全丰生物科技有限公司、郑州先利达化工有限公司、绍兴东湖高科股份有限公司以及江苏省农用激素工程技术研究中心有限公司，市场上的矮壮素原药含量均在 95%～98%之间。

在矮壮素的制剂方面（表 12-25），共有 27 个相关的产品，大部分产品均为水基化制剂（以比较环保的水剂为主），且为单制剂产品，大部分的含量均为 50%。安阳全丰生物科技有限公司目前有 30%的矮壮素与多效唑的复配产品登记（矮壮素含量 24%，多效唑含量 6%），主要用于花生作物。此外，该公司还有 80%的可溶粉剂与 50%的水剂登记。另外，在复配制剂中，山东京蓬生物药业股份有限公司及河南省博爱惠丰生化农药有限公司还将其与甲哌鎓进行复配。

表 12-25 我国矮壮素制剂生产登记情况

农药登记证号	有效成分	剂型	含量	生产企业
PD20141636	矮壮·多效唑	悬浮剂	30%	安阳全丰生物科技有限公司
PD20095449	矮壮·甲哌鎓	水剂	18%	山东京蓬生物药业股份有限公司
PD20095551	矮壮·甲哌鎓	水剂	18%	河南省博爱惠丰生化农药有限公司
PD20097028	矮壮·甲哌鎓	水剂	45%	天津市施普乐农药技术发展有限公司
PD20100071	矮壮·甲哌鎓	水剂	20%	河南豫珠恒力生物科技有限责任公司
PD20101868	矮壮·甲哌鎓	水剂	25%	宁夏垦原生物化工科技有限公司
PD20097416	矮壮素	可溶粉剂	80%	安阳全丰生物科技有限公司
PD20110211	矮壮素	可溶粉剂	80%	山东省德州祥龙生化有限公司
PD20086136	矮壮素	水剂	50%	四川省兰月科技有限公司
PD86123-7	矮壮素	水剂	50%	四川国光农化股份有限公司
PD20095390	矮壮素	水剂	50%	绍兴东湖高科股份有限公司
PD20097448	矮壮素	水剂	50%	济南天邦化工有限公司

续表

农药登记证号	有效成分	剂型	含量	生产企业
PD20097804	矮壮素	水剂	50%	河南豫之星作物保护有限公司
PD20098120	矮壮素	水剂	50%	山东荣邦化工有限公司
PD20100253	矮壮素	水剂	50%	河北神华药业有限公司
PD20101150	矮壮素	水剂	50%	山东省德州祥龙生化有限公司
PD20101148	矮壮素	水剂	50%	山东德州大成农药有限公司
PD20101081	矮壮素	水剂	50%	山东省青岛海贝尔化工有限公司
PD86123-10	矮壮素	水剂	50%	河南省周口市先达化工有限公司
PD20101373	矮壮素	水剂	50%	安徽春辉植物农药厂
PD20152449	矮壮素	水剂	50%	济南约克农化有限公司
PD86123-5	矮壮素	水剂	50%	山东戴盟得生物科技有限公司
PD86123-4	矮壮素	水剂	50%	安阳全丰生物科技有限公司
PD20110732	矮壮素	水剂	50%	陕西韦尔奇作物保护有限公司
PD86123-2	矮壮素	水剂	50%	河北省黄骅市鸿承企业有限公司
PD86123-9	矮壮素	水剂	50%	重庆双丰化工有限公司
PD86123-8	矮壮素	水剂	50%	安阳全丰生物科技有限公司

② 矮壮素的合成工艺概况　矮壮素主要由二氯乙烷和三甲胺在100～160℃以（5～15）：1的物质的量之比于加压条件下在酸性介质中反应制得。其反应式如图12-66所示。

$$ClCH_2CH_2Cl + N(CH_3)_3 \longrightarrow ClCH_2CH_2\overset{+}{N}(CH_3)_3Cl^-$$

图 12-66　矮壮素的合成

（2）甲哌鎓

① 甲哌鎓的产业概况　甲哌鎓商品名称：Pix；其他名称：BAS-08300、调节啶、缩节胺、助壮素、棉壮素；化学名称：氯化二甲基哌啶。甲哌鎓是一种哌啶类植物生长调节剂，1972年由联邦德国巴斯夫公司首先开发。

当前，我国从事甲哌鎓生产的企业如表12-26所示。由表12-26可见，甲哌鎓原药含量均大于96%。

表 12-26　我国甲哌鎓生产情况

农药登记证号	含量	生产企业
PD20131597	98%	江苏省激素研究所股份有限公司
PD20095757	98%	上虞颖泰精细化工有限公司
PD20081454	96%	成都新朝阳作物科学有限公司
PD20081490	98%	中棉小康生物科技有限公司
PD20082600	98%	江苏省南通金陵农化有限公司
PD20082601	98%	四川国光农化股份有限公司
PD20085139	98%	江苏润泽农化有限公司
PD20094479	96%	荆门金贤达生物科技有限公司
PD20095035	98%	江苏省南通施壮化工有限公司

续表

农药登记证号	含量	生产企业
PD20098393	99%	潍坊华诺生物科技有限公司
PD20101808	98%	河北省张家口长城农化（集团）有限责任公司
PD20170664	98%	江苏省常熟市农药厂有限公司

在制剂生产方面，我国甲哌鎓制剂产品共 55 个，其中复配制剂产品一共 14 个（见表 12-27），其除了与矮壮素进行复配外，还可与胺鲜酯、多效唑、烯效唑、芸苔素内酯等进行复配。

表 12-27　甲哌鎓相关复配制剂产品在我国的登记情况

登记证号	有效成分	剂型	含量	生产企业
PD20095449	矮壮・甲哌鎓	水剂	18%	山东京蓬生物药业股份有限公司
PD20095551	矮壮・甲哌鎓	水剂	18%	河南省博爱惠丰生化农药有限公司
PD20097028	矮壮・甲哌鎓	水剂	45%	天津市施普乐农药技术发展有限公司
PD20100071	矮壮・甲哌鎓	水剂	20%	河南豫珠恒力生物科技有限责任公司
PD20101868	矮壮・甲哌鎓	水剂	25%	宁夏垦原生物化工科技有限公司
PD20172715	胺鲜・甲哌鎓	可溶粉剂	80%	陕西韦尔奇作物保护有限公司
PD20121994	胺鲜・甲哌鎓	可溶粉剂	80%	陕西康禾立丰生物科技药业有限公司
PD20130682	胺鲜・甲哌鎓	水剂	27.50%	山西浩之大生物科技有限公司
PD20151008	胺鲜・甲哌鎓	水剂	27.50%	郑州郑氏化工产品有限公司
PD20131343	多唑・甲哌鎓	可湿性粉剂	10%	郑州郑氏化工产品有限公司
PD20091337	多唑・甲哌鎓	可湿性粉剂	10%	四川国光农化股份有限公司
PD20083023	多唑・甲哌鎓	微乳剂	20%	北京北农天风农药有限公司
PD20150129	烯效・甲哌鎓	微乳剂	20.80%	山西浩之大生物科技有限公司
PD20097376	芸苔・甲哌鎓	水剂	22.50%	云南云大科技农化有限公司

甲哌鎓相关产品的剂型分布情况如图 12-67 所示，可以看出，与其他品种相比，其剂型种类较多，但其中水剂是该类产品的主要剂型（占 53.70%），其次是可溶粉剂（占 37.10%）。

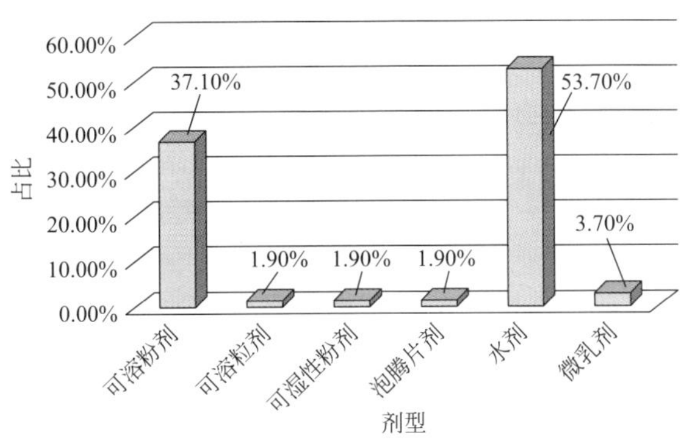

图 12-67　甲哌鎓相关产品的剂型分布情况

② 甲哌鎓的工艺概况　甲哌鎓的合成工艺路线是以哌啶为原料，在强碱作用下（如 NaOH）与氯仿反应，生成氯化有机盐，即为甲哌鎓产品，如图 12-68 所示。

$$\text{piperidine} + CH_3Cl \xrightarrow{NaOH} \text{N,N-dimethylpiperidinium } Cl^-$$

图 12-68 甲哌鎓的合成工艺路线

(3) 调节安

① 调节安的产业概况　调节安是一种抑制生长作用的植物生长调节剂，由巴斯夫公司开发。其化学名称为 *N*，*N*-二甲基吗啉鎓氯化物。纯品为无色针状晶体，熔点344℃（分解），易溶于水，微溶于乙醇，难溶于丙酮及非极性溶剂。有强烈的吸湿性，其水溶液呈中性，化学性质稳定。工业品为白色或淡黄色粉末状固体，纯度≥95％。

调节安毒性极低，雄大鼠急性经口 LD_{50} 740mg/kg；雌大鼠急性经口 LD_{50} 840mg/kg；雄小鼠急性经口 LD_{50} 250mg/kg，经皮 LD_{50}＞2000mg/kg。28d 蓄积性试验表明：雄大鼠和雌大鼠的蓄积系数均大于 5，蓄积作用很低。经 Ames 试验、微核试验和精子畸形试验证明：调节安没有导致基因突变而改变体细胞和生殖细胞中的遗传信息的作用，因而生产和应用均比较安全。由于调节安溶于水，极易在植物体内代谢，初步测定它在棉籽中的残留小于 0.1mg/kg。

调节安作为一种生长延缓剂，其最大特点是药效缓和、安全幅度大、应用范围广。由于药效缓和，所以可适当早喷，不致产生药害。特别是对于广大浇灌系统缺乏地区的中低产田，正确掌握施药技术均能收到良好的效果。调节安可调节棉花的生育，抑制营养生长，加强生殖器官的生长势，增强光合作用，增加叶绿素含量，增加结铃和铃重。经扫描电镜对棉株部分器官亚显微结构（叶柄、花丝等）的观察发现，应用调节安后，其维管束发达，输导组织畅通，养分能快速地运往到生殖器官。因此调节安可能有效地调节营养生长和生殖生长。

关于调节安的相关产品，在 2006 年由河北省张家口长城农化（集团）有限责任公司生产含量为 95％的可溶粉剂（临时登记证号：LS89327），用于棉花作物的生长调剂。但 2006 年以后，再无相关产品登记。该公司的产品已于 2006 年 12 月 31 日失效。

② 调节安的工艺概况　调节安的工艺路线与甲哌鎓十分类似，即以吗啉为原料，在强碱作用下（如 NaOH）与氯仿反应即得到产品，如图 12-69 所示。

(4) 氯化胆碱

$$\text{morpholine} + CH_3Cl \xrightarrow[NaOH]{CH_3OH} \text{N,N-dimethylmorpholinium } Cl^-$$

图 12-69 调节安的工艺路线

① 氯化胆碱的产业概况　氯化胆碱（chloline chloride），其他名称：高利达、好瑞。氯化胆碱是一种胆碱类植物生长调节剂，1964 年由日本农林水产省农业技术所开发，后由日本三菱瓦斯化学公司、北兴化学公司 1987 年注册作为植物生长调节剂。其化学名称为：(2-羟乙基) 三甲基氯化铵。纯品为白色结晶，熔点 240℃。易溶于水，有吸湿性。进入到土壤易被微生物分解，无环境污染。

氯化胆碱为低毒性植物生长调节剂，急性经口 LD_{50}：雄大鼠 2692mg/kg，雌大鼠 2884mg/kg；雄小鼠 4169mg/kg，雌小鼠 3548mg/kg。鲤鱼 LC_{50} (48h) ＞5100mg/L。

氯化胆碱可经由植物茎、叶、根吸收，然后较快地传导到起作用的部位。其生理作用有：抑制 C_3 植物的光呼吸，促进根系发育，可使光合产物尽可能多地累积到块茎、块根中去，从而增加产量、改善品质。有关它的作用机理尚不清楚，有待进一步研究。

氯化胆碱曾经在江苏省激素研究所股份有限公司、江苏万农化工有限公司、江苏安邦电化有限公司、辽宁省丹东市红泽农化有限公司、东莞市瑞德丰生物科技有限公司等东部地区的企业生产，但当相关的农药登记证到期后，上述企业陆陆续续于 2006 年以后就不再生产该产品。目前，氯化胆碱相关产品均在我国西南地区的企业（如四川省兰月科技有限公司、重庆双丰化工有限公司、重庆市诺意农药有限公司）生产，共涉及 4 个产品（3 个含量为

60%的单制剂产品）。其中重庆双丰化工有限公司除了生产氯化胆碱单制剂外，还有总含量为 18%（氯化胆碱 17%，萘乙酸 1%）的产品，用于大蒜、姜、洋葱等的调节生长及增产。表 12-28 所示为氯化胆碱制剂产品在我国的生产登记情况。

表 12-28 氯化胆碱制剂产品在我国的生产登记情况

登记证号	登记名称	剂型	总含量	生产企业
PD20101578	氯化胆碱	水剂	60%	重庆双丰化工有限公司
PD20160081	氯化胆碱	水剂	60%	四川省兰月科技有限公司
PD20111330	氯胆·萘乙酸	可湿性粉剂	18%	重庆双丰化工有限公司
PD20172463	氯化胆碱	水剂	60%	重庆市诺意农药有限公司

② 氯化胆碱的工艺概况　工业生产上常用的合成工艺路线是环氧乙烷法，即将三甲胺盐酸盐与环氧乙烷反应生成液体的氯化胆碱。其反应式如图 12-70 所示。

$$(CH_3)_3N \cdot HCl + \underset{O}{\bigtriangledown} \longrightarrow \left[H_3C-\overset{CH_3}{\underset{CH_3}{N^+}}-CH_2CH_2OH \right] Cl^-$$

图 12-70 氯化胆碱的合成工艺路线

12.8.3.2 三唑类化合物

（1）多效唑

① 多效唑的产业概况　多效唑（paclobutrazol）试验代号 PP333；商品名称：Bonzi、Clipper、Cultar、Multerffect、Smarect、氯丁唑，混剂 Parlay。多效唑是一种三唑类植物生长调节剂，1982 年由 B. G. Lever 报道其生物活性，英国卜内门化学有限公司开发。其化学名称为（2*RS*,3*RS*)-1-(4-氯苯基)-4,4-二甲基-2-(1*H*-1,2,4-三唑-1-基）戊-3-醇。产品为白色结晶体，熔点 165～166℃，蒸气压 0.001mPa（20℃），分配系数 K_{ow} lg$P$ = 3.2，Henry 常数 1.13×10^{-5} Pa·m^3/mol（计算值），密度 1.22g/mL。水中溶解度（20℃）：26mg/L；有机溶剂中溶解度（20℃，g/L）：甲醇 150，丙二醇 50，丙酮 110，环己酮 180，二氯甲烷 100，己烷 10，二甲苯 60。稳定性：在 50℃下至少稳定 6 个月，常温（20℃）下储存稳定两年以上。在紫外线下，pH7，10d 内不降解；在 pH4～9 稳定。

急性经口 LD_{50}（mg/kg）：雄大鼠 2000，雌大鼠 1300；雄小鼠 490，雌小鼠 1200；豚鼠 400～600；雄兔 840，雌兔 940。大鼠和兔急性经皮 LD_{50}>1000mg/kg。对兔皮肤有轻度刺激性，对兔眼睛有中度刺激性，对豚鼠皮肤无致敏性。大鼠急性吸入 LC_{50}（4h，mg/L 空气）：雄 4.79，雌 3.13。NOEL 数据：大鼠（2 年）250mg/kg 饲料，狗（1 年）75mg/kg 饲料。ADI 值：0.1mg/kg(b.w.)。无致突变作用。绿头鸭急性经口 LD_{50}>7900mg/kg。虹鳟 LC_{50}（96h）27.8mg/L。水蚤 LC_{50}（48h）33.2mg/L。海藻 EC_{50} 180 μmol/L。蜜蜂急性经口无作用剂量>0.002mg/只，急性经皮无作用剂量>0.040mg/只。

多效唑是一种广谱的植物生长调节剂，主要生理作用有：矮化植株，促进花芽形成，增加分蘖，保花保果，促使根系发达；也有一定防病作用（霉病）。例如，多效唑可矮化草皮，减少修剪次数；还可矮化菊花、一品红等许多观赏植物使之早开花，花朵大。

多效唑与尿素混合使用有协同增效作用。每平方米早熟禾草坪用 5.9g 尿素+0.007～0.054g 多效唑混合喷洒，可使早熟禾叶片绿而宽、侧枝多，明显改善草坪质量，而多效唑单用仅有矮化作用，单用尿素则促进草坪长高而叶色淡。

多效唑与多种其他植物生长调节剂混合使用具有协调作用。如多效唑与烯效唑混合组成的多效·烯效合剂，是一种增强矮化作用的复合型生长调节剂——80%赛多可湿性粉剂（多效唑与烯效唑比例为 7∶1），主要应用于水稻、小麦、油菜等作物，可以抑制其营养生长，促进生殖生长，促进生根，提高抗旱、抗寒和抗倒伏能力。

多效唑可由植物的根、茎、叶吸收，然后经木质部传导到幼嫩的分生组织部位，抑制赤霉酸的生物合成。具体作用部位：一是阻抑贝壳杉烯形成贝壳杉烯-19-醇；二是阻抑贝壳杉烯-19-醇形成贝壳杉烯-19-醛；三是阻抑贝壳杉烯-19-醛形成贝壳杉烯-19-酸。作用机理是抑制这三个部位酶促反应中酶的活性。

多效唑的原药生产企业如表 12-29 所示。我国生产多效唑的企业主要集中在江浙地区以及山东等。

表 12-29　多效唑的原药生产企业

登记证号	含量	登记证有效期	生产企业
PD20150318	95%	2020-2-5	山东潍坊润丰化工股份有限公司
PD20080923	95%	2018-7-17	江苏建农植物保护有限公司
PD20081265	95%	2018-9-18	江苏七洲绿色化工股份有限公司
PD20081263	95%	2018-9-18	四川省化学工业研究设计院
PD20132209	95%	2018-10-29	江苏百灵农化有限公司
PD20085249	95%	2018-12-23	沈阳科创化学品有限公司
PD20090032	94%	2019-1-6	江苏省盐城利民农化有限公司
PD20095024	96%	2019-4-21	上海升联化工有限公司
PD20142516	95%	2019-11-21	上海悦联生物科技有限公司
PD20150667	95%	2020-4-17	江苏中旗作物保护股份有限公司
PD20151051	96%	2020-6-14	江苏托球农化股份有限公司
PD20161203	95%	2021-9-13	江苏景宏生物科技有限公司
PD20170863	96%	2022-5-9	江西农大锐特化工科技有限公司
PD20080480	95%	2023-3-31	江苏剑牌农化股份有限公司

在制剂生产方面，共有 69 个相关的产品获得登记，其中大部分（64 个）产品为单制剂产品，而多效唑也常常与赤霉酸、甲哌鎓以及矮壮素进行复配使用（详见前文相关部分）。在剂型方面，含多效唑的产品剂型主要有 4 种，其中传统剂型可湿性粉剂占有较大比例，为 62%，其次是悬浮剂剂型，如图 12-71 所示。

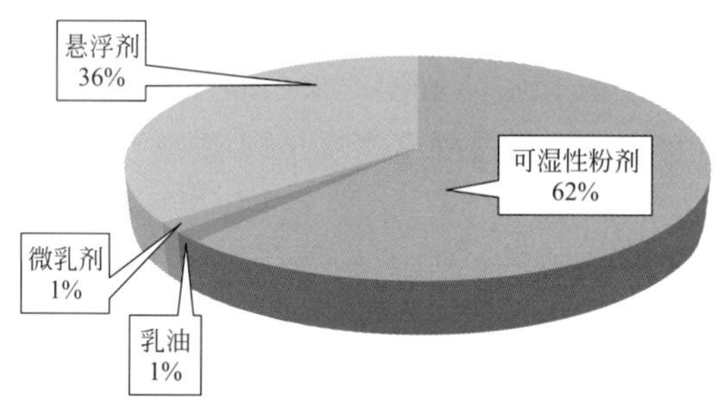

图 12-71　多效唑产品相关剂型的分布情况

② 多效唑的工艺概况　多效唑的合成工艺路线主要有两种，反应式如图 12-72 和图 12-73 所示。

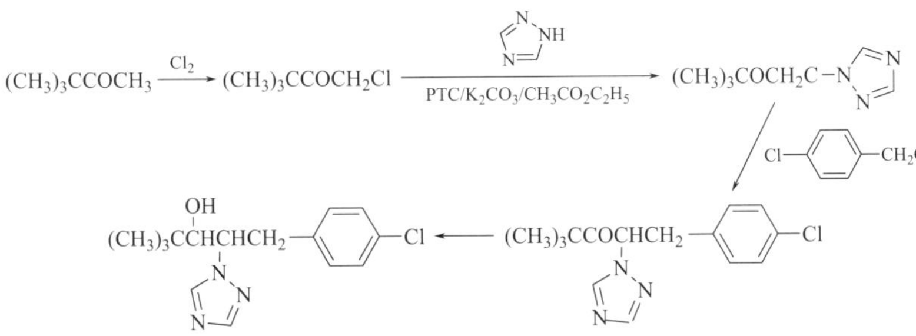

$(CH_3)_3CCOCH_3 \xrightarrow{Cl_2} (CH_3)_3CCOCH_2Cl \xrightarrow[PTC/K_2CO_3/CH_3CO_2C_2H_5]{\text{1,2,4-三唑}} (CH_3)_3COCH_2C\text{-}N(\text{三唑})$

$\xrightarrow{Cl\text{-}C_6H_4\text{-}CH_2Cl} (CH_3)_3CCOCH(\text{三唑})CH_2\text{-}C_6H_4\text{-}Cl \longrightarrow (CH_3)_3CCH(OH)CH(\text{三唑})CH_2\text{-}C_6H_4\text{-}Cl$

图 12-72　多效唑的合成工艺路线（方法 1）

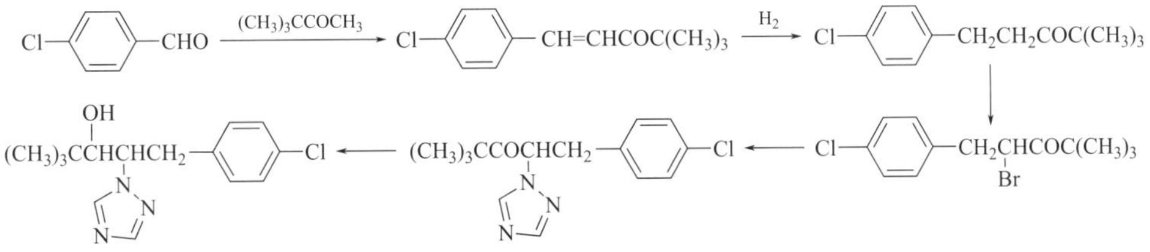

$Cl\text{-}C_6H_4\text{-}CHO \xrightarrow{(CH_3)_3CCOCH_3} Cl\text{-}C_6H_4\text{-}CH{=}CHCOC(CH_3)_3 \xrightarrow{H_2} Cl\text{-}C_6H_4\text{-}CH_2CH_2COC(CH_3)_3$

$\longrightarrow Cl\text{-}C_6H_4\text{-}CH_2CHBrCOC(CH_3)_3 \longrightarrow (CH_3)_3CCOCH(\text{三唑})CH_2\text{-}C_6H_4\text{-}Cl \longrightarrow (CH_3)_3CCH(OH)CH(\text{三唑})CH_2\text{-}C_6H_4\text{-}Cl$

图 12-73　多效唑的合成工艺路线（方法 2）

（2）烯效唑

① 烯效唑的产业概况　烯效唑（uniconazole）试验代号：S-07、S-327D、S-3307D、XE-1019；商品名称：Lomica、Sumiseven、Sumagic［主要为 uniconazole-P，即（*E*）-（*S*）-（+）异构体］。烯效唑是由日本住友化学工业株式会社和 Valent 开发的三唑类植物生长调节剂。化学名称为：（*E*）-（*RS*）-1-（4-氯苯基）-4,4-二甲基-2-（1*H*-1,2,4-三唑-1-基）戊-1-烯-3-醇。纯品为白色结晶，熔点 147～164℃，蒸气压 8.9mPa（20℃），分配系数 K_{ow} $\lg P=3.67$（25℃），相对密度 1.28（21.5℃）。溶解度（25℃）：水中 8.41mg/L，己烷 300mg/kg，甲醇 88g/kg，二甲苯 7g/kg，易溶于丙酮、乙酸乙酯、氯仿和二甲基甲酰胺等常用有机溶剂。在正常储存条件下稳定。

大鼠急性经口 LD_{50}（mg/kg）：雄 2020，雌 1790。大鼠急性经皮 $LD_{50}>2000$mg/kg。对兔眼有轻微刺激，对皮肤无刺激性。大鼠吸入 LC_{50}（4h）>2750mg/m^3 空气。Ames 试验，无致突变作用。鱼毒 LC_{50}（96h，mg/L）：虹鳟鱼 14.8，鲤鱼 7.64。蜜蜂 LD_{50}（接触）$>20\mu$g/只。

烯效唑可经由植株的根、茎、叶、种子吸收，然后经木质部传导到各部位的分生组织中。作用机理与多效唑相同，是赤霉酸生物合成的抑制剂。主要生理作用有：抑制细胞伸长，缩短节间，促进分蘖，抑制株高，改变光合产物分配方向，促进花芽分化和果实的生长；它还可增加叶表皮蜡质，促进气孔关闭，提高抗逆能力。

烯效唑相关产品登记及生产情况如表 12-30 所示。在原药生产方面，有江苏剑牌农化股份有限公司、四川省化学工业研究设计院以及江苏七洲绿色化工股份有限公司等三家企业生产，其有效成分含量均在 90%。

当前，共有 16 个制剂产品，其中有 5 个复配制剂，除前文提到的与甲哌鎓、芸苔素内酯、14-羟基芸苔素等产品复配使用外，北京市东旺农药厂也生产 30%的甲戊・烯效唑（含二甲戊灵 28%）复配制剂产品（乳油剂型），贵州遵义泉通化工有限公司也生产该产品，为微囊悬浮-水乳剂。

表 12-30 我国烯效唑相关产品的登记及生产情况

登记证号	有效成分	剂型	含量	有效期	生产企业
PD20132183	烯效唑	可湿性粉剂	5%	2018-10-29	江西农大锐特化工科技有限公司
PD20081840	烯效唑	原药	90%	2018-11-20	江苏剑牌农化股份有限公司
PD20082611	烯效唑	可湿性粉剂	5%	2018-12-4	江苏剑牌农化股份有限公司
PD20083528	烯效唑	可湿性粉剂	5%	2018-12-12	江苏景宏生物科技有限公司
PD20091862	烯效唑	可湿性粉剂	5%	2019-2-9	江苏省盐城利民农化有限公司
PD20094177	烯效唑	可湿性粉剂	5%	2019-4-9	四川省兰月科技有限公司
PD20094667	烯效唑	原药	90%	2019-4-10	四川省化学工业研究设计院
PD20095342	芸苔·烯效唑	水剂	0.75%	2019-4-27	云南云大科技农化有限公司
PD20098249	烯效唑	可湿性粉剂	5%	2019-12-16	湖南大乘医药化工有限公司
PD20150129	烯效·甲哌鎓	微乳剂	20.80%	2020-1-7	山西浩之大生物科技有限公司
PD20100986	烯效唑	可湿性粉剂	5%	2020-1-19	四川国光农化股份有限公司
PD20101494	烯效唑	可湿性粉剂	5%	2020-5-10	四川省化学工业研究设计院
PD20110983	甲戊·烯效唑	乳油	30%	2021-9-16	北京市东旺农药厂
PD20170302	烯效唑	悬浮剂	10%	2022-2-13	江苏剑牌农化股份有限公司
PD20170864	甲戊·烯效唑	微囊悬浮-水乳剂	30%	2022-5-9	贵州遵义泉通化工有限公司
PD20070352	烯效唑	可湿性粉剂	5%	2022-10-24	江苏七洲绿色化工股份有限公司
PD20070351	烯效唑	原药	90%	2022-10-24	江苏七洲绿色化工股份有限公司
PD20173282	14-羟芸·烯效唑	悬浮剂	3%	2022-12-19	中棉小康生物科技有限公司
PD20172989	烯效唑	悬浮剂	10%	2022-12-19	陕西汤普森生物科技有限公司

② 烯效唑的工艺概况　烯效唑的合成工艺路线：由 α-三唑基频那酮与对氯苯甲醛在碱性条件下缩合，再经硼氢化钾还原生成，合成工艺路线如图 12-74 所示。反应中所得化合物是 Z/E 的混合物，并以 Z 为主，因此，开展顺反构型转化尤为重要。在光、热或催化剂存在下，可使三唑烯酮异构化，使 Z 构型转化为 E 构型。研究发现，可用催化量溴在等物质

图 12-74　烯效唑的合成工艺路线

的量的甲烷磺酸存在下对产物进行加成⟶消除反应，达到 $Z \longrightarrow E$ 构型转化的结果；反应在氯苯中进行，操作简便，效果良好，最好的产率可达 94%，E/Z 比率可由 35.9/64.1 转变成 99.2/0.8。以 α-三唑基频那酮和对氯苯甲醛为起始原料，经缩合、异构化、选择性还原三步制备产物，三步总产率达 80% 以上，产品纯度≥98%。

12.8.3.3　酮类化合物

（1）抗倒酯

① 抗倒酯的产业概况　抗倒酯（trinexapac-ethyl），试验代号 CGA179500；商品名称：Modus、Omega、Primo、Vision；其他名称：挺立。抗倒酯是 1989 年由 E. Kerber 等报道其生物活性，由 Ciba-Geigy A. G.（现在 Syngenta A. G.）公司开发并于 1992 年商品化的植物生长调节剂。其化学名称为：4-环丙基（羟基）亚甲基-3,5-二氧代环己烷羧酸乙酯。纯品为白色无味固体，熔点 36℃，沸点＞270℃。蒸气压 1.6mPa（20℃），2.16mPa（25℃）。分配系数 $K_{ow}\lg P=1.60$（pH5.3，25℃）。Henry 常数 5.4×10^{-4} Pa · m^3/mol。相对密度 1.215。溶解度（20℃，g/L）：水中 2.8（pH4.9），10.2（pH5.5），21.1（pH9.1）；乙醇、丙酮、甲苯、正辛醇中为 100%，己烷中为 5%。稳定性：沸点以下稳定，在正常储存下稳定，遇碱分解。pK_a 4.57，熔点 133℃。

大鼠急性经口 LD_{50} 4460mg/kg，大鼠急性经皮 LD_{50}＞4000mg/kg。对兔皮肤和眼睛无刺激性，对豚鼠皮肤无刺激性。大鼠急性吸入 LC_{50}（48h）＞5.3mg/L。NOEL 数据：大鼠（2 年）115mg/[kg(b. w.) · d]，小鼠（1.5 年）451mg/[kg(b. w.) · d]，狗（1 年）31.6mg/[kg(b. w.) · d]。ADI 值：0.316mg/(kg · d)。绿头鸭和小齿鹑急性经口 LD_{50}＞2000mg/kg，绿头鸭和山齿鹑饲喂实验（8d）LC_{50}＞5000mg/kg 饲料。鱼毒 LC_{50}（96h）：虹鳟、鲤鱼、大翻车鱼＞35～180mg/L。水蚤（96h）LC_{50} 142mg/L。蜜蜂 LD_{50}＞293μg/只（经口），＞115μg/只（接触）。蚯蚓 LC_{50}＞93mg/L 土壤。

抗倒酯是赤霉素生物合成抑制剂，通过降低赤霉素的含量，控制作物旺长。施于叶部，可转移到生长的枝条上，减少节间的伸长。在禾谷类作物、甘蔗、油菜、蓖麻、水稻、向日葵和草坪上施用，可明显抑制生长。

我国抗倒酯相关产品的登记及生产情况如表 12-31 所示。我国共有 16 个抗倒酯的相关产品进行生产，其中原药产品 7 个，制剂产品 9 个，剂型涉及微乳剂（4 个）、可溶液剂（1 个）、乳油（3 个）等。

表 12-31　我国抗倒酯相关产品的登记及生产情况

登记证号	剂型	含量	有效期	生产企业
PD20160684	原药	97%	2021-5-20	江苏辉丰农化股份有限公司
PD20173228	微乳剂	25%	2022-12-19	江苏辉丰农化股份有限公司
PD20102154	可溶液剂	12.30%	2020-12-8	瑞士先正达作物保护有限公司
PD20160171	乳油	250g/L	2021-2-24	迈克斯（如东）化工有限公司
PD20111315	乳油	250g/L	2021-12-2	瑞士先正达作物保护有限公司
PD20172764	乳油	250g/L	2022-11-20	天津市汉邦植物保护剂有限责任公司
PD20170441	微乳剂	25%	2022-3-9	陕西美邦农药有限公司
PD20173126	微乳剂	25%	2022-12-19	陕西上格之路生物科学有限公司
PD20173092	微乳剂	25%	2022-12-19	陕西上格之路生物科学有限公司
PD20173060	微乳剂	25%	2022-12-19	陕西韦尔奇作物保护有限公司

续表

登记证号	剂型	含量	有效期	生产企业
PD20151424	原药	98%	2020-7-30	迈克斯（如东）化工有限公司
PD20102202	原药	94%	2020-12-20	瑞士先正达作物保护有限公司
PD20171439	原药	96%	2022-7-19	淮安国瑞化工有限公司
PD20171371	原药	97%	2022-7-19	江苏优嘉植物保护有限公司
PD20171158	原药	96%	2022-7-19	江苏中旗作物保护股份有限公司
PD20130786	原药	96%	2023-4-22	江苏优士化学有限公司

② 抗倒酯的工艺概况　以马来酸二乙酯为原料，与丙酮缩合得到丙酮基丁二酸二乙酯，随后在 NaH 的作用下闭环，得到环己二酮衍生物，再与环丙基甲酰氯反应，经过重排即得到抗倒酯。合成工艺路线如图 12-75 所示[75]。

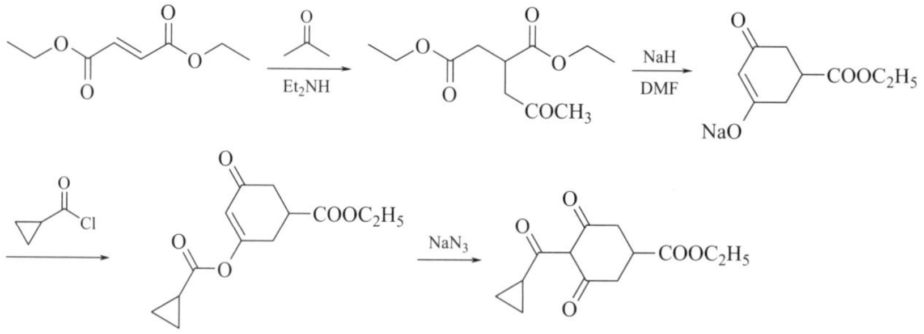

图 12-75　抗倒酯的合成工艺路线

（2）调环酸钙[76]

① 调环酸钙的产业概况　调环酸（prohexadione）商品名称为 Viviful，是 1994 年由日本组合化学工业公司开发的植物生长调节剂。调环酸钙也是赤霉素生物合成抑制剂，它可降低赤霉素的含量，控制作物旺长。主要用于禾谷类作物如小麦、大麦、水稻抗倒伏以及花生、花卉、草坪等控制旺长，使用剂量为 75～400g(a. i.)/hm^2。

如表 12-32 所示，我国调环酸钙只有两个企业在生产，分别是湖北移栽灵农业科技股份有限公司和安阳全丰生物科技有限公司，其业务涉及调环酸钙原药以及制剂，其中安阳全丰生物科技有限公司的原药纯度要略高于湖北移栽灵农业科技股份有限公司的原药。两个企业的制剂产品含量均为 5%。

表 12-32　我国调环酸钙相关产品的登记及生产情况

登记证号	剂型	含量	有效期	生产企业
PD20170013	原药	85%	2022-1-3	湖北移栽灵农业科技股份有限公司
PD20170012	泡腾片剂	5%	2022-1-3	
PD20173212	原药	88%	2022-12-19	安阳全丰生物科技有限公司
PD20180369	泡腾粒剂	5%	2023-1-14	

② 调环酸钙的工艺概况　调环酸钙的合成工艺路线大部分与上述抗倒酯的合成工艺路线十分类似，即以丁烯二羧酸酯为原料，经加成、环化、酰化等反应即制得目的物。合成工艺路线如图 12-76 所示。

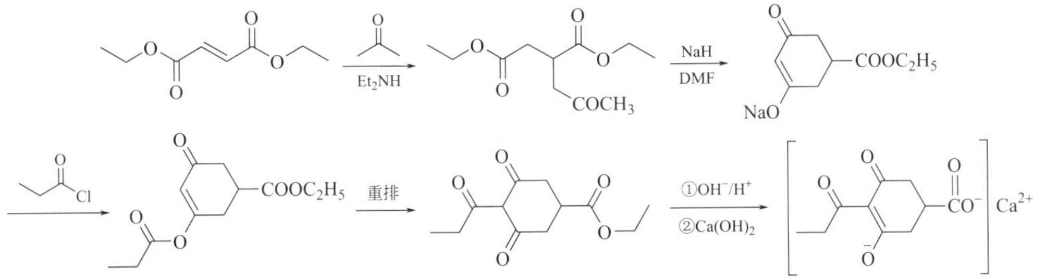

图 12-76　调环酸钙的合成工艺路线

12.8.4　植物生长促进剂

三十烷醇是植物生长促进剂的典型品种。其是 1975 年美国密执安大学 S. K. Ries 从苜蓿叶中分离并发现具有植物活性的，它是许多植物中的一种天然组分，是天然存在的特长链脂肪族正构一元伯醇。三十烷醇相关的产品情况如表 12-33 所示。从中可以看出，当前从事三十烷醇原药生产的企业主要有广西桂林市宏田生化有限责任公司以及四川国光农化股份有限公司。而当三十烷醇与硫酸铜进行复配时，主要用作杀菌剂。三十烷醇作为植物生长调节剂使用时，均为单制剂产品，剂型以微乳剂为主，同时也有悬浮剂、水乳剂等绿色的水基化制剂。

表 12-33　我国三十烷醇相关产品的登记及生产情况

有效成分	农药类别	剂型	含量	生产企业
三十烷醇	植物生长调节剂	微乳剂	0.10%	四川国光农化股份有限公司
三十烷醇	植物生长调节剂	微乳剂	0.10%	广西桂林宝盛农药有限公司
三十烷醇	植物生长调节剂	微乳剂	0.10%	河北华灵农药有限公司
三十烷醇	植物生长调节剂	微乳剂	0.10%	河南省郑州天邦生物制品有限公司
三十烷醇	植物生长调节剂	可溶液剂	0.10%	台州市大鹏药业有限公司
烷醇·硫酸铜	杀菌剂	可湿性粉剂	6%	山东省曲阜市尔福农药厂
三十烷醇	植物生长调节剂	原药	95%	广西桂林市宏田生化有限责任公司
烷醇·硫酸铜	杀菌剂	悬浮剂	2.80%	河南豫珠恒力生物科技有限责任公司
三十烷醇	植物生长调节剂	微乳剂	0.10%	陕西先农生物科技有限公司
三十烷醇	植物生长调节剂	微乳剂	0.10%	广西安农化工有限责任公司
烷醇·硫酸铜	杀菌剂	水乳剂	0.50%	山东亚星农药有限公司
三十烷醇	植物生长调节剂	微乳剂	0.10%	广西桂林市宏田生化有限责任公司
烷醇·硫酸铜	杀菌剂	水乳剂	0.50%	大连云林碳化药业有限公司
烷醇·硫酸铜	杀菌剂	可湿性粉剂	1.50%	山东亚星农药有限公司
烷醇·硫酸铜	杀菌剂	乳油	0.50%	山东省曲阜市尔福农药厂
三十烷醇	植物生长调节剂	原药	90%	四川国光农化股份有限公司

三十烷醇的合成工艺路线有两种。

方法 1 是用等物质的量的二十四烷酸与五氯化磷作用得到正二十四烷酰氯，以无水氯仿作溶剂，在无水三乙胺的存在下，与稍过量的 1-吗琳-1-环己烯反应，所得中间体经酸性水解、碱性开环，然后酸化，可得到7-氧代三十烷酸，产率61.2%。所得的羰基酸经黄鸣龙改良的开息纳尔-武尔夫（Kishner-Wolff）还原反应，再经氢化锂铝还原，即得到产品。合成工艺路线如图12-77所示。

$$CH_3(CH_2)_{22}COCl + \text{(吗啉代环己烯)} \xrightarrow{Et_3N} \left[CH_3(CH_2)_{22}\overset{O}{\overset{\|}{C}}-\text{(2-氧代环己基)}\right] \longrightarrow CH_3(CH_2)_{22}\underset{\|}{\underset{O}{C}}(CH_2)_5COOH$$

$$\longrightarrow CH_3(CH_2)_{28}CO_2H \longrightarrow CH_3(CH_3)_{28}CH_2OH$$

图 12-77　三十烷醇的合成工艺路线（方法1）

方法2是用1-溴代直链烷、α,ω-二溴代烷及11-溴代十一酸甲酯在铜盐络合物催化剂Li_2CuCl_4的存在下，通过格氏偶合反应合成长链脂肪酸酯类，后者在催化剂氟化铯的存在下，用三乙氧基硅烷还原水解合成长链碳脂肪族醇类化合物。合成工艺路线如图12-78所示。

$$CH_3(CH_2)_nCH_2Br \xrightarrow[\text{②}BrCH_2(CH_2)_{m-2}CH_2Br]{\text{①}Mg/THF} CH_3(CH_2)_{m+n}CH_2Br \xrightarrow[\text{②}BrCH_2(CH_2)_9CO_2CH_3]{\text{①}Mg/THF}$$

$$CH_3(CH_2)_{m+n}CH_2CH_2(CH_2)_9CO_2CH_3 \xrightarrow[\text{②}H_2O]{\text{①}HSi(OC_2H_5)_3,\text{ 氟化铯}} CH_3(CH_2)_{m+n}CH_2CH_2(CH_2)_9CH_2OH$$

图 12-78　三十烷醇的合成工艺路线（方法2）

12.9　其他植物生长调节剂

12.9.1　几丁聚糖

12.9.1.1　几丁聚糖的产业概况

几丁聚糖（chitosan）其他名称：甲壳胺、甲壳素、壳聚糖。其广泛分布在自然界的动物、植物及菌类中。例如：甲壳动物的甲壳，如虾、蟹约含甲壳质15%～20%；昆虫的表皮内甲壳，如鞘翅目、双翅目昆虫含甲壳质5%～8%；真菌的细胞壁，如酵母菌、多种霉菌的细胞壁；以及植物的细胞壁。地球上几丁聚糖的蕴藏量仅次于纤维素，每年产量达1×10^{11}t。

早在1811年法国科学家Braconnot就从霉菌中发现了甲壳素，1859年Rouget将甲壳素与浓KOH共煮，得到了几丁聚糖，人们才知道几丁聚糖广泛分布在自然界，但有关几丁聚糖的结构直到1960～1961年才由Dweftz真正确定。几十年前发现了几丁聚糖的生物学应用价值。现我国山东青岛中达农业科技有限公司和青岛金华海生物开发有限公司生产几丁聚糖。

几丁聚糖化学名称为：β-(1→4)-2-氨基-2-脱氧-D-葡聚糖。几丁聚糖纯品为白色或灰白色无定形片状或粉末，无臭无味。几丁聚糖可以溶解在许多稀酸中，如水杨酸、酒石酸、乳酸、琥珀酸、乙二酸、苹果酸、抗坏血酸等，加工成的膜具有透气性、透湿性、渗透性好等特点，还具有一定的拉伸强度及防静电作用。总之分子越小、脱乙酰度越大，溶解度越大。几丁聚糖有吸湿性，其吸湿性大于500%。

几丁聚糖在盐酸水溶液中加热到100℃，能完全水解成氨基葡萄糖盐酸盐；甲壳质在强碱水溶液中可脱去乙酰成为几丁聚糖；几丁聚糖在碱性溶液或在乙醇、异丙醇中可与环氧乙烷、氯乙醇、环氧丙烷生成羟乙基化或羟丙基化的衍生物，从而更易溶于水；几丁聚糖在碱性条件下与氯乙酸生成羧甲基甲壳质，可制造人造红细胞；几丁聚糖和丙烯腈可发生加成反应，这种加成作用在 20℃反应发生在羟基上，在 60～80℃反应发生在氨基上；几丁聚糖还可与甲酸、乙酸、草酸、乳酸等有机酸生成盐。

几丁聚糖在化学性质上不活泼，遇液体不发生变化，对组织不引起异物反应。它具有耐高温性，经高温消毒后不变性。在毒性方面，该产品的长期毒性试验均显示非常低的毒性，也未发现有诱变性、皮肤刺激性、眼黏膜刺激性、皮肤过敏、光敏性。

几丁聚糖分子中的游离氨基对各种蛋白质的亲和力非常强，因此可以用来作酶、抗原、抗体等生理活性物质的固定化载体，使酶、细胞保持高度的活力；几丁聚糖可被甲壳酶、甲壳胺酶、溶菌酶、蜗牛酶水解，其分解产物是氨基葡萄糖及 CO_2，前者是生物体内大量存在的一种成分，故对生物无毒；几丁聚糖分子中含有羟基、氨基可以与金属离子形成螯合物，在 pH2～6 范围内，螯合最多的是 Cu^{2+}，其次是 Fe^{2+}，且随 pH 增大而螯合量增多。几丁聚糖还可以与带负电荷的有机物，如蛋白质、氨基酸、核酸起吸附作用。值得一提的是，几丁聚糖和甘氨酸的交联物可使螯合 Cu^{2+} 的能力提高 22 倍。

含几丁聚糖的相关产品情况如表 12-34 所示，可见该有效成分除了用作植物生长调节剂以外，也作为植物诱抗剂以及杀菌剂使用，特别是与戊唑醇、咪鲜胺、嘧菌酯等进行复配时，用作杀菌剂。当与噻唑膦复配使用时，还可以用作杀线虫剂（由青岛中达农业科技有限公司生产销售）。

表 12-34　我国几丁聚糖相关产品的登记及生产情况

登记证号	有效成分	农药类别	剂型	含量	有效期	生产企业
PD20131127	几糖·戊唑醇	杀菌剂	悬浮剂	45%	2018-5-20	青岛中达农业科技有限公司
PD20131342	咪鲜·几丁糖	杀菌剂	水乳剂	46%	2018-6-9	青岛中达农业科技有限公司
PD20132252	几丁聚糖	杀菌剂	水剂	2%	2018-11-5	江西威力特生物科技有限公司
PD20140336	咪鲜·几丁糖	杀菌剂	水乳剂	46%	2019-2-18	山东奥胜生物科技有限公司
PD20140923	几丁聚糖	杀菌剂	水剂	2%	2019-4-10	山东科大创业生物有限公司
PD20140928	几丁聚糖	植物诱抗剂	水剂	0.50%	2019-4-11	河北上瑞化工有限公司
PD20151777	几丁聚糖	植物生长调节剂	悬浮种衣剂	0.50%	2020-8-28	湖北天惠生物科技有限公司
PD20151924	几丁聚糖	杀菌剂	可湿性粉剂	0.50%	2020-8-30	山东海利莱化工科技有限公司
PD20102080	几丁聚糖	植物诱抗剂	水剂	2%	2020-11-10	青岛中达农业科技有限公司
PD20152648	几丁聚糖	杀菌剂	水剂	0.50%	2020-12-19	青岛正道药业有限公司
PD20161008	几糖·嘧菌酯	杀菌剂	悬浮剂	16%	2021-8-30	青岛中达农业科技有限公司
PD20170130	几糖·噻唑膦	杀线虫剂	颗粒剂	15%	2022-1-7	青岛中达农业科技有限公司
PD20170371	几丁聚糖	杀菌剂	水剂	0.50%	2022-3-9	青岛恒丰作物科学有限公司
PD20120349	几丁聚糖	植物诱抗剂	水剂	0.50%	2022-3-28	成都特普生物科技股份有限公司
PD20170741	几丁聚糖	杀菌剂	水剂	2%	2022-4-10	河南广农农药厂
PD20170833	几丁聚糖	杀菌剂	水剂	0.50%	2022-5-9	河南比赛尔农业科技有限公司
PD20121615	几丁聚糖	植物诱抗剂	水剂	2%	2022-10-30	山东玉成生化农药有限公司
PD20173248	几丁聚糖	杀菌剂	水剂	2%	2022-12-19	山东圣鹏科技股份有限公司

12.9.1.2 几丁聚糖的工艺概况

将甲壳质用强碱在加热条件下脱去乙酰基可得到可溶性甲壳素——几丁聚糖，如图 12-79 所示。

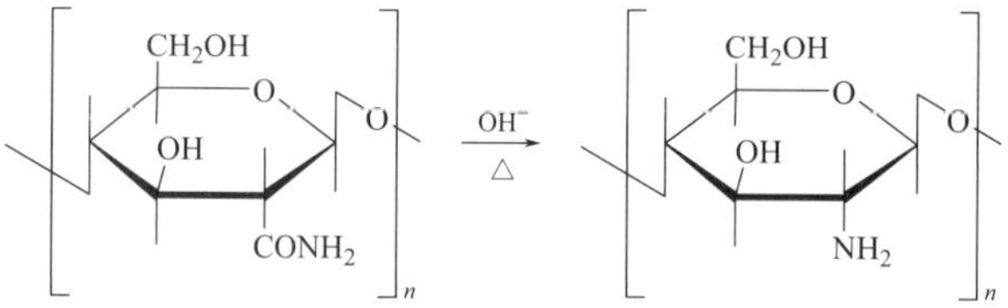

图 12-79 几丁聚糖的合成工艺路线

12.9.2 复硝酚钠

复硝酚钠（atonik）是 20 世纪 60 年代日本旭化学工业株式会社最先发现的一种高效植物生长调节剂，具有促进植物营养器官的生长和生殖器官的发育、提高植物光合作用效率、防止落花落果、改善植物产品品质的作用[77,78]。1997 年经美国环保局批准进入美国绿色食品工程，并且被联合国粮农组织（FAO）指定为绿色食品工程推荐的植物生长调节剂[79]。由于它具有高效、低毒、无残留、适用作物范围广、无副作用、使用浓度范围宽等优点，已在世界上多个国家和地区推广应用。

其主要成分为 5-硝基愈创木酚钠（sodium 5-nitroguaiacolate）、邻硝基苯酚钠（sodium ortho-nitrophenolate）、对硝基苯酚钠（sodium para-nitrophenolate）。

① 5-硝基愈创木酚钠　外观为无味的橘红色片状晶体，熔点 105～106℃（游离酸），易溶于水，可溶于甲醇、乙醇、丙酮等有机溶剂。常规条件下储存稳定。

② 邻硝基苯酚钠　外观为红色针状晶体，具有特殊的芳香烃气味，熔点 44.9℃（游离酸），易溶于水，可溶于甲醇、乙醇、丙酮等有机溶剂。常规条件下储存稳定。

③ 对硝基苯酚钠　外观为无味的黄色晶体，熔点 113～114℃，易溶于水，可溶于甲醇、乙醇、丙酮等有机溶剂。在常规条件下储存稳定。

三者以一定比例配制后形成春雨 1 号，外观为红、黄混合结晶体，易溶于水，可溶于乙醇、甲醇、丙酮等有机溶剂。常温条件下储存稳定。

复硝酚钠是一种强力细胞赋活剂，与植物接触后能迅速渗透到细胞内，促进原生质流动，提高细胞活力；对植物发根、生长、生殖、结果等发育均有不同程度的促进作用，对花粉管生长和受精结实的作用尤为明显。复硝酚钠不是激素，但作用剂量类似于激素，所以它既能提高产量，又能改善品质，不是肥料，但可提高肥料的利用率。复硝酚钠可用于促进植物生长发育，如用于使提早开花、打破休眠、促进发芽、防止落花落果、改良植物产品的品质等方面[80]。

复硝酚钠对雄性大鼠经口[81] LD_{50} 为 1210mg/kg 体重，对雌性大鼠经口 LD_{50} 为 1000mg/kg 体重；对雄性和雌性大鼠经皮 LD_{50} 均大于 2050mg/kg 体重，属于低毒性。对大耳白兔眼刺激试验中呈现无刺激；对豚鼠急性皮肤刺激试验中呈现无刺激；对豚鼠皮肤致敏率强度分级为Ⅰ级，属弱致敏物。

如表 12-35 所示，当前复硝酚钠相关产品有 20 余个，生产企业 19 家。其中浙江天丰生物科学有限公司、郑州郑氏化工产品有限公司和山东省德州祥龙生化有限公司等 3 家生产复硝酚钠原药产品，产品含量均为 98%。复硝酚钠制剂产品的剂型以水剂为主，且大部分为单制剂产品。而河南欣农化工有限公司生产有 2.85%的硝钠・萘乙酸复配制剂（水剂），甘肃富民生态农业科技有限公司有 3%的硝钠·萘乙酸复配制剂（悬浮剂），陕西韦尔奇作物保护有限公司登记有含量为 3%的硝钠·胺鲜酯水剂。

表 12-35　含复硝酚钠有效成分的植物生长调节剂登记情况

PD20080554	复硝酚钠	水剂	1.40%	2018-5-9	重庆双丰化工有限公司
PD20080639	复硝酚钠	水剂	1.80%	2018-5-13	山西德威生化有限责任公司
PD20081294	复硝酚钠	原药	98%	2018-9-26	郑州郑氏化工产品有限公司
PD20081636	复硝酚钠	水剂	1.40%	2018-11-14	河南波尔森农业科技有限公司
PD20083021	复硝酚钠	水剂	0.70%	2018-12-10	重庆双丰化工有限公司
PD20086350	复硝酚钠	水剂	1.40%	2018-12-31	福建新农大正生物工程有限公司
PD20092648	复硝酚钠	原药	98%	2019-3-3	山东省德州祥龙生化有限公司
PD20092927	硝钠·萘乙酸	水剂	2.85%	2019-3-5	河南欣农化工有限公司
PD20093493	复硝酚钠	水剂	1.80%	2019-3-23	山都丽化工有限公司
PD20096020	复硝酚钠	水剂	1.80%	2019-6-15	广西易多收生物科技有限公司
PD20096113	复硝酚钠	水剂	1.40%	2019-6-18	桂林集琦生化有限公司
PD20096875	复硝酚钠	水剂	1.80%	2019-9-23	河南田丰上品生物科技有限公司
PD20097133	复硝酚钠	水剂	1.40%	2019-10-16	山东澳得利化工有限公司
PD20097582	复硝酚钠	水剂	0.70%	2019-11-3	山西省农科院棉花所三联农化实验厂
PD20100120	复硝酚钠	水剂	1.40%	2020-1-5	桂林桂开生物科技股份有限公司
PD20101229	复硝酚钠	水剂	1.40%	2020-3-1	广东省深圳市沃科生物工程有限公司
PD20151545	复硝酚钠	原药	98%	2020-8-3	浙江天丰生物科学有限公司
PD20160702	硝钠·萘乙酸	悬浮剂	3%	2021-5-23	甘肃富民生态农业科技有限公司
PD20171985	硝钠·胺鲜酯	水剂	3%	2022-9-18	陕西韦尔奇作物保护有限公司
PD20130296	复硝酚钠	水剂	1.80%	2023-2-26	南阳神圣农化科技有限公司

12.9.3　氨基寡糖素

12.9.3.1　氨基寡糖素的产业概况

氨基寡糖素（oligosaccharins）即壳寡糖，不仅可以调节植物的生长发育，还可诱导激活植物免疫系统，提高植物的抗逆能力。氨基寡糖素作为活性信号分子，能够快速激发植物的防卫反应，启动防御系统，提高植物体内脯氨酸、可溶性糖等物质的含量，增强植物内多种防御酶系活性，还能诱导植物植保素的合成、木质素的积累及病程相关蛋白的表达，从而增强植物抗逆性[82,83]。

氨基寡糖素一般情况作为杀菌剂进行登记。但鉴于氨基寡糖素的植物诱抗活性，近年来已登记为植物诱抗剂（表 12-36），海南正业中农高科股份有限公司将 24-表芸苔素内酯与其复配，登记成为植物生长调节剂进行使用。氨基寡糖素在环境中易于降解，完全不会对环境造成污染，兼有药效和肥效双重生物调节功能的特点，随着人们对环境保护日益重视，氨基寡糖素这种新型生物农药的需求量在逐年增长。2009 年我国氨基寡糖素消费量达到了 174t，同比增长 12.49%。截止到 2010 年，我国氨基寡糖素消费量达到 190t。2010 年，我国氨基寡糖素市场规模达到 9500 万元左右。2013 年，国内氨基寡糖素需求量大约为 258t，市场规模在 1.42 亿元左右。

表 12-36　含氨基寡糖素有效成分的植物生长调节剂登记情况

有效成分	农药类型	水剂	含量	有效期	生产企业
24-表芸·寡糖素	植物生长调节剂	水剂	6%	2023-2-8	海南正业中农高科股份有限公司
氨基寡糖素	植物诱抗剂	水剂	3%	2018-6-24	河北奥德植保药业有限公司
氨基寡糖素	植物诱抗剂	水剂	0.50%	2019-1-20	山东科大创业生物有限公司
氨基寡糖素	植物诱抗剂	水剂	5%	2019-1-29	上海沪联生物药业（夏邑）股份有限公司
氨基寡糖素	植物诱抗剂	水剂	2%	2019-6-4	山东禾宜生物科技有限公司
氨基寡糖素	植物诱抗剂	水剂	0.50%	2019-11-6	山东澳得利化工有限公司
氨基寡糖素	植物诱抗剂	水剂	5%	2020-1-5	江苏克胜集团股份有限公司
氨基寡糖素	植物诱抗剂	水剂	5%	2022-10-8	海南正业中农高科股份有限公司

12.9.3.2　氨基寡糖素工艺概况

目前，几丁寡糖与壳寡糖制备方法主要采用化学法、物理法和生物法等。

（1）化学法　1958 年，Baker 等[82]用浓盐酸水解壳聚糖，再乙酰化后，利用活性炭柱分离得到几丁二糖至七糖。也有报道使用乙酸、HF、亚硝酸等降解方法来制备寡糖，分离则采用 HPLC[83]、Dowex50H 离子交换树脂柱[84]、膜分离法[85]等。

（2）物理法　超声波可以打开壳聚糖酸溶液中的 β-1,4-糖苷键，直接并加速壳聚糖降解。Kage[86]等用 28kHz 的超声波在 60℃下对溶于稀盐酸中的壳聚糖作用 30h，得到了壳寡糖。也可用光降解[87]等方法，但尚未见到得到寡糖纯品的报道。

（3）生物降解法　酶降解[88]反应条件温和，可以得到特异的寡糖，但酶易失活，也不易于工业化。壳聚糖酶、甲壳质酶是专一性水解酶，蛋白酶、脂肪酶、淀粉酶、葡萄糖酶和胰酶等则具有非专一性水解作用，它们均可用来催化水解甲壳质或壳聚糖得到寡糖。

参考文献

[1] Schneider E A，Kazakoff C W，Wightman F. Gas Chromatography-Mass Spectrometry Evidence for Several Endogenous Auxins in Pea Seedling Organs. Planta，1985，165（2）：232-241.

[2] Segal L M，Wightman F. Gas Chromatographic and GC-MS Evidence for the Occurrence of 3-Indoiylpropionic Aeid and 3-Indolylacetic Acid in Seedlings of Cucurbita Pepo. Physiol Plant. 1982，56：367-370.

[3] Zimmerman P W，Wilcoxon F. Several Chemical Growth Substances Which Cause Initiation of Roots and Other Responses in Plants. Contrib Boyce Thompson Inst，1935，（7）：209-229.

[4] Epstein E，Ludwig Miiller J. Indole-3-Butyric Acid in Plants：Occurrence，Synthesis，Metabolism and Transport. Physiol Plant，1993，88（2）：382-389.

[5] Jackson R W. Manske R H. The Synthesis of Indolyl-Butyric Acid and Some of Its Derivatives. J Am Chem Soc，1930，（52）：5029.

[6] 丁益，王百年，韩效钊，等 . α-萘乙酸的合成方法及应用前景 . 安徽化工，2004，（4）：17-18.

[7] 黄先忠 . 赤霉素作用机理的分子基础与调控模式研究进展 . 植物学通报，2006，23（5）：499-510.

[8] Silverstone A L，Sun T P. Gibberellins and the Green Revolution. Trends Plant Sci. 2000，5：1-2.

[9] Yamaguchi S，Smith M W，Brown G S，et al. Phytochrome Regulation and Differential Expression of Gibberellin 3β-Hydroxylase Genes in Germinating Arabidopsis Seeds. Plant Cell，1998，10（12）：2115-2126.

[10] Peng J，Richards D E，Hartley N M，et al. Green Revolution Genes Encode Mutant Gibberellin Response Modulators. Nature，1999，400（6741）：256-261.

[11] Lange T. Molecular Biology of Gibberellin Synthesis. Planta，1998，204（4）：409-419.

[12] 王金祥，李玲，潘瑞炽 . 高等植物中赤霉素的生物合成及其调控 . 植物生理通讯，2002，38（1）：1-8.

[13] 苏谦，安冬，王库 . 植物激素的受体和诱导基因 . 植物生理通讯，2008，44（6）：1202-1208.

[14] 王伟，朱平，程克棣．植物赤霉素生物合成和信号传导的分子生物学．植物学通报，2002，19（2）：137-149.
[15] Miller O C，Skoog F，Okumura F S，et al. Studies on Condensed Pyrimidine Systems. IX. The Synthesis of Some 6-Substituted Purines. J Am Chem Soc，1956，(78)：1375-1380.
[16] Lethem D S. Zeatin，a Factor Inducing Cell Division Isolated from Zea Mays. Life Sci，1963，2（8）：569-573.
[17] 丁静．细胞分裂素．植物生理通讯，1982，(2)：70-89.
[18] 张红梅，王俊丽，廖祥儒．细胞分裂素的生物合成、代谢和受体．植物生理学通讯，2003，39（3）：267-272.
[19] Taya Y，Tanaka Y. Nishimura S. 5′-AMP is a Direct Precursor of Cytokinin in Dictyostelium Discoidum. Nishimura S Nature，1978，271（5645）：545-547.
[20] Takei K，Sakakibara H，Sugiyama T. Identification of Genes Encoding Adenylate Isopentenyltransferase，a Cytokinin Biosynthesis Enzyme，in Arabidopsis Thaliana. J Biol Chem，2001，276（28）：26405-26410.
[21] Romanov G A. The Discovery of Cytokinin Receptors and Biosynthesis of Cytokinins：A True Story. Russ J Plant Physiol，2011，58（4）：743-747.
[22] Astot C，Dolezal K，Nordstrom A，et al. An Alternative Cytokinin Biosynthesis Pathway. Proc Natl Acad Sci USA，2000，97（26）：14778-14783.
[23] 吴增茹，李长荣，张跃．脱水法合成 6-苄基氨基嘌呤．中国农业大学学报，1999，4（3）：123-126.
[24] Shantze S F. The Identification of Compound a from Coconut Milk as 1,3-Diphenylurea. J Am Chem Soc，1955，(77)：6351-6353.
[25] 于春红，王凤潮．噻苯隆的合成方法改进．现代农药，2014，13（6）：25-26.
[26] 万小荣，李玲．高等植物脱落酸生物合成途径及其酶调控．植物学通报，2004，21（3）：352-359.
[27] 杨洪强．植物脱落酸合成缺陷与反应敏感型突变．生命科学，2001，14（1）：20-22.
[28] Seo M，Koshiba T. Complex Regulation of ABA Biosynthesis in Plants. Trends Plant Sci，2002，7（1）：41-48.
[29] Walton D C，Sondgeimer E. Metabolism of 2-14C（±)-Abscisic Acid in Excised Bean Axes. Plant Physiol，1972，49（3)：285-289.
[30] Cornforth J W，Milborrow B V. G Ryback. Synthesis of 2（±)-Abseisic ll. Nature，1965，206（4985）：715.
[31] Kim B T，Min Y K，Asomi T. Synthesis 2-Fluoroabseisic Acid：A Poteniial Phto-stable Abscisic Acid. Tetrahedron Lett，1997，38（10）：1797-1800.
[32] Sams T A，Sekimata K，Wang J M. Preparation of（±)-[1,2-$^{13}C_2$] Abscisic Acid for Use as a Stable and Pure Internal Standard. J Chem Research，1999，(S)：658-659.
[33] Takahashi S，Oritani T，Yamashita K. Total Synthesis of（±)-Methyl Phaseates. Agric Biol Chem，1986，50（6）：1589-1595.
[34] Todoroki Y，Hariai N，Koshimizu K. 8′ and 9′-Methoxyabscisic Acids as Antimetabolic Analogs of Abscisic Acid. Biosci Biotech Biochem，1994，58（4）：707-715.
[35] Mayer H J，Rigassi N，Sehwietter U，et al. Synthesis of Abscisic Acid. Helv Chim Acta，1976，59（5）：1424-1427.
[36] Rose P A，Abrams S R，Shaw A C. Synthesis of Chiral Acetylenic Analogs of the Plant Hormone Abscisic Acid. Tetrahedron：Asymmetry，1992，3（3）：443-450.
[37] Acemoglu M，Uebelhart P，Rey M，et al. Synthese Von Enantiomerenreinen Violaxanthinen Und Verwandten Verbindungen. Helv Chim Aeta，1988，71（5）：931-957.
[38] Constantino M G，Loseo P. A Novel Synthesis of（±)-Abscisic Acid. J Org Chem，989，54（3）：681-683.
[39] Sakai K，Takahashi K，Nkano T. Convenient Synthesis of Optically Active Abscisic Acid and Xanthoxin. Tetrahedron，1992，48（3）：8229-8238.
[40] Lei B，Abrams S R，Ewan B，et al. Achiral Cyclohexadienone Analogs of Abscisic Acid：Synthesis and Biological Activity. Phytochemistry，1994，37（2）：289-296.
[41] Todoroki Y，Nakano S，Hariai N，et al. iosci. Biotech Biochem，1997，61（11）：1872-1876.
[42] Inoue T，Oritani T. Syntheses of（±)-Methyl 6′α-Demethyl-6′α-Cyanoabscisate and（±)-Methyl 6′α-Demethyl-6′α-Methoxycarbonyl Abscisate Biosci. Biotech Biochem，2000，64（5）：1071-1074.
[43] 吴清来，毛淑芬，覃兆海．脱落酸的全合成．化学通报，2004，(10)：729-736.
[44] Yang S F，Hoffman N E. Ethylene Biosynthesis and Its Regulation in Higher Plants. Annu. Rev. Plant Physiol，1984，(35)：155-189.
[45] Sisler E C，Reid M C，Yang S F. Effect of Antagonists of Ethylene Action on Binding of Ethylene in Cut Carna-

tions. Plant Growth Reg，1986，4（3）：213-218.

[46] Sisler E C，Blankenship S M. Diazocyclopentadiene（DACP），a Light Sensitive Reagent for the Ethylene Receptor on Plants. Plant Growth Reg，1993，12（1-2）：125-132.

[47] 杨虎清，杜荣茂，向庆宁，等.1-MCP对植物乙烯反应的抑制和应用．植物生理学通讯，2002，38（6）：611-14.

[48] Stahl C R. Process for Assay of 2-Haloethylphosphonic Acid：US，3661531. 1972-05-09.

[49] 吴增元，陶建民，李永明．乙烯利新生产工艺研究．农药，1994，33（4）：10.

[50] Mitchell J W，Mandava N，Worley J F，et al. Brassins a New Family of Plant Hormones from Rape Pollen. Nature，1970，225（5237）：1065-1066.

[51] Grove M D，Spencer F G，Rohwedder W K，et al. Brassinolide，a Plant Growth Promoting Steroid Isolated from Brassica Napus Pollen. Nature，1979，(281)：216-217.

[52] FujiokaS F，Sakurai A. Biosynthesis and Metabolism of Brassinosteroides. Physiol Plant，1997，(100)：710-715.

[53] Wada K，Marumo S. Synthesis and Plant Growth-Promoting Activity of Brassinolide Analogues. Agric Biol Chem，1981，(45)：2579-2585.

[54] 王焕民．芸苔素内酯：植物生长发育的一种基本调节物质．农药，2000，39（1）：11-14.

[55] 朱广廉．油菜素甾醇类植物激素的研究进展．植物生理学通讯，1992，28（5）：317-322.

[56] 罗杰，陈季楚．油菜素内酯的生理和分子生物学研究进展．植物生理学通讯，1998，34（2）：81-87.

[57] Cutler H G，Yokota T，Adam G. Brassinosteroids：Chemistry，Bioactivity，and Applications. Washington D C：American Chemical Society，1991：220-230.

[58] Wilen R W，Sacco M，Gusta L V，et al. Effects of 24-Epibrassinolide on Freezing and Themotolerance of Bromegrass (Bromus Inermis) Cell Cultures，Physiol. Plant，199 5，95（2）：195-202.

[59] Cutler H G，Yokota T，Adam G. Brassinosteroids：Chemistry，Bioactivity，and Applications. Washington D C：American Chemical Society，1991：208-219.

[60] Cutler H G，Yokota T，Adam G. Brassinosteroids：Chemistry，Bioactivity，and Applications. Washington D C：American Chemical Society，1991：141-155.

[61] Li J，Nagpal P，Vitart V，et al. A Role for Brassinosterids in Light-Dependent Development of Arobidopsis. Science，1996，272（5260）：398-401.

[62] Sasse M. Recent Progress in Brassinosteroi Research，Physiol. plant，1997，100（3）：696-701.

[63] Clouse S D，Zurek D M，McMorris T C，et al. Effect of Brassinolide on Gene Expression in Elongating Soy Bean Epicotyls. Plant Physiol，1992，100（3）：1377-1383.

[64] Cutler H G，Yokota T，Adam G. Brassinosteroids：Chemistry，Bioactivity，and Applications [M]. Washington D C：American Chemical Society，1991：246-254.

[65] Zurek D M，Rayle D L，McMorris T C，et al. Investigation of Gene Expression，Growth Kinetics，and Wall Extensibility during Brassinosteroid-Regulated Stem Elongation. Plant Physiol，1994，(104)：505-513.

[66] 孙振令．芸苔素内酯的研究进展及其在农业生产中的应用．淄博学院学报（自然科学与工程版），2001，3（2）：81-84.

[67] Sharpless K B. The Osmium-Catalyzed Asymmetric Hydroxylation：A New Ligand Class and a Process Improvement. J Org Chem，1992，57（10）：2768-2771.

[68] McMorris T C，Patil P A. Improved Synthesis of 24-Epibrassinolide from Ergosterol. J Org Chem，1993，58（8）：2338-2339.

[69] McMorris T C. Synthesis and Biological Activity of 28-Homobrassinolide and Analogues. Phytochemistry，1994，36（3）：585-589.

[70] Watanabe T，Takatsuto S，Fujioka S，et al. Improved Synthesis of Castasterone and Brassinolide. J Chem Research，1997，(10)：360-361.

[71] Fung，Siddall J. Stereoselective Synthesis of Brassinolide：A Plant Growth Promoting Steroidal Lactone. J Am Chem Soc，1980，102（21）：6580-6581.

[72] Thompson M J，Mandava N. Synthesis of Brassino Steroids：New Plant-Growth-Promoting Steroids. J Org Chem，1979，44（26）：5002-5004.

[73] 朱长松，黄斌，刘骏结，等．抗倒酯的合成研究．精细与专用化学品，2011，19（8）：11-12.

[74] 冯已．调环酸钙合成工艺研究及其类似物合成．郑州：郑州大学，2011.

[75] 高红荣，任雪景，景淑霞，等.5-硝基愈创木酚钠的合成．青岛科技大学学报，2003，24：330-332.

[76] Al-Badawy A A，Abdalla N M，Rizk G A，et al. Influences of Atonik and Atonik-G Treatments on Growth and Volatile Oil Content of Matricaria Chamomilla L. Proc Plant growth Regul Soc Am，1984，11：220-223.
[77] 元明浩，孟广萍，朱阳阳．不同植物生长调节剂对大豆产量及生长形态的影响．安徽农业科学，2009，37：17447-17449.
[78] 高红荣，任雪景，景淑霞，等．复硝酚钠在蔬菜生产上的应用．农药市场信息，2011，15：37.
[79] 孙炳剑，郑先福，郑昊．复硝酚钠急性毒性的初步研究．河北农业大学学报，2007，41：73-76.
[80] 赵蕾，汪虹．几丁质、壳聚糖在植物保护中的研究与应用进展．植物保护，1999，25：143-44.
[81] 狄维，王林，王升启．寡糖及其衍生物的生物活性研究进展．中国药物化学杂志，2002，12：243-248.
[82] Baker S A，Foster A B，Stacey M，et al. Amino-Sugars and Related Compounds. Part Ⅳ. Isolation and Properties of Oligosaccharides Obtained by Controlled Fragmentation of Chitin. J Chem Soc，1958：2218-2227.
[83] Mellis S J，Baenziger J U. Separation of Neutral Oligosaccharides by High-Performance Liquid Chromatography. Anal Biochem，1981，114：276-280.
[84] Sven，G. Acta. Preparation of Hydroxyylysin-3-C and Lysine-e-C. Chem Scand，1953，17：207-215.
[85] Jeon Y J，Kim S K. Continuous Production of Chitooligosaccharides Using a Dual Reactor System. Process Biochem，2000，35：623-632.
[86] Kage T，Yamaguchi T. Improved Method for Manufacture of Low-Molecular-Weight Chitosans and Chitooligomers：JP，0931104，1997.
[87] Anthony L，Andrady A T，Takahiro K. Spectral Sensitivity of Chitosan Photodegradation. J Appl Polym Sci，1996，62：1465
[88] Zhang H，Du Y，Yu X，et al. Preparation of Chitooligosaccharides from Chitosan by a Complex Enzyme. Carbohydr Res，1999，320：257.

索　引

（按汉语拼音排序）

E

F

G

H

J

K

L

M

N

P

Q

R

S

T

W

X

Y

Z

Z